钼的材料科学与工程

徐克玷　编著

北　京

冶 金 工 业 出 版 社

2014

内 容 简 介

本书主要内容包括：钼矿石生产金属钼，钼的粉末冶金理论基础和实践，真空冶金和钼的熔炼铸造，钼的热加工变形，钼的物理性能，钼的化学性质及氧化和防氧化，钼的塑脆转变，钼的强韧化机理和钼合金系列，钼和钼合金应用的基础原理等。

本书可作为从事难熔金属钼及钼合金研究开发和工程设计的技术人员以及相关专业的教师、学生的参考书。

图书在版编目（CIP）数据

钼的材料科学与工程/徐克玷编著 . —北京：冶金工业出版社，2014. 7

ISBN 978-7-5024-6595-7

Ⅰ.①钼… Ⅱ.①徐… Ⅲ.①钼—金属材料 ②钼—有色金属冶金 Ⅳ.①TG146. 4 ②TF841. 2

中国版本图书馆 CIP 数据核字（2014）第 119461 号

出 版 人 谭学余
地 址 北京北河沿大街嵩祝院北巷 39 号，邮编 100009
电 话 （010）64027926 电子信箱 yjcbs@ cnmip. com. cn
责任编辑 俞跃春 美术编辑 吕欣童 版式设计 孙跃红
责任校对 石 静 责任印制 牛晓波
ISBN 978-7-5024-6595-7
冶金工业出版社出版发行；各地新华书店经销；三河市双峰印刷装订有限公司印刷
2014 年 7 月第 1 版，2014 年 7 月第 1 次印刷
787mm×1092mm 1/16；53. 5 印张；1298 千字；842 页
268. 00 元
冶金工业出版社投稿电话：（010）64027932 投稿信箱：tougao@cnmip. com. cn
冶金工业出版社发行部 电话：（010）64044283 传真：（010）64027893
冶金书店 地址：北京东四西大街 46 号（100010） 电话：（010）65289081（兼传真）
（本书如有印装质量问题，本社发行部负责退换）

徐克玷教授简介

　　徐克玷，男，教授，1936 年 7 月生于江苏省六合县（现南京市六合区），1955 年夏考入清华大学特种冶金系（材料系），研习金属学及金属材料专业 6 年，于 1961 年秋毕业；国家统一分配进入冶金工业部钢铁研究总院，从事难熔金属钼及钼合金的开发研究工作，至今已有 52 年。曾获得过冶金工业部科学技术奖，全国科学技术大会奖，首批国家发明三等奖，荣获从事国防科研 30 年荣誉奖章，两项国家发明专利。发表论文十余篇；翻译出版了《钼合金》（冶金工业出版社），《工程材料及加工选择》（机械工业出版社）。中国硅酸盐学会玻璃熔炉专业委员会专家组成员，常务理事，享受国务院政府特殊津贴的有突出贡献专家。

　　作者回首 52 年往事，虽有岁月蹉跎的迷茫，也有拼搏收获的喜悦。人生风华正茂的时光已经逝去，自我总体感觉未虚度年华，在所从事的研究领域内为社会做出了一点点有益的贡献，真是不幸中之万幸，非常欣慰。现在想做的，应当能做的事情就是出版本书，把一生工作的心得体会，经验教训留下来，做最后一次人梯。

　　20 世纪 60 年代初我国难熔金属的开发研究刚刚起步，当时是一无所有，一穷二白。当年的老领导、老同事组成的研究团队，坚持独立自主，自力更生的精神，奋力拼搏，先后开发制造了多种生产难熔金属必需的尖端设备，为开展熔炼钼合金和粉末钼合金的研究创造了基础条件，在较短时间内生产出了多种有国际水平的钼合金，满足了国防建设和工业发展的迫切需要，功德无量。现如今，我国难熔金属在世界上占有一席之地，能和国外老资格的难熔金属材料公司平起平坐，在国际市场上能和国外公司平分秋色，这些成绩是三代"难熔人"共同努力奋斗的结果，当然，拓荒牛的早期贡献不应该忘记。

前　言

我国钼的资源非常丰富，也是钼的生产和应用大国，目前钼及钼合金的研究和生产已经取得了很大的进展。但尚没有一本系统论述钼的材料科学方面的专著，本书的出版可以填补国内这方面的空白。

本书的选材原则是理论结合实际，国际和国内兼容。内容包括国内 40 余年，国外 60 余年的有关钼和钼合金的一些重要研究成果，国内研究成果占有相当大的比例，首次系统总结了国内的研究成果。全书以制备、性能、变性处理和工程应用为重点进行了总结论述。第 1～4 章制备技术方面，介绍了从矿石开采、选矿，经火法、湿法提纯，最终制成高纯钼粉，详细叙述了粉末冶金和真空冶金的科学理论基础、装备及实践，用这两种工艺制备出合格的粉末钼制品以及钼和钼合金的坯锭；论述了热挤压，各种锻造、轧制和旋压加工的理论基础和实践，用这些加工工艺制造出质量非常好的钼和钼合金棒材、板材、管材和特种异形材。第 5～7 章性能技术方面，论述了钼的物理性能，化学性能及钼的脆性；扼要叙述了断裂韧性的基础知识，钼和钼合金断裂韧性的研究成果；系统讲述了钼-硅-硼系抗氧化钼合金的制备，组织和性能，这些命题是当前钼合金研究的热点。第 8 章变性处理技术，介绍了各种钼合金系列，合金化及加工热处理改善钼的强韧性的基础理论和实践，提高钼和钼合金强度和塑性综合性能的工艺手段及技术措施。第 9 章工程应用技术，专门论述钼及钼合金的工程应用方面三个关键问题，即工程上为什么要用钼及钼合金，为什么能用钼和钼合金，怎样科学用好钼和钼合金。最后简单讨论了钼的循环经济，为了节约钼资源，必须大力开展废钼的综合利用。

20 世纪 60 年代初，我国难熔金属的开发研究刚刚起步，当时是一无所有，一穷二白。钢铁研究总院三室（安泰难熔公司的前身）的同事、领导坚持独立自主，自力更生的精神，带领研究团队奋力拼搏，先后研究开发制造了多种生产难熔金属必需的尖端设备，为开展熔炼钼合金和粉末钼合金的研究创造了基础条件，在很短时间内生产出了当时国际上已有的多种钼合金，满足了国防建设和工业发展的迫切需要，功德无量。现如今，我国难熔金属在世界上占有一席之地，能和国外老资格的难熔金属材料公司平起平坐，在国际市场上能和国外公司平分秋色，这些成绩是三代"难熔人"共同努力奋斗的结果，当然，拓荒牛的早期贡献不应该忘记。

在编写本书过程中，经常会想起曾经一起工作的老领导、老同事，像教授李献璐主任，教授刘志超主任，教授李世魁主任，胡廷显教授，吕忠教授等，这些良师益友在他们所从事的研究领域中都做出了重大贡献，本书有些资料选自他们的研究成果，由于各种历史条件、原因，当时公开发表的文章都没有个人署名，在此一并表示感谢。

本书的写作出版得到了安泰科技股份有限公司难熔材料分公司总经理王铁军先生和领导班子全体成员的鼎力支持，在此对他们深表感谢。

由于编者知识所限，书中不妥之处，敬请广大读者批评指正。

编 者
2014 年 2 月

目　　录

1 **钼矿石生产金属钼**

1.1 钼的资源

钼是一种稀有金属，它在地球中的含量按照不同的资料来源大约是$(1.5 \sim 3) \times 10^{-6}$[1,2]。钼矿石分为铜钼矿石、钨钼矿石、钨钼锡铋矿石等。杨家杖子、大黑山矿属于以辉钼矿为主的钼矿石。金堆城矿、宝山矿属于以硫化铜为主的钼矿石，次要矿是辉钼矿的铜钼矿石，而栾川的矿含有钨，是钨钼矿石。在矿石中总共含有 24 种钼矿物，它可以分成硫化物矿石和氧化物矿石两大类。硫化钼矿包括有辉钼矿（MoS_2）和胶硫钼矿（非晶型的 MoS_2）。氧化钼矿石包括有钼铅矿、钼钨钙矿、水钼铁矿、钼华和蓝钼矿等。在已知的矿物中具有工业开采价值的矿石有辉钼矿、钼钨钙矿、钼铁矿和钼铅矿等。

辉钼矿是自然界中唯一独立存在的钼矿物，分子式是 MoS_2，理论上钼含量为 60%，硫含量为 40%，密度为 $4.7 \sim 4.9 g/cm^3$。它有铅灰色的金属光泽，有挠性。MoS_2 的晶体结构是六方晶体。每层有钼和硫两种原子，每个硫原子旁等距离的排布有 3 个钼原子，每个钼原子周围的三棱锥顶点有 6 个硫原子。在每一原子层面上 S—Mo—S 原子之间是共价键结合。各层之间的硫原子结合力是范德华键。在 MoS_2 晶体成矿过程中，那些与硫和钼离子半径相当，电负性又接近的离子可能发生置换反应。如 Ti^{4+}、Cr^{4+}、Nb^{4+}、Ta^{4+}、Sn^{4+}、V^{4+}、Zr^{4+}、Fe^{4+}、W^{4+} 和 Re^{4+} 等原则上都可以置换 Mo^{4+}。但是 MoS_2 的晶格为三角晶系，配位数是 6。只有钨和铼能满足置换条件，然而，由于钨和氧的亲和力有助于排除硫化钼中的钨，这样在辉钼矿中唯一的外来元素是 Re。钼和铼的原子半径分别为 $1.39 \times 10^{-10} m$ 和 $1.37 \times 10^{-10} m$，它们两个的离子半径相等，都是 $0.68 \times 10^{-10} m$。此外辉钼矿的 S^{2-} 可能被 Se^{2-} 和 Te^{2-} 置换。

钼铅矿的化学分子式为 $PbMoO_4$，钼含量为 26.1%，属正方晶系，密度为 $6.5 \sim 7.0 g/cm^3$，颜色从灰色到黄色，再过渡到橘黄色或橘红色。通常存在于铅锌矿床的氧化带。

钼钨钙矿，化学式为 $Ca(MoW)O_4$，钼含量为 39% $\sim$ 48%，密度是 $4.3 g/cm^3$，有近似金刚石的光泽，常同白钨矿伴生。

水钼铁矿，分子式是 $Fe(MoO_4) \cdot 8H_2O$，含钼是 39%，常称为钼华，是含结晶水的钼酸铁。往往与褐铁矿伴生，通常生长在辉钼矿床的氧化带。

世界各国的钼储量估计为 7.85 亿千克，美国、智利、加拿大，分别占有 3.4 亿千克、2.45 亿千克和 0.59 亿千克，俄罗斯估计占有 0.68 亿千克。中国钼储量十分丰富，老矿山有杨家杖子、大黑山。新矿有金堆城、栾川矿，这两个新的大钼矿在世界上也是声名显赫。

1.2 钼矿石的处理[2,3]

图 1-1 是钼矿石的典型处理流程图，包括破碎、磨细和浮选几道主要工序。

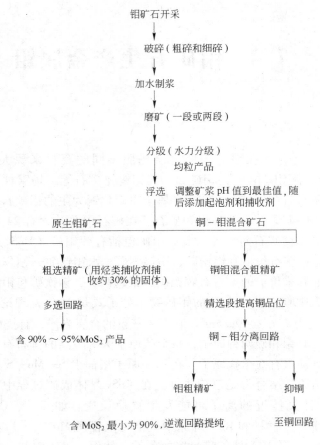

图 1-1   钼矿石处理流程图

1.2.1   矿石破碎

矿山开出的矿石的原始粒度大小约为 100cm，首先用颚式破碎机和旋回破碎机把大块矿石破碎到 10~20cm 的块度，随后再中破到 2~3cm，再细破到小于 1cm，中破常用圆锥式破碎机，或者用对辊破碎机。在中破和磨细前用磁力吸铁器清除混在矿石中的铁物质。

1.2.2   磨矿

磨矿是用球磨机、棒磨机及水力旋流器组成的封闭生产线，把细碎的矿料磨到可以浮选的粒度，采用水力旋流器可以节省能源，清除减少磨矿中产生的矿泥，有利于随后的浮选。除球磨机以外，还有自磨或半自磨流程，自磨机是靠磨筒内矿物之间的互相碰撞及相互之间的挤压达到磨矿的效果。

衡量破碎和磨矿效果有两个指标：一个指标是破碎比，即所供原料的平均粒度和磨后产品的平均粒度的比，此比值代表破碎以后原料的粒度减少的倍数；另一个指标是功耗指标，即把一个理论上无限大的粒度破碎到 -100 目（ -0.147mm）占 80% 时所需要的功。用这两个指标可以衡量矿石破碎到一定粒度所需要的能量。

　　磨碎钼矿石的目的就是要把钼与脉石充分分离，以提高钼的回收率与钼精矿的品位。辉钼矿硬度低，有塑性，可浮选性强，因而破碎容易，磨矿难。辉钼矿硬度低，黏度大，在浮选时容易夹带其他矿物，特别是石英。另外，硬度低，在磨矿时容易夹带产生大量矿泥，对选矿不利。因此，辉钼矿要防止过磨，严格控制在选矿要求的粒度范围内，粗选原料 – 200 目（ – 0.075mm）的粒度应占 30%。

1.2.3　浮选

1.2.3.1　浮选概论

　　浮选法是湿法选矿最重要的和最广泛应用的物理方法之一。图 1-2 是正浮选法的原理图，向调整好的矿浆中充入空气，某些矿物颗粒将被气泡吸附，而另外一些矿物颗粒则下沉留在矿浆中。吸附有矿物颗粒的气泡上浮到矿浆表面，它们依靠重力溢出浮选槽，或者用刮板刮出浮选槽。通常所说的正浮选就是指有用的矿物气泡上升浮到矿浆表面，而脉石矿物下沉。而反浮选是正浮选的逆向过程。在浮选过程中矿物颗粒的密度没有实际作用，而矿物颗粒的表面特性是浮选的控制因素。气泡吸附的矿物必然会夹带有一些脉石矿物，需要用高压水冲破气泡，使有用矿物和脉石分离。有两个因素决定浮选过程能不能达到最好的效果，即气泡对疏水矿物颗粒的吸附能力和泡沫有效聚集上浮的情况。在多数选矿场合选矿时的矿浆质量分数为 25% ~ 40%，最高 55%，最低 8%。浓度高，选矿槽的容积小，浮选药剂的用量少，对经济效益有利。

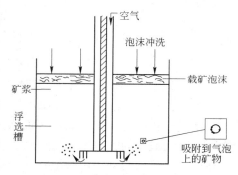

图 1-2　正浮选法的原理图

　　根据不同的选矿要求，浮选可以划分为批量浮选、选择浮选和优先浮选。要求把多种矿石与脉石分离，则用批量浮选，若要求从多种矿石中分离出一种有用的矿物，则采用选择浮选。如果要求从一种原矿中依次分离出两种或多种矿物成分时用优先浮选。

　　在浮选过程中影响浮选效果的因素很多，如原矿粒度，若粒度细，则单位重量浆料的颗粒多，影响气泡与颗粒间的接触的不利因素减少，颗粒表面氧化的机会增加，矿物浮选活性恶化速度很缓慢。超过最佳颗粒度，矿物离解度不够，气泡带动颗粒上浮能力下降。超过浮选要求的最大粒度，大多数矿物就不能被浮选。

　　通常用浮选比和回收率两个指标估算浮选效率。浮选比表示浮选时获得一吨精矿所需原矿的吨数。回收率是指有用成分所占的质量分数。若用 T_h 和 T_c 分别代表原矿的单位重量和精矿量，T_t 表示尾矿量。h、c 和 t 代表三者各自的品位，则浮选比为 T_h/T_c，而回收率为 $T_c c/T_h h$。用两个基本方程式表示物料之间的平衡，$T_h = T_t + T_c$，$T_h h = T_c c + T_t t$，对于任意的闭路选矿作业来说，这两个平衡方程式皆适用。前式 T_h 代表总矿物量的平衡关系，后式 $T_h h$ 表示一种特定的金属或非金属的成分间的平衡关系。

1.2.3.2　选矿的物理化学原理

　　在浮选过程中矿物颗粒被气泡吸附的过程必然伴随有体系的能量变化。从图 1-3 可以

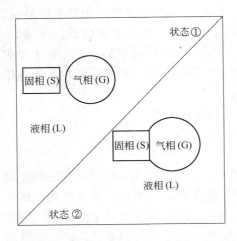

图 1-3 矿物颗粒被气泡吸附

看出，在状态①，固态颗粒与气相气泡独立存在，状态能量为 F_1，由状态①变成了状态②，固相颗粒被气相气泡吸附，系统的能量变成了 F_2，那么能量变化 $\Delta F = F_2 - F_1$，F_1 和 F_2 为吸附前后的吉布斯自由能，ΔF 是吸附前后系统的自由能变化。固体颗粒被气泡吸附的能量条件是在吸附过程中自由能降低，变化值为负值，即 $\Delta F < 0$，负值越大则吸附的可能性越大。事实上在吸附过程中只有表面自由能发生了变化，用 F_1^s 和 F_2^s 代表表面自由能，那么 $\Delta F = F_2 - F_1$，此式可改写成

$$\Delta F = F_2^s - F_1^s = \gamma_{sg} - \gamma_{sl} - \gamma_{lg}$$

式中，γ_{sg} 为固相和气相之间的表面张力；γ_{lg} 为液相和气相之间的表面张力；γ_{sl} 为固相和液相之间的表面张力，气相和固体颗粒接触的条件用杨氏方程式表达，即

$$\Delta F = (\cos\theta - 1)\gamma_{lg}$$

式中，θ 为接触角。显然，当 $\theta = 0°$ 时，$\Delta F = 0$，当 $\theta > 0°$ 时，$\Delta F < 0$。这个关系式是浮选标准热力学公式，它的意义在于 ΔF 的负值越大，矿物颗粒被润湿的可能性越小。图 1-4 绘出了使气泡和矿物颗粒分离的表面张力图，若只考虑接触角一个参数，接触角 θ 越大，矿物颗粒与气泡间的吸力越大。显然，只有当 $\theta > 0°$ 时，$\Delta F < 0$，才有可能进行浮选。

在工业上浮选通常用机械搅拌式浮选机或者用充气式浮选机。近来浮选柱的应用逐渐增多，在 Mo-Cu 浮选分离时大有代替浮选机的趋势。浮选柱的尺寸有 $\phi 2 \times (10 \sim 13) \mathrm{m}$，供料高出柱 3m，矿浆自上往下运动，气泡自下而上运动，逆向运动相遇，可达到理想的浮选效果。

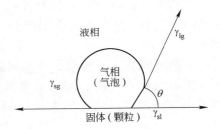

图 1-4 在液相中使气泡与矿物颗粒分离的力

1.2.3.3 浮选药剂

在工业浮选过程中，必须要向矿浆中添加浮选药剂，这些药剂包括有：捕收剂，起泡剂，调整剂，活化剂和抑制剂。添加各种药剂的目的在于改善浮选性能，提高浮选效率，分述如下：

（1）捕收剂。它是表面活性剂，需要回收的矿物颗粒表面吸附了捕收剂的分子或离子，降低了水化层的稳定性，使之亲水疏水。捕收剂一般分为阳离子和阴离子两大类，为了能有效地发挥捕收作用，它必须由极性基和非极性基（烃类）两部分组成，极性基与矿物颗粒表面发生反应并吸附在它的表面上，而非极性基朝向矿浆，使矿粒疏水而浮游。

阴离子捕收剂用得最多的有黄药和黑药。黄药在酸性介质中不稳定，常用在碱性矿浆中。黄药有乙基钾黄药、异丙基钠黄药等。另外有煤油、蒸汽油、燃料油、变压器油及其他烃类物质也常用做捕收剂。

阳离子类捕收剂用于硅化及硅酸盐类矿物，它的疏水基是五价氮极性基产生的，最常

见的有胺阳离子，阴离子是卤化物。阳离子的吸附强度比阴离子的弱，它对矿浆的 pH 值很敏感，在弱酸性介质中作用良好，而在强酸及碱性矿浆中不起作用。这类捕收剂有月桂胺，月桂胺盐酸盐等。

（2）起泡剂。浮选过程中的泡沫必须有一定的强度，选择性和持久性。优质起泡剂必须容易通过水-气界面，即部分排水，部分溶水，就是说是异极性的，即有极性基又有非极性基。极性基亲水，非极性基斥水，亲空气。这就要求起泡剂不能不溶于水，溶解度又不能过高。使用最多的是醇类起泡剂，如 MIBC 甲基异丁基甲醇（又称甲基戊醇），另外还有松醇油，甲酚酸等。

（3）调整剂。调整剂的使用是为了调节矿浆的酸碱度（pH 值），抵消矿泥及可溶性盐的副作用。现在几乎所有的硫化矿都在碱性介质中浮选，对于具体的矿浆必须控制好最佳 pH 值。目前，碱性矿浆使用最多的调整剂是石灰和苏打，石灰有絮凝作用，苏打抑制矿泥。另外，水玻璃、淀粉、糊精及磷酸盐也用作调整剂，用于分散矿泥和胶体，提高浮选的选择性。

（4）活化剂。使用活化剂可提高难浮选矿物的可浮性，活化剂一般是可溶性盐，它在水中电离，它的离子与矿物表面反应，改变矿物的表面性质，使它与捕收剂作用后疏水。例如在闪锌矿浮选时用硫酸铜做活化剂，它在水溶液中生成 Cu^{2+} 离子，此离子与闪锌矿反应 $ZnS + Cu^{2+} \rightarrow CuS + Zn^{2+}$，新生表面与黄药作用，使闪锌矿表面疏水。若没有铜的活化作用，黄药与矿石作用生成的锌盐极易溶于水，不能在矿石表面生成疏水薄膜，就不能有效地进行闪锌矿的浮选。

（5）抑制剂。当一种矿物与另一种矿物共生时，若可浮性接近，加入抑制剂，造成矿物之间可浮性差异，因为抑制剂可使一种矿物亲水不易上浮，可达到分选的目的，对不同的矿物采用不同的抑制剂，水玻璃可以用做白钨矿的抑制剂。

在硫化矿浮选时，如辉钼矿，硫化铜，硫化铁等用淀粉、糊精、骨胶、硫化钠、氰化钠、铁氰化钾、亚铁氰化钾、诺克斯等物质做抑制剂。一些有机物不电离，生成胶体颗粒，在矿粒表面沉淀，在选矿时起类似矿泥的作用。在选钼时用硫化钠来抑制硫化铜和硫化铁矿，它们抑制作用的机理是，硫化钠在水中水解电离：$Na_2S + H_2O \rightleftharpoons 2NaON + H_2S$，$NaOH \rightleftharpoons Na^+ + OH^-$，$H_2S \rightleftharpoons H^+ + HS^-$，$HS \rightleftharpoons H^+ + S^{2-}$。水解及解离产物决定了料浆介质 pH 值。在酸性介质中硫化氢 H_2S 不起抑制作用。碱性矿物浆中 HS^- 被硫化物矿表面吸附，与矿物颗粒表面上的亚铜黄原酸盐反应，使捕收剂解吸，硫化铜矿粒变得亲水。而在辉钼矿表面不会发生这种反应，它仍然保持其天然的可浮性。硫化钠的这种表现取决于它在矿浆中的浓度，如果在硫化矿中有氧化矿，则硫化钠的用量要加大。因为溶解在水中的氧是 Na_2S 的氧化剂，在浮选过程中加速 Na_2S 的氧化，在它的浓度由于氧化而降到一定程度时，抑制作用衰退，铜铁硫化矿又恢复了它的可浮选性。硫化钠的抑制作用除与它的浓度有关外，还与时间，pH 值，系统中的氧含量，浮选作业时间有关。

浮选硫化铜矿（黄铜矿）时，氰化钠是特效抑制剂。对于辉铜矿和斑岩铜矿它没有抑制作用，由于氰化物毒性很强，在选择抑制剂时要少用慎用氰化物。

诺克斯 LR-744 和 Anamol-D 是两种较好的抑制剂，诺克斯是 P_2O_5（43.5%）和 NaOH（56.5%）反应，结果生成 H_2S，在碱过量时反应产物 H_2S 转成 Na_2S 和 NaHS，具体反应式为：

$$6NaOH + P_2O_5 \longrightarrow 2Na_3PO_2S_2 + H_2O + H_2S$$

$$H_2S + NaOH \longrightarrow NaHS + H_2O$$

$$P_2S_5 + 10NaOH \longrightarrow Na_3PO_2S_2 + Na_3PO_3S + 2Na_2S + 5H_2O$$

而 Anamol-D 是 20% 的 As_2O_3 和 NaOH 溶液作用，每 1mol As_2O_3 要 3mol 的 Na_2S，反应式为：

$$As_2O_3 + 3Na_2S + 2H_2O \rightleftharpoons Na_3AsO_2S_2 + Na_3AsO_3S + 4H^+$$

$$As_2O_3 + 3Na_2S + 2H_2O \rightleftharpoons Na_3AsO_4 + Na_3AsOS_3 + 4H^+$$

诺克斯的性能与 Anamol-D 的性能近似，加砷有时称砷诺克斯，它们两个的抑制作用完全取决于 Na_2S 的存在。Na_2S 产生 SH^-，这种负离子抑制硫化铁和硫化铜矿。诺克斯的抑制作用比单独 Na_2S 更有效，更持久。这是因为反应生成物硫化磷酸盐络合物贮存有大量的抑制剂的硫离子，这限制了 Na_2S 在空气中的氧化反应速度，明显的延长了抑制时间。

1.3　分离钼矿石制取钼精矿

钼矿石种类较多，有单一矿，还有辉钼矿、钼铜共生矿、钼钨共生矿、钼铁矿等。显然不能用一种办法分离不同种类的矿石，需针对不同矿种确定具体的分离工艺。

1.3.1　辉钼矿的可浮选分离性

在介绍辉钼矿时已论述过 MoS_2 的晶体结构，它属于六方晶系，在每一层上的 S—Mo—S 原子之间是共价键结合，而各层面之间 S—Mo—S 是分子键结合，即范德华键结合，范德华键的结合强度比共价键的低。在辉钼矿磨碎以后，其破碎表面上呈现出有两种不同的断裂面，一种是 S—Mo—S 面间的范得华键断开，称为"面"面，这种断裂面的表面能很低，呈电中性，是非极性面，几乎不吸附能量高的分子（如水分子）。另一种断裂面是 S—Mo 之间的共价键断裂，断裂面称为"棱"面，棱面是化学活性的，具有离子特性，当和水接触时即生成硫代钼酸盐类氧化物。另一方面，考查"面"面和"棱"面与水的接触角，它在区分疏水性和亲水性方面有实际参考价值。由于辉钼矿有此两种断裂表面，最终表现出来的表面特性，特别是疏水性，取决于矿粒表面的"面"面与"棱"面的比。实际测量单个辉钼矿粒的"面"面与"棱"面比是很困难的，磨碎的辉钼矿的"面"面与水的接触角约为 80°，而"棱"面约为 30°，接触角是矿物可浮性的一个动力学指标，接触角越大，接触吸附时表面自由能变化的负值越大，有利于选矿分离，可以参看 1.2.3.2。

如此看来，辉钼矿的浮选取决于"面"面和"棱"面的比例。由于 {0001} 明显解理，因而"棱"面比例较少。辉钼矿的表面特点是"面"面所占的比例比"棱"面高，这就说明辉钼矿是低表面能的矿物，对水分子的亲和力低，不易被水润湿。"面"面多，接触角大，易浮选。在亲水性的矿粒上，"棱"面所占比例比"面"面的大，接触角小，可浮性差，辉钼矿磨得越细，"棱"面的比例比"面"面的大，表面越易被润湿，矿物的可浮性受到负影响，因此，大颗粒矿石比小颗粒矿石容易浮选。

锌、铅、铜的硫化物矿与辉钼矿相比，MoS_2 比它们的化学稳定性高，但在水介质中根据不同的 pH 值，辉钼矿氧化生成 MoO_4^{2-}，或者钼酸根（$HMoO_4^{4-}$）离子，氧化一般发生在"棱"面上，这些阴离子溶于水。而锌、铅和铜的硫化物矿与水接触生成阳离子，水解后成为不溶于水的氧化物或氢氧化物，由于硫化矿的表面氧化会降低其可浮性。因比，辉钼矿的可浮选性比硫化锌，硫化铜和硫化铅要好。应用某些天然浮选剂，如松油，甲酚酸就可以对浮选性好的辉钼矿进行浮选分离。

1.3.2 原生单一钼矿的分离

这里所说的原生单一矿是指矿物中钼是唯一有用的需要分离出来的物质。图1-5是钼矿山的基本分离工艺流程图。入选的矿物磨碎到浮选所需的单体离解度的粒度，如前所述，辉钼矿的破碎粒度是比较粗的，-200目占到约40%，经精选后的泡沫品位达到3%~4%，为了进一步提高品位，分离脉石和其他可能存在的杂质，粗选以后还要经多次再磨精选，精选的次数基本上根据对产品的品质要求确定。

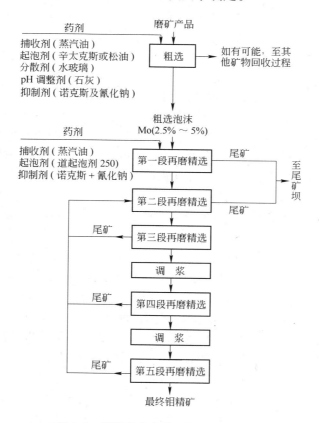

图1-5　钼浮选分离的基本工艺流程图

采用汽油、煤油、燃油和变压器油及其他烃类化合物做捕收剂比用黄药好，因为黄药是在"棱"面上起作用，而煤油等是在"面"面上起作用。已知辉钼矿的"面"面比"棱"面多，烃类捕收剂足以满足增强辉钼矿的可浮性。如果用黄药类捕收剂，则能力有多余，有可能浮起硫化铜，硫化铁及别的硫化物矿，影响辉钼矿的品位。通常用这种工艺可获得钼精矿的品位为 Mo 48%~56%，Fe 0.5%，Cu 0.06%，Pb 0.03%，Bi 0.02%，尚有约4%的 SiO_2 类不溶脉石。原生矿的回收利用率约为75%~90%（Clamax数据）。

1.3.3　非单一原生钼矿的分离

单一原生钼矿是钼的一个主要来源，随着技术的发展，钼的应用领域不断扩大，对钼的需求量也与日俱增。

因此，除由单一原生钼矿提取钼以外，从含钼多的共生金属矿提取钼，增加钼的资源量也备受关注。例如，从斑岩铜矿中回收副产品钼，从钼钨矿中分离钼等。由于原矿不一样，因而浮选分离方法也不一样。比较重要的有钼铜分离和钼钨分离。

1.3.3.1　钼铜分离

斑岩铜矿是铜钼矿，钼是回收铜的副产品，矿石磨碎到浮选所要求的粒度，希望粒度细一些，通常 −200 目约占 50% ~70%，先混合粗选的铜钼，工艺操作首先要满足选铜的最佳条件。捕收剂用黄药，石灰和 MISC 做 pH 值调整剂和抑制剂，尽可能多的分离回收铜钼，混合粗泡沫品位能达到 Cu 8% ~20%，Mo 0.1% ~0.5%。经过多次重磨精选铜可上升到 28% ~35%，钼可上升到 0.2% ~2%，最高达到 3% ~4%。在精选过程中还要加松油、甘醇醚及甲酚酸等药剂。

精选制出的泡沫先进行浓缩。清除残留下的药剂，再调浆，用抑制铜浮选钼的工艺道路，制取分离钼精矿。为了更好地抑制铜，要尽量除去铜捕收剂，或使之失效。加热处理、蒸馏、压力蒸馏、蒸煮、表面焙烧等都是行之有效的方法。另外，加入次氯酸或过氧化物使捕收剂氧化，抑制铜矿物。处理后的浓缩液添加油类捕收剂，诺克斯，氰化物等抑制剂。粗选钼以后的含铜尾矿达到冶炼铜的要求，可进一步浓缩过滤后熔炼成铜锭。另一条工艺路线是把浮选分离出的含钼泡沫，再经若干次精选，最终可以得到钼精矿。

总而言之，由斑岩铜矿可以浮选分离出钼精矿副产品及铜精矿，最后炼出铜锭。

1.3.3.2　多金属共生矿分离钼

图 1-6 是一种含有钼、钨和铜的共生矿的分离流程图，原矿含有钼 0.2% ~0.3%，把原矿磨细到 0.5mm 的粒度，满足单体解离度的要求。粗选时用煤油做捕收剂，用苏打灰把矿浆的 pH 值调整呈碱性，浮选 15min，获得含有钼、铜及黄铁矿的混合精矿。此粗选精矿用 Na_2S 抑制铜和黄铁矿，经多次重磨精选，可分离出 $w(MoS_2)=80\%$ 的钼精矿，精选产出的尾矿含铜约 12%，即铜精矿。混合粗选产生的尾矿用新药剂调浆后精选分离出钨精矿。这个流程图最终产出钼精矿、钨精矿、铜精矿三种精矿。

1.4　辉钼矿的净化

辉钼矿浮选分离产出钼精矿，这种精矿必然夹带有其他杂质，例如 Cu、Pb、Ca、Si、As、P、Sn 及 Sb 等。铜在辉钼矿中的存在形态多为辉铜矿（Cu_2S），铜蓝（CuS）有时也有黄铜矿（$CuFeS_2$）。铅主要为方铅矿（PbS），有时也有脆硫锑铅矿（$Pb_2Sb_2S_5$），还有辉铋铅矿（Pb(Bi)S）及 Bi_2S，它是导致一些钼精矿铋含量高的原因。钙在钼精矿中的存在形态主要是方解石（$CaCO_3$）及萤石 CaF_2，另外还有石榴子石和辉石。这些矿石在下一步焙烧时先转化成氧化物，这些氧化物与 MoO_3 反应生成钼酸盐，在氨浸操作时这些钼酸盐残留在滤渣中，降低了钼的回收率。另外，由于钼酸钙的熔点低，在焙烧过程中，在 650 ~700℃时焙烧炉的各个部位生成硬壳，影响炉子的正常作业和辉钼矿的转化率。而

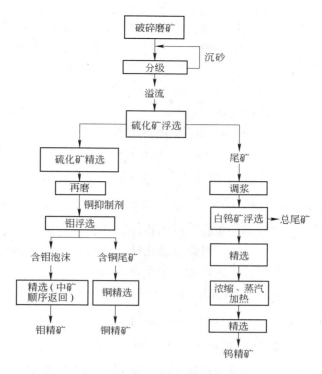

图 1-6 多金属共生矿分离钼

铅、砷和锡在焙烧过程中挥发，污染环境，特别是砷，必须尽量除去。据此，钼精矿进行净化处理，清除偏高的铅、铜和钙等有害杂质，以便提高三氧化钼、钼酸铵和钼铁的质量。表 1-1 给出了我国主要钼矿山生产的钼精矿的化学组分。

表 1-1 我国主要钼矿山的钼精矿的典型化学组分

矿 山	化学组分（质量分数）/%									
	Mo	SiO_2	Cu	Pb	CaO	P	As	Sn	Bi	W
No. J	51.61	6.38	0.15	0.07	0.57	<0.01	<0.01	<0.01	0.048	—
No. L	47.68	8.94	0.29	0.05	2.40	<0.01	<0.01	<0.01	—	0.14
No. Y	45.18	10.8	0.20	0.23	3.27	<0.01	<0.01	<0.01	—	—

1.4.1 氰化物浸出法

钼精矿中含铜约为 0.5% ~1%，如果它们存在的方式是辉铜矿 Cu_2S、铜蓝 CuS_2 及少许黄铜矿，则可以用热的碱性氰化钠溶液浸出铜。Cu_2S 及 CuS_2 等铜化物在 0.1% 的氰化钠溶液中，在 45℃时的溶解度是 100%，它们与氰化钠反应生成铜氰络合物盐。辉铜矿与氰化钠的反应方程式为：

$$2Cu_2S + 4NaCN + 2H_2O + O_2 \Longrightarrow Cu_2(CN)_2 + Cu_2(CNS)_2 + 4NaOH$$

$$Cu_2(CNS)_2 + 6NaCN \Longrightarrow 2Na_3Cu(CNS) \cdot (CN)_3$$

大多数钼矿山（如智利的丘基卡马达厂等）用氰化法处理钼精矿，把已浸出过铜的钼精矿焙烧成工业三氧化钼焙砂或三氧化钼压块，铜含量可降到 0.5% 以下。

1.4.2　氯化物浸出法

用氯化物净化钼精矿，可以把精矿中的铜矿物、铅矿物、铁矿物以及钙矿物等杂质除去。生产出满足下道工序要求的优质钼精矿。

金属氯化物在水溶液中的溶解度比相应的硫酸盐高，在浓氯化物溶液中，氯离子表现出很高的活性，在水溶液中用三氯化铁 $FeCl_3$ 及氯化亚铜 $CuCl_2$ 做浸出剂，发生下列电离反应：

$$FeCl_3 + e \Longrightarrow FeCl_2 + Cl^- \qquad 标准氧化还原电位\ \varepsilon_0 = 0.771V$$

$$CuCl_2 + e \Longrightarrow CuCl + Cl^- \qquad 标准氧化还原电位\ \varepsilon_0 = 0.538V$$

各种硫化物矿被氯化物浸出的难易程度的排序，从难到易为黄铁矿→黄铜矿→闪锌矿→方铅矿→磁黄铁矿。氯化物，例如三氯化铁、氯化亚铜对辉钼矿的浸出活性很低。三氯化铁和氯化亚铜与方铅矿，黄铜矿的浸出反应为：

$$CuFeS_2 + 3CuCl_2 \Longrightarrow 4CuCl + FeCl_2 + 2S$$

$$CuFeS_2 + 4FeCl_3 \Longrightarrow CuCl_2 + 5FeCl_2 + 2S$$

$$2PbS + 4FeCl_3 \Longrightarrow 2PbCl_2 + 4FeCl_2 + 2S$$

铜矿物与铅矿物和三氯化铁反应生成 $CuCl_2$ 和 $PbCl_2$ 溶液被溶解，铁、铜转化成氯化亚铁和氯化铜。浸出后的母液中的二氯化铁和氯化铜可用氯气氧化再生为氯化铁和氯化铜。

氯化物浸出剂包括三氯化铁、二氯化铜，浸出剂一般含有氯化钙、氯化钠、氯化镁及盐酸。$FeCl_3$ 和 $CuCl_2$ 的活性极大，氯化钙、氯化钠可以促进浸出过程，提高浸出速度，降低溶液的 pH 值和提高溶液的沸点。从而可使钼精矿中的铅和铜浸出 98% 以上，70% 以上的钙被浸出。作为一个实例，用 $CuCl_2$ 5% 和 $CaCl_2$ 30% 浸出剂，在 110℃ 浸出 180min，钼精矿中（质量分数）的 Cu、Pb、Fe 分别由 0.54%、0.55% 和 0.91% 降到了 0.1%、0.04% 和 0.28%。如果浸出剂改用 $CuCl_2$ 1%、$FeCl_3$ 10% 和 $CaCl_2$ 30%，同样也浸出 180min，相应的杂质铜、铅和铁变成了 0.04%、0.02% 和 0.38%。见表 1-2 不同浸出剂对钼精矿中的铜、铅、铁、钙和钼的影响，表列数据说明，浸出 180min 以后，铜、铅、钙、铁等杂质含量已经降到符合要求的含量，钼的品位大约提高了 24%，氧化钙最低可以到 10%。

表 1-2　不同浸出工艺对钼精矿中的 Cu、Pb、Fe、Ca、Mo 含量的影响

二氯化铜/%	三氯化铁/%	氯化钙/%	温度/℃	浸出后各种杂质及钼的含量(质量分数)/%									
				铜		铅		铁		钙		钼	
				原始	180min	原始	180min	原始	180min	原始	180min	原始	180min
—	10	30	110	0.45	0.07	0.22	0.02	0.99	0.42	0.53	0.08	51.8	56.3
1	9	30	110	0.45	0.04	0.22	0.01	0.99	0.42	0.53	0.4	51.8	53.5
1	10	20	105	0.45	0.05	0.22	0.02	0.99	0.46		51.8	54.4	
1	15	10	105	0.45	0.08	0.22	0.01	0.99	0.44		51.8	54.4	

浸出温度对浸出结果有明显影响，见表1-3 P. W. 斯达列的数据，是用1CuCl-10FeCl₃-30CaCl₂浸出液在不同温度下浸出钼精矿的结果。精矿粒度0.038mm约占80%。表列数据说明，钼精矿中的铜、铅、铁、钙等杂质的含量随浸出温度的升高总趋势都是下降，浸出效果明显提高。

表1-3　1CuCl-10FeCl₃-30CaCl₂的温度对钼精矿浸出效果的影响

浸出温度/℃	浸出以后钼精矿中杂质的含量（质量分数）/%											
	Cu			Pb			Fe			Ca		
	浸出时间/h			浸出时间/h			浸出时间/h			浸出时间/h		
	0	2	4	0	2	4	0	2	4	0	2	4
70	0.20	0.16	0.13	0.06	0.03	0.03	0.57	0.51	0.51	0.52	0.06	0.20
80	0.20	0.11	0.09	0.06	0.03	0.03	0.57	0.39	0.36	0.52	0.15	0.08
90	0.20	0.07	0.05	0.06	0.02	0.02	0.57	0.31	0.31	0.52	0.05	0.17
100	0.20	0.06	0.03	0.06	0.02	0.02	0.57	0.30	0.26	0.52	0.05	0.04
110	0.20	0.01	—	0.06	0.01	—	0.57	0.52	—	0.52	0.13	—

1.4.3　氯化物混合焙烧浸出

浮选分离出的钼精矿添加适量的不挥发的FeCl₃、NaCl、CaCl₂、MgCl₂或它们的混合物，在200~300℃焙烧处理1h以上，提高钼精矿中的铅、铜等的活性。焙烧后用FeCl₃水溶液浸出，pH值不大于4。浸出液中的氯化物离子浓度最好为0.05~0.25kg/L。在70~95℃浸出时间超过1h，浸出过程中要不断搅拌，浸出以后过滤分离，过滤温度不低于70℃，滤液冷却到50℃以下，PbCl₂由溶液中结晶分离出来。母液中的铁、铜累积到一定浓度时再分离，母液可再生利用。这种工艺可以把铅由0.4%降到0.05%，铁、铜浸出率也很高。表1-4给出了用NH₄Cl（0.25%~25%）在250~300℃焙烧处理1~2h以后，再用盐酸水溶液浸出的结果。试验数据说明，用这种浸出工艺可以有效除去钼精矿中的铅、铜、铁和钙，可溶性钼为0.08%~0.45%。

我国陕西钼矿采用HCl、HCl和FeCl₃溶液净化钼精矿，工艺制度为：pH值是3，固液比为1:3，温度50~60℃，浸出时间60min。结果CaO由大于0.5%降到0.09%，Pb和Cu分别由0.046%和0.090%降到0.039%和0.0085%。钼的品位由53.80%升高到55.71%。浸出CaO的效果最好，Pb和Cu的含量也有下降[4]。

表1-4　NH₄Cl焙烧的钼精矿用盐酸浸出的结果　　　　　　（%）

浸出前后	Mo	Pb	Cu	Fe	Ca	Mg	K
A 浸出前	52.88	0.306	0.037	0.83	0.02	0.007	0.055
A 浸出后	56.6	0.044	0.012	0.610	0	0.005	0.055
B 浸出前	40.25	0.056	0.740	1.65	0.16	0.037	—
B 浸出后	45.3	0.01	0.16	0.67	<0.01	0.01	—

1.4.4　乙二胺四醋酸盐除铅

乙二胺四醋酸及其盐类称为EDTA，在50℃能溶解方铅矿及其他硫化铅矿物，并与铅

离子络合成 Na_2Pb（EDTA），而辉钼矿很少溶解，把溶液和滤渣分开，能有效地除去钼精矿中的杂质铅。这种方法称为萨卡尔曼除铅法。表 1-5 是各种乙二胺醋酸盐的除铅效果。原始钼精矿的含铅量为 0.55%，表列试验数据说明，氨基聚羧酸盐的除铅效果最佳，而醋酸没有什么浸出效果。已经用过的滤液用 Na_2S 处理以后可返回重用。处理反应式为：

$$Pb + Na_2(EDTA) = Na_2Pb(EDTA)$$

$$Na_2Pb(EDTA) + Na_2S = PbS\downarrow + 4Na_2(EDTA)$$

表 1-5　各种乙二胺醋酸盐的除铅效果

浸出剂的种类	温度/℃	浸出时间/h	原始 pH 值	残渣铅含量/%
$Na_2H_2(EDTA)$	90	1	4.6	0.078
$Na_2(EDTA)$	90	1	11.4	0.058
$(NH_4)_4(EDTA)$	90	1	9.1	0.085
氨基三醋酸盐	90	1	10.5	0.085
柠檬酸钠	100	6	9.1	0.540
羟基醋酸	100	6	2.3	0.550
羟基醋酸钠	100	6	11.2	0.50
醋 酸	200	3	2.6	0.55

把 PbS 过滤出来以后，Na_2（EDTA）返回重用。影响浸出铅的效果的因素有 EDTA/Pb 的摩尔比，温度，浸出时间，Ca^{2+}、Mo^{4+} 的浓度。在摩尔比为 20～100 的情况下，浸出温度 90℃，浸出率超过 90%，残渣含铅为 0.066%。浸出温度提高，铅的浸出率也增高，由 54℃升高到 77℃时，残渣中铅含量由 0.095% 降到 0.082%。摩尔比降到 5 时，在 90℃浸出 1h，浸出率不超过 20%，残渣中铅含量升到 0.43%。浸出时间超过 1h，时间对浸出效果没有什么影响。

至于 Ca^{2+} 和 Mo^{4+} 对铅浸出率的影响，pH 值高时 Ca^{2+} 与 EDTA 生成强键合的络合物，明显的抑制了铅的浸出，在低 pH 值条件下，抑制作用减小。钼酸盐在 pH 值小于 10 时才与 EDTA 结合，pH 值大于 10 时，它对铅的浸出率没有多大影响。

1.5　辉钼矿的加工与工业三氧化钼的生产[2,3]

辉钼精矿 MoS_2 进一步处理可生产出工业三氧化钼，它是生产钼粉的重要初级原料，辉钼精矿的处理工艺路线，即火法冶金和湿法冶金，或者火法加湿法路线。火法冶金就是焙烧钼精矿 MoS_2，产品是工业三氧化钼焙砂。湿法冶金就是用酸、碱、盐溶解浸出钼精矿，分离出有用的钼和其他的副产品。还发展了电冶金，利用电化学原理的氧化还原反应（指得失电子）来处理钼精矿。

1.5.1　钼精矿焙烧的基本理论

在湿法冶金未发展以前，几乎所有的钼精矿都要经过焙烧，生产出工业三氧化钼（钼焙砂），我国 YM055 标准规定，焙砂钼含量不小于 55%，各种杂质的含量为：$w(Cu) \leqslant$ 0.4%，$w(S) \leqslant 0.15\%$，$w(P) \leqslant 0.04\%$，$w(C) \leqslant 0.1\%$，$w(As) \leqslant 0.04\%$，$w(Sn) \leqslant$

0.05%，$w(H_2O)\leqslant0.5\%$。在焙烧过程中会发生四类化学反应：（1）辉钼矿氧化生成三氧化钼和其他氧化钼；（2）辉钼矿氧化生成的三氧化钼与辉钼矿之间的相互化学反应；（3）辉钼矿中伴生的（铁、铜、铅）硫化矿氧化生成氧化物和硫酸盐；（4）三氧化钼与杂质氧化物（铜、铁、钙等氧化物，硫酸盐，碳酸盐）相互反应，生成钼酸盐。

温度超过 500℃，MoS_2 在空气中剧烈氧化生成 MoO_3，每克分子 MoS_2 放出热量 1207kJ，600℃的反应式为：

$$MoS_2 + 3.5O_2 \longrightarrow MoO_3 + 2SO_2 + 1207kJ$$

这一反应的自由能变化

$$\Delta F_T = 2568.7 + 14.67\lg T + 5.4\times10^{-2}T^3 + 13.80T$$

在 500~700℃范围内反应自由能为负值，$\Delta F_T < 0$，反应一直往右进行，图 1-7 的反应自由能变化曲线也指出，这一反应的自由能变化为负值，反应是不可逆的，即使气相中的氧浓度很低，反应也照样能不断进行。由于反应是放热反应，辉钼矿氧化反应放出的热量基本能够满足焙烧所需要的热量。但是，在弱反应区反应放出的热量不足以维持焙烧过程，还要不断继续供给焙烧所缺少的热量。

在氧化焙烧过程中，辉钼矿 MoS_2 的颗粒被氧化生成的氧化膜包覆，膜内的气态硫向膜外扩散，氧向膜内扩散，硫、氧通过氧化膜的扩散速度和氧化膜的结构决定了辉钼矿氧化焙烧进行的速度。在 400℃以下氧化膜的结构是致密的，透气性差，氧化膜是硫和氧的反应屏障。硫和氧透过膜的扩散速度控制了 MoS_2 扩散控制的焙烧氧化速度。在较高温度下 550~600℃，生成的氧化膜疏松多孔，不构成氧化屏障，它不会隔断氧与硫的接触，氧化过程能一直进行下去。根据泽里克曼的资料，600℃时辉钼矿的氧化速度是 9×10^3 mm/min。

图 1-8 是在 630℃时 Mo-S-O 系统中各个相的稳定性图，由该图看出，在 550~600℃

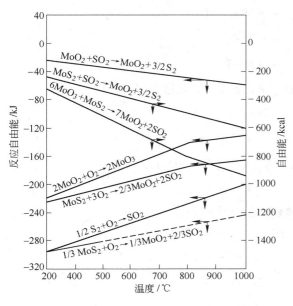

图 1-7　钼化合物、二氧化硫及气态硫
之间反应的自由能变化

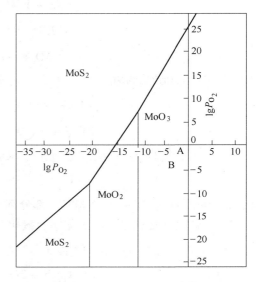

图 1-8　Mo-S-O 系统在 630℃相稳定性图
A—$w(SO_2)=10\%$，$w(O_2)=10\%$；
B—$w(SO_2)=1\%$，$w(O_2)=1\%$

范围内焙烧钼精矿 MoS_2，在通常氧和二氧化硫含量的情况下，MoO_3 是唯一的稳定相。

三氧化钼 MoO_3 与辉钼矿 MoS_2 之间的反应是矿粒与三氧化钼粉尘之间的固态反应，反应发生在颗粒内部，符合固态接触反应规律。在无空气条件下，在 600℃ 和 700℃ 按下式反应：

$$MoS_2 + 6MoO_3 \longrightarrow 7MoO_2 + 2SO_2$$

另外，在适宜的温度和气相条件下，MoS_2 可以直接氧化成二氧化钼

$$MoS_2 + 3O_2 \longrightarrow MoO_2 + 2SO_2$$

此外，还有两组反应也能生成二氧化钼 MoO_2，即气态硫还原三氧化钼以及辉钼矿与二氧化硫之间的反应

$$2MoO_3 + 0.5S_2 \longrightarrow 2MoO_2 + SO_2$$

$$MoS_2 + SO_2 \longrightarrow MoO_2 + 1.5S_2$$

在有一些焙渣中发现有硫元素，说明生成硫的反应是存在的。从图 1-7 的反应自由能变化曲线可以看出，$\Delta F < 0$，说明这些反应满足热力学要求。应当指出，由于随后的焙砂处理会用铵浸工艺，而二氧化钼 MoO_2 不溶于氨水，所以需要在 600℃ 以下焙烧，避免生成二氧化钼和其他的副反应。

除三氧化钼 MoO_3 和二氧化钼 MoO_2 以外，在焙烧过程中还能形成低价氧化钼，Mo_4O_{11} 和 Mo_9O_{26}，它们是三氧化钼和气态硫的反应产物。在多膛炉的底层曾经发现有约 30% 的 Mo_4O_{11} 和 10% 的 Mo_9O_{26}。在排气系统中还发现有钼蓝 Mo_8O_{26}。

钼精矿总是伴生有一些铁、铅、铜和钙的硫化物杂质，这些杂质是钼精矿生产过程中不可避免的。这些杂质在焙烧时它们氧化成氧化物和部分硫化物，反应式（式中 M 表示金属）为：

$$MS + 1.5O_2 \longrightarrow MO + SO_2$$

$$2SO_2 + O_2 \longrightarrow 2SO_3$$

$$MO + SO_3 \longrightarrow MSO_4$$

在 550~600℃ 焙烧时，Fe、Cu、Ca、Pb、Zn 等杂质的氧化方程为：

$$4FeS_2 + 11O_2 \longrightarrow 2Fe_2O_3 + 8SO_2 \uparrow$$

$$2FeS + 3.5O_2 \longrightarrow Fe_2O_3 + 2SO_2 \uparrow$$

三氧化二铁 Fe_2O_3 还会与三氧化硫 SO_3 反应，生成 $Fe_2(SO_4)_3$：

$$Fe_2O_3 + 3SO_3 \longrightarrow Fe_2(SO_4)_3$$

生成的 $Fe_2(SO_4)_3$ 在 450~500℃ 大部分都离解，最终生成很少 $Fe_2(SO_4)_3$。

辉铜矿和铜蓝氧化生成氧化铜及氧化亚铜：

$$Cu_2S + 1.5O_2 \longrightarrow Cu_2O + SO_2 \uparrow$$

$$Cu_2S + 2O_2 \longrightarrow 2CuO + SO_2 \uparrow$$

$$CuS + 1.5O_2 \longrightarrow CuO + SO_2 \uparrow$$

方铅矿氧化反应

$$PbS + 1.5O_2 \longrightarrow PbO + SO_2 \uparrow$$

闪锌矿氧化反应过程为：

$$ZnS + 1.5O_2 \longrightarrow ZnO + SO_2 \uparrow$$

$$ZnO + SO_3 \longrightarrow ZnSO_4$$

方解石和白云石在焙烧时分解：

$$CaCO_3 \longrightarrow CaO + CO_2 \uparrow$$

$$MgCO_3 \cdot CaCO_3 \longrightarrow CaO \cdot MgO + CO_2 \uparrow$$

重金属氧化物与三氧化硫 SO_3 反应生成各种硫酸盐，这些硫酸盐的分解温度不同，铜盐在 $600 \sim 650 \, ^\circ\!C$ 分解，锌盐在 $700 \, ^\circ\!C$ 以上分解。

在焙烧过程中三氧化钼 MoO_3 与杂质氧化物发生反应，结果生成若干种钼酸盐，反应通式（M 为金属）为：

$$MCO_3 + MoO_3 \longrightarrow MMoO_4 + CO_2$$

$$MO + MoO_3 \longrightarrow MMoO_4$$

$$MSO_4 + MoO_3 \longrightarrow MMoO_4 + SO_3$$

例如，氧化铜 CuO 和三氧化钼 MoO_3 反应

$$CuO + MoO_3 \longrightarrow CuMoO_4$$

这个反应发生的温度为 $300 \sim 750 \, ^\circ\!C$，已经生成的钼酸铜 $CuMoO_4$ 在 $500 \, ^\circ\!C$ 又与三氧化钼 MoO_3 反应，结果生成低熔点共晶体，所以，一般含铜较高的钼精矿的熔点偏低。

氧化钙和碳酸钙同三氧化钼之间的反应生成钼酸钙

$$CaO + MoO_3 \longrightarrow CaMoO_4$$

$$CaCO_3 + MoO_3 \longrightarrow CaMoO_4 + CO_2$$

在钼精矿中含有大量的铜和钙时，要降低焙烧温度，防止生成坚硬的烧结块。

氧化亚铁尽管在氧化环境中稳定性差，会转变成高价氧化铁，但是在 $300 \sim 800 \, ^\circ\!C$，它仍会与三氧化钼反应生成钼酸铁。

氧化锌在 $300 \, ^\circ\!C$ 以上和三氧化钼反应生成钼酸锌。

焙砂中硫酸盐杂质含量的高低与硫含量多少有关，另外，焙烧条件对它的含量也有影响。在下一步氨浸过程中，钼酸钙和钼酸铅少量溶于水，这部分化合物中的钼大多变成了浸渣，白白地浪费掉，降低了钼的浸出率。钼酸铁在氨水中缓慢溶解。钼酸铜快速溶于氨水。

影响焙烧的主要因素有温度、精矿粒度、炉内气氛特点、搅拌强弱和晶体结构。

（1）温度。焙烧温度越高，氧化速度越快。因此，焙烧要尽量采用允许温度的上限，一般焙烧温度采用 $600 \, ^\circ\!C$。在这个温度下，三氧化钼的蒸气压较高，如果超过 $600 \, ^\circ\!C$，三氧化钼就扩散蒸发升华。测出最热炉膛的表面温度为 $700 \, ^\circ\!C$，实际温度可能比测量温度高 $50 \sim 100 \, ^\circ\!C$，此时三氧化钼的蒸气分压为 $41.23 \, Pa$。

（2）精矿粒度。在焙烧过程中 MoS_2 氧化反应是属于固-气相的异相反应，反应发生在固相表面，显然，粒度细，表面积大，气-固相接触面大，反应区域广，辉钼矿 MoS_2 转化

成三氧化钼 MoO_3 速度就快。但是，如果粒度太细，造成料层孔隙度小，对反应不利。同时烟尘增多，带走的热量大，能耗增加。

另外，在焙烧时辉钼矿的着火温度是一个非常重要的特性，在着火温度以上进行焙烧，氧化过程可以自发继续不断进行。着火温度与辉钼矿的粒度有密切关系，粒度细的矿料着火温度低，反之，粗粒度的着火温度高，见表1-6。我国钼精矿的粒度组成（质量分数）大概 $-0.01 \sim 0.01mm$ 约占 31%，$0.066 \sim 0.272mm$ 约占 17.3%，$0.015 \sim 0.049mm$ 约占 51.7%（金堆城数据）。

表1-6   辉钼矿的着火点与粒度的关系

钼精矿的粒度/mm	开始氧化温度/℃	着火点/℃	钼精矿的粒度/mm	开始氧化温度/℃	着火点/℃
-0.06	207	365	0.2 ~ 0.35	300	510
0.09 ~ 0.12	230	465			

（3）炉内气氛特点。包括炉内气体的流动性及各种气体的分压（浓度）。焙烧时炉内气体流动处于紊流状态，能使物料周围的气体膜变薄，反应气体中的氧容易扩散到物料粒子的表面与物料接触，促使反应过程加快。钼精矿焙烧都采用过剩空气气氛，这样可加速氧化过程。也有采用富氧焙烧，氧化速度更快。但是，在空气过剩条件下焙烧，造成产出的二氧化硫浓度下降，对硫的回收利用不利。

（4）搅拌强弱。钼精矿的焙烧氧化是固-气相间的异相反应，固体表面生成的氧化膜控制了氧化过程的速度，致密牢固的氧化膜阻碍氧化的进程，多孔疏松的氧化膜对氧化过程的阻碍作用不大；另一方面，焙烧炉内流动的气体在和物料接触时形成一层薄薄的滞留层，特别是在气体流动处于层流状态时，该滞留层相对于物料几乎是静止的，在物料表面似乎形成一个"乏氧"层，对氧化反应不利。采用搅拌或者沸腾的办法，搅拌速度和搅拌强度合适，可以破坏颗粒的表面氧化膜并打乱气体的滞留层，可以促进氧化过程加速。

（5）晶体结构。天然辉钼矿 MoS_2 的晶体结构是层状的六面体结构，而三氧化钼 MoO_3 是斜方晶系，中间产品二氧化钼 MoO_2 是正方晶系。由六角晶格转化成斜方晶格的过程也影响辉钼矿的氧化焙烧的进程，特别是在辉钼矿 MoS_2 转化成三氧化钼 MoO_3 的结束阶段，三氧化钼晶体形成一层紧密的封闭的包壳，严重影响尚未被氧化的辉钼矿残核的氧化。晶体结构对氧化过程的影响属于晶型转变，用机械办法难于改变。

1.5.2   钼精矿焙烧的实践和操作

钼精矿焙烧可以用反射炉、回转炉、多膛炉、流态化炉和闪速炉。

1.5.2.1   反射炉

反射炉焙烧把物料铺在炉床上，直接加热焙烧，人工扒料，在低温区精矿脱水，脱油。精矿中的 $32\% \sim 36\%$ 的硫在 $600 \sim 700℃$ 工作区被氧化成二氧化硫逸出，烧成的三氧化钼含硫小于 0.1%，在反射炉中焙烧，如严格控制工艺，硫可降到 0.06% 以下。

在 $680 \sim 710℃$ 焙烧，在焙烧过程中生成的三氧化钼升华，钼损失可达 5%，因此，要用收尘设备回收升华的 MoO_3。反射炉焙烧先从料床的表面氧化，此时由于放热反应，上层表面可能过热而熔化，并形成硬壳。为防止这种问题要经常耙料。山西某钼矿企业用反射炉生产的焙砂的成分组成是：$w(\text{Mo})=56.89\%$，$w(\text{S})=0.096\%$，$w(\text{C})=0.059\%$，$w(\text{Cu})=0.14\%$，$w(\text{Sn})=0.0046\%$，$w(\text{Sb})=0.0024\%$，钼精矿原始含钼49%，钼回收率95.2%。

1.5.2.2　回转炉

用回转炉焙烧钼精矿，炉料置于倾斜转动的炉膛内，被焙烧的钼精矿自装料口装入，凭着炉膛转动，物料上下翻动，顺着斜炉膛缓慢地向出料口移动。回转炉分干燥区、自燃区、加热区、冷却区。干燥区的温度由室温升到450℃。钼精矿经过干燥区、水和油被蒸发并预加热。随后辉钼矿经过自燃区，MoS_2被氧化生成MoO_3，每克分子MoS_2放热1207kcal，引起自燃反应，使反应能自发向下进行。自燃区的温度维持在500～680℃。经过自燃区以后，物料中的硫降到了1.5%～3.5%，MoS_2氧化放出的热量已不能维持自燃反应，需要外热源加热，维持700℃温度，脱尽残硫。冷却区的物料由700℃降到250℃，使三氧化钼冷却，筛分出最终产品。回转炉生产出的钼焙砂的硫含量可降到0.07%，钼的回收率可以达到98%。

反射炉和回转炉在运行过程中物料和气体不完全做对流逆向运动，反应热不能充分被利用，需要外加热源，能耗较高。人工操作劳动强度大，温度控制不精确，物料容易过烧结块，形成低价氧化钼，不利于提取钼。二氧化硫回收不完全，污染环境。这两种炉子适用于中小型焙烧厂，大型厂都采用多膛炉。

1.5.2.3　多膛炉焙烧

图1-9是工厂运用的多膛炉的结构及各层的料耙分布示意图。炉体用耐火材料砌筑，

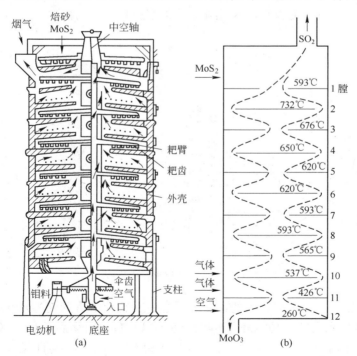

图1-9　十二膛焙烧炉的结构和各层的温度

（a）炉子的结构示意图；（b）各区域的温度分布

它支撑在立柱上，炉子的中央是空心轴，中空轴放在底座上，轴的底端是空气入口，用电动机和伞齿轮带动中空轴转动。空气自炉底空心轴入口进入炉膛，经过各层的搅拌耙，自底向上运动。

钼精矿来自料仓，用螺旋供料机供料，炉顶有一个附加炉膛用于炉料干燥和分配炉料。相邻上下两层炉的落料口错开布置，分别在中央或边缘。物料由中心耙向边缘，由中心移向边缘并落入下层。次下层物料由边缘向中心耙动，在中心部位又落入下一层，依此类推。直到底层焙烧好的焙砂冷却，包装，或者压成压块。可以看出，这类炉子的物料和气体是逆向相对运动，辉钼矿自上落下时发生强烈的氧化作用，使它完全氧化。在物料和气体对流时，可以充分地利用反应放出的热量，辉钼矿的氧化过程可以自发地延续下去。

把辉钼矿焙烧成焙砂，要发生许多复杂的化学反应，在多层炉中这些反应分别发生或者同时发生，若不考虑生成低价氧化物或硫酸盐反应，可列出下列反应链：

$$MoS_2 + 3.5O_2 \longrightarrow MoO_3 + 2SO_2$$

$$6MoO_3 + MoS_2 \longrightarrow 7MoO_2 + 2SO_2$$

$$MoO_2 + 0.5O_2 \longrightarrow MoO_3$$

焙烧过程分为四个反应区段，首段是钼精矿预热，夹带的浮选剂燃烧挥发，引起 MoS_2 向 MoO_3 转化。在第二段，二硫化钼 MoS_2 和氧反应生成三氧化钼 MoO_3，然后，MoO_3 又与 MoS_2 反应生成 MoO_2，此时 MoO_3 保持最小量。第三段几乎耗尽了所有的 MoS_2，MoO_2 迅速氧化成 MoO_3。在最后一段残余的硫降到 1%，或者几乎没有了，各个过程如图 1-10 所示。下面介绍一个美国 Climax 钼业公司的多膛炉焙烧的情况。

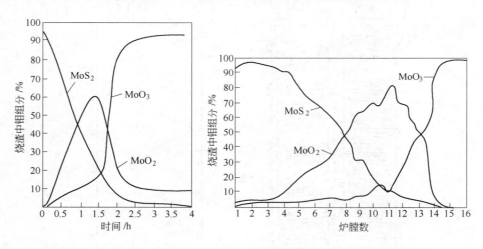

图 1-10　多膛炉焙烧反应过程

美国 Climax 钼公司是世界最大的钼业公司之一，它在洛特达姆（Rotterdam），兰格洛斯（Langeloty-PA）和富特·马地逊（Fort Madiso-IA）都建有多膛焙烧炉，图 1-11 是洛特达姆焙烧厂的平面布置。有一台十二膛多膛焙烧炉，它的炉膛直径 6.5m，轴的转速 0.29 ~ 0.87r/min，在 2、4、6、8、9、10、11 层装有气体烧嘴，螺旋供料机直径为 36cm，供料量 1.45t/h。钼精矿的组分是 $w(MoS_2) = 71\%$，油为 3%，水分为 5%，脉石矿为 7%。

焙烧料有 86% 的新矿和 14% 的回收粉尘，回用的回收粉尘含有 $w(MoS_2) = 7\%$，$w(MoO_2) = 2\%$，$w(MoO_3) = 5\%$。收尘系统由两组平行的收尘系统组成，每个系统含有两套多段旋流器和一套双室串联的静电沉淀除尘器，一台鼓风循环器用来固定进入旋流器的烟尘体积，还有一套燃烧器，用来预热旋流器或提高进入旋流器的气体温度。每组旋流器收集的粉尘约为 58% 和 23%，静电除尘器收集约 17.5%，总收尘率高达 98.5%。图 1-12 是多层焙烧炉各层温度的标高图，该厂生产的钼焙砂的平均杂质含量列于表 1-7。

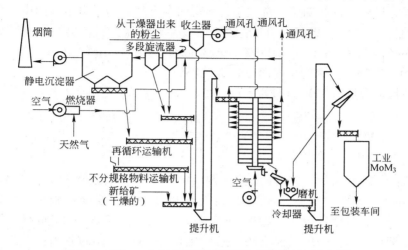

图 1-11   Climax 公司的洛特达姆焙烧系统的平面布置图

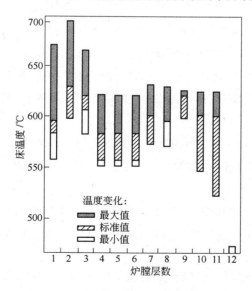

图 1-12   多膛焙烧炉的各层温度标高

表 1-7   Climax 公司的钼焙砂的平均杂质含量

杂质元素	Cu	Pb	Fe	Sn	Bi	Ca	Mg	SiO₂	Al₂O₃
含量(质量分数) /%	0.04 ~ 0.1	0.03 ~ 0.06	0.2 ~ 0.8	0.02 ~ 0.01	0.01 ~ 0.06	0.1 ~ 0.15	0.03 ~ 0.04	2 ~ 5	0.05

为了比较，下面扼要介绍一国内焙烧厂的焙烧实例。焙烧炉料的化学组分：$w(Mo) = 54\%$、$w(Cu) = 0.13\%$、$w(Pb) = 0.04\%$、$w(CaO) = 0.10\%$、$w(Fe) = 1.00\%$、$w(S) = 36.98\%$、$w(Al_2O_3) = 1.00\%$、$w(K_2O) = 0.4\%$、$w(SiO_2) = 4.00\%$ 及微量的其他杂质。精矿的粒度组成：$-0.009mm - 51.70$，$+0.048mm - 0.08$，$-0.027 + 0.018mm - 22.12$，$0.048 + 0.037mm - 9.12$，$-0.018 + 0.009mm - 8.39$，$-0.037 + 0.027mm - 8.59$，总计 100%。用十二层焙烧炉焙烧，在炉顶有精矿料，回收料及粉尘料仓。用螺旋供料机把新矿喂入第一层，返回料进第四层，奇数层的料耙向中央翻料，料由边缘向中心移动，偶数层向边缘翻动耙料。在 8、9、10、11 层燃烧煤气补充热量。所产出的工业三氧化钼焙砂的组成：$w(Mo) > 59\%$，$w(S) < 0.1\%$，$w(Cu) < 0.015\%$，$w(Fe) < 1.2\%$，$w(Pb) < 0.05\%$，$w(P) < 0.05\%$。钼的总收回率 $97\% \sim 98\%$。

焙烧炉各层的温度（℃）分布如下：

第一层	80	第二层	120	第三层	150	第四层	200
第五层	300	第六层	350	第七层	422	第八层	500
第九层	550	第十层	590	第十一层	620	第十二层	380

每小时加入新矿 $830 \sim 840kg$，返回料 $210 \sim 220kg$，烟尘 $110 \sim 120kg$。脱硫率 99.85%，从焙烧辉钼矿的烟尘中回收铼，采用强碱性阴离子交换树脂法。把烟气淋洗液经多次循环作业后，铼浓度可达到 $250 \sim 300mg/L$。硫酸浓度 $200 \sim 300mg/L$，铼是以铼酸的形态存在。把部分淋洗液取出回收铼，把溶液用氨中和，反应过程为：

$$NH_3 + HReO_4 \longrightarrow NH_4ReO_4$$

$$2NH_3 + H_2MoO_4 \longrightarrow (NH_4)_2MoO_4$$

$$2NH_4 + H_2SO_4 \longrightarrow (NH_4)_2SO_4$$

中和的产物用 1% 浓度的过氧化氢氧化，使溶液中的低价铼和钼氧化成高价，使钼和铼与其杂质分开。氧化过的高铼酸铵溶液通强碱性阴离子交换树脂吸附 Re_4^{2-}，使它与溶液中的其他杂质分离，即

$$R\text{-}Cl + NH_4ReO_4 \longrightarrow NH_4Cl + R\text{-}ReO_4$$

然后用硫氰酸铵淋洗饱和树脂，使 ReO_4^{2-} 进入淋洗液，经转型及重结晶得到高铼酸钾，铼的回收率可达到 96.26%。

$$NH_4ReO_4 + HCl \longrightarrow NH_4Cl + HReO_4 \downarrow$$

虽然用多膛炉可以生产出稳定的质量满足要求的三氧化钼焙砂，但是，实践证明这种方法也存在有一些缺点。

在氧化过程中放热不均匀，很难控制各层的精确温度，中空轴有明显的温度梯度。由于气相和大量烧渣及挥发的三氧化钼接触，导致床面烧结。焙烧时生成的钼酸盐硬壳及三氧化钼等氧化物腐蚀齿耙、炉壁。齿耙要定期清理。

粉尘的数量达到供料的 20% 时，粉尘必须回收并返回炉料内进一步处理。最高温度层出来的三氧化钼升华，冷凝在粉尘和烟尘中，对回收钼不利。废气中的二氧化硫浓度较低，用它造硫酸不经济，放入大气污染环境。

针对多膛炉焙烧的缺点，流态床法备受关注，正在研究和发展中。

1.5.2.4　流态床焙烧法

当炉内气体自下向上通过物料颗粒时，气体的流速及流量达到某个临界值时，物料颗粒被上行的气流托起，被气流托住的物料颗粒似流体一样处于"沸腾"状态，好像流态床一样。当通过的气体未达临界值时，不能形成流态床，料床静止不动。处于流态化料床内的物料颗粒可以和气体完全反应，化学反应速度非常快。流态床的热导率高，导热系数大，过剩的热量容易散逸，流态床内的温度始终可以精确地控制在所要求的范围内。

已知辉钼精矿 MoS_2 氧化焙烧反应是强烈的放热反应，焙烧温度不应超过 $650℃$。因为三氧化钼的升华温度 $593℃$，挥发温度 $704℃$，熔点 $795℃$。在 650 进行焙烧，可以避免化学反应放出的热量引起局部过热，造成三氧化钼的软化或熔化。在焙烧过程中三氧化钼的软化或熔化影响工艺稳定性和钼焙砂的质量。在流态床焙烧实践中，上限温度控制在 $560℃$，流态床在 $570℃$ 出现烧结现象，流态化停滞，当温度超过 $580℃$，流态床完全烧结毁坏。温度在 $500℃$ 以下，焙烧反应动力不足。

影响流态床焙烧出的钼焙砂中残余硫含量的因素有：钼精矿颗粒在流态床中滞留的时间，焙烧温度，氧分压，气流速度以及钙、铅、铜和铁等杂质的硫化物含量。矿粒在矿床中的滞留时间低于某临界值时，温度严重影响钼焙砂中的残余硫含量，在 $500 \sim 600℃$ 范围内，滞留约 $24h$，温度对残余硫含量没有多大影响。炉内氧分压低于 $10.13kPa$ 时，残余硫含量迅速提高。

在流态床焙烧操作时，喂料速度必须均匀，喂料量必须恒定，这样炉子才能恒温。如果喂料量控制不好，时多时少，化学反应热造成炉温不均，流态床体的温度急剧变化，对焙烧不利。在平均喂料速度下，如果氧化反应放出的热量过剩，可以利用在床体中插入的水管，适当调节冷却水的供应量，带走多余的热量，降低矿床的温度。

流态床焙烧的优点在于生产能力大，比传统的焙烧方法高 $10 \sim 20$ 倍，操作自动化，焙烧温度可以严格控制。可以避免三氧化钼生成各种钼酸盐，生产出的钼焙砂的质量比多膛炉的高，有利于随后焙砂的深加工。焙烧过程中 90% 的铼进入烟气，有利于铼的回收。

流态床焙烧的主要缺点是钼焙砂的残余硫含量高，可达 $2.0\% \sim 2.5\%$，其中主要是硫酸根，这类焙砂不利于直接用于钢铁工业。烟尘量巨大，能达到装入炉料的 25%，烟尘含硫达到 $8\% \sim 10\%$。

前苏联科研机关针对流态床焙烧的缺点修改工艺，可以生产出能直接用于钢铁工业的工业三氧化钼，改进后的工艺能较完全的除去钼焙砂的铜和硫，还能回收铼。流态焙烧的钼焙砂含有 Mo 55%、S 1.3%、Cu 0.4%、Ca 0.9% 以及少量 Si、P、Fe 等杂质。经过净化以后 MoO_3 总含硫量 $0.1\% \sim 0.2\%$，铜 $0.05\% \sim 0.1\%$。

1.5.3　苏打烧结法

钼精矿加碱烧结工艺可以得到可溶性钼酸盐，把钼精矿和苏打及硝酸钠按一定配比混合以后放入烧结炉中，烧结温度维持 $700℃$，就会发生下述反应：

$$2NaNO_3 \longrightarrow Na_2O + 2NO + 1.5O_2$$

$$MoS_2 + 3.5O_2 \longrightarrow MoO_3 + 2SO_2$$

$$MoO_3 + NaCO_3 \longrightarrow NaMoO_4 + CO_2$$

混合料中的硝酸钠做氧化剂，把矿物中的硫化钼氧化成三氧化钼，再与苏打反应生成钼酸钠。反应过程自动进行，反应产物处于熔融状态，放料以后冷却结块，把料块破碎，水洗，过滤，钼的浸出率可达99%。浸出液过滤以后，向浸出液添加矿物酸（硫酸）和氨水，氨沉过程的pH值控制约为2，得到钼酸铵，经煅烧钼酸铵可生产出三氧化钼。

1.5.4 石灰氧化烧结

用回转窑进行石灰氧化烧结，这种生产方法比较适用于低品位的钼精矿回收钼和铼。把钼精矿和熟石灰混合，在550℃焙烧，发生反应如下：

$$2MoS_2 + 6Ca(OH)_2 + 9O_2 \longrightarrow 2CaMoO_4 + 4CaSO_4 + 6H_2O$$

$$2ReS_2 + 5Ca(OH)_2 + 19/2O_2 \longrightarrow Ca(ReO_4)_2 + 4CaSO_4 + 5H_2O$$

把烧结块冷却以后破碎水浸，过滤，因为$Ca(ReO_4)_2$在水中的溶解度较大，烧结块中的铼几乎都溶解于滤液中，而钼则以$CaMoO_4$的形态留在滤渣中。过滤分开滤液和滤渣，一条路由滤液提取铼，另一条路用1mol/L的硫酸分解滤渣中的$CaMoO_4$，分解条件80~90℃/2h。酸分解液中有杂质钙、铜、铁、锌、镍和部分钼，可从其中回收有利用价值的金属。而大部分钼以钼酸形态留在酸分解渣中，用氨水浸出滤渣，氨浸液加矿物酸（硫酸）控制pH值在2.0，在90℃蒸煮2h，钼以钼酸铵形态结晶析出。

1.5.5 氯化分解

利用钼的氯化物和硫的氯化物的沸点区别较大，可以用分馏法把钼和硫分开。辉钼矿和氯反应生成氯化钼和二氯化二硫，在有氧参加反应时则生成氯氧化钼。其他金属夹杂Cu、Fe、Zn、Ni也生成$CuCl_2$、$FeCl_3$、$NiCl_2$、$ZnCl_2$等。

$$MoS_2 + 3.5Cl_2 \longrightarrow MoCl_5 + S_2Cl_2$$

$$MoS_2 + Cl_2 + 3O_2 \longrightarrow MoO_2Cl_2 + 2SO_2$$

氯化处理温度控制在400~500℃，提高温度，增加氯气浓度都有利于加快氯化速度和提高硫化钼的氯化率。

MoO_2Cl_2的沸点是136℃，$MoCl_5$的沸点是268℃，S_2Cl_2的沸点是138℃。低沸点物质进入气相与高沸点的$NiCl_2$、$ZnCl_2$、$CuCl_2$、$FeCl_2$等分离。沸点相对低的$FeCl_3$相也会有少量的进入气相。采用分馏，首先使气相中沸点较高的物质先冷凝回流入反应器，而$MoCl_5$和MoO_2Cl_2沸点低的物质在产品冷凝器中冷下来。再进一步降低温度，在下一级冷凝器中得到S_2Cl_2液体。$MoCl_5$和MoO_2Cl_2进一步处理可得到钼化物或纯钼。

在实际工艺中倾向于用有氧参加反应的混合氯化法工艺，原因在于反应产物MoO_2Cl_2的沸点比$MoCl_5$的低，可以更好地与$FeCl_3$分离。下面给出一个实例，分离后液态氯化产物的组分（质量分数/%）为：

钼精矿原料：Mo 24.4，Fe 12.0，Cu 7.3，Ni 4.7，Si 16.64，S 33.10。

冷却 MoO_2Cl_2：Mo 99.9，Fe 0.048，Cu 0.002，Ni 0.002，Si 0，S 0。

氯化残渣：Mo 痕量，Fe 26.09，Cu 17.55，Ni 11.22，Si 45.12。

1.6　钼精矿的湿法冶金

钼精矿的主要组分是 MoS_2，湿法冶金首先就是要把钼精矿溶解在氧化剂溶液中，氧化成可溶性钼酸盐，便于进一步净化和制取纯钼化合物。或者使杂质进入溶液，钼大部分以钼酸的形式留在固相里面，经干燥煅烧制取三氧化钼。钼精矿在各种氧化性溶剂中的溶解情况列于表1-8，除少数几个氧化剂能溶解辉钼矿以外，大多数氧化剂对辉钼矿作用甚微，最有效的浸出剂是硫酸-硝酸，氯酸钠次之。

表1-8　辉钼矿在各种氧化浸出剂中的溶解度

氧化浸出剂组成	溶 解 效 果
O_3	常温常压下不发生任何反应
$KMnO_4 + H_2SO_4$	快速浸出，需加大量酸，防止二氧化锰沉淀
$Na_2S_2O_8 + H_2SO_4$	要用银做催化剂
$ClO_2 + H_2O$	高速度反应，ClO_2 容易发生爆炸，用稀溶液
$NaClO_3 + H_2SO_4$	反应速度很快，氯酸盐的浓度及 pH 值决定反应速度
$MnO_2 + H_2SO_4$	反应缓慢，运用范围有限
$HNO_3 + H_2SO_4$	快速反应
$NaOH + O_2$	在常压下反应缓慢
$FeCl_3 + H_2SO_4$	快速反应，最终反应产物 H_2MoO_4 沉淀
HNO_3	反应不快，为溶解 H_2MoO_4，需加浓无机酸

1.6.1　硝酸浸出

用硝酸浸出钼精矿，硝酸是强氧化剂，浸出过程在高压釜中完成，发生的反应为：

$$MoS_2 + 6HNO_3 \longrightarrow H_2MoO_4 + 2H_2SO_4 + 6NO$$

在浸出过程中产生的 NO 在高压釜的上部的气相空间中与输入釜中的氧发生氧化，转化产生 NO_2，这个反应是强放热反应，即

$$2NO + O_2 \longrightarrow 2NO_2$$

NO 被氧化成 NO_2 以后和反应釜内的水溶液作用，又再生成 HNO_3，并伴随产生有 HNO_2

$$3NO_2 + H_2O \longrightarrow 2HNO_3 + NO$$

反应中生成的 HNO_2 发生了分解：

$$3HNO_2 \longrightarrow H_2O + HNO_3 + 2NO$$

在硝酸浸出辉钼矿时，MoS_2 在动态反应过程中只消耗氧，反应产物是 H_2MoO_4。H_2SO_4 在反应过程中产生的 NO_2 起催化剂作用。根据硝酸浸出原理，研究出多种工艺生产方法，其中有重要实际意义的有塞钼利法（Symoly）和诺兰达（Noranda）法。

塞钼利法用硝酸浸出辉钼矿 MoS_2，产出三氧化钼，硝酸浸出过程在热压反应器中进行，如图 1-13 所示。

根据硝酸浸出的基本原理，辉钼矿溶解后生成三氧化钼过饱和溶液，在合适的条件下生成 H_2MoO_4。总反应式

$$2MoS_2 + 9O_2 + 6H_2O + (HNO_3) \longrightarrow$$
$$2H_2MoO_4 + 4H_2SO_4 + (HNO_3)$$

在动态反应过程中产生的 NO 氧化转变成 NO_2，它与水作用生成 HNO_3。硝酸分解硫化钼 MoS_2 的氧化过程只消耗氧，反应前后的硝酸不消耗。

具体操作包括按 25%（质量分数）的比例配制钼精矿矿浆，送入管式叶轮搅拌器的上部并进入热压器，供足够的水和硝酸，每升矿浆加入 10～20g。热压器中的固体含量 16%，通过管道供应输入氧气，搅拌矿浆。

MoS_2 和 HNO_3 反应，反应过程生成的 NO 被氧化成 NO_2，这个反应过程是放热反应。在热压器的下部是辉钼矿氧化，上部是 NO 再生，容器内预先埋有冷却散热管，在温度 150～160℃、压力为 0.65kPa 的条件下反应 90min，上部气体形成区域为 NO 的再生区，温度达到 205℃，上部比下部热，上部冷却强度高，下部冷却强

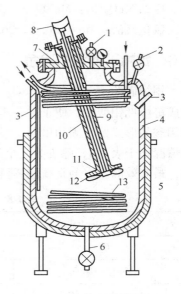

图 1-13　热压反应器剖面图
1—装料口；2—充氧口；3—热电偶；
4—炉壳；5—冷却套；6—矿浆出口；
7—端盖；8—电机；9—进气管；
10—管罩；11—反应物吸入管；
12— 叶轮；13—冷却螺旋管

度低。辉钼矿 97%～99% 被氧化。矿浆由下部放料口放出，经过滤后母液和滤渣分离。滤渣经漂洗以后，可溶性盐，包括硫酸盐都溶解在漂洗液中，洗液转入母液。滤液中有钼（25%）、硫酸（20%～25%）、硫酸铁和亚硫酸铁，物料中所有的铼和残余硝酸催化剂。经处理后萃取钼和铼，铼和钼的回收率分别为 93.52% 和 98.92%。滤渣中含有 80% 的钼酸。在 350℃煅烧滤渣可以得到工业三氧化钼。

除塞钼利法以外还有诺兰达（Noranda）法，它也是用硝酸分解氧化辉钼精矿，分解条件是：温度 120～160℃，氧分压 1.0～1.4kPa，用硝酸加硫酸处理 3～4h，原始溶液含硝酸 25～40g/L，含硫酸 400g/L，矿浆含固体浓度 10%。诺兰达法的特点在于循环溶液（返还的溶液加适量的药剂供浸出用）沉淀的固体经多次洗涤以后，从洗涤水中回收钼和铼。沉淀出的工业三氧化钼符合工业要求。钼和铼的总回收率超过 99%，浸出后的溶液回收循环利用提高钼的直收率，钼的直收率由塞钼利法的 75% 提高到 90%，提高了返回液中铼的浓度。循环溶液中硫酸多次累积，在硫酸溶液返回重新用于浸出之前，用石灰水把它中和。在硝酸根 NO_3 含量增高时，在萃取回收钼和铼以前，要把硝酸根从溶液中除去。图 1-14 是硝酸氧化钼精矿的流程图。

硝酸浸出法的优点在于可以处理重金属硫化矿含量较高的钼精矿，如黄铜矿、黄铁矿、方铅矿、闪锌矿等。选矿的中间产品也可以用硝酸浸出法处理。不需要处理低浓度的二氧化硫，没有二氧化硫的污染问题。硝酸浸出法的缺点也不能忽视，在高温下强酸对反应器的内壁有强烈的腐蚀作用，不锈钢已经不能满足工作要求，要用钛做反应器内衬，制

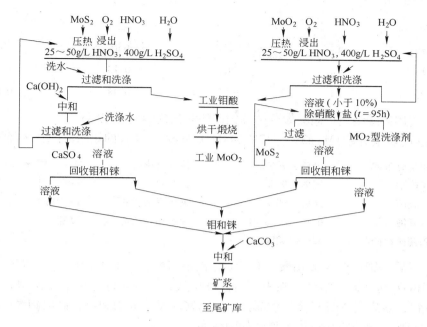

图 1-14　硝酸浸出的综合工艺流程图

造复杂，成本太高。另外，在分离过程中要用大量的氧气，大型钼矿厂可以建立自己的氧气站，小企业建氧气厂不合理，用瓶装氧气经济上不合算。再有，辉钼矿 MoS_2 中的硫不能用来制造硫酸，浸出时产生的硫酸的浓度最高到 75%，再浓缩不经济。

20 世纪 70 年代株洲钼冶炼厂开始试用氧压煮工艺分解辉钼矿，80 年代正式用于生产。开始时用硝酸做催化剂氧化剂，后来用硝酸钠代替硝酸，采用辉钼矿的原料组成（质量分数）是：Mo 43%～47%，Re 0.04%～0.06%，Cu 0.2%～0.4%，Pb 0.15%～0.23%。混合料的配比是辉钼矿：洗液：硝酸钠 =1kg：(1.6～1.8)L：(0.22～0.24)kg。把混合料装入 $3m^3$ 的体积的反应釜内，并通入热蒸汽，当釜内温度达到100～130℃，压力达到 1.96MPa 时，再向反应釜内通氧，此时混合料开始发生反应，$2MoS_2 + 4H_2O + 9O_2 \rightarrow 4H_2SO_4 + 2MoO_3$，辉钼矿转化成钼酸。随着反应的进行，釜内压力由 1.96MPa 升高到 3.92MPa，温度升高到 180～220℃。当釜内不再消耗氧气时，氧化反应停止，温度下降表明反应结束。这时停氧冷却，在温度降到 100℃ 以下时，放气降压，到常压时，用压缩空气喷吹放料并过滤，分成滤液及滤饼。把滤饼用水洗两次，第一次的水洗液并入压滤的滤液，即刻转入下步萃取，回收钼和铼。第二次滤饼的水洗液转入压煮辉钼矿的混合料。滤饼转入氨浸工序。滤液用来净化生产高纯钼酸铵。

用 $NaNO_3$ 代替 HNO_3 以后，辉钼矿的分解率稳定，并提高 6.32%。下面列出了用硝酸钠和硝酸分解辉钼矿的分解率和滤饼中的不溶性钼的对比数据。

分解率：

氧化剂	批数	最高分解率/%	最低分解率/%	平均分解率/%
HNO_3	156	99	41	91.02
$NaNO_3$	84	99	95	97.34

不溶性钼:

氧化剂	批数	最高值/%	最低值/%	平均值/%
HNO_3	156	16.76	0.13	1.94
$NaNO_3$	84	1.61	0.48	0.83

所列数据表明用硝酸钠代替硝酸做分解辉钼矿的氧化剂的效果很好。

处理含有(质量分数) Mo 43% ~47% 和 Re 0.04% ~0.6% 的钼精矿的技术经济数据为:

辉钼矿分解率	95% ~99%	铼分解率	69% ~97%
钼实收率	92% ~93%	钼回收率	98% ~99%
铼回收率	96% ~98%	氧压煮液含钼	8 ~10g/L
氧压煮液含铼	0.15 ~0.18g/L	吨钼精矿氧耗	80 瓶
吨钼精矿耗硝酸钠	220 ~240kg		

氧压煮以后,钼主要生成钼酸,有 6% 是钼杂多酸 $[H_2MoO_2(SO_4)_2]$,97% 以上的铼呈高铼酸 $HReO_4$ 进入硫酸溶液,除去不溶性硅酸盐、二氧化硅等杂质。先用 2.5% ~3% 的 N_{235} 萃取铼,随后用 20% 的 N_{235} 萃取钼,再用氨水反萃取钼和铼,制取钼酸铵溶液和铼酸铵溶液,钼酸铵溶液净化后烘干得到仲钼酸铵。

铼酸铵溶液经浓缩、脱色、结晶、浆化,用阳离子交换树脂处理,制取高铼酸或高铼酸铵。铼酸铵生产的技术指标如下:

钼、铼萃取后的余液含有钼和铼,钼和铼含量分别为不大于 0.59g/L 和不大于 0.005g/L,萃取铼和萃取钼的有机相的铼和钼的含量分别为 0.8 ~1.0g/L 和 15g/L。反萃铼和钼的溶液中含有铼和钼相应大于 10g/L 和大于 100g/L。

高铼酸铵含有的杂质是 K $(1 ~4) \times 10^{-6}$、Na $(1 ~3) \times 10^{-6}$、Ca 2×10^{-6}、Cd、Be、Mn、Ti $< 0.2 \times 10^{-6}$、Ba、Mo、Pd、Sn、Ni、Pt $< 0.4 \times 10^{-6}$、Fe、Al、Cu $< 0.5 \times 10^{-6}$、Sb $< 1 \times 10^{-6}$。

氧压煮比普通焙烧-氨浸法的钼的回收率高 9%,生产成本约低 6%,用这种工艺可以消除二氧化硫对环境的污染。

1.6.2 高压碱浸

高压碱浸就是用苛性碱在高压反应釜中浸出硫化钼矿,从碱液中分离出钼和铼。前苏联化学冶金科学院提出的高压碱浸的具体例子为,被分离的钼精矿的成分组成(质量分数)是: Mo 35.2% ~51%,Re 0.02%,Cu 0.76% ~3.53%,S 28.5% ~34.2%,SiO_2 4.4% ~24.2%。在旋转高压釜内分解,固液比为 8,加 20% 的 NaOH 溶液。氧压为 5.7MPa,浸出温度 50 ~200℃,时间约 3 ~5h,终点 pH 值约 10。钼变成钼酸钠,总反应为:

$$2MoS_2 + 12NaOH + 9O_2 \longrightarrow 2Na_2MoO_4 + 6H_2O + 4Na_2SO_4$$

经多次循环压煮,得到压煮液的组分(g/L): Mo 0.024 ~0.51,Re 11 ~109,Na_2SO_4 145 ~147。再向蒸煮液添加 CaO,产生 $CaMoO_4$ 沉淀,分离出钼,反应为:

$$Na_2MoO_4 + CaO + H_2O \longrightarrow CaMoO_4 \downarrow + 2NaOH$$

过滤分出滤液和滤渣沉淀物，$CaMoO_4$ 存在于滤渣中。向滤液中加入 $CaCl_2$，发生如下反应

$$Na_2SO_4 + CaCl_2 \longrightarrow CaSO_4 \downarrow + 2NaCl$$

经过滤，滤出沉淀物 $CaSO_4$，再向滤液中添加 KCl，铼转变成 $K_2Re_2O_7$，高压碱浸的另一个工艺是：把钼精矿和苛性钠混合精料浆装入高压反应釜，温度升高到 200℃，氧压达到 2.1～2.8MPa，压浸后再把固液分离，用氨浸工艺，通过结晶生产出钼酸铵。液相里面的钼可回收到 95% 以上。高压釜内的氧化反应是放热反应，反应式和上述的一样：

$$2MoS_2 + 12NaOH + 9O_2 \longrightarrow 2Na_2MoO_4 + 6H_2O + 4Na_2SO_4$$

用这种工艺生产出的钼的质量高，不需要治理废气，国内某厂用这种工艺氧化处理钼精矿的操作过程是：钼精矿的组成（质量分数）：Mo 45.47%～46.27%，Cu 0.162%～0.188%，Pb 0.103%～0.170%，CaO 1.13%～1.22%，SiO_2 10.43%～11.16%，P 0.01%。浆料组成（kg）：钼精矿：烧碱：水 = 200：115：1800。浆料在高压反应釜内接受蒸汽加热到 85℃，缓慢向反应釜内输入氧气，开始反应以后，逐渐放出反应热，随着压力升高，温度也随之高升，压力到 1.6MPa，温度到 160℃，随时补氧保持压力和温度，持续 3h，反应结束。降温，降压，放料，过滤，矿浆分成滤液和滤渣。滤液酸化处理制造仲钼酸铵，滤渣浆化洗涤；洗出的滤液重新放回原始浆料，入回收钼的大流程。钼的浸出率最高可达 99%。

1.6.3　次氯酸钠分解

处理低品位的钼精矿可采用次氯酸钠分解法，该法的化学反应过程为：

$$MoS_2 + 5OCl^- + 4OH \longrightarrow MoO_4^{2-} + 5Cl^- + S_2O_3^{2-} + 2H_2O$$

$$S_2O_3^{2-} + 4OCl^- + 2OH \longrightarrow 2SO_4^{2-} + 4Cl^- + H_2O$$

总反应式为：　$MoS_2 + 9OCl^- + 6OH \longrightarrow MoO_4^{2-} + 9Cl^- + 2SO_4^{2-} + 3H_2O$

在这一分解反应过程中次氯酸钠也会缓慢分解析出氧，其他金属硫化物也会被次氯酸钠分解：

$$2OCl^- \longrightarrow 2Cl^- + O_2$$

这些金属的离子或者氢氧化物又重新和钼酸根反应生成钼酸盐沉淀，使已经被分解进入溶液中的钼又更新返回到渣中

$$MeS + 4OCl^- \longrightarrow Me^{2+} + 4Cl^- + SO_4^{2-}$$

$$MoO_4^{2-} + Me^{2+} \longrightarrow MeMoO_4 \downarrow$$

溶液中存在的 CO_3^{2-} 可以抑制金属钼酸盐的析出，因为一些金属碳酸盐的溶度积小于它的钼酸盐的溶度积，因此这些金属以碳酸盐的形态存留在渣中。由于温度，次氯酸钠浓度，pH 值是影响辉钼矿浸出分解的主要因素。在工业生产中理想的浸出分解条件是：温度不超过 40℃，NaOCl 的浓度是 20～40g/L，pH 值大约为 9，CO_3^{2-} 的浓度大约为 10g/L。在这个条件下，含钼量为 5%～23% 的低品位钼精矿的浸出率可以达到 95%～98%。

1.6.4　电氧化法

电氧化分解辉钼矿在电解槽中进行，辉钼矿浆料和氯化钠溶液组成电解质，通直流电以后，电解质发生电解，两个电极的电化学反应式为

阳极电化学反应：
$$2Cl^- \longrightarrow Cl_2 + 2e$$

阴极电化学反应：
$$2H_2O + 2e \longrightarrow 2OH^- + H_2$$

阳极产物氯又与水发生反应，生成次氯酸根 OCl^-，反应式为：

$$Cl_2 + H_2O \longrightarrow OCl^- + Cl^- + 2H^+$$

这些次氯酸根又会分解矿物中的 MoS_2，使钼以钼酸根的形态存在于溶液中。可以说，在氯化钠电解槽中电氧化辉钼矿实质上是次氯酸钠分解浸出辉钼矿的一种工艺变种。

目前辉钼矿电氧化工艺都采用复极电解槽结构，多块板状电极并排排列，最外侧的两块电极接直流电源的正负极，中间各块板电极并不接电源，而是在电解过程中自身由于电解质作用，造成板子两侧各带正负电，相邻的两块板电极组成一个电解"槽"，好似许多小电解"槽"串联成一大电解槽。影响电氧化效果的因素有电解质的温度，NaCl 的浓度，pH 值，电流密度，OCl^-浓度，矿浆固体含量，电极材料及电极形状等等。温度升高虽然可以提高硫化钼的氧化速度，但随着温度升高，次氯酸根变得不稳定，发生分解反应。即

$$3OCl^- \longrightarrow ClO_3^- + 2Cl^-$$

$$OCl^- \longrightarrow 0.5O_2 + Cl^-$$

在电解过程中 pH 值控制在合适的范围内，料浆中的盐是产生 OCl^-的原料，如果料浆中的盐浓度太低，溶液的电阻大，溶液的温度会逐渐升高。如盐浓度过高，OCl^-浓度就过高，在阳极就会发生 OCl^-放电反应：

$$6OCl^- + H_2O \longrightarrow 2ClO_3^- + 4Cl^- + 2H^+ + 1.5O_2 + 6e$$

一个实际使用的电氧化装置的工艺概况是：把辉钼矿加水和 NaCl 调成浆料，钼精矿的组成（质量分数）为：Mo 30.56%，Cu 0.58%，Ni 0.31%，Fe 5.1%，SiO_2 4.15%，S 22.6%。操作条件是：矿浆中固体矿物含量5%～10%，盐浓度10%，电流密度5.5A/cm²，温度25～40℃，用碳酸钠调节 pH 值约为 8～8.5。辉钼矿的浸出率超过95%，每公斤钼的能耗及消耗碳酸钠的量是 27～29kW·h/kg 和4.1～4.5kg。

1.7　高纯三氧化钼的制取

高纯三氧化钼是制备高纯钼粉必不可少的中间产品。工业三氧化钼焙砂的70%用来生产高纯三氧化钼，余下的直接以工业三氧化钼的形态供给市场。生产高纯三氧化钼有湿法冶金和火法冶金两种工艺路线。火法冶金工艺指三氧化钼升华法，湿法冶金是利用化学方法生产高纯钼酸铵工艺。

1.7.1　升华法

升华法的原理就是利用三氧化钼在高温下能升华挥发的特性。在不同温度下三氧化钼的蒸气压分别为：

温度/℃	600	610	650	720	750	800	850	900	950	1050	1155
压力/Pa	0.00	1.199	6.665	79.98	233	1346	3119	7184	14009	38430	101308

图1-15是三氧化钼的蒸气压与温度的关系曲线,当温度超过600℃时它就开始挥发,三氧化钼的熔点是795℃,当三氧化钼熔化以后出现液面,液面上部的三氧化钼的分压可按下式估算:

$$\lg p = \frac{-11280}{T} - 7.04\lg T + 30.494$$

蒸发热和蒸发熵相应为 $\Delta H = 147.4\text{J/mol}$ 和 $\Delta S = 103\text{J/mol}$。

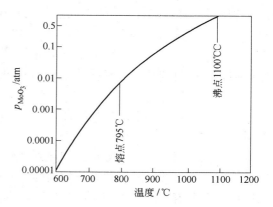

图1-15　三氧化钼的蒸气压和温度的关系
（1atm = 101.325kPa）

当温度升高超过熔点到达 900～1100℃ 时,三氧化钼升华速度很快,1100℃是三氧化钼的沸点。升华速度与温度、氧分压、氧体流速以及和空气的接触面积等有密切关系。在空气流速为 $0.2～0.3\text{m/s}$ 时,900℃的蒸发速度是 $12.3\text{kg/(m}^2 \cdot \text{h)}$,温度升高到1000℃时蒸发速度提高到 $110\text{kg/(m}^2 \cdot \text{h)}$。用含三氧化钼为48%～50%的焙砂做升华原料,在空气流速为 $0.064 \times 10^{-2}\text{cm/s}$ 的情况下,1000℃的升华速度是 $10～20\text{kg/(m}^2 \cdot \text{h)}$。把温度升高到 1000～1100℃ 时,三氧化钼的升华速度已经能够满足工业生产的要求。确定最高升华温度必须考虑焙砂中的钼酸盐及杂质金属氧化物的分解温度。在 900～1100℃ 之间铁、铜和硅的氧化物不挥发,温度升高到 1200～1300℃,钼酸钙仍然保持稳定状态,而钼酸铜分解成氧化铜和三氧化钼等氧化物。钼酸铅在1050℃时熔化并挥发。因此,焙砂中含有钼酸铅时,升华温度必须控制在1000℃以下,防止含铅的凝液混入而降低三氧化钼的纯度。

图1-16是工业上生产高纯三氧化钼的升华装置,图1-16(a)是一座炉底可转动的环形电炉,炉底上铺一层石英砂,底部上面径向布置有硅碳棒发热体,把工业三氧化钼焙砂连续的装在炉底上面,焙砂在熔化的同时渗入石英砂而形成固定的炉床。炉膛内通过一定流

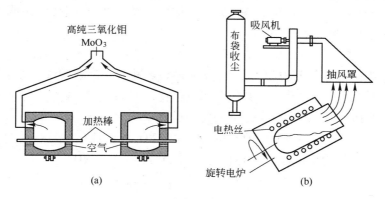

图1-16　三氧化钼的升华装置
（a）旋转电炉；（b）倾斜布袋收尘炉

速的空气流，带走升华出的三氧化钼。空气经过炉底上的许多小孔沿管道进入总集气管，再进入表面冷却器系统，入布袋收尘器集中收集高纯三氧化钼。装进升华炉的工业三氧化钼炉料在加热器下面只经过一次。炉底转一周，大约有 60% ~65% 的三氧化钼升华，剩余的"炉渣"用螺旋扒料机清出。这些"炉渣"可再做湿法冶金的浆料回收浸出钼，或者直接用来炼钼铁，渣料通常含有 20% ~30% 未升华的三氧化钼。

炉底铺垫的石英矿层降低了升华的平均温度，"炉渣"不会凝固成一个整块的坚硬的整体物料。出料和清渣容易操作。用这种升华电炉可以得到纯度为 99.975% 的高纯三氧化钼。

图 1-16（b）是另一种类型的三氧化钼升华装置，有一个倾斜 20°~35°的可旋转的石英坩埚，把要升华的焙砂放入其中，坩埚与平面成倾斜放置加大了升华面积，转动可以加快升华速度。用电阻丝炉把焙砂加热到 900~1000℃，使焙砂熔化。用压缩空气不断地把空气吹入坩埚，在焙砂氧化升华成高纯三氧化钼蒸气的同时，被空气带入收尘罩，在引风机的作用下顺着管道进入布袋收尘器，经淋湿、压块、干燥包装上市。

升华法工艺路线的优点在于，工艺流程短，产品纯度高，不消耗任何化学试剂，没有酸碱对环境的污染。该工艺路线的缺点是升华产出的三氧化钼的视密度低，只有 0.2g/cm³，体积大、运输不方便，需要淋湿压块，烘干包装。用升华法生产的高纯三氧化钼的纯度与用湿法冶金生产的三氧化钼可能得到的纯度列于表 1-9。

表 1-9　升华法和湿法冶金生产的高纯三氧化钼的杂质含量对比

杂质元素	湿法冶金/%	升华法/%	杂质元素	湿法冶金/%	升华法/%
三氧化钼	≥99.5	≥99.80	硝酸盐	≤0.005	≤0.001
重金属	≤0.005	≤0.001	氨	≤0.003	—
磷	≤0.005	≤0.005	镁基	≤0.1	—
氯化物	≤0.005	≤0.001	NH_4OH 不溶物	≤0.010	≤0.004
硫酸盐	≤0.005	≤0.010	不挥发的残留物		≤0.006

1.7.2　湿法冶金制取高纯三氧化钼

湿法冶金制取高纯三氧化钼的基本原料是把焙砂经过氨浸制造出高纯钼酸铵，再把钼酸铵热焙解制造出高纯三氧化钼。

1.7.2.1　氨浸

钼焙砂氨浸前首先经过预净化，即用水清洗或者盐酸、硝酸酸洗，除去焙砂中的可溶于水的碱金属盐和碱土金属盐，和其他金属氧化物，如铜、镍、锌、铁、钙的钼酸盐和硫酸盐及未烧透的硫化钼。酸洗时发生下列化学反应

$$MeO + 2HNO_3 \longrightarrow Me(NO_3)_2 + H_2O$$

$$MeMoO_4 + 2HNO_3 \longrightarrow H_2MoO_4 + Me(NO_3)_2$$

$$MeSO_4 \longrightarrow Me^{2+} + SO_4^{2-}$$

式中，Me 代表金属杂质钙、锌、铁、镁、铜、镍等。

在水洗预净化过程中钼的损耗可达到 4%~5%，要尽量减少水，酸预处理时钼的损

耗。在常温下酸的加入量为 30%，终点 pH 值控制在 0.5~1.5，酸洗液中残存的钼用树脂吸收。向水、酸预净化以后的钼焙砂中加入 8%~10% 的 NH_4OH 溶液，溶液加入量可按化学计量的 115%~140% 计算，因为在氨浸筒中搅拌时氨会有挥发。在浸出过程中钼焙砂和 NH_4OH 发生下式化学反应

$$MoO_3 + 2NH_4OH \longrightarrow H_2O + (NH_4)_2MoO_4$$

$$H_2MoO_4 + 2NH_4OH \longrightarrow (NH_4)_2MoO_4 + 2H_2O$$

在钼变成 $(NH_4)_2MoO_4$ 进入溶液的同时，焙砂中的杂质，如铜、镍、锌和铁的钼酸盐及硫酸盐也与氨反应，反应的通式是

$$MeMoO_4 + 6NH_4OH \longrightarrow [Me(NH_3)_4](OH)_2 + 4H_2O + (NH_4)_2MoO_4$$

$$MeSO_4 + 6NH_4OH \longrightarrow [Me(NH_3)_4](OH)_2 + 4H_2O + (NH_4)_2SO_4$$

式中，Me 代表杂质金属铜、镍等，这些金属杂质也进入了氨浸液。另外，还有二氧化钼，未烧透的辉钼矿，氧化铁，二氧化硅等。由于氨不和二氧化钼、钼酸钙和辉钼矿发生化学反应，所以，这些化合物形态存在的钼不能被氨浸出来，经过滤后它们会留存在滤渣中。进入氨溶液中的钼的萃取率，在低温和 70℃ 时与焙砂的组分有关，能达到 80%~95%。

氨浸液经过过滤，分出主滤液和滤渣，如图 1-17 所示。主滤液用硫化物 $(NH_4)_2S$ 进一步提纯净化。滤渣要进一步分离萃取钼，提高钼的回收率。残滤渣的处理工艺路线取决于渣中的钨含量，贫钨渣用 Na_2CO_3 碱熔法处理。把滤渣和 Na_2CO_3 粉末混合，在熔烧炉中加热到 700~750℃，保温 6~7h 以后，焙砂中所有的钼化物与 Na_2CO_3 生成可溶于水的钼酸钠，具体反应式为：

$$CaO \cdot MoO_3 + Na_2CO_3 \longrightarrow Na_2O \cdot MoO_3 + CaCO_3$$

$$2FeO \cdot MoO_3 + 2Na_2CO_3 + \frac{1}{2}O \longrightarrow 2Na_2O \cdot MoO_3 + Fe_2O_3 + 2CO_2$$

$$MoO_2 + Na_2CO_3 + \frac{1}{2}O \longrightarrow Na_2O \cdot MoO_3 + CO_2$$

$$2MoS_2 + 6Na_2CO_3 + 9O_2 \longrightarrow 2Na_2O \cdot MoO_3 + 4Na_2SO_4 + 6CO_2$$

把熔融的烧结块用热水淋浸，浸出渣进入废料堆，浸出液再添加 $FeCl_3$（pH 值调控到 3.4~5）沉淀出钼酸铁，过滤，把沉淀液和沉淀的钼酸铁分开。沉淀液进入收集器。钼酸铁再加入氨水，氨浸分解，得到钼酸铵溶液，并把它并入主浸液。

含钨量超过 3%~5% 的富钨过滤渣用 30% 的盐酸浸出。在浸出过程中，钼酸盐被分解成易溶于盐酸的钼酸。铁、钙、铜等杂质同时也溶于盐酸。钨矿、白钨矿、黑钨矿及焙砂中的其他杂质部分被盐酸分解。浸出过滤后的滤液用氨中和至 pH 值为 2.5~3。这样钼酸和多钼酸盐混合物中的钼酸铁沉淀出来。钙及部分铁和铜，还有其他杂质仍留在液体中。通过过滤把沉淀物滤出，并把沉淀物在 600℃ 煅烧成三氧化钼。煅烧产物经氨浸，绝大部分钼进入氨浸液，这一部分氨浸液并入主氨浸液一并提纯。

在氨浸工序过程中会产生三部分氨浸液，即氨浸焙砂产生的主氨浸液，处理贫钨滤渣（Na_2CO_3 熔烧法）和富钨滤渣（盐酸浸提）产生的氨浸液。这些浸液中含有铜、铁、锌、镍、碱金属和硫酸根离子，必须进行净化提纯，以便把这些杂质降低到最低水平。通用办法是向浸液中添加硫化物，如硫化铵，产生沉淀的硫化物，除去铁和铜，及大部分 +2 和

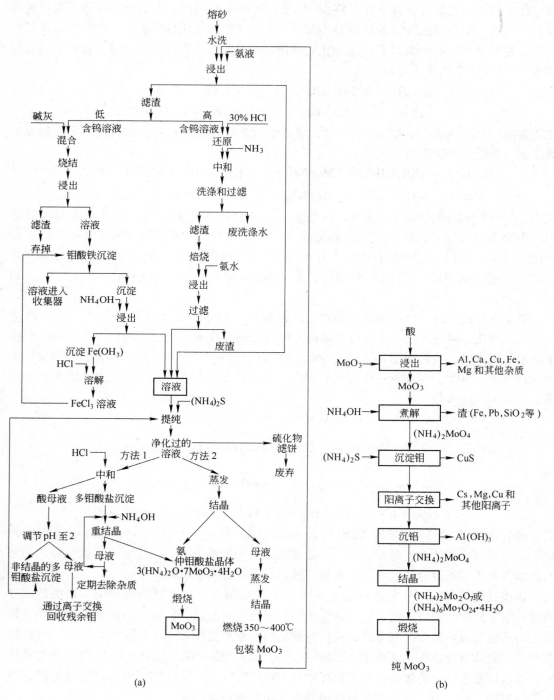

图 1-17   化学湿法冶金提纯三氧化钼的工艺流程图

+3 阳离子, 反应式为:

$$Me(NH_3)_4(OH)_2 + S^{2-} + 4H_2O \longrightarrow MeS\downarrow + 4NH_4OH + 2OH^-$$

硫化物沉淀一般在不锈钢或搪瓷搅拌槽中进行, (NH$_4$)$_2$S 的加入量略高于沉淀铁、铜的理论量，终点 pH 值控制在 8 ~ 9，温度 85 ~ 90℃，保温时间 10 ~ 20min，过滤后的钼酸铵溶液无色透明，铜、铁含量小于 0.003g/L，钼的回收率大于 99%。提纯净化过的氨浸液再用蒸发析晶或者盐酸中和两种方法分别处理。

在蒸发析晶过程中，正钼酸铵只有在氨的过饱和溶液中才处于稳定状态，溶液在蒸发过程中有部分氨挥发，生成仲钼酸铵（APM）和二钼酸铵（ADM）。

$$7(NH_4)_2MoO_4 \longrightarrow 3(NH_4)_2O \cdot 7MoO_3 \cdot 4H_2O + 8NH_3 \uparrow$$

$$2(NH_4)_2MoO_4 \longrightarrow (NH_4)_2Mo_2O_7 + H_2O + 2NH_3 \uparrow$$

纯氨浸液含有三氧化钼 120 ~ 140g/L，密度 1 ~ 1.12g/cm³。把它放在不锈钢反应釜中进行蒸发，第一步蒸发使溶液的浓度提高到 1.20 ~ 1.23g/cm³，过滤，除去少量沉淀。第二步蒸发把溶液的密度提高到 1.38 ~ 1.40g/cm³，三氧化钼的浓度达到 400g/L。析晶过程在不锈钢容器中进行，一边冷却、一边搅拌，在冷却过程中仲钼酸铵 $3(NH_4)_2O \cdot 7MoO_3 \cdot 4H_2O$ 的细晶粒由溶液中析出，用离心机把晶体由母液中分离出来，在离心分离过程中晶体用冷蒸馏水洗涤。把已经分离析出过晶体的母液再进行第二次蒸发析晶，再离心分离，重复多次，最后把溶液烤干。头两次析晶分离出的仲钼酸铵 $3(NH_4)_2O \cdot 7MoO_3 \cdot 4H_2O$ 的纯度很高，可以直接使用。随着蒸发析晶次数的增加，溶液中的杂质浓度升高，第三次以后析出的晶体的杂质含量已经超标，最终烤干溶液，得到的残渣在 350 ~ 400℃焙烧。受污染的三氧化钼返回原焙砂重新氨浸。

除蒸发析晶分离方法以外，还可以用盐酸中和法，从提纯过的母液中以多钼酸盐的形态沉淀分离钼，这也是一种回收钼的比较有效好方法。在实践过程中多钼酸盐常从三氧化钼的浓度为 280 ~ 300g/L 的溶液中沉淀出来，有时因此需要通过蒸发把溶液预浓缩。在盐酸中发生的水解和析出反应为：

$$4(NH_4)_2MoO_4 + 5H_2O \longrightarrow (NH_4)_2O \cdot 4MoO_3 \cdot 2H_2O + 6NH_4OH$$

$$4(NH_4)_2MoO_4 + 6H^+ \longrightarrow (NH_4)_2O \cdot 4MoO_3 \cdot 2H_2O + H_2O + 6NH_4^+$$

把沉淀物用离心分离机分离并水洗，得到多钼酸盐沉淀及酸性母液，多钼酸盐以四钼酸铵为主，外加三钼酸铵，十钼酸铵。大多数杂质留在母液中，把母液的 pH 值调整到 2.0，静置一段时间，可分离出非晶体的多钼酸盐沉淀，并将它返回到提纯工序，用 $(NH_4)_2S$ 净化。残留母液的钼浓度是 1g/L，用离子交换树脂吸附回收钼。用离心分离机分离出的多钼酸盐沉淀物的纯度不高，由于钨与多钼酸盐同时沉淀，因而沉淀产物必含有钨。另外，还带有约 0.2% ~ 0.4% 的氯离子，可以通过多钼酸盐加 $(NH_4)OH$ 重结晶清除这些杂质。就是把这些多钼酸盐溶于氨液中形成饱和溶液，密度达到 1.41 ~ 1.42g/cm³，饱和溶液冷却后，有 50% ~ 60% 的钼以仲钼酸盐的晶体形态沉淀析出。由于母液经过连续多次多钼酸盐沉淀的重结晶，杂质在母液中逐渐浓缩，母液需要提纯净化。用这种方法可得到高纯度的仲钼酸铵。这个工艺过程图如图 1-17(a) 所示。所有各种高纯钼酸铵可以通过焙烧工艺得到高纯三氧化钼。

1.7.2.2 酸浸及离子交换

M. J. 切利斯洛夫斯基用分析纯盐酸加硝酸铵水溶液浸出工业钼焙砂，向工业钼焙砂中添加分析纯的盐酸和硝酸铵水溶液，浸出焙砂中的铜、钙、铅、铝、镁等金属杂质，浸出液与工业三氧化钼的质量比为 (0.85~3)∶1,这个比例取决于三氧化钼杂质含量。浸出液的最佳配比为盐酸 2~2.7mol/L,硝酸铵 1.5~2mol/L,硝酸铵是氧化剂。浸出时钼的溶解率小于 1%。典型浸出温度为 50~100℃,浸出时间 2~25h。浸出液过滤以后,把浸出液和三氧化钼滤饼分开,用 20~80℃的热水把滤饼洗涤数次,再用 10%~20%(质量分数)氨水调浆煮解,矿浆中的固体含量 10%~14%(质量分数)。在煮解过程中要保持最佳操作条件,向矿浆中添加足够量的过氧化氢或其他氧化剂,使可溶性的二价铁离子变成不溶的三价铁离子,不加热,在室温下维持 pH<9.5,静置 30min。再把矿浆加热到 50~60℃,再煮 2h,提高沉淀铁的粒度,便于和钼酸铵溶液分离。再把矿浆降到室温,最大限度地降低铁的溶解度。在此过程中加 NH_4OH 调整 pH>9.5,此时可溶性铁几乎全变成不溶的氢氧化铁(三价铁),分解沉淀的铁及不溶于氨水的二氧化硅,得到含有铜、钙、镁和铝及其他阳离子的钼酸铵溶液。

随后把得到的含有钙、镁等阳离子的钼酸铵溶液同螯合阳离子树脂接触,除去钼酸铵溶液中微量的铜、钙和镁等阳离子杂质。可以选用的螯合剂有 N-(Ar-乙烯基甲苯基)亚氨二醋酸,Bayer Lewatit TP-207 等等。钼酸铵溶液的 pH 值为 8.5~10,每升溶液含钼150~250g,吸附时间一般为 2~7min。

如果使用的阳离子交换树脂是钠型的,用盐酸及氢氧化铵处理使之变成氨型,以接受钼酸铵。在钼酸铵溶液经过树脂交换柱时,金属杂质阳离子取代铵吸附在树脂上,而钼则以 MoO_4^{2-} 的负离子形态留在溶液中得以净化。交换反应式为:

$$2RNH_4 + Me^{2+} \longrightarrow R_2Me + 2NH_4$$

式中,R 为树脂上的有机功能团;Me 为铁、镁、钙、铜等金属离子。

另一种方法是在阳离子交换树脂吸附以前,要从钼酸铵溶液中除去铜,可以向溶液中添加硫化铵,使可溶性铜变成不溶的硫化铜。加入量要小于化学计算量,避免沾污树脂。然后加热钼酸铵,在 50℃沉淀矿浆,除去硫化铜和不溶的其他杂质。把负载有阳离子杂质的树脂用矿物酸洗涤,再通过氢氧化铵水溶液使树脂再生复活,复活再生的树脂对螯合钙、镁、铁、镍、锰、铝和其他阳离子都有效。

在阳离子树脂吸附以后,排除回收溶液中的氨,把 pH 值调整到 6~8,使大部分铝转成不溶性的氢氧化铝,固液分离清除沉淀的氢氧化铝。烘干结晶,进一步浓缩钼酸铵溶液,得到纯钼酸铵,可用它制造高纯三氧化钼。整个工艺过程可见图 1-17(b)。下面给出本流程的一个操作实例。

浸出液含盐酸 2.3mol,硝酸铵 1.75mol。三氧化钼与浸出液的质量比为 2∶1,矿浆加热到 75~85℃,矿浆强力搅拌,保温煮解 2h。用过滤法把三氧化钼从浸液中过滤出来,用 70~80℃的热水把三氧化钼洗涤两次,共计洗涤 10min。固液分离并测定洗水中钼的含量。转入氨浸阶段,配制含固体 25%(质量分数)的矿浆,把 50% 的 3.785dm³ 的过氧化氢添加到 757dm³ 的三氧化钼和氢氧化铵矿浆中,不加热保持 30min,加氢氧化铵把 pH 值调整到 9.9,把矿浆加热到 55℃,煮解 2h 以后,再冷到 30℃,pH 值调到 9.9,滤出不溶性矿渣,得到钼酸铵溶液。把此钼酸铵溶液与 Bayer Lewatit TP-207 树脂接触,这个树脂已经用盐酸洗涤,并用 7% 的氢氧化铵溶液再生处理过。典型的铜含量为 0.001g/L,硫化物含量低于化学计算当量,约为 0.02g/L,本例所用原料的钙和镁的浓度分别为 0.01g/L 和

0.15g/L。使用直径 150mm、高 200mm 的玻璃柱，其中填满 Bayer Lewatit TP-207 树脂，810L 的溶液流经 0.028m^3 的树脂，停留时间 5min。0.028m^3 树脂总共吸附钙 10g、镁 60g 和铜 7g。下一步调 pH 值到 7.2，回收氨并析出氢氧化铝沉淀。生产出的纯钼酸铵溶液用蒸发结晶或者酸沉法生产出钼酸铵晶体，它含钙、镁、锰、铁、镍、铜、铝的量均小于 5×10^{-6}。

除上面论及的盐酸，硝酸铵水溶液浸出工业三氧化钼以外，还可以用硫酸、硫酸铵和过硫酸铵浸出工业三氧化钼。每升浸出液含硫酸 0.3~0.7mol，硫酸铵 0.4~1.2mol 和过硫酸铵 0.03~0.25mol，钼的浸出率不大于 2%，其他杂质大部分被溶解浸出。提高氧化剂（过硫酸铵）的含量可以降低钼酸铵中钾的含量，见表 1-10。显然，过硫酸铵含量提高，仲钼酸铵中钾含量显著降低。

表 1-10 氧化剂对仲钼酸铵中钾含量的影响

试 验 编 号	第一号试验	第二号试验	第三号试验
$S_2O_8^{2-}$/mol	0.055	0.11	0.22
NH_4^+/mol	1.75	1.75	1.75
$S_2O_8^{2-}$/NH_4^+	0.03	0.06	0.12
仲钼酸铵中钾含量（$\times 10^{-6}$）	220	180	120

工业三氧化钼 MoO_3 被硫酸 H_2SO_4、硫酸铵 $(NH_4)_2SO_4$ 和过硫酸铵 $(NH_4)_2S_2O_8$ 溶液浸出以后，固液分离，清除大部分铁、铜、钙、铝、镁和其他杂质。得到纯三氧化钼，它的氨浸和离子交换过程和前面讲过的盐酸、硝酸铵浸出的工艺过程一样。最终结晶出的钼酸铵晶体含铁、铜、镁、钙、镍、铝、锰的数量都低于 5×10^{-6}。工艺过程图见图 1-17（b）。高纯钼酸铵经焙烧后可生产出高纯三氧化钼。

1.7.2.3 钼的烟碱提纯

C.D. 范德饱尔研究试验了烟碱分离工艺，把 100 份工业三氧化钼加入 40 份含有足够的氢氧化铵的水溶液，此时三氧化钼完全溶于 pH 值为 9~10 的氨水中，钼呈钼酸铵溶液态，而铝和铁成为氢氧化铁和氢氧化铝。把溶液过滤除去铁、铝及其他杂质。把 16 份烟碱 $C_{10}H_{14}N_2$ 加入到滤液中。烟碱的应用量与三氧化钼用量的摩尔比为 1:5。用盐酸把烟碱处理后的溶液的 pH 值调整到 2~4，这时得到白色烟碱钼沉淀及母液。用过滤办法把母液和烟碱钼沉淀分离，得到烟碱钼滤饼，所有杂质，特别是钾、钠都留在母液内。

把烟碱钼用热水洗涤数次，清除可能残存在滤饼中的可溶于水的杂质。再把烟碱钼沉淀溶于氨水中，调浆搅拌，用盐酸调整 pH 值约达到 2。用 1000 份热水洗涤滤饼数次，过滤后第三次把烟碱钼溶于氨水。此时溶液的 pH 值约为 9~10，溶液形成两相，其中一相为烟碱相，另一相为钼酸铵，液态的烟碱相的密度小于钼酸铵液相的密度，两个液相自然分层，密度小的烟碱相浮在容器的上面，而钼酸铵盐沉在下面，用传统的虹吸法或倾析法把两种液相分开，上部的烟碱相循环应用，下层的钼酸铵溶液用传统的蒸发烘干工艺，把溶液转成仲钼酸铵晶体，再焙解成高纯三氧化钼。

表 1-11 给出了用常规法生产的仲钼酸铵和用烟碱钼净化法生产的钼粉的杂质含量，由数据对比可以看出，烟碱净化法生产的钼粉的杂质含量很低。特别是硅、钾的含量降低的幅度最大。

表1-11　传统法和烟碱净化生产的钼粉的杂质含量　　　　　　（×10⁻⁶）

杂质名称	Al	Ca	Cr	Cu	Fe	Mg	Mn	Ni	Pb	Si	Sn	Na	K
传统仲钼酸铵	10	5	15	5	10	7	7	7	7	50	10	5	30
烟碱净化钼酸铵	≤5	≤1	≤3	≤3	≤3	≤1	3	21	≤4	≤15	≤10	≤5	≤10

1.8　钼粉的生产

　　钼材的生产方法有粉末冶金法和熔炼法两大工艺，所用的基础原料是高纯钼粉。生产钼粉的通用方法是用还原剂还原三氧化钼。可用还原剂有碳、铝、镁、氢等。在这一节我们只讲经常用的氢还原工艺。从钼材的深加工角度考虑，希望钼粉的纯度要高，特别是间隙杂质碳、氧、氮的含量要严格控制，而粉末冶金工艺还要求钼粉的粒度分布，形貌及形貌配合要合理。生产钼粉的原料是高纯 MoO_3 或高纯钼酸铵，若用钼酸铵做原料，则要增加钼酸铵焙烧工序，工序排列是钼酸铵焙烧→三氧化钼→氢还原→二氧化钼→氢还原→钼粉。也有用两步还原制粉工艺，即钼酸铵→焙烧→二氧化钼→钼粉。

1.8.1　钼酸铵及其焙烧

　　工业上所用的钼酸铵的分子式、名称（通常的称谓）及成分列于表1-12，该表也给出了钼酸铵分解方程。

表1-12　钼酸铵的分子式及名称

名　称		质量分数/%		分解反应方程式	工业应用情况
名称及代号	英文简名	MoO_3（结晶水）	钼		
2MSA 偏钼酸铵	ADM	84.70 (0)	56.45	$(NH_4)_2O \cdot 2MoO_3 = 2MoO_3 + 2NH_3\uparrow + H_2O\uparrow$	较少
2.5MSA		84.37 (0)	58.23	$(NH_4)_2O \cdot 2.5MoO_3 = 2.5MoO_3 + 2NH_3\uparrow + H_2O\uparrow$	少有
3MSA		89.25 (0)	58.48	$(NH_4)_2O \cdot 3MoO_3 = 3MoO_3 + 2NH_3\uparrow + H_2O\uparrow$	少有
4MSA 正钼酸铵	ATM	91.72 (0)	62.13	$(NH_4)_2O \cdot 4MoO_3 = 4MoO_3 + 2NH_3\uparrow + H_2O\uparrow$ 还有：$6(NH_4)_2O \cdot 24MoO_3$ $2(NH_4)_2O \cdot 8MoO_3$	常见
仲钼酸铵	APM	81.55 (5.82)	54.35	$3(NH_4)_2O \cdot 7MoO_3 \cdot 4H_2O = 7MoO_3 + 6NH_3\uparrow + 7H_2O\uparrow$	常见
二水四钼酸铵		86.74 (5.42)	57.81	$(NH_4)_2O \cdot 4MoO_3 \cdot 2H_2O = 4MoO_3 + 2NH_3\uparrow + 3H_2O$	较多

　　钼酸铵的名称可以按每一个氨氧团$(NH_4) \cdot O$的三氧化钼的数量来定，也可以按是不是含结晶水来分，可分为含结晶水的钼酸铵，和不含结晶水的钼酸铵，前者有仲钼酸铵，后者有正钼酸铵等。仲钼酸铵、四钼酸铵、二水四钼酸铵和二钼酸铵是工业上常用的

钼酸铵。

在用钼酸铵生产钼粉时，首先把它焙烧成三氧化钼。不同钼酸铵的热解特性不同[5]，含有结晶水的仲钼酸铵和二水四钼酸铵在热解过程中水蒸发和氨的挥发不是同时进行，仲钼酸铵在110℃左右以水的蒸发为主，而在218℃和322℃左右以氨的挥发为主。二水四钼酸铵中的水在190℃大量蒸发，而其中氨的挥发点约为240℃和340℃。不含结晶水的二钼酸铵和四钼酸铵中的水和氨同时挥发。二钼酸铵的热解温度点分别为104℃、236℃和329℃。四钼酸铵在342℃热分解。但是，α、β和微粉型的四钼酸铵的热解特性略有不同，如图1-18所示。该图给出了四钼酸铵热分解过程中的热天平失重曲线和示差热分析曲线。在α型四钼酸铵的失重曲线上有两个失重平台，相对应的示差热分析曲线上有两个吸热峰。这表明α型四钼酸铵在热分解过程中不是直接分解成三氧化钼，而存在有一个十钼酸铵中间体。β型四钼酸铵在热分解过程中的失重曲线和示差热分析曲线上各有一个失重平台和对应的吸热峰。这表明它没有先生成中间体，而是直接分解成三氧化钼。微粉型四钼酸铵的热分解失重曲线上有两个靠近的失重平台，两个平台局部重合，相对应的示差热分析曲线上也有两个吸热峰。这也说明微粉型四钼酸铵在分解成三氧化钼之前也是先生成一个不稳定的中间体。在370℃附近有一个小的放热峰。

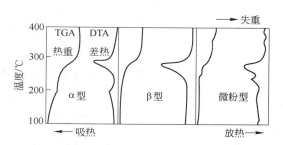

图1-18　三种晶型的四钼酸铵焙烧时的失重和示差热分析曲线[6]

常用的四种钼酸铵的晶型结构列于表1-13，晶型结构不同，它们的热分解特性也不同，用它生产出的钼粉的颗粒形貌也不一样。结构种类和晶粒及尺寸取决于结晶操作，蒸发结晶产生仲钼酸铵和二钼酸铵，而酸沉结晶，中和结晶产生四钼酸铵和二水四钼酸铵。二水四钼酸铵过度干燥生成四钼酸铵。

表1-13　常用钼酸铵的晶型特点

名　称	晶　型	晶　型　特　点
仲钼酸铵	正六面体	正常结晶为正六面体，长期存放会产生裂化
二钼酸铵	斜方体	结晶条件控制好为斜方体，近似树枝状粉末
四钼酸铵	微粉型α和β	微粉型为片状结晶体，α型为块状结晶体，β型为针状结晶体
二水四钼酸铵	棱柱体	棱柱状结晶

钼酸铵焙烧是生产钼粉的第一步，焙烧成三氧化钼或二氧化钼。焙烧有静态焙烧工艺和动态焙烧工艺两种方法。静态焙烧用卧式管式炉，钼酸铵原料放在耐热不锈钢或者高温合金舟皿中，由管式炉一端放入，按一定速度推到炉管的另一端，在推舟过程中分解成三氧化钼或二氧化钼。各种钼酸铵的分解方程式列在表1-12。焙解温度控制在400℃左右。静态法生产出产品的质量容易控制，原料适应性强，对钼酸铵的成分、杂质含量、粒度要严格控制，不允许有团粒结构。

动态焙烧钼酸铵用回转还原炉，一次把钼酸铵焙烧还原成二氧化钼，省去了由三氧化钼还原成二氧化钼的工序。这种方法机械化程度高，产量大。它除了要求钼酸铵的纯度要高，粒度合适，无团粒结构以外，还要求钼酸铵的游离水含量要低，游离氨要少，酸碱度呈中性，黏度要小，流动性要好，对钼酸铵的晶型及结构也有一定的选择，不能仅着眼于纯度和粒度，这样才能把钼酸铵分解还原成优质二氧化钼。从以后钼材深加工的结果会看到，钼酸铵动态法生产出的钼粉，在用它做粉末冶金产品时，它的深度热加工性能不如静态工艺生产出的钼粉。

文献［8］用高温 X 射线衍射法研究了 $(NH_4)_2Mo_4O_{13}$ + β-$(NH_4)_2Mo_4O_{13}$ + $(NH_4)_2Mo_4O_{13} \cdot 2H_2O$（少量）多相四钼酸铵在空气中焙烧分解过程。在不同温度下多相四钼酸铵在热分解后生成多种物相，在加热到 300℃ 的时候，多相四钼酸铵中的 $(NH_4)_2Mo_4O_{13} \cdot 2H_2O$ 开始发生如下的脱水和热分解反应：

$$(NH_4)_2Mo_4O_{13} \cdot 2H_2O \longrightarrow (NH_4)_2Mo_4O_{13} + 2H_2O$$

$$(NH_4)_2Mo_4O_{13} \longrightarrow 4MoO_3 + 2NH_3 + H_2O$$

$(NH_4)_2Mo_4O_{13}$ 和 β-$(NH_4)_2Mo_4O_{13}$ 也发生下列热分解反应，生成中间相 $(NH_4)_2Mo_{14}O_{43}$ 和 MoO_3

$$7(NH_4)_2Mo_4O_{13} \text{ 或者 } 7β\text{-}(NH_4)_2Mo_4O_{13} \longrightarrow 2(NH_4)_2Mo_{14}O_{43} + 10NH_3 + 5H_2O$$

$$7(NH_4)_2Mo_4O_{13} \text{ 或者 } 7β\text{-}(NH_4)_2Mo_4O_{13} \longrightarrow 14MoO_3 + 2NH_3 + H_2O$$

当温度升高到350℃时，$(NH_4)_2Mo_4O_{13}$ 消失，并产生另一个新相 $(NH_4)_2Mo_{22}O_{67}$。这表明 $(NH_4)_2Mo_4O_{13}$ 及 $(NH_4)_2Mo_4O_{13} \cdot 2H_2O$ 和 β-$(NH_4)_2Mo_4O_{13}$ 是按下列过程分解：

$$(NH_4)_2Mo_4O_{13} \cdot 2H_2O \text{ 和 } β\text{-}(NH_4)_2Mo_4O_{13} \text{ 及 }(NH_4)_2Mo_4O_{13} \longrightarrow (NH_4)_2Mo_{14}O_{43} + NH_3 + H_2O$$

$$(NH_4)_2Mo_{14}O_{43} \longrightarrow (NH_4)_2Mo_{22}O_{67} + NH_3 + H_2O$$

$$(NH_4)_2Mo_{22}O_{67} \longrightarrow MoO_3 + NH_3 + H_2O$$

由表 1-14 的资料可以看出，不同晶型的多相四钼酸铵在加热焙烧过程中首先脱水和热分解的是二水四钼酸铵 $(NH_4)_2Mo_4O_{13} \cdot 2H_2O$，它在 350℃ 就消失了，而 β-$(NH_4)_2Mo_4O_{13}$ 及 $(NH_4)_2Mo_4O_{13}$ 到 400℃ 才完全热分解，到 450℃ 多相四钼酸铵完全焙烧分解转变成三氧化钼。

表 1-14 四钼酸铵在焙烧过程中的物相变化[8]

温度/℃	13	100	200	300	350	400	450
$(NH_4)_2Mo_4O_{13} \cdot 2H_2O$	少量	少量	少量	少量			
$(NH_4)_2Mo_4O_{13}$	大量	大量	大量	大量	痕量		
β-$(NH_4)_2Mo_4O_{13}$	大量	大量	大量	大量	痕量		
$(NH_4)_2Mo_{14}O_{43}$				少量			
$(NH_4)_2Mo_{22}O_{67}$					大量	痕量	
MoO_3				少量	大量	大量	大量

表 1-15 是国内某钼冶炼厂生产的二钼酸铵和仲钼酸铵的杂质含量，图 1-19 是钼酸铵晶体的扫描电镜照片。图中的 D、E、F 是多钼酸铵，E 二 Mo 是二钼酸铵。

表 1-15　国产二钼酸铵和仲钼酸铵的杂质含量

工厂编号	产品名称	钼含量（质量分数）/%	杂质种类及含量（$\times 10^{-6}$）												
			K	Na	Al	Ca	Cr	Cu	Fe	Pb	Mg	Ni	Si	Sn	Ti
1 号厂	ADM	56.64	40	1	3	2	4	1	1	1	1	1	<6	1	1
	AHM	54.25	40	2	3	2	4	1	1	1	1	1	5	1	1
2 号厂	ADM	56.90	48	2	2	6	7	2	2	1	1	2	<6	1	1
	AHM	54.02	44	2	4	5	6	1	1	1	1	1	5	—	1
3 号厂	ADM	56.30	106	2	4	7	6	1	1	2	1	2	5	—	1
4 号厂	ADM	56.50	623	4	3	4	4	1	1	2	1	1	<6	—	1

D-1,×320　　D-1,×2500　　E-1,×320　　E-1,×2500

D-2,×320　　D-2,×2500　　E-2,×320　　E-2,×2500

(a)

F-1,×640　　F-1,×2500　　F-2,×640

F-2,×2500　　E二Mo,×320　　E二Mo,×2500

(b)

图 1-19　钼酸铵晶体的扫描电镜照片[7]

　　D-1 是晶体的高倍结构图，它的特点是有棱柱状和树枝状的均匀结晶，低倍（320×）呈现有不规则的颗粒状，这些颗粒团由棱柱状晶体集聚而成。这种晶型的钼酸铵的分散性和流动性都很好，颗粒之间的粘连性弱，在大转炉动态焙解还原生产出的二氧化钼仍保留有棱柱状的条片形晶粒的形态。容易过 60 目筛。用这种二氧化钼还原出的钼粉也容易过

160 目筛。

D-2 和 E-1 钼酸铵的形貌类似，高倍结构是团状外形，有很多叶片状晶体伸出，低倍为不规则的，大小不一的球团状。D-2 的团块尺寸差别较大，大块为小颗粒集聚而成。E-1 中的团块类似棉絮形，雪球状。在动态焙解还原做二氧化钼时，它们的流动性差，颗粒之间容易滚成团，结成小团块，得到的二氧化钼在过筛时筛上物较多。但用此二氧化钼还原成钼粉时，因为有大量的叶片状晶体，钼粉容易过 160 目筛。

E-2 的高倍形貌是不定形的团块集聚体，有少量的棱柱状，低倍呈现出不规则的团球状，互相粘连，在动态焙解还原制取二氧化钼时，分散性和流动性极差，容易滚成团，结块，堵炉管。生产出的二氧化钼在过筛时，筛上物很多，粒度大小不均，用它还原出的钼粉过筛性能不好。

F-1 和 F-2 钼酸铵高倍形貌是絮团状，互相交错。低倍为棉絮状，雪球状，动态焙解还原制取二氧化钼时，它的分散性和流动性极差，容易堵炉，过筛时筛上物多，用此二氧化钼还原出的钼粉也难过筛。

E 二 Mo 是二钼酸铵，它的高倍形貌是如光滑的鹅卵石状，低倍为大小不均的光滑的团块状，动态焙解时有一定的分散性和流动性，无结块现象。不过用它焙解还原出的二氧化钼的颗粒粗大，难过筛。最终还原出的钼粉也没有松散细化现象。

用这些不同晶型的钼酸铵动态焙解还原出的二氧化钼，最终用这些二氧化钼还原生产出的钼粉的物理性能列于表 1-16。由表列数据可以看出，不同晶型的钼酸铵生产钼粉的效果是不一样的，团状、叶片状晶体的钼酸铵生产出的钼粉成品率超过 48.5%，而结晶形貌呈棉絮状的、团状的钼酸铵生产的钼粉的成品率低于 45%，最低的只能达到 32.4%。表中所列费氏粒度小的钼粉，E-1、F-1、E 二 Mo，它的松装比反而大，可能是粉末体有大量局部的黏结颈的假颗粒团，粉末的真颗粒并不粗大。

表 1-16　不同晶型的钼酸铵及其产品钼粉的特性[7]

钼酸铵的编号	费氏粒度/μm		松装密度/g·cm⁻³		钼酸铵的成分/%		二次还原钼粉的成品率/%
	钼酸铵	钼粉	钼酸铵	钼粉	钼	水	
D-1	8.01	3.03	0.912	1.07	56.47	5.42	48.81
D-2	5.62	3.0	0.905	1.02	57.25	5.49	47.61
E-1	8.6	3.09	0.95	1.02	60.46	1.65	48.3
E-2	10.3	2.81	1.11	1.20	60.22	0.74	45.5
F-1	13.2	3.6	1.02	1.24	56.21	6.93	39.09
F-2	18.2	2.22	1.23	0.93	57.52	6.38	32.4
E 二 Mo	22.6	2.63	1.18	1.44	56	0.05	39.63

在研究四钼酸铵的晶粒形貌与钼粉深加工性能的关系时也发现，不同四钼酸铵的不同的同素异构体及结晶形貌对钼丝生产有严重影响。作者[9]试验所用四钼酸铵的成分，物理性能，制粉及拉丝过程有关信息资料列于表 1-17。拉丝试验过程为四钼酸铵→动态焙解成 MoO_2→扁四管炉氢还原成钼粉→冷等静压成型→中频感应烧结 ϕ18mm→旋锻→拉拔···→细丝。从拉丝结果看出，$\alpha+\beta$ 的混合晶型比单独 α 和 β 的晶型好。这三种钼酸铵的结晶

形貌的扫描电镀照片见图 1-20（a），单 α 为粗细不均的球状晶体，由 MoO_2 还原出的钼粉粒度细，粒度分布不好，压型时废品率也高。图 1-20（b），α + β 为均匀的平行四边形长方体晶体，流动性好。图 1-20（c），β 晶体为针棒状，它的流动性差，易折断产生细钼粉。其平均粒度细化到 2.0 μm，超出了拉丝钼粉 2.5 ~ 3.5 μm 要求的标准范围。

表 1-17 四钼酸铵的杂质成分及拉丝试验结果[9]

杂质种类及含量（×10^{-6}）		一号试样	二号试样	三号试样
杂质种类	Si	<6	<6	<6
	Al	<6	<6	<6
	Fe	<6	<6	<6
	Cu	<3	<3	<3
	Mg	<6	<6	<6
	Ni	<3	<3	<3
	Mn	<3	<3	<3
	P	<5	<5	<5
	K	<50	<40	<30
	Na	<1	<1	<1
	Ca	<8	<8	<8
	Pb	<5	<5	<5
	Sn	<5	<5	<5
费氏粒度 /μm	钼酸铵	10.5	13.5	10.0
	MoO_2	3.1	3.35	1.6
	Mo	2.54	3.3	2.0
松装密度 /g·cm^{-3}	钼酸铵	1.09	1.08	0.76
	钼	1.04	0.98	0.78
钼酸铵含水量/%		6.88	4.88	4.51
钼酸铵的 pH 值		4.5	3.0	3.5
钼酸铵的晶体结构及其形貌特点		· 约100% 为 α，大小不均的球状晶体	约20% 为 α 和80% 为 β，大小基本均匀的平行四边形的长方体	约100% 为 β，大小较均匀的针棒状晶体
由钼酸铵到钼丝的试验结果		焙烧时轻微堵炉，钼粉的收得率48.6%，可拉拔出直径0.6mm 的细丝	流动性和分散性好，焙烧时不堵炉，钼粉收得率可高达 52.1%，可拉拔直径0.03mm 的细丝	焙烧时严重堵炉，钼粉收得率为 47.4%，粉太细，超出了拉丝的要求

很显然，在生产钼粉的时候，它的原料不论是用钼酸铵焙解出的三氧化钼，还是升华法生产的三氧化钼，或是用钼酸铵动态焙解的二氧化钼。除了要控制好钼酸铵的纯度及粒度（FSSS）以外，还需要控制好它的晶型及结晶形貌、水分及 pH 值，最好采用颗粒度均匀，形状规则，多缝隙，流动性好的钼酸铵，这样才能生产出优质钼粉，可以满足粉末冶金制品对钼粉的要求。

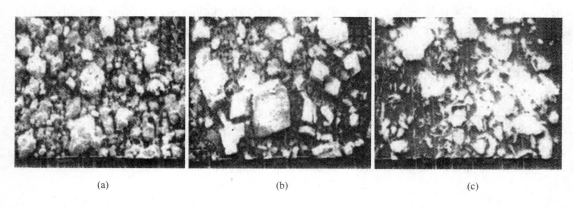

(a)   (b)   (c)

图 1-20   四钼酸铵的晶体形貌

（a）α；（b）20α+80β；（c）β

1.8.2   氢还原制造钼粉

氧化钼氢还原制造金属钼粉是采用分段还原，由高价氧化物先还原成低价氧化物，再还原成钼粉。在还原过程中温度由低到高。

图 1-21 给出了氧化钼氢还原的热力学曲线，由钼氧化成二氧化钼，由二氧化钼氧化成三氧化钼的标准吉布斯自由能的变化曲线。该图上也给出了氢被氧化成水的自由能变化曲线。自由能变化的负值越大，反应越容易进行，反应产物越稳定。三氧化钼的生成自由能与水相比，两者自由能的负值差别很大，这说明用氢还原三氧化钼成二氧化钼比较容易，生成更稳定的水。二氧化钼被氢还原成金属钼粉则比较困难，因为二者的生成自由能曲线很接近。不过在高温下用氢还原二氧化钼比较有利，用 1100℃把二氧化钼还原成金属钼。

（1）两步还原法。$MoO_3 \rightarrow MoO_2 \rightarrow Mo$，氢把三氧化钼还原成二氧化钼是放热反应，

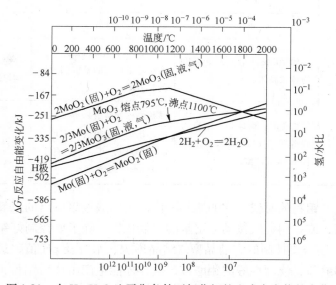

图 1-21   在 H_2/H_2O 比平衡条件下氧化钼的生成自由能的变化

$MoO_3 + H_2 \rightarrow MoO_2 + H_2O$（98.3kJ/mol），反应过程中有中间体 $MoO_{2.89}$ 和 Mo_4O_{11}[10]，温度超过550℃中间体消失，只有 MoO_2，由二氧化钼还原成钼是吸热反应，$MoO_2 + 2H_2 \rightarrow 2H_2O + Mo$。工业上选定还原温度要考虑二氧化钼和三氧化钼的特性。三氧化钼的熔点795℃，沸点1100℃，600℃开始升华，到700℃它的蒸气压已相当高（见图1-15）。二氧化钼没有升华特性，直到1800℃都没有发生相变的迹象。超过1800℃，在无氧、缺氧条件下二氧化钼发生分解反应 $3MoO_2 \rightarrow 2MoO_3 + Mo$，产生液态挥发性的三氧化钼和金属钼。

工业上用氢还原氧化钼制造钼粉大部分采用两步还原法，第一步把高纯三氧化钼还原成二氧化钼，第二步再把二氧化钼还原成金属钼粉。由图1-22可以看出，该图是氢还原氧化钼过程中平衡气体成分与温度之间的关系，在由三氧化钼还原成二氧化钼的平衡气体成分中的氢的体积分数只为0.1%，可以用水含量较高、氢含量很低的气体做第一阶段的还原剂，就是说第一步允许而且应当用稀湿的氢还原三氧化钼，氢的含量只要达到化学计量单位就可以完成全部的还原反应。第一步还原温度控制在450～650℃，因为这步反应是放热反应，若采用纯氢还原，则势必会放出大量的热，局部温度有可能超过三氧化钼的熔点795℃，这时三氧化钼就会熔化结块、板结，使得还原剂氢和三氧化钼不能充分接触，它不能充分被还原，造成部分三

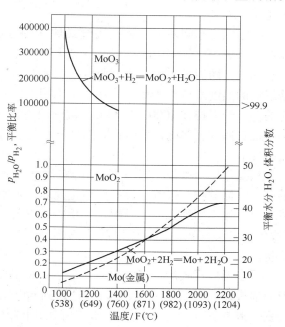

图1-22 氢还原氧化钼过程中平衡气体成分与温度的关系

氧化钼还原不透而进入第二步还原。用稀湿的氢气，在低温条件下把三氧化钼还原成二氧化钼，可以避免反应失控过热，能消除三氧化钼还原反应不透的弊病和升华损失。

第二步还原把二氧化钼还原成钼粉，$MoO_2 + 2H_2 \rightarrow Mo + 2H_2O$，这一步还原温度选1000～1100℃，当然理论上选800℃也是允许的。用1000～1100℃温度还原，还原速度可以加快。反应过程中的水氢分压 p_{H_2O}/p_{H_2} 比值很低，在第二步还原时应当采用瓶装或氢气站供应的新鲜的氢，还原以后产生的"废气"，即富余氢和水蒸气的混合气体，回收返回用做第一步把三氧化钼还原成二氧化钼的还原剂，这一步还原过程只要求"废气"气体中含有相当于还原全部三氧化钼的化学计量的氢。可以充分提高氢的利用率。

（2）三氧化钼一步氢还原。从反应热力学的观点出发，三氧化钼一次直接还原成钼粉也是可行的，$MoO_3 + 3H_2 \rightarrow Mo + 3H_2O$，反应能不断向右进行。采用的还原温度范围是1000～1100℃，这时三氧化钼的升华损耗必不可免，严重降低了钼的收得率。另外，在三氧化钼与钼共存的条件下，它们之间可能发生反应 $2MoO_3 + Mo \rightarrow 3MoO_2 + 238.2kJ$，在还原过程中也会产生钼的低价氧化物 $4MoO_3 + H_2 \rightarrow Mo_4O_{11} + H_2O$。这类低价钼的中间氧化物和钼会形成低熔点共晶体，其熔点是在550～600℃范围内。使得氧化物局部熔化或烧结成

块，产生粗晶粒钼粉。在一步还原过程中钼粉与湿氢长期接触，促使钼粉晶粒长大，粒度范围分布很宽。这种钼粉不宜用做粉末冶金原料，用这种粉压的坯料在深度热加工时容易产生裂纹开裂，但是对于熔炼钼锭，只要纯度有保障，这类钼粉还是可以应用的。

用一步还原法还要考虑粒度问题和松装比的问题，已知金属钼粉的松装比一般为 $2.5g/cm^3$，三氧化钼为 $0.4 \sim 0.5g/cm^3$，二氧化钼为 $1 \sim 1.5g/cm^3$。装料舟的容量固定不能变，显然，一次还原的生产率低。钼粉与料舟的容积比远远小于三氧化钼的料舟容积比。

我国钼粉车间基本上都是用管式炉（圆管炉和扁四管炉）生产钼粉，钼粉生产线包括：一台炉子热焙解钼酸铵生产三氧化钼，另一台炉子做第一步还原，把三氧化钼还原成二氧化钼，随后转入第二步还原生产出钼粉。钼酸铵等要处理还原的物料称重装入料舟，焙解炉的温度维持在 $350 \sim 550℃$，三氧化钼还原炉温度控制在 $500 \sim 700℃$，最终生产钼粉的还原炉保持在 $1000 \sim 1100℃$。被处理料装入料舟，根据管式炉的长度和高温区的长度决定推舟速度，要确保物料在高温区停留足够长的时间，保证物料充分完全地完成自身的化学反应。

从操作层面来说，第一步把钼酸铵装入料舟，在热焙解炉内加热，按反应会生成少量的氨，气体的味道很浓，最好要净化处理。可以把气体通过水淋吸收氨气。三氧化钼还原成二氧化钼不用纯氢，而是把二氧化钼还原成钼粉排出的废气引入该炉管。可以预料，用"废气"还原三氧化钼，可以防止局部高温，避免造成三氧化钼结块，提高还原反应的质量。

用多温段管式炉把三氧化钼一步还原成钼粉，装满三氧化钼粉料的料舟沿炉管逆氢气流向前推进。温度初始段由 $450℃$ 升高到 $650℃$，完成三氧化钼向二氧化钼的转变。这一转变一般在 $550℃$ 之前完成，如前所述，因为三氧化钼还原过程中会产生中间氧化物 $4MoO_3 + H_2 \rightleftharpoons Mo_4O_{11} + H_2O$，这种 Mo_4O_{11} 和 MoO_3 形成低熔点共晶体，熔化温度在 $550 \sim 600℃$ 之间。二氧化钼向钼粉的转变在炉管的下一段完成，料舟沿炉管向前推进，温度由 $650℃$ 升高到 $950℃$，在这一段二氧化钼被还原成钼粉，这时粉的含氧量高到 $0.7\% \sim 2\%$。把钼粉舟继续向前推入 $1000 \sim 1100℃$ 温度段，进行脱氧处理，随后料舟推入冷却段。在炉管的两端加冷却水套，可以强制冷却。推舟有手工推料和机械推料两种方式。手工推料可用于小批量生产，机械推料用于大批量生产。最终还原出的钼粉要经过筛分，剔除筛上物，合批，一次合批料的质量大一些对钼粉的用户有利，一次合批可达到 $500 \sim 1000kg$。

（3）钼酸铵一步氢还原制造钼粉。一次氢还原制粉过程实质上是在有氢气条件下，把钼酸铵焙解分段还原的各个阶段叠加在一起。钼酸铵直接通氢还原制钼粉过程中与钼酸铵焙解分段还原相比，中间相 Mo_4O_{11} 的生成和消失温度为 $450℃$ 和 $550℃$，比在焙解分段还原工艺过程中该相的生成和消失温度低 $50℃$[10]。

钼酸铵直接氢还原制造钼粉工序短，工艺简单，省时间，这些是该工艺的优点。生产出钼粉的纯度和颗粒形状与三氧化钼两步还原的没有原则性的差别。但是，由于把焙解和还原许多工序叠加，严格控制各段的温度特别困难。生产出的钼粉粒度和粒度分布难于控制，粉的粒度较粗。这种工艺应用较少。

（4）钼酸铵两步氢还原生产钼粉。这种工艺第一步把钼酸铵焙解和氢还原结合制造出 MoO_2，一个具体的操作实例是：焙烧还原是在回转电炉中进行，还原温度采用 $500 \sim$

550℃。原料钼酸铵的松装密度是 $0.6 \sim 1.2 \mathrm{g/cm^3}$，含水量不大于 2%。第一步按下式还原出二氧化钼，它的松装密度是 $0.85 \sim 1.25 \mathrm{g/cm^3}$，平均粒度是 $2 \sim 6 \mu \mathrm{m}$。

$$3(\mathrm{NH_4})_2 \mathrm{O} \cdot 7\mathrm{MoO_3} \cdot 4\mathrm{H_2O} + 7\mathrm{H_2} \longrightarrow 7\mathrm{MoO_2} + 6\mathrm{NH_3} + 14\mathrm{H_2O}$$

第二步还原用十一管炉，第一步还原出的二氧化钼过筛，装入料舟。在 $850 \sim 940℃$ 通氢按下式还原成钼粉：

$$\mathrm{MoO_2} + 2\mathrm{H_2} \longrightarrow \mathrm{Mo} + 2\mathrm{H_2O} - 105.34 \mathrm{kJ/mol}$$

钼粉应当是纯灰色，没有结块。氧含量不超过 0.2%，经合批后不超过 0.25%。它的松装密度为 $0.8 \sim 1.6 \mathrm{g/cm^3}$，平均粒度 $2 \sim 3.5 \mu \mathrm{m}$。还原用氢气的露点，流量和氧含量对钼粉质量有重大影响。用低露点氢气会使钼粉的氧含量增高，粒度变粗。在实际操作时，第一步转炉还原宜用小流量氢，一般控制在 $20 \sim 30 \mathrm{m^3/h}$ 之间。第二步还原钼粉要用大流量氢气，每根管的流量控制在 $1 \sim 2.5 \mathrm{m^3/h}$。氢的露点低于 $-45℃$，氧含量不超过 15×10^{-6}。

炉料在炉内的还原时间要选择合适，时间太短还原反应不透彻，时间太长，钼粉的粒度会变粗。通常，在回转炉中还原时间消耗 1.5h，而在第二步管式炉的还原时间约为 5h。

（5）流态床法。除用管式炉（包括圆管和扁管炉）还原钼粉以外，还有用流态床方法，所谓流态床法的技术概念在辉钼矿的流态床焙烧一节中有所论述。三氧化钼流态床氢还原与二硫化钼流态床焙烧的原理是一样的。在三氧化钼流态床氢还原过程中氢既是还原剂，又是流态化的气体媒介。流态床还原装置的简图示于图 1-23，典型的实验数据列于表 1-18，三氧化钼和氢由流态床装置的底部送入反应器，反应器先装入钼粉，制造启动流态床并加热到反应温度，导入热氢，使钼粉形成流态床，按化学计量单位送入三氧化钼，产出的钼粉由溢流管放出，收集在一个通氢保护的容器中冷却。用这种方法可以连续高效地生产出钼粉，生产成本比管式炉的成本低。

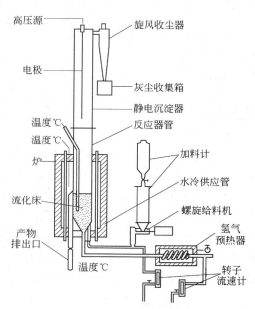

图 1-23　流态床氢还原钼粉装置简图

图中标注：高压源、旋风收尘器、电极、灰尘收集箱、静电沉淀器、反应器管、温度℃、温度℃、炉、加料计、水冷供应管、螺旋给料机、流化床、氢气预热器、产物排出口、温度℃、转子流速计

表 1-18　流态床氢还原钼粉的典型实验数据

还原温度/℃	955	氧化物还原率/%	99
氧化物供料速度/$\mathrm{g \cdot h^{-1}}$	400	氢气预热温度/℃	600
氢气过剩系数（化学计量数的倍数）	19	炉预热温度/℃	975

还原钼粉除用氢气作还原剂以外，还有液氨分解气，$2\mathrm{NH_3} \rightarrow \mathrm{N_2} + 3\mathrm{H_2}$，分解成氢和氮气，氢是还原剂，氮是中性气体，无还原作用。分解气体的还原强度比纯氢低。用这种分解的混合气体做还原剂，还原出的钼粉在高温下和氮气长期接触，可能形成氮化物颗粒，不利于用这类钼粉做粉末冶金材料。还原出的钼粉的形貌与氢还原出的钼粉也有一定的差异。现

在已经有成熟的氨分解设备，可以把氮氢混合气体中的氮分离，得到纯度达99.99%的氢。

Tuominen 研究用 H_2 和 NH_3 做还原剂，原料有升华法生产的三氧化钼和钼酸铵 $(NH_4)_2Mo_2O_7$，$(NH_4)_2MoO_4$。观察用不同的还原剂和不同原料，不同工艺路线生产出的钼粉的形貌，发现用升华法生产的三氧化钼做原料，第一步用氨做还原剂，第二步用氢做还原剂生产出的钼粉。或者只用氢做还原剂，原料是二钼酸铵焙解还原出的钼粉。用这两种方法生产出的钼粉外观形貌基本相似。但是，用这两种工艺生产出的钼粉和只用氢做还原剂，还原升华法三氧化钼制造的钼粉相比，两者的形貌不同，前者的钼粉能烧结到比较高的密度。氨促进生成具有小平面的，致密的二氧化钼立方晶体，如果只有氢没有氨，三氧化钼被还原成针状的和片状的二氧化钼结晶，而针状和片状二氧化钼晶体还原出不规则的多孔的金属钼颗粒。

我国是钼的生产大国，生产钼粉的工厂很多，各工厂生产出的钼粉的纯度相差很大。表1-19是国内工厂生产的钼粉的杂质含量，表中数据来源是工厂的材质报单。

表1-19　我国三个主要钼粉厂生产的钼粉的杂质含量　　　　　　　$(\times 10^{-6})$

杂质	Pb	Bi	Sn	Sb	Cd	Fe	Ni	Cu	Al	Si	Ca	Mg	P	C	O	FSSS
1号	10	10	10	10	10	60	30	10	20	30	20	30	10	100	200	3.15
2号						20	14	10	20	30	30	16	10	40	100	2.8
3号	1	1	1	1	1	30	5	5	100	10	10	10	10	20	90	2.65

综上所述，钼粉的生产工艺有：

三氧化钼两步还原成钼粉　　$MoO_3 \rightarrow H_2$ 还原 $\rightarrow MoO_2 \rightarrow H_2$ 还原 $\rightarrow Mo$

三氧化钼一步还原成钼粉　　$MoO_3 \rightarrow H_2$ 还原 $\rightarrow Mo$

钼酸铵两步还原成钼粉　　　$3(NH_4)_2O \cdot 7MoO_3 \cdot 4H_2O \rightarrow H_2$ 还原 $\rightarrow MoO_2 \rightarrow H_2$ 还原 $\rightarrow Mo$

钼酸铵一步还原成钼粉　　　$3(NH_4)_2O \cdot 7MoO_3 \cdot 4H_2O \rightarrow H_2$ 还原 $\rightarrow Mo$

制造钼粉的"母"原料都是三氧化钼和钼酸铵，而钼酸铵的晶型、粒度、结构状态都能"遗传"给钼粉。因此，生产钼粉的"母"原料希望用粒度均匀、分布合理的高纯低氧单相钼酸铵，可以保证钼粉的质量。

1.8.3　氧化钼氢还原的机理

三氧化钼氢还原的机理研究表明，三氧化钼晶体有明显的各向异性，在不同方向上氢还原速率差别很大。三氧化钼还原成二氧化钼的过程分别是：氢在表面的化学吸附及水解吸，产生阴离子空位，这些空位由表面向基体扩散，渗透进入带缺陷的晶体并生成新相晶核。阴离子空位向基体扩散的过程是反应速率的控制步骤。

在常规的钼粉制造过程中氢还原是必不可少的工序。由三氧化钼可以分两步还原或一步直接还原成钼粉。但是，实际上三氧化钼在氢还原加热过程中的物相变化并不是直接转化，而是一个转化过程，见表1-20。该表给出了三氧化钼在不同温度下氢还原时的物相组成，由表列数据可以看出在三氧化钼氢还原过程中首先组成两个中间相，$MoO_{2.89}$（表中未写出）和 Mo_4O_{11}，Mo_4O_{11} 的含量和稳定性比 $MoO_{2.89}$ 高，它存在的温度范围较宽。在500℃尚有 MoO_3 和 Mo_4O_{11}，而到550℃只有 MoO_2，显然在 $500 \sim 550$℃之间 Mo_4O_{11} 已被氢完全还原成 MoO_2。在 $700 \sim 800$℃之间二氧化钼完全被氢还原成钼粉。800℃只有钼相。在氢气还原氧化钼的过程中一般来说是属于气体和固体之间的异相反应，可以这样描述气固态之间的异相反应过程，反应首先发生在固态颗粒的表面，通过"假晶相变"，反应界面由原料颗粒表面逐渐向假晶内部迁移，颗粒表面形成反应产物层，内部是未反应的原料核，随着反应延长，反应产物表面层增厚，未反应的原料的核逐渐缩小，最终核消失，原料颗粒完全变成了反应产物。反应产物含有孔洞和连通的孔洞隧道。这种反应过程也可称之为核收缩过程模型。

表 1-20　三氧化钼在氢还原过程中物相随温度的变化[8]

温度/℃	400	450	500	550	600	650	700	750	800
MoO_3	大量	大量	大量						
Mo_4O_{11}	痕量	痕量	痕量						
MoO_2	痕量	少量	大量	大量	大量	大量	大量	大量	
Mo							痕量	大量	大量

另一种气-固之间异相反应过程是化学反应气相迁移过程，原料颗粒的分解是通过生成中间气态迁移相来完成，这些中间气态迁移相在反应产物的晶核上沉积。在这个过程中生成的反应产物的形貌与原料完全不同。产物的粒度分布取决于气相沉积的条件（多相/匀相成核和晶核生长）。图 1-24 是化学气相沉积过程模型图。

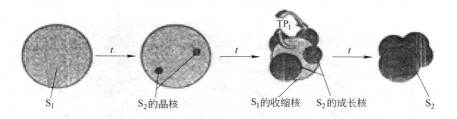

图 1-24　化学气相迁移过程
S_1—原料（固体）；S_2—反应产物（固体）；TP_1—迁移相（固体）

文献［11］研究表明，三氧化钼氢还原的第一阶段转变成二氧化钼，这一阶段通过两个核收缩过程，原料三氧化钼无孔聚集物与氢作用生成多颗粒聚集物 Mo_4O_{11}，氢再与 Mo_4O_{11} 作用生成多颗粒聚集物 MoO_2。在这两段相变反应过程中，反应都是靠生成某种气态迁移相通过化学气相迁移过程来完成的。其他条件保持恒定，高露点的氢气使反应速度变慢，使气体迁移相稳定。无论三氧化钼聚集体的粒度如何，以及还原温度是高还是低，得到的 Mo_4O_{11} 和 MoO_2 晶粒的晶形是一样的。Mo_4O_{11} 互相以较粗的桥梁连接，形成"菜花"形状的聚集体。在 MoO_3 形成 Mo_4O_{11} 的过程中，"菜花"状聚集物向原料 MoO_3 聚集物的中心生长。

随后是在 Mo_4O_{11} 晶粒表面上生成 MoO_2 的晶核，接着 MoO_2 晶核生长成 MoO_2 晶体。新生成的 MoO_2 晶粒呈片状，它的厚度是 $0.1 \sim 0.2\mu m$，直径是 $1 \sim 2\mu m$。每次向下一个氧化物转变进行的过程都是由表及里，由聚集物的表面向中心进行，根据反应进行的程度和还原条件的不同，一个聚集体可能存在几种氧化物，生成类似"洋葱"式的多层结构。因此，在第一步还原时产生的聚集物的形式和尺寸都被保留了下来。

由 MoO_2 还原成 Mo 粉的机理可以认为，由于在第一步还原时得到的 MoO_2 是一种多孔结构的聚集物，其内部的扩散速度是相当快的。由 MoO_2 氢还原成 Mo 粉的动力学可以用反应过程的核收缩模型来描述。图 1-25 ～图 1-27 是 MoO_3 不同还原阶段的扫描电镜图，图 1-25(a) 说明 Mo_4O_{11} 晶体是生长在 MoO_3 "收缩核"上，图 1-25(b) 显示了在 MoO_3 聚集物表面生长的 Mo_4O_{11} 晶核。图 1-26 是 Mo_4O_{11} 生成 MoO_2 的过程，图 1-27 是 MoO_2 还原成 Mo 粉的假晶反应过程。在这一阶段反应过程中氢气的露点要严格控制。这是因为在微区域内氢气的露点对钼粉末晶粒生核及晶核长大有决定意义，低露点生成大量钼粉晶核，会生成细颗粒钼粉，高露点降低晶核数量，能生成粗颗粒钼粉。

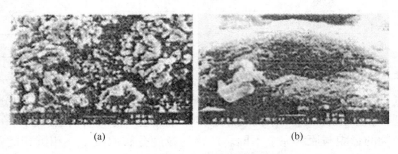

(a)　　　　　　　　　　　　　　(b)

图 1-25　MoO_3 氢还原初期形成中间相

(a) Mo_4O_{11} 晶体生长在 MoO_3 的收缩核上；(b) 在 MoO_3 聚集物表面上生长的 Mo_4O_{11}

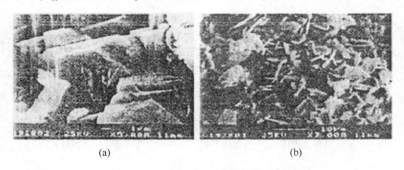

(a)　　　　　　　　　　　　　　(b)

图 1-26　Mo_4O_{11} 晶体转变成 MoO_2 过程图

(a) 在 Mo_4O_{11} 晶体上形成的 MoO_2 晶核；(b) Mo_4O_{11} 聚集物上生成片状的 MoO_2 晶体

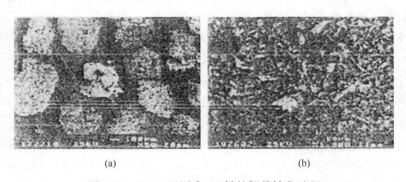

(a)　　　　　　　　　　　　　　(b)

图 1-27　MoO_2 还原成 Mo 粉的假晶转变过程

(a) 片状 MoO_2 组成的多孔聚集体；(b) 还原成 Mo 粉后的聚集体的表面，Mo 粉的片状外形和 MoO_2 的一样

1.9 钼的熔盐电冶金

1.9.1 熔盐电解的基础知识

熔盐电解和常规的水溶液电解本质上并无原则的区别，都是在电解质中靠电极反应，在电场力的作用下，阴离子向阳极迁移，而阳离子向阴极迁移。在水溶液电解时发生如下阳极反应和阴极反应：

阳极反应的通用方程为 $\qquad$ $M \longrightarrow M^{n+} + ne$

阴极反应的通用方程式为 $\qquad$ $M^{n+} + ne \longrightarrow M$

$$2H^+ + 2e \longrightarrow H_2$$

$$O_2 + 2H_2O + 4e \longrightarrow 4(OH)^-$$

熔盐电解过程与水溶液电解不同，熔盐电解的阴极反应不会发生析氢反应过程，也不会产生氢氧化物。元素周期表中的ⅣA、ⅤA、ⅥA族元素，Ti、Zr、Hf、V、Nb、Ta、Cr、Mo 和 W 都是活性金属，这些金属的电冶金提炼只能用熔盐电解而不能用水溶液电解工艺。原因首先在于它们的氧化是被水分解氧化；其次形成阴极氧化导致析出氧化物；另外金属常被氧化膜包覆，金属沉积电位比氢析出标准电位更低。但是 Cr 例外，用水溶液可以电解或电镀铬。不过要想得到无氧铬或极高纯度的铬，仍然要用熔盐电解工艺，熔盐电解铬用的电解质是 $NaCl\text{-}CrCl_2$ 和 $KCl\text{-}LiCl\text{-}CrCl_2$，可溶性阳极是水溶液电沉积出的铬和铝热法铬或碳化铬[12]。

理论上，熔盐电解工艺可以生产出任何一种金属。但是，有些金属盐形成分子融体，它们的电导率低，熔点高，熔化前升华快。因此，实际上，常用其他金属盐做溶剂，降低混合融体的熔点，提高电导率，并使电解质的性质可以控制。熔盐电解质通常包含有溶剂和溶质两种组分，溶剂是主组分，称载体电解质，它常由金属的单组元盐或者复合盐组成。溶质称功能电解质，是将要被提炼的一种金属盐，通常用单组元盐做功能电解质，有时也用复合盐。例如，在电解沉积 Nb 时，KCl-KF 混合盐做载体电解质，而 $K_2NbF\text{-}Nb_2O_5$ 混合体做功能电解质。

电解质[13]，在熔盐电解过程中融体的导电性是一个很关键的特性。根据近代有关熔盐结构的研究结果，认为熔盐包含有正离子、负离子、空穴和络合离子。它的导电本质是离子迁移。电导与温度的关系可以用经验公式描写：

$$\lg \lambda = A - \frac{B}{T}$$

式中，A、B 对于一个固定的金属盐是常数。熔盐电导随温度升高而增加的简单的物理解释是：熔盐中的离子与晶体中的离子一样，在其似平衡位置附近振动，离子想要迁移离开平衡位置，必须克服阻挡它迁移的"能垒"。当温度升高时，离子的运动速度加快，动能增加。当动能增加到足以克服阻碍其迁移的"能垒"时，离子被激活，发生离子迁移。参加导电的离子数随温度的升高按指数增加，而非线性关系。

熔盐电解质的黏度是电解质的一个物理特性，黏度低的电解质导电性高。黏度 η 与电

导 λ 之间的关系为 $\lambda^n \cdot \eta =$ 常数，由式看出，黏度降低，离子迁移阻力变小，电导增加。电解质的黏度低，不同种类的熔盐更容易混合均匀。另外，在电解过程中如果阳极区产生气泡，低黏度的电解质更利于气泡排出。表 1-21 给出了碱金属氯化物熔盐，食盐水溶液，稀盐酸及水的一些特性。由表列数据看出，虽然水和水溶液的黏度，密度和纯熔盐的很近似是一样的，但是，纯碱金属氯化物熔盐的扩散系数和电导率大约是同一个数量级，可是比 20% NaCl 水溶液的扩散系数和电导率大约大 5～27 倍。蒸气压高的电解质在电解过程中容易产生过度挥发，造成电解质的损耗。例如在三氧化二铝的电解过程中由于电解质的挥发造成每吨铝的氟化物损耗达到 20～30kg。另外，如果在电解过程中电解质不断连续挥发，熔盐的成分和物理化学性质随时都会发生变化，对于稳定电解工艺和生产优质的产品非常不利。

表 1-21   水、稀盐酸、氯化钠水溶液及碱金属氯化物熔盐的一些特性

介　质	特　性					
	熔点 /℃	沸点 /℃	黏度 $/10^{-4}N \cdot m^{-2} \cdot s$	扩散系数 $/cm^2 \cdot s^{-1}$	密度 $/g \cdot cm^{-3}$	电导率 $/\Omega \cdot cm$
H_2O	—	100.0	10.0 (20℃)		1.0 (20℃)	10^{-8} (20℃)
20% 质量分数 NaCl 水溶液	-16.5		15.5 (20℃)	1.48×10^{-5} (25℃)	1.15 (20℃)	0.204 (20℃)
2.5% 质量分数 HCl 水溶液	-2.5		10.3 (20℃)	3.05×10^{-5} (25℃)	1.01 (20℃)	0.220 (20℃)
LiCl	605	1382	15.1 (650℃)	—	1.49 (630℃)	5.81 (630℃)
NaCl	801	1465	12.5 (850℃)	1.63×10^{-4} (838℃)	1.53 (850℃)	5.74 (850℃)
KCl	770	1500	11.0 (800℃)	—	1.51 (800℃)	2.23 (800℃)
RbCl	718	1390	18.5 (750℃)	0.88×10^{-4} (737℃)	2.22 (750℃)	1.59 (750℃)
CsCl	645	1290	12.2 (700℃)	0.73×10^{-4} (670℃)	2.76 (675℃)	1.19 (675℃)

电解质的密度对于电沉积出的金属成形有重要意义。在电解冰晶石生产铝时，液态铝的密度大于氟化物-氧化物电解质的密度，铝液沉在电解槽底部，定时由电解槽底放出铝液并铸成铝锭。电解镁与电解铝相反，液态镁的密度小于电解质的密度，在熔盐电解时分离出的液态镁浮在熔盐上表面，定期从表面虹吸出镁液。电解分离出的金属处于熔融状态，其表面不会发生极化效应，可加大电解电流密度，提高生产效率。

金属化合物融体的分解电压是电解质的另一个重要特性，分解电压的基本意义就是，熔盐在通直流电时采用惰性电极，只有当外加电压达到一定值时才能开始发生电解，长时间进行电解要施加的最低电压就是分解电压。就熔盐电解而论，溶剂需要有高度的电解稳定性，就是要求具有高分解电压。溶剂的化学稳定性应当比要被电解的金属盐的更高，金属溶剂共沉积的趋势才会低。表 1-22 和表 1-23 是一些难熔金属和一些金属卤化物的理论分解电压和物理性质。比较表列的各项数据可以发现，难熔金属化合物的分解电压比表中所列金属的卤化物的分解电压低。这就表明用这些难熔金属化合物电解萃取难熔金属时，可以用这些金属卤化物做熔盐电解质的溶剂。金属化合物在溶入熔盐时它的理论分解电压与在表 1-22 和表 1-23 所录的数值相比会有一些变化。例如，在 1M 的 LiCl-KCl 溶剂中，VCl_2 在 450℃ 的分解电压是 1.855V，相比起来，在同一温度下纯 VCl_2 的分解电压是 1.794V。

表 1-22   若干个难熔金属化合物的理论分解电压（$E^{\ominus}$）、熔点和沸点

化合物	熔点/℃	沸点/℃	25℃时 $E^{\ominus}$	化合物	熔点/℃	沸点/℃	25℃时 $E^{\ominus}$
$TiCl_4$	−25	136.4	1.784	$MoCl_3$	1027 升华	—	0.723
$TiCl_2$	1025	1477	2.255	ZrF_4	902 升华	—	4.586
$ZrCl_4$	331 升华	—	2.266	$HfCl_4$	927 升华	—	4.477
$HfCl_4$	319 升华	—	2.537	VF_3	1127	1427	3.896
VCl_4	−28 ±2	148.5	1.323	V_2O_5	678	2052	1.492
VCl_2	1027	1377	2.103	Mo_2O_5	1512	>2200	1.873
$NbCl_5$	204.7	254	1.44	MoO_3	795	1155	1.16
$TaCl_5$	216	242	1.57	MoO_2	>2200		1.272
$MoCl_5$	194.4	268	0.597				

表 1-23   若干个金属卤化物的熔点、沸点及理论分解电压（$E^{\ominus}$）

卤化物	熔点/℃	沸点/℃	1200K 时的电导率/$\Omega \cdot cm$	800℃时的 $E^{\ominus}$/V
LiCl	605	1382	7.97	3.457
NaCl	801	1465	7.49	3.24
KCl	770	1500	3.24	3.441
RbCl	718	1390	2.55	3.314
CsCl	645	1290	2.27	3.362
$CaCl_2$	782	1600	2.79	3.323
$MgCl_2$	714	1418	2.58	2.46
LiF	845	1676	10.97	5.256
NaF	993	1695	—	3.781
KF	858	1505	6.133	3.63
RbF	795	1410	—	3.67
CsF	703	1250	5.99	3.677
CaF_2	1423	2500	—	4.785
MgF_2	1261	2239	—	3.994

在熔盐电化学中除分解电压这个物理化学参数以外，电动势序，或电化序也是一个重要的物理化学量。对于这个量可以理解为，把一根金属插入含有该金属自己阳离子的溶液或熔盐中，该金属与熔盐或溶液产生物质交换。金属表面的离子由于键不饱和，有吸引其他正离子的趋势，以便保持和内部离子处于相同的平衡状态。同时表面离子又比内部离子容易脱离晶格，当金属表面离子脱离以后，表面呈现富电子状态，使金属带负电。熔盐中正离子有剩余，又被呈负电性的金属吸引沉积。当离子溶解的速度和沉积的速度相等时，达到了动态平衡状态。此时在界面层中会有一定剩余的电荷分布。金属-熔盐界面层中的这种相对稳定的剩余电荷称为离子双电层。这个双电层的电位差就是金属-熔盐之间的相间电位，称电极电位。测定金属电极电位的绝对值是不可能的。在原电池（丹尼尔电池）中测量金属与水溶液电极系统的电极电位时用氢做参比电极，在标准状态下把氢电极的电极电位定为"零"。测出其他金属的电极电位值（相对氢），根据所测得的电极电位大小排一个顺序，称作金属的标准电位序，或电动势序。电极电位说明在发生电极反应时，电

极电位越负，越容易失去电子。反之，电极电位越正，越容易得到电子。熔盐的电动势序是根据分解电位的大小排列。金属的电动势序在不同溶剂中会有一些差别。表1-24 是在不同卤化物熔盐中金属离子/金属"对偶"的电动势序，它在熔盐电解冶金中有重要意义。为了用熔盐电解工艺把两种元素分离开，它们在熔盐电解质中的析出电位在电动势序中应有较大区别。区别越大，分离的趋势越大。例如，在用二氯化钛电解钛时，不希望存在有钒、铬、铁。因为它们在电动势序的位置排在 Ti(Ⅱ)-Ti(0)的下面，在分离钛时，这些元素容易与钛共沉积，使钛遭受到污染。但是，像镁、铝这些元素，它们在电动势序中的位置排在 Ti(Ⅱ)-Ti(0)上面，在钛沉积时它们不会和它一起发生共沉积。

表1-24 某些金属电对在若干氯化物，氟化物熔盐电解液中的电动势序

对 偶	在 450℃ 的 LiCl-KCl 共晶体中	在 700～900℃ 的等当量的 液体 NaCl-KCl 中	在 850℃ 的 NaF-KF 共晶中
Li(Ⅰ)-Li(0)	−3.304	—	—
Mg(Ⅱ)-Mg(0)	−2.580	—	—
Zr(Ⅳ)-Zr(Ⅲ)	−1.864	—	—
Mn(Ⅱ)-Mn(0)	−1.849	—	−1.68
Hf(Ⅳ)-Hf(0)	−1.827	—	—
Zr(Ⅳ)-Zr(0)	−1.807	−1.018	—
Al(Ⅲ)-Al(0)	−1.762	—	−2.14
Zr(Ⅱ)-Zr(0)	−1.750	−1.355	—
Ti(Ⅱ)-Ti(0)	−1.740	−1.106	—
Ti(Ⅲ)-Ti(0)	−1.600	−1.046	—
Ti(Ⅳ)-Ti(0)	—	0.697	—
Zn(Ⅱ)-Zn(0)	−1.566	−0.860	—
V(Ⅱ)-V(0)	−1.533	—	—
Cr(Ⅱ)-Cr(0)	−1.425	−1.425	—
Fe(Ⅱ)-Fe(0)	−1.172	−0.520	—
Sn(Ⅱ)-Sn(0)	−1.082	−0.370	—
Cu(Ⅱ)-Cu(0)	−0.991	−0.324	−0.71
Cu(Ⅰ)-Cu(0)	−0.957	−0.260	−0.16
Ni(Ⅱ)-Ni(0)	−0.795	−0.140	—
V(Ⅲ)-V(0)	−0.760	—	—
V(Ⅲ)-V(Ⅱ)	−0.748	—	—
Cr(Ⅲ)-Cr(0)	−0.650	−0.425	−1.34
Mo(Ⅲ)-Mo(0)	−0.603	—	—
Cu(Ⅱ)-Cu(0)	−0.448	−0.170	—
Fe(Ⅲ)-Fe(0)	−0.362	—	−0.52
Cu(Ⅱ)-Cu(Ⅰ)	+0.062	—	—
Fe(Ⅲ)-Fe(Ⅱ)	+0.086	—	—
Cl_2-Cl^-	+0.322	+0.845	—

金属电解精炼提纯的主要目的是除去杂质,若杂质的化学电位显著地高于或低于基体材料的电位,则提纯容易。根据要被清除的杂质性质,可使杂质金属形成阳极,纯金属富集在阴极,或者杂质金属选择性的溶解,而剩余的未溶解的金属阳极是已经被提纯了的金属。惯常分两种情况,其一杂质比基体金属有更大的负电极电位,其二是杂质比主要的基体金属有比较低的负电极电位。前一组杂质是属于低的,即更大电负性的一组,后组属于高的,即较弱的电负性一组。例如,铝热法生产的粗钒的电解提纯可作熔盐电解精炼的一个实例。钒在全氯化物电解质中精炼提纯,铝是电位($-1.762V$)更低的杂质,而铁是电位($-1.172V$)高的杂质。表 1-25 是铝热法钒在全氯化物电解质中提纯前后的杂质含量,精炼以后铝被除去了 98.7%,铁被除去了 90%,提纯效果十分明显。

表 1-25 铝热法钒在 KCl-LiCl-VCl$_2$ 电解质中精炼前后的杂质含量 （$\times 10^{-6}$）

元素	$\Delta F/\text{kJ} \cdot \text{gat}^{-1}$	$E_M^\ominus/\text{V}$	原料杂质	产品杂质	元素浓缩处	电化学位置
Mg	256	2.580	400	<10	电解质中	更大电负性
Al	196	1.762	10800	<150	电解质中	更大电负性
V	184	1.533	—	—		
Cr	147	1.425	200	200	阳极	弱电负性
Fe	122	1.172	27100	3000	阳极	弱电负性
Ni	92	0.795	100	25	阳极	弱电负性
Cu	59	0.448	500	100	阳极	弱电负性
N	—	—	400	80	阳极	弱电负性
O	—	—	30600	480	阳极	弱电负性

溶质:熔盐电冶金的电解质由溶质和溶剂两部分组成,溶剂常用氯化物,熔盐电积的原材料常用被沉积的金属氯化物,有共同负离子的熔融无机物有很强的互溶性。有可能在电沉积系统中保持高的金属浓度。在大多数情况下,浓溶液有利于提高质量传输速度,而稀溶液有利于热稳定性。熔盐电解的原料也有用氧化物,碳化物,硫化物和氮化物。它们受到低溶解度的限制,用作熔盐电解的原材料比氯化物少。但是,氧化物在全氟熔池或在含氟熔池中的溶解度很高。例如三氧化二铝溶解在冰晶石（Na$_3$AlF$_6$）和氟化钙（CaF$_2$）混合融体中,可从其中电积铝。而钽的氧化物能溶解在含氟融体中（K$_2$TaF$_7$ 和碱金属氯化物混合融体）,是工业上电沉积钽的方法。在电沉积时,溶质在电解质中的溶解度和稳定性,以及在电解过程中溶质的物理化学特性是三个重要的性质。

含有共同阴离子的熔融无机材料具有很高的互溶性。例如,金属氯化物溶质能很好地溶解在氯化物融体中。某些金属盐也能溶解在含有同一阳离子的其他盐里面。就金属盐溶解在不含共同阴离子盐中的情况而论,溶剂中的离子种类与溶质之间的相互作用强度是至关重要的。在这方面,溶剂的阴离子和阳离子的尺寸大小和电荷也十分重要。另外,如果溶质和熔融的溶剂之间存在有络合物,则大大提高了溶质的溶解度。

在熔盐电沉积时金属溶质在电解质中的稳定性是很重要的。难熔金属氯化物的特点是有很强的挥发性,见表 1-22,因而它们在熔池中的滞留性显得非常重要。经常选择合适的溶剂使金属溶质形成络合氯化物。根据溶剂的电荷密度 Z/r^3（Z 是离子电荷,r 是离子半径）能分析溶剂阳离子的作用,电荷密度越大,即溶剂离子间距越短,溶剂阴-阳离子之间的相互作用越强。溶剂的阴-阳离子之间的距离增大，导致溶剂阴离子-溶质阳离子相互作用增强。因此，对于具有同一电荷的溶剂阳离子而言，随着溶剂阳离子的尺寸加大，溶质阳离子络合物的稳定性应当提高。图 1-28 给出了 $HfCl_4$ 在不同电解质中电沉积的结果，看来 $NaCl$-$HfCl_4$ 和 $LiCl$-KCl-$HfCl_4$ 体系是不稳定的，因为铪在这些体系中的滞留性很低，而铪在 KCl-$HfCl_4$ 和 $LiCl$-$RbCl$-$HfCl_4$ 体系中的滞留性很强。因此，工业上用含有这些电解质的熔池成功的电沉积出了金属铪。在这些系统中 $HfCl_4$ 的滞留性提高是由于在 $HfCl_4$ 和 KCl 或 $RbCl$ 之间形成了双重化合物。另外，还有电解沉积锆的实例，在用含有 $ZrCl_4$ 的熔融氯化物熔池电沉积锆的时候，溶液中 $ZrCl_4$ 的热力学稳定性及溶解度和挥发性影响电沉积锆的全过程。已经确定，溶解在碱金属氯化物熔体中的 $ZrCl_4$ 的状态取决于通用分子式为 A_2ZrCl_6 络合化合物的热力学稳定性，式中 A 代表碱金属。

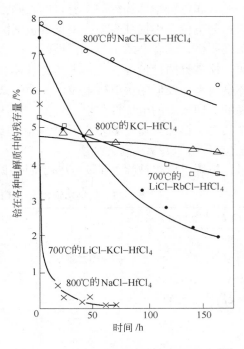

图 1-28　铪在不同电解质中的电解结果[15]

纯 A_2ZrCl_6 化合物的热力学稳定性以及浓度相当的 A_2ZrCl_6 和 ACl 溶体的热力学稳定性都随碱金属阳离子的尺寸而增加，据此判断，$ZrCl_4$ 在 $LiCl$ 中的溶体最不稳定，在这个系列中 $ZrCl_4$ 在 $CsCl$ 中的溶体是最稳定的。在 $CsCl$-Cs_2ZrCl_6 融体上部空间的 $ZrCl_4$ 分压是碱金属六氯锆酸盐（A_2ZrCl_6）体系中最低的。用主要组分为 Cs_2ZrCl_6 和 $CsCl$，附加了 KF 或 CsF 的熔盐成功地电解出了金属锆，除了有 $CsCl$ 以外，再添加氟化物的目的在于进一步降低溶体中的四价锆离子团的活性，这样就提高了能溶的 $ZrCl_4$ 的稳定性。$ZrCl_4$ 在电解槽中工作六十天后发现，它从 $CsCl$ 熔盐，或者从含有 $CsCl$-KF 熔盐，或从含有 $CsCl$-CsF 熔盐中的挥发可以忽略不计。

　　含有合适价态的金属电解质能产生高的电流效率。太高的价态不仅降低电流效率，而且也导致固态沉积物变坏。电流效率的概念就是，根据水溶液电解的法拉第定律，每析出一个物质的量金属物质，消耗的电荷是 96500C，这个数值不随析出物质的性状和种类而变化。这个定律在熔盐电解中也适用，但有一点偏差，这种偏差用电流效率来表述。给熔盐通一定时间的电流，再根据法拉第定律计算出理论上应当析出的金属量 m_t，而实际析出的金属量为 m_p，$m_p/m_t \times 100\%$ 就是电流效率。在熔盐电解的实际过程中电流效率越高越好，表明能耗低。

　　一些难熔金属最好的电解分离的价态分别是 Cr^{3+}、V^{3+}、Mo^{3+}、Cr^{4+}、Zr^{4+}、Hf^{4+}、W^{4+}、Ta^{5+}[16]。

　　金属电解沉积能得到粉末、液态、固态和树枝状结晶四种形态产品。由于难熔金属的熔点很高，电解分离出的难熔金属必定是凝固态。电解沉积和电解精炼时阴极分离产物的状态并不重要，只要是可以收取的纯金属就行。用难熔金属氟化物和碱金属氟化物组成的电解质可电解分离出凝固态的难熔金属。但是，在含氟体系中存在有含量不定的氧化物和卤化物时，不能产生块状的分离物，这限制了这个方法的应用。氯化物体系有许多诱人之处，与氟化物体系相比，它的工作温度更低，容易操作，没有多少腐蚀性。

沉积物形貌，影响金属沉积物形貌的主要因素有三个：（1）溶质阳离子的热力学电极电位；（2）分离沉积过程的固有的动力学；（3）受工作电流密度控制的金属沉积分离的速度。

当电极反应速率受参加反应物质向电极表面的传输速度控制时，金属沉积成树枝状结晶或形成粉末态形状。为了避免生成树枝状结晶，要求熔盐中的电解分离沉积速率不受扩散控制。有时，金属沉积的工作电极电位会比还原溶剂阳离子要求的电极电位更负。初生产品（例如碱金属）有可能化学还原电极附近的溶质阳离子。最终沉积物是粉末形状，不一定粘到电极上。这类沉积物通常称为二次沉积，反应过程如下：

$$nX^+ + ne \longrightarrow nX^0 \qquad nX^0 + M^{n+} \longrightarrow nX^+ + M^0$$

式中，X 为溶剂阳离子。

二次沉积发生的条件是，电极过程强烈不可逆，施加的电流密度太高，或者溶质阳离子的可逆电极电位接近溶剂阳离子的可逆电极电位。

当到达阴极的总电流超过由金属离子扩散供给的电流时，凝固态块状沉积物变成粉末态沉积物。那么，影响离子扩散速度的一些因素和表面原子都影响形成沉积物的类型。在低电流密度条件下，当晶粒集中在几个晶核上长大时，在相当纯的溶液中长大成树枝状结晶。慢速沉积能使离子充分进行扩散，结果晶粒沿密排晶面和密排方向择优长大，生成典型的枝状结构。在从基体剥离这些似羊齿状的产物时得到多角形的金属粉末颗粒。通常，提高阴极电流密度，降低金属离子浓度，添加非金属离子的种类能提高粉末产量。

阳极反应，在熔盐电解时有三种主要的阳极过程并产生三类物质：（1）卤化物，主要是氯化物，例如在氯化物熔盐中电解 $ZrCl_4$；（2）氧或碳氧化合物，例如在冰晶石中电解 Al_2O_3；（3）硫，例如在氯化物中电解硫化物。

阳极氯气能和电解质产生化学接触，也能和阴极金属接触。工艺上不希望发生这类接触。实际操作上在阴极和阳极之间设置一个障碍，即用隔膜电解槽。或者把阳极放在一个密闭的罩子里。可以消除氯气的这种不利接触。

在冰晶石中电解三氧化二铝的过程中阳极放出氧气，这是人们最熟悉的例子。氧和碳阳极产生化学接触，根据电解槽的总反应，消耗阳极：Al_2O_3（溶解）$+ 3/2C$（固体）$\rightarrow 2Al$（液态）$+ 3/2CO_2$（气体），在许多熔盐电解过程使用碳素阳极产生的这种共有现象称阳极效应。阳极效应可以表述为：由于在阳极上形成气膜，阻塞了阳极表面，阻隔了阳极和熔盐之间的电流传递，由于工业上用直流电源，阳极效应本身的主要作用使电解槽的电压突然升高，需要击穿气体薄膜，保持电流通畅。

熔盐电解时的阳极产物氯，二氧化碳和硫对环境都有污染作用，为了环保应当进行适当处理或者废物利用。

熔盐电解所用的电解槽有单极槽和双极槽两大类。单极槽用的电极可以有不同类型，阴极可以是活性的或者非活性的。而阳极可以是惰性的，可溶的或者可消耗的。单极电解槽中的电极有多种排布：（1）熔盐装在一个容器内，阴极和阳极直接插在熔盐里面。（2）阴极直接插在熔盐里面，盛熔盐的容器是阳极，这种电解槽对于含有固态沉积物的电解过程应用很普遍，例如萃取难熔金属。（3）阳极直接插在熔盐中，容器是阴极，沉积物是液体并且比重比电解质高的产品用这种结构的电解槽。（4）阴极和阳极用隔板分开，目的在于把电解的产品隔开，即阳极与阴极分开。

　　双极槽的电极水平或与水平面呈一定交角平行地排列，电极间的空间很小。每块双电极板的上表面做阴极，下表面做阳极。电解槽的示意图绘于图1-29。双电极电解槽只用来生产密度大于电解质的液态金属。在电解槽中的阳极下表面产生的气体在一定的通道内向中心位置运动，由于排放气体的流动作用引起电解质的对流循环。液态金属与气流反方向朝下运行。双极槽的电阻很小，因为电流穿过电极的厚度方向流动，而不是顺着长度方向流动，电极间接触的欧姆损失可以消除。

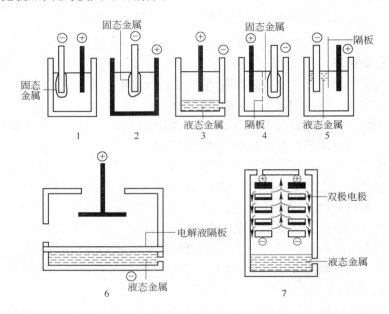

图 1-29　熔盐电解槽的示意图
1~4—单极槽；5，6—装隔板的单极槽；7—双极槽

1.9.2　钼的电化学

　　含钼化合物的溶体一般不含有"单组元"的钼离子。钼化物的这种情况是因为溶质和溶剂发生了反应，或者是因为钼离子通过聚合反应和缩合反应有形成聚离子的倾向。此外，钼化物的歧化反应产生络合物，金属离子在这些络合物里面可能有任意氧化状态。显然，在电沉积钼的研究过程中只得到了络合物体系，与使用何种介质无关。

　　用含有带氧化物的水溶液或非水溶液电沉积固态块状钼几乎是不可能的。这可能是由于氢对钼的过电压低，也可能是由于氧化物沉积电位比还原出金属的电位可能要更高一些。铬沉积的可能机理是铬离子原位还原成金属，在钼电解沉积时，钼离子原位还原成钼的反应似乎不会发生。水溶液和非水溶液体系生产出薄钼片，但是一旦阴极被钼薄膜包覆，根据使用的不同电解质体系，会发生下列几种情况：（1）钝化。（2）阴极放出氢、氮和氨。（3）在阴极不断沉积出低价氧化物，氢氧化物和还原性化合物。

在钼的电冶金领域里熔盐体系起着首要作用，用不同载钼物质做溶质，形成多种不同的载钼熔盐体系。包括钼的氯化物，钼的氟化物和一些钼的氧化物。

就氯化物而论，人们发现六氯钼酸钾 K_3MoCl_6 这种三价钼的络合氯化物，把它溶解在熔融的碱金属卤化物中，形成了全氯化物为基的熔盐体系，该体系适合电解沉积钼[17]。在电解时特别要重点关注排除氧，水气和含氧化合物，这些物质对于工艺过程特别有害，总是不希望它们进入氯化物电解质。由于电沉积工艺采用的三价钼盐在高温下容易被空气氧化。这种污染的结果之一是必然生成金属氧化物，钼在这些金属氧化物中的化合价大于3，电位测量显示，还原这些中间价态的钼的化合物成三价氧化钼所要求的电位比还原三价钼化物成金属钼的电位要更高一些。这意味着 $Mo^{3+}+3e\rightarrow Mo$ 的电极反应的特点是电位更负一点，而 $Mo^{(3+x)+}+xe\xrightarrow{0}Mo_2O_3$ 的反应特点是电位要高一点，即电位少负一点（氧化物的沉积电位大约比还原成金属对应的电位要高 0.3V 或 0.4V）。因此，卤化物电解质遭受空气，水气和氧化物的轻微污染，沉积的钼产品明显地被氧化物污染。文献［18］研究报道了钼电解沉积常用的 K_3MoCl_6 六氯钼酸钾的制备和性能。用电解钼酸钾溶液来制备三价钼的六氯钼酸钾络合卤化物，先把 480g 钼酸钾溶解在 1050mL 的水中，然后加到 1050mL 浓度为 12N 的盐酸中，用具有渗透能力的氧化铝圆筒把阴极区和阳极区隔开。阴极电流密度 $7A/dm^2$，电解 8h 以后，取出阴极，加热到 95℃，并用 HCl 气体饱和，溶液冷却以后，加更多的 HCl 气体并分离出六氯钼酸钾 K_3MoCl_6 晶体，分析成分 Mo 为 22.5%，Cl_2 为 49.9%。沉淀物不含有任何结晶水，万一 HCl 量添加不足，有可能存在有水合络合物 $K_2(MoCl_2\cdot H_2O)$ 沉淀。若此络合物不分解，结晶水不能排除。K_3MoCl_6 可以在空气中加热到 110℃ 不会发生任何分解。在干燥状态下它对光线是稳定的并不吸收水气。在真空中至少可以加热到 600℃，维持 20h，没有任何明显的分解或熔化；如果注意到 $MoCl_3$ 在 340℃ 以上是不稳定的，在 650℃ 它完全分解成 $MoCl_2$ 和 Mo。那么可以做出这样的结论，K_3MoCl_6 不是 $3KCl\cdot MoCl_3$ 双重复合盐，而是一种含有高稳定性络合阴离子 $(MoCl_6)^{3-}$ 的盐。但是，如果这种络合盐和空气及水气接触，在 600℃ 它会突然分解。这种络合物若吸收痕量的水，在真空中加热到 250℃ 保持 2h 可以把痕量的水除去。

钼和其他四种金属在 LiCl-KCl 共晶混合物中的平衡电位列于表 1-26，在温度 600℃，金属的摩尔浓度为 4.1% 时，钼的平衡电位几乎和银的一样高。

表 1-26 溶解在 LiCl-KCl 共晶成分中摩尔浓度的 4.1% 金属卤化物的金属电极电位，相对参比电极 Ag 和 AgCl（纯），温度 600℃

金　属	电极电位/V	金　属	电极电位/V
锌	−1.277	钼（三价）	−0.349
铁（二价）	−1.033	银	−0.312
铜（一价）	−0.626		

人们从矿石提炼金属可分两步走，先把矿石冶炼成含有杂质的粗金属，随后再用电解精炼工艺把粗金属提纯。在电解精炼阶段粗金属做成可溶性阳极。就钼而论，合理的控制阴极和阳极的电流密度，可以确保用来组成全卤化物熔盐的低价钼化物不会被氧化。电解槽中发生的两种不同的过程实现了电解精炼的作用：（1）钼和电位比较不高的杂质溶解，

电位较高的杂质变成阳极泥，随即被分离开；（2）钼和电位较高的金属在阴极上发生了电沉积，电位比较不高的金属则留在了电解质里面。每个过程的分离程度取决于正在运行的电极电位，还取决于在电极附近或电极体内各种物质的相对浓度。由于钼在熔融卤化物中的电动序处在比较高的位置，可以预料大部分精炼发生在阴极。

沉积固态钼的 KCl-$LiCl$-K_3MoCl_6 熔盐体系研究表明[19]，在这种情况下发现在600℃发生的电极过程是不可逆的，在这个温度下沉积出凝固态金属，由于温度超过600℃，当凝固态沉积物逐渐损失时，电极过程变成可逆。在600℃，通过单一的三电子不可逆的步骤发生了钼的电沉积，反应式为：

$$(MoCl_6)^{3-}（液态）+ 3e \longrightarrow Mo^0（固态）+ 6Cl$$

用下列反应式说明不同浓度和不同温度的电解质的行为：

$$(Mo_2Cl_9^{3-})（液态）+ 3Cl^-（液态）\Longleftrightarrow 2(MoCl_6)^{3-}（液态）\longrightarrow$$

$$6/5MoCl_5（气态）+ 4/5Mo（固态）+ 6Cl^-（液态）$$

在钼以稳定的双核离子和比较不稳定的单核离子平衡存在的情况下，浓度降低有利于双核离子分离成单核离子，结果发生歧化反应。升高温度预计能提高单核离子的歧化倾向。

在全氯化物熔盐体系中必须要考虑氯化铝熔盐体系 $AlCl_3$-KCl，该熔体有一些有兴趣的性质，如液相线温度低，良好的热稳定性，溶解低价金属物质的能力。有报道称，把钼氯化物盐溶解在200℃的 $60AlCl_6$-$40KCl$ 熔体中研究钼电沉积动力学[20]，有三种不同的工艺路线能把钼引入熔体，即用添加已经制备好的 K_3MoCl_6，原位氯化，阳极溶解。在用阳极溶解方法时发现，由于形成了不溶解的 $Mo(Y)_n$ 形的钼化物薄膜，钼发生了钝化，式中的 Y 可能是 $AlCl_4$ 或者 Al_2Cl_7，n 可能是 2 或 3。当试图用添加 K_3MoCl_6 络合物把三价钼加到熔体中的时候，发现因为钼歧化成低沸点的高价氯化物，它不能滞留足够长的时间。况且熔池倾向于存在有不同价态的钼。在钼原位氯化时存在氯化过程的共性，即钼生成若干种氯化物，这些氯化物的生成自由能和一些物理性质列于表 1-27，细心分离出来的钼和干纯氯元素发生作用产生五氯化钼，但是，如果氯被氮污染，则主反应是 $2Mo + 3Cl_2 \rightarrow 2MoCl_3$，五氯化钼和钼一起加热时也产生三氯化钼 $2Mo + 3MoCl_5 \rightarrow 5MoCl_3$。但是，在惰性气体中加热时，三氯化钼按方程式 $2MoCl_3 \rightarrow MoCl_2 + MoCl_4$ 发生歧化反应。四氯化钼挥发，而二氯化钼和三氯化钼不挥发。当放入熔融的 $AlCl_3$-KCl 电解质中的钼块和熔池电解质分解生成的初生氯气反应时，生成五氯化钼并溶解。五氯化钼本质是挥发物，它倾向于从熔池中排出，但排出速度很慢。允许用 $AlCl_3$-KCl 电解质研究电沉积钼的机理，发现在该电解质中经过两个连续的电荷转移过程外加一个化学反应过程，$Mo(V)$ 才被还原成为 Mo^0，全过程描述于下：

$$Mo^{5+} + e \Longleftrightarrow Mo^{4+}$$

$$Mo^{4+} \longrightarrow Mo^{5+} + Mo^{2+}$$

$$Mo^{2+} + 2(Al_2O_7)^-/2(Al_2Cl_4)^- \longrightarrow Mo(Al_2Cl_7)_2/Mo(Al_2Cl_4)_2$$

$$Mo^{2+} + 2e \Longleftrightarrow Mo^0$$

表1-27   氯化钼的生成自由能和它们的几种物理性质

氯化物	生成自由能/kJ·mol^{-1}	熔点/℃	沸点/℃	色 彩
$MoCl_2$	-121.3	727	1427	黄色
$MoCl_3$	-167.3	1027	1027	硅红色
$MoCl_3$	-196.6	317	322	褐色
$MoCl_5$	-234.2	194	268	200℃是红色液体
$MoCl_6$	-179.8	357	357	

用三氧化钼和钼酸盐与各种全氧化物熔盐组成电解质已成功的电沉积出金属钼。从溶解在硼砂和 Na_2O-SiO_2-B_2O_3 中的三氧化钼电沉积钼的特点列于表1-28，在硼砂中三氧化钼还原成钼的过程基本上是可逆的，而在 Na_2O-SiO_2-B_2O_3 中从三氧化钼中还原出钼的过程是不可逆的。溶在 LiCl-KCl 共晶混合物中的三氧化钼还原钼的电化学研究表明[22]，发生了 $3MoO_3 + 2Cl^- \rightarrow MoO_2Cl_2 + Mo_2O_7^{2-}$ 的反应，存在于熔盐中的氯化物离子和 MoO_2Cl_2 相互作用生成 $MoO_2Cl_4^{2-}$ 负离子。而这两种物质阴离子的离子团 $MoO_2Cl_4^{2-}$ 和七钼酸盐离子 $Mo_2O_7^{2-}$ 都被还原成了 MoO_2。

表1-28   在氧化物熔盐中从三氧化钼电沉积钼的特点[21]

溶 剂	溶质	溶质的摩尔分数	电极	温度/℃	电沉积过程
硼 砂	MoO_3	0.001~0.020	Pt	820	可 逆
Na_2O-SiO_2-B_2O_3	MoO_3	0.001782~0.006237	Pt	1000	不可逆

钼酸盐容易熔融而且在熔化时它们不分解。因为这个特点，钼酸盐在钼电解沉积时是首选的钼盐。人们探索了用纯无水钼酸钠和溶解在 NaCl-KCl 熔盐中的钼酸钠电沉积钼，结果不太理想。而用钼酸钙形成 $CaCl_2$-$CaMoO_4$-CaO 熔盐，在此熔盐中研究钼的阳离子的分解表明[21]，改变 CaO 在熔盐中的含量，用钼做阴极，得到电流-电压曲线。曲线分成三段，对应在电极上发生了三个过程，在低电压下发生如下的反应，$Mo - 6e + 4O^{2-} = MoO_4^{2-}$，对应第二段的反应是 $5Mo - 6e + MoO_4^{2-} \rightarrow 4Mo_2O_3$，在更高的电压下电流快速增大，相应生成了 $MoCl_6$，它和钼酸根离子反应 $MoCl_6 + MoO_4^{2-} \rightarrow 2MoO_2^{2+} + 6Cl^-$，随后下面发生的反应是 $MoO_2^{2+} + 2O^{2-} \rightarrow MoO_4^{2-}$。

1.9.3   钼的电解沉积

用一些氧化钼已经成功地电沉积出了金属钼。氧化钼十分稳定，容易在敞开的大气下操作，它们的分解电压低，低分解电压容许用在氧化负离子熔盐中，诸如碱金属磷酸盐，硼酸盐做载体电解质，尽管它们的分解电位比卤化物的稍低一点。用溶解在氧化性熔池中的三氧化钼电沉积钼，表1-29 给出了所用磷酸盐，硼酸盐及硼酸盐-磷酸盐熔池的成分。发现因为下面四个原因：(1) 允许在熔池成分和温度变化范围比较大的情况下使用四硼酸盐；(2) 它消除了 MoO_2 的共沉积；(3) 它抑制了磷酸污染；(4) 熔池不必要预先电导通，四硼酸盐比焦磷酸盐优越。用 NaCl-NaF-$Na_2B_4O_7$-MoO_3 的熔池，可以从工业纯和化学纯 MoO_3 电解沉积出纯度99.5%的钼。用工业纯三氧化钼电沉积钼时，杂质污染了电解

表1-29 磷酸盐，硼酸盐及混合磷酸盐-硼酸盐熔池的成分

熔池类型	化合物	质量分数/%	熔池类型	化合物	质量分数/%
硼酸盐熔池	NaCl	23.6~51.0	磷酸盐-硼酸盐熔池	NaCl	18.5~64.5
	$Na_2B_4O_7$	20~54		$Na_4P_2O_7$	18.5~41.6
	NaF	14.9~21.5		$Na_2B_4O_7$	9.3~36.9
	MoO_3	7.5~10		MoO_3	7.7~8.4
磷酸盐熔池	NaCl	36.9~46.15			
	$Na_4P_2O_7$	40.8~50.4			
	MoO_3	7.7~18.4			

质，缩短了电解质的寿命，也使电沉积出的金属质量变坏。文献［26］用改良型和标准型电沉积方法试图克服工业纯三氧化钼电沉积钼遇到的麻烦，所用电解质的组分和表1-29的一样。电解槽的电极结构组成是：圆柱形石墨坩埚中悬挂一个可动的石墨棒电极，坩埚内部有一个紧配合的碳化硅内衬，可把氧化降低到最低程度。电解质成分（质量分数/%）：$23.6NaCl$-$14.9NaF$-$54.0Na_2B_4O_7$ 和 $7.5MoO_3$。电解开始以前，把坩埚中的电解质加热到1000℃并大约保温1h。标准法和改进法电沉积都是连续操作，为了弥补钼的不足，在沉积过程中定时向熔池添加三氧化钼。为了电解出钼的产品有最佳纯度，电解质中MoO_3的质量分数必须保持在4%～8%的狭窄的极限范围以内。每个电解周期大约只有20%的含钼量被沉积出来，余下的做循环炉料。标准电沉积工艺与改进型工艺的电极排布不一样，标准法的阴极棒在中央，阳极是坩埚。改进形工艺的中心电极棒是阳极，而坩埚是阴极。这两种工艺都是在局部敞开的电解槽中进行电解，因此，电解质一直保持清洁。碳化物气泡自由逸出，电解池气氛中的CO/CO_2比接近1∶1。把电沉积出的物质分散于沸水中，溶解掉携带的电解质。把分离出来的物质装入有火石球的陶瓷球磨机研磨，过100目筛。把球磨过的沉积物分散浸在$w(NaOH)=5\%$溶液里，随后用水冲淋，再放置于5%盐酸溶液中，最终用水洗除酸。在用标准电积工艺从工业纯MoO_3生产钼的过程中，电解质逐渐变稠黏，影响金属的回收。电解质的组分还会分层，顶层主要是NaCl，底层黏稠物主要是$Na_2B_4O_7$以及高浓度的硅，铁，铝污染物。另外，还有海绵态Mo_2C沉积物包覆了坩埚的侧壁，它大约含有$w(MoO_2)=5\%$。改进型电沉积工艺应用比较高的阳极电流密度，改进后的阳极反应能克服在标准电沉积工艺中发生的电解质分层和形成海绵态Mo_2C。表1-30列出了改进型工艺的优点及与标准工艺性能数据的比较。在多次重复电沉积过程中金属的纯度保持99.8%，这可能是因为工业纯三氧化钼所含的杂质在电解过程中未被还原成金属，没有和钼发生反应。比钼的电位稍高一点的金属氧化物如铁，钙，铝的氧化物保留并积累在电解质中，铜以不能溶解的杂质或反应产物的形态留存于溶池中。Si 和$Na_2B_4O_7$发生反应生成硼硅酸盐化合物。用工业纯三氧化钼做原料历经112周期电解出的钼化学分析列于表1-31。用三氧化钼电积钼主要包括如下三个反应：

阴极反应　　　　　$Mo^{6+}+6e \longrightarrow Mo^0$

阳极反应　　　　　$3O^{2-}-6e \longrightarrow 3O^0$

阳极附近反应　　　$O+C \longrightarrow C\text{-}O$ 化合物

表 1-30　标准工艺和改进型工艺的结果及操作数据的对比

参　　数	标准工艺	改进型工艺	参　　数	标准工艺	改进型工艺
电解池的阴极	石墨棒	石墨坩埚	一个周期的时间/A·h	100	100
电解池的阳极	石墨坩埚	石墨棒	运行时间（循环次数）	25	112
起始电解炉料/kg	6	5	处理的 MoO_3 总量/kg	3.44	11.7
电流/A	100	400	阴极电流效率/%	61.4	91.0
电压/V	3.3~4.0	8~12	钼的总收得率/%	50.7	88.1
起始阴极电流密度/A·dm^{-2}	62	38	金属的纯度/%	99.8	99.8
起始阳极电流密度/A·dm^{-2}	9	220			

表 1-31　三氧化钼原料和重复电沉积出的金属钼的成分分析

元素名称	工业纯三氧化钼原料/%	1~112 批沉积物的混合料的成分/%	元素名称	工业纯三氧化钼原料/%	1~112 批沉积物的混合料的成分/%
Al	0.95	未测出	Mo	60.4	未测定
B	未测出	0.025	Ni	未测定	0.001
Ca	0.15	0.002	O	未测定	0.03
C	未测出	0.04	Si	3.25	0.002
Cu	0.12	0.006	S	0.024	0.002
Fe	0.29	0.03			

阳极反应主要是由于三氧化钼的碳热还原反应，$2MoO_3 + 7C \rightarrow Mo_2C + 6CO$，此反应在 1000℃时的生成自由能变化值是 $-543.4kJ$。用标准电积工艺时，由于阳极电解释氧和碳化物形成反应同时发生，因此这个反应严重干扰工业纯三氧化钼的还原。在应用改进型电沉积工艺时，采用高阳极电流密度，把阳极温度提高到超过熔池电解液 1000℃的温度，这时发生了反应 $Mo_2C + 5CO_2 \rightarrow 2MoO_2 + 6CO$，该反应有利于烧掉所有的 Mo_2C。阳极氧把 MoO_2 氧化成 MoO_3，此 MoO_3 容易被熔池溶解。电极排列也消除了 MoO_3 和坩埚内衬反应而生成不需要的 Mo_2C，改进型系统使阳极基本没有 Mo_2C 沉淀。用阴极坩埚处理三氧化钼炉料还有其他一些优点：（1）金属回收率比标准系统高。（2）阴极表面积大，电流密度低，在不纯的 MoO_3 含有的各种常规杂质中提高了钼的选择性。电极的设计减少了在阴极附近钼离子贫化的机会。（3）用阴极坩埚而不用阳极坩埚进行电解可把电解质的寿命提高 2~3 倍。并避免了电解质的分层现象。

文献 [27] 研究了白钨矿中的钼和钨的分离，石墨槽做阳极，阴极是石墨棒，阴极棒在工作时可以静止不动，也可以旋转。电解质是碱金属磷酸盐，其组分是 7mol 焦磷酸钠加 3mol 偏磷酸钠和 15mol 氯化钠。电解时阴极静止不动，电解质的温度保持在 950℃，在起始的 6 个 7A·h 的时间间隔内为了提取钼，电流密度维持在 10A/dm²，然后为了分离钨，电流密度升高到 47A/dm²。经过一定数量的安培小时以后，钼和钨的累计沉积率绘于图 1-30。钼的曲线上升得更陡一些，在 7A·h 钼金属萃取达到 50%，而钨只达到 1.5%。在 28A·h 时钼萃取了 82.1%，钨萃取了 14%。钨的萃取曲线比钼的更平稳一些，开始时上升缓慢，随着安培小时的增多，萃取率提高更快。钼的萃取极限只有 85%。这是由于在每 7A·h 的间隔交换时，粘到阴极上的载钼电解质损失。用旋转石墨电极代替静止不动的电极，旋转电极可搅拌电解质，保持电解质的均匀性，并可确定阴极区附近的局部金属耗尽对沉积的可能影响。旋转电极的实验结果见图 1-31，在起始三个间隔内，为了分离钼把电流密度降到 7A/dm²，在最后三个间隔为了分解钨，把电流密度提高到 15A/dm²、45A/dm² 和 55A/dm²。结果表明，旋转阴极搅拌电解质可以防止在阴极附近区域金属离子的贫化。这有助于从钨中十分有效的分离出钼。在起始 7.5A·h，钼析出 52.1%，而钨仅分离出 0.1%。而在 21.25A·h，钼分离出 98%，钨析出只有 5.1%。用一种电解质可以有选择性地分别沉积出钼和钨，这个事实表明，用这种方法可以从白钨精矿中分离回收钼。

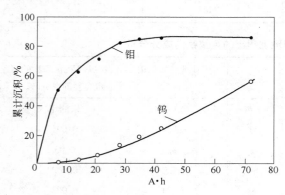
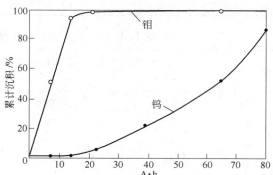

图 1-30　固定阴极钼钨分离率与安培小时的关系　　图 1-31　旋转阴极钼钨分离率与安培小时的关系

用电沉积法生产纯度超过 99.8% 的金属钼，所用的电解液含 150 份无水 $CaCl_2$，30 份 CaO 和 10 份钼酸酐 MoO_3。电解液的配制过程是，先把 CaO 加入到装在石墨坩埚中已熔化的熔盐 $CaCl_2$ 里面，温度约为 825℃，然后加入 MoO_3，给电解槽通低压交流电，把它的温度升高到 1000℃。在直流电解时，坩埚是阳极，镍棒是阴极。电解连续进行，直到把溶解的三氧化钼消耗尽，此时反电动势急剧升高。阴极沉积物用稀盐酸处理，再用水冲洗，金属晶体最终用空气干燥。

文献 [28] 报道的沉积钼的方法是：电解质（质量分数）是 10% 钼酸钙（按钼计算）的 $CaCl_2$ 熔盐。石墨电解槽做阳极，石墨棒做阴极。电解温度 1000℃，并向电解质中通入氯气，直到排出的气流检测出有游离的氯为止。通入氯气的目的在于把钼酸钙分解生成的氧化钙转化成氯化钙。沉积的金属钼是银白色，不含碳化物，也不含低价氧化物和其他杂质。这种方法能生产纯度为 99.5% ~99.9% 的钼。

1.9.4　钼的电解精炼

文献 [23] 发展了电沉积钼的全氯化物熔盐体系，结果显示，在惰性气体中，溶解在混合碱金属氯化物中的六氯钼酸钾溶液可以进行电解，在阴极沉积产生纯钼。沉积纯钼的操作条件和电解质的成分是：（1）KCl 50g，NaCl 50g，K_3MoCl_6 33g，温度 900℃。（2）KCl 54.5g，LiCl 45.5g，K_3MoCl_6 33g，温度 600 ~900℃。在这两种情况下都用钼做可溶性阳极。进行沉积所用的电流密度范围是 3 ~ 100A/dm²，温度范围 600 ~ 900℃。电解质（2）比电解质（1）的操作温度低，但（2）易潮解，操作必须小心仔细。在从不同钼源中电解精炼钼的领域内本研究工作有里程碑的意义。

　　研究了电解精炼钼的阴极过程[29]，目的在于测定从阳极溶解下来的或由其他地方引入的各种金属离子在电解质中的浓缩程度。研究了每种物质分离的必要条件，以及在对电解精炼无害的条件下电解质所能包容的极限浓度，本研究所用的电解质是 KCl-$LiCl$-K_3MoCl_6 的混合熔盐。研究了二氯化锡，氯化亚铁，氧化硅，六氯硅酸钠，氯化亚铜和氯化镍对电解精炼钼的影响。在 600℃ 和 900℃ 条件下用 $3A/dm^2$、$10A/dm^2$、$30A/dm^2$ 和 $100A/dm^2$ 四个电流密度进行研究。不同物质在电解精炼过程中的行为列于表1-32。

表 1-32　用 KCl-$LiCl$-K_3MoCl_6 电解质在不同操作条件下不同元素在电解精炼钼时的行为

添加剂	操作条件	结　果	总　结
二氯化锡	温度 900℃，熔池中 Sn^{2+} 的浓度 1.5%，电流密度 $39A/dm^2$　温度 600℃，熔池中 Sn^{2+} 的浓度 0.2%，电流密度 $30A/dm^2$　温度 600℃，在熔池中 Sn^{2+} 的浓度 6.7%，电流密度 $100A/dm^2$	电积物无锡　电积物中有锡 0.01%~0.1%　电积物含锡 0.1%~1%	精炼结果主要因为 Mo 和 Sn 在电解质中的电化学性质不同，锡的挥发防止了它在电解质中富集到有害的浓度，影响电解精炼钼的效率的最主要的因素是操作温度
氯化亚铁	温度 900℃，电解质含 6% 的 Fe^{2+}，电流密度 $30A/dm^2$　温度 600℃，熔池中含 Fe^{2+} 为 0.5%，电流密度 $100A/dm^2$　温度 600℃，熔池中含 Fe^{2+} 为 6%，电流密度 $100A/dm^2$	电积物中无铁　电积物中有铁 0.01%~0.1%　电积物中有铁 0.1%~1.0%	精炼主要是由于铁钼在高温电解质中的电化学性质不同，在铁浓度高和温度低的情况下会有一些铁转到电沉积物，在最高电流密度下运行，沉积物中铁含量较高
氯化亚铜	温度 900℃，熔池中含 Cu^+ 为 0.7%，电流密度 $100A/dm^2$　温度 600℃，熔池中含 Cu^+ 为 0.7%，电流密度 $100A/dm^2$　温度 600℃，熔池中含 Cu^+ 为 9.1%，电流密度 $100A/dm^2$	电积物中有铜 0.001%~0.01%　电积物中有铜 0.1%~1.0%　电积物中有铜 1%~10%	和低温高电流密度条件下得到的电积物相比，在高温下沉积物的铜含量是相当低的，沉积物的铜含量随电解质内铜离子 Cu^+ 的含量的提高而增加

　　Cummings 等人用七种电解质研究了钼的熔盐电解精炼，七种全氯化物电解质包括：$NaCl$-KCl-K_3MoCl_6，$SrCl_2$-KCl-K_3MoCl_6，KCl-$RbCl$-$NaCl$-$CsCl$-K_3MoCl_6，$RbCl$-KCl-Rb_3MoCl_6，$RbCl$-Rb_3MoCl_6，$CsCl$-Cs_3MoCl_6，KCl-K_3MoCl_6。电解操作温度 600~900℃。电解精炼钼的装置绘于图1-32，装备的主电解室的材料是耐热抗蚀合金 Hastelloy，内衬是薄钼板。熔盐是装在主电解室内的熔融氧化硅。

　　坩埚里面钼薄板是预防性措施，在氧化硅坩埚破裂时，可确保电解熔盐不和电解室的材料接触，就不会腐蚀这些材料。需要电解精炼的材料有烧结钼棒和各种加工产生的钼板的边角料。阳极引线和炉料连成一体的方法有三种：（1）用镍阳极导线把装载炉料的带孔的石墨容器吊放在电解质中；（2）钼棒炉料直接和阳极镍导线接通并吊放在电解质中；（3）在电解槽的石墨内衬用来盛电解质时，阳极和电解槽的底接成一体，炉料喂到电解槽内衬的底部。

　　阴极是钼棒或者是薄钼板，并和阴极镍导线相连。滑阀固定在水冷的上装料室内，这样，沉积物和熔盐不暴露在敞开的高温大气中，就可以取出沉积物和更换新阴极。为了制备电解质，有三种方法可以把钼加到熔盐中。

（1）用1∶1的氯气和氮气混合气体使金属钼氯化，被氯化的这些金属钼装在一个底部带孔的石墨管内，石墨管插在熔盐里面。用氯气和金属的作用速度来控制混合气的流量。氯化在电解槽内完成。

（2）在敞开的电解槽内完成同一操作，用尼龙管做喷管，把氯-氮混合气体引入到二氧化硅坩埚的底部，熔盐和碎钼屑装在该二氧化硅坩埚里面。这种排布使钼和氯的反应面积增大，氯化时间比前一种操作大大缩短。为了使反应过程更加激烈，必须快速引进混合气体，否则，生成 $MoCl_5$ 并挥发。氯化以后氧化硅坩埚要尽可能的由垂直位置倾斜并冷却。在冷凝时倾斜坩埚可防止破裂，还提供了一种容易取出熔盐的方式。

（3）用机械方法把结晶的 $MoCl_5$ 喂入到装有二硫化钼碎片的石墨反应器里面，该反应器插进电解槽中的熔盐里面。钼还原 $MoCl_5$ 生成 $MoCl_3$，随即生成 M_3MoCl_6（M 为碱金属），反应过程是 $2Mo + 3MoCl_5 \rightarrow 5MoCl_3$，随即 $MoCl_3 + 3MCl \rightarrow M_3MoCl_6$。

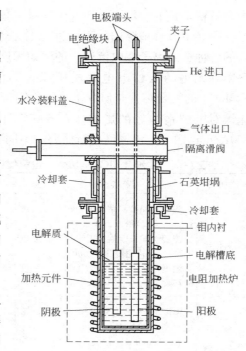

图 1-32　惰性气体电解精炼槽

这七个电解质的一些实验操作数据列于表1-33，试验证明熔盐电解精炼是制备高纯金属钼晶体和薄片的一种方法。KCl-K_3MoCl_6 电解质在工作6个月以后，电解质本身和精炼产品都没有变坏。电解质中的钾、铷、铯的六氯钼酸盐成功地防止了钼的挥发损失。阴极电流密度和电解质的温度严重影响钼电解精炼沉积物的形貌。通常，用特定电解质在可操作的最低温度下进行电解精炼得到片状钼的沉积物，提高电解质的温度导致形成初始的片状沉积物，随后是树状长大并生成树枝状沉积物，在更高的温度下（870～910℃），沉积物通常是树枝状。改变阴极电流密度影响沉积物的长大特点而不影响它的形貌。在低阴极电流密度（2.69～10.8A/dm^2）和低电解质温度条件下，生产出光滑致密的钼片。在较高温度和较低的阴极电流密度条件下生产出粗大的树枝状沉积物，但不生成片状沉积物。在高阴极电流密度下生产出较粗糙的片状沉积物和较细的树枝状沉积物。按照电解质制备的难易程度，产品的质量及沉积物的形貌为区分标准，在成功的这七个电解质中，认为 KCl-K_3MoCl_6 电解质是最满意的。

表 1-33　七个氯化物电解质的电解结果及操作数据

参　　数	氯化物电解质						
电解质组分	NaCl-KCl K_3MoCl_6	SrCl-KCl K_3MoCl_6	KCl-RbCl NaCl-CaCl K_3MoCl_6	RbCl-KCl Rb_3MoCl_6	RbCl Rb_3MoCl_6	CsCl Cs_3MoCl_6	KCl K_3MoCl_6
温度/℃	800～840	640～870	740～870	850～870	850～900	800～910	870
电解质中的钼	10.5～2.9	8.9～6.0	11.8～5.9	6.6～1.2	3.8～0.8	5.9～0.45	9.6～6.8

参　数	氯化物电解质						
阳极材料	碎钼板	碎钼板	碎钼板	碎钼板	烧结钼棒	烧结钼棒	烧结钼棒
沉积循环数	10	26	30	13	25	23	20
沉积循环时间/A·h	16～56	5～126	10～53	12～82	35～105	30～375	11～54
阴极电流密度/A·dm^{-2}	8.0～52.2	2.7～31.2	3.8～34.5	3.8～36.1	3.8～30.7	3.8～31.2	5.9～24.2
阴极沉积物的重量/g	17～56	5～61	3～49	11～49	10～60	3～50	9～41
阴极电流效率/%	54～91	16～97	7～100	50～100	13～95	3～90	34～92
沉积物形貌	树枝状及片状	片状及树枝状	片状+树枝状片状，树枝状	晶态结晶体树枝状	片状，结晶体树枝状	片状结晶体	树枝状

　　铝热法还原的钼酸钙和硫化钼的电解精炼[30,31]，图 1-33 是电解精炼铝热法钼的电解槽的示意图。电解槽是一个内径 76.2mm 的英可镍（Inconel）反应器，内置一个内径为 50.8～63.5mm，高为 304.8mm 的石墨坩埚，80g 铝热法钼压块放在石墨坩埚底部，然后装入 350～400g KCl，此后，电解室和带滑阀的水冷上回收料仓之间用法兰紧固连接。盖板夹紧在回收仓上部，板上装有氩气进口，出口和阴极引线入口的密封环。电解室放在炉子里面，外热式加热，调节变压器的抽头，调节加热温度，一直到电解的直流电源供电。组装的电解槽在 400℃加热空烧几小时，然后通入氩气，加热到 900℃使 KCl 熔化。装有 25～35g 纯金属钼的氯化器穿过上回收料仓浸入到熔盐里。氯气和氮气按 1∶1 混合后通入氯化器，流量 200mL/min，时间约 1h，结果形成电解质 KCl-K$_3$MoCl$_6$。制造电解质的电解槽示于图 1-34。此后，和不锈钢引线连接的钼边角料装入电解槽，阴极和不锈钢引线连

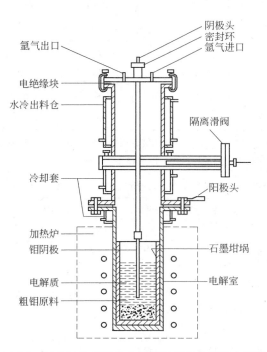

图 1-33　惰性气体保护的电解精炼铝热法钼的电解槽

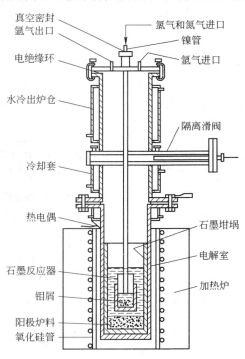

图 1-34　说明电解质生成模式的电解槽

通，而阳极通过电解槽的壳体和坩埚底部的金属连成一体。历经预先设定的时间完成电解以后，沉积物提升到水冷回收仓，冷却到室温。电解室用滑阀隔离关闭后打开上回收料仓，取出沉积物并装入新阴极。重新打开滑阀以前，上回收仓封闭，抽真空并空烧，通入氩气，继续电解。金属沉积物用稀盐酸净化处理，水淋，真空干燥。操作电压范围 $0.2 \sim 0.75V$，电解槽的电流受控于施加的电压和阴极插入的深度，工作电流范围是 $2 \sim 6A$。用铝热法还原钼酸钙和铝热还原硫化钼所得到的金属钼做可溶性阳极，采用的电解参数和得到的结果列于表 1-34，用铝热法还原钼酸钙生产的金属钼和电解精炼的金属钼的化学分析结果列于表 1-35，从电解精炼的观点出发，把存在钼阳极中的杂质元素分成三大类：(1) 气体杂质，如氧、氮；(2) 比钼的电位低的元素；(3) 杂质元素的电位比钼的电位高的元素。气体杂质氧，氮以氧化物和氮化物的形态存在于金属之中，在电解时它们不溶解。因此，这些杂质不参与电解过程，留存在阳极泥里。就消除金属中气态杂质（氧、氮等）而论，电解精炼是很有效的。比钼的电位低的一组元素快速发生阳极溶解，它们和钼在阴极上是不是会发生共沉积取决于杂质元素在电解质中的激活浓度和阴极电位。另一方面，阳极含有的高电位元素在电解质中不溶解，不过，它们一旦进入电解质都立即在阴极上沉积。铝热法钼只含有极有限的电位比钼高的杂质元素。但是，钼含有相当数量的电位比它自身低的杂质，它们被快速氧化并进入电解质。钼含有的杂质铝在阳极被快速氧化成氯化铝，由于氯化铝快速挥发，在电解质中它的浓度不会累积到和钼发生共沉积的水平。

表 1-34　用钼酸钙和硫化钼做可溶性阳极还原的金属钼的电解参数和获得的结果

参　数	钼酸钙还原出的钼	硫化钼还原出的钼	参　数	钼酸钙还原出的钼	硫化钼还原出的钼
熔池中的质量分数/%	7.5	7.5	每次实验持续时间/A·h	10	10
熔池的温度/℃	900	900	电解总计时间/A·h	100	72
电压/V	0.2 ~ 0.5	0.6 ~ 0.75	阳极炉料/g	80	100
电流/A	2 ~ 6	4 ~ 6	回收的金属/g	72	60
阴极电流密度/A·dm^{-2}	16 ~ 96.9	72.7 ~ 96.9	平均阴极电流效率/%	60	60
实验次数	10	6	金属回收率/%	90	85

注：阴极电流效率是计算值，计算的依据是在电解质中发生的沉积反应，三价钼转成相应的金属钼，$MoCl_6^{3+}$（液）$+ 3e \rightarrow Mo^0$（固）$+ 6Cl^-$（气）。钼酸钙和硫化钼还原出的钼中的平均铝含量是 3.15% 和 29%。

表 1-35　钼酸钙铝热法还原出的钼与电解精炼钼的分析成分　　（$\times 10^{-6}$）

元　素	铝热法钼	电解精炼钼	元　素	铝热法钼	电解精炼钼
Al	31500	10	C	100	10
Cr	45	10	Cu	60	< 10
Fe	1800	20	Mg	530	< 10
N	200	20	Ni	540	< 60
Pb	50	< 10	O	1000	50
Si	1000	70	熔炼试样的硬度 HV	400 ~ 450	150 ~ 155

1.9.5　钼的电解萃取

　　电解萃取包括用各种钼化物通过电解的方法生产金属钼的各种工艺过程，就电化学的意义而言，这些钼化物形成可溶性的阳极，而不像电解精炼那样，由金属构成可溶性的阳极。电解萃取与电沉积不同，萃取过程没有金属化合物的分解。电解萃取没有任何阳极气体的挥发，这和电解精炼一样。用 KCl-K_3MoCl_6 电解质体系及可溶性的碳化钼，氧化钼及硫化钼电萃取钼。半连续的电萃取装置示于图 1-35，可溶性阳极放在四周有孔的石墨套和电解槽的石墨坩埚内衬中间的空腔里，造成巨大的阳极面积。下面扼要叙述用各种钼化合物电解萃取钼的工艺过程的一般特点。

　　（1）氧化钼。阳极制备包括三氧化钼和煤焦油沥青在苯液中液态混合，把混合料压成条块，这些压条在氮气流中缓慢加热到800℃。处理结果三氧化钼还原成二氧化钼。处理过的材料含有一些残留碳，为了使可溶性阳极的氧化钼具有导电性，这些残留的碳是必要的。用这种氧化钼-碳阳极电萃取钼的最佳操作条件是：操作电压 0.2～0.4V，阴极电流密度 48.4A/dm²，熔池温度 950℃，

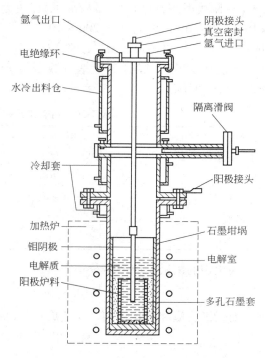

图 1-35　电解萃取钼用的电解槽

熔池成分含有 7% 的钼（质量分数）。萃取出的金属钼的杂质含量为：$Al < 10 \times 10^{-6}$，$Ca < 10 \times 10^{-6}$，$C = 20 \times 10^{-6}$，$Cr = 10 \times 10^{-6}$，$Cu < 10 \times 10^{-6}$，$Fe = 20 \times 10^{-6}$，$Mg < 20 \times 10^{-6}$，$Ni < 10 \times 10^{-6}$，$O = 50 \times 10^{-6}$，$Si = 50 \times 10^{-6}$。

　　另一种方法是把三氧化钼-石墨混合料压成球团直接加进电解质，在电解以前就满足二氧化钼-碳阳极形成的条件。电解的操作参数是：熔池的钼质量分数 7.5%，熔池温度950℃，电压 0.04～0.25V，电流 1～2A，阴极电流密度 48.4A/dm²，萃取出的金属的杂质含量：$Al = 10 \times 10^{-6}$，$C = 20 \times 10^{-6}$，$Cr = 10 \times 10^{-6}$，$Fe = 120 \times 10^{-6}$，$N = 20 \times 10^{-6}$，$Ni < 50 \times 10^{-6}$，$Pb = 10 \times 10^{-6}$，$O = 70 \times 10^{-6}$，$Si < 70 \times 10^{-6}$。

　　阳极中的碳是导电通路，因此不导电的化合物在阳极会损失几个电子，阳极反应产生载钼物质，阳极反应包括：

$$MoO_3 + C \longrightarrow MoO_2 + CO/CO_2$$

$$MoO_2 + C \longrightarrow Mo + CO/CO_2$$

$$2Mo + 9Cl^- \longrightarrow Mo_2Cl_9^{3-} + 6e$$

阴极反应造成钼的沉积：

$$Mo_2Cl_9^{3-} + 3Cl^- \longrightarrow 2(MoCl_6)^{3-}$$

$$MoCl_6^{3-} + 3e \longrightarrow Mo^0 + 6Cl^-$$

（2）碳化钼。用碳化钼萃取钼[33]的最佳电解操作参数是：熔池成分含有可溶性钼 7.5%，阴极电流密度是 $77.5A/dm^2$，温度是 $930℃$。萃取出的金属钼的杂质含量：$Al < 10 \times 10^{-6}$，$B < 10 \times 10^{-6}$，$C = 200 \times 10^{-6}$，$Cr < 10 \times 10^{-6}$，$Cu < 10 \times 10^{-6}$，$Fe < 10 \times 10^{-6}$，$Mg < 10 \times 10^{-6}$，$N = 30 \times 10^{-6}$，$Ni = 10 \times 10^{-6}$，$O = 70 \times 10^{-6}$，$Si = 70 \times 10^{-6}$。电萃取钼的操作参数和结果列于表 1-36，表列数据相应于把 1.5kg 碳化钼炉料加进电解槽，并达到电萃取持续的时间。

表 1-36   用碳化钼萃取钼的操作参数和结果

电解质	$KCl-K_3MoCl_6$	电解持续总时间/A·h	1500
可溶性钼/%	7.5	阳极炉料/kg	1.5
温度/℃	930	钼的回收数量/kg	1.05
电压/V	0.8 ~ 1.1	钼的回收率/%	71
起始阴极电流密度/A·dm^{-2}	77.5	平均阴极电流效率/%	60
沉积次数	10	电子束熔炼铸锭的底部硬度 HV	150 ~ 160

碳化钼的阳极反应产生载钼物质：

$$Mo_2C + 9Cl^- \longrightarrow Mo_2Cl_9^{3-} + 6e + C$$

而阴极反应和氧化钼的一样造成钼的沉积：

$$Mo_2Cl_9^{3-} + 3Cl^- \longrightarrow 2MoCl_6^{3-}$$

$$MoCl_6^{3-} + 3e \longrightarrow Mo^0 + 6Cl^-$$

（3）硫化钼。用二硫化钼做可溶性阳极，由于它不导电，需要掺入一些碳素材料，把它调配做成可溶性阳极。办法是把煤焦油沥青和硫化钼放在液体苯中混溶，制块再热煅烧。煅烧主要目的是使焦油沥青中的烃生成细小的分散的碳。用硫化钼-石墨阳极，在阴极电流密度 $145.3 ~ 150.7A/dm^2$，温度 $900℃$，操作电压 $0.7 ~ 0.8V$ 时，可以达到的最高阴极电流效率 50%。萃取出的金属钼的典型的分析成分为：$Al < 20 \times 10^{-6}$，$Bi < 50 \times 10^{-6}$，$C = 10 \times 10^{-6}$，$Cr < 10 \times 10^{-6}$，$Cu < 60 \times 10^{-6}$，$Fe = 150 \times 10^{-6}$，$Mg < 60 \times 10^{-6}$，$N = 20 \times 10^{-6}$，$Ni < 60 \times 10^{-6}$，$Pb = 50 \times 10^{-6}$，$O < 50 \times 10^{-6}$，$Sn < 10 \times 10^{-6}$，$Si = 110 \times 10^{-6}$。

文献［34］把 MoS_2 热处理成 Mo_2S_3，Mo_2S_3 是导电体，可用它做可溶性阳极。用 Mo_2S_3-石墨阳极，每次试验持续 $4A·h$，操作电压处于 $0.6 ~ 1.2V$，研究阴极电流密度和温度对电解萃取过程的影响，温度保持 $950℃$，电流密度 $64.6 ~ 161.5A/dm^2$。在阴极电流密度为 $134.6A/dm^2$ 时，达到最大电流效率 78%。用这个电流密度在 $850 ~ 950℃$ 之间进行变温试验，在 $900℃$ 得到最大沉积效率 84%。用二硫化钼-碳阳极的最大沉积效率只有 50%，这反映了二硫化钼的导电性特差。用 MoS_2 比用 Mo_2S_3 更需要加石墨粉。当用不掺入碳的 Mo_2S_3 时，电解的最佳条件是：阴极电流密度是 $129.2A/dm^2$，工作电压 $1.0 ~ 1.2V$，温度 $900℃$，在标准条件下进行电解时，最大电流效率可以达到 87%。由于用掺加碳的 Mo_2S_3 和不掺加碳的 Mo_2S_3 的电解结果是完全一样的，因此，在用 Mo_2S_3 时，掺碳就没有太大的必要性。

在用硫化钼时发生的阳极反应为：

$$MoS_2 + 9Cl^- \longrightarrow Mo_2Cl_9^{3-} + 6e + S$$

$$Mo_2S_3 + 9Cl^- \longrightarrow Mo_2Cl_9^{3-} + 6e + 3S$$

阴极反应和氧化物及碳化物一样析出钼，反应过程为：

$$Mo_2Cl_9^{3-} + 3Cl^- \longrightarrow 2MoCl_6^{3-}$$

$$MoCl_6^{3-} + 3e \longrightarrow Mo^0 + 6Cl^-$$

所有用电冶金工艺生产出的钼结晶体，用模压或等静压工艺压型，生产出钼的各种形状坯料，再经过真空电弧熔炼或电子束熔炼，得到高纯钼锭，随后进行各种热加工，就可得到钼材。

参 考 文 献

[1] H. H. 莫尔古洛娃 钼合金[M]. 徐克珆，王勤译. 北京：冶金工业出版社，1984.

[2] 张文钲，等. 钼冶炼[M]. 西安交通大学出版社，1991.

[3] C. K. Gupta. Extractive Metalluegy of Molybdenum[M]. CRC, 1992, 106.

[4] 张文钲，李枢本. 有色金属[M]. 西安交通大学出版社，1982.

[5] 邓佐清. 钼酸铵综述[J]. 难熔金属科学与工程，陕西科学技术出版社，1994，(10)：237.

[6] 安徽冶金科学研究所. 四钼酸铵晶型的研究[J]. 稀有金属，1986，(10)：28.

[7] 熊自胜. 不同晶型钼酸铵 SEM 分析应用[J]. 难熔金属科学与工程. 陕西科学技术出版社，1994，(10)：228.

[8] 尹周澜，赵秦生. 多相四钼酸铵的热分解过程研究[J]. 稀有金属. 1997，21(5)：326-329.

[9] 朱恩科等. 四钼酸铵晶体结构对钼加工性影响[J]. 稀有金属材料与工程. 科学出版社，2002，31：94.

[10] 魏勇，刘心宇. 稀有金属与硬质合金[M]. 北京：冶金工业出版社，1996.

[11] SchulmeyerW. V Ortner Reduced Mechanisms of the Molybdenum powder in the Hydrogen[J]. Inter. J. of Refractory Metals & Hard Mater[J]. 2002，(20)：261.

[12] Lei. K. P. V. Hiejel. J. M. and Sullivan, T. A. Electrolytic Preparation of High purity Chromium[J]. J. Less-Common Metals, 1972, 27：253.

[13] DeLimarskii, I. K. Electrochemistry of Fused Salts. Sigma Press[M]. Washington. D. C. 1961, 351.

[14] Mukherjee, T. K. and Cupta, C. K. Fused salt electrolyses for Refractory extraction and refining[J] Trans. SAEST, 1976, 11(1)：127.

[15] Martinez, G. M. Electrowinning of hafnium from hafnium/tetrachloride[J] Trans. Metall. Soc. AIME, 1969 (245)：2237.

[16] Senderoff, S. Electrodeposition of refractory Metals[J]. Metall. Rev. 1966,(11)：97.

[17] Senderoff, S. and Brenner, A. J The electrolytic preparation of Molybdenum from fused salts. ⅱ[J]. Electrochem. Soc. 1954，101(1)：28.

[18] Senderoff, S. and Brenner, A. The electrolytic preparation of Molybdenum from fused salts ⅲ[J]. J. Electrochem. Soc. , 1954，101(1)：31.

[19] Senderoff, S. and Meilors, G. W. Electrodeposition of coherent deposits of refractory metals[J]. J. Electrochem. Soc. , 1967，114(6)：556.

[20] Mukherjee, T. K. Electrochemistry of Mo in an AlCl₃-KCl melt[M]D. I. C. thesis Royal School of Mines, Imperial College of Science and Technology, London 1976.

[21] Heumann, T. H. and Stollca, N. D., Molybdenum[M], in Encyclopaedia of electrochem. the Element Vol. 5, Bard, A. J., ED., Marcel dekker[M], New York, 1976, 135.

[22] Papov, B. N. J. Electrochem. Soc. Electrochemical reduction of molybdenum Ⅵ compound in molten LiCl-KCl eutectic[J] J. Electrochem. Soc. 1973, 120(10): 1346.

[23] Senderoff, S. and Brenner, A. the electrolytic preparation of molybdenum in fused salts[J]. J. Electrochem. Soc. 1954, 101(1): 16.

[24] Heinen, H. J. and Zadra, J. B. Electrowinning molybdenum preliminary studies[J]U. S. Bur. Mines Rep Invest. 1961, 5795.

[25] Heinen, H. J. and Zadra, J. B. Electrodeposition of Molybdenum metals from molten electrolytes[J]. U. S. Bur. Mines Rep Invest. 1964, 6444.

[26] Heinen, H. J. and Baker, Jr., Influence of repetitiveelctrolysis on winning Molybdenum[J]. U. S. Bur. Mines. Rep Invest., 1966, 6834.

[27] Zadra, J B and Gomes, J. M. Electrowinning Wand associated Mo from scheelite[J]. U. S. Bur. Mines. Rep Invest., 1959, 5554.

[28] Statin, H. L., Electrolytic production of refractory Multivalent Mtals U. S. Patent 2, 960, 451 1960, U. S. Patent. 1967, 3(297): 553.

[29] Couch, D. E. and Senderoff, S. The electrolytic preparation of Mo from fused salts[J]. Trans. Metall. Soc. AIME, 1958, 320.

[30] Mehra, O. K., Bose, D. K., and Gupta, C. K. Molybdenum metal by the aluminothermic reduction of Calcium molybdate[J]. Metall. Trans. 1973,(4): 693.

[31] Mukherjee, T. K. and Gupta, C. K., Molybdenum extraction from polysulphide[J]Metall. Trans. 1974, (5): 707.

[32] Suri, A. K. and Gupta, C. K., Electrolytic production of molybdenum from a molten chloride bath. Using molybdenum dioxide – carbon anodes[J]. J. Less-Common metals, 1973, (31): 389.

[33] Suri, A. K. and Gupta C. K. Electroextraction of molybdenum from Mo₂C-type carbide[J]. Metall. Trans. 1974, (5): 451.

[34] Suri, A. K. and Gupta, C. K., Electrolytic recovere of molybdenum from molybdic oxide and Molybdenum sesquisulfide[J]. Metall. Trans. 1974, 6B: 453.

2 钼的粉末冶金理论基础和实践

2.1 钼粉原料

钼粉是生产钼材的基础原料。钼材的产品有：钼棒，钼板，钼箔，钼管，钼饼，钼环，钼丝和各种特殊用途的钼异形材。生产钼材的第一步是生产钼坯料，钼坯的生产有粉末冶金工艺和真空熔炼工艺。钼的熔点高达2620℃，在高温状态下钼和氧作用产生挥发性的气态三氧化钼。因而钼材的一切热加工都要求在无氧环境中或者在中性气氛中进行加热，常用氢气保护、氮气保护，或者用氩气保护。

未合金化的钼粉和钼材的成分要求分别列于表2-1和表2-2，要求这种水平是考虑到大多数工厂生产的实际技术水平和用户最普遍的应用要求。钼粉的氧含量是钼粉质量的一个很重要的指标，它对后续钼材的热加工质量有决定性的影响。表2-3给出了钼粉氧含量与钼粉的平均粒度的关系，粒度越细，表面积越大，氧含量自然会高一些。GB/T 3461—2006氧含量的值为了照顾到大多数工厂企业能达到的基本水平，这个值偏高。在实际钼材生产过程中为了保证坯料具有良好的热加工性能，又使各种钼材具备良好的强韧性，实际在选用钼粉的时候，各供应商供给的原料钼粉的成分及氧含量执行表2-4的要求。一般生产用的钼粉粒度范围很宽，最细的约为$2.0\mu m$，最粗的可以到$7.5\mu m$。所有实际应用的钼粉的杂质含量都比表2-2规定的指标低，特别是碳，氧含量更低。

表2-1 未合金化钼棒和烧结钼棒的成分（质量分数）（GB/T 17792—1999）

杂质	Al	Fe	Mg	Ni	Si	C	N	O	余量
锻造粉末钼棒	20	100	20	50	100	300	20	80	Mo
烧结钼棒	20	100	20	50	100	100	20	80	Mo

表2-2 生产钼材用 Mo 粉的成分（GB/T 3461—2006） （$\times 10^{-6}$）

杂质	Pb	Bi	Sn	Sb	Cd	Fe	Al	Si	Mg	Ni	Cu	Ca	P	C	N
含量(质量分数)不大于	5	5	5	10	10	50	15	20	20	30	10	15	10	50	50

表2-3 钼粉的氧含量与平均粒度的关系（GB/T 3461—2006）

粒度范围/μm	0.5~1.0	>1~2	>2~4	>4~6	>6~10
氧含量(质量分数)不大于/%	0.30	0.25	0.20	0.15	0.10

钼粉粒度组成，或粒度分布，常用激光粒度分布仪测定钼粉的粒度组成。图2-1是一条钼粉的粒度分布曲线，接近单峰正态分布，这一类型的分布曲线能满足生产的需要，粗细钼粉的分布要合理搭配，如果粒度组成不合理，在后面粉末锻造时容易产生废品。

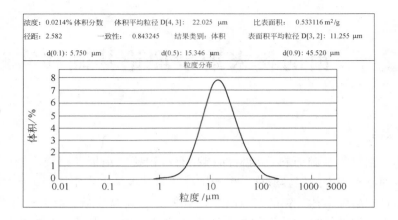

图 2-1　钼粉粒度分布曲线实例

表 2-4　我国各主要钼粉供应商供给的钼粉的杂质及氧含量（质量分数）

杂　质	科硕钨钼材料有限责任公司	建宇钼钨科技有限公司	ZCCW	杂　质	科硕钨钼材料有限责任公司	建宇钼钨科技有限公司	ZCCW
Si	0.002	0.0018		Sn	0.0002	0.0005	0.001
Al	0.0006	0.0005		Sb	0.0005	0.001	0.001
Fe	0.0038	0.0020		Bi	0.0003	0.0005	0.0001
Cu	0.0005	0.0004			0.0011		0.0001
Mg	0.0007	0.0008	0.003	C	0.0032	0.0027	0.0001
Ni	0.002	0.0009	0.003	O	0.045	0.070	
P	0.001	0.001	0.005	N	0.0015	0.003	
Ca	0.0015	0.001	0.001	松装密度/g·cm^{-3}	1.12	1.06	
Pb	0.0003	0.0005	0.002	FSSS/μm	3.35	3.60	
Bi	0.0003	0.0005	0.002				

　　图 2-2 是钼粉形貌的高倍显微影像图。该类钼粉接近球形形貌，粒度分布比较均匀，适合压制成形，在装料时大小颗粒之间容易协调，小颗粒容易填充，压坯的压制密度和生坯的强度都高，而弹性后效程度较弱。图 2-3 是片状钼粉和絮状钼粉的显微照片，片状钼粉由于形状不规则，粒度较粗，可以达到 3.0μm，松装密度较大（1.15g/cm^3），而振实密度相对偏低（1.99g/cm^3）。压制时由于钼粉的拱桥效应不容易被破坏，变形困难，颗粒之间孔隙大，如果装料不均匀，就会导致压坯密度不均匀。而絮状颗粒是极细小的颗粒组成的形状不规则，大小不均匀的团聚体，团聚体的形成是在还原制粉过程中许多小颗粒黏结在一块的结果。小颗粒黏结成大

图 2-2　正常使用的钼粉粒度显微照片

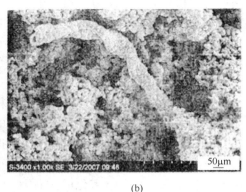

(a)   (b)

图 2-3   片状、絮状钼粉显微形貌

（a）片状钼粉的显微形貌；（b）絮状钼粉显微形貌

团聚体引起表面能下降，伴随烧结活化能减少，在后续烧结时不容易与其他钼粉结合成正常的烧结组织，而保持自身原貌，形成不均匀的烧结组织，在后面深度加工时坯料容易产生晶界裂纹。

用粉末冶金工艺生产钼材时，选用的钼粉首先要保证纯度，间隙杂质 C、O、N 要严格控制，钼粉的平均粒度范围可以放宽，大约可以控制在 $3.0 \sim 5.5 \mu m$，实践证实，采用这些粒度生产的钼坯料都有良好的热锻轧性能。而物理性能，如松装密度，振实密度要按批检验，并要求有重复性。最后还要经常注意粉末形貌的分析，目前，一般供需双方对这一点注意不够。

2.2 压形

2.2.1 压制的一般概念

粉末成形的工艺方法有很多：冷模压，热模压；冷等静压（CIP），热等静压（HIP）；粉末轧制；粉浆挤压；粉浆铸造；热喷涂；注塑成形以及爆炸成形等。现阶段钼粉成形主要用冷等静压和冷模压，热模压。生产未合金化的钼材时，用供应商供应的钼粉直接压制成形，若要生产钼合金材料，要先把定量的合金元素粉末加入到钼粉内，再混料，压形。有时需添加润滑剂，就需要预制含有润滑剂的粉末。

金属冷模压用的压模由阴模，上冲头，下冲头（阳模）组成见图 2-4，被压制的粉末（钼粉）置于阴模腔内，压模置于压力机的工作平台上，压机的压力作用于上冲头（单向压制），粉末受压应力。在压应力作用下，粉末颗粒之间发生相对滑动，各接触点附近的空隙不断缩小，松散的粉末体逐渐被压实，密度不断提高，最终变成具有一定形状，一定尺寸，一定密度和一定强度的压坯。显然，阴模内的被压粉末在压力的作用下有向各个方向自流动的趋势，由于受到模腔的约束，钼粉不可能自由地向各个方向流动，模腔壁必然给粉末体一个约束力，此力为垂直于侧壁的正压力，

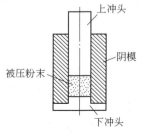

图 2-4 冷模压示意图

在压制过程中粉末受到侧压力，当粉末在压实过程中向下移动时它受到了侧壁的摩擦力，摩擦力大小等于侧压力和粉末材料与模具材料之间摩擦系数之乘积。由于摩擦力的存在，压机施加给粉末体的压力必然有一小部分用于克服这种摩擦力。自然能够理解，最上层靠近上压冲模表面所受到的摩擦力最小，此处的被压粉末体受到了压机施加的全部外压力。越向下，总摩擦力越大，消耗于克服摩擦力的外压力越大。粉末体受到的正压力就越小。在下冲头阳模的上表面处外压力损失最大，粉末体受的压力最小。沿压坯高度方向的压力降造成压坯所受压力不均，最终会导致压坯的密度分布不均匀。模压结束以后，脱模时需给压坯施加一个与压制力反向的脱模压力，近似认为这个反向压力等于摩擦力。

松散自由堆积的粉末体颗粒之间是点（面）接触，孔隙度很大，密度很低。在外加压力作用下，孔隙缩小产生致密化的过程。粉末在自由堆积的状态下，排列无序，接触点（面）杂乱无章。外加压制压力要想通过粉末体传递，只有通过粉末的接触部位才能传递到粉末体内各处。接触点的多样性造成各点所受压制压力的大小和方向各不相同，但是，各点所受压力均可分解成垂直于该点的法向正应力和切线方向的切应力，这些力就是在压制过程中颗粒受到的变形力。各颗粒受压制力的大小和方向各不相同，造成在压制过程中粉末的位移和变形的复杂性。如图 2-5 和图 2-6 所示，图 2-5 表示粉末颗粒在受外压力作用以后粉末体内的拱桥效应被破坏，颗粒彼此填充，重新排列，增加接触。图 2-5(a)两颗粒逐渐接近，接触面积由零逐渐加大；图 2-5(b)是两颗粒逐渐分离，接触面逐渐缩小，最终可能分开；图 2-5(c)颗粒滑移；图 2-5(d)颗粒转动；图 2-5(e)颗粒破坏而造成位移。图 2-6 说明粉末在受外压力以后发生变形的过程，为了使讨论的问题简单化，图中把粉末都画成球体，排列有规则。粉末颗粒受压以后可能发生弹性变形，塑性变形或破断。如外力不超过弹性极限，粉末发生弹性变形，应力和应变之间的关系符合虎克定律，在卸载以后粉末能恢复原状。当外力超过弹性极限，粉末发生塑性变形，外力卸载以后粉末不能恢复原状，保留有永久残余变形。如果压力载荷超过粉末的强度极限，粉末就要破断。对于塑性较好的金属粉末，破断时产生很大的塑性变形，如铜粉、镍粉和铁粉等，而塑性较差的金属塑性变形量很小，如钨粉、钼粉和硬质碳化钨粉等主要是脆断破坏。由图示可以看出，球形颗粒在外压力作用下先被压成扁圆，接触点变成了接触面，如果压力继续加大，粉末可能被压碎，造成体积缩小，密度加大。

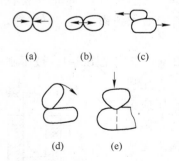

图 2-5　粉末颗粒受压以后的位移

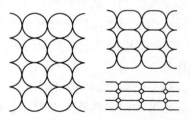

图 2-6　粉末受压后的变形

松散的粉末颗粒经压制以后，密度提高，成为具有一定强度的坯料。具有一定的抗击外力作用的能力，能经受车、锯、刨等精整加工。强度来源于颗粒之间的作用力，这种作用力有键力和机械力两大类。机械力指粉末颗粒表面的粗糙不平，树枝状粉末的针状分叉等不规则的外形，经压制以后互相啮合成拉链状，而产生的机械力。这种力是粉末压坯强度的主要来源。而键力是指范德华键，粉末压坯是粉末的凝聚体，能维持住固态凝聚体，表明粉末颗粒原子之间必然存在有引力作用，这种引力即范德华键力。由凝聚态物质之间互相作用力的规律可知，在两个原子之间距离很远时，它们之间的作用力可以忽略不计。当两个原子互相靠近时，它们之间产生吸力或斥力，力的大小是原子间距的函数。吸力和斥力的本质是静电排斥或吸引作用力，当原子间距达到某平衡位置时，引力和斥力相等，此时原子间距处于平衡状态，许多原子的这个平衡距离约为 0.3nm。一旦达到这个距离，吸力可以抵抗企图使原子分开的作用外力，而斥力可以抗衡企图使原子更靠近的外作用力。在粉末自由堆积时，颗粒表面原子间没有范德华键力。在受外压力作用时，颗粒变形滑移，使颗粒接触表面的间距趋于无限小，此时范德华键力可以起到原子之间的连接作用。当然，粉末颗粒之间机械啮合力对压坯强度的贡献大于范德华键力。

2.2.2 粉末压制过程中的力与变形

粉末的压制过程就是在外压力作用下松散的粉末颗粒变形并致密化的过程。图 2-7 是松散的粉末在压力作用下致密化过程的定性描述，过程分三个阶段。在第一阶段压力稍有增加，粉末发生位移，填充孔隙，粉末体的密度增加很快，称为滑动阶段。在第二阶段密度基本上不随压力升高而增加，因为经过第一阶段的压缩以后，被压粉体已经具有一定的密度，也具有一定抗压缩能力，尽管压力加大，粉末颗粒的位移很小，而大量的变形尚未发生。第三阶段，压力加大，压坯密度逐渐增加，随后又趋于平缓。这是因为粉末受的压力超过它的极限强度时，粉末开始发生塑性变形，随后压力继续增大到一定水平，颗粒发生剧烈的塑性变形而引起强烈的加工硬化，使粉末再变形就遇到一些困难，导致压力加大，密度变化不大而趋于平稳。

原则上在压制过程中密度随压力的变化大体可以分为三个阶段。但实际上在压制过程中发生的现象更复杂，在第一阶段粉末体致密化以位移为主，但粉末也会有少量变形，同样在第三阶段致密化以粉末颗粒变形为主，同时也伴随有少量粉末的位移。对于塑性好的金属，如铜、铅和锡，它们的第一阶段和第三阶段连在一起，而对于硬材料，如铬、碳化钛等，要想显现第二阶段则要加更大的压力。图 2-8 是铜粉、镍粉和钼粉等的致密化与压力的关系。可用巴尔申方程和黄氏的双对数方程等描述密度和压力之间的关系。这些方程

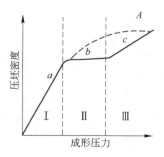

图 2-7 压制过程密度变化的定性分析

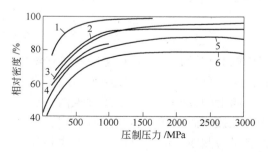

图 2-8 不同金属压坯的相对密度与压力的关系

1—银粉；2—离心铁粉；3—铜粉；4—还原铁粉；5—镍粉；6—钼粉

都是描述在压制过程中压力、变形和致密化之间的关系。

众所周知，致密的金属体在受到外力作用时，在弹性极限范围以内，真应力和真应变之间的关系符合虎克定律，即应力的无穷小增量与变形的无穷小增量可以用下式表示：

$$\mathrm{d}\sigma = \frac{\mathrm{d}P}{A} = \pm K\mathrm{d}h$$

公式的右边除以原始高度 h_0，则：

$$\mathrm{d}\sigma = \frac{\mathrm{d}P}{A} = \pm E\frac{\mathrm{d}h}{h_0}$$

式中　$\mathrm{d}\sigma$——应力的无穷小增量；

　　$\mathrm{d}P$——载荷的无穷小增量；

　　A——横截面积；

　　$\mathrm{d}h$——高度（变形）的无穷小增量；

　　K——常数；

　　E——弹性模量，反应原子之间键合强度的物理性质，它对材料的组织结构不敏感；

　　$\dfrac{\mathrm{d}h}{h_0}$——在应力作用下产生的应变，应变大小与样品的长度无关；

　　$\pm$——拉应变（ + ）和压应变（ - ）。

这个公式就是弹性极限范围内的虎克定律。

如果忽略加工硬化，$\mathrm{d}\sigma = \dfrac{\mathrm{d}P}{A} = \pm K\mathrm{d}h$ 的关系式在塑性变形及面积 A 是变量的情况下也可以应用。

图 2-9 说明粉末体在受外压力时变形与外力间的关系，在外力作用下粉末被压成致密的粉末体，粉末体的气孔率达到零，用"相当"高度 h_k 表示压件被最终压实的高度（100% 压实）。压制过程中压力与粉末的变形过程为：在压力 P 的作用下粉末高度为 h，压力增加微小的增量 $\mathrm{d}P$，高度减一个微小的增量 $\mathrm{d}h$，根据弹性应力与应变关系，分析粉末在压制过程中的受力与变形的关系。则有：

$$\mathrm{d}\sigma = \frac{\mathrm{d}P}{A'_\mathrm{H}} = -K'\mathrm{d}h$$

用粉末的原始堆垛高度 h_0 除以等式右端的 $\mathrm{d}h$，可得到下式（负号表示压应变），

$$\mathrm{d}\sigma = \frac{\mathrm{d}P}{A'_\mathrm{H}} = -K'\frac{\mathrm{d}h}{h_0}$$

上两式中的 A'_H 代表相互接触粉末颗粒的接触表面的凸尖部分的面积，是接触表面在垂直于压力方向上的投影，而不是接触表面，也可称为有效接触面积或者名义接触面积。也可以用名义横截面上的单位压力 p 来代替公式中的总压力 P。可得到 $\dfrac{\mathrm{d}p}{A'_\mathrm{H}} = -K'\dfrac{\mathrm{d}h}{h_0}$。$\dfrac{\mathrm{d}h}{h_0}$ 相

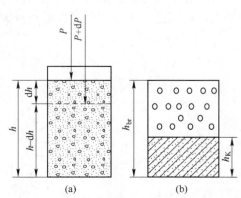

图 2-9　压制过程力与变形及体积变化的关系

对压缩变形量，当压力由 P 增加 dP 时，压坯高度降低量 dh 与粉末原始堆垛高度 h_0 的比值。如果忽略加工硬化，则式中的 K' 相当于弹性模量常数。

实际上 h_0 受许多因素影响，不稳定。较方便的不用 dh 与原始的粉末填充高度之比，而是用与 h_K 之比，此 h_K 是粉末被压实以后的高度，即孔隙度为零，100% 密度的"相当"高度。所以

$$\frac{\mathrm{d}p}{A'_H} = -K'\frac{\mathrm{d}h}{h_K} = -K''\mathrm{d}\beta$$

压坯的横截面不变时，$\beta = \dfrac{h}{h_K}\left(\beta = \dfrac{V_{孔}}{v_{密}} = \dfrac{h_{粉}}{h_K}\right)$，是相对体积，粉末体的体积与压实 100% 的压坯的体积比，代表粉末体的体积比压实体的体积大的倍数，见图 2-9（b），那么 $\mathrm{d}\left(\dfrac{h}{h_K}\right) = \mathrm{d}\beta$。即

$$\frac{1}{h_K} \times \mathrm{d}h = \mathrm{d}\beta$$

如果令 $K'' = \dfrac{1}{h_K}$，那么 $\mathrm{d}h = K''\mathrm{d}\beta$。

由于 $\beta = \dfrac{h}{h_K}$，那么，此式两边微分，也能得到 $\mathrm{d}\beta = \dfrac{\mathrm{d}h}{h_K}$，巴尔申假定认为，在塑性变形没有加工硬化的条件下，粉末接触区的应力不会变，从而压坯截面上的应力可理解为金属粉末颗粒接触区的应力也不会变，即

$$\frac{P}{A'_H} = \sigma_K$$

即 P 正比于 A'_H，显然 σ_K 应等于压制材料的临界应力，它是常数，那么，$A'_H = \dfrac{P}{\sigma_K}$，将此式代入，可得到，

$$\frac{\mathrm{d}P}{A'_H} = \frac{\mathrm{d}P}{P/\sigma_K} = \frac{\mathrm{d}P}{P}\sigma_K = -K''\mathrm{d}\beta$$

$$\frac{\mathrm{d}P}{P} = -\frac{K''}{\sigma_K}\mathrm{d}\beta$$

若令 $l = -\dfrac{K''}{\sigma_K}$，则有 $\qquad\qquad \dfrac{P}{\mathrm{d}P} = -l\mathrm{d}\beta$

$$K'' = K'\frac{h_K}{h_0} = \frac{K'}{\beta_0} = \theta_0 K'$$

式中，θ_0 为粉末在压制以前的相对密度，相对密度是表示粉末密度与粉末材料密度之比；β_0 为粉末压制以前的相对体积，θ_0 和 β_0 互为倒数。

在粉末压制过程中不是压件的整个体积都发生变形，变形的仅仅是孔隙占有的体积，见图 2-9（b）。所以，变形不是与原始的体积或最终的体积（相当体积）有关，只与孔隙的原始体积有关。此时有下列关系式：

$$\frac{\mathrm{d}P}{A'_H} = -K''(\beta_0 - 1)\frac{\mathrm{d}\beta}{\beta_0 - 1} = -K\frac{\beta}{\beta_0 - 1}$$

$$K = (\beta_0 - 1)K''$$

式中，K 为压制模量，在上面各步推导过程中都用到 A'_H 接触面积的概念，各公式显得不方便。如果用粉末的临界应力 σ_K 和压力 P 的比 $\dfrac{P}{\sigma_K}$ 代替接触面积 A'_H（因为 $\sigma_K = \dfrac{P}{A'_H}$）可得到：

$$\frac{\mathrm{d}P}{P} = -K'' \frac{\mathrm{d}\beta}{\sigma_K} = -l\mathrm{d}\beta = -l\mathrm{d}\varepsilon$$

式中，$l = \dfrac{K''}{\sigma_K}$，$\varepsilon = \beta - 1$ 代表孔隙度系数，表示孔隙体积与粉末散粒体的整个体积之比。压制模量 K 与孔隙度系数 ε 之间的关系为：

$$K = (\beta_0 - 1)l\sigma_K = \varepsilon l\sigma_K$$

式中，l 是压制模量的一个因子，可称为压制因素，则可称"相当"压制模量。如忽略加工硬化，l 是一个常数 K''/σ_K。当然，加工硬化现象在压制过程中是不能完全忽略的。另外，如果用与 $\dfrac{\mathrm{d}P}{P}$ 相当的 $\dfrac{\mathrm{d}A'_H}{A'_H}$ 比代入 $-l\mathrm{d}\beta$ 式，可得到 $\dfrac{\mathrm{d}A'_H}{A'_H} = -l\mathrm{d}\beta$。$L$ 是 $\dfrac{\mathrm{d}A'_H}{A'_H}$ 或者 $\dfrac{\mathrm{d}P}{P}$，是比相对体积减小 $\mathrm{d}\beta$ 的倍数，可以根据关系式来确定。

若对 $\dfrac{\mathrm{d}P}{P} = -l\mathrm{d}\varepsilon = -l\mathrm{d}(\beta - 1)$ 式进行积分运算，即

$$\int \frac{\mathrm{d}P}{P} = \int -l\mathrm{d}(\beta - 1)$$

$$\ln P = -l(\beta - 1) + C$$

求积分常数 C，若 $\beta = 1$，$C = \ln P$，由 β 的定义可知，$\beta = 1$，就是多孔体的体积与致密体体积相等，即粉末压到完全致密时对应的最大压力的对数 $\ln P_{\max}$，此压力称最大极限压力，把积分常数代入，可得到积分解：

$$\ln P = \ln P_{\max} - l(\beta - 1)$$

若取常用对数，对数换底，则有 $\ln x = \lg x / \lg e$，可得到巴尔申方程

$$\lg P = \lg P_{\max} - \lg e\,l(\beta - 1)$$

$$\lg P = \lg P_{\max} - 0.434l(\beta - 1)$$

或者代入 $\beta = 1/\theta$，并令 $L = 0.434l$，则有：

$$\lg P = \lg P_{\max} - L\left(\frac{1}{\theta} - 1\right) = \lg P_{\max} - L\varepsilon$$

式中，$L = \lg e\,l = 0.434l$；$P_{\max}$ 为相对应于最大压实程度，即 $\beta = 1$（无孔隙）时的单位压力，此式表明相对体积与单位压力的对数坐标是一条直线，这就是巴尔申压制方程[1]，纵坐标是 $\lg P$，横坐标是相对体积 β，取直线的两个坐标点就能绘出，第一个点就是纵坐标的 $\lg P_{\max}$，第二个点就是横坐标的 β，也可用直线对横坐标的斜率 L 画直线，见图 2-10，该图是理想的巴尔申直线图，$\lg P_{\max}$ 是最大压力（临界应力），坐标的原点是只有粉末的自重力的作用。由于巴尔申方程在解析过程

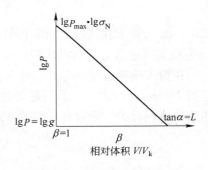

图 2-10　理想的压制曲线图

中做了几点假设，首先把粉末体假定为理想的弹性体，在压制过程中应用了虎克定律。实际上在粉末压制过程中应把粉末看成是塑弹性体，不适宜应用虎克定律，在压制初期很小的压力就会使粉末发生很大的塑性变形，在压制终结时塑性变形可达到70%以上。第二是方程式没有考虑粉末与模壁之间的摩擦力，由于摩擦力的存在，在压制过程中必然会引起压力损耗。第三是巴尔申假设粉末在变形时没有发生加工硬化，事实上粉末愈软，压力愈大，则加工硬化效果愈严重。他没有考虑时间因素在压制过程中的作用。还忽略了粉末的流动性质。因此，实际的压制曲线不是一条理想的直线，在压制过程中压制因素随压力而变化，压力愈大，则压制因素愈大。图2-11是铜粉的典型的实际压制曲线，试件尺寸 ϕ9.25mm × 2mm，单位压力676MPa，最终孔隙度8%，因试件尺寸很小，外摩擦力可以忽略不计。实际曲线不是一条直线，而是向下凸的一条曲线，曲线上每点的斜率代表该点的压制因素 L，各点都是不一样的。用该图图

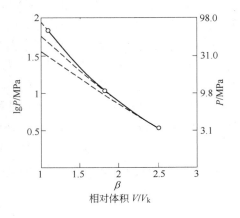

图2-11 实际压制曲线

解求出的在低压、中压和最大压力时的临界应力和压制因素列于表2-5。

表2-5 由图2-11图解求出的实际压制因素[4]

粉末压缩程度的特性			压制因素 L	临界应力/MPa
单位压制压力/MPa	压坯相对体积/%	孔隙度/%		
33.3	2.5	60	0.68	325.8
104.9	1.82	45	0.88	548.8
676.2	1.089	8	1.36	862.4

综上所述，巴尔申在讨论压力与变形过程中做了几点与实际不符的假设，把粉末当成弹性体，又忽略了粉末在压制变形过程中的加工硬化作用等。黄培云教授[2]在研究粉末压制理论时，分析了在充分弛豫条件下恒压压形过程。认为粉末不是线弹性体，在恒定应力状态下粉末体可以用非线性的 Kelvin 体（称 K 体）模型，非线性的 Hooke 弹体（H 体）模型和非线性的 Newton 黏体（N 体）模型综合表述，比较接近粉末变形的实际情况，应力应变之间的关系可以表述为：

$$\sigma = M\varepsilon^m + \eta(\dot{\varepsilon})^k$$

式中第一项是非线性 H 体，第二项是非线性 N 体，在充分弛豫的条件下，$\dot{\varepsilon} \to 0$，上式变成了：

$$\sigma = M\varepsilon^m$$

在一般冷压成形过程中粉末体的应变很快趋于充分弛豫，这一关系式比较接近实际，有较大的实用意义。上式双边取对数并用压强 P 代替应力 σ，则有：

$$\lg P = \lg M + m\lg\varepsilon$$

在粉末压制过程中发生的应变比实际工程材料中发生的应变要大得多，在工程材料中可用

工程应变描述应力与应变的关系，而在粉末压制过程中的应变用真应变（自然应变）ε 表示，ε 的定义为：$\varepsilon = \int_{l_0}^{l} \dfrac{\mathrm{d}l}{l} = \ln \dfrac{l}{l_0}$，$l$ 是变形后的长度，l_0 是变形前的长度。图2-12是粉末在压形过程中的体积变化的情况。可以看出压制前后粉末体的体积变化很大，由 $V_0 \rightarrow V$，但是致密金属所占的体积在压制前后并没有发生多大变化。实际上在压制过程中发生的体积变化只是粉末体内部孔隙所占的体积变化，即 $V_0' \rightarrow V'$，

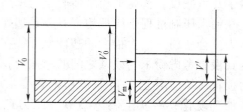

图 2-12　粉末在压制过程中压块的体积变化情况[2]
V_0—压制前粉末体的松装体积；V_0'—压制前粉末体中孔隙所占的体积；V—压制后压块的体积；V'—压制后压块中孔隙所占的体积；V_m—相当于致密金属所占的实际体积

而 $V_0' = V_0 - V_\mathrm{m}$，$V' = V - V_\mathrm{m}$，这一部分体积的变化可以代表粉末在压制过程中发生的应变。应用真应变的概念可以得到下面关系式：

$$\varepsilon = \ln \frac{V_0 - V_\mathrm{m}}{V - V_\mathrm{m}} = \ln \frac{\dfrac{V_0}{V_\mathrm{m}} - 1}{\dfrac{V}{V_\mathrm{m}} - 1}$$

体积的变化用密度的变化来代替，公式是完全相等的。

$$\varepsilon = \ln \frac{\dfrac{\rho_\mathrm{m}}{\rho_0} - 1}{\dfrac{\rho_\mathrm{m}}{\rho} - 1} = \ln \frac{(\rho_\mathrm{m} - \rho_0)\rho}{(\rho_\mathrm{m} - \rho)\rho_0}$$

式中，ρ 为压块密度；ρ_0 为压块的原始密度；ρ_m 为致密金属的密度。

把这个真应变代入 $\lg P = \lg M + m \lg \varepsilon$，则最终可以得到双对数方程：

$$m \lg \ln \frac{(\rho_\mathrm{m} - \rho_0)\rho}{(\rho_\mathrm{m} - \rho)\rho_0} = \lg P - \lg M$$

在等静压条件下，模壁摩擦力，粉体内部各处的应力接近均等，双对数方程可以直接用来分析压力和密度之间的关系。而在模压时由于沿压制方向有摩擦力的作用，存在有压力衰减。如果在模压时从压力中减去摩擦力，用实际压力的概念，双对数方程也能用于分析讨论模压的问题。把摩擦压力损失设定为 P_F，并引用 Shaxby 计算公式：

$$\frac{P_\mathrm{F}}{P} = e^{-2\mu ky/r}$$

式中，k 为常数；y 为模壁高；r 为压模内径；μ 为摩擦系数。

在压制过程中 μ、k、y 和 r 是固定的，那么 $-2\mu ky/r$ 为一个小于 1 的常数 K'，因而 $P_\mathrm{F} = K'P$，实际作用于粉末体上的压力将小于 P，即

$$P_{实} = P - P_\mathrm{F} = P - K'P = P(1 - K') = KP$$

式中，K 也是一个小于 1 的常数。因此在有模壁摩擦力时，双对数方程中用 $P_{实}$ 代替压力 P，方程式将变成：

$$m\lg\ln\frac{(\rho_m - \rho_0)\rho}{(\rho_m - \rho)\rho_0} = \lg P - \lg M = \lg\frac{P_实}{K} - \lg M = \lg P_实 - \lg(KM)$$

$P_实$ 代替 P 以后，M 值将产生测量误差，而 $\lg\ln\frac{(\rho_m - \rho_0)\rho}{(\rho_m - \rho)\rho_0} = \lg P$ 之间仍然保留有直线关系。

表 2-6 是引用的钼粉的模压数据，把这些数据代入巴尔申公式和双对数方程，用于验证理论公式与实测数据之间的相关性，从而也可论证理论的准确性。根据巴尔申方程和双对数方程，压力和密度之间存在有直线关系，实际实验的压力 P 和密度 ρ 的数据用回归分析方法应当是一条回归直线，$Y = b + mx$，如果令 $X = \lg P(P_i)$，令 $Y = \lg\ln\frac{(\rho_m - \rho_0)\rho}{(\rho_m - \rho)\rho_0}(\rho_i)$ 或者令 $Y = (\beta - 1)(\rho_i)$，$\beta = \frac{\rho_m}{\rho} > 1$，则回归直线方程为 $\hat{y} = b + mx$，用最小二乘法求出 b 和 m。

表 2-6　钼粉模压的压力与密度的实测数据

$P(98\text{MPa})$	$\rho/\text{g} \cdot \text{cm}^{-3}$	$\lg P$	$\lg\ln\dfrac{(\rho_m - \rho_0)\rho}{(\rho_m - \rho)\rho_0}$	$\beta - 1$
0.88	4.64	0.00000	0.263079	1.20259
1.75	5.37	0.30103	0.326125	0.903166
2.63	5.95	0.177121	0.370866	0.717647
3.51	6.39	0.60206	0.402918	0.599374
4.38	6.67	0.69897	0.422881	0.532234
5.26	6.94	0.778151	0.441943	0.472622
6.14	7.20	0.845098	0.460288	0.419445
7.02	7.23	0.90309	0.469501	0.39427

注：$\rho_0 = 1.20\text{g/cm}^3$；$\rho_m = 10.22\text{g/cm}^3$。

$$m = \frac{N\Sigma\rho_i P_i - \Sigma\rho_i\Sigma P_i}{N\Sigma P_i^2 - (\Sigma P_i)^2}$$

$$b = \frac{\Sigma\rho_i - m\Sigma P_i}{N}$$

$$r = \frac{N\Sigma\rho P - \Sigma\rho_i\Sigma P_i}{\sqrt{[N\Sigma\rho_i^2 - (\Sigma\rho_i)^2][N\Sigma P_i^2 - (\Sigma P_i)^2]}}$$

得到的结果为：巴尔申回归方程的常数项 $b = 1.17683$，回归系数 $m = -0.906155$，相关系数 $r = -0.996105$。双对数方程的常数项 $b = -0.260417$，回归系数 $m = 0.233264$，相关系数 $r = 0.999399$。由两条回归直线的各自的相关系数可以看出，各个回归方程与实验数据相当吻合。相关系数愈大愈好，双对数方程的相关系数比巴尔申方程的大一点，表明双对数方程更能反映压制的真实情况。

冷等静压（CIP）的压制压力与压坯密度的关系研究[3]，试图论证双对数方程的适用性。表 2-7 是研究的综合结果。应用回归分析方法求出九组实测压力和密度的数据间的回归直线方程，验证了双对数压制方程在本实验条件下的相关性。并给出了 M 值的范围为 $(0.908 \sim 1.129) \times 10^8 \text{Pa}$，$m$ 的范围为 $2.087 \sim 2.468$。九组数据的回归方程的稳定性还是很高的，相关系数分布在 $0.991 \sim 0.997$ 之间。但是，有一点还是值得探讨的，就是如何在装料过程中保证 72 个试样的压坯原始密度都是作者计算所采用的 3.4g/cm^3。装料操作对压坯的原始密度有相当大的影响。

表 2-7　CIP 压制钼粉的压力与压坯的密度[3]

压力/MPa	密度/g·cm⁻³								
	a	b	c	d	e	f	g	h	i
0.6	5.26	5.23	5.02	5.23	5.35	5.47	5.34	5.31	5.36
0.8	5.55	5.62	5.64	5.65	5.54	5.63	5.54	5.62	5.53
1.0	5.78	5.78	5.98	5.78	5.78	5.98	5.78	5.78	5.83
1.2	6.03	5.95	6.09	5.91	5.92	6.03	5.92	5.95	5.91
1.4	6.13	6.26	6.40	6.17	6.12	6.15	6.12	6.20	6.22
1.6	6.47	6.32	6.47	6.15	6.20	6.55	6.20	6.53	6.41
1.8	6.46	6.49	6.70	6.39	6.44	6.60	6.46	6.63	6.57
2.0	6.52	6.62	6.69	6.61	6.69	6.73	6.69	6.71	6.70
费氏粒度/μm	3.3	3.3	3.3	3.4	3.4	3.4	3.5	3.5	3.6
松装比/g·cm⁻³	1.6	1.7	1.8	1.6	1.7	1.8	1.6	1.8	1.7

2.2.3　压坯在压制过程中的受力分析

压机施加给粉末体的总压力 P 可以分解为三部分，一个是使粉末致密化所消耗的力 P_1，第二个力是克服粉末与压模壁之间的摩擦力 P_2，第三个力是粉末密度不均匀而产生的超压力 P_3，即 $P = P_1 + P_2 + P_3$，P_3 在压制过程中很小，可以忽略不计，实际上 $P = P_1 + P_2$。

在压制过程中压坯受压力作用，可以按图 2-13 的单元立方体的受力条件进行压坯受力解析，该立方体是在压模内压坯内部任意取出一个棱边为一个单位的立方体。图 2-13 的三条棱边组成直角坐标，正压力 P_1 与 z 轴平行，粉末体受它的作用变致密，同时在 x、y 轴向产生侧压力，粉末有沿 x、y 方向朝外膨胀的倾向，在正压力作用下向 x 方向膨胀量用 ΔL_{x1} 表示，借用虎克定律，此膨胀量与 P 成正比，与弹性模量 E 成反比，通过泊桑比 ν 可以写成下面表达式：

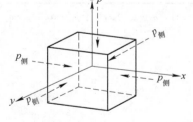

图 2-13　压坯受力分析

$$\Delta L_{x1} = \nu \frac{P}{E}$$

沿 y 方向的侧压力也引起向 y 方向有膨胀趋势，此膨胀量用 ΔL_{x2}，同样也可写成与泊桑比有关的表达式：

$$\Delta L_{x2} = \nu \frac{P_{侧}}{E}$$

由于在 x 方向受四面金属压模包围不可能向外膨胀，相当于受 x 方向侧压力作用，在该方向产生压缩应变：

$$\Delta L_{x3} = \frac{P_{侧}}{E}$$

此压缩应变量和正压力 P 与 y 方向侧压力产生的膨胀量之和相等，即 $\Delta L_{x1} + \Delta L_{x2} = \Delta L_{x3}$，代入以后：

$$\frac{P_{侧}}{E} = \nu \frac{P_{侧}}{E} + \nu \frac{P}{E}$$

化简后可得到：

$$\frac{P_{侧}}{P} = \frac{\nu}{1 - \nu} = \xi$$

式中，ξ 为侧压力与压制压力的比值，称侧压系数。

在用公式计算侧压力时应当注意到，在公式推导过程中借用了弹性变形的虎克定律并忽略了塑性变形，也没有考虑压模的变形，实际上，粉末体不是线弹性体，不能忽视塑性变形，在前面讨论双对数压制方程时已有详细论述，因而由公式算出的侧压力只是近似值。另外，由于存在有侧压力，导致压力损耗，造成在压坯的不同高度上的侧压力差别很大，上层的侧压力大约可达到压制压力的 40%，而下层的侧压力比顶层的侧压力小40% ~ 50%。

强调指出，粉末压坯含有许多孔隙，孔隙本身不能承受侧压力，侧压力只能作用在粉末的实体部位，在压制过程中的体积收缩应当认为是孔隙的体积变小，看来，侧压力和侧压系数应当和相对密度有关，研究发现侧压系数与压坯密度有下式关系：

$$\xi = \xi_{最大} \times \frac{P_{侧}}{P} \times \rho$$

式中，$\xi_{最大}$ 为达到理论密度时的侧压系数；ρ 为压坯相对密度。由于存在有侧压力，在粉末压制过程中，靠模壁的粉粒在向下运动时，它们之间产生摩擦力 P_f，$P_f = P_{侧} \times \mu$，该摩擦力又称为摩擦压力损失。根据巴尔申的观点，压力损失的大小可以用下式计算的模底受到的压力大小来度量。

$$P' = P e^{-4\frac{H}{D}\mu\xi}$$

式中，P' 为模底承受的压力；P 为压制压力；H 为压坯高度；D 为压坯直径。

根据实验，再考虑消耗在弹性变形上的压力，则模底承受的压力 P_1，变成了下式：

$$P_1 = P e^{-8\frac{H}{D}\mu\xi}$$

由于压力沿压坯的高度发生了急剧的变化，指数项的系数 4 变成了 8。

在研究摩擦系数 μ 时发现，在其他条件一定时，压力低于 98MPa 时，压力增加，μ 也同时增加，塑性金属粉末在压力增大到 98 ~ 196MPa 时，它的 μ 不再随压力增加而增大。而硬脆的金属粉末，在压力升高到 196 ~ 294MPa 时，μ 就不随压力增加而变大。

压模内壁和粉末坯料之间存在有摩擦力的直观证据就是压模在应用一段时间以后，模腔尺寸变大，产品尺寸严重超差，需要适时修模，或者模具报废。

由公式看出，压力损失与 H/D 的比值有关，可以看图 2-14 和表 2-8。图 2-14 是理想的正方体的压坯断面，粉末颗粒也假想为小的立方体。最小的图 2-14(a)全部 4 个颗粒（边长为

2）都与模壁接触，图2-14（b）的边长增加一个单位，九颗粉末粒子就有一个不受外摩擦力的作用，最粗大断面是图2-14（e），它的粉末颗粒只有56%与模壁接触。可见当坯料的高径比一定时，尺寸愈大，不与模壁接触的粉末颗粒的百分数愈大，消耗在克服摩擦力上的压制压力损失愈小。因而大压坯的压制总压力和单位压力比小压坯相对要小一点。从表2-8所列的压坯尺寸和比表面积（单位体积的表面积）的关系也能看出，压坯的尺寸愈大，比表面积愈小，压坯与模壁接触面积愈少，因而消耗在克服压模内壁与压坯之间的摩擦力而引起的压力降低的幅度愈小。这便可以说明压制大坯料的压力比压制小坯料的小。

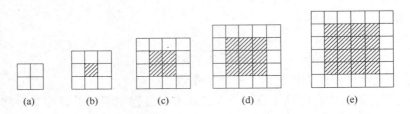

图2-14　粉末压坯与模壁接触断面示意图[4]

表2-8　压坯尺寸与比表面积的关系[4]

压坯的边长/cm	总表面积/cm²	体积/cm³	比表面积/cm²·cm⁻³	压坯的边长/cm	总表面积/cm²	体积/cm³	比表面积/cm²·cm⁻³
1	6	1	6	4	96	64	1.5
2	24	8	3	5	150	125	1.2
3	54	27	2				

在压制结束以后，压坯和压模内壁之间的外摩擦力依然存在，要想从模内取出压坯，必须给压坯一个外加的脱模压力。影响脱膜压力的因素有压制压力，压坯密度，压坯尺寸大小，压模模壁状态和润滑情况。

脱模压力与压制压力的关系取决于摩擦系数和泊桑比，两者之间有线性关系，即

$$P_{脱} \leqslant P_{压} \times \mu \times \xi$$

添加润滑剂可以明显地降低摩擦力，脱模压力可以降低几十分之一。脱模压力和压制压力之间并不是简单的线性关系，一般说来在300~400MPa压力范围内，脱模压力与压制压力的关系为$P_{脱} \leqslant 0.3P_{压}$。

压坯的密度与压力有直接关系，由于在压制过程中有摩擦力的存在，引起压制压力损失，压制压力在压坯各处的分布也不均匀，在顶部和压头冲模接触的上端面，净压力最大，远离上冲模阳模，净压力逐渐下降，这样造成压坯内的上下密度分布不均，见图2-15，要想减少这种密度分布的不均匀性，添加润滑剂，降低摩擦力，坯料的长径比要尽量减少，以便降低

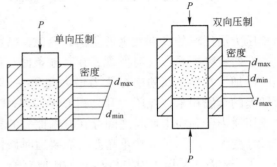

图2-15　压坯密度沿高度的分布

摩擦损耗。采用双向压制可以降低上下密度的不均匀性。图 2-15 是铜粉的单向压制和双向压制的坯料上下密度分布。在用钼粉压制截面积 12mm×12mm，14mm×14mm，21mm×21mm，长度 500mm 的钼条时，采用带有侧压力的压模，从提高密度均匀性的角度来说，这种带有侧压力的模压方式是一种比较好的压制工艺。

2.2.4　弹性后效

金属材料在受外力作用时发生弹性变形，应力在弹性极限以内，应力和应变成正比，$\sigma = E\varepsilon$，ε 是应变，E 是弹性模量，当外力卸载以后弹性变形基本消失，尺寸和外形恢复到原始状态。粉末压坯也有类似的行为，粉末在压制过程中受到压力作用，粉末颗粒发生弹塑性变形，在压坯内部聚集有很大的弹性内应力，其方向与粉末颗粒所受外力相反，力图阻止粉末颗粒发生变形。在压制压力卸载，脱模后，由于弹性内应力的作用，压坯将发生弹性膨胀，这种弹性膨胀现象称为弹性后效。它可以用弹性膨胀的百分数表示（$\Delta L/L$）。显然，由于弹性后效现象的存在，压坯尺寸和压模尺寸并不相等。在设计压模时必须考虑弹性后效的膨胀作用才能得到符合尺寸要求的压坯。

弹性后效的起因是压制力卸载以后弹性内应力发生应力弛豫的结果，受压力作用变形的粉末颗粒的形状和颗粒之间的接触状态同时也发生了变化。压坯在发生弹性后效时，压坯内部必然有内应力作用，图 2-16 是矩形压坯垂直截面上的应力分析图。在压制力卸载以后，压坯内便出现 AC 和 CB 两个方向的弹性张力，此两个张力相加得到一个合力 AB，合力的矢量方向是 AB，合力是剪切力，压坯的抗剪切强度很低，坯料容易顺 AB 开裂。这种裂纹表现为压坯分层开裂，分层裂纹发生在坯料受压端的棱角处，大约与受压面成 45° 交角。可以见图 2-17（a）、（b）、（c）。若层裂现象严重，除有分层裂纹之外，在垂直于压制方向上还会把坯料分裂成若干薄片。除层裂以外，弹性后效还会引起压坯产生裂纹，见图 2-17（d）、（e）、（f），裂纹与层裂不同，它可能是纵向的，也可能是横向的，或者是任意方向的。尺度上可能是宏观的或者是微观的，也可能是隐形的，在压坯的应力集中的地方更容易产生裂纹。影响弹性后效的因素有粉末的特性，粒度及粒度分布，粉末的表面状态，压制压力及加压速度，保压时间，压模结构和压模材料等。光滑粉末压坯的弹性后效大，粗糙的粉末之间结合强度大，弹性后效现象较弱。硬而脆的粉末比软弱的粉末的弹性后效现象严重。

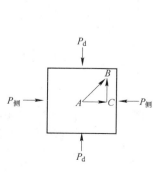

图 2-16　矩形压坯的应力状态

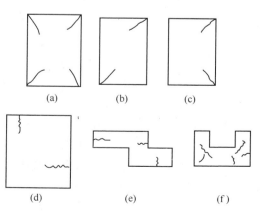

图 2-17　弹性后效引起的裂纹和分层

　　另外，在压坯的压制过程中，粉末体在各方向上受力不均匀，不同位置的内应力分布也各有差异，导致压坯的弹性后效有各向异性的特点，在压制方向上受静压力最大，在垂直于压制方向上受力小。导致在压制方向上的弹性后效能使尺寸产生5%～6%的变化，而在垂直方向上的尺寸变化只有1%～3%。

2.3　钼的压制成形

2.3.1　冷等静压成形（CIP）

　　由于模压成形在压制过程中粉末受压模内壁的摩擦作用，造成压坯的密度分布不均匀。同时模压不易压制大尺寸的和形状复杂的零件。冷等静压工艺能压制大尺寸的，形状复杂的零件。它是压制难熔金属钨、钼粉末压坯最好的工艺方法。

　　冷等静压工艺的物理本质就是利用巴斯葛原理，流体基本上是不可压缩的，给流体施加压力，压强通过流体连续的传递，在液体中各处的压强相等。不过要注意，在高压状态下液体也会发生收缩，一般认为在压力超过50MPa时，体积会发生明显收缩，可高达1/4。在压力小于5MPa条件下，压力和体积收缩之间符合下面关系式：

$$\Delta V = \beta_V V_0 \Delta P$$

式中，β_V 为体积压缩系数；V_0 为原始体积；ΔP 为压强的增量。液体油在压力等于15～30MPa时，$\beta_V \approx 5.0 \times 10^{-5} cm^2/kg$。

　　图2-18是等静压机的原理图。用大型高强度钢锻件做的高压缸是等静压机的主体零件，或者用钢件做缸体内衬，外面用钢带，钢丝缠绕，提高压缸的抗压强度，保证压缸工作时的安全性。高压缸内装液体油，或者含有5%油的乳化液，也可装纯净水，用这些液体做传递压力的介质。操作时用高压泵向压缸内加添少许液体，可把缸内的液体压力提高到约200MPa，需要压制的粉末（Mo、W）装在一个柔性的塑胶套（袋）内，排尽胶套内的空气，并把胶袋密封，防止压制过程中油进入套内。胶套置于高压缸内的液体介质里面，在高压液体的作用下，胶套内的粉末被压成压坯。通常在柔性塑胶套的外面套一个等尺寸同形状的钢外套，以便保证压坯的形状和尺寸的准确性。柔性套用天然橡胶或人造塑料制造，通常人造塑胶的成分（质量分数）是：聚氯乙烯树脂100份，苯二甲酸二辛酯100份（或者苯二甲酸二丁酯），三元基硫酸铅2～3份，再加硬脂酸0.3份，搅拌混合均匀，抽真空排气后，用混合调好的胶体制造软套的过程为：只把符合设计尺寸要求的芯棒放在混合好的液态胶内，使芯棒表面沾带有一定厚度的胶体，再把带有胶体的芯棒放在适当的高温烘箱内烘烤一定时间，套子定形后水冷脱模，并仔细检查保证胶套没有渗漏，否则，在等静压机的高压缸内加

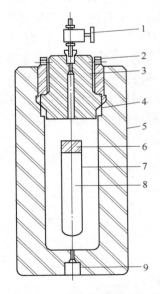

图2-18　冷等静压机原理图
1—压缸排液阀；2—压紧螺母；3—顶盖；
4—密封环；5—高压缸体；6—软塞；
7—软模；8—被压粉末；
9—高压介质入口

压时，液体渗入套内粉末变成稀的金属泥料而不能成形。

装有粉末的柔性套放入高压缸的液体内，软模套和粉末同时受压变形。与钢模压制不同，等静压时软模套和被压粉末同时变形，消除了压模和粉末之间的摩擦压力损失，粉末之间相对运动距离很小，特别是纵向比横向要小得多。高压缸内的液体各处的水静压力认为都是相等的。这样一来，等静压压制的粉末压坯各处的密度近似是相等的。但是，经过仔细的分析研究后发现，等静压压出的毛坯各点的密度还是有一点差别，特别对大直径坯料，但总体差别不大。对于直径 80mm 的钼生坯的密度进行了解剖分析，压制压力接近200MPa，用车床把钼压坯的外径每次车掉 10mm，分六次把压坯的直径车小到 20mm。实际上每次车掉一个同心圆套，计算出圆套的体积和重量，就可算出每个同心圆套筒的密度，可以得出压坯直径方向的密度分布，结果见表 2-9。由表可见，压坯的平均密度和相对密度自外向里逐渐变小，车下的套环的密度自大直径到小直径密度是逐渐下降，即整个压坯的密度由里向外逐渐向上升。最外面一层环的密度比心部的密度高约 5%。而等静压压制的平板坯的内外密度差比圆柱体的小约 50%。板坯的内外密度差比圆柱体的小，板坯的密度均匀。这种密度差的根源在于粉末之间存在有内摩擦，引起由外向内的压力损失。粉末压坯的压制密度与压力有直接关系，这种关系可能符合巴尔申关系或者双对数方程的关系，这一点在前面已经讨论过。等静压压制的压坯密度与压制压力之间关系的研究[5]表明，粉末粒度和压坯形状（长径比）之间有关系，压坯的径向收缩和轴向收缩是不一样的，存在有收缩的各向异性。细粉的收缩率比粗粉的高，粗粉收缩的各向异性比细粉的严重一点（粉末的粒度 5.0μm、3.5μm 和 2.3μm）。图 2-19 是压制压力对钼的轴向和径向相对收缩的影响，图 2-20 是压制压力和压坯形状（长径比）与收缩各向异性的关系。这两张图说明随着压制压力的增加收缩各向异性的特点加大，收缩各向异性的存在表明在等静压压制过程中压力的分布也存在有一点不均匀性，轴向压力比径向压力大一点。

表 2-9 等静压压制的钼压坯的密度沿径向分布

压坯部分的料			车下的套环	
直径/mm	平均密度/g·cm⁻³	相对密度/%	层次直径/mm	密度/g·cm⁻³
80	5.99	58.72	80~70	6.17
70	5.96	58.43	70~60	6.16
60	5.92	58.04	60~50	6.00
50	5.90	57.84	50~40	5.93
40	5.89	57.74	40~30	5.91
30	5.88	57.64	30~20	5.90
20	5.86	57.45	20	5.86

冷等静压分湿袋压制和干袋压制两种工艺，湿袋压制如图 2-18 所示，装有粉末的柔性袋直接放在高压液体内，软袋和液体直接接触受压成形，这种方法适宜生产各种形状的，大小尺寸不同的制件，压制以后由压缸内取出胶套模，自套内直接取出压坯。干套压制用两层软胶套，外套放在高压缸内和液体介质接触，装粉末的内套放在外套里面和液体介质不接触，见图 2-21。干压工艺比较适合用于成批量的同一产品的生产，生产效率较高。压制前外套已放在高压缸里面，压制以后外套也不取出来。不过目前还是大量的使用湿袋压制工艺。

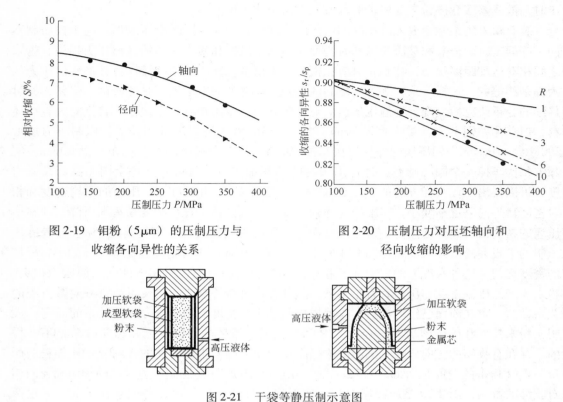

图 2-19　钼粉（5μm）的压制压力与
收缩各向异性的关系

图 2-20　压制压力对压坯轴向和
径向收缩的影响

图 2-21　干袋等静压制示意图

2.3.2　热压成形

前面涉及的模压和冷等静压都是在室温条件下进行压制，在成形过程中只有压力作用。而热压成形包含有热模压和热等静成形，这两种方法都是在高温高压条件下压形，压缩致密化过程受压力和温度两个因素作用，更有利于致密化进程，热压工艺可能得到完全致密化的压坯，而免除随后的高温烧结工艺。

2.3.2.1　热模压

工艺所用的压模和热压压头都必须用耐高温高压的材料制造，高强石墨是经常用的一种材料，在真空或氢气保护条件下也可以用钼和钼合金，钨和钨合金做热压模和压头材料。用石墨做模具材料往往会造成碳沾污材料，用钼合金或钨合金可以避免碳对压坯的污染。热模压的加热方式有电阻炉间接加热，感应加热和直接通电加热。其结构原理图如图 2-22 所示，其中图 2-22（a）为电阻炉加热，图 2-22（b）和（c）分别为直接通电加热和感应加热。压制

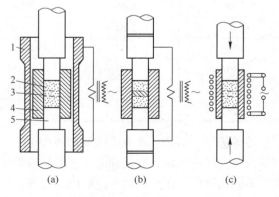

图 2-22　热模压加热方式示意图
1—碳管发热体；2—被压粉末；3—压坯；
4—石墨阴模；5—石墨模冲阳模

过程和室温模压相似。

2.3.2.2　热等静压

热等静压（HIP）的特点与冷等静压类似，热等静压的压力传递介质是气体，例如氩气，氦气。不是液体。图2-23（a）是热等静压机的工作系统原理图。主体是钢丝（带）缠绕的高压缸，上下两面密封，缸内充满惰性气体，如氩气，需要压制的粉末用包套装好，放在充气高压缸内压制成形。发热体用钼棒做成鼠笼状，或者用钼丝编成多股钼绳绑吊在一定形状的支架上，发热体通电加热气缸内的气体，高温高压气体介质与流体介质一样，各点的压力近似相等，包套里面的粉末各点受高温高压作用，变形均匀，粉末各点受到均匀的压力，粉末产生致密化，达到热等静压的目的。

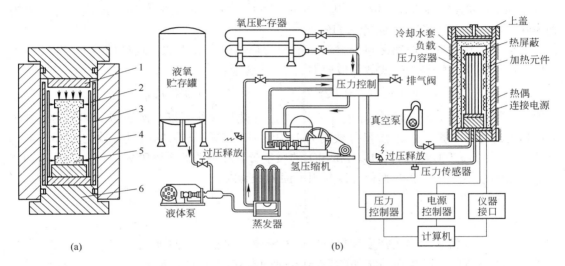

图2-23　热等静压机的原理图和系统图

1—隔热室；2—隔热屏；3—发热体；4—高压缸；5—包套和被压粉末；6—下密封塞

粉末包套是热等静压压制成败的关键，包套可分为金属包套和玻璃包套两大类。金属包套材料的选择要与热压温度相匹配，在1050℃以下热压用工业纯铜做包套材料，在1350℃用1Cr18Ni9Ti不锈钢包套，在1400℃和1430℃用镍做包套。而压制难熔金属则用钼做包套材料，其热压温度可高达1450～2200℃。除钼以外，其余包套都用氩弧焊接工艺，而钼包套用真空电子束焊。要保证包套的真空密封性能，焊缝要有一定抗高温变形能力，否则，在高温高压作用下包套和焊缝就会开裂漏气，压制失败。在压制UO₂时用金属锆包套。

除金属包套以外，也有用玻璃包套。玻璃材质用硼硅酸盐玻璃，如派来克斯玻璃，这种玻璃耐热性好，热膨胀系数小，可以做到零膨胀，玻璃套的成形常采用吹制工艺或模压工艺。

包套内填装粉末的摇实密度愈大愈好，尽量多装料而又减少包套的体积，充分提高高压缸的体积有效利用率。若装料的摇实密度太低，容易引起包套在压制过程中收缩变形量过大，造成包套及压坯皱曲变形。装料密度最好控制在不小于理论密度的65%。为了提高装料密度最好用球形粉，可以达到理论密度的60%～70%，用不规则的粉末装料只能达到

25% ~35% 的理论密度。装料密度愈高，被压料的导热性愈高，压制时均热速度快，可缩短热压成形时间，提高生产效率，在套内装载不同类型的粉末，装料密度可达到 25% ~75% 的理论密度，其余 25% ~75% 的体积被气体所占有，这些气体在热压时由于受动力压缩作用体积变小，气体的压力变得很大，无法致密化成形。因此，所有包套在压制以前必须抽真空除气。通常的办法是把装满料并焊好的包套预留一个抽气管口，先预抽真空，再把包套放在一个立式坩埚炉内边加热边抽真空，可以更好地除去粉末表面吸附的气体，直到真空度高于 10Pa。排气加热温度根据被压材料确定，压制高温合金的加热温度为 1000℃，高速钢加热到 600 ~ 1150℃，硼化物，碳化物和氮化物大约要加热到 600 ~ 1000℃。在加热难熔金属粉末时为了防止它们被氧化，预真空排气时间要长一些，加热温度低于 400℃ 要连续抽真空 40min，因为超过 400℃，Mo、W 的氧化速度加快，随后加热到 800 ~900℃，真空度希望保持 0.1Pa。

如果采用硼硅酸盐玻璃做包套材料，不同的热压温度采用的硼玻璃的 B_2O_3 含量也不一样，可以用下面的经验公式估算玻璃中的 B_2O_3 含量：

$$W = (50.4 - 0.025\,T_{热压}) \sim (49.7 - 0.028\,T_{热压})$$

式中，W 为玻璃含 B_2O_3 的质量分数（%）；$T_{热压}$ 为热压操作温度。例如在 1200℃ 热压时玻璃包套用的玻璃中硼 B_2O_3 的质量分数约为 14.3% ~ 14.7%，SiO_2 的质量分数约为 85.3% ~ 83.2%。而在 1550℃ 热压时，B_2O_3 和 SiO_2 的质量分数相应为 5% 和 95%。

确定圆柱体热压包套的直径可以参用下面的经验式：

$$\frac{D_1}{D} = \sqrt[3]{\frac{\rho}{\rho_1}}$$

式中，ρ 和 ρ_1 为粉末的摇实密度和热压以后的密度（可视为理论密度）；D_1 为热压以后的直径。热等静压的实际操作系统如图 2-23（b）所示，首先开动机械泵，把压缸抽成低真空 10^3Pa，随后向压缸内充氩气，达到压力 98.1kPa，再抽真空至 10^3Pa，基本把压缸内的空气排尽。这个过程行业内称洗缸，洗缸操作以后，即可向压缸内充气，升温增压。压缸增压有三种操作模式：（1）充气→升温→开高压泵加压；（2）先直接升温→充气加压；（3）升温、充气和加压三个操作同时进行；不同操作模式的特点不同。

第一种模式，空的高压缸和气库连通，气库中的高压氩气直接流进低压的高压缸，当压缸和气库的压力平衡时，关断气源，打开模式压力机把压缸内的压力提高到某个额定值，开始升温，停止模式高压泵，在温度升高的同时气体的压力也升高，此时的压力是升温引起的气体压力的升高，不是用高压泵提升的压力，随着温度升高，按下面的气体公式计算气体压力：

$$\frac{P_1}{T_1} = \frac{P_2}{T_2} \quad 或 \quad P_1 = \frac{P_2}{T_2} \times T_1$$

式中，P_1 为升温起始压力；P_2 为热压压力；T_1 为模式加压机加压高压缸内的氩气温度，考虑氩气压缩升温 50K，$T_1 = 323$K；T_2 为热压温度的平均值。其中 T_1 为已知的 323K，P_2 和 T_2 为选定的热压工艺参数。例如要选定 $P_2 = 98.07$MPa，热压温度为 1673K，由于缸内温度在加热炉内为 1673K，最低温度在隔热屏外面，T_2 取平均值，可以根据实验测定，一般可取加热温度的 30% ~70%。就 1673K 而言，T_2 可取 833K（1400℃ ×0.4 +273）。可以算出

$P_1 = 38.1 \text{MPa}$。

按上面的分析计算,当模式加压泵把压缸内氩气加压到 38.1MPa 时,把压缸温度升高到 1400℃,缸内气体压力达到 98.07MPa。

第二种模式,在热压缸洗缸抽真空以后,升温充气把缸内压力升高到 98.1kPa 以后,保护发热体钼材及隔热屏不被空气氧化。随后升温到热压工艺温度,例如 1200℃,然后再用模式压缩机把压缸增压到设定的工艺压力,例如 98MPa。这时模式压缩机必须具备能把压缸的压力增加到设定的工艺高压水平。这种升温增压工艺对于玻璃包套很有利,因为可以先使玻璃软化,然后再提高压力,可防止玻璃包套开裂,有利于粉末压制成形。

第三种模式是边升温,边加压,加压和升温同时进行。

不同金属采用不同的热压温度,热压温度的确定取决于被压金属的熔点,高熔点金属的热压温度高,低熔点金属的热压温度低,一般可取 $(0.5 \sim 0.7) T_{熔点}$。升温和增压速度取决于构件的特点和压坯的形状,不能太快,保压时间以热透压匀为准。卸压降温速度要严格控制,防止弹性后效造成压坯开裂报废。

在热模压过程中粉末受压力和温度的联合作用,热模压施加的压力只有常温压制时的 10%～20%,就可以达到要求的压坯密度。热等静压工艺的压制压力比热模压的高得多,压坯的密度可以达到近似理论密度。表 2-10 是热模压和热等静压压制的几种材料的密度,由表列数据清楚地看出,热等静压工艺达到的密度最高,而压制温度又比热模压的低很多(远低于冷压坯的烧结温度)。因而在压制过程中不会发生再结晶和晶粒长大,可以获得性能优越的材料。

表 2-10 热模压和热等静压压出的材料密度

材　料	压制温度/℃		压制压力/MPa		相对密度/%	
	热模压	热等静压	热模压	热等静压	热模压	热等静压
铁	1100	1000	10	994	99.4	99.90
钼	1700	1350	28	994	90.0	99.80
钨	2100～2200	1485～1590	28	700～1400	96～98	99.00
WCo 硬质合金	1410	1350	28	994	99	99.99
ZrO_2	1700	1350	28	1490	98	99.9
石墨	3000	1595～2315	30	700～1050	89～93	93.5～98.0

对难熔金属来说,使用热等静压工艺压制成形是非常好的办法,但目前使用成本较高,尚未大量使用。表 2-11 列出了难熔金属 W、Ta、Mo、Nb 和 Re 的热等静压工艺参数。虽然难熔金属的热等静压工艺尚处于开发研究阶段,但在高速钢及高温合金方面的应用相对比较成熟,其他特殊应用领域,如异种材料的热压焊接,异种金属粉末的复合压形,铸造钛合金及铸造镍基超合金等用热等静压做压实处理,可以提高合金的致密化程度,消除内部气孔和铸造疏松等缺陷,可以大大提高这些合金铸件的综合力学性能。

表 2-11　W、Ta、Mo、Nb、Re 的热等静压工艺参数

材料	预压件特点	热等静压工艺参数			压坯密度相对理论密度/%	备 注
		温度/℃	压力/MPa	时间/h		
W	用钼包套的球形钨粉末	1500	98			
		1593	103		99	
		1370	69	3	95	
		1700	103	1～3	95	
		1480～1590	69～137	1～5		
Mo		1350	98			
		1350	98		99.8	
		1260	69	3	95	
		1700	103	1～3	95	
		1425	69	3	95	
		1100～1150	69	1～3	100	
Ta	粉末	1427	69～137	0.5～4		
		1400	98			
Nb	粉末冷等静压坯料	1250	98			
		1038	76			
		1250	69	3		
		1100～1150	69	1～3		
		1100～1150	69～103	1～3		
Re	钽包套	1425	69	3	95	完全致密
		1590～1650	69～103	1～3		

　　有关 Mo、W、Ta、Re 等难熔金属热等静压焊接，表 2-12 列举了同种难熔金属，异种难熔金属以及它们和康太尔 Kanthal 及英可镍 Inconel 的焊接参数。图 2-24 是热等静压焊接（HIP）过程的示意图，焊接零件可以是固态板材、棒材，也可以用粉末冷压的压块。Mo/W-Re 复合材料的制备就是把钼粉压到钨铼合金块上，CIP 的压力是 250MPa，钼压块的生坯密度是理论密度的 55%，于氢中烧结 6h，烧结温度 1400℃，商业钼粉的氧含量由 1000×10^{-6}降到 40×10^{-6}。焊接过程粗略分四步，焊接零件准备，表面研磨，用乙酸清除表面油污，包套抽真空，用碳钢做包套材料，在表 2-12 选择的温度范围内，在 HIP 处理过程

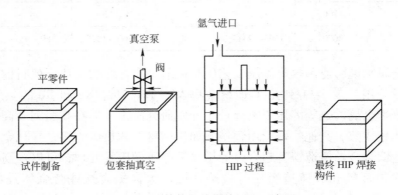

图 2-24　热等静压热焊接过程示意图

中没有发生包套熔化事故。所有包套在焊成以后必须进行氦（He）气检漏，漏气速率维持在 $10^{-1} \sim 10^{-3}$ MPa/（dm³·s）。包套在 $10^{-1} \sim 10^{-2}$ Pa 的真空中除气，除气加热温度 300℃，除气时间累计控制在 1～2h。温度、压力和保持时间三个参数影响热等静压焊接过程，改变这三个参数能精确控制连接缝区的结构。由于在远低于焊接材料熔点的温度下发生的固态反应是材料连接的原因，焊接控制可以特别精细。例如 W/Mo 配对，最适合的热等静压焊接温度是 1340℃，分别相当于钨和钼的熔点分数的 0.4 和 0.5。实验发现，压力只要超过约 100MPa 就能满足要求。保压时间的控制要保证发生互扩散，足以把原始的缝隙压密实，又要防止不同金属之间发生扩散产生脆性的金属间化合物。两块生坯压块密度只有理论密度的 58%，采用热等静压焊接的参数是温度 1380℃，压力 295MPa，保持时间 60min。密度为理论密度的钼坯采用的热等静压焊接参数为 1320℃，115MPa 压力，保压时间 180min。固态试样中的结合区发生了再结晶。W/W 和 Re/Re 的热等静压焊接参数如选择 1320℃，115MPa 压力和 180min 保压时间，结果发现，在形成的小孔洞内有细小裂纹。为了避免这种缺陷，压制焊接温度必须升高到 1340～1360℃。

表 2-12　实验研究的热等静压焊接（HIP）材料及参数

材料焊接对	温度/℃	压力/MPa	保持时间/min	材料焊接对	温度/℃	压力/MPa	保持时间/min
Mo/Mo	1389	295	50	W/Re	1320	115	180
Mo/Mo	1320	115	180	Re/Cr	1320	115	180
W/W	1320	115	180	Ta/Tl	1340	103	210
Re/Re	1320	115	180	Mo/Kanthal Al	1220	200	120
Cr/Cr	1320	115	180	Mo/Kanthal Al	1200	125	60
Cr/Cr	1340	130	120	Mo/Kanthal DSD	1220	200	120
Ti/Ti	1380	120	240	Mo/Kanthal DSD	1200	125	60
Mo/W	1320	115	180	Mo/Inconel 601	1220	200	120
Mo/WRe	1320	115	180	TZM/Kanthal Al	1220	200	120
Mo/Re	1320	115	180	TZM/Kanthal DSD	1220	200	120
Mo/Cr	1320	115	180	TZM/Inconel 601	1220	200	120
W/Cr	1320	116	180				

对于不同种类的难熔金属钨、钼、铼、铬、钛等互相组成焊接对，如 W/Mo、Mo/W-20Re、Mo/Re、Mo/Cr、W/Cr 等选用合适的热等静压焊接参数，温度 1320℃，压力 115MPa，保压时间 180min。所有的连接焊缝区都没有缺陷，也未发现孔洞和缝隙，同样没有 Kirkendall 孔洞。Mo/Re 焊接对用所选择的热等静压焊接参数，焊合处产生两相扩散区，根据电子探针分析，在铼的一侧形成了约 6μm 宽的连续扩散区，而在紧邻的钼的一侧，在钼内有不太连续的约 5μm 宽的扩散区，如图 2-25 所示。

除热等静压焊接以外，电子束焊接技术也可以用来焊接各种难熔金属，但它们两者的焊缝区的特性差别很大。可以把 Cr/Cr 焊接对的电子束焊接与热等静压焊接的结果进行比较，采用的铬原材料都是统一的。热等静压焊接的焊缝区只有模糊不清的痕迹，硬度 $H_V^{1kg} = 140$，好像同一金属，硬度没有升高。而电子束焊接的焊缝内的晶粒严重长大，焊缝区的硬度增高到 $H_V^{1kg} = 200$，在焊缝内看到有许多已熔化的金属再凝固形成的孔洞和收缩

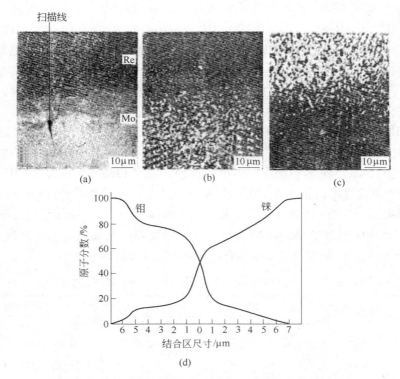

图 2-25 　热等静压焊接的 Mo/Re 焊缝区的结构和扩散图

（a）试样照片；（b）钼的分布；（c）铼的分布；（d）扩散图

裂纹。

为了生产钼和其他金属的复合材料，实验研究 Mo、Mo-TZM 和 Inconel 及 Kanthal 的热等静压焊接工艺。焊接参数为，温度 1220℃，压力 200MPa，保压时间 120min，加热和冷却速度是 40℃/min。Inconel 601 是一种镍基合金，它的（质量分数）分析成分是：Ni 60.5，Cr、Fe 分别是 23 和 14.1，Al 1.4，外加约 0.74Mn，Si、C 等脱氧剂。图 2-26 是 Mo、Mo-TZM/Inconel 601 热等静压焊接焊缝的组织结构图。发现 Mo-Inconel 601 之间有约 10μm 宽的金属间化合物相焊缝层，母材和焊缝层的硬度分布列于表 2-13。显微结构研究发现，在 Inconel 601 一侧邻近金属间化合物相区附近有一条成直线分布的小孔洞。这就表明 Inconel 601 中的一个组元发生了择优扩散，电子探针研究发现这个组元是铁。扩散图还显示，除钼和镍以外，金属间化合物相还含有少量的铁和铬。钼内出现孔洞的大概原因是气体含量高。沿着钼的分界面已经发生了再结晶，在这个区域内几乎完全没有孔洞。钼合金 Mo-TZM/Inconel 601 之间的焊缝区宽约 12μm，它只包含了极脆的金属间化合物。焊缝的钼侧发生了再结晶，金属间化合物相的区域较宽，可能的原因是温度选择稍微太高了一些，保压时间显得太长。

钼和钼合金与 Kanthal 之间的热等静压焊接，Kanthal 是一种铁基合金，Kanthal A1 和 Kanthal DSD 的钴和铬含量相应都是 0.5 和 22，而前者铁和铝含量分别是 72 和 5.5，后者是 73 和 4.5。采用两种压力焊接工艺参数，第一种 1220℃，压力 200MPa，保压时间 120min，加热和冷却速度 40℃/min，第二种 1200℃，压力 125MPa，保压时间 60min，加

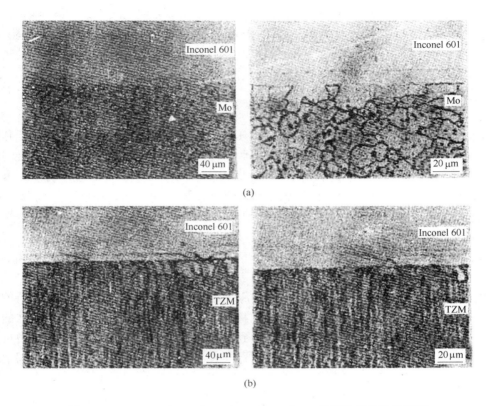

图 2-26　Mo/Inconel 601 和 Mo-TZM/Inconel 601 热等静压焊缝组织图
（a）Mo/Inconel 601；（b）Mo-TZM/Inconel 601

表 2-13　Mo/Inconel 601，Mo-TZM/Inconel 601 热等静压焊接构件中焊缝及母材的硬度分布

区　域	硬度 H_V^{25g}	区　域	硬度 H_V^{25g}
Mo/Inconel 601 扩散区	870,1300,1250,1030,1200	Inconel 601	190
Inconel 601	201	变形态的 TZM	390，390
Mo	188	再结晶的 TZM	237，240
TZM/Inconel 601 扩散区未开裂处	1039，1200		

热和冷却速度 60℃/min。焊缝的组织结构研究发现，用第一组参数压焊，钼内有明显可见的孔洞，产生孔洞的原因仍然是钼的气体含量高。在 Kanthal 内产生裂纹，主要原因是它的热膨胀系数与钼的不匹配，降低加热冷却速度对裂纹生成倾向应当有所改进。但是，在用第二组参数压焊时，加热和冷却速度加快到 60℃/min，在 Kanthal 内反而没有出现裂纹。另一方面，在 Kanthal Al 内的扩散带中沿着一些晶界看到有金属间化合物相。在用第二组参数压焊时，温度降低了 20℃，保压时间由 120min 缩短到 60min，而相的总宽度只是稍微变窄了一点，但是在整个区域上没有缺陷。对两个牌号（Al，DSD）的 Kanthal 来说，在钼一侧的金属间化合物的厚度都是均匀的，而在 Kanthal 一侧它的厚度变化比较明显。

　　Mo/Kanthal Al 在轻度还原性气氛中（$N_2/H_2 = 3\%$）承受 1200℃、4h 热处理以后，在 Kanthal 一侧的金属间化合物相的宽度增大了一倍。在紧靠附近看到有链状的大孔洞，其直径达到 8μm，看起来像一串珍珠。在钼一侧的相的厚度保持不变。进一步在保护性的氩气环境中进行热处理实验，加热温度降低 100℃，热处理制度为 1100℃/4h。实验发现，实验环境的变化明显地不会引起孔洞的发展，但是，在没有压力的条件下进行热处理可能是孔洞发展的原因。热处理几乎没有改变金属间化合物相的宽度。

2.4　钼的压制实践

目前钼压制成形涉及模压和等静压两类压形方法，但是目前大部分钼的生产和研究都用冷等静压（CIP）成形。大批量的钼条生产，包括拉丝条，炼钢条用带侧压的组合式钢模压制，即压模的垂直方向和侧向同时加压，小尺寸的、厚度比较薄的、大批量的钼板坯也可以用模压工艺生产。模压用钼粉可添加少量的润滑剂，如酒精甘油酯（1.5∶1）溶液，煤油石蜡（石蜡质量分数 4% ~ 5%），这样可以提高钼条的密度均匀性。采用粒度约为 3μm 的钼粉，模压压力为 100 ~ 150MPa，模压坯的密度可达到 4.3 ~ 5.3g/cm³。除钼条以外，尚有圆钼饼薄片，用上下加压的双面压制工艺，这种压制常采用自动连续压机。

现在大型钼棒坯和板坯都用冷等静压机压制成形，图 2-27 是用于压制钼坯料的冷热两用等静压机的外貌图，该设备是框架式结构，包含一个冷缸和一个热缸，热缸的直径 690mm，压力 150MPa，最高热压温度可以达到 1350℃，冷缸的直径 750mm，压力可达到 200MPa。热缸和冷缸共用一个框架，框架式结构的高压缸的轴向压力作用在框架上，而不是作用在缸体的压紧密封螺母上。

图 2-27　冷热两用等静压机外貌（安泰科技难熔）

等静压机可以压制大型圆棒料坯，板料坯，管坯和异形件。生产圆棒坯用圆形的柔性塑胶套装钼粉。软套外面套一个近似等直径的钢套，钢套圆周面上钻许多小孔，保证软套与液体整体接触，钢质外套可以保证圆坯料的尺寸精确和外形规整。压制板坯用矩形胶袋装钼粉，胶套外面套同尺寸的矩形钢套。用矩形钢套可以保证压出的钼板坯厚度均匀，棱角规正，四个侧面接近刀切豆腐块一样整齐。如果外套选择不当，压出的板坯厚度不均，侧面呈圆弧状，板坯中间厚边沿薄，在随后轧制加工时易产生边裂现象。现在技术发展要求压制许多异形件，包括有三角形，半球形，大（小）直径球形，多边形等等。压制这些钼异形件要用同形状的胶套和钢外套，确保异形件的外形规整。

压制钼管时，因为管材是中空件，中间要装一芯棒，芯棒两端固定有一个大直径的软胶环，芯棒和软胶套之间形成空间，粉末料就装在此空间内，上下两个软环可以使芯棒和圆胶套同心，确保压出的钼管壁厚均匀。芯棒要有 1°~2°脱模斜度，要有一定的刚度和强度，保证在压制过程中芯棒不压弯，用 40Cr 或中高碳钢做芯棒比较合适。在压制大直径钼管时，芯棒的设计要考虑吊装脱模，在芯棒的一端保留一个圆台，压出的钼管一端坐在这个圆台上。脱模时可以同时吊装芯棒和钼管，整体放在一个脱模支架上，支架上表面有一个圆托板，托板的中心孔直径大于芯棒端头的台阶，小于钼管坯的外径，利用芯棒自重可以很方便地使钼管和芯棒分离，钼管稳定的落座在托板上。

软套直径的确定是根据压坯尺寸及粉末压制收缩率，影响压坯收缩率的因素很多。装料时的捣实程度，钼粉的粒度及粒度组成。在正常捣实的情况下，平均粒度在 3.0~5.4μm 之间，钼粉冷压坯的收缩约为 20%~28%。设计软套时一定要增加这一收缩率。为了提高等静压机压缸的装料效率，要尽量减少粉末的压形收缩率，尽量增加装料重量。分析了钼粉粒度与粉末填充性与等静压成形的关系[7]，填充性好的钼粉容易装料，比表面积高的细钼粉的装填性较比表面积低的粗粉差一点，装料的体积密度低，见图 2-28。在模压时由于压制压力太大，容易造成压坯分层，通常压坯密度可达到理论密度的 40%~60%。用等静压时压力不受限制，压坯密度可以达到理论密度的 70%~75%，不同压力得到的压坯密度不同，压力越大，压坯的密度越高，压力与密度的关系绘于图 2-29(a)，该图上

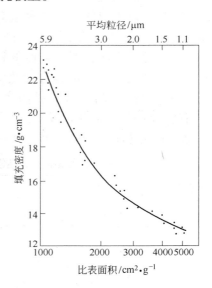

图 2-28 钼粉的粒度与充填密度的关系

也标出了平均粒度为 1.4μm 和 4.2μm 两种粒度钼粉的压坯的密度，粗粉的压实密度高。如果在同一个压制压力条件下，压坯的密度随粒度的增大而提高，见图 2-30。该图说明了在 200MPa 的压制压力下钼压坯的压制密度与粉末粒度的关系。原冶金工业部钼的新工艺

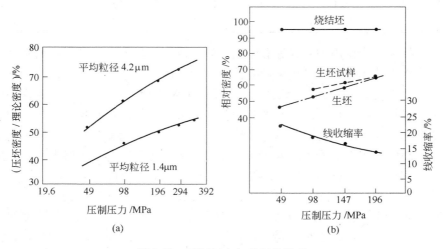

图 2-29 压制压力与密度的关系

试验小组对钼的粉末冶金工艺进行了大量的研究，他们研究了钼的生坯密度和烧结坯密度与压制压力之间的关系，见图2-29（b），在压制压力为49MPa、98MPa、147MPa和196MPa情况下，大尺寸生压坯的密度比小尺寸的低，尺寸相同的坯料密度随压制压力的增加而提高，但是压制压力对烧结坯的密度没有多少影响。不过，由于低压力压制的生坯的密度较低，烧结的线收缩率较高，精确控制烧结坯的尺寸较难。

根据作者的实践，不同粒度的钼粉在不同压力下压出的钼坯的密度也会变化，结果汇总于表2-14。提高压制压力可提高压坯的密度。从选用的不同粒度钼粉的压制结果也看出来，在相同的压制压力下，压坯的密度随粒度变粗而提高。

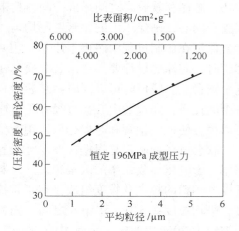

图 2-30　钼粉粒度对压坯密度的影响

表 2-14　压坯密度与粉末粒度和压制压力的关系

粉末编号	粉末粒度/μm	松装比/g·cm⁻³	压制压力/MPa	压坯密度/g·cm⁻³
1 号	3.28, 3.7	1.12	200	6.35
			150	6.02
			120	5.68
2 号	3.15, 2.95	1.02, 1.04	200	6.40
			150	5.97
			120	5.58
3 号	5.2, 5.4	1.43, 1.46	200	6.93
			150	6.50
			120	6.22
4 号	5.2, 5.4	1.38, 1.40	200	6.93
			150	6.49
			120	6.14

软套的选择和正确使用关系到等静压成形的成败，软套的套体必须是密封的，在高压下不渗油，渗水，装钼粉以后必须尽量除去套中的气体，最好的办法先把软套的开口端用塑胶软塞封堵，再把软套连到一个真空泵系统抽出胶套中的空气。在实际装料操作过程中，实际排气操作过程包括：用软塞把套的开口端密封，并在软塞与胶套之间留一个小的出气口，把套内气体挤出软套，并用金属丝把软塞和软套口扎紧密封，若软模套的开口端密封不良，在高压作用下油液体进入软套，造成油和钼粉末混合，压形失败。随后还要进行烘干处理，钼粉和液体分离，钼粉还要再氢还原净化，造成许多浪费。

已经装料的软套在经过除气密封以后，把软套放入高压缸，加压到150～200MPa，保压3～5min，通常钼的压制用150MPa压力，压钨用200MPa压力。用高压压制时，压坯和套子黏结较牢固，脱套比较困难，同时软套的使用寿命缩短。在压制时适当延长保压时间使压坯充分松弛。卸压速度要适当放慢，卸压过快压坯的弹性后效现象严重，容易造成压坯产生裂纹。关于压坯尺寸的确定，要考虑高压缸直径，理论上说压坯的最大直径是高压缸的直径，但是也要考虑到随后的烧结炉尺寸。现阶段我们可以压制钼坯的直径可达到约 850mm（考虑最大烧结炉），重量 350kg 或者更大一些，板坯可以压制的最大尺寸 50mm × 750mm × Lmm 或者更大一些。这些大棒坯和大板坯烧结以后可以直接用热轧机和 3T 大锻锤生产巨型钼板材和钼棒材，等静压用的软模套要严格控制使用次数，定期更换报废。软套在使用过程中，频繁受拉伸应力和压应力交变作用，实际受低频疲劳力的作用，久而久之胶套要老化，强度和韧性下降，易生裂纹。特别有害的是胶套表面生成肉眼不可见的渗油通道，压制时粉末受渗油污染。造成钼板坯和棒坯的表面有一层很厚的高含油层，在烧结时油不可能完全挥发，必然有一部分和钼发生反应形成硬而脆的碳化钼。热锻和热轧时形成边裂和粉碎性裂纹，由于碳化钼很硬，在生成局部裂纹时，想用机加工方法，例如车，刨加工除掉这些缺陷都很困难，我们分析发现破裂边沿的碳含量可以高达 1.43%，而所用钼粉的碳含量规定不会超过 0.004%。由于渗油引起钼的碳含量提高了近 370 多倍。

除压制纯钼压坯以外，经常还要压制钼合金坯，常用的合金元素有 Ti、Zr、Hf、W 及各种稀土元素和脱氧剂 C 等。Ti、Zr、Hf 等元素用其氢化物形态加入，W 直接以高纯钨粉的形态混入钼粉，C 是以 Mo_2C 或者以光谱纯 C 粉形态做合金添加剂。这种固态加入方式，虽然用三维混料机混粉，但均匀性也不令人满意。特别是在采购的原料中含有团聚体时，混料的不均匀性更显突出。采用液态混料时，合金元素不是加入单组元物质，而是加入合金元素的盐类，如铵盐，硝酸盐等。在加入稀土元素铈或镧时，加硝酸铈和硝酸镧等。而加入钨钼等则可以加入它们的铵盐。把这些盐类调成液态。用液体和液体混粉，或者用液体和固体混粉工艺，生成的合金粉的均匀性一般比用固-固混粉工艺混成的合金粉的均匀性要好。

2.5 粉末冶金烧结

2.5.1 热力学和动力学的基本原理

热力学把研究的对象或物体称为系统，而系统之外又与系统有密切联系的物质称为环境。系统和环境有物质和能量交换的是开放系统，有能量交换而没有物质交换的系统为封闭系统，既没有能量交换也没有物质交换的系统为孤立系统。分析材料热力学习惯用一个摩尔分数物质为一个典型系统，有时也把具有一定尺寸和一定体积的物体作为系统的研究对象。烧结材料在加热炉内加热烧结，主要涉及热交换，能量交换，可以把烧结看作是一个封闭系统。

热力学第一定律研究系统的状态，内能 U、热焓 H 和熵 S 是系统的状态函数。封闭系统的能量变化可以用传热和做功的量度量，若不考虑外力场的作用，只考虑系统的内能变化，则有：

$$\Delta U = Q + W \quad 或 \quad dU = \delta Q + \delta W$$

若环境对系统做功，系统吸热，Q 和 W 为正，若系统对外做功，则为负。若体积不变，体系做功 $\delta W = 0$，则有 $\Delta U = Q_V$ 或 $dU = \delta Q_V$。对于恒压下的可逆反应，对外做膨胀功 $\delta W = -pV$，则有：

$$\delta Q_V = dH \quad 或 \quad \Delta H = Q_P$$

函数 $H(\equiv U + PV)$ 为焓，表明在恒压条件下系统的热效应等于系统的焓变；在系统没有相变和化学反应热效应时，常用热容 C 来表示，$C = dQ/dT$。恒压热效应 Q_P 和恒容热效应 Q_V 分别为：

$$\delta Q_V = C_V dT, \ \delta Q_P = C_P dT \quad 以及 \quad Q_P = \int_{T_1}^{T_2} C_P dT$$

由于考虑到恒压的热效应就是系统的焓变，可得到：

$$dH = \delta Q_P = C_P dT, \quad C_P = \frac{dH}{dT}$$

$$\Delta H = \int_{T_1}^{T_2} C_P dT \quad 或 \quad H - H_{298} = \int_{298}^{T_2} C_P dT$$

计算出的焓变是与 H_{298} 的差值，C_P 是温度的函数，可以用下列经验式计算：

$$C_P = a_0 + b_0 T + c_0 T^{-2}$$

把 ΔH 和 C_P 经验式合并代入就可以算出 ΔH。而 a_0、b_0、c_0 三个常数可以由手册查到。

热力学第一定律说明系统的能量平衡关系及功能的互相转换。但根据热力学第一定律不能确定系统能不能发生某种反应，不能说明反应过程的方向和限度。热力学第二定律可以解决系统的过程方向，在材料热力学中它常被表述为一切自发过程都是不可逆的。高温散热自发变成低温，而不可能自发地由低温升到高温。在这种自发过程中系统的状态函数熵也是单向变化的，其表达式为：

$$\Delta S = \frac{Q_V}{T} \quad 或 \quad dS = \frac{\delta Q_V}{T}$$

用状态函数熵表示热力学第二定律，则有，封闭系统的 $\Delta S \geqslant 0$，$dS \geqslant 0$。式中，" > "表示自发过程，而 " = " 表示达到平衡状态。对于实际的不可逆过程，熵变总是正的，即熵增大原理。熵也可以由比定压热容计算出来：

$$S = S_0 + \int_0^T \frac{C_P}{T dT}$$

式中，S_0 为 0K 的熵，或者 $\Delta S_T = \Delta S_{298} + \int_{298}^{T} C_P d\ln T$，$\Delta S_T$ 为 T K 时物质的摩尔熵。

可以理解熵是物质吸热时材料内部原子的热运动加剧，粒子的混乱程度增加，此时熵增大，因而可以用熵表示系统内粒子的混乱程度。它的物理意义就是热力学的熵对应材料微观粒子（原子，分子，电子）的几何分布以及粒子运动形态的分布。

用熵可以判断封闭系统的过程方向和限度，但对于非封闭系统，由于要考虑环境的熵变，这是非常困难的。因此，要找一个热力学函数，它只与系统有关，而与环境无关，用它来判断系统的过程方向和限度，这个函数就是自由能和吉布斯（Gibbs）自由能。自由能 F 和吉布斯自由能 G 的定义分别为：

$$F \equiv U - TS$$

$$G \equiv H - TS$$

根据热力学第一定律和第二定律有:

$$dU = \delta Q + \delta W \quad 而 \quad \delta Q \leqslant TdS$$

可得到

$$dU - TdS \leqslant \delta W$$

在恒温时

$$d(U - TS) \leqslant \delta W$$

根据定义

$$F \equiv U - TS$$

则有

$$dF \leqslant \delta W \quad 或 \quad \Delta F \leqslant W$$

由于 U、T、S 都是系统的状态函数,当然 F 也是系统的状态函数。若系统恒容,则 $\delta W = 0$,则有:

$$d(U - TS)_{T,V} \leqslant 0 \quad 或 \quad dF \leqslant 0$$

"$<$"表示自发过程,这表明在恒温和恒容时,任何系统中只有使 F 减小的过程才能自发进行。当 F 达到极小值时,$dF = 0$,$d^2F > 0$ 时,系统达到平衡状态。对于恒温和恒压条件下的吉布斯自由能,根据定义有:

$$G = H - TS$$

按照同样方法也可导出:

$$dG \leqslant 0 \quad 或 \quad \Delta G \leqslant 0$$

"$<$,$=$"表示发生自发过程和达到平衡状态,唯有使系统的 G 减小的过程才能自发进行,当 G 达到极小值时,($dG = 0$,$d^2G > 0$)系统就达到平衡状态。从定义出发,$G = H - TS = U + PV - TS = F + PV$。当系统状态改变时,$\Delta G = \Delta F + \Delta PV$,在恒压时 $\Delta G = \Delta F + P\Delta V$,则 $\Delta G - \Delta F = P\Delta V$。可以看出在恒压条件下,$\Delta G - \Delta F$ 的差值等于系统对外做出的膨胀功。

对于被研究的材料系统,多数过程都是在恒压条件下进行的,在讨论稳定性及相转变和相平衡时都用 ΔG。在讨论包括液态和固态凝聚系统时,$\Delta G = \Delta F + P\Delta V$ 式中的 $P\Delta V$ 可以忽略不计。所以 $dG(\Delta G)$ 和 $dF(\Delta F)$ 相同,可以互用,但物理意义不同。由热力学的分析可知,一切材料系统所发生的自发过程都是由能量较高的状态转变到能量较低的状态,最终达到平衡状态。自由能由高到低的转变就是由热力学较不稳定的状态转变到热力学较稳定的状态。对于恒温,恒压系统而言,发生自发过程的判据是吉布斯自由能降低,即 $\Delta G < 0$,但是应当特别注意,$\Delta G < 0$ 是系统发生某个自发过程的必要条件,而不是充分条件。最典型的实例就是奥氏体在一定条件下淬火成马氏体,马氏体是过饱和固溶体,它处于高能量的不稳定状态,但是,它能存在千年以上,而不转变成低能量的稳定状态。

在自然界中有许多系统虽然处在高能量的热力学上较不稳定的状态,但是由于某种原因它能暂时或长期存在于这种状态,该状态通常称为亚稳态。由亚稳定状态要转变成稳定状态,需要外界供给一定的能量,克服阻碍它发生自发转变的能量,才能由亚稳态自发转变成稳定态。在材料制备和应用过程中常发生许多固态反应,例如原子重新排列形成新的更稳定组织,这个过程涉及原子在固体中的运动及运动速度,为了使这些不能发生的反应状态变成能够发生的反应状态,应当给参加反应的原子提供一定的能量来克服阻止它反应的能量,这个过程称为激活或活化。需要外界供给的超过原子平均能量的附加能量称为激活能或者活化能,激活能的存在是材料能处于亚稳态,并造成材料中发生的反应速度有快

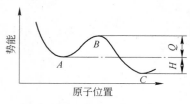

图 2-31　亚稳态及激活示意图

慢不同的原因之一。图 2-31 是亚稳态及激活过程的示意图，原子在 A 处的能量比在 C 处高。由 A 处不能直接转变到 C 处，必须在获得必要的能量 Q 以后先达到 B 处，而后再自发的由 B 到达 C，Q 就是激活能。在固态反应中需要 Q 最小的路径，也就是克服能垒需要增加最小能量的路径，就是最容易发生反应的路径，沿着这条路径的反应速度最快。只有那些处于被激活态的原子或空位，即激活能量超过激活能的原子或空位才能迁移，固态反应过程才能发生。原子处于被激活态的几率或者处于激活态的原子分数由玻耳兹曼分布规律决定。

由物理学的分子运动论可知，一摩尔分子的总动能与温度成正比，可表述为：

$$E_{\text{K}} = \frac{3}{2}RT$$

对于单个分子则有：

$$E_{\text{K}} = \frac{3}{2}KT$$

其中，R 是气体常数，其值为 8.364J/(mol·K)。需要注意，并不是空间所有的分子都具有公式所表达的相同能量。实际上，在给定的温度下以及在给定的任意时刻，物体内所有的原子及分子具有的能量并不完全相同，它们的能量分布在一个范围内，这个范围可以从零到极大。当然，其中绝大部分分子具有的能量还是处在一个平均值附近。气体原子具有的能量分布构成一个能谱，在能谱内气态原子或分子的能量是按统计规律分布的。气体分子能量的这种分布形态也可用于描述液体和固体内原子和分子的能量分布。

人们对于具有高能量的那些原子感兴趣，常常要知道原子高于某个能量的几率。材料内有大量原子，由于热波动的作用造成它们具有不同能量，某些原子在某一瞬间具有足够高的能量可以克服能垒，能进行某种反应或者发生某一过程，由一种状态转入另一种状态。这就表明，材料的反应速率取决了能参加反应的原子数目，这些参加反应的原子具有的能量必须等于或大于激活能 Q，它们的数目由材料的能量分布决定。材料在热力学平衡时的能量分布遵循麦克斯韦尔-玻耳兹曼分布规律，在某一温度 T/K 时，具有能量为 E 到 E + dE 的原子数目为 $\text{d}N = A\exp(-E/KT)\text{d}E$，A 是常数，K 为玻耳兹曼常数。画成分布曲线如图 2-32 所示，设材料中的原子总数为 N_{T}，则必有：

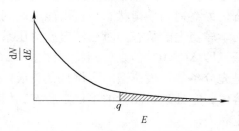

图 2-32　麦克斯韦尔-玻耳兹曼分布规律

$$N_{\text{T}} = \int_0^\infty A\exp\left(\frac{-E}{KT}\right)\text{d}E = AKT$$

或者

$$A = \frac{N_{\text{T}}}{KT}$$

设 N 为具有能量大于 Q 的原子数，可以得到：

$$N = \int_Q^\infty A\exp\left(\frac{-E}{KT}\right)\mathrm{d}E = \int_Q^\infty \frac{N_T}{KT}\exp\left(\frac{-E}{KT}\right)\mathrm{d}E = N_T\exp\left(\frac{-Q}{KT}\right)$$

或者
$$\frac{N}{N_T} = \exp\frac{-Q}{KT}$$

材料中可能具有能量大于 Q 的原子数 N 与 N_T 之比等于 $\exp(-Q/KT)$。显然，温度 T 越高，N/N_T 越大，Q 越大，N/N_T 越小。

按麦克斯韦-玻耳兹曼分布规律，某一反应的激活能为 Q，具有的能量足够超过 Q 而能够克服能垒的原子数目应与 $\exp(-Q/KT)$ 成正比，反应速率与参与反应的原子数成正比，故可以用 Arrhenius（阿伦尼亚斯）定律来描述反应速率，即

$$V = A\exp\left(\frac{-Q}{KT}\right)$$

公式中的 A 是与温度无关的常数，Q 的单位是 J/at。若用 J/mol 为单位，就表示一摩尔原子克服能垒需要的能量。如果用气体常数 R 代替式中的 K，$R = N_A K$，此 N_A 为阿伏伽德罗常数，可以得到：

$$V = A\exp\left(\frac{-Q}{RT}\right)$$

反应速度 V 式说明在许多情况下，原子间的反应速率取决于参加反应的原子中能量为 Q 或大于 Q 的原子数。

材料科学中的许多固态反应速率都遵循阿伦尼亚斯定律，它描述了许多过程的动力学，也反映了温度对反应速率的重大影响。如果把反应速率转化为对数关系，可得到：

$$\ln V = \ln A - \frac{Q}{RT} = 常数 - \left(\frac{Q}{R}\right)\frac{1}{T}$$

可以看出，$\ln V = f\left(\frac{1}{T}\right)$ 是直线关系，即反应速率与温度倒数之间有直线关系，直线的斜率为 $-Q/R$，反应是热激活反应，任何热激活反应都适用阿伦尼亚斯定律，反应速度由 Q 和 T 决定。Q 是反应所要克服的能量，温度 T 与反应速度有指数关系。

反应过程是物质的扩散和迁移过程，由分析可知，物体中的原子由于热激活作用而具有的能量超过克服能垒需要的能量，原子就处于激活状态，它就要由高能位状态向低能位迁移。气体，液体和固体中的原子，分子，离子的迁移称为扩散。扩散过程在材料制备，材料处理和改性方面是一个非常重要的现象。

扩散现象在自然界中到处都存在，物质分子在液体或气体中的扩散速率很快。固体中也有扩散，固体原子在键合力的作用下在平衡位置附近振动，它们的迁移受到键力的约束，迁移速率很慢。物体中的原子迁移扩散是热激活引起的热运动，热运动引起的物质原子的迁移是紊乱的无定向的扩散。但是，在有浓度梯度的情况下，例如，在材料内部存在有偏析成分不均匀时，原子运动就会是有规律的定向迁移，由高浓度向低浓度迁移的原子数超过由低浓度处向高浓度处迁移的原子数，最终使各处的成分趋于均匀。

在扩散过程中伴随有各处浓度变化的扩散称为互扩散或异扩散，如合金固溶体中异类溶质原子的扩散。而纯金属或其他高纯材料中的扩散不会引起浓度的变化，原子由一个晶格结点向另一个结点迁移，这种迁移过程称为自扩散。自扩散对材料的行为和性质没有多

少影响。在互扩散时，物体各区域的浓度不随时间变化的扩散称为稳态扩散，而各区域的浓度随时间变化的扩散称为动态扩散（非稳态扩散）。一般扩散过程都是非稳态扩散。用菲克（Fick）第一定律描写稳态扩散过程，用菲克（Fick）第二定律描写非稳态扩散过程。菲克第一定律的数学表达式为：

$$J = -D\frac{\partial C}{\partial X}$$

式中，J 为扩散通量，或者称扩散物质的流量，它被定义为单位时间内通过垂直于扩散方向上的单位面积的原子数目。量纲是 $kg/(m^2 \cdot s)$，$g/(cm^2 \cdot s)$。公式表明，扩散通量与该截面处的浓度梯度成比例，D 是扩散系数，量纲是 m^2/s 或者 cm^2/s。菲克第一定律中的负号表示扩散由高浓度向低浓度扩散。C 为体积浓度，也就是单位体积扩散物质的重量，量纲是 kg/m^3。

菲克第二定律用来描写非稳态扩散，在扩散过程中物体各区域的浓度随时间发生变化，即成分分布随时间变化，数学表达式为：

$$\frac{\partial C}{\partial t} = \frac{\partial}{\partial x}\left(D\frac{\partial C}{\partial x}\right)$$

式中，$\frac{\partial C}{\partial t}$ 表示浓度随时间的变化率，如果扩散系数 D 与浓度无关，则上式变成：

$$\frac{\partial C}{\partial t} = D\frac{\partial^2 c}{\partial x^2}$$

由公式看出，在非稳态扩散时，浓度随时间的变化正比于浓度梯度的变化，而不是与浓度梯度本身成正比。因此，可以推断，在扩散开始时，浓度梯度变化较大，浓度随时间的变化较快。随时间的延长，浓度变化趋于缓慢。这就表明，用扩散工艺改进材料成分的均匀性，要经历足够长的时间。

固体中原子，分子的扩散有空位扩散，间隙扩散，两个原子相互换位的置换扩散，几个原子互相换位形成环形的互相置换扩散。一个原子离开自己的平衡位置跳入其他原子的中间空隙位置形成填隙子扩散（见图2-33），但主要是间隙扩散和空位扩散。

晶体点阵内的原子或分子由一个位置迁移到另一个位置，就必须克服一定的能垒，同时它们要达到的新位置必须是空着的。这就需要有两个条件，一是晶格内有空位或缺陷，二是有热激活使它们获得激活能，能越过能垒。空位是晶体材料中晶格内的平衡缺陷，空

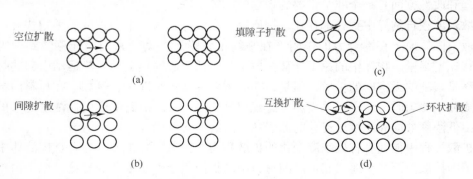

图 2-33　材料中的扩散类型

位扩散是原子跳入空位，同时伴有空位移动。在晶面上一个原子跳入空位以后，原来原子占据的位置变成了新的空位，与新空位邻近的原子跃入新空位，如此不断的连续下去，形成的空位连续不断的移动，原子与空位沿相反的方向移动，如图 2-33 所示。发生空位扩散的条件是，扩散原子的近邻有空位，空位周围的原子具有能克服能垒的扩散激活能，这种扩散激活能包括原子的跃动激活能和形成空位的激活能两部分。

在间隙固溶体中，晶体结构中存在有小尺寸的间隙原子，例如 C、N、O、H 和 B 等，这类小尺寸间隙原子容易移动，它从一个间隙位置跳跃到另一个间隙位置称为间隙扩散。这种间隙扩散机构不需要有空位，溶剂扩散忽略不计，只要溶质原子能挤开邻近的溶剂原子，它就能进入相邻的空缺间隙位置，扩散激活能就是溶质原子发生跃动所需要的额外能量，它比空位扩散激活能低，如图 2-33 所示。

纯金属的自扩散激活能及固溶体的互扩散激活能与金属的熔点有关。随着材料的熔点升高，扩散激活能值增大。例如 Pb、Au 和 Fe 的熔点分别相应为 327℃、1063℃ 和 1539℃，它们相应的自扩散激活能分别为 108.3（kJ/mol），183.1（kJ/mol）和 278.8（kJ/mol）。因为金属的熔点越高，原子间的键合强度越大，原子间的束缚力大，扩散需要克服的能量变高，扩散激活能就大。

扩散的途径有体积扩散，表面扩散，晶界扩散和位错扩散四种类型。表面扩散，晶界扩散和位错扩散比体扩散快，称短程扩散。一般情况下体积扩散占主导地位，是最基本的扩散方式。

由于扩散是热激活过程，有原子的热运动，那么扩散速度方程应当和阿伦尼亚斯方程相似。如果用扩散系数 D 代表扩散速度的快慢，它和环境温度 TK，激活能 Q 之间的关系用下面方程描述：

$$D = D_0 \exp\left(\frac{-Q}{RT}\right)$$

$$D = D_0 \exp\left(\frac{-Q}{KT}\right)$$

式中，D_0 为扩散常数，它包括除温度以外所有的影响扩散速率的因素，D_0 的量纲与 D 相同。这个方程式说明所有影响扩散常数 D_0 和激活能 Q 的因素都对扩散速率有影响。如果把扩散系数 D 的方程式改写成对数式，则有

$$\lg D = \lg D_0 - \frac{Q}{RT} = 常数 - \frac{Q}{R} \cdot \frac{1}{T} \qquad \lg D = \lg D_0 - \frac{Q}{KT} = 常数 - \frac{Q}{K} \cdot \frac{1}{T}$$

$$\ln D = \ln D_0 - \frac{Q}{RT} = 常数 - \frac{Q}{R} \cdot \frac{1}{T} \qquad \ln D = \ln D_0 - \frac{Q}{KT} = 常数 - \frac{Q}{K} \cdot \frac{1}{T}$$

显然，温度越高，D 越大，扩散速度也就越快。如果画出 $\lg D(\ln D)$ 与 $1/T$ 的关系图，它们之间有直线关系，直线的斜率是 $-Q/R(-Q/K)$，R 是气体常数，可以算出激活能。

2.5.2 烧结的能量及原动力

烧结这一概念的物理意义在于把压坯或粉末在低于主要组元的熔点温度下加热处理，通过颗粒间的连结提高压坯的强度。被烧结的对象可以是单组元的纯物质，也可以是两个组元以上的合金材料，或者含有液相的复相材料。不论是那一种类型的烧结对象，研究烧

结过程就是要弄清两个问题，即烧结为什么会发生，烧结怎么样发生。在没有外加作用力的情况下烧结体为什么会致密化，这涉及烧结原动力和烧结热力学问题。另外一个问题就是烧结是怎么样发生的，涉及烧结过程的机理及烧结动力学问题。

烧结时压坯放在烧结炉内升温，它和环境没有物质交换，只有热量传导，可以认为烧结坯是一个封闭系统。一个封闭系统能自发发生的过程的方向可以用自由能或者吉布斯自由能的变化，即用 ΔF 或者 ΔG 作为判据，$\Delta G < 0$，过程就能自发发生，反之，$\Delta G > 0$，过程不能发生。烧结过程能不能进行，可以用 $\Delta G < 0$ 作为判据。在上节已经有详细的论述，

$$G = H - TS$$

式中，G 为吉布斯自由能；H 为焓；S 为熵；T 为绝对温度。不能计算烧结前后自由能变化，$\Delta G = \Delta H - T\Delta S$ 可以做定性的分析。ΔG、ΔH、ΔS 表示系统自由能、焓、熵的变化。$\Delta G < 0$ 表示系统（烧结对象）由不稳定的高能位状态转变成低能位的稳定状态，烧结过程可以自发进行。

具体分析压坯和粉末，细小粉末的表面积非常大，表面能很高。用机械方法制造的粉末含有晶格畸变能，化学法制造粉末含有空位缺陷表面能。能量越高越不稳定，都要向低能位转变。因此，在自然界中可以看到放置稍久的粉末自然起团，结球，粉末形态的这种变化导致表面积减少，表面能量降低，粉末由不稳定的状态转成较稳定的状态。粉末压坯是粉末在高压作用下形成的粉末凝聚态物体，粉末颗粒之间依靠范德华力和机械啮合连接在一起，颗粒之间存在有大量孔隙及接触表面，压坯的通常压制密度大约为致密材料的 $60\% \sim 65\%$。压坯内有大量孔隙的自由表面，表面能高，不稳定。自由表面上的原子都有企图变成内部原子的趋势，降低能量变成稳定态的原子。另外一方面，粉末经过压制以后，粉末在压力作用下产生畸变，晶格扭曲，贮存有大量的变形能。表面能和变形能可称之为压坯的内能，用 $U(H)$ 表示，这一部分内能在烧结过程中要释放出来。大小为 $-\Delta U$（$-\Delta H$），放出能量以后内能降低，因而用 $-\Delta U$ 表示。另外一方面，在烧结过程中原子的排列会更加有规律整齐，熵值 S 下降，在自由能 G 的公式中（$-TS$）项增大，内能减少 $-\Delta U$ 比（$-TS$）增加快，因而 $\Delta G < 0$。烧结过程能自发进行。在烧结过程中能量的变化按 ΔG 的表达式写成 $\Delta G = \Delta U - T\Delta S$，$\Delta U$ 是释放出的内能，T 为烧结温度，ΔS 为熵变，内能的变化扣除 $T\Delta S$ 熵变部分剩余下来的内能，通常认为这一部分能量是烧结的原动力。烧结过程就是系统的表面能和畸变能降低的过程。通常系统能量的降低过程依赖高温烧结的热能激活的物质传递过程。显然，粉末颗粒越细，活性越高，烧结原动力就大，烧结过程更易进行。

从理论上讲，恒温和恒压系统的 ΔG 和 ΔF 是可以计算的，根据计算结果，若 $\Delta G < 0$，过程能发生，若 $\Delta G > 0$，过程不能进行。但是，在固体烧结过程中，孔隙表面自由能（内能）的下降是烧结过程的原动力，只能进行定性的说明，无法计算出具体的热力学数据，得出烧结原动力的大小几乎是不可能的。在研究烧结过程时人们经常用库钦斯基的简化烧结模型来推导烧结原动力的公式[4]，见图 2-34，图中 R 是粉末颗粒半径，$2r$ 是烧结颈宽度。

在烧结开始时，粉末颗粒间的接触点形成烧结颈，

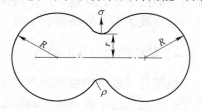

图 2-34　烧结两球模型

根据理想的两球模型，作用在烧结颈处的作用应力 σ 的表达式是：

$$\sigma = \frac{-\gamma}{\rho}$$

式中，ρ 为烧结颈的曲率半径；γ 为表面张力。应力公式前的负号表示作用应力的方向是指向外的拉应力。在此拉应力作用下烧结颈扩大，随着烧结颈 $2r$ 的扩大，烧结颈的曲率半径 ρ 的绝对值增大，烧结原动力 σ 下降，最终可能趋于零。由于受到垂直于烧结颈表面机械拉应力作用，结果，使烧结颈向外扩展，最终形成孔隙网。这时包在孔隙中的气体压力会阻止孔隙的收缩和烧结颈的进一步长大。因而在孔隙网生成以后烧结的有效推动力 P_S 是孔隙中气体压力 P_V 与表面张力 γ 之差值，P_S 的数学表达式为：

$$P_S = P_V - \frac{\gamma}{\rho}$$

显然 P_S 仅是 $-\dfrac{\gamma}{\rho}$ 中的一部分，由于 P_V 的符号与表面张力的相反。当孔隙与颗粒表面贯通时，即形成开孔隙，此时 P_V 是大气压（约 0.1MPa）。看来，在 ρ 增大时，表面张力与 P_V 平衡，烧结收缩才能终止，即生成闭孔隙。

如果形成隔离孔隙，烧结原动力可以描述为：

$$P_S = P_V - \frac{2\gamma}{r}$$

式中，r 是孔隙的半径，$-\dfrac{2\gamma}{r}$ 是作用在孔隙表面促使孔隙缩小的表面张力，如果 $\dfrac{2\gamma}{r} > P_V$，孔隙能继续收缩，反之 $\dfrac{2\gamma}{r} < P_V$，隔离孔隙停止收缩。可见在烧结的最终阶段，烧结体内总会残存一些闭孔隙，仅仅延长烧结时间不能消除这些闭孔隙。

根据晶体缺陷理论，空位浓度造成化学位（能量）的差别引起物质扩散。如果仅在烧结颈表面下的以 ρ 为半径的圆内存在有过剩空位浓度 ΔC_V 的区域（见图 2-35），当发生空位扩散时，过剩空位浓度梯度的表达式：

$$\frac{\Delta C_V}{\rho} = \frac{-C_V^0 \times \gamma\Omega}{KT\rho^2}$$

式中，$-C_V^0$ 为无应力区域的平衡空位浓度；γ 为表面张力；Ω 为原子体积；K 为玻耳兹曼常数；T 为绝对温度。本式是烧结原动力的热力学数学表达式，它说明过剩的空位浓度梯度将会引起烧结颈表面下的微小区域内的空位向球体内扩散，而原子向相反的方向迁移，使得烧结颈长大。

除表面张力和过剩的空位浓度梯度是烧结原动力以外，还有烧结体内各处的饱和蒸汽压分布不均，各不同部位存在有压力差，这种微小的压差也是烧结原动力的一部分，物质可以由高蒸汽压处向低蒸汽压处迁移。

任何烧结体内各处都是不平坦的，由许许多多的凸小面、凹小面和小平面组成。这三种形态的表面附近的饱和蒸汽压是

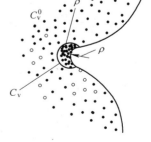

图 2-35　烧结颈曲面下的空位浓度分布

不一样的。凸面上方的饱和蒸汽压 P_1 最高，凹面的 P_2 最低，凹面的曲率半径越小，饱和蒸汽压越低，平面上方的饱和蒸汽压 P_0 居中，即 $P_1 > P_0 > P_2$。平面和曲面上方的饱和蒸汽压之差 ΔP 可以用吉布斯-凯尔文公式计算

$$\Delta P = \frac{P_0 \gamma \Omega}{kTr}$$

式中，P_0 为平面上方附近的饱和蒸汽压；r 为曲面的曲率半径。

在烧结过程中：

$$\Delta P = \frac{-P_0 \gamma \Omega}{kT\rho}$$

在烧结体内粉末颗粒相互接触形成烧结颈，颈部典型的凹曲面和颗粒表面的凸表面上方存在有压力差，烧结体表面的物质蒸发的蒸汽压高，烧结颈部的蒸汽压低，在高蒸汽压处物质蒸发，在低蒸汽压处凝聚，物质向烧结颈迁移。这种气相物质迁移对于高蒸汽压的非金属和低熔点金属（Pb、Zn 等）有一定作用，对于高熔点金属 W、Mo 等，它们在烧结温度下的蒸汽压很低，气相迁移机理不起多大作用。

2.5.3   烧结过程中的物质迁移及致密化

图 2-33 说明在烧结的各个过程中孔隙的变化和致密化的过程，在烧结开始阶段，压坯颗粒间的原始接触点或接触面通过成核及晶核长大等原子迁移过程形成烧结颈，变成了晶粒结合。此时颗粒内的晶粒及颗粒的外形基本不变，强度和导电性明显提高。中间阶段是烧结颈长大阶段。原子向颗粒黏结面迁移，烧结颈长大，颗粒的间距变短，形成连续的孔隙网络。同时，晶粒长大，晶粒边界横扫过孔隙，晶界经过的地方，孔隙被晶界吞吸而消失。中间阶段的主要特点是强度和密度提高，并发生再结晶。烧结最终阶段的特点是闭孔隙球化和缩小，多数孔隙被分隔，闭孔隙数量大大增加，孔隙球化并不断缩小，造成烧结体缓慢收缩，最终仍然会存在一些闭孔隙。

烧结起始阶段物质的迁移机理包括有黏性流动，塑性流动，蒸发和凝聚，表面扩散，晶界扩散和体积扩散。这些机理对增加黏结面，扩大烧结颈的贡献是不一样的。

黏性流动机理，黏性流动在流体及非晶态物质中可能发生，它是原子或分子小集团与相邻的小集团自由置换位置。在晶体材料中没有这种自由置换，因而在金属材料烧结过程中没有黏性流动。对于非晶体物质而言，在烧结时接触颈受表面拉应力 σ 的作用，见图2-36，在此应力作用下原子或空位顺着作用力的方向发生黏性流动，黏性流动造成的剪切变形速率 $\frac{d\varepsilon}{dT} = \frac{\sigma}{\eta}$，$\eta$ 是黏度系数，黏性流动结果使两个颗粒结合起来，烧结颈长大。

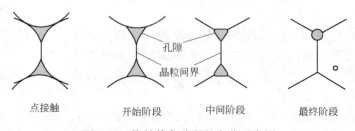

图 2-36   烧结体各阶段的变化示意图

蒸发冷凝机理在分析烧结原动力时已经提过。凹面和平面上方的蒸汽压有差异，烧结颈处的凹面表面附近的蒸汽压最低，曲率半径越小，蒸汽压越低。颗粒表面的物质蒸发，而在烧结颈处凝聚，物质由表面向烧结颈处迁移，促使烧结颈长大。对于金属粉末，特别是像 W、Mo 这些难熔金属，在烧结温度下它们的蒸汽压都很低。这个物质迁移机理对烧结的贡献是很微弱的。而在活化烧结时，添加的活化剂 Cd、Zn 等低熔点金属的蒸汽压较高，对烧结能起一定促进作用。通过蒸发-冷凝机构在单位时间内迁移到接触点处单位面积上物质的数量 G 正比于两处的压力差 ΔP，$G = k\Delta P$。

在烧结过程中物质迁移的扩散机构，由于原子或空位的扩散路径不同，扩散可分为晶界扩散，体积扩散和表面扩散三大类。但每种扩散都必须符合扩散规律。扩散优先选择阻力最小，能量最低的路径。扩散遵循菲克定律，扩散系数与温度有指数关系，温度对扩散有重大影响。

在烧结过程中，烧结体内有大量空位，空位与原子沿同路径向相反方向扩散。扩散系数和温度关系由指数扩散方程表示：

$$D_{\mathrm{V,S,B}} = D_0 \exp\frac{-Q_{\mathrm{V,S,B}}}{RT}$$

式中，$D_{\mathrm{V,S,B}}$ 为体积、表面、晶界扩散系数；$Q_{\mathrm{V,S,B}}$ 为体积、表面、晶界扩散激活能；D_0 为扩散常数；T 为烧结温度。空位及空位扩散在金属烧结过程中起巨大作用，在发生体积扩散时烧结颈，凹面、小孔隙表面是扩散空位"源"，空位"源"向吸收空位的"阱"扩散。空位阱有晶界、平面、凸面、大小孔隙表面。颈部的空位浓度高于粉末颗粒内部的空位浓度，随着表面张力的加大，颈部曲率半径长大，这种空位浓度梯度增加，会造成颈部的过剩空位向远离接触颈的部位迁移，而原子向接触点附近扩散，导致烧结时接触面长大。

金属粉末颗粒表面总是凹凸不平的，烧结时粉末结合总是首先发生在表面。表面扩散原理与体积扩散一样，表面原子填充空位，空位与原子向相反方向扩散，原子与空位互换位置。细粉或超细粉的比表面积很大，低温烧结时表面扩散现象十分明显，体积扩散这时不占优势。表面扩散不会引起颗粒中心距缩短，不会引起致密化。

晶界扩散机构，在烧结过程中颗粒间的接触面容易形成稳定的晶界，晶界是易扩散通道，沿晶界的扩散激活能是体积扩散的 50%，沿晶界的扩散系数是体积扩散的 1000 倍。晶界扩散显然比体扩散容易。粉末，特别是细粉，烧结时形成许多网状晶界，它与孔隙互相交错，使得烧结颈边缘靠近接触颈部位的过剩空位与细孔隙表面的过剩空位可以通过晶界扩散，而原子顺着空位扩散的相反方向流入接触颈部的表面。这样晶界扩散使烧结颈部长大，两个颗粒的中心距缩短。如果没有晶界，空位只能从烧结颈通过颗粒向表面扩散，原子就由粉末颗粒表面填充到烧结颈区域。由于晶界的存在，烧结颈边缘的过剩空位会扩散到晶界上沉淀，晶界上的原子将填充到接触颈的部位。导致颗粒中心靠近，中心距缩短，产生了致密化过程。

物质迁移的塑性流动机理，塑性流动是指作用于晶体的外力超过弹性极限，晶体沿强度最低的晶面滑移，产生塑性流动，滑移过程遵循结晶学规律。塑性流动机理说明烧结颈的形成和长大是金属粉在表面张力作用下发生塑性变形的结果。此时拉应力 σ 必须超过塑性材料的屈服强度，否则，不会发生塑性变形。塑性流动机理本质和金属高温蠕变机理是一样的，都是空位和原子扩散的结果。

在烧结的初期阶段，开始众多颗粒都是球之间的点接触，通过上述不同的物质迁移机理，造成烧结颈长大。当 $X/R < 0.3$ 时，烧结颈长大可以用下面的通式表达：

$$\left(\frac{X}{R}\right)^n = \frac{Bt}{R^m}$$

或者

$$\frac{X^m}{R^n} = F(T) \cdot t$$

式中，X 为烧结颈半径；R 为粉末颗粒半径；t 为等温烧结时间；B 为材料的集合参数和几何常数，在不同物质迁移机理中与激活能有关；$F(T)$ 为与烧结温度有关的常数；n 是烧结机理的特征指数，对于体积、晶界和表面三种扩散机理的相应值为 5、6、7；m 是由粉末颗粒大小决定的指数，对应体积、晶界和表面三种扩散机理的相应值为 3、4、4。由这个通式可以看出，细颗粒粉末的烧结速度较快，温度总是指数项，烧结温度微小的变化，烧结效果增加很大。与烧结温度相比，延长烧结时间的作用相对较小。

越过烧结的起始阶段以后进入烧结的中间阶段，中间阶段的主要特点是晶粒长大和烧坯的致密化，晶粒边界和孔隙的几何形状是中间阶段烧结速率的控制因素。在烧结过程中，晶粒长大的同时，运动着的晶粒边界可以把孔隙拉直，或者运动着的晶粒边界在孔隙处断裂。晶界和孔隙的分布形貌有两种可能，孔隙占据晶粒的棱边，孔隙也可处在晶粒内部。晶内孔隙成为闭孔隙，不会产生致密化的效果。晶粒棱边上的孔隙致使烧结体致密化。由图 2-37 可以看出晶界对烧结体致密化的作用，孔隙周围的空位向空位阱晶界扩散，并被晶界吸收，孔隙缩小，烧结体收缩。或者晶界上孔隙周围的空位沿晶界扩散通道向晶界两端扩散，消失在烧结体之外，烧结体收缩。可见，在烧结致密化过程中体积扩散和晶界扩散起主导作用。尤其在烧结后期晶界对致密化有很大作用。如果要促进烧结过程，需要提高烧结温度，提高原子或空位的扩散率，但是，还要避免晶粒长大，保持晶界面积不缩小，晶界有利于促进致密化。

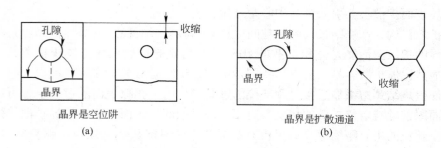

图 2-37　晶界、空位与收缩的关系

烧结过程中的物质迁移形式分为表面迁移和体积迁移两类。表面迁移是物质沿表面流动的结果，如表面扩散，蒸发凝聚，表面迁移不会引起基本尺寸的变化，不会引起致密化。物质的体积迁移，如体积扩散，晶界扩散，塑性流动或黏性流动，体积迁移引起烧结体的基本尺寸发生变化，产生致密化的效果。物质的体积迁移大都发生在烧结的最终阶段。

在烧结的最终阶段，通过体积扩散，孔隙会孤立，球化，收缩。原来在晶界上的孔隙由于晶粒长大，它就脱离晶界而成为孤立的孔隙，见图 2-38，对于晶界上的孔隙而言，小二面角的晶界钉扎力大，在晶界被孔隙钉扎断裂以后，期望孔隙发生球化。孔隙必须由空位向晶界扩散，扩散到晶界地区继续进行收缩，这个过程的进展速度很缓慢。

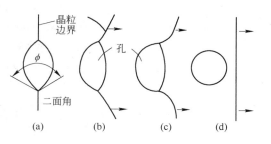

图 2-38　孔隙孤立和球化过程

（a）晶界上的孔隙和两面角；（b），（c）晶粒长大和孔隙球化；（d）孔隙孤立

延长烧结时间，大尺寸孔隙会长大，小尺寸孔隙消失，孔隙的总数目减少，孔隙的粗化会引起平均尺度加大。若孔隙内残留有气体，气体在基体中的溶解度会影响孔隙的消失速度。这时，残留封包在孔隙中气体的压力是致密化的控制因素。

体积扩散引起的物质迁移机制对于孔隙的收缩是需要的。在烧结的最终阶段，孔隙消失的速度取决于孔隙的半径，孔隙的密度，体扩散系数，晶粒大小及应力。在最终烧结阶段，坯料中孔隙的大小及分布与粉末粒度的分布和堆积方式有关。孔隙的粗化，集聚和收缩作用决定了实际孔隙的状况。有些因素可以抑制最终孔隙的消失，因而一般烧结体很难达到 100% 的致密化，最终烧结体都是含有一定孔隙的细晶粒结构。

2.5.4　混合粉末的固相烧结和液相烧结

混合粉末烧结是把两种组元或两种以上的多组元粉末混合压形后进行烧结，混合组元可以是金属元素也可以是非金属元素。组元之间可以是无限固溶，有限固溶或者互不固溶。若在烧结过程中某些低熔点组元熔化生成液相则为液相烧结，若不出现液相则为固态烧结。粉末冶金制品大部分为固相烧结。

两个无限固溶组元的混合压块，例如 Mo-W、Mo-Ti、Mo-Cr，在烧结时，除上述的烧结的一般原理以外，还需要保证两个组元在烧结过程中的均匀化分布。可以设想两个组元，如 W、Mo，混合以后，添加量较少的合金元素被基体元素包围，两组元接触处的浓度梯度是陡直的 100%。在烧结过程中，两组元要发生异扩散，随着烧结时间的延长，界面处的浓度梯度变缓，在高温下烧结足够长的时间以后，浓度梯度会达到一个常数。通常烧结温度高，扩散速度快，烧结时间越长，粉末颗粒越细，则合金元素的分布越均匀。实验测定的合金元素的分布均匀化程度是 $D_c t/D^2$ 的函数，D_c 是扩散系数，它与温度及扩散激活能有指数关系，t 是烧结时间，若烧结时间延长，扩散过程进行充分。粉末粒度细，它们之间的平均距离近，互扩散路程短，这些都有利于均匀化。若两组元的扩散速率相差很大，会产生不均匀扩散，导致生成孔隙。

有限互溶的两组元混合压块烧结时，例如 Mo-Re、Mo-Zr、Mo-Ni 等，在有限固溶度的范围内，即在合金元素的溶解度极限范围内，成分的均匀化与无限固溶的情况是一样的。其他影响烧结性能的因素有孔隙度，同相，异相之间接触的完整性，超过溶解度极限以后未溶元素的数量和形状等。

互不固溶的两组元混合压块，如 Mo-MgO、Mo-Al$_2$O$_3$、Mo-Cu 等，这些互不相溶两组元的混合压块能烧成的条件是，$\gamma_{AB} < \gamma_A + \gamma_B$，就是说 A 和 B 两组元接触处新生成的界面的表面能 γ_{AB} 小于 A 组元和 B 组元各自的表面能之和。若不具备这个能量条件，则 A-A、B-B 两组元自己与自己烧结，A-B 之间不能烧结。互不固溶的两组元的烧结温度取决于黏结相的熔点。固相的烧结温度比黏结相的低，假如黏结相的体积小于 50%，则可用液相烧结。

所谓液相烧结就是混合组元的熔点相差较大，例如 W-Cu、Mo-Cu、W-Ni-Fe、W-Ni-Cu 等，在烧结时，若烧结温度达到或超过低熔点组元的熔点时，低烧点组分熔化成液体，在烧结体内固相和液相共存。要想达到液相烧结的目的，固相和液相之间必须有较好的浸润性，固相在液相中要有一定的溶解度，同时还必须保证有一定数量的液体。

固相和液相的浸润关系在前面讨论钼矿石的浮选时已有论述，此处从液相烧结的角度再做详细的说明。图 2-39 是固液相浸润图，图 2-39（a）中的 θ 角是浸润角。液滴在固体表面的平衡条件是：

$$\gamma_S = \gamma_{SL} + \gamma_L \cos\theta$$

式中，γ_S 为固相的表面张力；γ_L 为液相表面张力；γ_{SL} 为固液相之间的界面张力。

浸润角的大小是度量固相和液相之间浸润

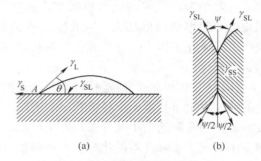

(a)   (b)

图 2-39 固液相的浸润性关系

性的特征参数，$\theta = 0°$ 时固相和液相完全浸润，$\theta = 180°$ 时两相完全不浸润，当 $\theta < 90°$ 时，液相可以浸润固相表面，固相表面有可能被液相包覆，$\theta > 90°$ 时，液相不浸润固相表面。烧结开始时生成的液相会发生渗漏，要逸出到烧结体外，不起液相烧结作用，加入的低熔点组分流失，烧结体的致密化程度会受到负影响。在固相和液相之间处于完全浸润或者部分浸润的情况下，液相才能渗入到粉末烧坯颗粒的孔隙，裂隙或晶界内见图 2-39（b）。这时固相界面间的张力 γ_{SS} 取决于液相对固相的浸润性，平衡条件是

$$\gamma_{SS} = 2\gamma_{SL}\cos\frac{\psi}{2}$$

式中，ψ 为两面角，两面角越小，液相渗入固相越深，当 $\psi = 0°$ 时，$\gamma_{SL} = \frac{1}{2}\gamma_{SS}$，液相把固相界面完全隔开，固相被液相完全包覆。当 $\psi = 180°$ 时，$\gamma_{SL} = \gamma_{SS}$，这时液相不能渗入固相界面，固-固直接接触，产生固相颗粒之间的烧结。事实上，只有 γ_{SL} 越小，固液相之间浸润越好，ψ 才越小，才越容易起到液相烧结的作用。

根据热力学分析，浸润过程由黏着功 W_{SL} 决定，黏着功的数学表达式是：

$$W_{SL} = \gamma_S + \gamma_L - \gamma_{SL}$$

$$W_{SL} = \gamma_L(1 + \cos\theta)$$

即只有固相表面能 γ_S 和液相表面能 γ_L 之和大于固-液界面能 γ_{SL} 时，就是说 $W_{SL} > 0$ 时，液相才能浸润固相界面。

固相在液相中具有有限溶解度可以改善浸润性，相对增加液相数量，借助于液相进行物质迁移，在降温时，溶解在液相中的固体相能部分析出，可填充固相颗粒的表面缺陷和

颗粒间隙，提高颗粒分布的均匀性。需要注意，如果固相溶解对液相冷却以后的性能有负面影响，如脆化，则不宜用液相烧结。烧结体中的液相数量达到占体积的 20% ~ 50%，就可以满足填满颗粒间孔隙的要求。

液相烧结的收缩和致密化可以用致密化系数 a 来表示：

$$a = \frac{\rho_{烧} - \rho_{压}}{\rho_{理} - \rho_{压}} \times 100\%$$

式中，$\rho_{烧}$、$\rho_{压}$、$\rho_{理}$ 分别是烧坯密度、压坯密度和理论密度。液相烧结时的致密化系数 a 随时间的变化绘于图 2-40，整个烧结致密化过程可以分为界限不是很清晰的三个阶段。在第一个阶段，液相生成和颗粒重新排列。如果固-固没有联系，粉末颗粒被液体包覆，粉末颗粒之间形成液体毛细管，并产生毛细管作用力 P，此作用力 P 与液相的表面张力 γ_L 成正比，与毛细管端头的凹月面的曲率半径 ρ 成反比（由于固液相浸润，毛细管端头必然是凹面，如果固-液相不浸润，毛细管端头是凸面），即 $P = \gamma_L/\rho$。在

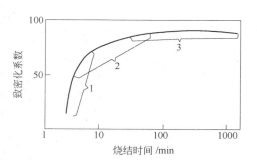

图 2-40　液相烧结的致密化过程
1—液相流动；2—溶解析出；3—固相烧结

毛细管力的作用下，固相颗粒发生较大的流动，颗粒重新排列，各粉末颗粒互相靠近是致密化的控制因素，烧坯的密度提高。在这一阶段致密化进行的速度相当快，固-液相的扩散，溶解和析出对致密化不起什么作用。

第二阶段是溶解和析出，在液相出现以后，如果固相能溶入液相，细粉和粗粉的表面凸台及棱角（边）首先溶解，在细粉溶解的同时也有细颗粒粉在粗粉的表面析出。导致粗粉长大并球化。液相扩散是物质迁移的方式。在这一阶段颗粒的中心距离缩短引起烧结坯收缩。

第三阶段是固相烧结形成刚性骨架，由于固-固的界面能低于固-液界面能，在有固体颗粒直接接触的地方主要发生固态烧结，致密化的速度显著变慢。

2.5.5　钼和钼合金的烧结及烧结坯的特性

单组元固相烧结可分为三个温度阶段。低温预烧阶段，烧结温度 $T \leqslant 0.25T_A$，T_h 是均化温度，表示烧结温度与材料的熔点（K）的比值，第二段为中温升温阶段，$T \leqslant (0.4 \sim 0.55)T_h$，第三阶段为高温保温阶段，$T \leqslant (0.5 \sim 0.85)T_h$。具体纯金属的烧结温度可以根据这个关系进行实验确定。

在进行钼和钼合金的烧结以前必须清楚地知道烧结成品的用途，烧结坯是作为产品直接交给用户还是为深加工准备坯料。用途不同，烧结的工艺制度也要做不同的考虑。烧结品做最终成品交给用户，重点要考虑合同规定的产品的技术条件，密度要高（合同没有标明密度的具体数值），尺寸精度要严格控制，外形要规正漂亮，不能出现歪扭。如果为深加工（锻，轧）制造坯料，要保证内在质量，外形要统一，一批烧成坯料之间的尺寸要一致，这样有利于后续的热轧和热锻操作。制订烧结工艺要考虑升温制度和最高烧结温度，

保温时间和压坯所用钼粉的平均粒度几个参数。烧结温度对烧结的作用比烧结保温时向的作用更大一些。如图 2-41 所示。图 2-41(a)是烧结温度对压坯密度影响的定性分析，烧结温度较高时，达到目标密度所要的时间短，当达到一定的密度以后再延长烧结时间对提高密度已经不起明显的作用。按照前面分析过的扩散定律和阿伦尼亚斯定律，温度是烧结的控制参数。图 2-41(b)是196MPa 压制压力压出的钼坯在 1740℃烧结时的烧结时间对密度的影响。烧结温度对密度的具体影响将在下面论述。

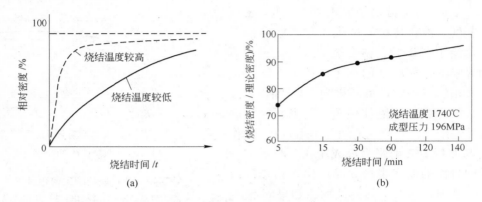

图 2-41　烧结温度对烧结密度的定性影响和烧结时间对烧结密度的影响

钼的烧结通常有直接通电加热和间接加热两种方法。烧结环境有真空烧结，保护气体烧结两大类，目的在于防止钼在氧化性介质中发生氧化，保护气体最常用的是氢气，另外有时也用惰性气体，如氩气，也有用氮气或氨分解气（氢-氮混合气）。

2.5.5.1　直接通电加热烧结

直接通电加热烧结工业上称为"垂熔"或"焊合"，采用的设备有真空垂熔机和通氢垂熔机。图 2-42 是通氢垂熔机的构造简图，密闭的钟罩吊在垂直支架下，并可压在平台 1 上，钟罩沿着支架可以上下升降，罩内通氢气，罩体通水冷却。需要烧结的钼条料放在钟罩内，被烧料都是钼条或钨条，用人字形上下夹头把钼条夹在中间，用柔性的薄紫铜片做成大截面的导电铜排把上下夹头和低电压大电流变压器连通，为烧结钼条提供大电流。当钼条通过大电流时，它本身电阻产生的热就可以用来烧结钼条。在烧结过程中钼条会有 12% ~15% 的线收缩，为了保证钼条在烧结过程中能自由收缩，又能拽引钼条保证它的平直度，下卡头通过一个滑轮系统和一个大的平衡锤 2 连接，可以保证下夹头自由上下移动。

需要垂熔烧结的钼条在模压以前先加入 1:1 的酒精-甘油黏结剂，黏结剂的加入量约为 0.7%。在垂熔以前需要在 1100~1250℃预烧1h，以便提高钼条的生坯强度，降低电阻率。预烧时的长度收缩约为 2% ~3%。垂熔烧结过程大概可以分为四个阶段，在 1100~1200℃之间可以用 3~4min 快速

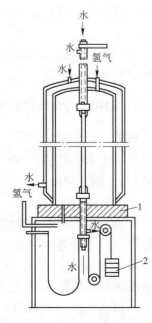

图 2-42　垂熔机的结构示意图

通电，这个是在先前的预烧范围内。在1900℃之前要降低电流增加的速度，适当延长烧结时间，要保证杂质能充分地挥发，尽量提高烧结条的纯度。在1900～2100℃可以快速升温，随后直升到2400℃最高温度，并保温10～15min。垂熔烧结钼条有充分的致密化时间。

通过调节垂熔电流的大小改变垂熔条的烧结温度，通常是控制熔断电流的百分数，升到最大电流时，最高烧结温度可达到2400℃。不同横断面的钼条通过的总电流是不一样的。垂熔烧结温度与单位面积通过的电流成正比。烧结18mm×18mm×600mm的钼条通过的总电流是4500A，对于40mm×40mm或者60mm×60mm×500mm的钼条需要通过总电流是8000～12000A，而棒条两端施加的电压是10～20V，钼条达到最大电流所经历的时间是60～80min。由于钼条压坯的电阻很小，一次垂熔一根钼条总是在大电流低电压条件下工作。为了提高垂熔电压，可以把几根钼条（例如14根）串联起来，在14根20mm×20mm×300mm的钼条串联的时候，烧结最大电流是4200A，施加的电压上升到56V，加载电流时间是25min，稳定在最高电流下的保温时间达30min。经过高温垂熔烧结以后钼条的孔隙度由生坯的40%降到烧结条的6%～9.7%，垂熔以后钼条的密度达到9.2～9.7g/cm³[20]。表2-15为钼条垂熔工艺的一个实例。

表2-15　钼条垂熔工艺的实例

规格	14mm×14mm×600mm				16mm×16mm×600mm				18mm×20mm×600mm			
牌号	Mo1		Mo2		Mo1		Mo2		Mo1		Mo2	
参数	电流/A	时间/min	电流/A	时间/min	电流/A	时间/min	电流/A	时间/min	电流/A	时间/min	电流/A	时间/min
升温制度	0～1000	1	0～1000	1	0～1000	1	0～1000	1	0～1000	1	0～1000	1
	1200	2	1200	1	1300	2	1300	1	1300	2	1300	1
	1400	1	1400	1	1600	1	1600	1	1600	1	1600	1
	1600	2	1600	1	1900	1	1900	1	1900	2	1900	1
	1800	1	1800	1	2200	1	2200	1	2200	1	2200	1
	2000	2	2000	1	2500	2	2500	1	2500	2	2500	1
	2200	1	2200	1	2800	1	2800	1	2800	1	2800	1
	2400	1	2400	1	3100	1	3100	1	3100	1	3100	1
	到工作电流	1	到工作电流	1	3300	1	3300	1	3400	1	3400	1
	保温	12	保温	10	到工作电流	1	到工作电流	1	3700	1	3700	1
	冷却	5	冷却	5	保温	15	保温	15	4000	1	4000	1
					冷却	7	冷却	7	到工作电流	1	到工作电流	1
									保温	15	保温	15
									冷却	7	冷却	7

垂熔钼条最常见的缺陷是产生大气泡，产生大气泡的原因与添加黏结剂和预烧结温度及烧结气氛有关。钼条预烧温度低于1200～1250℃容易产生气泡，C、O_2分析结果表明，产生气泡的低温预烧钼条的C、O_2（质量分数）相应含量为0.825%和0.126%，不产生气泡的低温预烧条的C、O_2含量相应为0.005%和0.093%。垂熔烧结以后气泡处的C、O_2含量相应为0.183%和0.049%，而不产生气泡的钼料的C、O_2量为0.004%和0.01%。X射线分析发现气泡处的钼料含有Mo_2C。这证明气泡的产生与黏结剂有关。在高温垂熔时

Mo_2C 可能分解产生 C、O_2 气体，体积膨胀，此时钼条的表面已经致密，气体没有溢出通道，被包在钼条里面，气体的压力升高而形成大的气泡空洞。如果把预烧条的表面除去 2mm，本来必然要产生的气泡的垂熔条都没有产生气泡，说明 Mo_2C 分布在钼条的表面层。实际上在低温烧结升温过程中酒精-甘油已经分解成 C、O_2，这些 C、O_2 挥发混合在氢气流中，在气体流动不甚通畅的情况下，它们能达到一定的浓度。引起钼条产生气泡的预烧炉的炉气分析结果表明，炉气中的 CO_2、O_2、CO 和 CH_4 等碳氢化合物各自对应的含量分别为 3.0%、7.7%、13.3% 和 7.0%。这时钼和这些化合物反应生成的 Mo_2C 分布在钼条的表面。

在用垂熔机烧结钼条时，垂熔机的罩壳通水冷却，高温钼条裸露在氢气流中，四周没有隔热屏蔽，流动的氢气又是良好的导热介质，造成垂熔烧结过程中辐射和对流热损失很大。另外，垂熔钼条的两端头是夹在水冷夹卡具里面，由于水冷作用钼条两端头的实际温度较低，烧结密度达不到要求。在用垂熔条进行深加工时，例如拉丝，钼条两端头必须敲断扔掉，造成 3% ~ 5% 的废料，这部分废料只能用来做炼钢原料，降低了应用档次。由于垂熔时水冷散热，在长度方向和横截面方向存在有温度梯度，能耗较高。由于垂熔烧结存在的这些缺点，现在除特殊要求以外，钼条烧结一般不采用垂熔工艺，而是把钼条绑在一起用电阻炉烧结，提高生产效率，降低烧结成本。

在钼材生产的历史过程中，垂熔条都是做拉钼丝的原材料。随着技术的发展，用单重大约 1kg 的钼条拉丝已不能满足新兴工业对钼丝长度的要求。现在大力发展系列 Y 形轧机开坯，随后配各种拉丝设备，生产大卷装长钼丝。坯料可以用直径 50mm 的大钼棒，单重可达 10 ~ 15kg。这种高生产率，高质量的钼丝生产工艺大有取代单根钼条拉丝的趋势。不过由于生产设备的投资较高，中小企业难以接受。

2.5.5.2   间接烧结及烧结工艺

垂熔烧结只能烧结小截面的形状简单的条形体，对于形状复杂大尺寸的钼压坯能用间接烧结炉烧结。炉温要达到 2000℃ 以上，间接烧结炉分电阻加热炉和感应加热炉两大类，电阻加热炉的加热元件可以用钨棒或者钨丝。

20 世纪 80 年代，原冶金部钢铁研究总院难熔金属研究室（现安泰科技股份有限公司难熔分公司）开发研究成功我国第一台高温电阻烧结炉，这台烧结炉的炉温短时间可以升到 2300℃，可以长期在 2200℃ 工作，有效炉膛尺寸是 $\phi300mm \times 500mm$，这台高温烧结炉的研究成功，促进了当时我国钨，钼等难熔金属粉末冶金的发展，使我国钼的粉末冶金工艺迈上了一个新台阶，图 2-43 是电阻加热烧结炉的结构，图 2-43（a）是烧结炉全貌，图 2-43（b）是炉体结构图。电阻烧结炉的设计原理是利用焦耳-楞次定律，当电流通过导体时，导体就产生热量，可以用下式计算电流产生的热量：

$$Q = 3.6I^2R_t t$$

式中，Q 为电流产生的总热量，kJ；I 为电流强度，A；R_t 为在工作温度下发热体的电阻，Ω；t 为通电加热时间，h。

这台高温电阻烧结炉的设计和使用情况简述于下。对于任何高温电阻烧结炉来说，它的设计原理和炉体的结构是通用的。从图 2-43 可以看出，炉顶盖的结构是，氧化铝拱形砖支撑在炉盖内的环形托架上，拱形砖上部填氧化铝小块，炉顶盖上有氢入口和测温孔，整个顶盖通水冷却。氧化锆炉管放在一节氧化锆环上，氧化铝环垫在氧化锆环下面。氧化

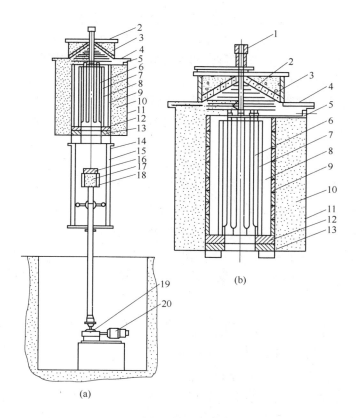

图 2-43 电阻高温烧结炉

1—观察孔；2—三氧化工铝拱形砖；3—钼屏；4—炉盖；5—引电极；6—钨棒发热体；7—氧化锆管；
8，17—氧化锆粉；9—由扇形砖拼装成的氧化铝管；10—氧化铝粉；11—炉壳；12—氧化锆环
（小直径的氧化锆环放置在大直径氧化锆环内）；13—氧化铝环；14—冷却室；15—滑轨；
16—钨饼；18—钼管；19—减速箱；20—直流电动机

锆炉管外面是氧化铝管，两管之间填稳定化处理过的粗颗粒氧化锆粉，粉的厚度要保证外管温度低于 1800℃。外管和炉壳之间填氧化铝粉，炉壳温度约 200℃。直径 4 ~ 5mm 的钨杆发热体悬挂装在氧化锆管的内侧。用热加工方法把钨棒弯成 U 形，在 U 形发热体的下端焊一段长 50mm 的钨支撑杆，支撑杆插在下置氧化锆的小孔内，支承发热体的重量，此支撑杆要能自由运动，便于适应发热体的热胀冷缩。U 形发热体的上开口端两边分开插入一段钼条的小孔内，接点用熔焊连接。短钼条焊在另一段长钼条上，这样若干个 U 形钨杆用氢保护氩弧焊接连成一个分布均匀鼠笼式的发热体。长钼条与氧化锆管的上端面接触并深入到管内，保证发热体离开氧化锆管内侧，防止发热体在高温下和炉管接触。

烧结结束时，炉料降入水冷的下冷却室冷却，室内立两根导轨，装料台沿导轨能稳定的上下移动。加热区和冷却室之间装有一个可自动开闭的隔离屏，烧结坯进入冷却室以后，关闭热屏，可加快冷却速度。料台的作用除放置烧结坯以外，还要堵住加热炉的下端口，防止大量散热。要求料台材料能耐高温，绝热保温性能好，能经受长期升温降温热震动，能承受物料的重压。料台材料选用钨饼，烧结坯放在钨料台上，钨饼平放在一段钼管

上，钼管内填满绝热氧化锆碎块。料台的最下面是固定在升降杆上的不锈钢圆盘。升降杆两侧平伸出两个滑轮，滑轮顺导轨上下滚动，升降杆下端有一标尺，可以控制物料在炉内的位置。直流电动机带动螺旋机构，料台的上下速度可控制在 20～200mm/min。

电阻炉的发热体的设计计算和加工制造是最重要的环节，已知炉温在 2100℃ 时功率为 80kW，使用 100kW 变压器，二次最大输出电流和电压是 1700A 和 79V。炉管尺寸 $\phi400mm \times 800mm$，U 形发热体长度 750mm，直径小于 5mm，共用四组发热体连成总发热体。每组发热体承载的电功率为 20kW，按电功率的计算公式算出一组发热体的电阻为 0.245Ω。

利用下式计算钨杆发热体在工作温度下的比电阻：

$$\rho_t = \rho_0(1 + \alpha t) = 0.6\Omega \cdot mm^2/m$$

式中，ρ_t 为工作温度 2300℃ 下的比电阻；ρ_0 为 0℃ 时的比电阻，$\rho_0 = 0.05\Omega \cdot mm^2/m$；$\alpha$ 为电阻的温度系数，$\alpha = 4.8 \times 10^{-3}$；$t$ 为炉温，℃。

确定钨杆发热体的直径和长度，发热体越长，直径越粗。长度和直径的关系是：

长度/mm	1500	3000	4500	6000	7500	9000
直径/mm	2.2	3.1	3.9	4.5	5.0	6.0

根据炉管的纵向长度 800mm，圆周长 1256mm，确定一个 U 形钨杆长度 750mm，下端留有 50mm 的支撑杆。布置四组发热体，每组发热体由 4 个"U"连成，总长度为 16000mm，每根发热体的合适中心距离为 30～40mm，就可以保证在高温下发热体之间不会接触短路。计算发热体的表面负荷为 23.6W/cm²，电流密度为 22A/mm²，钨杆发热体在 2120℃ 时的允许表面负荷为 56W/cm²，允许极限电流密度为 25A/mm²，因此钨杆能在 2300℃ 正常工作，发热体是安全可靠的。

除用旋锻钨杆做电阻高温烧结炉的发热体以外，还有用钨丝和钨带编织烧结炉的发热体，都取得了较好的效果。

在当时这台炉子已经达到了非常高的水平，促进了我国钨，钼粉末冶金发生了跨越式的大发展。在感应炉未普及以前，主要用电阻烧结炉烧结钨钼粉末冶金制品。但是电阻烧结炉也有一些不可消除的缺点。使用电阻高温炉要注意，在高温下发热体膨胀伸长，会发生弯曲。在平行排列的许多钨杆发热体中同时通过同向或反向电流时，相邻两条导线因电磁力作用会相互吸引或排斥，这些因素可能造成相邻发热体之间短路。因此要严格控制发热体的间距，防止发热体短路。由于发热体发生高温再结晶，它在室温下变得很脆。另外，炉管用二氧化锆，它在高温下导电，它和发热体之间有电位差，炉管和钨杆之间易产生电弧，造成炉管和发热体都损坏。

现在钼粉末压坯大都用感应炉烧结，感应烧结炉的原理就是电磁感应原理，当中频交流电通过螺旋管导体时，则产生感应交变磁场，在场通穿过放置于线圈内的金属材料时，即产生感应电动势。有感应电动势后，金属材料内部产生涡流，在涡流的作用下，根据焦耳定律，使金属材料加热。增加交变磁场功率，可以把被加热金属升高到需要的温度。这个原理可以类比变压器的电磁回路，螺旋管感应线圈相当于变压器的初级线圈，而被加热金属相当于次级线圈（在感应烧结炉内是加热炉管），两者并没有电的直接接触，但却完成了能量传输过程。

感生电动势及涡流的分布是不均匀的，表面强度高，越向中心温度越低，就是所谓集肤效应。加热炉管的表面电流密度最高，由表面向中心电流密度迅速降低，由外向里电流密度的分布规律符合下式：

$$I_\delta = I_0 e^{-2\pi\delta\sqrt{\frac{f\mu}{\rho}}}$$

式中，I_δ 为离炉管外表面深 δ 处的电流密度；I_0 为炉管表面的电流密度；f 为交变电流频率；μ 为炉管的磁导率；ρ 为炉管的电阻系数。

因此，感生电流只分布在炉管的一定深度内，超过一定深度炉管内就没有电流通过，这一深度称为贯穿深度 δ，此值可以用下式计算：

$$\delta = 5030\sqrt{\frac{\rho}{\mu \cdot f}}$$

式中，δ 为贯穿深度；ρ 为炉管的电阻系数；μ 为炉管的磁导率；f 为交变电流频率。

由贯穿深度的计算式可以看出，炉管的电阻率为定值时，交变电流频率越低，穿透深度越深，有利于提高炉温的均匀性。由于大尺寸薄壁 W 炉管制造困难，一般都选择低频率变频机。通常，炉管的壁厚不能超过贯穿深度。炉管的壁越薄，热效率越高，有利于提高炉温。如果炉管壁厚超过贯穿深度，加热效率降低，达到一定的工作温度，消耗的功率增加。

感应加热炉烧结钼坯可以用两种方式：（1）直接感应加热烧结钼坯；（2）间接加热烧结坯料。

直接感应加热烧结就是把钼坯放置于感应圈中央，在压坯中产生感应电动势和涡流，由于表面集肤效应的存在，坯料表面的涡流密度大，烧结温度高，指向坯料中心，烧结温度递减。因而表面先烧结致密化，形成表面硬壳层，妨碍内部收缩致密化，造成内外密度差别很大，这种方法一般不采用。间接烧结方法就是在感应圈内放置一大钨炉管，炉管先感应加热到很高的温度，烧结坯放在炉管内，利用炉管辐射和气体对流的热量烧结坯料。目前广泛采用这种间接加热工艺烧结钼坯料。图 2-44 是一台烧结和渗铜两用的感应炉的外观，图 2-44（a）是炉体的全貌；图 2-44（b）是烧结炉的结构，烧结炉的外壳是一个似钟罩式的结构，钟罩内置有用扁紫铜管做的螺旋管式感应圈，感应圈通水冷却。根据计算和实践经验的校核，图示烧结炉感应圈的匝数及电参数分别为：

感应圈内直径/mm	450	400
匝数	7	6
感应圈内通过的电流强度/A	4643	5583
感应圈的电阻/$\Omega \times 10^{-3}$	1.84	1.48
感应炉的无功功率/kV·A	3332	2880
感应圈的功率损耗/kW	39.5	45.9
需要配置的电容器/μF	415	693

采用大功率变频发电机供电，中频发电机的频率可选择 2500Hz。感应炉的心脏部分是大尺寸的钨管发热体，最大的钨母管发热体是用等离子喷铸（涂）工艺生产。喷铸钨管内嵌细钨丝做加强骨架，可确保钨管的强度和刚度。较小的钨管发热体用等静压成形之后用大型高温烧结炉烧结，烧结的钨管发热体的成本比喷铸的成本低，性能和使用寿命比喷

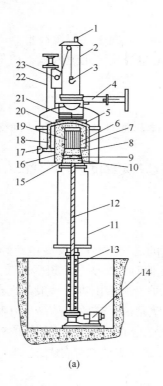

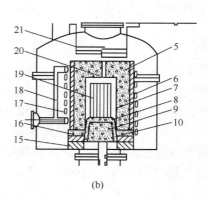

(a)　　　　　　　　　　　　　(b)

图 2-44　烧结和渗铜两用的感应烧结炉（安泰科技）

1—观察孔；2—上冷却室；3—吊钩；4—板阀；5—氧化镁填料；6—氧化铝管；7—钨管；8—钨饼；
9—氧化锆填料；10—钼管；11—下冷却室；12—升降杆；13—丝杆；14—直流电机；
15—氧化钡环；16—氧化锆环；17—感应圈；18—引电极；19—烧结物料；
20—钼板和钨管；21—钼屏；22—转轴；23—直流电动机和减速箱

铸的高。目前，钨管发热体的制造方法又有了新的改进，用方钨条在一个芯棒上热弯曲成一个个圆弧形零件，或者用等静压压制弓形零件，这些圆弧零件相接并垒加起来，经过适当的处理，组装成一个似钨管形的发热体。这种工艺成本低廉，是代替生产大尺寸钨管发热体的一种较好方法。用钨管发热体的感应加热烧结炉最高温度可达到 2400～2500℃，砌炉用高温耐火材料的质量是限制炉温的关键因素。耐火材料的荷重软化点及高温下耐火材料的电阻性能下降都是设计高温烧结炉必须考虑的因素。钨管发热体长期在高温下运行，极容易造成管体变形，减小了炉管的有效容积，降低了烧结炉的有效实际装料量，缩短了烧结炉的使用寿命。

　　感应烧结炉的装料方式分为上装料和下装料两大类。下装料烧结炉（见图 2-44）的底是一个可上下移动的底托（或料台），料台通过丝杆机构可以上下移动，被烧的压坯整齐的码放在料台上，上升料台使烧结坯进入炉子的高温区，它和炉底部要很好闭合。料台和炉体的密封及炉底保温，耐温抗压是这类炉子必须要解决的技术问题。上装料的烧结炉结构相对简单，炉体固定在炉座上，炉子的顶盖可以吊起挪走，被烧的料坯自闭开的上口装入炉内，装满料以后把上盖吊装盖好。大型感应烧结炉的启动过程大概都要先抽预真空达到 1～5Pa（机械真空泵），通氮气洗炉，抽真空再用氮洗炉，通氢排氮，爆鸣实验证明通氢无误后方可通电升温。

感应烧结炉的电效率与感应圈的结构有关，以内径 500mm，6 匝和内径 450mm，7 匝的感应圈为例，炉温为 2450℃时，输入功率为 140kW。计算得出 7 匝和 6 匝感应圈的功率损耗相应为 39.5kW 和 45.9kW，按下式计算的有效电功率为：

$$\eta_6 = \frac{p_{总} - p_{耗}}{p_{总}} = \frac{140 - 45.9}{140} = 67.2\%$$

$$\eta_7 = \frac{p_{总} - p_{耗}}{p_{总}} = \frac{140 - 30.5}{140} = 72\%$$

式中，η_6 为六匝感应圈的电效率；η_7 为七匝感应圈的电效率。由计算看出，$\eta_7 > \eta_6$，在实际感应烧结炉中采用内径 450mm，7 匝感应圈，可以提高电效率。另外，在感应烧结炉的设计和应用过程中尚需注意漏磁现象。烧结炉用高频电源供电，例如 2500Hz，在电线周围和感应圈附近必然有大量漏磁，炉体的磁性金属结构材料和漏磁交割，必然产生涡流，使炉体结构件发热。炉体的普通 45 号钢法兰盘，感应圈和引电极线之间的不锈钢连接螺母在加热过程中温升很高，可能变成暗红色，炉体和炉壳及电器柜外壳都有严重的发热现象。为了防止漏磁的副作用，在输电线路和感应圈附近不能有磁性材料，如果存在磁性材料，在结构设计上要保证不产生连续涡流回路，或者用铜板把构件隔离屏蔽，防止涡流。炉壳法兰和感应圈之间用铜板隔离，法兰就不再发热。尽量用黄铜和紫铜做结构件材料，可以消除构件发热现象。

今天烧结钨钼用的最大的感应烧结炉建在钢铁研究总院安泰科技股份有限公司难熔分公司，这台炉子的设计总功率为 800kW，感应圈的内径是 1280mm，能装炉烧结的最大烧结坯的尺寸是 $\phi900mm \times 1800mm$。图 2-45 是用这台炉子烧出的石英连熔炉用的钨管，这种规格的钨管是目前国内最大的钨管，质量可以和当今世界上著名的国外大公司的同类产品相媲美。用大型感应炉烧结巨型尺寸的钼，钨坯料遇到最大的难题是炉温不均匀，不能用热电偶直接测定炉温，只能间接测温，对控制钼，钨坯的烧结质量不利。

烧结温度是控制烧结坯质量的关键工艺参数，一般金属的烧结温度大约是它的熔点的 65% ~ 75%。钼的最高烧结温度 2100 ~ 2150℃。常用烧结温度大约是 1850 ~ 1900℃，如果用 3.0μm 的钼粉，这时烧结密度能达到 9.7 ~ 9.9g/cm³。用 1650 ~ 1750℃烧结，可以得到细晶粒烧结坯。图 2-46 是早期研究钼烧结的成果之一[6]，该图说明在氢气或真空中烧结 1h 以后钼的密度和质

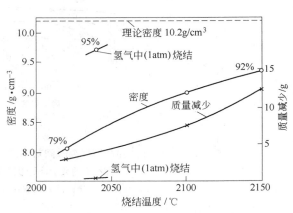

图 2-45　大型烧结钨管

图 2-46　未合金化钼的烧结密度、
质量损失与烧结温度的关系

量损失与烧结温度的关系，未合金化的钼在炉压为 1atm（1atm = 101.325kPa）条件下，2040℃烧结 1h，相对密度达到 95%，质量损失小于 1%。如果用真空烧结，烧结温度升高到 2150℃，烧结坯的相对密度才达到 92%，质量损失高达 10%。看来在真空条件下钼的致密化程度比氢气烧结的低，由于钼在 2150℃时的蒸汽压较高，真空条件有利于钼的挥发，质量损失远远超过氢气烧结的质量损失。

原冶金工业部钼的新工艺试验小组详细研究过钼的烧结工艺。在钼的烧结技术方面他们获得了许多有价值的研究成果。图 2-47 是钼粉粒度，烧结温度和烧结时间与烧结坯相对密度的关系，平均粒度为 4.53μm 的细钼粉用不同制度烧结，它的密度始终都是最高的。而平均粒度为 10.60μm 的粗粉在 2h 烧结时它的密度最低。在 1600℃/8h 烧结时，4.53μm 的烧坯密度已经达到 95%，而平均粒度为 9.09μm 的钼粉坯料的相对密度只达到 84.3%，温度升到 1900℃，它的相对密度才达到 93.8%。同一粒度的钼粉延长烧结时间，烧结坯的相对密度提高，例如，平均粒度为 10.60μm 的粗钼粉在 2000℃/8h 烧结时，它的烧坯相对密度只达到 80.41% ~ 83.37%，如果在 1600 ~ 2000℃ 累计烧结时间达到 35h，它的相对密度提高到 94.08% ~ 94.09%。在实际生产过程中，要选择粒度合适的钼粉，既要用相对短的烧结时间，又要达到 93% 以上的相对密度，保证有优良的后续锻轧性，现在普遍选用的钼粉平均粒度约 3.0μm，全流程的效果最佳。

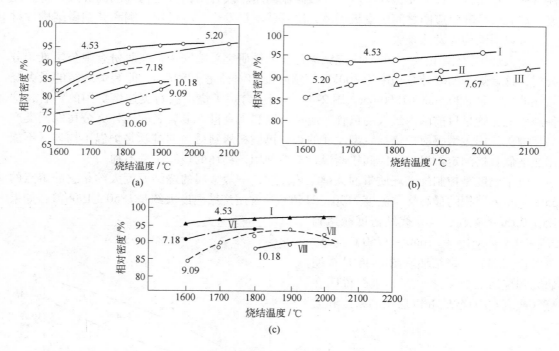

图 2-47　烧结温度和烧结保温时间对不同粒度钼粉烧结坯的相对密度的影响
（曲线旁的数字是所用钼粉的粒度，μm）
（a）高温保温 2h；（b）高温保温 4h；（c）高温保温 8h

烧结坯的烧结密度，钼粉粒度，烧结温度，保温时间和烧结坯的平均晶粒数等参数之间的关系绘于图 2-48，图 2-48（a）、（b）是烧结时间为 2h 和 8h 粉末平均粒度与

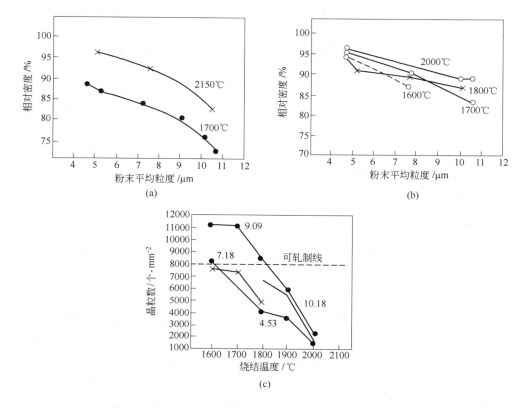

图 2-48　烧结坯的相对密度，晶粒数与烧结温度和粉末粒度的关系
（图上的数字表示钼粉的粒度，μm）
（a）高温保温 2h；（b）高温保温 8h；（c）高温保温 8h 的晶粒数

烧结坯的相对密度的关系。用同一烧结制度，粉末的平均粒度越细，烧结坯的密度越高。图 2-48（c）是烧结坯的平均单位面积上的晶粒数与烧结制度和粉末粒度之间的关系，烧结温度越高，坯料的晶粒数越少，即晶粒粗大。而用同样烧结制度烧结钼板坯，细粉坯料的单位面积的平均晶粒个数比粗粉的少，这表明细钼粉在烧结过程中晶粒长大的速度比粗粉的快。烧结坯的单位面积平均晶粒数，即烧结坯的晶粒粗细程度对后续的热锻和热轧性能有重大影响。试验表明，在相对密度大于 90%，每平方毫米的晶粒数大约 8000 个/mm²，烧结钼板坯具有可轧性，晶粒数为 3000 个/mm² 时，烧结坯的轧制性能良好。如果烧结温度升高，晶粒数少于 300 个/mm²，坯料的轧制性能变坏。

粉末钼坯在高温氢气气氛下烧结，在烧结过程中发生脱氧净化过程，高含氧量的钼坯轧制性很差，因为低熔点的氧化钼等夹杂物在晶界偏析严重降低了坯料的高温塑性。通过氢气净化，烧结钼坯的氧含量下降，图 2-49 是钼坯氧含量与烧结制度的关系。可以看出烧结温度越高，保温时间越长，坯料中的氧含量越低。另外，原始钼粉的氧含量对坯料的氧含量有重大影响，原始钼粉的氧含量高，最终烧结坯的氧含量也高，反之，原始钼粉的氧含量低，烧结坯的氧含量也低。

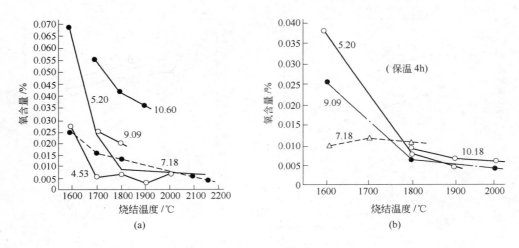

图 2-49   烧结温度对烧结坯的氧含量的影响

（图中的数字表示所用钼粉的粒度，μm）

（a）高温保温 2h；（b）高温保温 8h

图 2-50 是我国某钨钼材料厂烧结钼锭的实际工艺过程图，生坯的压制压力 200MPa，钼粉的费氏粒度是 3.4μm，整个烧结过程分为低温预烧区，中温保温、和高温保温区。烧结过程包括：室温↑→1100℃/5h→1100℃/1h→1100↑→1650℃/5.5h→1650℃/2h→1650↑→1750℃/2h→1750℃/1.5h→1750↑→1860℃/1.5h→1860℃/1.5h→1860↑→1940℃/1.5h→1940℃/5.5h 以后，停电降温。烧结过程中的第一个保温平台在 1100℃，在这个保温区间粉末坯料没有发生明显的烧结过程，主要是坯料中的氧化物还原，气体和污染物的挥发，特别是压型过程中渗入坯料中的油气，水分，这时甚至于能看到有水从排气口流出。第二个保温平台的作用是使一些低熔点杂质能充分挥发，此时开始了烧结过程，到最终的 1940℃高温保温阶段，钼生坯已经完成烧结过程，密度达到了 9.83g/cm³。根据大量烧结坯的统计，钼生坯的烧结线收缩率达到 12% ~ 15%。我国目前各钼加工厂采用的烧结工艺曲线和图 2-50 的曲线大同小异，只是保温平台温度高低和保温时间长短存在一些差异。为了降低烧结能耗，3μm 钼粉的最高烧结温度可以用 1820℃。

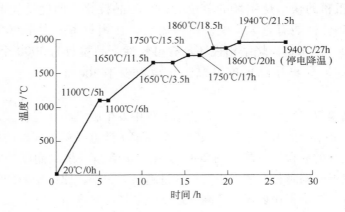

图 2-50   实用钼的烧结工艺

2.5.5.3　烧结坯的特性

系统地研究过用 CIP 生产的钼坯的烧结温度与钼坯的密度之间的关系，结果列于表 2-16，表列数据包括不同粒度钼粉的烧结数据，最低烧结温度降低到了 1720℃，3.2μm 的钼粉的压坯密度达到了 9.55g/cm³。这种密度的烧结坯料仍然具有比较满意的热加工性能。在保证能达到目标烧结密度的情况下，烧结温度越低越好，这样可以降低能耗，并能防止晶粒长大。采用不同温度烧结的钼坯的显微结构是不一样的。图 2-51 给出了在 1860℃ 和 2050℃ 烧结钼坯的显微照片。这两幅照片的原料粉末粒度分别是 3.4μm 和 3.3μm。由照片看出，1860℃/22h 烧结坯的晶粒度为 7.5 级，晶粒数为 1400 个/mm²，2050℃/23h 烧结

表 2-16　钼的烧结温度与烧结坯密度的关系

工艺号	粉末粒度/μm	最高烧结温度/℃	总烧结时间/h	最终密度/g·cm⁻³
1	3.25	1900	13.5	10.09
2	3.25	1900	11.5	9.97
3	3.25	1850	10.5	9.97
4	3.25	1800	10.5	9.79
5	2.8	1850	10.0	9.12
6	2.8	1800	10.0	9.73
7	2.8	1800	11.0	9.62
8	2.8	1800	11.0	9.58
9	2.8	1750	10.0	9.64
10	2.8	1750	10.0	9.52
11	2.8	1750	10.0	9.53
12	2.8	1720	10.0	9.55
13	5.05	1800	10.0	9.35
14	5.05	1900	10.0	9.53

样品编号:烧结 KS10-SB-2
晶粒度级别:7.5 级
晶粒数:1400 个/mm²
烧结制度:1860℃×4h/22h

(a)

样品编号:烧结 CA22-SB-1
晶粒度级别:6.5 级
晶粒数:700 个/mm²
烧结制度:2050℃×5h/23h

(b)

图 2-51　烧结坯的显微结构照片

（a）1860℃烧结；（b）2050℃烧结

坏的晶粒度为 6.5 级，晶粒数为 700 个/mm²，图 2-51（a）的晶粒度比图 2-51（b）的细，1860℃烧结坏的密度达到 9.88g/cm³，高温 2050℃烧结坏的密度达到 10.01g/cm³。用图像分析仪研究了未腐蚀烧结坏面上的孔洞分布及所占面积的百分数，如图 2-52 所示。1860℃/22h 烧结温度烧出的坏料的孔洞所占的面积达到了 0.98%，密度为 9.96g/cm³。2050℃/23h 烧结的坏料密度达到 10.02g/cm³，孔洞所占面积约为 1.27%。细小的烧结孔洞是烧结过程的本质决定的，理论分析已经指出，100% 的消除孔洞是不可能的。这些孔洞在后续的热压力加工过程中容易引起内部微裂纹。图 2-51 和图 2-52 给出的显微照片和孔洞分布图所用试样，虽然烧结制度一样，但是，由于使用了两家不同供应商的原料，烧结密度不一样。间接反映了粉末特性对烧结致密化过程的影响。

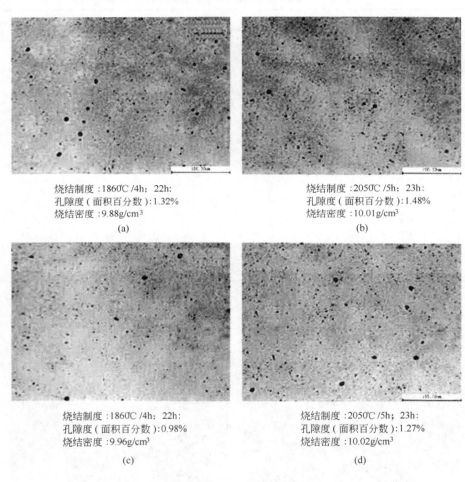

图 2-52　烧结坏内部孔洞分布图
（a）1860℃，孔隙度 9.88%；（b）1860℃，孔隙度 0.98%；
（c）2050℃，孔隙度 1.48%；（d）2050℃，孔隙度 1.27%

研究了在不同温度下烧结坏的力学性质，结果表明，粉末坏的室温强度可达到接近 400MPa，而塑性等于零，是脆性材料。烧结钼坏在不同温度下的强度性质见表 2-17，该表中烧结坏的粉末粒度 3.6μm，烧结温度达到 1850℃，保温 4h。需要说明，为了比较锻造钼棒和烧结坯的抗拉强度，重新选用高温烧结工艺烧结钼坯，坯锭的原料用 $3.2\mu m$ 的钼粉，压制压力 150MPa，烧结温度 2050℃，保温 4h，拉伸试样从 $\phi 90mm$ 烧结钼坯的长度方向切取。这种烧结钼坯的抗拉强度与锻造以后钼棒的抗拉强度列于表 2-18。总的来说，烧结坯的强度低于锻造钼棒的强度，但是，当温度升高超过 1400℃ 时，由于锻造钼棒已发生完全再结晶，丧失了加工强化作用，烧结坯的强度与锻造钼棒的强度相当。比较表 2-17 和表 2-18 也可以看出，不同制度烧结的钼坯的强度相差不大。锻造钼棒的室温伸长率高达 40%，这是选用合适的热锻工艺，使锻造钼棒具有最佳的强度和塑性综合性能。

表 2-17　烧结钼坯的高温强度

温度/℃	抗拉强度/MPa			温度/℃	抗拉强度/MPa		
室温	365			1200	102	103	100
400	305	290		1300	82	82	84
600	230	230		1400	68	74	68
800	185	185	184	1500	56	61	61
1000	142	143	141	1600	53	53	
1100	121	121	123				

表 2-18　烧结钼锭与锻造钼棒的力学性能的对比

温度/℃	抗拉强度/MPa		断裂总伸长率/%	
	烧结钼锭	锻造钼棒	烧结钼锭	锻造钼棒
室温	390	670	0	42
300	310	—	46	38
600	240	320	39	23
900	180	300	43	21
1000	160	280	35	13
1200	—	180	—	19
1400	69	67	31	23

文献 [21] 选择粒度小于 $3.5\mu m$ 的钼粉，用 CIP 法压出直径 69.85mm 的棒坯，压制压力是 206.9MPa。生坯在氢中烧结，用 17h 加热到 1100℃，保温 4h，再用 5h 升温到 1788℃，保温 16h。保温以后用 20h 缓慢地把温度降到室温。烧结以后的密度达到 $9.72g/cm^3$，相当于理论密度的 95.1%。平均晶粒直径 $38.5\mu m$，平均晶粒长度 $28.6\mu m$。烧结坯的拉伸力学性能列于表 2-19。与表 2-17 和表 2-18 的拉伸强度极限在相同温度下是很接近的。

表 2-19　烧结态未合金化钼的拉伸力学性能

温度/℃	屈服应力/MPa	拉伸强度极限/MPa	断裂强度/MPa	总伸长率/%	面积收缩率/%
-50	未得到	499.2	499.2	<1	2
24	398.5	475.8	472.3	10	13
103	190.3	375.8	350.3	29	43
202	120.7	328.2	327.5	44	52
304	108.3	290.3	262.0	36	61
604	93.1	224.1	202.7	34	63
1001	56.5	152.4	138.6	37	67

在叙述粉末压坯的密度时，曾提到了压坯的密度从里到外略有升高，中心密度最低。在生坯烧结致密化过程中，烧结坯是连续的粉末体，其收缩过程也应当是连续的，故推断烧结坯的密度由里到外也应当略有增加。为此也测量了直径分别为 $\phi75mm$ 和 $\phi90mm$ 两个烧结坯的密度分布。$\phi90mm$ 和 $\phi75mm$ 烧结坯的总体平均密度分别为 $9.94g/cm^3$ 和 $9.12g/cm^3$。从这两个烧结坯的中段各切出一个厚度约 15mm 的圆片，这两个圆片的平均密度和烧结坯的相当。再把这两个圆片用线切割按图 2-53 的构形切成五个同心圆环，中心留下小圆柱，分别用阿基米德排水法测定这六部分的密度，表 2-20 给出了烧结坯的径向密度分布的测量结果，由

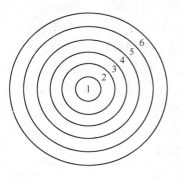

图 2-53　测量烧结坯径向密度
分布的试样切割图

表列结果可以看出，烧结钼坯的密度由中心到外表面逐步升高。这种密度分布对于后续热压力加工有很重要的影响。要进行后续热锻加工钼坯的密度必大于一个最小临界值，这个临界值大约是 $9.4\sim9.6g/cm^3$，若钼坯的密度小于最小临界值，钼坯的热加工性能极差，锻造时会产生各种宏观裂纹。由于中心密度小于平均密度，所以在选择坯料的平均密度时要确保中心的密度大于最小临界密度，可避免锻造棒中心开裂。

表 2-20　烧结坯的径向密度分布

位　置	密度/$g\cdot cm^{-3}$		位　置	密度/$g\cdot cm^{-3}$	
	$\phi90mm$ 坯料	$\phi75mm$ 坯料		$\phi90mm$ 坯料	$\phi75mm$ 坯料
平均密度	9.94	9.12	4 环	9.93	9.07
1 环中心	9.85	9.01	5 环	9.94	9.12
2 环	9.90	9.05	6 环	10.01	9.22
3 环	9.92	9.05			

工程上除了要烧结未合金化的钼以外，还要烧结钼合金，加入钼中的合金元素分为几大类：（1）形成氧化物或碳化物的元素，如 Ti、Zr、Hf、Al、Si、Th 等。（2）形成固溶体的元素，最典型的是 W、Re，还有 Ni、Fe、Co、Cr 等，它们和钼形成无限固溶体，或有限固溶体，这些金属的氧化物能被氢气还原。（3）稀土元素或稀土氧化物。（4）C、B、K、Na 这一类元素，它们的蒸汽压很高，加入量也很少，一般保留在合金中的含量很少。钼中加入 Ti、Zr、Hf、W、Re 等活性合金元素，用粉末冶金方法制取钼合全时，这些合金元素会与钼粉表面的氧互相反应或与碳反应形成大颗粒的氧化物并能引起钼的脆化，若在氢气中烧结有可能形成氢化物。这时最好用含氧量低的钼粉，采用高真空，高温烧结工艺。如果用氢气烧结工艺，所添加的合金元素的氧化物容易被氢还原。与未合金化的钼相比，烧结钼合金的温度要提高，保温时间要延长。使固相扩散有足够高的温度条件和充足的扩散时间，确保合金元素在钼中分布均匀。钼的合金添加剂 Ti、Zr、Hf，形成稳定的 TiC、ZrC、HfC，这些碳化物是非常好的高温强化相，它们能提高合金的强度和塑性。Ti、Zr、Hf 的熔点分别是 1690℃、1845℃和 2130℃，在钼的烧结温度下，它们有可能呈现液态，在微区域内有微量的液态 Ti、Zr 的存在，可能有利于钼的致密化，促进 Ti、Zr 的迁移，加快合金元素扩散均匀化的速度和冶金反应历程。

　　图 2-54（a）、（b）、（c）和（d）分别是 Zr-Ti、Mo-Ti、Zr-C 和 Zr-Mo 的二元相图。Mo-Ti 系是无限固溶体，Mo-Zr 系中有 Mo₂Zr 结构的拉乌斯相，Zr 在 Mo 中的溶解度极限（质量分数）约为 10%，1350℃ 为 5%。钼中的 Ti、Zr 有固熔强化作用。Zr-Ti 形成连续固溶体，

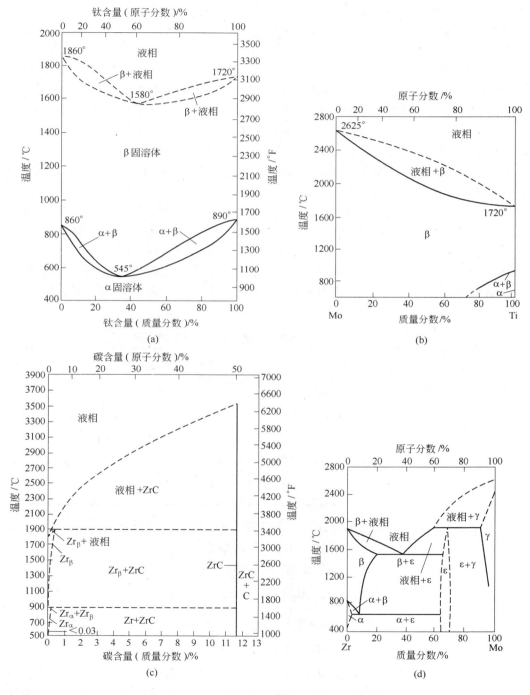

图 2-54　Mo-Ti、Zr-C、Zr-Mo、Zr-Ti 二元相图

（a）Zr-Ti 系；（b）Mo-Ti 系；（c）Zr-C 系；（d）Zr-Mo 系

β 和 α 相变有极小值，在 1580℃ 处出现液相，当烧结温度达到这个温度时，体系内可能出现微区域液相。在 Zr-C 系中有 ZrC，C 在 Zr 中的溶解度似乎小于 0.03%。用粉末冶金工艺生产 Mo-Ti-Zr-C 系合金，要想获得均匀弥散的 TiC 和 ZrC 有一定难度，它的综合性能不如真空冶炼的相同系统的合金性能。

钼的烧结通常有真空、氢气和分解氨（N_2、H_2）三种介质环境，氩气和氦气应用较少。氢气烧结的致密化效果最佳。一般认为这是因为氢气能还原钼粒子表面的氧化钼，钼粒子产生新鲜表面，使粒子表面活化，有利于促进烧结致密。真空烧结的净化除杂主要靠氧化钼的高温分解和解吸，净化钼粒子表面。例如 MoO_2 在温度超过 1800℃ 时可能分解成 Mo 和 MoO_3，MoO_3 的蒸汽压很高，被真空泵抽走。反应式为 $3MoO_2 \rightarrow Mo + 2MoO_3 \uparrow$。而在氢气中烧结时，$MoO_2$ 的理论氢还原温度只有 175～240℃，真空烧结的正作用在于在负压条件下，易挥发物质极易挥发，有利于钼的氧化物分解成钼，其他气态氧化物被排除到系统外。真空烧结的环境压力只有 1～2Pa，氢气烧结时氢的压力大于 1013.2kPa，保持微正压状态。从除气、脱氧和净化方面看，真空的作用比氢气的效果好，由表 2-21 所列举的烧结钼条中的间隙杂质含量的对比，可以说明真空烧结的作用。真空烧结脱氧净化的另一组实验是用同样材料和同样烧结工艺，真空烧结坯料的残余氧含量达到 66×10^{-6}，而氢气烧结坯料的氧含量为 104×10^{-6}。进一步提高烧结温度到 2300℃，延长保温时间，提高烧结钼坯的晶粒度，提高粗晶粒烧坯晶界上的氧浓度，通过高温真空晶界扩散，能有效降低烧结钼坯的氧含量。高温高真空较长时间烧结是生产低氧钼和钼合金的最佳工艺，但是钼的挥发量增多。

表 2-21　真空烧结和氢气烧结钼条的间隙杂质含量

烧结方法	钼条密度/$g \cdot cm^{-3}$	间隙杂质含量（$\times 10^{-6}$）			
		C	O_2	N_2	H_2
真空烧结 1900～2000℃ 保温 9～10h 真空度 1.33Pa	9.9	60	23	6	4.7
氢气垂熔 2300～2400℃	9.6	60	24～26	14	4.8

钼生坯中的氧以氧化物的形态存在，碳以碳化物或游离碳的形态存在于生坯中，在烧结过程中发生碳氧反应，或氧氢反应，可能的反应过程包括：

$$MoO_2 + 2C \longrightarrow Mo + 2CO \uparrow$$

$$MoO_2 + 2MoC \longrightarrow 3Mo + 2CO \uparrow$$

$$MoO_2 + 2H_2 \longrightarrow Mo + 2H_2O \uparrow$$

$$2C + O_2 \longrightarrow 2CO \uparrow$$

$$2MoC + O_2 \longrightarrow 2Mo + 2CO \uparrow$$

真空烧结炉中的残余压力很低，最低能达到 10^{-1}～10^{-2}Pa，这些反应产生的 CO 不断被真空机组抽走，反应始终向右进行，开始反应温度大约为 1200～1300℃，在 1500～1600℃

时反应最激烈，达到脱氧的目的，同时碳也会降低。

钼粉中含有微量的金属杂质，它们的沸点都很低，在烧结的高温条件下，它们的饱和蒸汽压可能比钼的高几个数量级，也比真空室内的残余的真空压力高，造成低熔点金属大量挥发，采用高温烧结可以深度净化 K、Ca、Zn、Bi、Pb、Fe、Cu、Cr 等金属杂质。净化效果列于表 2-22。

表 2-22　钼粉和烧结钼坯的杂质含量的比较　　（质量分数/%）

杂质	钼粉	烧结坯	杂质	钼粉	烧结坯	杂质	钼粉	烧结坯
O	0.17	$\frac{0.0023}{0.01}$	N	0.01	$\frac{0.0006}{0.0014}$	S	0.001	—
H	—	$\frac{0.0005}{0.0005}$	C	0.025	$\frac{0.006}{0.008}$	Si	0.005	0.002
						Pb	0.001	—
W	0.1	0.1	P	0.001	—	Mn	0.01	0.001
Ni	0.01	0.005	Cr	0.02	—	Cu	0.005	0.005

注：表中分数表示的数字：分子是真空烧结，分母是氢烧结。

钼在分解氨气氛中烧结时（$N_2 + H_2$），其安全性比在纯氢中烧结时高，分解氨气的露点是 $-40 \sim -70℃$，残有的未分解的氨约占 $<0.05\%$。这种气氛对钼有很好的保护作用和还原作用。不过由于气氛中含有 N_2，在高温烧结时可能生成 Mo_3N、Mo_2N、MoN 等钼的氮化物，在随后的精深热加工时这些氮化物容易造成局部裂纹，另外一方面在烧结含有 Ti、Zr 的钼合金时，N_2 与 Ti、Zr 能生成 TiN、ZrN。这两个氮化物在 $1000 \sim 1400℃$ 能起弥散强化作用。在分析合金粉末烧结时业已指出，添加剂 C 生成 TiC、ZrC，不可能消耗掉全部的 Ti 和 Zr，因而 TiN、ZrN 和 TiC 与 ZrC 的弥散质点共存，氮化物的弥散强化温度比碳化物的低。

烧结炉内壁冷凝沉积的炉灰的组分可证明高温烧结的净化作用及低熔点杂质的挥发效果，曾经把专用的钨钼烧结炉的内壁上沉积的炉灰刮下，用 XRF（X 光荧光半定量）分析了炉灰的组分，结果列于表 2-23，从表列组分可以间接看出，烧坯中的低熔点（低沸点）的杂质，如 As 和 Rb 的熔点分别为 800℃ 和 380℃，沸点和升华点大约只有 600℃。在 1850℃ 以上烧结时，这些杂质都挥发，净化烧结坯。这些挥发物遇到水冷的烧结炉内壁，都凝聚沉淀在炉壁上而形成了灰尘。

表 2-23　烧结炉内壁沉积灰尘的组分　　（质量分数/%）

组　分	含　量	组　分	含　量	组　分	含　量
K_2O	61.2	CuO	1.33	Co_2O_3	0.2
Rb_2O	20.4	WO_3	0.85	ZrO_2	0.18
As_2O_3	2.89	NiO	0.50	Cr_2O_3	0.12
MoO_3	2.80	Al_2O_3	0.46	Na_2O	0.11
CaO	2.46	MnO	0.36	ZnO	0.10
SiO	2.01	Cs_2O	0.30	PbO	0.08
P_2O_5	1.73	MgO	0.28	SrO	0.04
Fe_2O_3	1.40	SnO	0.26		

湿氢烧结是烧结钼的一种重要工艺，通常烧结钼的氢气露点很低，约为 – 40 ~ – 70℃，采用湿氢烧结可以提高氢的露点，把 20 ~ 40℃的氢气通过水可得到湿氢，湿氢加热到烧结温度，钼与氢气中的水蒸气发生氧化还原可逆反应，即 $Mo + 2H_2O \rightleftharpoons MoO_2 + 2H_2O$。在钼粉颗粒原子表面生成一层极薄的 MoO_2 层，在烧结过程中这层氧化膜被氢还原，造成颗粒表层出现大量的活化原子，导致在烧结时降低了原子迁移的活化能，也就降低了烧结温度。在一般情况下，烧结轧制钼坯料的最高烧结温度取 1850 ~ 1950℃，若采用湿氢烧结工艺，最高烧结温度可以降到 1700℃，保温时间 2 ~ 3h，就可以达到工艺要求的目标密度。降低烧结温度可以大大地降低烧结能耗，成倍地延长烧结炉的寿命，保持烧结坯的细晶粒结构，防止晶粒长大，提高烧结坯的热加工性能。图 2-55 给出了许多氧化物的还原平衡温度与露点的关系，由图看出，MoO_2 和 WO_2 的还原气氛的露点可以

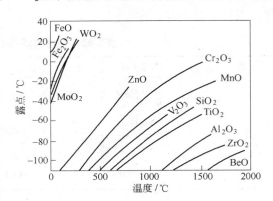

图 2-55　金属氧化物的还原平衡温度与露点的关系

提高，这是 Mo，W 可以采用湿氢烧结工艺的前提条件。而其他活性金属，例如 Cr，在还原平衡温度下的露点很低，在 600℃时，露点约为 – 75.5℃，在 1200℃约为 – 17.5℃。在氢气中含有微量水蒸气时，水与活性金属相互作用，在它的表面生成一薄层氧化膜，这层表面膜很难被还原，阻碍了烧结过程的进展。

从图 2-41(a)已经知道，致密化速率对温度的敏感程度远大于对保温时间的敏感程度。在烧结大尺寸钼坯时，例如单重超过 50kg，直径超过 180mm，烧结温度和保温时间一定要匹配好。提高烧结温度可以明显的缩短烧结时间，但是，过高的烧结温度会导致晶粒反常长大，会使烧结坯的锻轧性恶化。为了把大尺寸钼坯烧透，提高宏观平均密度，使中心密度与外层密度差尽量减少，可以把烧结温度提高到 2000 ~ 2050℃，保温时间延长到 5 ~ 6h。按照这种制度烧结可以得到优质的大型烧结钼坯锭。

2.6　指导烧结曲线

2.6.1　综合单一烧结模型

指导烧结曲线是指 MSC(Master Sintering Curve)。它是根据扩散理论建立的综合性烧结模型，该模型把要达到的目标烧结密度消耗的烧结功与在烧结过程中任意一点的相对密度联系起来。保温温度，保温时间和加热速度的不同组合能综合得出达到目标密度需要的烧结功。粉末粒度 D、晶粒度 G 和初始密度 ρ_0 等参数都影响烧结行为。指导烧结曲线包括了这几个参数对烧结动力学的综合影响。

众所周知，压制的生坯要经过高温烧结，在烧结的过程中发生晶界扩散，体积扩散，气相迁移，塑性流动等现象，这些过程引起物质（原子）流动，物质流向粒子之间的烧结颈，烧结颈不断长大，造成体积收缩，引起致密化。传统的烧结理论把烧结分成三个阶段、即起始阶段、中间阶段和最终阶段。每个阶段都有自己独立的表述模型，大部分模型

只关注一个阶段的特定的理想的几何学参数。分段模型引起了两个问题，首先必须做一些理想的几何学的假设，这就限制了这些方法在实际情况下的可用性。其次，各个阶段的分模型不允许考虑从头到尾的烧结整体过程。因此，希望能推导描述整个过程的单一的烧结模型。如果，引起致密化的物质流动迁移动力学可用数学方式表达，并且显微结构能够量化。原则上就能够导出代表整个烧结过程的单一模型方程式。因此，把三个阶段的模型综合成单一烧结模型的任务就在于找出一种方法，该方法能把在烧结过程中发生的显微结构的复杂变化进行正确的量化。用代表几何学特征和代表比例因子的两个分离的参数说明显微结构的特性。几何学定义是指孔洞，晶粒边界和物体实体的三维空间排列，通过空间参数 Γ 定量表示它们对烧结的影响。比例常数通过几何学中的一个参考体的单位平面距离（如平均晶粒直径）给出了真实显微结构和几何参数之间的一个线性转换因子。

文献［8］用纯化合物烧结过程中的原子流方程（Herring 方程）J_a 推导烧结过程各阶段的综合单一方程：

$$J_a = \frac{D}{\Omega_a k_B} \frac{1}{T} \nabla(\mu_a - \mu_v)$$

式中，μ_v 为空穴化学位；μ_a 为原子化学位；$\nabla(\mu_a - \mu_v)$ 为驱动物质迁移的化学位之差；T 为绝对温度；k_B 为玻耳兹曼常数；Ω_a 为原子体积；D 为扩散率；$\frac{D}{Tk_B}$ 为晶界扩散或体积扩散的移动能力。烧结体内的原子流转化成烧结体的体收缩 $\frac{dV}{Vdt}$，对于各向同性收缩而言，体积收缩速率能转化成线收缩速率，可得到：

$$\frac{dV}{Vdt} = 3\frac{dL}{Ldt}$$

经过运算并代入几何参数和比例因子可得到瞬间线收缩速率的数学模型：

$$\frac{-dL}{Ldt} = \frac{\gamma \Omega_a}{k_B T}\left(\frac{\delta D_b \Gamma_b}{G^4} + \frac{D_v \Gamma_v}{G^3}\right)$$

式中，γ 为表面能；δ 为晶界宽度；G 为平均晶粒直径；D_b、D_v 为晶粒边界扩散率和体积扩散率；k_B 为玻耳兹曼常数；Γ_v、Γ_b 为各种比例常数的数学结合，与密度有关系，它们可用以下两式表示：

$$\Gamma_b = \frac{\alpha C_k C_b}{C_\lambda C_a C_h}$$

$$\Gamma_v = \frac{\alpha C_k C_v}{C_\lambda C_a C_h}$$

公式中这些比例常数都是在推导过程中分别引入的，各自的意义简单说明如下：α 是一个比例常数，它把化学位梯度与物质进入孔洞经过的距离 λ 连起来。C_λ、C_k 是另外两个比例常数，这两个常数把 k 和 λ 与晶粒或粒子平均直径 G 建立起了联系。实际上，孔洞表面的化学位梯度与曲率 k 成正比，与把材料引入孔洞的总距离 λ 成反比。常数 C_b 和 C_v 表示晶界-孔洞相交线的总长度和凹曲面的面积与 G 和 G^2 之间的关系。在原子流转化成收缩的计算过程中，引进了一个面积符号和长度距离符号，C_h 和 C_a 这两个比例常数把它们与 G

和 G^2 联系起来。这样看来，组成 Γ_b 和 Γ_v 分式中的每一个比例常数都代表影响烧结动力学的显微结构的特定的特征。这些独立的因子都包含了描述烧结显微结构的驱动力的信息（曲率），扩散迁移的效率（平均扩散距离和有效扩散面积），质量传输转化成收缩的速率。总之，Γ_v 和 Γ_b 决定了线收缩速率。在烧结过程中 Γ_v 和 Γ_b 以及组成 Γ_b 和 Γ_v 的各个比例常数随着密度的提高而变化，它们与密度有关系。

除文献［8］导出的收缩模型以外，Wang[9]、Chu[10]、Zhao[11] 通过不同途径也导出了用不同参数表示的收缩速率方程。这些方程和 Herring 方程[8] 比较，都能分离出 Γ_v 和 Γ_b 的表达式。Wang 的线收缩速率方程为：

$$\frac{-\,\mathrm{d}L}{L\mathrm{d}t} = \frac{C\gamma V^{2/3}f(\rho)}{3RTG^n}\exp\left(\frac{-Q}{Tk_B}\right)$$

式中，C 为常数；V 为分子体积；$f(\rho)$ 为密度唯一的非特定函数；n 与晶粒边界扩散和体积扩散有关，晶界扩散是 4，体积扩散是 3。将此与 Herring 方程比较，可以看出此式中的 Γ_b 和 Γ_v 的表达式为：

$$\Gamma_b = \frac{Cf(\rho)}{3\delta D_{bo}V^{1/3}}$$

$$\Gamma_v = \frac{Cf(\rho)}{3D_{vo}V^{1/3}}$$

而 Chu 等人的线收缩速率模型用烧结应力和孔洞间的平均距离做参比距离，而不用平均晶粒度。晶界扩散和体积扩散造成的线收缩方程分别为：

$$\frac{-\,\mathrm{d}L}{L\mathrm{d}t} = \frac{8\pi\Omega_a\Sigma\delta D_b\phi^2}{k_B T\chi^3}$$

$$\frac{-\,\mathrm{d}L}{L\mathrm{d}t} = \frac{8\pi\Omega_a\Sigma\delta D_v\phi^{3/2}}{k_B T\chi^2}$$

将此模型与 Herring[8] 的比较，可以写出：

$$\Gamma_b = \frac{8\pi\Sigma\phi^2 G^4}{\gamma\chi^3}$$

$$\Gamma_v = \frac{16\pi\Sigma G^3\phi^{3/2}}{\gamma\chi^2}$$

式中，Σ 为烧结应力；χ 为孔洞间平均距离；ϕ 为与 Dehoff 的有效因子有关的一个综合因子。Zhao 提出的晶界扩散和体积扩散引起的线收缩模型可以写成如下方程：

$$\frac{-\,\mathrm{d}L}{L\mathrm{d}t} = \frac{C_b\gamma\Omega_a\delta D_b N}{3k_B TG^4}$$

$$\frac{-\,\mathrm{d}L}{L\mathrm{d}t} = \frac{C_v\gamma\Omega_a\delta D_v Nf(\rho,N)}{3k_B TG^3}$$

和 Herring[8] 的模型相比，能分离出：

$$\Gamma_b = \frac{C_b N}{3}$$

$$\varGamma_v = \frac{C_v N f(N, \rho)}{3}$$

式中，C_v 和 C_b 为常数；N 为单位晶粒中的孔洞；$f(N, \rho)$ 为孔洞尺寸与晶粒尺寸的比，与密度有微弱的关系。研究各种烧结模型的最终目的是预测给定的加工方法在不同加热历史条件下的烧结致密化的结果，倘若一个扩散机理（晶界扩散或体积扩散）主导控制烧结过程，和烧结有关的几何参数常常只是密度的函数。要指出，体积扩散和晶粒边界扩散能引起烧结体的致密化，而表面扩散消耗烧结潜能而不引起致密化。通常情况下，起始的显微结构和在烧结过程中真实压块的显微结构的发展与普通的烧结模型描述的有重大差异，因此，现存的方法都不能定量地预测工业上有重大意义的大部分材料体系的烧结动力学。指导烧结曲线（MSC）是一种新的途径，通过这种途径对实际粉末的烧结过程能做出定量的预测。

2.6.2 指导烧结曲线理论

用综合单一烧结数学模型能推导出指导烧结曲线的公式和结构，由上节分析可知，瞬间线收缩速率的模型表达式：

$$\frac{-\mathrm{d}L}{L\mathrm{d}t} = \frac{\gamma \varOmega_a}{k_B T}\left(\frac{\delta D_b \varGamma_b}{G^4} + \frac{D_v \varGamma_v}{G^3}\right)$$

对于各向同性的线收缩与体积收缩的关系：

$$\frac{\mathrm{d}V}{V\mathrm{d}t} = 3\frac{\mathrm{d}L}{L\mathrm{d}t}$$

据此，线收缩速率可以转化成致密化速率[12]：

$$\frac{\mathrm{d}\rho}{3\rho\mathrm{d}t} = \frac{\gamma \varOmega_a}{k_B T}\left(\frac{\delta D_b \varGamma_b}{G^4} + \frac{D_v \varGamma_v}{G^3}\right)$$

式中，ρ 为相对密度，根据扩散方程和阿伦尼亚斯定律，扩散率和温度有指数关系，上式可以写成：

$$\frac{\mathrm{d}\rho}{3\rho\mathrm{d}t} = \frac{\gamma \varOmega_a}{k_B T}\left[\frac{\delta \varGamma_b}{G^4}D_{b0}\left(\exp\frac{-Q_b}{RT}\right) + \frac{\varGamma_v D_{v0}}{G^3}\exp\left(\frac{-Q_v}{RT}\right)\right]$$

式中，R 为通用气体常数；D_{v0} 为体积扩散率前指数因子；D_{b0} 为晶界扩散率前指数因子；Q_v 为体积扩散表观激活能；Q_b 为晶界扩散表观激活能。在所有晶体材料中晶粒边界是扩散的快速通道，因而 $Q_b < Q_v$。当烧结机理是体积扩散占主导地位的时候，致密化方程可以简化成：

$$\frac{\mathrm{d}\rho}{3\rho\mathrm{d}t} = \frac{\gamma \varOmega_a}{k_B T}\frac{\varGamma_v D_{v0}}{G^3}\exp\frac{-Q_v}{RT}$$

同样，如果烧结机理是晶界扩散占据主导地位的时候，致密化方程可简化成：

$$\frac{\mathrm{d}\rho}{3\rho\mathrm{d}t} = \frac{\gamma \varOmega_a}{k_B T}\frac{\delta \varGamma_b D_{b0}}{G^4}\exp\frac{-Q_b}{RT}$$

如果不知道起主导作用的致密化机理，做两个试验，在不同温度下做恒温保温烧结，或在不同加热速度下做恒加热速度烧结试验，用得到的收缩速率决定表观激活能 Q。这个激活能可以和用其他方法决定的扩散过程激活能（体积扩散 Q_v 和晶界扩散的 Q_b）进行比较，以便定出处于主导地位的致密化机理。倘若烧结表观激活能不等于任何扩散激活能，引起收缩的两个机理都有意义，体积扩散和晶界扩散机理中任何一个都不能忽略。实际上是混合扩散机理是主导的致密化机理，对此可假定一个共用的激活能 Q 做表观烧结激活能，致密化方程为：

$$\frac{\mathrm{d}\rho}{3\rho\mathrm{d}t} = \frac{\gamma\Omega_a}{k_B T}\left(\frac{\delta\Gamma_b D_{b0}}{G^4} + \frac{\Gamma_v D_{vo}}{G^3}\right)\exp\frac{-Q}{RT}$$

把这个致密化方程和含有体积扩散激活能和晶界扩散激活能的方程式相比较，这两个方程应当相等并可以导出：

$$\exp\frac{-Q}{RT} = \frac{\dfrac{\Gamma_v D_{vo}}{G^3}}{\dfrac{\Gamma_v D_{vo}}{G^3} + \dfrac{\delta\Gamma_b D_{b0}}{G^4}}\exp\left(\frac{-Q_v}{RT}\right) + \frac{\dfrac{\delta\Gamma_b D_{b0}}{G^4}}{\dfrac{\delta\Gamma_b D_{b0}}{G^4} + \dfrac{\Gamma_v D_{vo}}{G^3}}\exp\frac{-Q_b}{RT}$$

由这个从扩散理论推出的公式可以看出，烧结表观激活能 Q 总是处于 Q_v 和 Q_b 之间，就是说 $Q_b < Q < Q_v$，如果令：

$$\frac{\gamma\Omega_a}{k_B}\frac{\Gamma D_{b0}}{G^m} = \left(\frac{\delta\Gamma_b D_{b0}}{G^4} + \frac{\Gamma_v D_{vo}}{G^3}\right)$$

则假设的共用激活能 Q 的致密化方程可以进一步变成：

$$\frac{\mathrm{d}\rho}{3\rho\mathrm{d}t} = \frac{\gamma\Omega_a}{k_B}\frac{\Gamma D_{b0}}{G^m}\frac{1}{T}\exp\frac{-Q}{RT}$$

此式中的 m 是处于体积扩散 3 和晶界扩散 4 中间，大于 3，小于 4。

上述用扩散理论推导出的固态烧结致密化模型可以扩展到扩散控制的液态烧结的溶解再沉淀致密化机理，该致密化机理可以用不同的模型描述，其中之一是 Kingery 提出的下述接触平面模型：

$$\left(\frac{\Delta L}{L_0}\right)^3 = 192\frac{\gamma_{lv}\Omega c_1 \delta_1 D_{vl}}{k_B T G^4}$$

式中，$\dfrac{\Delta L}{L_0}$ 为线收缩；L_0 为压块的起始线尺寸；γ_{lv} 为液态-气态表面能；δ_1 为固体粒子之间液体膜的厚度；c_1 为固体在液体中的溶解度；D_{vl} 为固体在液体中的扩散率。该模型开始是针对两面角等于零，即连续液态膜把固体粒子完全分离的情况提出的，但是，研究指出，对于不连续液态膜，即在大两面角的情况下这个方程也有足够的精度。

对于各向同性收缩致密化而言，线收缩与密度参数之间有下面的近似关系：

$$\frac{\Delta L}{L_0} = \frac{1}{3}\frac{\Delta\rho}{\rho_0}$$

式中，$\Delta\rho$ 为烧结过程中密度的变化；ρ_0 为压块的原始密度。把密度变化方程代入线收缩方程，对时间微分，并考虑扩散率与温度有指数关系，再把公式中的各项重新排列，可得到下式：

$$\frac{1}{3\rho}\frac{\mathrm{d}\rho}{\mathrm{d}t} = \frac{\gamma_{lv}\Omega\Gamma_1 c_1\delta_1 D_{vl0}}{k_B TG^4}\exp\left(\frac{-Q_{vl}}{RT}\right)$$

$$\Gamma_1 = \frac{576\rho_0^3}{(\rho - \rho_0)^2\rho}$$

式中，D_{vl0} 为扩散率的前指数因子；Q_{vl} 为固体原子穿过液体膜的扩散表观激活能。

描写液相烧结的溶解再沉淀的另一个模型是，细颗粒择优溶解并在最大的粒子上再沉淀。根据这个模型，线收缩的近似表达式为：

$$\left(\frac{\Delta L}{L_0}\right)^3 = 48\,\frac{\gamma_{lv}\Omega c_1 D_{vl}}{k_B TG^3}t$$

把线收缩方程转化成致密化方程可得到下式：

$$\frac{\mathrm{d}\rho}{3\rho\mathrm{d}t} = \frac{\gamma_{lv}\Omega\Gamma_1 c_1 D_{vl0}}{k_B TG^3}\exp\left(\frac{-Q_{vl}}{RT}\right)$$

式中

$$\Gamma_1 = \frac{144\rho_0^3}{(\rho - \rho_0)^2\rho}$$

这两个液相烧结模型的致密化速率 $\frac{1}{3\rho}\frac{\mathrm{d}\rho}{\mathrm{d}t}$ 和温度有同样的关系。

由扩散控制的烧结模型能推导出指导烧结曲线（MSC），由上面分析已知扩散控制的固态致密化烧结模型为：

$$\frac{\mathrm{d}\rho}{3\rho\mathrm{d}t} = \frac{\gamma\Omega_a}{k_B}\frac{\Gamma D_0}{G^m}\frac{1}{T}\exp\frac{-Q}{RT}$$

式中，ρ 为烧结块的相对密度。假如在烧结过程中，晶界扩散和体积扩散中只有一个是控制致密化的扩散机理，同时假设 G 和 Γ（晶粒长大）只是密度的函数，此致密化方程可写成：

$$\frac{\mathrm{d}\rho}{3\rho\mathrm{d}t} = \frac{\gamma\Omega_a}{k_B}\frac{\Gamma(\rho)D_0}{G(\rho)^m}\frac{1}{T}\exp\frac{-Q}{RT}$$

如果在致密化过程中体积扩散是主导的扩散机理，式中的 m 是 3，D_0 是 D_{v0}，如果晶界扩散是主导的扩散致密化机理，式中的 m 就是 4，而 D_0 就是 D_{b0}。这个致密化方程可重新排列，合并同类项，再积分如下：

$$\int_{\rho_0}^{\rho}\frac{G(\rho)^m}{3\rho\Gamma(\rho)}\mathrm{d}\rho = \int_0^t\frac{\gamma\Omega_a D_0}{k_B}\frac{1}{T}\exp\frac{-Q}{RT}\mathrm{d}t$$

式中，ρ_0 为压块的原始密度。在这个方程式中把原子扩散过程和显微结构的发展分别排在方程式的左右两边，右边的所有各项与占控制地位的原子扩散过程有关，而与粉末压块的特性无关，通常因为温度是时间的函数，所以，右边的积分随烧结的过程发生变化。方程式左边各项是决定显微结构发展的数值。前面已假定过 $G(\rho)$ 和 $\Gamma(\rho)$ 只是密度的函数，左边单独各项与烧结过程无关。如把上式等号左右两边积分稍微重新排列可得到：

$$\int_{\rho_0}^{\rho}\frac{k_B}{\gamma\Omega_a D_0}\frac{G(\rho)^m}{3\rho\Gamma(\rho)}\mathrm{d}\rho = \int_0^t\frac{1}{T}\exp\frac{-Q}{RT}\mathrm{d}t$$

令左边为 $\phi(\rho)$，右边为 $\theta(t,T(t))$，则

$$\phi(\rho) = \frac{k_{\mathrm{B}}}{\gamma\Omega_{\mathrm{a}}D_0}\int_{\rho_0}^{\rho}\frac{G(\rho)^m}{3\rho\Gamma(\rho)}\mathrm{d}\rho$$

$\phi(\rho)$ 包括了除激活能 Q 以外的所有材料的性质和全部显微结构，从生坯的起始密度积分到烧结密度，$\phi(\rho)$ 把比例常数 $\Gamma(\rho)$ 和显微结构尺度 $G(\rho)$ 的变化合并，在发生致密化时它是显微结构对烧结动力学的定量影响的特性值。而

$$\theta(t,T(t)) = \int_0^t\frac{1}{T}\exp\frac{-Q}{RT}\mathrm{d}t$$

$\theta(t,T(t))$ 只依赖于 Q，并随着温度-时间曲线图而变化。这个参数表示达到烧结目标密度消耗的热功，表述为烧结功。自然可以写出：

$$\phi(\rho) = \theta(t,T(t))$$

$\phi(\rho)$ 和 θ 之间的关系定义为指导烧结曲线 MSC，对于给定的粉末，固定的生坯加工方法和生坯密度来说，指导烧结曲线是唯一的，与烧结的路径无关。

2.6.3 指导烧结曲线的建立

根据 $\phi(\rho) = \theta(t,T(t))$ 的关系，对于一个任意的人为设定的烧结实验，如果知道烧结激活能，$\theta(t,T(t))$ 式的积分很容易做出。烧结试样的最终密度可以测定，密度 ρ 和 $\theta(t,T(t))$ 的积分可以定出 MSC 曲线上的一个点，通常至少要做 4~5 个不同温度和不同时间的多个实验点就可画出一条线。一旦画出指导烧结曲线，就可以用来预测烧结结果。用烧结的温度-时间曲线图的积分，即（$\theta(t,T(t))$），得到曲线图横坐标上的一个点，找出与这一点相对应的纵坐标上的一个点，这一点的值就是预期的密度。

由烧结实验获得的密度数据用来构建指导烧结曲线。相对密度是烧结密度 ρ_{s} 与理论密度 ρ_{th} 的比值：

$$\rho = \frac{\rho_{\mathrm{s}}}{\rho_{\mathrm{th}}}$$

把相对密度进行归一化处理[14]，得到归一化的密度 ρ_{n}，它定为：

$$\rho_{\mathrm{n}} = \frac{\rho-1}{1-\rho_0}+1$$

式中，ρ_0 为起始密度。由归一化公式可以看出，在起始状态 $\rho=\rho_0$ 时，$\rho_{\mathrm{n}}=0$，在相对密度达到材料的理论密度时，ρ_{n} 达到上限值 1，归一化处理使 ρ_{n} 每一数据在 0~1 之间变化。本质上，归一化的相对密度是压块的起始状态密度达到理论密度的程度。因为每一种粉末都有它自身的致密化特点，那么，把指导烧结曲线数据归一化就会把各个指导烧结曲线收敛到一条单一的曲线上。若用归一化的指导烧结曲线，构建时间-温度-密度图就与起始密度无关。另外把归一化处理的相对密度用致密化参数 ψ 表示：

$$\psi = \frac{\rho-1}{1-\rho_0}+1 = \frac{\rho-\rho_0}{1-\rho_0}$$

ψ 公式的一个替换公式是

$$\phi = \frac{\rho-\rho_0}{1-\rho_0} = \frac{\rho-\rho_0}{\theta} = \left(\frac{\theta}{\theta_{\mathrm{ref}}}\right)^n$$

或者
$$\ln\phi = \ln\left(\frac{\rho - \rho_0}{1 - \rho_0}\right) = n\ln\frac{\theta}{\theta_{\text{ref}}} = n(\ln\theta - \ln\theta_{\text{ref}})$$

ϕ 是在 $\rho_0 < \rho < 1$ （归一化的密度范围一样）的范围内的致密化的比，它被定义为当前的密度和起始密度之差与当前的孔隙率 θ 之比值，n 是斜率（指数），即致密化函数，它决定了在烧结过程中 $\ln\phi$ 的增速。而 $\ln\theta_{\text{ref}}$ 是在 $\rho = (\rho_0 + 1)/2$ 时烧结功 $\ln\theta$ 的自然对数，那是致密化的中点，即致密化参数 ψ 为 0.5。注意到 ψ 与 ϕ 之间的关系是 $1/\psi = 1 + 1/\phi$，指数 n 定义为：

$$n = \frac{\mathrm{d}\ln\phi}{\mathrm{d}\ln\theta}$$

在建立指导烧结模型时要用到 n 关系式。

在做烧结实验时，不管是恒加热速度烧结实验，还是不同保温时间的恒温保温烧结实验，在达到目标温度和预期保温时间时，可以把试样投入水中淬火，这样一方面可以测量试样的密度，另一方面可以用金相显微镜观测试样的晶粒度（断口或抛光面）。如果用膨胀仪做烧结实验，可以连续记录下式样的高度，原位测量收缩，可以计算出烧结过程中密度的连续变化。但是，在用膨胀仪记录下的数据时，要考虑到在烧结过程中烧结收缩和热膨胀同时存在，数据需要处理，以便消除热膨胀的影响，在做数据处理时要注意相对密度是递增函数，最大值为 1。经过处理可以提高数据预测的精确度。

构建相对密度与烧结功自然对数间的关系。人为设计的任何一条温度-时间烧结曲线图，都可以测量曲线上任一点的密度，并可以用已知温度-时间曲线（已知 Q）计算出测量密度这一点的烧结功 θ。即用数值积分和四边形规则，求出烧结功近似值：

$$\theta = \sum_{i=0}^{i=n} \frac{I_i + I_{i+1}}{2}(I_{i+1} + I_i)$$

式中，I 为 θ 的积分；n 为分割的时间间隔区间的数目。用实验求出的相对密度，算出归一化的相对密度，或者是致密化参数 ψ，用它们对烧结功的自然对数作图，形成指导烧结曲线。把密度这个烧结参数和烧结功的积分之间建立起通常的联系。已证实西格玛曲线在密度和烧结功积分间有最好的相关性，用它做指导烧结曲线的模型函数，R-软件可根据实测的已知数据能给出合理的解：

$$\rho = a + \frac{1 - a}{1 + \exp\left(-\dfrac{\ln\theta - b}{c}\right)}$$

三个常数 a、b、c 决定了系统的指导烧结曲线，a 是起始相对密度，用综合牛顿-莱布尼兹方法通过下式：

$$Err = \sqrt{\sum_{i=1}^{N} \frac{(\rho_i/\rho - 1)^2}{N}}$$

求出最小均方差，可定出常数 b、c。

式中，ρ_i 为实验测得的相对密度；ρ 为用西格玛方程预测的值。西格玛函数在致密化参数 ψ 和烧结功的自然对数之间也提供了良好的相关性。该函数用来决定指导烧结曲线：

$$\psi = \frac{\rho - \rho_0}{1 - \rho_0} = \frac{1}{1 + \exp\left(-\dfrac{\ln\theta - a}{b}\right)}$$

如前面在说明 ψ 的意义时曾提到 $\ln\theta_{ref} = a$，$b = 1/n$。

根据上述有关论述，可以把建立指导烧结曲线的过程综合成下面的方框图：

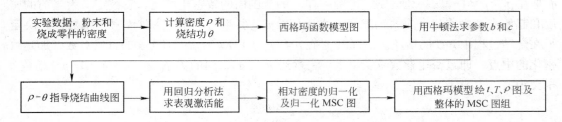

2.6.4 指导烧结曲线的一些假设和限制

在发展指导烧结曲线时都做了几点假设，对于所有的烧结系统来说某些假设可能不都是有效的，为了在烧结实践中正确地应用这个方法，应当理解应用烧结指导曲线的限制。

指导烧结曲线只适用于用同样的粉末和同样的生坯制造方法做出的压块。不同粉末和不同加工制造方法会导致粉末粒度，粒度分布，起始孔隙率，堆垛性质和起始密度产生差异。这些数值影响致密化行为。当试图定量预测烧结结果时，必须限制烧结指导曲线是同样粉末，同一生坯加工方法和同一原始密度。当然，在用相对密度的归一化处理时，生坯的原始密度不再起作用。

另外一个假设是，对于任意给定的粉末和生坯加工方法，显微结构的发展（晶粒度和几何学参数）只依赖于密度，而且只有一个扩散烧结机理主导烧结过程。Cu、Ni 及 $Al_2O_3^{[18]}$ 的烧结证实，对于给定压块的平均晶粒度只是密度的函数，与烧结温度和加热速度无关，参数 Γ 也是密度的唯一函数。平均孔隙度的发展和表面积的减少是烧结过程中显微结构发展的一个很重要的特征。扫描电镜观察到同一批号粉在烧结过程中的面积减少只依赖于密度。这些事例似乎指出，可以接受显微结构在烧结过程中的发展是密度单一函数的这种假设，至少在一级近似的条件下是正确的。

在发展指导烧结曲线时还做了另一个假设，即一个扩散机理（晶界扩散或体积扩散）主导烧结过程，细粉压块倾向于晶界扩散起主导作用，粗粉压块的烧结过程受体积扩散控制。然而，在烧结实践中容易看到单一扩散机理的假设引起的偏差。低温烧结和烧结开始时，甚至于在快速加热过程中表面扩散起主导作用。表面扩散机理引起显微结构的粗化，消耗烧结驱动力而不引起致密化。在很高温度下的物质气相传输和腐蚀性烧结气氛也改变显微结构，但并不引起致密化。这两个机理降低烧结速率，结果，把压块烧结到指定的密度需要更长的时间和更高的温度。

2.6.5 指导烧结曲线的实例

氧化铝陶瓷 用细颗粒高纯 Al_2O_3 粉末制造压块，用立式管式炉烧结，用膨胀仪记录温度和收缩数据。试样以 $1℃/s$ 的加热速度快速升温到 $750℃$，然后用四个恒定加热速度，$8℃/min$、$15℃/min$、$30℃/min$ 和 $45℃/min$，在氧气环境中（压力 $1.7kPa$）把试样升温到 $1500℃$。用膨胀仪记录的数据计算出连续的密度-温度关系，结果绘于图 2-56。在烧结过程中清楚地显示出压块的开孔率是密度的唯一函数，不同加热速度的淬火试样的平均晶粒度大小与加热速度无关。可以认为指导烧结曲线需要的假设总体上都能满足。把图 2-56 的数据重新处理，把时间-温度曲线图做积分 $\theta(t, T(t))$ 得到烧结功，表观激活能用 488 ± 20kJ/mol，把相对密度和烧结功的关系绘成图 2-57。该图指明，烧结功 $\theta(t, T(t))$ 的值由烧结开始时的 10^{-21} 到高密度端激剧的增高到 10^{-15}，尽管加热速度变化六倍，各个烧结曲线仍然收敛成接近一条曲线。这就指出，不管烧结路径怎么变化，必然存在一条共用曲线，它就是前面已定义的指导烧结曲线。

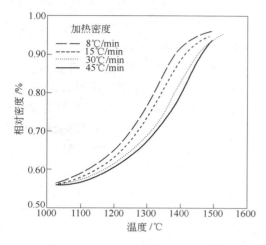

图 2-56　纯 Al_2O_3 在四个不同加热速度下把试样升温到 1500℃ 时温度与相对密度的关系[12]

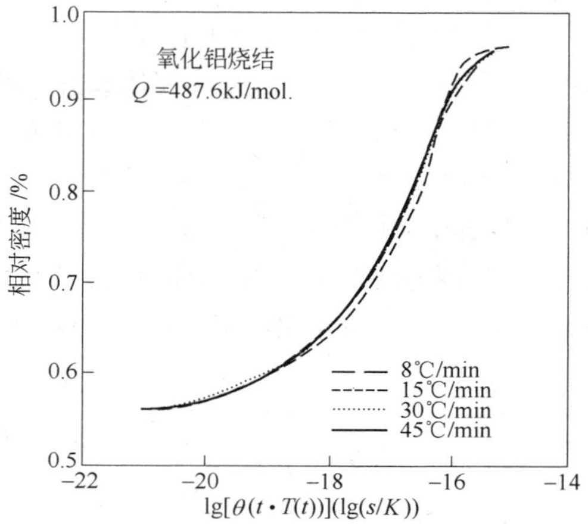

图 2-57　用图 2-56 数据构建的指导烧结曲线[12]

　　纯氧化铝和 5% 体积分数氧化钛或氧化锆体系，这是一个双相系统，粉末压块在 60min 内缓慢地升温到 800℃，并保温 10min，然后用 5℃/min 或 20℃/min 两个升温速度把温度升高到 1600℃。不同升温速度得到的指导烧结曲线绘于图 2-58，Al_2O_3-5ZrO_2（体积分数）的表观激活能用 730kJ/mol，Al_2O_3-5TiO_2（体积分数）的表观激活能用 685kJ/mol。

在中等密度范围内（理论密度的 60% ~ 90%）两个升温速度的曲线很好的收敛成一条曲线，在烧结开始时有一点分散。Al_2O_3-5ZrO_2（体积分数）材料在密度超过理论密度的 96% 时发生晶粒的反常长大，曲线发生明显的差异，这时在加热周期中显微结构的发展与加热曲线图有关，不再是密度的唯一函数。事实上在这个材料体系中，在密度超过理论密度的 96% 时，晶粒度-密度关系曲线上出现密度突然增长，这就指出孔洞离开晶粒边界并开始反常的晶粒长大。因此，这种材料在高密度范围内指导烧结曲线可能不适用。

　　纯钼用注射成形工艺研究纯钼的指导烧结曲线，采用的原料粉末特征列于表 2-24。

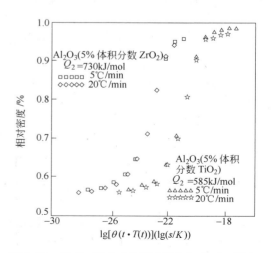

图 2-58　Al_2O_3-5ZrO_2（体积分数）和 Al_2O_3-5TiO_2（体积分数）的恒加热速度的指导烧结曲线[12]

在测量注射成形钼粉粒度以前，为了消除团聚体结构，钼粉进行过磨混。磨混以前 MIN 粉和 O-1，H-1 粉的平均粒度都是一样的，RTP 粉已添加了压制润滑剂，就引起了粉末团聚。掺有水溶性黏结剂的 H-2 粉末是喷雾干燥的粉末，O-2 粉末已用非水溶性黏结剂预蜡化处理，在用水分散法测量粉末粒度时，O-2 粉末的团聚体依然存在，而 H-2 粉的团聚体部分分散，这就是 O-2 和 H-2 粉末的平均粒度差别很大的原因。注射成形的原料是 O-1 和 H-1，它们含有标准的蜡-聚合物黏结剂及 52%（体积分数）的固体料。用注射成形的原料做出的拉伸试棒的横截面 6.5mm×3.2mm，标距长 25.4mm。在进一步加工以前这种试样在 60℃水浴中至少用 4h 溶解脱除黏结剂。另外的拉伸试样用模压成形，原料用 O-2 和 H-2 钼粉。团聚粉末过 100 目筛，模压试棒的横截面 645mm²，厚 6.35mm。用不同压制压力压制出的试样生坯的相对密度为 0.55、0.60、0.65、0.70 和 0.75。所有试样都要承受在流动 H₂ 中燃烧聚合物黏结剂和预烧结，其过程包括用 5℃/min 加热速度加热到 250℃，保温 2h，3℃/min 加热到 450℃，保温 2h，10℃/min 加热到 1000℃保温 30min。最后用氢气加热以便除去在聚合物燃烧时形成的任何碳或氧的沾污，工艺过程是 10℃/min 加热到 1000℃，保温 20min，3℃/min 加热到 1400℃，保温 2h。并以 10℃/min 的速度冷却到室温。

表 2-24　钼粉特性数据及符号

钼　粉	制造商	名　称　代　号	理论密度/g·cm⁻³	平均粒度/μm
H-1	HC Starck	MIN，已磨混的金属注射成形粉末	10.26	3.4
H-2		RTP 已预加润滑剂的模压粉末	10.20	14
O-1	Osram Sylvania	490/100MIN	10.22	2.8
O-2		490/100RTP	10.20	23

最终的致密化烧结实验用真空石墨加热炉，炉内残余气体压力是 0.13Pa。样品密封在一个钼盒内防止杂质浸入。为了建立指导烧结曲线，在致密化烧结实验过程中设计了几个特定的实验点。基准烧结周期是以 10℃/min 的加热速度升温到 1400℃并保温 20min。烧结温度超过 1400℃，从基准烧结周期起以不同的升温速度升高到不同的最高温度，烧结实验设计三个升温速度，1℃/min、2℃/min 和 5℃/min，三个最高温度 1600℃、1700℃和 1800℃，在三个最高温度下的保温时间分别是 1h、2h 和 10h，这个过程列于表 2-25。还有附加的 1100℃、1200℃和 1300℃/2h 低温烧结。这些低温试样不经受脱氧脱碳处理。用表 2-24 所载的各种钼粉和表 2-25 所列的各种烧结制度进行的实验为构筑各种指导烧结曲线提供了许多数据，并绘制出各类曲线系列。

图 2-59 是两个注射成形 O-1 和 H-1 钼粉的烧结功和相对密度间关系的指导烧结曲线图（用西格玛方程），两条曲线指出，在同一个烧结功的情况下，O-1 粉的致密化速度比 H-1 的快，它达到的最终密度比 H-1 的高，在达到理论密度时，O-1 和 H-1 的烧结密度没有任何差异。

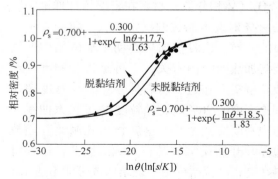

图 2-59　O-1 和 H-1 注射成形钼粉之间烧结反应的对比

表 2-25 指导烧结曲线实验的烧结周期

最高烧结温度/℃	1400℃以上的升温速度/℃·min⁻¹	最高温度下的保温时间/h	最高烧结温度/℃	1400℃以上的升温速度/℃·min⁻¹	最高温度下的保温时间/h
1600	1	1	1700	5	1
1600	2	10	1800	1	2
1600	5	2	1800	2	1
1700	1	10	1800	5	10
1700	2	2			

图 2-60 是加热脱除黏结剂和未脱除黏结剂的 H-2 钼粉模压压块的烧结曲线的对比（用西格玛方程），未脱除黏结剂的试样烧结反应稍微受阻，脱除了黏结剂试样的烧结速度快一些，在烧结功高的情况下最终密度是一样的。脱除黏结剂的试样烧结速度快的可能原因是其中不含碳。最终检查发现未脱除黏结剂的试样含有碳化物。这两种试样因为有同样的起始密度（0.700g/cm³），在做比较时自然排除了起始密度的影响。在用 H-2 粉末做模压试

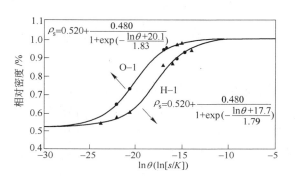

图 2-60 脱除和未脱除黏结剂的
H-2 粉的烧结反应

样时，因为起始的生坯密度不同（0.55~0.75g/cm³），在做比较时能把密度的影响孤立出来。图 2-61 表明，起始密度低的试样致密化速度快，但是，致密化曲线最终收敛到同一个数值，而与起始密度无关。用相对密度归一化方程把相对密度做归一化处理，结果给出了图 2-62 的单一曲线。相对密度归一化的成功可以把不同起始密度处理成一条指导烧结曲线。每条这样的曲线是粉末特有的，这样的曲线容许精确的预测烧结密度，即使起始密度不同也能做出预测。图 2-63 和图 2-64 是 O-2 粉模压成形的不同生坯密度的指导烧结曲线，图 2-63 是不同密度生坯的相对密度和烧结功的自然对数的关系，而图 2-64 是归一化的指导烧结曲线。这种归一化的曲线已经指出不一定非要强迫具有恒定的生坯密度。

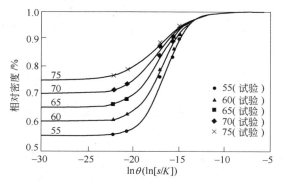

图 2-61 模压 H-2 粉压块的原始密度
对烧结指导曲线的影响

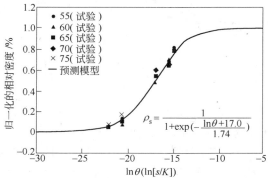

图 2-62 模压 H-2 粉压块的归一化处理的
烧结指导曲线

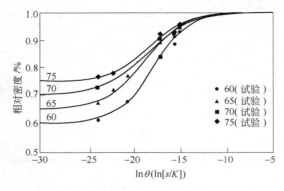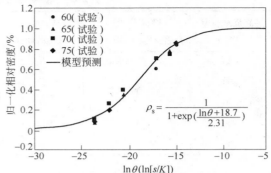

图 2-63　模压 O-2 粉压块的原始密度　　　图 2-64　模压 O-2 粉压块的归一化
　　　　　对烧结指导曲线的影响　　　　　　　　　处理的烧结指导曲线

　　图 2-65 是表 2-24 所列的 H-1、H-2、O-1 和 O-2 四种钼粉的归一化曲线，比较这些归一化的曲线可以把这几种粉的烧结性做一个总的比较。不同来源的粉末粒度不同，粒度严重影响致密化行为，细颗粒粉有较快的致密化速率，用 O 标志的粉的烧结性比用 H 标志的粉好，O-2 模压粉末是团聚体的粒度，它是用磨混过的注射成形粉生产出的 O-2 模压粉，在添加压制黏结剂以后发生的团聚作用，造成 O-1 和 O-2 的测量粒度不同。O-1 是 2.8 μm，而 O-2 是 23 μm。

　　图 2-66 是两种注射成形粉末 O-1 和 H-1 的归一化相对密度-时间-温度曲线之间的对比，图中的"等高线"指出了等温烧结的烧结时间，为了设计最佳烧结过程，这个图是一种很有价值的快速参考指南。

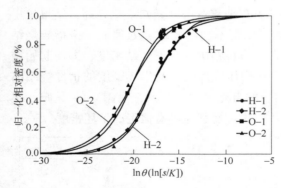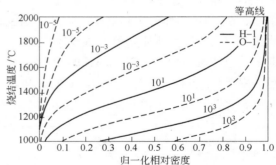

图 2-65　归一化处理的钼的指导烧结曲线　　　图 2-66　注射成形钼粉的时间-温度-密度的比较

　　纯铌，铌粉的平均粒度是 7.5 μm，把 57%（体积分数）的固体料和蜡-聚合物黏结剂混合成浆料，用注射成形法生产拉伸试棒。试样在 60℃ 水浴中用 2h 溶解脱除黏结剂，并在氢气炉中加热脱蜡，脱蜡工艺的加热速度是 5℃/min，在 260℃、440℃ 和 1150℃ 中间保温 1h。用三种不同的加热炉烧结，第一种炉子是真空烧结，真空度是 1.3×10^{-3} Pa，在 1600℃ 烧结 1h、1.5h 和 2h。第二种是石墨真空炉，真空度是 0.13Pa，试样在 1600℃ 烧结 1h，1800℃ 烧结 1h，2000℃ 烧结 2h 或 0.5h。第三组烧结实验用连续石墨推舟炉，烧结在很低的氧分压条件下操作，采用的加热过程是1600℃/1.5h、1800℃/2h和2000℃/1.5h。根据这些加热过程实验数据得到的相对密度和计算出的烧结功，构建了铌的烧结指导曲线，绘于图2-67。

高比重钨合金[16]研究三种高比重钨合金，其成分列于表2-26，W、Ni、Fe元素粉末精确称重，混粉30min，混合均匀的粉末用单轴向压机压成圆柱形试样，直径12.7mm，高10mm，试样的生坯密度达到理论密度的

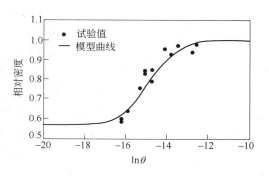

图2-67 铌的西格玛函数指导烧结曲线

60%。用膨胀仪连续测量收缩和收缩速度，加热过程列于表2-27。用这些数据构建指导烧结曲线和计算表观激活能，并可找出三种高比重材料的热膨胀系数，分别是83WHA-11.23×10⁻⁶K⁻¹、88-WHA-9.27×10⁻⁶K⁻¹和93WHA-7.83×10⁻⁶K⁻¹。除用膨胀仪方法以外，还用淬火法测量了试样的显微结构和密度，试样以10℃/min的加热速度升温到900℃，保温60min，还原粉末表面的氧化物。固相烧结试样用5℃/min升温速度升到淬火温度，保温0、30min、60min，当温度和保温时间到达以后试样直接淬入水中。液相烧结试棒用10℃/min

表2-26 高比重钨合金的成分

元　素	W	Ni	Fe
83% WHA			
质量分数/%	83.0	11.9	5.1
体积分数/%	68.5	21.2	10.3
88% WHA			
质量分数/%	88.0	8.4	3.6
体积分数/%	76.6	15.7	7.7
93% WHA			
质量分数/%	93	4.9	2.1
体积分数/%	85.6	9.7	4.7

表2-27 构筑高比重钨合金指导烧结曲线和求激活能用的烧结过程

固相烧结	液相烧结
第一过程 20~900℃，10℃/min，不保温 900~1500℃，2℃/min，保温10min 1500~20℃，10℃/min	第一过程 20~1455℃，15℃/min，不保温 1455~1500℃，1℃/min，保温10min 1500~20℃，10℃/min
第二过程 20~900℃，10℃/min，不保温 900~1500℃，5℃/min，保温10min 1500~20℃，10℃/min	第二过程 20~1455℃，15℃/min，不保温 1455~1500℃，2℃/min，保温10min 1500~20℃，10℃/min
第三过程 20~900℃，10℃/min，不保温 900~1500℃，10℃/min，保温10min	第三过程 20~1455℃，15℃/min，不保温 1455~1500℃，3℃/min，保温10min 1500~20℃，10℃/min

的升温速度升到1400℃，然后以5℃/min的升温速度升温到淬火温度。根据烧结制度绘出致密化参数 ψ 见图2-68(a)与烧结功的关系图和致密化比 ϕ 与烧结功的关系图见图2-68(b)。这些图就是经典的烧结指导曲线图。图2-68(b)的曲线可以粗略地分为三个区间：Ⅰ区是低温区，即固态烧结区，温度 $T < 1400℃$。Ⅱ区是中温区，或者过渡区，温度在 $1400℃ \leqslant T < 1455℃$ 之间。Ⅲ区是高温区，即液相烧结区，温度 $T \geqslant 1450℃$。图2-69表明在低温固相烧结区内，随着温度的升高显微结构不断变化。致密化的现象是很明显的，在较高的温度下W颗粒变圆并长大，这属于溶解沉淀过程。另外，这个图也显示出，当温度升高时W颗粒间的烧结颈发展变大，这有可能使W的晶界扩散造成材料的致密化。

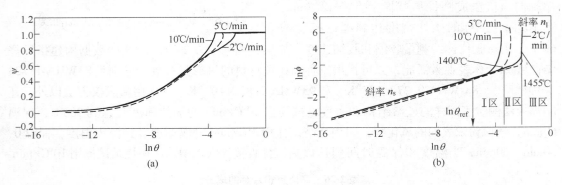

图 2-68　93W-4.9Ni-2.1Fe 的指导烧结曲线
(a) 致密化参数；(b) 致密化比

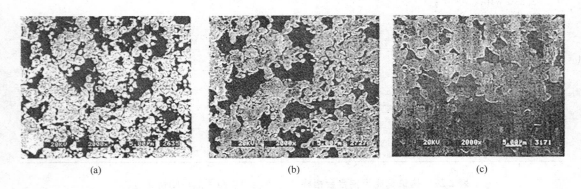

图 2-69　88W-8.4Ni-3.6Fe 高比重合金在固态烧结时的扫描电镜照片
(a) 1200℃不保温；(b) 1300℃不保温；(c) 1400℃不保温

　　图2-70是在添加剂熔化以后高比重合金材料的典型的显微结构，当试样温度升高到1480℃时，材料就完全致密，晶粒形貌更圆，这是在液相出现时造成更强的溶解沉淀的效果，小颗粒溶解，大颗粒长大。可以看出在致密化的过程中显微结构同时发生变化。高比重合金通过固相烧结和液相烧结来提高它们的密度，这些机理对致密化的相对贡献取决于添加相的总量和它的成分，W的晶粒度和烧结过程。从动力学观点做定量分析时，这些致密化机理，除粒子的重新排列过程以外，每个机理都与扩散激活能有关。表2-28是构建指导烧结曲线时各高比重合金在液相烧结和固相烧结过程中采用的激活能，它们是用最小残余均方差算出的。可以看出随着W含量的增加扩散激活能值略有增加。

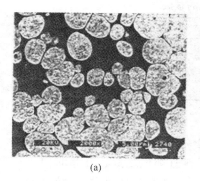
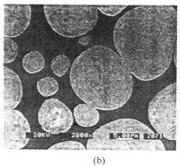
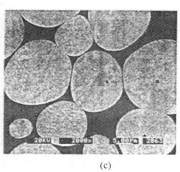

（a）　　　　　　　　　（b）　　　　　　　　　（c）

图 2-70　88W-8.4Ni-3.6Fe 在液相烧结过程中的扫描电子显微镜照片
（a）1480℃不保温；（b）1480℃保温 300min；（c）1480℃保温 60min

表 2-28　构建指导烧结曲线时各高比重合金在液相烧结和固相烧结过程中采用的激活能

合金牌号	固相区　Ⅰ区		液相区　Ⅲ区	
	$Q_S/kJ \cdot mol^{-1}$	残余均方差	$Q_L/kJ \cdot mol^{-1}$	残余均方差
83% WHA	262	22.5%	101	29.3%
88% WHA	367	17.7%	127	25.9%
93% WHA	387	15.9%	136	28.5%

　　图 2-71 是以指导烧结曲线为基础绘制的致密化函数 n_S（固相烧结）和 n_L（液相烧结）图，图 2-71（a）表明，在 1000～1400℃ 整个温度范围内，致密化的加热速度是 2～10℃/min，认为固态烧结致密化函数 n_S 是常数，此外，致密化函数与致密化速度有关，在固态烧结过程中，在钨含量增加的同时致密化速率略有增加。由图 2-71（b）看出，在液相烧结过程中和固态烧结一样，n_L 致密化函数随着钨含量的增加而提高，见表 2-29，此表 n 的变小与表 2-28 的激活能的增加趋势一致。

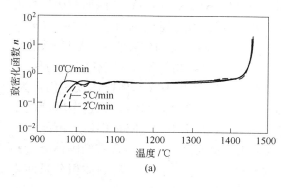
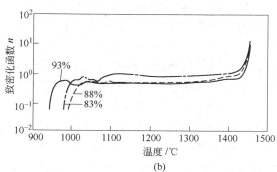

（a）　　　　　　　　　　　　　　　　　（b）

图 2-71　以指导烧结曲线为基础的致密化函数图
（a）93% WHA 致密化函数图；（b）不同合金的致密化函数图

　　在温度升高到 1400℃ 时，有几个致密化机理同时造成试样的收缩，各个机理的激活能是这些机理作用的相对速度的度量尺度，激活能越高，有关致密化过程的动力学速度越慢。

表 2-29　高比重 W 合金的指导烧结曲线的参数

材料参数	83% WHA	88% WHA	93% WHA
$\ln \theta_{ref}$	−4.12	−5.41	−5.47
n_S	0.756	0.606	0.513
n_L	19.9	18.0	14.2

晶界（97~234kJ/mol）和晶格（254~306kJ/mol）扩散进入添加剂的激活能较低。因此，在低温下最重要的事实是由这两个机理造成的 Ni-Fe 添加剂的烧结和它们的互扩散，形成面心立方的固溶体。添加剂相烧结引起的收缩和 W-Cu 系材料有类似之处，开始时由于扩散或黏性流动，固体添加剂相在 W 颗粒表面上摊开，结果，添加剂相填满 W 颗粒之间的细小孔洞，就生成 W-添加剂相的团块，下一步，这些团块在它们内部烧结，添加剂相的烧结颈胀大。图 2-69（a）、（b）可清楚地看出在 1200℃ 和 1300℃，液相添加剂摊平并填满细小的孔洞。

W 颗粒溶入面心立方添加剂 Fe-Ni 基固溶体相也促进致密化，这个过程进行的速率受 W 在 Ni-Fe 面心立方固溶体中的扩散激活能控制，此激活能约为 268~304kJ/mol。添加剂的烧结和 W 颗粒溶入添加剂只能引起中等程度的致密化（61.2%~64.8%）。那么，必然有其他机构在起作用，按激活能增长的顺序，下一个机理是 W 颗粒穿过添加剂相的溶解-沉淀，此过程的激活能是 295~306kJ/mol。一旦面心立方的添加剂相形成 W 的饱和或过饱和固溶体，溶解沉淀机构就很活跃。

由固相烧结区内的指导烧结曲线分析得到的激活能已列在表 2-28，它们处于 W 在添加剂相中的晶格扩散激活能（295~306kJ/mol）和 W 的晶界扩散激活能（370~385kJ/mol）之间。因此，可以预期大部分致密化是由这两个机构共同作用的结果。激活能随 W 含量的增加而提高（见表 2-28）和这个结论是一致的，因为它反映了 W 的晶界扩散机理贡献大，进而，在 W 含量增加的同时，这个结果和致密化函数 n_s 下降（表 2-29）是对应的。

过渡区（Ⅱ区）大约在 1400~1450℃ 区间内，在此区间内 Ni-Fe-W（添加剂相）面心立方固溶体熔化，液体总量（体积分数）随温度升高由 0% 连续的升高到 14%（93% WHA）、25%（88% WHA）和 36%（83% WHA）。因此，在同一时间内存在有固相和液相致密化机理同时起作用。但是，随着温度升高，液相烧结比固相烧结变得越来越重要。因此，不可能只用一个恒定的激活能数值 Q 和一个恒定的致密化函数 n 来描述致密化行为。Q 用 Q_S 和 Q_L 随着温度变化的连线的内插法确定（n 用实验数据计算）。在这个区域内生成的液相能渗透过 W 颗粒的烧结颈，并在几分钟内把颗粒分开。这使重排机理可能发挥致密化的效能，重排是一个很快的过程。它对致密化贡献的总量随材料含有的固体分量和加热速度而变化。在这个区域内，起点处合金的密度比较高，合金中 W 的体积分量使得重排不能对致密化做出有意义的贡献，只能起较小的作用。

液相烧结区（Ⅲ区），致密化到 100% 相对密度主要依靠 W 颗粒穿过 Ni-Fe-W 液相的溶解-沉淀，因为这是激活能最低的激活过程。它的激活能约为 24.3~78.9kJ/mol。实验决定的液相区的激活能比固相区的低得多。比较图 2-69 和图 2-70 可以看出，在液体形成以后 W 颗粒的烧结颈数量比固态烧结时的少，这证明在过渡区内液体生成的过程中大部分烧结颈断开,这也就意味着液相区和固相区相比,晶界扩散机构的贡献减小。

2.6.6 指导烧结曲线的应用

在实践中可以用指导烧结曲线估算烧结致密化激活能,也可用来预测烧结致密化的结果。

求表观烧结激活能 致密化激活能是说明在烧结过程中基本扩散机构的一个特征数,习惯上用恒温烧结或恒加热速度烧结的收缩速率数据,用阿仑尼亚斯方程计算。也可用指导烧结曲线估算激活能。

开始,估计一个激活能 Q,并用 $\theta(t, T(t))$ 积分计算所有加热曲线图的指导烧结曲线,如果给出了正确的 Q 值,所有的数据点就收敛成一条单一的曲线。一条多项式方程曲线能和所有的数据点相关,其后,通过与相关线有关的各点的残余均方和可量化各点收敛成的相关线。另外一个估算 Q 的方法仍然是先估计一个 Q,做 $\theta(t, T(t))$ 积分计算出所有加热曲线的指导烧结曲线。当发现最好的 Q 值时,平均残余均方差(残余均方差之和除以样本的总数目)有极小值。图 2-57 上的氧化铝烧结数据的平均残余均方差的分析结果示于图 2-72,与极小值相对应的激活能约为440kJ/mol,此值与由收缩速率计算出的激活能 488kJ/mol 很接近。

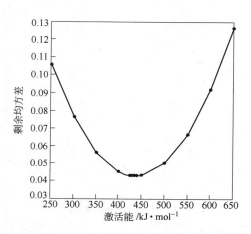

图 2-72 用氧化铝的烧结指导曲线
求烧结激活能

在构建钼的指导烧结曲线时也估算过钼的扩散激活能。回归分析的相关指数 R^2 出现极大值时对应的激活能值290kJ/mol 就是钼的扩散致密化激活能见图 2-73,对应这个激活能值回归分析有最好的相关性。它处在晶界扩散和体积扩散激活能之间的位置。图上标出的晶界扩散,表面扩散和体积扩散激活能相应是 263kJ/mol。241kJ/mol 和418kJ/mol,这也暗示致密化是混合扩散机理。通常,把求出的表观激活能和文献发表的特定的扩散路径(即表面扩散,晶界扩散或体积扩散)的激活能数据进行比较,可以帮助鉴定出烧结的主要扩散机理。

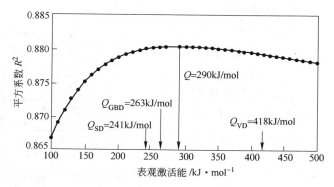

图 2-73 由回归分析的相关指数求出钼的表观激活能

用人为设计的烧结实验，可以算出它的烧结功并绘出与实测相对密度点之间的指导烧结曲线，可依据下式算出残余均方差：

$$MRS = \sqrt{\frac{1}{\rho_s - \rho_0} \int_{\rho_0}^{\rho} \frac{\sum_{i=1}^{N} \left(\frac{\theta_i}{\theta_{avg}} - 1 \right)^2}{N} d\rho}$$

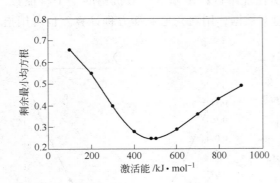

图 2-74　95W-3Ni-2Fe 的表观激活能
与残余均方差的关系

式中，N 为实验数据点的数目；θ_{avg} 为所有 θ_i 除以 N 的平均值。作出残余均方差对表观激活能的关系图，极小剩余均方差的数值对应点就是表观激活能。图 2-74 就是根据这个原理作出的 95W-3Ni-2Fe 合金的激活能与残余均方差的关系图，曲线极小值对应的激活能 482kJ/mol 就是 95W-3Ni-2Fe 高比重合金的表观烧结激活能。

在评估这种方法时必须考虑几个因素：（1）这是基本的统计分析方法，因此，结果的精确性取决于样本容量，样本数据少，结果可能产生较大的偏差。（2）在原始数据中表面扩散的作用应当降到极低的水平。（3）一些材料的烧结密度达到并超过理论密度的 95% 会发生晶粒的反常长大，这时烧结的数据点不能很好收敛，因此，在开始分析时不包括取自高密度的点，以便避免在做最小残余均方差的处理过程中产生混乱。

预测烧结结果，预测致密化的一个障碍是很难定量分析烧结过程中的显微结构的发展，以及烧结过程中的显微结构的发展对烧结动力学的影响，因为指导烧结曲线是密度的单值函数，它就绕过了这个障碍。曲线本身不依赖加热历史。指导烧结曲线包含了生坯结构，孔洞尺度的分布及原材料粒度分布对烧结行为的影响。一旦确定了某一特定烧结过程中的显微结构的发展，对应确定粉末系统的指导烧结曲线，就能用来预测压块在人为制订的时间-温度烧结历程中的烧结行为。计算人为的温度-时间加热曲线图的积分产生指导烧结曲线横坐标上的一个点，找出那一点对应的纵坐标值就能得到预测的密度。现以 Al_2O_3 做一个实例，以恒加热速度烧结实验得到的模型可用来预测恒温烧结的结果，两者加热路径的区别很大。样品以 100℃/min 的加热速度升温到恒温烧结的实验温度，1185℃ 或者 1315℃，同时在这个温度下保温不同时间，最长保温时间是 180min，并淬火到室温。计算 $\theta(t, T(t))$，由图 2-57 的曲线得到预测的密度对烧结时间的函数，绘于图 2-75，实测的相对密度

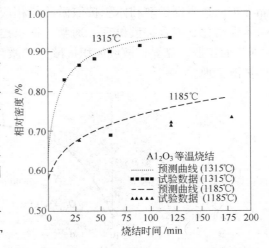

图 2-75　Al_2O_3 的恒温烧结实验数据与
预测的致密化结果的比较

也标于该图上。由图可以看出，预测的曲线与最高温度 1315℃ 实验结果的相关性很好，而低温 1185℃ 实验数据与预测的曲线有一点偏离，这点偏离与 Al_2O_3 在恒温低温烧结时表面扩散对烧结的严重阻碍作用有关。表面扩散对恒加热速度烧结的结果没有多少影响，因为在这个区间内没有经历较长时间。那么，指导烧结曲线最好应用于高温或快速加热的场合，晶界扩散或体积扩散在这种场合占主导地位。

参 考 文 献

[1] М・Ю・Бальшин. 粉末金属学[M]. 韩凤麟译. 北京：机械工业出版社，1962.

[2] 黄培云等著. 粉末冶金基础理论与新技术[M]. 长沙：中南工业大学出版社，1995.

[3] 谢辉等. 钼粉冷等静压成形规律[J]. 铸造技术. 2007，28(4)：480.

[4] 王盘鑫主编. 粉末冶金学[M]. 北京：冶金工业出版社，1997.

[5] Stanislaw Stolarz Shrinkage during isostatic pressing of Mo powder[J]. High Temperature and High pressures 1982，14：21.

[6] J. H Bechhold E. T Wessel The Metal Molybdenum [M]. Amer. Society for Metals Metals Park OH，1958，218.

[7] 筒井文一等. 钼粉粒度与压坯密度的关系研究[J]. 钨钼材料，1974，(10)：2.

[8] J. D. Hansen D. L. Johnson Combined-Stage Sintering Model[J]. J. Am. Ceram. Soc 1992，75(5)：1129.

[9] J. Wang and R. Raj Estimate of the Activation erengies for boundary diffusion from Rate Controlled Sintering of Pure Alumina and Alumina Doped with Zirconia and Titania[J]. J. Am. Ceram. Soc 1990，73(5)：1172.

[10] M. Y. Chu. et al. Effect of Heating Rate on sintering and coarsening [J]. J. Am. Ceram. Soc 1991，74(6)：1217.

[11] J. Zhao and M. P. Harmer Sintering of Ultra-high purity Alumina Doped simultaneously with MgO and FeO [J]. J. Am. Ceram Soc. 1987，70(12)：860.

[12] H. Su and D. Lynn. Johnson Master sintering Curve：A Practical Approach To Sintering[J]. J. Am. Ceram. Soc 1996，79(12)：3211.

[13] W. D. Kingery：J. Appl. phys[M]. 1959，30(3)：301.

[14] D. C. Blaine J. D. Gurosik：Master Sintering Curve Concepts as Applied to the Sintering of Molybdenum [J]. Metall and Mater. 2006，37A：715.

[15] S. J. Park. et al. densification behavior of WHeavy Alloy Based on Master sintering Curve Concep[J]. Metall. And Mater. Trans 2006，37A：2837.

[16] D. C. Blaine. S. J. Park：Application of Work-of-Sintering Concepts in Powder Metals[J]. Metall. And Mater. Trans[J]. 2006，37A：2827.

[17] M. H. Teng et al Colculate of activation energy for alumina Western. Pacific. Earth. Sci [J]. 2002，2(2)：171.

[18] T. K. Gupta Possible correlation between Density and Grain Size during Sintering[J]. J. Am. Ceram. Soc 1972，55(5)：276.

[19] G. Aggarwal Master's Thesis[M]. The Pennsylvania State University，University Park，PA 2003，28-36.

[20] Н. Н. МОРГУНОВА. 钼合金[M]. 徐克玷，王勤译. 北京：冶金工业出版社，1984.

[21] B. V. Cockeram Metall. and Mater. Trans. The fracture Toughness and Toughening Mechanism of Mo. ODS Mo with an Equiaxed Lage Grain Structure[J]. 2009，40A：2843.

[22] Waltraud. W Fritz. A The joining of refractory metals by hot isostatic pressing[J]. High-Temperatures—High-Pressures 1982，14：183.

3 真空冶金和钼的熔炼铸造

3.1 概论

有了合格的钼粉，生产钼材的下一道工序就是用粉末冶金工艺或真空熔炼铸造工艺生产铸锭坯料，我国在 20 世纪 50 年代开始研究钼和钼合金时，当时钼粉生产也处于刚刚起步阶段，生产出的钼粉质量不够稳定，大都用来生产炼钢条或普通拉丝条，尚不能满足制造大型钼粉末冶金制品的工艺要求。另外，当时生产大型钼锭的粉末冶金设备，如等静压机、高温烧结炉等，都是空白。因此，钼材研究都采用真空电弧熔炼，或真空电子束熔炼（设备进口）工艺。同步开展了装备的研究，到 20 世纪 80 年代，2300℃ 的高温烧结炉和各种规格的冷等静压机研究成功并调试投产，粉末冶金工艺得到快速的进步。另外，由于真空熔炼工艺的成本高，材料利用率低，产品价格昂贵。而用粉末冶金工艺生产的钼制品的成本低廉，在实践中逐步取代了熔炼工艺，使产品价格大幅下降，大大扩展了钼材在军工和民用方面的应用领域，促进了钼材研究的大发展。

时至今日，在钼的研究和生产方面大力发展低成本的粉末冶金工艺无疑是正确的，但普遍忽视或放弃研究发展熔炼工艺也是片面的，从我国钼的研究和发展历史来看，对于低端产品，大量的民品，它们对于钼的性能要求比较单一，未提出严格的综合性能要求，大部分对产品的技术要求只涉及尺寸及外观，普通粉末冶金工艺生产的产品基本都能满足要求。但是，现阶段有些国防应用和民用精品，要求极严格控制钼产品综合机械性能，要求超低间隙杂质、碳、氧含量。国防上要高性能高合金钼合金、高纯度、高密度、高均质性产品，粉末冶金加工产品无法满足对产品提出的苛刻的工艺技术要求。而用真空熔炼铸造工艺，因为金属钼材要经过高温液态冶金反应，高真空净化处理，所以金属钼的纯度，脱氧除碳的深度，结晶致密度，合金化的程度及合金元素的分布均匀性等指标都远远超过粉末冶金制品，可以做出更高质量的钼制品。

在钼材的研究和生产过程中应当包括粉末冶金和真空熔炼两条工艺路线，取长补短，互相补充，这样金属钼材的生产才能全面发展，其产品既能满足低端大路货的要求，又能满足高精尖的需要。

3.2 真空冶金的基本原理

普通冶金和真空冶金的基本区别在于，普通冶金在大气条件下熔炼，常态大气压约为 101.33kPa，真空冶金在高真空条件下熔炼，炉内压力可降到 $1 \sim 10^{-3}$Pa。在普通冶金过程中冶金的气相反应达到平衡条件时，而在真空冶金的低压条件下反应远未达到平衡状态，反应仍要向更深度方向发展，继续强化冶金反应。在真空冶金条件下，金属中杂质的挥发、气体的逸出、脱氧、除碳等反应进展的程度要比普通冶金条件下进展得更完善，更彻底。

3.2.1　拉乌尔定律、亨利定律和朗格缪尔方程

在等温条件下研究溶液的蒸汽压与溶液的组分之间的关系时发现，有些溶液的蒸汽压与组分之间有线性关系。当溶液中的某组分 B 所占的比例趋近 1 时，即 B→1，它的蒸汽压与浓度之间呈线性关系，可写成下式：

$$p_B = p_B^* \cdot X_B$$

式中，p_B 为组分 B 的浓度为 X_B 时的平衡蒸汽压；p_B^* 为纯组分 B 在同温度下的平衡饱和蒸汽压。这种线性规律称为拉乌尔定律。在整个浓度范围内都服从拉乌尔定律的溶液称为理想溶液。当组分 B 的浓度趋向于 0，即 B→0，溶液为稀溶液。此时的组分 B 的蒸汽压与它的浓度呈线性关系，可写成：

$$p_B = K_{H(X)} \cdot X_B$$

式中，$K_{H(X)}$ 为比例常数。这种稀溶液的线性关系称为稀溶液的亨利定律，服从亨利定律的溶液称为稀溶液。当 $X_B = 1$ 时，那么就会有 $p_B = K_{H(X)}$，即相当于实际纯物质 B 的蒸汽压 p_B^*，因而可以把 $K_{H(X)}$ 视做为纯物质 B 的蒸汽压，又称做假想纯物质 B 的蒸汽压。见图 3-1 右边纵坐标下边与 $p_B = K_{H(X)_{p_B}} \cdot X_B$ 的曲线的交点，$X_B = 1$。

在组成理想溶液时，异种质点之间的交互作用能 U_{AB} 和同种物质质点之间的交互作用能 U_{AA} 和 U_{BB} 间的关系为：

$$U_{AB} = \frac{1}{2}(U_{AA} + U_{BB})$$

但是在实际溶液中的组分 B 的蒸汽压与浓度间呈非线性关系，如图 3-1 所示。因为溶液中的异类原子之间的相互作用能 U_{AB} 不等于同类原子相互作用能 U_{AA} 和 U_{BB}，当 $U_{AB} < \frac{1}{2}(U_{AA} + U_{BB})$ 时，对拉乌尔定律形成正偏差，而当 $U_{AB} > \frac{1}{2}(U_{AA} + U_{BB})$ 时，则形成负偏差。

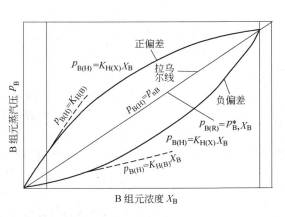

图 3-1　实际溶液的蒸汽压曲线

由图 3-1 可以看出，实际溶液的组分 B 的浓度在两纵坐标的截距处是曲线的两端，$X_B \to 1$ 或 $X_B \to 0$ 时，蒸汽压曲线服从拉乌尔定律和亨利定律，是直线关系。而在浓度两端点之间蒸汽压与浓度之间不是直线关系。要想使实际溶液的浓度和蒸汽压的关系符合拉乌尔定律和亨利定律，维持直线关系，要对浓度进行修正，即在实际溶液范围内，引入修正浓度的拉乌尔定律和亨利定律，计算实际溶液中组分 B 的蒸汽压。

浓度修正后的组分 B 的拉乌尔定律可表述为：

$$p_B = p_B^* \gamma_B X_B = p_B^* \alpha_{B(R)}$$

修正后的浓度称为活度，用 $\alpha_{B(R)}$ 表示，修正系数 γ_B 称活度系数，因而有：

$$\alpha_{B(R)} = \frac{p_B}{p_B^*}$$

$$\gamma_B = \frac{p_B}{p_B^* X_B} = \frac{p_B}{p_{B(R)}}$$

或者写成：

$$\gamma_B = \frac{\alpha_{B(R)}}{X_B}$$

上列各式中 $p_{B(R)}$ 为组分 B 在浓度为 X_B 时理想溶液的蒸汽压；$\alpha_{B(R)}$ 为根据拉乌尔定律，组分 B 在浓度为 X_B 时的活度。

若以亨利定律为参考基准，对浓度进行修正以后，修正后的浓度也称活度，则：

$$p_B = K_{H(X)} f_B X_B = K_{H(X)} \alpha_{B(H)}$$

式中，f_B 为修正系数（活度系数）；$\alpha_{B(H)}$ 为活度（修正后的浓度）。和上面的拉乌尔定律一样，可写成：

$$\alpha_{B(H)} = \frac{p_B}{K_{H(X)}}$$

$$f_B = \frac{p_B}{K_{H(X)} X_B} = \frac{p_B}{p_{B(H)}} = \frac{\alpha_{B(H)}}{X_B}$$

上列各式中 $p_{B(H)} = K_{H(X)} X_B$ 为组分 B 在浓度为 X_B 时，如果溶液是稀溶液，就是组分 B 的蒸汽压。$\alpha_{B(H)}$ 是以亨利定律为基础，组分 B 在浓度为 X_B 时的活度。由上面的分析可以得出活度的定义式为：

$$\alpha_B = \frac{p_B}{p_{B(标)}}$$

p_B 是实际溶液的浓度为 X_B 时的 B 组元的蒸汽压，X_B 为摩尔分数，也可以用质量分数，$p_{B(标)}$ 代表 $K_{H(X)}$ 和 p_B，它们是纯物质或假想纯物质的蒸汽压，也是拉乌尔定律和亨利定律的比例常数。

朗格缪尔（Langmuil）方程是计算在高真空状态下物质挥发速率的公式，在高真空状态下，气体处于分子流状态，它们的自由路程很长，大于容器的容积尺度，分子之间无碰撞，它们只与容器壁相撞碰而产生压力。气体分子在单位时间内撞向单位容器面积的分子数目称为分子入射率，用 ϕ 表示，从统计物理学的概率计算得出：

$$\phi = \frac{1}{4} n \bar{V}$$

式中，n 为单位体积中的分子数；$\bar{V}$ 为气体分子运动速度的算术平均值。在分子流状态条件下达到平衡时，单位面积上飞离的分子数等于分子入射率 ϕ，即单位时间内自单位面积上飞离的分子数等于单位时间内碰撞到单位面积上的分子数，则蒸发速率用下式表示：

$$\omega = \alpha m \phi$$

式中，ω 为蒸发速率；m 为单个分子质量；α 为凝聚系数，分子在凝聚过程中一部分未凝聚又重新返回，α 一般小于 1，朗格缪尔证实一般金属材料的 $\alpha \approx 1$，应用气体分子运动论的有关知识，可进一步求出 ω 的计算式，因为已知理想气体运动方程为：

$$pV = \left(\frac{W}{M}\right) RT$$

式中，p 为压强；V 为体积；W 为体积 V 中的气体重量；M 为该气体的摩尔量；R 为气体常数。由理想气体运动方程式导出单位体积中的分子数 n 为：

$$n = \frac{W}{M} \frac{N_A}{V}$$

式中，N_A 为阿伏伽德罗（Avogadro）常数，数值为 $6.023 \times 10^{23}/\text{mol}$。把上两式合并化简：

$$pV = n \frac{V}{N_A} RT$$

$$n = \frac{pN_A}{RT}$$

若取 $R = 6.236$ 代入计算：

$$n = 7.24 \times 10^{16} \frac{p}{T} \quad (\text{Pa/K})$$

由麦克斯威尔气体运动论可知，在任何时候分子运动的速度都不相等，其算术平均速度，即气体中各分子的速度的平均值为：

$$\overline{V} = \sqrt{\frac{8RT}{\pi M}} = 1.45 \times 10^4 \sqrt{\frac{T}{M}} \quad (\text{cm/s})$$

根据 n 和 $\overline{V}$ 的计算结果，可以求得

$$\phi = \frac{1}{4} n \overline{V} = \frac{1}{4} \times 1.45 \times 10^4 \sqrt{\frac{T}{M}} \times 7.24 \times 10^{16} \times \frac{p}{T} = 2.63 \times 10^{20} \times p \sqrt{\frac{1}{MT}}$$

已知 ϕ 和 $m = M/N_A$，可求出 ω

$$\omega = \alpha m \phi = \alpha \frac{M}{N_A} \times 2.63 \times 10^{20} p \sqrt{\frac{1}{MT}}$$

$$= 4.37 \times 10^{-4} \times \alpha p \sqrt{\frac{M}{T}} \quad (\text{g/(cm}^2 \cdot \text{s)})$$

$$= 2.63 \times 10^{-2} \times \alpha p \sqrt{\frac{M}{T}} \quad (\text{g/(cm}^2 \cdot \text{min)})$$

$$= 1.573 \times 10^0 \times \alpha p \sqrt{\frac{M}{T}} \quad (\text{g/(cm}^2 \cdot \text{h)})$$

时间单位不同（h，min，s），ω 的公式相差 60、3600 倍。可由蒸发速率公式求出蒸发量。也可用物质的蒸发速率公式，由蒸发量求蒸发速率，反过来由蒸发速率可求出蒸汽压：

$$p = 17.15 \times \frac{\omega}{\alpha} \sqrt{\frac{T}{M}} \quad (\times 133.322\text{Pa})$$

$$p = 2.29 \times 10^3 \frac{\omega}{\alpha} \sqrt{\frac{T}{M}} \quad (\text{Pa})$$

根据 ω 公式也可求出各组元 a、b、c 的蒸发速率 ω_a、ω_b、ω_c 等，求出各组元的相对挥发速率，排出各组元的挥发速率顺序，判断在真空冶金过程中各种杂质的挥发难易程度及净化的效果。

3.2.2 金属的蒸发

在真空冶金过程中，通过杂质元素的蒸发，特别是有害杂质的蒸发，可以大大提高基体金属的纯度。金属杂质的蒸发与它们的蒸气压有密切关系，蒸气压高的元素在真空条件

下蒸发速度较快，反之，蒸气压低的元素挥发速度慢，易留在铸锭中。纯金属元素的蒸气压与温度的关系可用克劳修斯-克来普朗公式表示，即

$$\frac{\mathrm{d}p}{\mathrm{d}T} = \frac{L}{T(v_g - v_1)}$$

式中，p 为纯金属的蒸气压；T 为金属的温度；L 为金属的蒸发潜热；v_g 为金属在气态时的摩尔体积；v_1 为金属在液态时的摩尔体积。上式由于 $v_g \gg v_1$，故可改写成：

$$\frac{\mathrm{d}p}{\mathrm{d}T} = \frac{L}{Tv_g}$$

在低压条件下气体遵守理想气体定律，即

$$pv_g = RT, \quad v_g = \frac{RT}{p}$$

把此式代入上式，则

$$\frac{\mathrm{d}p}{\mathrm{d}T} = \frac{Lp}{RT^2}$$

移项后则

$$\frac{\mathrm{d}p}{p} = \frac{L}{RT^2}\mathrm{d}T$$

把这个公式按两种情况做积分处理，L 是金属的气化潜热，它不随温度变化，是一个常数。另外，也可以认为它是温度的函数，随温度而变化。当 L 为常数时，积分：

$$\frac{\mathrm{d}p}{p} = \frac{L}{RT^2}\mathrm{d}T$$

$$\ln p = -\frac{L}{R}T^{-1} + C$$

若用常用对数则

$$\lg p = -\frac{L}{2.303R} \times \frac{1}{T} + \frac{C}{2.303}$$

如令 $A = \dfrac{-L}{2.303R}$，$D = \dfrac{C}{2.303}$　则

$$\lg p = AT^{-1} + D$$

更为实际的情况是蒸发潜热 L 随温度而变化，则

$$L = L_0 + aT + bT^2 + cT^3 + \cdots$$

忽略 T 的高次项后，代入克劳修斯-克来普朗公式，得到

$$\mathrm{d}\ln p = \frac{L_0}{RT^2}\mathrm{d}T + \frac{a}{RT}\mathrm{d}T + \frac{b}{R}\mathrm{d}T + \frac{c}{R}\mathrm{d}T + \cdots$$

积分后得到

$$\ln p = \frac{-L_0}{RT} - \frac{a}{R}\ln T + \frac{b}{R}T + \cdots + C$$

自然对数换底成常用对数，得到

$$\lg p = \frac{-L_0}{4.575T} - \frac{a}{1.987}\lg T + \frac{b}{4.575}T + \cdots + 常数$$

省去中间各项后，用 A、B、C、D 代替各项的系数，则

$$\lg p = AT^{-1} + B\lg T + CT + D$$

难熔金属 W、Mo、Ta、Nb、Cr 及其他一些金属的蒸气压与温度的关系曲线绘于图 3-2，钼及钼合金中常用的合金元素及杂质元素的蒸气压公式中的 A、B、C、D 系数列于表 3-1。一些元素的蒸气压由高到低的排列顺序为 As、Cd、Zn、Mg、Sb、Ca、Bi、Pb、Mn、Al、Sn、Cu、Si、Cr、Fe、Ni、Co、Ti、Mo、W。

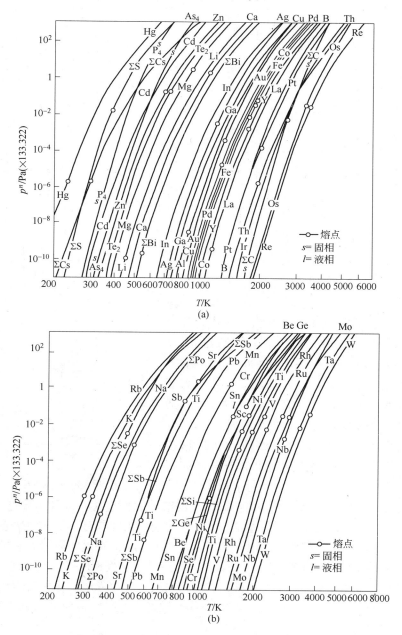

图 3-2　若干元素的蒸气压曲线

表 3-1　若干物质的蒸气压（×133.322Pa）及几种物理常数

物质	lgP				温度范围/K	熔点(mp)/℃	沸点(Bp)/℃	沸点的汽化潜热/kcal·mol⁻¹(4.184kJ/mol)	熔化潜热/kcal·mol⁻¹(4.184kJ/mol)
	+A	+B	C×10³	D					
As	−6160	—		9.82	600～900	603	622	27.3±2.5(mp)	
Bi	−104000	−1.26	—	12.35	mp～Bp	271	1680	42.8±2.0	2.6±0.05
Cd	−5819	−1.257	—	12.287	594～1050	321	765	23.9±0.3	1.53±0.04
Cr	−20680	−1.31	—	14.56	298～mp	1857	2690	81.7±1.5	5.0±0.6
Cu	−17520	−1.21	—	13.21	mp～Bp	1083	2570	73.3±1.5	3.1±0.1
Fe	−19710	−1.27	—	13.27	mp～Bp	1536	3070	81.3±3.0	3.29±0.1
Mo	−34700	−0.0236	−0.145	11.66	298～Bp	2620	4650	141.2±5.0	8.5±0.3
Nb	−37650	0.715	−0.166	8.94	298～mp	2468	4750		7.0±1.0
Ni	−22400	−2.01	—	16.95	mp～Bp	1453	2920	89.6±4.0	
Pb	−10310	−0.985	—	11.16	mp～Bp	327	1740	42.5±0.5	1.15±0.03
Re	−40800	−1.16	—	14.20	298～3000	3180	5650		8.0±1.0
Sb	−6500	—		6.37	mp～Bp	631	1675	3.94±0.8	9.5±0.2
Si	−20900	−0.565	—	10.78	mp～Bp	1412	3280	91.6±2.5	12.1±0.4
Ti	−23200	−0.66	—	11.74	mp～Bp	1670	3285	101.7±2.5	3.5±0.5
W	−44000	0.5	—	8.76	298～mp	3410	5500	197.0±5.0	(8.4)
Zr	−30300	—		9.38	mp～Bp	1857	4400		4.6±0.7

注：$\lg P = AT^{-1} + B\lg T + CT + C$。

实际上在真空熔炼净化除杂时，杂质并不是处于纯元素状态，而是处于合金元素状态，它们各自的蒸气压与活度有关。纯元素的蒸气压与合金组分的蒸气压之间有活度系数相连，$p_B = p_B^* \cdot x_B$，p_B^* 为纯元素的蒸气压，$p_B = p_B^* \gamma_B x_B = p_B^* \alpha_{B(R)}$，$\alpha_{B(R)}$ 为活度，p_B 是组分 B 的蒸气压，在真空熔炼过程中，杂质及合金元素的挥发净化可分为三个阶段：（1）待蒸发元素及杂质由熔池金属内向熔池表面迁移扩散；（2）表面蒸发；（3）在气相中扩散迁移。如图 3-3 所示。

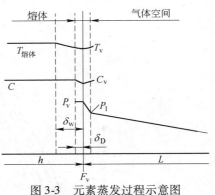

图 3-3　元素蒸发过程示意图

假设金属液体中待蒸发元素的浓度为 C，它向液体表面迁移，当到达接近液体表面时，表面有一个薄的边界层，层厚 δ_D，在边界层中迁移的杂质浓度稍有下降，到达表面处的杂质浓度为 C_v，熔池的蒸发表面积 F_v，熔池深度（液体深）为 h。在这一阶段元素的迁移量 I 与液体的对流速度 v 和浓度 C 有关，$I = vC$。若这一阶段没有对流和搅拌，传质过程就是扩散过程，元素迁移扩散过程遵循菲克第一和第二定律，物质通过边界层的速率与熔池内物质的浓度 C 和表面层内的浓度 C_v 的差成正比，单位时间内通过表面层 F_v 的物质通量 J 为：

$$J = -\frac{F_v D}{\delta_D}(C - C_v)$$

若迁移的物质重量为 W，则 $W = v\rho$，v 和 ρ 分别为物质的体积和密度，按物料平衡原则，应当有下面的平衡关系：

$$J = W\frac{\mathrm{d}C}{\mathrm{d}t} = -\frac{F_v D}{\delta_D}(C - C_v)$$

$$\frac{\mathrm{d}C}{\mathrm{d}t} = -\frac{F_v D}{v\rho\delta_D}(C - C_v)$$

$$\int_{C_0}^{c} \frac{\mathrm{d}(C - C_v)}{(C - C_v)} = \int_0^t -\frac{F_v D}{v\rho\delta_D}\mathrm{d}t$$

积分运算以后可得到：

$$\ln\frac{C - C_v}{C_0 - C_v} = -\frac{F_v D}{v\rho\delta_D}t$$

令 $K_D = \dfrac{D}{\delta_D}$ 为扩散传质的速度常数，则

$$\frac{\mathrm{d}C}{\mathrm{d}t} = -\frac{1}{\rho} \cdot \frac{F_v}{v} K_D(C - C_v)$$

待蒸发元素到达熔池表面时蒸气压为 p_v，温度和浓度分别为 T_v 和 C_v，元素蒸发后由液相变成气相。在熔体（熔池）的上方为气相，熔池上表面有边界层，在经过边界层以后蒸发成气体的压强由 p_v 降到 p。显而易见，元素蒸发进入气相空间以后，它的迁移速率受空间残余压力控制。在真空度相对不高的情况下，随着真空度的提高，残余气体压力下降，蒸发迁移速度加快。但是，到高真空以后再进一步提高真空度，蒸发速率不会再加快，达到了所谓临界压强。此时若再进一步提高真空度，真空机组的投资加大，元素蒸发速率的加快与投资的增长不匹配，投资没有增加效益。

系统达到高真空度以后，气体分子达到分子流状态，蒸发速率可以用下面的朗格缪尔方程计算：

$$\omega = 1.573 \times 10^0 \times \alpha p_v \sqrt{\frac{M}{T}}$$

要理解温度和压力对蒸发速率的影响，即提高真空度使分子运动的自由行程加大，分子之间无碰撞，蒸发速率加快。提高温度可以提高表面压力，效果一样。人们在实际生活中对温度、压力、蒸发之间的关系都有体验，在一个大气压（101.33kPa）下，水在 100℃沸腾，再进一步加热，水温保持不变，水蒸发加快。改变环境压力，能改变温度-蒸发之间的关系，当环境压力为 101.55kPa 和 2.33kPa 时，水的沸点分别为 100℃和 20℃，当压力降到 0.61kPa，水在 0℃就能沸腾。显然，在真空条件下可极大的提高蒸发速度。

降低蒸发空间的压强，可以大大地降低金属的蒸发温度。表 3-2 给出了在 101.32kPa（大气压）和 101.32Pa 的压力下各种金属的蒸发数据。由表列数据可以看出，环境压力降低 0.1%，在真空技术上没有一点难度，由 101.33kPa 降到 101.33Pa，金属的蒸发温度降低了约 40%~50%。Mo 和 W 降低了约 1700℃和 1500℃。只有在真空冶金条件下，通过降低环境压强，才能降低元素的沸腾温度。原先在常压冶炼温度条件下不能蒸发的杂质在真空熔炼条件下有可能发生蒸发，发挥净化金属基体的作用。提高温度，杂质元素的蒸发速率加快，下列各式可导出这一论断，已知最大挥发速率为：

$$\omega = 4.37 \times 10^{-4} \alpha p \sqrt{\frac{M}{T}} \quad (g/(cm^2 \cdot s))$$

由此式还不能直观看出温度的影响，可是某元素在溶液的蒸气压可表述为：

$$p_i = \gamma_i x_i p_i^0$$

而纯组元的蒸气压 p_i^0 可表述为克劳休斯公式：

$$\lg p_i^0 = AT^{-1} + B\lg T + D$$

而且已知：

$$\lg \gamma_i = \frac{K'}{T}$$

并入 ω 式得出：

$$\lg \omega = 4.37 \times 10^{-4} \alpha \sqrt{M} + \frac{K'}{T} + \lg x_i - \frac{1}{2}\lg T + AT^{-1} + B\lg T + D$$

$$= \lg 4.37 \times 10^{-4} \alpha \sqrt{M} + (A + K')T^{-1} + \left(B - \frac{1}{2}\right)\lg T + D$$

等式右边各项中除常数项以外，余下的两项都与 T 有关。查表 3-1 找出 A、B、C、D 就可以计算不同温度下杂质的挥发速率。温度越高，蒸发速率越快。例如 Pb，温度由 1000℃ 升高到 1200℃，蒸发速率加快约 10 倍。

表 3-2   若干种金属在不同压力下达到沸点（$p = p_v$）时的温度

金属	熔点/℃	压力为 101.33kPa 时的沸点/℃	压力为 101.33Pa 时的沸点/℃
Cd	321	765	384
Na	98	892	429
Zn	420	907	477
Ca	850	1487	803
Sb	630	1635	877
Pb	327	1740	953
Mn	1244	2950	1264
Al	660	2500	1520
Cu	1083	2572	1603
Cr	1850	2620	1694
Sn	232	2720	1625
Ni	1453	2910	1780
Fe	1539	3070	1760
Mo	2620	4800	3060
Nb	2468	4927	
W	3380	5400	3940
Mg	650	1105	608

3.2.3 除气净化

固态金属中溶解有大量的有害气体，由于气体的存在使得金属的性能变坏，如氢脆，白点，降低可锻性等，除去金属中的气体是冶金工作者需要长期关注的问题，真空冶金是除气最强有力的工艺手段。氢，氧，氮等气体在金属中的溶解度与温度和压强有密切关系。温度升高溶解度增加，压强降低溶解度减少。在氢气压力为 100.31kPa 和 103.33kPa 条件下，在不同温度下 100g 金属溶解的氢量计算值为：

压力 $P = 100.31$kPa

温度/℃	420	617	791	983	995	1095
溶解度/cm^3 · (100g)$^{-1}$	0.167	0.189	0.21	0.28	0.49	0.53

压力为 103.33kPa

温度/℃	400	500	600	700	800	900	1000	1100
溶解度/cm^3 · (100g)$^{-1}$	0.165	0.175	0.185	0.21	0.25	0.29	0.50	0.62

氮和氧在钼中的溶解度也随温度升降而变化，氮的溶解度与温度相对应的关系为：

温度/℃	1200	1600	2000	2400
溶解度/cm^3 · (100g)$^{-1}$	0.84	3.44	8.4	16

氧的溶解度与温度的关系，室温溶解度约为 2×10^{-6}，1100℃ 和 1700℃ 相应溶解度为 45×10^{-6} 和 65×10^{-6}。溶解度除与温度有关系外，还与压强有关。就氢的溶解度而言，若分子变成原子：

$$H_2 \longrightarrow 2[H]$$

平衡常数

$$k_H = \frac{\alpha_H^2}{p_{H_2}}$$

$$\alpha_H = k_H \sqrt{p_{H_2}}$$

由 $\alpha_H = \gamma_H[H]$，可得到：

$$\gamma_H[H] = K_H \sqrt{p_{H_2}}$$

当氢在金属中的活度系数 $\gamma_H =$ 常数时，则

$$[H] = K_H \sqrt{p_{H_2}}$$

同样可导出氮的溶解度为：

$$[N] = K_N \sqrt{p_{N_2}}$$

可以看出，气体在金属中的溶解度与气体压强的平方根成正比，K_N 和 K_H 是系数，这种关系称西维特定律。

如果考虑压强和温度对气体溶解度的共同作用，则溶解度可写成：

$$S = S_0 \sqrt{p} \, e^{\frac{-Q_s}{2RT}}$$

取对数

$$\lg S = \lg S_0 + \frac{1}{2}\lg P - \frac{Q_S}{9.148T}$$

显然，当温度 T 一定时，真空度越高，则溶解的气体越少，金属的除气效果越好。在分析脱除金属中的氢和氮的时候，还要考虑金属中的一些不稳定的氢化物和氮化物在真空条件下的分解，分解出的氢和氮随时从熔融的金属中排除，分解出的氮（p_N）和氢（p_H）也遵循上述脱气规律。TiN 和 ZrN 在一般真空冶金条件下不发生分解。表 3-3 是 Ti、Nb、Ta、Zr 的氢化物的分解压与温度的关系，表 3-4 是几种金属氮化物的分解压与温度的关系，从熔池金属液中排除气泡的过程包括，在液态金属内气泡成核并生成气泡，气泡上浮到熔池表面，原子态变成分子态，脱离表面被真空机组抽走。在金属液体内部生成的气泡受到三个力的作用，如图 3-4 所示，熔池上部空间的环境气体压力 p_1，气泡上面金属液体的重力 $h\rho$（ρ 为金属液的密度），气泡的表面张力，在气泡的半径为 r，黏度为 σ 时，它受的表面张力为 $2\sigma/r$，在平衡状态下，气泡受的三个外力和内压力（p_3）相等，则

$$p_3 = p_1 + h\rho + \frac{2\sigma}{r}$$

表 3-3　Ti、Nb、Ta、Zr 氢化物的分解压与温度的关系

温度/℃	分解压/Pa			
	$TiH_{1.957}$	$ZrH_{1.95}$	$TaH_{0.74}$	$NbH_{0.95}$
50	≈0	≈0	≈0	≈0
100	146.3	372.4	≈0	≈0
200	505.4	558.6	≈0	≈0
300	1449.7	1236.9	4867.8	758.1
400	2021.6	13446.3	14177.8	125818
450		35072.1		160930
500	30669.9	73003.7	26879.3	204554
550	95028.5	117798.1		
600	234638.6		55811.8	
700			86277.1	
800			119899.5	

表 3-4　几种金属氮化物的分解压与温度的关系

氮化物	熔点/℃	分解压/Pa			
		133	13.3	1.33	0.133
		温度/℃			
WN	—	344	296	256	221
MoN	—	329	283	243	209
Nb	2027	1946	1770	1620	1491
TaN	3070	1921	1746	1599	1460
TiN	2950	2916	2699	2489	2331
ZrN	2985	2603	2390	2205	2046
VN	2050	1242	1170	1024	933
LaN		1998	1851	1716	1608
CeN		2180	1946	1875	1758

当气泡的内压力 $p_3 > p_1 + h\rho + \dfrac{2\sigma}{r}$ 时，气泡会胀大向

上浮，反之若 $p_3 < p_1 + h\rho + \dfrac{2\sigma}{r}$ 时，气泡总是受压缩。显

然，在熔池表面 $h \to 0$，$r \to \infty$，则 $\dfrac{2\sigma}{r} \to 0$，因而，在熔池

表面除气最容易，在这个地方 $p_3 \approx p_1$，在真空状态下更

加快了除气速度。

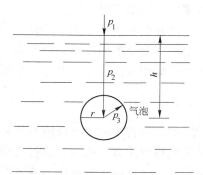

图 3-4　金属熔池中气泡受力图

溶解在液体金属中的气体是以原子状态存在，在熔
池表面被吸附，解吸以后两个原子结合成一个分子，进
入气相就被真空机组抽走。氮和氢在液体金属中的浓度
很低，它们生成气泡的析出压力远远小于承受的外压

力。因而溶解的微量氢和氮不能依靠气泡排出，而是先吸附到熔池表面转而生成气体分
子，再从液态金属中逸出，进入气相。$[H] = H_{吸}$；$2H_{吸} = H_2$。

由上面的分析可知，金属液体脱气发生在表面层附近，熔池深处的气体通过搅拌对流
和扩散才能迁移到熔池表面。在熔炼过程中除自然对流以外，还可以用电磁搅拌和人工搅
拌，强化排气过程。扩散过程遵循菲克定律，气体通过表面层的扩散速率与内部浓度 $C_内$
和表层浓度 $C_表$ 之差成正比，在单位时间内通过表面积 A 的气体物质通量 J，与杂质元素的
挥发一样，可用下式表示：

$$J = -\frac{AD}{\delta}(C_内 - C_表)$$

式中，D 为扩散系数；δ 为表面边界层的厚度。J 式可以按照 3.2.2 推导元素的蒸发公式
一样，导出下面的自然对数公式：

$$\ln \frac{C_内 - C_表}{C_0 - C_表} = -\frac{AD}{v\delta}t$$

式中，C_0 为开始时 $t = 0$ 的起始浓度；$C_内$ 为经过时间 t 以后金属内的气体浓度；$C_表$ 为与气

相平衡的金属液体表层的气体浓度。通常 $C_表$ 很小，可以忽略不计。再令 $k = \dfrac{D}{\delta}$，上式可改

写成常用对数，得到：

$$\lg \frac{C_内}{C_0} = -\frac{A}{2.3v}kt$$

式中，$\dfrac{C_内}{C_0}$ 为脱气率，金属中残留的气体分数；可以看出，延长时间 t，加大 $\dfrac{A}{v}$ 比值，有利

于脱气。利用这个公式可以算出达到某个 $C_内$ 值需要的时间 t。

$$t = \frac{v}{A}\frac{2.3}{k}\lg \frac{C_内}{C_0}$$

式中，$\dfrac{v}{A}$ 是金属液体的体积与面积比，当体积一定时面积越大对脱气越有利，在熔炼时液

体金属体积一定时，用浅熔池熔炼，或者采用滴液熔炼铸造，可以增大脱气表面，提高脱

气率，缩短熔炼时间。

通过电磁搅拌（可以外加搅拌磁场，或熔炉本身的交流磁场），熔池的温差对流，即高温液体金属的密度低，低温液体金属的密度高，表层的低温高密度液态金属下沉，中部的高温低密度液态金属上浮，金属上下自然对流，不断更新表层金属，可加快脱气速度。

3.2.4 脱氧反应

冶金过程中的脱氧反应有三种类型，沉淀脱氧，扩散脱氧和真空脱氧。脱氧产物是气态物质可以用真空脱氧，通过真空机组把气体排到系统外面。典型的是碳脱氧，发生碳氧反应，产生气体一氧化碳。或者脱氧反应产生的氧化物的蒸汽压高于基体金属的蒸汽压，通过氧化物的蒸发也可达到脱氧的目的。

溶解在金属液体中的 [O] 和 [C] 发生反应，产生 CO 气体，反应式为：

$$[C] + [O] =\!=\!= CO$$

反应的标准吉布斯自由能的变化为：

$$\Delta_r G_m^0 = -22364 - 39.63T \quad (J/mol)$$

标准反应平衡常数：

$$k^0 = \frac{p_{CO}}{\alpha_C \, \alpha_O} = \frac{p_{CO}}{w[C]w[O]} \cdot \frac{1}{f_C f_O}$$

亨利活度系数 $f_C f_O$ 近似为 1，上式可改写成：

$$w[C]w[O] = \frac{p_{CO}}{k^0}$$

式中，$w[C]w[O]$ 称碳氧积，由于 k^0 随温度变化不大，一氧化碳分压 p_{CO} 的变化会影响 $w[C]w[O]$ 的大小。当 p_{CO} 下降时，$w[C]w[O]$ 也下降，降低了碳，氧的浓度。

一氧化碳气泡在熔池中生成时，它的受力状态已在图 3-4 中做过分析。它受三个力的作用，液面上空间的环境压力，气泡上面金属的重力，气泡的表面张力。在大气冶金条件下，液体中的气泡受到的压力主要是空间的大气压力，约合 101.33kPa。对于较大气泡而言，金属的重力和气泡的表面张力相对较小，就钨钼的熔炼而言，熔池深度不会超过 60 ~ 80mm。当在大气条件下脱气达到平衡时，而在真空作用下平衡条件被破坏，气相中的压力不断降低，反应向更有利于脱气方向发展，气相中的一氧化碳的分压 p_{CO} 不断下降，更促进了碳氧反应。由于气泡受到三重压力作用，只有在生成的一氧化碳气泡受力条件满足下述关系时，气泡才能排出，碳的脱氧反应才能发挥作用：

$$p_{CO} \geqslant p'_g + h\rho + \frac{2\sigma}{r}$$

在排气过程中真空度只影响 p'_g，当等式右边三项和较小时，碳氧反应能不断进行，当真空度低到一定程度时，p'_g 值已非常低，可能达到：

$$p'_g \ll h\rho + \frac{2\sigma}{r}$$

如再提高真空度，进一步降低 p'_g，对促进碳氧反应已经没有多大作用。看来，真空脱氧也存在有一个极限真空度，并不是真空度越高越好。

由前面的排气速率分析已知排气率可用下式表示：

$$\lg \frac{C_内}{C_0} = -2.3kt\frac{A}{v}$$

式中，$\frac{A}{v}$ 表示单位体积的液态金属的表面积，显然此值越大对更有利于提高脱气率。如果在真空冶金条件下所有的液体金属都成球形小液珠，可以大大扩大液体金属的表面积，可计算出球形液珠的 $A/v = 3/r$，r 是液珠半径，r 越小，液珠越小，液体表面积越大，更有利脱氧。当球形液珠处在真空条件下时，改变了受力的平衡条件，此时液体球珠被一氧化碳包住，存在于一氧化碳气泡内。这时气泡的曲率半径为"负"值，$2\sigma/r$ 也为"负"值。气泡受到的力为 $p_{CO} \geqslant p'_g - \frac{2\sigma}{r}$。液滴表面形成一氧化碳气泡时受到的外压力减小，碳氧反应容易达到平衡状态。液体球珠内部包藏的一氧化碳气泡的受力为 $p_{CO} \geqslant p'_g + \frac{2\sigma}{r}$，气泡胀大。而同时外表面气相的压力和球珠形液滴的表面张力迫使它内部的气泡收缩。随着碳氧反应的进展，p_{CO} 的内压超过外压时，大的球形液珠爆裂成许多更小的液珠，加速碳氧反应，降低氧的平衡浓度，提高碳的脱氧效率。

不言而喻，熔池表层的一氧化碳受力状态是 $p_{CO} \geqslant p'_g$，气泡只和气相中的残余压力平衡，最容易进入气相。提高真空度，降低碳氧积 $w[O]w[C]$，氧的平衡浓度下降，促进脱氧。

金属脱氧除 $[C][O]$ 反应生成 $CO\uparrow$ 以外，氧和金属元素反应生成的低价金属氧化物（金属的一氧化物）在真空条件下的挥发也是金属脱氧的另一个重要机理。在普通冶金条件下，金属的一氧化物受气相平衡条件的限制，它的挥发不很明显。但是在真空冶金条件下，由于气相中的一氧化物分压很低，一氧化物的蒸发将发挥很大的作用。特别是在金属的蒸汽压比它的一氧化物的蒸汽压低时，在真空冶金实践中常把低价氧化物的蒸发作为一种有效的脱氧手段。表3-5是一些金属的饱和蒸汽压与它们的一氧化物的饱和蒸汽压的比值。

表3-5列出了一些金属的饱和蒸汽压的数据，可以用它们来判断金属的低价氧化物蒸发能不能发挥脱氧作用，另外还可以用蒸发比 R 来判断低价氧化物蒸发的脱氧效果，R 的表示式为：

$$R = \left(\frac{O}{M}\right)_g \times \left(\frac{O}{M}\right)_s^{-1}$$

式中，$\left(\frac{O}{M}\right)_g$ 为气相中含有的氧和金属的比；$\left(\frac{O}{M}\right)_s$ 为固体金属中含有的氧和金属的比。

表3-5　一些金属和它们的一氧化物的饱和蒸汽压的比

不能脱氧	能脱氧	不能脱氧	能脱氧
$p_{TiO}/p_{Ti} = 10^0$	$p_{MoO}/p_{Mo} = 10^{0.5}$	$p_{MnO}/p_{Mn} = 10^{-5}$	$p_{ZrO}/p_{Zr} = 10^2$
$p_{VO}/p_V = 10^{-2}$	$p_{NbO}/p_{Nb} = 10^1$	$p_{FeO}/p_{Fe} = 10^{-6}$	$p_{ThO}/p_{Th} = 10^3$
$p_{BeO}/p_{Be} = 10^{-2}$	$p_{BO}/p_B = 10^2$	$p_{NiO}/p_{Ni} = 10^{-7}$	$p_{HfO}/p_{Hf} = 10^4$
$p_{CrO}/p_{Cr} = 10^{-4}$	$p_{WO}/p_W = 10^2$		$p_{TaO}/p_{Ta} = 10^5$

若 $R > 1$，表示蒸发成气态中的氧含量大于凝聚相中的氧含量，经过挥发凝聚相中的氧含量下降。反之，若 $R < 1$，表示气相物质中的氧含量比凝聚相中的氧含量低，氧不能由金属中挥发出去。以 R 蒸发比为标准可以大致把金属低价氧化物分成三类，综合列于表3-6。表列第一类物质是金属挥发，氧化物富集在凝聚相里面，第二类物质是金属和氧化物以同样速度挥发，第三类物质是氧和金属氧化物比金属优先挥发。

表3-6   金属低价氧化物的蒸发比

第一类			第二类			第三类		
金属	氧化物	R	金属	氧化物	R	金属	氧化物	R
Li	Li_2O	10^{-8}	Ba	Ba_2O	1	B	BO	
Na	Na_2O		Sc			Al	Al_2O_3	10^3
K	K_2O		Ti	TiO	1	Si	SiO	10^8
Rb	Rb_2O		Cr	CrO	$10^{0.5}$	Sn	SnO	$10^{6.8}$
Cs	Cs_2O		Fe	FeO	$10^{0.4}$	Pb	PbO	$10^{2.6}$
Mn	MnO	10^{-4}	Co	CoO	10^{-1}	Bi	BiO	$10^{1.5}$
Be	Be_2O_3		Ni	NiO	10	Zr	ZrO	10
Mg	MgO					V	VO	10
Ca	CaO					Nb	NbO	10^3
Sr	SrO					Ta	TaO	10^5
Zn	ZnO					Mo	Mo_3O	10^6
Cd	CdO	10^{-6}					MoO_3	10^6
							MoO_2	10^6
						W	WO_3	10^6
							WO_2	10^6
						Re	ReO_2	≤ 10
							ReO	≤ 10
						Rh	RhO_2	≤ 10
							RhO	
						Pt	PtO_2	
							PtO	
						Au		
						Ag		

3.3   真空冶金实践中的真空技术基础

3.3.1   分子的基本性质

在真空冶金的实践过程中，首先必须获得合适的高真空环境，熔炉要达到合适的真空度，需要掌握必要的真空技术基础，熟悉真空的获得方法及测量技术。

众所周知，气体是物质存在的一种形态，它由分子组成。气体分子之间的作用力很小，它们随时都处在一种无序的运动状态。每摩尔物质的分子数 $N_a = 6.023 \times 10^{23}$（阿伏伽德罗常数），在标准状态下（温度273.16K 和压力101.33kPa）每摩尔的体积是22.4L，每一立方米体积的分子数为 2.687×10^{19}。由3.2.1节已知单位体积中的分子数 n 可用下式表示：

$$n = \frac{pN_a}{RT}$$

如果 R 取 6.236，则 $n = 7.24 \times 10^{16} \frac{p}{T}$。显然，单位体积中的分子数与压力有关。在常温下如 n 减少，则压力 p 降低，例如，在室温下（273.1K），n 由 3.535×10^{16} 减少到 3.535×10^{8}，压力由 133.3Pa 降到 1.33×10^{-6}Pa。这组数据表明，抽真空就是减少单位体积中的分子数，降低系统的残余压力。

按照分子运动论的观点，分子本身是完全弹性的，它的大小尺度与容器相比是很小的，分子之间的距离很大，它本身可当做一个"点"。分子的动能与温度成正比，它对容器壁的碰撞动量产生压强，因此，压强与分子的运动速度有关，可用下式描述分子的速度与压强的关系：

$$p = \frac{1}{3}nm\bar{v}^2$$

每个分子的平均动能：

$$\overline{W} = \frac{1}{2}m\overline{V}^2$$

代入 p 公式并化简，得到：

$$p = \frac{2}{3}n\overline{W}$$

每摩尔气体的分子总动能为：

$$\overline{W} = \frac{2}{3}RT$$

气体的每个分子都在运动，但每个分子的运动速度不同，分子运动速度的分布符合麦克斯韦-玻耳兹曼分布规律，可以用速度分布函数 f_v 表示：

$$f_v = \frac{1}{n}\frac{dn}{dv} = \frac{4}{\sqrt{n}}\left(\frac{m}{2kT}\right)^{\frac{3}{2}}v^2\exp\left(\frac{-mv^2}{2kT}\right)$$

图 3-5 是麦克斯韦-玻耳兹曼速度分布函数，分子具有不同的速度，具有速度 v_B 的分子数最多。v_B 是可几速度，是分子速度分布几率最大的速度。对 f_v 求导，

$$\frac{df_v}{dv} = \frac{4}{\sqrt{n}}\left(\frac{m}{2kT}\right)^{\frac{3}{2}}\left(2v - \frac{mv^2}{kT}\right)\exp\left(\frac{-mv^2}{2kT}\right)$$

令 $\frac{df_v}{dv} = 0$，化简求出极大值 v_B：

$$v_B = \left(\frac{2kT}{m}\right)^{\frac{1}{2}}$$

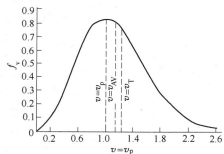

图 3-5　麦克斯韦-玻耳兹曼速度分布曲线

式中的玻耳兹曼常数 $K = R/N_a$，代入：

$$v_B = \left(\frac{2kT}{m}\right)^{\frac{1}{2}} = 1.28 \times 10^4 \sqrt{\frac{T}{m}} \quad (cm/s)$$

气体中具有速度为 v_B 的分子数目最多。另外分子的速度尚有算术平均速度 $\bar{v}$，均方速度 $\bar{v^2}$ 和均方根速度 $\sqrt{\bar{v^2}}$。

$$\bar{v} = \frac{v_1 + v_2 + v_3 + \cdots + v_n}{N_a}$$

$$\sqrt{\bar{v^2}} = \sqrt{\frac{3RT}{m}} = 1.225 v_B$$

$$\bar{v^2} = \frac{3RT}{m}$$

分子的三种速度均与 T 和 m 有关，分子量小，分子的速度快，温度升高分子的运动速度加快。分子在室温下的平均速度为：

$$\bar{v} = 1.45 \times 10^4 \sqrt{\frac{300}{29}} = 4.6 \times 10^4 \quad (cm/s)$$

分子在一个容器中永远做无序运动，它经常与容器壁碰撞，引起容器壁产生压强。另外，分子之间也频繁地互相碰撞，每次碰撞之间分子移动的路程称为自由路程 λ，许许多多的自由路程的平均值叫做平均自由路程 $\bar{\lambda}$。很显然，容器中的分子数越多，自由路程越短。反之，分子数越少，自由路程越长。当容器中的分子数减少时，分子对容器壁碰撞的几率就少，容器壁的压强也就下降，自由路程和压强之间有必然的联系。压力越低，自由路程越长。例如，在室温环境下，空气的压强由 1.33Pa 降到 1.33×10^{-4}Pa 时，分子的平均自由路程由 5cm 延长到 5000cm。看来，抽真空的过程实质上就是减少真空室中的分子数，提高分子的平均自由路程，不同的真空度对应不同的气体平均自由路程。表 3-7 是真空度与气体分子的平均自由路程的关系。平均自由路程 $\bar{\lambda}$ 与容器的尺寸的关系是区分真空度的依据，表中的 D 是真空室的有效尺寸，低真空条件下，气体分子处在层流状态，具有一定流向的各流层中的分子速度快慢是不相等的。当快速流层中的气体分子跃入慢速流层时，要和原先分子发生动量交换，便原先流速慢的分子层加快流速，当流速慢的分子跃入流速快的分子层时，因它的动量较小，就会使原先流速快的分子层减速。这种流层之间的动量交换称为黏滞性，这种气流称为黏滞流。而高真空条件下无分子之间的碰撞，只有分子和真空室的内壁碰撞，这种气流称分子流。

表 3-7　真空度与分子平均自由路程 $\bar{\lambda}$ 的关系

真空度等级	压强/Pa	$\bar{\lambda}/D$	气流性质
低真空	$1.01 \times 10^5 \sim 133.3$		
中真空	$133.3 \sim 0.133$	$\bar{\lambda} \ll D$	黏滞流
高真空	$0.133 \sim 1.33 \times 10^{-5}$	$\bar{\lambda} \cong D$	黏滞分子流
超高真空	$1.33 \times 10^{-6} \sim 1.33 \times 10^{-10}$	$\bar{\lambda} \gg D$	分子流
极高真空	$< 1.33 \times 10^{-10}$		

　　一台真空冶金设备，真空泵一旦运转，真空炉内压力不断下降，气体分子的平均自由路程由短变长，分子与分子之间，以及分子与炉壁之间的碰撞特性不断发生变化，气流也由黏滞流（湍流和层流）向黏滞-分子流过渡，最终变成分子流。在黏滞流中，湍流就是真空机组刚启动时，在短时间内气体处于较高压强下的流态。气体流动是惯性力起作用，气体流态是旋涡状，而不是直线。管路中湍流的每点速度和压强随时间不断发生变生，气体分子的运动速度和方向与气流大致相同。层流状态与湍流状态不同，气流处于层流状态时的压强较高，流速小，惯性力小，自由路程仍然远远小于真空管道的有效尺寸，气体分子之间的碰撞几率大于与真空室内壁的碰撞几率，气体流速受黏度影响。气体流线变成直线时，管内壁附近的气体几乎不流动，上层气体在下层气体的表面滑动，管道中心的气体流速最快。当管道内压强很低时，气体分子的平均自由路程远远超过管道的有效直径，气体流动转入分子流状态，分子间的相互碰撞几率远远小于分子与内壁的碰撞几率。分子间内摩擦已不存在，黏度对气体的影响急剧降低。分子自由的通过管道，通过管道的气体流量 Q 与管道两端的压差（$p_1 - p_2$）成正比。在黏滞流和分子流两个流态之间尚存在有黏滞-分子流。

3.3.2　抽真空过程及真空泵

　　真空机组从真空室内抽出气体的速率 S_p 就是单位时间内机组在入口压强下从系统中抽出的气体容积 dv/dt，用 L/s（升/秒）和 m^3/h（立方米/时）表示，而抽出的气体流量则为入口压强 p 与抽气速率 S_p 的乘积，写成下式：

$$Q = pS_p \quad (\text{Pa} \cdot \text{L/s})$$

　　现在考查一段长为 l 的真空管道，管道两端的截面为 A_2、A_1，通过这两个截面的气体分子数相应为：

$$N_1 = A_1 V n_1 = S_1 n_1$$

$$N_2 = A_2 V_2 n_2 = S_2 n_2$$

式中，V 为气体流速；n 为单位体积中的分子数；S 为抽速（AV），或者称流率。

　　稳定的流过管道各截面的气体分子数应当相等，即

$$N_1 = N_2 = N \qquad N = S_1 n_1 = S_2 n_2$$

气体通过各管时的密度降低与通过的分子数成正比，即

$$N \propto (n_1 - n_2) \qquad N = C(n_1 - n_2)$$

式中的比例系数 C 称为导管的流导，也称通导能力，它代表管道的导气能力，上式可以改写成：

$$\frac{1}{C} = \frac{n_1}{N} - \frac{n_2}{N}$$

已知

$$\frac{1}{S_1} = \frac{n_1}{N} \qquad \frac{1}{S_2} = \frac{n_2}{N}$$

可得到：

$$\frac{1}{C} = \frac{1}{S_1} - \frac{1}{S_2}$$

式中的S_1和S_2分别代表截面A_1和A_2处的抽速，单位为"容积/时间"。

真空冶金炉的真空管道有串联和并联两种类型，并联管道的流导C和并联电路的电流公式一样，总流导等于各支路流导的和，即

$$C_p = C_A + C_B$$

而串联管道的总流导与并联电路的电阻公式相似，总流导的倒数等于各管道的分流导的倒数之和，可以写成：

$$\frac{1}{C_p} = \frac{1}{C_A} + \frac{1}{C_B}$$

真空冶金炉上的各个构件，如管道、阀等，它们各自的流导与它们的形状，尺寸以及气流的性质有关。在黏滞流状态管道的流导可用下式计算：

$$C_B = 281 \sqrt{\frac{T}{m}} \times \frac{D^4}{L\lambda} \times \frac{p_1 + p_2}{2}$$

式中，T为气体的温度，K；m为气体的摩尔量；p_1和p_2为真空机组和真空室的进口压强；D和L为管径和管长；λ为在一单位压强时气体的平均自由路程，压强为133.3Pa的空气在20℃时的平均自由路程是4.72×10^{-3}cm。

管道的流导公式表明，流导与D^4成正比，与管道的长度成反比，并与管道中的气体分子运动的速度T/m有关，也受管内平均压强的影响。在实际真空冶金操作过程中，经常碰到的室温空气的流导计算公式是：

$$C_B = 1.88 \times 10^5 \times \frac{D^4}{L} \frac{p_1 + p_2}{2} \quad (\text{cm}^3/\text{s})$$

若气流是分子流，管道的流导按下式计算：

$$C_M = 3810 \times \sqrt{\frac{T}{m}} \times \frac{D^3}{L} \quad (\text{cm}^3/\text{s})$$

从计算公式看出，流导与管径的三次方D^3成正比，与管长成反比，也与分子的热运动速度有关。20℃的空气分子流通过管道的流导公式为：

$$C_M = 1.21 \times 10^3 \times \frac{D^3}{L} \quad (\text{cm}^3/\text{s})$$

当气流介于分子流和黏滞流之间的过渡流态时，其流导为低真空流导C_B和经修正以后的高真空流导bC_M（b为修正系数）之和，即：

$$C_{MB} = C_B + bC_M$$

或者改写成：

$$C_{MB} = C_M \left(b + \frac{C_B}{C_M} \right)$$

随着压强降低，$b \to 1$，$\frac{C_B}{C_M} \ll b$，即当压强足够低时，$C_{MB} = C_M$，而当压强升高时，$b \to$

0.8，$\dfrac{C_B}{C_M}$ 值较大，若 $\dfrac{C_B}{C_M} \gg 0.8$ 时，b 可以忽略，则 $C_{MB} = C_B$。对于 $20℃$ 的空气来说，b 取 0.9，p 用托（$\times 133.322 Pa$），则

$$C_{MB} = 1.21 \times 10^4 \times \frac{D^3}{L}\left[0.9 + \frac{1.56(p_1 + p_2)}{2}\right] \quad (cm^3/s)$$

对于短管道而言，若 $L/D < 20$，计算管道的流导时需要修正入口洞孔的阻力，计算流导时用下面的修正公式：

$$C = 3180 \sqrt{\frac{T}{m}} \times \frac{D^3}{L + 1.33D} \quad (cm^3/s)$$

由以上分析可知，在设计冶金炉的真空系统时，要尽量采用短而粗的管道，管路的流导大。图 3-6 给出了管道长度和口径大小与流导的关系曲线。

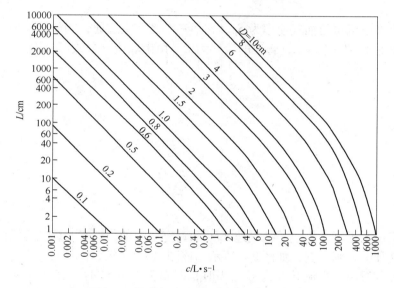

图 3-6 管道长 L 和管径 D 与流导的关系

在一个真空系统中，在管路上会有许多孔，洞，如三通阀门等，气体由高压一侧 p_1 通过孔洞流向低压一侧 p_2，低真空条件下的分子间互相碰撞产生的内摩擦力和惯性力，使得流经孔洞的气体是定向流，流孔的流导按下式计算：

$$C_{OB} \approx 20 \times 10^3 \times \frac{A}{1 - \dfrac{p_2}{p_1}} \quad (L/s)$$

对于圆形孔洞来说，其流导为：

$$C_{OB} = 15.7 \times \frac{D^2}{1 - \dfrac{p_2}{p_1}} \quad (L/s)$$

在高真空状态下的分子流的平均自由路程 $\bar{\lambda} > D$（孔洞直径），分子间无互相碰撞，没有连续的气体介质流经孔洞，此时流导为：

$$C_{om} = 3638A \sqrt{\frac{T}{m}} \quad (cm^3/s)$$

室温20℃的空气的流导为：

$$C_{om} = 11.6A \quad (L/s)$$

直径为 D 的圆孔，流导为：

$$C_{om} = 9.1D^2 \quad (L/s)$$

在中真空状态，其流导处在高真空流导 C_{om} 和低真空流导 C_{OB} 之间，对于20℃的空气，可以认为其流导在 $15.7D^2$ 和 $9.1D^2(L/s)$ 之间。在应用这些公式时要注意孔洞的面积 A 与前一段管道面积 A_1 的比，若 $A/A_1 < 1$，则需要修正，修正系数为 $(1 - A/A_1)^{-1}$，圆孔的修正系数为 $[1 - (D/D_1)^2]^{-1}$。如果 $A/A_1 \geqslant 1$，$(D/D_1)^2 \geqslant 1$，则不必修正。

流导除了与真空系统零件的形状以及有效通路的尺寸有关以外，还与气体的压强有关，如图3-7所示，该图的横坐标为压强，纵坐标为流导。压强高于13.3Pa，随着压强下降，流导迅速降低，压强低于13.3Pa时，流导趋于恒定，不再随压强而变化，只与管道尺寸有关。

如果一个真空机组的抽气速率为 S_p，它和一个真空室连通，例如炉体熔化室，这个真空炉的熔化室的抽气速率为 S，管道的流导为 C，由串联流导公式可以得出：

$$\frac{1}{S} = \frac{1}{C} + \frac{1}{S_p}$$

$$\frac{S}{S_p} = \frac{\dfrac{C}{S_p}}{1 + \dfrac{C}{S_p}}$$

$$\frac{S}{S_p} = \frac{\dfrac{C}{S_p}}{1 + \dfrac{C}{S_p}}$$

这个公式说明了真空机组的抽气速率 S_p 和真空室的抽气速率 S 以及管道的流导 C 之间的关系，把这种关系画成图，如图3-8所示，该图以 S_p 为作图单位，均转化成占 S_p 的百分数。由该图可以看出，当流导 C 与 S_p 相当时，即 C 占 S_p100% 时，真空室的抽气速率 S_p 只

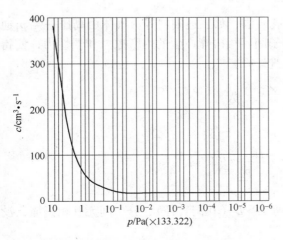

图3-7   流导与导管的平均压强的关系

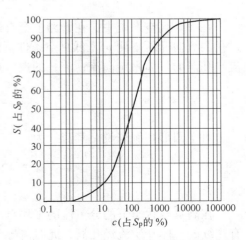

图3-8 S_p 一定时，真空室的抽气速率 S
与流导 C 的关系

有50%，只达到了真空机组抽气速率的一半。当管道的流导为10 S_p 时，即 $S_p1000\%$，真空室的抽速能达到真空机组抽速的90%。要想真空室的抽气速率 S 达到真空机组的抽气速率 S_p，那么管路的流导要达到10000%。可以清楚地看出，流导直接决定了真空机组能不能最大限度地发挥抽气效率。如果管路设计不合理，大抽气率的真空机组也不能很好的发挥抽气作用。

在选择一个抽气率为 S_p 的真空机组时，首先要考虑的问题是要用多长时间才能把真空室（冶金炉的熔化室）的真空度抽到符合工艺要求，这直接影响冶金炉的工作效率。假设已知一个真空室的体积为 V，瞬间压强为 p_1，配备的真空机组的抽速为 S_p，在 $\mathrm{d}t$ 时间内真空室的抽速为 S，压强下降了 $\mathrm{d}p_1$，则进入导管的气体量为 $Sp_1\mathrm{d}t$，真空室内的气体减少量为 $V\mathrm{d}p_1$，这两个数量相等，符号相反，即

$$Sp_1\mathrm{d}t = -V\mathrm{d}p_1$$

$$\mathrm{d}t = -\frac{V}{S} \times \frac{\mathrm{d}p_1}{p_1}$$

已知

$$\frac{1}{S} = \frac{1}{C} + \frac{1}{p_1}$$

代入 $\mathrm{d}t$ 可得到：

$$\mathrm{d}t = -V\left(\frac{1}{S_p} + \frac{1}{C}\right)\frac{\mathrm{d}p_1}{p_1}$$

在求抽气时间时，要分别求出 $C \gg S_p$ 和 $C \ll S_p$ 两种情况的解。在用粗而短的管路时，$C \gg S_p$，式中的 $\frac{1}{C}$ 可以忽略不计，求抽气时间的公式变成为：

$$\mathrm{d}t = -\frac{V}{S_p} \times \frac{\mathrm{d}p_1}{P_1}$$

由于 S_p 随压强变化，如果在真空室的压强由 p_1' 降到 p_1'' 的整个过程中，S_p 是变化的，不是常数。但可以把 p_1 的下降过程分成若干个时间间隔，在某一个时间间隔内可认为 S_p 是常数，可以求出各段的抽气时间，把各段的时间相加，就得到总抽气时间。根据公式 $\mathrm{d}t$ 可求出压强由 p_1' 降到 p_1'' 某一时间间隔，假设在该段时间间隔内 S_p 为 S_p'，求积分式：

$$\int\mathrm{d}t = \int_{p_1'}^{p_1''} \frac{V}{S_p'} \times \frac{\mathrm{d}p_1}{p_1}$$

求得 t 为：

$$t = \frac{V}{S_p'}\ln\frac{p_1'}{p_1''} = 2.3\frac{V}{S_p'}l$$

$\lg\dfrac{p_1'}{p_1''}$ 对数换底。在应用公式时尚需知道真空机组的抽气速率与压强的关系，在用细长管道时，流导很小、$C \ll S_p$，$\mathrm{d}t$ 公式中的 $1/S_p$ 项很小，可以忽略不计。求抽气时间的公式变成了：

$$dt = -\frac{V}{C} \times \frac{dp_1}{p_1}$$

分析细长管道也同分析短粗管道一样，也用分段研究，压强由 p_1' 降到 p_1'' 所要的时间可积分上式 dt，得到：

$$t = V\int_{p_1''}^{p_1'} \frac{1}{C} \times \frac{dp_1}{p_1}$$

由于公式中的 C 在不同特征的气流中不是常数，因此要根据分子流，黏滞流和分子-黏滞流三种不同的情况求解抽气时间 t，在气流处于分子流时，C 是常数，积分 t 式解出抽气时间：

$$t = \frac{V}{C}\ln\frac{p_1'}{p_1''} = 2.3\frac{V}{C}\lg\frac{p_1'}{p_1''}$$

此式表明在分子流的情况下，压强由 p_1' 降到 p_1'' 所耗抽气时间与流导 C 成反比。

在黏滞流的情况下，由于压强的平均值与流导有关，取 $\frac{p_1 + p_2}{2} = \frac{p_1}{2}$，前面分析中已求出黏滞流的流导公式为：

$$C_B = 281\sqrt{\frac{T}{M}} \cdot \frac{D_4}{L\lambda_1} \cdot \frac{p_1}{2}$$

令

$$a = 281\sqrt{\frac{T}{M}} \cdot \frac{D_4}{L\lambda_1} \cdot \frac{1}{2}$$

则可以得到压强由 p_1' 降到 p_1'' 所耗抽气时间 t：

$$t = V\int\frac{dp_1}{Cp_1} = V\int\frac{dp_1}{ap_1^2} = \frac{V}{a}\int_{p_1''}^{p_1'}\frac{dp_1}{p_1^2} = \frac{v}{a}\left(\frac{1}{p_1''} - \frac{1}{p_1'}\right)$$

在黏滞-分子流的情况下，导管的流导与平均压强有关，但不是常数，平均压强 $\bar{p} = \frac{p_1 + p_2}{2} = \frac{p_1}{2}$（$p_2 = 0$），若把泵的进口压强 p_2 认为是零，则黏滞-分子流的流导公式为：

$$C_{MB} = C_M\left(b + 7.4 \times 10^{-2} \times \frac{D}{\lambda} \times \frac{p_1}{2}\right)$$

如果令 a 为

$$a = 7.4 \times 10^{-2} \times \frac{D}{\lambda} \times \frac{1}{2} \qquad b = 0.9$$

代入以后可以得到

$$C_{MB} = C_M(0.9 + ap_1)$$

代入 t 的公式可以得到

$$t = V\int_{p_1'}^{p_i}\frac{\mathrm{d}p_1}{cp_1} = -\frac{V}{C_M}\int\frac{\mathrm{d}p_1}{(0.9+ap_1)p_1}$$

此式可以改写成下式，并可得到压强由p_1'降到p_1''所耗抽气时间t：

$$t = \frac{V}{C_M}\int_{p_1'}^{p_i}\frac{(0.9+ap_1)-ap_1}{0.9(0.9+ap_1)p_1}\mathrm{d}p_1 = \frac{2.3V}{0.9C_M}\left(\lg\frac{p_1'}{p_1''} - \lg\frac{0.9+ap_1'}{0.9+ap_1''}\right)$$

在应用理论公式计算抽气时间t时，空气20℃，压强单位托（×133.322Pa），$a=7.8D$。此时算出的t是纯理论值，没有考虑炉体的结构材料，炉内砌筑的各种耐火材料及多种熔化炉料。这些物质平常放在大气条件下，它们的表面及内部孔洞都吸附了大量的气体或水分。在抽真空过程中，随着压力下降，它们都会缓慢地，不断地释放出各自所吸附的气体，造成实际抽气时间和理论计算值之间有很大的差别。可以见图3-9的各条曲线。该图是一个容积为158.6L的真空容器，内装有不同物料在不同环境下的实际抽气时间，图3-9中的a和b代表空气的湿度，曲线1~5代表不同装料条件时的抽气时间t。图3-9中(a)是装载有12块新耐火砖，体积为$(5.1\times11.5\times22.8)\mathrm{cm}^3$。图3-9(b)是装有一卷釉面纸，29m×48cm，体积约10.6L，纸厚0.075mm。图3-9(c)是装有2.33kg沙子，沙层厚约2cm，总暴露面积774cm²。各图中的曲线1表示在没有环境放气的情况下，按真空泵的抽气速率为158.6L/s计算出的空白炉壳的理论抽空曲线。曲线2是空白炉壳的实际抽空曲线，已经表现出炉壳的放气解吸作用。曲线3是装载有各种物料的第一次抽真空的时间曲线，曲线上出现了明显的平台。尽管真空泵一直在工作，压强并不下降，表明炉内装载的物料一直在不断的解吸放气。曲线4是在第一次抽真空以后把物料在大气中放置1h，大气湿度为a，而曲线5是在大气中放置24h，大气湿度为b，再进行第二次抽真空，曲线5在曲线4的上面。表明在大气中放置的时间越长，吸附的气体越多，在抽真空时间相同的条件下，放置时间越长，压强越高，真空度低，放气量大。在所有试验条件下发现，炉料为多孔的耐火材料的曲线3都是在最上面，表明它吸附的气体量最多，在抽真空的过程中放气时间也最长。要想把压强抽到13.3Pa，耗时要超过120h以上。因此，在真空冶金炉内要尽量不用或最大限度的少用耐火材料。在砌炉时如果用了大量耐火材料，特别用了在露天堆放过久的耐火材料，在抽真空时好似有抽不完的气

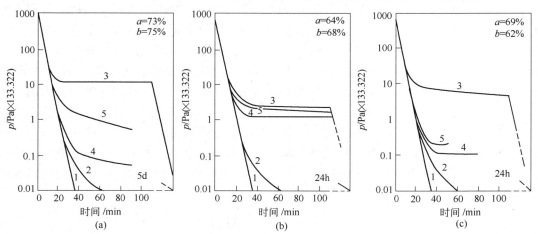

图3-9 容积为158.6L的真空容器内装不同炉料用抽气率51L/s泵的抽气曲线

体，永远达不到高真空。如果在砌筑真空炉炉体时，真空室内必须用耐火材料，这时务必要把耐火材料冲洗干净，放入低温炉内长期烘烤，干燥除气，选用这些干燥洁净的耐火材料，冶炼炉的抽真空效果会好一些。

在设计制造使用真空冶金设备时，要经常选用各种不同的结构材料。下面给出几种常用的结构材料的放气速度常数，放气常数 k 表示放气过程的速度，它的定义是单位几何表面的出气率，单位用 $Pal/(s \cdot cm^2)$。

在抽真空 1h 以后，各种堆放在大气中的材料的放气率是不同的，希望放气率小一些，真空冶金炉中常用材料的放气率列举于下：

K 值为 $1.33 \times 10^{-2} \sim 1.33 \times 10^{-3} Pal/(s \cdot cm^2)$。

材料有：层状纤维板，石棉板，混合捣打料，树胶包玻璃纤维，粗颗粒耐火材料和耐火砖。

K 值为 $6.65 \times 10^{-4} Pal/(s \cdot cm^2)$。

材料有：纯氧化铝，氧化硼，二氧化硅，碳化硅和氧化铝混合料打捣的坩埚。

K 值为 $1.33 \times 10^{-4} \sim 1.33 \times 10^{-5} Pal/(s \cdot cm^2)$。

材料有：聚氯乙烯，二氧化硅和氧化铝混合料的绝热砖，环氧树脂，聚四氟乙烯，真空脂，微锈中碳钢。

K 值为 $1.33 \times 10^{-6} Pal/(s \cdot cm^2)$。

材料有：硼硅酸盐玻璃，压延抛光的致密金属板，如中碳钢板，镀镍铬的中碳钢板，不锈钢和铝。这些材料在真空中放置 10h 以后，K 值降低一个数量级。

在真空条件下 400℃烘烤 16h 后的 K 值为 $6.65 \times 10^{-12} \sim 6.65 \times 10^{-13} Pal/(s \cdot cm^2)$。

材料有：硼硅酸盐玻璃，压延抛光的金属材料，如不锈钢、铝等。

熔炼钼和钼合金都采用真空电弧炉和电子束炉（电子轰击炉）。真空电弧炉的最低真空度要求 $133.3 \sim 1.33 \times 10^{-1} Pa$，电子轰击炉的真空度要求更高一些，要达到 $1.33 \sim 1.33 \times 10^{-3} Pa$。为了取得这么高的真空度，通常用的真空机组包括有，机械泵（油封旋转泵），增压泵（罗茨泵）和高真空油扩散泵。

常用机械泵有单级泵和双级泵两种结构，图 3-10 是单级泵的结构简图和工作原理示意图。机座是定子，转子偏心的安装在定子内，转子的开口槽内装有两块滑块，滑块中间有一个弹簧，依靠弹簧的弹力，使两块滑块的外侧面始终和定子的内腔壁紧密接触，构成泵体内的排气腔和抽气腔。在转子旋转过程中由图可以看出，吸气腔的容积逐渐加大，把被抽真空室的气体逐渐吸入吸气腔，同时排气腔的容积逐渐缩小，把已吸入的气体压缩，使其腔内压力升高，当压力超过出气口上的阻力压重，外部大气压和阀片滑块弹力的三者和时，气体压力顶开排气阀，气体穿过油液排入大气。由图 3-10(b)看到，当滑块在 a 位置时，与定子和偏心转子的切点相重合，前一个排气周期结束，下一个排气周期尚未开始。当转到 b 位置时，滑块和切点之间形成的空腔和被抽真空室连通，若原真空室的体积为 V_A，则此时的体积为两者的体积和（$V_A + \Delta V_A$）。根据波义耳气体定律，此时的压强由原先的 p 变成了 p_n，并有：

$$pV_A = p_n(V_A + \Delta V_A)$$

当转子转到位置 c 时，滑块 2 即将抽气，滑块下面形成的空腔 ΔV_A 达到最大，写作

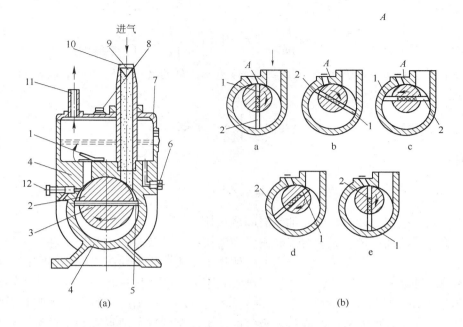

图 3-10 旋转泵的结构简图和工作原理图

（a）结构简图；（b）工作原理图

1—排气阀；2—转子；3—支撑弹簧；4—定子；5—旋片；6—放油塞；7—油面观察孔；

8—加油塞；9—滤网；10—进气管；11—出气管；12—镇气阀

V_B，它是泵腔体内的最大抽气空间，上式可以改写成：

$$pV_A = p_n(V_A + V_B)$$

当转子继续转到位置 d 时，滑块 2 把气体压缩，当压力超过出气口的油的静压力，大气压和滑块的支撑力的三者和时，腔内高压空气把出气阀门顶开，实现排气。随后滑块达到 e 位置，恢复 a 状态。下面由滑块 2 抽气，形成一个新的抽气过程。每转一周，形成两次抽气过程，每转一周真空室内的压力变化可写成：

$$pV_A = p_2(V_A + \Delta V_A)$$

可以改写成：

$$p_2 = \left(\frac{V_A}{V_A + V_B}\right)^2 \times p$$

如果转子的转速是每秒 m 转，在 t 秒钟以后真空室的压强为 p_n，则

$$p_n = \left(\frac{V_A}{V_A + V_B}\right)^{2mt} \times p$$

在抽 t 秒钟以后，原真空室的压强与现在的压强之比为：

$$\frac{p}{p_n} = \left(\frac{V_A + V_B}{V_A}\right)^{2mt}$$

两边取对数后可得到：

$$\lg \frac{p}{p_n} = 2mt \cdot \lg\left(1 + \frac{V_B}{V_A}\right)$$

就一个固定的真空系统而言，真空泵的转速 m，泵的吸气腔 V_B 和真空设备的真空室体积 V_A 都是固定的，所以可令：

$$2m \cdot \lg\left(1 + \frac{V_B}{V_A}\right) = 常数 = k$$

则有：

$$\lg \frac{p}{p_n} = kt$$

此式表明真空室的抽空程度与抽气时间成正比。

分析旋片泵的抽气过程原理可以看出，在滑块排气结束时，它与转子和定子切点之间存在有一点有害空腔，存在于此空腔内的气体排不出去，当滑块随后开始吸气时，此空腔内的气体被压进吸气室。此外，在滑块对已吸入泵腔内的气体进行压缩时，压缩腔内的气体压力可超过 101.315kPa，而吸气腔内的压力小于 1Pa，压缩腔和吸气腔之间存在如此巨大的压力差，气体有可能从压缩腔压入吸气腔。旋片泵的这个缺点限制了单级旋片泵的极限真空度（极限真空度的定义为，在没有气体渗入泵内时，经过足够长的抽气时间后，泵的入口处所能达到的最低压强）只能达到 1Pa 左右。因此，促使人们研究开发了双级旋片真空泵，这种泵的极限真空度可达到 1×10^{-2} Pa。图 3-11 是双级机械泵的结构简图，它相当于把两个单级泵串联起来，分为前级和后级。在压力较高时，后级抽出的气体经过中间出气口排出。达到高真空时，后级压缩腔内的气体很少，最大压力也顶不开排气阀，气体只有经过前级排出。后腔的容积比前腔大，大容积抽气快。另外一方面，在抽气泵刚开始工作时，后腔内存在有少量泵油，在经过一段时间抽气后，达到一

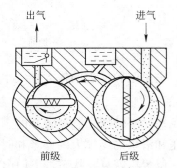

图 3-11　双级旋片泵的结构示意图

定的真空度时，后腔就不存在泵油，因为后腔没有进油路，没有油也就不会影响它的抽气作用。在经过一定的抽气时间后，后级的入口压强降到很低，出口压强不高，自然进出口的压强差也不会大，高压腔内的气体就不会渗入低压腔。再者，在高真空状态下，缝隙的流阻很大，虽然没有油封，返流的气体量也很少。相反，由于后级无油，可避免泵油把气体和蒸汽带进后级入口，就大大地降低了残留气体的分压强。同时前级泵不断抽走后级泵中泵油的易挥发组分，可降低油蒸汽的分压强，这些作用提高了机械泵的极限真空度。

在分析旋片泵的工作原理时已知，在泵体的压缩腔内气体承受压缩力，直到其压力能顶开排气阀。如果在压缩过程中，从真空室内抽出可压缩凝聚的蒸汽，在达到它们的饱和蒸汽压时就会凝结成液体。例如水蒸气的 20℃ 饱和蒸汽压为 2.3×10^3 Pa，60℃ 为 2×10^4 Pa。这些凝聚体和泵油混合成悬浊液，和泵一起运转循环，达到进气口时，又会重新蒸发进入真空室，大大降低了泵的极限真空度，具体表现出的现象，好像永远抽不到要求的真

空度。凝聚的液体，如水，会使泵油氧化，需更换新油。另外水液还会造成泵体生锈腐蚀，缩短了泵的使用寿命。为了克服这一缺点，在泵的压缩腔内某一点装一个小的气镇阀（图3-10上的12），在抽气过程中根据需要，用气镇阀向压缩腔内掺入一定量的气体，使之与蒸汽混合，在压缩过程中蒸汽凝结成液体之前，混合气体的压强已超过开启排气阀的压强，打开排气阀，放出混合气体，也就排出了有害的蒸汽。

气镇阀是一个用螺栓和弹簧控制的微型球阀，把它装在进-出气口通道上，内有弹簧顶住，当要掺气时把弹簧放松，弹簧把小球向外压，气门打开，若把弹簧压紧，气门就被关闭。可以根据具体情况，间隔的打开，关闭气镇阀，隔一段时间进行掺气。掺气时极限真空度下降，因此在实际操作时，在蒸汽排出以后就把气镇阀关闭。

图3-12是旋片泵的抽气曲线，该图表明压强与抽气速率的关系。在压强高于1.33kPa时，抽气速率较快而稳定，在低压时抽气速率变慢，达到泵的极限真空度时，抽气速率降到零。

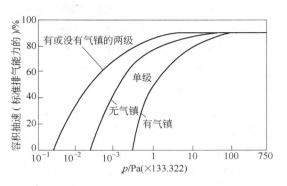

图3-12 旋片泵的典型抽气速率与压强的关系图

除旋片泵以外，还有增压泵（罗茨泵），它属于机械泵，有双叶轮和三叶轮两种结构，图3-13是增压泵的结构简图和工作原理图。图3-13（a）是叶轮布置情况，图3-13（b）是抽气过程图。泵的两个叶轮形的转子装在泵的定子腔内，定子壁与叶轮之间，叶轮与叶轮之间，在旋转过程中互不接触，留有大约0.1mm的间隙，它们之间没有摩擦，允许高速度转动，可达1000~3000r/min。从泵的结构上看，进气口和出气口实际上被转子隔开，而又有零件之间的缝隙连通，因此会有气体从排气区返流入进气区，故压缩效率比油封泵的低。但是，由于泵的转速快，故抽气率仍然很高。罗茨泵的抽气速率曲线绘于图3-14。

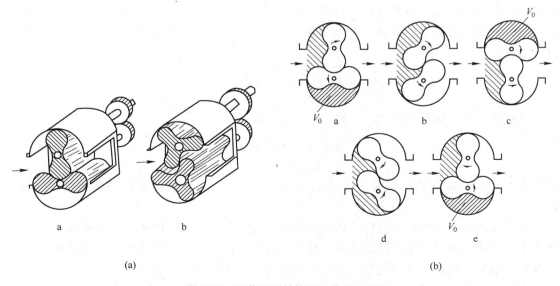

(a)   (b)

图3-13 罗茨泵的结构和工作原理图

在真空度大约为1Pa时，抽气速率很高。

罗茨泵在工作过程中转子的高速转动，表现出旋片泵的容积压缩效应，也有分子泵的作用效应见图3-13。转子转在 a 位置时，一叶轮把泵的进气口和出气口隔开，围成一个封闭的 V_0 空间，没有压缩膨胀。当两叶轮快速反方向由 a 位置转动到 b 位置，被隔离的气体由出气口排出。在这个过程中，当转子的叶轮峰部转到出气口边缘时，由于 V_0 的压强比出气口处的压强低，气体就会从出气口处向 V_0 扩散，扩散方向与转子转动的方向相反。当转子继续向前转动，V_0 处的气体被压缩到排气口

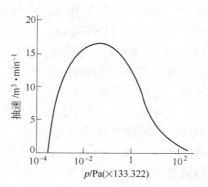

图 3-14　罗茨泵的抽气曲线

排出。随后到达位置 c，另一个转子叶轮和泵腔的另一半又形成一个新的 V_0 封闭空间。再向前转动到 d 位置，此 V_0 空间的气体也被排出。不断向前，重复循环，把被抽真空室的气体不断排出。这种抽气过程就是由某一个最小的容积空间变成最大，然后又由最大变成最小，翻来覆去，这就是罗茨泵的容积作用原理。另一方面，在低压情况下，由于泵的转子以 1000～3000r/min 的高速转动，转子表面的线速度达到分子热运动的速度，这时气体分子若碰到转子表面，它将被带到压强较高的出气口，被前置真空泵抽走并排入大气，这就是罗茨泵体现的分子作用原理。

在装有前置油封机械泵的情况下，单级罗茨泵可达到 10^{-2}Pa 真空度，双级泵可达到的极限真空度是 10^{-4}Pa。抽气速率范围 15～40000L/s。理论抽气速率可用下式近似计算：

$$S_p = 2 \times 10^{-3} \times \frac{\pi d^2}{4} \times L \times \frac{n}{60} \lambda \quad (L/s)$$

式中，d 为转子直径，cm；L 为转子的长度，cm；n 为转子的转速，r/min；λ 的物理意义是转子凹间面积与转子外围所构成的回转面积之比，即 $\lambda = A \times \left(\frac{\pi d^2}{4}\right)^{-1}$，双叶形为 0.53～0.57，三叶形为 0.49～0.53。由于罗茨泵的转子之间有间隙，在实际考虑抽速时，要对理论抽气速率做一些修正，在 20℃ 的空气条件下，在间隙中的气体是分子流时，修正后的抽气速率为：

$$S = (S_p + 11.6A) \times \left(1 + \frac{11.6A}{S_{前}}\right) \quad (L/s)$$

在间隙中的气体是黏滞流时，修正后的抽气速率为：

$$S = S_p \left(1 + \frac{20A}{S_{前}}\right)^{-1}$$

式中，A 为转子和定子及转子之间的间隙总面积，cm^2；$S_{前}$ 为前置真空泵的抽气速率，L/s。

罗茨泵的抽气速率有其独特的特点，在高压范围和低压范围内的抽气速率都低，只有在 0.13～133Pa 范围内才有较高的抽气效率。因而在真空系统中不能单独使用罗茨泵，必须安装有前置真空泵，或者用做扩散泵的前置真空泵，如图 3-14 所示。

在熔炼难熔金属时，如 W、Mo，需要的真空条件比较苛刻，真空度需要达到 10^{-1}～

10^{-4}Pa。仅使用机械泵不可能达到这么高的真空度，必须用扩散泵，它能达到 $10^{-1} \sim 10^{-7}$ Pa 的高真空度。图 3-15(a)、(b) 给出了扩散泵的结构简图和原理特性。

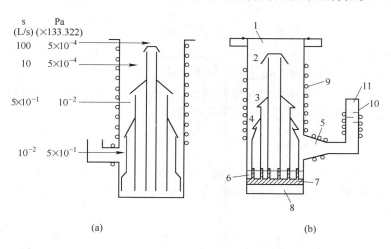

图 3-15 扩散泵的结构和特性

1—泵的进气口；2—第一级；3—第二级；4—第三级；5—喷射口；6—泵工作液；7—分馏器；
8—电炉；9—冷却水管；10—前级管道挡板；11—前级导管

扩散泵包括有泵芯、壳体、冷却水和加热电炉等。泵的工作介质常用扩散泵油，在特殊情况下也可以用汞。用电炉把扩散泵油加热到沸点，产生大量油蒸汽，并沿着泵芯通道分送到各级喷嘴，并向外喷射，形成一个高速定向稳定的密集蒸汽流。扩散泵的上端和被抽的空间连通，上层空间被抽气体的分压强高于该种气体在油蒸气中的分压。这样，在分子流状态下，被抽气体的分子源源不断地向油蒸气中扩散，并和具有高能量的超音速的油蒸气分子相碰，相碰时获得高能量，使被抽气体分子沿着蒸气流的方向高速向下运动。经过逐级压缩后，原先体积较大，压强很低的气体变成了体积较小，压强较高的气体。由各级喷嘴喷出的高速油蒸气宛如一道屏障。把高真空端（入口处）和低真空端隔开，有效地阻止了高压强气体返回到高真空端，最后在出口处被前置机械泵抽走。

从喷嘴喷出的油蒸气和水冷的低温泵壳内壁相碰，随即被冷凝成液态油，扩散泵油由蒸气压高的轻馏分和饱和蒸气压低的重馏分组成。为了防止和真空室连通的一级喷嘴喷出的油蒸气进入真空室，希望它喷出的油蒸气不含有轻馏分。而出口处希望有较多的饱和蒸气压高的轻馏分组分。为此，在扩散泵的油锅处装有一个分馏器。分流器由几个有缺口的分流环组成，缺口的位置分布要保证泵油由外环向中心流动的路程距离最长。底端面有缺口的蒸气导流管立在分馏环的中央，当油蒸气被泵壳内壁冷凝成液态油以后，首先流入分馏器的外环，油在由外环向中央流动的过程中，外环中的轻馏分高饱和蒸气压的油先蒸发，并由导管把油蒸气送入最下面的喷嘴。油在由外侧向中央流动的过程中，轻馏分，较轻馏分依次先后蒸发，到中央时基本都是饱和蒸气压低的重馏分，重馏分的油蒸气由中央通汽管送入一级喷嘴喷出。这样在接近真空室的地方可保证高真空度，提高了泵的极限真空度。这种分馏过程周而复始，轻馏分总是在扩散泵的下部低真空带蒸发，而重馏分集中在泵的上部高真空区蒸发。沿扩散泵高度的真空度分布有很大差异，泵出口处的压强最高。

扩散泵的出口压强 p_1 与进口压强 p_0 的比值（压缩比）由下式决定：

$$\frac{p_1}{p_0} = \exp\frac{\omega n_{\mathrm{d}} L}{D_0}$$

式中，n_{d} 为油蒸气的分子密度；ω 为油蒸气的流速；D_0 为扩散系数；L 为油蒸气流的有效度。此式表明油蒸气的密度高，流速快，则泵的压缩比大。

扩散泵的理论抽气速率（几何速率）用泵的口径计算，泵的有效进气口的口径是泵的口径与泵芯伞形面积之间的环形口，由下式计算：

$$A = \frac{\pi D^2}{4} - \frac{\pi (D - t)^2}{4} = \frac{\pi}{4}(2\mathrm{d}t - t^2)$$

式中，D 为扩散泵的口径；$t/2$ 是泵的口径与伞平面之间的环形空间的宽度。

对于分子量为 M，温度为 T 的气体，由面积 A 逸出的最大气流率不超过下式的计算值：

$$S_{\max} = 3.64A\sqrt{T/M} \quad (\mathrm{L/s})$$

20℃ 的空气的气流率：

$$S_{\max} = 11.6A \quad (\mathrm{L/s})$$

影响扩散泵抽率的另一个重要参数是和氏系数（抽速系数）H，它的定义是泵喉部的实际抽气速率与最大抽气速率之比，通常 $S/S_{\max} = 0.3 \sim 0.45$，现代泵为 0.5，故通常可以用下式计算扩散泵的抽率：

$$S = HS_{\max} = AH3.64\sqrt{T/M} = 3.64H\sqrt{T/M} \times \frac{\pi t}{4}(2D - t)$$

取 $H = 0.4$，$D = 3t$，常温空气的抽速可以写成：

$$S = \frac{11.6\pi}{4} \times \frac{0.4}{3}\left(2 - \frac{1}{3}\right)D^2 \approx 2D^2 \quad (\mathrm{L/s})$$

据此，抽速为 1000L/s，扩散泵的口径 D 为：

$$2D^2 = 1000$$

则 D 为：

$$D = \sqrt{500} \approx 224\mathrm{mm}$$

由分析可以看出，扩散泵的抽速与压强无关，与被抽气体的分子量的平方根成反比。国际上几个大泵业制造商生产的各种扩散泵的抽气特性绘于图 3-16，当入口压强高于 $10^{-1} \sim 10^{-2}\mathrm{Pa}$ 时，此时因为气体密度较大，大量气体分子混入油蒸气流与蒸气分子碰撞，造成油蒸气流的宏观速度减慢，抽速降低。而如果入口压强低于 $10^{-5}\mathrm{Pa}$ 时，因气体的密度低，引起低真空端的气体分子穿过蒸气流反向扩散到高真空端，造成抽速下降。

扩散泵的最小抽速可到几（L/s），而最大抽速可达到几十万（L/s），可达到的最高真空度在 $1.33 \times 10^{-1} \sim 1.33 \times 10^{-8}\mathrm{Pa}$。对于一个实际的扩散泵的抽气速率而言，泵油的质量好坏，泵的加热和冷却系统对泵的极限真空度和抽速都有很大的影响。图 3-17 和图 3-18 是泵的冷却和加热情况对扩散泵的抽气特性的影响。加热使液态油变成油蒸气，冷却使油蒸气变成液态油。在液态油→加热→油蒸气→冷凝→液态油这一个过程中完成了抽气动

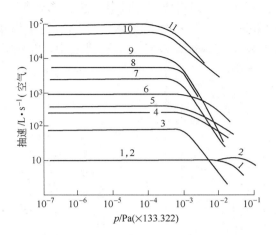

图 3-16　不同扩散泵的抽气特性（极限真空度与泵油有关）

1—EO-1 型-25.4(Edwards 英)；2—EM-2 型-51Hg(Edwards 英)；3—E-203 型-51(Edwards 英)；4—6080 型 80mm
（Alcatel 法)；5—400/1 型 100mm(Z-heraeus 德)；6—DIFF-900 型 138mm(Balzers)；7—EO-9 型 229
（Edwards 英)；8—HVS10 型 305(Varian-NRC 美)；9—24M4 型 610Hg(Edwards 英)；
10—50000 型 1000(Z-Heraeus 德)；11—PMC-48 型 1219(Bendix 美)

作，因而加热冷却是扩散泵工作的过程中不可缺失的有机组成部分。泵的加热电炉的功率过大或过小对泵的正常工作都有负影响，过热使油的汽化加剧，油蒸汽的边层是湍流（涡流），引起抽速和极限真空度下降。过冷造成蒸汽流的速度和密度偏低，气体的反向扩散作用加强，也导致抽速和极限真空度下降。

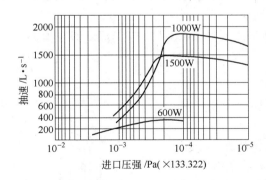

图 3-17　加热功率对扩散泵工作特性的影响

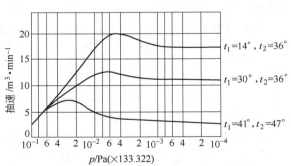

图 3-18　冷却强度对扩散泵工作特性的影响

由扩散泵的抽气曲线可以看出（图 3-19），当入口压强低于 $10^{-1} \sim 10^{-2}$Pa 时，泵的抽速达到极限。因此，需要配备一个前置真空泵，建立前级真空度。另外，只有在具有前置真空泵的条件下，才能达到较高的极限真空度。一般在应用时都用机械泵或增压泵建立 $10^{0} \sim 10^{-1}$Pa 的前级真空（或预真空）。

除上面论述的三类真空泵以外，还有活塞泵，旋转分子泵，流体（油或水）喷射泵，汞扩散泵，钛升华泵等各式真空泵。但在真空冶金炉中，特别是在 W 和 Mo 的真空熔铸和烧结过程中，都用这三种真空泵。这三类泵的工作特性是不同的（图 3-20），它们必须组合使用，用旋片泵，罗茨泵和扩散泵组成真空机组，这类真空机组可以实现 $10^{-1} \sim 10^{-4} Pa$ 的真空度，可以满足 W 和 Mo 的真空熔铸的要求。在真空冶金设备中，包括熔炉和烧结炉，不宜用分子泵，这类泵比较娇气，极易受冶金过程中产生的挥发物和释放的气体污染，使得分子泵失去抽气作用。

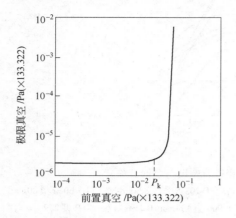

图 3-19　扩散泵的极限压强与前级压强的关系

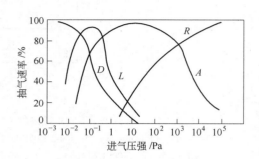

图 3-20　几种常用泵的抽气特性

A—罗茨泵；D—扩散泵；L—油增压泵；R—机械泵

3.3.3　真空测量及测量仪表

真空测量仪表分两大类，第一类是直接测量真空室内的残余气体压力，测出真空压强的绝对值，例如麦氏真空计；第二类是非电量的电量测，就是把压强转成电参数，直接测量电参数，再转化成真空室的压强，如电阻真空计，电偶真空计，冷阴极和热阴极电离真空计等。下面分别论述这几种真空计的原理和应用。

（1）麦氏真空计。这种真空计的测量原理是气体的波义耳-马略特定理，即在恒温条件下气体的压力与体积成反比，即

$$p_1 v_1 = p_2 v_2$$

式中，p_1、v_1 为气体压强和原始体积；p_2、v_2 为气体压力和恒温变化后的体积。

麦氏真空计的原理见图 3-21。仪器的开口端和被测真空室连通，有两根平行放置的内径相同，特性一样的玻璃毛细管 C_1 和 C_2，在测量真空时先把玻管的水银降到位置 A 以下（见图 3-21），此时空玻璃管内的压强就是被测真空室内的压强。若再把水银面提高到 A 点，左，右两边的水银柱分开，右边管内的压强仍然保持真空室的压强，此刻，左边管内的压强算原始压强，显然保持住了真空室的压强，而它的体积是玻泡体积和毛细管体积之和，可以写出原始的 PV 关系式。当水银面继续升高，C_1 中的气体被压缩，达到 h_2 时，左边管内气体压强升高，而右边管内气体的压强仍然是真空室的压强，左管和右管内的压强差造成水银面出现高差。此时，C_1 中的压强与右边 C_2

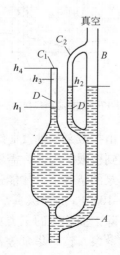

图 3-21　麦氏真空计的原理

管中的压强和水银柱高差$h_2 - h_0$之和成正比，C_1的体积为C_1的横截面和$h_0 - h_1$的乘积，即$A(h_0 - h_1)$。压缩以后左右两边的C_1和C_2因内径一致，毛细力相等。根据波义耳-马略特定律可以写出下面关系式：

$$PV = [p + (h_2 - h_1)] \times A(h_0 - h_1)$$

$$P = A(h_2 - h_1)(h_0 - h_1) \times [V - A(h_0 - h_1)]^{-1}$$

这关系式是麦氏真空计的基本原理公式。实际真空计根据这个原理做出了两种标定读数的方法，第一种标定法是把开口毛细管中的水银面抬高到左边毛细管封口顶端，使$h_2 = h_0$，$\Delta h = h_2 - h_1$。第二种标定方法是把闭口毛细管中的水银面提高到某一固定参考高度。

根据原理公式，用第一种分度法，$\Delta h = h_2 - h_1$，$h_0 = h_2$，代入原理公式：

$$p = A \times \Delta h(h_0 - h_1) \times [V - A(h_0 - h_1)]^{-1}$$

由于$A(h_0 - h_1) \ll V$，它可以忽略不计，则可得到：

$$p = \frac{A}{V} \times (\Delta h)^2 = \frac{\pi d^2}{4V}(\Delta h)^2$$

这种标定方法的压强p的读数正比于$(\Delta h)^2$。对于一个具体实际的麦氏真空计来说，d和v都是固定的，令为K，压强可以写成：

$$p = K(\Delta h)^2$$

由于一台麦氏真空计的d和v是已知的，则可根据K和$(\Delta h)^2$给麦氏计进行标定，例如，假如已知$(\Delta h) = 1mm$，$k = 3 \times 10^{-5}$，标定出读数压强$p = 3.99 \times 10^{-3} Pa$，同样如果$(\Delta h) = 15mm$，则$p = 8.98Pa$。有了这些标定数就可以直接读出压强Pa。

麦氏计的第二种标定分度方法是把封闭的毛细管内的水银面调整到某一个固定的高度平面，如X-X面，根据原理公式可以写出下面关系式：

$$p = A(h_2 - h_x)(h_0 - h_x) \times [V - A(h_0 - h_x)]^{-1}$$

仿照第一种标定法，也可以忽略$A(h_0 - h_x)$，也可以得到：

$$p = A(\Delta h)(h_0 - h_x)V^{-1}$$

同样可得到：

$$p = \frac{\pi d^2}{4V}(h_0 - h_x)(\Delta h) = K(\Delta h)$$

这时p与(Δh)是线性关系。

麦氏真空计有旋转式和台式两种结构，见图3-22。图3-22(a)是旋转式麦氏计，它在不用的时候水平放置，后面有一可转动的真空管与被测真空室连通，使用时把它转成垂直放置，由水银柱的高度差直接读出真空度。图3-22(b)是台式麦氏真空计，它利用下面的水银贮罐内的压力变化调节各管中的水银柱的高度。图3-22(b)中a是未工作时的状态，b是(Δh)线性分度，c是$(\Delta h)^2$分度标。

麦氏计的灵敏度取决于V和d，v大，d小，灵敏度高。由于水银的密度大，设计的v小于$500cm^3$，d不能太细，因为在表面张力作用下，若直径d太细，水银柱容易断开，一般d不大于$1mm$，麦氏计可测真空度范围不超过$1.33 \times 10^{-6}Pa$。旋转麦氏计测量低真空，

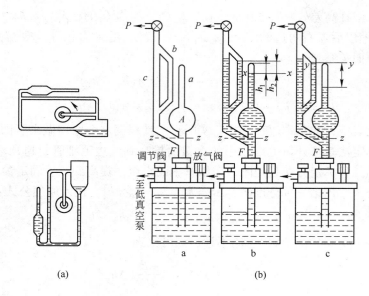

图 3-22   麦氏真空计结构

（a）旋转卧式；（b）台式

$1.33 \times (10^2 \sim 10^{-1})$ Pa。由于麦氏真空计是直接测量真空室的压强，常用它来标定一些间接测量的真空仪表，例如电离真空计，电偶和电阻真空计等。

（2）电阻真空计。已知处于分子流状态的气体导热率与压强成正比，而处于黏滞流状态的气体导热率与压强无关。一段电阻为 R 的电阻丝，两端加载电压 V，加热功率为 V^2/R。此时电阻丝的温度受环境散热条件的控制，环境散热快，丝的温度低。在一个封闭的玻璃管内装一段电阻丝（灯丝），通电加热以后，会发生管内气体传导热损失，辐射，对流和丝的引出端构件传导热损失。如果灯丝的加热功率不变，并且把辐射和丝的导出端传导热损失降到最小，那么，灯丝的温度只与管内的气体导热率成反比关系。气体的导热率越高，灯丝的温度就越低。反之，灯丝的温度就高。管内的气体导热率与气体的分子密度，与气体压强有关，压强越高，气体的导热率越大，灯丝的温度就低。显然，灯丝的温度与管内气体压强，即真空度有关。利用这种关系设计出了电阻真空计，也称为皮氏真空计。

电阻真空计有一个开口的玻璃管，管内装一根电阻温度系数大的电阻丝，常用 W 丝，Pt 丝。当给灯丝一个固定的加热功率时，灯丝的温度与气体的导热率有关，即与气体的压强（真空度）有关。在高压强低真空度时灯丝的温度低，灯丝的电阻下降。在低压强高真空度的条件下灯丝的温度升高，电阻加大。把电阻与压强的关系画出一条 P 曲线，通过读电阻或电流就能读出压强（真空度）。真正的电阻真空计是把加热电阻丝做成惠斯顿电桥的一个臂，如图 3-23 所示。图 3-23（a）是真空计规管的加热丝（W，Pt），引出丝的密封和绝缘。图 3-23（b）是惠氏电桥的平衡电路。R_1、R_2、R_3 是三个平衡电阻，电阻丝材料是电阻温度系数小的康铜丝，$R_2 = R_3$，R_1 是可调的滑线电阻，R_w 是规管的加热灯丝的电阻，在 aa' 端接加热电阻丝 R_w 的供电电源，bb' 接微安表，在电桥平衡被破坏时可读出电流大小。

在高真空度的条件下，即在低压强（2×10^{-3} Pa）时调好电桥平衡，使微安表的读数为"零"。规管和真空系统连通后，如果压强增加，气体导热加快，灯丝的温度会下降，

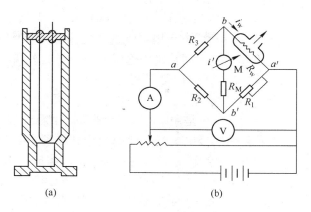

图 3-23　皮氏真空计的结构和线路

R_w 变化，电桥平衡被破坏，微安表示出新的读数，如果微安表已经标定过压强值，就可以从微安表读出真空度。

在实践中电阻真空计的测量电路有恒流，恒压和恒温控制三种测量方法。相应的用真空度（压强）来标定电流，电压和加热功率。用标定好的仪表就能直接读出真空度。这种真空计测量范围是 $1.33 \times (10^3 \sim 10^{-1})$ Pa。

（3）热电偶真空计。热偶真空计测量真空度的原理和电阻真空计的一样，都是利用气体的导热率随压强的变化，造成灯丝的温度随压强变化。通过测量灯丝的温度来确定真空度。电阻真空计最后是通过温度的升降造成灯丝的电阻大小的变化。而热偶真空计是直接测量灯丝的温度，由灯丝温度的变化来确定真空度的高低。图 3-24 是热电偶真空计的测量线路图，规管中装有直径为 $0.05 \sim 0.1$ mm 的 W 或 Pt 加热丝和热电偶丝，电偶丝接在加热灯丝中间，加热丝的温度变化造成电偶丝的热电势（mV）的变化，毫伏计显示热电势（mV），用真空度来标定毫伏值（见图 3-25），由毫伏值直接读出真空度。

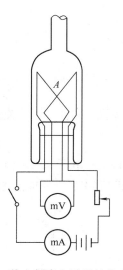

图 3-24　热电偶真空计的结构和线路

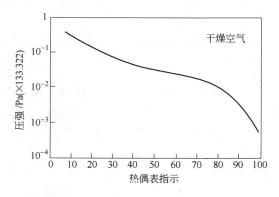

图 3-25　热电偶真空计的典型标定曲线

热电偶真空计的测量范围和电阻真空计的一样，都是 $1.33 \times (10^3 \sim 10^{-1})\mathrm{Pa}$。由图 3-25可以看出，在高压强低真空度的情况下，毫伏值偏低，在很低压强下（高于 $10^{-1}\mathrm{Pa}$ 高真空度）热电势趋于饱和，气体压强的影响降到次要地位，而与气体压强无关的热辐射上升到主导地位。在 $13.3 \sim 0.133\mathrm{Pa}$ 中间范围内毫伏值与压强的关联度较好。

（4）热阴极电离真空计。电离真空计可以测量（$10^{-1} \sim 10^{-5}\mathrm{Pa}$）高真空，热阴极电离真空计实际上就是一个三极电子管，管的一端开口和真空室连通。阴极是用直径 0.14mm，W 丝做成的 V 形结构，栅极是用细 W 丝或细 Mo 丝绕成的螺旋形的构件，板极是 Ni 箔卷成的圆筒。图 3-26 是热阴极电离真空计的结构和原理，阴极通直流电加热发射热电子，若板极加 +150V 电压，栅极加 $-3 \sim -5$V 电压，构成"内控"管。若栅极加 $+200 \sim +300$V 电压，极极加 $-20 \sim -30$V 电压，则构成"外控"管。热阴极发射出的热电子在正极电场作用下加速，电子获得一定的动能并和气体分子碰撞，气体电离成正离子并产生二次电子，电离几率与电子的能量大小有关，气体产生的正离子数与气体分子密度成正比，故可以用离子流大小来度量气体的密度，即度量真空度的具体原理。

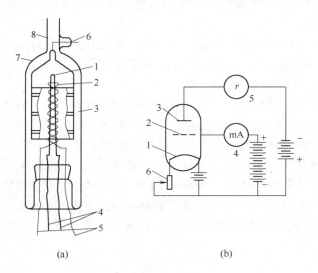

图 3-26　电离真空计的结构和原理

(a) 结构；(b) 原理

1—阴极；2—栅极；3—板极；4—电子流电流表；5—离子流电流表；6—板极引出线；7—玻璃壳；8—接入口

假设热电子飞到加速极的路程长是 $L(\mathrm{cm})$，离子流 $I_i(\mathrm{mA})$ 与压强 p 之间有下述关系：

$$I_i = I_e wLp$$

式中，I_e 为灯丝发射电流，mA；w 为电离效率，它代表在 $p = 1\mathrm{Pa}$ 时电子每飞行 1cm 距离所产生的电子-离子对数，是电子能量的函数，但是，电子在飞行路途中的能量是随时变化的，w 也就跟着变，故 I_i 是求和式，即

$$I_i = I_e \sum_{i=1}^{n} w_i \Delta L_i p$$

式中，n 为 L 路程分割的段数；ΔL_i 为路程第 i 段的长度，cm；w_i 为在 L 路程中第 i 段上电

子的能量函数。

在实际上并不是所有的电子和离子都被收集起来，有一部分直接飞到了管壁上，因此，对于 I_i 和 I_e 要用修正系数 α 和 β 加以修正，则 I_i 变成下式：

$$I_i = \alpha\beta I_e \sum_{n=1}^{n} w_i \Delta L_i p$$

对于一个具体的规管来说，令

$$k = \alpha\beta \sum_{n=1}^{n} w_i \Delta L_i$$

则 I_i 式变成：

$$I_i = k I_e p$$

或者

$$\frac{I_i}{I_e} = kp$$

此式表明离子流 I_i 与 I_e 之比和压强成正比。比例系数 k 是电离真空计的灵敏度，其大小可用实验确定，图 3-27 是 I_e 固定时标定出的 $I_i = f(p)$ 曲线，标定的加速电压 $+200\text{V}$，收集极电压 -25V，发射电流 5mA，气体介质是氮气。在真空度为 $(10^{-1} \sim 10^{-5})\text{Pa}$ 范围内的 $I_i = f(p)$ 是直线段，当真空度超过 $(10^{-5} \sim 10^{-6})\text{Pa}$ 时，由于气体稀薄，电子撞到加速极时产生软 X 射线，并导致收集极有附加的光电子，I_i 偏离了直线。在低真空段，因为气体密度大，电子向加速极飞行过程中，在有效电离区内与气体碰撞的次数不止一次，降低了电子能量，气体电离的几率变小，I_i 下降，偏离直线。因此，普通热阴极真空计测量真空度的范围是 $10^{-1} \sim 10^{-5}\text{Pa}$。

（5）冷阴极真空计。热阴极真空计的阴极是通电加热的细 W 丝，它在测量过程中很容易被污染，特别在测量真空冶金炉的真空度时，例如在熔炼 W 和 Mo 时，在静态条件下炉内的真空度可达到 10^{-4}Pa，但是，一旦熔炼开始，炉料立刻会释放出大量气体，这些气体，特别是氧，使热阴极中毒氧化，W 丝断裂，真空计的寿命大大降低。在这种情况下，用冷阴极真空计测量冶金炉的真空度比用热阴极真空计更方便，更可靠。

冷阴极真空计简单的结构和原理如图 3-28 所示，阴极是两块平行的 Ni 板、Zr 板或

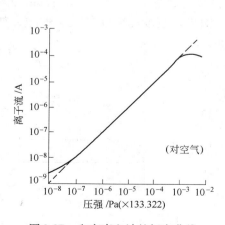

图 3-27 电离真空计的标定曲线

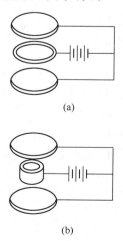

图 3-28 冷阴极真空计原理图

Al 板，阳极是一匝线圈或一个薄的圆筒，材料是非磁性材料，如 Al、Ta 和 Ni。沿轴线与平行板阴极的垂直方向加一个强磁场，磁场强度要达到几百奥斯特，阴极电压高达 −2000V。冷阴极真空计测量真空度的原理和热阴极真空计的一样，都是利用电离电流与气体压强之间的关系。冷阴极真空计不是应用热阴极发射的热电子流，而是应用管内自然电离产生的带电粒子（自由电子）。这些带电粒子在阳极电场作用下向阳极运动。由于电子的运动方向与磁场方向之间有一定夹角，电子受磁场作用做螺旋运动，加长了电子向阳极飞行的路程，增加了与气体碰撞的机会，使更多的气体电离成正离子。这些正离子在强电场作用下轰击阴极，产生二次电子发射，激发出的电子也参加气体的电离过程，重复下去就建立了汤森效应，电流增长到繁流过程。只要管内满足着火点燃条件，就会在规管内建立自持放电过程。自持放电电流大小随压强而变化，满足下式：

$$I = kp^n$$

式中，k 为规管的灵敏度；n 为规管的结构参数，在 1.15 ~ 1.4 之间。

只要事先标定好 $I = f(p)$ 曲线，就可根据测量到的电流大小得到相应的真空度。冷阴极测量的真空度范围是 $10^0 \sim 10^{-4}$ Pa。

3.3.4　真空检漏

真空检漏技术是真空技术的一个非常重要的内容。一个真空装备，例如一台真空电弧炉，要做到长期绝对不漏气是不可能的，因为设备是由许多零部件组装成的。漏气源有焊缝的微裂纹，结构材料的微观缺陷，装配的活动接头等。工程上用漏气速率描述一个系统的漏气情况，漏气速率的定义是：在环境温度为 23 ± 3℃ 的条件下，处于高压强或气体密度高的低真空一端的干燥气体（露点为 −25℃）在单位时间内通过漏"洞"向低压强低密度的高真空一端流入的气体量，度量单位是 Pa·L/s 或者 Pa·m³/s。若一个真空装备的容积为 V，在经过一个 Δt 时间间隔以后，压强升高 Δp，根据漏气率的定义，则

$$Q_漏 = V \frac{\Delta p}{\Delta t} \quad (\text{Pa} \cdot \text{L/s})$$

实际测量一个真空装备的漏气率要先把装备抽到极限真空度，然后把真空机组与装备隔开，每隔一定时间测量一次真空装备的真空度，做出真空度与时间的关系曲线，如图 3-29 所示，a 线段平行于 t，表明真空装备的真空度不随时间变化，这时系统的压强保持不变，系统保持真空的能力特别好，基本上没有漏气源。b 线段在初始阶段压强上升很快，逐渐放慢，随后变成平衡态。这种现象证明系统内部有放气源，而没有微孔漏气。初始阶段，在低压状态下系统内部放气，当达到饱和蒸汽压时，放气达到平衡状态，压强不会再提高。线段 c 的斜率是 $\frac{\Delta p}{\Delta t}$，即压强随时间直线变化，表明这个真空装备只有微孔漏气，没有内部放气，其漏气率：

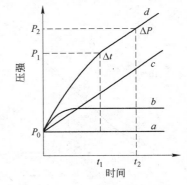

图 3-29　真空室压强与时间的关系

$$Q_漏 = V\frac{\Delta p}{\Delta t}$$

式中，V 为真空装备的容积；Δt、Δp 为压强和时间增量。在经过 Δt 时间以后，真空装备的压强由起始的 p 升高到 p_t 平衡压强，则

$$p_t = p + \frac{Q}{V}\Delta t$$

这时的真空度主要取决于漏气率。d 线开始时压强升高很快，然后逐渐变慢，最后变成为斜率固定的直线段。这种情况说明真空装备既有内部放气源，又有微孔漏气。初始阶段压强升高是内部气源放气和微孔漏气的二者作用之和，当压强逐渐升高，内部放气逐渐变慢，当内部放气可以忽略不计，只有微孔漏气是压强升高的唯一气源时，压强随时间变化就成为具有固定斜率的直线线段。

一个真空装备不可能绝对不漏气，在能满足工作要求的情况下，抽气和漏气达到动态平衡，这时容许的漏气率是最大容许漏率。实际工程装备要求尽量降低微孔漏率。如果漏气率过高，达到动态平衡时，真空装备变成气体通道，表面看真空度很高，实际上为"假真实度"，实则空气变成了"穿堂风"。这样对真空冶金过程非常不利。在真空冶炼过程中，最大容许漏气率不大于 10^{-4} Pa·L/s。

应用各种检漏手段寻找微漏孔，并将其封死。降低漏气率，最大限度的提高真实真空度。常用检漏方法有正压法和负压法两大类，正压法就是向真空容器内部填充示踪物质，内部压力大于大气压，负压法就是把容器抽成真空，由外部提供示踪物质，找出漏孔位置。各种检漏方法能确定的最小漏气率就是检漏灵敏度。

（1）加压检漏。用空压机或高压气瓶向待检查的真空腔充 H_2、Ar、He 等，充气压力高低视真空设备的特点而定，把待检查设备放入水中，加压以后在漏气处出现微气泡，这种方法特别适合用于真空管道的法兰焊缝检漏，把待检查的管道独立的放在水槽中打压即可完成检漏操作。或者在怀疑有漏气处涂浓肥皂液，当内部压力大于外部大气压时，气体外渗，在漏气处就会出现肥皂泡，就可确定漏气点，这类检漏方法的灵敏度可达 10^{-3} Pa·L/s。

（2）卤素检漏。已知金属铂在加热到 800～900℃ 时会发射正离子，在卤素元素的催化作用下，正离子发射强度急剧增加，利用这种原理做真空检漏即为卤素检漏，具体有两种方法。其一是把探头插入真空室某处的适当位置，抽真空到 10～0.1Pa。然后用卤素示踪气体（如氟利昂）喷吹，在喷吹过程中如果吹到漏气处，在漏气处有卤素气体渗入真空室，则卤素元素和铂发生作用，就会促进正离子发射，仪器会发生鸣叫，正离子突然升高，即可正确确定漏气位置。第二种方法是正压法，把待检漏真空室抽到一定的真空度，向室内充入含有卤素元素的示踪气体，使室内的压力大于外部大气压，在外面用铂探头检漏，接受到卤素元素以后，探头会发出鸣叫声，正离子流陡然升高，就可确定漏气的位置。

（3）火花检漏。这种检漏方法适用于检验玻璃构件。用手枪式电火花发生器在玻璃表面附近触发，同时发生的高频火花使玻璃管内的气体触发电离，发生辉光放电，不同气体发生辉光放电时会呈现出不同的颜色，空气是紫红色或粉红色，各种气体及物质蒸汽的颜色列于表 3-8。在检漏时，先把真空室抽成预真空 0.1Pa，在有可能漏

气的地方或者怀疑是漏气的地方涂抹或喷射有机溶剂，如乙醇、丙酮、乙醚等，或者用示踪气体吹喷，如氢气、氩气、氯气等，如果有漏气的地方，则气体或蒸汽会渗入真空室，被高频电火花激发成辉光放电以后，会呈现出不同的颜色，就可判断出漏气的位置。

表 3-8　各种气体及物质蒸汽辉光放电的颜色

气 体	颜 色	气 体	颜 色	气 体	颜 色
空气	玫瑰色	氖气	血红色	丙酮	蓝色
氧气	淡黄色	二氧化碳	白-蓝绿色	苯	蓝色
氮气	金红色	汞	蓝-绿色	甲醇	蓝色
氢气	特殊红色	水	天蓝色	泵油，油脂	淡蓝有荧光
氦气	紫罗兰-红色	乙醇	淡蓝色		
氩气	深红色	乙醚	浅蓝色		

大型真空冶金炉大都是金属构件，小型的设备可能有玻璃三通阀等构件，可以在这些玻璃构件上进行电火花检漏。如果炉子上没有玻璃构件，可以在炉子上的适当位置焊一个专门的出气短管，接一段真空橡皮管，管头插一根玻璃试管，可以用这一根试管做电火花检漏，试管做专用的检漏观测窗口。

（4）真空测量仪表检漏。热导真空仪和电离真空计是利用气体的导热系数和电离程度来度量真空度。反过来用它来检漏也是很自然的。把待检查的真空室抽到稳定的真空度以后，用示踪溶剂或示踪气体（氦，氩）扫描检查可疑漏气处，如扫描到漏气处，这些气体漏入真空室以后，由于气体导热系数，及不同气体浓度，则真空计的示值会突然变化，由此可以判断漏气源的位置。不同的真空计检漏的范围及灵敏度不同。热偶真空计和电阻真空计可检漏 10^{-1} Pa 真空度，灵敏度为 10^{-3} Pa·L/s。热阴极和冷阴极真空计可检漏真空度分别为 $5 \times 10^{-2} \sim 1 \times 10^{-5}$ Pa 和 $10^{-1} \sim 10^{-11}$ Pa，检漏灵敏度在 $10^{-4} \sim 10^{-8}$ Pa·L/s。

3.4　钼的真空电弧熔炼

3.4.1　电弧的本质和特性

电弧是气体放电过程中的一种现象，通过电弧燃烧把电能转化成热能，光能和机械能。真空电弧熔炼就是利用电弧热能把 W、Mo 熔炼成铸锭。和 W、Mo 粉末冶金工艺并列，是生产钼坯的第二种工艺方法。

3.4.1.1　气体放电过程

在金属棒的两端接上电源并形成回路时，金属导体中的自由电子做定向运动就产生电流，它遵守欧姆定律，$I = U/R$。给一个气体导管两端施加电压，在普通状态下气体不导电，要想使气体导电必须给气体提供带电粒子，如正离子、电子、负离子。它们在电场作用下，做定向流动，也形成电流。在小电流，低电压情况下，气体导电是依靠人为的加入带电粒子，气体导电过程不能激发气体自身产生离子，维持气体自身的导电，这种过程为非自持放电，见图 3-30。若升高电流，电压，通过外部激发使气体电离变成导体。在导电过程中生成新的带电粒子，维持气体继续导电。这种过程为自持放电。气体放电有暗放电，辉光放电和电弧放电。电弧放电的电流最大，电压最低，温度最高，光照最强，表3-9列出了几种物质的一次、二次电离电压和激活电压。气体由不导电变成导电是通过气体电离产生带电正粒子，或者电极表面发射电子。这些带电粒子在电场作用下定向运动使气体导电。气体电离和电子发射的物理本质有明显差异。

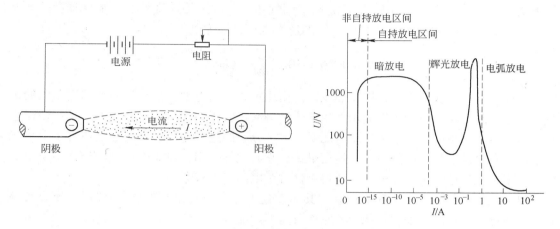

图 3-30 气体放电特征

表 3-9 几种物质的一次、二次电离电压和激活电压

元素	一次电离电压 /V	二次电离电压 /V	激活电压 /V	元素	一次电离电压 /V	二次电离电压 /V	激活电压 /V
Mo	7.4	—	—	O	13.5	35	2.0
W	8.0	—	—	N_2	15.5	—	6.3
N	14.5	29.5	2.4	O_2	12.2	—	7.9
Ar	15.7	28.4	11.6	H	13.5	—	10.2

通常气体的原子核和核外电子处于平衡状态，呈现中性不导电。若给气体施加外来的能量，使其失去电子成为带电的正离子，这种现象称为气体电离。使中性气体分子失去第一个电子所需施加的外来能量称为第一电离能（电子伏），生成一价正离子。若再需要气体失去第二个电子，需提供更高的外加能量，此外加能量称为第二电离能，也可称为第二电离电压。另外，如果给气体施加的外来能量不足以使分子电离，让分子失去电子。但是，可以让电子从低能级状态跃迁到高能级状态，破坏了原先稳定的分子结构，这称为激活。使中性分子激活所需加的最低能量称为激活电压（激活能）。处于激活状态的粒子对外是电中性，处于不稳定状态，存活寿命约只有 10^{-8} s，如果被激发的气体分子再受到外来能量的作用，它就可以被电离成离子。一般来说，激活电压小于一次电离电压，小于二次电离电压。有关特性值见表3-9，为了比较该表也列入了 W、Mo 的一次电离电压。在已电离的气体分子做无序的经常互相碰撞的运动过程中也发生电离的逆向过程，即在带相反电荷的粒子互相碰撞时，如电子和带正电荷的粒子相互碰撞，就会生成电中性的气体分子，这种过程称为复合，产生中和现象。此外，电离气体中也有分子和原子与电子结合生

成负离子的过程，在这个过程中释放出的能量称为电子亲合能。元素的电离能和亲合能之和称为电负性。由此分析可知，要使气体电离需要给它们施加外来的能量，根据施加外来能量的方式不同，电弧气体的电离可分为热电离，光电离和场致电离三类。

（1）热电离。气体粒子受热作用产生电离现象称为热电离。气体分子都处在运动状态，分子的运动速度分布符合麦克斯威尔-玻耳兹曼分布函数（图3-5），分子的平均速度用下式表示，此式表明，温度 $T(K)$ 越高，则气体分子的平均速度越快，本身具有的动能就大。在 T 一定时，轻分子的 M 小，它的速度也快，因为电子

$$\overline{V} = 1.45 \times 10^4 \sqrt{\frac{T}{M}} \quad (cm/s)$$

的质量比正离子的质量更小，电子的飞行速度比正离子的速度更快。处在高速运动中的正离子，电子和电弧气中的中性分子发生非弹性碰撞，粒子的动能传递的中性分子，使得它们的内部结构发生破坏，如果传递的能量超过了分子的电离电压，会引起气体分子电离成正离子，在碰撞过程中因为电子的速度最快，它起主导作用。在非弹性碰撞过程中电子的能量几乎全部传递给了中性分子，使得中性分子电离或者被激活。

电弧气体分子在同一温度下运动，其运动速度分布符合麦克斯威尔-玻耳兹曼分布函数，气体分子的运动速度并不相等，它们具有的动能也不一样，只有均方速度大的气体分子，动能超过中性气体分子的电离能，才能使中性分子电离成正离子。一个单位体积内被电离的粒子数与电离前的粒子总数之比称为电离度。

$$x = \frac{电离后的电子或粒子密度}{电离前的中性粒子密度}$$

电离度 x 与单一气体的压力，温度和电离电压之间的关系：

$$\frac{x^2}{1 - x^2} p = 3.16 \times 10^{-7} \times \sqrt{T^5} \exp\left(\frac{-eu_i}{kT}\right)$$

式中，p 为气体压力，Pa；T 为温度，K；e 为电子电量，C；u_i 为电离电压，V；k 为玻耳兹曼常数（$k = R/N_a$），约为 1.38×10^{-23} J/K。

如果压力降低，温度升高，电离电压降低，则电离度增加。混合气体及蒸汽的电离度是考查实效的电离度，因为气体在同一温度 T 和同一压力 p 时的电离度不同。混合气体的实效电离度由实效电离电压决定，理论和实践都证明，实效电离电压取决于混合气体中电离电压低的气体。例如 Fe 的电离电压为 7.8V，而 k 的电离电压为 4.3V，两者混合蒸汽的实效电离电位接近 k 的电离电压。在电弧气中的低电离电压气体的电离过程是供给电弧带电粒子的主要源泉。

电弧柱的温度高达 5000～30000K，故热电离是弧柱区产生带电粒子的主要过程，在这样高的温度作用下，多原子气体先解离成原子，热解离时吸收解离能。已解离的气体的大量原子和少量的分子在热激活下继续电离成带电的正离子和电子，维持电弧稳定燃烧。

（2）场致电离。在电场控制下的气体，气体中的带电粒子在电场力的作用下做定向运动，如果运动方向和电场力的方向一致，电场力使带电粒子产生正加速度，粒子的运动速度加快，电能转变成带电粒子的动能。如果动能超过中性粒子的电离能，当它们和中性粒子发生非弹性碰撞时，会使中性粒子电离成带电的正离子，如果带电粒子的运动速度不够

快，它们与中性粒子之间发生弹性碰撞，在碰撞过程中只有能量交换，运动粒子的运动速度和温度发生变化，不会导致被撞粒子发生电离。在上述过程中带电粒子的动能增量来自电场力，中性粒子被撞击电离，这种电离过程称为场致电离。

带电粒子在电场力作用下，在实际加速运动的路程中并非畅通无阻，经常和粒子发生无序碰撞，两次碰撞之间的路径叫自由路程，其平均值叫平均自由路程。所谓和电场方向一致的运动并非运动速度方向和电场方向始终平行。因为每次碰撞时粒子的运动速度矢量都会发生变化，只要运动速度的合矢量方向基本和电场方向一致，就可以认为带电粒子的运动方向和电场力方向相同。根据这样的分析可以认为，带电粒子在电场力作用下获得的动能大小只能考查两次碰撞之间的速度，若带电粒子的电量是 e，电场强度是 E，在 $\overline{\lambda}$ 与电场方向平行时的动能为：

$$W = \overline{\lambda} E e$$

由气体动力学理论得知，当气体中含有离子、电子时，它们的平均自由路程用 $\overline{\lambda}_g$、$\overline{\lambda}_i$、$\overline{\lambda}_e$ 表示，其值等于下列各公式：

$$\overline{\lambda}_g = \frac{1}{4\sqrt{2}\pi\, r_g^2 n_g}, \qquad \overline{\lambda}_i = \frac{1}{4\pi\, r_g^2 n_g}, \qquad \overline{\lambda}_e = \frac{1}{\pi\, r_g^2 n_g}$$

它们之间的关系为：

$$\overline{\lambda}_g : \overline{\lambda}_i : \overline{\lambda}_e = 1 : \sqrt{2} : 4\sqrt{2}$$

可以看出，电子从电场中获得的能量约相当于离子的 4 倍。因为离子的质量比电子的质量要大很多，当电子和中性分子发生非弹性碰撞时，它的动能可全部转化成被撞粒子的内能。若动能超过被撞粒子的电离能，中性粒子就会电离成正离子。看来，场致电离实际上仍然主要是电子和中性粒子的非弹性碰撞电离。

在电弧的弧柱区内的电场强度很弱，约为 10V/cm，温度高达 $5000\sim30000\text{K}$，在弧柱区内以热电离为主，场致电离为辅。但是，在电弧的阳极区内或阴极区内（长度约为 $10^{-2}\sim10^{-6}\text{cm}$）的电场强度大约可达到 10^7V/cm，在这两个区域内以场致电离为主。

（3）光电离。中性粒子接受光亮子的能量而发生的电离现象称为光电离。光亮子的能量是普朗克常数 h 与频率 γ 的乘积。能使中性粒子电离的光辐射波长有一临界值，粒子接受的辐射光的波长小于临界波长，即频率大于临界频率，中性粒子才能电离，故光电离的条件：

$$h\gamma > eU \qquad \gamma_k = \frac{c}{\lambda_k} \qquad \lambda_k = \frac{hc}{eu_i}$$

式中，c 为光速；λ_k 为临界波长，nm；代入有关数据以后可以得到：

$$\lambda_k = 1236\frac{1}{u_i}$$

要使 H、O、Ar、N 等气体元素电离的临界波长相应为 91.5nm、91.5nm、78.7nm、85.2nm。而电弧光的波长在 $170\sim500\text{nm}$ 范围内，因此，弧光不会使这些气体电离。而 Ca、Mg、Fe 这些金属蒸汽的电离临界光波长度在电弧光波长范围以内，因此，在电弧光的激励下它们可能发生电离。实际上光电离产生的带电粒子在电弧中占次要地位。

电弧中除气体光电离，场致电离和热电离产生的带电粒子以外，还有从电极表面发射自由电子也是电弧中产生带电粒子的重要源泉。电弧的阳极和阴极都能发射自由电子，阳极发射出的自由电子受电场力排斥，堆集在阳极附近，影响阳极附近的电荷分布。只有阴极发射出的自由电子在电场力的作用下飞向阳极，形成电子流。一个电子飞出电极表面需施加的最小能量称为电子逸出功，单位是电子伏（eV）。也可用电压表示逸出功的大小。金属内部电子只有在获得的外加能量超过电子逸出功时，它才能克服金属表面约束飞离电极表面。因为给电子施加能量的方式不同，故电子发射分热发射，场致发射，光发射和碰撞发射。

（4）热发射。金属表面因受热作用而引起电子发射的过程称为热电子发射。金属内部电子受到热的作用以后，它的热运动速度加快。当它的动能超过电子逸出功时电子就会飞离金属表面，即

$$\frac{1}{2} m_e \overline{V_e^2} \geqslant e u_w$$

式中，m_e 为电子的质量；$\overline{V_e^2}$ 为电子的均方速度；$e u_w$ 为电子逸出功。

电子离开金属电极表面带走了能量，其总值为 $I U_w$，I 为发射的总电子流，U_w 为逸出电压。电子逸出以后带走了能量，对金属光面有冷却作用。这些逸出的电子被另外一支电极接受以后，电子在接受金属的表面释放了随身携带的能量（逸出功），重新成为金属内的自由电子，释放出的能量 $I U_w$ 加热金属表面。

金属表面热发射电子流密度 i 与金属光面的温度 T 有指数关系，即

$$i = A T^2 \exp \frac{-e u_w}{kT}$$

式中，k 为玻耳兹曼常数；A 为与金属表面有关的系数。

电弧电极的最高温度不会超过电极材料的沸点，用难熔材料 W、Mo 做电极材料，它们的沸点相应为 5950K 和 5073K，电极的温度可以达到 3500K 以上。这种热阴极的电弧阴极区的主要电子源泉是热电子发射。如果用低沸点材料，如 Fe，它的沸点 3008K，电极温度较低，仅靠热电子发射提供的电子不足以维持电弧的正常导电，需要用其他方法补充发射电子，以便满足电弧正常导电的要求。

（5）场致发射。当金属表面附近存在有一个很强的正电场时，例如，阴极附近的电场强度能高到 $10^5 \sim 10^7 \mathrm{V/cm}$，金属内的电子受强电场的库仑力的作用，当库仑力高到一定值时能把金属内的电子搜出到金属外面而成为自由电子，这种现象称为场致发射。场致发射好像把电子热发射的逸出功降低了，电子流与温度的关系变成了如下关系：

$$i = A T^2 \exp\left[-e\left(U_w - \sqrt{\frac{eE}{\pi \varepsilon_0}}\right)\frac{1}{KT}\right]$$

式中，E 为电场强度形成的电位差；ε_0 为真空介电常数。

比较热发射和场致发射 i 的公式，发现好像场致发射的电子逸出功降低了：

$$U_w' = U_w - \sqrt{\frac{eE}{\pi \varepsilon_0}}$$

场致发射时的电子从阴极表面带走的热量是 $I U_w'$，它对阴极表面的冷却作用比热发射

的冷却作用弱。在用低沸点材料做阴极时，场致发射提供的电子在维持电弧正常导电方面起重要作用。

（6）光发射。在金属受到光照射时，电子接受光量子能，当电子的能量增加到超过电子的逸出功时，$h\gamma \geqslant eU_w$，电子冲破电极表面约束而飞出表面。光照射引起电子逸出也要求光波的波长小于临界波长，临界波长为：

$$\lambda_k = 1236 \frac{1}{U_w} \quad (nm)$$

光发射的电子逸出功等于电子接受的光量子能量，它对电极表面没有冷却作用，它对阴极的导电粒子的贡献居次要地位。

（7）粒子碰撞发射。当高速运动的粒子（电子，离子）撞击到金属表面时把能量传递给金属电极表面的电子，电子获得此外加能量以后而脱离金属表面，此过程为粒子碰撞发射。

在阴极受到正离子碰撞时，首先正离子要吸收捕获一个电子而成为中性粒子，而这个正离子要想碰撞出一个电子，离子要具备的能量为：

$$W_h + W_i = 2W_w$$

式中，W_h 为正离子动能；W_i 为正离子与电子中和时放出的电离能。可见，一个正离子撞击阴极时要想使阴极发射出一个电子，必须给阴极表面施加两倍的电子逸出功。

在阴极表面附近集聚了大量的正离子而形成强电场，正离子在电场作用下撞击阴极表面造成粒子碰撞发射。在一定条件下，碰撞发射是电弧阴极区导电需要的电子的主要源泉。

3.4.1.2 电弧的构造和电弧导电机理

真空自耗电极电弧熔炼是钼和钼合金的主要熔炼工艺，必须要了解电弧的电结构。沿着电弧的长度实测电弧的电压降发现，电弧长度方向的电压降是不均匀的，如图3-31所示，电压降可以分成三个区段：（1）阴极区，在阴极附近的电压降称为阴极压降；（2）阳极区，在阳极附近的压降称为阳极压降；（3）弧柱区，在阳极和阴极之间的区域称为弧柱区，沿弧柱长度方向的电压降很小。由于阴极区和阳极区的长度约为 $10^{-2} \sim 10^{-6}$ cm，因而弧柱的长度就认为是电弧的长度。

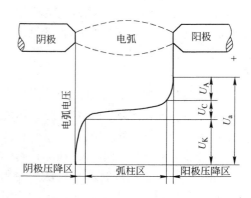

图 3-31 电弧的构造及电弧电压沿弧长的分布

弧柱单位长度上的电压降（电场强度）远远小于阴极区和阳极区间电压降。这是因为这三个区段的电荷构成不一样，各自的导电机理也不同。

弧柱的温度可以高达 $5000 \sim 50000K$[6]。高温使弧柱内的气体以热电离的方式产生气体正离子和电子。正离子和电子在电场内分别向阴极和阳极运动，行成电子流和离子流，这两种电荷流构成弧柱的总电流。弧柱成为一个通电的导体，把阴极区的电子和阳极区的正离子连起来，才能使弧柱维持正负电的动态平衡。由于电子的质量比离子的轻得多，而它们受同样的外电压的作用，受到相同的力 $F = ma$。因而电子的运动加速度 a 要比离子的快得多，因此弧柱中的电子流占到99.9%，而离子流只占到约0.1%。虽然弧柱中的电子流和离子流量相差很大，但是在每个瞬间正、负粒子流的密度相等，因为弧柱中的电子流所需电子由阴极源源不断地供应，阳极补充正离子，这样弧柱区内的正负空间电荷就维持动态平衡状态。从整体上看，弧柱区保持电的中性，这样在电子流和离子流通过弧柱时不受电场力的排斥作用，因此弧柱的电弧放电的电压降低，电流很大。假如弧柱区没有正离子，充满带负电的电子，在电子流通过弧柱时将受到负电荷排斥力作用，电子运动的阻力很大。这样电弧放电的特点就不会是低电压大电流，而会处于较高的电压状态。

阴极的导电机理，根据阴极材料，电流大小和弧区的气压高低不同，阴极导电可以分为热发射导电机理，场发射型和等离子型的三种导电机理。

阴极的作用就是发射电子和接受正离子，维持电弧的稳定燃烧。如果阴极是用高熔点的 W、Mo 材料，阴极的温度可以高到 W、Mo 的沸点。阴极处在这么高的温度下，热发射的电子就足以满足弧柱导电需要的电子量，这时几乎没有阴极压降区。这就是热发射型导电机理。

如果阴极的温度相对较低，热发射的电子数量不能满足弧柱导电需要的电子，这时就会破坏阴极表面附近空间的正、负电性的动态平衡，在阴极附近就会发生正离子堆集，形成带正电荷的电场，电场强度可以达到 $10^5 \sim 10^6 \mathrm{V/cm}$，产生阴极压降区。由于电场的存在，它对阴极发射产生三重作用。首先，电场造成阴极的场致发射电子流就可满足弧柱导电的需要。其次，电场的存在可以使阴极飞出的电子获得加速度运动，被加速的高速运动的电子在阴极和弧柱交界处可能撞到中性气体粒子，同时使这些气体粒子电离成电子和正离子，这些电子和由阴极发射出的电子叠加，就满足了弧柱导电需要的电子流。再者，上面刚刚提到的高速电子撞击中性气体而使它们电离成正离子和电子，增加了阴极区内的正离子数，它们在通过阴极区时将被电场加速。提高了它的动能，在撞到阴极时有更多的动能转变成了热能，强化了阴极的热发射，使阴极能提供足够数量的电子。电场造成的这三重作用可以通过阴极自身调节，能使弧柱导电需要的电子流和阴极提供的电子流达到动态平衡。

等离子型导电机理，在电流小，阴极温度低时不能发生热发射，电弧空间压力低，阴极压降区较长，阴极电场强度较低时，这时阴极导电是等离子导电机理。在阴极前面生成一个高温区，产生热电离，电离生成的正离子和电子在电场的作用下分别向阳极和阴极运动。这种等离子型导电能维持电弧的正常燃烧。

在分析阴极导电机理时，需要认识在阴极表面生成的阴极斑点的本质。由上面的分析已知，阴极有三种导电机理。若采用的阴极材料的沸点较低，即使阴极达到材料的沸点温度，它热发射的电子流仍不能满足弧柱导电需要的电子。这时，阴极将按照电弧最小电压原理自动缩小阴极的导电面积，直到阴极导电面的正前面形成密度很高的正离子空间电荷和很高的电压降时，可以引起较强的场致发射，场致发射的电子与热发射的电子共同供给弧柱需要的电子流，此时，阴极导电通路的截面积更小，通导的电流密度更大。阴极就好像是若干斑点在导电，这些导电斑点称阴极斑点。阴极上的这些斑点构成斑点区。它们可能以 $10^4 \sim 10^5 \mathrm{cm/s}$ 的高速度在阴极表面上扫描移动，自动寻找有利于场发射和热发射点的位置。使得阴极通过这些点给电弧供给电子时的能量消耗最少。因为阴极斑点的电流密度大，接受正离子的撞击概率很高，阴极斑点区是电极表面的最高温度区。由上述分析可以理解，导电的阴极斑点有利于电子的热发射和场致发射，弧柱通过阴极斑点导电消耗的能量最低。因此，阴极斑点不能随意移动，斑点到达的新位置必须比斑点的原来位置更有利于电子发射，能量消耗更低。金属表面氧化膜的电子逸出功小，有利于电子发射，阴极斑点倾向于自动由原来的位置跳跃到表面有氧化膜的新位置。

阳极导电机理与阴极的导电机理不同。阳极被动地接受来自阴极的自由电子，并接受电子带来的能量（电子逸出功 U_w），电弧电流99.9%为电子流，只有0.1%的正离子流，阳极本身不能直接发射正离子，微弱的正离子流的来源有两个途径，一是高速电子撞击阳极区的中性气体粒子，使气体电离成正离子，二是阳极区的中性气体粒子通过热电离生成正离子。

在电弧导电时，阳极不能直接发射正离子，在电流较小时，占电弧电流0.1%的正离子流不能由阳极完全补充，在阳极前面构成电子堆集，形成空间负电场。在阳极和弧柱之间存在有阳极区，在阳极区内的电压降称为阳极电压降 U_A，只要阳极区内的电子和正离子数有差异，U_A 继续加大。从弧柱来的电子在阳极区内被加速，它的动能增高。当 U_A 达到某一个值时，电子和气体互相撞击，电子的动能足以使中性气体电离，电离产生电子和正离子，正离子满足弧柱的导电需求时，U_A 才达到稳定状态。电离产生的电子和弧柱来的电子一并都进入了阳极，阳极表面电流全是电子流。此时阳极压降大于气体的电离电压，阳极区段的长度可以达到 $10^{-2} \sim 10^{-3}$ cm。这种导电机理似场致电离的导电机理。

阳极区的热电离的导电本质在于，当电流密度较高时，阳极可能发生蒸发，阳极前面的空间会被加热到很高的温度。若电流密度增加很大，聚集在阳极前面空间里的金属蒸气会发生热电离，它生成的正离子满足弧柱导电的需求，电子飞向阳极，构成热电离导电。这种导电不是依靠 U_A 加快电子速度来撞击分子，造成分子电离，这时 U_A 可能较低。如果电流增大，阳极区的温度升到足够高，热电离产生的正离子流（0.1%）能够满足弧柱导电需要的正离子流量，在这种情况下 U_A 可能降到零[5,6]。

在阳极表面也和在阴极表面一样，有阳极斑点现象。在用高沸点材料做阳极时，高电弧温度，大电流密度可以把阳极前面的空间加热到很高的温度，在这个区域内的气体会发生电离，电离生成的正离子流可以满足弧柱导电的需要，U_A 降为零，电弧不收缩，阳极有均匀的导电区，没有阳极斑点。但是，如果用低沸点材料做阳极，当阳极表面发生局部熔化并蒸发时，由于金属蒸汽的电离能比普通气体的小得多，更容易热电离生成正离子流，同时电子更容易经过这里进入阳极，阳极的导电区域集中在很小的范围内，就生成了阳极斑点。如果阳极表面均匀熔化并均匀蒸发，熔化和蒸发区是阳极的导电区，但不形成阳极斑点。假若阳极表面的熔化和蒸发强弱不均，阳极导电集中在蒸发强的部位，这些导电部位形成阳极斑点。看来，阳极斑点形成的部位首先必须有金属蒸气蒸发，电弧通过这些部位，弧柱消耗的能量要低。由此可以推论，阳极表面的阳极斑点不能任意移动，而是以跳跃的方式在阳极表面跳动。由阳极斑点的原来位置跳到更有利于形成阳极斑点的新位置。阳极斑点跳动到新位置与阴极斑点不同，阴极斑点自动跳到阴极表面被氧化生锈的地方，而阳极斑点自动跳到纯金属表面，因为电极的纯金属表面更易蒸发生成金属蒸气，而被氧化膜覆盖的阳极表面不容易生成金属蒸气。

3.4.1.3 电弧与磁场

两根相距很近的平行导线 A 和 B 同时通过同方向的电流，根据电磁学原理，A 和 B 两根导线都形成以自己为中心的环形磁场。A 导线受 B 导线的磁场力的作用，力的方向指向

B 导线，同样，B 导线受 A 导线的磁场力的作用，力的方向指向 A 导线，此时外观看到 A 和 B 两根导线互相吸引。可以推论，如果一个粗钼棒通过电流，若把总电流看做是多根导线的合成总电流，想象中的各股线互相吸引，钼棒内部受压力。当然，受到的压力大小可以由两根平行导线受力的大小推导出来。两根平行导线之间受力大小可由下式算出：

$$F = k \frac{I_A I_B}{L}$$

式中，I_A 为 A 导线通过的电流；I_B 为 B 导线通过的电流；L 为 A 和 B 导线之间的距离。k 是一个系数，它的大小可用介质的磁导率 μ 表示，即 $k = \frac{\mu}{4\pi}$。如果一个半径为 R 的导体通过电流，在任意一个半径为 r 处导体受压应力，假设电流均匀通过导体，压应力大小由下式计算：

$$F_r = k \frac{I^2}{\pi R^4}(R^2 - r^2)$$

导体的中心轴线处的 $r = 0$，导体中心处受的压力为：

$$F_0 = k \frac{I^2}{\pi R^2} = kJI$$

式中，J 为单位面积通过的电流，即电流密度。对于固态金属导体而言，它受到的电磁压力远远小于它的变形抗力，故导体不会变细。如果导体是非常容易变形的气体或液体，在受到电磁压力时，它们就会变细。因此，在电弧燃烧过程中，它本身受电磁压力作用，产生电磁收缩效应，电弧会收缩变细。导电区的半径应使电弧电场强度最低，电弧的能量损耗最少，即所谓最小电压原理，在此不做详细论述。

电弧在外加磁场作用下，它的特性也会发生变化。在外加横向磁场时，磁力线垂直于电弧的纵轴线，这时运动着的导电质点在磁场中的受力方向由左手定则确定，电弧会偏离中心轴线。若是交变磁场，电弧就会摆动，摆动频率与磁场电场的交变频率一样。若是直流磁场，电弧始终偏向一侧。如果在电弧外围外加纵向磁场，例如螺旋管磁场，磁力线与电弧的纵轴平行，见图 3-32（a）。电弧中运动着的带电粒子受磁力作用，即罗伦茨力，此力大力，由下式计算：

$$\boldsymbol{F} = e\boldsymbol{v} \times \boldsymbol{B}$$

式中，$\boldsymbol{F}$ 为电子受到的罗伦茨力；$\boldsymbol{v}$ 为电子的运动速度矢量；$\boldsymbol{B}$ 为磁感应强度矢量；e 为

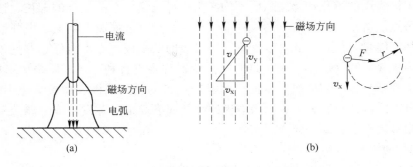

图 3-32　外加纵向磁场对电弧的作用
（a）磁场方向；（b）电子受力情况

电子的电荷。

电弧电流主要是电子流，如果电子运动的方向与电弧的纵轴严格平行，这时外加纵向磁场对电弧没有作用。如果电子的运动方向与磁力线方向之间有一定的夹角，那么速度矢量可以分解为两个分矢量，一个是 v_x，另一个是 v_y，v_x 垂直于磁场方向，v_y 平行于磁场方向。v_x 受磁场作用力 F，v_x 和 F 相互垂直，见图 3-32（b）。

电子的运动方向和受力方向成 90°正交，使得电子做圆周运动。v_x 的圆周加速度 $a = \dfrac{v_x^2}{r}$，r 是电子做圆周运动的圆半径。做圆周运动的电子受到的向心力的大小用牛顿第二定律 $F = ma$ 计算，这个向心力就是电子受到的电磁力 $ev_x B$，即

$$ma = ev_x B = mv_x^2/r$$

$$r = \frac{mv_x^2}{ev_x B} = \frac{mv_x}{eB}$$

式中，m 为电子的质量；v_x 为电子运动速度在垂直于 B 方向上的分量。

电弧中的带电粒子多是电子，由于有垂直于 B 的速度分量，它们能以 r 为半径做圆周运动。由于带电粒子除 v_x 的速度分量以外，还有 v_y 速度分量，所以电子的实际运行轨迹是以 r 为半径的螺旋线。由此可知，在纵向外加磁场的作用下，电弧中带电粒子的运动轨迹是平行于磁力线方向的螺旋线。外磁场强度越大，螺旋线的半径越小。外加纵向磁场可以限制电弧扩散，使电弧的能量更集中，熔化金属的熔池会更深一些。电磁对弧柱有压缩作用，可以提高弧柱的能量密度和电场强度，在难熔金属电弧熔炼时，由于带电粒子的这种螺旋运动，能引起熔池的电磁搅拌作用，有利于提高熔池中液体金属的均匀性，所以，几乎所有的真空自耗电极电弧熔炼炉都安装有与水冷铜结晶器同心的外加螺旋管磁场，在熔炼过程中强制搅拌液态熔池。有关这个问题在后面的章节中会有详细论述。

3.4.2 钼的真空电弧熔炼原理

钼的真空电弧熔炼的基本原理是通过电弧燃烧把电能转变成热能，利用这种电弧热能把炉料钼熔炼铸造成钼锭。真空电弧熔炼分为自耗电极电弧熔炼和非自耗电极电弧熔炼两类。真空自耗电极电弧熔炼把要熔炼的钼条焊接成一个电极，在熔炼时它通常为阴极，水冷紫铜结晶器为阳极，真空自耗电弧炉内的阴极和阳极，即和水冷紫铜结晶器之间通电引燃电弧，见图 3-33。阴极钼棒的头部先开始被电弧热熔化成液态钼，熔化成液体的金属钼滴入阳极水冷紫铜结晶器，连续熔化的液态钼不断的滴入结晶器生成熔池，并原位铸成钼锭。在熔化过程中电极棒连续向下送进，保持电弧稳定燃烧，最后，钼电极棒除剩下一小段残料以外，其余都熔化成钼锭，故称自耗电极熔炼。

非自耗电极真空电弧炉熔炼先把要熔化的炉料，例如钼放在一个大的水冷紫铜结晶器内，非自耗电极用钨棒，或用钨-铈棒。放入结晶器内的要被熔化的金属钼炉料做阳极，而阴极是钨棒。结晶器内的炉料和钨棒之间引燃电弧，电弧热把阳极炉料熔化并铸成钼锭。在熔炼过程中钨电极不消耗，故称非自耗电极电弧熔炼，如图 3-34 所示。

已知电弧是电离的气体导电，弧柱中的电子流占 99.9%，而正离子流只占 0.1%。在真空电弧熔炼钼的过程中，电弧区必然存在有许多钼蒸气和炉料钼释放出的气体及金属杂质蒸气。钼蒸气的电离电压是 7.4V，而氧和氮的一次电离电压分别为 13.5V 和 14.5V（见表

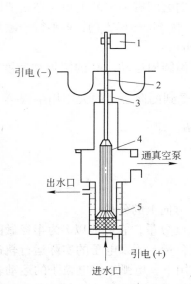

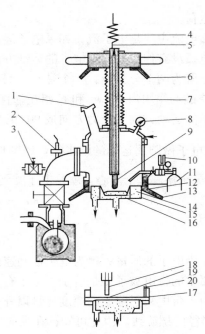

图 3-33　真空自耗电极电弧熔炼原理图

1—电极上下移动机构；2—水冷导电棒；

3—真空密封；4—自耗电极；

5—水冷紫铜结晶器

图 3-34　非自耗电极真空电弧熔炼

1—观察孔；2—真空计；3—放气阀；4—大气压力补偿器；

5—冷却水；6—阴极电源接线；7—不锈钢波纹管；

8—膜真空计；9—非自耗钨电极；10—流量计；11—保护

气体源；12—绝缘环；13—阳极接线端子；14,20—外水冷套；

15—水冷套；16—结晶锭；17—坩埚；

18—非自耗电极；19—钼屑垫料

3-9）。它们在弧区内发生电离是很现实的。在真空条件下，气体的压力很低，电弧是气体导电，为了在真空熔炼时能正常引燃电弧，要求真空室有一定的残余气体压力，一般认为残余气体压力要达到 $133 \sim 13.3 \times 10^{-3}$ Pa。在大气条件下自由电子和带电粒子的自由路程都较短，相互撞碰的几率很高。而在真空条件下，它们的平均自由路程都较长，相互碰撞的几率很低。带电粒子有可能直接撞到阴极表面，阴极的热量因而可能更多一些。真空电弧炉中的电弧特性和大气电弧会略有差异，但仍然由阴极区，弧柱区和阳极区三段组成。这三段的导电机理和热的产生机理也不尽相同，电弧产生的热量是这三部分产生的热量的总和。

在真空自耗电极电弧炉熔炼钼的过程中，阴极区就是固体钼的熔化区。阴极区的带电粒子有电子和正离子，正离子只占 0.1%，它产生的热量可以忽略不计，阴极区产生的电子流与电弧的总电流近似相等，这些电子在阴极压降（电场）作用下，离开阴极表面并被电场加速，获得的总能量是 IU_k，U_k 是阴极压降，这部分能量是阴极电能转成热能的主要能源。另外，在电子离开阴极表面时要消耗电子逸出功 IU_w，逸出功的消耗对阴极有冷却作用。第三部分就是在电子流离开阴极进入弧柱区时，它应当有与弧柱温度相对应的热能，电子流离开阴极时带的这部分能量相当于电弧总电流 I 与弧柱在这个温度下的等效电压 U_T 的乘积，即 IU_T。根据这一分析，阴极区的总能量平衡关系式为：

$$p_k = IU_k - IU_w - IU_T = I(U_k - U_w - U_T)$$

式中，p_k 为阴极区的总能量，它主要用来熔化自耗钼电极。当弧柱温度达到 6000K 时，U_T <1，上式可简化成：

$$p_k = I(U_k - U_w)$$

在大气条件下电弧阴极区段的长度约为 $10^{-5} \sim 10^{-6}$ cm，阴极电场强度高达 $10^5 \sim 10^6$ V/cm，自耗电极钼的温度可以达到 2950K（阴极斑），高温强电场为电子的热发射和场致发射创造了有利条件。阴极不断的发射电子，弧柱可以得到充足的电子，能维持电弧正常稳定燃烧。

弧柱区的长度可以认为是电弧的总长度，因为阴极区段和阳极区段的长度都很短。电弧导电主要是电子在电场作用下定向运动，0.1% 的正离子流可以使弧柱保持电中性，在低电压下可以导通很大的电流。电子在从阴极飞向阳极时，沿途不断的和阳离子及中性粒子发生碰撞，频繁碰撞的结果，电子的动能传递给了正离子和中性粒子，使得它们无规律的散乱运动速度趋于均匀，故电子的温度和正离子的温度相等。如果电弧在真空低压条件下燃烧，由于粒子的自由路长增长，电子与正离子碰撞的概率减小，电子散乱运动的动能传递给正离子的就少，电子的温度比离子的高，压力越低，它们之间的温差就越大。

弧柱的温度可高达 6000~8000K，在弧柱区内存在有中性分子，金属蒸气分子，电子和正离子。弧柱的纵轴方向上的构造十分均匀，电场强度恒定，温度和电流密度大致相等。弧柱的径向结构比较不均匀。随着与弧柱中心距离的增加，电弧的结构不均匀性更显著。弧柱的弧光区外层最热的地方的温度相当低，电离程度差，导电性不好，电流密度低。在大气条件下，弧柱的电场强度约为 10~40V/cm，而真空电弧弧柱的电场强度约为 0.4V/cm。

弧柱单位长度上分布的能量为 IE，IE 的大小代表弧柱产生的热量多少，弧柱的电场强度 E 增大，意味着弧柱产生的热量增加，弧柱的温度升高。弧柱产生的大部分热量通过对流和辐射无效的损失了。只有一小部分用来加热自耗钼电极和熔池。

阳极产生热量的机理与阴极类似，忽略 0.1% 正离子流对阳极热量的影响，只考虑占 99.9% 的电子流的作用。电子到达阳极时给阳极带来了三种能量：（1）电子流经过阳极区时，阳极压降给电子流的加速度产生的动能 IU_A。（2）电子离开阴极时本身携带的逸出功 IU_W。（3）从弧柱带来的与弧柱的温度相对应的热能 IU_T。因此，阳极的总能量为：

$$p_A = IU_A + IU_W + IU_T = I(U_A + U_W + U_T)$$

当电流较大时，U_A 近似等于零，则可以把 p_A 和 p_k 一样简化为：

$$p_A = IU_W$$

阳极区间的长度约为 $10^{-2} \sim 10^{-3}$ cm，电场强度比阴极的低，比弧柱的高。通常都认为阳极产生的热量多。大气电弧的阳极热量约占电弧总热量的 2/3，真空电弧的热量分布比较均匀。阳极的温度比阴极的高，比弧柱的低。在真空自耗电极电弧熔炼时把结晶器做阳极，熔池可以得到更多的热量，液态金属的温度较高，可延长在液态下的保持时间，有利于冶金反应向深度方向发展，提高合金化及净化效果。阳极区的最高温度点是阳极斑点，阴极来的电子流都集中通过阳极斑点进入阳极，和阴极斑点对应，电流密度很高。电弧长度方向上可分成三个区间，见图 3-31，电弧的总功率为三段功率之和，即

$$p_a = p_A + p_L + p_k = I_a(U_A + U_L + U_K)$$

电弧总功率中的阳极和阴极提供的热量主要用来加热熔化自耗（钼）电极和熔池加热

保温，电弧柱产生的热量只有一小部分用来加热电极
和给熔池加热保温，大部分热量被冷却水带走，造成
无效损失。加热熔池和熔化电极的有效功率与电弧的
总功率之比叫电弧效率，用 η 表示，即有效功率 p_e。

$$p_e = \eta p_a$$

在自耗电弧熔炼过程中，炉内电弧产生的热量及
热量的散失情况见图 3-35。从图 3-35 可以清晰看出，
自耗电极电弧炉的水冷结晶器内部情况及无效损失热
量的流向。

自耗电极（钼）熔化以后，从电极的下端头滴入
结晶器（阳极），在阳极热作用下熔化成熔池，熔池
的上部保持液态状态，同时熔池下边凝固成结晶体。
熔池上面一个高度为 δ 的液体（钼）环和水冷结晶器
直接保持接触，凝固了的金属固体铸锭因为冷缩作用
已和结晶器的内壁分离，水冷结晶器的内壁和铸锭之

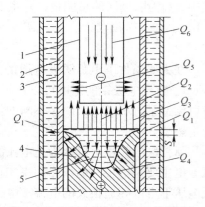

图 3-35　自耗电极熔炼时结晶器内部
情况及热损失的流向

1—自耗电极；2—水冷结晶器；3—结晶器
冷却水的外套；4—已凝固结晶的
金属（钼）锭；5—液态金属熔池

间存在有一条缝隙。结晶器内的热损失有六个流向：（1）冷却水带走的热量。（2）阳极
到阴极热流造成的热损失，因为阳极的温度比阴极的高。（3）通过自耗电极和结晶器内壁
之间形成的开口圆环的热辐射损失。（4）通过已凝固的铸锭的热传导损失。（5）电极熔化
端头表面的高温热辐射损失。（6）通过电极上部水冷连接导电铜管的热传导损失。钼的自耗
电极熔化的热源除电弧热以外，还有自耗电极本身的电阻热，即电弧大电流通过电极时产生
的欧姆热，特别在熔化的后期，自耗电极棒的温升很高，电阻变大，这部分电阻热不能忽
视，它变成了自耗电极的预加熔化热，在熔化将近结束时，电极棒被欧姆热加热到赤红状
态，温度可达到 800℃ 以上，这么高的温度可大大促进自耗电极的熔化。

自耗电极熔化和熔池形成的过程，自耗钼电极在熔化过程中，它的下端头自始至终保
持有过热的金属液体，液体变成液滴，滴入下面的水冷紫铜结晶器。宏观来说液体受到表
面张力，重力和电磁力三个力的作用。表
面张力的大小由下式表示：

$$F_\sigma = 2\pi R\sigma$$

式中，R 为自耗电极的半径；σ 为表面张
力系数，它的大小受材料成分，温度和介
质的影响。

W 和 Mo 的 σ 相应为 2680×10^{-3} 和
$2250 \times 10^{-3} \mathrm{N/m^2}$，$F_\sigma$ 阻止液滴滴入熔池，
如图 3-36 所示。

已熔化的液体液滴受到重力作用，作
用力的大小由下式计算：

$$F_g = mg = \frac{4}{3}\pi R^3 \rho g$$

式中，R 为液滴的半径；g 为重力加速度；

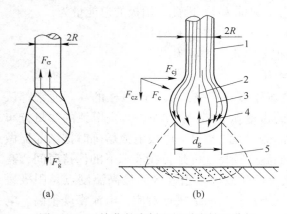

图 3-36　已熔化的自耗电极受力情况分析

（a）表面张力和重力；（b）电磁力

1—自耗电极；2—电弧的轴向分力；3—电流线；

4—弧柱；5—电弧

ρ 为液体钼的密度，近似 $10g/cm^3$。

如果 $F_g > F_\sigma$，则液滴就会滴入水冷紫铜结晶器，逐渐汇积成熔池。

液滴除受 F_g 和 F_σ 两个力作用外，还受到电磁力 F_{ez} 的作用，它的计算式为：

$$F_{ez} = I^2 \lg \frac{D_s}{D_d}$$

式中，I 为电弧电流；D_s 为自耗电极的直径；D_d 为液滴的直径。在液态金属即将离开电极的端头时，液滴和端头之间形成颈缩，电磁力在颈缩处形成向下的分力，促进液滴离开自耗电极的端头滴入熔池。

在液滴内还存在有爆炸力，在熔化的液滴内包有低熔点杂质，它们在高温下发生气化，变成气态。另外在液滴内还会发生一些冶金反应，产生各种气态产物。当液体快速升温，温度高到一定程度时，液滴内的气体压力就会引起液滴爆炸，液体受到很大的爆炸力，爆炸生成的液珠有的进入熔池，有的就飞溅到水冷结晶器的内壁上，形成铸锭表层的飞溅层。这种爆炸力是冶金反应的产物，下面论述冶金反应时还要做详细的讨论。

3.4.3 真空电弧炉

3.4.3.1 非自耗电极真空电弧炉

图 3-37 是一台非自耗电极真空电弧炉的总体结构示意图。非真空自耗电极电弧熔炼炉的结构各式各样，但总体结构都会和图 3-37 的类似。炉子的阳极，阴极是钨，钨-钍合金或者钨-铈合金，用钨和钨合金做非自耗电极是因为它们的熔点高达 3395℃，沸点 5930℃。在电弧温度下它们不会熔化，不会污染被熔化的金属，也能保持比较长的使用寿命。钍钨和铈钨电极是在钨中添加约 1%~2% 的 ThO_2 或者是 2% 的 CeO_2。目的在于减少电极的电子逸出功，提高电子的高温发射强度，增加电弧的可点燃性及电弧的燃烧稳定性。由于 ThO_2 在较强的放射性，在生产及使用过程中必须有可靠的防辐射措施。钍-钨电极目前基本上已被淘汰。铈钨电极的应用面逐渐扩大。

非自耗电极真空电弧炉的阳极是被熔化的炉料和结晶器。阴极和阳极之间引燃电弧并正常燃烧后，被熔化的炉料，例如钼，在敞口的水冷铜结晶器中熔化成液态并凝固结晶成钼锭。需要熔化的炉料间隔的由上面料仓装入炉内，熔化成液体的金属连续凝固成铸锭，下面的拉锭机构缓慢地把铸锭向下拽动，熔池保持在一个固定的平面上。如果被熔化的炉料是钼块或钼屑，可以熔铸成较长的钼锭。

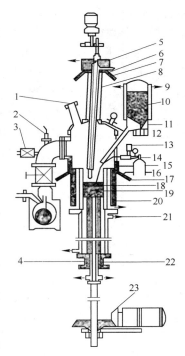

图 3-37　非自耗电极真空电弧炉

1—观察孔；2—真空计；3—放气阀；4—真空泵接口；5—电极卡头；6—冷却水；7—阴极电源接头；8—波纹管；9—炉体加料斗；10—炉料；11—膜片真空计；12—振动加料器；13—流量计；14—惰性气体源；15—绝缘环；16—非自耗电极；17—阳极接线端子；18—铸锭；19—拉锭器；20—螺旋管线圈；21—夹紧装置；22—动态真空密封；23—拉锭机构

在钼和钼合金的生产实践中，应用非自耗电极电弧熔炼工艺相对较少，只有在研制新合金时，要熔炼纽扣式小铸锭，配制许多不同成分的合金样品时才用小型非自耗电弧熔炼工艺，见图3-34，这样就能提供多种成分的，数量很少的研究样品。

非自耗电弧炉常用来熔炼回收在钼材生产过程中产生的钼废料。包括回收钼的车屑，铸锭的切头切尾，粉末冶金的烧结钼废品，锻造钼棒端头的不合格料，轧钼板的切边，钼构件长期工作到达它的寿命周期以后退役的废构件等，这些"废品"都是非常珍贵的钼资源。把它们的表面清洗净化并破碎到合适的尺寸以后，用非自耗真空电弧炉把它们再熔炼成钼锭，加工成钼材，变废为宝。

3.4.3.2　自耗电极真空电弧炉

熔炼钼的真空自耗电极电弧炉由六大部分组成，炉体，电极送进系统，熔化结晶器，真空机组，电源系统及拉锭机构，图3-38是真空自耗电极电弧炉的结构全貌。

（1）炉体。真空自耗电弧炉的炉体用不锈钢制造，炉身都焊成圆柱体加上部球冠帽，焊缝要求严格的真空密封，一般都采用自动埋弧焊焊接。炉体是自耗电极真空电弧熔炼炉的中心，它的上面安装电极室和电极送进机构。下部安装有水冷铜结晶器和外加磁场以及拉锭装置。炉体上装观察孔，可直接观察熔池的熔炼和结晶情况，或者安装电视探头，在操作室的屏幕上观察记录熔池的熔化情况及结晶过程。

（2）电极送进机构。自耗电极装在炉体上面的电极仓内，用电极送进机构把电极在可控速度情况下送进下部熔化结晶器，自耗电极的下端与熔池表面之间保持恒定的距离（用电压调节），确保电弧稳定燃烧。电极送进机构可以装在真空室内，如图3-38（a）、（b）所示，也可以装在真空室外，如图3-38（c）所示。

装在真空室外面的电极送进机构用直流无级变速马达做动力，通过一个螺旋转动机构

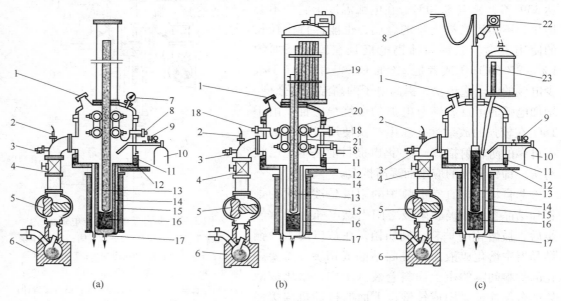

(a)　　　　　　　　　(b)　　　　　　　　　(c)

图3-38　三种类型真空自耗电极电弧炉[7]

1—观察孔；2—真空计；3—放气阀；4—真空阀；5—高真空泵；6—前置机械泵；7—模式真空计；8—阴极电接头；
9—流量计；10—保护气体源；11—绝缘环；12—阳极电接头；13—自耗电极；14—水位计；15—搅拌线圈；
16—铸锭；17—结晶器冷却水；18—焊接电极的电接头；19—电极料仓；20—电极焊接辊；
21—带电源的送料辊；22—电极送进马达；23—合金添加剂球

把转动变成直线运动,保证电极能上下移动。连接电极的上导电连焊是水冷紫铜管,管子下端焊接一个特定的卡夹具,被熔炼的自耗电极,例如钼,牢固地卡夹在夹具内,要保证安全通导熔化电流。水冷导电铜管穿过一个威尔逊真空密封装置进入真空室,导电杆在威氏密封装置内可以上下移动,同时不破坏真空室的真空度。

装在炉内的电极送进机构用对辊把电极夹紧,对于单根棒电极来说,用一副对辊夹紧电极棒并兼做电源的电接头,另一副对辊做电极的传动机构,靠它上下移动电极。如果是多段电极连续熔化,其中一副对辊做传动机构并兼做焊接电极棒的电源接头。由于在采用对辊送料机构时,电极受到传动辊的压力相当大,要求电极有一定的抗压强度。

(3)熔铸结晶器。电弧在结晶器内燃烧,自耗电极在结晶器内一边熔化,一边凝固结晶成铸锭。结晶器是双层同心圆的套管结构,内层是挤压轧制的无缝厚紫铜管,或者用大直径紫铜棒机加工内圆成厚的紫铜管。内套管内带 1°~2° 的拔锭角。紫铜的壁厚一般为10~12mm,最厚可用 25mm,壁厚取决于熔炼铸锭的直径和熔炼的电功率,外套用普通钢管。内套和外套中间通冷却水的空间径向宽度是 10~15mm。结晶器的设计制造必须保证对熔池有足够的冷却强度,如冷却强度不够,在高温电弧的作用下可能会发生击穿结晶器的重大事故。现举出一个结晶器实例,熔炼直径 160mm 的钨钼锭,结晶器内壁厚 14mm,内外层间的间隙宽度 10mm,装两个直径为 50mm 的进水管,进水方向是结晶器的切线方向,进水压力 0.45MPa。装两根直径为 75mm 的出水管,出水方向是结晶器的法线方向。用这种结晶器已成功地炼出了钨、钼铸锭。结晶器有拉锭式结构和井式结构两种,图 3-39(a)是井式结构的水冷结晶器;图 3-39(b)是拉锭式水冷结晶器。图 3-39(a)的结晶器的底是可拆卸的,便于取出铸锭,如果熔炼钼锭,因为钼的热膨胀系数小,冷凝以后钼锭与结晶器内壁之间会有一点小小的间隙,脱锭比较容易。结晶器顶上的法兰盘可用螺栓固定在炉体下方,二者之间用真空橡皮密封环密封。图 3-39(b)的钼锭下端和拉锭器连接,图中未画出拉锭器。

图 3-39(a)、(b)两种结晶器的外面都装有与结晶器同心的螺旋管线圈,当螺旋管通过直

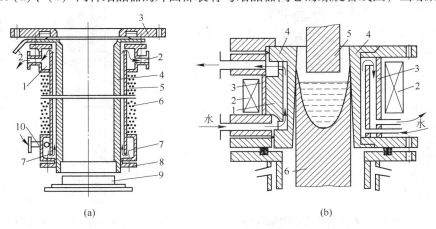

(a)   (b)

图 3-39 真空自耗电极电弧炉的结晶器

(a)井式结构结晶器:1—冷却水出口;2—电源接线;3—水冷法兰盘;4—铜内套;5—外套;
6—螺旋线圈;7—冷却水环;8—压紧环;9—底盖;10—进水
(b)拉锭结构的结晶器:1—水冷外套;2—螺旋线圈;3—壳体;
4—结晶器;5—电极;6—铸锭

流电时，就产生螺旋管磁场，磁场方向与电弧平行。可以稳定电弧，搅拌熔池中的液态金属。

（4）真空系统。自耗电极真空电弧炉的真空系统是保证熔炉达到工艺真空度的关键设备。真空机组必须采用组合真空设备、机械泵、增压泵和扩散泵组合，见图 3-40。根据炉体的大小和熔炼金属放气量的多少选择抽气能力合适的真空机组。在静态条件下，炉内真空度要达到 10^{-3}Pa。在熔炼过程中结晶器内的真空度与炉体内的真空度相差很大。自耗炉的真空计一般都是装在炉体的管道上，它测量的真空度是炉体的真空度，不是熔炼区的实际真空度，熔池区的残余气体压强比炉体空间区的要高。

（5）供电系统。在早期使用的真空电弧炉的供电系统比较简单，用直流发电机直接接到熔炼炉，或者用几台直流发电机并联使用，直流电流可到 4000～5000A，工作电压 20～30V。断路电压 59～70V。现代供电系统都采用可控硅直流整流装备，可控硅用水冷或者风冷。电流可以达到 5000～10000A 以上，自动控制的水平很高。可精确控制弧长和电弧电压。

图 3-40 是带拉锭装置的自耗电极电弧炉，自耗电极和连接棒安装在真空室内，电极依靠两副对辊送进。

图 3-41 是一台真空自耗电弧炉的安装

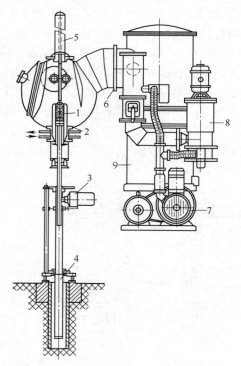

图 3-40 有拉锭机构的真空自耗电极电弧炉
1—已熔化凝固的铸锭；2—水冷坩埚；3—拉锭机构；
4—卸料装置；5—自耗电极；6—真空管道；
7—离心泵；8—增压泵；
9—扩散泵（8000L）

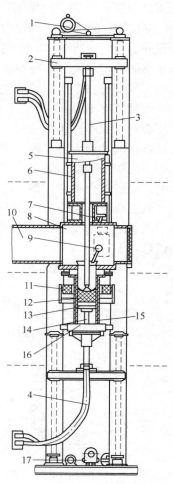

图 3-41 真空自耗电极电弧炉的安装图
1—电极送进机构；2—横梁；3—导电杆；
4—电缆线；5—上盖；6—电极；7—观察孔；
8—炉膛；9—加料机构；10—真空管道；
11—螺旋线圈；12—铸锭；13—拉锭器；
14—拉锭拉杆；15—结晶器；
16—底盖；17—拉锭机构

图，炉壳材料是不锈钢，水冷铜结晶器和拉锭器固定在炉体下面，拉锭器和拉锭机构相接。自耗电极置于熔炼室的上方。电极的送进机构是两根平行的丝杆支着一根横梁，水冷导电杆通过横梁，它和横梁之间有绝缘环。用特殊的夹具把自耗电极夹在导电杆的下端，导电杆的表面镀铬，它穿过一个威氏密封装置进入真空室。电极焊在威氏密封环内可上下移动，不破坏真空室的真空，并能保证维持 10^{-2} Pa 以上的真空度。

表 3-10 编摘了国外几种自耗电极电弧炉的规格、型号及作业参数。

表 3-10 几种真空自耗电极电弧炉的特性参数

炉子特性	电弧炉的型号					
	ДВВ125	ДВП5000	ЦЭП368	ЦЭП374	ЦЭП317А	ВД80
电源类型	交流,直流	交流,直流	直流	直流	交流,直流	直流
功率/kW	270	210	300	300	300	300
电压/V	60	60	60	60	60	60
真空度/Pa	$133 \times (10^{-4} \sim 10^{-5})$	$133 \times (10^{-4} \sim 10^{-5})$	$133 \times (10^{-4} \sim 10^{-5})$	$133 \times (10^{-4} \sim 10^{-5})$	$133 \times (10^{-4} \sim 10^{-5})$	$133 \times (10^{-4} \sim 10^{-5})$
真空泵	2000Н-1 两台	ВН4，ВН6	ВН1	ВН-1 两台	ВН-6 两台	ВН-1 两台
	БН125	ВН2，ВН3	ВН6Г 两台	ВН6	ВН-1	ВН-4
	БН3	БН1500	БН-3，Н-8Т	БН4500，	БН4500	БН4500
	ВА-8-2	БН2000	БН4500	БН3，Н8-4	БН3	БН3
		БЧ-3Н-8-Т	БН-461М	ВН-461М	Н8-4	Н8Т-
结晶器直径/mm	80,100 110,125	110	110	110	110,140	80,100
工作电流/A	直流 4500 交流 6000	直流 3500 交流 4000	5500	5500 45	直流 10000 交流 1200	6000 76
结晶器高度/mm	750	1000	1000	1000	1000	250
熔化速度/kg·min^{-1}	0.6~3.0	0.5~3.0	0.5~3.0	0.5~3.0	0.1~3.0	0.5~3.0
比电能耗/kW·h·kg^{-1}	0.8~2.0	1~2	1~2	1~2	1~2	1~2
冷却水用量/m³·h^{-1}	8~10	8	12	12	15	12
炉子总高/m	4.1	8.0	8.0	8.0	9.15	8.0
炉子总重/t	1.5	1.5	2.5	3.0	3.7	3.0

在 20 世纪 60 年代，冶金部钢铁研究总院建立了实验型真空自耗电极电弧炉，结晶器直径为 65mm，可炼出高度 300mm 的钼和钼合金锭，单重大约 10kg。稍大一点的炉子直径为 125mm，高 200~300mm，可熔炼的钼合金锭单重 25~30kg，国内最大的真空自耗电极电弧炉结晶器的直径达 150~200mm，用于熔炼钼锭和钛锭。炉子的结晶器都是井式结构。炉体的外形设计同图 3-41 的结构类似，并无特殊之处。目前国内已有能熔化 500kg 以上钼锭的大型真空自耗电极电弧熔炼炉。

3.4.3.3 真空自耗电极连续熔炼电弧炉

美国克莱麦克斯公司设计投产了可连续熔炼的真空自耗电极电弧炉（PSM），这是世界上最大的真空电弧炉，用这台炉子可以把钼粉在炉内压成电极块，电极烧结和熔炼在炉内一次完成，即 PSM 炉。图 3-42 和图 3-43 是两种 PSM 炉子的设计原理结构图。

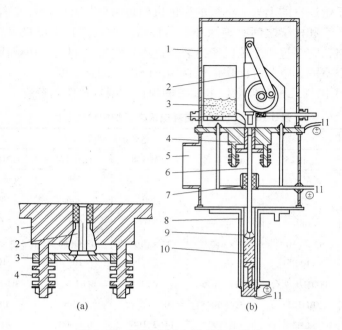

图 3-42   PSM 自耗电极真空电弧炉

（a）：1—离合器座；2—有平行切口的模套；3—托板；4—弹簧

（b）：1—真空罩；2—齿轮压制机构；3—料斗及送粉机构；4—模套；5—接真空泵；
6—烧结区；7—电接头；8—水冷铜结晶器；9—电弧；10—铸锭；11—电缆

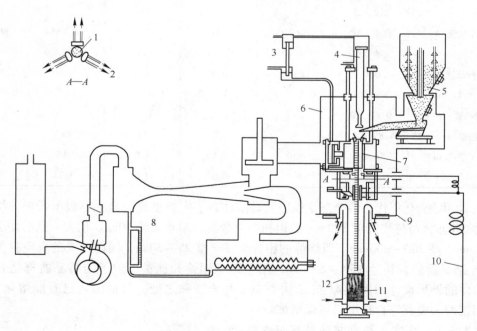

图 3-43   PSM 自耗电极电弧炉

1—电极；2—供电接头；3—压机的水压系统；4—压制冲头；5—钼粉；6—炉壳体；7—压型区；
8—高真空机组；9—绝缘环；10—电路；11—水冷铜结晶器；12—电弧

图 3-42 示意的电弧炉，钼粉装在料仓里，它从出口出来以后要经过 5 个工艺过程：（1）钼粉在熔炼过程中连续压制成钼电极；（2）压好的钼电极局部直接通电烧结；（3）电极下端头在熔化坩埚中熔化；（4）碳粉加入金属中使熔化了的金属脱氧；（5）熔化了的钼在结晶器中凝固结晶成钼铸锭。图 3-42（a）是压模及压制过程的说明。几根强力弹簧支撑着一个厚托板，把有外锥面的模套向上加压，压住离合器的模孔，在钼粉压制时，模壁与压制的电极棒之间的摩擦力加大，当作用在托板上的压制压力的向下分力超过弹簧的定位力时，模套在离合器孔内先向下滑动，降低了粉末棒的拉出压力，压制成的棒很容易拉出。这个装置控制了压制冲头的每个行程的压力，使所有棒料都在同一压力下压制。模套做烧结电流的上接触卡头，供电的下卡头在下面，它与上卡头保持一小段距离。在烧结区域内通几百安培电流，电极棒大约在 1500℃ 烧结，烧结使电极棒致密化并提高了强度，烧结棒连接成有一定强度的自耗电极，确保电极向下移动时不至于破碎。炉子的容量大约 90kg，铸锭的平均密度可达到 $10.17g/cm^3$。

图 3-43 是另一种类型的连续自耗电极电弧炉，可熔化 450kg 钼粉，钼锭直径 230mm，锭高可达 1100mm。电极的压制和烧结空间是个圆柱套筒，其尺寸是：直径 900mm，高度 2000mm。电极的压制和烧结及熔化在一个真空室内连续进行。炉子的总容积是 $2m^3$，它在空白状态下，真空机组启动半小时以内，真空度可达到 0.133Pa。用单相油浸空冷变压器供电，二次最大电流 6000A，功率 360kV·A，电压在 20~60V 内变化，每 2V 为一个调挡间隔。

电极的烧结电源是三台单相干式变压器，一次侧为 220V，每台功率 45kV·A，二次电流 2700A。用水压机压制电极。烧结电流加热三个电阻元件，用电阻元件的热量间接烧结钼电极棒，电极棒的截面是六角形。用 8mm 厚的紫铜管做水冷结晶器的内套。电弧电压为 56V，平均电流为 6500A，电极的熔化速度是 4.5kg/min。铸锭在真空状态下冷却 3h，随后打开炉门，把结晶器与炉体分开，同时取出铸锭。如果在熔炼结束以后通几分钟氩气冷却，破坏真空以前的冷炉时间可缩短到 2h。由于热膨胀的作用，用直径 180mm 的结晶器炼出的钼锭直径为 175mm，用 230mm 的结晶器炼出的钼锭冷到室温时，直径缩短了 7mm。用这种炉子熔炼钼锭采用的炉料通常是高纯钼粉和洁净的钼屑。添加一小部分钼屑可以减少熔炼时的产气量。脱氧剂和合金元素和钼粉混合以后同时送入熔池熔炼。下面给出熔炼直径 190mm 钼锭时的物料平衡的一个实例：

钼粉加 85g 高纯石墨粉	230kg
炉料中的钼车屑	76.5kg
引燃电弧用的钼屑垫料	4.5kg
合计	311kg

钼锭加工成的产品：

车光的挤压坯	239kg
铸锭扒皮车屑	67.5kg
未压制的钼粉和车屑	3.15kg
机加工时的损耗	1.35kg
合计	311kg

用这台炉子熔炼未合金化钼用碳脱氧，碳是钼的有效脱氧剂，碳含量（质量分数）0.015%～0.030%。钼锭中的氢、氧、氮含量（质量分数）为：

未合金化的钼0.02C%		钼合金（Mo-0.46Ti-0.023C）
氢	0.00002	0.00001
氮	0.0001	0.001
氧	0.0003	0.0001

3.4.4   钼的真空自耗电极电弧熔炼

钼的熔点高达2620℃，熔化了的液体钼有一定的过热度，它的温度达到近2850℃以上，这个温度已经超过了常用的耐火材料的熔点。用水冷铜结晶器做熔炼钼的坩埚是唯一可行的选择。采用电弧热源是熔炼钼的最佳热源。

早在1943年[12]进行的交流电弧熔炼钼的试验，把两根用粉末冶金方法制造的钼条水平相对布置，在两根条的端点之间引燃电弧，熔化了的液体钼以液滴的形式滴入下面的水冷铜坩埚，液滴冷却后形成无定形的堆聚体，没有形成铸锭。在随后的改进试验中，自耗电极棒做一个电极，下面的水冷铜结晶器做另外一个电极，电极棒改成垂直放置。在电极棒和铜结晶器之间引燃电弧，熔化了的钼液体滴入下面的结晶器。前面介绍过的真空自耗电极电弧炉的结构和早期试验的原型炉没有本质的区别。

3.4.4.1   自耗电极的制备

自耗电极的原材料是粉末冶金钼条，四个牌号的钼条都可以用来制作自耗电极，它们的成分符合国家标准，列于表3-11，把16mm×16mm×600mm的钼条敲断端头以后，用对焊机在氢气中把3根或4根钼条焊接成一根长钼棒。具体焊接操作是，用一个可对开的通氢气的石墨管做保护装置，焊接时把两根钼条的端头放在石墨套内，通氢气保护，要确保焊接端头不被氧化。在两根钼条通电时，端头电火花点燃氢气，钼条之间的电阻热把两个端头加热到高温，钼条端头软化，用对焊机的把手给两根钼条施加压力，在高温和压力的共同作用下两根钼条焊成一根钼条，重复这一操作，把四根至五根钼条连成一根长电极棒。在施加压力时要控制压力的大小，若压力过高，则端头的软化钼料会被挤成一个大凸包，不利于下一步钼棒电极的捆绑，若压力偏低，焊接接头的强度不能满足要求。钼棒电极对焊的另一个要求是在把四根或五根钼条连成一根钼棒时，要控制它的弯曲度，若弯曲度过大，在下一步捆绑电极时钼棒容易折断。在等静压技术比较发达的情况下，可以不用钼条制造电极棒，而直接压制并烧结成粗大的圆棒，圆棒的直径根据电弧炉的结晶器的直径确定，圆棒之间可以用螺纹连接，或者把圆棒放在电弧炉内利用熔化电源实现对焊，电极焊接及熔化一次完成。

表3-11   自耗电极用钼条的标准成分

产 品 牌 号		Mo-1	Mo-2	Mo-3	Mo-4
杂质含量（质量分数）不大于10	Pb	1	1	1	5
	Bi	1	1	1	5
	Sn	1	1	1	5
	Sb	5	5	5	5

产品牌号		Mo-1	Mo-2	Mo-3	Mo-4
杂质含量（质量分数）不大于 10^{-6}	Cd	1	1	1	3
	Fe	50	50	60	50
	Ni	30	30	30	30
	Al	20	20	20	30
	Si	20	20	30	50
	Ca	20	20	20	40
	Mg	20	20	20	49
	P	10	10	10	50
	C	10	50	50	50
	O	30	30	30	70
	N	30	30		

电极棒的焊接接头表面经常因氢气保护不完全，接头附近表面被氧化变黑，变黄，在用清洗液清洗干净或用砂纸擦净以后，把几根焊成的长电极棒用钼丝捆成一束做自耗电极，每束包含的钼棒根数取决于结晶器的直径。通常自耗电极的总断面 S 与结晶器的面积 D 之比，$S/D \leqslant 0.35$，比较合适，若此比值过大，意味着自耗电极和水冷铜结晶器之间的距离较窄，不利于排出熔池区域产生的气态冶金产物，熔炼出的钼锭脱氧净化效果欠佳。做成的自耗电极可能是钼条束，也可能是冷等静压压制、烧结成的钼棒连接体。把它们装在电弧炉的电极送进机构的下端，用特殊的夹具卡牢，做自耗电极熔化。

用捆绑的钼棒束做自耗电极时，添加合金元素的方法十分简单。钼的合金添加剂主要有 Ti、Zr、W、Re、Hf、C 及各种稀土元素氧化物等。炼 Mo-W 合金时不是把纯钨做合金元素直接加入到 Mo 里。因为钨的熔点比钼高 780℃，在电弧熔炼时，Mo 比较容易熔化，而 W 比较难熔化，结果造成 W 在 Mo 中分布非常不均匀，不能做成很好的 Mo-W 合金。为了克服这个困难，通常都是根据需要，预制各种下同 W 含量的 Mo、W 混合粉，再做成相应成分的 Mo-W 合金条，如 Mo-30W、Mo-50W、Mo-70W 等。熔炼这些合金钼条，生产出相应成分的 Mo、W 合金。Re 的添加方法与加 W 的方法一样，也是做成 Mo-Re 预合金粉，再做成相应的 Mo-Re 合金条，合金的成分通常有 Mo-5Re、Mo-25Re 和 Mo-47Re 等。熔炼 Mo-Re 自耗电极条可得到相应成分的 Mo-Re 合金。

添加 Ti、Zr、Hf 等合金元素的方法，通常先用碘化法做成 Ti、Zr、Hf 的碘化物。再做成高纯的 Ti、Zr、Hf，并把它们轧成箔材，按合金元素的含量及熔炼烧损算出要加入的元素量，把这些箔材剪成窄条，把它们均匀地夹在钼条中间，捆在钼条束内。在电弧熔炼过程中夹在电极之间的 Ti、Zr、Hf 和钼同时熔化，形成 Mo-Ti-Zr-Hf 等不同牌号的钼合金材料。

碳在钼合金中的作用非常大，它是钼的最有效的脱氧剂，同时添加的 C 和合金元素 Ti、Zr、Hf 等形成高熔点化合物 TiC、ZrC、HfC。碳的添加方法有两种：一种是把高纯石墨粉或 Mo_2C 粉和钼粉混合，做成含碳钼条；另一种是加碳的方法直接添加光谱纯石墨粉或石墨细条，或者直接加 Mo_2C 粉。具体添加过程是把这些碳添加剂和适量的钼粉预混好，通过密封的加料器直接加入熔池。另外，还可以沿钼条纵向连续加工许多孔洞，把要加的含碳物料按计算量填入孔洞内，在电极熔炼过程中这些碳元素就直接进入熔池。

如果用冷等静压工艺制备粗圆棒做自耗电极，所有的合金元素，如 Ti、Zr、Hf、W、Re 及 C 等都可以和钼粉混合做成预合金粉末，混合粉末用冷等静压压形，用 1450~1500℃ 比较低的温度烧结，低温烧结可防止合金元素挥发，自耗电极也确实不需要高温烧结到完全致密化的程度，只需要有一定的强度，能保证在熔炼操作过程中电极不断裂。

3.4.4.2　钼的真空自耗电极电弧熔炼工艺

熔炼开始以前，先把一些小钼块和一定量的钼屑混合均匀，再把它们平铺在水冷铜结晶器的底部，开动真空机组把炉内真空度抽到 10^{-3} Pa 时，就可以开始熔炼，人工的或自动地把自耗电极向下送进，在自耗电极和水冷结晶器之间接高压引弧装置，当电极下降到接近炉底时，自耗电极下端头和炉底的垫料之间首先引燃电弧，电弧热能开始熔化自耗电极，当电弧稳定以后继续向下送进电极，熔化正式开始。在正常熔炼时结晶器内的情况绘于图 3-44，自耗电极是阴极，结晶器，熔化池和铸锭是阳极。电弧在阴、阳极之间燃烧，熔化了的液态钼以液滴形式不断滴入熔池并结晶成钼铸锭。铸锭的上端在电弧热的作用下形成并保持近似球冠形的熔池。在电弧区内有钼蒸气，及其他各种低熔点高蒸气压金属的蒸气。当这些蒸气和水冷铜结晶器的内壁接触时，它们便凝结在冷壁的表面上，形成一个固体的衬套。当自耗电极熔化时，钼锭向上升高，熔池上口的液态钼便和蒸汽凝结的衬套接触，凝结物便牢固地附着在铸锭的表面。

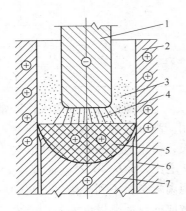

图 3-44　结晶器内熔炼情况[8]
1—自耗钼电极；2—结晶器内壁；
3—金属蒸汽区；4—电弧；
5—液态钼熔池；6—铸锭
和结晶器内壁之间的
冷缩缝；7—钼锭

已知电弧分为阴极区、阳极区和弧柱区三个区段，阴极区和阳极区的长度很短，弧柱的长度近似代表了电弧的长度。弧柱区内的带电粒子中有 99.9% 是电子，只有约 0.1% 是正离子。弧柱的最高温度可以达到 6000~8000℃，阴极和阳极的温度取决于阴极和阳极材料的沸点，阴极斑和阳极斑的温度最高，钼的阴极斑点温度为 2950K。

电弧的能量分布是不均匀的，在接近大气条件下，阳极放出的能量约占电弧总能量的三分之二。在真空状态下，电弧的能量分布比较均匀，阴极放出的能量仍然比阳极少。因为在真空电弧熔炼钼时，自耗电极做阴极，熔池结晶器做阳极，这样熔池的表面温度比阴极的高。高温有利于杂质的挥发，可加速冶金化学反应，脱氧更完全。另外，高温提高了液态钼在熔池中的流动性，可保证熔池的横断面充满结晶器的横断面，消除了铸锭表面的圆周沟槽，提高表面质量。如果把自耗电极反接成阳极，电极本体释放出的能量高，加快电极的熔化速度。但是，由于熔池表面释放出的热量减少，炼出的钼锭内部会有很多小气泡孔洞，铸锭表面质量欠佳，脱模比较难。这种电极反接，在熔炼过程中电弧摇摆得厉害，烧穿结晶器的危险加大。所以，用自耗电弧炉熔炼钼及钼合金锭时，自耗电极都接阴极，结晶器做阳极，这样，可以比较安全地炼出钼锭。

真空电弧炉熔炼钼的基本原理就是利用电弧热源熔化固体钼，因此交流电弧和直流电弧都可以用来熔化自耗钼电极。但是，交流电和直流电仍存在有本质的区别，直流电的电流和电压不随时间变化，电极的阳极和阴极基本上是恒定的。而交流电的电压和电流的方向和大小都随时间按正弦波规律成周期性的变化，正弦波的电压和电流有瞬间过"零"的现象，此时电弧可能熄灭。采用较大电流和较高电压，使有较多电子流和离子流参与导电，可以顺利引燃交流电弧，并能保证电弧稳定燃烧。交流电弧的稳定性比直流电弧的差，周期性变化的电特性使自耗电极和熔池的极性也随着周期性地变化，必然引起电弧放电的物理特性，阳极斑和阴极斑的温度都会跟着发生周期性变化。

由于固态自耗钼电极和液态熔池的热传导特性不同，散热能力不一样，生成阴极斑点的条件就有差异。固态钼电极和液态熔池钼电极之间的真空交流电弧电路对通过的电流有一点整流作用，电流会产生一点直流分量。电弧电流升高，优化了电弧放电的物理条件，另外，弧柱的热物理过程有较大的惰性，这样就提高了电弧燃烧的稳定性。

在用交流电和直流电熔铸钼锭的时候，钼锭要想获得相同的表面质量，熔池中的液态钼要想具有相同的流动性，使用的交流电功率要大于直流电功率。在直流正极性（自耗电极是阴极）熔炼时，阳极熔池大约能获得电弧功率的三分之二能量，熔池的温度较高，液态钼的流动性较好。而在用交流电弧的情况下，阴极和阳极周期性的交变，在两个电极之间的电弧能量分配趋于平均，阳极熔池的温度会有少许下降。

自耗钼电极的熔化速度与电弧电流，电压，弧长，外加螺旋管线圈的磁场强度有关。熔化了的钼在液态状态滞留的时间长短与铸锭的净化效果及钼锭结构有密切关系。滞留的时间越长，净化效果越好，这个问题将在下面真空电弧熔炼过程中的冶金反应一节中论述。液体金属在真空熔池中滞留的时间长短取决于熔化速度，结晶器的直径，冷却水的冷却强度，自耗电极的断面积和真空度。

图 3-45 和图 3-46 是钼的熔化速度与电弧电流和电弧电压的关系。熔炼时炉内真空度

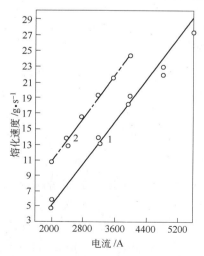

图 3-45　钼的熔化速度与电弧电流间的关系
1—交流；2—直流

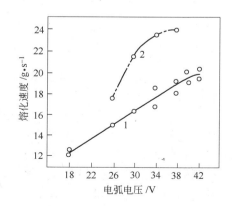

图 3-46　钼的熔化速度与电弧电压间的关系
1—交流；2—直流

达到 1.33×10^{-2} Pa，铸锭直径 100mm，直流电弧电流 3800A，熔化速度 23g/s，用交流电弧要达到这个熔化速度需要电弧电流 4600A。由于交流电和直流电的熔化速度不同，要想得到表面质量良好的直径 100mm 钼锭，需用直流电流 3600 ~ 3800A，需交流电流 4500 ~ 4700A，这时熔化池的深度约为 60 ~ 65mm。由图 3-45 可以看出，钼电极的熔化速度与交流电流和直流电流之间呈线性关系，可以用下面的直线方程式表示：

$$g = k(I - I_0)$$

式中，k、I_0 为特定常数，它与电弧电压、电极直径和材料有关，I_0 可以当做刚开始熔化时的电流；I 为电弧电流强度，A。

表 3-12 是在真空度为 1.33×10^{-2} Pa 时熔炼钼的 k 和 I_0 的值。钼自耗电极的熔化速度与电弧电压有关，不论是用直流电，还是用交流电，提高电弧电压都加快电极的熔化速度，见图 3-46。但是，在电弧电流为 3600A 的时候，直流电压升高到 34 ~ 35V，交流电压升高到 39 ~ 40V，电压升高能提高熔化速度。若再进一步升高电压，电弧长度增加，电弧的不稳定性增加，熔化速度不再加快。

表 3-12   熔炼钼时的 k 和 I_0（真空度 1.33×10^{-2} Pa）

电流选择	电流/A	$k/\text{g} \cdot (\text{A} \cdot \text{s})^{-1}$	I_0/A
直流电正极性	4000	0.0071	550
交流电	5600	0.0067	1200

直流电和交流电对钼的熔化速度有影响，在研究其他难熔金属的真空电弧熔炼也发现有类似作用，图 3-47 是 W、Ta、Nb、Mo 的熔化速度与电极电流的关系。

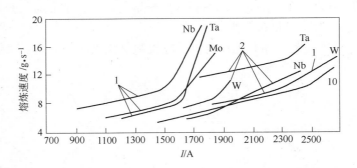

图 3-47   难熔金属电弧熔炼时的熔化速度与电流的关系
1—直流电；2—交流电

在真空电弧熔铸钼锭时，电弧的弧长影响电弧燃烧的稳定性和钼锭的熔铸质量。弧长太短，阴极和阳极容易短路，导致熄弧，电弧的功率下降，弧长太长，电弧不稳定。通常都是用控制电压的办法来控制弧长。采用 30 ~ 32V 电压，弧长 13 ~ 25mm，可以炼出表面质量良好的钼锭。在用 3600A 电流，20 ~ 40V 电压，自耗电极的横截面 (30×30) mm^2，可以成功熔炼出直径 80mm 和 100mm 的钼锭，在熔炼过程中电弧的弧长与电压的关系绘于图 3-48，该图的曲线符合特定的电压三次方关系，如下式：

$$L = a + bV^3$$

式中，L 为弧长，mm；V 为电压，V；a、b 为常数。

直流电压在 $25 \sim 40V$ 范围内，$a = -9.41$，$b = 8.6 \times 10^{-4}$。交流电压在 $20 \sim 40V$ 范围内，$a = -8.77$，$b = 8.8 \times 10^{-4}$。可以利用这个关系式近似估计钼在熔炼过程中电弧电压与弧长的关系。在钼的熔炼实践中发现，用 $34V$ 直流电和 $38V$ 交流电熔炼时，液态钼的流动性急剧下降，铸锭表面质量变坏，钼锭内部产生许多孔洞和缩孔。产生这种现象的原因是，由于弧长超过了 $30 \sim 40mm$，液态钼滴从自耗电极下端头滴入到熔池的距离加长，在滴下过程中受到冷却，温度下降。

稳弧磁场对钼的电弧熔炼有重要影响。如果给绕在结晶器外面的和结晶器同心的螺旋管线圈通直流电，则在线圈中产生纵向磁场，这种磁场和电弧作用，使电弧产生径向收缩，同时会引起熔池中的液态钼旋转，即产生电磁搅拌作用。改变螺旋管中的直流电强度，即改变安匝数，也能改变自耗钼电极的熔化速度，见图 3-49 (a)，研究安匝数对熔化速度影响的实验条件是，电极的

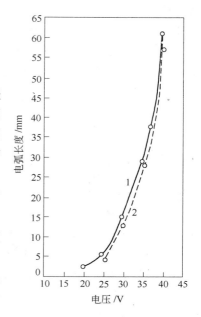

图 3-48 电弧电压与弧长的关系
1—交流电；2—直流电

横截面积是 $30.7cm^2$，结晶器直径是 $135mm$。由图可以看出，钼自耗电极的熔化速度除受电弧电流影响以外，还受稳弧线圈安匝数的影响。选用适当的安匝数，螺旋管线圈的磁场和电弧发生作用，使电弧产生径向收缩，减小了电弧的发散程度，使电弧的能量更集中，熔化速度加快。若稳弧线圈的电流太大，螺旋管磁场使电弧产生过度收缩，电弧过细，熔化面积太小，反而降低了熔化速度。不过，这时磁场对熔池的搅拌作用加强。因此，要选

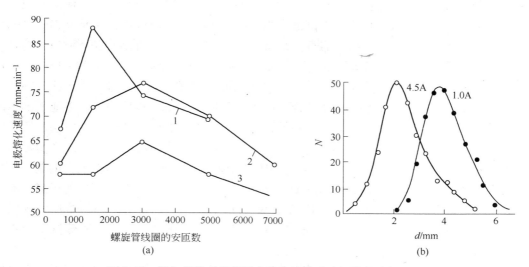

图 3-49 外加搅拌磁场能提高熔化速度破碎钼锭的柱状晶粒
（a）电极的熔化速度与电极电流和螺旋管的安匝数的关系；（b）钼锭的晶粒分布与外加磁场电流关系
1—电流 $4400 \sim 4500A$；2—电流 $4100 \sim 4200A$；3—电流 $3800 \sim 3900A$

择合适的安匝数，稳弧和搅拌都要达到最佳效果。用直流电熔化时，螺旋管的最佳磁场强度为 60～700e（10e≈79.578A/m）。而用交流电熔化时，磁场强度最好选择 500～6000e。用交流电熔化时选择较高的磁场强度的原因在于，并不是通过熔池的交流电的总电流都和磁场发生作用，只有通过熔池的总交流电被电弧整流以后产生的一部分直流分量才和磁场发生作用，引起电弧收缩和熔池搅拌，直流分量大约只有通过熔池总电流的 10%。

研究电子束熔炼和真空自耗电极电弧炉复合熔炼时确定，先用电子束进行一次熔炼，然后再用真空自耗电极电弧熔炼进行二次重熔，二次熔炼时坩埚外也加有外加搅拌磁场，铸锭的晶粒度与外加螺线管线圈过的电流有密切关系，见图 3-49（b）。外加磁场电流 1A 和 4.5A 的晶粒分布曲线不同，低搅拌电流（1～1.5A）钼铸锭的宏观结构的晶粒直径 4mm，长度 60mm，晶粒与铸锭轴线倾斜 15°。高搅拌电流（5A）钼铸锭的晶粒缩小到约 2mm，长度缩短到约 15～20mm。钼锭横断面上基本是等轴晶，只在边缘有一点柱状晶[12]。图 3-49（a）、（b）说明外加搅拌磁场能提高熔化速度，也能破碎钼锭的柱状晶粒。

在每炉电弧熔炼即将结束时，要拉长电弧，采用长电弧熔炼，适当降低熔化速度，提高熔池温度，进行熔池补缩。在有外加磁场作用条件下，可以大大缩小熔池凝固时在铸锭上部产生的缩孔，得到致密小缩孔的优良钼锭，减少缩孔切除的体积，提高钼锭的利用率。

根据电弧与磁场作用原理，外加搅拌磁场的螺旋管要采用直流电，而不能用交流电。交流电产生交变磁场，它可以压缩稳定电弧，但不能引起熔池内液态钼的旋转，即不起搅拌作用。

自耗钼电极的横截面 S 与结晶器横截面 D 的比值（S/D）对熔化过程，钼锭内部质量及表面质量都有一定的影响。就钼的熔炼而言，$S/D = 0.4～0.5$ 为宜，最大不超过 0.55。此比值太小，即结晶器粗，自耗电极细，熔池的液态金属不容易填满结晶器的横截面，使得铸锭表面产生许多圆周横沟槽。反之，如果这个比值过大，电极的横断面盖住了熔池中央的大部分面积，电极和结晶器内壁之间的环形面积很小，熔池中产生的气体不能很通畅的排出，熔化区的实际真空度很低，降低了冶金净化水平。有报道称，在研究钨的电弧熔炼时，用直径 27mm 的电极，结晶器直径 57mm，最大电压 44V，最大电流 5500A，电极熔化速度是零（不熔化）。如把结晶器直径扩大到 95mm，电压为 43V，电流为 4000A，电极的熔化速度却达到了 876g/min。在论说 S/D 的作用时，还必须说明产生"锭冠"的问题。在正常电弧熔炼过程中，如果操作不严谨，电极下降速度过快，弧长偏短，熔池上部生成很厚的锭冠，即在结晶器的内壁附近，在熔池边部生长高出液面几公分的固体层，形状好似一个上开口的"帽"。电极好像在"帽"内熔化而不是在结晶器内熔化，这样实际上就大大地提高了 S/D 的比值。一旦出现这种情况，电极熔化就会停止，即使加大电流，电极也不会重新开始熔化。通常认为，当 S/D 比值太大时，熔池中金属蒸气产生的正离子流较弱，传给自耗电极的能量较低，不足以熔化 W、Mo 自耗电极。再有，因为熔池区排气不畅，气压高（真空度很低）到超过金属 W、Mo 的饱和蒸汽压时，没有金属蒸汽供给正离子，电极熔化自然停止。

含有合金元素 Ti、Zr、Hf、W 等钼合金的真空电弧熔炼比较容易，而当前正大力发展的稀土钼合金含有微量的 La、Ce、Ir 等。这些稀土元素在钼的电弧熔炼温度下的蒸汽压很高，电离能低，在结晶器内极容易产生辉光放电，即在结晶器的内壁和未熔化的电极之间发生大范围的次生放电,造成电能分配不集中,使得自耗钼电极不能熔化。如果发生这种情况,可以采用交流电熔化,外加搅拌稳弧磁场,并通氩气保护。

总而言之,钼的自耗电极真空电弧熔炼应当用直流电源,自耗电极接阴极,结晶器接阳极,自耗电极的横截面与结晶器的横截面之比应当控制在 0.5 左右的范围内。电弧电压通常控制在 22～32V 之间。电弧电流取决于自耗电极的横断面大小和结晶器的直径。炉内真空度要达到 $133 \sim 13.3 \times 10^{-3} Pa$。需要安装外加搅拌磁场。

未合金化的 Mo、Mo-0.5Ti、Mo-0.5Ti-0.08Zr-0.023C(TZM)等钼合金是最常用的钼材。用真空熔炼工艺可以生产出优质的材料。下面简要介绍这些材料熔炼工艺的实例。

Mo-0.5Ti-0.023C,熔炼炉用 50kg 真空电弧炉,电源是两台 135kW 直流发电机组,额定电流是 6000A,空载电压 60V。水冷铜结晶器的内径是 125mm,结晶器外绕有分布不均匀的外加螺旋管线圈,在中间 160mm 高度上绕 200 匝,紧靠着的上下各 100mm 的高度上各绕 300 匝,三段构成一个整体的稳弧线圈,可提供上下均匀分布的搅拌磁场。炉子的空白极限真空度可以达到 $4 \times 10^{-3} Pa$。熔炼时炉缸内的真空度可以维持 $2.7 \times 10^{-2} Pa$。具体熔炼参数为

结晶器直径:125mm

电极横截面:17 根 14×14 的钼条捆扎成 3332mm²

　　　　　　21 根 12×12 的钼条捆扎成 3000mm²

电极的极性:正极性(自耗电极接阴极)

熔炼电压:32V

熔炼电流:5.5～5.7kA

电流密度:1.7～1.85A/mm²

熔化速度:1.55～1.70g/min

稳弧磁场:800 安匝

熔炼真空度:$<2.7 \times 10^{-2} Pa$

合金元素钛及锆的加入方法,钛是 0.6mm 厚的箔材,它的杂质含量(质量分数)是:Fe 0.3,Mn 0.005,Pb 0.005,Si 0.15,O_2 0.2。把钛箔剪成 15mm 宽的窄条,称好质量,在捆绑电极时把钛均匀的夹在钼条中间。正常熔炼过程中总电流是 5500A,电压 32V,在熔炼即将结束前要进行钼锭补缩封顶,先把电流降到 3500A,持续 120s,再降到 2000A,再保持 120s。经过补缩的钼合金锭的顶部基本上没有缩孔。

真空电弧炉熔炼的脱氧效果非常明显,5 个钼合金锭的氧含量分别列举如下:

炉号	炉料含氧量($\times 10^{-6}$)	合金锭含氧量($\times 10^{-6}$)	脱氧率/%
1	21	15	31.4
2	35	23	34.3
3	39	16	59
4	32	12	62.4
5	42	19	52.5

熔炼时产生的挥发物冷凝在结晶器的内壁上,原位形成似"锅巴层"。"锅巴层"中的钛含量高达 10.10%,约相当于铸锭含钛量的 20 倍。可以论断,Ti 在熔炼过程中生成

TiO，固态 TiO 在电弧温度及真空条件下转变成气相。气态 TiO 的挥发脱氧是一个重要的脱氧机制，同时钛的烧损也比较大。C 的脱氧作用在下节分析。

分析钛，氧在铸锭中的分布情况，把钼合金锭的下半部沿纵轴线对剖开，切开上半部的横断面，分析剖面各点的氧，钛含量，结果绘于图 3-50。图 3-50(a) 是 Ti 的分布，七点的平均值是 0.503，大部偏差在 1% 以内。图 3-50(b) 是氧含量的分布，八点的含氧量基本均匀。图 3-50(c)、(d) 是外加搅拌磁场对顶部横断面 Ti 含量的影响，由于外加磁场对熔池的搅拌作用，使得横断面上的钛含量的分布比未加搅拌磁场的更趋于均匀。

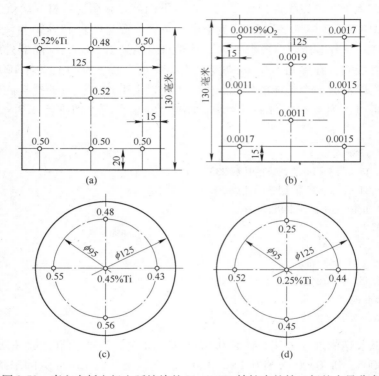

图 3-50 真空自耗电极电弧熔炼的 Mo-0.5Ti 铸锭中的钛、氧的含量分布
(a) 下半部纵剖面上的钛含量分布；(b) 下半部纵剖面上的氧含量分布；
(c) 带有搅拌磁场的上部横断面上的钛含量分布；
(d) 未带搅拌磁场的上部横断面上的钛含量分布

TZM 合金熔炼，下面给出用不同型号的真空自耗电极电弧炉炼出的两个 TZM 钼合金铸锭的实例。

例 1 采用的熔炼工艺参数归纳如下：

炉号	1	2	3
炉料	4 根 13×13 的钼条	21 根 15×17 的钼条	25 根 15×17 的钼条
结晶器直径/mm	65	150	220
熔炼电流/kA	2.5~2.6	11	12~13
电流密度/A·cm^{-2}	4.3~4.5	2.06	2.0~2.2
熔炼电压/V	32~33	35~40	40~45

真空度/Pa	$(2 \sim 2.7) \times 10^{-2}$	0.27	0.27
熔化速度/kg·min⁻¹	0.8 ± 0.05	2.2	3
锭重/kg	10	83	100

炉料用含碳高的钼条，合金元素用碘化法的 Ti 和 Zr，轧成薄片，具体的加入方法和 Mo-0.5Ti 合金加 Ti 的方法一样。先剪成窄条，在捆绑电极时把两个元素夹在钼条中间，在熔炼过程中 Ti、Zr 和钼条同时熔化，生成 Mo-Ti-Zr-C（TZM）合金铸锭。

例2 合金元素钛和锆分别是厚 0.5mm 和 0.2mm 的箔材，基材用高碳钼条引入碳元素，熔炼工艺参数为

电极质量：7.9kg

水冷铜结晶器直径：73mm

引弧电流：2500A

熔炼电流：3300A

熔炼电压：30~36V

铸锭补缩电弧电流：2500A

铸锭补缩电弧电压：25V

熔化速度：108mm/min

钼合金锭成材率：96%

电极中加入的合金元素/%：Ti 0.52，Zr 0.09，C 0.0145

钼合金锭各部位合金元素的含量：顶部　Ti 0.39，Zr 0.089，C 0.0365

中上　Ti 0.51，Zr 0.086，C 0.0144

中部　Ti 0.47，Zr 0.089，C 0.222

下中　Ti 0.50，Zr 0.090，C 0.0222

下部　Ti 0.50，Zr 0.090，C 0.0344

横断面上径向硬度分布（从一边开始经圆心到另一边）：

位置/mm　5，10，15，20，25，30，35，40，45，50，55，60，平均

硬度/RB　82，82，82，82.8，81，83，82.8，82，82.5，83，81.5，80，82

从熔炼 TZM 的成分看，钛的烧损比锆的多一些，顶部钛烧损最多，这可能是在熔炼结束时，铸锭补缩时间较长，TiO 的挥发较多。锆的烧损比钛的少，这是因为在同等条件下锆的蒸汽压比钛的低。

真空电弧炉的二次重熔，为了获得更纯的钼和钼合金铸锭，在一次真空熔炼后的钼锭纯度不够高，铸锭的加工塑性不够，要进行第二次真空电弧重熔。第一次熔炼的炉料是钼条，第二次熔炼的炉料是第一次熔炼出的钼锭，可以在真空电弧炉内把钼锭整体对焊成重熔自耗电极，也可把钼锭沿纵向劈成四部分，再把四条钼锭对焊起来做电极。实践经验表明，在熔炼未合金化钼锭时，由于脱氧剂缺乏，熔炼出的钼铸锭内部，特别在表层下面常出现许多孔洞，提纯效果较差，这时常常在钼炉料中稍加一点碳脱氧剂，或者采用二次重熔。下面给出一个钼锭重熔的实例。一次熔炼的炉料是 FMo-1 条，炼出的钼铸锭的直径 50mm，重熔时用的水冷铜结晶器直径 80mm，重熔出的钼铸锭直径 78mm。对比二次重熔钼锭的杂质含量与原始炉料 FMo-1 的杂质含量，可以看出二次重熔的提纯效果，杂质含量（质量分数）摘录如下：

	O	N	C	Fe	Ni	Cr	Al	Sn	Ca	Pb	Cu	Mg	Si
FMo-1	2600	—	299	570	150	36	—	46	45	4.5	45	45	180
重熔钼锭	64	25	213	47	<10	<30	<50	<10	3	<10	<3	<5	<30

可以看出，除 C 以外，所有杂质含量都大幅度下降。

3.4.4.3　真空电弧炼铸钼锭的组织结构

在自耗电极真空电弧熔炼钼及钼合金时，水冷铜结晶器内的电弧温度超过 2620℃。而水冷铜结晶器内的水温接近室温，铜的导热性特好，水对液态钼的冷却强度特大，铸锭内的温度梯度特陡，造成液态钼的结晶过程非常独特。自耗电极端头熔化了的液态钼滴入水冷铜结晶器，片刻后便形成熔池，液态钼一边滴入熔池，同时熔池一边凝固。只在铸锭的上端保持冠状熔池，熔池下边是已结晶的钼铸锭。钼锭的高度随时间增加，没有拉锭机构的水冷铜结晶器内的熔池不断向上移动。而有拉锭机构的水冷铜结晶器内的钼锭不断向下拉动，熔池保持在一定的高度上。熔池周围的液体直接和结晶器内壁接触，使已凝结的挥发物熔化，侧表面很快凝固结晶，侧表层的结晶速度很快，生成一层近似等轴晶的细晶粒区。熔池的结晶过程由靠近水冷铜结晶器的表面向铸锭内部发展，熔池底部的中心位置的温度最高，结晶速度最慢，熔池形成一个近似抛物线回转体的形状。在冷却水的作用下，散热方向由下向上指向结晶器的冷壁，这个方向上的冷却强度最大。因此在细晶粒区里侧形成粗大的柱状晶粒区，粗大的柱状晶粒的长大方向和散热冷却的热流方向一致，柱状晶和水冷铜结晶器的轴线形成固定的近似 45°~60°夹角。钼锭的中心区域由于温度最高，冷却速度最慢，保持液态的时间最长，形成中心等轴晶粒区，等轴晶长大的方向基本和铸锭的底垂直，因为熔池中心区散热以底部传导散热为主。

图 3-51 是钼铸锭的低倍晶粒结构图。图 3-51（a）是铸锭的纵剖面图，该图上的粗大的柱状晶粒及其走向一目了然。晶粒直径可达几毫米，长度能达到几十毫米。图 3-51（b）是钼铸锭横断面磨片的低倍晶粒组织，整个横断面结构分三个区域，最边缘的细晶粒区。中间柱状粗晶粒区，中心地带的等轴晶区。

由于钼锭的粗大的柱状晶粒结构，因此晶界的总面积减少，使得晶界上的低熔点杂质

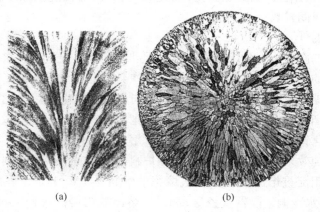

(a)　　　　　　　　　　　(b)

图 3-51　真空自耗电极电弧熔炼的钼锭的结构

(a) 纵剖面；(b) 横断面

浓度升高，诸如硫化物、氧化物和氮化物等都向晶界集聚。图 3-52 是钼锭晶界上的杂质分布情况，图 3-52（a）是断口照片，图 3-52（b）是抛光后的横断面的全貌。

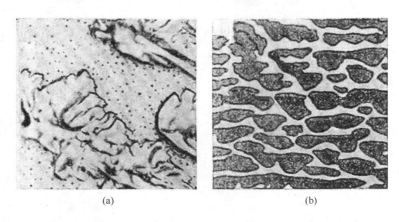

(a) (b)

图 3-52　钼锭晶界上的片状氧化物的分布
(a) 断口照片；(b) 抛光后横断面的全貌

　　钼锭由粗大的柱状晶粒组成，在凝固过程中受到强制急冷，产生较大的热应力。各种低熔点夹杂向晶界集聚，削弱了晶界的结合强度。这些因素造成真空自耗电极电弧熔炼的钼锭内部容易产生微裂纹。给后续的钼锭热加工变形增加了一些困难。为提高钼锭的热加工性，在熔炼过程中要最大限度的破坏粗大的柱状晶粒，细化晶粒，改善铸锭结构。一般说来，熔化电流大，熔化速度快，熔池深，液体钼的温度高，过热度大等，这些因素都促进柱状晶长大。反之，用小电流慢速熔化，熔池浅，金属液体温度低，过热度小，都能在一定程度上抑制粗大的柱状晶长大。

　　采用外加磁场，利用电磁力搅拌熔池，使得钼锭在结晶过程中，熔池始终处于旋转运动状态，破坏了冷却水的定向冷却作用，能抑制柱状晶的生长，可以细化晶粒。图 3-53 说明外加磁场对钼锭结构的影响，图 3-53（a）是在钼的熔化过程中施加了电磁搅拌，钼锭纵剖面上的定向粗大的柱状晶已被搅乱，晶粒亦被搅碎，没有明显的柱状晶交叉带。图 3-53（b）未加搅拌磁场，钼锭有明显的柱状晶结构，柱状晶粒的走向清晰可见。

　　合金添加剂能影响钼锭组织结构，常用合金添加剂，例如 W、Ti、Zr、Hf、V、Re 等，都能细化钼锭的晶粒结构，得到细晶粒钼锭。W 的细化晶粒的效果最明显，Ti、Zr、Hf 次之，V、Nb 细化晶粒的效果相对较弱。图 3-54 是添加 Ti、Zr、V、Nb 对钼锭的晶粒度的影响。合金添加剂细化晶粒的机理可能在于，合金元素在液态熔池中生成一些高熔点物质化合物（ZrC），或者元素本身的熔点就高（W），会形成许多晶核，加速结晶过程，使得晶粒细化。细晶粒铸锭可以降低晶界的平均杂质浓度，提高后续钼锭的热加工性能。

　　真空自耗电极电弧熔炼的特点在于，熔化成液体的金属钼在液态持续的时间很短，铸锭外围受冷却水的强制冷却，很快凝固，在钼锭表层下面常存在有许多皮下气泡孔洞，顶部由于熔池凝固收缩常形成大的缩孔。这样在钼锭精整时，径向扒皮很厚，顶部要切除缩孔，钼锭材料的收得率严重下降。所以一般在电弧熔炼钼的时候。炉料中多少都要加一点碳脱氧剂，消除或减少皮下气孔。在熔炼即将结束时，要逐渐减少电弧电流，拉长电弧，

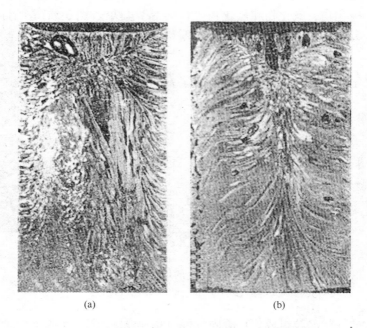

图 3-53   外加搅拌磁场对钼锭低倍组织的影响
（a）加螺旋管磁场；（b）未加螺旋管磁场

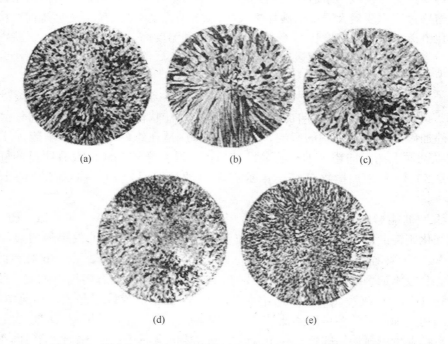

图 3-54   几个合金元素对真空自耗电弧熔炼钼锭的低倍组织的影响
（a）未合金化钼；（b）Mo-1V；（c）Mo-0.3Nb；（d）Mo-1Zr；（e）Mo-0.5Ti

降低熔化速度，缓慢地降低熔池温度，以便确保顶部熔池在凝固过程中能及时得到液体钼的补缩，消除或缩小顶部缩孔。

3.4.5 真空自耗电极电弧熔炼钼的净化

在真空自耗电极电弧熔炼的过程中，在水冷铜结晶器内熔炼和结晶几乎同步进行。当电弧在自耗电极和熔池及水冷铜结晶器之间正常燃烧时，电极棒的端头发生熔化，熔化了的液态钼以液滴的形式落下，经过弧柱区滴入熔池。熔化的液滴落入熔池和熔池内的液态钼的结晶几乎同时发生，钼的净化只能在液体状态下完成。

3.4.5.1 除气净化

自耗电极总是含有微量的 N_2、H_2、O_2 气体元素，溶入钼锭中的这些气体元素使铸锭的加工性能变坏，真空电弧熔炼是脱除这些气体最有效的手段。在钼熔炼过程中 N_2 和 H_2 溶入熔池或者溶入钼液滴内，构成稀溶液，服从亨利定律。溶质元素的蒸汽压和浓度（活度）之间有线性关系，即

$$p_i = k_{H_i} x_i$$

在讨论 H_2 和 N_2 时，则有：

$$p_{H_2} = k' x_{H_2}$$

式中，x_{H_2} 为 H_2 的摩尔浓度；k 为亨利常数。由于溶质的蒸汽压与活度有关，上式可改写成：

$$p_{H_2} = k' f_{H_2} x_{H_2} = k' \alpha_{H_2}$$

式中，f_{H_2} 为 H_2 的活度系数；α_{H_2} 为活度。则可导出下式：

$$f_{H_2} = \frac{\alpha_{H_2}}{x_{H_2}}$$

就 H_2 在金属中的溶解过程而言，在不生成氢化物时，它以阳离子的形态溶入金属，在溶解以前分子分解成原子：

$$H_2 \rightleftharpoons 2H \quad 2H \Longrightarrow 2[H] \quad H_2 \Longrightarrow 2[H]$$

平衡常数：

$$k_H = \frac{\alpha_H^2}{p_{H_2}}, \quad \alpha_H = \sqrt{k_H p_{H_2}} = k_H \sqrt{p_{H_2}}$$

活度与活度系数间有：

$$\alpha_H = f_H[H] = k_H \sqrt{p_{H_2}}$$

如果 f_H 为常数，则有：

$$[H] = K_H \sqrt{p_{H_2}}$$

同样可导出：

$$[N] = K_N \sqrt{p_{N_2}}$$

此两式表明，H_2 和 N_2 在金属中的溶解度（浓度）与气体的分压强的平方根成正比，抽真空可以降低气体的分压强，可以降低金属中的气体含量。如果考虑温度和气体分压强的共同影响，可用下面的西维特定律描述气体的溶解度：

$$\lg s = \lg s_0 + \frac{1}{2}\lg p - \frac{Q_s}{9.148T}$$

式中，s 为气体在金属中的溶解度；s_0 为常数项；Q_s 为吸收的热量，$cal/(g \cdot mol\ H_2)$。

由此式可推断，T 温度高，P 压力高，气体在金属中的溶解度大。在高真空条件下真空除气的效果更明显。例如，在自耗电极钼条中的 H_2 含量为 $(3 \sim 7) \times 10^{-6}$，通过真空自耗电极电弧熔炼以后 H_2 含量降到了 $(0.6 \sim 1) \times 10^{-6}$，而 N_2 的含量由炉料的 $(30 \sim 50) \times 10^{-6}$ 降到钼锭的 $(10 \sim 20) \times 10^{-6}$。

冶金中的除气过程和溶气过程是两个互为逆反应的过程，溶入在液态金属中的原子态 N 和 H，通过对流，吸附和扩散到达液体表面，通过吸附反应原子态 N、H 在表层转成分子态 H_2 和 N_2。随即被真空机组抽走。看来，除气只发生在液体表面。在真空自耗电极电弧熔炼过程中有三处液体表面：（1）熔池表面；（2）自耗电极端头有液体，它在表面张力的作用下附着在电极的端头；（3）离开电极端头的液体钼，在表面张力作用下形成的球形液滴的液体表面（未落入熔池以前）。在这三处液体表面都会发生脱气反应。脱气率取决于表面积大小，时间等因素。液体钼中的最终气体残留率由下式估算：

$$\ln \frac{C_t}{C_0} = -\frac{A}{v} \cdot \frac{D}{\delta} \cdot t$$

对数换底，改写成常用对数，并令 $\frac{D}{\delta} = \beta$，此式成为：

$$\lg \frac{C_t}{C_0} = -\frac{A}{2.3v} \cdot \beta \cdot t$$

式中，C_0 为液态金属中的气体原始浓度；C_t 为时间为 t 时的气体浓度；β 为传质系数。显然，C_t/C_0 是在时间为 t 瞬间的气体残留率，通常真空自耗电极电弧炉的熔池深度为 $50 \sim 60mm$，有效排气面积是水冷铜结晶器的横断面与自耗电极截面之间的环形面积。增大环形面积有利于排气，但容易造成熔池不能完全充满结晶器，造成铸锭外侧表面产生圆周沟槽，降低钼锭的表面质量。电极和结晶器面积之比大约要控制在 0.5，这样既可保证熔炼产生的气体能通畅排出，又能保证钼锭表面有良好的质量。

在真空自耗电极电弧熔炼过程中，熔化和结晶同时进行，在高强度的水冷却下，熔化了的钼处在液态的时间很短，对于脱气净化不利。控制熔化速度，适当延长钼在液态下的保持时间，可以提高脱气净化效果。

3.4.5.2　杂质的挥发

电弧熔炼用的自耗电极含有 Sn、Bi、Sb、Pb、Fe、Ni、Co、Cu、Si、Mg 等杂质，也人为的加入许多合金元素，如 Ti、Zr、Hf、W、Re 等。在真空电弧熔炼的高温，高真空条件下，杂质金属及合金元素连同基体钼一起都会发生蒸发。低熔点夹杂的蒸发可以减少晶界的杂质含量，改善钼锭的热脆性，提高热加工性能。合金元素的挥发就是它在熔炼过程中的烧损，再适当增加合金元素的添加量，以便保证合金成分的准确性。

元素的挥发性与它的沸点及饱和蒸汽压有关，蒸汽压高的元素挥发性强，各个元素的蒸汽压与温度的关系可以参阅图 3-2 和图 3-55。元素蒸汽压由高到低的排序是 P_4、S_2、As_4、Cd、Zn、Mg、Sb、Ca、Bi、Pb、Mn、Ag、Al、Sn、Cu、Si、Cr、Fe、Ni、Co、Ti、

Zr、Mo、Nb、Ta、Re、W。元素在不同温度下的蒸汽压高低可由 3.2.2 节描述的克劳修斯-克来普朗公式计算：

$$\lg p = AT^{-1} + B\lg T + CT + D$$

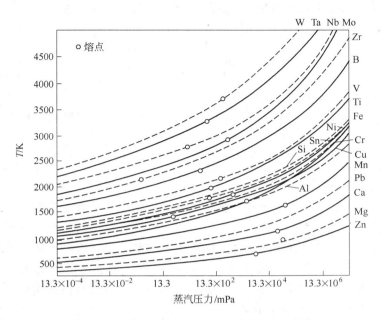

图 3-55　钼合金常用合金元素的饱和蒸汽压与温度的关系

公式中的各个系数及常数项可由表 3-1 查到。显然，钼中的低熔点杂质的饱和蒸汽压比钼的高得多，通过蒸发可以很容易把这些杂质去除，Ti、Zr 的饱和蒸汽压比钼的略高一点，而 Re、W 的饱和蒸汽压比 Mo 的略低一点。真空自耗电极电弧炉熔池区的气体残余压力高达 399.9Pa，这些元素的蒸发量是很有限的。

在研究元素的饱和蒸汽压时，对于具体的液体金属而言，由于所含合金元素及杂质的浓度不同，需要考虑活度及活度系数，而不是浓度，即 $p = \gamma_i [x_i] p^*$。在真空电弧熔炼过程中元素的挥发和气体的蒸发一样，挥发也发生在液态金属的表面。液态金属内部的杂质元素通过对流和扩散两个机制迁移至液态金属表面。对流包括电磁搅拌对流和液态金属的温差对流（表面和内部温度差引起的对流）。对流引起的物质迁移量取决于对流速度和物质浓度，可表示为 $C_i \times u_x$。扩散传质机制服从菲克定律。这两个机制传输迁移的物质总量用每秒钟到达 $1\mathrm{cm}^2$ 表面的杂质摩尔质量来表示，即

$$\omega_n = -D_i\left(\frac{\mathrm{d}C_i}{\mathrm{d}x}\right) + C_i \cdot u_x$$

式中，D_i 为扩散系数；$\mathrm{d}C_i/\mathrm{d}x$ 为指向表面的浓度梯度。

在表面附近的边界层内，越靠近表面 u_x 越小，气相和液相交界面上 $u_x = 0$，上式变成了：

$$\omega_n = -D_i\left(\frac{\mathrm{d}C_i}{\mathrm{d}x}\right)$$

此式表明在边界层内的物质迁移量取决于 D_i，扩散是杂质通过边界层迁移的唯一机理。

在高真空条件下真空炉内气体处于分子流状态，杂质元素脱离边界层进入处于分子流状态的气态空间，它不会和气体分子发生碰撞，就直接被真空机组抽走，或者直接飞向结晶器的内壁，并凝结在坩埚的内壁上，这就是杂质元素的蒸发过程。最大蒸发速度 ω 由朗格缪尔方程估算：

$$\omega = 4.37 \times 10^{-4} p_v \sqrt{\frac{M}{T}}$$

式中，M 为摩尔质量；T 为温度，K；p_v 为温度 T 时的蒸汽压，Pa。

真空自耗电极电弧熔炼时，元素的蒸汽压应当服从拉乌尔定律和亨利定律，则

$$\omega = 4.37 \times 10^{-4} \gamma_B [x_B] p^* \sqrt{\frac{M}{T}}$$

式中，p^* 为纯组元的蒸汽压；x_B 为该分子浓度；γ_B 为活度系数。根据 ω 公式可以定量算出元素的蒸发速率。不过，在真空自耗电极电弧熔炼的高温下的活度系数 γ_B 尚未得到，还不能进行实际计算。

利用朗格缪尔方程可以计算出熔体中的溶质和溶剂的相对蒸发速率，进而求出蒸发系数，就可以确定某元素能不能蒸发净化，并可判断合金元素含量的变化。例如，要考查 Mo-Ti 合金中的 Mo、Ti 及任意其他一个杂质元素在真空自耗电极电弧熔炼过程中的蒸发情况，可设 ω_{Mo} 及 ω_x 为 Mo 及某元素的蒸发速率：

$$\omega_{Mo} = 4.37 \times 10^{-4} \gamma_{Mo} [x_{Mo}] p_{Mo} \sqrt{\frac{M_{Mo}}{T}}$$

$$\omega_x = 4.37 \times 10^{-4} \gamma_x [x_x] p_x \sqrt{\frac{M_x}{T}}$$

若 Mo、Ti 及其他元素的质量分别为 a 和 b，历经真空自耗电极电弧熔炼时间 t 以后，它们分别蒸发了 c 和 d（重量），则 $\omega_x = dd/dt$，而 $\omega_{Mo} = dc/dt$，相对蒸发速率为 dd/dc，即 ω_x/ω_{Mo}。如果把 ω_{Mo} 和 ω_x 式中的 $[x_{Mo}]$ 和 $[x_x]$ 质量浓度换成摩尔浓度，则

$$[x_{Mo}] = \frac{\dfrac{a-c}{M_{Mo}}}{\dfrac{a-c}{M_{Mo}} + \dfrac{b-d}{M_x}} = \frac{M_x(a-c)}{M_x(a-c) + M_{Mo}(b-d)}$$

式中的 M 为元素的相对分子质量，同样也可导出：

$$[x_x] = \frac{M_{Mo}(b-d)}{M_x(a-c) + M_{Mo}(b-d)}$$

则摩尔浓度比为：

$$\frac{[\omega_x]}{[\omega_{Mo}]} = \frac{M_{Mo}(b-d)}{M_x(a-c)}$$

相对蒸发速率：

$$\frac{\mathrm{d}d}{\mathrm{d}c} = \frac{[\omega_x]}{[\omega_{Mo}]} \cdot \frac{\gamma_x p_x}{\gamma_{Mo} p_{Mo}} \cdot \frac{\sqrt{\dfrac{M_x}{T}}}{\sqrt{\dfrac{M_{Mo}}{T}}} = \sqrt{\frac{M_x}{M_{Mo}}} \cdot \frac{\gamma_x p_x}{\gamma_{Mo} p_{Mo}} \cdot \sqrt{\frac{M_{Mo}^2}{M_x^2}} \cdot \frac{b-d}{a-c}$$

$$= \sqrt{\frac{M_{Mo}}{M_x}} \cdot \frac{\gamma_x p_x}{\gamma_{Mo} p_{Mo}} \cdot \frac{b-d}{a-c}$$

令

$$\alpha = \sqrt{\frac{M_{Mo}}{M_x}} \cdot \frac{\gamma_x p_x}{\gamma_{Mo} p_{Mo}}$$

定义 α 为蒸发系数,相对蒸发速率的公式可改写成为:

$$\frac{\mathrm{d}d}{\mathrm{d}c} = \alpha \frac{b-d}{a-c}$$

$$\frac{\mathrm{d}d}{b-d} = \alpha \frac{\mathrm{d}c}{a-c}$$

在 $c \to 0$,$d \to 0$ 的区间内积分,可得到:

$$\frac{d}{b} = 1 - \left(1 - \frac{c}{a}\right)^\alpha \cong \alpha \frac{c}{a}$$

式中的 d/b 及 c/a 代表经过 t 时间真空自耗电极电弧熔炼以后,Mo 及其他元素的蒸发质量分数,在高真空条件下元素的蒸发是控制因素时,根据 α 的关系式可以用活度系数及蒸汽压计算 α。根据 α 的大小可推断在真空自耗电极电弧熔炼的高真空条件下的杂质及合金元素能不能优先蒸发净化,以及烧损情况。一般认为 $\alpha > 10$ 的元素可以优先蒸发净化,如果合金元素的 $\alpha > 10$,则它的烧损相对比较严重。

从钼的真空自耗电极电弧熔炼的实际情况看,钼基体及杂质均有蒸发现象。钼在熔点时的蒸发速率约为 $2 \times 10^{-4} \mathrm{g}/(\mathrm{cm}^2 \cdot \mathrm{s})$。其他金属的蒸发速率与温度的关系,如图 3-56 所示。

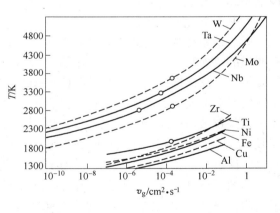

图 3-56 金属的蒸发速率与温度的关系
(曲线上的圆点是金属的熔点 K)

从钼粉、钼条及钼锭的杂质含量的变化可以看出它们在高温下的蒸发净化情况(表 3-13),在钼条生产过程中已经排除了部分低熔点杂质,在经过真空自耗电极电弧熔炼以后的钼锭中的 Sn、Pb、Cu、Mg、Al、Si 和 Fe 的含量比钼条的低,这反映了真空熔炼的净化效果。

表 3-13 钼粉、钼条和钼锭中的低熔点杂质含量 （$\times 10^{-6}$）

产品类别	Sn	Pb	Cd	Bi	Cu	Sb	Zn	Mg	Si	Al	Fe
钼 粉	1	1	<1	<1	70	<1	<4	10	50	17	200
钼 条	1	0.7	<1	<1	14	<1	<4	10	30	12	170
钼 锭	<1	0.6	<1	<1	6	<1	<4	5	13	<5	20

在真空自耗电极电弧熔炼过程中，熔池的上方总是存在有一些物质挥发的气雾及飞溅物，当它们和水冷铜结晶器的内壁接触时就原地凝结成一个薄套，这些冷凝物中应当含有较多的低熔点物质，表3-14列出了冷凝物的光谱分析数据。分析数据证实了这个推断，确实有低熔点物质凝结在水冷铜结晶器的内壁上。

表3-14　水冷铜结晶器内壁上的冷凝物的光谱分析　　　　　　　　　　$(\times 10^{-6})$

试样特征	Sn	Pb	试样特征	Sn	Pb
粗馏分	330	52	细馏分	1900	130

钼内的高蒸汽压的低熔点杂质，如 Pb、Sn、Cu 等，在钼条烧结过程中大部分已经蒸发、再经过自耗电极真空电弧熔炼，可以把这些杂质的含量降低到非常低的水平。而饱和蒸汽压低的元素，如 Fe、Si 等，在钼条烧结过程中蒸发量有限，在真空自耗电极电弧熔炼以后，这类杂质被进一步净化。如果这类杂质在钼锭中的含量超过溶解度极限，它们会在晶界上形成低熔点化合物或共晶产物，使钼锭的热变形性能恶化。如果杂质和钼形成固溶体或生成弥散的高熔点化合物，对热变形性能的影响会小一些。

应当指出，在用井式水冷铜结晶器时，由于熔池被自耗电极罩着，熔化区的真空度可降到399.9Pa，不利于杂质的蒸发。而用能拉锭的水冷铜结晶器，熔池在结晶器的上端表面，近似敞口，熔化区的真空度可以高到 133.3×10^{-3} Pa，杂质的蒸发净化效果比井式水冷铜结晶器的效果更好。

3.4.5.3　钼的脱氧

脱氧是钼在真空电弧熔炼过程中的重要冶金反应，钼锭中的间隙杂质氧对热加工性能有明显的负面影响。氧在钼中的溶解度极限可能为 1×10^{-6}，当氧含量达到 30×10^{-6} 时，钼锭丧失了热锻性。当氧含量处于 $(20 \sim 50) \times 10^{-6}$ 范围内，即使温度升到 $1400 \sim 1600℃$，钼锭的变形性能也不能令人满意。在热锻时常常沿晶界破断，破断的原因在于钼锭的粗大的柱状晶粒结构，晶界总面积减少，晶界上的氧浓度升高，削弱了晶界的结合强度。为了克服钼锭的这种弊病，在熔炼时必须进行充分脱氧。相比起来，粉末烧结钼锭有细晶粒结构，即使氧含量超过 100×10^{-6}，也能很方便地把钼锭热锻成材。

钼的脱氧可以分为沉淀脱氧和挥发脱氧两大机理。挥发脱氧是指脱氧反应的产物是气态物质，能被真空机组抽走。沉淀脱氧是指加入的脱氧剂和氧反应生成高熔点的氧化物，这些氧化物质点可以改善钼锭的结构，可能改进钼锭的热加工性能。

（1）氧化物挥发脱氧。在钼的熔化温度下，钼有 MoO、MoO_2 和 MoO_3 三种主要氧化物，它们都是气态物质。这些气态物质和液体钼接触时，因为 $O \leqslant 100 \times 10^{-6}$，只有 MoO、$MoO_2$ 是稳定的氧化物。在此，可以参比钢铁冶炼过程，熔池中液态金属中的 O_2 和 $CO + CO_2$ 混合气体处于热力学平衡状态。类推，含有一定浓度氧的液态钼和 $MoO + MoO_2$ 混合气体能达到平衡状态。当熔池表面上方空间的压力下降时，平衡被破坏，氧将以 $MoO + MoO_2$ 的形态被脱除，两个氧化物之间的比将取决于氧浓度和金属的温度。

A. B. 古拉维奇用实验得到了反应平衡常数：$\frac{1}{2} O_2 \Longrightarrow [O]$，$k_p = \alpha_0 / \sqrt{p_{O_2}}$。对于氧在钼中的无限稀溶液而言，温度为 3000K 时的 $k_p = 171\%$ 原子$/\sqrt{原子}$（28.5%（质量/

$\sqrt{原子}$))。

随着氧的浓度提高,k_p 增大为:

$$k_p = 170.7 + 29.2[O] + 2.16[O]^2 - 0.447[O]^3 \%(原子 / \sqrt{原子})$$

表明,氧在钼中的活度系数下降,根据实验数据得到 $\lg\gamma_0 = -0.4[O]$。

在分子间无碰撞的高真空条件下分析 $\frac{1}{2}O_2 = [O]$ 的反应时,应当注意可能发生下面两个伴生反应:

$$Mo + 2[O] \longrightarrow MoO_2(g)$$

$$MoO_2(g) \longrightarrow MoO_2(s)$$

气态 $MoO_2(g)$ 在真空室及水冷铜结晶器内壁上冷凝成固态 $MoO_2(s)$,反应是不可逆的,同时也会使熔池上面空间的 MoO_2 的分压强大大下降,这样气态 $MoO_2(g)$ 也就不会发生逆反应。

如果氧分压 p_{O_2} 一定的气相同温度一定的液相钼中的氧达到平衡状态,液态钼中的氧浓度就不再变化。但是,这种平衡只是表观的,动态的。实际上液相钼从气相空间中吸收氧,而 MoO_2 从熔池表面挥发的过程一直在不断地进行。钼在真空自耗电极电弧熔炼过程中形成的冷凝物的分析表明,这些冷凝物都是 MoO_2。当然,除 $Mo + 2[O] \rightarrow MoO_2$ 反应以外,$Mo + [O] \rightarrow MoO$ 的反应也会发生。但是,由于 MoO 在空气中不稳定,冷凝物中的 MoO 未测出来。不过,在熔池上面气相中的 MoO 分压与 Mo 的蒸汽压之比为 $10^{1/2}$,二者之间的蒸发速率相差不大,因而,MoO 的脱氧作用不大。

总之,在真空自耗电极电弧熔炼过程中,$MoO + MoO_2$ 蒸发脱氧是可以实现的,但不能达到热锻要求的低氧含量,因而不能作为主要的脱氧手段。

(2)碳脱氧。在冶金过程中利用碳氧反应来脱碳和脱氧是最常用的一种工艺手段,反应过程的机理为:

$$[C] + [O] \longrightarrow CO\uparrow$$

反应常数为:

$$k = \frac{p_{CO}}{\alpha_C \cdot \alpha_O} = \frac{p_{CO}}{[x_C][x_O]} \cdot \frac{1}{\gamma_C \gamma_O}$$

如果 $\gamma_C \gamma_O \rightarrow 1$,则

$$k = \frac{p_{CO}}{[x_C][x_O]}$$

钢铁冶金中这个反应的吉布斯自由能为:

$$\Delta G = -22364 - 39.63T \quad J/mol$$

在钼的熔点温度下得到的热力学数据不多,计算 ΔG 有一定的难度,但是,可以利用上式的反应原理做类比分析,确定在钼的真空自耗电极电弧熔炼过程中用碳脱氧的可能性。

A. B. 古拉维奇计算了碳脱氧的热力学,碳浓度达到 10×10^{-6} 时,熔池上方的气体全是 CO。在 CO 加 Ar 气混合保护气体条件下熔炼钼,计算这时的 $[C] + [O] \rightarrow CO\uparrow$ 反应常

数，钼在液体状态保持20min，再铸入水冷铜结晶器，快速结晶以后得到如下热力学数据：

$$k_1 = \frac{w(C)w(O)}{p_{CO}} = 3.66 \times 10^{-3}$$

$$k_2 = \frac{[x_C][x_O]}{p_{CO}} = 1.51 \times 10^{-5}$$

在钼的真空自耗电极电弧熔炼时[C][O]浓度积大约为$10^{-5} \sim 10^{-6}$，这时 CO 的压力 $p_{CO} = \frac{10^{-5} \sim 10^{-6}}{3.66 \times 10^{-3}}$，此压力值约为26.7~267Pa，它略高于钼在真空自耗电极电弧熔炼时炉内的残余压力，因此，通过 CO 的挥发脱除 Mo 中的碳和氧在热力学上没有任何限制。用真空泵抽走气相中的 CO 更能促进脱氧反应。这个过程的反应自由能的变化值是$\Delta G_{3000K} = -276.84kJ/mol$。

脱氧剂元素 C 可以是光谱纯的石墨粉或细光谱电极棒，也可以加高纯 Mo_2C。实际加入量要考虑 C 的损耗，按照计算量的 120% 加入。当加入量达到$(100 \sim 150) \times 10^{-6}$时，就能得到无气孔的致密化的铸造钼锭。在用碳脱氧时需要注意，当 C 和 Mo 形成 Mo_2C，并沿晶界分布时钼的塑性会变差。图3-57 是含碳量（质量分数）为200×10^{-6}钼锭的显微组织照片。清晰看出 Mo_2C 沿晶界分布。

（3）锆脱氧。在真空自耗电极电弧熔炼过程中添加元素 Zr，它既作脱氧剂，又作合金元素。Zr 是钼合金最常用的合金元素之一，通常的加入量是 0.1% ~ 0.2%，在这个含量范围内钼锭的晶界上没有氧化物夹杂，晶界干净。Zr 在作脱氧剂时，它和氧的反应产物是 ZrO 和 ZrO_2。

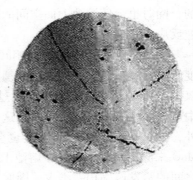

图3-57 含$200 \times 10^{-6} Mo_2C$ 的钼锭的显微组织图

ZrO_2的熔点是2680℃，比钼的熔点稍高，在钼锭凝固过程中它起晶核作用，细化了钼锭的晶粒，改善了钼锭的高温塑性。ZrO 和 ZrO_2 在钼的熔点温度下都会挥发。根据格拉西莫夫做的 $Zr-ZrO_2$ 系统的蒸汽成分的质谱分析结果，在 2100 ~ 2400K 之间，该系统的蒸发产物中$w(ZrO)$占 50% ~ 70% 。

$$\frac{1}{2}ZrO_2(s) + \frac{1}{2}Zr(l) \longrightarrow ZrO(g)$$

根据液体 Mo 表面上方空间中的 ZrO 和 ZrO_2 的蒸汽压的计算，在液态钼内的氧浓度为 10×10^{-6}时，$p_{ZrO_2} = 1.01 p_{Zr}$，$p_{ZrO} = 47.1 p_{Zr}$，就是说 ZrO 的压力比ZrO_2的高出近 50 倍。ZrO 的挥发速度比ZrO_2的快得多。ZrO 的挥发脱氧是钼锭脱氧的一种重要机理，铸锭的夹杂物分析未看到 ZrO，就证明 ZrO 已经挥发殆尽。这种气态产物造成钼锭表层出现许多小的气泡和疏松。把熔化区的残余气体压力提高到 $1.33 \times 10^3 Pa$，钼锭的表面气泡和疏松减少。如果把熔化区的残余压力再提高到$(2 \sim 2.4) \times 10^3 Pa$，这么高的残余压力抑制了 ZrO 的挥发。即使用氧含量较高的炉料，仍然用 Zr 脱氧，得到的钼锭几乎没有气泡。用 Zr 和 $w(C) = (100 \sim 200) \times 10^{-6}$综合脱氧，可以更有效的消除钼锭中的气泡。用$w(Zr) = 0.2\%$脱氧的钼锭中的非金属夹杂物的含量列于表3-15，非金属夹杂物总量（质量分数）在

0.013% ~ 0.020% 之间变化，ZrO_2 的含量约占总量的 50%。炉料的氧含量增加，ZrO_2 的含量也增高。表 3-16 和表 3-17 列举的数据可以看出，即使炉料中的氧含量增高 10 ~ 12 倍，ZrO_2 的含量占到金属总量的 0.02% ~ 0.03%，金属仍具有令人满意的热锻性，MoO_3 的含量趋近于零，表明 Zr 的脱氧效果非常彻底。由于 Zr 是吸氢材料，在 1200℃氢在 Zr 中的溶解度是 $39cm^3/g$，在钼的熔点及真空条件下，氢在锆中的溶解度很低，表列数据表明氢含量没有任何增加。

表 3-15　Mo-0.2Zr 合金中的非金属夹杂物的含量

金属中非金属夹杂物总量/%	$w(MoO_3)/\%$	$w(ZrO_2)/\%$		$w(SiO_2)/\%$	
	沉淀物及金属内	沉淀物中	金属中	沉淀物中	金属中
0.0130	0	50.00	0.0065	未测定	未测定
0.0130	≪0.001	46.15	0.0060	未测定	未测定
0.0171	0	37.00	0.0052	15.70	0.0033
0.0154	0	37.40	0.0058	20.37	0.0031
0.0149	0	10.71	0.0015	未测定	未测定
0.0213	0	32.77	0.0069	15.62	0.0033
0.0129	0	41.66	0.0054	未测定	未测定

表 3-16　低温烧结钼条和用低温烧结钼条炼出的 Mo-0.2Zr 合金中的气体含量（体积分数）

试样类别	气体的总含量/%	气体含量/%		
		O_2	H_2	N_2
炉　料	30.3	0.017	0.0005	0.002
铸　锭	13.7	0.007	0.0002	0.001
炉　料	16	0.054	0.0012	0.004
铸　锭	14.6	0.007	0.0003	0.002
炉　料	56.7	0.037	0.0007	0.001
铸　锭	14.1	0.0056	0.00046	0.0013
炉　料	90.6	0.056	0.009	0.003
铸　锭	19.9	0.0067	0.00041	0.00075
炉　料	104.7	0.066	0.0008	0.003
铸　锭	19.4	0.006	0.0002	0.001

表 3-17　用低温烧结钼条炼出钼锭中的非金属夹杂物含量（质量分数）

固定锆含量/%	铸锭中氧含量/%	金属中非金属含量/%	MoO3		ZrO2		FeO		Al2O3	
			沉淀物中/%	金属中/%	沉淀物中/%	金属中/%	沉淀物中/%	金属中/%	沉淀物中/%	金属中/%
0.2	0.007	0.0551	无	无	56.25	0.0255	8.33	0.039	未测	未测
		0.0453	≪0.01	≪0.01	50	0.0275	8.12	0.0044	未测	未测
0.2	0.0067	0.0488	—	—	53.19	0.0263	3.63	0.0017	36.19	0.0178

（4）钛脱氧。Mo-0.5Ti 合金是常用的工业钼合金之一。添加元素钛，它既可以做钼

的合金元素，又可以做脱氧剂。在钼的真空自耗电极电弧熔炼过程中用钛作脱氧剂，它和氧结合可以生成 TiO 或 TiO_2，TiO 是挥发性氧化物，它直接挥发脱氧。另一方面生成 TiO_2，它的熔点达 1725℃，在 Mo 合金中 TiO_2 是沉淀氧化物，当然，有沉淀脱氧作用。钼的热加工温度一般为 1200 ~ 1650℃ 之间，在这个温度下 TiO_2 不会熔化，对钼的热加工性能不会有负面效应。同时，在钼的熔化温度下，TiO_2 的蒸汽压为 20.23kPa，这个压力超过了钼的真空自耗电极电弧熔炼炉内的残余压力，它也能起挥发脱氧的作用。

在钼的真空自耗电极电弧熔炼时添加 $w(Ti) = 0.1\% ~ 0.2\%$。若熔化速度适当，就能取得很理想的脱氧效果。可以得到致密的，没有气孔的，晶界干净的钼合金锭。这种钼锭能成功的承受自由锻变形，锻件不会开裂。

（5）铪脱氧。在用真空自耗电极电弧炉熔炼钼锭时添加 $w(Hf) = 0.1\%$，Hf 比 Zr 更能有效的脱氧，用铪脱氧的钼合金锭有满意的热加工性能。钼锭的显微结构研究发现，晶粒边界很干净，没有氧化物夹杂在晶界偏析。

铪能提高钼锭热锻性能的可能原因在于，铪和碳能形成熔点高达 3807℃ 的稳定的高熔点 HfC。对于只含有 $w(C) = 0.003\% ~ 0.02\%$ 的低碳钼而言，在晶界和晶内都有 Mo_2C，晶界上的 Mo_2C 削弱了晶粒的结合强度，导致钼锭的热锻性能恶化。添加 $w(Hf) = 0.1\%$ 的 Mo-0.1Hf-0.02C 合金的显微结构仅含有少量的 Mo_2C，它们只分布在晶内，晶界很干净。另外，在熔炼时铪和碳形成 HfC，这些碳化物都分布在晶粒内部。

含锆的钼合金中再添加铪，有可能生成熔点更高，更稳定的二元碳化物，它们的熔点和碳化物的摩尔含量如下：

ZrC	100	80	60	50	40	0
HfC	0	20	40	50	60	100
熔点/℃	3530	3980	4010	3540	3570	3890

3.5　钼的真空电子束熔炼

3.5.1　真空电子束熔炼的基本原理

真空电子束熔炼炉的核心部件是电子枪，电子枪的阴极丝在通过电流时会产生欧姆热，阴极的温度升高，同时电子具有的动能增加，当动能超过电子的逸出功时，即 $\frac{1}{2}m_e v_e \geqslant eu_e$，电子从阴极的表面逸出。逸出的电子在阳极电场高电压作用下获得很高的加速度，快速运动的电子形成电子束流，电子束流在高速运动的行程中突然撞击到被熔化的金属（Mo）。电子束流的全部动能转变成热能，加热被熔化的金属，当温度达到并超过金属（Mo）的熔点时，金属熔化成液滴或液流，滴入水冷铜结晶器并结晶成铸锭。

从阴极逸出的电子流的密度用下式表达：

$$i = AT^2 \exp(-eu_w/kT)$$

式中，A 为常数，$cm^2 \cdot K^2$，它与阴极材料及其纯度有关；T 为阴极的绝对温度，K；k 为玻耳兹曼常数；eu_w 为电子的逸出功，$eV(1eV = 1.602 \times 10^{-19}J)$；$i$ 为单位阴极表面发射电流，A/cm^2。

热发射的电子流在阳极电场中被加速，其速度大小为 $v = 593\sqrt{u}$（km/s）。u 是加速电场的电位差（V）。获得加速度后的电子动能为：

$$E = \frac{1}{2}mv^2 = eu$$

式中，m 为电子的质量，9.1×10^{-21} g；v 为电子的速度，km/s；e 为电子的电荷（16×10^{-19} C）。

电子束的功率 W 为：

$$W = \frac{nE}{\tau} = \frac{neu}{\tau} = Iu$$

式中，n 为电子数；τ 为时间，s；I 为电流强度，A。由上面的分析可知，电子的运行速度与加速电场电压呈线性关系，电子束功率是加速电压和束流大小之乘积，束流与阴极温度（即阴极灯丝电流）成指数关系。因此，在实际操作时可以调节阴极灯丝电流和加速电压，控制电子束的功率，可以把真空电子束熔炼炉调整到最佳熔炼状态。

电子束熔炼炉的电子枪的电子光学系统绘于图 3-58。阴极材料通常都是 W、Ta 或 W-Th、W-Ce 丝材或箔材，这些材料的熔点高，电子逸出功低，它们的部分发射参数列于表 3-18，阴极发射出的热电子流被阳极电场加速，阳极上有让电子束流通过的小孔洞，电子束经过聚焦透镜 L_ϕ 聚焦以后，它的运动方向受转向透镜控制，在转向透镜的控制下可以任意改变电子束的运动方向，使得电子束可以在受控状态下轰击到被熔化的材料及熔池不同的位置，保证熔池正常熔化。

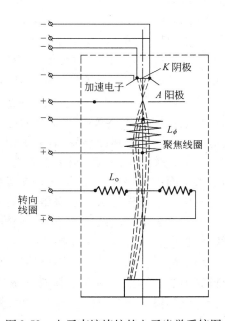

图 3-58 电子束熔炼炉的电子光学系统图

表 3-18   几种难熔金属的电子发射性能

金属	阴极温度/℃	电子逸出功/eV	金属	阴极温度/℃	电子逸出功/eV
W	2600	4.5	Mo	—	4.3
Ta	2400	4.1	W-Th	2000	2.7
Nb	2399	4.0			

3.5.2 电子束熔炼炉

电子束熔炼炉的总体设计包括炉体、真空系统、电源及电子枪、水冷铜结晶器、拉锭机构及供料系统等。

真空系统包含有扩散泵，罗茨泵增压泵及前置真空机械泵。组合真空机组要保证熔化区的真空度达到 $1.33 \times 10^{-3} \sim 6 \times 10^{-4}$ Pa，电子枪的独立真空机组要保证电子枪的真空度能正常保持在 $1.33 \times 10^{-3} \sim 6 \times 10^{-4}$ Pa 的水平。这么高的真空度可以保证熔化池及电子枪在熔化过程中不发生辉光放电，使电子束熔炼炉能稳定正常熔化，为液态金属的净化创造了更好的条件。

电子束熔炼炉的水冷铜结晶器和真空自耗电极电弧熔炼炉的类似，结晶器都是敞口的浅熔化池。拉锭机构有两种：（1）直接单向下拉拽的机构；（2）拉拽和螺旋转动下拉复合机构。后面这种机构可以保证拉出的铸锭有较好的表面质量。被熔化的金属在电子束的连续轰击下不断熔化，熔化的液体金属滴入熔池，并结晶成铸锭。在铸锭结晶的同时拉锭机构把铸锭向下拉动，保持熔池在一固定高度位置上不变。浅熔池更有利于液态金属的净化。水冷铜结晶器的横断面有圆形和方形两大类，可以炼出圆形和方形多种形状的铸锭。

电子束熔炼钼采用的炉料有烧结钼条焊接成的电极（相当于真空自耗电极电弧熔炼用的钼条束），钼材加工过程中产生的废料（如车屑，板材的切边，棒料的切头等）。

电子束熔炼炉的电源电子枪有三种结构，即环形电子枪，辐射电子枪和轴向电子枪。环形电子枪及装有环形电子枪的电子束熔炼炉的简图见图3-59，炉子的阴极是环形钨丝，阴极钨丝直接通电加热。被熔炼的炉料钼或者其他难熔金属（Nb、W、Ta等）是阳极，炉料直接送入阴极区，炽热钨丝发射出的热电子，在阳极电场的加速下直接轰击阳极炉料的下端头，已熔化的金属液滴落入下面的水冷铜结晶器，形成熔池并结晶成钼锭。拉锭机构向下拉拽钼锭，使得熔池保持在一个固定的水

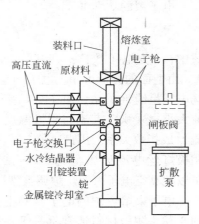

图 3-59　环形电子枪及用环形电子枪的电子束熔炼炉

平面上。电子枪下面的一个环形阴极发射出的电子束流直接轰击已熔化的液态钼（熔池），可以延长金属在液体状态保持的时间，有利于金属的净化。

环形电子枪的电子束熔炼炉熔炼 Mo，被熔化金属和电子枪放在一起，在熔化过程中炉料放出的气体以及易挥发物质的蒸发物极易污染阴极钨丝，导致电子枪的发射特性改变，造成阴极丝经常烧断，也会在电场中引起电离放电等不正常的现象，这时炉子不能正常溶化，要停炉检修换阴极。在炉子设计时已考虑到要频繁更换阴极的问题，炉体备有一个电子枪交换口，在不破坏真空的前提下大约花15min 就可以更换一次阴极。在熔炼操作过程中要严格控制熔化速度，真空度要求不低于 1.33×10^{-2}Pa，这样可以避免电离放电现象。这种真空电子束熔炼炉的加速电场电压为 4 ~ 12kV，电流 5 ~ 15A。总功率为 225kW，炉子配置的扩散泵为 34000L/s（合 34m³/s）。可以熔炼直径 76.2 ~ 152.4mm 的 Mo、Nb、Ta 铸锭。

巴顿焊接研究所和海拉斯公司设计制造的电子束熔炼炉都装有辐射式电子枪，图3-60 是海拉斯公司制造的电子束熔炼炉结构原理，电子枪发射的电子束流分布在被熔炉料电极的四

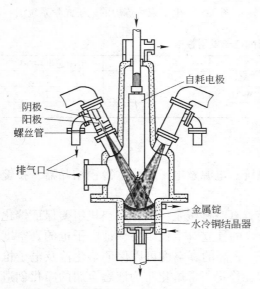

图 3-60　海拉斯公司设计制造的电子束熔炼炉

周，被熔电极在电子束的中央。在熔化过程中被熔电极一边旋转一边下降，电子束加热电极端头，炉料熔化成液滴，液滴滴入下面的水冷铜结晶器汇积成熔池，电子束在熔化电极的同时，有部分电子束流直接轰击到熔池表面，可以使熔池表面较长期的处于液体状态，有利于金属深度净化。

装有辐射式电子枪的电子束熔炼炉的被熔炉料及熔池远离电子枪的阴极，熔化了的金属在电场外面，阴极不会受到金属蒸汽及喷发的金属飞溅的污染。炉子的加速电压 19kV，束流 1.6A，炉料自耗电极尺寸 $\phi50mm \times 500mm$，炼出铸锭的尺寸 $\phi70mm \times 250mm$。真空系统为 $2m^3/s$ 的扩散泵和 $90m^3/h$ 的机械泵。

巴顿焊接研究所设计的实验室型，半工业型及工业型的电子束熔炼炉的参数列于表 3-19，炉子的结构与图 3-60 类似。钼自耗电极端头受电子束加热熔化成液体，金属液体以液滴的形态落入水冷铜结晶器，部分电子束能直接轰击到熔池表面，使得熔池能较长时间的保持在液体状态。拉锭机构按一定速度向下拉拽钼锭，熔池能保持在一定的水平面上。

表 3-19 巴顿焊接研究所设计制造的电子束熔炼炉的型号和参数

设备的特性	电子束熔炼炉的标定型号		
	Y270	Y270M	Y254
加热器功率/kW	150	150	250
加速电压/kV	13.5	13.5	15
工作真空度/Pa	$1.33 \times 10^{-3} \sim 4 \times 10^{-2}$	$1.33 \times 10^{-3} \sim 4 \times 10^{-2}$	$1.33 \times 10^{-3} \sim 4 \times 10^{-2}$
电子枪室	$1.33 \times 10^{-3} \sim 1.33$	$1.33 \times 10^{-3} \sim 1.33$	$1.33 \times 10^{-3} \sim 1.33$
熔炼室			
炉料最大尺寸/mm			
直 径	120	185	280
长 度	850	850	1500
铸锭最大尺寸/mm			
直 径	120	200	
长 度	450	1000	380
供电设备尺寸			
面积/m²	25	30	
高度/m	3.7	5.9	
冷却水耗量/m³·h⁻¹	8	12	

装有轴向电子枪的电子束熔炼炉原理图绘于图 3-61，前面已多次提到过，在电子束熔炼过程中炉料会释放出大量气体，金属蒸汽及飞溅物。若液态金属处于强电场中，常常会发生电离放电，造成阴极中毒，污染电子加热器的其他零件。为了克服这些缺点，希望在电中性区域内熔炼金属，电子枪远离熔化区，电子枪的结构上要装有聚焦透镜和偏转透镜，利用电子枪产生的定向电子束加热熔化金属，电子枪有自己独立的真空系统，并与熔化室的真空系统隔开。电子枪室的真空度达到 $1 \times 10^{-3}Pa$。阴极灯丝不是直接通电加热，而是利用一个辅助加热器间接加热阴极，使它达到热发射电子的温度，间接加热阴极可做成球形表面，保证有效聚焦成电子束，常用纯 W 和纯 Ta 做阴极的间接加热器。

图 3-62 和图 3-63 是两种不同结构的轴向电子枪的电子束熔炼炉。图 3-62 熔炼炉用的炉料是粉末料，块状料和海绵态料压制的棒料。供料机的漏斗和熔炼室隔开，这种炉

子可以把钼材加工过程中产生的"废料"重熔成有用的钼锭。图 3-63 是 EMO 型电子束熔炼炉，被熔金属做成棒状自耗电极，电极横向水平送进，电极端头到达电子束加热区和电子束流正交，电极端头受电子束轰击加热熔化成液体，液体形成液滴落入水冷铜结晶器形成熔池并结晶成铸锭。拉锭机构把铸锭向下拉动，电极的送进机构同步把电极水平连续送进，保持熔化过程连续不断，熔池保持在一个固定的水平面上。垂直向下的电子束熔化了电极棒，同时能直接轰击到熔池的表面，这样熔池的温度和结晶速度可以精确控制。

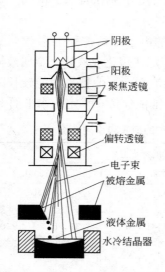

图 3-61 EMO 电子束炉的原理图

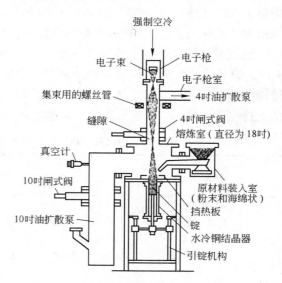

图 3-62 熔炼粉料或块料的轴向电子束炉

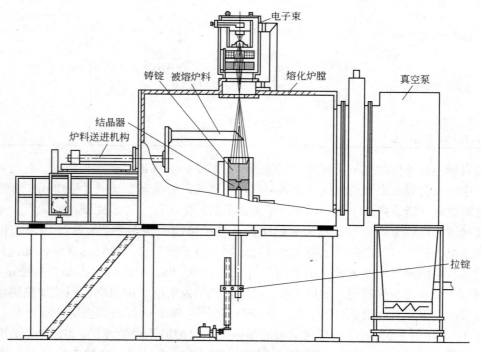

图 3-63 150kW 的 EMO 电子束熔炼炉的结构

轴向电子枪的光学质量取决于枪的电导 P，P 值由下式计算：

$$P = I \cdot U^{-3/2}$$

式中，I 为电子枪的电流，A；U 为电场加速电压，V；P 为电子枪的电导 $AV^{-3/2}$；在电子枪的结构一定时，P 就是能达到的束流值。大多数轴向电子枪的 P 值约等于（0.6 ～ 0.65）$\times 10^{-6} AV^{-3/2}$。

表 3-20 给出了德国设计的 EMO 型电子束熔炼炉的参数，总功率可达到 1200kW。

表 3-20　EMO 型电子束熔炼炉的设计参数

设 计 参 数	电子束熔炼炉的型号	
	EMO200	EMO1200
加速电压/kV	27	40
电子束功率/kW	200	1200
真空泵的抽气能力		
扩散泵/m³·s⁻¹	3	4×80
机械泵/m³·h⁻¹	3600	6×3600
结晶器直径/mm	80，150，230	420，600，800，1200
铸锭最大长度/m	1500	3000
重熔坯尺寸		
直径/mm	160	280
长度/mm	2200	1800
截面积/mm²	200×200	200×200

3.5.3　钼的电子束熔炼及净化反应

电子束熔炼就是高速运动着的电子流突然轰击到被熔化金属，电子束的全部动能转变成热能，这些热能足以使任何难熔的材料熔化。控制电子的运动速度和束流密度，可调整电子束的功率。电子束的最大功率密度可达到 $5 \times 10^5 kW/cm^2$，和电弧及氧乙炔相比，电弧和氧乙炔的最大功率密度相应为 $1 \times 10^2 kW/cm^2$ 和 $0.5 \times 10^2 kW/cm^2$，电子束的功率密度比它们的大 3～4 个数量级。具有高能量密度的电子束直接轰击到被熔化金属的表面，使熔化成液体的金属具有很高的过热度，过热的液态金属进入熔池以后，熔池的温度较高，由液体结晶成固体经历的时间较长。另一方面，电子束熔炼的熔化速度比较慢，水冷铜结晶器的冷却强度非常大。这样就造成熔炼出的钼锭具有极粗大的柱状晶粒，例如，直径为 120mm 圆钼锭和 60mm×140mm 方钼锭的粗大柱状晶粒的横断面尺寸可达到 10～12mm，最大长度能达到 110mm。圆钼锭中的柱状晶的生长方向和纵轴线的夹角约等于 15°，方钼锭此角度约等于 10°。圆锭的横断面上的晶粒度约为 6mm，方钼锭为 4mm。圆锭的等轴晶粒区比方锭的稍大一些。图 3-64（a）、（b）是电子束熔炼出的钼锭的低倍组织。图 3-64（a）是单一熔化速度熔铸的钼锭，图 3-64（b）是两种熔化速度熔铸的钼锭，照片上半部的熔化速度是 0.2kg/min，下半部的速度是 2.0kg/min。根据估算，上部低熔化速度晶粒的平均晶粒度 5～6mm，长约 100mm，下部熔化速度快的晶粒尺寸为 1～2mm，长度降到 10mm 或小于 10mm。图 3-64（c）

是熔化速度为 0.2kg/min 和 2kg/min［对应图 3-64(b)］时熔炼钼锭晶粒度的分布图。

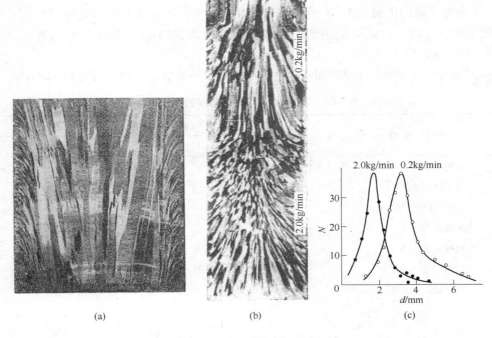

图 3-64   电子束熔炼钼锭的低倍组织

(a) 单一熔化速度；(b) 两种熔化速度；(c) (b)图的两种熔化速度晶粒度的分布

电子束熔炼钼锭的粗大柱状晶粒导致晶界面积较小，晶界的平均杂质浓度较高削弱了晶粒间的结合强度，在钼锭热加工时非常容易产生晶界破裂。碳、氧等间隙杂质在体心立方金属钼中的溶解度很低，约为$(1～3)\times10^{-6}$，过剩的间隙杂质以氧化物、氮化物和碳化物形态分布在晶界上，这些脆性化合物薄膜使铸态钼的性能变脆，造成热加工性能恶化。

另外一方面，电子束熔炼钼锭的粗大柱状晶粒的定向排列结构造成性能的各向异性，在结晶过程中产生热裂纹的倾向很强。电子束熔炼产生的粗大的柱状晶粒本身就是一个独立的金属体，在变形过程中有自己的滑移系统。在热变形过程中许多相邻的大晶粒体各自都按照自己的滑移系统变形，相邻晶粒的结晶学位向不同，各晶粒间的变形不均匀，不均匀变形就会产生很大的内应力，严重时就可能产生晶间裂纹。而在细晶粒等轴晶区没有各向异性行为，变形的不均匀性较少。

看来，电子束熔铸的钼锭含有的粗大柱状晶粒给随后的热加工带来许多困难。必须采取工艺手段破碎粗大的柱状晶，细化晶粒。在条件允许的情况下可以加快熔化速度，从图 3-64 (b) 看出快速熔化钼锭的晶粒比慢速熔化的细。另外一种细化晶粒的常用方法是向熔池中添加高熔点的结晶晶核。众多晶核的存在可以加速结晶过程，使粗大的柱状晶粒变成较小的等轴晶。

晶核添加剂必须具备的条件是，它的熔点比钼的熔点高，热力学稳定性必须比钼高。此外，晶核添加剂的结晶晶格结构必须和钼有同源性和相容性，结晶的金属钼晶体能在晶核的结晶面上附着外延生长。可以推断，晶核添加剂相与钼的晶格结构和晶格尺寸的同源一致性的程度决定了晶核相的细化晶粒的效果。可以用做难熔金属 Mo 的晶核添加剂有 TiC、ZrC、HfC、TaC、NbC、(Mo、Zr)C 以及某些氮化物和硼化物 TiN、ZrN、HfN、TaB$_2$、ZrB$_2$、HfB$_2$、NbB$_2$、TaB$_2$等。表 3-21 列出了 W、Mo 及部分碳化物的熔点及晶格常数。表中的 $\Delta a\%$ 是表示碳化物的晶格常数与 W、Mo 的晶格常数之间的差异程度，式中的 a_c 和 a_m 分别代表碳化物和结晶金属（W、Mo）晶格常数，此值越小，晶核添加剂碳化物细化晶粒的效果越明显。

表 3-21　一些碳化物的熔点，结构及晶格常数与 W、Mo 的对比

金属及其熔点/℃	钨钼的晶格常数 $a_m / \times 10^{-8}$ cm	碳化物的分子式及其熔点/℃	碳化物的晶格常数 $a_c / \times 10^{-8}$ cm	晶格的偏差 $\Delta a\% = (a_c - a_m\sqrt{2})/a_m$
Mo-2622	3.14	TiC-3147	4.324	4
		ZrC-3530	4.688	4
		HfC-3890	4.635	4
		NbC-3480	4.469	1
		TaC-3880	4.456	1
W-3310	3.16	ZrC-3530	4.688	5
		HfC-3890	4.635	3
		NbC-3480	4.469	1
		TaC-3880	4.456	1
		(Ta、Zr)C-4000	4.443	1

图 3-65 是电子束熔炼的 Mo-0.2Ti-0.1Zr 合金铸锭的低倍组织结构图片，图 3-65（a）是没有加入 ZrC 的原始图片，图 3-65（b）是加入了 0.15% ZrC 的合金组织。加入晶核添加剂 ZrC 以后，细化晶粒的效果很明显，定向的粗大柱状晶粒已消失。在图3-65(b)照片的中心部位有晶粒粗化现象，这是因为在铸锭的中央区液态金属严重过热，晶核添加剂 ZrC 可能已熔化，它已失去了晶核作用，形成中心粗晶区。

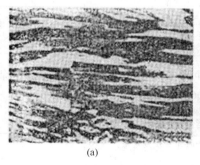 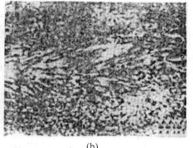

(a)　　　　　　　　　　　　(b)

图 3-65　电子束炉熔炼的钼合金锭
（a）未加入 ZrC；（b）添加 0.15% ZrC

就钼在电子束熔炼过程中的冶金净化反应而论，它和真空自耗电极电弧熔炼一样，遵循通用的真空冶金过程的基本规律，冶金过程包括有除气，蒸发净化，碳氧反应（脱碳和

脱氧）等。真空自耗电极电弧熔炼的净化过程的机理也适用于分析电子束熔炼过程的净化机理。但是，电子束熔炼过程本身具有许多特点，更有利于冶金净化反应。

熔池温度，真空自耗电极电弧炉的熔池温度取决于电弧的温度，受阴极材料的沸点限制。而电子束熔炼炉的熔池温度受电子束的能量密度控制，在炉子设计的额定功率范围内，调节电子束流大小及电子加速电压可以按工艺要求调节熔池的温度，熔炼 Mo 的熔池温度可以升高到 3000~3200℃，可以控制液体 Mo 具有合适的过热度，满足最佳冶金反应条件。另外一方面，用电子束炉和真空自耗电弧炉熔炼 Mo 时，熔化了的金属 Mo 在液态保持的时间不同。电弧炉中电弧热源加热熔池中的液体 Mo，随着自耗电极的熔化，电弧上移离开熔池，液体 Mo 便凝固结晶，不能人为控制金属处在液态的时间。而电子束熔炼炉则不同，因为电子束除轰击被熔化的金属炉料以外，它还能直接轰击到熔池表面加热熔池，只要炉料不向前送进，电子束将可以一直轰击加热熔池，根据工艺需要，可以控制熔池中液态金属的温度和金属处于液态的时间。

电子束熔炼炉和真空自耗电极电弧熔炼炉熔池区域的真空度不同，在真空自耗电极电弧熔炼过程中，自耗电极正好罩在熔池上面，金属熔化时放出的大量气体只能通过电极周围的环形通道排出熔池区，排气不通畅，熔池小空间内的实际真空度可降到 67~133Pa。相反，电子束熔炼炉的熔池上部空间没有遮挡物，是完全敞开的，熔化过程中产生的气体及挥发物直接进入炉体大空间，同时很顺畅地被真空机组抽走，熔池区域的真实真空度可以达到 $133 \times 10^{-3} \sim 133 \times 10^{-4}$Pa。显然，电子束熔炼与真空电弧熔炼相比，电子束熔炼时液态钼熔池能较长期的处在高真空条件下，金属 Mo 能获得最佳的净化效果。表 3-22A、B 给出了钼粉和电子束熔炼出的钼锭的杂质含量的数据。

表 3-22A　钼粉和电子束熔炼钼锭的杂质含量的比较

物料状态	杂质及杂质含量（$\times 10^{-6}$）									
	Fe	SiO_2	Cr_2O_5	Al_2O_3	Ca	W	O	N	C	H
钼粉	100~200	50	20	50	90	300	800~1200	10	140	—
精炼钼锭	10	10	10	10	20	300	13~18	8~10	60	5

表 3-22B　烧结钼坯与二次电子束熔炼钼锭的杂质含量

坯料状态	杂质含量（$\times 10^{-6}$）												
	C	O	H	N	Fe	Ni	Al	Si	Sn	Ca	Pb	Cu	Mg
烧结坯	238	224	9	36	<110	<10	<50	<30	<1	5	1	5	<5
二次电子束熔炼	78	47	1	22	10	<10	<50	<30	<1	3	1	3	<5

有时为了获得高纯度高质量的钼锭，要进行多次电子束重复熔炼，能把杂质含量降到最低限度，表 3-23 给出了最多五次重熔钼锭的净化效果。

表 3-23　多次电子束熔炼钼锭的杂质含量[12]

熔化次数	杂质元素及其含量（$\times 10^{-6}$）							
	C	O	N	Ni	Fe	Ti	Ta	W
0（粉末冶金炉料）	30	40	10	2	100	5	1	20
1	8	2	1	<0.3	1	<0.3	1	10
2	8	0.5	<1	<0.3	<1	<0.3	<1	30
5	8	<0.5	<1	<0.3	<1	<0.3	<1	40

表 3-22 和表 3-23 所列的数据表明，电子束熔炼的净化效果非常明显，一次电子束熔

炼就能把杂质含量至少降低80%，但是，W 和 C 比较特殊。电子束熔炼几乎不能降低 W 的含量。这是因为 W 的熔点（3310℃）比 Mo（2622℃）的高，在液态 Mo 的温度下，W 的蒸汽压很低，它不会由液体熔池中蒸发。实际上通过真空自耗电极电弧熔炼和电子束熔炼都不能除去 Mo 中的 W。万幸的是，少量的 W 对于 Mo 的机械性能没有副作用，有益无害。另外，电子束熔炼以后，钼锭中的 C 含量相对偏高。一般认为这是由于微量扩散泵油窜入真空室及熔池，引起金属增碳。

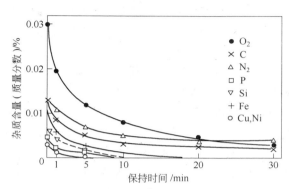

图3-66 电子束熔炼钼的净化动力

图 3-66 是钼的电子束熔炼时的净化动力学曲线，杂质的净化程度与时间有关系。在开始的5min 内，延长金属 Mo 处于液体的时间，净化效果非常明显。超过5min 以后，再延长金属处于液体的时间，净化速度急剧下降，杂质含量水平几乎处于不变的状态，净化效果不明显。

钼在电子束熔炼过程中脱碳和脱氧具有特别重要意义。间隙杂质 C 和 O 的浓度超过钼的溶解度极限，便生成碳化物或氧化物，它们分布在 Mo 锭的晶界或晶内，造成钼锭热加工性能恶化。在前面已经讨论过，真空冶金过程中挥发脱氧和碳氧反应是主要脱碳、脱氧机理。在普通钢铁冶金中吹氧是一种有效的脱碳手段，而在真空冶金条件下，只能通过熔池内的自身冶金反应进行脱碳和脱氧，即通过碳氧反应和挥发两种机理。碳化物挥发脱碳在原理上是不能实现的，下面列出在钼的真空电子束熔炼时可能生成的碳化物的熔点和沸点，并把它们与金属钼的熔点及沸点进行了比较：

	Mo	TiC	ZrC	HfC	WC	TaC	NbC
熔点/℃	2622	3150	3420	3890	2975	3880	3480
沸点/℃	4810	4300	5100	4160	6000	5500	4500

看来，在熔炼过程中通过碳化物的挥发脱碳是不可能的。因为它们的熔点和沸点都比 Mo 的高。从另外一方面看，正是由于碳化物的熔点和沸点都比钼的高，才能以合金添加剂的形式添加 Ti、Zr、Hf 等元素，让这些活性元素和 C 生成高熔点的碳化物，抑制低熔点碳化物 Mo_2C 生成。高熔点的 TiC、ZrC、HfC 可以起结晶晶核的作用，能细化晶粒，也可以起弥散强化作用。

就脱氧而论，钼的低价氧化物 MoO 的饱和蒸汽压和 Mo 的饱和蒸汽压之比为 $p_{MoO}/p_{Mo}=10^{0.5}$，金属低价氧化物挥发脱氧的判据是 $p_{MoO}/p_{Mo}>10$，显然 $10^{0.5}<10$。据此，钼的低价氧化物挥发脱氧没有实际意义。要想更好的脱氧，仍然需要添加脱氧剂，例如 C、B、Ce、La、Ti、Zr 等，其中 C 是最有效的脱氧剂，碳氧反应 $2C+O_2\rightarrow 2CO\uparrow$ 的脱氧作用最大。反应的气相产物随时都会被真空机组抽走，反应永远向右进行。电子束熔炼钼的最佳碳含量（质量分数）约为0.06%，超过此值而达到0.1%时，有可能沿晶界析出（$Mo+Mo_2C$）低熔点共晶。

若不添加游离碳（高纯炭黑、或细小的光谱纯石墨条），而是添加 ZrC，在高温下 ZrC 分解 $ZrC \rightarrow Zr + C$，产生活性元素 Zr 和 C，Zr 与 O 亲和力不次于 C 和 O 的亲和力，生成 $Zr + O \rightarrow ZrO \uparrow$，在钼的电子束熔炼的熔池温度下，ZrO 的饱和蒸汽压很高，能大量的挥发脱氧。多余的 ZrC 会残留在钼锭内。

B 的脱氧作用是发生 $2B + 3MeO \rightarrow 3Me + B_2O_3 \uparrow$ 反应（Me 金属，Mo）。气态的 B_2O_3 被抽走，产生挥发脱氧的作用。B 的添加量（质量分数）控制在 0.01% ~ 0.03% 范围以内。

电子束熔炼时添加的稀土元素除脱氧以外，它们还可以和残留在金属内的一些低熔点物质反应，生成熔点较高的化合物。例如 BiCe 的熔点 1525℃，Bi_3Ce-1630℃，$BiCe_3$-1400℃，CePb-1200℃，$CePb_2$-1140℃。这些化合物的熔点比低熔点金属的熔点都高，可以减轻低熔点物质在晶界析出引发钼的热脆性。

应当强调，电子束熔炼炉的造价昂贵，用途受到一定限制。它在熔炼过程中的特点是，熔池区的真空度和温度都很高，熔池无遮挡，敞开大口，在熔化单一难熔金属组元（例如钼）的铸锭时，杂质与基体之间的饱和蒸汽压有差异，可以把低熔点，高饱和蒸汽压杂质无阻挡地充分排除，用电子束炉熔炼生产高纯金属铸锭的效果特别好。但是，事物都有两面性，同样熔池区的高温，高真空，无遮挡，敞开大口，用电子束炉熔炼多组元合金，例如 Mo-W，Mo-Ti-Zr，Mo-Ti，Mo-Hf 等，在 Mo 的熔点下合金元素添加剂发生大量挥发，蒸发量很难控制，在 W 的熔点下，Mo 也发生大量挥发，因此，不宜用电子束炉熔炼生产 Mo-W 及其他各种 Mo 合金，熔炼高纯钼锭不存在任何技术障碍。通常，熔炼生产钼合金选用真空自耗电弧炉，电弧炉的熔池区的真实真空度比炉膛空间的低，因为自耗电极像一个大盖子悬在熔池上方，熔池排气只有电极和结晶器内壁之间一个环形通道，残余气体压强较高，能阻挡合金元素挥发，合金成分可以精确控制。

3.5.4 钼的电子束熔炼的实践

轴向电子枪电子束熔炼炉熔炼钼的操作方法有两种：（1）电子束不旋转，垂直向下直接射到熔池中心表面，被熔化的炉料电极水平送进同时绕电极的中心轴线自旋，电极的端头到达水冷铜结晶器的上方和电子束正交，进入电子束熔化区，电极的端头被电子束轰击熔化，熔化了的液体金属钼滴入下面的水冷铜结晶器。（2）电子束直接轰击到熔池表面，并做360°旋转，电子束在熔池表面的旋转扫描轨迹是做圆周运动。被熔化的炉料电极不做旋转运动，电极连续横向水平送进。同样，电极端头进入水冷铜结晶器的上方，和电子束正交，被电子束轰击熔化。用第一种熔炼方法时，被熔电极占有的电子束的功率份额比熔池占有的高，熔化速度较快。在其他条件相同时，电子束旋转扫描时的熔化速度较慢。如果熔化的液态金属钼需要有较高的过热度，也要求在液态保持较长的时间，就应选择用第二种熔炼方法，电极只做横向平移送进，电子束做360°扫描。这时用光学高温计测量熔池的表面温度，结果发现，电子束扫描加热的熔池表面温度分布均匀。温度高低可以控制，能避免熔池的过度过热。用直径 120mm 的水冷铜结晶器时，电子束扫描的最佳半径是钼锭半径的 1/2 ~ 2/3。例如，在熔池中心功率为 105 ~ 120kW 时，用聚焦不扫描的电子枪加热，温度可达到 3700 ~ 3800℃，钼锭中心处的温度为 3100℃。若熔化速度为 4 ~ 7.5kg/h，用扫描电子枪熔炼，熔池表面温度为 2800 ~ 2950℃，温度分布比较均匀。如果要想得到晶粒组织结构较细的钼锭，要求熔化速度使熔池过热度要低。应采用散焦不扫描的电子枪熔化加热，电极一面旋转一面水平移动送进。

电子束熔炼使用的炉料电极有多种形态：（1）烧结工业钼条做炉料，用钼丝把钼条捆绑成集束，总断面可以是9～12根断面为17mm×17mm的钼条，钼条的端部接头只要前后错开排布，不需要焊接，这一点与真空自耗电极电弧熔炼用的电极不同，电弧炉用的自耗电极是悬空垂直放置，自上向下送进，而电子束熔炼炉用的自耗电极是放置在料仓的水平轨道上，横向水平送进。（2）用在钼材加工过程中产生的细小的废料做自耗电极，把它们和不同比例的工业钼粉混合，压制成条，低温烧结成混合的团聚体，用这些低温团聚体做成炉料电极。（3）用钼材加工过程中产生的大块边角废料，用焊接和捆绑的办法，把它们拼凑成较长的炉料电极。（4）用低档次的钼粉通过粉末冶金方法，压型烧结成供电子束熔炼用的炉料。在电极制造过程中加入合金元素的方法和真空自耗电极电弧熔炼时加入的方法一样，把箔材夹在钼条之间，或者把合金元素粉料和钼粉混合做成合金粉。在此需要特别指出，由于电子束熔炼工艺的高温，高真空特殊性，用电子束熔炼炉很难生产出合格的钼合金，其原因下面将做专题分析。

四种形态炉料的结构不同，熔炼效果也不一样。高温烧结钼条的密度高，导热性能好，熔化热损失多。而混合料团聚体的电极密度低，热阻大，熔化时的热损失少。熔化混合团聚体料消耗的功率比熔化钼条消耗的功率低30%。图3-67给出了熔化两种材料时的电极体的温度分布图，画出图上曲线的条件是：电子束功率170kW，熔化速度12kg/h。沿电极体长度方向上的温度分布的测定方法是：把已知熔点的不同金属丝贴在电极体上，在电极端头熔化时，由于导热作用，电极体的长度方向上各处的温度不相等，越靠近熔化端头，温度越高。可以根据粘在自耗电极上丝材的熔化位置确定电极体的温度分布。以3500℃为考查

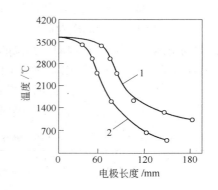

图3-67 电子束熔炼时电极的温度与到熔化端的距离的关系
1—钼条电极；2—混合团聚料电极

点，钼条电极的3500℃温度点离熔化端头的距离是60mm。而混合团聚体电极的3500℃温度点离熔化端头距离仅为30mm。用与熔化端头距离140mm点的温度做考查对象，混合团聚体电极这一点的温度为300℃，而钼条电极体这一点的温度高达1400℃，在与自耗电极熔化端相同距离的任意点，钼条电极的温度都比团聚体电极的高。

用EMO-200型电子束熔炼炉熔炼钼的团聚体炉料的操作实例，炉料电极尺寸是50mm×50mm×1500mm，混合团聚体料预先经过在1200℃/（1.5～2）h烧结除气处理。炉子的水冷铜结晶器直径120mm，用垂直轴向电子枪把熔池加热到3000～3200℃，熔池真空度（6.65～2.66）×10⁻³Pa。炉料熔化功率为50～60kW，熔池保持熔化状态需要的总功率不大于80kW。炼成的钼锭含Al、Mn、Fe、Co、Cr、Si的量都是10×10⁻⁶。表3-24给出了用钼条和用混合团聚体炉料炼出钼锭的间隙杂质含量，表列数据表明，用钼条炼出的钼锭的提纯效果还不如用混合团聚料的净化效果。用回收的钼废料炼出钼锭的杂质含量比用钼条炼出的低，这实际上说明了二次重熔的作用，因为团聚体炉料中有一部分料是二次重熔料。

表 3-24　电子束熔炼不同炉料的钼锭含有的间隙杂质

炉料类型	间隙杂质（$\times 10^{-6}$）			
	氧	氮	氢	碳
团聚料	15	10	1	50
钼条	25	50	5	100

研究用 ZrC 脱氧的结果说明，熔炼混合团聚体炉料时，用 0.2% ~ 0.3% 的 $w(\text{ZrC})$ 脱氧可使铸锭的氧含量（质量分数）由 0.2% 降到 0.004% ~ 0.006%，而熔炼钼条时的氧含量（质量分数）由 0.02% 降到 0.002% ~ 0.003%。

在熔炼钼条时用炭黑脱氧，应用 EMO-200 型电子束熔炼炉，水冷铜结晶器的直径为 70mm，电子束的功率 98 ~ 102kW，熔池区域的真空度 66.5 ~ 6.65 × 10^{-3}Pa。炭黑的加入量（质量分数）由 0.06% 增加到 0.29%，炭黑的加入方式是沿钼条长度钻孔，把炭黑塞入孔内。表 3-25 给出了碳的加入量与钼锭的间隙杂质含量之间的关系。总的实验结果表明，碳的加入量（质量分数）达到 0.06% ~ 0.1% 时，钼锭的氧含量比不加碳脱氧钼锭的低一个数量级。继续提高碳含量，使碳含量增加四倍，钼锭中氧（质量分数）维持在 0.0015% ~ 0.0020% 范围内，增加的碳对脱氧几乎没有重大影响，只有 0.03% ~ 0.05% 的碳与氧发生反应，剩余的碳都留存在钼锭内。钼锭的显微组织研究发现，不加碳脱氧的铸锭晶粒边界上分布有连续的薄薄的一层氧化物膜及少许显微裂纹。当加入 0.06% 碳时，晶界上的氧化物薄膜消失，而在晶内及晶界上出现弥散碳化物相。钼锭可镦粗变形 26%。如果碳含量高到 0.15% 或更高一点，就会在晶界上出现（$\text{Mo} + \text{Mo}_2\text{C}$）共晶体，钼锭变得很脆。

表 3-25　碳的加入量与间隙杂质含量的关系　　　（质量分数/%）

炉料钼条间隙杂质的含量	炉料钼条中碳的加入量	钼锭中间隙杂质含量			
		C	O	H	N
C　0.02	0.123	0.10	0.0018	0.0006	0.0005
O　0.01	0.198	0.15	0.0022	0.0005	0.0005
H　0.002	0.258	0.20	0.0019	0.00045	0.0005
N　0.007	0.296	0.23	0.0020	0.0006	0.0005

电子束熔炼炉的高真空度和高冶炼温度，使得用电子束熔炼工艺生产钼合金铸锭遇到了一些麻烦，钼合金的常用合金添加剂有 Ti、Zr、Hf、Re、W 等，它们的熔点和沸点列举如下，并与钼做了比较：

元素	熔点/K	沸点/K	与钼的沸点对比/%	与钼的熔点对比/%
Mo	2898	5833	100	100
W	3653	6173	106	126
Re	3453	5933	102	120
Hf	2495	5673	98	86
Zr	2125	3853	66	74
Ti	1941	3533	61	67

由于钼与常用合金元素的熔点和沸点差别较大，在高温、高真空冶炼条件下，饱和蒸汽压高的元素挥发损失很大（参阅图 3-56）。实际上，在炼 Mo-0.5Ti-0.023C 合金时，考虑烧损，把钛的加入量提高到 1%，在正常熔炼过程中钛的烧损达到 80%，最终钼锭中的钛的残留量只有 0.1% ~ 0.15%，且分布很不均匀。在用 Mo-30W 高温垂熔钼条做炉料，生产 Mo-30W 合金铸锭，在保证形成正常液滴的情况下，钨的正常挥发量很少，而基体钼的挥发损失很大，在水冷铜结晶器的内壁上凝结成一层很厚的钼，俗称钼"锅巴"。通过熔炼 Mo-Ni-Zr-C 合金来考查锆等元素的烧损，先把钼、镍和 ZrC（含 $w(C)$ 10%）粉末混料 48h，把混合合金粉压成条，在 1200℃ 真空烧结 2 ~ 4h，熔炼用 EMO-200 型电子束熔炼炉，熔炼制度为：料锭直径 80mm，电子束电流 5 ~ 5.5A，加速电压 21 ~ 22kV，电子束功率 105 ~ 120kW，熔池区域的真空度 13.3 ~ 1.33 × 10^{-3} Pa，熔化速度 6 ~ 10kg/h，金属总烧损 10% ~ 12%。

用此制度炼出的钼锭成分列于表 3-26，由表列的数据可以看出，镍的烧损最高达 97%，最低达到 94%。锆的烧损约为 20% ~ 30%，碳为 25% ~ 30%，基体钼的总烧损不超过 10%。

表 3-26　电子束熔炼 Mo-Ni-Zr-C 合金的炉料及钼锭成分　（质量分数/%）

| 炉号 | 成　　分 | | | | | | | | | | | |
| | Ni | | Zr | | C | | O | | N | | H | |
	炉料	铸锭	炉料	铸锭	炉料	铸锭	炉料	铸锭	炉料	铸锭	炉料	铸锭
1	0.5	0.012	0.27	0.19	0.03	0.02	0.090	0.0015	0.0018	0.0004	0.0022	0.0015
2	1.0	0.03	0.27	0.18	0.03	0.02	0.013	0.0034	0.0015	0.0004	0.0029	0.0027
3	1.2	0.06	0.27	0.21	0.03	0.02	0.100	0.0029	0.0073	0.0002	0.0047	0.003
4	1.5	0.09	0.27	0.20	0.03	0.02	0.110	0.0061	0.0012	0.0004	0.0017	0.0007
5	5.0	0.14	0.36	0.26	0.03	0.03	0.042	0.0015	0.0026	0.0003	0.0015	0.0006

改变电子束熔炼速度，即改变钼在液态停留的时间，铸锭的氧含量及烧损差别很大。例如在用 120 ~ 130kW 电子束功率炼 Mo-0.2Ti-0.1Zr 合金时，熔化速度由 5.5kg/h 提高到 29kg/h，钼锭的氧含量（质量分数）由 6 × 10^{-3} 增高到 18 × 10^{-3}，而金属的总烧损则由 52% 降到 9%。显然，加快熔化速度，钼锭的净化效果变差，但金属的收得率可以提高。

实际上，电子束熔炼是一种金属提纯净化的有效手段，基本不能用它来生产难熔金属 W、Mo 合金（Nb 和 Ta 除外）。如果需要用电子束熔炼生产钼合金，必须用电子束熔炼和真空自耗电极电弧熔炼相结合的双连熔炼法，即先把炉料钼用电子束熔炼炉熔炼一次或二次，再把电子束熔炼的纯钼锭做自耗电极，添加锆、钛和铪以及碳等合金元素。碳的加入方法都是沿钼锭自耗电极轴向钻孔，把细的光谱纯石墨塞入孔内。而钛等金属都用箔材做添加剂，把它们均匀的捆绑在自耗电极上，重熔后可得到高纯优质的钼合金锭。

综合而言，钼和钼合金熔炼有六种可以选择的工艺：（1）一次真空自耗电极电弧熔炼；（2）二次真空自耗电极电弧熔炼；（3）一次真空电子束熔炼；（4）二次真空电子束熔炼（不能熔炼合金）；（5）一次真空电子束熔炼加一次真空自耗电极电弧熔炼；（6）二次真空电子束熔炼加一次真空自耗电极电弧熔炼。而钼合金最好用真空自耗电极电弧熔炼，或者用电子束熔炼加真空自耗电极电弧熔炼的连熔工艺。

3.6　钼的壳式熔炼

钼的壳式熔炼，顾名思义就是在一个壳内熔炼，又称凝壳熔炼，它是铸造工艺的一种。该工艺的实质就是在一个大尺寸水冷铜结晶器内熔化钼，熔化了的液态金属钼受冷却水的强烈作用，在结晶器内壁上凝固成一个钼壳，熔融的金属钼都汇集在这一壳体内，它不受冷却水的冷却作用。在外热源的作用下，壳内金属液体产生一定的过热度，提高了它的流动性。这样，可以把壳体内的液态金属钼铸入一定形状的铸模，最终可得到钼铸件。熔化并加热液态金属的热源可以是电弧、电子束、等离子热源等。为了降低能耗，减少冷却水带走的热量，可在水冷铜结晶器内嵌一个石墨内衬，液态金属在石墨内衬的内壁上凝结成一层金属壳。不过，液体钼和石墨接触时，它会受到碳的污染，生成碳化钼。因此，在熔炼钼及钼合金时，选用不带石墨内衬的水冷铜结晶器更合适[11]。

图 3-68 是壳式熔炼炉的概念图，目前，电弧壳式熔炼是应用较为广泛的工艺，炉子的结构有自耗电极和非自耗电极两大类，它们各自的特点在前面已有详细论述。

用非自耗电极壳式电弧炉可以把钼材生产过程中产生的各种废料，如棒材的切头、切尾料，钼板轧制的切边料及各种机加工产生的车屑等，重新熔铸成有用的坯料。非自耗电极材料通常是石墨棒或钨棒，在熔炼过程中钼易受非自耗电极 W 和 C 的污染，W 的污染没有多少副作用，而 C 和 Mo 形成 Mo_2C，它会使钼变得很脆，不易加工。非自耗电极经常损坏，需要常常更换。另外，非自耗电极壳式电弧炉要

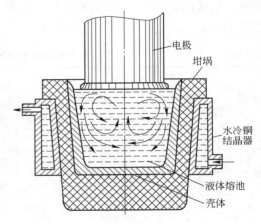

电极
坩埚
水冷铜结晶器
液体熔池
壳体

图 3-68　真空壳式电弧炉

在氩气保护下熔炼，对于冶金净化反应不利。因此，常采用自耗电极真空电弧壳式炉熔炼钼和钼合金。

壳式炉的自耗电极直径与水冷铜结晶器直径之比对于净化效果，熔化速度，壳体厚度，熔池过热度都有直接影响。通常二者直径之比取 0.25 ~ 0.35，壳体的内侧壁与电极之间的距离控制在 25 ~ 35mm 范围内，熔化钼的最佳电流密度是 220 ~ 300A/cm² 。为了保证钼在浇铸时有良好的流动性，液体金属既要有足够的过热度，又要有充足的数量。这样，它的熔化电流密度比正常的真空自耗电极电弧熔炼的高 1 ~ 2 倍。用壳式炉熔化钼，熔池位置的深、浅和敞口程度对合金元素的挥发都有影响。以 Mo-0.2Ti-0.15Zr-0.015C 合金为例，Ti 和 Zr 的烧损量与熔池的位置深浅的关系排列如下：

在真空自耗电极电弧炉的水冷铜结晶器内熔铸：　　　　Ti 0.12，Zr 0.18，C 0.015
在壳式炉中熔池的位置在水冷铜结晶器口下 200mm：　　Ti 0.11，Zr 0.14，C 0.015
在壳式炉内的敞口电弧熔炼：　　　　　　　　　　　　　Ti 0.06，Zr 0.01，C 0.014

可以看到，对于具有高蒸汽压的钛和锆而言，用敞口壳式炉熔炼时，它们的烧损量最大。

壳式熔炼炉内液体钼的浇铸方式绘于图3-69，已熔化的金属钼液体汇集于石墨坩埚内，控制好液体的过热度和液体的体积。浇铸时把坩埚底部的塞子移开（熔化），液体钼漏入铸模，便可铸造成形见图3-69（a）。或者转动坩埚，倾斜大于90°，把液态钼倒入铸模，完成铸造操作，见图3-69（b）。

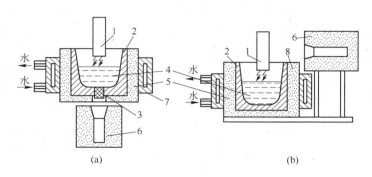

图3-69 壳式炉的铸造方式图

1—自耗电极；2—凝壳；3—待熔浇铸塞；4—熔融金属；5—石墨坩埚；
6—锭模；7—冷却水套；8—坩埚旋转轴

铸模材料有钼、钨和石墨等。为了防止金属和铸模黏结，避免石墨污染钼铸件，铸模内壁最好喷涂一层陶瓷材料，如氧化镁、氧化铝或氧化锆。需要注意，浇铸时如果铸模材料污染金属，由于铸造金属的对流，污染不限于表面，而是金属整体都被污染。

金属坩埚和石墨坩埚相比，金属坩埚导热快，热损失大。调整熔化速度和冷却速度，使它们达到最佳配合，壳体的厚度可维持在10~30mm范围内。采用金属坩埚熔炼，熔炼出的金属液体集中在凝壳内，坩埚不会放出气体，熔池可以保持高真空度。如果采用石墨坩埚，这时石墨会释放出大量气体，熔池区域的真空度会大大下降。但是，由于石墨的导热性比金属的差，因此，石墨坩埚内金属凝壳的厚度比金属坩埚的薄。在熔炼等量金属时，用金属坩埚得到铸件的体积比用石墨坩埚的低30%。

石墨坩埚和铸模需要预除气处理，预除气方法有两种：（1）把坩埚和铸模直接放在高温真空炉内加热除气处理。（2）在熔炼过程中除气，做一个异形电极，电极头部安一个大直径的圆饼，开始熔化时圆饼的电流密度很低，熔化速度很慢，在熔化的同时，石墨坩埚和铸模承受除气处理。电极头部的圆饼熔化完以后，自耗电极才正式熔化。

真空自耗电极电弧熔炼铸锭的最大缺点是组织结构有粗大的定向柱状晶，而壳式炉的浇铸和普通铸造过程一样，没有冷却水的定向冷却，铸造过程中液体金属有强制的对流搅拌，钼铸件的组织结构是很细的等轴晶，没有粗大的柱状晶，图3-70是壳式炉铸造的钼铸件的组织结构。这样，壳式熔炼炉铸造的钼铸锭的性能比普通真空自耗

图3-70 壳式炉铸造的钼的低倍组织

电极电弧熔炼炉铸造的铸锭好。例如，普通真空自耗电极电弧熔炼炉铸造的铸件伸长率 $\delta = 1\% \sim 2\%$，而壳式炉铸造的铸件的伸长率上升到 $\delta = 3\% \sim 5\%$。

真空电弧壳式熔炼炉的应用潜力很大，它可以铸造生产钼的异形件、方坯，用离心铸造法可以生产出钼管坯。现阶段我国的壳式炉主要用来铸造钛及钛合金。在 70 年代初期，研究生产钼顶头（在以后有详细论述）时，曾用过壳式炉铸造工艺，用这种方法生产出的钼顶头的穿孔寿命比真空自耗电极电弧熔炼铸造的顶头寿命高出 $30\% \sim 40\%$，但是，用壳式熔炼炉铸造的钼顶头成本偏高，在大批量生产中未被采用。

真空自耗电极壳式电弧熔炼的热源是电弧热，液态金属的过热度受电极沸点限制，不能达到高度过热，液态金属钼的保有量较少，熔池区域的真空度较低，熔炼新炉料和回收的废钼料的净化都不彻底。相比起来，电子束壳式熔炼炉用电子束加热熔化金属，它能扩大液态金属钼的保有量，使熔融的金属达到高度过热，并能保持较长的时间，熔池上方的真空度可达到 3.3×10^{-3} Pa，熔炼新炉料和回收的钼废料都能被彻底净化。因此，发展电子束壳式熔炼炉备受关注。

3.7　钼的区域熔炼

区域熔炼是制备高纯钼和拉制钼单晶的一种工艺手段。它的实质就是把要被提纯的细钼棒垂直固定在真空室内，它中间某一小段用电子束或感应圈加热，使其熔化并形成一个微小的熔化区。该熔化区的液态金属依靠表面张力夹在固体金属中间，不需要坩埚。图 3-71（a）是电子束区域熔炼的原理，图 3-71（b）是熔化区液态金属的姿态。热源是环形电子枪，被提纯钼棒是阳极，电子枪的阴极钨丝发射热电子，在阳极电场的加速下，电子高速轰击到被提纯的钼阳极。在电子枪的加热作用区域内，钼棒生成一个微小的熔化区。熔化区在表面张力作用下能固定在固态钼棒中间而不向下流淌。表面张力能支撑熔化区的最大

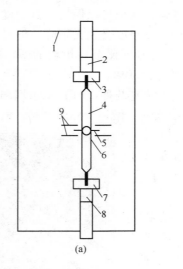
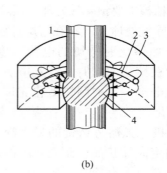

$$(a) \qquad\qquad (b)$$

图 3-71　电子束区域熔炼的原理图[9]

（a）：1—真空室；2，8—绝缘子；3，7—夹具；4—炉料；5—环形电子枪；
6—液态金属；9—处于受控电位的屏蔽
（b）：1—炉料；2—屏蔽；3—环形电子枪；4—液态金属

长度取决于金属棒的直径和 $\sqrt{\sigma/\rho}$ 的临界值，根号中的 σ 是表面张力，ρ 是金属的密度。当熔化区的宽度超过棒料的直径时，重力超过表面张力，熔化区的稳定性就遭到破坏。表面张力的大小与熔化区的表面积和熔融态金属的温度有关。

处于高真空条件下的高温液态金属钼一定会发生常规的蒸发净化。此外更重要的是，杂质在金属中的溶解度随温度变化，在液体和固体中的溶解度区别很大，杂质在液态中的溶解度远大于在固态中的溶解度。利用这个原理，液态的微小熔化区域沿被提纯的钼棒长度方向缓慢移动（实际上是移动电子枪或感应圈），杂质向液态金属迁移。在熔化区移动过程中杂质也跟着熔化区移动，当熔化区达到细钼棒的端头时，让熔化区凝固，杂质就固定在端头处。熔化区按同一方向重复移动几次，最终杂质都被移动集中到一端，钼棒取得高度提纯净化效果，在提纯过程中，被提纯钼棒的晶粒高度定向长大，最终生成单晶。在微小熔化区向前移动时，熔化区的前沿固态金属缓慢熔化，而熔化区后沿的金属同步缓慢凝固，没有坩埚和铸模，液态金属避免了和外界的一切接触污染。

一般金属的黏度在熔点附近最大，过热引起黏度下降，表面张力减小。在区域熔炼时要正确选定电子束的功率（调节 I 和 U），使液态金属的温度处在熔点附近，避免过热。为了保持稳定的熔化区，液体的表面张力与被熔金属的密度比不应当小于100：1，这样，提纯棒料的直径就受到了限制。例如，区域熔炼钼棒的最大直径18～20mm，而钨棒的直径为10～12mm。另外，众所周知，钼的杂质含量对熔点有影响，从而影响它的表面张力。因而，在进行钼的区域熔炼时，要考虑它的杂质含量。

区域熔炼的提纯净化效果与金属杂质的蒸发及气体的挥发有关，此外，杂质在液体和固体中的分配系数更直接决定了区域熔炼的最终效果。图3-72是某一组元与某种杂质的二元相图的示意图，在 T_1、T_2 处，a、b、x、y 代表在固相和液相中的杂质含量。若令 $k = C_s/C_1$，C_s 和 C_1 代表固相和液相中的杂质浓度，k 称分配系数。在图3-72中，$k = a/b$ 和 $k = x/y$。由图看出，如果杂

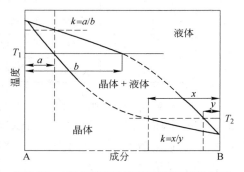

图3-72　区域熔炼的提纯过程原理示意图

质提高基本组元的熔点，则 $k > 1$，反之，则 $k < 1$。在 $k < 1$ 的条件下，大部分杂质都集中在熔融体内，在区域熔炼的过程中，随着熔化区单向移动，大部分杂质都集中在被提纯钼棒的最后结晶端。经过一次区域熔炼以后，杂质沿棒材长度方向上的分布可用下式描述：

$$C_X = C_0 [1 - (1 - k)e^{-k_X/L}]$$

式中，C_X 为自提纯棒的一端到距离为 X 处的杂质浓度；C_0 为起点的杂质浓度；k_X 为分配系数；L 为熔化区域的宽度。

在运用本方程式计算时要设定，k 是常数，固相中不发生扩散，液相中的杂质扩散速度很快，整个熔化区液体内的杂质浓度均匀一致，只有这样，才能得到正确的计算结果。k 值小，提纯净化的效率高。一次提纯不可能达到理想的净化结果，重复提纯几次就能取得高纯度的金属单晶体。

一种钟罩式区域熔炼炉的结构简图绘于图 3-73，真空钟罩压在平台上，装有一台口径大于 140mm 的油扩散泵，它的抽气速率不低于 $1m^3/s$，真空度 $6.65 \times 10^{-3}Pa$。扩散泵的上口装有液氮冷阱，防止扩散泵油进入真空室，避免高纯金属被油污染。电子枪的移动机构是一台变速马达和一根立式丝杆。马达带动丝杆转动，传动副的螺母带着电子枪顺着立柱上下移动，熔化时电子枪由下向上移动。调节电子枪的电流和施加的加速电压，控制电子束的功率。表 3-27 列出了包括钼在内的几种金属区域熔炼需要的功率。区域熔炼的净化效果及金属的烧损总量与熔化区的移动速度有关，钼棒提纯时熔化区的移动速度是 0.42mm/min，直径 10mm 钼棒的总烧损率占炉料的 25%。

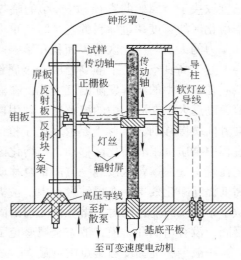

图 3-73　区域熔炼装置简图

表 3-27　几种金属区域熔炼需要的功率

金属	棒料直径/mm	功率/W	熔点/K	金属	棒料直径/mm	功率/W	熔点/K
W	3.2	500	3660	Mo-3.5Re	3.2	180	2823
Re	3.2	320	3440	Fe	6.4	130	1808
Ta	3.2	250	3123	V	6.4	120	1983
Mo	3.2	200	2893	B	3.2	50	2573

区域熔炼炉安装环形电子枪，由于阴极丝与被熔金属棒的距离很近，它很容易受到蒸发的杂质和金属挥发物的污染，阴极电流不稳定，阴极钨丝容易烧断。如果采用阴极罩保护阴极，能避免断丝和阴极污染，区域熔炼炉就能稳定工作。

钼棒历经重复几次区域熔炼以后，杂质含量大大下降，表 3-28 列出了原料钼棒经区域熔炼以后的高纯钼棒的杂质含量。根据表列的光谱分析数据可以判断，端头的碳、锰含量比炉料的高，表明在区域熔炼过程中，原先均匀分布的杂质被带到了棒料端头，确实发生了净化过程。而铁、镍、铜含量的减少是由于它们的蒸汽压高，在真空熔化过程中发生了大量的挥发。

表 3-28　区域熔炼前后钼棒杂质含量的对比　　　　　　　　　　（ $\times 10^{-6}$ ）

杂质	杂质的分布					分析灵敏度
	原料的杂质量	区域的位置				
		A	B	C	端头区	
C	80	35	25	55	85	2
Si	20	25	23	10	20	2
Fe	40	<1	<1	<1	<1	0.5
Cu	40	11	8	11	1	0.4

杂质	原料的 杂质量	杂质的分布				分析灵敏度
		区域的位置				
		A	B	C	端头区	
Cr	10	20	20	< 20	20	10
Mn	—	< 2	< 2	< 2	7	2
Ni	70	< 1	< 1	< 1	< 1	1
Co	10	< 2	2	2	3	1
O	—	≈1	≈1	≈1	≈1	≈1

钼的性能，特别是钼的塑性对间隙杂质的含量很敏感。经过区域熔炼提纯的高纯钼单晶的塑性非常优越，在室温下可以成功地自由锻造，变形量可达 30% ，冷变形量达到90% ，加工产品没有开裂现象。区域提纯后的钼的硬度 HV 是 1420MPa ，自耗电极真空电弧熔炼的铸态钼铸锭的 HV 是 1800MPa 。不同工艺生产的钼的杂质含量区别很大，硬度及其他力学性能自然不会相等。表 3-29 列出了用三种不同方法生产的钼的间隙杂质含量及相关性能。用区域熔炼工艺把未合金化钼提纯成高纯单晶体，它的塑性很好，塑脆性转变温度可降到 – 196℃ ，但强度性能下降严重。用合金化的方法，包括固溶强化或沉淀强化，都可以提高钼单晶的强度，但是，必然伴随有塑性的下降。固溶强化的钼合金系列主要有Mo-W 、Mo-Re 、Mo-Nb 、Mo-Ti 等，以 Mo-20Nb 合金为例，由于铌的固溶强化作用，它的高温强度由 294MPa 升高到 588MPa ，而相对伸长率由 35% 降到 20% 。根据固溶强化理论，它的强化作用大概只能维持到 $(0.3 \sim 0.4) T_{\mathrm{m}}$ （熔点），超过这个温度，固溶强化作用失效，强度会明显下降。如果给钼添加 ZrC 、NbC ，则会发生弥散强化作用，这种强化机制的效能可以维持到更高的温度。表 3-30 列举了未合金化钼的，单一 ZrC 合金化钼的和 NbC加 ZrC 复合合金化的钼的力学性能，从表列数据可以看到，用 NbC 加 ZrC 复合合金化钼单晶 1600℃ 的强度极限提高了近四倍，而屈服强度比未合金化钼提高了近 11 倍。

表 3-29 不同纯度钼的性能

材料及 制造方法	杂质含量(质量分数)/%			拉伸力学性能			硬度 HB /MPa	温度/℃	
	O	H	N	σ_{b}/MPa	δ/%	ψ/%		开始再结晶	塑脆性转变点
烧结钼条	0.02	—	0.04	590 ~ 980	—	—	1470 ~ 1960	1250 ~ 1390	300
两次真空电 弧重熔钼锭	0.003	0.003	0.001	560	28.96	0.1	1660 ~ 1960	950 ~ 1050	25
区域熔炼钼	0.0008	0.0004	0.0006	304	10 ~ 15	100	1568 ~ 1660	650	– 196

表 3-30 未合金化钼及钼合金单晶的力学性能

单晶种类及成分	温度/℃	σ_{b}/MPa	$\sigma_{0.2}$/MPa	δ/%	ψ/%
未合金化钼	20	412	392	27.5	100
	1600	15.8	4.9	82.8	100
Mo-0.11Zr-0.01C	20	370	268	22.5	90
	1400	81.4	68.6	24.3	100
	1600	63.8	58.8	46.0	100
Mo-1.8Nb-0.11Zr-0.1C	20	373	255	27.0	90
	1600	70.6	58.8	47.0	100

3.8　钼的电渣熔炼

电渣熔炼工艺在合金钢熔炼及电渣焊方面是一种很成熟的工艺。而钼的电渣熔炼工艺尚处于实验研究阶段，在实际生产中应用较少，现在只做非常简单的介绍。

钼的真空自耗电极电弧熔炼和电子束熔炼的热源分别是电弧热和电子束撞击时的动能转化成的热，而钼的电渣熔炼的热源是电渣导电产生的欧姆热。固体电渣加热熔化成液体并离子化，离子化的电渣通过大电流时产生的热量可以把熔渣的温度升高到超过钼的熔点，处于熔渣中的钼就会熔化，熔化成液体的钼在重力和表面张力的作用下形成液滴并向下落入水冷铜结晶器，随即凝固结晶成钼锭。

图 3-74 为钼的电渣熔炼炉的全貌，图 3-75 为电渣熔炼炉的熔池结构示意图。钼的电渣熔炼炉的结构类似真空自耗电极电弧炉。电极送进机构控制住自耗电极，用不同的速度把电极向下喂入电渣层，在高温电渣层内金属钼熔化。熔化的金属钼液滴流经电渣层以后落入水冷铜结晶器。电渣炉的电流经过的回路是：电源→电极上卡头→自耗电极→电渣→熔池→钼铸锭→结晶器→电源。

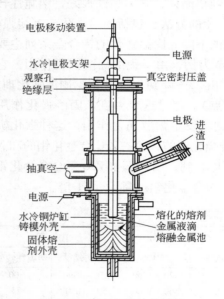

图 3-74　真空电渣炉的结构

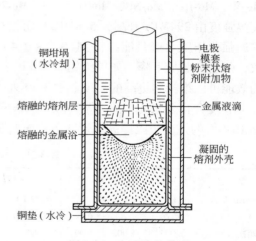

图 3-75　电渣炉的熔池

电渣熔炼炉的启动和操作过程包括，在启动以前把钼屑和小钼粒放在结晶器的底垫上，自耗电极和底垫上的碎钼料连通，同时用干燥电渣料把电极下端头、钼屑、钼粒埋好，在熔炼开始时，自耗电极和垫料之间通电，并发生电弧放电，干燥的粉末电渣料会把电弧熄灭。通电 1～2min 以后，电渣粉料全面熔化，随后电压会升高，这样，渣体的温度增幅要远大于液体金属的增幅，电极开始不断熔化。根据工艺需要，可以从进渣口向炉内不断添加电渣粉料。自耗电极在渣池内不断连续熔化，液体金属汇集在水冷铜结晶器内，形成熔池并结晶成钼锭。在熔化结晶过程中，和水冷铜结晶器内壁接触的液体电渣熔体首先凝结成一个渣套，钼锭实际上在渣套内结晶，因此，钼锭的表面光滑度很高。在熔化将近结束时，可逐渐降低电流、电压，为铸锭补缩，相当于在钼锭顶部加一个热冒口，可以消除或减少钼锭的中心缩孔。

在电渣熔炼过程中，电渣除了提供熔化热源以外，还把液体金属和环境隔离，保护液态金属免受环境污染，消除钼的氧化反应。结晶器内表面的渣套把钼锭和结晶器隔开，对熔融金属起过滤净化作用。

熔融电渣的提纯净化作用，金属液滴在流经电渣层的过程中，液滴表面和电渣之间发生化学反应，同时伴有杂质的扩散过程，金属液体在这一过程中产生了净化作用。显然，液滴的直径越小，总表面积越大，净化效果越好。金属的密度及金属液滴和电渣熔体之间的浸润性控制液滴大小。液体金属中的低熔点金属杂质，非金属及气体杂质部分或全部被除去。低沸点杂质通过蒸发净化，而气体在电渣中的溶解度大于在金属中的溶解度，在金属液滴流经过电渣时，气体都被电渣吸收。比重小的杂质漂浮在渣层上面，比重大的金属钼下沉，最终金属和杂质自然分离。

电渣熔炼用的渣料必须具备如下特性：（1）熔化潜热低，熔化时吸收的热量少，便于熔化。（2）熔点接近或略低于被熔金属的熔点。（3）电渣的化学稳定性要高，不与熔融金属发生化学反应。（4）密度比熔融金属的低，始终保证浮在熔融金属的上面。（5）电渣的饱和蒸汽压要低，防止在高温下电渣发生挥发，特别要避免在高温高真空条件下电渣的过度挥发。（6）最重要的要求是，电渣必须能有效的脱除金属中的杂质，保证在电渣熔炼过程中能使金属达到高度的净化效果。

钼在进行电渣熔炼时，用氧化钇做熔炼电渣，它能满足钼的熔炼工艺对电渣的技术要求。在用电渣熔炼工艺生产钼锭时，液态钼实际上是在电渣壳内凝固结晶，由于渣壳的绝热作用，降低了液态钼的冷却速度，结晶缓慢，钼锭的晶粒细小，没有严重的柱状晶，提高了钼锭的热加工性能。电渣熔炼生产的钼锭可在 600℃ 以下加工成形，它的再结晶温度在 600℃ 以上，在低温下加工，可以保持钼的加工硬化效果，能得到细晶粒钼材，可以保证钼材的强度和塑性有最佳综合性能。

研究实践表明，用三氧化二钇做熔渣，添加钇和碳做脱氧剂炼出直径 89mm 的钼锭，这种钼锭具有良好的可锻性。加热 500℃，可用 500t 压力机进行顶锻和侧锻。顶锻压下量达 50%，此时锻坯硬度达到 RHA 55 ~ 63。在进行 1600℃/1h 再结晶退火以后，锻坯硬度降到 RHA 45 ~ 49。随后在室温：300℃、400℃、500℃进行第二次锻造，在这几个温度下都顺利锻成厚 12.7mm 板坯。板坯退火以后，在 200~500℃ 范围内进行轧制，压下量 10% ~ 50%，最佳轧制温度是 300℃，开坯压下量 20% 效果最好。最终板厚 1.524mm，由 12.7mm 到 1.524mm，总压下量 90%。在初轧以后不必进行中间加热，可继续进行多道次轧制，这表明在轧制过程中钼板的冷作硬化程度适中，板材的温度始终处于塑脆性转变温度（DBTT）以上。在这样低的温度下进行锻造和轧制，钼锭不会产生三氧化钼，可以不用高温炉，经济上非常有利。

图 3-76 是用电渣熔炼钼锭和真空自耗电极电弧熔炼钼锭轧成厚 1.524mm 钼板的塑脆性转变温度

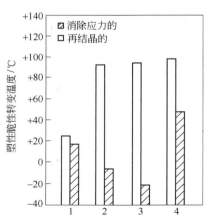

图 3-76　电渣熔炼和电弧熔炼
钼板的塑脆性转变温度[11]

（DBTT）的对比。判定标准是允许弯曲 90°不发生破裂的最低温度定为塑脆性转变温度
（DBTT），允许回弹 5°。图中数据表明，再结晶的和消除应力退火的电渣钼板的塑脆性转变温度（DBTT）、都比真空自耗电极电弧熔炼的低，含碳高的电渣钼板不管在再结晶状态，还是在消除应力退火状态的塑脆性转变温度（DBTT）都低于室温，（图中的 1 号）因而它们可以在室温加工。而电弧熔炼的板材在这两种热处理状态下的塑脆性转变温度（DBTT）都高于室温，这表明该种钼板需加热加工。含钇高的电渣熔炼出的钼板在再结晶状态下的塑脆性转变温度（DBTT）和电弧熔炼板的一样。图中的横坐标 1、2、3 和 4 分别代表含碳、氧和钇高的电渣熔炼钼板以及杂质含量低的真空自耗电极电弧熔炼的钼板。

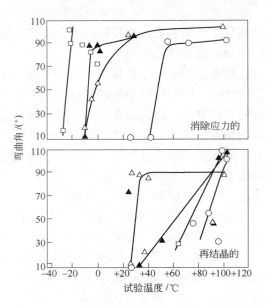

图 3-77　电渣和电弧熔炼钼板的弯曲角与温度的关系
▲—氧含量高的电渣钼板；○—杂质含量低的真空
自耗电极电弧熔炼的钼板；△—碳含量高的电渣
钼板；□—钇含量高的电渣钼板

图 3-77 是电渣熔炼的不同钼板的弯曲角与温度的关系，由图可以看出，不同钼板在不同温度下的变形量都较大，不同钼板的塑脆性转变温度（DBTT）之间有分散性，分散的原因在于各合金铸锭的成分不同，内部存在有不同的弥散第二相。

用三个不同含碳、钇和氧的电渣钼锭与真空自耗电极电弧熔炼的钼锭轧制的板材进行了拉伸试验，其结果列于表 3-31。

表 3-31　用电渣和电弧熔炼钼锭轧制的厚 1.524mm 钼板的拉伸性能

熔炼方法及主要杂质	热处理状态	实验温度/℃	拉伸强度极限/MPa	0.2% 名义屈服强度/MPa	伸长率/%
电渣熔炼，主要含杂质碳	消除应力退火	室温	827	765	45
	消除应力退火	200	655	600	44
	消除应力退火	600	593	524	40
	消除应力退火	1000	372	324	56
	消除应力退火	1400	48	41	75
	再结晶	室温	524	359	38
	再结晶	200	331	97	65
	再结晶	600	248	76	68
	再结晶	1000	166	72	74
	再结晶	1400	48	41	78
	再结晶	1600	55	41	73
	再结晶	2000	21	14	49

熔炼方法及主要杂质	热处理状态	实验温度/℃	拉伸强度极限/MPa	0.2%名义屈服强度/MPa	伸长率/%
电渣熔炼，主要含有杂质钇	消除应力退火	室温	848	745	37
	消除应力退火	200	676	593	42
	消除应力退火	600	593	524	29
	消除应力退火	1000	248	197	60
	消除应力退火	1400	48	41	68
	再结晶	室温	234	—	—
	再结晶	200	296	66	70
	再结晶	600	186	55	62
	再结晶	1000	97	45	60
	再结晶	1400	55	41	42
	再结晶	1600	55	38	45
	再结晶	2000	14	24	36
电渣熔炼，未加脱氧剂，主要含杂质氧	消除应力退火	室温	848	703	26
	消除应力退火	200	503	589	42
	消除应力退火	600	586	517	39
	消除应力退火	1000	431	372	38
	消除应力退火	1400	97	97	64
	再结晶	室温	303	283	2
	再结晶	200	303	83	65
	再结晶	600	272	59	62
	再结晶	1000	162	48	57
	再结晶	1400	66	41	36
	再结晶	1600	66	35	37
	再结晶	2000	35	21	39
真空电弧熔炼	消除应力退火	室温	703	662	49
	消除应力退火	200	527	448	14
	消除应力退火	600	448	407	9
	消除应力退火	1000	345	310	11
	消除应力退火	1400	48	41	14
	再结晶	室温	379	296	
	再结晶	200	303	83	
	再结晶	600	221	68	
	再结晶	1000	117	55	
	再结晶	1400	55	41	
	再结晶	1600	48	41	
	再结晶	2000	21	21	

拉伸试样的拉伸轴平行于轧制方向，室温和高温拉伸速率为1.27mm/min。在室温到600℃范围内，碳、氧和钇对拉伸性能的影响不大，超过1000℃以后对性能才有明显的影响。电渣钼板的抗拉强度比电弧钼板的高124MPa。两种熔炼工艺生产的钼板材性能差异的原因，归根结底还是成分和组织结构的不同，特别是钇起更重要的作用。

参 考 文 献

[1] 戴荣通. 真空技术[M]. 北京：电子工业出版社，1986.

[2] A. Roth. 真空技术[M]. 真空技术翻译组译. 北京：机械工业出版社，1980.

[3] 戴永年，赵忠. 真空冶金[M]. 北京：冶金工业出版社，1988.

[4] 戴永年，相斌. 有色金属材料的真空冶金[M]. 北京：冶金工业出版社，2000.

[5] 何德孚. 焊接与连接工程学导论[M]. 上海：上海交通大学出版社，1998.

[6] 姜焕中. 电弧焊与电渣焊[M]. 北京：机械工业出版社，1995.

[7] 顾德骥，等译. 真空熔炼译文集[M]. 上海：上海科学技术出版社，1962.

[8] M. B. 马尔采夫，等著. 难熔金属和硬质合金的真空冶金[M]. 李休山译. 北京：冶金工业出版社，1986.

[9] H. H. 莫尔古洛娃. 钼合金[M]. 徐克玷，王勤译. 北京：冶金工业出版社，1984.

[10] 冶金部钢铁研究总院. Mo-0.5Ti 的半工业真空电弧熔炼[J]. 钢研总院. 难熔金属文集，1974.

[11] C. K. Gupta, Extractive Metallurgy of Molybdenum[M]. CRC, 1992.

[12] V. Glebovskii, et al. Macrostructure and plasticity of Molybdenum [J]. High-Temperatures-High-Pressures 1986, 18: 453-458.

[13] A. K. НАТАНСОНА. МОЛИБДЕН[M]. МОСКВА Металлургия, 1962.

4 钼的热加工变形

4.1 加热炉

钼和钼合金是一种难变形材料，它的熔点高达 $2620 \pm 10℃$，在高温空气中它和氧发生反应 $2Mo + 3O_2 \rightarrow 2MoO_3 \uparrow$，三氧化钼是气态产物，它生成以后立刻升华挥发。因此，钼及钼合金加热炉既要能达到足够高的温度，又要防止钼的氧化。

4.1.1 煤炉

直接烧煤，把钼工件埋在煤内，或用土反射炉加热，钼工件放在加热室内。这类加热炉结构简单，造价低廉，操作方便，控制鼓风机的风量，炉温可以调节控制在 950～1250℃ 范围内。可锻造钼坯直径在 40～50mm 以内，直径不超过 100mm 的钼工件可以用土煤气反射炉加热。

用煤炉或土煤气炉加热烧结粉末钼坯已有很多成功经验，这类加热炉在加热过程中用鼓风机供氧，炉内气体流速较快，钼的氧化烧损严重，较大的工件可达到 5%～6%。除氧化烧损严重以外，另一个问题就是工件的表面沾污，钼坯表面氧化生成的三氧化钼的熔点是 795℃，表面形成一层黏滑的三氧化钼液体膜，煤灰及燃烧挥发物粘在钼坯表面，如不及时清除，在热变形时就会嵌入钼锻件表面。因此，在用这类加热炉加热钼坯时，可以在炉内先放置一根或多根带底钢管，钢管另一端有活动盖板，坯料放在管内加热。采用这种加热方法，可以得到很好的加热效果，钼的氧化烧损可降到 1%～2%，并可以避免表面严重沾污。

4.1.2 马弗套加热炉

电炉加热，发热体有 SiC 棒或 $MoSi_2$ 棒，SiC 炉的短时最高温度可达到 1350℃，$MoSi_2$ 加热炉的短时最高温度可达到 1550℃。用这两种加热炉直接加热钼坯，钼坯是放在高温空气中，钼坯的热加工温度一般在 900～1350℃，全流程一般需要 4～5h，一个产品加工的全流程中钼的最高氧化烧损率能达到 6%～7%。

用普通电炉加热钼坯时，若在炉内附装一个马弗套，马弗套的宽度及高度尺寸和炉膛的基本一样，长度比炉膛长约 200～250mm，马弗套的门伸在炉口外面。钼坯料置于套内加热，把氢气、氩气、或氮气按合适的流量送入马弗套，坯料在中性气氛或还原性气氛中加热，这就完全避免了钼坯在加热过程中发生的氧化反应。实践证明，用这种方法加热，钼坯在一个热加工的全流程内的烧损率能降到 1% 以下。

采用马弗套加热必须要妥善的解决马弗套的制造及选材两大难题。钼材常用的最高热加工温度大约在 900～1350℃ 范围内，一般金属材料在这么高的温度下都散失了抗氧化性和强度，不能用普通不锈钢做马弗套，它的使用寿命太短，通常必须选用耐高温抗氧化的耐热材料，例如，25～20、GH5K 等。这些材料的价格偏高，加工制造有一定的技术难度，要采用钨极氩弧焊，必须保证焊缝没有裂纹，要有严格的气密性，气体不能渗漏。如果发生氢气泄漏，有可能引起爆炸。因此，通氢的马弗套在制造好以后，整体浸入水中，再向套内输入高压气体检验焊缝的气密性。偶尔也可用 SiC 陶瓷材料做马弗套，需要注意，SiC 的耐热性比任何一种常用的金属材料都优越，但是易碎，抗机械撞击能力差，在装钼坯料或取出坯料时极易把陶瓷套砸裂。另外，陶瓷材料抗急冷急热性不好，在升温过程中容易炸裂，因而升温速度要慢，它的导热性能比金属材料差，置于马弗套内的钼锭升温速度慢，套内温度比炉温约低 70℃，在保温 5～6h 以后炉温和套内工件温度才能达到平衡。图 4-1 是一台大型马弗套（25～20）加热电炉，用这台加热炉加热大尺寸钼板坯，顺利轧成厚 3～15mm 的钼板。

图 4-1   热轧钼板用的马弗套加热炉

4.1.3 燃油炉和燃气炉

燃油炉和燃气炉的燃料包括发生炉煤气、水煤气、焦炉煤气、天然气、液化石油气、重油以及轻柴油等。在氧供应充足的条件下，这些燃料完全充分燃烧，适时炉气中含有 CO_2、H_2O（蒸汽）、SO_2、N_2 及微量的 O_2 等。这些炉气成分在高温下对钼有氧化作用。若供氧不足，燃气，燃油不能完全燃烧，炉气的组成成分有 CO、H_2、CH_4 及 C_mH_n（碳氢化合物），炉气属于还原性气氛或中性气氛。对钼坯有一定的保护作用，可减少钼的氧化损失。因此，在用燃气炉和燃油炉加热钼坯时，最好把燃烧气氛控制在还原状态。

大型工业燃油炉和燃气炉的燃烧过程可分为两个阶段，第一阶段，空气供应量偏低，使燃料处于不完全燃烧状态，炉气含有大量的 H_2、CO，如果体积分数 CO：CO_2 >（3.35～3.54），H_2：H_2O >（1.22～1.35）。钼坯在这种气氛中可以加热到 1200～1300℃ 不会发生严重氧化。但是，在这个加热阶段，由于大量 H_2 和 CO 的化学热能没有充分释放出来，炉温大约只能升到 1000～1100℃。加大鼓风量，燃烧进入第二阶段，燃料完全燃烧，炉温提高到最佳工艺温度。按照这个原理制造了各种敞焰无氧化加热炉，在一个炉膛内有完全燃烧和不完全燃烧两种燃烧区域。加热坯料放在炉底不完全燃烧区域，炉膛上部是完全燃烧的高温区，通过辐射传热，上部加热下部，提高炉底的温度。图 4-2 和图 4-3 是这类加热炉的示意图。

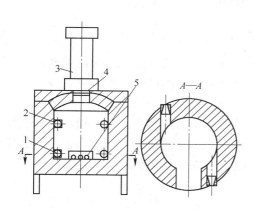

图4-2　圆炉膛二次分层燃烧敞焰无氧化炉
1——一次喷嘴；2——二次喷嘴；3——预热室；
4——闸门；5——工件

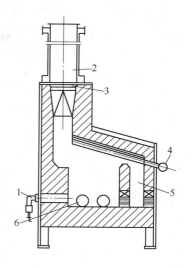

图4-3　斜顶二次分层加热敞焰炉
1——一次喷嘴；2——预热室；3——闸门；
4——二次喷嘴；5——垂直通道；6——工件

图4-2是圆形炉膛分层二次燃烧炉，燃料及一次鼓风由喷嘴1在加热炉底向圆周切线方向喷出，进行一次贫氧燃烧，调节空气流量改变燃烧产物中的 CO_2/CO 以及 H_2/H_2O 比。随着燃料及空气的不断喷入，燃烧产物由外围向中心旋转，并逐步上升。在炉底形成均匀的保护气体，保护放在炉底的坯料不被氧化。一次燃烧产物上升到一定高度和二次喷嘴喷出的二次空气相遇，随即发生强烈的二次完全燃烧，二次喷嘴以上的炉膛空间成了二次燃烧室，温度可上升到 1400~1450℃。通过辐射传热，大量的热量传到炉底，可把坯料加热到设定的工艺温度。二次燃烧产物放出热量以后变成烟气，它由圆筒形预热室3中央排出，而低温燃料和新空气由圆筒外面流入，和烟气进行热交换，自身预热到 300~400℃。烟气流出速度约为 1~2m/s，而空气和燃气的流入速度可达到 10~15m/s。

图4-3是斜顶二次分层敞焰无氧化燃烧加热炉，燃气及空气由一次喷嘴1喷入，进行一次贫氧不完全燃烧。燃烧产物中的大量还原性气体或中性气体保护加工坯料不被氧化。二次空气由二次喷嘴4喷入，借助它的引流作用，把一次燃烧产物通过垂直通道引到炉顶进行二次燃烧，燃烧产生的热量辐射到炉底加热坯料。烟气经过闸门进入预热室2，入炉的燃料与新空气在预热室与烟气进行热交换，随后烟气排出，预热升温的燃气进入炉膛。表4-1列出了常用燃料的热值及无氧化燃烧时的一次空气消耗系数。

表4-1　燃料的热值及无氧化燃烧的一次空气消耗系数

燃 料 名 称	低发热值/kJ·m^{-3}	空气消耗系数
发生炉煤气	5655	0.1~0.2
水煤气	10473	0.3
焦炉煤气	16756	0.45
天然气	35188	0.5
液化石油气	118465	0.5~0.6
柴　油	41890（kJ/kg）	0.5~0.6

工厂现有的敞焰无氧化加热炉都是通用加热设备，不是为钼的热加工建造的专用炉，但是，这类加热炉的无氧或微氧气氛正好适用加热钼和钼合金坯料，因此，不需要进行改造就可以直接应用，加热温度可以满足钼的各种热加工变形操作。

4.1.4　浴池炉及玻璃炉

用熔盐或熔融玻璃做加热介质的加热炉统称浴池炉或盐炉。最普通的热处理常用盐浴炉用 $BaCl_2$ 做加热介质，盐被电阻元件加热直到熔化。加热坯料沉入盐浴炉底，工件和空气隔绝，加热坯料不会被氧化。

玻璃加热炉是盐浴加热炉的一个分支，用熔融玻璃做加热介质。由于钼具有特别好的抗高温熔融玻璃腐蚀性，钼坯在熔融玻璃中加热，它的抗腐蚀稳定性特别高，既不会和玻璃发生化学反应，又不与空气接触发生氧化。因此，用玻璃炉加热钼坯料是加热工艺的较好选择。

玻璃浴炉的原料是碎玻璃，清洗挑选以后把它们放入加热炉的炉槽内，用煤气或燃油加热使其熔融成浴池。炉体的高温加热空间热量辐射加热浴池表面，通过热传导加热埋在浴池底部的钼坯料。由于玻璃熔体的导热系数小，传热速度慢，表面吸收的辐射热很难快速加热钼坯料。通常加一台搅拌翻料机构，在加热过程中该机构旋转翻料同时搅动玻璃液，搅拌翻料机推动加热坯向前移动，从槽底高端向低端出料口前进，见图4-4，这种加热炉是依靠外部热源加热熔化玻璃，俗称外热式加热炉。在加热过程中，推料机 7 把加热坯料推进预热室，再进入浴池 3，翻料机 2 翻料搅动玻璃液，推料机 7 同时向前推料，使浴池上下温度均匀。

玻璃加热炉的加热温度可以到 1300～1400℃，自浴池表面离开的炉气温度高达1300℃，为了充分利用炉气的热量，把热气引入预热室，给坯料预加热，一般坯料的预热温度可以达到 600～650℃，而钼坯的预热温度控制在 500℃ 以下，因为超过 500℃，坯料将会发生严重氧化挥发。

外热式玻璃浴炉的热效率较低，除一小部分热量用来加热玻璃熔体以外，其余热量都无效损耗。为了克服这种弊端，设计制造了内加热玻璃浴炉，它的加热效率高，见图4-5。这种加热炉的加热原理在于玻璃熔体在高温下具有导电能力，当电流通过它时，依靠它本身的电阻产生的焦耳热提升玻璃浴池的温度并加热坯料。加热坯料的热量由玻璃熔体内部产生，加热效率可达到 90%。

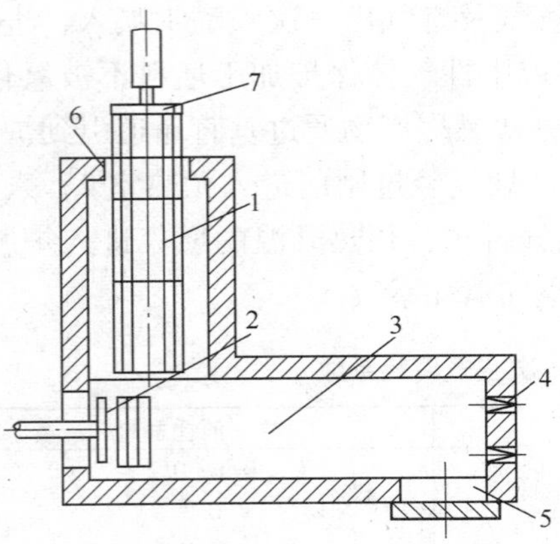

图 4-4　外热式玻璃浴炉

1—工件；2—翻料机；3—玻璃浴池；4—烧嘴；

5—出料口；6—装料口；7—推料机

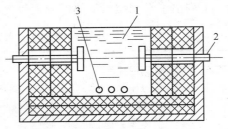

图 4-5　内热式玻璃浴炉

1—玻璃熔体；2—供电钼电极；3—被加热钼工件

玻璃浴池的温度可以达到 1350~1450℃。这种加热炉的启动过程包括：把碎玻璃填满砌筑好的大坩埚池炉，因固体玻璃体不导电，必须用外热源，如 SiC 棒加热元件，加热碎玻璃体，使温度达到 900~950℃，这时的玻璃体已具有导电能力，通过钼电极把电能输入给玻璃体，促使玻璃体升温熔化，随着温度升高，玻璃熔体的导电性增加，逐渐降低电压，调整加热功率，直到玻璃熔体的温度达到加热坯料设定的工艺温度。

玻璃浴炉用自动控制系统调节输入功率，可以精确地控制加热温度，温度可调范围 1050~1450℃，最高可达到 1500℃。最高温度与选用的玻璃成分有关，一般碱金属氧化物含量高的玻璃（钠钙玻璃）允许最高加热温度低，而硼硅酸盐玻璃允许最高加热温度高。炉温用热电偶直接测量，温度波动可以控制在 ±(1~2)℃。升温速度可以任意调节，比一般常规加热炉的升温速度快。

玻璃浴炉的筑炉材料选用 AZS33 和 AZS41 号刚玉砖，这两种耐火材料抗熔融玻璃的侵蚀性特好。炉外保温层用硅酸铝纤维毡。砌筑合适的炉盖，以便装料和出料。

用内热式加热炉加热钼坯料时，要注意坯料在炉内放置的方向，长度方向保持和电流方向垂直，短尺度方向和电流方向平行，避免电流直接经过坯料造成供电电极之间的亚短路，电流超常增大，浴池温度反而会下降。

用玻璃浴炉加热的钼坯单重不宜超过 10kg，坯料过重，出料时从炉内捞出坯料比较困难。在研发新材料时，做大批量的小试件加热，特别适宜采用玻璃浴炉。坯料从炉内捞出时表面粘有一层玻璃，这层玻璃正好保护钼在热加工过程中避免氧化。

4.1.5 保护气氛电阻加热炉

通常的保护气体有还原性气体，如 H_2、CO；惰性气体，例如 He、Ar；中性气体，如 N_2 等。钼坯料在这些气氛中加热，不会发生氧化作用。这种加热炉常用熔点很高的难熔金属钨，钼做发热体，加热炉的最高加热温度可达 1600℃。经常用的发热体有钼（钨）丝和钼（钨）棒。

表 4-2 给出了钼的电阻率与温度的关系，选择用钼做发热体就是利用它的高熔点和良好的电特性，由表列数据看出，钼在 2200K 时的电阻率是室温的 10 倍。在低温条件下，钼丝炉的电流对电压很敏感，电压微小的波动会引起电流大幅度的变化。

表 4-2 不同温度钼的电阻率

温度/K	电阻率/$\mu\Omega \cdot cm$	温度/K	电阻率/$\mu\Omega \cdot cm$	温度/K	电阻率/$\mu\Omega \cdot cm$
273	5.14	1200	29.5	2400	65.5
300	5.78	1400	35.2	2600	71.8
400	8.15	1600	41.1	2800	78.2
600	13.2	1800	47.9	2895	81.4
800	18.6	2000	55.1		
1000	23.9	2200	59.2		

钼丝炉的一般做法是，用直径 1.0mm 或 1.5mm 的两根或多根细钼丝拧成一根钼丝束，把它缠绕在高纯的电熔氧化铝刚玉管上，电熔刚玉管的纯度和制造质量是决定加热炉使用寿命的最关键因素。这类钼丝炉的长期使用最高加热温度可达 1500~1550℃，由于钼丝是

直接缠绕在炉管上，发热体本身温度比炉温要高出 100 ~ 150℃。如果炉温太高，和钼丝直接接触的刚玉管可能局部熔化，熔化了的刚玉会和钼丝发生化学反应，导致钼丝熔断，加热炉报废。这种破坏现象是钼丝炉非正常报废的最主要原因。

除用钼丝做发热体以外，还可以用钼棒做发热体，做成钼棒加热炉。这种加热炉都采用砌筑式结构，炉膛材料都是高纯三氧化二铝刚玉砖。炉砖内侧预先加工成放置钼棒的沟槽，也可以不带沟槽，发热体钼棒通常是用特定的方法排在炉膛内侧壁，钼棒与耐火砖分开，不直接接触。这样可以避免发热体和耐火材料之间的不正常的化学反应，延长发热体的使用寿命。发热体选用旋锻钼棒，直径一般为 8 ~ 10mm，由于钼棒的室温电阻率很低，在选择发热体的直径时就必须考虑到它的总长度，如果总长度太短，启动电阻太小。即使启动电压很低，启动电流也会太大，会给加热变压器的制造增添不少困难。每根发热体都做成"U"形，各"U"形之间用钼螺栓连接，构成一根很长的棒状发热体。实践使用的成功经验证明，这种加热炉的最大炉膛可以做到 300mm×400mm×1800mm(高×宽×长)。

钼丝炉的发热体缠绕在刚玉管外面，管壁本身起到一层隔热屏蔽作用。而钼棒发热体排挂在炉膛内部直接加热坯料，加热效率比钼丝炉的高，在同样炉温下，钼棒发热体本身的温度比钼丝的低。另外，再考虑钼棒发热体不和耐火砖直接接触，最高加热温度可以比钼丝炉的高，能达到 1550 ~ 1600℃。在使用过程中如果发热体发生非正常断裂，可以单独更换发热体、不需要折炉。

钼丝加热炉和钼棒加热炉都必须用保护气体，既要保护加热钼坯料，又要保护发热体。最常用的保护气体是氢气，在中温范围内也可以用氮气保护。在用氢气保护的情况下，必须掌握氢气的安全使用技术，升温开始前必须坚持用氮气排炉内空气，再用氢气排氮气。通电之前一定要做"爆鸣"检验，确认炉膛已充满氢气，才可以通电升温，这样，绝不会发生氢气加热炉爆炸事故。

这种热加工加热炉，在使用过程中肯定要在 1200 ~ 1600℃范围内频繁开关炉门，取出和装入坯料，这时要严格防止冷空气进入炉膛，造成发热体和坯料氧化，缩短加热炉的使用寿命。

4.1.6 感应加热炉

导体受交变磁场作用，它内部就产生感应电势，在回路中就有感生电流，这就是感应加热的理论基础。图 4-6 是感应加热的原理图。毛坯料置于感应圈内，感应圈经常用空心紫铜管绕制，管内可以通冷却水。给感应圈两端施加高频或中频交变电压 U，它内部就通过交变电流 I_1，同时产生交变磁场，毛坯料切割磁力线便产生感应电动势，由于电动势的存在，毛坯就产生涡流 I_2，它的方向与电源电流的方向相反。当涡流通过毛坯料时，它自己就产生焦耳热，即可原位加热钼坯料。

在涡流通过毛坯时，电流在毛坯横截面上的分布不均匀，有"集肤效应"，即表面

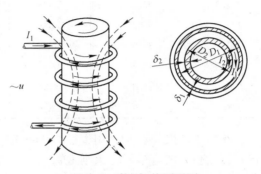

图 4-6 感应加热原理图

电流密度最大，中心电流密度可趋于零，毛坯径向电流密度的分布符合下式指数规律，

$$J_x = J_M e^{-x/\delta}$$

式中，J_x 为径向深度 x 处的电流密度幅值，A/cm^2；J_M 为表面电流幅值，A/cm^2；x 为径向深度，cm；δ 为电流透入深度，cm。透入深度值的概念是表示表面一个薄层的厚度，电流在此薄层内通导的电流密度是均匀的，它的等效值是 $J_M/\sqrt{2}$，在薄层以外的坯料截面上认为几乎没有电流通过。薄层内电流产生的焦耳热量和整个坯料断面上实际电流产生的热量基本相等。δ 层厚可用下式求出：

$$\delta = \sqrt{\frac{2\mu}{\omega\mu_0\mu}} = 5030\sqrt{\frac{\rho}{\mu f}}$$

式中，ω 为角频率，$Hz(\omega = 2\pi f)$；f 为电流频率，Hz；ρ 为坯料的电阻系数；μ_0 为真空导磁系数，$H/cm(\mu_0 = 4\pi \times 10^{-9})$；$\mu$ 为金属的相对导磁系数，温度低于磁性点，磁性材料的相对导磁系数是一个变量，超过磁性点，与非磁性材料一样，$\mu = 1$。因此，在高温下，δ 只与 $f^{1/2}$ 成反比，与 ρ 成正比。

由于集肤效应的存在，毛坯中心与表面必然存在有温差，即使延长保温时间，这种温差也很难消除。按钼坯的热加工工艺要求，这种温差越小越好。在给定的加热时间内，f 值越高，δ 越薄，要想坯料表面与中心温差达到最佳水平，坯料的截面尺寸要小一些，如果 f 值小一些，δ 层变厚，坯料的截面尺寸可相应加大。坯料表面与中心温差用下式表示：

$$T_{表} - T_{心} = \frac{1}{2}\left(R - \frac{\delta}{2}\right) \cdot \frac{p_\eta}{\lambda}$$

$$T_{表} - T_{心} = \frac{1}{4}(h_2 - \delta_2) \cdot \frac{p_\eta}{\lambda}$$

式中，p_η 为单位表面有效输入功率，$J/(s \cdot cm^2)$；λ 为坯料的导热系数，$J/(s \cdot cm \cdot ℃)$；δ 为透入深度，cm；R 为圆坯料的半径，cm；h 为方坯料的厚度，cm。完全可以理解，在有效表面输入功率高的情况下，导热系数小，传热速度慢，透热深度浅，中心和表面温差大。反之，温差就小。

感应加热炉的总效率由炉体和供电设备的效率决定，电流的频率高，电效率就高，随着频率的提高，最终电效率趋于一个极限值。加热炉炉体的热效率取决于炉体的保温和冷却散热特点。保温性能越好，冷却水带走的热量越少，加热炉的热效率越高。影响效率的另外一个因素是坯料直径与电流透入深度的比值 R/δ，若 R/δ 大，表面热量通过坯料的热传导作用向中心传输，加热坯料中心，使表里温度一致，达到工艺温度要求消耗的时间就长，向周围介质散热的数量增加，热效率降低。通常圆柱形坯料的 R/δ 取 $3 \sim 6$，扁坯料的 h/δ 取 2.5 是比较合适的。

电流频率的选择受热效率和电效率控制，表 4-3 给出了电频率选择的范围。若选用 1000Hz 供电设备加热钢坯料，它的直径范围 $50 \sim 120mm$，最佳直径 62mm，由于钼的导热系数比钢的高，钼坯的最佳直径比钢的大。一般感应加热的总效率可以达到 $60\% \sim 65\%$。

表 4-3   感应加热电频率的选择范围

毛坯形状	频率 f 的选择范围/Hz	最佳频率/Hz
圆柱形	$\dfrac{3 \times 10^8 \rho}{\mu D^2} < f < \dfrac{6 \times 10^8 \rho}{\mu D^2}$	$f \approx \dfrac{3.1 \times 10^8 \rho}{\mu h^2}$
扁 形	$\dfrac{10^8 \rho}{\mu h^2} < f < \dfrac{6.25 \times 10^8 \rho}{\mu h^2}$	$f \approx \dfrac{1.6 \times 10^8 \rho}{\mu h^2}$

感应加热炉的最大优点是加热速度快，在毛坯材料，加热温度，坯料尺寸及内外温差确定以后，用不同频率加热圆柱形毛坯需要的最短加热时间 $t_{\min}$ 可用下式近似计算：

$$t_{\min} = K \left(R - \frac{\delta}{2} \right)^2$$

式中的 K 是与坯料表面与中心温差有关的系数，最终温度为 1250℃ 的 K 值列于表4-4，可以根据该式估算出最短加热时间。

表 4-4   计算最短加热时间的 K 值

温差（$T_表 - T_心$）/℃	20	30	40	50	75	100	125	150	175	200
K 值	70	55	46	40.2	30.2	26.2	22.4	18.7	16.6	15.1

感应加热炉包括有供电设备，中频发电机组和可控硅变频器，与感应烧结炉类似。加热炉炉体有三种结构：（1）循序式加热，坯料由炉膛一端装入，另一端出料。（2）周期式加热炉，每炉加装一定数量的坯料，加热到工艺温度后一次出料，而后再装料，周而复始的装料出料。（3）连续加热炉，加热长杆件，工件连续向前推进，在推进过程中加热。三种感应加热炉的结构示意图如图4-7所示。钼坯加热用周期式加热炉见图4-7(b)，很少用如图4-7(a)、(c)形式，每炉最多装两个坯料。由于感应炉的轴向高温段较短，高温

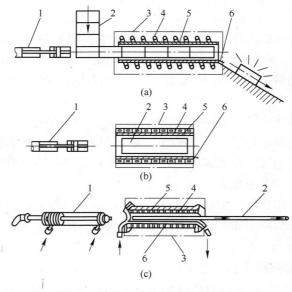

图 4-7   感应加热炉的三种基本类型

（a）循序式；（b）周期式；（c）连续式

1—推料装置；2—加热坯料；3—保护外壳；4—感应圈；5—绝热管及绝热衬套；6—导轨

区内只能容纳两个坯料，不能连续进行加工操作，只能单件加工，每个坯料加工以后要停很长时间，等待下一个坯料升温保温，总加工效率很低，在钨钼热加工领域感应加热工艺受到了限制。坯料温度用光学高温计测量，测温误差较大。炉内衬管是高纯氧化铝管，钼坯料放在管内加热，炉管通氮气，保护钼坯防止氧化。加热温度可以升到 $1200 \sim 1600℃$。炉腔内要装 $2 \sim 3$ 根钼棒导轨，用它支撑坯料，在装料，出料时，坯料在导轨上可以轻松滑动，避免钼坯和炉管直接摩擦，损伤炉管。如果不装导轨，则要在炉底放置一块厚钼板炉垫，钼坯放在钼炉垫上，坯料不和刚玉管接触。

需要强调，钼的强度和塑性综合机械性能完全取决于热加工制度的选择，加热温度，道次变形量和总变形量是可调的工艺参数，加热温度的高低及加热均匀性几乎是控制性能的决定因素。据此，由于感应加热炉存在集肤效应，钼坯的加热温度始终不均匀，再加上感应炉不能用热电偶直接测温控温，因此，感应加热不是钼加工的一种好的加热方式，用感应加热不可能做出性能优良的钼及钼合金材料。在有其他加热炉的情况下，最好不选用感应加热而选用能直接测温，控温加热均匀的电阻炉。

上面论述了加热钼坯料的六种加热炉，为了保证生产出高性能高质量的热加工产品，实践经验已证明，加热炉必须保证轴向温度的均匀性，要确保有一定长度的均温区，一般要求均温区长度要达到 $800 \sim 1000mm$，均温区内的温度波动控制在 $\pm (8 \sim 10)℃$ 以内，在加热炉制造技术能达到的条件下，这个偏差值越低越好。由此看来，电阻加热炉和盐浴炉较好。在钼的热加工实践中，气体保护的钼丝加热炉和钼棒加热炉应用最广泛。如果缺乏实践经验，在热加工过程中，只注意加热炉可以达到的工艺温度，而忽视对加热炉均温区的要求，不可能生产出高性能的加工态钼制品。

4.2 热挤压

4.2.1 热挤压过程的特点

热挤压加工就是把被挤压的高温坯料（如钼坯）放入与毛坯外形相同的挤压容器（挤压筒）内，在坯料一端施加挤压力，它的另一端从挤压模孔中流出，流出的料已经发生了塑性变形。对于普通的有色金属而言，挤压加工可以直接生产出最终产出，例如铜管，铜棒和铝棒材等。而对于难熔金属钨钼来说，挤压基本上是开坯加工，不生产最终产品。开坯有两个作用。首先，用熔炼铸造法生产出的钼锭含有巨大的柱状晶，它的热塑性变形性能特别差，必须用热挤压开坯，挤压变形钼坯在三向受压应力的情况下破碎柱状晶，为后续的锻造轧制创造条件。如果不经挤压开坯，直接高温锻造轧制，钼锭破碎开裂的机率非常高。采用热挤压开坯，随后再锻造轧制，是熔铸钼锭加工成材可供选择的最佳工艺。第二个作用，对于用粉末冶金工艺生产出的特粗大钼坯料，虽然晶粒较细，但用直接锻造开坯，坯锭有破坏的可能，而采用挤压开坯，把大直径坯料挤压成较细的适合锻造的坯料，整个生产过程几乎没有危险。

图 4-8 是挤压加工的原理图，热金属坯料，例如钼坯，置于挤压筒内，坯料后端面

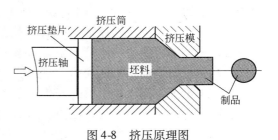

图 4-8 挤压原理图

放置挤压垫,挤压机的挤压杆把挤压力施加在坯料的后端面上。在挤压力的作用下,挤压坯从挤压模的模孔中流出。挤压模孔的断面可以是圆形,方形或其他花样,相应的挤压产品是各种型材。对于钨钼而言,开坯以后统统都是圆棒。

　　工业上常用的挤压方法有普通正挤压、反挤压、侧挤压、玻璃润滑挤压、静液挤压和连续挤压等,这些挤压过程的原理图如图4-9所示。

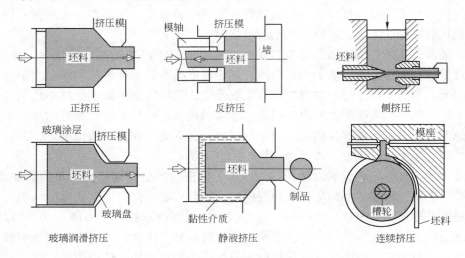

图4-9　工业上常用的六种挤压工艺方法

　　挤压钼和钼合金用正挤压法和静液挤压法。静液挤压特别适用于挤压难变形的钨钼类难熔金属。因为静液挤压的挤压坯和挤压筒内壁之间隔有一层流体,它们两者不直接接触,流体做永久的润滑剂,既可降低挤压坯与挤压筒之间的摩擦力,减少总挤压力,又能改进挤压棒的质量。

　　正挤压是工业上最常用的工艺,在挤压过程中,挤压杆向前推进的位置与挤压力之间的关系,如图4-10所示,挤压力可以直接记录挤压机上的压力表的示值,也可以用压力传感器测量挤压力,传感器内的应变片做成平衡电桥的一支臂,在受到挤压力时,应变片的电阻发生变化,原来平衡的电桥的平衡被破坏,通过调节电桥的平衡电参数,实现挤压力的电测量。由图4-10可以看出,整个挤压过程中挤压力的变化可以分成三个阶段,即挤压开始阶段,正常挤压

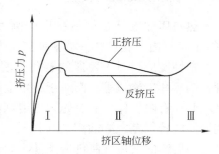

图4-10　挤压过程中挤压力的变化[1]

阶段和结束阶段。正挤压和反挤压的受力过程都一样,但每一个阶段的变形特点差别很大。在挤压开始时,为了把坯锭顺利地装入挤压筒,坯锭的直径比挤压筒的小1~1.5mm,挤压钼时,钼坯的直径比挤压筒的小2~3mm。挤压刚开始时,坯锭受到挤压杆的推进力,坯锭首先发生径向流动,直径变粗,原先挤压筒内壁与锭坯间的间隙被填满,坯料填满挤压筒,并有少量金属流入挤压模的模孔。在挤压的初期阶段,沿坯锭长度方向上的径向流动分布很不均匀,要求锭坯与挤压筒之间的空隙尺寸尽量小,降低填充阶段的变形量,特别像钼这种难变形金属,如果镦粗量过大,很容易产生表面裂纹,填充阶段的变形量用下

式表示：

$$\lambda_c = \frac{F_0}{F_p}$$

式中，λ_c 为填充系数；F_p 为坯锭的横截面积；F_0 为挤压筒的横截面积。

坯锭和挤压筒内壁之间的间隙越小，λ_c 越小，在填充阶段流入挤压模孔的材料越少，对提高挤压材料的性能越有利。因为先进入挤压模孔的材料未发生挤压变形，保持原始铸锭的组织，力学性能不好。

锭坯的长径比也影响挤压初期填充阶段的变形量 λ_c，在填充阶段坯锭的变形相当于镦粗，坯料中段会出现鼓形。如果坯料的长径比过大，在填充镦粗过程中因为坯料长度方向失稳，它会变成弓形。鼓形或弓形的侧表面承受较大的拉应力，另外，此处由于和挤压筒直接接触，必然也承受很大的摩擦力，因此，表面可能会被拉裂，产生表面裂纹。

在初始挤压阶段，坯料镦粗过程中，挤压力直线上升到最大值，对应图4-10 的 I 区。当挤压力达到最大值以后，初始阶段结束，随即进入挤压的第二阶段（基本挤压阶段）。相应图4-10 的 II 区，在基本挤压阶段，坯料被挤出挤压模，挤压筒内剩余坯料的长度逐渐变短，摩擦力同时减小，总挤压力随着挤压轴向前推进连续下降。在这个过程中被挤压的金属处于层流流动状态，坯料外层材料和中心材料在挤出挤压模以后形成挤压棒，它们原先的相对位置不发生变化，外层仍在外层，中心仍保留在中心，没有发生径向流动。在挤压过程中被挤压坯料的流动情形可用网格图来分析。由图4-11 可以看出，纵向线在挤压模的模锥内发生两次方向相反的弯折，弯折角由外层向内逐渐变小，中心线没有弯折，仍保持直线。把前后两个折点相连，形成两个曲面，曲面之间的区域称变形区。当金属进入变形区以后，径向和周向受压应力，产生压应变，而轴向受拉应力，发生拉伸变形。

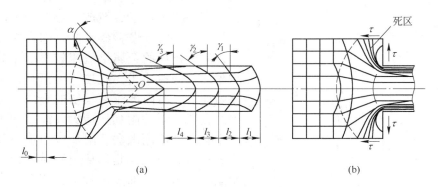

图4-11 挤压过程中的金属流动网格示意图
（a）锥模挤压；（b）平模挤压

在挤压过程中横向网格线进入变形区以后，它弯成近似抛物线形状，中心点超前凸出，越接近挤压模出口，弯曲越厉害。这表明挤压坯中心部位的金属流动速度比外表面的快，越靠过挤压模的出口面，金属的内外流动速度差越大。产生这种现象的原因在于，坯料中心的金属流动阻力比外表面的小。

用挤压比，或挤压延伸系数描述在挤压过程中坯料的变形程度，表达式为：

$$\lambda = \frac{F_0}{\Sigma F_i}$$

式中，λ 为挤压比或挤压伸长系数；F_0 为坯料填满挤压筒后的横断面积；F_i 为挤压制品的横断面积。

作用于挤压坯上的外力有：挤压轴给挤压坯料施加的挤压应力，挤压筒内壁，挤压模内锥面和工作带作用于坯料的正应力和摩擦力，坯料在挤压过程中承受三向压应力，即轴向压应力 σ_1、径向和周向压应力 σ_2、σ_3。变形区内金属受周向及径向压应力，产生压应变，轴向受拉应力，产生拉应变。正因为在挤压变形过程中坯料受三向压应力，见图4-12，对于难变形的金属，例如钨、钼，特别是用真空自耗电极电弧熔炼炉及真空电子束熔炼炉生产的钨、钼铸锭，它们的晶粒特别粗大，用挤压开坯，在三向压应力作用下，破碎粗大的柱状晶粒是最好的加工方法。

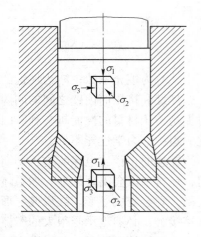

图4-12   挤压坯的应力应变状态图

在挤压过程中挤压坯的受力状态及分布为，挤压变形区内轴向主应力沿径向上的分布适用最小阻力原理，外表面受摩擦力作用，径向应力最大，中心应力最小。轴向主应力沿轴向上的分布情况是，由挤压垫到挤压模出口，应力由最大逐渐降到零。由于坯锭和挤压工具之间存在有外摩擦力，增加了金属流动的阻力。另外，由于坯锭外表容易散热，它的温度沿横断面的分布是，中心最高，表层最低。变形抗力是中心最小，表层最大，坯锭中心区的金属比外表的更易流动，造成中心金属的流动速度最快，表层的最慢。金属体内部存在有内摩擦力，流速较快的金属给流速较慢的金属施加一个附加轴向拉应力，此拉应力沿径向由内向外逐渐加大，而内部流动较快的金属承受流动较慢的金属给予的附加压应力，此压应力沿径向由中心向外逐渐减弱。附加应力沿挤压坯变形区的轴向分布规律是，从金属在变形区入口开始流动到出口断面逐渐加大，到出口断面达到最大值。轴向附加应力这样分布规律的原因在于，金属内外流动速度差由变形区入口处到出口断面由小逐渐增大，出口断面上的内外流速差最大。见图4-13，该图绘出了变形区内金属流动速度的变化情况。图上的 $V_{挤压}$ 是挤压杆和挤压垫向前推进的速度，$V_{真实}$ 是被挤压铸锭流出模口的真实速度，$V_{真实} = \lambda \times V_{挤压}$。$\lambda$ 是挤压比，$V_{最大}$ 是挤压棒中心金属的流动速度，$V_{最小}$ 是表层

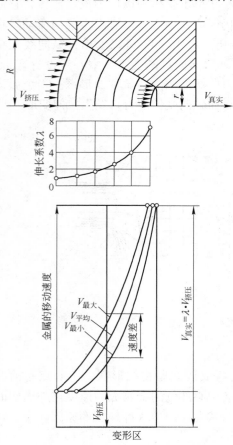

图4-13   挤压变形区内金属流动速度的变化

金属的流动速度，$V_{最小}$ 和 $V_{最大}$ 之间有平均速度。在挤压变形过程中，挤压棒内外流动速度差异导致内外组织结构和性能不均匀。

从图 4-11 的变形网格图看出，沿纵向中心网格的径向方向被挤成矩形，而外层网格被挤成近似平行四边形。这说明表层金属不但发生了纵向延伸变形，而且还由于挤压工具的摩擦力作用，发生了附加的剪切变形。剪切变形量由前向后逐渐加大。纵向延伸变形和附加剪切变形叠加构成主延伸变形。在同一横断面上，外层金属的主延伸变形大于内层金属的主延伸变形。沿挤压棒的轴向，前端的主延伸变形比后端的小，尾部最大。在挤压过程中金属的这些流动特点，应力及变形状态，必然会影响挤压棒的组织和性能。

挤压的终结阶段相当于图 4-10 的Ⅲ区，当挤压坯的长度缩短到等于变形锥的高度时，挤压进入终结阶段，由于挤压垫的强力摩擦作用，挤压力突然升高，挤压应当停止。在挤压的结束阶段，外层金属向里层发生横向流动，生成很深的挤压尾缩孔。克服了挤压垫与挤压坯之间的摩擦力。

上面的分析可以归纳为，在不同的挤压阶段，由于外摩擦力及挤压坯内外温差造成金属内外流动不均匀。在变形网格图上看到（见图 4-11），外侧网格在径向方向变成了近似平行四边形，而中心网格变成近似矩形。这表明除延伸变形以外，尚有剪切滑移变形。滑移变形大小用滑移角 γ 表示，γ 的意义可以表述为，原先网格的横向直线在挤压以后变成了近似抛物线，做抛物线的切线，它与原先的横断面相交的夹角即为 γ（见图 4-14）。可以用下面的公式确定滑移变形量的大小：

$$\tan\gamma = \frac{2S_{\max} - r_{\mathrm{s}}}{r_{\mathrm{R}}^2}$$

式中，$S_{\max}$ 为网格横断面分度线的弯曲值；r_{s} 为棒坯的流动半径；r_{R} 为棒坯的半径。滑移变形量的大小随着挤压温度的升高而加大，加大挤压比也能提高滑移变形量，而挤压模的锥角对滑移变形量的影响最大。如图 4-15 所示，锥角 α 越大，$\tan\gamma$ 值越大，图上的两条曲线分别代表挤压 1Cr18Ni10Ti 和 Mo-0.2Ti-0.1Zr-0.003C 用的挤压模锥角与滑移变形量的关系。钼合金的变形抗力比不锈钢的高，其 $\tan\gamma$ 值比较小，附加的滑移变形量小，材料的流动过程比较均匀。

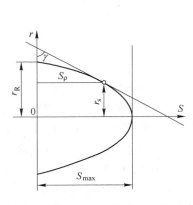

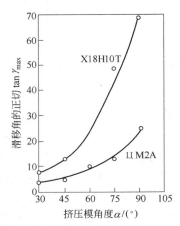

图 4-14　挤压过程中滑移变形量的示意图　　图 4-15　挤压滑移变形量与挤压模的锥角间的关系

挤压过程中的主延伸变形是纵向延伸变形和附加的剪切滑移变形的叠加和，用坐标网格实验可以确定，挤压棒各处的变形是不均匀的，不均匀的程度可以用不均匀系数 ψ 表示，如下式：

$$\psi = \frac{\ln \lambda_{max} - \ln\lambda}{\ln\lambda}$$

其中：

$$\lambda_{max} = \ln \frac{1}{2} \sqrt{\frac{\lambda^2}{2} + \frac{1}{3\lambda^2\cos\gamma} + \frac{1}{2}\sqrt{\lambda^2 + \frac{1}{\lambda\cos^2\gamma} - 4\lambda}}$$

式中，λ_{max} 为模断面某点的最大挤压比；λ 为挤压比；γ 为变形坐标网格确定的滑移角。图 4-16 是 Mo-0.2Ti-0.1Zr-0.003C 钼合金的变形不均匀系数 ψ 与挤压模锥角的关系，挤压比 λ 分别为 4 和 7.1，锥角越大，ψ 变形不均匀性急剧增加，大挤压比的均匀性比小挤压比的高。

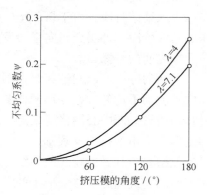

图 4-16 Mo-0.2Ti-0.1Zr-0.003C 的变形不均匀性与挤压比、挤压模的锥角间的关系

影响金属在挤压过程中流动特性的因素可分外因和内因，外因包括外摩擦，温度，工模具的结构，挤压比等。内因包括被挤压金属坯料的强度、成分、导热和相变等。影响金属流动性的内因归根结底是金属发生塑性变形的临界剪切应力和临界屈服强度。挤压坯各处（内外）温度不均匀，因此临界剪切应力和临界屈服应力也不均匀，高温处的变形抗力低，低温处的变形抗力高。在相同的外加挤压力作用下，坯锭内部温度较高的金属先达到临界剪切应力，临界屈服应力，先开始塑性流动，而外部温度较低的金属，临界剪切应力，临界屈服应力较高，塑性变形抗力较大，塑性变形比较困难，流动滞后。看来，要想挤压坯料发生均匀流动，锭坯横断面上的变形抗力或温度必须均匀一致。但是，坯锭在挤压条件下，它必然和挤压工具接触、传热、摩擦、变形锥等永远存在，无论采取何种工艺措施都不能消除。因此，坯料流动不均匀是绝对的，而所谓均匀流动是相对的，流动不均匀性可以减少，但不可能消除。

4.2.2 钼的挤压

4.2.2.1 挤压坯的制备

用粉末冶金烧结生坯，真空电子束熔炼炉和真空自耗电极电弧熔炼炉铸造的铸锭制备挤压坯，铸造钼锭外表面有飞溅物，表面光洁度很差，钼锭的顶端有缩孔，底端残留有熔化不均不透的垫料等缺陷。巨型粉末烧结坯的直径不均匀。需要用机加工的方法切除铸锭上下端面，加工外表面，除去表面缺陷，表面粗糙度达到 Ra 3.2，挤压坯的外径要和挤压筒配合，钼坯的直径通常比挤压筒的小 3mm。图 4-17 为挤压钼坯图。

挤压钼坯有两种结构：一是简单结构，另一种是复合结构。简单结构挤压坯的外形是一个光滑的圆柱体，圆柱的前端有锥顶角，锥角的度数和挤压模的匹配，钼挤压坯的锥顶角用120°。复合挤压钼坯的外形就是一个简单的圆柱体，在挤压时，它的前端预先放一个前垫，后端也放一个挤压后垫，前垫的前端带有与挤压模相配合的锥顶角，前垫和后垫的材料选用容易变形的中碳钢。当置入了前垫以后，就在挤压模口处增加了一个堵头，开始挤压时，前垫先变形进入挤压模的变形区，随后钼坯才跟着变形，这样，可以改善挤压钼棒头部的组织结构和性能，避免钼棒头部开裂。图4-18是用复合挤压坯挤出的钼棒。前垫和后垫单独放在煤气炉中加热到750℃。挤压以后，前垫被挤成一个头盔形的前端，把它剥离以后，钼棒前端圆而光滑，看不出有明显的宏观裂纹。后垫和压余从挤压棒的尾部切掉。

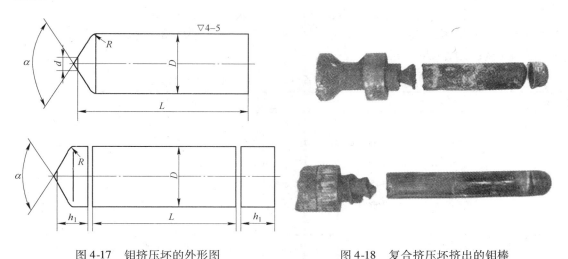

图4-17　钼挤压坯的外形图　　　　图4-18　复合挤压坯挤出的钼棒

根据实践经验，挤压钼坯的直径比挤压筒的小3mm，也可以根据填充系数 λ_c 计算：

$$D_p = \frac{D_0}{\sqrt{\lambda_c}}$$

式中，D_p 为挤压坯外径；D_0 为挤压筒内径；λ_c 为填充系数。

坯料的长度由挤压机的能力，坯料的变形抗力，挤压坯的加热温度和挤压比等因素决定，根据钼和钼合金挤压的实践经验，用4.41MN卧式挤压机挤压Mo-0.5Ti，Mo-TZM，Mo-30W，挤压坯直径61mm，坯料长度300~350mm，前锥角120°，挤压温度1550~1600℃，挤压比可达到3~3.5。用14.7MN卧式挤压机挤压Mo-0.5Ti和Mo-30W合金，挤压坯直径125mm，长度300~350mm，挤压温度1550~1600℃，挤压比可达到3~3.5。用34.3MN卧式挤压机挤压Mo-(30,50,70)W合金，挤压坯直径146mm，长度300~350mm，挤压温度1600℃，挤压比可达到3~3.5。在挤压实践过程中一定要妥善确定坯料长度，如果坯料过长，坯料与挤压筒内壁之间的摩擦力太大，超过了挤压机的能力，坯料可能闷死在挤压筒内。

4.2.2.2　挤压钼坯的加热

钼和钼合金挤压坯加热常用氢气保护钼丝（棒）炉或感应加热炉，加热温度的选择范围1250~1650℃，在高温加热条件下，钼和钼合金的变形抗力降低，变形塑性较好，它们能满意地承受高温挤压变形。

钼和钼合金坯料可以在室温装炉，随炉升温到挤压工艺设定的温度，不过，室温装料，随炉升温操作只能有一次，绝大部分时间坯料是在高温下直接入炉加热。由于钼和钼合金的导热性能好，热膨胀系数小，即使把坯料直接装入1600℃的高温炉，也不会发生热裂。用感应炉加热时，它的升温速度比电阻炉的快，冷坯装入1200～1600℃的高温炉，加热速度大约是1mm/min，对于直径100mm和150mm的钼坯而言，加热和保温时间共计约60min和85min，到达工艺设定的保温时间，就可以直接出炉挤压。感应加热需要的时间，根据坯料尺寸和加热温度确定，一般在5～30min内变化。表4-5列出了Mo-0.2Ti-0.1Zr-0.003C合金的感应加热制度，合金坯料直径分别为63mm、78mm、98mm。由于钼的导热速度快，可以直接加热到高温，不需要中间分段保温。采用1200℃低温挤压，挤出棒的晶粒较细，但是挤压机的吨位要大，不能用小吨位挤压机，因为它的最大挤压力不足以使钼和钼合金坯料发生挤压变形。

表4-5　Mo-0.2Ti-0.1Zr-0.003C 合金的感应加热制度

感应圈直径 /mm	坯料尺寸/mm	加热温度/℃	加热参数			
			电压/V	电流/A	cosφ	保温时间/min
95	63×150	1200	750	50	0.85	5.2
	78×200	1200	750	50	0.90	7.4
	78×200	1450	750	76	0.85	12.0
	78×200	1600	750	81	0.85	18.0
	63×150	1200	750	95	0.85	9.3
120	78×200	1200	715	85	0.90	10.2
	98×200	1200	700	89	0.87	11.2

图4-19是钼和钼合金感应加热升温曲线，在加热过程中，坯料横断面上的温度梯度很小。加热5min后温度梯度接近零。图4-20是直径150mm铸造钼锭挤压坯在普通加热炉

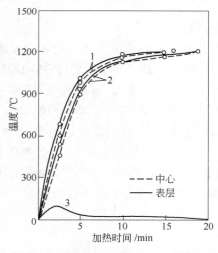

图4-19　钼坯的加热曲线（2500Hz）[1]

1—坯料 φ63×150；2—坯料 φ78×150；

3—坯料 φ63×150 温度梯度

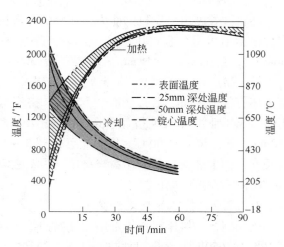

图4-20　直径150mm 铸造钼锭挤压坯的

加热和冷却曲线

内的加热和冷却曲线。由该图看出，坯料中心加热到 681℃，需要时间 3min，坯料出炉以后，中心部位保持 560~570℃，表层下 25mm 处的温度已降到 480℃。比较图 4-19 和图 4-20 可以看出，感应加热炉的升温速度比普通加热炉的稍快一些。当然，感应加热存在温度不均的弊端，选用要慎重。

挤压坯料在炉内加热到工艺设定的温度和保温时间就可以挤压，整个钼坯的挤压过程可以分成四个步骤：（1）出炉；（2）坯料表面涂润滑剂；（3）坯料运输入挤压筒；（4）挤压。图 4-21 给出了 Mo-0.2Ti-0.1Zr 合金在挤压过程中的实测温度曲线。在（1）阶段，坯料从炉内扒出在空气中冷却，表面温度均匀地降低了 20~40℃，中心降低 5~10℃。在（2）阶段，坯料在平台上滚粘玻璃粉润滑剂，通常在加热炉的出料门旁放置一个平台，低软化点的润滑剂玻璃粉平堆在平台上，挤压坯从炉内扒出后立刻在玻璃粉上滚动，表面均匀的粘满玻璃粉。在粘玻璃粉的过程中，坯料的热量散失，它的表面温度降低了 80~100℃。粘满润滑剂的坯料在向挤压筒运输过程中［（3）阶段］，由于表面粘有的熔融玻璃粉的绝热保温作用，散热减少，温度趋于均匀，并略有升高。挤压进入第（4）阶段，坯料和挤压工模具接触，温度降低了约 30~40℃，在操作过程中，挤压坯小，热容量低，降温速度快。反之，坯料粗大，热容量大，降温速度比较缓慢。例如，直径 90mm 的钼坯表面和中心相应降低了 100℃ 和 40℃，而直径 78mm 的钼坯表面降低了 190℃，中心降低了 70℃。

钼坯料在强大的挤压力作用下发生塑性变形，机械能变成了变形能，转化成热能，原位自动加热钼挤压坯，坯料的温度不但不降低，反而升高。图 4-22 给出了不同温度钼坯在挤压过程中的温升情况，因此，挤压过程中坯料的实际温度不但要考虑散热引起的温度下降，而且还要考虑机械能转变成热能的升温效果。

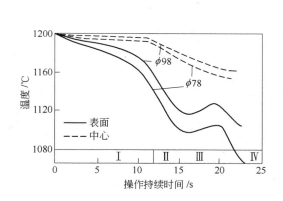

图 4-21　挤压操作过程中钼坯的温度下降

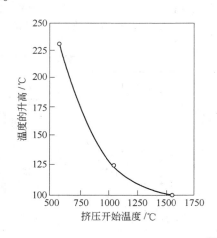

图 4-22　在不同温度挤压时钼坯的温升[2]

4.2.2.3　钼的挤压过程

加热在挤压过程中占用的时间最长（包括升温时间和保温时间），通常采用氢气保护加热炉，对于直径 65mm 和直径 150mm 的挤压钼坯的加热时间分别为 45min 和 90min。挤压操作在大气条件下进行，因为挤压过程耗时只有 2~3min，氧化问题不要做特殊处理。挤压钼，挤压铜和挤压铝用同一类挤压机。图 4-23 是一台曾经挤压过钼坯的卧式挤压机，该机标定挤压能力是 25MN，即最大挤压力。挤压机标定的技术参数包括，挤压力，穿孔力，挤压杆及穿孔针的行程和运动速度和挤压筒的尺寸等。挤压机的最大挤压力等于挤压缸的总面积乘以工作液的额定比压。挤压机设有主缸和副缸，两缸同时使用，挤压机处于高压状态，只用主缸，挤压机处于低压状态。两缸要配合使用，可协调使用挤压力和挤压速度，并可保护挤压工具免受损坏。挤压不同尺寸钼坯，用不同规格的挤压机，表 4-6 列举了几种型号挤压机的技术参数。在表列的各种型号的挤压机中，除 50MN 的挤压机以外，其余各型号的挤压机都曾用来挤压过钼和钼合金。

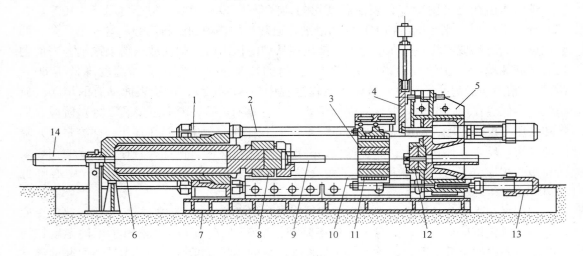

图 4-23　25MN 卧式棒型挤压机

1—后机架；2—张力柱；3—挤压筒；4—残料分割剪；5—前机架；6—主缸；7—地基；8—活动挤压横模；
9—挤压杆；10—斜面导轨；11—挤压筒座；12—模座；13—挤压筒移动缸；14—加力缸（副缸）

表 4-6　几种主要型号挤压机的技术参数

技术特性		挤压机能力/MN					
		4.0	7.5	15	20	31.5	50
结构形式	机体	四柱卧式	四柱卧式	四柱卧式侧置	四柱卧式	四柱卧式内置	四柱卧式
	机座	纵动式	纵动式	纵动式	纵动式	转动式	纵动式
挤压系统	返回缸压力/MN	1.25	—	1.17	1.12	2.5	2.15
	最快挤压速度/mm·s^{-1}	33	100	140	100	300	60
	空行程速度/mm·s^{-1}	—	—	300	—	—	—
	返回速度/mm·s^{-1}	—	—	400	400	—	80
	挤压行程/mm	820	750	1700	900	2250	1520
穿孔系统	穿孔力/MN	1	—	3.2	—	6.3	—
	返回缸压力/MN	0.3	—	4.3	—	250	—
	穿孔速度/mm·s^{-1}	—	—	—	—	100	—
	穿孔行程/mm	400	—	1720	—	1060	—

技 术 特 性		挤压机能力/MN					
		4.0	7.5	15	20	31.5	50
挤压筒	压紧力/MN	0.6	0.68	1.12	1.13	2	3.7
	松开力/MN	—	0.32	0.6	0.6	3.15	2.17
	挤压筒行程/mm	420	250	300	300	1200	1520
	筒长度/mm	340	560	815	815	1000	1520
	筒内径/mm	85, 100	85, 95	150, 200, 250	150~225	200~355	300~500
动力	传动方式	泵站	泵站	泵站	泵站	泵站	泵站
	工作液体介质	乳液	乳液	乳液	乳液	乳液	乳液
	额定比压/MPa	2.5	3.2	32	32	31.5	32

选择挤压机的型号及能力的依据是被挤压钼和钼合金的变形抗力,挤压坯的尺寸及挤压变形量(挤压比或挤压伸长系数),可以根据实际经验及各种理论计算选择挤压机。挤压力的简单计算方法如下:

$$P = K\ln\lambda$$

式中,P 为单位挤压力、挤压应力,MPa;K 为系数,用实验方法确定,它包括了变形抗力,摩擦力及变形不均匀性对挤压应力的影响;λ 为挤压比。

图4-24 列举了钼和一些钼合金的系数 K,此外,还可以用绍夫曼公式计算挤压力,即

$$P = \sigma_T\left[2.75\ln\lambda + 2\left(\frac{L}{D} + \frac{l}{d}\right) - 0.6\right]$$

式中,P 为挤压应力,MPa;σ_T 为被挤压金属的屈服强度,MPa;λ 为挤压比或挤压伸长系数;L、D 为挤压坯的长度和挤压筒内径,mm;L、d 为挤压模定径带长度和挤压模模孔直径,mm。

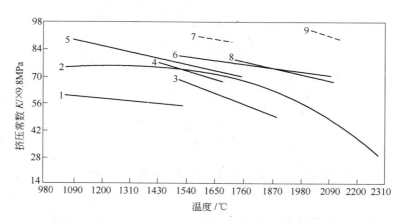

图4-24 钼和钼合金的挤压系数 K

1—未合金化钼,2—Mo-25W-0.1Zr-0.02C;3—Mo-0.5Ti-0.08Zr-0.02C;4—Mo-5Nb;
5—Mo-1.5Ti(热处理过);6—Mo-1.5Nb;7—Mo-10Nb-0.02C;
8—Mo-2~3Ti-5Zr-0.15~0.3C;9—Mo-10Nb-10Ta-0.01C

在计算挤压力时也可以用回归方程式，这些经验公式都是由挤压的实践结果，用最小二乘法分析计算得出的，再用这些回归分析式计算预测挤压力，例如下式：

$$P = (50 - 0.015t) + (53.5 - 0.02t)\ln\lambda$$

式中，P 为挤压应力，MPa；λ 为挤压常数或挤压比；t 为挤压温度，℃。

在计算难变形金属，例如钼和钼合金，钨和钨合金，钛及镍铬高温合金时，可选用 J. 塞茹尔内计算式：

$$P = \pi R^2 \ln\lambda \, e^{\frac{2fl}{R}} \overline{K}$$

下式计算挤压管材的挤压力：

$$P = \pi(R^2 - r^2)\overline{K}\ln\lambda \, e^{2fl/(R-r)}$$

式中，P 为挤压应力，MPa；R、l 为挤压填充后的挤压坯直径和长度，mm；r 为穿孔针的半径，mm；f 为摩擦系数，用玻璃粉做润滑剂时，$f = 0.015 \sim 0.025$；$\overline{K}$ 表示挤压抗力，可以用实验测定。先用实验测出不同材料的 P，再换算出 $\overline{K}$。在 1300 ~ 1400℃挤压钼，$\overline{K} = 375 \sim 400$MPa，在 1500℃或 1600℃挤压钨，相应 $\overline{K} = 460 \sim 500$MPa 或 $\overline{K} = 250 \sim 300$MPa。

影响挤压力的因素包括有：挤压温度，被挤压材料的高温变形抗力，变形量，即挤压比、挤压速度、坯料和挤压工模具之间的摩擦力，挤压模前锥角，挤压坯的长度和直径，挤压成品的形状，挤压方法（正挤压或反挤压）等。

挤压温度升高，钼材的强度极限下降，例如，未合金化钼的室温强度极限最高值处于 600 ~ 700MPa，当温度升高到 1200℃或 1600℃时，它的强度极限分别下降到 200MPa 和 55MPa。强度极限下降导致挤压力降低。Mo-W 合金的强度随钨含量的增加而提高，当钨含量达到 60% ~ 70% 时，合金的强度达到极大值，超过这个含量强度反而略有下降。因此，在图 4-25 上可以看到，Mo-W 合金中的钨含量（质量分数）小于 60%，挤压力单调升高，钨含量超过 60% ~ 70%，合金的强度下降，挤压力反而降低，钨含量在 60% 附近，挤压力最高。

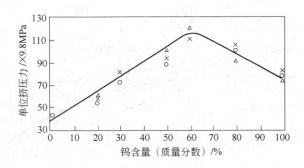

图 4-25　Mo-W 合金中的 W 含量对挤压力的影响
（挤压温度 1600℃，挤压常数（挤压比）为 4）

挤压比表示钼的挤压变形量，图 4-26 给出了 Mo-0.15Zr-0.3Ti-0.004C 合金的挤压比，挤压温度和挤压应力之间的关系。由图 4-26 可以看出，挤压变形量与挤压应力之间有线性关系，挤压温度升高，挤压应力下降，因此，高温挤压可以采用大变形量，即可用大挤压比。图上的 $P = f(\lambda)$ 直线与横坐标夹角的斜率定义为挤压应力模数。随着挤压温度下

降，应力模数增大，例如，1600℃的模数 tan19° = 0.344，而 1000℃ 的模数增大到
tan34° = 0.675。

挤压形状复杂的钼和钼合金制品的挤压力比挤压普通圆棒的高，挤压普通圆钼棒与挤
压钼板坯相比，板坯需要的挤压力比圆棒的高 10% ~ 12%。图 4-27 是含有微量硼和碳的
Mo-0.2Zr 合金板坯和棒坯的挤压力的比较。二者的横截面积相同，挤压温度为 1600℃，
挤压筒直径 150mm。

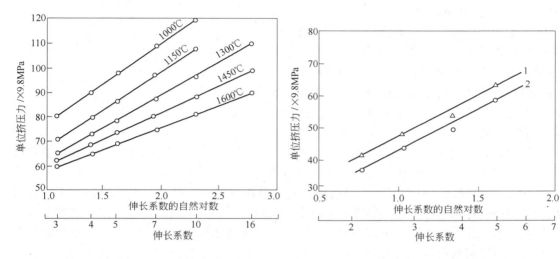

图 4-26　Mo-0.15Zr-0.3Ti-0.004C 挤压应力与
温度和挤压比之间的关系

图 4-27　Mo-0.2Zr 的挤压制品的形状、
伸长系数和挤压应力之间的关系

1—薄板坯；2—圆棒

4.2.2.4　挤压模

挤压模是挤压钼和钼合金的主要工具，图 4-28 是曾经用来挤压钼和钼合金的挤压模
的实物照片，图上部是挤裂以后的挤压模的断面，下部是尚未使用的不同直径的挤压模。
模具材料是热作模具钢 3Cr2W8V，经受热处理制度是 1100℃油淬加 550℃回火，550℃的
强度极限达到 1300MPa。模口锥角都是 60°，定径带长度 5mm，模口内表面磨削加工达到

图 4-28　挤压钼用的挤压模

粗糙度▽8。

挤压模的进口锥角的大小直接影响挤压力，它们之间的关系绘于图4-29。当进口锥角由30°扩大到45°～60°时，挤压力下降。锥角进一步扩大到75°，挤压力急剧升高，当进口锥角达到90°时，即平面180°，挤压力达到最大值。挤压钼和钼合金时，挤压力最低的挤压模的最佳进口锥角是45°～60°。90°的平模挤压力比最佳锥角的高16%～18%。挤压力与模具进口锥角的这种关系的本质在于，随着入口锥角的增大，无用摩擦力的分量加大，而有用的正压力分量减小。在平模情况下，变形带形成了死区，金属的润滑条件恶化。挤压钼和钼合金用的挤压模锥角达到75°时，就开始形成死区。实验证明，挤压模定径带的长短对挤压力没有什么影响。

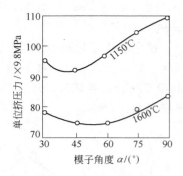

图4-29　Mo-0.15Zr-0.3Ti 的
挤压力与挤压模进口
锥角的关系

钼和钼合金的挤压温度都选择1550～1650℃，挤压模在高温条件下工作，直接受挤压力及极大的摩擦力作用，模口的冲刷磨损特别严重。挤压一根钼棒，模具工作口径磨损掉2～3mm，一个挤压模只能挤压一根钼棒，模具消耗量很大。模具磨损的原因在于，在挤压钼坯的高温作用下，模具的温度已超过了模具材料的回火温度，强度下降，强度很低的表层在很大的摩擦力作用下很容易磨损。显然，提高挤压模材料的高温强度，增加耐高温冲刷性，可以提高挤压模的使用次数。选用镍基合金、钴基合金、钼基合金做挤压模材料是提高挤压模寿命的途径之一。但是，这些材料的价格昂贵，从经济效益角度考虑，不能大量选用。通常用其他办法提高挤压钼和钼合金用的热作模具钢挤压模的寿命，其中较好的方法是喷涂保护层，或者加润滑垫。

用火焰喷涂或者等离子喷涂工艺，在挤压模内口的工作带表面喷涂一层 Al_2O_3 或 ZrO_2 涂层，这一耐火材料保护层具有绝热和耐磨作用，可以提高挤压模的使用次数。具体喷涂工艺过程是，把模具夹在车床上，以150r/min速度旋转，等离子喷枪或氧乙炔喷枪的喷口对准模具内口工作面，Al_2O_3 或 ZrO_2 粉末经喷枪加热后形成半熔融状态的高温粒子流，高速撞击到模具的工作面，可形成厚度为0.3～1.2mm的保护层。为了提高涂层与模具基体之间的结合强度，在被喷涂表面上用车刀划许多深0.25～0.38mm的浅沟痕，沟间距约为1mm。或者在喷涂以前，被喷涂表面承受喷丸处理，喷丸以后的表面有许多肉眼看不到的小坑，表面粗糙。被喷涂表面经过这样处理以后，可以增强涂层和基体之间的结合强度。喷涂后的表面用 SiC 砂纸磨光，磨削厚度不超过0.013mm。带有 Al_2O_3 或 ZrO_2 涂层的挤压模，在正确使用的条件下，工作温度相应可以提高到1800℃和2260℃。由于 Al_2O_3 比 ZrO_2 便宜，一般都选用 Al_2O_3 涂层，只有挤压温度超过1800℃，才选用 ZrO_2 涂层。由于等离子的温度比氧乙炔的高，等离子喷涂的保护层的质量比火焰喷涂的高。带有涂层的挤压模的使用次数可以提高到4～5次，随后模具需要重新喷涂修复。

虽然用陶瓷保护法可以提高模具的寿命，但在钼和钼合金的高挤压温度及高变形抗力条件下，涂层的抗冲刷能力尚不能达到理想的水平。因此，采用嵌块式组合挤压模，可以进一步提高挤压模的使用寿命。图4-30是组合式挤压模的结构图，组合挤压模的关键零件是嵌块，它必须具备抗高温，耐冲刷及高抗磨性。比较理想的嵌块材料有钼和钼合金，例如 Mo-TZM、Mo-TZC 及金属陶瓷材料。

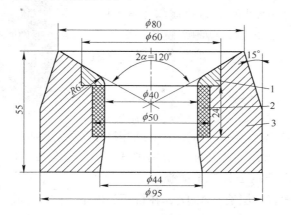

图 4-30　组合式挤压模的结构
1—锥形衬垫；2—嵌块；3—模体

用 22XC 陶瓷材料做挤压模嵌块，在挤压钼和钼合金时取得了比较理想的效果，该陶瓷材料的组分含有 $94.4Al_2O_3$-$2.76SiO_2$-$0.49Cr_2O_3$。用压力泥浆浇铸工艺方法生产环形嵌块，压铸模是金属模，泥浆是石蜡，黄蜡，油酸及粉末混合料。压铸温度 $60 \sim 70℃$，压铸成的环形嵌块坯料冷却干燥以后，在 $1600℃$ 烧结。22XC 烧结块的硬度达到 HRC72 $\sim$ 74，烧结成的环形嵌块用热装法嵌入模体，嵌块的直径过盈 0.12mm。锥形衬垫装在环形嵌块上面，模具锥面定径孔的过渡带入口处倒圆角。在 $1600 \sim 1700℃$ 挤压各种钼和钼合金时，这种结构的挤压模累计可以用 15 次，并且挤压棒都有良好的表面质量及尺寸精度。

在一个钼坯料挤压结束时，有时挤压棒的压余残料和挤压模连在一起，不能自动分离，可参看图 4-18 和图 4-31。当出现这种情况时，必须用强力机械把挤压模和挤压棒分开，这时嵌块往往遭到破坏。要想连续重复使用挤压模，每一根钼棒在挤压结束以后要保证挤压棒和挤压模能自动分开。为此，工艺上常采用石墨底垫。用石墨棒切成厚度 45 ~ 50mm 的石墨垫，外径和挤压坯的相当，加热到 800℃，放在挤压坯的后端面做挤压底垫。可以保证在每次挤压结束时，挤压棒能自动脱离挤压模。但是需要注意安全，因为在挤压棒挤出挤压模时，它不是缓慢离开，而是以很快的速度由挤压模孔射出，如不小心，极易伤人，造成工伤事故。

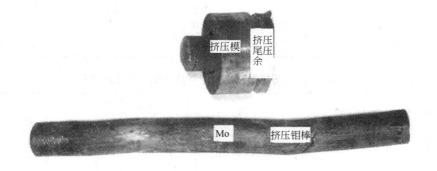

图 4-31　挤压钼棒、挤压模及压余的形貌

随着材料科学的发展，挤压模材料也在不断创新，由安泰科技股份有限公司发明的钼基金属陶瓷挤压模，已成功的用于挤压有色金属铜，铝等，模具的平均使用寿命达到500～5000次。图4-32是这种金属陶瓷组合挤压模的实物照片。

图4-32　钼基金属陶瓷组合挤压模

4.2.2.5　挤压润滑

钼和钼合金的挤压特点是变形量大，挤压温度高，通常1550～1650℃。挤压坯与挤压筒，挤压模等挤压工具之间的正压力特别高，可达到变形抗力的3～10倍。产生的摩擦力引起挤压工具严重磨损。尽管在高温下钼和钼合金的表面有一层液态 MoO_3，在挤压温度下，这层液态 MoO_3 薄膜能起一定的润滑作用，但远不能满足挤压工艺对润滑的要求，必须要添加润滑剂，改善润滑条件。为此，挤压筒内壁涂抹石墨乳，挤压钼坯的表面粘涂一层玻璃粉润滑剂。用玻璃润滑剂的主要优点是，它没有固定的熔点，只有软化点。改变玻璃的成分，它的软化点也随着改变。在不同的挤压温度下可采用不同成分的玻璃润滑剂，软化点要尽量接近挤压温度，要保证润滑剂均匀流过变形区，使挤压坯的表面覆盖一层连续均匀的玻璃膜。

玻璃的导热系数低，大约为 $0.148～1.254W/(m \cdot K)$，钼的挤压时间短，大约在 $0.5～3s$ 之间，在钼坯表面涂有玻璃润滑剂时，在挤压工模具与钼坯之间形成一层绝热的玻璃层，因而，能降低挤压工具的温度，提高它们的使用寿命。另外，在挤压件和模具之间存在有一层熔融的玻璃，减少了它们之间摩擦力。优化了金属在变形区的流动条件，降低了总挤压力。玻璃的化学组成及物理性能对润滑效果有重大影响。表4-7～表4-9列举了国内外常用的玻璃润滑剂的组成。

表4-7　美国挤压钼合金和其他难熔金属用的玻璃润滑剂的组分

玻璃润滑剂牌号	组分含量(质量分数)/%							
	SiO_2	K_2O	PbO	Na_2O	CaO	MgO	Al_2O_3	B_2O_3
8871	35.0	7.2	58.0	—	—	—	—	—
0010	63.0	6.0	21.0	7.6	0.3	3.6	1.0	—
7052	70.0	0.5	1.2	—	—	—	1.1	28.0
1720	57.0	—	—	1.0	5.5	12.0	20.5	4.0
7740	81.0	0.5	—	4.0	—	—	2.0	13.0
7810	96.0	—	—	—	—	—	0.4	2.9

表4-8　原苏联挤压钼及钼合金用的玻璃润滑剂的成分

玻璃润滑剂的类型	化学组成成分(质量分数)/%								
	SiO_2	K_2O	PbO	CaO	MgO	Al_2O_3	Na_2O	B_2O_3	其他
209 玻璃	40.0	5.0	—	5.0	—	5.0	—	35.0	BaO10
123 玻璃	50.0	—	—	10.0	4.0	10.0	4.0	20.0	2.0
268 玻璃	64.0	11.0	5.0	2.0	—	—	—	18.0	

玻璃润滑剂的类型	化学组成成分(质量分数)/%								
	SiO$_2$	K$_2$O	PbO	CaO	MgO	Al$_2$O$_3$	Na$_2$O	B$_2$O$_3$	其他
700 玻璃	60.0	—	—	6.7	4.3	23.0	—	6.0	—
224.18 玻璃	73.0	—	—	—	1.0	16.8	—	—	0.8
破碎高炉渣	39.6	3.6	—	46.5	3.9	6.8	—	—	0.8
长 石	75.0	4.0	—	0.8	0.1	15.1	4.0	—	1.0
伟晶石	78.0	—	—	0.6	0.1	14.7	4.0	—	2.0

注：伟长石，224.18 玻璃含 $w(Li_2O)$ 为 4% 和 $w(TiO_2)$ 为 4.4%。

表 4-9　国产玻璃润滑剂的成分

牌号	软化点/℃	玻璃润滑剂的化学成分(质量分数)/%							
		SiO$_2$	CaO	MgO	Al$_2$O$_3$	B$_2$O$_3$	Na$_2$O	K$_2$O	其他
S-2	688	65.6	10.1	2.3	—	7.6	13.8	0.3	TiO$_2$ 0.1
A-5	740	55.0	6.0	4.0	14.5	8.0	12.5	—	Fe$_2$O$_3$ 0.3
A-9	670	68.0	6.0	4.0	3.0	2.0	—	17.0	ZrO 3.0
G-1	691	67.5	9.5	2.5	0.5	6.5	13.5	—	

玻璃中的碱金属氧化物 K$_2$O 和 Na$_2$O 降低玻璃的软化点，而 B$_2$O$_3$ 提高玻璃软化点，玻璃的黏度随它们含量的变化而改变。表 4-7 所列的不同成分玻璃的黏度与温度的关系绘于图 4-33，原苏联做过的挤压润滑剂实验表明，在 1500~1700℃ 挤压钼和钼合金，用长石润滑剂的效果比用任何最难熔的玻璃润滑剂的效果都好，消耗的挤压力低，挤压模磨损少，挤压棒表面质量好。在挤压温度低于 1500℃ 时，碎高炉炉渣及玻璃做润滑剂的效果令人满意。表 4-8 是原苏联用过的玻璃润滑剂的成分，这些玻璃润滑剂的黏度与温度的关系绘于图 4-34，挤压钼和钼合金所用国产玻璃润滑剂的成分列于表 4-9。

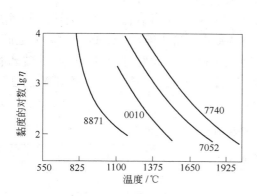

图 4-33　表 4-7 所列玻璃的黏度与
温度之间的关系

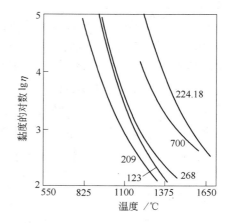

图 4-34　表 4-8 所列玻璃润滑剂的
黏度与温度的关系

用玻璃浴炉加热钼和钼合金挤压坯，坯料出炉时表面便带有一层玻璃体，可直接用这层玻璃体做润滑剂。由于钼和玻璃间的浸润性好，表面黏带的玻璃体和坯料之间的结合很好，在挤压过程中不会脱落。

如果用玻璃粉或玻璃布做润滑剂，在钼和钼合金坯料从加热炉内取出时，随即在玻璃粉上滚动，使其侧表面粘满玻璃粉，或者让坯料在平铺的玻璃布上滚动，黏带几层玻璃布，坯料本身的热量足以使玻璃粉和玻璃布软化到熔融状态。另外，把玻璃粉和水玻璃调和成浓稠悬浮体，用喷涂或刷涂方法把它们涂敷到钼和钼合金坯料表面上。具体做法是，把 100 目玻璃粉和稀水玻璃混合并搅拌均匀，挤压坯经受喷丸处理并用丙酮脱脂清洗，随即把坯料加热到 75 ~ 90℃，用喷雾器或钢刷把配好的悬浮液涂敷到坯料表面。坯料 90℃的温度使涂敷料很快干燥，表面覆盖一层厚 0.5 ~ 0.8mm 的玻璃体，由于钼表面经过喷丸处理，玻璃润滑剂和坯料的结合性能良好，在加热过程中又由于钼和玻璃之间有非常良好的浸润性，熔融态的玻璃润滑剂不会从坯料表面流淌，能形成一层均匀连续的润滑层。

在挤压操作过程中挤压模的模口处磨损冲刷最严重，为了缓解此处的磨损情况，可在模口处放置预先做好的一个玻璃填料垫，这个定形的垫料不但可以减轻对挤压模口的冲刷，还可以阻断挤压坯向挤压模传热通道，降低挤压模模口的温度。润滑垫料的制作方法是，用粒径 0.1 ~ 1.0mm 的粗玻璃粉和钠水玻璃混合搅拌均匀，水玻璃的加入量占 8% ~ 10%，密度为 1.49g/cm^3。混合料模压成形，自然干燥以后，垫料固化成有一定强度的固体料，垫料的外锥面的锥角与挤压模的成形锥度一致，内锥面的锥顶角比外锥角小 5°，见图 4-35。挤压模、挤压坯料前端和垫料的断面形状一致时，当开始挤压时，变形金属填充挤压模的定径带，润滑垫料塞满了变形区，在钼坯的高温作用下，垫料局部熔化，并沿挤压钼坯表面向后流淌，大部分挤压润滑垫堵塞在挤压模和挤压筒接触处的结合角内，见图 4-35。整个坯料在挤压过程中，润滑垫不断熔融，涂敷在挤压钼坯变形区的表面，均匀地润滑整个挤压件。

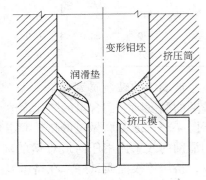

图 4-35　挤压垫润滑过程图

选用玻璃润滑剂首先要考虑玻璃的黏度，不同挤压温度选用不同黏度的玻璃。普通玻璃粉的黏度在 100 ~ 300P，润滑垫块的黏度不小于 1000P。挤压温度在 1000 ~ 1300℃之间，可选用上述玻璃润滑剂。挤压温度在 1500 ~ 1700℃范围内，选用黏度超过 1000P 的玻璃润滑剂有很大困难，可以改用各种矿物质粉料做润滑剂，例如长石、炉渣等，在不同温度下挤压钼和钼合金，建议用表 4-10 所列的各种润滑剂。

表 4-10　在不同挤压温度下挤压钼和钼合金使用的润滑剂

挤压温度/℃	坯料表面润滑剂		润滑垫材料
	滚黏法	悬浮液法	
1100 ~ 1200	209 玻璃	123 玻璃	碎高炉炉渣
1300 ~ 1400	700 玻璃	—	224.18 玻璃
1500 ~ 1700	268 玻璃	—	长　石

4.2.2.6 钼和钼合金的挤压实例

按照前面各章节所论述的有关挤压理论，已成功的挤压了未合金化钼及各种钼合金棒材和管材，如 Mo-Ti、Mo-Ti-Zr、Mo-W 等，它们都是最常用的钼合金。挤压这些钼合金采用的挤压机型号有 4.9MN、14.7MN 和 34.5MN。挤压坯的加热温度 1500～1600℃，保温时间 60～80min。润滑剂是 M-1 和 B-13 型玻璃润滑剂，挤压筒用煤气加热到 300～350℃，它内表面润滑剂用 20% 玻璃粉 +30% 石墨粉 +50% 机油。挤压坯后端面处放三层挤压垫，里层是 45 号钢，加热温度 600℃，中间用石墨垫，加垫温度 400℃，最后面是冷钢垫。挤出的挤压棒埋在热沙中缓慢冷却，或者放入一个专用的 400℃ 低温炉内保温，随后再随炉冷却。具体挤压参数汇总如下：

第一批次：

　　挤压材料 Mo，Mo-0.5Ti，Mo-TZM，Mo-TZC；

　　挤压机能力 4.9MN；

　　挤压筒内径 65mm；

　　挤压坯加热炉及加热温度氢气保护钼丝炉，加热 1500℃；

　　润滑剂 M-1；

　　挤压应力 11.7～13.7MPa，挤压比 3.88；

　　挤压时间 2～3s；

　　挤压模的锥角 90°；

　　挤压模的材料 3Cr2W8；

　　真空电弧熔炼坯料尺寸(mm×mm)：$\phi64×124$，$\phi64×89$，$\phi63×111$，$\phi63×88$，
　　　　　　　　　　　　　　　　$\phi63×91$，$\phi63×80$；

　　成品尺寸(mm×mm)：$\phi33×360$，$\phi33×295$，$\phi34×320$，$\phi33×265$，$\phi33×220$，
　　　　　　　　　　　　$\phi34×300$；

　　表面质量良好。

第二批次：

　　挤压材料 Mo-TZM；

　　挤压机能力 7.84MN；

　　挤压筒内径 75mm；

　　挤压坯加热炉及加热温度氢气保护钼丝炉，加热 1500℃；

　　挤压应力 11.8～15.7MPa，润滑剂 M-1；

　　挤压比 2.78；

　　挤压时间 2～3s；

　　挤压模的锥角 90°；

　　挤压模的材料 3Cr2W8；

　　真空电弧熔炼坯料尺寸(mm×mm)：$\phi73×111$，$\phi73×97$，$\phi73×100$，$\phi73×120$；

　　挤压成品尺寸(mm×mm)：$\phi45×(297～338)$；

　　表面质量良好。

第三批次：

　　挤压材料 Mo-30W，Mo-50W，Mo-70W；

　　　挤压机能力 14.7MN；

　　　挤压筒直径 150mm；

　　　挤压坯加热炉及加热温度氢气保护钼丝炉，加热 1530～1560℃；

　　　润滑剂 MB-13；

　　　挤压应力 23.5～24.5MPa，挤压比 2.54～2.83；

　　　挤压时间 12s；

　　　挤压模的锥角 90°；

　　　挤压模的材料 3Cr2W8；

　　　真空电弧熔炼坯料尺寸 ϕ147mm；

　　　成品尺寸（mm×mm）：ϕ90×670，ϕ85×420，ϕ86×510，ϕ90×648，ϕ90×480；

　　　表面质量良好。

　第四批次：

　　　挤压材料 Mo-30W，Mo-50W，Mo-70W；

　　　挤压机能力 34.3MN；

　　　挤压筒内径 200mm；

　　　挤压坯加热炉及加热温度氢气保护钼丝炉，加热 1550～1600℃；

　　　润滑剂 M-1；

　　　挤压应力 26.5～30.8MPa；

　　　挤压比 4；

　　　挤压时间 15～20s；

　　　挤压模的锥角 90°；

　　　挤压模的材料 3Cr2W8V；

　　　真空电弧熔炼坯料尺寸（mm×mm）：ϕ197×188，ϕ197×205，ϕ197×222，ϕ197　　　　　　　　　　　　　　　×233，ϕ197×250；

　　　成品尺寸（mm×mm）：ϕ100×670，ϕ100×670，ϕ100×790，ϕ100×800，ϕ100　　　　　　　　　　　　　　×810，ϕ100×1090；

　　　表面质量良好。

4.2.3　挤压钼和钼合金的组织结构和性能

　　　挤压变形过程就是把被挤压的钼和钼合金坯料置于挤压筒内，在挤压杆施加的挤压力作用下，坯料受挤压筒的约束，在三向压应力条件下，坯料从前端的挤压模孔流出，挤压坯的横断面积与挤压筒的横断面积之比称为挤压比，也称伸长系数，它反应挤压变形量。

　　　在挤压变形过程中钼和钼合金坯料的流动性从头到尾，从外表面到中心都不均匀，不均匀流动引起组织结构不均匀，各处的性能必然有差异。挤压棒的组织结构的变化规律是，头部组织破碎程度很差，基本上保留了原始铸造态或烧结态的晶粒结构，越向尾部晶粒越细。横断面的外表面晶粒细，中心的晶粒粗大。尾部是高度变形态的纤维状组织结构。

　　　图 4-36 是一根 Mo-0.5Ti 挤压棒中心对称纵剖面的低倍组织照片，中间切断是为了截取中间部位的横断面显微组织样品。非常清晰地看到，整根挤压棒的纵向剖面都是纤维状

的组织结构, 头部附近纤维较粗, 向后纤维逐渐变细, 呈现出稳定的层流状态。在挤压棒尾部区域出现大的缩孔, 纤维结构出现较紊乱的涡旋状态, 这表明, 在挤压临近结束时, 金属流动不再保持稳定的单纯的层流状态, 而伴随有涡流流动, 表层金属通过涡流进入挤压棒的中心地带。图中棒料的挤压温度是 1550℃, 挤压比是 3.5。由于挤压变形速度很快, 棒材中部的显微组织照片上没有发现发生了动态再结晶, 见图 4-37。

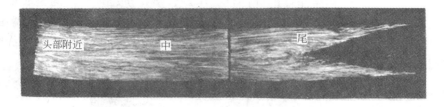

图 4-36　Mo-0.5Ti 挤压棒纵剖面的低倍组织

图 4-37　Mo-0.5Ti 挤压棒横断面的显微组织

图 4-38(a) 和(b) 是 Mo-30W 和 Mo-TZM 挤压棒头部的低倍组织, 它们的挤压温度都是

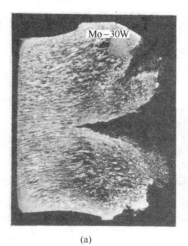

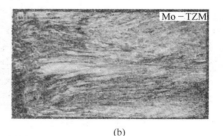

(a)　　　　　　　　　　　　(b)

图 4-38　挤压棒头部的低倍组织

1550℃，挤压比均为3.5。挤压开始时，挤压坯料在填充挤压筒的过程中，它的前端尚未发生挤压变形就被挤进模口，挤压棒前端保留有铸态结构。由于在挤压模出口处的挤压棒坯受有拉应力，含钨的钼合金头部非常容易出现粗大的宏观劈裂。劈裂的头部、随后要切除，就变成了废料。而 Mo-TZM 的晶粒较细，头部基本没有劈裂，保持完整的纤维状结构。而 Mo-30W 合金的结构是不完整的纤维状结构。

图 4-39 是未合金化的钼挤压棒的尾部低倍组织，垫在挤压坯后面的钢底垫仍然嵌在挤压钼棒尾部缩孔内。未合金化钼未添加任何合金元素，铸态晶粒比 Mo-30W 的粗，加 30% W（质量分数）的钼合金铸锭是铸造钼合金中晶粒最细的铸锭，挤压以后的纤维结构比未合金化钼的纤维细一些。

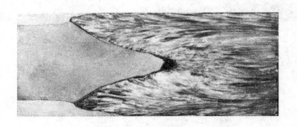

图 4-39　挤压钼棒尾部的低倍组织

挤压棒的变形及流动不均匀性必然导致性能的不均匀性。沿着图 4-36 试样的纵轴线测量的硬度值绘于图 4-40(a)，顺着图 4-37 试样的直径测量的硬度值绘于图 4-40(b)。如同变形规律一样，纵轴向硬度由头到尾逐渐增加，径向硬度由表层向里逐渐减小，表层硬

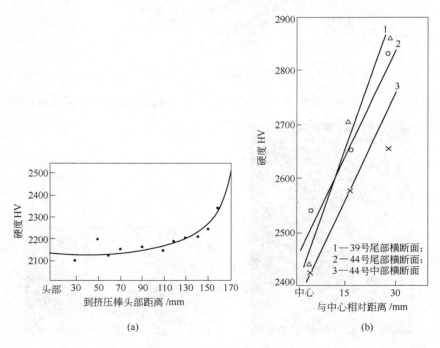

(a)　　　　　　　　　　　　　(b)

图 4-40　挤压 Mo-0.5Ti 的硬度分布

(a) 纵向；(b) 径向

度最高。所有挤压钼合金都遵循这种分布规律。

Mo-0.2Ti-0.1Zr 合金挤压棒的径向硬度分布也有相同的特点，中心硬度最低，外表硬度最高，见图 4-41。该图还显示出，挤压比增大，总体硬度提高。这表明中心部位的加工硬化效果最弱，表面的最强，中心的总滑移变形量最小，而外表的滑移变形量最大。

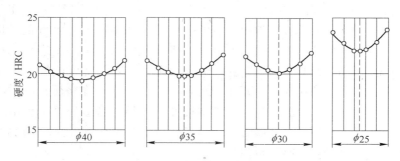

图 4-41 Mo-0.2Ti-0.1Zr 挤压棒的径向硬度分布

挤压变形破碎了铸造钼合金铸锭的粗大柱状晶，细化晶粒。即使在1550℃挤压，挤压棒也会发生加工硬化，强度和塑性都能提高。表4-11是铸态和挤压态 Mo-30W 合金性能的对比，合金挤压坯的加热温度是1580℃，挤压比是4，实际挤压温度可能达到1700℃，超过了合金的再结晶温度。挤压态材料的强度极限提高了约50%。产生这种强化作用的原因可能在于，挤压变形的速度很快，挤压过程总耗时不过十几秒，在这样短的时间内，尚未发生完全动态再结晶，挤压棒的温度可能已降到再结晶温度以下。在400~1500℃范围内，挤压态和铸造态的伸长率实际上都一样。可是，温度升高到超过1500℃，两者的伸长率发生了变化，温度升到1800℃，挤压态的伸长率由30%升高到90%，铸造态的反而由40%降低到22%。

表 4-11 铸造态和挤压态 Mo-30W 合金性能的对比

实验温度 /℃	铸造态金属				挤压态金属			
	σ_b/MPa	σ_t/MPa	δ/%	ψ/%	σ_b/MPa	σ_t/MPa	δ/%	ψ/%
20	373.4	357.7	—	—	591.9	541.9	—	—
400	287.1	138.2	32.2	90	470.4	394.0	33	10.0
800	233.3	166.6	24.0	90	—	—	—	—
1000	215.6	156.8	20.0	90	334.2	319.5	18.0	88.0
1200	192.1	152.9	20.0	90	—	—	—	—
130	172.5	135.2	22.0	90	—	—	—	—
1400	133.3	100.9	36.0	90	—	—	—	—
1500	98.0	92.1	41.5	90	199.9	186.2	28.0	—
1600	78.4	71.5	27.2	39	104.9	76.4	44.8	—
1700	54.9	51.9	22.4	51.5	—	—	—	—
1800	39.2	34.3	22.0	40.5	78.4	57.8	90	—

挤压钼和钼合金目的在于破碎铸锭的粗大柱状晶粒，为后续加工创造良好的加工性

能。挤压温度和挤压比之间，挤压比（变形程度）与晶粒破碎程度之间有一定的关系。例如，Mo-0.2Ti-0.1Zr 合金，挤压温度由 1000℃升高到 1600℃，挤压比由 3.16 增加到 16，随后挤压棒进行 1400℃/h 再结晶退火。挤压比为 3.16 挤压棒的晶粒直径为 0.056mm，挤压比为 16 的挤压棒材的晶粒直径缩小到 0.041mm。如果把再结晶处理制度提高到 1700℃/h，挤压比在 3.16~16 范围内，晶粒直径长大 50%~100%。表 4-12 列出了 1300℃挤压的 Mo-0.2Ti-0.1Zr 合金在不同温度下退火以后的晶粒尺寸。除挤压比为 16 的挤压产品以外，其余五个挤压比的晶粒尺寸在不同温度下退火，挤压比加大，晶粒都变细。只有挤压比为 16 的晶粒直径在各个退火温度下都变粗，显然，这个结果与挤压比加大，变形量增加，晶粒细化有关。再结晶后的晶粒度继承了原始晶粒度的大小。在挤压比为 16 时，变形量很大，再结晶速度很快。其余五个变形量相对较小的挤压钼合金还处于正常再结晶阶段，大变形量的挤压棒已处于汇聚再结晶阶段，故其晶粒变粗。另外，还要注意到同一挤压比的晶粒度，随退火温度升高，晶粒也都长大。

表 4-12   再结晶退火温度对 Mo-0.2Ti-0.1Zr 的晶粒直径的影响   （mm）

挤压比	再结晶退火温度/℃				挤压比	再结晶退火温度/℃			
	1400	1500	1600	1700		1400	1500	1600	1700
3.16	0.063	0.071	0.085	0.090	7.1	0.043	0.046	0.053	0.057
4.0	0.053	0.057	0.065	0.080	10.2	0.039	0.036	0.043	0.057
5.2	0.049	0.048	0.053	0.060	16	0.049	0.053	0.065	0.090

挤压和挤压以后加再结晶退火的 Mo-0.2Ti-0.1Zr 合金的性能也发生了很大的变化，这种变化与挤压温度和挤压比（变形量）有密切关系，见表 4-13。铸造合金的室温强度极限是 392MPa，伸长率是 0.2%。在 1300℃，挤压比为 16，强度极限达到 970MPa，伸长率高到 16%。经过 1400℃/h 再结晶退火以后，钼合金强度大幅下降，例如 1450℃挤压的钼合金，挤压比是 10.2，它的强度极限 $\sigma_b = 851$MPa，再结晶退火以后降到 470MPa。高温挤压与低温挤压相比，高温（1450℃）挤压以后再进行再结晶退火，1200℃的拉伸伸长率是 14.7%，而低温（1150℃）挤压的拉伸伸长率达到 28.2%，塑性提高了约 100%。根据这个结果，钼合金 Mo-0.2Ti-0.1Zr 应当在 1150℃挤压以后，再进行再结晶退火，随后在进行锻造或轧制深加工时，它的加工性能会更好一些。

表 4-13   挤压和挤压加 1400℃/h 再结晶的 Mo-0.2Ti-0.1Zr 合金的力学性能

材料状态	挤压制度		20℃拉伸性能				1200℃拉伸性能			
	挤压温度/℃	挤压比 λ	强度极限/MPa	屈服极限/MPa	伸长率 δ/%	截面收缩率 ψ/%	强度极限/MPa	屈服极限/MPa	伸长率 δ/%	截面收缩率 ψ/%
挤压状态	1600	4.0	725	701	11.2	37.5	224	201	17.7	87.8
		5.2	686	645	12.6	45.6	223	201	18.6	90.5
		7.1	673	617	12.1	44.5	230	179	20.3	91.5
		10.2	666	637	9.8	38.0	247	345	19.6	91.3
		16	571	—	0.4	0	215	186	25.0	94.0
	1450	5.2	838	784	11.0	29.6	315	289	29.5	84.0
		7.1	804	764	10.6	30.5	261	235	24.0	79.3
		10.2	851	794	8.4	26.0	289	270	27.5	95.0
		16	784	—	1.2	0	292	270	27.5	95.0

材料状态	挤压制度		20℃拉伸性能				1200℃拉伸性能			
	挤压温度/℃	挤压比 λ	强度极限/MPa	屈服极限/MPa	伸长率 δ/%	截面收缩率 ψ/%	强度极限/MPa	屈服极限/MPa	伸长率 δ/%	截面收缩率 ψ/%
挤压状态	1300	10.2	—	—	—	—	319	313	31.9	90.5
		16.2	970	909	16.0	17.5	276	257	26.2	94.7
	1150	10.2	—	—	—	—	419	411	14.5	86.0
再结晶	1150	10.2	436	338	3.8	15.2	140	134	28.2	92.4
	1300	4.0	343	251	0.9	24.9	152	147	19.6	78.8
		10.2	436	335	2.5	6.8	152	144	15.5	85.2
	1450	10.2	470	373	2.5	5.8	179	172	14.7	80.6

　　由表列数据还可以论断，用1600℃高温挤压，挤压比为16，Mo-0.2Ti-0.1Zr合金的强度极限大约下降了100MPa。强度下降说明，在挤压比大，挤压温度又高的情况下，挤压棒在挤压过程中发生了局部动态再结晶软化。

　　所有钼和钼合金，例如 Mo-0.5Ti、Mo-TZM、Mo-TZC、Mo-W 等，在挤压过程中产生的主要缺陷是挤压棒头部劈裂、尾部缩孔、表面有横向较深的裂纹及纵向磨痕等。在随后热加工以前，这些缺陷必须清理去除，常用的清理方法是喷砂或机械加工。消除各种缺陷，提高挤压棒质量的主要途径是选择合适的挤压温度、挤压比、采用挤压前垫和后垫，提供良好的挤压润滑条件。挤压的后续加工是锻造或轧制生产各种规格的钼板坯，不同直径的圆钼棒或方钼棒。

4.3　钼和钼合金的锻造

　　熔炼钼和钼合金铸锭的挤压棒和粉末冶金烧结的钼坯料都可以直接进行热锻造，锻造成品是钼棒材，饼材及异型材坯料，随后机加工成最终产品。或者锻造成厚板坯，再轧制成不同厚度的钼板和箔材。

　　常用锻造钼和钼合金的设备有空气锤、锻造水压机、精锻机、旋锻机。电液锤，所谓电液锤锻锤用电动力控制高压液压缸增压和降压，提升锤头和放下锤头，周而复始进行锤击锻打。现在这种电液锤已代替了经典的蒸汽锤。实践证明，用古老的自由锻造工艺已成功的生产出直径11～80mm，长度达到800～1700mm的钼棒，T形钼件，伞形零件，菱形零件，直径接近700mm的钼环，单重30kg以上的钼板坯等。这表明锻造仍然是钼和钼合金研究和生产最有效的常用工艺。

4.3.1　铸锭的锻造

　　真空自耗电极电弧熔炼和真空电子束熔炼生产出的钼和钼合金铸锭的组织含有许多粗大的柱状晶粒，晶界的面积相对较小，低熔点杂质向晶界偏析，晶界的杂质浓度相对较高。锻造塑性很差。以 Mo-0.5Ti 合金为例，合金铸锭直径65mm，机加工成直径60mm 的锻造坯，坯料用钼丝炉加热到1600℃，在7.35kN 空气锤上自由锻造，结果非常不理想，绝大部分坯料都发生严重劈裂，这种劈裂都是粉碎性的。即使用镦粗工艺先镦锻30%，试图先用压应力破碎粗大的柱状晶粒，然后再引申锻造，也没有得到较好的结果，大部分坯料在镦粗时就发生横向断裂。通常认为，钼锭的氧含量是锻造性能优劣的决定性因素。当氧含量超过 30×10^{-6} 时，MoO_2 沿晶界析出，削弱了晶界结合强度，热锻时极易沿晶界断裂。

熔炼钼和钼合金铸锭先挤压后再锻造是可选择的最佳工艺路线。直径 150mm 的钼和钼合金铸锭，包括未合金化 Mo，Mo-0.5Ti-0.023C，Mo-0.5Ti-0.08Zr-0.023C（TZM），Mo-30W，Mo-50W，Mo-70W，Mo-30W-TZM 等，先在 1600℃ 挤压，挤压比为 3.5～3.7，直径由 145mm 变成 75～80mm。挤压棒随后历经 1500℃/h 再结处理。在经过挤压和再结晶处理以后，铸锭的粗大柱状晶粒已变成了较细小的等轴晶组织，见图 4-42。把挤压棒的头尾切除，表面车光做成锻造坯料，合格的锻造坯在氢气保护钼丝炉内加热到 1350～1450℃，用 9.8kN 空气锤进行自由锻造。挤压过的坯料不但可以成功地进行减径拔长锻造，而且可以进行侧向锻造成厚板坯。

由挤压棒直接侧锻成板坯的过程是，直径 75mm 的坯料加热到 1500℃，保温 1h。自由锻每道次压扁 10mm，总压下量达到 50%，在锻造温度下退火 60min，随后锻造的道次压下量降到 6～8mm。终锻温度不低于 1200℃，最终侧锻成的板坯厚度是 20mm。见图 4-43，该图是挤压、锻造的 Mo，Mo-0.5Ti-0.023C、Mo-30W 厚板坯的外观形貌。其中 Mo-30W 板坯在 1200℃ 成功的经受了局部单向"棍赶压"锻造，最终锻成各种规格的 Mo-W 合金楔形零件坯料。

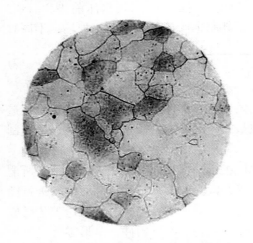

图 4-42　挤压 Mo-30W 再结晶的显微组织

图 4-43　Mo-0.5Ti 和 Mo-30W 锻造板坯

总的来说，钼和钼合金铸锭经过挤压以后，它们的锻造性能十分令人满意，即使含钨高达 70%，甚至于纯钨铸锭，经过挤压以后都能用自由锻工艺加工成板坯并轧成薄板。有时锻件表面可能产生浅的微裂纹，它很容易清除。不过，有时也会引起较深的内裂纹，这类裂纹往往引起锻件报废，要竭力避免。较大的内裂纹常在锻造的头两火产生，产生的主要原因大部分都是因为起始锻造压下量偏低，没有达到基本要求的 20%。锻造以后的组织都是细晶粒结构。图 4-44 是 Mo-30W 的锻件低倍组织，图上看到有一条明显的内裂纹，它的存在造成原始锻件报废。

钼合金 Mo-0.5Ti-0.08Zr-0.023C（TZM）在 1550℃ 挤压成直径 100mm 的挤压棒，挤

图 4-44 Mo-30W 锻造板坯横截面的低倍组织

压比达到 4。用氢气保护的钼棒炉加热到 1450℃，保温 40min，可成功的镦锻成直径 165mm 的圆饼，变形量达到 56.6%，随后同样在 1450℃/40min 加热，把圆饼侧锻成厚度为 40mm 的厚板坯，计算变形量为 61.5%。图 4-45 是圆饼和板坯的低倍组织照片。由于镦粗和侧锻时金属的流向基本上是交叉的，它的宏观组织是很紊乱的纤维态结构。在这里结合这一实例，特别强调指出，因为钼是稀有难熔金属，它不同于一般的黑色金属，它的坯料尺寸受到设备和技术的限制，不可能做得很大。为了提高材料的性能，经常采用镦粗加侧锻，或者镦粗加拔长引申锻，通过加工工艺方法的调整组合，能提高合金的总变形量，有助于获得最佳的室温综合性能。表 4-14 列出了锻造圆饼和板坯的性能，从表列数据可以看出，随着温度的升高，材料发生了恢复和再结晶，导致强度性能下降。材料的显微组织研究确定，1450℃/h 处理，发生了局部再结晶，1550℃/h 处理以后，已经发生了完全再结晶。

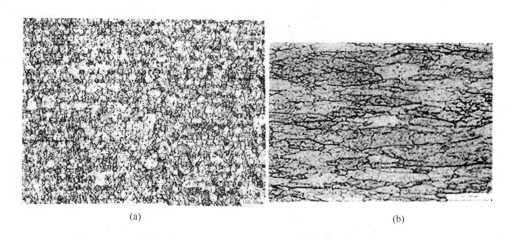

(a) (b)

图 4-45 挤压锻造后的 TZM 的显微组织

（a）镦粗的饼材；（b）锻扁的板坯

表 4-14 铸造 TZM 挤压加锻造以后的性能

温度/℃	镦粗圆饼，变形量 56.5%			侧锻板坯，变形量 61.5%		
	σ_b/MPa	δ/%	HV/MPa	σ_b/MPa	δ/%	HV/MPa
700	—	—	1715	—	—	1715
900	568.4	—	1568	—	—	1519
1100	519.4	13	1127	588	16	1225
1300	450.8	15	637	460.2	18	735
1500	313.6	20	—	362.6	21	—

Mo-0.1Zr-0.2Ti 合金的变形速度与塑性之间有一定关系，研究发现，当合金的变形速度由 7.5×10^{-6}/s 加快到 4.5×10^{-4}/s 时，在 1400～1600℃ 范围内，伸长率由 18% 上升到 50%。这表明钼和钼合金的变形速度宜快不宜慢。变形速度与塑性相关联的原因可能在于"热脆性"，在熔炼过程中，钼铸锭都用碳脱氧，在高温熔炼状态下，碳溶解在钼基体内。而在 1400～1600℃ 范围内加热时，碳以 Mo_2C 的形态从基体中析出，发生时效强化，强度升高，塑性下降。当变形速度加快时，强化相来不及析出，不会有时效强化作用，因而会有较好的塑性。另外一方面，高温变形机理与低温变形机理不一样，低温塑性变形机理以滑移为主，高温塑性变形是晶界滑动为控制机理，若第二相在高温下沿晶界析出，会阻碍晶界滑移。变形速度快慢，势必影响第二相的析出过程，必然影响到塑性。不管怎么样，快速变形造成热脆性下降，有利于钼的锻造，可以避免脆裂。

钼和钼合金大体上分两大类：（1）固溶强化的单相合金；（2）碳化物弥散强化合金。对于固溶强化合金，例如 Mo-W 合金，锻造加热温度范围较宽，可以控制在 1250～1659℃ 之间，温度选择只考虑材料的变形抗力和塑性。对于第二类双相合金，例如 Mo-0.5Ti-0.1Zr 等合金，在加热过程中有碳化物，例如 TiC、ZrC、HfC 的溶解和析出反应，锻造加热温度应当控制在碳化物溶解的温度范围内，为此目的，不同合金的加热温度大约要到 1950～2200℃，常用的锻造加热炉加热到这么高的温度在技术方面有很大困难，同时，锻造钼用的工模具也都不具备这么高的抗热性。在实际操作中，这种双相合金的加热温度选择 1550～1600℃，进行快速锻造，防止在锻造过程中析出大量碳化物，终锻温度不低于 1250℃。随着变形量的增加，锻造性能越来越好，加热温度可以降到 1360℃，终锻温度可以降到 1050℃。

4.3.2　粉末烧结钼坯的锻造

钼粉烧结坯料大都没有添加合金元素，统称未合金化钼，若添加合金元素，如钛、锆、钨、铼等，则称为烧结钼合金。烧结钼坯与熔炼的不同，它属于细晶结构，晶粒是细小的等轴晶，晶界面积相对较大，晶界的杂质浓度相对较低。因此，烧结钼坯可以直接锻造，不需要预先挤压破碎晶粒。另外一方面，烧结坯的密度不可能达到 100% 理论密度，它不是致密体，含有许多孔洞，疏松。这些孔洞实际就是烧结坯内的格里菲斯裂纹源。在锻造过程中，孔洞被压扁拉长，形成隐形裂纹，当裂纹达到扩展的临界尺寸时，有可能形成宏观裂纹，若干裂纹相连，形成长裂纹，锻造坯发生劈断断裂。因此，在实际锻造时，烧结钼坯的密度希望能大于 $9.50g/cm^3$，相对密度大于 93%。如果坯料的烧结密度偏低，在 1300℃ 开坯及开坯后的第一火拔长锻造时，很容易产生横向裂纹。因为，在拔长锻造过程中，坯料受到很大的轴向拉应力，若拉应力超过低密度区的强度极限时就会断裂。图 4-46 是几根密度低于 90% 的烧结钼坯锻造劈裂的情况，锻造加热温度是 1300℃，锻造工艺是"摔"锻。

烧结钼坯属于脆性难变形金属，不受约束的自由锻很容易使坯料产生锻造劈裂裂纹。因此，实际上，烧结钼坯的锻造都采用"摔"锻工艺，"摔"锻是一种最最简单的模锻，被锻坯料夹在上下对开的半圆柱摔模内，锤头打击上摔模，坯料在上，下摔模约束下拔长，摔模的分模面要用大圆角，以便防止飞边和夹料。在这种锻造条件下，坯料近似受到三向压应力，这种应力状态非常有利于脆性难变形材料的变形。

图4-46 烧结钼坯在1300℃开坯时的断裂形态

实践经验证明，在钼坯加热温度为1300℃时，不同吨位的锻锤能开坯锻造未合金化钼坯的最大直径列于表4-15，如果把坯料的加热温度升高超过1300℃，同样的锻锤能开坯的最大直径加粗。

表4-15 锻锤能力与可锻钼坯最大直径的对应关系

锻锤的能力/kN	2.45	3.92	5.49	7.35	9.80	29.4
钼坯最大直径/mm	35	60	85	110	135	180

锻造开坯在整个钼的锻造过程中是最关键的步骤，开坯最合适的加热温度是1300℃，根据选用的锻锤吨位，确定烧结钼坯直径。例如用7.35kN或9.80kN的锻锤进行钼坯开坯锻造，生产的钼坯直径最好不要超过110mm或135mm，如果烧结钼坯直径太粗，开坯时锻不透，中心未发生锻造变形，这时极容易产生中心裂纹。大量的实践证明，首次开坯的道次变形量要不小于20%，即开坯以后坯料的横断面积与原始烧结坯断面积的差值与原始断面积之比要大于20%。一般规律是：在开坯锻造及开坯后第一火锻造之后（头二火），如果不出现破坏，在随后的锻造过程中，随着变形量的增加，坯料的锻造性能越来越好，若不出现重大工艺失误，一直到锻造结束基本上都不会再发生破坏。一根锻造成品钼棒材的锻造总变形量要不小于70%。达到这个变形量，棒材横断面的性能均匀性是可以接受的。表4-16A和表4-16B是锻造钼棒横断面上沿径向硬度分布和室温拉伸性能。

表4-16A 烧结钼坯锻造后的径向硬度分布（HRA60kg）

烧结坯直径/mm	锻造棒直径/mm	变形量/%	硬度值（ ）内数据是圆心硬度值
130	90	54.2	56，56，53，56，56，55，(56)，57，56，55，56，57，56
85	47	69	58.59，58，(57)，59，59，57
115	53.5	78.4	61，61，60，60，(61)，61，61，61，61

表4-16B 锻造钼棒的室温拉伸性能

试样编号	室温拉伸强度/MPa	拉伸伸长率/%	拉伸截面收缩率/%
GRM1	420	0.5	2.0
GRM2	510	3.0	4.5
GRM3	415	0.5	2.0
FRM1	370	0.5	1.5

试样编号	室温拉伸强度/MPa	拉伸伸长率/%	拉伸截面收缩率/%
CRM1	535	2.5	4.0
CRM2	545	3.5	4.0
CRM3	545	2.0	5.0
ATM1	630	26.5	37.5
ATM2	635	28.5	47.5
ATM3	625	25	32.5

　　由表 4-16A 列出的数据可以看出，变形量达到 55% 时，整个断面已经锻透，由于每道次的变形量均超过 15%，圆心左右两侧的硬度数据是均匀的，没有发现中心软，外侧硬的性能不均匀现象。另外，三根棒材的变形量略有差异，大变形量钼棒的冷作硬化程度比较严重，它的室温硬度总体都偏高一点。表 4-16B 是变形量为 70%～75% 锻造钼棒的室温拉伸性能，试样的切取方法是：围绕圆棒断面外侧等分取六根直径 12mm 的试棒，中心取一根试棒，七根试棒在横断面上的分布位置始终对称，每条直径上有三根试棒。表中列出的不同试样的性能数据的分散性很大，ATM 标号的一组试样性能几乎无分散性，强度和塑性综合性能最好，极大批量的产品按 ATM 工艺都能得到极好的综合性能因为各个试样的加工工艺不同，组织结构差异很大，图 4-47 是锻造以后钼棒的最佳显微组织照片，照片

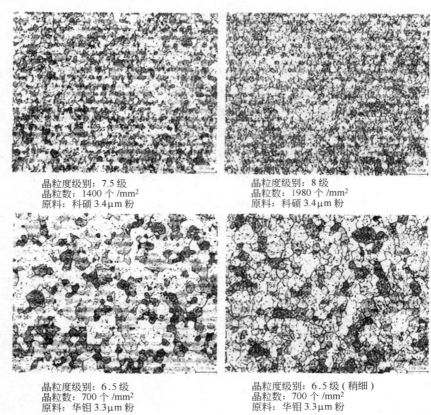

晶粒度级别：7.5 级
晶粒数：1400 个 /mm²
原料：科硕 3.4μm 粉

晶粒度级别：8 级
晶粒数：1980 个 /mm²
原料：科硕 3.4μm 粉

晶粒度级别：6.5 级
晶粒数：700 个 /mm²
原料：华钼 3.3μm 粉

晶粒度级别：6.5 级（稍细）
晶粒数：700 个 /mm²
原料：华钼 3.3μm 粉

图 4-47　粉末烧结坯锻造钼棒的显微组织照片

代表的拉伸试样总锻造变形量约 72%，相当于七级晶粒度。这种结构对应的拉伸试样的综合力学性能最佳。

烧结钼坯除可以拔长锻造以外，还可以进行镦粗锻造。镦粗主要生产不同直径的钼饼材。以直径最大的饼材为例，烧结坯直径约 250~300mm 大型钼圆磙，单重可达 95kg，在大型燃油炉内加热到 1350~1400℃，总加热时间 200min，用 29.4kN 的大锻锤分 2 火或 3 火镦粗成直径 620mm 的钼饼。用钼饼线切割可以做出大直径钼环，用类似方法，在 1350℃ 可以锻造加工出直径接近 750mm 的环件。烧结环件坯料在锻造过程中外径变大，内径变小，可以根据体积不变原理，粗略估算烧结坯尺寸。

钼异形件的锻造，其中包括伞形件、T 形件、面包形锻件，这些异形件的单重较轻，通常不超过 10kg。实践证明，采用合适的加热温度及锻造方法能成功地锻造出各种钼异形件，这些锻件非常接近零件的净尺寸，可节省大量钼原材料。

用不同类型的加热炉把烧结钼坯加热到 1300℃，所有的锻造操作都在空气中进行。钼坯表面在高温下和空气中的氧化合，形成液态的 MoO_3，它们像水一样在坯料表面流淌，似乎形成一层液态表面润滑剂，使得锻造工具和工件之间的摩擦力大为减少，经常发生工件飞离钻面，很容易伤人。有实践经验的操作者根据钼锭表面液态 MoO_3 流淌情况可以判断开坯温度是否正常。

如果用空气炉加热烧结钼坯，有效加热时间及锻打时间总和在 3h 左右，根据经验，钼的最大总烧损率能达到 1.5%~2.5%，如果总耗时增加到 5~6h 范围内，则烧损率可提高到 5%~6%。锻造大型钼制件，加热时间和锻造操作总耗时可能达到 8h 以上，烧损极大，为了减少昂贵的钼的烧损率，必须采用保护气体加热炉加热，例如在氢气炉中加热，5h 加热锻造周期烧损率降到 0.5%~1.0%。

钼坯料在用煤气炉或重油炉加热时，坯料会不会被炉气中的氢、氮和氧污染。表 4-17 给出了一组直径 16mm 锻造钼棒中的氮、氢和氧含量与原始铸锭中三个杂质元素含量。数据比较说明，锻造钼棒并没有被氢、氮和氧污染。这可能是由于，在大气锻造操作过程中表面污染层以 MoO_3 形态完全挥发殆尽，分析数据只代表钼基体中的，而不代表真实表面的杂质含量。

表 4-17　MoO-0.1Zr-0.2Ti 合金铸锭与锻造棒中的气体含量

试样状态	每百克抽出的气体总量/cm³	气体含量（$\times 10^{-6}$）		
		O	H	N
铸　锭	9.7	20	5	20
锻造 ϕ16mm	8.0	10	3	30
铸　锭	9.5	20	4	30
锻造 ϕ16mm	8.8	30	3	20
铸　锭	5.3	10	2	20
锻造 ϕ16mm	4.8	10	1	30

4.3.3　钼坯锤锻时受力、金属流动特点及锻坯缺陷分析

钼坯在锻造时受到的主要作用力是锤头的打击力及坯料与工具之间的摩擦力，当一个

圆柱体（或六面体）受到打击力时，金属的流动遵循最小阻力原理，向四周流动，同时也要服从体积守恒原理，镦粗锻造时直径变大，高度变矮。而在拔长锻造时，金属向阻力最小的方向伸长。镦粗力的计算公式为：

$$p = \sigma_{s}\left(1 + \frac{\mu}{3} \times \frac{D}{H}\right)F$$

式中，p 为变形力，N；μ 为摩擦系数，热锻时钼的摩擦系数可取 0.5；D 为镦粗后的直径，cm；H 为镦粗后的高度，cm；F 为锻粗后的横断面积，cm^2；σ_{s} 为钼材的屈服强度 N/cm^2，钼的 1200℃ 屈服强度可用 230～240MPa。

此外，同时可计算变形功 W，根据 W 可以导出锤头落下部分的质量 G。

$$W = \omega\left(1 + \frac{\mu}{3} \times \frac{D}{H}\right)\sigma_{s} \cdot \varepsilon_{k} \cdot V$$

$$G = \frac{W}{\eta} \cdot \frac{2g}{v^2}$$

式中，ω 为变形速度系数，通常取 2.5～3.5；ε_{k} 为每次锤击的变形程度；V 为毛坯体积，cm^3；η 为锤头打击效率；g 为重力加速度 $9.81m/s^2$；v 为锤头打击速度，m/s。

镦粗时的毛坯原始高度 H_0 与直径 D_0 之比 H_0/D_0 在 0.5～0.25 范围内，镦粗后毛坯中间变粗成鼓形，变形不均匀，如果 H_0/D_0 比值较大，容易产生双鼓形。钼镦粗坯料的高径比可以取 0.8～1.0。若高径比太大，镦粗时高度容易失稳，坯料会成弓形弯曲。

拔长锻造是横断面缩小，长度伸长，拔长锻造的过程及变形方式可见图 4-48，拔长锻造变形时，锤头每次打击，都可以认为是两端面受约束的变形，变形量不均匀。坯料变形可分Ⅰ、Ⅱ和Ⅲ三个区域，Ⅰ区变形量最小，Ⅱ区变形量最大，Ⅲ区的变形量介于Ⅰ区和Ⅱ区之间。当坯料翻转 90° 以后，Ⅰ区和Ⅲ区的位置互换，这样可以提高坯料变形的均匀性。

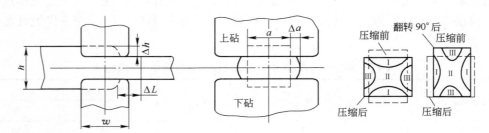

图 4-48　拔长锻造原理图

w—砧宽；h—毛坯高；a—毛坯宽；Δh—压下量；ΔL—伸长量；Δa—宽展

拔长时坯料受到的变形力可按下式计算：

$$p = \gamma m \sigma_{b} a w$$

式中，γ 为变形条件系数，平砧系数取 1，形砧（摔模拔长可看做是形砧锻造）系数取 1.25；a 为坯料高度或直径，cm；w 为砧宽，cm；m 为系数，$m = 1 + \frac{3c-1}{6c} \times \mu \times \frac{w}{h}$，当 $a > w$，$c = a$，$L = w$，当 $a < w$，$c = w$；h 为拔长时坯料高度或直径，cm；μ 为摩擦系数，

热锻时取 0.5，钼表面由于液态 MoO_3 的存在，此值取小于 0.5；σ_b 为在变形温度下坯料的抗拉强度，MPa。

拔长锻造时的砧宽比 w/h 和压下量 Δh 与变形过程有很大关系，见图 4-48 和图 4-49（a）、（b）。图 4-49 上标出的不是满砧宽 w，而是局部砧宽 L，当砧宽比 L/h 不同时，坯料变形及应力状态也不一样。当砧宽比较小 $L/h < 0.5$、变形集中在上部和下部，形成双鼓形，中间变形很小，沿轴向受拉应力见图 4-49（a）中 a 图，中间变形不透，导致内部产生横向裂纹，内部横向裂纹扩展到表面，产生横向劈裂见图 4-49(a)中 b 图。如果 $L/h \approx$ 0.5~1.0，这时中间部分变形较大，坯料完全被锻透，并处于三向受压应力状态，坯料内部缺陷，气孔，疏松容易被锻造焊合，变形比较均匀。如果 $L/h > 1$，中间部分变形激烈，看图 4-49(b)，尤其在横断面对角线两侧的金属产生剧烈的相对流动，坯料外表面受拉应力，特别在侧表面的鼓肚部位极易产生横向裂纹。而在坯料内部则会产生对角线纵向裂纹。万一如果坯料内部有疏松，加热不均，保温时间不够，在同一部位重复多次锤打，道次压下量过大，这种裂纹形成的概率更大。

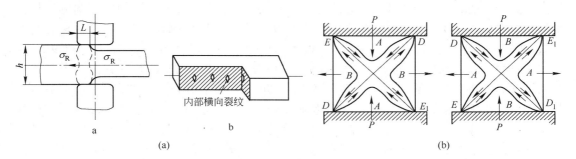

图 4-49　不同砧宽比对锻造变形的影响
（a）砧宽比小，易产生横向裂纹；（b）砧宽比大，形成对角线裂纹

图 4-50 是圆棒拔长时受力和变形情况以及纵向裂纹形成特点。在压下量较小时，接触区域狭窄细长，金属向横向流动见图 4-50(a)，而难变形区（粘黏区）ABC 好像一个刚性的硬楔子嵌在坯料内部，锻造力通过 AB 面和 BC 面传递到坯料的其他部位，最终形成横向拉应力 σ_R，越靠近坯料轴心的地方 σ_R 越大，当 σ_R 达到或超过在锻造温度下钼坯的强度极限时见图 4-50(b)，锻件内部就产生纵向裂纹见图 4-50(c)。加大锤击压下量，每次变形量大于 15%~20%，同一部位的锤击次数最好限制一次，不连续锤击一个地方，这

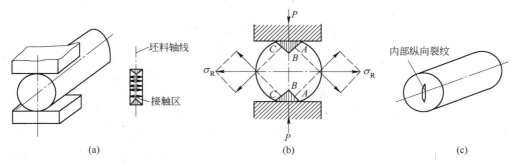

图 4-50　圆棒拔长过程中受力及变形情况

样可以消除或减少纵向裂纹。

锻造圆钼棒横断面上常见宏观缺陷有：中心十形裂纹、人字形裂纹、△三角形裂纹、☆花瓣裂纹、●圆点形缺陷等。纵向缺陷经常在锻造棒的端头出现，从两头端面能清楚地看到。有些缺陷是处于棒材中段，不能直接在两端面看到，需用无损探伤检验确定棒内是不是存在有纵向裂纹。曾经观察到的最严重的纵向裂纹的情况是，一根直径65mm，长度1550mm的锻造钼棒，中心的纵向裂纹从一端贯穿到另一端，从棒材一端浇水，水能穿过中心裂纹从另一端流出。锻造钼棒除含有纵向裂纹缺陷以外，也常产生横向裂纹，横向裂纹中有的是破坏性裂纹，有的是深浅不一的表面裂纹，前者是无可挽救的，后者表面裂纹可以通过机加工清除。在分析锻造钼材的缺陷时，准确的断定某一具体缺陷的成因是一件很困难的工作，因为缺陷产生的原因是多方面的，归纳起来有内因和外因两个方面，内因是烧结坯本身的原因，外因是指锻造操作失误。

在本书第2章中曾论述过，烧结钼坯的密度不可能达到100%的理论密度。大部分坯料的平均密度能达到9.5～9.7g/cm³。用阿基米德排水法测定的烧结坯密度是平均密度，实际上烧结坯的表面密度和中心密度存在有一点差异，例如，用排水法测出坯料的平均密度为9.65g/cm³，而表面和中心的密度分别是9.87g/cm³和9.04g/cm³，中心的相对密度只有88.6%。通常要求锻造烧结钼坯的相对密度要达到94%～96%（绝对密度9.59～9.79g/cm³）。就此而言，坯料内部尚存有4%～6%的孔隙或孔洞，万一它们之中某些缺陷的尺度大于格里菲斯缺陷的临界稳定尺寸，在锻造力的作用下，裂纹就会扩展而造成断裂。因此，必须要求烧结坯的平均密度达到9.5g/cm³，这是第一个最基本的要求。满足这个密度要求的烧结坯，加热温度1300℃，在锻造时不会发生粉碎性的破坏。不过，9.5g/cm³这个数据是一个经验数据，密度低于9.5g/cm³烧结坯并不是不能锻造，经验证明，采用合适的加热温度和精准的锤击操作，9.38g/cm³低密度钼坯也可以锻造。但是，考虑到烧结钼坯的内外密度分布的不均匀性，钼坯的中心可能锻打不透，大直径锻造烧结钼坯的平均密度要高于9.6g/cm³，直径相对较小的烧结钼坯的密度可以低到9.4g/cm³。

钼粉粒度是影响烧结钼坯锻造性的另一个因素，实际经验证明，用费氏粒度2.8μm的细钼粉做出的烧结钼坯，或者用最粗的6.9μm的钼粉做出烧结钼锭都能顺利的用锻锤进行"摔"锻变形。大量应用的钼粉粒度是3.0～3.4μm。可以认为钼粉粒度对烧结钼坯的锻造性没有多大影响。这个结果可以理解为，钼粉粒度主要影响烧结坯的密度，不同粒度的钼粉采用不同的烧结制度，保证最终烧结密度都能满足锻造要求，这就掩盖了钼粉粒度对钼坯锻造性的影响，看不到钼粉粒度对锻造性的直接影响。用2.8～6.9μm粒度范围内的钼粉生产的烧结钼坯都可以锻造。

在锻造过程中首先需要严格控制加热制度，未合金化钼的开坯加热温度一般控制在1300℃，根据坯料直径不同，保温时间要25～85min。对于Mo-Ti、Mo-Ti-Zr、Mo-Hf-Ti、Mo-W合金系的锻造开坯加热温度要达到1450～1600℃。烧结钼合金的锻造变形抗力比未合金化钼的高，可锻性比熔炼挤压的差，高温可以降低它们的变形抗力，提高可锻性。需要强调指出，加热制度不仅限于加热温度和保温时间，还必须考虑加热温度的均匀性，只有加热温度均匀，才能锻造生产出合乎质量要求的优质钼材。图4-51是一台锻造烧结钼用的加热炉的炉温分布曲线，这条曲线是用K型热电偶，在炉温为1300℃时沿炉体的长度方向逐点测出的。实测温度表明，这台加热炉在1000mm长度内最大温度偏差±(8～

10)℃。这样的炉温均匀性能满足钼材锻造，轧制的工艺技术要求。用它加热钼坯料，能基本消除锻造钼的显微组织微观不均匀缺陷。

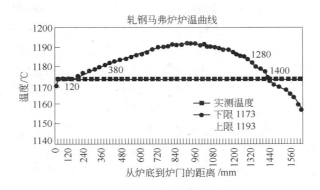

图 4-51   锻造加热炉纵向温度分布曲线

在操作方面要考虑到钼在锻造温度下的抗拉强度极限仍然高达 140MPa，变形抗力很大。一定要避免锻锤在原地重复锤击，要求开坯首道次压下量不小于 20%。为了在拔长锻造过程中，始终保持合适的砧宽比 L/h，开坯用的"摔模"宽度一般选用 120 ~ 150mm，随着锻造火次的增加，坯料的直径变细，"摔模"的宽度要变窄，最窄是 80mm。最终总变形量要达到 70% ~ 75%，才有可能避免产生严重的中心裂纹。图 4-52 是几张锻造钼棒缺陷的实物照片，其中图 4-52(a)是坯料中心密度低引起的中心疏松裂纹，图 4-52(b)是十字交叉裂纹，变形不透，在一个地方重复摔锻，会产生这种心裂纹，图 4-52(c)是总变形量偏低形成的多孔区，图 4-52(d)是内孔洞缺陷，这种缺陷是孤立的缺陷，小孔内表面

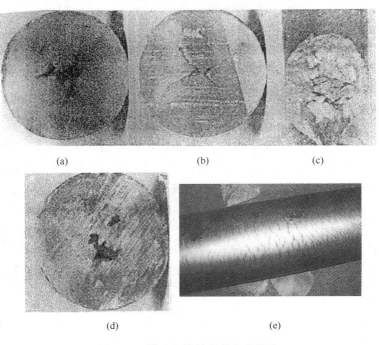

(a)   (b)   (c)

(d)   (e)

图 4-52   锻造钼棒缺陷的实物照片

做电子探针分析（EPMA）发现，铁含量高达2.5%，是钼粉铁含量的400多倍。这种缺陷不是锻造过程中产生的，而是在生产过程中，钼粉混入了异物Fe，在烧结，锻造过程中形成泡穴，这种缺陷较少。图4-52（e）是侧面短浅表面裂纹，这种裂纹的圆周向长度大约相当于圆心角10°～15°，轴向排列比较整齐，左右偏离不大。一个比较典型的实例是，一根1200mm长的圆棒在中间800mm长度上分布有这种横裂纹。因为裂纹的深度很浅，推测它是在最后一火锻造过程中产生的，具体原因可能是最后一火锻造时，棒材较长，在锤击过程中锻坯单向弯曲，在受拉应力一侧表面产生小裂纹。侧表面除有图4-52（e）的浅裂纹以外，还会产生严重横向深裂纹，产生这种横向深裂纹的原因可能是内部形成的横裂纹，扩展到表面形成的表面深裂纹。横向深裂纹产生的另一个可能原因是"摔模"外端面过渡倒角过大，因为它的过渡角太大，在摔锻时轴向横断面连续由大变小，大小横断面交界处不是光滑圆倒角过渡，倒角处有很大的应力（剪切力）集中，就产生横向深裂纹。从理论上必须指出，锻造时钼坯料受锤击力，产生拉应力和压应力，如果受到的总应力大于钼坯的屈服强度，坯料产生永久变形，这是锻造成形的目的。如果某处的总应力超过钼坯的断裂强度，则在某处就会出现断裂（断裂源）裂纹，裂纹可能由内部微观扩展到表面的宏观大裂纹。看来，锻造钼棒产生破坏性缺陷有内因和外因两方面的作用，内因是本质，外因是条件，外因通过内因起作用。内因就是钼坯的屈服强度和断裂强度之间的差异，锻造受力必须大于屈服强度，小于断裂强度。外因是加热温度和锤击力。因此，首先要提高钼锭的质量，保证钼锭有足够高的断裂强度，没有局部断裂强度低的弱点或弱面。严格控制加热温度和锤击力，内因和外因取得最佳组合，才能从根本上消除钼锭产生锻造裂纹的可能性。下面给出几个钼和钼合金的锻造实例。

未合金化钼，烧结坯直径80～110mm，锻造加热温度1300℃，保温时间45～65min，终锻温度1050～850℃，总变形量70%～75%。烧结Mo-Ti-Zr（TZM）合金，采用固-固混料，烧结坯直径80～110mm，开坯用氢气加热炉加热，加热温度1550℃，保温时间45～70min，终锻温度1100℃，总变形量85%。熔炼Mo-30W合金的挤压坯锻造，同样合金也可用粉末冶金工艺生产，固-固混料（钼粉和钨粉），烧结坯直径60mm，锻造开坯用氢气加热炉加热，加热温度1600℃，保温时间45min，终锻温度1150℃，总变形量75%。烧结Mo-0.3La$_2$O$_3$合金，烧结坯直径90mm，锻造开坯用氢气钼丝炉加热，加热温度1600℃，保温时间60min，终锻温度1150℃，最终产品直径25mm，变形量达到93%。Mo-（16～47）Re合金，合金用粉末冶金工艺生产，合金粉用钼粉和高铼酸铵混合，焙烧再还原，开坯加热温度1500～1750℃，自由锻到最终直径35～20mm，合金的锻造性能比较理想。除通常的镦粗锻造和拔长锻造以外，还可以锻造各种异形件。

4.4　钼的旋转锻造和精锻

应用旋转锻造和精密锻造工艺生产出的钼和钼合金棒材，它的表面质量好，尺寸精度高，在某些应用领域，只要经过碱洗，不需要机械加工，就可以直接应用。可以节省大量钼材，因而成本大大下降。目前这种热加工工艺越来越受到关注。

4.4.1　旋转锻造

图4-53是旋转锻造机的结构原理图，主轴高速度旋转，滑块4和锤头5嵌在主轴内。

当主轴旋转时，滚柱 3 跟着转动。若滑块，滚柱和锤头在一条直线上，滚柱推动滑块和锤头，锤头打击被旋锻钼棒。如果滑块和锤头处在两个滚柱之间，由于离心力的作用，滑块和锤头向外滑出，结果离开坯料，同时坯料向前送进。在主轴高速度转的过程中，锤头重复打击坯料，经过多火次旋锻，坯料被锻成最终尺寸，直径变细，在旋转锻造过程中，由于锤头有合理的包角，迫使坯料变形时只能直径变细，长度伸长，不会发生横向展宽。图 4-54 给出了在旋转锻造过程中钼坯料在变形区内受力及变形情况。锤头结构包括有：整形段 $L_{整}$，预变形段 $L_{锥}$，α 为锥顶角。进口和出口直径分别为 d_0 和 d，则旋转锻造的锤击压下量为 Δh。

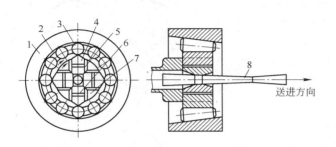

图 4-53　滚柱式旋转锻造机

1—外壳；2—隔板；3—滚柱；4—滑块；5—锤头；

6—衬套；7—主轴；8—锻造坯料

图 4-54　旋锻变形区示意图

$$\Delta h = \frac{d_0 - d}{2}$$

每次锤头打击的变形程度（面缩率）为 ε_1，它的数学表达式为：

$$\varepsilon_1 = \frac{d_0^2 - d_1^2}{d_0^2} \times 100\%$$

总变形量：

$$\varepsilon = \frac{d_0^2 - d^2}{d_0^2}$$

锥顶角 α 的关系式如下：

$$\tan \frac{\alpha}{2} = \frac{d_0 - d}{2L_{锥}}$$

当被锻造钼坯连续向前推进时，不断受到锤头打击，毛坯与锤头接触处受到锤头的打击压力 P 和锤头与毛坯表面之间的摩擦力 T，P 和 T 都可以分解成两个分力，一个是平行于坯料轴线的分力 P_1 和 T_1，另一个是垂直于坯料轴线的 P_2 和 T_2。各分力的大小分别为（见图 4-54）：

$$P_1 = P\sin \frac{\alpha}{2}, \quad P_2 = P\cos \frac{\alpha}{2}, \quad T_1 = T\cos \frac{\alpha}{2}, \quad T_2 = T\sin \frac{\alpha}{2}$$

T_2 和 P_2 是同方向力，它们压缩坯料，使坯料产生压缩变形。而 T_1 和 P_1 是方向相反的力，因此，若 $T_1 > P_1$，坯料进入变形区不会受到阻碍，而 α 越小，T_1 越大，P_1 越小。

根据摩擦力原理可知：

$$\frac{T}{P} = \tan\frac{\alpha}{2} = \mu = \tan\beta$$

式中，μ 为摩擦系数；β 为摩擦角。

如果 $\alpha = 2\beta$，坯料有自动送进的能力，即可以自动咬入。因此，要求锤头预变形区的圆锥角 $\alpha < 2\beta$，如果 $\alpha > 2\beta$，则要用较大的送进力才能把坯料送入旋锻机。可以看出，锥顶角 α 的大小直接影响延伸效率和送进力。

在变形区的横截面上，锤头的工作面与坯料的接触弧对应的圆心角称包角，在包角范围内是全加载区。在小包角情况不，金属处于单向受压状态，应力图上有拉应力。当包角加大时，逐渐变成压应力，最终变成三向受压状态见图 4-55。对于难变形的钼而言，旋转锻造时包角要大一些，这样可以提高旋锻钼制品的质量。

旋转锻造工艺主要用于生产细长的钼杆件，它们有两个方面的用途，首先是为拉制钼丝生产钼杆，为此，用横断面 12mm × 12mm、14mm × 14mm、18mm × 18mm 的垂熔钼条做旋转锻造的毛坯，开始加热温度不低于 1200℃，随着旋锻变形量的增加，旋锻温度逐渐降低，最低加热温度大约可控制在 1000℃。其次是生产细长钼结构件坯料，最典型的用途是做在高温下工作的钼螺钉、螺栓和螺母，它们要求材料有良好的室温强度和塑性的综合性能。在钼棒的实际旋锻生产

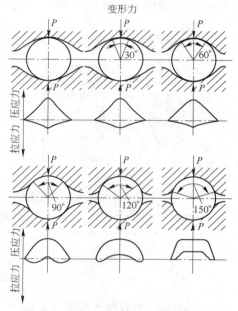

图 4-55　锤头包角不同时毛坯的应力状态

过程中，通常都用等静压（CIP）和高温烧结工艺制备直径 30 ~ 40mm 的坯料，用自由锻造为旋转锻造准备坯料，它的直径要求控制在约 19 ~ 21mm，锤锻总压下量达到 70% ~ 75%，随后再用旋转锻造继续减径。为了保证得到性能优越的旋锻钼杆，必须严格控制旋锻加热温度。起始加热温度要低于 1050℃，自由锻造加旋转锻造的总变形量达到 90% ~ 95%。按照这种制度锻出的最终产品的晶粒度很细，强度和塑性性能匹配很好。直径 11mm 旋锻钼棒的室温强度极限能达到 700 ~ 750MPa，拉伸伸长率能达到 25% ~ 45%。螺纹的加工性能极佳。用它可以大批量的生产 M6 和 M8 的高温用钼螺钉。

4.4.2　钼的精密锻造

4.4.2.1　精密锻造机

精密锻造是一种新的锻造方法，这种方法特别适合锻造难变形的钼和钼合金。精密锻造应用的精密锻造机，与锻锤及锻造压力机相比，它的普及程度及认知度远不如锻锤和水压机，见表 4-18。单从表面看，精密锻造机容易被误认为是旋转模锻机或者冲击机，但是，精密锻造机在锻造过程中金属的热变形是靠几个锤头的压缩，而不是靠锤头的冲击打击。坯料按一定的送进量连续喂进，几个锤头同时和被锻坯料接触并压缩坯料，每一次压

缩产生一个小的变形量，单位时间内压缩的次数很多，因而，在一个道次内可以产生很大的压缩变形量。

表 4-18　部分精密锻造机的型号及技术参数

技术参数	中　国		SX06	SX13	SX20	SX32	SX55	RD125	RD230	RD330
	立式	卧式	奥地利 GFM					卢森堡		
锤头数/个	3	4	4	4	4	4	4	2	2	2
单锤最大打击力/kN	1000	1200	800	1600	2600	5000	10000	600	2000	5000
锤头每分钟打击数	600	650~800	1200	750	520	330	200	720	575	450
可锻最大直径/mm	80					3000~10000	3000~10000	125	230	380
锻件长/mm	1000	700~1000	1000	1000~6000	3000~10000					
可锻最多台肩个数	8	8								
直径可调范围/mm		50	35	80	135	210	300			
夹头个数	1	2	1	1 或 2	2	2	2			
夹头夹最大直径/mm	85	85	60	130	200	320	550	150	200	380
锻造电机功率/kW	28	55	45	160	250	500	1000	15	40	75
总功率/kW	34.8	90	83	200 或 300	450	750	1740	35	65	110
设备总质量/t	≈14	≈30	≈17	55~83	140~163	250~300	580~700	5.9	14.5	24.35

　　精密锻造机有机械传动和液压传动两大类，也可以把各单台精锻机串联排列成精锻生产线。图 4-56 是机械传动精锻机和液压传动精锻机的原理说明图。SX 型精锻机由锻造箱、齿轮箱、坯料夹头、定心装置、支撑件、液压和电力驱动装置几大部件组成。锻造箱和齿轮箱固定安装在基础的一个框架内，用蜗轮蜗杆机构可以把锻造箱和齿轮箱的组合体旋转成水平放置或垂直放置。锻造箱含有偏心轴 1、滑块 2、连杆 3、调节套 4、调节传动装置 5、液压保险机构 6。精锻机的运动过程是：电动马达通过齿轮箱带动偏心轴，通过连杆带动锤头做往复运动。锤头的行程可以通过调节套成对调节（锻打矩形棒或异形棒）或者同步调节（锻打圆棒或正方形棒）。如果功率超载，液压保险装置及电保险装置能保护设备及电动机的安全，全部操作过程可以实现程序控制。

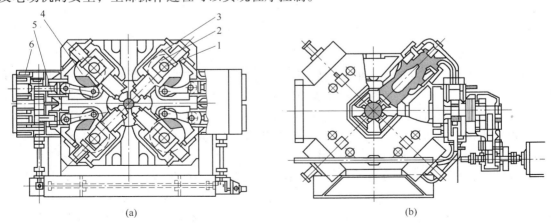

(a)　　　　　　　　　　　　　　　　　(b)

图 4-56　精锻机的结构原理图
（a）机械传动；（b）液压传动

图 4-57 是精锻机的夹头操纵手。一台精锻机
装一个夹头或一对夹头，如果要求在一火次中整
个坯料长度都被锻造，需要装一对夹头，在一火
次锻造即将结束时，把夹头调换，以便锻造原先
夹在夹头内的坯料。夹头安装在夹头床上，可以
保证夹头做精确的直线移动。夹头床装有挡板和
仿形模块，控制夹头的移动，能锻造锥形件。依
靠液压无级变速器，夹头向前送进坯料，用电动
机带动蜗轮蜗杆传动副，转动夹头轴，使圆形锻
坯旋转。在实际锻造时，锤头压缩工件的一瞬
间，坯料向前送进和旋转运动仍在继续进行中，
用一个弹簧平衡这两种运动的差异。

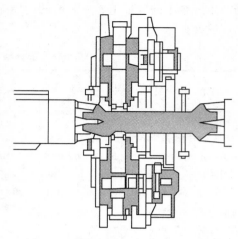

图 4-57　精密锻造机的夹头及夹头床

精锻机安装有定心机构和坯料支撑架，定心
导杆安装在锻造箱前面和齿轮箱后面，在锤头附近支撑锻件，以便确保它处在精锻机的锻
造轴线上。为了防止长锻件下垂，可以采用坯料支撑架，在控制台上可以用液压或电动控
制支撑架的升降，能保证长锻件处于水平状态。

精锻机的锤头有普通锤头和圆弧锤头，四个锻造锤头均匀对称的排布在锻件四周，使
坯料变形发生在两个互相垂直的受力面上，锻坯总体受压应力，可杜绝锻坯发生内裂纹，
见图 4-58。

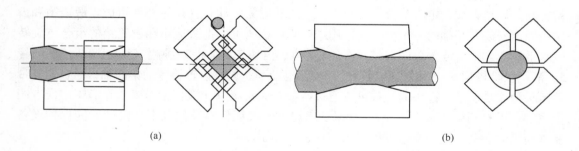

(a)   (b)

图 4-58　机械传动的精锻机的锤头排布
(a) 通用锤头；(b) 圆弧锤头

采用通用锤头可以把任意形状的坯料锻成圆形断面的锻件，方形断面或矩形断面的锻
件。开始精锻时，被锻造坯料首先在表面发生变形，变形过程由表及里，变形深度取决于
工件的入角及每道次的压缩率，入角及道次压缩率由工具的形状决定。通用锤头允许每道
次产生较大的压缩变形量。例如 SX55 精锻机在一个锻造程序中，用一套锤头可以把
550mm 的坯料锻成 230mm 的锻件。另一个优点是在锻方形锻件时，开坯及中间各火次都
先锻成圆棒，最终才锻成方截面棒。因为在锻造过程中不产生棱角，送进速度可以很快，
可用大压缩变形量，提高了生产率。产品质量及材料收得率可以大大提高。除通用锤头以
外，还有圆弧形锤头。用圆弧形锤头可以锻造出尺寸精度和表面光洁度非常好的圆棒。这
种特性对于圆钼棒的锻造有特别重要意义，精锻机锻出的圆钼棒可以免除表面加工，在某
些应用领域可以直接应用，能节省许多稀有金属，大大降低了产品成本。

图 4-56(b)是液压传动的精密锻造机，这类 PX 型精锻机可以锻造大尺寸锻件的半成品，锻件的尺寸公差及表面粗糙度的要求相对较高，因为这些半成品随后还要进一步加工。液压精锻机的单个锤头的锻造力都超过 9.8MN，机械传动的单个锤头的锻造力小于 6.37MN。单个锤头锻造力在 6.35 ~ 9.8MN 之间的精锻机有液压传动和机械传动两类，可根据锻件的要求选用精锻机的类型。

液压传动的精密锻造机有四组液压缸，它们在一个平面上排成 X 形，锻造锤头固定安装在活塞杆的端头。各压缩活塞靠气缸完成活塞的回程动作，锤头的移动依靠偏心轴，连杆及滑块。偏心轴按正弦运动规律带动压缩活塞，这种移动规律可以保证在每个锻造循环末尾的一瞬间锤头能以最慢速度压缩锻件，使得锻件处于良好的受力状态。锤头分布在锻件四周，在这样受力变形条件下，锻件不会产生中心裂纹及表面裂纹，对于锻造脆性难变形金属钼特别有利。锤头的行程及位置由压缩活塞及传动系统的空间尺寸决定。液压传动精锻机的夹头及夹头床与机械传动的类似，用一套通用锤头可以把毛坯锻成圆截面或方截面锻件。

把不同型号和规格的精锻机像几台轧机一样串联排列成连续精密锻造生产线，锻造线上的工件向前移动的方法与机械传动精锻机的送进方法有重大区别。机械传动的精锻机依靠夹头床向前推动夹头，使锻件与锻造轴线同心，并能使它水平向前移动。连续锻造机的连杆带动锤头，通过一个机构能使锤头在一个椭圆形的轨道上运动，依靠连杆和锤头的动作使锻件向前运动。图 4-59 是连续锻造机的锤头分布示意图，根据锤头的形状及分布可以清楚了解整个锻造过程。图 4-59(a)是圆锤头和方锤头，每组锤头交替打击锻件，可以把坯料锻成带有圆倒角的方断面的锻件，也可以把方截面坯锻成圆截面锻件。图 4-59(b)是三个圆锤头和三个方锤头组合，互相间隔的三个锤头为一组，交替间隔的压缩锻坯，这样，可以把方坯锻成尺寸精度很高的圆棒。图 4-59(c)是一对扁平锤头组合，两锤头不在同一平面上锻打坯料，而是在两个面上锻打，一锤在前，另一锤在后。带动两个锤头的偏心轴互相交叉 10°，在这种情况下，两锤头既不是同时锻打，也不是交替锻打。锻打变形时材料的流动不受限制。特别适用于把圆坯料锻成带有尖角的扁平截面的锻件，或者锻成正方形断面的锻件。这些四锤头组合机或六锤头组合机在锻造时坯料多面受压应力，这些压应力分布均匀，能杜绝材料中心开裂或崩裂，可使锻件获得良好的表面和精确的尺寸公差。

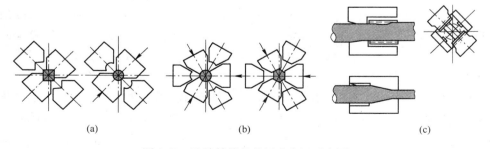

图 4-59　连续精锻机的锤头布置示意图

精密锻造的锤头用高强度钢做基材，在其表面堆焊耐热耐磨的高合金钢。也可用硬质合金做锤头，它可以承受更大的锻造力。当锤头受损以后，可以用堆焊的方法修复，因此，锤头的费用相对较低。

4.4.2.2　钼和钼合金的精锻过程

图 4-60(a)是在精锻时锻坯受力及金属材料的流动情况图，在夹头向前推进时，锻坯受到向前推进的轴向力，四个锤头同时对称压缩锻件，锻件受径向压力，整个坯料近似受三向压应力。在精密锻造变形过程中，金属坯料内。同时存在有压缩流，外向流及切向流。这种应力状态对难变形的脆性材料钼和钼合金的变形特别有利，好像挤压变形。真空自耗电极电弧熔炼的钼和钼合金锭，真空电子束熔炼炉熔炼的高纯钼及粉末烧结的钼锭都可以用精密锻造工艺进行拔长锻造。下面给出几个钼和钼合金精锻工艺的实例。

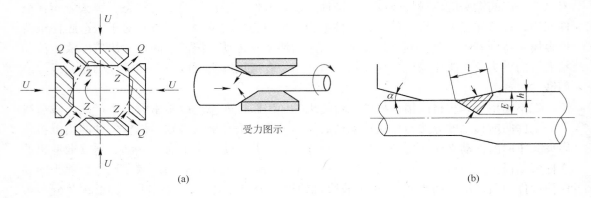

图 4-60　精锻坯料受力及金属流动情况和精锻变形区示意图
U—压缩流；Q—外向流；Z—切向流；h—压下量；l—锤头与锻坯的接触长

二次电子束熔炼的 $\phi85mm \times (550 \sim 800)mm$ 的钼锭，电子束熔炼加真空自耗电极电弧二次重熔钼锭的尺寸为 $\phi140mm \times 500mm$[3]。在熔炼和挤压加工一节中已描述过，这类钼锭含有粗大的柱状晶粒，它的加工变形性能低劣，不能直接用自由锻造开坯，必须先挤压开坯，而后再用自由锻锻造成所需要的各种规格的钼棒材。但是，如果用精锻机锻造，结果与自由锻造不同。由于在精锻过程中，多锤头径向均匀压缩钼坯，坯料受三向压应力，应力状态与热挤压的应力状态类似。因而可以用精锻工艺直接锻造这类熔铸的钼锭。具体锻造过程是，精整好的钼锭用氢保护钼丝炉加热到 $1300 \sim 1500℃$，用 GFM 的 SXP-13 型精锻机锻造，它的每个锤头的锻造力约为 1.568kN，锤头的打击速度是 620 次/min，坯料的最大直径是 140mm，进料长度 $500 \sim 3000mm$，锻件成品的最小直径 $\phi30mm$，长度最长可达 6000mm。直径 $\phi85mm$ 电子束二次重熔的钼锭直接锻成尺寸为 $\phi35mm \times 5300mm$ 棒材。电子束熔炼加真空自耗电极电弧炉二次重熔的钼锭，由直径 $\phi140mm$ 直接锻成最终尺寸为 $\phi75mm \times 1600mm$ 的钼棒材。

显而易见，用精密锻造工艺锻造钼和钼合金与挤压后再锻造工艺相比，精锻的优越性非常明显。精密锻造可以把钼锭在 $1 \sim 2$ 火内锻成长钼棒，变形工序少，锻造成品的尺寸精度高，直径偏差能达到 $\pm0.5mm$，弯曲度小于 2/1000，表面光洁度好，尺寸精度能接近零件的净尺寸，在某些应用场合，例如玻璃电熔钼电极，可以免除表面加工，碱洗以后就能直接应用，因而材料的利用率可以提高到90%以上。而热挤钼棒由于受到挤压机能力的限制，通常挤压比一般在 $4 \sim 6$ 范围内，表面粗糙并有微小划沟，头尾有重大缺陷。因此，挤压棒都要精整以后才能锻造。工序较长，材料的总收得率只有60%~70%。看来，钼的精密锻速是一种很有前途的热加工工艺，但是，由于精锻机的价格昂贵，限制了这种工艺的发展。

含硼的TZM合金是一种高强度钼合金，由于它的变形抗力大。用自由锻（摔锻）加精锻可以满意的把这种合金锻成优质棒材。用粉末冶金方法生产含硼TZM合金，名义成分是Mo-0.5Ti-0.1Zr-(0.01~0.03)(B+C)，坯料密度大于9.5g/cm³，毛坯重35kg，坯料尺寸为ϕ100mm×500mm，硬度HV为1600~1700MPa。锻造时用氢气保护钼丝炉把坯料加热到1650℃，先用空气锤把坯料"摔锻"拔长到ϕ70mm，压下量51%，终锻温度不低于1300℃。为了得到细小均匀的晶粒结构，采用锻造—再结晶—锻造—再结晶工艺，在锻造过程中进行多次再结晶退火，最终把锻坯"摔锻"成的ϕ70mm钼棒作精锻的坯料。精锻设备是SXP-13精锻机，坯料的加热温度不低于1550℃，锻造速度3m/min，一火三道次把ϕ70mm的坯料锻成ϕ50mm×1800mm的钼合金棒材，终锻温度不低于950℃。校直以后钼棒的弯曲度小于2mm/m。烧结坯的总变形量75%，钼的总收得率超过90%[4]。

未合金化的高纯烧结钼锭也可以用精锻机锻造，高纯钼粉经CIP压成生坯，在1750~2000℃烧结成锻造坯锭ϕ62~66mm。用四锤头卧式精锻机把这种烧结的未合金化钼锭锻成了ϕ32mm和ϕ42~46mm，每个锤头的打击力是1.6MN，打击速度是700次/min，夹头的喂料速度是10~100mm/min。表4-19列出了未合金化钼坯的精密锻造工艺参数。

表4-19 未合金化的高纯钼棒精密锻造工艺参数[5]

锭号	锻造温度/℃		坯料尺寸 $\phi \times L$/mm	成品尺寸 $\phi \times L$/mm	火次	火次加工率/%	总加工率/%	道次锻造深度/mm	表面质量及直径偏差/mm
	始锻	终锻							
1	1300	955~1050	66×485	46×950	1	51	51	6.8	光洁，<0.5
2	1300	950~1050	66×550	45×1180	1	52	52	7.5	光洁，<0.5
3	1300	1000~1050	62×470	42×1020	1	46	46	6.8	光洁，<0.5
4	1300	1000~1050	66×475	42×1144	1	59	59	8.8	表面有螺旋线
5	1300	950~1000	ϕ63	ϕ42	1	55	55	7.1	光洁
5	1000	900~780		32×1810	2	41	74	3.4	光洁，<0.5
6	1300	950~1000	ϕ65	ϕ42	1	57	57	7.3	
6	1000	900~780		32×1900	2	43	76	3.5	光洁，<0.5
7	1300	950~1050	64×496	ϕ42	1	56	56	7.1	
7	1000	900~780		32×1900	2	44	75	3.5	光洁，<0.4

精锻的变形速度比水压机的快，比锤锻的慢。在变形过程中锤头高频次的压缩被锻坯料，部分机械能转变成热能，使被锻坯料升温，变形区内的升温幅度可以达到70~150℃，在精锻过程中被锻坯料的温度总趋势是降低，但是在经过一个道次的精锻以后，坯料的温度有一点回升。这样总的精锻时间可以延长。因而，精锻钼棒的长度可以达到5300mm。

精锻机的锤头高速压缩被锻坯料，使坯料发生变形，每打一次只在坯料表层发生变形，重复多次锻压以后，被锻坯料才发生总体大变形。但是，自始至终表层金属的变形量都大，流动速度也快，中心金属的变形量小，流动速度慢。这样就造成精锻钼棒的外层和中心的组织结构不一致，性能不均匀。表4-20和表4-21分别列出了精锻钼棒外层和中心的密度和室温拉伸强度，由表列数据可以看出，精密锻造钼棒外层的密度比中心的高。顺便指出，密度分布外高内低可能有两个原因：（1）精锻工艺的变形过程的特点；（2）原始烧结坯的密度分布的遗传性，烧结坯的密度分布也是中心低，外面高。另外，精锻钼棒的外层强度指标和塑性性能也都比中心的高。由图 4-61 的显微组织照片可以清晰看出，因为表层的变形量大，晶粒度较细，$\phi32mm$ 和 $\phi42mm$ 相应的表面晶粒度分别为 14039 个/mm^2 和 8533 个/mm^2。而中心区的晶粒度分别相应为 2951 个/mm^2 和 2958 个/mm^2。中心区的晶粒粗短，并残存有一些小的孔隙。

表 4-20　粉末钼棒精密锻造前后的密度

试样的加工历史	直径 32mm，变形量 75%				直径 42mm，变形量 55%			
	烧结坯		精密锻造棒		烧结坯		精密锻造棒	
	表面层	中心	表面层	中心	表面层	中心	表面层	中心
密度/g·cm^{-3}	9.69	8.73	10.21	10.12	9.69	8.73	10.19	10.10

表 4-21　精密锻造粉末冶金钼棒的外层和中心的室温拉伸性能

试 样 特 点	取样部位	σ_b/MPa	$\sigma_{0.2}$/MPa	δ/%	ψ/%
直径 32mm，变形量 75%	外层	746.2	731.5	28.0	30.1
	中心	639.4	631.5	4.4	5.2
直径 42mm，变形量 55%	外层	758.0	752.1	6.3	7.2
	中心	666.8	—	2.3	—

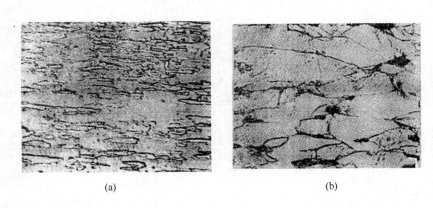

(a)　　　　　　　　　　(b)

图 4-61　直径 31mm 精密锻造粉末冶金钼棒的显微组织照片
（a）外层；（b）中心区

　　精密锻造工艺的变形特点决定了精密锻造钼棒的组织和性能不均匀，变形集中在外层，锻造效果 E 很浅，见图 4-60（b），可用下式近似定出 E(mm) 的值。

$$E = \frac{\sqrt{2}}{2}l\sin(45° - \alpha)$$

$$l = \frac{h}{\sin\alpha}$$

两式合并以后可以得到

$$E = \frac{\sqrt{2}h}{2\sin\alpha}\sin(45° - \alpha)$$

式中，h 为道次压下量，mm；α 为锤头进角；l 为锤头与锻件的接触宽度，见图 4-60(b)。

锻造锤头打击变形深度与锤头的倾角 α 和道次变形量 h 有关。当 $h = 6.5$mm，$\alpha = 15°$ 时，则 $E = 8.8$mm，如果把 α 角降到 5°，则锻透深度可以达到 33.9mm，如果在提高 h 的同时减小 α 角，则锻透深度可以进一步提高。这样，可以使钼棒的径向变形更加均匀，降低精锻钼棒横断面上中心和外层的组织和性能的不均匀性。

应当注意，原始烧结坯的组织和密度分布不均匀性会遗传给锻造以后的钼棒，因此，不管是自由锻造，还是精密锻造，只有原始烧结钼坯的性能均匀，才能得到组织性能均匀的锻造钼棒。任何时候都要保证烧结钼坯的质量，只有用优质的烧结钼坯才能做出优质的锻造钼棒。

4.5　钼的轧制

钼的轧制要论及到未合金化的 Mo、Mo-Ti-C、Mo-Ti-Zr-C、Mo-Hf-C、Mo-W、Mo-Re、Mo-Si-Al-K、Mo-La、Mo-Ce 等钼和钼合金的轧制工艺。涉及的产品有钼中板、薄板和钼箔、钼带、钼管和钼棒。这些钼和钼合金产品都能用轧制工艺生产。各种材料的性能差异很大，不同材料需要用不同的工艺，但是不同的工艺之间也有一些共性。这一节要论及不同材料的轧制工艺特点及其共性。

4.5.1　轧制过程的一般概念

简单地说，被加工金属材料（如钼）通过两个或几个反向旋转的轧辊之间的间隙，并受到轧辊施加的压应力而产生塑性变形的过程叫轧制。图 4-62 是二辊轧机的工作原理图。图中的 h_0 和 h_1 是轧制坯料的原始厚度和轧制成品的厚度，L 是变形区的长度，$\overset{\frown}{AB}$ 和 α 是接触弧长和咬入角，根据原理图可以列出下面的关系式：

$$\cos\alpha = 1 - \frac{h_0 - h_1}{2R} = 1 - \frac{\Delta h}{D}$$

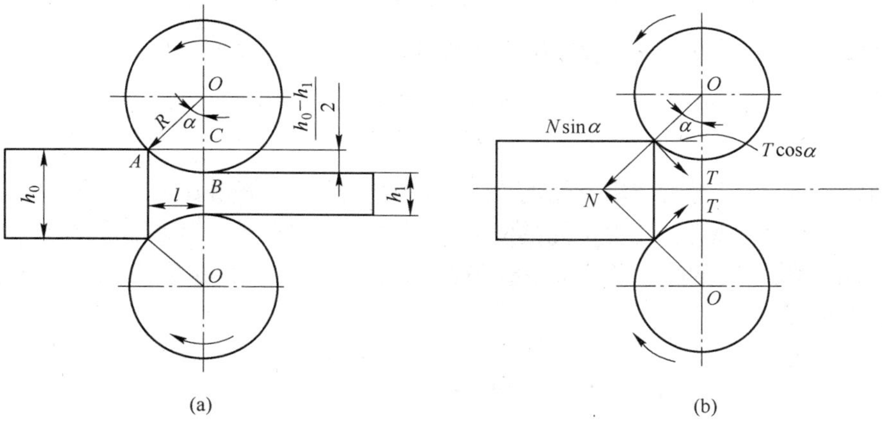

图 4-62　两辊轧机的工作原理图

（a）轧制时的变形区及咬入角；（b）轧件被咬入瞬间的受力图

式中，D 为轧辊直径。当 α 很小时，则

$$\cos\alpha = \sqrt{\frac{\Delta h}{R}}$$

式中，R 为轧辊半径。

　　咬入弧与轧件侧面及轧件出口和入口面之间包围的区域称变形区，$\overset{\frown}{AB}$ 弧的水平投影长度称变形区长度 L，L 的数学表达式为：

$$L = \sqrt{R\Delta h - \frac{\Delta h^2}{4}}$$

近似表达式为：

$$L \approx \sqrt{R\Delta h}$$

L 和 α 之间有下列近似关系：

$$L = R\sin\alpha \approx R\alpha$$

$$\tan\alpha = \frac{L}{R - \Delta h/2} \approx \frac{\sqrt{R\Delta h}}{R - \Delta h/2}$$

式中，α 为咬入角（弧度）。

　　在轧件和轧辊接触的一瞬间，轧件受到轧辊施加的径向正压力 N 和切向的摩擦力 T，N 和 T 可以分解成与轧件前进方向一致的水平分力 $T\cos\alpha$ 和阻碍轧件前进的水平分力 $N\sin\alpha$，显然，轧件被咬入的条件是向前的力要大于向后的力，即

$$2T\cos\alpha > 2N\sin\alpha$$

根据摩擦力的定义可知：

$$T = \mu N$$

代入上式可得到：

$$\mu N\cos\alpha > N\sin\alpha$$

$$\mu > \tan\alpha$$

已知 μ 是摩擦系数，可令 $\mu = \tan\beta$，β 是摩擦角，则有：

$$\tan\beta > \tan\alpha$$

$$\beta > \alpha$$

　　由上面的分析可以得出结论，轧辊咬入轧坯的条件是摩擦角 β 大于咬入角 α。轧坯被咬入以后，轧辊把坯料拽入轧辊中间的缝隙，同时缝隙逐渐被轧坯填满。在这个过程中，咬入角不再是刚咬入时的咬入角，而变成最大咬入角 α_{max}，摩擦系数也发生变化，这时维持正常轧制的条件：

$$\tan\frac{\alpha_{max}}{2} < \mu$$

或者

$$\alpha_{max} < 2\beta$$

由这些分析可以想到，在高温下轧制钼时，钼坯表面生成一层液态的 MoO_3 薄膜，这层表面膜起润滑剂的作用，它使摩擦角 β 减小，因此，在轧制条件相同时，钼比其他金属更难咬入。

在轧制过程中，轧坯的高度（厚度），长度和宽度方向都要发生变形，主变形在厚度和长度方向，而宽度（宽展）的变形很小，在热轧钼时，钼坯宽度超过150mm，它的宽度方向几乎没有变形，不发生宽展。

轧坯被咬入轧辊以后就产生轧制变形，变形区域及金属的流动情况描绘于图4-63。变形区分为Ⅰ、Ⅱ、Ⅲ、Ⅳ四个区域，Ⅰ区是难变形区，形状呈锥形，锥底和轧辊接触，坯料与轧辊之间没有相对滑动，好像和轧辊贴在一起，故称贴合区。这个区域内的金属不发生塑性变形。Ⅱ区是塑性变形区，可以看出，实际变形区的范围已经超过了几何变形区的范围，压缩变形区由表面向中心发展。Ⅲ、Ⅳ两个区域，由于前后两个刚性端的存在，这个区域的塑性变形特点是纵向受压缩，高度方向变厚，见图4-63（a）。两个刚性端之间的金属流动速度分布不均匀，可以把它们分成七段，见图4-63（b）。1 和 7 是后刚端区和前刚端区，5 和 3 为前滑区和后滑区，前滑区金属的流动速度比轧辊的线速度快，而后滑区金属的流动速度比轧辊的线速度慢，2 为塑性变形发生区，4 是贴合区，6 是变形消减区。只有在贴合区的中性面上，金属流动速度沿高度（厚度）方向上的分布才是均匀的，其他各断面上的速度分布都不均匀。

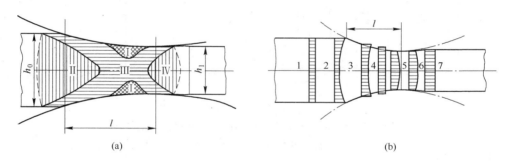

图 4-63 轧制变形区的分布和划分
（a）变形区的分布；（b）变形区的划分

由于金属的流动速度分布不均匀，沿厚度方向上的变形必然不均匀。轧制变形的不均匀性程度取决于形状系数 $L/\bar{h}$，这里 L 是变形区水平投影的长度，$\bar{h}$ 是轧件的平均厚度。在轧制薄板材时，形状系数大于 $0.5 \sim 1.0$，轧制厚板时，形状系数小于 $0.5 \sim 1$。轧厚板时压缩变形不能深入到轧件的内部，只在表层区域发生塑性变形。图4-64（a）、（b）分别是 $L/\bar{h} > 0.5 \sim 1$ 的轧件厚度方向上的金属流动速度和应力分布图，图上的 v_1、v_2 是轧件入辊和出辊时金属的流动速度，v_r 是轧件中性点的金属流动速度。1、2 是轧件横断面表面层及中心层的速度，3 是横断面的平均速度。10、4 是前刚端和后刚端不变形区内的金属流动速度，9、5 是前后出入口非接触变形区内的速度分布，8、6 是前滑区和后滑区金属的流动速度，7 是中性面的速度，只有中性面的速度分布才是均匀的。图4-64（b）是与图4-64（a）相对应的轧件的应力分布图（＋，－号代表压应力和拉应力），不变形的1—1 面和5—5面上无应力，中性面3—3 上都受应力，表明轧件已被轧透。在出口面和入口面4—4

和2—2的表层有拉应力,中间部分受压应力。图4-64(c)、(d)分别是在 $L/\bar{h}<0.5\sim1$ 时轧件厚度方向上的金属流动速度和应力分布图。在这种情况下轧件没有轧透,速度和应力分布与图4-64(a)和图4-64(b)有明显区别。轧件没有中性面,前后不变形区6和1的金属流动速度分布均匀,4和3是前滑区和后滑区,中心和边沿的流动速度相反,2和5是入口和出口处非接触变形区的金属流动和应力分布,出口边和入口边都是表面受压应力,中间受拉应力[见图4-64(c)],这种应力状态常导致轧件劈裂,有关劈裂问题在下面有详细论述。

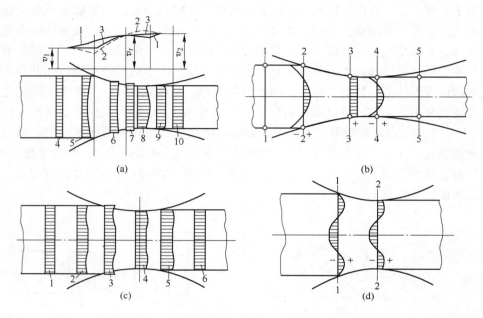

图4-64 不同 $L/\bar{h}$ 轧件的金属流动速度和应力分布

(a),(b) $L/\bar{h}>0.5\sim1$;(c),(d) $L/\bar{h}<0.5\sim1$

轧制变形速度有平均速度和瞬时速度的区别,瞬时变形速度定义为极小的变形量对时间的微分,表示为相对变形量 $\Delta h/h_0$ 的无限小的值 $\mathrm{d}h/h_0$,瞬间变形速度的数学表达式为

$$U_Q = \frac{\mathrm{d}h}{h_Q} \cdot \frac{1}{\mathrm{d}t}$$

式中,U_Q 为轧件任一点的瞬时变形速度;h_Q 为轧件瞬时的厚度。

在忽略轧件板材宽展的情况下,任意断面上的 U_Q 可用下面的近似式表示:

$$U_Q = \frac{2}{h_Q^2} \cdot \tan\theta \cdot h_1 \cdot v \cdot \lambda$$

式中,v 为轧辊的圆周速度;θ 为与轧辊面之间的任意夹角;λ 为系数,$\lambda = v_2 \cdot v^{-1} = S + 1$,此处 v_2 是轧件的出辊速度,S 是前滑值。把上式平均积分并化简后,可以得到沿接触弧上各点的平均变形速度的计算式:

$$\overline{U} = 2h_1 v\lambda \left[(h_1 + D) \frac{\Delta h}{h_0 h_1} + \ln \frac{h_0}{h_1 \cos\alpha} \right] \times (h_1 + D)^{-2} \alpha$$

式中，D 为轧辊直径；α 为咬入角。接触弧水平投影上的金属平均流动速度的计算公式为：

$$\overline{U} = \frac{v_2 \Delta h}{L h_0} = \frac{v_2 L}{R h_0}$$

式中，L 为接触弧的水平投影；R 为轧辊半径；h_0 为轧件入辊时的断面高（厚度）；v_2 为金属的出辊速度。这个公式计算出的结果精度很高。另外，沿接触弧水平投影上的变形速度的近似计算公式为：

$$\overline{U} \approx \frac{\Delta h}{h_0 t} = \frac{v}{h_0} \sqrt{\frac{\Delta h}{R}}$$

或者

$$\overline{U} \approx \frac{2v}{h_0 + h_1} \sqrt{\frac{\Delta h}{R}}$$

式中，t 为轧件在变形区内停留的时间。近似计算公式算出的变形速度的精度稍微差一点，但是，因为计算方便，在轧制实践中经常采用。

轧坯在轧制过程中受到轧辊施加的轧制压力，它才会发生塑性变形，轧制压力是通过压下机构传给轧辊，再传输给被轧工件。通常认为轧制压力是轧件反作用于轧辊上的力，反作用于轧辊上的力通过压下机构（机械的或液压的）传递给机架，即轧辊施加于轧件总压力中的垂直分力才是轧制压力。事实上，只有在简单理想的条件下，轧件给轧辊的总反作用力的方向才和两轧辊的连心线平行（即垂直）。总压力实际上并不是都与两轧辊的连心线平行，而是偏向出口方向，总压力是各力的合力，通过压下机构实测出的压力仅是合力的垂直分量。在确定轧件对轧辊的合力时，首先应当分析在接触弧内轧件与轧辊之间的受力情况。若忽略在宽度方向上接触应力的变化，并假定在变形区内某一微分体积上承受着轧辊施加给轧件的单位压力 P 和单位接触摩擦力 t，轧制力可以按下式计算（见图4-65）：

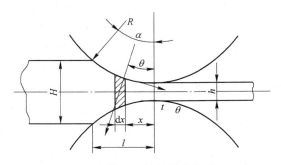

图4-65 后滑作用于轧件微分体积上的力

$$P = \overline{B} \int_0^\alpha p \frac{dx}{\cos\theta} \cdot \cos\theta + \overline{B} \int_\gamma^\alpha t \frac{dx}{\cos\theta} \sin\theta - \overline{B} \int_0^\gamma t \frac{d\theta}{\cos\theta} \sin\theta$$

式中，θ 为变形区内任一角度；$\overline{B}$ 为轧件平均宽度，$\overline{B} = \frac{1}{2}(b_0 + b_1)$。

显然 $\overline{B} \cdot dx \cdot \frac{1}{\cos\theta}$ 是轧件与轧辊在某一微分体积上的接触面积，在 θ 无限小时，这个接触面积变成了 $\overline{B} \cdot dx$，那么，上式的第一项是 p 的垂直分量的和，第二项和第三项是 t 的和，因为前滑区和后滑区的摩擦力方向不同，要分两项求和。由上式可以看出，通常所说的轧制压力，或者实测出的轧制压力并不是单位压力的合力，而是单位轧制压力和单位摩擦力的垂直分力之和。上式中的第二项，第三项和第一项相比，其值甚微，工程上可以忽略不计，则上式可简化成：

$$P = \overline{B}\int_0^\alpha p\,\frac{\mathrm{d}x}{\cos\theta}\cdot\cos\theta = p\mathrm{d}x$$

如果取平均值，则

$$P = \overline{p}\cdot F$$

式中，P 为轧制压力；$\overline{p}$ 为平均单位压力；F 为接触弧实际面积的投影。由上式可以看出，轧制压力就是单位面积平均压力和接触弧的投影面积之积，要想确定轧件作用于轧辊的总压力，需要正确地确定平均单位面积压力和实际接触面积。计算轧制力还可以用其他理论公式或经验公式。此外，如果轧机安装有压力传感器，可以在轧制过程中全程直接测量和监控轧制压力，提高产品质量，保证轧机安全。

4.5.2 钼棒的轧制

普通钢铁材料可以由铸锭经过锻造，再用孔形轧机直接轧成各种直径的棒材。钼和钼合金也可以像钢材一样用轧制的方法生产钼棒。但是，二者的轧制工艺差别很大。钼属于难熔金属，金属的性质决定了钼的轧制工艺的特殊性。加热制度，轧制温度和轧制压下量对钼棒的性质有极大的影响。根据加热温度的高低差异，钼的轧制可以分为热轧，温轧（半热轧）和冷轧三种工艺。

热轧的加热温度通常要超过钼熔点的 50% ~ 60%，即 1300 ~ 1650℃。钼和钼合金在这个温度下的强度较低，塑性较好。在轧制过程中伴随有再结晶软化，加工强化现象不明显。对于添加有合金元素或含有其他间隙杂质的钼和钼合金而言，在热轧过程中杂质会发生晶粒边界偏析，产生"热脆性"，钼的热加工性下降，轧制产品极易开裂。

温轧的加热温度比热轧的低，这里必须先指出，钼是体心立方金属，它有塑脆性转变现象，这种现象是体心立方金属特有的性质。当温度低于某一个特定范围的时候，体心立方金属（钼）呈现脆性，高于这个特定范围，则呈现出塑性，这个特定的温度范围称塑脆性转变点，用冲击加载的方法得到的塑脆性转变点的温度最高。在后面第六章将会详细的论述钼的塑脆性转变现象。依据这个现象，温轧的最低加热温度要高于钼的塑脆性转变点，最高加热温度要低于钼和钼合金的再结晶温度，通常用 800 ~ 1000℃。在温轧加热温度范围内钼的强度仍然很高，变形比较困难，但是处于完全的塑性状态。

冷轧是指经过热轧和温轧以后，钼坯已经承受了强大的热变形，可以继续在较低的温度下轧制。冷轧常常被理解为室温轧制，不过，由于钼和钼合金的塑脆性转变点常在室温以上，在室温下钼可能仍处于脆性状态，因而在开始冷轧时，轧坯仍要先加热到 200 ~ 300℃。历经这种低温轧制以后，塑脆性转变点降到室温以下，钼就可以在室温进行深度轧制，但是在冷轧制过程中要进行多次消除应力退火。消除应力的退火温度视变形量而定，通常选择 550 ~ 850℃，变形量越大，选择的温度越低。

粉末烧结未合金化钼棒的轧制实例，粉末烧结坯的直径 85mm，开坯加热制度为

1250~1300℃/h，在高温下粉末烧结坯直接开坯轧制，第二火回炉加热1050℃/30min，随后直接轧成直径35mm的钼棒。

钼和钼合金棒材轧制成败的关键是孔形的设计和选择。实践证明，选用椭圆-圆-椭圆-圆……孔形系列可以轧制钼和钼合金棒材，轧制开坯要用大压下量轧制，一般面缩率不要低于15%~20%。由于钼坯的变形抗力较大，它的表面又有一层起润滑作用的液态 MoO_3 薄膜，选用过大的变形量，轧制咬入非常困难。提高钼坯的开坯加热温度到1550~1600℃，降低变形抗力，开坯压下量可以大到20%~25%。采用15%~20%的压下量开坯，已经可以保证整个横断面都能完全变形（即轧透）。如果开坯轧制压下量（面缩率）小于10%~15%，棒材横断面轧不透，或者，开坯压下量过大，超过20%~25%，都有可能造成棒材在开坯轧制时发生劈裂。开坯以后各道次的轧制压下量可以控制不小于10%。倘若道次压下量偏小，棒材中心变形不透，多次频繁改变轧制压下方向，会造成钼棒中心开裂，严重时在棒材中心能形成一个不规则细管，这个细管基本顺着棒材中心轴线贯穿整个长度。在轧制近似 $\phi25\text{mm}\times1250\text{mm}$ 的钼棒时，由于轧制压下量选择不当，最终在钼棒中形成一个穿透性孔管。

轧制温度和轧制压下量对轧制钼材的性能有很大的影响。轧制温度超过钼材在轧制时的再结晶温度，在轧制过程中钼材发生动态再结晶。加工温度低于再结晶温度，钼材发生冷作硬化，变形量越大，冷作硬化程度越高，可以改变轧制温度和轧制压下量，提高钼和钼合金的力学性能。

用真空自耗电极电弧熔炼法生产 Mo-0.5Ti，Mo-0.2Nb 两种合金[6]，用碳脱氧，铸锭直径190mm，炉料及铸锭的成分列于表4-22。合金铸锭用挤压开坯，挤压坯的直径160mm，温度1290℃，直径160mm的挤压坯被挤压成直径107mm的挤压棒，挤压棒再在1540℃进行再结晶退火处理，消除了挤压加工对棒材性能的影响。随后把挤压再结晶的钼合金棒在1290℃轧成直径50mm的钼棒。为了彻底消除挤压和轧制加工对合金性能的影响，把 Mo-Ti，Mo-Nb 合金分别在1480℃和1540℃进行1h再结晶处理。这时两个合金的组织是完全再结晶的组织，这时的组织结构算做"零"变形量。

表4-22 Mo-0.5Ti、Mo-0.2Nb 合金的成分

炉料成分（质量分数）/%		铸锭成分（质量分数）/%	
碳	合金元素	碳	合金元素
0.032	0.3Nb	0.018	0.28Nb
0.032	0.3Nb	0.021	0.28Nb
0.040	0.55Ti	0.020	0.5Ti
0.032	0.55Ti	0.018	0.5Ti

为了研究轧制工艺对合金性能的影响，两个再结晶状态的钼合金分别在980℃，1150℃和1320℃轧制。1320℃是钼合金的最高轧制温度，980℃是最低轧制温度，大部分工业钼合金的轧制温度选1150℃。把经过挤压→再结晶→轧制→再结晶处理过的直径50mm的钼棒轧制到三种压下量：（1）由直径50mm直接轧成19mm×19mm的方条，不进

行中间再结晶退火，轧制压下量86%。（2）把直径50mm的棒材轧成20.6mm×20.6mm方条。（3）直径50mm的棒材轧成19.5mm×19.5mm的方条。然后把20.6mm×20.6mm和19.5mm×19.5mm两种方条进行再结晶退火处理，随后再把它们都轧成19mm×19mm的钼条。相应的轧制压下量为15%和5%。

图4-66和图4-67是在不同轧制温度下轧制的Mo-0.2Nb、Mo-0.5Ti合金轧制压下量与硬度的关系。1150℃轧制的Mo-0.2Nb合金，在5%～85%轧制压下量范围内的硬度都比980℃轧制的高，1315℃轧制的合金，轧制压下量达到40%附近它的硬度达到极大值，以后，硬度随轧制压下量增高而下降，到轧制压下量80%时硬度达到最小值。在轧制压下量小于40%的范围内，1315℃轧制合金的硬度都高于1150℃和980℃轧制的合金硬度。轧制压下量超过60%，1315℃轧制合金的硬度最低。

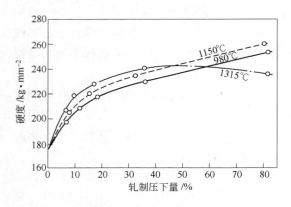

图4-66　在不同温度下轧制的Mo-0.2Nb　　　　图4-67　不同温度轧制的Mo-0.5Ti
棒材的硬度与轧制压下量的关系　　　　　　　　棒材的硬度与轧制压下量的关系

Mo-0.5Ti与Mo-0.2Nb不同，在1320℃轧制时，轧制压下量82%时硬度达到最大值，随压下量增加，硬度单调升高，当轧制压下量超过40%～50%时，980℃和1150℃低温轧制合金的硬度高于1315℃轧制合金的硬度。

Mo-0.5Ti与Mo-0.2Nb合金在高温轧制时的硬度不同，原因是两个合金的再结晶温度不同，Mo-0.5Ti合金的1h再结晶温度大约是1290～1340℃，而Mo-0.28Nb合金的再结晶温度只有1150～1200℃。在轧制过程中多次重复加热，造成合金发生了局部再结晶软化，因而，大轧制压下量合金的硬度低。

测量了Mo-0.5Ti和Mo-0.2Nb两个合金的室温和980℃的拉伸性能，测量结果列于表4-23，从表列数据可以看出，随着压下量的增加，强度和硬度都有不同程度的提高，但是提高的速度不一样。在压下量小于20%的范围内，硬度增长最快。随后硬度增长速度逐渐趋于缓慢。强度极限随着压下量的变化规律是，Mo-Nb合金在980℃轧制，轧制压下量最大时的强度最高705MPa，而在1320℃轧制，压下量最大时的强度最低637MPa。Mo-0.5Ti合金与此相对应的强度值分别为781MPa和666MPa。在压下量为40%时，1320℃轧制的这两种合金的室温拉伸强度和980℃高温拉伸强度都比1150℃轧制的稍高一点，980℃轧制合金的强度最低。这种强度性能的差异可能是因为在1320℃轧制过程中合金已经发生了局部再结晶软化。

表 4-23　轧制 Mo-0.5Ti 和 Mo-0.2Nb 方棒的拉伸性能

合金	轧制温度/℃	轧制压下量/%	室温拉伸				980℃拉伸		
			强度极限/MPa	屈服极限/MPa	拉伸伸长率/%	断面收缩率/%	强度极限/MPa	拉伸伸长率/%	断面收缩率/%
Mo-0.28Nb	980	6.6	514.9	448	32	30.4	204	50.7	92.3
		18.2	539	425	36.7	31.8	240	32	91.4
		36	572	483	29.3	27.3	280	22	89.5
		82	705	622	36.7	56.6	402	20	83.7
	1150	6.6	529	421	26.7	28.3	192	54	92.6
		15	559	466	30.7	32.1	235	40	93.4
		81.2	686	617	26.7	42.2	389	18	84.3
	1315	6.4	559	466	28	26.4	202	52.7	93.7
		17.4	581	495	16.7	15.11	254	33.3	90.9
		81.9	637	552	36.7	52.3	318	26.0	90.6
Mo-0.5Ti	980	6.2	534	349	32.7	35.7	245	53.5	92.4
		17.1	563	467	30.0	30.7	285	32.7	89.9
		33.8	613	519	24.0	28.7	332	22	82.4
		81.9	781	606	28.7	43.4	446	24.7	87.0
	1150	7.2	548	476	32	27.7	240	50	91.9
		17.3	574	487	28.7	32.3	289	32.7	91.8
		81.3	749	634	32.7	47.2	447	25.3	83.5
	1315	6.7	539	482	34	27	263	3.3	91.6
		17.1	594	517	16	25.5	300	30	90.6
		82.2	666	554	37.3	44.8	368	25.3	88.3

　　关于高合金钼合金的轧制工艺与性能的关系，用粉末冶金工艺生产 Mo-1.25Ti-0.2Zr-0.15C 合金（Mo-TZC），把高纯钼粉和氢化钛粉，氢化锆粉与石墨粉按重量百分数配料，把混合均匀的合金粉压成 ϕ4mm×10mm 的小圆块。这些小圆块做钨电极非自耗电弧炉的熔炼炉料，炉内的保护气氛是 50He＋50Ar，炼出的钼合金铸锭重 18kg。铸锭扒皮以后做成直径 90mm 的挤压坯，用热挤压开坯，挤压开坯以后棒材的尺寸是 ϕ40mm×500mm，挤压棒被机加工成直径 32mm 的光棒，用它做二次真空自耗电极电弧熔炼的自耗电极，二次重熔后的钼合金锭重 4.5kg，铸锭长约 100mm。重熔后钼锭的氧含量降到了 $3×10^{-6}$。在这里顺便指出，用粉末冶金工艺几乎很难生产出这种高合金钼合金，即使生产出来，合金的氧含量也绝对不可能降到如此低的水平。

　　二次重熔后的钼锭加工成直径 90mm 的挤压坯，在 1750℃ 把直径 90mm 的坯料挤压成直径 51mm 的棒料，挤压棒随即在 1750℃ 再结晶退火，再车外圆成直径 44mm 的轧制试验坯料。轧制温度 1450℃，由直径 44mm 轧到直径 22mm。达到一定的轧制压下量以后，轧制温度降到 1350℃，为了防止在轧制过程中轧件发生动态再结晶，终轧温度可以降低。钼合金棒的最终轧制压下量 80%。有一部分轧制钼合金棒随后在 1350℃ 继续旋转锻造，最终总压下量为94%。

粉末烧结钼锭的晶粒细小，可以直接轧制开坯。熔炼钼合金铸锭含有粗大的柱状晶，必须先挤压开坯，而后再进行轧制。

轧制压下量94%的钼合金棒料经过1300℃/h消除应力退火以后，测定它的瞬时拉伸强度和持久拉伸强度，结果列于表4-24，由于高合金钼合金TZC的再结晶温度很高，合金在1300℃/h处理以后没有发生再结晶，仍处于冷作硬化状态。轧制压下量越大，强度越高。在轧制压下量为80%和94%两种状态下，合金的硬度相应为2911MPa和2940MPa。合金承受1600℃/h再结晶退火以后，因为再结晶的软化作用，两个不同变形量合金的硬度HV降到了2225MPa和2178MPa。

表4-24   Mo-1.25Ti-0.2Zr-0.15C 合金的强度[7]

试验温度 /℃	瞬时拉伸强度			持久拉伸强度		
	屈服强度极限 $\sigma_{0.2}$/MPa	强度极限/MPa	伸长率/%	应力/MPa	断裂时间/h	伸长率/%
室温	764	931	22			
980	415	463	20	343	>1170	未 断
				412	212	24
1200	363	419	19	172	964	11.5
				206	422	11.5
				240	>40	未 断

4.5.3　钼板轧制

4.5.3.1　钼板的具体轧制工艺

未合金化的粉末冶金钼板，钼板的轧制涉及轧制厚板、中板、薄板、箔材和带材等。轧制的材料有未合金化的钼、Mo-0.5Ti和Mo-0.5Ti-0.1Zr-0.023C等合金材料。用粉末冶金工艺生产钼和钼合金板坯，常用Mo-1钼粉做基本原料，它的粒度2.8~3.2μm。板坯用冷等静压压制，压制压力147MPa，并在氢气保护的钼丝炉，钼棒炉和感应炉内烧结，现在，钼板坯大都用中频感应炉烧结。根据不同的原材料，最高烧结温度在1780~2150℃之间，每炉的总烧结时间包括加热时间，中间保温和在最高温度下的持续烧结时间和随炉冷却时间，大致在19~23h之间。烧结板坯的密度要达到9.5g/cm³，氧含量能达到(67~98)×10⁻⁶。

轧钼板常用的轧机都是普通型号的轧机，四辊可逆式热轧机，四辊可逆式冷轧机，二辊热轧机和二辊冷轧机等。中厚钼板的轧制平面总是弯曲成不同的圆弧状，通常要用油压机或锻造压力机校平。

钼板坯的厚度有两大类：第一类是轧辊能咬入的板坯直接进入热轧机开坯轧制；第二类板坯太厚，轧辊无法咬入，先进行锻造开坯减薄，而后再用热轧机轧制，第一类板坯的总轧制压下量受到一定限制，不利于轧制中厚钼板，第二类板坯的厚度不受限制。轧机的轧辊直径不同，轧制钼板时能咬入钼板坯的最大厚度随轧辊直径加粗而加厚，φ650mm的轧辊可咬入板坯厚 35～45mm。为了满足对中厚钼板性能的要求，板坯都要先锻造，在具有一定的变形量以后再热轧。具体轧制实例分析于下。

锻造加轧制，板坯尺寸（厚×宽×长）(50～55)mm×90mm×330mm，应用四辊可逆式热轧机轧制，轧机的工作辊 ϕ(355～380)mm×650mm，支撑辊 ϕ(700～780)mm×600mm，最大轧制力 800t。先锻造开坯，板坯加热到 1300～1400℃，用 9.8kN 或 29.4kN 的锻锤自由锻到厚度约 30mm。随后在氢气保护的感应炉，或者氮气，煤气保护的 SiC 炉内加热到 1300～1400℃，保温 10～20min，坯料发生局部再结晶，把板坯热轧到厚度 5～6mm。这时进行中间退火，退火制度为 1100℃/30min，随后进行第一次碱洗，除去表面黑色氧化膜，消除表面宏观缺陷，继续进行二次热轧，这次钼板轧制到 2.5mm 厚。再进行 850℃/60min 二次中间退火和第二次碱洗，在 850℃ 钼板第三次热轧到厚 2.0mm，此时总轧制压下量为 93.3%。

厚度 2mm 的热轧钼板转入温轧，温轧用四辊轧机，轧的工作辊 ϕ(110～160)mm×500mm，支撑辊 ϕ500mm×480mm。温轧温度为 600℃，保温时间 10min，温轧最终板材的厚度达到 1mm。随后进行消除应力真空退火，真空度 10^{-3}Pa，退火制度 850℃/60min。钼板要进行碱洗净化表面，无表面宏观缺陷的板材转入冷轧。

1mm 厚的温轧钼板做冷轧板的原料。先把它放入 200℃ 的烘箱中烘烤 3～5min，实际上，冷轧的开轧温度是 200℃。采用四辊冷轧机轧制，轧辊的工作辊直径为 70～100mm，支撑辊的直径为 200～250mm。最终薄板厚度可以达到 0.2～0.4mm。

烧结板坯直接热轧，厚度为 22～28mm 的烧结钼板坯可以直接用四辊热轧机开坯，可免除锻造开坯工序，因为四辊轧机能直接咬入这么厚的坯料。直接轧制的钼板坯加热温度是 1200～1600℃，保温时间 30～40min，在第一火轧制过程中坯料轧到厚度 5～6mm，随后在 1100℃ 进行中间退火，退火保温时间是 30min。就在这个温度下进行第二火热轧，板厚由 5～6mm 轧到 2.5～3mm。这时板材要进行碱洗，清除表面缺陷以后进行第三火热轧，这次热轧加热温度是 850℃，保温时间是 15min，这次热轧的最终板厚达到 2mm。

2mm 厚的钼板要再次进行碱洗，除去表面氧化层，磨削表面宏观缺陷，随后进入温轧过程。温轧加热温度是 600℃，保温时间 10min，用四辊温轧机把 2mm 厚的钼板轧到 1mm。此时总轧制压下量约 94%。由于板材的轧制内应力很大，要进行 850℃/h 真空（或高纯氢保护）消除内应力退火，退火真空度 10^{-3}Pa，提高钼板的冷轧性能。随后进行最终碱洗，消除一切实现缺陷以后，1mm 厚的钼板开始冷轧。

开始冷轧时，用烘箱把 1mm 厚的钼板烤热到 200℃，第一道的冷轧温度实际为 200℃，随后可直接在室温下冷轧，用四辊冷轧机可以轧出 0.2～0.4mm 的薄钼板。在冷轧过程中要多次在 600～700℃/min 消除应力退火。

用直接轧制开坯和先锻造开坯而后再轧制两种工艺轧制钼板，它们的主要区别在于开坯温度不同。直接轧制的最高开坯温度可达到约 1500～1600℃，常用开坯温度 1200～1300℃，锻造开坯的开坯温度约为 1300～1400℃。用这两种轧制工艺生产出的钼板的室温和高温性能列于表 4-25 和表 4-26，高温拉伸试验机的加热炉用氢气保护，加热时间 7min，保温时间 5min，拉伸速度 1.5mm/min。两种轧制工艺生产的钼板的拉伸性能没有本质的区别。

表 4-25 粉末钼板的室温拉伸性能

轧制工艺	钼板厚度/mm	抗拉强度/MPa		拉伸伸长率/%	
		纵 向	横 向	纵 向	横 向
锻造加轧制	1.0	940 ~ 956	1039 ~ 1068	16 ~ 19	6.0
	0.4	1166 ~ 1205	1205 ~ 1284	9.5 ~ 11.5	3 ~ 5
直接轧制	1.0	926 ~ 975	1019 ~ 1039	16 ~ 18	6.5 ~ 8
	0.4	1117 ~ 1196	1145 ~ 1186	6.5 ~ 10.5	3 ~ 5

表 4-26 粉末钼板的高温拉伸性能

轧制工艺	钼板厚/mm	拉伸温度/℃	强度极限/MPa		伸长率/%	
			纵 向	横 向	纵 向	横 向
锻造加轧制	1.0	900	461 ~ 513	474 ~ 482	5.1	2.0 ~ 2.7
		1100	303 ~ 322	282 ~ 310	6.3 ~ 7.2	7.2 ~ 7.7
		1300	95 ~ 96	91 ~ 95	54 ~ 56	55 ~ 63
		1500		59		45 ~ 55
直接轧制	1.0	900	417 ~ 437	457 ~ 467	8.8 ~ 9.3	7.7
		1100	228 ~ 259	191 ~ 207	11.6 ~ 12.0	9.1 ~ 9.2
		1300	78 ~ 85	79 ~ 85	56.4 ~ 56.8	56.7 ~ 62
		1500	50	49 ~ 55	62	49.1 ~ 58
直接轧制	0.4	900	424 ~ 454		1.6 ~ 6.2	
		1100	171 ~ 181		15.2 ~ 18.0	
		1300	82 ~ 83		40.6 ~ 51.0	
		1500	54 ~ 55		48.2 ~ 60	

两次电子束熔炼的钼锭轧制[8]，两次电子束重熔的钼锭，因为铸锭的组织含有粗大的柱状晶粒，不能直接锻轧，先要进行挤压开坯。电子束熔炼的钼锭直径 97.5mm，碳含量约 20×10^{-6}，铸锭用氢气保护感应炉加热到 1400 ~ 1500℃。用挤压机把钼锭挤压成直径 57mm 的棒材，挤压比 3.0 : 1。不要忘记，挤压钼棒坯的晶粒大小和组织结构很不均匀，在加工过程中这种不均匀性必须消除，否则，它遗传给最终产品，造成最终产品的性能和组织极度不均匀。为避免这种弊病，挤压棒用锻锤侧向锻成钼板坯，锻造温度 1300℃，保温时间 60min，锻造板坯尺寸（厚×宽×长）为 (20 ~ 22)mm × (80 ~ 90)mm × L mm。试验确定，锻造坯的 60min 再结晶温度是 1100℃。轧制以前，锻造坯进行 1100℃/60min 完全再结晶退火，使得轧制坯料具有完全等轴晶结构。随即进行第一次热轧。轧制方向垂直于挤压方向（横轧），共轧制七道次，原先 19mm × 86mm × 203mm 的锻造板坯已轧成 7.5mm × 200mm × 203mm 的厚板。第二火轧制的轧制方向与第一火的垂直，即换向交叉轧制，采用交叉轧制工艺可以减轻轧制织构，能提高钼板不同方向的性能均匀性。第二火轧制的加热温度是 900℃，保温时间 10min。经十五道次钼板被轧成 2.0mm × 200mm × 700mm，平均道次压下量 10%。轧制力 1.96MN。第二火轧制以后，消除板材的边部裂纹及两端舌形头，切后净尺寸是 2.0mm × 180mm × 550mm。第三火热轧用氢气保护钼丝炉加

热，加热温度 800℃，保温时间 10min，实际为温轧，经十一道次轧成 1.0mm × 180mm × 1500mm 钼薄板。

厚度接近 1.0mm 的薄钼板可以开始冷轧，在冷轧之前板面要碱洗，并要进行真空消除应力退火，退火真空度 $2.66 × 10^{-2}$ Pa，退火制度 850℃/h。冷轧用四辊冷轧机轧制，轧机的支撑辊直径 420mm，工作辊直径 110mm，轧辊的凸度是 0.08mm，薄板冷轧采用张力轧制。冷轧板坯料的实际厚度 1.28mm，薄板坯两端先在四辊冷轧机上轧到 0.3mm 厚，然后在两端用点焊连接工业纯钛的张力带。1.28mm 厚的薄板经过 37 道次轧成 0.1mm × 180mm × 10000mm 的箔材。开始冷轧时坯料加热温度约 200℃，在冷轧制过程中要经历多次消除应力退火，退火制度 600 ~ 700℃/30min。总变形量 92.3%。轧制力在 686 ~ 1176kN 之间变化，最大轧制力 2.05MN。前引带张力 1.96 ~ 4.9kN，后引带张力 2.94 ~ 4.90kN。

在开始张力轧制时，头几道次需要用火焰烘烤加热，在四辊轧机上可以用气体火焰喷枪加热，加热气体介质是空气加氢气的混合气，加热要均匀，加热速度和加热带长度根据轧制速度确定。在轧制过程中要随时清除带边的微裂纹，这类细小的微裂纹极易扩展而导致断带。

超细钼粉的钼板坯，正常粉末冶金工艺生产钼坯的原料是 2.9 ~ 3.2μm 的粉末，压坯的烧结温度在 1750 ~ 2100℃ 范围内。烧结炉的制造费用昂贵，烧结能耗也比较高。因此，研究采用低温烧结钼板坯轧制钼板有一定的实用价值。

用超细粉末做原料生产粉末钼板坯，烧结温度可以降到 1350℃，所用超细粉末的比表面积达到 $1.7m^2/g$，氧含量高达 0.062%。在 1350℃ 低温烧结可以认为是活化烧结，活化剂是氧，烧结保温时间达到 240min 以后，氧含量降到 $67 × 10^{-6}$。烧结坯的密度可以达到 10.02 ~ 10.15g/cm³（相对密度为 98.5%）。超细钼粉烧成的板坯可以在 1350 ~ 1400℃ 用四辊轧机开坯热轧，热轧机的规格 ϕ400mm × 470mm ~ ϕ185mm × 470mm，最大轧制力 1.078MN。板坯厚度 6mm 和 11mm，直接开坯热轧到 3mm 和 5.7mm，变形量分别达到 50% 和 49%。开坯后的热轧温度降到 1150 ~ 1130℃，在 950℃ 消除应力退火以后随后进入温轧，温轧用 ϕ165mm × 250mm 二辊轧机，温轧温度也是 950℃。板材轧到 1mm 厚，进入冷轧，冷轧用四辊轧机，工作辊 ϕ100mm × 400mm，支撑辊 ϕ350 × 400mm，最大轧制力 882kN。最终冷轧产品是厚 0.1mm 的箔带。在冷轧过程中要进行多次 900℃/20 ~ 30min 真空退火[9]。

用 0.1mm 和 0.4mm 厚的钼箔进行再结晶退火处理发现，它们的再结晶开始温度是 900 ~ 1000℃，在 1000 ~ 1100℃ 之间，再结晶仅限于在纤维束范围以内，升温到 1200℃，钼箔已完全再结晶并伴随有晶粒长大。原始轧制状态的 0.1mm 试样的室温拉伸强度达到 1098MPa，不产生裂纹的弯曲角达到 180°。0.4mm 厚的钼箔经过 850℃/20min 消除应力退火处理以后，试样横向的平均室温拉伸强度 832MPa，未产生裂纹的弯曲角达到 180°，杯突值为 0.4。箔材具有优越的强度和塑性的综合性能，其内在原因是钼箔冷轧以后保持有高度的冷作硬化效果，结构状态是超细的纤维状组织。

真空自耗电极电弧熔炼和粉末冶金烧结 Mo-0.5Ti 板材的轧制，首先炼出 ϕ75mm 钼合金锭，合金成分为 Mo-0.5Ti-0.03C，熔化电流和电压相应为 3000A 和 31 ~ 33V，熔化时间 90s，厚 0.5mm 的钛片做合金炉料，熔炼过程中钛的烧损小于 10%。合金铸锭在 1350 ~ 1400℃ 挤压成 ϕ45mm 的棒坯，棒坯承受 1320℃/60min 再结晶处理，随即用 7.35kN 的锻锤锻成厚18mm的板坯，用此板坯轧制 Mo-0.5Ti 板材。轧制以前板坯要进行 1300℃/h 再结晶退火处理，碱洗，清除表面宏观缺陷。在 1320℃ 再结晶温度下一火由 18mm 轧到 4mm 厚，道次轧制压下量 15%～25%，总压下量 75%。随后消除应力退火 1200℃/h。再把 4mm 厚的钼板在 700℃ 一火温轧到厚度 0.8～1.0mm。在冷轧开始以前，1mm 厚的钼板要先进行消除应力退火 1100℃/40min。为了防止开始冷轧时板材边部开裂，开始冷轧时钼板要加热到 300℃，最终室温轧制到厚度 0.3mm。

粉末冶金 Mo-0.5Ti 合金板材的生产，用过 200 目筛的 TiH₂ 做合金元素钛添加剂，钛的加入量按 0.6% 计算，先把 TiH_2 按计算重量和一小部分钼粉预混，然后按钼粉的实际需要量加入剩余粉料，用螺旋混料机混粉 8h 以后，冷等静压 CIP 压形，压制压力 196MPa，压坯尺寸(33～35)mm×(78～80)mm×(335～340)mm。用氢气保护感应炉烧结，在最高烧结温度(1900±50)℃ 保温 4h，烧结坯的线收缩率 11%～12%，密度 9.91g/cm³，晶粒度达到 1200 颗/mm²。烧结坯的 Ti 和 C 的含量相应为 0.57% 和 0.041%。

开坯轧制用感应炉加热，煤气保护，开坯温度不低于 1500℃，开坯用 φ500mm×864mm 的可逆式二辊轧机，开坯首道轧制压下量不低于 25%，板坯轧到厚度 3.3～3.8mm。用碳管炉进行再结晶退火处理，处理制度 1350℃/30min，在此温度下用 3～4 道次轧到厚度 2.5～3.0mm。再结晶后的轧制压下量 30%。

热轧后在 700℃ 进行温轧，温轧用四辊可逆式温轧机 φ165/480mm～φ760/480mm，板的厚度在经过 10～12 道次以后被轧到 0.9～1.0mm，总轧制压下量 70%，温轧后板材表面碱洗净化，并进行真空消除应力退火，退火制度 850℃/90min。厚 1.0mm 钼板可以进行冷轧，冷轧开始的加热温度 300～400℃。顺轧到最终钼板尺寸 0.5mm×320mm×1200mm。粉末冶金 Mo-0.5Ti-0.041C 合金的轧制性能良好。

表 4-27 列出了粉末冶金的和真空自耗电极电弧熔炼的 Mo-0.5Ti 合金板材的几个性能。表列数据表明，粉末冶金钼合金板材的性能和真空自耗电极电弧熔炼的性能基本一致。

表 4-27　Mo-0.5Ti 板材的性能

板 材 性 能		室温横向拉伸强度/MPa	1200℃的拉伸强度/MPa	出现新晶粒的再结晶温度/℃	1000℃/30min后的杯突值
生产方法	粉末冶金	843	248	1050	7
	真空自耗电极电弧熔炼	833	236	1000～1050	6.5

Mo-0.5Ti-0.08Zr-0.023C（TZM）合金板材的轧制，早期用压形-烧结-熔炼三合一连续熔炼炉（PSM）铸造大尺寸的 TZM 钼锭，铸锭 φ325mm，重达 860kg，铸锭直接挤压成断面为 100mm×200mm 矩形板坯，再结晶退火处理以后轧成断面为 25mm×230mm 或者 38mm×200mm 的厚板。根据钼板的最终尺寸，把厚板分切成若干小块，小块的最大单重 25kg，再进行一次再结晶退火处理，继续进行热轧。

直径较细的钼锭用挤压加锻造工艺生产钼板坯，照例，挤压坯要进行再结晶退火处理。按成品大小，把大挤压坯分切成不同尺寸的小块料，小块料的最大单重 15kg。锻造后的板坯尺寸为 32mm×200mm×250mm，碱洗精整以后板坯的单重 8～12kg，板坯在氢气炉中进行再结晶退火处理，退火制度 1500℃/60min，在此温度下轧成厚 8～12mm 的厚钼板。

在轧制过程中，特别在开轧阶段，每道次的轧制压下量应当大于20%，要保证钼板材的整个横断面变形均匀通透。否则，只有表面变形，中间未变形，造成表面和中心的组织结构不均匀，导致各层的性能差异较大，在以下的减薄轧制过程中钼板会分层，产生层裂。

交叉轧制，在轧制的最初几道次把钼板轧到要求的长度，而后轧制方向旋转90°，进行交叉轧制，初始的钼板长度变成板宽。在钼板轧制过程中进行一次交叉轧制，钼板轧到10mm厚，需要在1000~1200℃之间进行消除应力退火，再轧到最终成品尺寸，所有成品钼板在900~1200℃进行退火处理，消除轧制内应力，使其性能均匀化[10]。

粉末冶金工艺生产 TZM 钼板，首先配制合金粉末，钼粉用高纯 Mo-1 粉，其松装比 $0.72g/cm^3$，平均粒度 $5.76\mu m$，用 TiH_2 和 ZrH_2 和石墨粉引入合金添加剂 Ti、Zr 和 C，把它们按比例与钼粉混合均匀，用 CIP 压形，压制压力 147MPa。压制的 TZM 钼板生坯用氢气保护的感应炉烧结，最高加热温度 2100℃。烧结坯的相对密度达到 9.71%~9.75%，晶粒度大约是 750 粒/mm^2，板坯尺寸(24~30)mm×(165~175)mm×330mm。烧结以后合金板坯的分析成分(质量分数)：$w(Ti)\approx0.4\%~0.47\%$，$w(Zr)\approx0.07\%~0.09\%$，$w(C)\approx0.006\%~0.01\%$，$w(O)\approx0.15\%$。板坯在 1350℃ 开坯热轧，700℃ 温轧，冷轧开始的加热温度 200~300℃。最终轧成厚 0.5mm TZM 板材，经修整后的成品尺寸为 0.5mm ×(420~430)mm×(1000~1300)mm。为使板材的性能最大限度地达到各向同性，30mm 厚的板坯轧到 4.5mm 厚时，轧制方向旋转 90°，进行交叉轧制，换向前总轧制压下量 83%，换向后由 4.5mm 厚轧到 0.5mm 厚，总轧制压下量 90%。板材在轧到 1.2mm 厚和 0.7mm 厚时，分别在 900℃ 和 850℃ 进行 2h 消除应力退火，实际上是低温中间再结晶均匀化退火处理。

高铼钼合金板和钼钨合金板，钨和铼的熔点分别是 3395℃ 和 3170℃，比钼的熔点分别高 775℃ 和 550℃。这两个元素的加入提高了钼的熔点和再结晶温度。直接影响 Mo-W 和 Mo-Re 合金的轧制工艺。以 Mo-30W 合金为例，直接用钼粉和钨粉混合制造合金粉，用带侧压的模压机压成合金条，用垂熔炉烧结，用真空自耗电极电弧熔炼炉炼出 φ150mm 的铸锭，铸锭在 1550℃ 挤压成 φ80mm 的圆棒，在此温度下进行 60min 再结晶退火处理后，侧向锻成 35mm 厚的合金板坯。热轧温度 1350℃，一火三道次轧成厚度 16mm 的厚板。用 1350℃/h 再结晶均匀化退火，随后在 1350~900℃ 轧成厚 5mm 的合金板。

钼-高铼合金 Mo-47Re 用粉末冶金工艺生产，原料是高铼酸铵制铼粉和高纯钼粉混合。用 CIP 压制成板坯 25mm×100mm×250mm，在 2250℃ 烧结 6h。热轧以前先在 1350℃ 锻造开坯，锻造变形量 30%。随后在 1200℃/h 消除应力退火，分 1200℃ 和 1050℃ 两火轧到 5mm 厚，在 1100℃ 退火 60min，表面清洗以后，温轧到 1mm 厚，温轧温度 800~950℃。由 1mm 厚板材经高纯氢光亮退火以后，在 200℃ 开始冷轧，最终轧到 0.2mm 钼铼合金薄板。在这个实例中板坯用锻造开坯，但是，由于 Mo-47Re 合金的塑性特别好，可以直接热轧开坯，可以免除锻造开坯。

高温钼板轧制，钼和钼合金板材在高温工程应用中遇到的最麻烦的问题是再结晶和再结晶脆性，未合金化的钼和低合金钼合金发生再结晶以后，轧制的纤维状组织结构变成了等轴晶粒结构，可能伴随有晶粒长大，合金板材的强度和塑性降低，脆性增加。高温钼板的生产涉及掺杂 Si、Al、K 和掺杂稀土氧化物，提高合金的再结晶温度，改善再结晶组织的塑性性能。

掺杂硅、铝、钾钼板材的原料用高纯 MoO_2 和液态 K_2SiO_3，$Al(NO_3)_3$ 混合，由 K_2SiO_3 和 $Al(NO_3)_3$ 引入掺杂剂 Si、Al、K。固-液混合均匀的掺杂 MoO_2 粉末用三段还原法制造掺杂钼粉。掺杂 MoO_2 的氧含量是 27.4%，在一段、二段还原以后的还原产物的氧含量相应为（质量分数）25.0% 和 11.5%，三段还原以后得到掺杂高温钼粉（HTM）。该钼粉的氧含量达到 0.19%，松装密度 $0.95g/cm^3$，光透法测定粉末的平均粒度 $5.3\mu m$，掺杂钼粉的粒度分布见图 4-68。

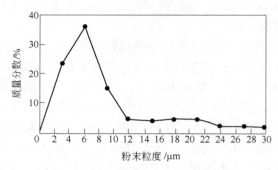

图 4-68   HTM 粉末的粒度分布

高温掺杂钼粉用 CIP 工艺生产板坯，生坯尺寸为 $23mm \times 90mm \times 320mm$，压制压力 147MPa，生坯的压缩比 2.32，相对密度达到 61.8%。生坯用氢保护感应炉烧结，在最高烧结温度 2150℃保温 5h。烧结坯的尺寸为 $(19 \sim 20)mm \times 85mm \times 260mm$，线收缩率约 12.5%，密度达到 $9.64g/cm^3$。HTM 粉末及烧结坯的成分列于表 4-28。

表 4-28   HTM 粉末及烧结坯的成分[11]

杂 质 名 称		K	Al	Si	O
含量（质量分数）/%	粉 末	0.034	0.005	>0.02	0.19
	烧结坯	0.017	0.003	0.04	0.022

板坯纵向热轧到厚度 3mm，退火后再分 5 道次冷轧到最终厚度 $1.25 \sim 1.30mm$。随后温轧到 0.85mm 厚，再经 6~8 道次冷轧到最终成品板 $5mm \times 85mm \times (1200 \sim 1700)mm$。冷轧的 HTM 板材在承受 1800℃/h 退火以后检查 -40℃的弯曲性能，一直弯到 85°才出现裂纹。稀土氧化物用得比较多的是氧化镧，通常用硝酸镧做镧的原始添加剂。

4.5.3.2 轧制工艺参数对钼板性能的影响

钼的轧制工艺参数是指始轧温度，终轧温度，道次压下量和总压下量，轧制方向，纵向轧制，横向轧制及交叉轧制，消除应力退火制度，再结晶退火制度。这些工艺参数决定了钼板的性能。优质钼板要求有较高强度和塑性的综合性能，各向异性性能要降到最低水平。

轧制压下量，用几个轧制钼板实例分析压下量对性能的影响。厚度 57mm 的未合金化钼板坯在 1200℃，经过四道次轧制到厚度 25mm，总轧制压下量 56%。在钼板的轧制方向（纵向），在垂直于轧制方向（横向）和垂直于板平面方向（厚度）分别取拉伸试样。测定钼板三个方向的室温拉伸强度和拉伸伸长率，测定结果列于表 4-29，由于钼板的总轧制压下量只有 56%，所以它的纵向和横向性能相差不大，厚度方向上的强度和塑性性能最差，拉伸伸长率为 0。

表 4-29 厚度 25mm 钼板三个方向的拉伸性能

试样的切取方向	拉伸强度/MPa	拉伸伸长率/%
平行于轧制方向（纵向）	740	42.6
垂直于轧制方向（横向）	748	36.0
垂直于板面方向（厚度）	343	0

0.5mm 厚的粉末冶金工艺生产的 TZM 薄板，它的总轧制压下量 90%。研究它的原始轧制状态（冷作硬化状态）和 850℃/h 消除应力退火状态的各向异性性能。按三个方向切取拉伸试样，即拉伸试样的轴线平行于轧制方向（纵向），垂直于轧制方向（横向）和与轧制方向斜交成 45° 交角。三个方向的室温拉伸性能的检测结果汇总于表 4-30。另外，还用这种冷作硬化状态薄钼板（即原始轧制状态）进行高温真空拉伸试验，试样的切取方向按照平行于轧制方向（纵向）和垂直于轧制方向（横向），没有 45° 方向的试样。试验温度 1000 ~ 1400℃，试验真空度 1.33×10^{-4} Pa，结果见表 4-31。

表 4-30 0.5mm 厚的粉末冶金 TZM 钼板三个方向的拉伸性能

试样切取的方向	试 样 状 态			
	冷加工状态		850℃/h 消除应力退火	
	拉伸强度/MPa	拉伸伸长率/%	拉伸强度/MPa	拉伸伸长率/%
纵向	1222	≈0.5	≈1175	≈10
横向	1391	≈0.75	≈1180	≈6
45°方向	≈1110	≈6.3	≈925	17

表 4-31 0.5mm 厚粉末冶金 TZM 钼板的高温拉伸性能[12]

试验温度/℃	纵 向		横 向	
	拉伸强度/MPa	拉伸伸长率/%	拉伸强度/MPa	拉伸伸长率/%
1000	696 ~ 716	5.16	519 ~ 554	5.86
1100	520 ~ 583	5.20 ~ 5.83	463 ~ 465	5.88 ~ 7.19
1200	324 ~ 363	6.45 ~ 8.39	275 ~ 294	9.68
1300	186 ~ 210	11.7 ~ 13.42	171 ~ 174	11.84
1400	137 ~ 167	11 ~ 16	130 ~ 144	11.6

室温拉伸试验结果表明，冷加工状态试样的横向强度最高，纵向的强度比横向的稍低一点，纵向和横向之间的强度差随轧制压下量增加而扩大。厚度方向的强度最低，45°方向的强度居中。就钼板的塑性而论，薄板 45°方向的拉伸伸长率最大，较厚钼板的厚度方向的拉伸伸长率趋近于零。850℃/h 消除应力退火以后，纵向、横向和 45°方向的拉伸强度都略有下降，而拉伸塑性则大幅度提高。

高温拉伸性能试验结果与室温拉伸性能试验结果有较大的差异，高温纵向拉伸强度比横向拉伸强度略高一点，当温度升高到 1300 ~ 1400℃ 时，纵向和横向的拉伸强度趋于一致。

钼板性能的各向异性的根源是板材各方向的组织结构不同。钼板轧制方向的组织是均匀细小的纤维状组织，45°方向的纤维定向排列更明显。晶界的室温强度比晶粒的高，横向的晶界分数比纵向的大，因此，钼板的室温横向强度超过了纵向强度，45°方向的晶界分数最少，所以这个方向的强度最低，塑性较好。在厚度方向上由于可能存在微观层裂，晶界显微裂纹等缺陷。导致钼板厚度方向上的拉伸强度最低。

消除应力退火850℃/h以后，消除钼板的第二类畸变，显微组织没有发生明显变化。钼板各方向的塑性都大大提高，而强度没有多少下降。这就不难理解，为什么钼板都要在消除应力退火状态下使用。

在高温试验过程中，随着温度的升高，晶界强度的下降速度比晶粒的快，到达某一温度时，晶界和晶粒处于等强状态。在温度超过某一等强温度时，晶界的强度比晶粒的低，这时板材横向的强度就会比纵向的低一点。当试验温度超过钼板的再结晶温度时，它就会发生再结晶，板材原先的纤维状组织变成了等轴晶结构，组织结构更均匀，不同方向的强度和塑性趋于一致，钼板性能的各向异性程度大大降低。

不同状态和不同方向的板材拉伸断口研究表明，冷加工状态试样的纵向和横向室温拉伸断口都是解理型断裂，断口由许多晶粒解理面组成，在拉伸过程中几乎未发生塑性变形，拉伸伸长率趋近零。850℃/h消除应力退火的拉伸试样断口出现韧窝，存在撕裂岭，属于准解理断裂，拉伸试样发生了明显的塑性变形。在拉伸试样的轴线与轧制方向成45°交角的情况下，原始轧制的冷加工状态试样的断口上有撕裂岭，消除应力退火850℃/h的试样断口上出现了韧窝。这两种状态试样的室温拉伸伸长率分别为6.3%和17%。

在研究中厚钼板的三个方向的性能时，可以按常规方法切取制造平行于轧制方向（纵向）和垂直于轧制方向（横向）的试样，而不能用常规方法加工钼板材厚度方向上的拉伸试样。厚度方向上的拉伸试样的具体做法是：在中厚钼板上切取一个 $\phi10mm$ 的圆片，或者 10mm×10mm 小方块，同时做两根钛拉杆。用低温钎焊工艺把钛拉杆和钼件焊成一个杆件，钼夹在中间。用这个杆件加工拉伸试样，钼板处于试样正中间的标距位置。在做拉伸试验时，如果钼板厚度方向上的拉伸强度小于钎焊焊缝的强度，则试样在钼板厚度方向上被拉断，可以直接得到钼板厚度方向上的拉伸强度。反之，若钼板厚度方向上的拉伸强度大于焊缝的强度，试样会沿焊缝断裂。一般焊缝强度近似196MPa，而轧制中厚钼板厚度方向上的强度较低。因此，用这种组合拉伸试样做拉伸试验时，试样通常都断在钼板厚度中间。

总轧制压下量对钼板和钼棒的强度，塑性及组织结构的稳定性有明显影响。以钼丝为例，粉末冶金坯料在1250℃拉拔成直径 $\phi1mm$ 的钼丝，不同变形量的钼丝在1000℃及1100℃进行消除应力退火，它的硬度及再结晶温度有明显差异，见图4-69。可以看出，在压下量小于30%～40%时，硬度（冷作硬化）随着压下量的增加几乎

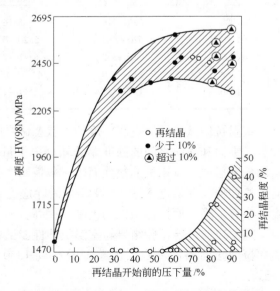

图4-69　粉末冶金钼丝的压下量对硬度的影响

成直线上升。可是当压下量超过60%时，再结晶程度激烈加快，而冷作硬化的增量趋近于零。降低轧制（拉拔）温度，加工过程中的冷作硬化效果变得很明显，再结晶软化现象锐减。但是再加大压下量，再结晶温度会下降，钼丝又会发生再结晶。软化作用可能又会超过硬化作用。

总轧制压下量不同的1mm厚的钼带，在1000℃、1100℃和1200℃进行24h退火处理，研究总轧制压下量对带材的冷作硬化程度和再结晶行为的影响，结果绘于图4-70，由图可见，轧制温度为1200℃时，总轧制压下量大于60%，在轧制过程中钼板就发生了局部再结晶，冷作硬化曲线上的硬度增幅趋近于零。在三个温度下退火24h以后，1100℃和1200℃退火引起再结晶对应的总轧制压下量为22%，1000℃退火对应的变形量为30%。当总轧制压下量达到50%～60%时，在三个温度退火24h以后，再结晶程度达到70%～90%，冷作硬化效果所剩无几，硬度几乎降到了未轧制以前的水平。

未合金化钼和钼合金的加工过程和再结晶行为之间的关系有相似之处，也各有不同特点。图4-71是Mo-2Si合金的加工硬化和再结晶行为之间的关系，合金在1150℃和

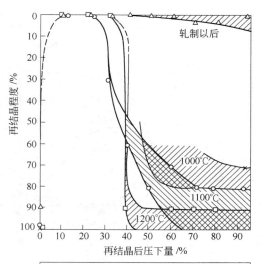

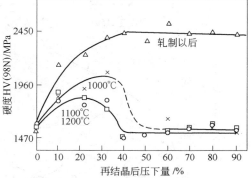

图4-70 粉末冶金1mm厚钼板的总轧制压下量与再结晶的关系

1250℃之间轧制，仍然在1000℃、1100℃和1200℃退火24h。由图4-71可以看到，合金在1150℃和1250℃轧制时，压下量小于30%，两个温度下轧制的合金加工硬化速率都很快。但是，在轧制压下量超过30%～40%时，1250℃轧制的钼合金的冷作硬化效果非常微弱，而1150℃轧制的合金的冷作硬化效果直线增加。显然，这种差异的原因在于，轧制压下量加大时，合金在1250℃已经发生了动态再结晶软化。

Mo-2Si合金在1100℃和1250℃轧制，合金的轧制压下量不同，不同压下量的合金都在1000℃、1100℃和1200℃退火24h，图4-71给出了合金退火软化结果，在1000℃退火时，高温轧制的钼合金抗软化能力比低温轧制的强，随着压下量的增加，高温退火都会引起再结晶软化。

研究真空自耗电极电弧熔炼的Mo-0.5Ti合金的轧制压下量对性能的影响，合金板的制造过程为，钼锭挤压再锻造成板坯，板坯承受1450～1500℃/h再结晶退火处理，使它具有完全再结晶组织。板厚大于7.5mm，轧制温度取1200℃，小于7.5mm厚，轧制加热温度取870～900℃。由于轧制加热温度都比再结晶温度低，因而，最终轧制压下量40%～95%都是冷加工变形。不同变形量钼板的强度，伸长率和硬度绘于图4-72和图4-73。

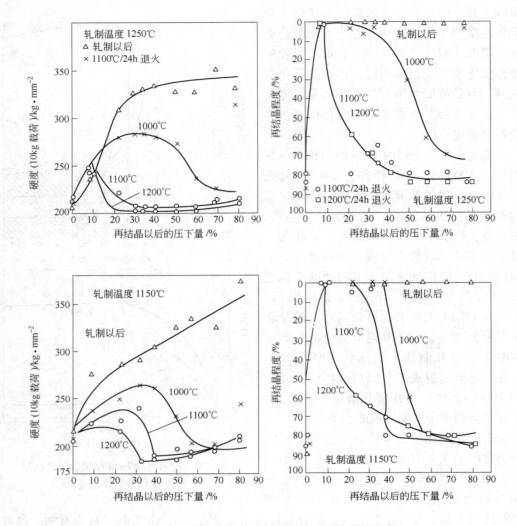

图 4-71　Mo-2Si 合金的轧制压下量对再结晶的影响

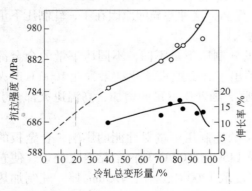

图 4-72　轧制压下量对 Mo-0.5Ti
板材强度和塑性的影响

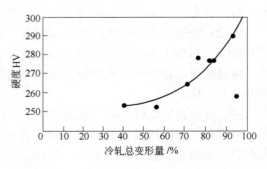

图 4-73　Mo-0.5Ti 板材的硬度与
轧制压下量的关系

由图中的曲线看出，随着变形量的增加，钼合金板材的强度单调升高，而塑性不是单调变化，在轧制压下量小于 85% ~90% 时，塑性随压下量的增加而提高，轧制压下量进一步增加，则塑性下降。由于轧制加热温度都低于合金的再结晶温度，因而在轧制过程中没有再结晶软化作用，只有晶粒破碎和晶格歧变引起的加工硬化作用。造成随轧制压下量的增加，强度单调升高。例如，轧制压下量由 40% 增加到 95%，合金板材硬度 HV 由 2548MPa 升高到 2940MPa。塑性的变化取决于两个因素，一是合金中含有的碳，氧等间隙杂质形成的间隙化合物，它们都向晶界偏聚，降低了晶界结合强度，引起塑性下降。在冷轧过程中，晶粒破碎，扩大了晶界面积，使得杂质分散均匀，降低了间隙杂质的表面浓度。轧制压下量增大，杂质的表面浓度更低，有利于塑性变形，拉伸伸长率加大。其次，众所周知，晶面滑移是室温变形的主要机理（除孪晶外），轧制过程引起晶粒破碎，晶格歧变，使得易滑移面减少，滑移阻力增加，导致强度上升，塑性下降。轧制压下量在一定范围内增加，降低晶界间隙杂质浓度对塑性提高的正作用占主导地位，滑移受阻对塑性的副作用占次要地位，因而板材的塑性提高。相反，轧制压下量进一步提高（大于 90%），杂质浓度不会再发生有意义的变化，它对塑性的正影响降到极次要的地位，而滑移受阻对塑性的副作用占据了主导地位，滑移变形困难，拉伸塑性就下降。

塑脆性转变温度是度量钼板塑性的另一个重要指标，图 4-74 是 Mo-0.5Ti 板材的弯曲塑脆性转变温度（DBTT）与轧制压下量的关系，弯曲半径 2mm，人为定义弯曲角达到 90° 试样不产生裂纹的最低温度为 DBTT，可以看出，轧制压下量增加，钼合金的塑脆性转变温度（DBTT）下降，当轧制压下量小于 40% 时，塑脆性转变温度在 0℃ 以上，当轧制压下量达到 95% 时，塑脆性转变温度降到 -60℃。就是说，温度降到 -60℃，钼合金板弯曲到 90° 才出现裂纹。

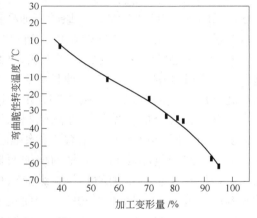

图 4-74　轧制压下量对 Mo-0.5Ti
塑脆性转变温度的影响

研究真空自耗电极电弧熔炼 Mo-(0.1~0.2) Zr 合金的显微组织与轧制压下量的关系，合金熔炼时用硼脱氧，硼含量约 $(10~30) \times 10^{-6}$。合金做成 1.5~30mm 厚的原始板料，它们都承受 1500℃/h 再结晶处理，原始板料的组织都是再结晶退火的等轴晶结构，见图 4-75(a)，以此做

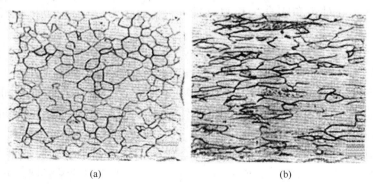

(a)　　　　　　　　　　　　(b)

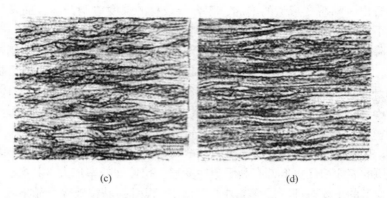

(c)　　　　　　　　　　　　　　(d)

图 4-75　轧制压下量对 Mo-(0.1~0.2)Zr 的显微组织的影响(×1000)

（a）原始再结晶组织；（b）轧制压下量30%；（c）轧制压下量68%；（d）轧制压下量80%

零轧制压下量的基准。所有板料都在1200℃轧成1mm厚的薄钼板，总轧制压下量由30%增加到97%。显微组织的变化表明（见图4-75），轧制压下量到30%时，原始等轴晶粒结构已被压扁拉长，但还比较粗短，到80%时，原始等轴晶粒结构已变成了纤维状结构。这种1mm厚钼板的强度极限，伸长率和弯曲角与轧制压下量的关系绘于图4-76，由该图看出，含锆钼合金的强度，塑性随轧制压下量的变化趋势同 Mo-0.5Ti 及未合金化钼的类似。强度极限照例随轧制压下量的增加而提高，拉伸伸长率也有增加的趋势。纵向试样的轧制压下量由30%增加到50%，弯曲角由 $\alpha \leqslant 10°$ 扩大到超过 $120°$。横向试样的轧制压下量大于80%时，弯曲角达到 $60°~70°$ 的极大值。这表明只有轧制压下量超过80%，合金的塑脆性转变温度降到了室温以下，含锆钼合金在室温下仍呈现出有塑性。

　　分析轧制压下量对钼和钼合金板材性能影响时，可以认为在最佳轧制温度下，钼材的轧制压下量应当达到80%以上，钼合金才

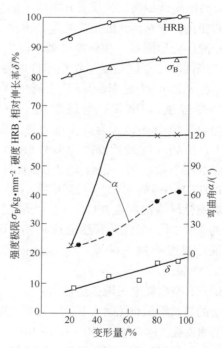

图 4-76　1200℃轧制的厚1mm含锆钼合金板材的轧制变形量对强度、塑性和弯曲角的影响

——1100℃/h 消除应力退火；------轧制变形态

能达到最好的强度和塑性的综合性能。这个概念对不同钼合金都是适用的。

　　轧制温度是钼和钼合金轧制的另一个重要工艺参数，在轧制压下量相同的条件下研究轧制加热温度对板材性能的影响，就是研究轧制温度对轧制过程中组织结构的影响。图4-77是不同温度轧制的未合金化钼和 Mo-(0.1~0.2)Zr 合金的显微组织照片，图4-77（a）、（b）、（c）是真空自耗电极电弧熔炼的未合金化的钼，添加微量碳脱氧剂，图4-77（d）、（e）、（f）是 Mo-Zr 合金，加入了 $40×10^{-6}$ 的碳和 $10×10^{-6}$ 的硼脱氧剂。未合金化的钼在

800℃轧制时，钼板的晶粒结构是纤维状的组织结构，见图4-77(a)，在1200℃轧制时，组织中出现了少许再结晶的等轴晶粒结构，而在轧制温度升到1400℃时，钼板具有完全再结晶的等轴晶粒结构。Mo-Zr合金的再结晶温度比未合金化钼的高300℃，它在1100℃轧制时的组织结构和未合金化钼在800℃轧制的一样，在1200℃轧制的Mo-Zr合金的组织结构仍然是纤维状的结构，轧制温度升高到1400℃时，它的轧制组织才出现再结晶的痕迹。在较高温度下轧制的过程中发生了再结晶，钼板伴随有再结晶软化现象，降低了加工硬化的效果。

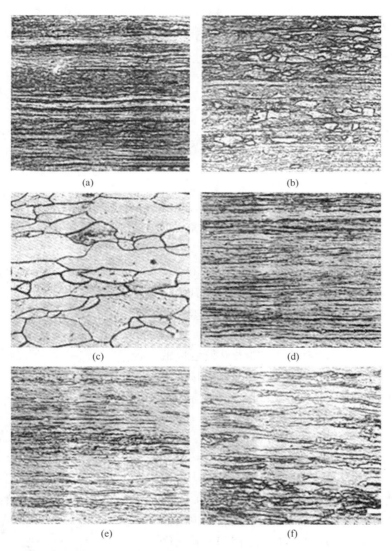

图4-77 轧制温度对未合金化的钼和Mo-Zr合金显微组织的影响[13]

未合金化钼：(a) 800℃；(b) 1200℃；(c) 1400℃

Mo-Zr合金：(d) 1100℃；(e) 1200℃；(f) 1400℃

1mm厚的Mo-0.5Ti-0.07C板材和2mm厚的Mo-(0.1~0.2)Zr-0.004C-0.003B板材的强度和塑性与轧制温度的关系绘于图4-78和图4-79。

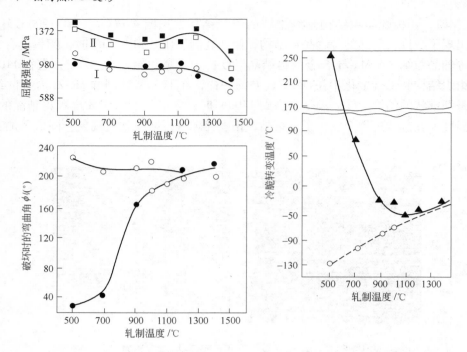

图 4-78　轧制温度对 Mo-0.5Ti-0.07C 的条件比例极限（Ⅰ）、
屈服强度（Ⅱ）、破坏弯曲角和塑脆性转变温度的影响

●■▲—横向试样；○□—纵向试样

　　在 500～1400℃ 之间轧制时，Mo-0.5Ti-0.07C 板材横向的塑脆性转变温度随着轧制温度的升高而下降，而纵向的升高。由弯曲角大小代表的塑性都有增长的趋势，而强度指标有一点下降，见图 4-78。在轧制温度低于 1400℃ 时，随着轧制温度的升高，Mo-(0.1～0.2)Zr-0.004C-0.003B 板材性能的变化趋势和 Mo-0.5Ti-0.07 的类似，伸长率增加明显。但是，轧制温度超过 1400℃ 以后，Mo-(0.1～0.2)Zr-0.004C-0.003B 的强度和塑性陡然变坏，显然，这与在轧制过程中发生动态再结晶有密切关系。这两个合金板材的纵向和横向性能有明显的各向异性。Mo-(0.1～0.2)Zr-0.004C-0.003B 在 1600℃ 轧制时，板材在轧制过程中完成了再结晶反应，纵向强度和塑性急剧下降。在 1500℃ 轧制以后，虽然没发生完全再结晶，但是，根据板材纵向和横向的弯曲角判断，横向试样已呈现出脆性。

　　轧制钼和钼合金板材的室温塑性的变化取决于它的塑脆性转变温度，在不同温度下轧制钼板的塑脆性转变温度（DBTT）可能高于室温，也可能低

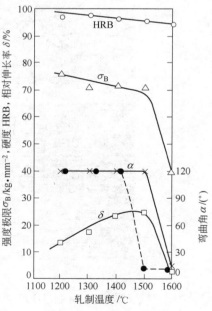

图 4-79　轧制温度对 Mo-(0.1～0.2)Zr-0.004C-0.003B 板材的硬度、强度极限、相对伸长率和弯曲角的影响

（1100℃/h 消除应力退火）

——纵向；------横向

于室温，若钼板的转变温度高于室温，则它在室温下具有塑性，反之，钼板具有脆性。图 4-80[13] 是 Mo-（0.1～0.2）Zr-0.004C-0.003B 合金的轧制温度与静态弯曲角的关系，以试样弯曲到 120°不开裂破坏的最低温度定为塑脆性转变温度（DBTT），2mm 厚的弯曲试样 Mo-（0.1～0.2）Zr-0.004C-0.003B 板材分别经受 1500℃/h 再结晶和 1100℃/h 消除应力退火，冷变形试样（消除应力退火）的塑脆性转变温度（DBTT）的上限随轧制温度的升高而增加，轧制温度低于 1400℃，合金的塑脆性转变温度在室温以下，轧制温度高于 1400℃，合金的塑脆性转变温度在室温

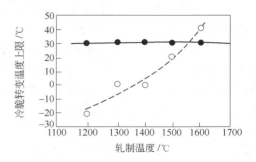

图 4-80　轧制温度对 0.1～0.2Zr-0.004C-0.003B
合金塑脆性转变温度的影响
（弯曲角大于 120°）
○—1500℃/h 再结晶处理；
●—1100℃/h 消除应力退火

以上。经受再结晶处理过的试样，它的塑脆性转变温度都高于室温，与轧制温度无关。再结晶处理后的材料完全是等轴晶粒结构见图 4-75(a)，而不再是轧制的纤维状组织结构，塑脆性转变温度（DBTT）取决于等轴晶结构，而与轧制组织及轧制温度无关。

　　厚度小于 1mm 的薄钼板的轧制及组织结构，起始用的原材料都是厚度 1～1.5mm 的钼板，采用冷轧工艺，开始冷轧时，钼板材烘烤加热温度约 200℃，随后完全在室温下轧制，在轧制过程中，薄板每道次的绝对压下量很小，冷作硬化很快，要多次进行真空的，或氢气保护的消除应力退火，退火温度要低于再结晶温度，通常采用 750～800℃。图 4-81 是厚度 0.4mm 薄钼板在不同温度下退火 1h 以后的显微组织照片。在 900℃退火的显微组织中已经发现有再结晶晶粒，退火温度升高到 1100℃，轧制组织已经发生了完全再结晶并伴随有晶粒长大现象。由于钼合金的再结晶温度比未合金化钼的高，因此，它在轧制过程中消除应力的退火温度可以比未合金化钼的稍高一点。

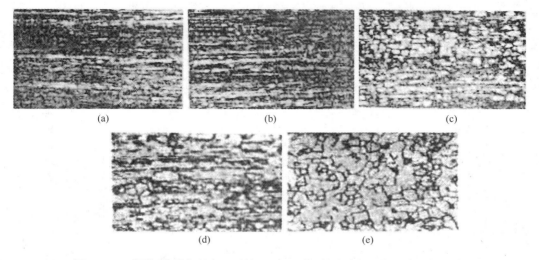

图 4-81　不同加热制度退火以后的 0.4mm 厚的粉末冶金钼板显微组织照片
（a）轧制状态；（b）900℃/h；（c）950℃/h；（d）1000℃/h；（e）1100℃/h

在再结晶温度以下冷轧过程中，钼板的组织中产生了许多位错缠绕的胞粒状结构，低温轧制形成的胞粒状结构的尺寸很小，它们之间的位向差约 4°~5°。这些胞粒状结构的外形不是等轴的，沿轧制方向被拉长。轧制温度越低，被拉长的程度越大。在轧制温度远远低于再结晶温度时，胞粒状组织被拉长成带状胞粒结构，在这个温度范围内位错攀移速度急剧下降。带状胞粒结构形成以后，带状组织的边界在板材的各个方向上的分布密度极不均匀。它们在平行于轧制方向被压扁拉长，因此，在厚度方向上的密度分布最高，平行轧制方向（纵向）最低，垂直于轧制方向（横向）的边界密度分布居中。不同方向上胞粒的边界密度不同，引起了钼板性能的各向异性。冷轧钼箔开始的轧制方向应当垂直于原先的轧制方向，在轧制过程中至少要再交叉轧制一次，改变一次轧制方向，这样能改善轧制钼箔材的各向异性性能。

在低于再结晶温度下冷轧，钼板厚度方向上胞粒边界密度最高。被强烈压扁的胞粒的边界可能含有裂纹核心，削弱了胞粒边界的结合强度，使得胞粒边界容易破坏，造成钼板发生轧制层裂。如果轧制加热温度高于再结晶温度，可以改善钼箔厚度方向上的性能并可减少层裂。不过，这时钼材的组织是再结晶的等轴晶粒结构，在改善厚度方向上的性能同时，平行于轧制方向上的和垂直于轧制方向上的塑脆性转变温度（DBTT）升高到室温以上，它们在室温下是脆的。

冷轧薄钼板经过退火处理以后，室温拉伸强度和伸长率有很大改善。表 4-32 和表4-33 是未合金化钼的室温力学性能及各向异性特点，试验用的钼板由厚度 1.32mm 冷轧到 0.5mm，总冷轧制压下量 62%。表 4-33 中的取样方向是指试样的轴线与轧制方向之间的夹角，0°和 90°分别表示试样的轴线与轧制方向平行（纵向）或与轧制方向垂直（横向）。做 180°弯曲试验用的支撑辊直径等于板材的厚度。冷轧薄板退火以后的塑性（伸长率）都有不同程度的提高。看来，冷轧薄钼板都应当进行消除应力退火，防止在使用过程中发生破坏。

表 4-32　真空电弧熔炼的冷轧薄钼板的室温机械性能及各向异性

轧 制 方 向	退火温度/℃	屈服强度/MPa	拉伸强度极限/MPa	相对伸长率/%
平行于轧制方向	未退火	1045	1064	5
	871	872	907	12
	927	838	858	10
	982	765	807	13
	1038	676	727	17
	1093	513	612	29
	1149	504	629	28
	1204	521	625	26
	1260	564	609	26
	1316	520	543	39
垂直于轧制方向	871	898	911	3
	927	834	834	2
	982	—	851	2
	1038	784	791	8
	1093	560	645	17
	1149	598	631	16
	1204	571	629	17
	1260	379	616	16
	1316	530	574	22

表 4-33　在 982℃退火的真空电弧熔炼钼薄板的室温力学性能的各向异性

钼板厚度	轧制特点	取样方向	屈服强度/MPa	拉伸强度/MPa	相对伸长率/%	弯曲到180°	
						冷	热
0.51mm	纵轧	0°	686	727	12	不满意	好
		90°	778	796	8	不满意	好
	横轧	0°	722	768	14	好	好
		90°	838	841	8	不满意	好
	纵轧	0°	714	752	11	不满意	好
		90°	792	809	13	不满意	好
	横轧	0°	750	787	14	好	好
		90°	851	862	12	不满意	好
0.33mm	纵轧	0°	705	803	14	好	好
		90°	800	816	8	不满意	
	横轧	0°	734	759	11	好	好
		90°	738	748	10	不满意	
	纵轧	0°	747	777	14	好	
		90°	—	855		不满意	好
	横轧	0°	738	776	10	好	
		90°	827	834	—	不满意	

Mo-0.11Zr-0.15Ti 合金同未合金化钼的 0.1mm 厚的冷轧薄钼板的轧制压下量达到 85%～90%，它在冷轧状态，即未消除应力退火状态的强度极限高达 1620MPa，而拉伸伸长率只有 3%。消除应力退火能大大地提高钼合金薄板的塑性，退火温度低于 1200℃，原始轧制态的 0.3mm 薄钼板的纵向拉伸伸长率由 4%升高到 12%。高温再结晶处理以后，合金板的塑性下降。见图 4-82，由该图也可看出，45°方向的塑性最高，垂直于轧制方向

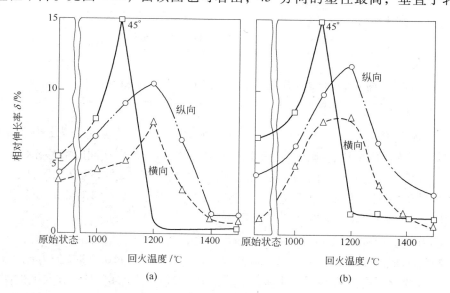

图 4-82　钼板的退火制度对它的各个方向塑性的影响

（a）板厚0.5mm；（b）板厚0.3mm

（横向）的最差，平行轧制方向（纵向）的居中。特别要强调指出，有时候薄钼板在消除应力处理过程中会发生所谓"45°"脆化现象。消除应力退火的温度低于再结晶温度，板材的组织结构未发生明显变化，仍然保持纤维状的组织结构，可是在45°方向的塑性却急剧下降，产生脆化现象，而平行轧制方向（纵向）和垂直于轧制方向（横向）的塑性很高，导致体积塑性下降。在钼板深冲加工时，对体塑性要求极高，任何一个方向的塑性变坏都不能满足工艺要求。如果以深冲的最大深度为度量体塑性的标准，钼薄板一旦发生45°脆化，它的深冲深度立刻变浅。

　　钼是体心立方金属，它的45°脆化现象和其他体心立方金属的一样。钼合金中常用的合金元素对它的45°脆化现象有不同的影响。Mo-Zr-Ti合金在消除应力退火时发生45°脆化现象最严重，Mo-Hf合金的45°脆化倾向小一些，用硼脱氧的真空自耗电极电弧熔炼的未合金化钼的45°脆化倾向最弱，甚至于在1500℃再结晶退火处理以后，它的深冲深度仍然很深见图4-83。Mo-B合金中的硼既是脱氧剂，又是间隙合金元素，它和钼形成间隙固溶体。45°脆化现象产生的原因尚无定论，非常可能与择优织构引起的第二相定向析出有关。

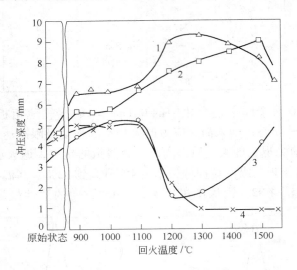

图4-83　合金成分及退火温度对薄钼板的深冲深度的影响
1—含有少量脱氧剂的未合金化钼；2—Mo-B；3—Mo-Hf；4—Mo-Zr-Ti

　　轧制钼板的织构研究表明，钼板和其他体心立方金属一样，{001}[110]和{111}[112]是两择优织构，指出，在不同位向的晶粒上，各个不同的滑移系统在起作用，造成{111}[112]系统中晶粒的加工硬化程度比{001}[110]系统的高。因此，在消除应力退火恢复过程中{111}[112]系统中的晶粒的晶格完善区域（即消除歧变的恢复区域）的长大速度比{001}[110]系统的快[15]。

　　在不同方向上切取试样做拉伸试验，通常认为，拉伸45°方向上的试样时，{111}轧制面上的晶粒发生塑性变形最有利，因为这些晶粒的[112]和[110]和拉伸方向一致，这些方向上的晶粒变形没有必要同时发生位向变化，因而轧制态金属的45°方向上的塑性最高。退火以后，具有{111}轧制面的晶粒仍在恢复过程中，完整无歧变晶格区域首先开始扩大。同时原先溶解在变形金属中的间隙杂质应当从晶格中析出，其中包括组成碳化物的杂质。在这个过程的第一阶段，析出片状碳化物，并具有立方体晶面取向，就是说，在45°方向上取下的试样中的片状碳化物夹杂的取向垂直或平行于现有的拉应力方向。在平行于轧制方向和垂直于轧制方向切下的试样中，夹杂物的分布取向与现有的拉应力成45°交角，在纵、横两个方向切下的试样中的碳化物等夹杂没有多大危险，因此，在消除应力退火过程中，垂直方向拉应力的片状夹杂物析出，首先造成45°方向上的金属变脆。不过，固溶体的分解析出倾向应当依赖合金的成分，而且并不是所有钼合金都有45°脆化的特性，因此夹杂物的择优析出理论还要做更多的试验论证工作。

在研究 Mo-0.11Zr-0.15Ti 合金薄板退火时，还发现薄钼板表面有反常的稳定层，钼薄板在进行1500℃/h再结晶退火处理时，板材厚度方向上的等轴晶粒已长大到0.03～0.04mm，而在表面0.1mm厚的范围内仍然保持纤维状的加工态的组织，尚未发生再结晶，表现出特别高的抗再结晶组织稳定性。图4-84给出了钼薄板厚度方向上由表及里的显微组织照片及性能分布。这种表层结构的反常现象通常都认为是在轧制过程中表层污染造成的[16]。但是，板材由表及里逐层的微区域光谱气体分析确定，只在表层厚度不超过0.02mm（小于0.1mm）范围内有氧污染现象见图4-84(b)，正常区域内钼的含氧量（质量分数）为$(18\sim20)\times10^{-6}$，而表层最高氧含量达到45×10^{-6}，没有发现碳污染。表层极薄区域内的氧污染可能是常规的表面气体吸附的结果。

钼薄板表面层的再结晶反常现象更深层次的原因可能是，冷轧金属晶粒不仅存在有织构分布的偶然不均匀性，还有区域分布的不均匀性。织构分布的不均匀性在前面分析45°脆化原因时已有论述，区域分布的不均匀性是指板材表面不超过0.1mm范围内，|100|晶面平行轧制方向（纵向）的晶粒占大多数，而中间区域|111|晶面平行轧制方向的晶粒占大多数（见图4-84），在钼板的通常轧制条件下，保证轧制变形是层状变形时，金相观察结果证实，表面层厚度和再

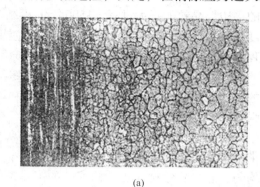

(a)

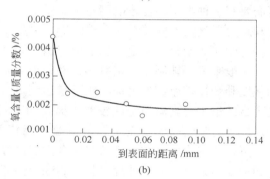

(b)

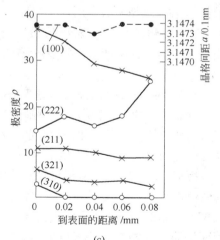

(c)

图 4-84　Mo-(0.01～0.05)Zr-(0.03～0.07)Ti
薄板横断面的性能分布

（a）1500℃/h再结晶退火处理以后的显微组织；
（b）冷轧后薄板的氧含量；（c）冷轧钼薄板的
X射线背反射的极图密度和晶格常数[17]

结晶阻滞层的厚度相当，并且同轧辊与金属轧件接触面上的难变形层的厚度吻合。

薄钼板的表层及中心区的变形强化不同，位错结构也不同，中心层是位错缠绕的胞粒状结构，表层是精细的多角化结构，镶嵌块尺寸约为 1000×10^{-10} m。在再结晶退火处理时，中心区按通常的再结晶机理进行再结晶，而表层的再结晶过程只是原先大角度晶界围成的多边形晶粒的长大过程。1500℃/h 再结晶退火处理以后，多边形的宽度达到 $0.5 \mu m$，长度达到 $1.5 \sim 2.0 \mu m$。但是应当知道，位错结构和晶粒织构的特定的结晶学系统的形成过程和合金的成分有关，表层反常现象的原因尚需做深入研究[17]。

钼板的不同工作环境和应用条件对组织结构和性能提出了不同要求，在长期高温下工作的钼板要求组织结构有相当高的稳定性和均匀性，不能在工作过程中发生组织变化，造成强度和塑性下降，导致材料软化和脆化。在低温下工作的钼板，一般在工作过程中不会发生组织变化，钼板要尽可能有高强度和高塑性的综合性能。在某些特定的工作条件下，要求板材不能有纤维状组织，不能有各向异性，晶粒结构必须是等轴晶状态，晶粒大小必须均匀。总之，钼材（板、棒等）的工作条件和环境是千变万化的，不同的工作条件和环境需要有多种组织结构才能满足工作要求。因此，要采用不同的轧制温度，不同道次变形量和总变形量，不同再结晶和消除应力退火制度，用多种工艺组合，生产出多种组织结构和各种性能的钼材，满足一切工业部门对钼材的要求。

一般来说，轧制压下量较小，例如小于30%，可以得到抗高温的稳定组织，但是合金的强度和塑性较差，如果加工压下量达到80%以上，材料可以得到最佳的强度和塑性，但是合金的组织抗高温稳定性较差。提高加工温度，让材料在加工过程中发生局部再结晶，可以提高材料的高温稳定性，但室温性能较差，会发生再结晶脆性。钼材在低温下冷加工，可以得到冷加工结构，此时综合性能最好。除加工温度和加工变形量以外，加工过程中和加工结束以后的热处理对材料的综合性能也起至关重要的作用。因此，为了得到使用性能最佳的钼材，要灵活应用加工温度，加工变形量和各种热处理制度。

4.5.3.3 钼板轧制的宏观缺陷

钼板在轧制过程中产生的宏观缺陷包括有形状缺陷、表面缺陷、龟裂、层裂、劈裂和粉碎性破坏等。

形状缺陷有侧弯和平面挠曲。侧弯是指轧制板材出现月牙形（镰刀状）弯曲，长窄钼条出现月牙弯曲缺陷的几率较高，这种缺陷无法矫正，产品只能报废。月牙弯曲缺陷的本质是窄板两边的变形伸长不等，伸长较长的一边是月牙的外侧，伸长较短的一侧是月牙的内侧。产生这种缺陷的原因是：粉末烧结窄板坯两侧的厚度不相等，轧辊辊缝调节不到位，辊缝一边宽，一边窄，辊缝宽的一侧板材较厚，另一侧的板材较薄，形成月牙状。另外，可能是钼板条的两侧温度不均，高温一边的材料容易变形，伸长的长度长，低温一边的难变形，伸长的长度短，最终形成月牙形板条。操作上出毛病，喂料倾斜也会导致月牙弯。

板面挠曲是轧制引起的板材平面上翘下弯，整块钼板在长度方向弯曲成拱形，这种缺陷现场可以用压力机校平，通常这种缺陷不会造成废品。产生这种大弧形弯的原因可能是，轧辊直径加工偏差较大，辊的线速度不均匀，线速度慢的一面向上弯成内弧面，线速度快的一面弯成外弧面。另外一个原因是炉温不均，保温均热时间不够，板坯上下两面有温差，温度高的一面变形抗力小，弯成拱形外表面，温度低的一面变形抗力大，弯成拱形内表面。由于钼的变形抗力较大，轧制较厚的钼板，这种拱形弯曲经常出现。提高轧制温度，适当减少压下量可以在很大程度上减少这种缺陷。

钼板的另外一种表面缺陷是波浪形表面，在板材纵向出现分布比较均匀的凸岭凹沟，在轧制温度偏低，轧制压下量过高，轧制力太大时，容易出现这种缺陷。采用高温小压下量轧制可以校正这种缺陷，但要防止折叠。根据经验，如果在被轧钼板两个轧制平面上均匀涂抹石墨乳，加强润滑可以消除拱形弯和波浪面。

准锯齿形边裂，这是钼板轧制时最常见的一种缺陷，见图 4-85，有时两侧边从头到尾都出现准锯齿形裂纹，有时在一边出现，有时在局部边缘处出现这种锯齿状，或称为狗牙状边裂。

图 4-85　钼板边缘产生的准锯齿状边裂

粉末冶金工艺生产出的钼板坯，厚度不均匀，板面中间厚，两边薄。板坯中部的轧制压下量最大，靠近边部的轧制压下量小，严重情况下，边部未发生轧制塑性变形，仍然保留着烧结状态。在这两种情况下，坯料边部的抗拉强度极限比中间轧制变形态的低，在轧制拉应力作用下，钼板的边部拉裂，形成锯齿状裂纹。

另外，CIP 压形用软胶模，如果软胶模应用次数太多，毛坯边部产生肉眼看不到的渗油现象，在低温烧结时渗入板坯边部的油脂未能挥发殆尽，在高温烧结阶段，油脂和钼反应形成碳化钼，导致边部热轧性能严重恶化。在轧制时边缘先发生龟裂，随着板坯被轧薄延长，龟裂变成准锯齿形边裂。

通常采用刨床或铣床清除锯齿形边裂，在清理过程中可以进一步判定边裂产生的原因，如果是板坯厚薄不均造成的边裂，边裂区钼板的切削性能和正常的一样，刨、铣不会遇到困难。如果是渗油造成的边裂，钼板边部裂纹区的碳含量非常高，钼板特硬特脆，刨床几乎不能刨切。边裂区的钼板取样分析表明，有时锯齿形裂纹区的碳含量（质量分数）高达 540×10^{-6}，正常钼粉碳含量 $(30 \sim 40) \times 10^{-6}$，相当于增加 120 余倍，个别边裂区域渗油试样的碳含量（质量分数）高达 1.5%。当边缘脆硬的齿状裂纹清理完以后，再继续铣刨，钼的加工性能和正常的一样。为了从根本上消减渗油造成的准齿锯形边裂，CIP 用的软胶模在应用一定的次数以后要强制淘汰。

粉碎性破裂，当钼板坯完全没有轧制性能时，才会发生这种粉碎性破坏。在轧制温度和轧制压下量等工艺参数正确无误的条件下，原材料的杂质含量偏高或者烧结坯的密度偏低是产生粉碎性破坏的主要原因，图 4-86 是钼板粉碎性破坏的实物照片，图 4-86(a) 给出的钼材杂质含量（质量分数）分别为：$O = (425 \sim 250) \times 10^{-6}$，$Fe = 1.22\% \sim 2.54\%$，$Si = 1.04\%$，$Al = 0.98\%$；而国标（GB/T 19972—1999）规定的这些元素的含量分别为：$O = 80 \times 10^{-6}$，$Fe = 100 \times 10^{-6}$，$Al = 20 \times 10^{-6}$，$Si = 100 \times 10^{-6}$。两者对比，可以看出，板坯的杂质含量超过了国标规定的标准。应当说明，现在我国钼粉的生产水平还是比较高的，钼粉的纯度已经达到或超过国标的规定，图 4-86(a) 是一个个例，发生粉碎性破坏的几率很少。但是，从这个个例也能看出，钼粉的纯度对轧制性能有很大的影响。因此，每一个生产环节都要严格防止钼坯被污染。图 4-86(b) 是低密度钼板坯的轧制结果，根据经验，锻轧烧结钼坯的密度应当达到 $9.45 \sim 9.5 \mathrm{g/cm^3}$，若低于这个经验的临界密度，钼坯的锻轧性能不好，容易产生严重缺陷。该图给出的钼板坯的密度只有 $9.07 \sim 9.16 \mathrm{g/cm^3}$。低密度钼坯的高温拉伸和压缩强度都低，在 1300℃ 开坯轧制时，轧制应力很容易超过板坯的断裂极限，板坯就发生粉碎性破坏。

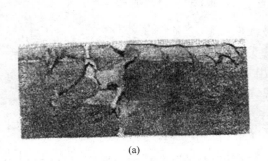

（a）　　　　　　　　　　　　（b）

图 4-86　轧制产生的粉碎性破坏的钼板坯实物照片

（a）杂质含量偏高；（b）烧结坯的密度偏低

劈裂、分层（层裂）及微裂纹，它们是钼板常见的三大缺陷。在轧制温度较低时，道次轧制压下量较小，要想得到一定厚度的钼板，需要往返多道次轧制，钼板容易分层。通常认为分层的原因在于，低温轧制时，胞粒状组织被压扁拉长，在板材的厚度方向上的胞粒边界密度最高，在这些边界上容易产生孔洞和微裂纹源，降低了胞粒边界的强度。轧制力超过胞粒边界的承载能力，就可能发生层裂。

图 4-87 是钼板劈裂，层裂和微裂纹的实物照片。在轧制厚钼板坯时，特别在轧制粗

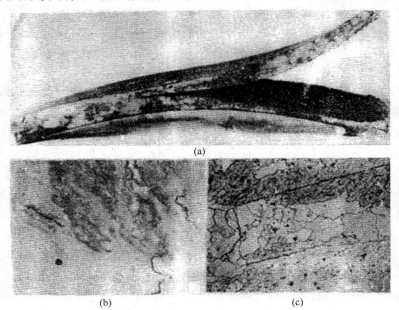

（a）

（b）　　　　　　　　　　　　（c）

图 4-87　钼板坯轧制时产生的劈裂

（a）劈裂；（b）微裂纹；（c）缺陷

晶粒钼板坯时（如真空自耗电极电弧炼钼坯），若道次压下量较小，特别容易在咬入端发生劈裂，可以把一块板坯从厚度中央对称的撕裂成两块。这些对称劈开钼板的劈裂面和横断面的金相研究发现，表面变形量最大，晶粒破碎的程度最高，由表及里，变形程度渐弱，中间劈裂面几乎没有发生塑性变形，仍保持板坯的一些原始特征。经验表明，开坯的起始压下量要大于20%，这样可以减少板坯发生劈裂破坏。厚板坯的轧制劈裂的可能性比薄板坯的大，这与轧件的形状系数 l/h 有关，厚板坯比薄板坯更难轧透，未变形的中间层受拉应力，这是钼板劈裂的内在本质原因。下面用简单的力学和几何学模型进一步具体分析层裂或劈裂的原因。

图 4-88 是分析板坯劈裂的几何学模型的简图[18]，图中 H 是板坯的原始厚度，h 是轧制后的厚度，R 是轧辊半径，板坯的单边轧制压下量为 X_0，$h = H - 2X_0$，如果钼板坯太厚，中间会留下一层未发生塑性变形的夹生层，此夹生层受到两个力的作用，即两侧变形区对中间夹生层产生法向拉力，板坯厚度方向上的温度梯度引起的热应力，如果这两个力产生的拉应力超过夹生层的断裂强度，则该层的最薄弱地区，如孔洞，裂纹源，就会产生裂纹并扩展成劈裂。显然，如果轧制力足够大，坯料的整个横断面都被轧透，消灭了中间未发生塑性变形的夹生层，从根本上消除了板坯劈裂的根源。见图 4-88，可以用 $h = H - 2X_0$ 作是否能发生劈裂的参考判据，把 h 定义为"分层开裂的倾向"，若

$$h = H - 2X_0 > 0$$

此时钼板坯中心区存在有未变形的夹生层，有发生劈裂的可能性：

$$h = H - 2X_0 = 0$$

这是一种临界条件，在这种情况下会不会发生劈裂，视轧制的动态条件而定，这时的压下量可以认为是最小压下量。若轧制压下量进一步增加，则

$$h = H - 2X_0 < 0$$

这是板坯完全不会发生劈裂破坏的条件，中间的夹生层已不存在，板坯不会发生劈裂。用图上简单的几何学关系和力学原理可以导出 $h > 0$，$h = 0$，$h < 0$ 的条件。已知轧辊施加给

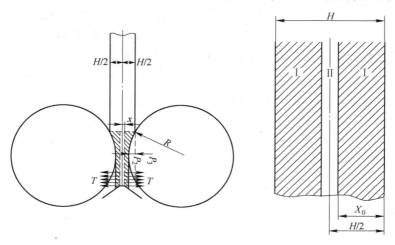

图 4-88   钼板坯劈裂的力学和几何学模型

被轧板坯两个作用力，摩擦力和轧制动力，这两个力的水平分力对咬入起作用，而垂直分力是使板坯产生塑性变形（变薄）的有效轧制力。根据被轧板材的金属性质，可导出一级近似式。

已知板坯厚为 H，宽度为 B，轧制后的厚度为 h，板坯产生塑性变形的屈服强度为 σ_t，当轧制应力达到或超过 σ_t 时，板坯就产生永久塑性变形，已知

$$\sigma = \frac{p}{EF} \cdot \frac{1}{B}$$

如果轧辊直径远大于板坯的厚度。即 $R \gg H$，则 $\widehat{EF}$ 可近似当做直线。根据图 4-88 中的平面几何关系：

$$EF^2 = X_0 \cdot 2R$$

$$EF = \sqrt{R(H-h)}$$

式中，p 为总轧制力；EF 为轧辊与板坯之间的接触弧长，近似直线。把 σ 和 EF 两个式子联立求解，可得出单位轧辊长度施加给板坯的轧制力：

$$p_s = \frac{p}{EF} = \sigma \sqrt{R(H-h)} = \sigma \sqrt{\delta HR}$$

式中，$(H-h)$ 为绝对压下量；δ 为相对压下量（$(H-h)/H$）；σ 为板材的固有性质常数，可以用高温压缩试验机测出轧制温度下的被轧材料钼的屈服极限。可以看出，板坯受到的轧制力与轧辊直径和压下量有关。

已经知道，劈裂板坯塑性变形程度由表及里依次递减，可以推断，表层的轧制力最大，向板坯中心区的轧制力也递减。法向轧制压力取决于摩擦力和轧制动力的法向分力。如果假设距表面层 X 深度处的轧制力是 p_x，那么在 $X + dX$ 深处的轧制力按递减原理，应当是 $p_x - dp_x$。可以认为板坯的有效轧制力梯度是 dp_x/dX，此梯度与有效轧制压力 P_x 成正比，可以写成：

$$\frac{dp_x}{dX} = -kP_x$$

等式右边的负号代表递减，k 值越大，递减速度越快。难熔金属是难变形金属，它们的 k 值比普通容易变形的金属大，k 值取决于被轧材料的性质，一般 $k < 1$。

由实际轧制过程分析，过程的边界条件是：$X = 0$，表面有效轧制压力 $p_x = p_s$，p_s 是轧辊施加给被轧坯料表层的轧制压力 $\sigma \sqrt{\delta HR}$；$X = X_0$，这个位置的有效轧制压力 $p_x = p_0$，p_0 是在板坯的加热温度下，刚刚能使表面发生纵向塑性变形的有效轧制力。利用这两个边界条件积分解下式：

$$\frac{dp_x}{dX} = -kP_x$$

求出

$$X_0 = \frac{1}{k}\ln\left(\frac{p_s}{p_0}\right) = \frac{1}{k}\ln\left(\frac{\sigma \sqrt{\delta RH}}{p_0}\right)$$

可以用 X_0 的表达式，求出轧辊的压制深度，并利用下式判断板坯劈裂的可能性：

$$H - 2X_0 = H - \frac{2}{k}\ln\frac{\sigma \sqrt{\delta HR}}{p_0}$$

如果满足 $H - 2X_0 \leqslant 0$，则板坯就不会劈裂，用导出的 $H - 2X_0$ 判别关系式，如果给出了合理的 k、R、H 和 σ 值，在相对压下量为常数时，可以绘出 $H - 2X_0$ 与 H 之间的曲线图，见图4-89，根据图上的曲线可以定性的描述板坯发生劈裂的倾向。

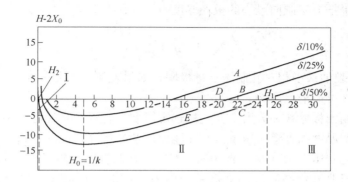

图4-89 相对压下量恒定时板坯厚度对分层倾向的影响

对于确定材料（Mo）的板坯厚度 H_0 时，$H - 2X_0$ 具有极小值，这是板材分层倾向最小的条件。如果板坯厚度为定值，例如22mm，相对压下量 δ 由10%增加到50%，$H - 2X_0$ 由正值变成负值，意味着变形量增大到一定程度，分层的危险可以消除。如果把相对压下量 δ 控制为定值，例如25%，板坯厚度由22减薄到5，相应 $X - 2X_0$ 从正值变成负值，如果板坯厚度进一步减薄，$X - 2X_0$ 由负值又变成了正值。这表明只有把板坯厚度控制在一定范围内，才有可能避免分层劈裂。

根据图4-89，在 $H = H_0$ 时，$H - 2X_0$ 有极小值，根据导数原理，具有极小值的点，一阶导数可写成：

$$\frac{\partial(H - 2X_0)}{\partial H} = 0$$

在 δ 为常数时，代入 $H - 2X_0$ 的上述导出式，可得到：

$$H_0 = \frac{1}{k}$$

因为 k 是材料常数，故分层倾向最小的板坯厚度由材料本身确定。

在分析分层倾向时，曾经说明，在 X_0 达到某一临界值时，$H - 2X_0 = 0$，X_0 是不发生层裂的最小压下量。根据这个分析和 $H - 2X_0$ 的导出式，可以求出不发生分层的最小变形量 δ_{min}，即要求满足关系式：

$$H - 2X_0 = 0$$

$$H - \frac{2}{k}\ln\frac{\sigma \sqrt{\delta_{min}HR}}{p_0} = 0$$

$$\ln\left(\frac{\sigma \sqrt{\delta_{min}HR}}{p_0}\right)^2 = kH$$

$$\left(\frac{\sigma}{p_0}\right)^2 \cdot HR\delta_{min} = \exp kH$$

$$\delta_{min} = \frac{1}{HR}\left(\frac{p_0}{\sigma}\right)^2 \exp kH$$

在轧制操作时，对于一定厚度的坯料，例如钼，只有轧制压下量大于 δ_{min}，板坯才不会发生层裂，如果把分层倾向最小的板坯厚度 $H = 1/k$ 代入 δ_{min} 关系式，可得到：

$$\delta_{min} = \frac{ek}{R}\left(\frac{p_0}{\sigma}\right)^2$$

δ_{min} 代表不发生层裂的最小相对轧制压下量极限，如果轧制压下量 $\delta < \delta_{min}$，不管板坯的厚度怎么变化，都不可能消除层裂。

要想避免轧制钼板劈裂和分层，在轧机选定以后，轧辊的半径已经不能改变，只能改变板坯厚度，轧制温度和首道次压下量，在能保证产品尺寸和性能要求时，要尽量选用薄板坯。首道次的轧制压下量一般大于 20% ~ 25%，轧制温度要尽可能高一点，把轧制变形抗力降到最小，但要避免高温轧制降低钼板的力学性能。在选择轧机时，要选用大轧辊轧机。

轧制的难熔金属除有宏观缺陷以外，还含有微观的微裂纹。微裂纹的产生与轧制过程中晶粒受力有关，板坯的每一颗晶粒在板面的法线方向上受轧制压应力，产生压缩变形，而在轧制方向上晶粒被拉长，每颗晶粒都有易滑移的变形系统，例如钼是 $\{111\}[112]$、$\{001\}[110]$，为了适应晶粒变形，在轧制过程中晶粒的位向要发生转动，晶体在晶界层上要发生滑动。如果使晶体变形的力超过了它的强度极限，或者使晶体在晶界上滑移的力大于晶界的结合强度，晶粒内和晶界就可能会出现微裂纹。显然，微裂纹的出现与板坯受到过大的轧制力有关。由于轧制力与轧制压下量有关，换言之，微裂纹的产生与轧制压下量有关系，过大的轧制压下量是产生微裂纹的根源。以这种分析为基础，为了防止产生微裂纹，轧制压下量应当控制在某一极限范围以内。也就是说，存在有一个轧制压下量的极大值 δ_{max}，轧制过程中的实际轧制压下要小于 δ_{max}，即 $\delta < \delta_{max}$。

若已知原始板坯的长、宽、厚度分别为 $L \times B \times H$，轧制以后的板长，宽和厚度变成了 $L + \Delta L$、$B + \Delta B$、h，板坯的宽展按经验公式计算，即

$$\Delta B = C(H - h) = C\frac{\delta}{H}$$

式中，C 为芯兹公式系数，$C \approx 0.3 \sim 0.4$；δ 为相对压下量 $(H - h)/H$。按体积守恒原理，则

$$L \times B \times H = (L + \Delta L) \times (B + \Delta B) \times h$$

把 ΔB 式代入本式，得到

$$\frac{\Delta L}{L} = \frac{\delta}{1 - \delta}\left(\frac{B - C \times H + \delta \times C \cdot H}{B + C \times H \times \delta}\right)$$

$\frac{\Delta L}{L}$ 为轧制压下量 δ 时，板材长度方向上的平均伸长率，当板坯的纵向伸长率和刚好不发生微裂纹的伸长率相等时，即 $\Delta L/L$ 刚好等于板坯的高温塑性变形的伸长率，这时板坯容

许的轧制压下量、定义为最大容许压下量 δ_{max}。而 $\Delta L/L$ 为最大伸长率 p_{max}，可以认为 $\delta = \delta_{max}$，$\Delta L/L = p_{max}$ 为是否产生微裂纹的临界条件，若 $\Delta L/L > p_{max}$（最大伸长率），板内就会出现微裂纹。如果引入一个计算符号 K，并令

$$K = \frac{B}{CH} - 1$$

再把 K 式代入 $\Delta L/L$ 式，可得到：

$$\delta_{max}^2 + K\delta_{max} - \frac{p_{max}(1 + K)}{1 + p_{max}} = 0$$

此方程式的解为：

$$\delta_{max} = \frac{1}{2}\left(-K \mp \sqrt{K^2 + \frac{4(K + 1)p_{max}}{1 + p_{max}}}\right)$$

此式中的 K 是与板坯尺寸有关的数，它不可能是负值，δ_{max} 应为正，$\delta_{max} > 0$ 才有意义，故它的唯一解是：

$$\delta_{max} = \frac{1}{2}\left(-K + \sqrt{K^2 + \frac{4(K + 1)p_{max}}{1 + p_{max}}}\right)$$

这个公式求出的 δ_{max} 就是最大轧制压下量，只要轧制钼的相对压下量小于 δ_{max}，轧板就不会产生微裂纹。

分析层裂和微裂纹时，分别导出 δ_{max} 和 δ_{min} 两个参数，对于同一块板坯它们似乎是矛盾的，要防止轧制劈裂分层，起始轧制压下量要大于 δ_{min}，但是，为了防止出现微裂纹，轧制压下量要控制小于 δ_{max}，为了获得良好的轧制效果，实际轧制压下量 δ 要满足 $\delta_{min} < \delta < \delta_{max}$ 条件，要满足这个条件，关键是提高板坯的塑性。对于具体的轧制板材要通过实践找出合适的压下量和其他各个相关的轧制参数。

黑点和白点白斑[19] 没有宏观缺陷的钼板在磨光以后，可能在光亮的表面出现一点或几点像针孔一样大小的黑点，这些黑点的出现没有规律，钼板表面未磨以前，它们被表面氧化层覆盖，表面磨光以后；它们显现出有一定深度的小洞穴。这些针尖大小的黑点的出现不是轧制加工过程造成的，而是坯料本身的缺陷，可能是材料含有的杂质的点状偏析，黑点的电子探针分析发现，它们的杂质含量 Al、Si、Fe、Ni、C 等比原料的含量高。通过碱洗，黑点处的杂质被洗掉，有些黑点变成白点。一旦表面磨光以后，再发现这种点缺陷，产品无法修理，计划产品只有报废，再改做他用。

白斑是钼板的另一种表面缺陷，见图 4-90。钼板经热轧、温轧、退火、碱洗以后，有

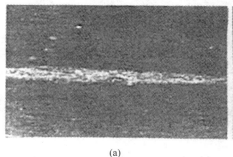
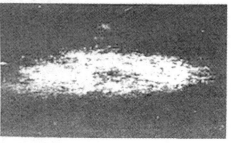

(a)　　　　　　　　　　　　　　(b)

图 4-90　钼板表面的白斑形貌

时在板材表面发现有白斑，图4-90（a）是单向轧制钼板表面的白斑，它的长宽比很大。图4-90（b）是交叉轧制钼板表面的白斑，它的长宽比要比单向轧制的小。斑块的外形有长条形和椭圆形，表面粗糙，缺乏轧制钼板的表面光泽。显微镜下观察到有许多微裂纹，再进一步冷轧会产生鳞皮。用扫描电子显微镜研究白斑表面及断口形貌，结果见图4-91。图4-91（a）是温轧、退火、碱洗以后白斑表面的照片，晶粒拉长，晶界很宽，晶粒彼此孤立，晶界抗腐蚀性很差，长时间高温碱洗，再经水冲淋以后，晶界的腐蚀产物流失形成腐蚀沟。图4-91（b）是白斑区的拉伸断口，白亮疏松地区是白斑形貌区，光滑致密暗淡部分是钼基体的正常组织。据此可以判断，白斑区的组织疏松，强度低，在拉应力作用下首先断裂，导致整体塑性下降。图4-91（c）是碱洗以后再冷轧50%压下量的钼板白斑的表面形貌，和图4-91（a）相比，虽然已经达到50%的冷轧压下量，晶界腐蚀沟并未被轧愈合，只是晶粒拉长，并出现鳞皮。图4-91（d）是冷轧以后白斑的断口形貌，晶粒呈舌状凸起状态，晶粒间结合强度不高，在拉应力作用下容易发生晶界断裂。用俄歇谱分析研究白斑表面及断口不同位置的成分。正常钼板表面的主要杂质有碳、氧、钙、铁、镍、铬。白斑区的主要成分与基体相差不多，只是钾、氧含量比正常区域有较大幅度的增加。晶界腐蚀沟深处的点扫描分析确定，沟内碳含量显著增加，表明白斑区的杂质向晶界偏聚，碱洗时晶界容易被腐蚀成沟洫。白斑区域内裂纹尖端的俄歇谱分析表明，裂纹尖端的碳，氧含量比正常钼表面的及白斑表面的高。白斑晶界沟内的杂质含量与裂纹尖端的比较，裂纹尖端存在有大量的钾，而且氧含量也比较高。压形时用的酒精干油黏结剂是碳、氧的可能源泉。另外，软套渗的油在烧结时它们未挥发干净，也可能引起压坯表面增碳，可能生成 Mo_2C 和 MoO_2，这些碳化物和氧化物在轧制时被碾压成疏松的断开的碎片，其中 MoO_2 在碱洗时会

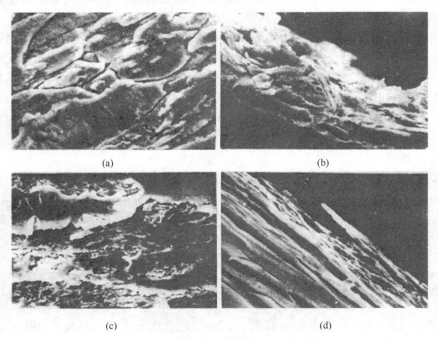

（a）   （b）

（c）   （d）

图4-91   白斑的表面及断口扫描电镜形貌

（a），（b）×1250；（c）×640；（d）×2500

与 KNO_3 作用生成 $KMoO_4$，在水洗时它随水流失，而 Mo_2C 不容易和熔融碱反应，仍留在晶界。而在水清洗时，沟洫底的碳化物和氧化物并未彻底冲洗干净，因此，这些地区的碳，氧含量比其他地区高。

表面清理过程对白斑也有一些影响，上面分析已经表明，烧结坯含有的碳、氧可能是白斑生成的内在因素。它们隐蔽在钼板内部，尚未显现出来。经过热碱洗，特别是长时间碱洗，原先隐蔽的白斑可能显露出来。低温短时间碱洗的钼板比高温长时间碱洗的钼板表面白斑少，喷砂处理钼板表面的白斑最少，因为喷砂处理时钼板不受腐蚀。为了减少或消除白斑，要用高纯钼粉，严格控制操作过程，防止生产过程中人为不慎，引入碳和氧杂质，造成钼板出现白斑。

4.6 钼管的生产

4.6.1 钼管的挤压

热挤压是生产有色金属管材（例如铜管）常用的生产工艺，也能用热挤压工艺直接生产钼管，但是由于钼的熔点高（2622℃），加热温度超过700℃生成挥发性的 MoO_3，热强度高，室温塑性差等特点，决定了钼管挤压工艺与普通有色金属管材的挤压工艺有相当大的区别。挤压工艺总的特点在4.1节中已有详细论述，这一节不再重复。本节只论述钼管热挤压的特点。

美国橡树岭实验室（ORNL）较早用真空自耗电极电弧熔炼钼锭挤压出钼管，钼锭先热轧成钼棒，再机加工成管坯，它的外径76.3mm，壁厚25.4mm，长127mm。管坯用氢气保护感应加热炉加热到1590~2050℃，挤压比8.8∶1，挤出钼管的尺寸为：外径31.7mm，壁厚6.3mm，长度1067mm。钼管挤压用游动式挤压穿孔针，穿孔针表面喷涂光滑的氧化锆防摩擦保护层，挤压模的入口锥角90°。用这种方法成功地挤成了未合金化钼管，Mo-0.5Ti 和 TZM 管。

美国阿贡国立实验室（ANL）用共同变形法挤压细长钼管。这种方法的关键是304不锈钢芯杆和钼管坯同时挤压变形，芯杆放在挤压钼管坯内，芯杆外径比管坯内径略小，管坯内壁与芯杆之间的环形间隙内填满 Al_2O_3、MgO，这两种耐火粉末过120~180目筛，装填密度相当于理论密度的50%，在钼管与芯杆同时挤压变形以后，芯杆很容易抽出来。用这种方法成功地挤出了直径12.7mm的未合金化钼，Mo-0.5Ti 和 Mo-30W 的细长管材。

美国宇宙巨人钢铁公司用二次挤压法生产厚壁钼管。用真空自耗电极电弧熔炼法炼出直径273mm，高330mm，重236.9kg的钼锭。钼铸锭第一次在1177℃反挤压成管坯，它的外径是278.8mm，内径是144.4mm，长度590.5mm。反挤出的钼管坯承受1427℃/h退火，随后机加工成外径273.6m，内径152.4mm管坯。第二次挤压温度是1149℃，挤压出钼管的内径152.4mm，外径206.4mm，长1016mm。在管子头部切取试样，进行1038℃/h消除应力退火，1371℃/h再结晶退火处理。最终成品钼管的外径206.4mm，内径152.4mm，长944.5mm，单根管重147.2kg，钼的总收得率53.6%。

法国人用真空自耗电极电弧熔炼法炼出钼锭，用钼锭直接机加工成内径39.4mm，外径139.7mm的管坯，用盐浴炉把钼管坯加热到1320~1330℃。一次挤压成钼管，其内径

39.4mm，外径60.3mm，长2016mm。挤压比达到8.5：1。另外还用粉末冶金工艺烧成钼管坯，管坯内径30mm，外径106mm，长624mm。在1400～1420℃两次挤压成钼管，管材外径40～42.7mm，壁厚7～8.53mm，长650～670mm。

我国开始研究钼管生产工艺始于20世纪70年代，主要任务是为原子能反应堆提供结构材料。研究制管工艺路线包括：熔炼→挤压→轧制→拉拔，粉末冶金→轧制，粉末冶金→旋压。下面给出几种试验成功的钼管挤压工艺。

用粉末冶金工艺制造管坯的钼粉纯度99.95%，平均粒度3μm，用CIP成形，压制压力147～196MPa，压坯直径75～82mm，长150mm。压坯用两种工艺烧结：（1）用氢气保护的钼丝炉在1100～1400℃预烧2h，再用真空烧结炉在2000℃烧结2h。（2）用氢气保护感应加热炉烧结，在1150～1250℃低温保温2h，再升温到1950～2050℃高温保温3～5h，高温烧结后坯料直径收缩到65～70mm，长133mm，相对密度大于90%。把这种烧结坯机加工成外径63.5mm，内径17mm，长130mm的钼管坯。

电子束熔炼加真空自耗电极电弧熔炼的双连熔工艺，国产高纯钼条做熔炼炉料，用60kW电子束熔炼炉一次炼出直径60mm的钼锭。把这些铸锭连成自耗电极，用50kg真空自耗电极电弧熔炼炉二次重熔，电弧炉的水冷铜结晶器直径110mm，重熔后的坯锭直径约106mm，长度280mm。为了破碎钼锭粗大的柱状晶粒，先把它加工成ϕ98mm×134mm的挤压坯，挤压成直径70mm的棒坯，挤压比约为2。用机加工方法直接把挤压棒加工成外径63.5mm，内径17mm的挤压管坯。

二次真空自耗电极电弧重熔工艺，熔炼炉料是高纯钼条，第一次用5kg真空自耗电极电弧熔炼，水冷铜结晶器直径50mm。第一次熔炼出的钼锭做第二次重熔的炉料，二次重熔用的水冷铜结晶器直径80mm，重熔后的钼锭是ϕ78mm×150mm。直接机加工成外径63.5mm，内径17mm的挤压管坯。

二次电子束重熔工艺，一次熔炼用60kW的电子束熔炼炉，它的水冷铜结晶器直径60mm。二次重熔用200kW电子束熔炼炉，它的水冷铜结晶器直径130mm。获得铸锭的直径120～127mm，长度约1000mm。先把长铸锭加工成ϕ98mm×（134～137）mm的挤压坯，再挤压成直径ϕ70mm的钼棒。随后用ϕ70mm的钼棒直接机加工成内径17mm，外径63.5mm的挤压钼管坯。

钼合金管坯只能用真空自耗电极电弧熔炼，不用电子束熔炼工艺（因为合金元素烧损严重）。钼合金管主要有Mo-0.5Ti，Mo-TZM（Mo-0.5Ti-0.08Zr-0.03C）。用钛箔和锆箔引入钛和锆，用含碳钼条引入碳。自耗电极真空电弧熔炼炉的水冷铜结晶器直径为75mm或者100mm，钼合金熔炼的细节可参看第三章有关内容，本章不再重复。

钼管坯用氢气保护钼丝炉或感应加热炉加热，未合金化钼加热温度为1350～1450℃，钼合金加热到1450～1550℃。直径$\phi=65～70$mm，长度小于200mm的管坯用5.88MN卧式挤压机挤压。管坯直径达到125～150mm，就要用14.7MN的大型挤压机挤压。穿孔针是3Cr2W8热作模具钢，它的表面涂石墨胶润滑剂。表4-34和表4-35是用5.88MN挤压机挤压未合金化钼和钼合金管的有关参数。由表列数据可以看出，钼粉烧结管坯的挤压力最大，二次电子束重熔的挤压力最小。这是由于二次电子束重熔的管坯纯度最高，挤压抗力小，而烧结坯的纯度最差，挤压抗力最大。

表 4-34　未合金化钼管的挤压参数

铸锭类型	坯锭尺寸/mm		模底直径 /mm	穿孔针 直径/mm	挤压筒 直径/mm	挤压比	加热温度 /℃	单位挤压力/MPa		挤压常数/MPa	
	内径	外径						最大	最小	最大	最小
二次电子束重熔	40	83.5	49	39	85	6.5	1440 ~ 1450	772	674	387	361
粉末烧结	17	64	28	28	65	7.5	1420	902	—	457	—
二次电子束重熔	17	64	28	16	65	7.5	1420	833	—	417	—
电子束加电弧炉	17	63.5	28	16	65	7.5	1420	—		—	
电弧炉二次重熔	17	63.5	28	16	65	7.5	1420	—		—	
粉末烧结	21	64	30	20	65	7.7	1450	1002	970	492	475

表 4-35　Mo-0.5Ti 和 TZM 合金管的挤压参数

合金名称	坯锭尺寸/mm			挤压筒 直径/mm	加热温度 /℃	挤压成品/mm		挤压比	挤压力 /MN	挤压常数 /MPa
	外径	内径	长度			外径	壁厚			
Mo-0.5Ti	64	18	152	65	1420	28	5.5	7.9	3.57	559
	64	18	135	65	1400	28	5.5	7.9	3.77	588
	64	18	143	65	1400	2828	5.5	7.9	3.88	617
	64	18	133	65	1400	28	5.5	7.9	3.68	544
	64	18	140	65	1400	28	5.5	7.9	3.47	539
	64	18	157	65	1400	28	5.5	7.9	3.23	526
	64	18	157	65	1400	28	5.5	7.9	3.14	490
TZM	64	17	—	65	1500	33	8.5	4.7	未测	未测

钼合金管坯的挤压温度大都是 1400℃，而 TZM 的挤压力最大，它的挤压温度是 1500℃。钼合金的挤压常数比未合金化钼的高。管坯挤压对挤压模的冲刷很厉害，先挤出的钼管前部的直径比较接近挤压模的孔径，后挤出的钼管直径比原设计模孔直径大。挤压管坯的后处理有内外径精整、切头、切尾等机加工，精整后再经受 900℃/h 消除应力退火或 1300 ~ 1400℃/h 再结晶退火处理。后处理过的钼管可以成最终产品，也可以做下一步钼管轧制的管坯。

4.6.2　钼管的轧制

轧制钼管可以用轧制黑色金属管和普通有色金属管的轧管机，例如 LD-30、LD-15 三辊冷轧管机、LG-30 二辊轧管机、LG-30 Ⅱ 型机等。目前尚没有专为钼管轧制设计制造的专用轧管机，这些轧制普通有色金属或黑色金属管材的轧管机不能直接搬来就用，还需要进行一些必要的技术改造，钼管的轧制过程与钼板的有本质区别。钼板坯放入加热炉加热到轧制温度以后，可以直接喂入轧板机，不需要中间加热就能连续轧制几个道次。但是，钼管不能按这个方法加工。轧管的轧制速度很慢，摆动送进量很小，根据钼管的长度不同，一根钼管的总轧制时间可能要几十分钟到一小时，管坯在轧管机上降温很快，不可能保证管坯温度稳定在轧管工艺需要的温度范围以内。钼管轧制通常需要在线加热，而不是用加热炉加热。需要提供在线加热设备，并要妥善解决在线加热给轧管机带来的机械热膨胀的问题。

在线加热设备可用氧乙炔火焰、氢氧焰火焰、煤气、天然气、液化石油气等燃烧火焰。用氢气加氧气火焰加热效果较好，氢氧加热枪的制造使用也很方便。具体做法是，把 $\phi 14mm \times 1mm$ 和 $\phi 8mm \times 1mm$ 的两根紫铜管或者不锈钢管焊成同心圆的双层套管，在大外管一侧 100mm 长度范围内钻一排 $\phi 4mm$ 的小孔，细内管一侧钻一排 $\phi 1.5mm$ 的小孔，内外管侧面的 $\phi 4mm$ 和 $\phi 1.5mm$ 的小孔同心，孔心距约 8mm。外管通自燃氢气，内管通助燃气体（瓶装氧气或压缩空气）。氢气和氧气由内外管侧面的 $\phi 4mm$ 和 $\phi 1.5mm$ 孔洞同时喷出，点燃以后形成一排火焰，把它固定在轧管机的适当位置，用来加热轧制管坯。这种氢氧枪由于氢气和助燃气体混合不均匀，氢气消耗量大，火焰温度不高。为了克服这个缺点，把氢气和助燃气体先在一个容器内预混，由预混容器侧面引出一根 $\phi 8mm \times 1mm$ 的不锈钢管，管侧面钻一排 $\phi 1.5mm$ 的孔，这样组成一支氢氧燃烧加热器。把它固定在机头上，随着轧辊保持架做来回往复运动。通常在机头前安装三支加热枪，成 120° 均匀排列。后边安装两支或者四支加热枪，成 180° 或 90° 排列，见图 4-92。后加热枪加热管坯，前加热枪加热钼管，保持钼管的温度。前后加热枪喷出的火焰交汇于轧管机的中心线，正好加热钼管和管坯。调节氢气和氧气的流量及压力，可以控制加热温度和加热速度，最高加热温度可以达到 1100℃。烧枪点燃以后，每支枪的火焰形成一条加热带，前面有三条，后面有四条加热带，在轧制过程中管材旋转前进，可以保证钼管的轧制变形区始终处于连续均匀的加热环境中。

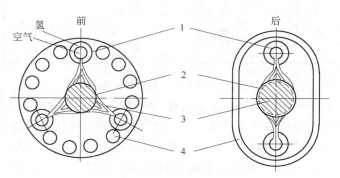

图 4-92 热温轧钼管加热枪的布置
1—喷枪；2—钼管；3—芯头；4—冷却管

在钼管轧制时，轧管机的机头处在火焰直接加热的恶劣条件下，因热膨胀作用，机头之间的滑动配合副经常卡住。因此，用于轧制钼管的温轧机头的滑动配合副的公差要比普通冷轧机头的放松一到二级。例如，三角滑架上的滑动滑板与机头套筒上的固定滑板之间原公差配合为 D4/dc4，放宽到 D6/dc4。同时为了改善机头的受热环境，加快机头的散热速变，机头要尽量敞开。

在钼管热温轧时，轧辊，芯头及滑道的工作条件比较苛刻，其中以芯头的工作环境最为恶劣，它被包在钼管内，受轧制压力和高热的双重作用。选择合适的构件材料尤为重要。轧辊选用热作模具钢 3Cr2W8V，高速钢 W18Cr4V 及轴承钢 GCr15。芯头因工作条件特别恶劣，为了保证能连续轧制，芯头选用硬质合金 YG8，热作模具钢 3Cr2W8V 和高速工具钢 W18Cr4V。小直径钼管用的芯头容易变形，最好用硬质合金。滑道的设计和选材要考虑钼的变形特点，钼管的变形过程要平滑稳定，速度要慢，减径段和压缩段要长，开口要小，这样有利于难变形钼管的轧制。图 4-93 是轧钼管用的 SG30-Ⅱ 型的轧辊，芯头和滑道的设计简图。滑道通水冷却，更能保证较长时间的连续轧制。

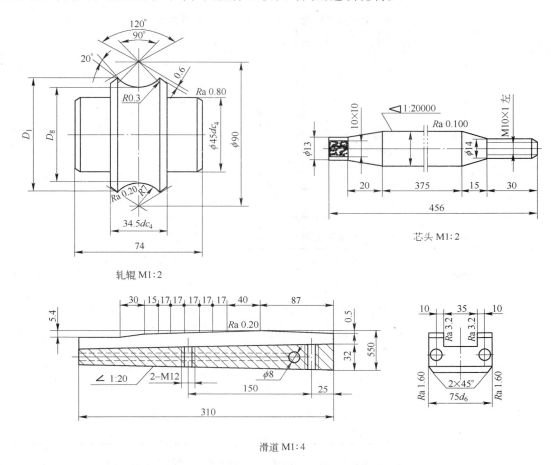

图 4-93 热温轧钼管用的轧辊、芯头和滑道的设计图

轧制钼管坯的生产，用粉末冶金工艺和熔炼工艺直接生产轧制钼管坯。粉末冶金工艺生产轧制钼管坯有三条路线：（1）高纯钼粉用 CIP 压形，高温直接烧结成轧制管坯。（2）把烧成的钼管坯再预挤压成轧制管坯。（3）烧结成粉末钼锭，再把钼锭挤压成挤压棒坯，通过机加工把挤压棒做成轧制钼管坯。除用粉末冶金工艺生产管坯以外，还可用熔炼法制造轧制钼管坯，包括用电子束熔炼和真空自耗电极电弧熔炼铸成钼和钼合金铸锭，可以进行二次重熔，把铸锭挤压成挤压棒，再把挤压棒加工成轧制钼管坯。这两种制造管坯的工艺相比较，粉末冶金工艺比较方便快捷，原材料收得率高，管坯成本低廉。

在开轧以前，钼管坯的内外表面涂抹石墨乳并烘干。管轧机的机头先预热 10min，管坯装上以后点燃加热枪，后面的加热枪把管坯加热到 900～950℃ 轧管温度，前加热枪是辅助加热，调节燃气的压力和流量，控制加热速度和加热温度。随着轧制道次的增加，管坯的变形量加大,加工硬化程度提高,管材需进行消除应力退火,退火以后的管材才能顺利继续轧制。表4-36 是电子束重熔管坯的加工硬化程度与轧制道次的关系,以及消除应力退火制度。表4-37 和表4-38 分别是粉末冶金管坯和一次真空自耗电极电弧熔炼 Mo-TZM 管坯的轧制硬化和退火制度。表列数据表明,随着变形量的增加,TZM 的强化作用比未合金化钼的更明显,轧制难度增加。它的轧制温度比未合金化的钼高。

表 4-36　电子束二次重熔钼管的轧制硬化和退火制度

轧制道次	变形率/%	轧制温度/℃	平均硬度 HV	退火制度	备　注
0	86.6	—	245		1450℃挤压,挤压后退火
0	86.6	—	178	—	
2	43	900	205	900℃/60min	
3	62.5	850	211		
3	62.5	850	176		
4	46	800	198	1100℃/15min	第三道后退火
5	67	650	223		
5	67	650	201		
6	26.5	559	210	900℃/30min	第五道后退火

表 4-37　粉末冶金钼管坯的轧制硬化和退火制度

轧制道次	变形率/%	轧制温度/℃	平均硬度 HV	退火制度	备　注
0	86.6	—	220	—	1450℃挤压
0	86.6	—	176	1100℃/30min	挤压后退火
1	23	1000	233	—	
2	48	90	236		
3	63	850	263		
3	63	850	209	1100℃/15min	第三道后退火
4	38	850	236		
5	59	650	262		
5	59	65	237	900℃/30min	第五道后退火
6	23	550	271	—	

表 4-38　一次真空自耗电极电弧熔炼 Mo-TZM 管坯的轧制硬化和退火制度

轧制道次	变形率/%	轧制温度/℃	平均硬度 HV	退火制度	备　注
0	73	—	251		
0	73	—	208		1600℃挤压
1	23.5	1000	227	1100℃/60min	挤压后退火
2	38	900	262		
3	54	900	—		
4	29.5	900	255	1100℃/15min	第三道后退火
5	42	700	262		
6	54	650	303		

Mo-0.5Ti 和 Mo-TZM 在轧制过程中的消除应力退火制度是 1100℃/h,未合金化钼的是 900℃/30min。两次退火中间的变形量可以控制在 60% ~ 66%。厚壁管的退火温度控制

在局部再结晶的温度范围内，壁厚小于1mm的薄壁管只能进行消除应力退火。

钼和钼合金管的开轧温度通常控制在900~1000℃，随着变形量的增加，轧制温度要逐渐降低，道次之间的降温幅度50~100℃。成品钼和钼合金管的轧制温度降到550~650℃。温度控制方法是调节燃气的压力和流量。

管坯每轧一个道次以后，轧制成品要碱洗，酸洗，抛光，清除表面的石墨乳和氧化膜。若发现管的内外壁有划痕，微裂纹等宏观缺陷，必须清除干净，随后把管的端头修磨圆滑以后再进行下道次轧制。在整个轧制过程中，内外管壁始终要沾有石墨乳润滑剂。表4-39~表4-44分别是挤压的两次真空自耗电极电弧重熔钼管、挤压的电子束加真空自耗电极电弧重熔钼管、挤压的粉末烧结钼管、真空自耗电极电弧熔炼Mo-0.5Ti合金管的轧制工艺参数。

表4-39 挤压的两次真空自耗电极电弧重熔钼管的轧制工艺参数**

管坯 ↓ 成品	轧制道次	轧后尺寸/mm				变形量				电炉加热	热处理	处理前变形量	备注
		外径	内径	壁厚	长度	外径 /mm	壁厚 /mm	伸长率 /%	面缩率 /%	℃/min	℃/min	/%	
φ24.43	0	24.43	17.71	3.36	82.5								
×3.86	1	22.87	17.63	2.62	104	1.56	0.74	1.31	24.0	800/4			尾裂3mm
LD30	2	21.58	17.00	2.23	122	1.29	0.39	1.23	18.6	950/5	900/60	45.2	良
轧机	3	19.77	16.00	1.53	198	1.81	0.71	1.56	36	950/5			
↓	4	18.18	15.61	0.95	268	1.59	0.58	1.45	31	830/3	1100/30	62.2	良
成品	5	16.98	15.6	0.70	297	1.20	0.25	1.44	30.4	830/2			
16-0.5	6	16.00	15.0	0.5	398	0.98	0.20	1.45	31.0	800/2			良

表4-40 挤压的电子束加真空自耗电极电弧重熔钼管的轧制工艺参数**

管坯 ↓ 成品	轧制道次	轧后尺寸/mm				变形量				电炉加热	热处理	处理前变形量	备注
		外径	内径	壁厚	长度	外径 /mm	壁厚 /mm	伸长率 /%	面缩率 /%	℃/min	℃/min	/%	
φ24.43	0	24.75	17.99	3.38	56								
×3.86	1	22.86	17.54	2.66	70	1.89	0.92	1.34	25.6	800/4			尾裂2mm
LD30	2	21.53	17.00	2.20	90	1.34	0.46	1.26	21.0	950/5	900/60		良
轧机	3	19.88	16.60	1.51	132	1.65	0.69	1.53	34.8	950/5	900/60		良
↓	4	18.08	16.00	0.91	225	1.80	0.61	1.71	41.5	820/3		41	良
成品	5	16.96	15.60	0.66	345	1.12	0.25	1.53	34.7	830/2	1100/60	63.3	尾裂15mm
16-0.5	6	16.00	15.00	0.50	505	1.09	0.18	1.57	36.5	800/2			头裂20mm

表4-41 挤压粉末烧结钼管的轧制工艺参数**

轧制道次		0	1	2	3	4	5	6
轧后尺寸	外径/mm	26.2	25.1	22.07	20.15	18.22	17.0	16.13
	内径/mm	17.6	17.0	16.8	16.3	16.0	15.6	15.05
	壁厚/mm	4.3	3.75	2.63	1.92	1.11	0.7	0.54
	长度/mm	207	250	377	556	1035	1679	2220

轧制道次		0	1	2	3	4	5	6
变形参数	外径/mm		1.70	2.43	1.92	1.86	1.44	0.87
	壁厚/mm		0.55	1.12	0.71	0.81	0.41	0.26
	伸长系数/%		1.21	1.52	1.47	1.85	1.02	1.32
	面缩率/%		17.2	33.6	32	46.1	38.4	254
加热	温度/℃		880	900	850	850	650	550
	预热/min		7	0.75	1.51	0.85	2.25	0.85
	轧制（min/s）		2/25	2/25	3/05	5/45	5/30	10/35
轧制参数	n/次·min^{-1}		60	65	70	60	70	65
	S/mm		2	2	3	2	3	2
	α/(°)		72°3′	72°3′	72°3′	72°3′	72°3′	72°3′
轧辊	直径/mm		25	22	20	18	17	16
	材料		3Cr2W8V	GCr15	GCr15	GCr15	GCr15	W18Cr4V
芯头	直径/mm		17	16.68	16.22	15.88	15.49	15.01
	材料		3Cr2W8V	3Cr2W8V	3Cr2W8V	3Cr2W8V	3Cr2W8V	3Cr2W8V
热处理制度			900℃/h	—	1100℃/15min	—	900℃/30min	—
两次退火中间的伸长率/%					62.5		67	

表 4-42　真空自耗电极电弧熔炼 Mo-TZM 挤压管坯的轧制工艺[**]

轧制道次		0	1	2	3	4	5	6
轧后尺寸	外径/mm	26	24.7	22.5	20.08	18.04	16.25	14.24
	内径/mm	18.6	17.07	16.72	15.4	14.4	12.72	11.14
	壁厚/mm	3.8	3.50	2.89	2.32	1.82	1.76	1.55
	长度/mm	137	200	223	305	305（切尾）	352	443
变形参数	外径/mm		1.30	2.20	1.32	2.04	1.80	2.01
	壁厚/mm		0.35	0.61	0.55	0.52	0.16	0.21
	伸长系数/%		1.13	1.30	133	1.38	1.15	1.27
	面缩率/%		11.5	23.0	24.9	27.5	13.4	21.5
加热	温度/℃		1000	930	950	900	700	650
	预热（min/s）		1/40	—	1/00	1/00	0/40	1/15
	轧制（min/s）		2/45	3/05	2/00	3/30	3/30	5/30
轧制参数	n/次·min^{-1}		55	55	65	55	55	60
	S/mm		2	2	3	2	2	2
	α/(°)		72°3′	72°3′	72°3′	72°3′	72°3′	72°3′
轧辊	直径/mm		25	22	20	18	16	14
	材料		3Cr2W8V	GCr15	GCr15	GCr15	GCr15	3Cr2W8V
芯头	直径/mm		17.6	16.68	15.08	14.28	12.62	11.12
	材料		3Cr2W8V	3Cr2W8V	3Cr2W8V	3Cr2W8V	3Cr2W8V	3Cr2W8V
热处理（℃/min）			1100/60	—	1100/15	—	—	—
两次退火中间的伸长率/%		—	—	—	51.0	—		52

表 4-43　真空自耗电极电弧熔炼 Mo-0.5Ti 挤压管坯的轧制工艺参数 [**]　　（φ16mm×2mm）

轧制道次	轧后尺寸/mm				变形量				轧制温度/℃	轧辊直径/mm	芯头直径/mm	退火/℃·min⁻¹	总变形量/%
	外径	内径	壁厚	长度	外径/mm	壁厚/mm	伸长率/%	面缩率/%					
0	26.50	18.00	4.25	591	—								
1	24.6	16.74	3.83	701	1.90	0.42	1.18	15.5	900	25	16.85		
2	22.0	15.60	3.20	925	2.60	0.63	1.32	24.3	850	22	15.5		
3	20.05	14.65	2.70	1205	1.95	0.50	1.27	21.0	800	20	14.55	1100	
4	18.05	13.31	2.37	1480	2.00	0.33	1.24	19.5	750	18	13.2		
5	16.06	12.0	2.03	1932	1.99	0.34	1.30	23.3	<700	16	11.9		70

表 4-44　挤压真空自耗电极电弧熔炼 Mo-0.5Ti 管的轧制工艺参数 [**]　　（φ14mm×2mm）

轧制道次	轧后尺寸/mm				变形量				轧制温度/℃	轧辊直径/mm	芯头直径/mm	退火/℃·min⁻¹	总变形量/%
	外径	内径	壁厚	长度	外径/mm	壁厚/mm	伸长率/%	面缩率/%					
0	26.50	18.10	4.20	622	—								
1	24.5	17.0	3.75	745	2.0	0.45	1.20	16.5	>900	25	16.9		
2	22.0	15.60	3.20	1000	2.5	0.55	1.34	25.5	850	22	15.5		
3	22.0	14.20	2.90	1218	2.0	0.30	1.22	18.0	800	20	14.1	1100	
4	17.90	12.70	2.60	1500	2.0	0.30	1.24	19.5	750	18	12.6		
5	16.10	11.50	2.30	1840	1.8	0.30	1.23	18.5	700	16	11.4		66
6	14.06	10.00	2.03	2612	2.04	0.27	1.30	23.0	<700	14	9.9		74

由表 4-39～表 4-44 列举的各种钼和钼合金管的轧制工艺参数可以看出，它们都具有良好的轧制性能，在轧制温度为 900℃时，用 2.6mm 的大减径量能成功地轧制各种规格的钼和钼合金管。

钼管在中温范围内轧制，为了保证轧制温度，采用在线加热工艺，管坯，成品管，芯头，滑道都在受热状态下工作。因此，在控制成品管的尺寸时，必须考虑热膨胀的效果。否则，钼管的尺寸都会超出公差范围。轧机调试用钢管试轧，外径留有 0.03～0.05mm，内径留存 0.02～0.04mm 的正公差，保证成品管有足够抛光加工余量。芯头按高温测量的实际尺寸设计。

4.6.3　钼管的旋压加工

4.6.3.1　一般概念

旋压制管工艺是一种常用的加工工艺，与轧管和挤压管生产工艺相比，它有许多优越性。在旋压过程中，工具和工件之间的受力点近似点线接触，用较小的旋压力可以得到很大的变形应力，有利于制造薄壁管。旋压工艺生产的管材规格形状多样化，大直径薄壁管，变断面管，阶梯形和变壁厚管，半球形封头。旋压加工是壁厚减薄的加工，产品的尺寸精度高，壁厚公差可以达到 ±0.05mm。旋压工艺分为普通旋压和强力旋压两种类型，普通旋压机有滚珠旋压机和滚轮旋压机两种。图 4-94(a)、(b)、(c) 分别是滚珠旋压机、辊轮旋压机和钼板强力旋压制造钼管的示意图。滚珠旋压的过程是在被旋压钼管的外围均匀排布若干滚珠，在顶料管施加的压力作用下，管坯向下运动，受到滚珠的均匀压力，管壁变薄。被旋压管坯由上向下移动，从头到尾运行一次，完成一个道次的旋压加工过程。顶料管和被旋压管坯的接触端面都做成锯齿形，提高它们二者之间接触啮合力，防止钼管在旋压过程中发生滑动。由于被旋压钼管的四周受到滚珠的均匀压应力，有利于塑性较差的钼管变形。辊轮旋压过程是把厚壁管变成薄壁管，辊轮沿径向横送进（旋入），在传动机构的作用下它又能平行于管的中心轴向前移动，当旋压辊轮从管头移动到管尾，即完成一道次的旋压加工，辊轮多次径向旋入压下，直到管壁厚度达到产品的要求。被旋压钼管内装有和管内径相等的芯棒，芯棒固定在旋压机上，它和被旋压钼管一起随旋压机的主轴转动。辊轮和管坯外表面之间有摩擦力，在摩擦力的作用下，辊轮绕自身中心轴转动。辊轮是直接旋压工具，它的作用相当于轧机的轧辊。根据辊轮的移动方向和被旋压金属的流动方向，它可以分为正旋压、反旋压和交错旋压。辊轮的前进方向和金属的流动方向一致称正旋压，金属的流动方向和辊轮的前进方向相反称反旋压。正旋压的旋压力比反旋压的低，成品管的长度受芯棒长度限制。反旋压要用较大的旋压力，大批量旋压时需要考虑这个特点。通常旋压大直径钼管用正旋压法，较细的钼管用反旋压法，接近成品管用交错旋压。图 4-94(c) 是用辊轮把钼板旋压加工成钼管的过程图（强力旋压），在旋压加工时用一个旋压筒（相当于芯筒），把钼板用压紧盘压在芯筒的一端，辊轮垂直于钼板横向送进，给钼板施加弯曲变形力，迫使钼板的形状改变，最终形成与芯模一样大小的带底钼筒。在旋压过程中钼板的厚度稍微变薄。

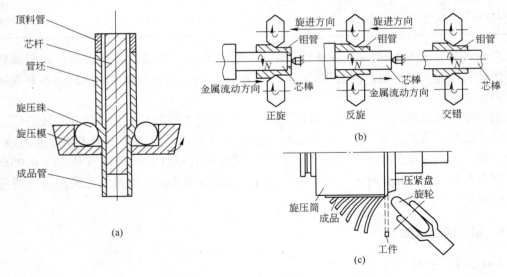

图 4-94　旋压加工钼管的示意图
（a）滚珠旋压；（b）辊轮旋压；（c）钼板强力旋压钼管

　　滚珠旋压的滚珠和旋压模都带水冷，各种工具材料的处理及使用情况列于表 4-45。辊轮旋压的芯杆材料用 3Cr2W8V 和 W18Cr4V，也可以用高温合金，如 GH49，它的热强度高，成本贵，旋压直径小于 30mm 的钼管宜采用 GH 型材料做芯杆，因为在径向旋压力作用下，它的抗弯曲强度高，不容易发生弯曲变形。辊轮旋压的辊轮材料是热作模具钢

3Cr2W8V（HRC 48～52）。图 4-95 是辊轮的几何形状[20]，它们都是双锥面旋压辊轮，总共可以分成三大类型。甲类轮的前导入角和后松角都是 30°，相交圆角 r_2 或 r_4。这类辊轮比较适用于旋压大直径厚壁钼管。乙类轮的前导入角和后松角都是 15°，相交圆角是 r_2。这类辊轮比较适用于旋压小直径钼管。丙类轮的前导入角和后松角相应为 4° 和 7°。带有一定的压入深度，台阶形导入角使被旋压金属和辊轮表面紧密接触，能给管材表面施加均匀的旋压力，可防止旋压管表面起泡。小后松角可使金属缓慢的离开辊轮表面，能起到很好的平整作用，旋压出的钼管表面光滑。这三种类型的辊轮都有应用成功的经验。但是，在设计辊轮时要考虑旋压钼管的规格和旋压设备的能力，前导入角可以选用 20°～25°，后松角用 30°，工作圆半径 $r = 3～5mm$。旋压辊轮的半径取决于旋压钼管的直径。

表 4-45　滚珠旋压的工具材料

工　具	材　料	热处理制度	硬度 RC	旋压管材的尺寸/mm	使用情况
芯　杆	耐热钢 3Cr2W8	1100℃油淬 550℃回火	>40	内径 >10	多次使用变形小
芯　杆	高速钢 W18Cr4V	1280℃油淬 600℃回火	>40	内径 <10	多次使用较理想
模　子	轴承钢	850℃油淬 200℃回火	>40	所有规格	可以多次重复使用
滚　珠	轴承钢	标准轴承滚珠		所有规格	高温旋压容易变形

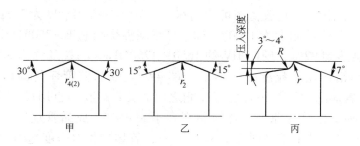

图 4-95　旋压辊轮的几何形状

4.6.3.2　旋压工艺过程

旋压钼管的旋压机有定型产品，如 RX-300 立式正反向旋压机，它的最快转速达到 180r/min。RX-100 立式旋压机和 RX-30 立式三辊旋压机，它们的最快转速分别为 148r/min 和 400r/min。此外，根据需要和可能，可以把长行程的冲床及油压机改装成专用旋压机。还可以把老式的 C-630 车床改装成钼管旋压机。具体的做法是：把车床拖板上的走刀架改装成两个辊轮架，架上装两支对称的旋压辊，手动操作车床丝杆的正反向旋转，控制旋转的送进和退出。尾架顶尖是活动的并通冷却水冷却。旋压芯棒与床头箱主轴通过锥面连接。旋压辊轮可以平行芯杆左右进给，操作自如。用这台改装的旋压机已经旋压出大批量薄壁钼管，它们的直径 $\phi16～206mm$，壁厚 0.25～1.0mm，长度超过 500mm。旋压钼管最好用粉末冶金制备的烧结管坯，不采用熔炼挤压管坯。熔炼管坯的晶粒粗大不均匀，旋压材料的总收得率低，成本太高。用粉末烧结管坯旋压钼管最经济方便。烧结管坯的内径和成品管的一样，管坯的尺寸根据成品管的尺寸，按照体积守恒的原则计算，用下式计算成品管的体积：

$$V_1 = \pi(D_1 + S_1)S_1 L_1$$

式中，S_1 为成品钼管的壁厚；L_1 为成品钼管的长度。根据成品管的体积 V_1，用下式计算烧结坯的长度：

$$L_0 = \frac{1.2V_1}{\pi S_0(S_0 + D_1)}$$

式中，S_0 为烧结钼管坯的壁厚。在生产粉末烧结钼管坯时，它的内径应当等于成品管的内径。但是，为了管坯能与芯棒很好的配合，管坯内径需要有 $1 \sim 1.5mm$ 的加工量。在决定管坯的外径时，需要考虑它的厚径比 ε。

$$\varepsilon = \frac{S_0}{D_0} \times 100\%$$

式中，S_0 为管坯的壁厚；D_0 为管坯的外径。旋压钼管坯的 ε 可以用 $13\% \sim 15\%$[21]，ε 的大小对钼管的旋压工艺有直接影响。

旋压钼管用高纯钼粉 Mo-1，它的杂质含量列于表 4-46，压型用 CIP 工艺，压制压力 147MPa。旋压管坯采用低温烧结，可以保证管坯有细晶粒结构。用 $4.7\mu m$ 的粒度钼粉做原料，压坯先在 1200℃预烧 2h，随后在 $1670 \sim 1730℃$烧结 130min。烧结管坯的密度达到 $9.4 \sim 9.5 g/cm^3$，晶粒度很细，约 $3800 \sim 5400$ 个/mm^2。显微硬度 HV $1530 \sim 1590MPa$。用这种烧结钼管坯旋压钼管的总收得率可达到 $60\% \sim 70\%$。若用粒度为 $2.3\mu m$ 的细钼粉生产旋压管坯，管坯预烧结制度为 1200℃/3h，最终高温烧结制度 1750℃/3.5h，总烧结时间 13h。相对密度达到 97%，硬度 HV 约 $1650 \sim 1750MPa$，晶粒度约为 $8000 \sim 11000$ 个/mm^2。烧结温度与钼管坯晶粒度的关系示于图 4-96。细晶粒管坯的旋压成品率能达到 96%。图 4-97 是管坯晶粒度与钼管旋压性能之间的关系。我们也用过平均粒度为 $3.2 \sim 3.5\mu m$ 的钼粉做旋压钼管的原料，烧结制度列于表 4-47，成品管烧结的高度线收缩率 20%，内径和外径的线收缩率分别为 10% 和 17%，管坯的相对密度达到 91%。不同研究者采用的管坯烧结制度不同，主要是因为钼粉原料的粒度及粒度分布不一样。但是，用不同烧结制度生产出的管坯，只要选择合适的旋压工艺，各种管坯都能成功的旋压出多种规格的钼管。这表明用不同粒度钼粉做出的烧结钼管坯都具有良好的可旋性。

表 4-46　旋压钼管用钼粉的杂质含量　　　　　　　　　　　　　（$\times 10^{-6}$）

杂质名称	Fe	Al	Si	Mn	Ni	Ti	Co	Sb	Cu	W	O	C	P	N
杂质含量（质量分数）	20	<6	<10	<3	<15	<3	<3	<3	<3	1000	2930	30	10	20

表 4-47　旋压钼管坯的烧结制度

温度区间/℃	保温时间/h	温度区间/℃	保温时间/h	温度区间/℃	保温时间/h
室温~1000	2	1400~1600	1.5	1900~2100	2
1000~1400	1.5	1600~1900	2	2100~2150	2

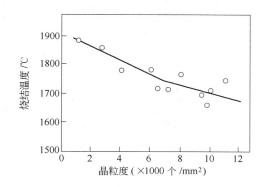

图 4-96　烧结温度与旋压管坯晶粒度的关系

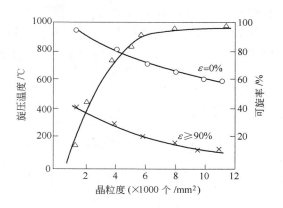

图 4-97　管坯晶粒度与钼管旋压性能之间的关系
○—开坯旋压温度；×—成品旋压温度；△—可旋率

正确选择旋压温度，旋压压下量和旋进量三个工艺参数是施压成败的关键。压下量就是旋压量，相当于道次变形率，可以用下式计算：

$$S' = \frac{S_0 - S}{S_0}$$

式中，S_0 为旋压前管壁厚度；S 为旋压后的管壁厚度。旋进量就是旋压辊的前进速度，即旋压管每旋转一周辊轮前进的距离。这三个工艺参数的最佳结合，可得到最好的旋压效果。

旋压温度的确定，已知，钼是体心立方晶格，有塑脆性转变温度（DBTT），温度在塑脆性转变温度以下，钼呈现脆性，温度超过塑脆性转变温度，钼呈现有塑性。粉末冶金烧结钼管坯的最低旋压温度要超过塑脆性转变温度。粉末管坯的变形抗力是旋压时需要考虑的另一个重要因素，变形抗力随温度升高而下降，在一定温度范围内塑性随温度的升高而增加。表 4-48 是旋压钼管坯的强度、塑性与旋压温度的关系，由表列的数据可以看出，温度升到 300℃ 时，烧结钼管坯的伸长率已达到 46%，塑性已能满足旋压加工的要求，但这时的拉伸强度还比较高。若把旋后温度升高到 1000℃ 以上，管的变形抗力降低，仍有35% 的塑性，对旋压加工非常有利。但是，这时必须考虑到芯杆在这么高的温度下会发生弯曲变形，若弯曲严重，从钼管内抽出芯杆非常困难，极端情况下，需要机械矫直或经过强化学腐蚀才能抽出芯杆。

表 4-48　烧结粉末钼坯在不同温度下的强度和塑性

温度/℃	拉伸强度/MPa	伸长率/%	温度/℃	拉伸强度/MPa	伸长率/%
室温	382	0	1000	157	35
300	304	46	1200	97	33
600	235	39	1400	68	31
900	176	43			

图 4-98 是粉末管坯的硬度与温度的关系，在 400℃ 以下，随着温度的升高，硬度快速下降，温度超过 400℃，随温度的升高，硬度的下降速度趋于缓慢。根据这种分析，旋压

开坯温度大约为700～850℃，随着旋压量的增加，管坯逐渐由粉末烧结态的组织变成加工态的组织。钼管的可旋性提高，旋压温度逐渐降低，见图4-99。终旋温度一般用400～500℃，若低于这个温度，钼管表面容易产生微裂纹。

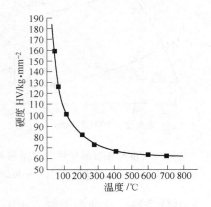

图4-98　粉末管坯的硬度随温度变化

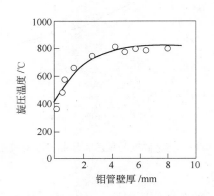

图4-99　旋压钼管壁厚与旋压温度的关系

　　确定旋入量（压下量）要考虑诸多因素。首道次旋入量最好能保证钼管的内外壁（厚度）都能发生变形，这有点像轧钼板的首道次压下量。壁厚4～5mm钼管的首道次旋入量用20%～25%，这个旋入量可保证钼管的壁厚都能发生变形，取得良好的开坯效果。在旋压过程中，起始粉末烧结组织均匀变形，晶粒拉长，烧结孔洞变成椭圆。增加旋压道次变形量，能改善旋压管的组织性能，提高旋压管的生产效率。旋压道次压下量的大小受管材直径限制，大直径钼管用的芯杆粗，抗弯能力强，能承受大的旋入量，小直径管的旋入量要小一点。另外，辊轮直径对旋入量也有直接影响，见图4-100。旋压的咬入角 γ 由下式决定：

$$\gamma = \arccos\left(1 - \frac{\Delta t}{R}\right)$$

式中，R 为旋压机的辊轮半径；Δt 为旋入量。由公式可以看出，R 增大，在相同旋入量 Δt 的情况下，咬入角 γ 变小，有利于被旋压钼材的流动变形。若用小辊轮，则咬入角 γ 增大，使被旋压材料流动不畅，与变形区接壤的金属容易翻边，表面容易隆起，造成旋压钼管表面起皮，或者形成微裂纹。采用大直径旋压辊轮，旋入量的选择范围宽。图4-101

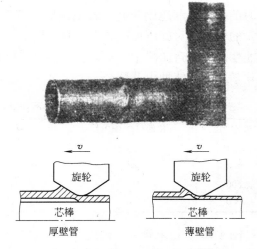

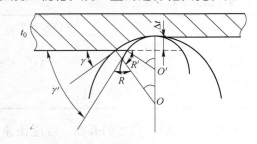

图4-100　旋压辊轮的圆角半径对咬入角的影响

图4-101　旋压钼管表面鼓泡[20]

是钼管旋压过程中表面起泡和变形过程分析。在正常旋压过程中，被旋压的钼管坯在辊轮的挤压力作用下，克服管坯和芯杆之间的摩擦力，金属发生流动，纵向金属受挤压力作用，沿表层做轴向延伸流动。如果旋进量过大，辊轮和管坯在变形区内的接触长度和宽度都增加，芯棒和管坯之间的摩擦力加大，轴向变形流动阻力很大，金属流动困难，更容易向径向流动。在辊轮前方的金属会形成堆积。厚壁管和薄壁管相比，厚壁管的纵向刚度比薄壁管的高，因此，厚壁钼管容易形成表面金属堆积，薄壁管纵向容易失稳，表面容易隆起。特别是在旋压温度较高时，表面更容易发生隆起鼓泡。

为了提高旋压钼管的表面质量，在刚刚开始旋压时，旋入量要适度加大。随旋压道次的增加，旋入量要逐渐减小，在接近成品时，要在几乎无旋入量的条件下空旋 2~3 道次。提高旋压管的平直度和表面质量。

旋压的进给率（旋进量）是指辊轮或滚珠沿管材表面的轴向移动速度。进给率的确定类似旋入量的确定，也要考虑旋压钼管的直径和壁厚。旋进量快，旋压效率高，但旋压出的钼管表面容易产生螺纹线。旋进量慢，表面质量好，但是会发生扩径作用。通常在开始旋压时的进给率大约是 0.7~0.8mm/r，大约相当线速度 0.92mm/s，成品钼管的旋压进给率用 0.4~0.5mm/r，大约相当线速度 0.47mm/s。不同直径和壁厚钼管的进给率的选择可参照下列一组数据，管坯直径 5~20mm，进给率用 0.1~0.3mm/r，管坯直径扩大到 30~70mm，进给率提速到 0.4~0.8mm/r，管坯直径扩大到 100mm，进给率用 0.7~1.0mm/r。

在钼管热旋压加工时，除了要正确选择旋压温度，旋入量和进给率以外，还必须用合适的润滑剂，及正确决定芯棒与钼管坯内壁之间的间隙尺寸。石墨乳是比较理想的钼的旋压润滑剂。芯棒和内壁间的间隙根据经验确定。间隙太宽，旋压时芯杆和管坯之间会发生滑动，间隙太窄，芯杆和管坯内径之间的间隙太小，芯杆的热膨胀系数都比钼的大，在高温下管坯受到芯杆的体热膨胀力作用，在极端情况下，钼管坯会被胀裂。表 4-49 ~ 表 4-51 列出了几种规格烧结钼管坯的旋压过程和工艺参数。

表 4-49　ϕ78mm × 1mm 钼管的旋压工艺

| 旋压道次 | 旋压量 | 旋压后尺寸/mm | | | 变形率/% | | 工具 | | 间隙量/mm | 旋压温度/℃ | 加热方式 | 备注 |
		外径	壁厚	长度	减壁率	伸长率	芯杆直径/mm	材料				
坯		86.5	5.25	115			75.65		0.35	750	煤	$V = 0.92\,\mathrm{mm/s}$
1	0.3	85.25	4.8	130	8	11						
2	0.4	83.15	3.73	160	21	23						
3	0.4	81.6	2.98	210	20	31		3Cr2W8V				
4	0.4	80.15	2.2	280	30	33					气	
5	0.3	79.75	1.8	360	28	28				500		
6	0.3	78.75	1.55	460	14	27						
7	0.3	78	1.18	670	23	45						$V = 0.47\,\mathrm{mm/s}$

表 4-50　ϕ9.8mm×0.4mm 钼管的滚珠旋压工艺参数

旋压道次	旋压后的尺寸/mm			变形程度		工模具尺寸/mm		
	外径	内径	壁厚	伸长量	变形率/%	芯杆	珠子	旋模内径
坯料	13.99~13.82	10.60	1.67					
1	12.62	99.70	1.46	1.08	7.40	9.27	19.05	50.75
2	12.26	9.60	1.33	1.10	9.80	9.27	19.05	50.45
3	11.98	9.45	1.26	1.07	6.90	9.27	15.85	43.70
4	11.74	9.35	1.18	1.07	6.90	9.27	12.70	37.10
5	11.27	9.40	0.94	1.30	23.00	9.27	15.85	43.00
6	10.98	0/30	0.74	1.28	12.00	9.25	20.65	52.10
7	10.64	9.30	0.67	1.12	22..10	9.15	10.30	31.30
8	10.26	9.10	0.53	1.14	13.00	9.02	12.70	35.67
9	10.06	9.10	0.48	1.13	12.50	8.98	12.70	35.50
10	9.82	9.0	0.41	1.11	10.00	8.86	12.70	35.25

表 4-51　ϕ36.6mm×0.5mm 钼管的旋压工艺参数及旋压过程[20]

旋压道次	旋压后尺寸/mm				变形程度/%		工具		间隙量/mm	旋压温度/℃	加热方式	备注
	旋压量	外径	壁厚	长度	减壁率	伸长率	芯杆直径/mm	材料				
坯			8.3	82.0						820		
1	0.30	51.5	6.87	96	15	15.8						
2	0.3	48.4	5.8	123	15.5	38.4						起皮，磨光
3	0.3	46.2	4.85	140	27.8	14						
4	0.3	44.3	4.45	150	5	7						
5	0.3	43.5	3.8	175	14	10				800		起皮磨光
6	0.3	42.4	3.51	195	6	11.4						
7	0.3	41.75	3.3	240	7.5	23						起皮磨光
8	0.4	40.20	2.08	315	3.6	31.2				750		
9	0.4	38.75	1.45	430	3.0	36						喇叭口
10	0.2	37.5	1.35	465	7	8	↑	↑	↑	↑	↑	
0	0	37.25	1.35	190	—	—	↑	↑	0.41	↑	↑	微裂切成90+150
11	0.2	37.10	1.15	290	15	50	34.34	3Cr2W8V	↓	↓	煤气	
12	0.2	36.9	1.0	345	8.5	19			↓	500	↓	
13	0.1	36.6	0.8	425	20	23	↓	↓				
14	0.05	36.2	0.7	475	13	12	↓	↓				
15	0.03	36.0	0.65	515	7	8	↓					
16	0.03	35.9	0.6	580	7	8						
17	0.03	35.8	0.505	280	1.6	—						切成280+300
18	0.03	35.65	0.5+	300		7						
19	光正	35.6	0.5	340		13				450		

4.6.3.3 旋压钼管的常见缺陷

钼管在旋压过程中表面出现鳞皮是旋压加工特有的现象，在最初的几道次旋压过程中，鳞皮出现的可能能性最大，随着旋压道次的增加，管坯的总变形量加大，管壁变薄。整个管壁厚度都发生了旋压塑性变形，起皮现象减少直至消失。以 $\phi36mm$ 的钼管为例，壁厚为 2mm、3mm、4mm、5mm、6mm、8mm、9mm，在壁厚小于 5mm 时，整个壁厚都能旋压变形，表面不起鳞皮，若壁厚大于 5mm，仍然采用旋压壁厚小于 5mm 的压下量和旋进量，钼管表面很快会起鳞皮。

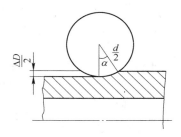

图 4-102　钼管旋压变形与表面起皮的关系

不论是滚珠旋压，还是辊轮旋压，只有辊轮和滚珠的压入才能迫使管壁变薄，管壁的减薄量可以参看图 4-102，α 是滚珠和辊轮与管坯的接触角，按照图 4-102，以滚珠旋压为例，α 大小与道次变形率的关系为：

$$\cos\alpha = \frac{d - \Delta D}{d}$$

式中，d 为滚珠直径；ΔD 为道次减薄量。

起鳞皮的严重程度与 α 大小有直接关系，若把有关钼管的旋压数据代入 $\cos\alpha$ 公式，可以得到表 4-51 的计算数据。分析表 4-52 的数据可以看出，随着 $\cos\alpha$ 值的增加，即 α 变小，或者旋压压下量增加，起鳞皮的严重程度变弱。当 $\cos\alpha \geqslant 0.97$，即 $\alpha \approx 14°$ 时，钼管表面光滑，几乎看不到起皮现象。如果 $\alpha \approx 12.5°$，钼管表面光滑，如果接触角加大到 $\alpha \approx 17°$，旋压钼管表面就会出现鳞皮。如果把钼管的旋压工艺与不锈钢的旋压工艺对比，就会发现，不锈钢旋压时采用大旋压压下量，钢管表面也不会起鳞皮。看来，旋压钼管的表面起鳞皮，可能与钼的固有变形机理有关。

表 4-52　钼管旋压的减薄率与 $\cos\alpha$ 的计算结果

d/mm	$\Delta D/mm$	$\cos\alpha$	管壁表面质量
20.65	1.20	0.9419	严重起皮
19.05	0.50	0.9475	严重起皮
30.65	0.90	0.9562	起　皮
15.70	0.30	0.9618	管头部起皮
20.65	0.45	0.9678	局部轻微起皮
19.05	0.40	0.9760	表面光亮
15.70	0.15	0.9808	管壁表面很光亮

比较粉末烧结管坯和电子束熔炼铸锭的挤压管坯的旋压过程，可以看出钼管坯晶粒度与起鳞皮现象之间的关系，已知，粉末冶金烧结钼管坯有细晶粒结构，而电子束熔炼挤压管坯有粗晶粒结构。旋压开始时，接触角 $\alpha < 14°$，即 $\cos\alpha > 0.976$，旋压粉末冶金烧结钼管，管的表面不起皮，旋压熔炼挤压钼管，管的表面严重起皮。随着旋压道次的增加，变形量加大，晶粒变细，表面起皮现象逐渐消失。这清楚说明了晶粒度与起皮现象之间有密切关系。粗晶粒钼管坯的晶界结合强度较弱，容易顺晶界起皮。

旋压钼管的其他缺陷还有：内表面和外表面微裂纹，微裂纹中的横向裂纹居多，纵向裂纹较少。在厚管壁内外表面都可能出现裂纹，可以局部打磨把裂纹清除，接近成品钼管表面上的微裂纹无法打磨，只能分段切除有缺陷的毛管，长管变成短管。旋压温度和旋压变形过程是产生横裂纹的控制因素，温度偏低，或者管壁内外表面温差过大，外热内冷容易产生内壁裂纹。旋压辊轮纵向运动速度过快，外表面纵向变形速度比内表面快，旋压钼管就产生轴向拉应力，此拉应力超过钼管的断裂极限，就会产生局部微裂纹。要想避免钼管内外表面产生裂纹，要选择合适的开坯温度，随着压下量的增加，应当逐步降低旋压温度，要保持足够的加热时间，尽可能降低钼管的内外表面温差。同时，要严格控制辊轮的纵向运行速度，它的前进速度要均匀稳定。

4.6.3.4   强力旋压

把钼板做成钼管用强力旋压工艺。图 4-103 是强力旋压图，这种加工工艺能把钼板旋压成钼管，锥形零件或其他异形件。在旋压成形过程中，旋压辊施加给钼板的旋压力可超过 3000MPa，旋压辊多次送进，每道次旋压以后，坯料的顶夹角减少一定的度数，最终钼板被旋压成钼管，锥形件或其他异形件。钼板的厚度在强力旋压过程中逐渐变薄，旋压坯的壁厚与原始钼板厚度之间的关系保持正弦规律，即

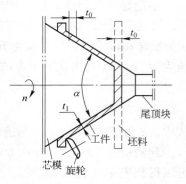

图 4-103   强力旋压过程示意图

$$t_1 = t_0 \sin \frac{\alpha}{2}$$

式中，t_1 为锥形旋压件的壁厚；t_0 为原始钼板厚度；α 为强力旋压的模具夹角。每改变一次模角，即完成一个道次的旋压。在钼管的旋压实验过程中，采用三个道次旋压，旋压模角分为 45°、20° 和 0°。当然，根据钼材料的可旋压性，在实际强力旋压时也可以多分几个道次旋压，模角可采用 60°、45°、30° 和 0° 等。除钼板的厚度尺寸以外，按照旋压成品的直径和长度，根据旋压前后钼材体积不变原理计算旋压坯料的宽度和长度，要注意，这时的体积除考虑参加旋压变形的环形板坯的体积以外，还要计算管材两端切除头尾的损失。

$$V_0 = V_1 + V_2$$

式中，V_0 为参加旋压变形的环形体积；V_1 为有效成品体积；V_2 为切除管坯头尾的体积。

$$V = V_1 + V_2 + \frac{\pi}{4}(D^2 - d^2)L$$

式中，V 为成品管坯的体积；D 为成品管的外径；d 为成品管坯的内径；L 为成品管坯的长度。旋压时参与变形的钼板是一个圆饼，其体积为：

$$V_0 = \frac{\pi}{4}(D_0^2 - d_0^2)t_0$$

式中，D_0 为钼板坯的外径；d_0 为板坯中心切除的圆块直径。

$$D_0 = \sqrt{\frac{4V_0}{\pi t_0} + d_0^2}$$

已知 $V_0 = V$，可以计算出圆钼饼的外径。在各相邻两道次强力旋压之间的模具尺寸的

计算，当锥角由 α_1 变为 α_2 时，根据体积不变原理，$V_{\alpha_1} = V_{\alpha_2}$，则

$$L_{\alpha_2} = \frac{\dfrac{(D_{\alpha_1'} + D_{\alpha_1''})^2}{2} - \dfrac{(d_{\alpha_1'} + d_{\alpha_1''})^2}{2}}{\dfrac{(D_{\alpha_2'} + D_{\alpha_2''})^2}{2} - \dfrac{(d_{\alpha_2'} + d_{\alpha_2''})^2}{2}} \times L_{\alpha_1}$$

式中，L_{α_2}、L_{α_1} 分别为模角 α_2 和 α_1 时坯料的长度；$D_{\alpha_1'}$、$D_{\alpha_1''}$、$d_{\alpha_1'}$、$d_{\alpha_1''}$ 分别为模角为 α_1 时旋压管坯的大端面和小端面的直径；$D_{\alpha_2'}$、$D_{\alpha_2''}$、$d_{\alpha_2'}$、$d_{\alpha_2''}$ 分别为模角为 α_2 时的旋压管坯的大端面和小端面的直径。在每一道次旋压过程中，芯模的长度要比坯料的长 50~100mm，根据这个关系可以定出模芯的斜边长度。

一般强力旋压的芯模材料用 3Cr2W8V，硬度 HRC45~55。为使管材内壁能达到比较高的光洁度，芯棒表面的粗糙度采用▽7，为了方便脱模，直筒形的芯棒设计有 1:1000 的斜度，在与钼板接触的端面车有 R15 的圆倒角，考虑到芯棒在强力旋压温度下的热膨胀系数，成品模的公称直径要比成品钼管的约大 0.5~0.7mm。

强力旋压钼板及坯料，可以用熔炼和粉末冶金两种工艺方法生产强力旋压钼板，熔炼钼锭是电子束熔炼加真空自耗电极电弧炉二次重熔，钼铸锭的尺寸 φ150mm×300mm，加热规范 1400℃/50min，用 14.7MN 挤压机把钼锭挤压成 φ80mm×500mm 挤压棒，在 1350℃/2h 再结晶退火后随即热锻成 25mm×200mm×>350mm 的板坯。用 1250℃/45min 热轧工艺，沿垂直于挤压方向把锻造板坯热轧到强力旋压要求的厚度。粉末冶金烧结板坯用一般的轧制工艺直接在 1300~1150℃ 热轧。需要注意，强力旋压用钼板要尽量避免各向异性，板材在轧制过程中至少要进行一次 90° 换向轧制。

根据旋压钼管的尺寸确定旋压板坯的大小，例如，要旋压 φ216/φ214.6mm×363mm 薄壁大直径钼管，把钼板切割成 φ350mm 的圆饼，板坯事先要进行消除应力退火，并且在即将形成钼管内壁的一侧要进行研磨，以便提高钼管内表面的光洁度。圆饼的中心最好加工一个小圆孔，通过小孔把旋压钼板坯固定在芯模上。强力旋压用专用旋压机，例如，HYCOFORM-P Ⅲ B 旋压机，该设备的轴向压力 1.176MN，径向旋进压力 882kN，顶杆压力 588kN。安泰科技难熔分公司 2013 年投产的大型强力旋压机可旋压厚度超过 6mm 的钼板，旋压直径大于 350mm 的钼筒、管。

旋压模具预加热温度控制在 200~350℃，模具与旋压坯料中间用石墨乳作润滑剂，在强力旋压过程中，旋压坯用喷枪在线加热，加热燃料可以用煤气，液化石油气或氢氧混合气体。起始旋压时的加热温度控制在 900~950℃，随着旋压变形量的增加，即夹角的减少，模具和坯料的加热温度要逐步降低。旋压过程分步进行，夹角由起始的 180° 最小可以降到 0°（直筒管）。以头道 45° 旋压为例，旋压机床的转速采用 300r/min，加热温度 900~950℃，旋轮进给量 80mm/min，以 9mm 厚的原始钼板为基础，道次减薄率约 60%，本道次旋压后的管壁厚度约为 3.5~4.0mm，旋压结束后进行 900℃/30min 消除应力退火，并进行研磨喷砂表面精整。在以后各道次旋压结束以后，坯料都要进行消除应力退火，退火温度随减薄率的增加而下降，最低不应低于 700℃。最后一道是 0° 旋压，即收口旋压，把旋压坯料加工成直筒管。在这一道次旋压过程中，旋压机的转速是 300~350r/min，管坯加热温度 600~650℃，旋轮进给量 50mm/min，管壁减薄率 1%~3%，旋压成的直筒钼管

壁厚可达到约 $1.0 \sim 1.5$ mm。旋压的实践经验表明，在强力旋压过程中减少斜角相对比较容易，由斜角旋压成直筒（0°）时，斜角的相对变化要控制小一些，例如用12°，若斜角变化过大，在管坯收口时容易拉裂或折断。即旋压开始时，底部金属供给量较少，就要产生横向拉断裂纹，旋压将近结束时，靠近尾部管坯收口处，金属流动不均匀，容易形成金属堆积，引起管壁折皱，或者造成管壁过厚。为了消除这类弊病，可采用分步收口，即在这一工序中头两道次采用减薄率很小的普通旋压，使管坯逐道收口。随后切除管底，再用双旋轮，小进给量同步反旋压工艺，使管内壁紧贴芯坯的表面。这样可以提高旋压钼管的成品率。

在钼管成品最终精旋时，坯料加热到 $400 \sim 500$ ℃，旋压机主轴的转速 350r/min，采用双旋轮同步反旋压工艺，旋轮进给速度 50mm/min。管壁减薄率 $1\% \sim 2\%$，精旋后的管壁厚度可以达到约 $0.9 \sim 1.4$ mm。钼管的外表面用 100μm 粒度的软砂轮磨削，提高表面光洁度和尺寸精度。大直径，薄壁短钼管的强力旋压结果列于表 4-53。

表 4-53　钼管强力旋压的实验工艺参数

编号	产品规格/mm	钼板规格/mm	旋压模角度/(°)	坯料加热温度/℃	旋压后的管壁厚度/mm	道次减壁量/mm	道次减薄率/%	成品率/%	备　注
1	$\phi_o\ 80^{\ -0.2}$ $\phi_i\ 78$ $L334 \pm 0.2$	$\phi180 \times 9 \pm 0.1$ ϕ孔30	45 20 直筒	$900 \sim 950$ $750 \sim 800$ $500 \sim 650$	$3.5 \sim 3.8$ $1.5 \sim 1.8$ $1.3 \sim 1.5$	$5.2 \sim 5.5$ $1.8 \sim 2.2$ $0.1 \sim 0.5$	$55 \sim 60$ $45 \sim 50$ $1 \sim 3$	50	一支头裂切下 每支分成两支
2	$\phi_o\ 100^{\ -0.2}$ $\phi_i\ 98105$ ± 0.2	$\phi180 \times 8 \pm 0.1$ ϕ孔30	45 20 直筒	$900 \sim 950$ $750 \sim 800$ $500 \sim 650$	$3.5 \sim 3.8$ $1.5 \sim 1.8$ $1.3 \sim 1.5$	$4.2 \sim 4.5$ $1.8 \sim 2.2$ $0.1 \sim 0.5$	$55 \sim 50$ $45 \sim 50$ $1 \sim 3$	40	
3	$\phi_o\ 210.4^{\ -0.2}$ $\phi_i\ 209.4 + 0.2$ $L368 \pm 0.3$	$\phi350 \times 8 \pm 0.1$ ϕ孔30	45 20 直筒	$900 \sim 950$ $750 \sim 800$ $500 \sim 650$	$3.5 \sim 3.8$ $1.5 \sim 1.8$ $0.8 \sim 1.1$	$4.2 \sim 4.5$ $1.8 \sim 2.2$ $0.3 \sim 0.8$	$55 \sim 50$ $45 \sim 50$ $1 \sim 5$	30	两块内缺陷
4	$\phi_o\ 216$ $\phi_i\ 214.6 + 0.2$ $L363 \pm 0.3$	$\phi350 \times 9 \pm 0.1$ ϕ孔30	45 20 直筒	$900 \sim 950$ $750 \sim 800$ $500 \sim 650$	$3.5 \sim 3.8$ $1.5 \sim 1.8$ $1.0 \sim 1.3$	$5.2 \sim 5.5$ $1.8 \sim 2.2$ $0.3 \sim 0.8$	$55 \sim 60$ $45 \sim 50$ $1 \sim 5$	40	一支头裂切短 一支有隐裂纹

参 考 文 献

[1] Н. Н. 莫尔古洛娃，等著（俄）. 钼合金[M]. 徐克玷，王勤译. 北京：冶金工业出版社，1984.

[2] Н. И. Корнеев. обработка давлением тугоплавких металлов и сплавов[M]. металлургия，1967，207.

[3] 胡宗式. 铸态钼锭的精锻[J]. 难熔金属文集. 钢研总院，1990，2：139.

[4] 窦永庆，等. 难熔金属科学与工程[J]. 1994，11：199.

[5] 张德尧. 粉末纯钼棒的精锻探索[J]. 难熔金属文集. 钢研总院，1990，2：127.

[6] А. К. Натансона Молибден[M]. Москва Металлургия 1962，333.

[7] А. К. Натансона Молибден[M]. Москва Металлургия 1962，273.

[8] 有色金属研究所（宝鸡）钼管的轧制. 稀有金属合金加工[M]. 1974，10：110.

［9］ 杨斌，宋丽叶．低温活化烧结细晶钼板坯的轧制及特点［J］．难熔金属文集，钢研总院，1990，2：115.

［10］ A. K. Натансона Молибден［M］. Москва，1962，80.

［11］ 王惠芳．真空烧结炉发热体用 HTM 板材［J］．难熔金属科学与工程，1994，11：182.

［12］ 王惠芳，俞淑延．粉末 TZM 极的性能及影响因素［J］．难熔金属科学与工程，1991，10：181.

［13］ H. H. Моргуновидр Сплавы Молибдена［M］. Москва Металлургия1975，326.

［14］ Я. М. Вторскийидр Влияние Температура Деформациина Структуру и Механические Свйства Низколегирваного Молибдена［J］. ФММ 1971，31(5)：1076.

［15］ A. И. Евсюхииидр Рентгеновское Исследование Возвратаи Старения В Малолегировонном Листовом Молибдене МИТОМ［J］. 1970，7：32.

［16］ E. Г. Царнеккеидр Вкн. Свойста туго. мета. и спла. Металлургия 1968，277.

［17］ И. Б. Зуеваидр Структурые Особенности Поверхностных Слоев В Листах Мо-Сплавов МИТОМ［J］. 1972，11：5.

［18］ 廖乾初，等．钨钼板轧制分层倾向的理论分析［J］．难熔金属文集，钢铁研究总院，1974.

［19］ 张军良，等．钼片白点的成分分析及预防［J］．稀有金属材料与工程，1998，27(10)：175.

［20］ 孙江，等．钼管旋压［J］．新金属材料．1974，8：1.

［21］ 果淑贤，等．钨钼管旋压的厚径率与加工［J］．稀有金属材料与工程，1998，27：88.

＊＊表中数据选自宝鸡有色金属研究所的技术报告，原资料的作者都没有署名，在此一并致谢。

5　钼的物理性质

5.1　原子和原子核

钼在蒙捷列耶夫周期表中处于 42 号位置，属于ⅥA 族元素，原子序数 42，平均原子量为 95.95。表 5-1 和表 5-2 是钼的核外电子能级排列和钼原子的电子键能。N 层的 4d 和 4f 电子没有填满，O 层的 5s 也有电子空位，这些未填满的电子壳层对钼的性质有重大影响。

表 5-1　钼的核外电子能级排列

总电子	能级壳层										
	K	L		M			N				O
	1s	2s	2p	3s	3p	3d	4s	4p	4d	4f	5s
42	2	2	6	2	6	10	2	6	5	0	1

表 5-2　钼原子的电子键能

电子壳层	亚层	键能/eV	电子壳层	亚层	键能/eV
K		20003	M	MⅢ	396
L	LⅠ	2869		MⅣ	235
	LⅡ	2630		MⅤ	232
	LⅢ	2525	N	NⅠ	69
M	MⅠ	909		NⅡ，NⅢ	39
	MⅡ	414	电离电位		7.35

如果钼失去不同数量的外层电子，就形成不同价数的离子：Mo^0、Mo^{2+}、Mo^{4+}、Mo^{6+}，正六价的离子最稳定，如 MoO_3，次稳定的是正四价离子，如 MoO_2。

不同研究者给出的原子半径和离子半径的数值略有区别，钼的配位数为 8 时原子半径是 1.40Å(1Å = 0.1nm)，或者 1.36Å。Mo^{4+} 的离子半径是 0.68Å，Mo^{6+} 的离子半径是 0.65Å 或者 0.62Å。

不同研究者提供的钼的电子逸出功为 4.17eV 或者 4.20eV。正电子逸出功为 8.35eV 或者 8.6eV。光电子阈值(4.15 ± 0.02)eV。表 5-3 是钼原子的电离电位，钼的同位素有天然同位素和人工同位素两类，天然同位素有 7 个，它们的质量数和天然混合物中的含量列于表 5-4。钼的放射性同位素及核特性数据录于表 5-5。该表中裂变一列所载的 β^- 为电子，β^+ 为正电子，γ 是伽玛量子，e 是内部转换电子，K 是占据 K 层轨道的电子。

表 5-3　钼的电离电位值

外层电子	1	2	3	4	5	6	7	8
电离电位/eV	7.5	15.17	27.0	40.53	55.6	71.7	132.7	153.2

表5-4　钼的天然同位素

同位素质量数	Mo92	Mo94	Mo95	Mo96	Mo97	Mo98	Mo100
天然混合物中的含量(质量分数)/%	15.86	9.12	15.7	16.5	9.45	23.75	9.62

表5-5　钼的放射性同位素及核特性

钼的同位素	核中质子数	核内中子数	半衰期	裂变类型
Mo90	42	48	(55.7 ± 0.2)h	$\beta^+ \gamma$
Mo91	42	49	(15.5 ± 0.5)min	β^+(Nb91)
Mo91	42	49	(1.25 ± 0.1)min	β^+(Nb91)，γ
Mo93	42	51	6.95h	β^+同素异构转变
Mo93	42	51	17min	β^+(Nb93)，γ
Mo93	42	51	>2a	K
Mo99	42	57	2.8d	β^-(Tc99)，γ，e^-
Mo101	42	59	14.6min	β^-(Tc101)，γ
Mo102	42	60	12min	β^-(Tc102)
Mo105	42	63	5min	β^-(Tc105)

钼的原子体积是 $9.42cm^3/mol$，也有资料给出的原子体积是 $9.38cm^3/mol$。

钼的热中子捕获截面与中子所具有的能量及速度有关，中子具有的能量在 $10 \sim 4eV \leqslant E < 1eV$ 范围内是慢中子，在 $10keV < E < 100MeV$ 范围内是快中子，能量处于快中子和慢中子之间的，即 $1eV < E < 10keV$，称为中中子，能量不同，中子的飞行速度差别巨大。当中子的飞行速度达到 $2200m/s$ 时，能量约为 $0.025eV$，钼的热中子有效捕获截面(2.5 ± 0.2)ban（巴恩，相当于 $10^{-24}cm^2$），在 $10 \sim 250keV$ 时是9ban。

5.2　晶体结构

钼属于 A2 型体心立方结构，空间群是 $O_h^9(1m3m)$，直到钼的熔点都未发现有同素异构转变。图 5-1 是体心立方晶格的原子堆垛图，配位数是 8，晶胞的八个顶角处都有原子，顶角的原子在几何上属于八个晶胞共有，每个晶胞只占有 1/8 个原子，八个顶角总计占有一个原子，因而一个体心立方晶格共占有两个原子。

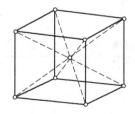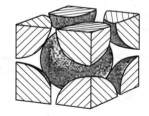

图 5-1　体心立方晶格与原子堆垛图

从原子堆垛图可以看出，在单个体心立方晶格内，除两个原子占有的体积以外尚有一定的空间，原子所占的体积与晶格的体积比 K 称为致密度，表达式为：

$$K = \frac{nv}{V} = \frac{2 \times \frac{4}{3}\pi r^3}{a^3} = \frac{2 \times \frac{4}{3}\pi \left(\frac{\sqrt{3}}{4}a\right)^3}{a^3} = \frac{\sqrt{3}}{8}\pi \approx 0.688$$

式中，n 为原子数2；v 为原子体积；V 为晶格体积 a^3；a 是晶格常数。这表明体心立方晶格中原子占有的体积是68.8%，从原子的钢球模型和上述致密度的分析可知，体心立方金属晶体的原子之间存在有约 32% 的空间间隙。这些间隙空间分为八面体间隙和四面体间隙，八面体间隙是两个体心原子和晶面四个角上的四个原子构成的八面体中间的空隙，四面体间隙是由两个体心的原子和一个棱边上的两个原子，共四个原子构成的四面体围成的空间。单位晶格有四面体间隙数为 12，八面体间隙数为 6，体心立方晶格的间隙数与原子数 2 的比值分别为 6 和 3，可以算出四面体间隙半径 $a/4(\sqrt{5}-\sqrt{3})$，此间隙半径与原子半径之比约为 0.291。同样可算出八面体间隙的该比值约为 0.154[100] 和 0.688[110]。实际上理解间隙半径的几何含义就是，间隙内能放入钢珠的最小直径。掌握体心立方晶格的原子填充情况及空间间隙特点，对以后认识碳、氧、氮和硼这些间隙杂质在钼中的溶解度及间隙固溶体的特点非常重要。

　　表 5-6 列出了在不同年代用不同钼材测量出的钼的晶格常数，总的看来晶格常数处在 3.1457～3.1475Å(1Å=0.1nm) 之间，粉末冶金烧结条和电弧铸造钼锭的金相磨片测出的晶格常数是 3.1472Å，锉刀锉下的钼屑经过退火的 1000℃/3h 试样测出的晶格常数是 3.1468Å。不同年代不同研究者测出的晶格常数之间的差异主要是因为被测试样的碳含量有区别。碳含量不同，晶格常数的变化可参看表 5-7。固溶体中的碳含量提高到 0.02%，晶格常数升高了 0.0012Å。需要指出，表 5-7 的晶格常数与碳含量之间有线性关系（6 号点除外），纯钼的晶格常数是用直线外推到碳含量等于零时得到 3.14664Å，另外还需要强调，只有在碳溶入晶格生成固溶体，它才会影响晶格的大小，如果形成碳化物分布在晶界上，则对晶格常数无影响。碳和钼的原子半径之比不大于 0.59，如果碳形成置换固溶体，晶格常数要缩小，只有形成间隙式固溶体，晶格常数才能增大。碳对晶格常数的影响也反证了碳在钼中形成间隙式固溶体。氧在钼中的溶解度极低，改变试样中的氧含量对钼的晶格常数没有多少影响。升高温度，原子的热运动加快，振幅加大。在 15～65℃ 范围内，高纯钼的晶格常数由 3.1468Å 线性的升高到 3.14761Å，在 1100～2100K 之间，99.9% 纯度的钼的晶格常数的变化情况罗列如下：

温度/K	晶格常数/Å	温度/K	晶格常数/Å	温度/K	晶格常数/Å
1126	3.7621	1162	3.1523	1327	3.1668
1510	3.1706	1639	3.1738	1819	3.1782
1968	3.1832	2073	3.1869		

表 5-6　钼的 25℃ 的晶格常数

试样特点及制造方片	纯度	杂质含量(质量分数)/%	晶格常数/Å	几率误差/Å	年度
三氧化钼氢还原钼粉	99.5		3.14734	±0.00004	1935
高纯钼粉（20℃）		Fe=0.0015	3.14672	±0.00006	1941
工业钼粉		Si=0.005			
	99.9	C=0.012	3.1474	±0.0003	1951
		Ni<0.020			
熔盐电解钼		O<0.10			
	—		3.1472	—	1953
烧结工业钼粉钼条（20℃）	99.8	—	3.14674	—	1954
	—	C=0.004～0.01	3.1468	±0.0002	1966
		O=0.008～0.01	3.1472		
真空电弧铸造		N=0.005			
	—	O=0.005	3.1468	±0.002	1966
		N=0.005	3.1472		
高纯钼粉			3.14700	±0.00001	1968
工业钼粉	99.95		3.14696	±0.00003	1968

表5-7 晶格常数与碳含量的关系

编 号	钼材类型	热处理状态	碳含量/%	晶格常数/Å
1	丝 材	1650℃/15min 冷水淬火	0.005	3.14694
2	丝 材	1900℃/15min 淬火	0.011	3.14729
3	铸 造	2200℃/15min 淬火	0.018	3.14768
4	丝 材	2100℃/15min 淬火	0.011	3.14726
5	丝 材	2100℃/15min 淬火，加二次加热1650℃/15min 淬火	0.011	3.14722
6	丝 材	2100℃/15min 炉冷	0.011	3.14710
7	丝 材	保持原始试样状态	0.012～0.015	3.14740
8	高纯钼	未处理	0.00	3.14664

溶解在钼中的间隙杂质和少量的固溶置换元素，如 W、Ti 和 Zr 等，也会导致钼的晶格常数增加，但是，置换元素增加的效果远不如间隙元素增加的效果明显。Mo-0.1Zr-0.1Ti 合金的晶格常数是 3.1478Å。有意义的指出，Mo-(0.1～0.3)Ti-(0.01～0.03)Zr-0.02C 合金的晶格常数，在铸造状态该合金的晶格常数高于未合金化的钼的晶格常数，但是在加工变形以后并承受 1200℃/10h 热处理退火，它的晶格常数比未合金化钼的晶格常数低约 0.002Å。不过这个测量结果尚需进一步分析研究。

图 5-2 是合金元素 Zr、V 和 Mn 的含量（原子分数）对钼的晶格常数的影响，图上的结果是用 X 射线方法测量的。

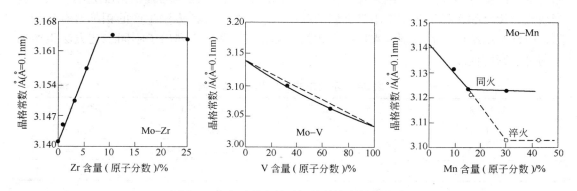

图 5-2 合金元素含量对钼的晶格常数的影响

冷加工变形导致钼产生冷作硬化，它的晶格常数也会发生变化。冷加工引起晶格畸变，造成钼原子离开其正常的平衡位置达 0.02 滑移面间距。

5.3 密度

密度是反映物体致密度的一个物理量，它的定义是单位体积中的质量。密度有理论密度、表观密度、真实密度三种表述。密度的数学表达式为：

$$\rho = \frac{M}{V}$$

式中，M 为物体的质量，g、kg 和 t；V 为物体的体积，cm^3、m^3。

表观密度也称视密度，它是物体的质量与表观体积之商，体积中包含有开孔隙和闭孔隙以及粉末材料粉体中的间隙。

真实密度是物体质量与物体的真实体积之商，该体积已经扣除了开孔隙和闭孔隙所占的体积。

理论密度是理论纯金属的密度，金属的体积由晶格堆垛组成，单个晶格中原子的质量除以晶格的体积可以得到理论密度，晶格的体积 V 可以用 X 射线测量出它的晶格常数，再用晶格常数来计算体积，原子质量 m 已知，可根据公式计算理论密度。m 是晶胞的质量，$m = 1.66044nA$，n 是晶胞中原子数，钼的单位晶格中含有两个原子，$n = 2$，A 是钼的原子量，数值为 95.95，1.66044 是统一原子质量常数 $\times 10^{24}$。单个晶格的体积用下式计算：

$$V = abc\sqrt{1 - \cos^2\alpha - \cos^2\beta - \cos^2\gamma + 2\cos\alpha\cos\beta\cos\gamma}$$

式中，γ、β、α 是晶胞三棱边之间的夹角，体心立方晶格的三夹角都是 90°；a、b、c 是三棱边的长度，体心立方晶格的 $a = b = c$，$\cos90° = 0$，钼的晶格体积 $V = a^3$，钼的理论密度计算式为：

$$\rho = 1.66044 \times 10^{-24} \times n \times A/a^3$$

如果取 $A = 95.95$，$n = 2$，$a = 3.1470\text{Å} = 3.1470 \times 10^{-8}\text{cm}$，则

$$\rho = 1.66044 \times 10^{-24} \times 2 \times 95.95/(3.1470 \times 10^{-8})^3 = 10.22\text{g/cm}^3$$

根据 X 射线测出的晶格常数计算出的钼的理论密度是 10.22g/cm^3，很多因素会影响晶格常数的测量结果，计算结果会有差异，不同研究者算出的钼的理论密度会不一致，应当注意，钼材的实际工艺密度不是金属的理论密度，不同工艺方法生产的钼都含有各种缺陷，内部组织结构千差万别，直接影响钼的实际密度，表 5-8 列出了不同工艺方法生产的钼的可能密度值。

表 5-8　不同工艺生产出的钼的密度

钼材及生产工艺	密度/g·cm^{-3}	钼材及生产工艺	密度/g·cm^{-3}
钼　粉	10.28	电弧铸造钼	10.17 ~ 10.2
烧结钼	9.5 ~ 10.0	电弧铸造再经热加工	10.2
烧结再经热加工	10.2		

现在绝大部分钼材都用粉末冶金工艺生产，钼粉压坯的烧结密度控制在 $9.5 ~ 9.8\text{g/cm}^3$，提高或降低烧结温度可以控制烧结密度。在现实生产中烧结出的烧结体，如圆坯锭，测量出的密度是平均密度，通常坯锭的表层密度比中心的会高 2%。

当然，为了改进粉末冶金烧结材料的性能，提高烧结坯的密度，通常采用热加工方法，如锻造、轧制，经过热加工以后烧结体的密度可以提高。按常理，提高热加工变形量可以提高钼的密度，但是，随热加工变形量的提高，钼材内晶格缺陷增加，密度反而会下降。作为商品供货的钼材的密度，根据多年的实际经验，棒材的平均密度达到 $10.16 ~ 10.17\text{g/cm}^3$，薄板的平均密度很难达到 10.19g/cm^3，要想达到 10.2g/cm^3 以上几乎不可能，图 5-3 是钼的密度与退火温度的关系。

在工程实践中有时已知合金的成分要求估计合金的密度，有时反过来要求把合金定为

一定的密度，根据密度设计合金的成分。如果钼和合金元素组成无限固溶体，添加的合金元素的密度大于或小于钼的密度，前者如 W，后者如 Ti，加钨提高钼的密度，加钛则降低钼的密度，对于无限固溶的 Mo-W 合金来说，W 的密度乘以重量百分数，钼的密度乘以重量百分数，两者相加，可以得到 Mo-W 合金的近似密度。

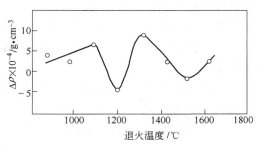

图 5-3　冷加工钼的密度与退火温度的关系

　　测量钼的密度用阿基米德原理，先用高精度天平称出钼坯在空气中的质量 m_1，再用吊篮把钼坯吊放在液体中（通常用纯净水），再称量出钼坯和吊篮的总质量 m_2，最后用天平称出吊篮的质量 m_3，根据测得的数据计算钼坯的密度 ρ，水的密度取 $1g/cm^3$，计算时忽略了空气的浮力对 m_1 的影响

$$\rho = \frac{m_1}{m_1 - m_2 + m_3}$$

　　钼做高温结构材料，当温度由室温 t_r 升高到 t 时，由于热膨胀的作用，钼的体积增大，体积增量可以用平均体膨胀系数 $\bar{\beta}$ 来描述，$V_t = V_r[1 - \bar{\beta}(t - t_r)]$。高温密度 ρ_t 用 V_t 表示，如果温升不大，即 $t - t_r$ 趋于无限小，则

$$\rho_t = \frac{\rho_r}{1 + (1 - t_r)\bar{\beta}}$$

则 ρ_t 可对温度取微分，一级近似，可得到恒压条件下：

$$\frac{d\rho}{dt} = -\rho\bar{\beta} \quad 或 \quad d\rho = -\bar{\beta}\rho dt$$

式中，$\dfrac{d\rho}{dt}$ 为密度的温度系数 q。

$$\bar{q} = \frac{\rho_t - \rho_r}{t - t_r}, \quad q = -\beta\rho, \quad \bar{q} = -\rho\bar{\beta}$$

式中，$\bar{q}$ 为平均密度温度系数，若在 $t \sim t_r$ 温度区间内对 $d\rho$ 积分，可得到：

$$\rho_t = \rho_r e^{-(t-t_r)\bar{\beta}}$$

式中，ρ_r 为室温密度；ρ_t 为温度 t 时的密度。就未合金化的钼而言，在升温过程中无相变和同素异构转变，可由此式近似计算出钼的高温密度。

5.4　钼的热、光、电和磁特性

5.4.1　熔点

　　早在 1925 年 Worthing. A. G 用三种方法测出了钼的熔点。第一种方法是用一段细钼杆，断面很细，在中部弯成一个尖角，在工业纯的 Ar 气中慢慢通电加热直到熔化，在尖角上方用光学高温计测出尖角顶部光的温度，再换算成真实温度，光学高温计装有滤光片，透过光的波长为 $0.642 \sim 0.0665\mu m$。第二种方法是用一个球形正电极和一根钼丝之间产生电弧，逐步增加电弧电流，到一定时候球形电极开始熔化，光学高温计对着球形电极测定熔化温度。第三种方法是同时熔化加热钼丝和钨丝，加热方法和上面两方法一样通电加热；最后取 97 次测量的平均值定出钼的熔点是 2895K（2622℃），目前钼的熔点大都取这个测量值，认为此值是正确的。

现在测量钼的熔点所用方法的原理和以前是一样的，选用一段直径大约 15mm 的钼棒，在其中心部位打一个直径为 5mm 的孔，创造一个绝对黑体的条件，加热时用远红外自动光学高温计测量孔底的熔化温度。

5.4.2 热膨胀

在温度由 t_1 升高到 t_2 时，物体的线长度由 l_1 升长到 l_2，体积由 v_1 长大到 v_2，在这个温度区间内，物体发生了热膨胀。平均线膨胀系数 $\bar{\alpha}$ 可以写成：

$$\bar{\alpha} = \frac{l_2 - l_1}{l_1(t_2 - t_1)} = \frac{\Delta l}{\Delta t l_1}$$

平均体膨胀系数 $\bar{\beta}$ 可以表述为：

$$\bar{\beta} = \frac{v_2 - v_1}{(t_2 - t_1)v_1} = \frac{\Delta v}{\Delta t v_1}$$

在恒压条件下，当 $\Delta t \to 0$ 时，求微分，可以得到微分线膨胀系数 α_t 和微分体膨胀系数 β_t，可以分别写成：

$$\alpha_t = \frac{1}{l}\left(\frac{\partial l}{\partial t}\right)_p \qquad \beta_t = \frac{1}{v}\left(\frac{\partial v}{\partial t}\right)_p$$

对于各向同性的材料 $\bar{\beta} = 3\bar{\alpha}$，而对于各向异性的材料 $\bar{\beta} = \bar{\alpha}_2 + \bar{\alpha}_3 + \bar{\alpha}_1$。

可用多项式求解，由平均线膨胀系数求出微分线膨胀系数：

$$l_t = l_0\left[1 + (t_1 - t_0)a + (t_2 - t_1)^2 b + \cdots\right]$$

$$\frac{l_t - l_0}{\Delta t l_0} = a + b(t_2 - t_1)$$

即

$$\bar{\alpha} = a + b(t_2 - t_1)$$

$$dl_t = l_0 a dt + 2b(t_2 - t_1)$$

故

$$\alpha_t = l_0\frac{dl_t}{dt} = a + 2b(t - t_0)$$

解多项式求出下式高温微分线膨胀系数，在 273～2273K 范围内

$$\alpha_t = A + B(t - t_0) + C(t - t_0)^2$$

就钼而言

$$\alpha_t = 5.02 \times 10^{-6} + 2(t - 273)^2 \times 10^{-9}$$

在室温以下钼的微分线膨胀系数如下：

温度/K	75	100	150	200	250	300
$\alpha_t(\times 10^6)$/K	1.9	2.7	4.0	4.6	4.9	5.0

早期钼的热膨胀结果绘于图 5-4，在 500℃ 时 α_t 是 5.1×10^{-6}/K，2000℃ 是 7.2×10^{-6}/K。早在 1924 年就发现，原料钼粉的粒度和锻造钼棒热处理都会影响到钼的线膨胀系数，细钼粉制造的试样在 25～500℃ 范围内，α_t 约为 $(5.4 \times 10^{-6} \sim 5.8 \times 10^{-6})$/K，而粗钼粉试样的 α_t 为 $(4.7 \times 10^{-6} \sim 5.7 \times 10^{-6})$/K。锻造钼棒退火可以提高线膨胀系数。

纯度为 99.5%～99.95% 的钼的低温热膨胀系数的测量结果都很一致，有关数据列于表 5-9。

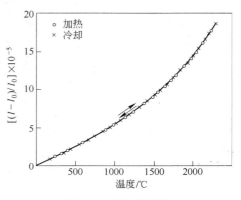

图 5-4　钼的热膨胀

表 5-9　钼的低温真实热膨胀系数

温度/K	线膨胀系数/ $\times 10^6$K	温度/K	线膨胀系数/ $\times 10^6$K
284.8	5.16	70	1.82
255.6	5.05	60	1.12
234.6	4.89	55	0.89
196.8	4.60	50	0.80
166.9	4.37	45	0.60
144.9	4.98	40	0.45
128.5	3.70	35	0.35
114.4	3.45	30	0.20
102.5	3.01	25	0.15
90.7	2.64	20	0.12
83.3	2.24	15	0.05

钼在 293～2273K 范围内加热，它的相对伸长率可用下面的经验公式求出：

$$\frac{\Delta L}{L} = -1 \times 10^{-4} + 5.02 \times 10^{-6}(T - 273) + 1 \times 10^{-9}(T - 273)^2$$

热处理和纯度对钼的线膨胀系数有一定影响，未退火钼丝的平均线膨胀系数如下：

温度/K	773	1273	1773	2273
平均线膨胀系数($\times 10^6$)/K	5.1	5.5	6.2	7.2

退火的钼在 0～2895K 范围内的平均线膨胀系数 $\bar{\alpha}$ 可以用下面的经验公式计算：

$$\bar{\alpha} = [5.05 + 0.31 \times 10^{-3}(T - 273) + 0.36 \times 10^{-6}(T - 273)^2] \times 10^{-6}$$

钼是高熔点金属，其熔点高达 2620℃，表明它的原子间的键合强度很高，在加热过程中原子间的平均间距增量很小，这是钼的线膨胀系数低的原因。一般纯金属由 0K 升温到熔点 T_M，它的体积增加约达到 6%～7%。

$$\beta_M = (V_M - V_0)\frac{1}{V_0} = 0.068$$

或者　　　　　　　　　　　　$T_M \beta_M = $ 常数

式中，β_M 是熔化时的体膨胀系数，按照体膨胀系数与线膨胀系数之间的数量关系，近似有 $\alpha_M = 0.023$，α_M 是熔化时的线膨胀系数，显然，熔化温度 T_M 越高，则线膨胀系数 α_M 和体膨胀系数 β_M 越小。

钼的线膨胀系数很低，在用它做高温结构材料时需要特别注意，在常温下钼的线膨胀系数一般采用 $5 \times 10^{-6}/K$，而铁基和镍基高温合金的室温线膨胀系数都比钼的高，例如，在 $20 \sim 100$℃ 范围内，GH901 和 GH128 的线膨胀系数相应为 $13.0 \times 10^{-6}/K$ 和 $11.25 \times 10^{-6}/K$。钼的线膨胀系数大约相当于大部分钢和高温合金的 30%。钼和其他高温合金及钢材连接时，接头设计必须注意这个特点。焊接，机械连接，如螺纹，为保证接头强度，用钼约束其他材料的自由膨胀，用钼包住其他线膨胀系数大的材料，使温升过程中接头越膨越紧，可以保证接头的尺寸稳定性，提高接头的运行可靠性。

5.4.3 沸点

不同资料提供的钼的沸点数据并不完全一致，最高的沸点温度 5960K，较低的沸点是 5100K 和 5077K，后面两个数据比较可信。

5.4.4 蒸发热和熔化热

钼的熔化热是 (6.6 ± 0.7)kcal/mol 或者 (27.59 ± 2.93)kJ/mol，钼在沸点的蒸发热是 593.8kJ/mol。

5.4.5 升华热

在绝对零度时钼的升华热是 (650 ± 0.79)kJ/mol，在 298K 时是 658.7kJ/mol。

5.4.6 蒸气压和蒸发速度

常常用钼做电真空元件材料，在高温高真空条件下长期工作，蒸气压与蒸发速度和温度的关系直接决定了系统的工作稳定性和寿命。Jones. H. A 很早就研究过钼的蒸气压和蒸发速度，测量蒸发速度，确定蒸气压，结果列于表 5-10。为了和铂、钨的蒸气压和蒸发速度做比较，表中也列入了铂和钨的几个数据。

表 5-10 钼的蒸气压和蒸发速度

温度/K	蒸发速度 /g·(s·cm²)⁻¹	蒸气压/Pa	Pt、W 比较	温度/K	蒸发速度 /g·(s·cm²)⁻¹	蒸气压/Pa	Pt、W 比较
1100	9.77×10^{-22}	7.57×10^{-11}	g/(s·cm²)	2500	5.62×10^{-6}	6.58×10^{4}	g/(s·cm²)
1200	2.44×10^{-19}	1.97×10^{-9}	1200K，Pt	2600	1.57×10^{-5}	1.87×10^{5}	2700K，W
1300	2.53×10^{-17}	2.13×10^{-7}	2.06×10^{-15}	2700	4.18×10^{-5}	5.07×10^{5}	3.17×10^{-8}
1400	1.29×10^{-15}	1.13×10^{-5}	1400K，Pt	2800	1.04×10^{-4}	12.8×10^{5}	3000K，W
1500	3.81×10^{-14}	3.44×10^{-4}	2.92×10^{-12}	3000	5.0×10^{-4}	64×10^{5}	9.69×10^{-7}
1600	7.60×10^{-13}	7.09×10^{-3}	1600K，Pt	3200	1.8×10^{-3}	2.4×10^{7}	3200K
1700	1.05×10^{-11}	1.01×10^{-2}	6.56×10^{-10}	3400	5.6×10^{-3}	7.7×10^{7}	W6.67 $\times 10^{-6}$
1800	1.06×10^{-10}	1.05×10^{-1}	1900K，Pt	3600	1.5×10^{-2}	2.1×10^{8}	Pt4.5 $\times 10^{-2}$
1900	7.52×10^{-10}	7.64×10^{0}	2.57×10^{-7}	4000	7.7×10^{-2}	1.3×10^{9}	4800K，Pt 沸点
2000	5.34×10^{-9}	5.58×10	2000K，Pt	4600	4.7×10^{-1}	1.1×10^{9}	8.9
2100	2.82×10^{-8}	3.01×10^{2}	1.24×10^{-6}	4800	7.7×10^{-1}	7.5×10^{10}	W5.2 $\times 10^{-5}$
2200	1.30×10^{-7}	1.43×10^{3}	2100K，W	5200	1.8	3.0×10^{10}	6000K，W
2300	5.00×10^{-7}	5.60×10^{3}	1.58×10^{-12}	5960	5.6	1.0×10^{11}	1.3
2400	1.80×10^{-6}	2.05×10^{4}					

由表列的 W、Pt、Mo 的蒸发数据可以看出，在相近的温度下，钼的蒸发速度低于铂的蒸发速度，而高于钨的蒸发速度。在钼的熔点附近 2900K，钨的蒸发速度为 3.45×10^{-7} g/(s·cm²)，蒸汽压为 3.18×10^3 Pa，而钼相应的特性值为 2.35×10^{-4} g/(s·cm²) 和 2.95×10^5 Pa，钼比钨大约大三个数量级。这一特性在分析真空电子束熔化时特别重要。

在更晚一点时间，Edwards. J. W 测量了纯钼的蒸发速度和蒸气压，试样的杂质总含量约为 230×10^{-6}，其中主要是碳。测量结果列于表 5-11，测量时的环境真空度约为 6.65×10^{-3} Pa，看出来表 5-10 和表 5-11 的数据有些差异，后者的测量精度和可信度要高一些。

表 5-11 钼的蒸气压和蒸发速度与温度的关系

温度/K	蒸发速度/10^{-8} g·(s·cm²)$^{-1}$	蒸气压/10^{-4} Pa	温度/K	蒸发速度/10^{-8} g·(s·cm²)$^{-1}$	蒸气压/10^{-4} Pa
2151	4.142	4.48	2300	33.11	38.1
2185	6.971	7.6	2397	128.3	146.5
2231	13.47	15.2	2438	195.0	224.7
2240	16.28	18.0	2462	254.0	297
2260	19.06	21.0			

液态钼在不同温度下的蒸汽压如下：

温度/K	3000	3300	3750	4300	4580	4810	5077
蒸汽压/Pa	10	10^2	10^3	10^4	2.5×10^4	5×10^4	10^5

5.4.7 热容和热力学参数

一个物体的温度升高一度所需的热量叫做该物体的热容，单位为 J/K 或者 kJ/K，单位质量的物体升高一度所需的热量称为比热容（比热），单位是 J/(g·K) 或者 kJ/(kg·K)，若物质以克原子、克分子计量，一克原子（克分子）物质升高一度所需热量称摩尔热容，单位为 J/(mol·K)。热容大小与升温过程有关，在恒压条件下升温可得到比定压热容 c_p，而在体积不变的条件下升温可得到比定容热容 c_V，气态物质的 c_p 要比 c_V 大一点。金属材料在升温过程中热膨胀值很小，因此 $c_p \approx c_V$，但是热膨胀又是消除不了的，因而不可能测出金属精确的 c_V 值。

在温度高于室温时，绝大多数的基本固体的摩尔（克原子）热容接近常数 24.9J/(mol·K)（杜隆-珀替定律）。在低温下根据德拜理论，热容与温度的三次方成正比，可以用德拜特征温度描述 c_V 与 T 的关系，就是说在 $T < 0.02\theta$ 时：

$$c_V \approx 1.93 \left(\frac{T}{\theta_D} \right)^3 \quad kJ/(mol·K)$$

式中，θ_D 为德拜特征温度；德拜特征温度可以用下式表示：

$$\theta_D = \frac{h\nu_D}{K}$$

式中，ν_D 为晶格的最大振动频率；h 为普朗克常数；K 为玻耳兹曼常数。

钼的高温 θ_D 为 380℃，低温 θ_D 为 445℃。

根据热容的基础理论研究，物体的热容由晶格热振动和自由电子热运动两大部分组成。电子热容 c_e，晶格振动热容 c_g，总热容 $c = c_e + c_g$，$c_g = \beta T^3$。$c_e = \nu T$，所以 $c = \beta T^3 + \nu T$。电子热容与温度之间有线性关系，晶格振动热容与温度的三次方成比例。当温度降到极低时，c_g 更快地趋近于零，电子热容对总热容的贡献最大，反映钼的电子热容的特征系数 $\nu = 2.1 \times 10^{-3} \mathrm{J/(mol \cdot K^2)}$。

钼的室温比热容一般取 $0.28\mathrm{J/(g \cdot K)}$，钼的低温比热容列于表 5-12 和表 5-13。

表 5-12　钼的低温比热容（一）

温度/K	比热容/$J \cdot (g \cdot K)^{-1}$	温度/K	比热容/$J \cdot (g \cdot K)^{-1}$	温度/K	比热容/$J \cdot (g \cdot K)^{-1}$
1	0.0000229	30	0.00957	120	0.1672
3	0.000744	40	0.0234	160	0.2006
6	0.000192	60	0.06186	200	0.2215
10	0.000497	80	0.1045	240	0.2341
20	0.00288	100	0.1379		

表 5-13　钼的低温比热容（二）

温度/K	比热容/$J \cdot (g \cdot K)^{-1}$	温度/K	比热容/$J \cdot (g \cdot K)^{-1}$	温度/K	比热容/$J \cdot (g \cdot K)^{-1}$
16	0.0017	121	0.1668	293 ~ 373	0.2717
34	0.0142	238.5	0.2345	523	0.2642
92	0.1254	273	0.2462	748	0.3135

在 2000K 以下不同作者得到的高温比热容的数据误差在 5% 以内，在更高的温度下，不同作者得到的数据之间的差异更大一些。图 5-5 是综合了不同作者得到的钼的高温摩尔比热容与温度的关系，图中的虚线是最大的误差范围，不同作者得到的高温比热容数据都落在了两条线中间。

在早期曾得到钼的比热容与温度之间关系的如下计算式，用此式可以算出不同温度下的比热容值，

$$c_p = 0.06069 + 0.000012T - \frac{361}{T^2}$$

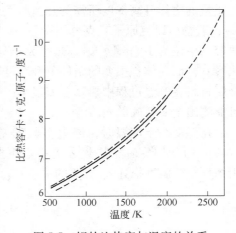

图 5-5　钼的比热容与温度的关系

通过测量钼在 $-20 \sim 500^\circ\mathrm{C}$ 之间不同温度的比热容，可以回归出方程式中的系数，由此公式计算出的比热容数值与实验值的平均偏差约在 1% 以内。

第 2 章在热力学第一定律和第二定律中，并引出了热力学参数、内能、焓和熵。表 5-14 和表 5-15 给出了钼的各热力学参数。钼的熔点是 2895K，高于此温度钼是液体，低于此温度钼是固体，表中的数据反映固态的热力学特性。

表 5-14　固态钼的热力学特性

温度/K	焓 HT – $H_{298.15}$/J·(mol·K)$^{-1}$	熵 ST/J·(mol·K)$^{-1}$	自由能函数 – (F – $H_{298.15}$)/T, J/(mol·K)
298	0	28.55	28.55
400	2487	35.70	29.51
800	12958	53.71	37.54
1200	24202	64.67	44.94
1600	36700	74.03	51.12
2000	50327	81.64	56.47
2400	65124	88.78	61.24
2800	81092	94.51	65.58
2900(液态)	112818	100.60	71.13
3000(液态)	116998	120.38	73.02

表 5-15　理想单原子气态钼的热力学性质

温度/K	焓 HT – $H_{298.15}$ /J·(mol·K)$^{-1}$	熵 ST /J·(mol·K)$^{-1}$	自由能函数 – (F – $H_{298.15}$)/T, J/(mol·K)	生成焓 ΔH_f /J·(mol·K)$^{-1}$	生成自由能 ΔG_f /J·(mol·K)$^{-1}$	lgK_p
298	0	1881.6	181.6	658350	612696	– 107.449
400	2115	187.8	182.5	657978	597151	– 78.061
800	10421	202.2	189.3	655813	570344	– 35.101
1200	18731	210.6	195.0	652878	478271	– 20.840
1600	27053	216.6	200.0	648703	420642	– 13.745
2000	35497	221.2	203.6	643519	364212	– 9.520
2400	44300	225.3	206.9	637525	308877	– 6.728
2800	53830	228.9	209.8	631088	254687	– 4.755
2900	53376	229.9	210.4	601908	256067	– 4.616
3000	59005	230.7	211.1	600357	244221	– 4.256

5.4.8　钼的导热系数

　　一个物体有高温区和低温区，各处的温度不相等，必然要产生热流，热流的方向与温度的降度方向一致。通常所说的温度梯度由低温点指向高温点，与热流的方向相反。表征物体传导热的能力的参数称为导热系数 λ，它的单位用 W/(m·K)表示，它的数学表达式为：

$$\lambda = \frac{Q}{F\tau \frac{\Delta t}{\Delta L}}$$

式中，Q 为热量；F 为热流通过的面积；τ 为热流通过的时间；$\Delta t/\Delta L$ 为温度的降度。

　　物体的热量由高温处流向低温处，好比水由高处向低处流，热流动就是一个能量传输过程，固体能量传输的载体（热载体）有自由电子，晶格振动波（声子），电磁辐射（光子）。绝缘体是声子导热，金属导热主要是电子导热传输，合金中除电子传热以外，晶格导热也起一定作用。

　　不同研究者给出的钼的导热系数差别很大，钼的室温导热系数一般取 1.421W/（cm·

K)。另外已知高温合金 GH40 的导热系数是 0.133W/(cm·K)，GH30 在 100 时的导热系数是 0.146W/(cm·K)，而铜的室温导热系数大约是 3.93W/(cm·K)，看来钼的导热系数相当于 GH30 和 GH40 的 10 倍，只有铜的 36%，由此可以认为钼的导热系数很高，是热的良导体。

温度、纯度、加工组织结构状态对钼的导热系数均有不同程度的影响，表 5-16 是钼的低温导热系数与温度的关系。分析表列的低温导热系数可以看到在 35K 时钼的导热系数出现一峰值，这一峰值出现的原因在于金属钼是电子导热机制。电子导热系数的数学表达式为：

$$\lambda_e = \frac{1}{3} c_e v_e l_e$$

式中，c_e 为电子热容，它与温度成正比；v_e 为电子的速度；l_e 为电子的自由路程。

表 5-16　钼的低温导热系数

温度/K	$\lambda/W \cdot (cm \cdot K)^{-1}$	温度/K	$\lambda/W \cdot (cm \cdot K)^{-1}$	温度/K	$\lambda/W \cdot (cm \cdot K)^{-1}$
2	0.590	20	3.797	100	1.717
6	0.850	35	3.756	150	1.432
8	1.252	40	3.601	200	1.390
10	1.503	60	2.705	250	1.361
15	2.248	80	2.908		

电子的运动速度与温度无关，在典型情况下 v_e 为 10^8cm/s 数量级，由数学式看出电子导热系数 λ_e 与温度和自由路程成正比，即 $\lambda_e \propto T l_e$。由于杂质和物理缺陷及晶格振动对电子的散射的影响，电子的平均自由路程受到了限制，缺陷对电子散射和晶格振动对电子散射的共同作用影响电子的自由路程。最终在低温下的电子导热系数可以写成：

$$\lambda_e = \frac{1}{\alpha T^2 + \beta/T}$$

式中，α 为金属的固有特性；β 为电子的剩余平均自由路程 L_0 与剩余电阻率 ρ_0 的比 ρ_0/L_0。

在温度很低时，电子导热系数 λ_e 与 T 成正比，$\lambda_e \propto T$，而当温度升高到某一数值以后，则 $\lambda_e \propto T^{-2}$，在 λ_e 与 T 成正比转变到与 T^{-2} 成正比的升温过程中，λ_e 必有一峰值，这是金属导热系数的普遍规律，温度 T 由低温升高到高温过程中，导热系数开始随温度升高而增大，中间达到一个极大峰值，随后随温度升高导热系数下降，温度继续升高，λ 趋于一恒定值，也就是说 λ 在高温下是一常数。图 5-6 是钼的导热系数随温度变化的曲线。

钼的导热系数除随温度变化以外，成分和结构对钼的导热系数也有一定影响，测量

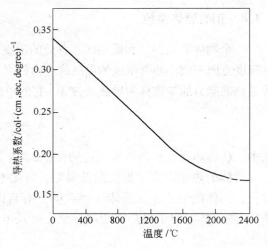

图 5-6　钼的导热系数随温度变化

变形结构钼板的导热系数时发现，热流垂直于轧制方向，在1800~1900K范围内由于再结晶的作用，加工态结构变成了等轴晶结构，和1400~1800K的测量结果相比，导热系数降低了大约25%。在1500~2200K范围内测量杂质含量相同，晶粒度不同的钼的导热系数时发现，平均晶粒直径为0.706mm的电弧熔炼的钼试样经历2500K氢气退火以后，平均晶粒直径长大到4.85mm，细晶粒样品的导热系数比粗晶粒的低20%。用粉末冶金方法制取的晶粒直径为0.034mm的细晶粒试样的导热系数最低。含有少量钛和锆（总重量不超过5%）的钼合金的导热系数略有下降，但下降的幅度不超过10%。不超过0.02%的碳也使钼的导热系数略有降低。

5.4.9 钼的电阻

根据物理学定义，金属材料的电阻 R 由通过导体的电流 I 和加在导体两端的电压 U 确定。$R = U/I$，比电阻 $\rho = R\dfrac{L}{S}$，此定义与长度 L 成正比，与面积 S 成反比。电阻的平均温度系数是指温度升高一度引起的电阻率的变化。钼的电阻率与温度的关系非常密切，它随温度的变化非常快，多晶工业钼的室温电阻率是 $5.7\mu\Omega\cdot cm$，在 $0~100℃$ 之间钼的电阻温度系数是0.0423，温度由273K升高到2000K，钼的比电阻由 $5.14\mu\Omega\cdot cm$ 升高到了 $53.1\mu\Omega\cdot cm$，几乎增加了9倍。

钼的比电阻与温度的关系，不同研究者所得到的结果略有差异。表5-17和表5-18列出了电阻率与温度的关系，图5-7是工业钼的电阻率和电阻的温度系数与温度的关系。

表5-17 钼的电阻率与温度的关系

温度/K	比电阻/$\mu\Omega\cdot cm$	温度/K	比电阻/$\mu\Omega\cdot cm$
14	0.62	473	9.8
20	0.63	573	12.1
77	1.06	673	13.8
90	1.3	773	17.1
173	3.2	873	19.6
273	5.2	973	22.2
373	7.4	1073	24.6

表5-18 不同温度钼的比电阻

温度/K	比电阻/$\mu\Omega\cdot cm$	温度/K	比电阻/$\mu\Omega\cdot cm$
273	5.14	1600	41.1
300	5.78	1800	47.0
400	8.15	2000	53.1
600	13.2	2200	59.2
800	18.6	2400	65.5
1000	23.9	2600	71.8
1200	29.5	2800	78.2
1400	35.2	2895	81.4

钼的电阻与它的纯度和组织结构状态有关，纯度为 99.99% 的钼单晶在 4.2K 时电阻率为 5.37 ~ 5.43 $\mu\Omega \cdot$ cm。电弧熔炼的一般纯度的钼单晶体的 $\rho_{273K}/\rho_{4.2K}$ 的比值为 10^3，而经过区域提纯的钼单晶体的这个比值变成了约为 $8 \times (10^3 \sim 10^4)$。合金元素钛、锆和碳稍微使钼的电阻率增加了一点，大小不超过 10% ~ 15%，图 5-8 是不同碳含量的电弧熔炼钼的电阻率与温度的关系。曲线 1 和 2 的碳含量（质量分数）分别为 0.016% 和 0.019%。

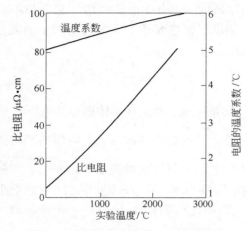

图 5-7　工业钼的电阻率、电阻的温度
　　　　系数与温度的关系

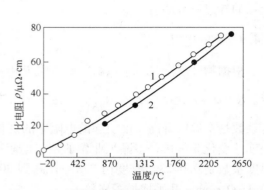

图 5-8　电弧熔炼含碳钼的电阻率与温度的关系

钼单晶的弯曲变形和退火造成它的电阻增加或降低，以新培育出来的未变形的钼单晶的室温电阻率 $\rho = (595 \pm 0.05)\mu\Omega \cdot$ cm 定为比较的基础，画出钼的电阻率随弯曲角的变化图见图 5-9，弯曲半径 2cm，弯曲长度 1.25cm。在弯曲角小于 12° 时，电阻率的变化速度比较缓和；超过 12° 时，比电阻的变化速度迅速加快。金相研究表明，弯曲 5° 以后，钼单晶的滑移痕迹显示出一个滑移系统，滑移带几乎是直线。达到 12° 以后，产生另一个相交分滑移系统，当超过 15° 以后，生成严重分叉的滑移带。比电阻快速增加和弯曲钼单晶中滑移带发生交叉的时间一致，滑移带交叉时产生的位错堆积和孔洞引起了电阻的这种变化。或者说，钼的室温弯曲变形造成晶格内部保有大量的阻塞孔洞和位错堆积，引起弯曲钼单晶或多晶体的电阻发生相当大的相对增量。在室温下保存 90h，或者在 1400℃ 退火 10h 以后，电阻率没有发生任何下降，此时金相和 X 射线研究均也没有发现组织结构发生任何变化。在 (1550 ± 30)℃ 等温退火引起弯曲试样的比电阻发生局部下降，参看图 5-10，

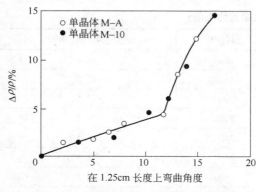

图 5-9　钼室温电阻与弯曲角的关系

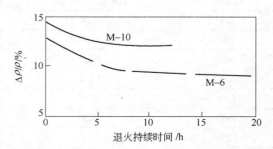

图 5-10　室温弯曲钼单晶电阻率的恢复

这类电阻恢复与位错堆积的重新分布及位错全面攀移和组织的多角化变化有关。

合金元素钛、锆、碳、钒、铼等及钼合金的热处理，淬火时效都能改变钼的电阻率。图 5-11 是最有使用价值的 Mo、Re、Mo-Re 合金的电阻率与温度的关系。由图上的曲线可以看出，粉末冶金钼的电阻率最低，钼中添加铼以后提高了钼的电阻率。铼的电阻率最高，向铼中添加钼可降低铼的电阻率，所有的 Mo-Re 合金的电阻率都处在钼和铼之间。Mo-Re 合金的电阻特性对于用它做电子器件、电器设备和无线电通讯装备有很重要的价值。

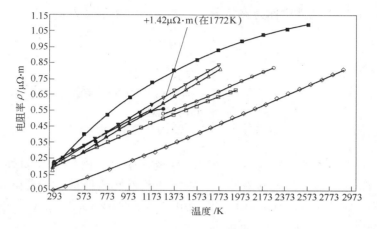

图 5-11   Mo、Re 和 Mo-Re 合金的电阻率与温度的关系

■—真空熔炼多晶体 Re；◇—粉末冶金 Mo；▲—直径 3.45mm 粉末冶金 Mo-40Re；

△—直径 0.15mm 粉末冶金 Mo-40Re；○—真空熔炼 Mo-45Re-0.035C；

●—真空熔炼 Mo-47Re；□—真空熔炼 Mo-50Re；▼—直径 3.45mm 粉末冶金 Mo-50Re；

▽—直径 0.15mm 粉末冶金 Mo-50Re；+—直径 0.5mm 真空熔炼 Mo-50Re

5.4.10　钼的光辐射特性

钼的部分辐射光学性质列于表 5-19。

表 5-19　钼的光辐射数据

| 试样温度 | 温度/K | | | 黑　　度 | | 全发射率 |
/K	亮度 0.665/μm	颜色	辐射	光谱（$\lambda = 0.665\mu m$）$\varepsilon_\lambda T$	积分 ε_T	/V·cm^{-2}
273				0.420		
300				0.419		
400				0.415		
600				0.406		
800				0.398		
1000	958	1004	557	0.390	0.0096	0.55
1200	1139	1207	708	0.382	0.121	1.43
1400	1316	1411	864	0.375	0.145	3.18
1600	1489	1616	1024	0.367	0.168	6.30
1800	1659	1823	1187	0.360	0.189	11.3
2000	1824	2032	1354	0.353	0.210	19.2
2200	1986	2244	1523	0.347	0.230	30.7
2400	2143	2456	1693	0.341	0.248	47.0
2600	2297	2672	1866	0.336	0.265	69.5
2800	2448	2891	2039	0.331	0.281	98.0
2895	2519	2997	2122	0.328	0.290	116.0

5.4.11　钼的磁性和霍尔系数

材料在磁场作用下都表现出一定的磁性，磁性是物质的属性，在磁场作用下材料会被磁化。用磁化强度 M 描述材料的磁性强弱及磁化状态，磁场强度与磁化强度的比称为磁化率 χ

$$\chi = \frac{M}{H}$$

磁感应强度 B 与磁场强度之比称为磁导率 μ_0，相对磁导率定义为 μ_r

$$\mu_0 = \frac{B}{H}$$

$$\mu_r = \frac{\mu}{\mu_0}$$

以上各式中 μ_0 是真空磁导率，μ_r、χ 和 M 是描写材料磁性的参数：

$$B = \mu_0 H + \mu_0 M$$

M 是在外磁场作用下材料中磁矩沿外场排列而使磁场强化的量。

$$\chi = \mu_r - 1$$

根据 μ_r 及 χ 的大小材料分为抗磁性、顺磁性及铁磁性。内场矩削弱外磁场，$\mu < \mu_0$，$\mu_r < 1$，$\chi < 0$ 为抗磁性，$\chi > 0$ 为顺磁性。抗磁性和顺磁性两种材料不易磁化，视为无磁。钼是顺磁性物质，纯度为 99.95% 钼的室温磁化率为 0.93×10^{-6} emu/g，随着温度升高到 1835℃，磁化率增大到 1.11×10^{-6} emu/g。

霍尔系数的物理意义与电磁感应现象有关系，把通电的物体（如 Mo）通过电流 I，把它放在均匀的磁场 H 中，电流 I 的方向垂直于磁场 H 方向，此时在垂直于 H 又垂直于 I 的第三方向上，在试样两侧能产生感生电势，这种现象称为霍尔效应，在它稳定时电动势称霍尔电势。霍尔电势的大小用下式表示：

$$V_H = \mu_0 \frac{R_H}{d} \times H \times I$$

式中，d 为平行于磁场方向物体的厚度；R_H 为霍尔系数。

冷加工钼的霍尔系数约为 17.75cm³/(A·s)，在 800℃ 以下不随温度变化，与温度没有多大关系。

5.5　钼的弹性

钼的弹性是指载荷在比例极限以下的弹性性质，主要有四个性能数据，正弹性模量（E）是正应力与正应变之比，反映材料抗正应力的能力。切变模量（G）是切应力与切应变的比，代表材料抗切应力的能力。泊松比（μ）表示在均匀轴向应力作用下的横向应变与相对应的轴向应变比值的绝对值。另外还有体积模量 K，它是反映体应力与体应变的比，反映材料抗体应变的能力。

弹性模量的深层次的物理意义是反映原子之间的结合力，而结合力的大小与熔点有关，通常用波特维经验式描述熔点 $T(K)$ 与弹性模量之间的关系，即：

$$E = K \cdot T_m / V^b$$

式中，T_m 为熔点；K、b 为常数；V 为比容。显然，熔点越高，则弹性模量越大。钼是高熔点金属，钼的熔点高达 2983K，它的弹性模量很大。常常用钼做高温结构材料，需要知道它的室温弹性模量（32.6×10^4 MPa），更需要知道它的高温弹性模量，测量高温弹性模量比测量室温弹性模量更困难一些。

测量弹性模量有静态法和动态法，静态法包括静力拉伸、静力弯曲和静力扭转，动态法有振动测量法。在高温下金属材料易发生蠕变和松弛，测不出精确的高温弹性模量。用动态法测量高温弹性模量，施加载荷很小，大约只有 9.8Pa，测出的高温弹性模量的精度很高。用振动法测量弹性模量的物理基础是圆棒试样或矩形试样的共振频率，几何尺寸和重量之间分别有下列关系：

圆棒试样为

$$E = 1.6388 \times 10^{-7} \left(\frac{L}{d} \right)^4 \cdot \frac{w}{L} \cdot f^2$$

矩形断面试样为

$$E = 0.9653 \times 10^{-7} \left(\frac{L}{h} \right)^3 \cdot \frac{w}{b} \cdot f^2$$

式中，E 为弹性模量；L 为试样长度；w 为试样重量；f 为弯曲振动固有频率；d 为试样直径；h 为试样高度；b 为试样宽度。

图 5-12 是测量高温弹性模量用的一种高温装置，它用钼管做发热体，发热体直接通电加热，最高炉温可以达到 1600℃，炉管的均温带长 200mm，温差在 1% 以内，装置的最高真空度能维持在 $4 \times 10^{-2} \sim 4 \times 10^{-3}$ Pa。用钨丝把钼试样吊在炉内。测量装置由激发器、接收器、放大器和频率测量装置四部分组成。用耳机做激发器和接收器，在耳机膜片上焊

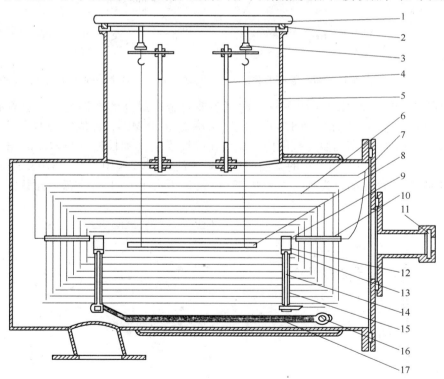

图 5-12　测量高温弹性模量用的高温装置

1—钢化玻璃；2—真空橡皮圈；3—耳机；4—支架；5—炉体外壳；6—隔热屏；7—热电偶；
8—试样；9—发热体；10—氧化铝管；11—石英玻璃观察窗；12，13—钼环；
14—钼螺栓；15—氧化铝绝缘套管；16—水冷导电螺栓；17—钼片软电缆

一小挂钩，钨丝和钼样品挂在小钩上。声频发生器发出声频电信号，通过耳机转换成振动信号，当振动频率和试样的固有频率相等时则发生共振，另一耳机接收共振频率信号，并转换成电信号，用频率计测出共振频率 f，代入上面的 $E = F(f)$ 公式，即可算出钼的弹性模量 E。用上述高温装置测量了未合金化钼，Mo-0.5Ti，Mo-TZM 三种材料的高温正弹性模量，它们的尺寸和质量分别为：$\phi5.752\text{mm} \times 180.5\text{mm}$，48.010g；$\phi7.335\text{mm} \times 184.3\text{mm}$，79.210g；$\phi5.620\text{mm} \times 187.8\text{mm}$，47.110g。未合金化钼的正弹性模量与温度的关系绘于图 5-13，图 5-14 给出 Mo-0.5Ti 和 Mo-TZM 两个合金的弹性模量与温度的关系，为了比较，在图 5-13 上也绘出了有关文献曲线，可以看出测量结果与文献资料很接近。

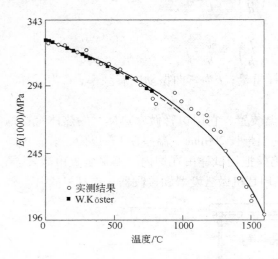

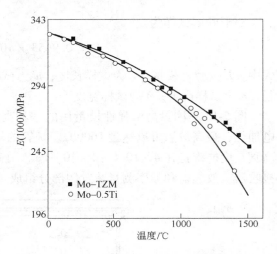

图 5-13   未合金化钼的弹性模量与温度的关系   图 5-14   钼合金的弹性模量与温度的关系

钼的室温弹性模量 $32.6 \times 10^4 \text{MPa}$，它是工业合金中最高的数据之一，随着温度的升高，钼的弹性模量略有下降，到870℃时它仍保持 $27 \times 10^4 \text{MPa}$，此值比钢的室温弹性模量高出 1/3，在室温至很高的温度范围内。钼的比弹性模量（弹性模量与密度的比）比许多工业合金的都高，见图 5-15。钼的室温剪切模量大约为 $12.2 \times 10^4 \text{MPa}$，870℃为 10.6MPa，室温和870℃的泊松比相应为 0.324 和 0.321。表 5-20 是钼的中温静态弹性数据，测量试

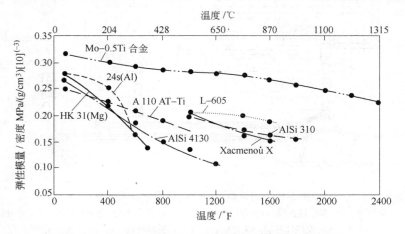

图 5-15   钼和几个高温材料的高温比弹性模量的比较

样是粉末冶金及电弧熔炼的热锻棒材，它的直径为 12mm。

表 5-20　钼的弹性模量

钼的制取方法	温度/℃	正弹性模量/MPa	剪切模量/MPa	泊 松 比
粉末冶金法	26	311640	118580	0.307
	120	309680	118482	0.308
	205	304780	116522	0.305
	260	304780	116522	0.305
	315	300860	115738	0.307
	370	299880	115052	0.305
	425	297920	113680	0.307
	480	295470	112308	0.307
	590	289100	110250	0.312
电弧熔炼钼	26	316540	119854	0.324
	140	307720	116424	0.320
	260	297920	112994	0.319
	385	294000	112308	0.317
	635	282436	107800	0.314
	760	274792	103880	0.321
	870	274792	103880	0.321

5.6　摩擦系数

　　钼的摩擦系数是一很有实用价值的物理性质参数，在室温下钼是一种金属材料，它和其他物体做相对运动时在接触面上会产生摩擦，其摩擦力按正压力和摩擦系数之间的常规关系处理。但是由于在高温下钼会氧化成挥发性的三氧化钼，三氧化钼的熔点是 795℃，它在 777℃ 和二氧化钼产生共晶。因此在 777℃ 以上，钼的表面上会生成一层流态的氧化钼薄膜，这层膜在钼和其他物体做相对运动时起润滑作用，减少摩擦。随着温度的升高钼的摩擦系数有下降的趋势，见图 5-16。做该曲线时所用的试验载荷是

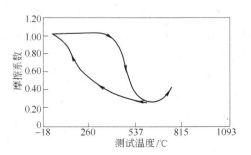

图 5-16　温度对钼的摩擦系数的影响

18.5N，相对运动速度是 45.72cm/min。钼的摩擦系数的这一特性对轧辊设计及热轧参数的选择有重大影响，因为在考虑热轧参数时直接要用咬入角及摩擦角的数据。

参 考 文 献

［1］ C. K. Gupta. Extractive Metallurgy of Molybdenum［M］. CRC, 1992, 21.

［2］ 中国金属学会. 金属物理性能及测试方法［M］. 北京：冶金工业出版社, 1987.

［3］ H. H. 莫尔古洛娃, 著. 钼合金［M］. 徐克玷译. 北京：冶金工业出版社, 1984.

［4］ J. I. Harwood. The Metal Molybdenum［M］. ASM. Cleveland, 1958.

［5］ Б. Г. Лившиц. Физические Свойства МеталловИ Сплавов［M］. МОСКВА МАШГИЗ, 1956.

6 钼的化学性质及氧化和防氧化

钼的化学性质在常用的工业介质中，如硫酸、硝酸、液态金属、盐酸、各种碱液以及和多种耐火材料接触时，它的化学性质稳定。当然，钼和氧的反应是化学稳定性中最值得关注的最重要的核心要点。钼作各种高温结构材料和耐蚀装备材料，设备能安全稳定长期工作是材料应用者最基本的要求。实际上，钼在有氧环境中，在高温下它和氧反应生成挥发性的气态三氧化钼，是限制它做高温结构材料的核心障碍。因此，需要仔细研究氧化热力学和动力学，希望能彻底地解决钼的防氧化保护难题。建立防氧化保护涂层和开发抗氧化钼合金是两条备受关注的途径。这两方面的研究探索一直未停，但尚未找到最终的解决方案。

6.1 钼的氧化和防氧化保护

6.1.1 钼-氧系统与氧化钼性质

至今，钼的氧化问题一直是一个研究课题，Mo-O 系统相平衡图的实用可靠的资料也尚没有定论。氧在钼内的溶解度很低，在 1100℃和 1700℃相应的溶解度（质量分数）分别为 0.0045% 和 0.0065%，随着温度的下降而减少，到室温时其溶解度（质量分数）大约为 $10^{-4} \sim 2 \times 10^{-4}\%$[1]。在电弧熔炼的钼锭中，氧含量（质量分数）达到约 0.0002% 时，晶粒边界上就有红棕色的 MoO_2 薄片析出物，由此可以断定氧在钼里面的室温溶解度（质量分数）大约不大于 $2 \times 10^{-4}\%$。

钼和氧作用产生多种氧化物，它们的分子式、生成温度等列于表 6-1。在氧化钼中 MoO_3 和 MoO_2 最稳定，其余各种氧化钼是中间氧化物，它们都处于不稳定状态。这些不稳定的氧化钼是用 X 射线结构分析确定的，X 射线结构分析的样品是 Mo、MoO_2 和 MoO_3 混合粉末，在不同条件下加热混合粉末做出试样。这些氧化钼可用通用分子式表示 Mo_xO_{3x-1}，它们的成分在 MoO_2 和 MoO_3 之间。另外尚有 MoO、Mo_2O_3、Mo_3O 这些氧化物，它们的氧含量都比 MoO_2 低，但是至今都没有生产出这些氧化物的纯物质。

表 6-1 氧化钼的晶体结构和生成温度[3]

氧化物	生成温度范围/℃	结晶结构	氧化物	生成温度范围/℃	结晶结构
MoO_2	—	菱 形	Mo_8O_{23}	650 ~ 780	
Mo_4O_{11}	<615	单斜系	$Mo_{18}O_{52}$	600 ~ 750	三斜系
Mo_4O_{11}	615 ~ 800	正菱形	Mo_9O_{26}	750 ~ 780	单斜系
$Mo_{17}O_{47}$	<560	—	MoO_3	—	菱 形
Mo_5O_{14}①	<530	—			

① 此氧化物可能不稳定。

由于钼的低价氧化物有被氧化成高价氧化钼的倾向，而高价氧化钼在较高温度下又容易挥发，因而建立 Mo-O 系是一件较难的事。图 6-1 是通过金相组织观察，再结合 X 射线结构分析而建立的 Mo-O 系统的状态图。在该系统中除发现有 MoO_2 和 MoO_3 外，还发现两种中间氧化物。它们的成分接近 Mo_4O_{11} 和 Mo_9O_{26}，加热时它们按包晶反应分解：$Mo_4O_{11} \rightarrow L + MoO_2$ 和 $Mo_9O_{26} \rightarrow L + Mo_4O_{11}$。包晶反应是一个固体分解成一种液体 L 加另一种固体的相转变过程，分解温度相应为 818℃ 和 780℃。Mo_9O_{26} 有一个低温同素异构体 I 和高温同素异构体 II，同素异构转变温度为 765℃。MoO_3 在 782℃ 熔化，在 775℃ 它和 Mo_9O_{26} 形成共晶体。也有资料称 MoO_2-MoO_3 在 778℃ 形成共晶体。而钼和氧在 2100℃ 形成 Mo-MoO_2 共晶体。在各种钼的氧化物中以二氧化钼和三氧化钼最稳定，并有工业产品供应。

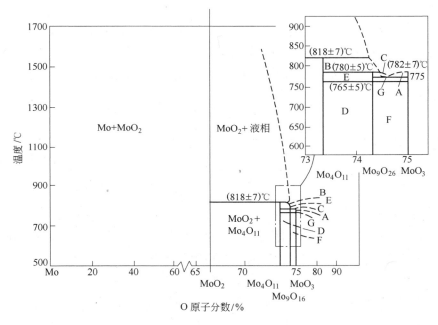

图 6-1　Mo-O 系状态图[4]

A—MoO_3 + 液体；B—Mo_4O_{11} + 液体；C—Mo_9O_{26}(II) + 液体；D—Mo_4O_{11} + Mo_9O_{16}(I)；

E—Mo_4O_{11} + Mo_9O_{26}(II)；F—Mo_9O_{26}(II) + MoO_3；G—Mo_9O_{26}(II) + MoO_3

　　二氧化钼是深褐色或暗灰色的结晶体，它的密度约为 6.34 ~ 6.47g/cm³，一个二氧化钼单位晶包内含有两个分子，属于金红石型单斜晶结构，晶格常数 $a = 5.608$Å（1Å = 0.1nm），$b = 4.842$Å，$c = 5.517$Å，$\alpha = 119.75°$。生成热是 551.4kJ/mol。它既不溶于热水，也不溶于冷水，但在热浓硫酸中稍微有一点溶解度。在碱金属氢氧化物、无氧酸和熔盐中 MoO_2 呈现出惰性。

　　在密闭的容器中加热 MoO_2，至少到 1700℃ 它仍然是稳定的。MoO_2 在 (1980 ± 50)℃ 和一个大气压的条件下，分解成氧和钼。把固态 MoO_2 放在真空中加热，到 1520 ~ 1720℃ MoO_2 分解（$3MoO_2 \rightarrow Mo + 2MoO_3 \uparrow$）成固态钼和 MoO_3，见图 6-1。

　　三氧化钼是绿色略带淡青色的白色粉末，它是一种酸性脱水氧化物，室温下在水中的溶解度为 0.4 ~ 2g/L，水溶液的 pH 值为 4 ~ 4.5。MoO_3 与强酸，特别是与浓硫酸反应生成

氧钼基络合物 MoO_2^{2+} 和可溶性氧钼根 MoO_4^{4+} 离子化合物，MoO_3 与碱液和熔融碱相互作用生成钼酸盐。MoO_3 的密度是 $4.692g/cm^3$，晶格是菱形结构，晶格常数 $a = 3.9628Å$、$b = 13.855Å$、$c = 3.6964Å$。不同资料报道的三氧化钼熔点是 $782℃$ 或者是 $795℃$。沸点是 $1155℃$，熔化热是 $(52.55 ± 0.4) kJ/mol$，生成热大约是 $745.25kJ/mol$[5]。在赤热温度下 MoO_3 看起来是黄色，但是，冷却到室温又恢复成白色。研究三氧化钼的挥发性时发现，它的挥发速度的对数与温度 K 的倒数之间有线性关系，在 $650℃$ 处直线上出现一个拐点，直线的斜率发生了变化，在 $650℃$ 以上升华激活能为 $359kJ/mol$，低于 $650℃$ 激活能变成 $222kJ/mol$，看来在 $650℃$ 附近三氧化钼的挥发机理可能发生了变化。三氧化钼的蒸气压与温度有密切关系，在由固体三氧化钼升华成气体三氧化钼时，它的蒸气压可以用下面的方程式描述[6]：

$$\lg P(atm) = -15100T^{-1} + 1.4\lg T - 1.42 × 10^{-3}T + 9.071$$

而由液体三氧化钼升华成气态三氧化钼时，下面方程式可表述它的蒸气压：

$$\lg P(atm) = -11280T^{-1} - 7.04\lg T + 30.494$$

表 6-2 给出了不同温度下的三氧化钼蒸气压。

表 6-2   不同温度下三氧化钼的蒸气压[7]

温度/℃	蒸气压/Pa	温度/℃	蒸气压/Pa	温度/℃	蒸气压/Pa
610	0.347	785	266.64	955	13332
650	2.666	814	1333.2	1082	53328
700	29.33	851	2666.4	1151	101333.2
734	133.32	892	5332.8		

这里要特别强调，在有水蒸气存在时三氧化钼的氧化挥发性增高。在以后我们将要详细论述钼材在玻璃工业中的应用，到那时在分析钼的氧化断裂原因时要用到这一点知识。在 $600 ～ 690℃$ 之间随着水蒸气压力的增高，MoO_3 的蒸气压成直线增加。例如，在 $690℃$，水蒸气压力为 $79992Pa$ 时，三氧化钼的蒸气压约增加了三倍。它的蒸气压增高的原因是和水蒸气的作用，生成了复杂的复合化合物 $MoO_3·H_2O$。

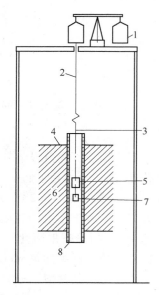

图 6-2   热天平示意图
1—天平；2—不锈钢丝；3—铂丝；
4—加热炉盖；5—试样；6—加热炉；
7—配重；8—加热管

6.1.2   金属和钼的氧化动力学

影响钼的氧化速度的基本因素有温度、氧气气氛特点及氧压、时间、合金元素等。在不同的温度和不同的氧压下钼的氧化机理有本质区别。

金属氧化动力学的研究采用热天平和光学显微镜及扫描电子显微镜。热天平如图 6-2 所示，用它测定金属在一定温度下的增重或失重与时间的关系。试样可以是金属钼或者是纯三氧化钼粉末压块，用各种显微镜观察氧化膜的结构及氧化膜与金属基体的结合情况。

由于各种金属的氧化特点不同，金属氧化速度可以用单位时间内的氧化膜厚度的增长或者用单位时间内单位面积上的金属增重、失重的数量来确定。

普通金属（Me）和氧（O_2）反应，其氧化反应方程为下式：

$$Me_s + O_{2g} \longrightarrow MeO_{2s}$$

根据 Vant. Hoff 等温方程式：

$$\Delta G = -RT\ln K + RT\ln Q$$

$$\Delta G_T = -RT\ln \frac{\alpha_{Me}O_2}{\alpha_{Me}p_{O_2}} + RT\ln \frac{\alpha'_{Me}O_2}{\alpha'_{Me}p'_{O_2}}$$

由于金属氧化物 MeO_2 和金属 Me 都是纯固态物质，它们的活度均为 1，故 ΔG 式化简成：

$$\Delta G_T = -RT\ln \frac{1}{p_{O_2}} + RT\ln \frac{1}{p'_{O_2}}$$

把此式换底化简成：

$$\Delta G_T = 4.575T(\lg p_{O_2} - \lg p'_{O_2})$$

式中，p_{O_2} 为给定温度下的金属氧化物 MeO_2 的分解压（平衡分压）；p'_{O_2} 为给定温度下的氧分压。

由 ΔG_T 可判断，如果：$p_{O_2} > p'_{O_2}$ 则 $\Delta G_T > 0$，反应向金属氧化物 MeO_2 分解的方向进行；$p_{O_2} < p'_{O_2}$ 则 $\Delta G_T < 0$，反应向金属氧化物 MeO_2 生成的方向进行；$p_{O_2} = p'_{O_2}$ 则 $\Delta G_T = 0$，金属氧化反应达到平衡状态。

显然，求解给定温度下金属氧化物的分解压，或者求解平衡常数，如果得出金属氧化物分解压，就可看出金属氧化物的稳定程度，就金属氧化反应方程来说，存在有（换底）：

$$\Delta G^\ominus T = -RT\ln K = -RT\ln \frac{1}{p_{O_2}} = 4.575T\lg p_{O_2}$$

由此式可以看出，只要知道在一定温度下的标准自由能的变化值（$\Delta G^\ominus T$），即可得到在该温度下的金属氧化物分解压，然后把它与给定的温度下氧分压做比较，就可以判断金属氧化物方程式的反应方向。标准自由能变化值可以在物理化学手册中查到，以这些简单热力学概念为基础，可以判断金属氧化反应的方向。

金属恒温氧化动力学理论是确定氧化速度问题，金属氧化过程的特点不同，氧化动力学规律有直线、抛物线、立方抛物线、对数曲线和反对数曲线。在金属氧化时不能生成具有保护性的氧化膜，或者在反应期间生成的气态或液态氧化物能随时离开金属表面，则氧化速率直接由生成氧化物的化学反应决定，这时化学反应速率不变，若 y 代表氧化膜厚，即

$$\frac{\mathrm{d}y}{\mathrm{d}t} = K$$

积分后可得到膜厚（或增重）与氧化时间之间的直线方程，即

$$y = Kt + C$$

式中，K 为氧化线性速度常数；C 为积分常数。

若金属氧化动力学符合抛物线规律，在较宽的温度范围内发生氧化时，金属表面上形成致密的氧化膜，阻断氧和金属的接触，故氧化速率与膜的厚度成反比，即

$$\frac{dy}{dt} = \frac{k}{y}$$

积分后得到抛物线方程：

$$y^2 = kt + C$$

式中，k 为抛物线速率常数；C 为积分常数。积分常数 C 反映了在氧化反应初期氧化速度特性与抛物线规律的偏离。金属氧化速度遵守抛物线规律是由于该金属的氧化膜具有保护特性，这时氧化膜中的金属离子和氧的扩散速率控制氧化过程。

有一些金属在一定温度范围内氧化过程服从立方规律，即

$$y^3 = kt + C$$

式中，k 为立方速率常数；C 为常数。

金属氧化过程也可能遵守对数规律和反对数规律，即

$$\frac{dy}{dt} = Ae^{-By}$$

$$\frac{dy}{dt} = Ae^{\frac{B}{y}}$$

分别积分后可得到：

$$y = k_1 \lg(k_2 t + k_3)$$

$$\frac{1}{y} = k_4 - k_5 \lg t$$

式中，B、A、k 均为常数。

研究金属氧化过程就是要找出防止金属氧化失效的途径，希望金属表面生成的氧化膜能保护金属不再继续氧化。具有保护防氧化性能的氧化膜本身必须完整无缺陷。可以用 $y = P/B$ 比（毕林-彼德沃尔斯原理）来判别氧化膜的完整性，此值 γ 代表金属氧化后生成的氧化物体积和生成金属氧化物消耗的金属的体积比，不管氧化膜的生成是依靠金属扩散还是依靠氧的扩散，只有该比值 $\gamma > 1$ 时，氧化膜才能完整的覆盖金属表面，它才具有保护金属不受氧化的特性。若 $\gamma < 1$ 时，膜疏松多孔不能完整的包覆金属表面，对金属没有保护性。$\gamma > 1$ 只是氧化膜具有保护性的必要条件，而不是充分条件。如果 γ 值过大（大于2），则氧化膜的内应力很高，导致氧化膜产生许多微裂纹而失去保护性。比较典型的是 WO_3 和 MoO_3，它们的 γ 值分别为 3 和 4，可是这种氧化膜不具有保护性。众所周知 MoO_3 是气态物质，对钼无保护作用。

氧化膜具有保护特性的充分条件是：膜体要致密，连续，无孔洞，晶体缺陷少，氧化膜的蒸汽压低，熔点高，稳定性好，膜和基体的黏合力强，不易脱落，生长内应力低；氧化膜与金属基体的热膨胀系数要匹配，不能差别太大，氧化膜要具有较强的自愈能力，例如 Cr_2O_3 氧化膜具有这些特性，它对金属具有良好的保护性能。

金属在高温下的氧化过程取决于金属-氧化膜和氧化膜-环境气体两个界面的反应速度，也就是说参加界面反应的物质穿过膜的扩散速度和物质的迁移速度（含浓差扩散-电位迁移）决定了金属的氧化速度。若扩散过程是金属离子穿过氧化膜向外扩散，氧化反应在氧化膜和环境气体之间的界面上发生。若是氧单方向向内扩散，则它在膜下和金属界面上的金属发生氧化反应。若是双向扩散，即氧向氧化膜内扩散，金属向氧化膜外扩散，它们在

氧化膜中间相碰，氧化反应在氧化膜中间发生。

影响反应速度的因素包括温度和氧压，由于界面反应速度和物质的迁移扩散速度控制了氧化过程速率。用反应速度常数 k 和扩散系数 D 来描述氧化反应速度，它们与温度的关系为：

$$k = Z\exp\left(\frac{-Q}{RT}\right), \quad D = D_0\exp\left(\frac{-Q_d}{RT}\right)$$

式中，Z、D_0 为常数；Q、Q_d 为界面反应活化能和扩散激活能。金属的氧化速度与温度的关系可以表述为：

$$v = \frac{dy}{dt} = A\exp\left(\frac{-Q}{RT}\right)$$

式中，A 为常数；Q 为氧化激活能。对于一般金属和合金 Q 值在 $2.1 \times 10^4 \sim 2.1 \times 10^5 \text{J/mol}$ 之间，左右取对数可以得到氧化速度的对数与温度的倒数之间有直线关系，即

$$\lg v = \lg A - \frac{Q}{2.3RT}$$

除温度外，氧压增加通常也提高大多数金属的氧化速度。

根据金属氧化过程的一般规律，钼在氧化气氛条件下加热，在 200℃ 以下加热不超过 2h，它仍保持白亮的光泽，当温度达到 300℃ 时，它就开始氧化，在表面生成一层青绿色的氧化膜，不超过 500℃，氧化动力学曲线符合抛物线规律，这说明低温氧化膜具有一定的保护性能。氧化分两个阶段，在低温下先组成 MoO_2 中间层，随后在 MoO_2 层外组成外层三氧化钼 MoO_3。当加热超过 500℃ 时，三氧化钼 MoO_3 开始挥发，达到 600℃ 时它的挥发速度加快。大约到 770℃ 它的挥发速度大约等于生成速度，随着进一步加热，挥发速度变得更快，最终三氧化钼 MoO_3 的挥发速度与时间成直线关系，氧化膜不再具有保护性。这时三氧化钼 MoO_3 的生成速度取决于二氧化钼 MoO_2 氧化成三氧化钼 MoO_3 的速度。二氧化钼 MoO_2 是氧扩散的阻挡障碍层，层厚保持恒定，不随时间变化，达到一定的厚度以后，温度升高二氧化钼层厚也不再增加。这时二氧化钼氧化成三氧化钼的速度等于钼生成二氧化钼的速度。

当温度低于三氧化钼的熔点 795℃ 时，钼的氧化机理是氧通过氧化膜锈皮向金属内扩散，氧化发生在金属和氧化锈皮的分界面上。大部分金属和合金在氧化时，金属离子穿过氧化膜锈皮向外扩散，氧化发生在锈皮与气体的分界面上。

当温度超过三氧化钼 MoO_3 的熔点达到 815℃，此时表面有液态的三氧化钼，氧离子穿过液体层的扩散速度很快，液体氧化膜极易破裂，在这种情况下发生灾难性的氧化破坏。图 6-3[8] 是三氧化钼熔化对钼的氧化速度的影响。该图反映了在温度达到

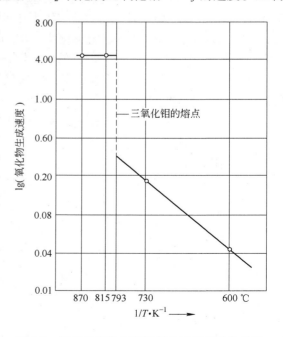

图 6-3　温度的倒数与钼的氧化速度对数的关系

三氧化钼 MoO_3 的熔点以后，氧化速度明显加快。这时三氧化钼挥发与时间成比例，而与温度的关系较弱。如果三氧化钼发生熔化，$MoO_3 + MoO_2$ 发生共晶反应，共晶温度是 777℃。三氧化钼 MoO_3 的挥发特性是钼的高温氧化行为最重要的性能。它的挥发速度与温度、氧压和时间有密切关系。图 6-4[6] 是纯三氧化钼压块在空气中加热到不同温度时的升华速度，压块在空气中加热，用热天平称重法研究三氧化钼压块重量随时间的变化，最终确定三氧化钼在不同温度下的升华速度。由图上的 540℃、650℃、705℃和760℃四个温度曲线可以清楚地看出，在各个温度下三氧化钼 MoO_3 的挥发速度都是恒定值。分别相应是：3.41×10^{-3} μg/(cm² · min)，2.92×10^{-2} μg/(cm² · min)，2.37×10^{-1} μg/(cm² · min) 和 3.71μg/(cm² · min)。图 6-5[6] 是从另外一个角度分析三氧化钼的挥发性，用钼板试样做氧化试验，试验温

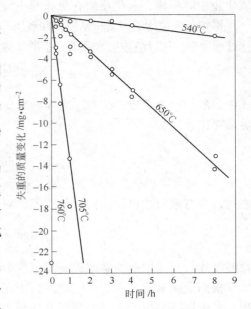

图 6-4　纯 MoO_3 在不同温度下的升华速度

度是 705℃和 815℃。三氧化钼的熔点为 795℃、778℃，二氧化钼和三氧化钼生成共晶[9]。在 815℃试验时钼板表面是液态三氧化钼，三氧化钼的挥发速度很快，在试验结束后，试样表面保存的氧化物只有总氧化物量的 5%，其余 95% 的氧化产物在试验过程中已经以三氧化钼的形式挥发。而在 705℃时，三氧化钼保持固态状态，挥发速度慢，试样表面留存的氧化钼占总氧化钼的 22%。815℃的氧化挥发速度显然比 705℃的快，图中括号里面的数字代表在氧化试验以后保留在试样表面上的氧化膜锈皮的重量百分数，此数越大，表示 MoO_3 的挥发性越低。图 6-6 是在 650℃用钼片做试验时候，MoO_3 的生成与挥发随时间的变化。

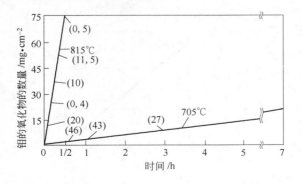

图 6-5　钼片在 705℃和 815℃
静态空气中的氧化

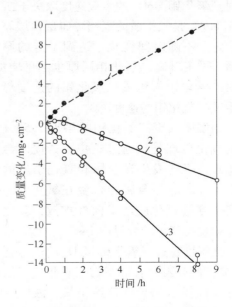

图 6-6　在 650℃ MoO_3 的生成与挥发随时间变化
1—氧化增重；2—试样总质量变化；
3—MoO_3 挥发造成试样的失重

从图 6-7 可以看出钼的氧化速度与氧
分压的关系，在 450℃以下钼的氧化遵循抛
物线规律并与氧压有关，在氧化初期，氧
化动力学曲线与抛物线有些偏离，这种偏
离可能与钼的表面有氧的负离子有关[10]。
图 6-8 是在氧分压为 10.13kPa 时，不同温
度下的氧化曲线。在研究钼在纯氧中的氧
化行为时发现，在 500℃时，氧化遵守抛物
线规律，在更高的温度下氧化遵循直线规
律。氧化膜的 X 射线结构分析发现氧化膜
分两层，外层是 MoO_3，内层是 MoO_2。在
700 ~ 770℃范围内由于 MoO_2 层达到临界厚
度以后发生破裂，导致氧化速度陡然加快。
当温度超过 725℃，钼在纯氧中的氧化速度
非常快，氧化反应产生的热量来不及散掉，
温度自然升高到 MoO_3 的熔点以上，这时氧
化具有自发加速的特点，造成试样发生毁灭性的破坏[11]。

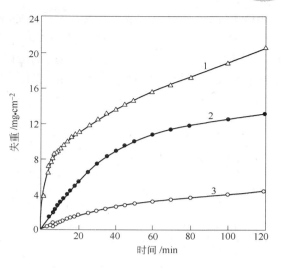

图 6-7 在 400℃抛光并除气的钼在不同
氧压下的氧化动力学曲线
1—氧压为 10.1kPa；2—氧压为 1.01kPa；3—氧压为 101Pa

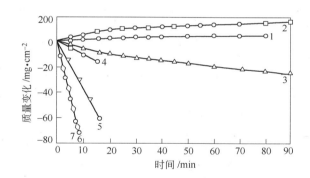

图 6-8 氧压为 10.13kPa 时，温度对钼的氧化动力学曲线的影响
（括号内数字为计算温度）
1—550℃；2—600℃；3—650℃；4—700℃；5—800(820)℃；6—900(957)℃；7—1000(1074)℃

在 500 ~ 1000℃温度范围内，氧压为 133.3Pa 和 1.33Pa 条件下，钼的氧化动力学曲线
示于图 6-9[12]。氧化开始阶段，在 500 ~ 600℃范围内由于吸附作用，试件按抛物线规律增
重，温度再稍高一点，试件增重近似符合直线规律，若再提高温度，试样的质量以直线方
式锐减。氧化膜的电子衍射研究发现，在氧化初期，钼的表面生成 MoO_2 薄膜，它达到一
定厚度以后被氧化成 MoO_3，MoO_3 的生成速度和挥发速度相等，随着温度和氧分压的升
高，氧化钼的生成速度和挥发速度都加快。

在 1380 ~ 2470℃之间，氧分压为 $0.101 \times 10^{-6} \sim 0.101MPa$ 的流动气氛条件下观察钼的
氧化动力学行为，结果绘于图 6-10[13]。在 1700℃以下，氧化过程的特点取决于化学反应，
氧化速度与温度之间有指数关系。在更高的温度下氧化速度与温度的相关性下降，特别是
在氧分压高的条件下，氧化速度几乎与温度无关。在 1900℃以上，氧分压大约在

0.101MPa 条件下氧化速度突然加快，试样的温度升高几百度，样品的周围发生烟花现象。产生这种现象的原因在于，温度超过1900℃，氧化的基本产物是气态的 MoO_2，它随即氧化成 MoO_3 蒸气。在图6-10的左下角虚线是代表加热炉内的总压力为0.1Pa时金属钼自身的蒸发速度，钼自身的蒸发不影响钼的氧化速度。

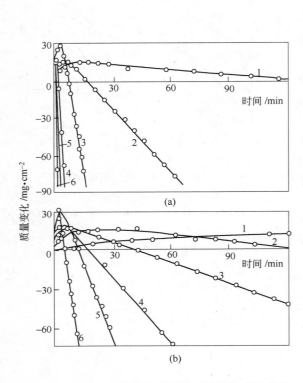

图6-9　在500～1000℃钼的氧化速度与温度的关系

（a）氧压为133.3Pa；（b）氧压为1.33Pa

1—500℃；2—600℃；3—700℃；

4—800℃；5—900℃；6—1000℃

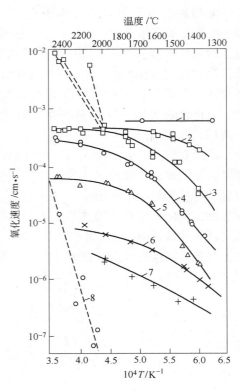

图6-10　不同氧分压下钼的氧化
速度与温度的关系

1—101；2—101×10⁻¹；3—101×10⁻²；

4—101×10⁻³；5—101×10⁻⁴；

6—101×10⁻⁵；7—101×10⁻⁶；8—101×10⁻⁸

在实际工程中把钼的氧化行为与常用的钢铁材料和不锈钢的相比，可以看出钼的氧化严重阻碍它在工程中的应用。在980℃慢速空气流条件下，钼的表面"丢失"速度大约是 0.5～1.27mm/h。而在980℃铁基合金、铬基和镍基合金的最大平均氧化速度是 $3×10^{-4}$ mm/h。在955℃慢速空气流中钼的氧化速度是58～92g/(dm²·h)，而纯铁公认为是抗氧化性能不稳定的金属材料，在同一温度下它的氧化速度是7g/(dm²·h)，也只相当于钼的氧化速率的八分之一。因此，到目前为止，在氧化环境中钼不能做结构材料，它只能在真空条件下，或者在无氧环境中，例如中性气氛或者惰性气体（Ar、He）中，钼才能做结构材料。

6.1.3　钼的防氧化保护涂层

在钼的表面加一层保护涂层，阻断钼和工作环境中的氧接触，防止钼在高温下氧化产生挥发性的三氧化钼。最早研究钼涂层是想用钼做飞机涡轮叶片代替镍基、钴基合金叶片，提高飞机涡轮的工作温度，这方面取得了很多成果，但是没有一种涂层能满足飞机发动机叶片的要求。综合钼基体在航空航天领域工作特点，对钼的保护涂层提出了如下一些基本要求。

涂层的抗氧化稳定性要高，涂层材料本身要有高度的抗氧化性，涂层结构要完善致密，没有孔洞和微裂纹，在 980 ~ 1100℃ 的工作寿命要达到叶片的寿命 50 ~ 100h；涂层的抗热震性和抗热疲劳性要稳定，这样钼和涂层材料间的热膨胀系数的一致性就显得特别重要。钼的膨胀系数大约是 5.5×10^{-6}，而 Fe 和 Ni 的线膨胀系数相应为 12×10^{-6} 和 13×10^{-6}。镍、铁的热膨胀系数比钼的大一倍有余。

钼在高温下工作时经常要和各种燃气流接触，气流中会含有多种固体微粒，如固体燃料中的三氧化二铝粒子，它们以很高的速度撞击涂层表面，要求涂层能耐受高速粒子冲击，并能吸收撞击功而不产生裂纹，即使产生微小裂纹它自身也要能自愈。

在带有涂层的钼构件工作时，总要受到一些应力作用，必然会产生一定的拉伸或者压缩变形，要求涂层能承受 1% ~ 2% 的变形而不产生应力裂纹。在受疲劳应力时要求涂层具有抗疲劳性，不产生疲劳裂纹。

涂层的涂敷温度要低，至少不应当高于钼基体的再结晶温度。若涂敷温度超过钼的再结晶温度，基体会变脆，热强度也会变坏。当然，不能单方面要求降低涂敷温度，因为有时涂敷工艺要求温度不能太低，这时就要提高钼基材的再结晶温度。选择涂层材料还要求它和钼基体在高温下不发生冶金反应，确保在长期工作过程中基体钼的性能不变坏。涂层材料和涂敷工艺的选择要适应钼零件的复杂外形，如尖棱尖角，深沟深槽等处都要能安全可靠的涂敷高质量涂层。涂层材料有三大体系，即抗氧化的金属材料，金属间化合物及无机氧化物。

6.1.3.1　二硅化钼涂层

气相沉积，二硅化钼涂层属于金属间化合物涂层系列，在 Mo-Si 系中有几种钼硅金属间化合物，它们是 Mo_3Si、$MoSi$、Mo_5Si_3 和 $MoSi_2$，其中 $MoSi_2$ 有两种同素异构体，和二硅化钼的化学当量成分相当，在 1850℃ 形成富钼的低温二硅化钼同素异构体，在 1900℃ 生成 β-$MoSi_2$，在这些 Mo-Si 化合物中二硅化钼具有良好的抗氧化性能，是钼的最佳涂层材料。二硅化钼涂层的涂敷工艺包括等离子喷涂、气相沉积，固态、液态渗硅。气相沉积是利用钼和四氯化硅之间的反应，用氢气作气相载体，在 1000 ~ 1500℃ 的高温下，硅在钼表面沉积，反应方程为：

$$Mo + 2SiCl_4 + 4H_2 \longrightarrow MoSi_2 + 8HCl$$

气相的四氯化硅和固态钼反应产生固态硅，它沉积在钼表面以后，在高温作用下硅钼间发生扩散反应，生成二硅化钼。这种反应过程在流动的四氯化硅气相条件下比较理想。涂层的厚度是沉积温度和沉积时间的函数。在 1200℃ 分别保温 30min、1h、2h 和 4h，硅化层的厚度相应可以达到 2×10^{-2} mm、3.5×10^{-2} mm、4.5×10^{-2} mm 和 6.0×10^{-2} mm。在 1500℃ 沉积 10min，沉积层的厚度可以达到 $(5.0 ~ 7.5) \times 10^{-2}$ mm。看来，在低温下沉积到一定厚度的涂层需要的时间更长一些。试验指出最佳的涂层厚度是 $(7.5 ~ 10) \times 10^{-2}$ mm，若涂层过厚，由于它和基体的热膨胀系数的差异较大，涂层有很大的潜在破裂倾向。钼的

室温热膨胀系数是 $5 \times 10^{-6}/K$，二硅化钼的膨胀系数为 $8.05 \times 10^{-6}/K$。图 6-11 是钼的热膨胀系数与二硅化钼及几个难熔金属硅化物的热膨胀系数的对比，其中二硅化钨的热膨胀系数与二硅化钼的比较接近[14]。

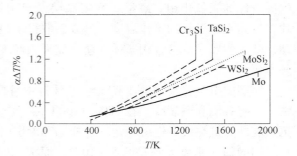

图 6-11 钼的热膨胀系数与二硅化钼及其他硅化物的对比

涂敷二硅化钼涂层还有固态渗入法，即或称为粉末包装法，就是把已经净化处理过的被包覆钼构件放在一个密闭的不锈钢容器内，钼构件四周填满硅粉和卤素元素铵盐，如 NH_4Cl、NH_4I 等。将此容器抽真空，充氩气，重复两次，做密封处理。放在高温炉内加热，温度控制在 1150~1200℃，持续时间 4h 以上。在固体渗硅过程中硅渗入钼表面，通过它们之间的扩散反应形成二硅化钼。实际上在渗硅过程中 NH_4Cl 先分解出氯，它再与硅反应生成 $SiCl_4$，卤素硅化物在渗硅过程中起中间载体的作用，通过中间载体才能实现硅在钼表面的沉积，随后发生钼硅的固态互扩散，组成二硅化钼保护层。

大气等离子喷涂工艺是用等离子喷枪把二硅化钼粉末通过等离子火焰，在高温火焰的作用下二硅化钼粉末变成半熔状态，在高速气流的带动下快速撞击到钼件的表面并黏结在表面上。等离子喷枪是这种工艺的核心设备，用铈钨或纯钨作喷枪阴极，有特殊形状的水冷铜喷口作阳极，在阴极和阳极之间通直流电并产生电弧。在电弧方向通氮气或氩气高压气体，电弧受同轴高压气流的压缩，能量集中形成高温等离子体。较粗的二硅化钼粉末在送粉器的作用下被送入等离子弧区加热熔融，并被气体加速形成粒子流，高速粒子流撞击到钼的表面，黏在钼的表面上形成保护涂层。通常等离子喷涂所用粉末的粒度较粗，一般控制在 4.5μm 以上，若粉末粒度偏细，送粉困难，经常断粉，使得喷涂作业不能连续进行。涂层的密度较低，可以达到理论密度的 85%~87%。在喷涂以后最好把工件进行 1100~1150℃扩散退火可以提高涂层和钼基材之间的结合强度。图 6-12(a) 是一个经过改

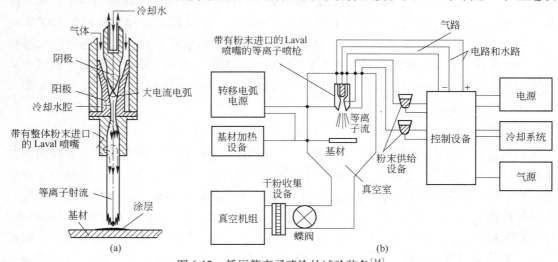

图 6-12 低压等离子喷涂的试验装备[14]

（a）带有 Laval 喷嘴的低压等离子喷枪；（b）低压等离子喷涂装备的系统示意图

型设计的带有拉瓦尔（Laval）喷嘴的等离子喷枪。一般等离子喷枪具有一台送粉器，在喷涂时把喷涂粉末一次性送入高温等离子体，在喷涂不同组分的混合粉末时就会遇到麻烦，有可能某个组分在等离子火焰的高温下已经蒸发，而另一些组元才刚刚开始熔化。而经过改型以后的等离子喷枪装有拉瓦尔喷嘴，在这种喷嘴里粉末注射孔在不同的位置，并且注射孔与等离子喷枪的喷嘴轴线形成不同的交角。根据粉末的熔化特性，分别在不同部位射入粉末，高熔点粉末在喷嘴喉部等离子源附近注入，另外一些粉末在靠近喷嘴的外端面处注入。

大气等离子喷涂形成的二硅化钼涂层的杂质含量多，开孔率高，保护性能差。发展真空低压等离子喷涂，能得到高纯度致密光滑的二硅化钼涂层。图6-12（b）是低压等离子喷涂的系统装备图。该系统包括有：等离子喷枪，真空低压喷涂工作室、水、电、气供应系统，转移电弧装置，真空机组等七大部分。设备中的转移电弧装置的作用是净化喷涂钼基材的表面，提高二硅化钼涂层和钼基材之间的结合力。喷砂是常规净化钼基材表面的方法，但它不能很好地满足工艺要求，常常会给钼表面带来杂质，在敏感的黏结区内造成许多缺陷。由于低压等离子喷涂提供了真空条件，有可能应用转移电弧火花放电来净化钼基材表面，清除喷溅物。在火花放电净化过程中，钼基材相对于喷枪是负极。在合适的条件下，电弧极斑优先在杂质上及板面上的凸出点处引起特殊类型的放电，如果转移电弧扫越过整个表面，钼基材表面就会形成细密的粗糙度均匀的洁净的活性表面。为了实现这样的放电，等离子体的电导率要高。要提高等离子体的电导率，钼基材在等离子射流中放的位置要合适，等离子的燃烧功率要调整，要向等离子氩气流中注入氢气或氦气。

用等离子喷涂生产二硅化钼涂层时，由于钼和涂层的热膨胀系数有差别，涂层的热应力很大，造成涂层开裂和分层。为了克服这个困难，生成高质量的二硅化钼喷涂涂层，可以在涂层和钼基材之间加中间过渡层，中间层材料的热膨胀系数处在钼和二硅化钼涂层中间，使得这两者的热膨胀系数互相匹配。也可以向二硅化钼中加入添加剂，降低它的热膨胀系数，缩小与钼的热膨胀系数的差别。对中间层和添加剂的性能要有严格要求，在使用温度下要有高度的抗氧化性和稳定性，能用低压等离子喷涂工艺生成致密坚固的涂层，它们与二硅化钼要有相容性，意味着硅的溶解度要低，扩散系数要小，不和钼或硅反应生成合金。

二硅化钼涂层具有良好的抗氧化性能，它和氧作用后在其表面生成一层二氧化硅薄膜，二氧化硅具有很强的抗氧化稳定性，这表明抗氧化性能取决于表面生成的玻璃态的硅化物层，这种玻璃体在生成裂纹时它有自愈作用。钼和硅反应生成三个硅化物 $MoSi_2$、Mo_3Si 和 Mo_3Si_2，在这三个硅化物中以 $MoSi_2$ 的抗氧化性能最好，因为在固态硅钼化合物中 Mo∶Si 的比值为 1∶1 到 2∶1 范围内它的抗氧化性能最佳，二硅化钼具备这个条件。二硅化钼在 1825~1830℃ 生成共晶体，涂层出现熔化现象，这个温度是 $MoSi_2$ 涂层具有保护抗氧化作用的上极限温度。研究带涂层的钼的断面时确定，整个断面由三种硅化物组成，由里向外排列的顺序是 $Mo \rightarrow Mo_3Si \rightarrow Mo_3Si_2 \rightarrow MoSi_2$，在高温长时间作用下钼连续不断地向外扩散，当硅化三钼 Mo_3Si 突破到外层时涂层保护失效，试样很快破坏。在稳定的空气中，在不加载荷的条件下，二硅化钼涂层的寿命与温度有密切关系，在 815℃、1095℃、1370℃ 和 1650℃ 的不同温度下 $MoSi_2$ 涂层的寿命相应为：6000h，2000~2500h，200~800h 和 50~300h。在加载作用下进行持久强度试验，应力大于 70MPa，温度 950℃，蠕变

速率超过 $7.5 \times 10^{-3}\%/h$ 时，涂层很快过早破坏。

　　二硅化钼的寿命与工作环境的温度和压力之间有密切关系，在常压下 $MoSi_2$ 涂层可在 1787℃使用，它的表面生成玻璃态的 SiO_2，它阻碍氧扩散又能使涂层中的裂纹自愈合。从热力学分析判断，在高温低氧压下 SiO_2 是不稳定的，热力学计算表明在 1410℃形成 SiO_2 的平衡氧分压是 613Pa，实验值是 1066Pa。当氧分压低于平衡压力时，硅产生选择性氧化，表 6-3 列出了氧压对硅化物涂层寿命的影响[15]。

表 6-3　氧压对硅化物涂层寿命的影响

气　氛	氧压/kPa	温度/℃	寿命/min	气　氛	氧压/kPa	温度/℃	寿命/min
空　气	101.3	1730	30	空　气	0.14	1649	7
空　气	13.3	1730	<1	空　气	0.14	1607	<10
纯　氧	0.666	1730	<1	空　气	0.028	1527	<10
空　气	2.8	1649	30				

　　当空气由静态变成动态时二硅化钼涂层的寿命缩短，在压力为 666Pa 的静态空气中二硅化钼的 30min 寿命的最高允许使用温度是 1510℃，在 1482℃时的寿命为 1620min。若空气流速为 304.8m/s 时，1482℃的寿命缩短到 130min。流动空气降低防护涂层寿命的原因在于在低压下发生歧化反应，即

$$2MoSi_2 + 7O_2 \longrightarrow 4SiO_2 + 2MoO_3$$

$$SiO_2 + Si \longrightarrow 2SiO$$

　　一氧化硅是气态物质，它随时会被流动空气吹走，一氧化硅消耗，化学反应向右前进，造成二氧化硅不断减少。二硅化钼防氧化保护基础是二氧化硅，二氧化硅的不断减少必然导致二硅化钼保护寿命的缩短。

　　为了改进纯 $MoSi_2$ 的保护性能，制造合金 $MoSi_2$。主要合金元素有 B、Cr、Al 和 Nb 等，其中像 W-2 和 W-3 涂层就是属于 $MoSi_2$-Cr 和 $MoSi_2$-Cr、B 系统，W-2 涂层是用粉末包装渗入法生产，粉末成分为 $11Si + 6Cr + 83Al_2O_3 + 0.24NH_4I$[16]，在 1120℃进行扩散退火，可以得到厚度为 25~75μm 的渗层。它在 3 马赫的气流速度下，2120℃的寿命约为 45s。W-3 的保护寿命比 W-2 高 6~8 倍，W-3 保护的 Mo-0.5Ti 合金系统的常压与低压的平均寿命列于表 6-4[17]。$MoSi_2$ 加入合金元素以后能改善提高它的保护防氧化寿命的原因在于，纯的 $MoSi_2$ 保护层涂敷于钼的表面上，它和钼基材之间的结合是一薄层的低硅化物，在合金化以后，合金二硅化钼层与基材之间的结合面是一层复杂的中间相区，在长期高温作用下可以缓解互扩散的副作用。另外由于加入了合金元素，硅化物保护层内有大量的弥散质点，当保护层内产生微裂纹，这些弥散质点可以阻止裂纹扩展，提高保护层的寿命。

表 6-4　W-3/Mo-0.5Ti 的平均寿命

压力 = 101.3kPa			压力 = 133.3Pa		
保护层厚/μm	试验温度/℃	平均寿命/h	保护层厚/μm	试验温度/℃	平均寿命/min
87	1370	812	30	1540	100
85	1490	268	30	1570	30
30	1650	~4	30	1650	15

合金化的 W-2 涂层与 MoSi$_2$ 涂层的抗氧化保护寿命和涂层厚度之间的关系绘于图 6-13。

向二硅化钼中添加 Al$_2$O$_3$ 和 SiO$_2$ 复相混合物，这种复相混合物既可做二硅化钼的添加剂，也可做钼基材和涂层之间隔离层。用低压等离子喷涂工艺把复相化合物和二硅化钼结合成抗氧化保护涂层，涂层与基材钼的热膨胀系数相当，其中的二硅化钼能起自愈作用。用这种多相涂层成功的保护了直径 10mm 钼棒的防氧化。涂层试样历经了 1200℃多次重复突然加热，在 1000℃空气中退火几小时，还在 1200℃以上真空处理以后都没有开裂。表 6-5 给出这种涂层的工艺参数。

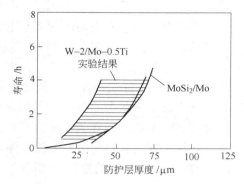

图 6-13　W-2 和 MoSi$_2$ 涂层的寿命与厚度的关系

表 6-5　喷涂基材表面的电火花侵蚀及涂层参数[14]

名　称	喷溅物的电侵蚀净化	涂 层 方 法
燃烧功率	30kW	40kW
气瓶压力	15mbar	20mbar
等离子气体	Ar + H$_2$	Ar + H$_2$
粉末粒度		<20μm
喷涂距离		250mm
钼基材温度		≥1000℃
粉末射流		靠近喷嘴喉部

　　未合金化的二硅化钼有"粉化效应"，即裴斯廷（Pesting）现象，把 MoSi$_2$ 加热到一临界温度，它被氧化生成 SiO$_2$，只有当二氧化硅薄膜没有开孔缺陷，均匀覆盖整个钼的表面才能有效地保护钼不被氧化。氧在 MoSi$_2$ 氧化时沿晶界的扩散速度较快，产生选择性的晶界氧化，当氧化物覆盖整个晶界，把晶粒包围起来，此时晶粒会发生崩落，就形成了"粉化效应"。粉化产物中 MoO$_3$ 与 SiO$_2$ 的比为 1∶3，粉化温度区为 400~650℃。在研究没有晶界的 MoSi$_2$ 单晶时发现，在任何温度下单晶都不会发生粉化现象。另外，MoSi$_2$ 在惰性气体中加热到粉化临界温度也不会变成粉末。这些现象也佐证了"粉化效应"与氧的晶界择优扩散有关。在发生"粉化效应"的临界温度范围内伴随有晶界硬化现象，$\Delta H/H$ 的值代表晶界硬化的水平，MoSi$_2$ 的 $\Delta H/H$ 大约为 35%。[O]和[N]沿晶扩散速度比通过晶内扩散速度快，晶界硬化与[O]、[N]的这种扩散速度差有关。氧和氮间隙元素在晶界浓缩造成晶界硬化。另外，晶界的高浓度氧和氮引起很大的内应力，化合物中原生的微裂纹等缺陷产生应力集中，又促进二硅化钼破裂与崩落粉化，当温度超过临界温度时，则产生的应力可以消除，相当于消除应力退火，同时晶内扩散速度加快，[O]、[N]沿晶和穿晶扩散速度差变小，晶界硬化现象不明显。低于临界温度，气体原子沿晶界扩散较难，简言之，MoSi$_2$ 在临界温度范围附近发生粉化现象，根源是[O]和[N]沿晶扩散形成的硬化脆性区造成的，粉化剂是氧和氮。

　　改变生产工艺，提高二硅化钼涂层的质量，减少涂层中的孔洞与裂纹，防止晶界污染可以减少和消除"粉化效应"。例如，用高纯硅（99.99%）和纯度超过 99.95% 的高纯基材，通过高真空固态渗入法制取 $MoSi_2$ 涂层，这种涂层在临界温度范围内没有粉化现象。再如，用熔盐电镀法制造 $MoSi_2$ 涂层，该涂层的纯度很高，可以消除涂层的粉化现象。这样看来二硅化钼涂层的"粉化效应"与制造方法也有一定的关系。

为了提高 $MoSi_2$ 涂层的保护防氧化性能，可以采用复合涂层或梯度复合结构涂层，图 6-14 是一种 $MoSi_2$-SnAl 复合涂层以及氧化试验以后涂层变化情况的示意图。保护层的总厚度可以达到 80~150μm，在氧化试验之后表面氧化产物是连续的 Al_2O_3 层，是一层致密的氧化物保护层，能阻止氧向内继续深入渗透。另外，由于存在有 Sn-Al 合金相，可以防止在 400~800℃ 之间发生的涂层"粉化"现象，并且具有良好的微裂纹缺陷的"自愈"功能。

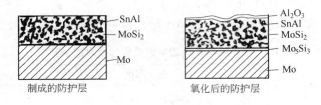

图 6-14　钼的复合防氧化保护涂层[18]

图 6-15 是一种多层涂层或梯度分布涂层的原理图，用装有拉瓦尔喷口的低压等离子喷枪可以喷涂成这类多层涂层。

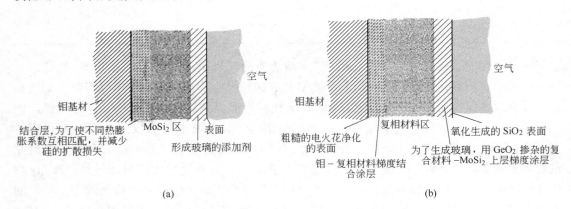

图 6-15　钼的多层防氧化保护涂层原理图

（a）二硅化钼复合涂层；（b）二硅化钼复相材料梯度复合涂层

设计的多层复合防氧化涂层结构中，各层的功能不同。有的涂层是中间层，做扩散阻挡层，阻碍钼基材和涂层之间的互扩散，有的是复相材料层，降低涂层材料的扩散系数，使之更接近钼的扩散系数。但是还要进行大量的研究开发工作。

6.1.3.2　金属保护涂层

金属保护涂层就是在钼的表面涂敷一层抗氧化的金属材料，这些金属材料通常有各种不锈钢材（310、316 和 446）：镍铬合金（20~80），镍，铬，英可镍，哈斯特洛依，铝，硅，铁和铁基合金，钴和钴基合金。另外还有一些稀贵金属（铂、铑、铱）。当然，由于后者的价格昂贵限制了它在实际工程中的应用。涂金属涂层的常用方法有：包覆轧制，电镀，液态金属浸渍以及热喷涂等。

包覆轧制工艺是把被保护的钼放在保护涂层材料中间，沿边焊合，然后在平辊轧机上轧制，使得钼基材和保护材料之间在轧制压力作用下形成冶金结合。轧制温度可选择 1090℃ 或者 980～1000℃，轧制温度的选择要考虑到基材钼和保护材料的轧制性能，一般来说，如果钼材未经过开坯轧制，则包覆轧制的温度要选择钼的开坯轧制温度 1200～1250℃，在这种较高的温度下轧制，包覆材料的轧制抗力比钼可能要低很多，这样包涂层变形比基材钼要大，在极端情况下会导致包层脱壳或者头尾空壳过长。如果被包覆的钼经过加工变形，具有一定的冷加工变形量，则轧制温度应当选择低于钼再结晶温度。未合金化的钼的再结晶温度与变形量有关，大约处于 900～1050℃，各种奥氏体不锈钢及其他一些保护防氧化金属材料也可以用这个温度区间内轧制。

在包覆轧制过程中钼和包覆涂层材料与空气中的氧作用，或者原始表面有污染层，使耦合接触面产生冶金结合有一定的困难。为了增强钼和表面保护防氧化材料之间的结合强度，轧制组件要进行表面净化，钼可以浸泡在高温苛性碱和氧化剂（硝酸钾）混合熔体内，随后再用水冲洗。组合件要在真空或在惰性气体保护条件下进行组装焊接。也可以在钼板表面预先镀镍。采取这些措施可以保证涂层材料和钼之间有良好的冶金结合。

在实验室条件下用真空轧机进行包覆轧制也是一种很好的工艺方法，这时加热和轧制都是在真空条件下进行，消除了空气中的氧对轧件的氧化，改善耦合面的冶金结合质量。由于真空轧机的造价昂贵，实际应用的可能性微乎其微。目前热等静压（HIP）技术的发展为包覆轧制提供了另外一种新方法，把钼置于保护材料做的保护套中，抽真空以后进行真空焊接密封，用热等静压机压制，使钼和保护材料之间形成机械结合，随后用热轧工艺生产出钼-保护材料复合板材。选择包覆涂层材料除要考虑抗氧化稳定性以外，还要考虑复合板材的强度。通常包覆钼板的抗拉强度随包层增厚而下降，伸长率不变，抗弯强度经轧制以后趋于更稳定。

轧制包覆钼的抗氧化寿命取决于包覆涂层材料的抗氧化稳定性和涂层的厚度。镍包钼的寿命：在 1205℃ 不超过 250h，在 1095℃ 超过 500h，而 950℃ 大于 1800h。在 1000～980℃ 范围内用镍做包覆材料是可行的。厚度为 0.35mm 的钼板，每边包 0.0075mm 的包覆层材料，用半径 0.4mm 的弯曲滚弯曲 105°不发生破坏。用厚度为 0.045mm 的英可镍合金和 80Ni-20Cr（20～80）合金包覆钼。在 1095℃ 的空气中抗氧化稳定性可以保证 100h，它们于同样温度下在空气中做热循环加热冷却，60min 循环一次，历经 40 个循环后，仍能保持稳定的抗氧化性能。在和空气及 MoO_3 接触时，镍基合金、英可镍、A-镍的稳定性最高，高纯铬大约也有同样的稳定性水平。而钴和钴基合金、铁和铁基合金加速氧化，对保护不利。这种不利作用的原因可能在于氧化钼分解并析出原子态氧，或者在和其他氧化物接触时，三氧化钼起溶剂作用。当保护层发生局部缺陷引起局部氧化时，在静态空气中和恒温情况下未合金化的镍和含镍超过 92% 的镍基合金具有最佳自愈保护性能。当富镍合金涂层发生局部缺陷时，它的自愈保护作用的根源在于可能生成钼酸镍的高温同素异构体，它具有保护能力。当冷却到室温时它变脆并起皮分层而失去保护功能。但是，只要它保留在钼的表面，它能恢复保护作用。尽管英可镍的抗氧化稳定性比镍高，但可能发生晶间氧化，引起包覆材料过早破坏。

电镀金属涂层也可称为电包覆涂层，在钢铁的表面电镀一层抗氧化的金属层（镍铬），防止钢铁氧化是一个古老的工艺。把这种工艺应用到金属钼的表面保护也应当是可行的。

在钼的表面电镀抗氧化的金属材料，包括有镍、铬、铝、硅、钴、铜、硼、金、钯、铂、银或者复合应用这些金属材料。其中镍、铬、硅、铝电镀层的效果较佳。要想取得比较满意的钼的电镀抗氧化保护涂层，首先要确保基材钼的表面不能有微裂纹、孔洞和层裂。在电镀以前要仔细认真的净化被镀基材的表面，表面不能有任何污染和异物，通常净化方法有用硝酸、氢氟酸、熔融的苛性碱（含氧化剂）化学腐蚀，另外在 85℃ 亚铁氰化钾（300g/L）和氢氧化钾（100g/L）水溶液中腐蚀，腐蚀液要不断搅拌，腐蚀时间 30 ~ 60s。用稀亚铁氰化钾溶液及氢氧化钾（100g/L）溶液也能得到良好的腐蚀效果。除化学腐蚀以外，用 50% ~70% 硫酸溶液做阳极腐蚀，也能很好的除去热轧钼板的表面污染物和氧化膜。用不同体积分数配比的盐酸和硝酸做电解质，也可以进行钼的阳极腐蚀，腐蚀温度为室温，阳极电流密度 $6A/cm^2$，腐蚀时间长达 10min。

电镀硅、铝保护层用熔盐电镀工艺，而电镀镍、铬等用化学电镀，熔盐电镀的熔盐组分（质量分数）有：（1）75% 的冰晶石和 25% 的氟化钠共晶混合物，冰晶石含有 7% 的氧化铝，建议用被氧化铝饱和的冰晶石。（2）33% 的硅酸钠（75.3% SiO_2 + 22.7% Na_2O）和 67% 的氟化钠，这种熔盐的黏度低，透热性好。（3）33% 的熔融态偏硼酸和 67% 的氟化钠。用熔盐电镀工艺在钼的表面镀一层铝、硅和硼的涂层。铝镀层光滑而有灰亮的色彩，有良好的塑性和很高的热稳定性，硅镀层的抗氧化稳定性好，提高温度，塑性提高，热稳定性和铝镀层一样好，抗氧化稳定性比铝镀层强。硼镀层表面粗糙发黑，热稳定性良好，抗氧化稳定性不高。

在钼表面电镀镍和铬镀层效果较好，镍和铬是钼的防氧化保护涂层常选用的电镀材料。可以单独镀镍、铬，也可以用铬做底层，在铬底层上再镀镍。把表面经过净化处理的钼做电镀的基材，镀铬的规范之一是：

铬酸：500g/L；电流密度：$120A/dm^2$；硫酸：5g/L；温度：77℃。

铬的沉积速度可以达到 0.0127mm/h，镀层和基材钼之间的黏合强度非常高，并具有良好的弯曲性能。铬镀层在水中脱脂并漂洗以后，放入 50% 的盐酸溶液中浸泡，最好在激烈的析出氢气以后，再开始镀镍。

研究表明，单独镀一层铬，其保护抗氧化性能非常不稳定，数据矛盾很多。厚度为 0.076 ~0.1mm 的铬镀层在 980℃ 保持超过 500h，而在 1090℃ 附加 200h。镀铬涂层的不稳定性与它本身有细网状显微裂纹有关，这种裂纹在电镀时很容易产生。镀镍与镀铬不同，镍抗三氧化钼的氧化作用能力很强，在镀层开裂时镍有自愈能力，可以自动填补缝隙和凹坑。厚度 0.076mm 的镍镀膜，在密度和结合都良好条件下，900℃ 保护防氧化寿命保证能达到 500h，在 980℃ 和 1098℃ 的寿命很快缩短。实践证明，在铬底层上镀镍可改善镀层的质量，在铬层不太厚的情况下，镍镀层能阻止铬镀层内产生裂纹，镍比铬能更好地封住钼表面的缺陷和层裂。铬与钼的结合强度高，而镍层与钼直接结合，镀层容易起泡，用两层复合涂层，各自性能优劣可以互补。铬底层的厚度不应小于 0.025mm，底层太薄使抗氧化性变差，0.24mm 厚的底层本质上提高了钼基材抗氧化性。在 0.25mm 厚的铬底层上，用氯化镍电解槽电镀不同厚度的镍层，它们的抗氧化稳定性与层厚的关系示于图 6-16，显然，在一定温度下保护涂层的寿命随层厚的增加而延长，而在一定层厚的情况下随着温度的升高而缩短。为了满意的保护钼基材，镍镀层的厚度不应小于 0.05mm。在 925℃ 时，0.24mm 厚的镍镀层保护寿命可达几千小时。用氯化镍加硫酸镍复合溶液电解槽生产的镍镀层的保护寿命比用单一氯化镍电解槽电镀出的镍保护层的长，重复性好。在 0.025mm 厚的铬层上用复合电镀液电镀出的 0.188mm 厚的镍层，在 1090℃ 温度下最长抗氧化稳定性是 760h，最短是 200h。用氯化镍电解槽获得的镍镀层，其稳定性极限在 70 ~ 360h 之间变化。用氯化镍和硫酸镍复合电镀液电镀出的镍镀层试样的 980℃ 最短寿命是 740h，大部分可达 1200h。用单一氯化镍电解槽获得的镍镀层的最短破坏时间是 160h。

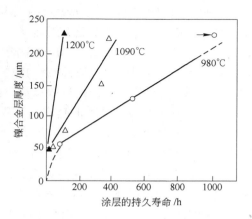

图 6-16　在不同温度下电镀镍层的
抗氧化寿命与层厚的关系
（铬底层厚 0.025mm）

　　在考查镀层的抗氧化稳定性时，镀层经常在电极接点和接线端头处破坏。为克服镀层的这种非正常破坏，在镀件某一处铣切一小沟槽，镀件与电源的导电镍丝的直径不大于沟的尺寸，把镍丝预埋在沟内，然后把各元件焊在一起，多余的料清理掉，把焊接区的表面磨得和钼试样的表面一样平整。这样镀层就不会在导线的接点处发生非正常破坏。

　　镍铬镀层的塑性，抗冲刷性，热稳定性，抗冲击性能都很可靠。一些镀层试样在 980℃ 承受喷钢丸处理以后（钢丸直径约 4.4mm，喷射速度近 100m/s，转化成撞击功约 1.81J），再在 980℃ 做氧化试验，历经 500h 没有破坏。涂层耐粒子冲刷性能比用其他工艺得到的涂层都好。在做热震动试验时大约历经 25 个循环以后发现起泡，但是，在起泡的情况下历经 150 个循环以后钼才开始氧化。除镀层的性能优越以外，因电镀温度很低，特别是化学电镀的电镀槽的温度更低，它们都在钼的再结晶温度以下，可以保证电镀工艺不会引起钼基材的性能恶化。

　　用金属热喷涂工艺涂敷表面抗氧化金属涂层不受钼制件的形状和尺寸的限制。图 6-17 是喷涂工艺的形象化的示意图。有关喷涂工艺的概况在二硅化钼涂层部分有过介绍，在做金属喷涂时，原料可以是金属粉末，也可以是丝材。热源可用氧乙炔或者电弧等离子体。靶材钼的表面通常要做喷砂处理，不过这时硬的砂粒会嵌入钼的表面，这些砂粒以后将会成为局部涂层的破坏源。最有效的表面准备方法是喷砂以后即刻进行热浓盐酸腐蚀。有两

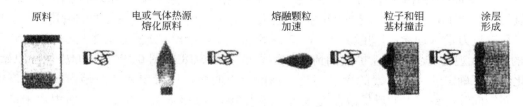

原料　　　电或气体热源　　　熔融颗粒　　　粒子和钼　　　涂层
　　　　　熔化原料　　　　　加速　　　　基材撞击　　　形成

图 6-17　喷涂工艺的形象化示意图

类合金喷涂涂层可以保证在 980℃ 保护钼防氧化达 500h，有关成分列于表 6-6，向硅合金中添加铝，改善涂层的保护防氧化能力，使用温度可提高到 1315℃。镍硼合金的熔点低于 1090℃，可用于较低的温度。Al-Cr-Si 合金涂层在 1650℃ 可以稳妥可靠的保护钼防止氧化，保护寿命至少 4h，仍具有满意的保护能力。用速度为 100m/s 的钢丸喷射撞击 Ni-B-Si 和 Ni-B-Si-Cr 合金涂层，撞击试验以后，做 980℃ 氧化试验，涂层没有任何破坏。在同样条件下 Al-Cr-Si 喷涂涂层严重起皮而散失保护能力。最好的金属喷涂涂层是所谓三层涂层，最外层和最里层是 88Al-12Si 合金，中间层是 33Al-67(Cr-Mo-Si) 合金混合物，或者是 33Al-67(Cr-Si) 合金混合物，用热喷涂法把它们沉积在钼板上，随后在氢气中于 930～1095℃ 进行扩散退火，以便改善钼板和涂层之间的键合强度。0.04～0.23mm 厚的涂层在承受几次水淬火以后还能保持有满意的保护防氧化性能。在 930℃ 能经受住少量的塑性变形，三层涂层在 1365℃ 保护钼的时间可达 100h，由于涂层材料和钼的热膨胀系数不同，热震动引起涂层在 930℃ 发生开裂破坏。

表 6-6　在钼表面喷涂金属涂层的合金成分[20]

喷涂合金系	合金成分(质量分数)/%							
	Si	Cr	Al	Ni	Mo	B	Fe	其他元素
Ni-Si	40.55	55.96	0.44				1.40	
Cr-Mo-Si	32.97	31.30			31.29		0.71	
Mo-Ni-Si	32.17		1.53	30.57	37.0		0.22	
Ni-Si	30			60			7	3Ca
Fe-Si	50.78						49.22	
Ni-Cr-B	4.01	12.07		79.16		2.36	4.13	0.46C
Ni-Cr-B	4.33	15.29		72.19		2.77	4.41	1.02C
Ni-Si-B	3.5			93.25		2.25		1.00C

在钼的表面涂敷金属涂层，不管用什么涂敷工艺，在高温使用时有几个共同的难题。涂层材料，如镍、铬、硅、铝的线热膨胀系数和钼的有相当大的区别，钼大约是 $5.0 \times 10^{-6}/℃$，而镍和铬的热膨胀系数分别为 $13.3 \times 10^{-6}/℃$ 和 $6.2 \times 10^{-6}/℃$，而硅和铝分别为 $6.95 \times 10^{-6}/℃$ 和 $23.8 \times 10^{-6}/℃$，这几个元素的热膨胀系数相比，其中铬的热膨胀系数相对来说与钼的匹配较好。由于热膨胀系数的差别使得金属涂层抗急冷急热性不好，容易造成涂层起皮鼓泡，严重时则会造成板材弯曲。

在高温长期工作条件下基体钼和各种涂层金属之间会产生冶金互扩散反应，生成一些金属间化合物，如 CrNi、NiMo 和 CrMo 等。为研究涂层和基体钼之间的互扩散，曾用一根直径为 12.5mm 的钼棒先涂一层 25～50μm 厚的铬底层，再涂一层厚 250～300μm 的镍层。在氢气中经历 1100℃，100h 和 600h 扩散退火，退过火的带镍铬涂层的钼棒用车床车外圆，每次进刀量（即涂层厚度减少）为 25～50μm，逐层化学分析涂层车屑中 Mo、Ni 和 Cr 的含量，观测三个元素互扩散的情况，结果绘于图 6-18 和图 6-19[21]。方法虽然原始，但化学分析确定的三个元素的含量还是可信的。由曲线可以看出，铬向钼内扩散深度不大，而钼向镍、铬层里的反扩散深度很远，退火 100h 镍和铬完全互扩散，而镍尚未进入钼基体，X 射线分析发现表层有金属间化合物 NiMo，600h 以后在镍铬层和钼之间有

CrMo。扩散层的金相研究发现，扩散层下面的钼基体有一层再结晶结构，特别是 Mo-0.5Ti 合金的涂层下再结晶行为更为明显。这种现象可能的原因在于钼原始表面附近的一些阻碍再结晶的元素向涂层内扩散，特别是 C，这些元素的丢失降低了再结晶温度，促进了再结晶层的形成。由图 6-18 和图 6-19 还能看出涂层中铬的含量总水平在 10%，钼向外面扩散量相当明显，100h 与 600h 退火相比，表层铬的变化量最大。长期高温退火后，涂层不再是以钼、铬和镍元素单独存在，而是生成三元超合金 Ni-Cr-Mo，镍铬基超合金的抗氧化稳定性研究确定，合金铬含量（原子分数）在 8% 时合金氧化速度最快，抗氧化性能最差，生成的镍和铬的氧化物含有裂纹，外层的氧化镍在冷到室温时起皮破裂。

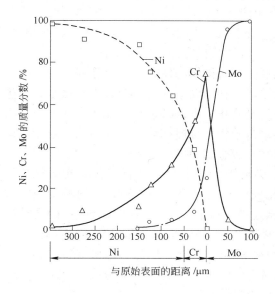

图 6-18　1100℃扩散退火 100h 以后
试样扩散层成分的变化

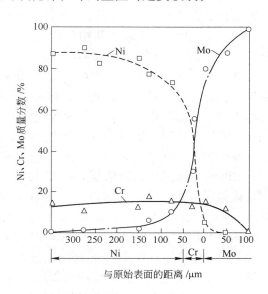

图 6-19　1100℃扩散退火 600h(500h + 100h)
以后涂层成分的变化

在长期高温保温以后，镍层的晶粒长大，空气通过晶界向内渗透性加强，另外，在 Ni-Cr 合金中的富铬层里产生内破裂，这种内破裂在随后温度变化时产生热应力而导致涂层破坏。通常在 1100℃做钼试样的涂层抗氧化试验，铬底层 0.025mm 厚，镍层 0.168mm 厚，起初 1h 时钼板完全再结晶，镍层晶粒长大，开始沿镍晶界氧化。150h 以后，氧沿镍晶界向里渗透，氧化范围很深，到 300h 氧化自表层向下层转移，氧沿晶界向里渗透，或者沿裂纹进入表层以下区域。氧通过涂层内裂纹及沿晶界向里渗透，在表层以下发生氧化行为，氧化产物是造成涂层破坏的主要原因。

6.1.3.3　陶瓷涂层

这类涂层是指成分稳定的各种耐火氧化物，其中包括氧化铝、氧化锆、氧化钛、氧化镁、氧化硅等常用的耐火涂层材料。陶瓷涂层通用的涂敷方法包括火焰喷涂、等离子喷涂和粉浆刷涂加高温烧结，最常用的涂层是玻璃相（如 GeO）和耐火氧化物组合，这种组合可以把涂层和钼基材之间的热膨胀系数差降低到很小程度。

陶瓷涂层分成四大类：第一类是低热膨胀的玻璃层加耐火薄涂层，在 1925℃ 的燃气下它具有良好的保护能力，但寿命不超过 1h，破坏的原始根源是从基材钼中析出气体造成涂层出现鼓泡。第二类是铬的玻璃态涂层，它的涂敷方法是粉浆刷涂加 1425℃惰性气体保护烧结。在 980℃大气中它的保护能力几乎达到 4300h，但在加载条件下抗氧化稳定性变坏，68.8MPa 和 103MPa 载荷使保护能力相应缩短到 1060h 和 12h，在 1540℃保护寿命几乎只有 7.5h。这类涂层的优良保护性能及和钼之间的结合性在于铬向钼中扩散组成铬钼扩散层，虽然在应力和蠕变条件下它抗裂纹稳定性不好，但由于玻璃相能自动填满裂纹而使裂纹自愈，不会引起涂层过早破坏。第三类涂层是二氧化锆和锆英石涂层，用锆酸钙等黏结剂，该类涂层致密化的温度是 1510～1980℃。第四类是 Ni-Cr-B 合金，它虽然不是陶瓷材料，但它的涂敷工艺和陶瓷涂层一样，把合金粉末、黏结剂和水混合成泥浆，用浸渍和喷涂工艺把浆料敷到净化过的钼表面上，随后在 1090℃烧结，玻璃相作为熔剂，促进质点"焊合"到钼上，多余的玻璃相冷却以后除去。在应力作用下这种保护层有一定的塑性，980℃的防氧化保护寿命能达到几小时，但冲击韧性和热稳定性不令人满意。

现在陶瓷涂层有一个新作用，做中间阻挡层。在讨论钼的保护防氧化涂层时曾涉及贵金属铂、铱等，但是这些贵金属不能和钼直接接触，在高温下这两种金属直接接触，会生成粉末状的金属间化合物，即发生贵金属中毒。要防止中毒，必须在铂和钼中间加一个阻挡层，常用阻挡层是氧化锆或氧化铝。在玻璃炉窑中钼合金搅拌浆的表面包涂一层铂铑合金，在包铂铑之前先喷涂一层陶瓷，这样可以防止贵金属中毒。

SIBOR 金属间化合物涂层，已知 $MoSi_2$ 涂层是钼表面常用的金属间化合物防氧化涂层，该涂层有两个致命的缺点，即裴斯廷粉化效应和蠕变速率快。Mo_5Si_3 的蠕变强度比 $MoSi_2$ 高，但抗氧化性能不如 $MoSi_2$。为了克服这两个弊病，普兰西（Plansse）公司推出了 Mo-Si-B 抗氧化保护涂层。向 $MoSi_2$ 中添加少量的 B，可以促进生成 SiO_2 表面薄膜，提高抗氧化 SiO_2 层的稳定性，延缓氧化过程。包涂 SIBOR 涂层有预合金化粉末喷涂和反应扩散涂层两种工艺。预合金化粉末喷涂就是预先把 Mo-Si-B 按合适的成分配比做成 Mo-Si-B 合金粉末，把粉末直接喷涂在钼基材的表面形成涂层。

反应扩散，在钼基材表面先喷涂一层 Si-B 混合粉末（例如 88Si-10B-2C），在 1450℃氢气中退火 45min，由于扩散反应在钼基材表面形成单相物质的多层涂层，从钼基材自里向外分布 Mo、Mo_2B、MoB、$MoSi_2$ 表面是 $MoSi_2$，看来 SIBOR 涂层保护作用的基础仍然是依靠表面的 $MoSi_2$ 氧化生成 SiO_2 表面保护膜。

1450℃/45min 氢气退火以后，进行氧化，抗氧化试验，带有多层复合涂层的钼件放在 1450℃和 1650℃的空气炉中退火，炉门关闭，历时 10，100 和 500h，加热速度 10K/min。1450℃/10h 后，表面生成连续的结晶 SiO_2 保护膜，在牺牲 $MoSi_2$ 的条件下，内层的 Mo_5Si_3 薄膜显著增厚。1450℃/100h 退火，表面的 SiO_2 层按照抛物线规律增厚，仍然在牺牲 $MoSi_2$ 的条件下，Mo_5Si_3 层进一步增厚。在 Mo_5Si_3 和 Mo_2B 附近首次定出有三元相 Mo_5SiB_2（T2）。1450℃/500h 退火，$MoSi_2$ 相已完全消失，Mo_5Si_3 变成主导相，这时表面的 SiO_2 层的边界是 Mo_5Si_3 而不是 $MoSi_2$。而且，嵌在 Mo_5Si_3 层内的带状 T2 相已经变成主要含 B 相，它和所有富钼相共存。最终，在 Mo_5Si_3 层的两侧形成了 Mo_3Si，主要在 Mo/Mo_5Si_3 之间的交界面上，SiO_2/Mo_5Si_3 之间的交界面形成少量 Mo_3Si。

在更高的 1650℃氧化处理过程中，相变过程与 1450℃一样，但是，相变速度更快。1650℃/10h 的作用相当于 1450℃/100h 的作用。SIBOR 涂层在 1650℃的寿命比 1450℃的短。

　　看来曝露在空气中的带 SIBOR 涂层的钼试样，表面生成具有自愈能力的 SiO_2 抗氧化保护层，在氧化的同时表层下面的硅化物/硼化物层内发生了相变，氧的存在基本上不影响相变过程。与 SiO_2 紧靠着的钼硅酸盐的成分控制着 SiO_2 层的自愈能力和稳定性。而在有 $MoSi_2$ 存在的情况下 SiO_2 层是稳定的，SiO_2 层的增厚遵循抛物线规律，它提供了特别好的抗氧化保护性能，$MoSi_2$ 转变成 Mo_5Si_3，随后转变成 Mo_3Si，激烈地降低了 SiO_2 层的稳定性。最终形成热力学更稳定的三个平衡相，Mo_5SiB_2、Mo 和 Mo_3Si。因此，SIBOR 的阻挡氧化作用取决于 SiO_2 保护层下面存在有连续的 $MoSi_2$ 层，这种阻挡作用与起始的硅化物/硼化物层体系内的相变动力学有极大的关系。由 $MoSi_2$ 和 Mo_5Si_3 氧化生成表面 SiO_2 是按照反应式：

$$MoSi_2 + \frac{7}{2}O_2 \longrightarrow MoO_3 + 2SiO_2 \qquad Mo_5Si_3 + \frac{21}{2}O_2 \longrightarrow 5MoO_3 + 3SiO_2$$

　　$MoSi_2$、Mo_5Si_3 氧化生成的 MoO_3 在 600℃ 以上很容易挥发，SiO_2 层的厚度增长符合抛物线规律，即

$$\left(\frac{\Delta m}{A}\right)^2 = k_m t$$

式中，A 为试样表面积；Δm 是由于生成 SiO_2 引起的增重；k_m 为与重量相关的抛物线常数，用最小二乘法求得为 $4 \times 10^{-10} kg^2/(m^4 \cdot s)$；$t$ 为时间。表面形成致密的 SiO_2 层，氧扩散穿过 SiO_2 层控制了进一步氧化，在 Mo_5Si_3 完全替代 $MoSi_2$ 以前，这种过程一直继续不停。

　　比较 $MoSi_2$ 和 Mo_5Si_3 氧化方程式发现，Mo_5Si_3 和氧作用生成 3mol SiO_2，产生 5mol 的 MoO_3，而 $MoSi_2$ 氧化生成 2mol SiO_2，产生 1mol 的 MoO_3，Mo_5Si_3 氧化生成 1mol SiO_2 产生的 MoO_3 大约是 $MoSi_2$ 氧化时的三倍多。附加的高蒸汽压的 MoO_3 去除了 SiO_2 层的稳定性，并使 SiO_2 层损伤，导致抗氧化保护失效。在 1450℃ 空气中加热，直到 250h 以前都增重，250h 增重约 $1.75mg/cm^2$，而达到 500h 以后 Mo_5Si_3 层已经完全取代了 $MoSi_2$ 层，重量不增加，反而失重损失达到 $-68mg/cm^2$。

　　Mo-Si-B 涂层的 1000℃ 和 1200℃ 的热膨胀系数相应为 9.8×10^{-6}/℃ 和 8.9×10^{-6}/℃，而钼的 1000℃ 和 1500℃ 的热膨胀系数分别相应为 5.8×10^{-6}/℃ 和 6.5×10^{-6}/℃。这两者的匹配度还是适中的。根据普兰西的报告，在 1250℃、1450℃ 和 1600℃ 的情况下，涂层寿命可以相应分别达到 5000h，500h 和 50h，温度愈高，涂层寿命愈短，这是符合规律的。实事求是地说，玻璃熔炉电加热钼电极根本不需要加涂层，保护窑坎和流液洞需长寿的加涂层的钼板，不过这么长的时间寿命，在工程上尚未见到实例。

6.2　钼和其他非氧气体的作用

6.2.1　氢和氮

　　氢和钼之间不会发生化学反应，它是钼的最佳保护气氛，钼的热加工操作都是在氢气保护条件下进行。氢是还原性气体，在加工过程中不但可以保护钼不受氧化，而且还有可能和钼中的氧发生反应起脱氧作用，降低钼中的氧，提高钼的加工性能。与氢脱氧作用同时存在的还有氢的脱碳作用，大多数钼合金都有碳，脱碳反应对钼的性质有不利影响。

　　在一个大气压下，温度由 400℃ 升高到 1700℃ 时，氢在钼里的溶解度（质量分数）由

$2 \times 10^{-5}\%$ 升高到 $2 \times 10^{-4}\%$，钼合金中的合金元素对氢的溶解度没有影响。但是，钼铼合金中的铼与氢的亲和力较强，含铼大约 7% 时溶解热开始升高，含铼大约 40% 时达到极大值，然后增加铼到 50% 以后溶解热重新降到零。

钼表面吸附的氢在真空中加热到 1000℃ 时很快解吸，所吸附的氢也不会使钼产生氢脆性。表 6-7 是氢在钼中的扩散特征常数。

表 6-7　氢在钼中的扩散特征常数

温度/℃	扩散系数 $D/cm^2 \cdot s^{-1}$	常数 $D_0/cm^2 \cdot s^{-1}$	扩散激活能 $Q/kJ \cdot mol^{-1}$
100	10^{-9}	—	—
250～350	$8.7 \times 10^{-8} \sim 1.23 \times 10^{-9}$	7.6×10^{-5}	35.55
575～980	—	0.059	61.55
1710	2.8×10^{-7}	—	—
1600～2300	—	0.158	92.95

氮在 400～750℃ 之间，氮和钼粉作用产生三种氮化物 Mo_3N、Mo_2N 和 MoN。Mo_3N 是面心四角晶格，晶格常数 $a = 4.18$Å（1Å = 0.1nm），$c = 4.02$Å，温度超过 600℃ 它能稳定存在。MoN 是立方结构，晶格常数 $a = 4.169$Å，也许可能还存在 Mo_5N_4 相。致密的钼在 NH_3 中加热到 1100～1500℃ 以上也能生成氮化物，钼材在氮气介质中加热时，要特别小心防止钼表面氮化。

氮在钼中的溶解度随温度而变化，在 900～2000℃ 之间，溶解度（质量分数）由 $2 \times 10^{-4}\%$ 升高到 $2 \times 10^{-2}\%$，相当于原子分数由 0.01% 升高到 0.1%，在 6～53.3kPa 压力下溶解度方程为[22]：

$$C_N = (133.3 p_{N_2})^{1/2} \times 0.3 \exp(-22600/RT)$$

氮在固态钼中的溶解度极限方程为：

$$C_{Nmax} = 3.1 \times 10^{-3} \exp(36200/RT)$$

式中，C_N 和 C_{Nmax} 为溶解度即原子分数；p_{N_2} 为氮气压力，Pa；T 为温度，K；R 为气体常数。

含有钛、锆合金元素的钼合金在和氮、氨介质接触时，氨分解成氮和氢，锆和钛会与氮作用，在加热到 1100～1500℃ 生成氮化锆和氮化钛。氮化钛是等轴晶形，而氮化锆是片状析出物，在晶界上有较粗大的氮化锆质点。发现在氨中的氮化速度比在纯氮中快；通常随氮化的温度升高析出的质点变粗。氮化锆、氮化钛的高温稳定性很高，在 1000～1400℃ 工作的钼合金可用氮化锆和氮化钛做弥散强化相，提高钼合金的高温强度。图 6-20 是 Mo-(0.07～

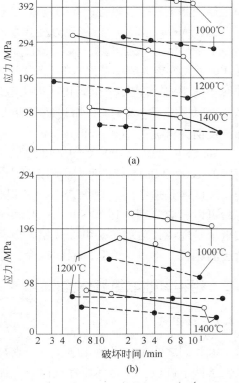

图 6-20　氮化对 Mo-Ti-Zr 和
Mo-La 合金强化的影响
（a）氮化对 Mo-Ti-Zr 的影响；（b）Mo-La 合金的影响
——氮化；－－－－－－未氮化

0. 15)Zr-(0. 07 ~ 0. 3)Ti-0. 004C 和 Mo-0. 5Ti-0. 05La-0. 03C 合金在氨中退火氮化强化的实例，在 900~1000℃，在氨中氮化 1h 以后，板材试样的断裂时间与应力都升高，Mo-La 合金板材的氮化强化效果最明显[23]。

低分压活性气体，在真空条件下或者在惰性气体中残存的一些活性气体介质，它们的分压很低，钼在高温环境下长期和它们接触也会发生反应，导致钼的性能恶化。钼材在高温真空炉及惰性气体保护炉中常用做发热体及隔热屏，炉子的寿命是以年计，在残余气体作用下，会发生间隙杂质和合金元素的浓度变化，脱碳，脱气，表面层污染，生成 MoO_2 锈皮，MoO_3 升华以及钼的挥发。例如，1mm 厚的纯钼板在高真空中退火，炉子真空度 $1.33 \times 10^{-4} ~ 1.33 \times 10^{-5}$ Pa，温度 600~1200℃，保温时间 1000h，此时钼板没有被污染，其中间隙杂质的浓度（质量分数）反而降低了 $(10^{-3} ~ 1.5 \times 10^{-3})$ %。可是含钛锆的 TZM 合金在同样条件下有严重的氧污染，1200℃ 退火 1h 以后氧含量提高了 300×10^{-6}。另外还有剩余的氧和合金中的碳相互作用，产生 OC 气体，导致 TZM 脱碳。合金被氧化的程度与退火时间和残余气体的压力值的平方根成正比，与试样的厚度成反比，随着温度的升高污染趋于严重，见图 6-21。该图表明 TZM 合金在真空条件（真空度 3.2×10^{-5} Pa）下退火，以及真空度为 2.53×10^{-5} Pa 时再充 8.4×10^{-5} Pa 甲烷气体的复合条件下退火，合金中碳氧发生了变化，试样的厚度是 0.051mm，退火保温时间 1000h，板材起始间隙杂质浓度（质量分数）分别为：$C = 180 \times 10^{-6}$，$O = 10 \times 10^{-6}$，$N = 10 \times 10^{-6}$。在甲烷气氛条件下退火，可降低含钛锆及其他稳定氧化物元素的钼合金中氧的饱和度，可以缓和减少碳化物强化钼合金的脱碳现象，这类合金发生脱碳以后，会严重降低合金在使用过程中的强度，因而为了保持合金的强度稳定性，要避免合金发生脱碳反应。若把试样用钼箔、钽箔、铌箔严密包起来，增加一道反应屏障可以降低污染和脱碳反应[24]。

钼在真空条件下和低分压活性气体发生反应，如氧化反应，氧化钼的生成速度随着温度的升高出现极大值，见图 6-22，残余氧分压升高到极大值的温度向高温方向移动[25]。根据这一现象可以采用高温真空退火工艺降低钼的碳含量获取无碳高纯钼，例如，在 2.7×10^{-3} Pa 真空度下，1800℃ 退火 1h，钼的碳含量由 0.04% 降低到 0.00004%。另外，为了提高脱碳效率可以用低分压湿氢

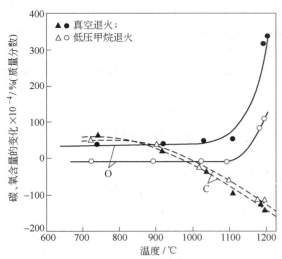

图 6-21　TZM 板材在真空及低压甲烷中
长期退火以后碳、氧含量的变化

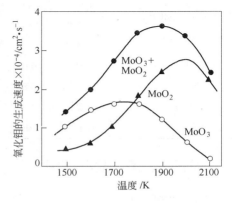

图 6-22　在 0.15Pa 真空下退火，氧化钼的
生成速度与温度的关系

气氛退火。

6.2.2　卤素气体及氧化性介质

氟、氯、溴、碘及一氧化碳、二氧化碳等是钼经常接触的介质，碘在高温下对于钼是相当惰性的，钼在450℃抗碘蒸气的腐蚀性超过了最耐碘蒸气腐蚀的超级镍合金，发现用粉末冶金工艺生产的钼与熔炼法生产的 Mo-(0.07~0.15)Zr-(0.07~0.3)Ti-0.004C 合金相比较，粉末法生产的钼抗碘蒸气的腐蚀性远不如 Mo-Ti-Zr 合金的抗蚀性。表6-8[26]和表6-9[27]列出了钼和钼合金与各种气体介质相互作用的实验结果，为了比较，表6-8 也给出了超级镍合金 H70M27 的实验数据，粉末冶金钼在碘蒸气中的腐蚀速度大约是再结晶的熔炼钼合金的 10 倍。通常认为粉末冶金钼的密度比再结晶钼的低，气孔率高，有利于碘蒸气的渗透，腐蚀面积大，腐蚀速度快。

表6-8　钼在450℃碘蒸气中的腐蚀稳定性

材　料	试验持续时间/h	腐蚀速度/mm·a^{-1}	腐蚀形态
镍基合金 H70-M27	300	1.146	一般
粉末冶金钼	300	0.525	一般
电弧熔炼的 Mo-Zr-Ti 合金			
冷加工态	500	0.163	加热以后有彩色膜
再结晶态	500	0.052	加热以后有彩色膜

表6-9　钼和其他气体的相互作用

气体介质	各种介质与钼作用的特点
氟(F)	在20℃发生激烈化学反应，生成 MoF;
氯(Cl)	温度低于240℃，钼与干氯基本不反应，在700~800℃发生快速反应生成 MoCl$_5$，在20℃湿氯和钼就发生反应，钼被腐蚀;
溴(Br)	在450℃以下钼在干溴中很稳定，到760℃稳定性满意，到更高的温度下钼很快被腐蚀，但在湿溴中，20℃钼迅速被腐蚀;
碘(I)(蒸气)	温度不超过450℃，钼在碘蒸气中稳定性很高，在一个大气压下加热到800℃，钼和碘不发生反应，由于钼的碘化物很不稳定;
一氧化碳和碳氢化合物气体	钼与一氧化碳和碳氢化合物在800~900℃以上发生反应生成亮灰色晶体，在1400℃以上钼开始碳化;
水蒸气	超过700℃，钼快速氧化，$Mo + 2H_2O \rightarrow MoO_2 + 2H_2$;
CO$_2$ 气体	在1000~1200℃钼开始氧化，二氧化碳气体被还原成一氧化碳;
SO$_2$ 气体	钼在700~800℃开始氧化;
氧化氮气体	在700~800℃钼被 N$_2$O，NO，NO$_2$ 氧化成 MoO$_3$;
硫化氢气体	在1200℃以上和钼反应生成亚硫化钼，最低反应温度可能为700~800℃

6.3　钼和酸、碱、盐的作用

6.3.1　钼和酸作用

钼及钼合金经常接触的酸包括硫酸、盐酸、硝酸、磷酸、铬酸、氢氟酸、醋酸以及各种有机酸，钼在这些酸中的稳定性与酸的浓度和温度有关。总的来说，钼抗各种酸的腐蚀稳定性都很高，超过了经常使用的最耐腐蚀的镍基超合金，图 6-23[28] 是钼和盐酸、硫酸、磷酸的作用情况，为了比较也给出了镍基耐蚀合金 Ni-28Mo-3Fe 的数据。图上的数据是在各种沸腾酸中历经 48h，三个周期（总 144h）的腐蚀试验以后，随后再在高压反应釜内连做 65h 长期试验。钼在浓盐酸中的腐蚀相对比较轻微，而稀的热盐酸对钼的腐蚀比较强烈，见图 6-23（a）。这种现象与在金属表面生成一层钝化膜似乎有一定关系。钼与硫酸的作用本质上依赖于硫酸的浓度和温度，浓度低于 65%，在沸腾温度下钼的溶解腐蚀量非常少，当硫酸的浓度进一步提高，钼的腐蚀速率急剧加快。例如，钼在 65% 浓度的 165℃ 沸腾的硫酸中的腐蚀速度约为 0.025mm/a，在 190℃ 高压反应器内，硫酸的浓度超过 80%，钼就开始急剧腐蚀。钼在 290℃ 浓度为 30% 的硫酸中就开始溶解腐蚀，见图 6-23（b）。在实际工业中用钼做酸洗零件的吊装夹具，硫酸浓度 20%，电流密度为 0.4A/cm²，酸洗温度 20℃，用钼做阳极夹头，它的腐蚀速度 210mm/a。在研究钼和酸长期反应时发现，钼在密闭容器中长期（670h）和盐酸、硫酸、磷酸、氢氟酸作用时，有加速腐蚀现象，有可能达到图 6-23 给出的腐蚀速度的 10 倍。这种加速腐蚀现象的根源可能是酸中溶解的少许钼起腐蚀自催化作用。要避免这种加速腐蚀现象，可以让酸液处于流动状态或者强制搅拌。

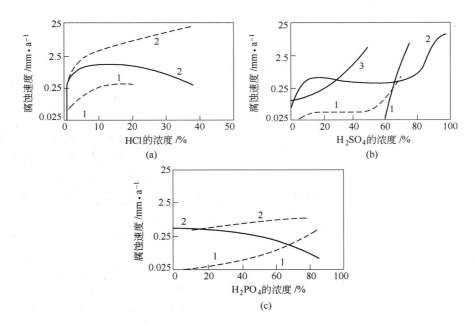

图 6-23　钼和镍基耐蚀合金在盐酸、硫酸、磷酸中的稳定性
（a）盐酸；（b）硫酸；（c）磷酸
1—沸腾温度；2—190℃；3—250℃
——钼；----Ni-28Mo-5Fe

要特别强调，在研究酸对钼的腐蚀作用时发现，若酸中含有氧化剂，酸对钼的腐蚀性加强，例如向盐酸中添加约 0.5% 的 $FeCl_3$，则钼的腐蚀速度提高了 99 倍，若添加 $FeCl_2$，盐酸对钼的腐蚀速度没有变化。这种现象是一个普遍规律，在钼的工作介质中不能存在有

Fe^{3+}，它的存在都会加速钼的腐蚀。

合金添加剂对低合金工业钼合金的抗酸腐蚀性没有什么影响，Mo-（0.07~0.15）Zr-（0.07~0.3）Ti 合金在硫酸、盐酸、磷酸中试验，结果表明这个合金在冷作硬化状态，再结晶状态以及合金焊接接头的耐腐蚀性基本一样，见表6-10，冷作加工态合金的腐蚀很均匀，焊接接头处的大晶粒有晶间腐蚀现象[29]。

表6-10　Mo-Zr-Ti 合金在各种酸中的腐蚀稳定性①　　　　（mm/a）

合金状态	酸	温度/℃	酸的浓度/%						
			10	20	50	60	70	80	90
冷作硬化	硫酸	沸腾	—	<0.01	<0.01	0.03	0.67	9.0	23.0
再结晶②		沸腾		<0.01	<0.01	0.04	1.09	10.0	29.0
冷作硬化		185			0.01		0.02	0.06	2.0
再结晶		185			0.01		0.04	0.2	1.0
冷作硬化	盐酸	沸腾	<0.01	0.03	—		—	—	—
再结晶		沸腾	<0.01	0.02			—	—	—
冷作硬化		185	0.01	0.01	0.01③				
再结晶		185	0.01	0.01	<0.01③				
冷作硬化	磷酸	沸腾		<0.01	<0.01		0.01	0.02	0.03
再结晶		沸腾		<0.01	<0.01		0.01	0.02	0.04
冷作硬化		185		0.01			0.01	<0.01	
再结晶		185		0.02			0.01	<0.01	

①在沸点实验持续96h，在185℃，15 个大气压下实验24h；

②2000℃/1h 退火；

③酸的浓度为35%。

硝酸是氧化性酸，它对钼的侵蚀最严重，钼在冷的浓硝酸中的腐蚀比较缓慢，这无疑是在钼表面生成了一层钝化膜，它起到了缓蚀剂的作用。在稀硝酸和热浓硝酸中钼的腐蚀速度很快，在钼合金中 Mo-30W 合金在硝酸中是最稳定的。在氢氟酸和硝酸的混合酸、硫酸和硝酸的混合酸中钼的腐蚀加速。表6-11 列出了各种钼合金及钼在硝酸中的腐蚀稳定性[30]。

表6-11　钼和钼合金在硝酸中的腐蚀　　　　（mm/a）

硝酸浓度/%	35℃								60℃	
	Mo		TZM		Mo-30W		W		Mo-30W	
	空气	氮气	空气	氮气	空气	氮气	空气	氮气	空气	氮气
70	1.75	1.45	1.70	—	0.094	0.076	0.00	0.00	0.25	0.34
32	15000	15000	—	—	7.4	7.7	0.013	—	—	—
9	1.45		—		0.74		—		—	
6.1	0.028	0.23	0.84	6.0	1.04	2.23	—	—	0.76	—
3.1	0.043	0.10	0.23	0.84	0.007	0.089	0.013	0.015	0.76	0.53

注：此表列数据是在空气流和氮气流中试验了14h。

6.3.2　钼和盐、碱的作用

在冷苛性钾和苛性钠溶液中钼不腐蚀，在热溶液中钼的腐蚀也不严重，在铵水中钼发生缓慢腐蚀，表面生成黑色薄膜，钼溶于 $KOH + K_3[Fe(OH)_6]$ 水溶液，这种溶液是金相磨片的腐蚀剂。钼在模拟海水（3% NaCl 水溶液）中 20℃、50℃ 和 90℃ 的腐蚀速度相应为 5×10^{-4} mm/a、9×10^{-3} mm/a 和 7.5×10^{-2} mm/a。Mo-47Re 合金在这种水溶液中的抗腐蚀稳定性也很高。表 6-12 和表 6-13 列出了钼和工业钼合金在 35℃ 和 100℃ 的盐、碱溶液中的腐蚀性。显然，钼和钼合金的抗腐蚀稳定性基本一样，表中数据再次提醒 Cl^{3+} 离子对钼的腐蚀性非常强烈，和钼接触的介质中不能含有 Fe^{3+} 离子，试验表明，用粉末冶金工艺生产的钼（$w(C) < 0.0002\% \sim 0.002\%$）和真空熔炼工艺生产的钼（$w(C) < 0.003\% \sim 0.25\%$）在抗腐蚀性方面没有大的区别。

表 6-12　钼和钼合金在 35℃ 酸、碱、盐溶液中的腐蚀数据[30]　　　（mm/a）

试剂	浓度/%	Mo		TZM		Mo-30W		W	
		空气	氨气	空气	氨气	空气	氨气	空气	氨气
NaOCl	浓	11.3	11.8	4.6	—	6.3	—	3.7	3.15
	1/10 稀释	2.41	2.38	2.32	2.31	2.00	2.07	2.06	0.25
NH₄OH	NH₃(15%)	0.23	0.00	0.18	—	0.13	—	0.11	0.00
NaOH	10	0.10	0.002	0.14	—	0.09	—	0.07	0.002
	1	0.37	0.00	0.32	—	0.53	0.00	0.07	0.00
仿海水	—	0.007	0.005	0.0043	0.00	0.04	0.00	0.005	0.00
NaCl	3	0.01	0.00	0.002	0.00	0.01	0.00	0.01	0.00
FeCl₃	20	40	35	32.5	—	14.8	—	0.55	0.55
CuCl₂	20	19	6.3	8.8	—	6.2	—	0.02	0.02
HgCl₂	5	0.3	0.3	0.01	0.02	0.05	0.04	0.002	0.002 ~ 0.15

注：此表列数据在空气流或氨气流中试验了 6 天。

表 6-13　钼和钼合金在一些工业介质中的腐蚀速度[30]　　　（mm/a）

介　质	温度/℃	Mo	TZM	Mo-30W	W
70% H₂SO₄ + 20% HNO₃	35	42.5	—	0.214	0.00
37% HCl(浓) + 0.007 Fe³⁺(FeCl₃) 的形式		0.143	0.205	0.26	0.65
30% HCl + 7% H₂SO₄	100	0.11	0.06	0.085	0.005
10% 醋酸 + 5% H₂SO₄		1.0	0.45	0.105	0.026
10% 醋酸 + 2% 蚁酸		0.45	0.13	0.20	0.026
10% 醋酸 + 0.2% HgCl₂		0.70	0.73	0.43	0.23
10% 醋酸 + 0.2% Br⁻(HBr) 的形式		0.032	0.032	0.043	0.01

注：此表列数据在空气流中试验了 6 天。

6.4　钼和熔融体的作用

熔融的苛性钾 KOH 和苛性钠 NaOH 直到 600℃ 对钼才有轻度的腐蚀，在向熔融的苛性碱中添加氧化剂物质，如 KNO_3、KNO_2、PbO_2 和 $KClO_3$ 等，钼的腐蚀速率加快，在工业上钼的碱洗就是按这个原理配制化学试剂。钼浸泡在熔融的碳酸钾和碳酸钠熔盐中，再向熔盐中通入空气，钼就很快被这些熔盐溶解。在熔融的 KNO_3 和 $KClO_3$ 氧化剂熔体中钼的抗侵蚀稳定性很差,这主要是氧化反应的结果。熔融的沸腾硫对钼实际上不发生影响。特别要指出,在熔融的玻璃(不含氧化铅)和许多金属盐的熔体中,如稀土氧化物熔盐,钼的高温化学稳定性特别好,因而在玻璃电熔加热时用钼做供电电极,在提取稀土金属时常用熔盐电解工艺,这时钼是最佳的电极材料。

6.5　钼和液体金属及金属蒸气的反应

　　研究钼等难熔金属与液体金属和金属蒸气作用的目的在于,探讨用钼等材料做反应堆和宇航装置的能源系统结构功能材料的可能性,在这些系统中要求材料在2000℃以上的工作温度下能坚持安全工作时间超过1万小时,或者更长一些时间。在工作过程中钼要和液体金属载热材料或者热交换材料、金属蒸气长期作用,特别是碱金属,如Na、K、Li、Cs等。试验研究难熔金属和液态金属的相容性,也能为核能系统和磁流体发电机的热电子和热离子的发射换能器材料的设计提供参考依据。当然需要注意,钼和其他难熔材料在液体金属及金属蒸气中的抗腐蚀性不是单纯取决于钼材料本身,而与液态金属本身的品质和状态有密切关系。由于难熔金属-碱金属-氧三元体系的相互作用非常复杂,随着氧含量的提高,钼及其他难熔材料在液态金属,特别在液态碱金属中的腐蚀速度大大加快,因此,为了降低钼的腐蚀速度,要求液态金属的杂质含量,特别是氧的含量要特别低。表6-14是在300℃和593℃,钼在的几个液态金属中抗腐蚀稳定性的资料。表中标明"好"就是代表在所指试验条件下有利于长期用钼,"不满意"就表示钼不可能用做结构材料,如果在该温度下没有数据则以"不详"表示。

表 6-14　钼在一些液态金属中的腐蚀稳定性

液体金属	熔点/℃	钼的抗腐蚀稳定性		液体金属	熔点/℃	钼的抗腐蚀稳定性	
		300℃	593℃			300℃	593℃
汞	−38.87	好	好	锂	186	好	不详
钠、钾或钠-钾	97.7、63	好	好	锌	419.5	不详	不详
镓	320.9	好	不满意	锑	630.5	不详	不详
铋	271.3	好	好	镁	650	不详	好
铅	327.4	好	好	镉	320.9	不详	不详
铟	156.4	不详	不详				

　　铋-铅共晶体　钼在1090℃的Bi-Pb共晶体中保持29h以后,腐蚀量达到29×10^{-4}%。钼在980℃液态铋中保持160h以后,没有发现明显的腐蚀现象,而在1090℃保持22h以后,铋液中含有$(0.9 \sim 2.4) \times 10^{-3}$%的钼。

　　液体钠和钠蒸气　在1500℃的液体钠中做100h等温试验,钼的腐蚀量小于0.025mm。在960℃流动的液体钠中试验了360h,在600℃试验了3600h,腐蚀都不很严重。在1000℃的钠蒸气中腐蚀400h结果是满意的,在1500℃试验100h以后,钼的晶间腐蚀深度达0.254mm。

　　液体钾和钾蒸气　把TZM钼合金放在1300℃沸腾的液体钾中试验约5000h,合金表现出有很高的抗腐蚀性,把TZM合金喷嘴放在双相对流钾蒸气回路中试验约5000h以后,均未发现有任何间隙杂质的迁移和钼合金的腐蚀现象。另外TZM在930℃和不锈钢容器中的液体钾接触试验表明，这时没有发生由于不锈钢中的碳，氮元素的迁移而造成钼的污染。在和不锈钢系统接触的碱金属液体中钼是有希望应用的材料。

液体锂和锂蒸气 Mo-0.5Ti 合金放在一个装有液态锂的振动管里做 150h 腐蚀试验，管子端头保持 500℃ 和 900℃，没有显示有质量迁移和腐蚀现象。铸造未加工的钼单晶在锂蒸气中试验表明，在 1500℃ 处理 10h 以后，试样表面锂的浓度没有变化，而经变形的钼单晶表层的锂浓度几乎提高了一倍，并发现有多角化现象，这反应它的精细结构发生了变化。变形态的多晶 Mo-0.5Ti-0.023C 合金在同一条件下试验，它的表层锂浓度大大提高，同时伴随有表层再结晶现象。结果表明，少量的合金元素添加剂及结构状态可能严重影响钼和液态碱金属及其蒸气的作用过程。

铯蒸汽 Mo-0.5Ti-0.08Zr(TZM) 合金在 1700℃ 做 100h 试验，腐蚀不很严重，在环流回路中 TZM 和 TZC 试验合金在 830℃ 的潮湿铯蒸气中保温 1100h，未显示出有腐蚀现象。但是，如果用液体铯和铯蒸气双相介质试验，Mo 和 Mo-0.5Ti 合金在 980℃ 和 1370℃ 保持 1000h 以后看到有强烈的腐蚀。

液态锌 真空电弧熔炼的 Mo-30W 合金最耐液体锌腐蚀，它在 440℃ 锌液中的腐蚀速度是 0.05～0.15mm/a。在锌冶金行业中常用该合金做熔锌炉的结构材料和工具。

用安瓿做钼长期在液态金属中的恒温抗腐蚀稳定性试验，获得了钼在各种液态金属中抗腐蚀的最高温度，有关结果汇集于表 6-15。

表 6-15 钼在一些液体金属中的稳定性[28,31]

金属	温度/℃	稳定性	说　明	金属	温度/℃	稳定性	说　明
铝	660	不好	迅速腐蚀	钚	—	好	
铋	1430	不好	对长期应用有利	汞	500	满意	
镓	400	好	—	铷	1100	很好	
铕	—	好	做坩埚	银	—	好	做坩埚
金	—	好	做坩埚	钐	—	好	做容器
铊	—	不好		钪	—	不好	
钾	1260	很好	—	铅	1200	很好	钼中溶解度 <0.005%
锂	1430	很好	锂中溶解度 $<10^{-4}$%（质量分数）	铊	—	不好	
镁	1000	很好	镁溶解度 $<2\times10^{-4}$%（质量分数）	铀	—	不好	
铜	1300	好		铈	870	很好	
钠	1020	很好		铋	800	好	
锡	480	好		锌	450	满意	Mo-W 合金抗蚀性好

6.6 钼和固态物质的高温反应

钼做高温结构材料，特别是做高温炉的部件，或者在玻璃炉内做耐玻璃腐蚀的窑炉结构材料及钼电极，总要和其他金属材料接触，包括耐火非金属材料，相互接触材料的相容性决定了钼的工作寿命，决定了整台设备的运行周期；近来，在复合材料的研究发展过程中，常常利用钼的各种有利的物理性能和机械性能，在纤维增强复合材中用钼丝做增强筋，提高镍，锆等基体材料的强韧性，研究钼在和其他材料接触时的相容性非常必要。表

6-16 给出了钼和几种固体材料，主要是耐火材料的相互作用情况。

表 6-16　钼和几种物质之间的相互反应

物 质 名 称	和钼相互作用的特点
碳（煤，石墨，炭黑）	从 1100℃ 开始组成碳化物，在 1300～1400℃ 完全碳化
一氧化碳	1400℃ 以上形成碳化物
二氧化碳	1200℃ 以上钼遭氧化
碳氢化物	1100℃ 以上形成碳化物
硼，硅	1400℃ 以上生成硅化物，硼化物
硫（干燥）	440℃ 以下和钼不反应，在更高温度生成硫化物
磷	到高温都不起作用
二氧化锆，氧化镁，三氧化二铝，氧化铍，氧化钍，碳酸镁，铬美石	在 1600～1900℃ 以上和钼反应
三氧化二钪	在 2400℃ 保温 4h 和钼不反应

6.7　具有自愈防氧化能力的钼合金

　　不锈钢是众所周知的著名的抗氧化合金钢，它们都含有基本的合金元素镍、铬。在高温氧化环境中钢材表面生成一层致密的不透气的镍、铬氧化膜。阻断了环境中的氧和基体的接触，确保基体不再和氧继续发生反应。钼在高温下和氧反应生成挥发性的三氧化钼，这是在高温有氧环境中用钼做高温结构材料的最大障碍。为了克服这个障碍，研究了各种高温防氧化涂层，防止钼在高温下氧化。与钼的防氧化涂层研究的同时，还开展了抗氧化钼合金的研究。向钼中添加过各种合金元素，想通过合金化的作用在钼的表面生成一层有防氧化能力的保护膜，或者合金元素能阻止生成三氧化钼。企图获得像不锈钢一样抗氧化钼合金。在这一领域的研究开发工作一直没有停顿，至今仍有许多工作值得深入研究。

　　合金元素和合金化，研究抗氧化钼合金就是要在钼合金表面生成一层氧化物或者钼酸盐薄膜，阻碍钼的氧化。这两类保护薄膜与外加涂层和包覆金属相比，在热应力和机械力作用下，保护膜开裂或破坏，它具有自愈能力，而外加涂层则少能自愈。合金添加剂可能发挥两种保护作用，它们的氧化物和钼化合形成复杂稳定可靠的氧化物或钼酸盐，或者合金添加剂阻碍生成挥发的三氧化钼。研究最充分的合金元素有铝、铬、钛、锆、硅、钒、铌、钴、铁、钨、镍等。图 6-24 是若干合金元素对 954℃ 钼的抗氧化性的影响，钒、铌、锆合金添加剂对钼的抗氧化性没有多少影响，钛的加入反而使钼的氧化速度加快，铝含量较低时（0.17%）降低钼的氧化速度，而含量较高时对钼的氧化速度的影响不大，钴的影响比较好，它明显降低了钼的氧化速度。

　　合金元素镍和钴能大大提高钼的抗氧化能力，图 6-25 和图 6-26[33] 是三个 Mo-Ni 合金和三个 Mo-Co 合金的氧化实验结果，

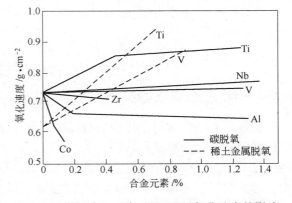

图 6-24　若干合金元素对钼 954℃ 氧化速度的影响

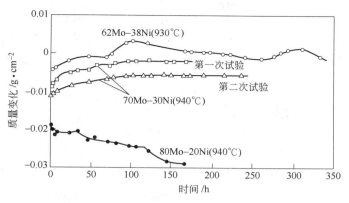

图 6-25 Mo-Ni 合金的氧化曲线

这些合金的表面生成了保护膜，X 射线研究证明，该保护膜是钼酸镍 $NiMoO_4$ 和钼酸钴 $CoMoO_4$。这种致密的物理屏障能有效地阻止或削弱氧向钼基体的扩散，钼合金表面的复杂钼酸盐的热稳定性较高，不溶于水，熔点很高，提高了钼的抗氧化能力。图 6-25 的氧化曲线证明，含镍超过 30% 的钼镍合金在 940℃ 具有很好的抗氧化能力。钼钴合金的结果与钼镍合金的类似，但是它的保护效果比钼镍合金的稍微差一点。这两个合金保护层存在的共同问题是，当由高温冷却到室温时，保护涂层会发生起皮剥落，剥落的根源在于，温度由高温降到室温的过程中发生了相变，相变引起了保护层体积变化。这表明钼酸镍和钼酸钴保护层不适合在交变温度条件下使用。不过，由图 6-25 上的镍含量为 30% 合金的氧化曲线发现，在第一次实验冷却到室温的过程中发现有表层金属剥落损失，随后实验时仍然组成第二层保护膜。Mo-30Ni 合金几乎是最佳的抗氧化 Mo 合金。

为了提高钼酸镍和钼酸钴保护层的稳定性，防止在冷却过程中剥落，通过两种办法给保护层改性处理。（1）添加合金元素，使高温相能稳定的在低温下存在，消除在降温过程中发生的相变体积变化。（2）添加合金元素，使得保护层有一点塑性，能承受体积变化而不剥落（机械稳定）。镁（二氧化镁）和硅（二氧化硅）是最好的稳定剂，而镁能最有效地提高钼酸镍和钼酸钴保护膜的抗氧化稳定性。最有希望的抗氧化钼合金是 Mo-Ni-Si 和 Mo-Co-Si。这类合金中的硅，镍含量处在 10% ～20% 范围内变化。用镁添加剂提高保护层的稳定性，要求镁的含量很高，使得表面层的保护防氧化性能大大变坏。图 6-27[33] 是含

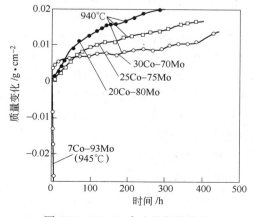

图 6-26 Mo-Co 合金的氧化曲线

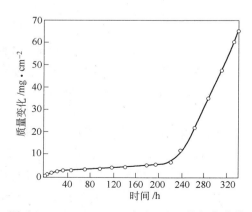

图 6-27 Mo-25Co-12Si 合金 940℃ 的氧化曲线

硅的钼钴合金（Mo-25Co-12Si）在 940℃ 的氧化曲线。在 200h 以前合金具有完全的保护防氧化性能，超过 200h 以后，该合金的抗氧化稳定性急剧变坏。另外，硼也是有效的机械稳定剂，但是，只有在含量高时才能有效地发挥稳定剂的作用，这时会大大地降低保护膜的保护性能。

6.8　Mo-Si-B 抗氧化复相钼合金

6.8.1　原理概述

新航空发动机及新能源装备的发展，要求结构材料能在高温下长期稳定工作。镍基超合金的工作温度的上极限大约是 1100℃，超过这个极限温度，不能再采用镍基合金做结构材料。必须研究能在更高温度下工作的高温结构材料，最好的候选材料是难熔金属，特别是钼，它的熔点高达 2620℃，成本也较低，又容易加工，用钼作高温结构材料的最大障碍是它的抗氧化性极差，前面有详细分析。用合金化的方法直接改善钼的抗氧化性能，研究建立抗氧化的钼合金结构材料的道路已走到尽头，不可能再有新的突破。人们把研究工作的目光转向研究钼的硅化物复合材料。

富钼的 Mo-Si-B 三元复相合金最近一直受到广泛关注，由于它有可能做高温结构应用材料。这个合金系的主要诱人之处在于，Mo-Si-B 三元系含有唯一的三元金属间化合物（Mo_5SiB_2（T_2））和钼固溶体（Moss）处于热力学平衡状态，T_2 相在高温下具有卓越的抗氧化性和高度的热稳定性。富钼的硅化物相，钼硼化物相，钼硼硅化合物相以及钼固溶体的熔点都超过 2000℃。而且，在含有硅，硼的难熔金属中常有的共晶产物在现在的三元系中不存在。

三元系 Mo-Si-B 合金在高温下具有非凡的抗氧化性能的原因在于，富钼的硅化物（Mo_3Si_5（T_1））和硼硅化物（Mo_5SiB_2（T_2））的氧化表面上生成一层黏结的钝化保护的硼硅酸玻璃薄膜。T_1 相的抗氧化性能相当于抗氧化性非常好的 $MoSi_2$。其他富钼的 Mo-Si-B 合金，如 Mo(ss) + T_2，和 Mo(ss) + T_2 + Mo_5Si 也都具有特别好的抗氧化性。特别有兴趣的是 Mo-Si-B 三元复相合金既含有（Mo(ss) + T_2）相又含有（Mo(ss) + T_2 + Mo_5Si），这样很容易生成稳定的高温复相显微组织。

钼-硅二元金属间化合物，$MoSi_2$ 是一种高温抗氧化性能特别好的材料，广泛用于做高温电阻炉的发热元件，能在大气条件下长期在 1600℃ 稳定工作。但是，它很脆，不能做结构材料。在二元 Mo-Si 系中加入微量硼，可以改善单一钼硅化物的性能。图 6-28 是 Mo-Si-B 系三元状态图的 1600℃ 的等温截面。按照文献[36,37]的观点，合金成分中加入的硅和硼的数量取决于下列四个合金的成分（质量分数）点在三元系状态图的截面上包围的面积，即 Mo-1Si-0.5B、Mo-1Si-4.0B、Mo-4.5Si-0.5B、Mo-4.5Si-4.0B，金属钼的含量大于 50%。如果为了改善合金的性能，可加入一点钛、铌、锆、铼、钨、铝等元素代替等量的钼。合金可能含有（体积分数）10% ~70% 金属间化合物 Mo_5SiB_2（T_2），它是钼硅硼酸盐，晶体结构是体心四角形 D_8 结构，单晶包含有 32 个原子，不超过 20%（体积分数）的 Mo_2B 硼化钼，硅化钼 Mo_3Si（立方 A_{15} 结构）和（或）Mo_5Si_3（T_1）的含量（体积分数）小于 20%。

合金的显微结构一定是由脆性的金属间化合物和韧性的 αMo_{ss} 组成，αMo_{ss} 是钼和硅，硼的固溶体，室温下硅在钼中的溶解度（原子分数）为 3.3%，而硼在钼中的溶解度很

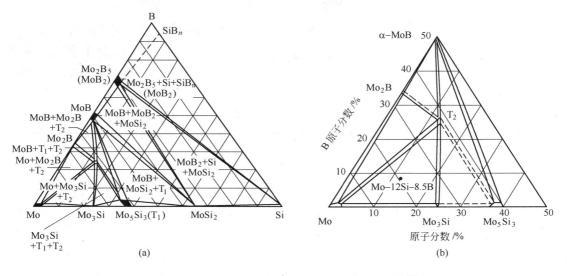

图 6-28 Mo-Si-B 三元状态图的 1600℃ 等温截面[34,35]

低，可以忽略不计。在二元金属间化合物相 Mo_3Si 中硅的化学当量范围（原子分数）从大约 24% 变到 25%，硼的溶解度同样可忽略不计。在三元金属间化合物相中硅的化学当量成分（原子分数）约为 8%～13.65%，而在 Mo_5SiB_2 金属间化合物相中硼的化学当量成分（原子分数）为 23.3%～32.35%。显微组织如果完全由金属间化合物组成，它必然是脆性的。如果含有韧性的 αMo_{ss} 相，则可以大大地提高三元复相钼合金的韧性。在这种情况下，如果以金属间化合物为基体，αMo_{ss} 相好似孤岛形分布在基体上，韧性虽有提高，但不能达到理想的较高水平。当 αMo_{ss} 相为基体，连续的分布在整个显微组织中，而金属间化合物分散间隔地分布在 αMo_{ss} 基体上，基体能发挥最大的韧化作用。这时在破坏过程中，裂纹的扩展不能避开韧性的 αMo_{ss} 相，原始的 αMo_{ss} 成为裂纹扩展的障碍，在裂纹轨迹上形成不破断的塑性颗粒的连接纽带，能阻止材料发生灾难性的断裂。钼粒子的塑性变形及生成的裂纹桥，以及裂纹转向拐弯，在交界面裂纹的分离是构成韧性的主要原因，三元复相钼合金的韧性可以大大提高。图 6-29 是 αMo_{ss} 成孤岛状分布和连续分布的 Mo-Si-B 合金显

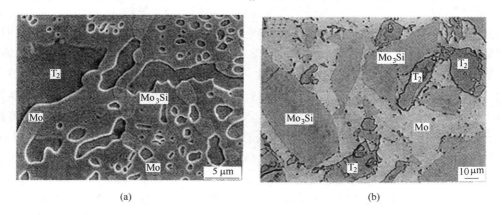

图 6-29 αMo_{ss} 基体在显微组织中的分布情况[41]

（a）孤岛状分布；（b）连续分布成合金组织的基体

微组织照片，图 6-29（a）是 Mo-12Si-8.5B 熔炼并退火的组织，αMo$_{ss}$ 成孤岛状分布；图 6-29（b）粉末冶金产品，αMo$_{ss}$ 连续分布成合金基体，而金属间化合物相嵌在 αMo$_{ss}$ 基体上。

Mo-Si-B 三元复相合金始终会含有 αMo$_{ss}$，Mo$_5$SiB$_2$ 和 Mo$_3$Si，Mo$_5$Si$_3$ 及不稳定的非平衡态的 Mo$_2$B。前三者是复相合金的主组分。表 6-17 根据 Mo-12Si-8.5B 的研究结果，列出了它们的性质。

表 6-17　复相钼合金中的钼及金属间化合物的物理及力学性能[38,39]

性　　能	Mo	Mo$_3$Si	Mo$_5$SiB$_2$（T$_2$）
熔点/℃	2600	2025	2160 ~ 2200
晶体结构	体心立方	立方 A15	四角形 D8
弹性模量 E/GPa	324	295	
密度/g·cm^{-3}	10.2	8.9	8.8
显微硬度/GPa	7.1	15	18.5
热膨胀系数			
25℃	5×10^{-6}	3×10^{-5}	6×10^{-6}
1300℃	6×10^{-6}	7×10^{-5}	8.5×10^{-6}
摩尔体积/mm^3	9386.8	8802.7	7508.4
平均摩尔质量/g	95.95	78.976	66.176

6.8.2　Mo-Si-B 复相合金的制备

6.8.2.1　Mo-Si-B 三元合金的熔炼

Mo-Si-B 三元复相钼合金的制备工艺和通用钼合金的一样，有电弧熔炼铸造和粉末冶金两种工艺。不论用哪一种工艺方法生产，要求生产出的合金的组织是连续的 αMo$_{ss}$ 基体包围金属间化合物，这样可以提高合金的性能。用粉末冶金方法制取 Mo-Si-B 三元合金首先要制备出合适粉末，根据不同成分要求先配制好合适的成分比，再用熔炼方法，先形成液体使各元素充分化合，粉末含有 αMo$_{ss}$、Mo$_3$Si、T$_2$ 合金的各组成相，再用粉末冶金工艺压制成形，随后通过适当的烧结和热机械加工制备复相钼合金材料。

电弧熔炼铸造用的原料是纯合金组元材料，钼、硅和硼，它们的纯度分别为 99.97%，99.95% 和 99.995%。熔炼用纯度为 99.998% 氩气保护。用水冷铜坩埚熔炼小纽扣铸锭，锭重约 10 ~ 20g。为了提高铸锭的均匀性每个铸锭都经过多次重熔。每次熔炼之前炉子抽真空，冲氩气，再抽真空，再冲氩气，要经过多次洗炉，在正式熔炼之前先熔炼纯钛，以净化炉内残存的氧和氮。经过这样处理以后，炉内的氧，氮净化相当彻底，炼出的铸锭表面没有氧化现象。整个熔炼过程含有六个凝固反应路径，其中 5 个反应来自 Mo-Si 和 Mo-B 二元截面（Mo、Mo$_2$B、βMoB、Mo$_3$Si 和 Mo$_5$Si$_3$），一个来自三元基体 T$_2$ 相。液相面通常由高熔点的 Mo-B 一端下落到低熔点的 Mo-Si 一端。液相面（T$_2$ 和 Mo$_3$Si）是十分平坦的，因此，容易产生过冷液体，过冷液体的存在会导致严重偏离平衡凝固路径，产生偏析。

具有 T$_2$ 相成分的合金的凝固路径总是随原始凝固的 MoB 一起发生，最终发生下列各种包晶反应，T$_1$ 是 Mo$_3$Si$_5$。

$$L + \beta MoB \Longrightarrow Mo_2B + T_2$$

$$L + T_1 \Longrightarrow T_2 + Mo_3Si$$

$$L \Longrightarrow Mo_3Si + T_2 + Mo_{ss}$$

$$L + Mo_2B \Longrightarrow Mo_{ss} + T_2$$

$$L + \beta MoB \Longrightarrow T_2 + T_1$$

有关二相合金 $Mo_{ss} + T_2$ 的凝固路径，由于偏析，在其他几个凝固路径上看到有 Mo_2B、MoB 和 Mo_3Si 几个附加相。要指出，强烈成分偏析，又有过冷倾向的多组元 Mo-Si-B 合金，大尺寸铸锭在凝固过程中的冷却速度比小尺寸铸锭的慢，必定提高偏析作用、小尺寸铸锭，通过快速冷却，促进凝固反应偏析。经过电弧熔炼以后，铸锭成分与配料的名义成分变化不大，氧，碳含量都很低，见表 6-18。图 6-30 是电弧熔炼以后合金铸态组织的扫描电子显微照片。图 6-30(a) 是 Mo-13Si-15B 合金的原始 T_2 相和 $T_2 + \alpha Mo_{ss} + Mo_3Si$ 的原始三元共晶体，图 6-30(b) 是 Mo-9.6Si-14.2B 的组织，显示出 $T_2 + \alpha Mo_{ss}$ 共晶体，它的周围是富 Mo_3Si 的三元共晶体[40]。

表 6-18 几个合金电弧熔炼前后的硅和硼的含量

试样编号	起始成分(原子分数)/%			质量损失/%	化学分析(原子分数)ICP/%			化学分析 IGP($\times 10^{-6}$)	
	Mo	Si	B		Mo	Si	B	C	O
1	60.0	40.0		0.01	57.9	42.1			
2	60.5	39.4		0.05	59.71	40.3			
3	61.5	38.5		0.02	60.6	39.4			
4	62.5	37.5		0.05	61.1	38.9			
5	63.8	36.2		0.08	52.7	37.3			
6	61.3	38.2	0.5	0.04	65.5	34.2	0.4		
7	63.0	36.5	0.5	0.15	61.2	38.4	0.5		
8	60.2	38.8	1.0	0.02	65.7	33.3	1.0		
9	61.1	37.9	1.0	0.06	66.3	32.9	0.8		
10	61.7	37.3	1.0	0.06	60.4	38.8	0.9		
11	62.5	36.5	1.0	0.04	67.2	31.9	0.9		
12	62.8	36.3	1.0	0.02	67.4	31.8	1.0		
13	63.3	35.7	1.0	0.15				95	147
14	60.1	38.2	1.7	0.06	58.9	39.6	1.5		
15	61.3	37.0	1.7	0.26	60.2	38.3	1.6		
16	62.0	36.3	1.7	0.02				23	182
17	63.5	34.8	1.7	0.04				50	141
18	60.8	37.5	1.8	0.09	59.7	38.7	1.6		
19	61.0	37.0	2.0	0.04				16	166
20	62.0	35.8	2.0	0.02	60.4		37.8	1.9	
21	61.0	36.5	2.5	0.03				85	174
22	61.0	36.0	3.0	0.03				30	155
23	61.8	35.2	3.0	0.03	60.3	36.9	2.9		
24	60.8	35.4	3.8	0.01				118	154
25	60.2	34.8	5.0	0.07	58.7	36.8	4.5		

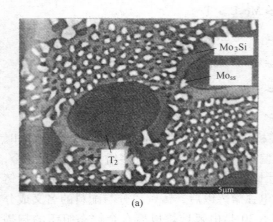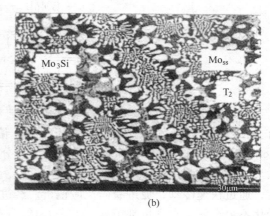

图6-30　Mo-13Si-15B 和 Mo-9.6Si-14.2B 的铸态结构的 BSE 的显微组织照片
(a) Mo-13Si-15B；(b) Mo-9.6Si-14.2B

氩气保护电弧熔炼 Mo-12Si-8.5B 合金，炉内氩气分压70kPa，炉料是高纯 Mo、Si、B，对应各自的纯度（质量分数）分别是 99.95%、99.99% 和 99.5%。用水冷铜坩埚重复熔炼几次以后，合金铸锭滴液铸入水冷铜铸模，铜模直径和高度分别为 20mm 和 50mm。最终铸锭在真空炉内进行均匀化退火，炉内真空度 10^{-4}Pa，退火温度及保温时间是 1600℃ 和 24h。如果铸锭后续有挤压加工，滴液铸造用 MgO 铸模，降低冷却速度，避免出现粗大的柱状晶。

为了细化铸造组织的晶粒，减少或消除在铸造过程中生成的微观和宏观裂纹，几个 Mo-Si-B 合金进行包套挤压加工，铸锭放入外径为 50mm 钼的挤压包套内，钼套抽真空并用电子束焊接密封。已成功密封的钼包套进行热挤压变形，挤压模孔内径 25mm，挤压模的材料是氧化锆保护的 H13 钢。铜模铸造合金在 1450℃ 挤压，MgO 模铸造合金在 1600℃ 挤压。挤压结果表明，挤压棒严重开裂。含有 Mo_3Si 和 Mo_5SiB_2 的 Mo-12Si-8.5B 合金很难得到完整的挤压材料。这似乎是由于在高速变形时，即使变形温度很高，Mo_3Si 和 Mo_5SiB_2 仍然很脆。

用粉末冶金方法生产 Mo-12Si-8.5B 合金，把电弧熔炼铸造的 Mo_3Si 和 Mo_5SiB_2-T_2 合金铸锭破碎到 -100 目，粒径小于 150μm 的粉末。这种粉末再和适当量的钼粉混合，钼粉粒度 2~8μm。混合均匀的 Mo-Si-B 合金粉放入抽真空的铌套内进行 1h 热等静压处理（HIP），热压温度 1650℃，热压压力 200MPa，并在 1600℃ 均匀化退火 24h 的 Mo-12Si-8.5B 合金和粉末冶金合金的碳氧含量列于表 6-19。

表 6-19　铸造和粉末冶金 Mo-12Si-8.5B 合金的碳氧含量（质量分数）

加工工艺路线	碳含量（$\times 10^{-6}$）	氧含量（$\times 10^{-6}$）
铸造退火	127	172
粉末冶金处理	35	697

铸造合金的碳氧含量都低，粉末冶金合金的氧含量很高。表 6-20 给出了 Mo-12Si-8.5B 合金的计算的各相的体积分数，计算设定纯钼及化学当量成分的 Mo_5SiB_2-T_2 和 Mo_3Si。

表 6-20　Mo-12Si-8.5B 合金中各相的体积分数

性　能	Mo	Mo₃Si	Mo₅SiB₂(T₂)
密度/g·cm⁻³	10.22	8.97	8.81
摩尔体积/mm³	9386.8	8802.7	7508.4
平均摩尔质量/g	95.94	78.976	66.176
X 分析的体积分数/%	34.4	32.0	33.6
由名义成分计算的体积分数/%	38.4	31.8	39.8

  X 射线粉末衍射图证实，在 Mo-12Si-8.5B 合金中存在 Mo、Mo₃Si 和 Mo₅SiB₂ 三个相，扫描电镜研究发现，在 Mo₃Si/Mo₅SiB₂ 基体中 αMo$_{ss}$ 形成孤岛状的颗粒，基体是连续的脆性相，αMo$_{ss}$ 被基体相包围，见图 6-29。粉末冶金工艺生产的显微结构与铸态的不同，合金的基体是连续的 αMo$_{ss}$ 固溶体，金属间化合物散乱地分布在基体内。

  熔炼法还包括区域熔炼工艺，区域熔炼的原材料是 Mo、Si 和 B 的元素粉末用 CIP 方法压制的坯条，元素的纯度相应为 99.95%、99.6% 和 98%。合金的名义成分为 Mo-6Si-5B，Mo-6Si-8B，Mo-9Si-8B 和 Mo-9Si-15B。区域熔炼工艺可以生产出定向凝固的合金棒材，晶粒平行于棒材的轴线。根据镍基超合金的经验，定向凝固单晶叶片的蠕变强度可以大幅度提高。可以预期，区域熔炼的三相 Mo-Si-B 合金应当有高抗蠕变强度。

6.8.2.2　快速凝固气雾化制造合金粉末

  钼粉和预合金化的金属间化合物粉（钼硅化物）混合。钼粉也可以和硅粉，硼粉混合，随后在低于合金的熔点的温度下成形。再把成分配合好的钼，硅和硼的元素熔化成熔体，并使熔体突然凝固成粉末，随后在低于熔点的温度下使这种粉末成形。后一方法生产成本较高，但是，生产出的产品有细晶粒的，比较好加工的显微组织。具体操作过程包括，把钼，硅和硼粉按比例配好，在电弧等离子体的作用下使它们熔化，用气雾化法使它们突然凝固成粉末，雾化炉的底部是 250kW 的等离子炉熔化喷射器。雾化粉末过 80 目筛，放入钼的挤压包套内，抽真空密封。材料在挤压前进行 1760℃/2h 热处理，在 1510℃ 挤压，挤压比是 6。然后挤压棒在 1370℃ 模锻，模锻总变形量 50%，道次变形量 5%。除去钼包套以后，在 1370～1260℃ 模锻到要求的尺寸。所有加热都是在惰性气体，真空或氢气中进行。合金中的 αMo$_{ss}$ 的含量（体积分数）少于 50%，它的室温塑性差。如果合金的 αMo$_{ss}$ 的含量（体积分数）达到或超过 50%，则它的强韧性可以达到高温结构材料要求的高水平[36]。

6.8.2.3　热分解制备钼包金属间化合物粉末

  通过氩气保护电弧熔炼法把元素粉末熔炼成名义成分为 Mo-20Si-10B 的纽扣形小铸锭。原料钼、硅和硼的纯度（质量分数）分别为 99.95%、99.99% 和 99.5%。小铸锭破碎到 −100 目/＋200 目，粉末直径 53～150μm，破碎过程留下的钢的残留物用磁选法净化。粉末在 1600℃ 真空退火 16h，真空度 10⁻³Pa。通过退火处理以后，除去 Mo-20Si-10B 粉末表面的硅。按照 Mo-Si-B 三元相图，Mo-20Si-10B 在 1600℃ 只有 Mo₃Si 和 Mo₅SiB₂ 处于热力学平衡状态，没有 αMo$_{ss}$。但是，经过高温真空热处理以后，在 Mo₃Si 和 Mo₅SiB₂ 表面的硅已全部挥发，生成一层 αMo$_{ss}$，形成钼包金属间化合物的改性粉末。图 6-31 是 1600℃ 真空退火 16h 以后钼包 Mo-20Si-10B 粉末颗粒横断面的光学显微照片，可以清楚看见粉末颗粒外围有约 10μm 厚的 αMo$_{ss}$ 层。αMo$_{ss}$ 表层的形成是由于 SiO 的挥发引起硅的损失。在 1600℃

氧分压高到 1000Pa 的情况下，SiO 仍能挥发，而在真空热处理时真空度只有 10^{-3} Pa，如此低的压力足以促进表面 SiO 挥发而形成表面 αMo_{ss} 层。用 X 射线衍射法确定在真空退火过程中 Mo_3Si，Mo_5SiB_2 和 αMo_{ss} 的体积分数，表 6-21 给出了鉴定结果。αMo_{ss} 的体积分数的增加与退火时间的平方根之间近似有线性关系，见图 6-32，这意味着硅穿过颗粒表面的 αMo_{ss} 层的扩散控制了 SiO 挥发速度。当然，由于没有考虑在退火过程中，在 X 射线衍射花纹上出现的第四相 Mo_2B，因而各相在退火过程中的体积分数的分析也是近似的，Mo_2B 的出现可能是根据下面的反应方程式：

$$Mo_5SiB_2 + 1/2\ O_2 \longrightarrow 2Mo_2B + SiO + Mo$$

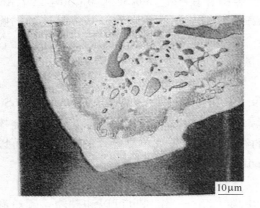

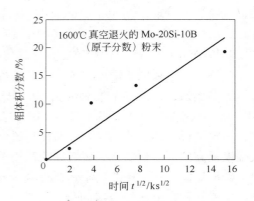

图 6-31   在 1600℃/16h 真空退火以后 Mo-20Si-10B 粉末颗粒的横断面

图 6-32   在 1600℃ 真空退火过程中 Mo-20Si-10B（原子分数）粉末的 αMo_{ss} 体积分数随时间的增加

表 6-21   Mo-20Si-10B 合金在 1600℃ 真空退火过程中 Mo_3Si、Mo_5SiB_2 和 αMo_{ss} 的体积分数随时间的变化

退火时间/h	αMo_{ss}/%	Mo_3Si/%	Mo_5SiB_2/%
0	0.4	59.8	39.8
1	2.1	57.3	40.6
4	10.2	45.8	44.0
16	13.3	40.7	46.0
64	19.1	36.4	44.5

比较 Mo_3Si 和 Mo_5SiB_2，前者每失去一个硅原子产生三个钼原子，而 Mo_5SiB_2 产生的钼原子相当少。然而，随着退火时间的延长，预计 Mo_5SiB_2 的量减少。但是，表 6-21 显示它的体积分数有增加的倾向，其原因可能是形成 Mo_2B 相，其他相的体积分数发生了变化。不过清楚地证实了确实生成了 αMo_{ss} 相。

在 1600℃ 真空退火 24h 以后，Mo-20Si-10B 合金粉末发生了轻度烧结，为了把粉末颗粒分开而又不破坏它们，仔细地把粉末破碎。另外，在第一次退火过程中有一些粉末颗粒表面的硅可能未挥发，破碎以后把这类表面暴露出来，再进行第二次 1600℃/24h 真空退火。二次处理过的粉末再次仔细破碎以后放入铌包套内，密封后抽真空进行热等静压（HIP）处理。这样制备出的样品的基体是连续的 αMo_{ss} 相，点计数法指出 αMo_{ss} 的体积分数约占 30%。用真空高温退火制备 αMo_{ss} 包覆的金属间化合物粉末和用 αMo_{ss}、Mo_5SiB_2、Mo_3Si 三种粉末直接混料法相比，用包覆粉末制备连续 αMo_{ss} 基体合金中的 αMo_{ss} 的体积分数可以较低，但可形成连续的 αMo_{ss}，而直接混粉法中的 αMo_{ss} 的体积分数较低时（例如30%），则不能形成连续的 αMo_{ss} 基体。

6.8.2.4　旋转电极法

用旋转电极法制造低硅-硼的钼固溶体粉末，三相 Mo-Si-B 合金由 αMo_{ss}、Mo_5SiB_2 和 Mo_3Si 组成。最佳显微组织是用 αMo_{ss} 做基体。Mo-0.9Si-0.15B 质量分数（Mo-3.0Si-1.3B 原子分数）合金组织是基体钼加少量的 Mo_5SiB_2 相（约体积分数 3.5%），故可以认为这种显微组织是钼的硅硼饱和固溶体，它的结构和性能可以近似代表 Mo-Si-B 三相合金的基体的结构和性能。这种低硼硅合金的生产过程包括：高纯钼，硅和硼元素做原料，按需要的比例配料，用电弧熔炼法得到直径 39mm 的铸锭。为了提高材料的均匀性进行多次电弧重熔。铸锭包在纯钼的包套内挤压，挤压比是 4，挤压棒有严重裂纹。挤压产品的化学分析成分 Mo-0.75Si-0.14B 质量分数（Mo-2.5Si-1.2B 原子分数），再次说明熔炼前后的成分变化不大。

用真空电弧多次重熔法生产出直径约 75mm，高约 200mm 的铸锭。铸锭表面车光以后经受热等静压处理（HIP），HIP 处理过的铸锭进行等温锻造加工，经三道次把原始高度约为 70mm 的铸锭最终锻成高约 25mm 的钼饼，压缩变形量达到 64%。

用熔炼工艺生产双相（αMo_{ss} + Mo_5SiB_2）合金时，成分有宏观偏析，引起铸锭开裂。因此，改用旋转电极等离子制粉工艺生产 Mo-2Si-1B 质量分数（Mo-6Si-8B 原子分数）粉末。粉末装入铌套内用热等静压（HIP）成形，铌套抽真空并用电子束焊接密封。热压温度 1760℃，压力 200MPa。最终高 120mm 的压块承受 1760℃ 的等温锻造，最终压缩到厚度 20mm 的钼合金饼材，总变形量达到 83%。

生产复相钼合金的工艺有电弧熔炼法和粉末冶金法，电弧熔炼工艺生产的钼合金锭的成分有宏观偏析，铸锭的裂纹密度较高，很难得到完善的铸锭，但铸造产品的氧，碳含量低。相比起来，粉末冶金工艺生产出的坯料，由于在粉末制备阶段，用预合金化粉末，或用纯元素粉末，都可以把粉末混合均匀。也可以精确控制合金结构，使得显微结构是以连续的 αMo_{ss} 为基体，其余的 Mo_5SiB_2 和 Mo_3Si 均匀分布在基体上，可以得到综合性能较佳的复相钼合金。因此，在选择生产工艺时，要优先考虑粉末冶金工艺。

6.8.3　复相 Mo-Si-B 合金的机械性质

6.8.3.1　断裂韧性

复相钼合金由有断裂韧性的 αMo_{ss} 基体和脆性的金属间化合物组成，它的断裂韧性取决于二者之间的相互作用和特性。用单向加载方式研究带缺口的有预裂纹的弯曲试样或紧凑拉伸试样。图 6-33 是裂纹扩展抗力图，单一硅化物 $MoSi_2$ 的断裂韧性很差，室温 K_{IC} 大约只有 $3 \sim 4$MPa·$\sqrt{m}$。复相 Mo-12Si-8.5B 是两相合金，因为掺入了硼，又有过剩的钼，它的起始韧性升到大约 7.2MPa·$\sqrt{m}$，比 $MoSi_2$ 的高出 70%。由于最终的断裂抗力与裂纹伸长的关系曲线（R-曲线）很

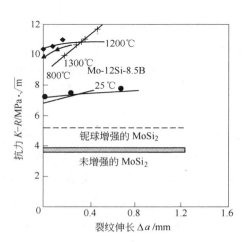

图 6-33　Mo-12Si-8.5B 合金的裂纹
扩展抗力与裂纹伸长量的关系

平坦，即韧性随裂纹伸长而稍有提高，大部分韧性似乎都是内在的韧性，不包含裂纹尖端盾牌的阻碍作用。Mo-12Si-8.5B 的断裂韧性行为与裂纹伸长量之间的关系有明显变化[39]。在高温条件下合金的内部韧性大大增加，1200℃起点韧性超过 10MPa·$\sqrt{m}$，R-曲线仍很平坦，在 1300℃，裂纹扩展抗力由起始的 $K_0 \approx 9$MPa·$\sqrt{m}$ 陡然增加到最大值 $K_c \approx 11.8$MPa·$\sqrt{m}$，R-曲线明显上翘。在裂纹轨迹上显现出有未破断的塑性的 αMo_{ss} 粒子构成的裂纹桥。另外，在平行于主裂纹的广泛的显微裂纹网内发生了附加的塑性粒子桥。显微裂纹确实全都塞聚在 αMo_{ss} 区域内，这或许是在高温下出现微裂纹韧化机理一，钼的塑性提高。

金相观察显示，在环境温度下，αMo_{ss} 粒子和裂纹通路之间只有最少的交割，见图 6-34。图 6-34(a) 和图 6-34(b) 是在 25℃ 和 1300℃ 裂纹和显微结构的作用。意外的是，钼粒子对裂纹向前运动没有提供任何有价值的障碍，裂纹通路主要固定在基体和基体/钼粒子的界面，大约有 50% αMo_{ss} 粒子被裂纹穿过，其余的破坏都沿着交界面。确切的说，裂纹倾向于绕过小的球状 αMo_{ss} 颗粒，当 αMo_{ss} 颗粒具有粗大拉长的形状时，裂纹才穿过它们而扩展。

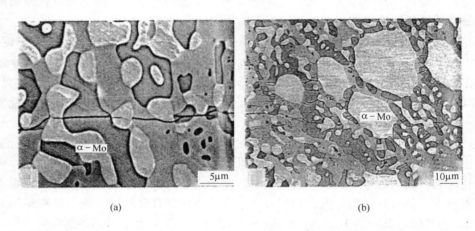

(a)　　　　　　　　　　　　　(b)

图 6-34　在单向载荷作用下 Mo-12Si-8B 内的裂纹通路的 SEM 照片[39]

(裂纹从左到右)

在单向加载三点弯曲条件下研究双相 Mo-2Si-1B 质量分数合金裂纹扩展特性，25~600℃低温在空气中实验，高温到 1400℃ 在真空条件下实验[46]，断裂韧性随温度的变化示于图 6-35，锻造状态的室温断裂韧性约 8 MPa·$\sqrt{m}$，在 1600℃/48h 退火以后韧性略有升高，到 9MPa·$\sqrt{m}$。双相合金材料在室温下都是脆性断裂，没有可度量的塑性。温度升高到 600℃，韧性逐渐升到 13MPa·$\sqrt{m}$，在高温真空条件下的实验结果指出，在 1200~1400℃ 区间内，韧性陡然从约 18MPa·$\sqrt{m}$ 升高到约 25MPa·$\sqrt{m}$。

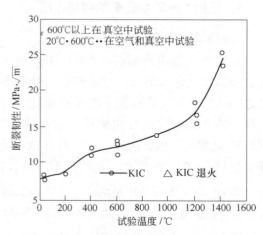

图 6-35　双相 Mo-Si-B 合金的断裂
韧性与实验温度的关系

　　研究扩展中的裂纹与显微组织的相互作用，揭示双相合金的裂纹择优扩展路径，图 6-36 给出了正在扩展中的裂纹与显微组织的相互作用的照片，可以看出，图 6-36(a) 是在室温下实验的疲劳预制裂纹的带缺口的单向弯曲试样，中途暂停实验，用光学显微镜记录裂纹与显微组织的相互作用，可以看出，除 αMo$_{ss}$ 基体中的主裂纹以外，还看到有一些头发丝细的次生裂纹，主裂纹似乎沿 T$_2$/基体交界面择优扩展，有时也看到有穿过 T$_2$ 粒子扩展。图 6-36(b) 是实验结束后的断口表面，说明主要是晶间破坏，偶然也看到有穿过 αMo$_{ss}$ 的穿晶破坏，穿晶断裂表面的平面形貌上进行的能谱分析确定，硅含量远远超过固溶体容许含量，可以推断，穿晶断裂是 T$_2$ 相断裂。随着实验温度的提高，穿晶解理断裂的分量增加，尽管在 1400℃仍有晶间破坏，但晶间破坏的分量减少。1400℃真空中实验发现图 6-36(c)，断裂是晶间破坏和穿晶解理断裂的混合模式，该图也揭示大晶粒解理断裂形貌与位于解理的大晶粒中心的小晶粒的晶间破坏共存（箭头指示），产生这种现象一种可能原因是大晶粒和小晶粒解理面不一致。

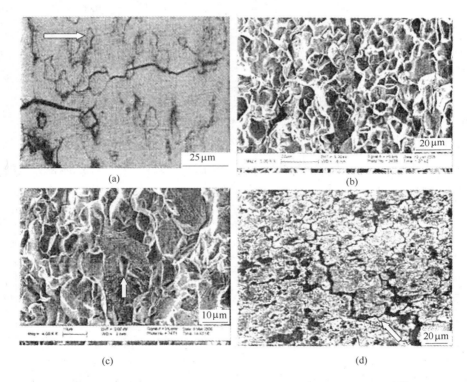

图 6-36　单向加载的正在前进中的裂纹与显微组织的相互作用[46]

　　含有 Mo$_5$SiB$_2$ 和 Mo$_3$Si 复相 Mo-Si-B 合金与只含 Mo$_5$SiB$_2$ 两相合金的性能差异较大。文献 [45] 研究了五种复相钼合金的性能与显微组织之间的关系。表 6-22 给出了所研究合金的名称及成分。表中的 F、M、C 代表生产该合金采用的原料粉末粒度是细粉（不大于 45μm）、中粗粉（45～90μm）、粗粉（90～180μm），具体数字代表起始的 αMo$_{ss}$ 的体积分数。根据表 6-22 的数据，转化成各组成相的体积分数，见表 6-23。体积分数的估算值和实测值相当一致，C49 的估算值与实测值差别较大。在单向载荷和循环载荷条件下测量出 25℃ 和 1300℃ 的断裂韧性的数据和疲劳性能数据。

表 6-22　各种 Mo-Si-B 合金的成分（原子分数）[45]　　　　　　　　　（%）

元素	F34	M34	C17	C46	C49
Mo	76.68	77.28	73.62	80.47	85.14
Si	11.32	11.32	15.02	9.46	6.68
B	11.42	10.92	10.99	9.89	8.05
Al	0.32	0.26	0.17	0.12	0.09
Fe	0.11	0.01	0.18	0.04	0.03
Ni		0.13			
O	0.08	0.005	0.05	0.01	0.01
C	0.07	0.07	0.06	<0.07	<0.07
S	0.005	0.007	0.007	0.005	0.005

表 6-23　根据表 6-22 的成分估计的各相的体积分数　　　　　　　　　（%）

相	F34	M34	C17	C46	C49
αMo$_{ss}$	37.5	37.5	18.3	49.1	66.5
Mo$_3$Si	21.9	21.9	40.3	14.6	4.7
Mo$_5$SiB$_2$	40.6	40.6	41.4	36.3	28.8

　　根据应力强度因子绘出的复相合金的裂纹扩展抗力图（R-曲线）清楚指出，见图 6-37。断裂韧性随着裂纹伸长而增加。C49、C46 粗粉合金的韧化作用非常明显，它们的室温韧性峰值超过 20MPa·$\sqrt{m}$，单一硅化钼（MoSi$_2$，Mo$_3$Si）的峰值韧性只有 3~4MPa·$\sqrt{m}$，前者相当于后者的七倍。而基体不是连续的 αMo$_{ss}$（22%~35%）体积分数的复相合金的峰值韧性是 4~7.5MPa·$\sqrt{m}$，也比 C49、C46 的低。

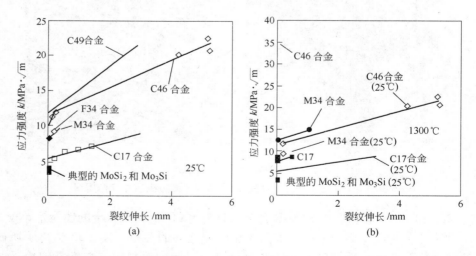

图 6-37　具有连续的 αMo$_{ss}$ 基体的 Mo-Si-B 复相合金的断裂抗力与裂纹伸长的关系图（R-曲线）
（a）室温；（b）1300℃

　　1300℃ 的断裂韧性试验表明，高温断裂韧性明显提高，图 6-37（a）、（b）是不同复相合金的应力强度因子和裂纹伸长的关系（R-曲线）。提高温度对裂纹起始韧性 K_i（定为 R-

曲线的起点）有特别重大的影响。例如，M34 和 C17 的 1300℃ 的起始韧性比 25℃ 的高 63% 和 65%。αMoss 含量很高的 C46 合金在做 1300℃ 的韧性实验时，发生了大范围的裂纹钝化和变形（变形区的尺度大于 1.6mm），用现在的试样尺寸（宽 14mm，厚 3mm DC (T)），线弹性断裂力学不再是评估断裂韧性的有效方法，因为违背了线弹性力学要求的小范围屈服的条件。因而 C46 合金根据测量的裂纹尖端位移，用下式计算 J 积分，再估算它的断裂韧性。

$$J = d_n \sigma_0 \delta$$

式中，σ_0 为屈服强度；δ 为裂纹尖端张开位移；d_n 为尺寸因子，它依赖于屈服应变，应变硬化系数和应力状态，在 0.3 和 1 之间变化。若 $\sigma_0 = 336$MPa，$d_n = 1$（反应平面应力条件），加工硬化系数最小，实测 $\delta = 10\mu m$，计算出裂纹起始韧性 $J_i = 3360$J/m^2。J 和 K 之间有下式关系：

$$K = \sqrt{EJ}$$

式中，E 为弹性模量。

可以估算平面应力起始韧性 K，根据 αMoss 的 $E = 325$GPa，金属间化合物的 $E = 390$GPa，按混合定律计算 $E = 360$GPa，导出平面应力起始韧性 $K_i \approx 35$MPa。表 6-24 给出了基体是 αMoss 的各种 Mo-Si-B 复相合金的断裂和疲劳性质。

表6-24 具有 αMoss 基体的 Mo-Si-B 复相合金的断裂和疲劳性质

合金名称	25℃ 起始韧性/MPa·√m	1300℃ 起始韧性/MPa·√m	25℃的疲劳门槛 $K_{max. TH}$/MPa·√m	25℃ Paris 指数/m
F34	8.0	不可应用	6.8	125
M34	7.5	12.6	7.2	87
C17	5.0	8.3	5.6	152
C46	9.8	35①	9.9	88
C49	12.0	不可应用	10.6	78

① 用测量的裂纹尖端张开位移计算出的平面应力值。

6.8.3.2 疲劳性能

在循环载荷作用下，材料受交变应力，可能产生疲劳破坏。研究材料的疲劳性能就要分析疲劳极限（疲劳寿命）以及疲劳裂纹扩展的规律。图 6-38[46] 给出了双相 Mo-6Si-8B（原子分数）的疲劳极限图，载荷比 $R = 0.1$（最小载荷与最大载荷比，$R = \sigma_{min}/\sigma_{max}$）。为了比较，图中还给出了经典的钼合金 Mo-TZM 的实验结果。在 20℃，Mo-TZM 具有脆性材料的特点，疲劳寿命曲线很平坦，30000 次循环的破坏应力约为 370MPa，10^6 次循环的破坏应力降到约 320MPa，这个应力值刚好在疲劳极限之上（定义为在最大应力 310MPa（$R = 0.1$）下循环 10^7 次不发生破坏）。由于采用的 Mo-TZM 的断口表面上发现有

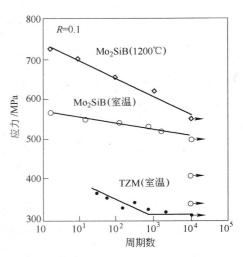

图6-38 双相 Mo-Si-B 合金的疲劳
极限（*S-N*）关系（$R = 1$）

粗大氧化锆粒子，它们是裂纹的起始位置。断口是穿晶解理和晶间破坏的混合模式，Mo-Si-B 复相合金的疲劳极限应力与循环次数的关系（S-N 关系）基本和 Mo-TZM 一样，应力的绝对值高达 500～565MPa。断裂仍然是穿晶解理和晶间破坏的混合断裂模式。在晶间破坏区内的晶界小平面是等轴的，大小约为 10μm 或小一点，这说明发生了局部再结晶。

在 1200℃ Mo-Si-B 的 S-N 关系比室温的优越，疲劳极限约 550MPa（在 10^7 次循环以后根据残存未裂的试样决定）。在这个温度下 N-S 曲线的斜率比室温的较陡一些，表明材料比较倾向于疲劳破坏，由于在 1200℃ 材料能塑性变形，这种行为是可以预料到的。

疲劳裂纹扩展速度，根据 Paris 的指数关系，$\dfrac{\mathrm{d}a}{\mathrm{d}N} = C\Delta K^{\mathrm{m}}$，观察裂纹扩展速率与应力强度因子幅值 ΔK 之间的关系（$\Delta K = K_{\max} - K_{\min}$），测定疲劳裂纹扩展速度实验条件[45]是：温度 25℃ 和 1300℃，频率 25Hz，载荷波形正弦曲线（载荷比 $R = 1$）。裂纹扩展速率为 10^{-10}～10^{-11}m/周期定为疲劳门槛值 ΔK_{TH}，低于此值，裂纹不会快速扩展。图 6-39[45] 是被研究的五个 Mo-Si-B 合金在不同温度下的裂纹扩展速度与应力强度因子幅值之间的关系，这五个合金粉末原材料粒度不同，$\alpha\mathrm{Mo_{ss}}$ 含量不同。它们 25℃ 的疲劳门槛值 ΔK_{TH} 处于 5～9.5MPa·$\sqrt{\mathrm{m}}$ 之间，Paris 指数都超过 78，见表 6-24，这是脆性材料的特征。M34 和 C49 两个合金的 1300℃ 的疲劳数据说明，虽然和 M34 有同样的 Δk 的关系，但粗粒度的，含 $\alpha\mathrm{Mo_{ss}}$ 量高的 C49 在 1300℃ 已过渡到塑性疲劳状态、Paris 指数由 78 降到 4，这和塑性金属的指数一样。由于脆性材料的疲劳受 $K_{\max}$ 的影响非常大，而受 ΔK 的影响较小，因此在疲劳门槛处给每个合金选用特定参数最大应力强度因子门槛 $K_{\max,\mathrm{TH}}$。通过载荷比 R 把 ΔK_{TH} 和 $K_{\max,\mathrm{TH}}$ 之间联系起来，即

$$\Delta K_{\mathrm{TH}} = K_{\max,\mathrm{TH}}(1 - R)$$

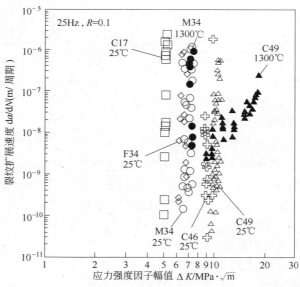

图 6-39　具有 $\alpha\mathrm{Mo_{ss}}$ 基体的 Mo-Si-B 合金的裂纹扩展速率与应力强度因子幅值间的关系[45]

双相合金 Mo-12Si-8.5B 合金，它们的基体不是连续的 $\alpha\mathrm{Mo_{ss}}$，它们在不同温度下的裂纹扩展速率与应力强度因子幅值之间的关系绘于图 6-40，为了比较，图上也给出了单一的

MoSi$_2$和铌增强的 MoSi$_2$ 的数据。显然，Mo-12Si-8.5B 合金在 25℃的裂纹扩展速率比 MoSi$_2$ 的慢，疲劳门槛值 ΔK_{TH} 约为 5MPa $\cdot \sqrt{m}$，比 MoSi$_2$ 断裂韧性高得多。并且温度升高到 1200℃以上，疲劳门槛值升高到 7MPa $\cdot \sqrt{m}$。好像随着温度升高，断裂韧性值和疲劳门槛值都累计增大。

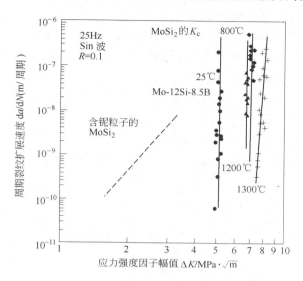

图 6-40　Mo-12Si-8.5B 合金的周期疲劳裂纹扩展速率与疲劳门槛幅值的关系

在低均化温度（T/T_m）下，脆性材料的裂纹扩展速率对应力强度明显地很敏感，在 25℃，800℃和 1300℃的 Paris 指数 m 分别大约是 60 和 55。这意味着 Mo-12Si-8.5B 合金对过早的疲劳破坏基本上不敏感，特别在较低温度下。随着温度升高到 1300℃，合金 Mo-12Si-8.5B 的疲劳抗力进一步改善，ΔK_{TH} 疲劳门槛值增到 7.5MPa $\cdot \sqrt{m}$，比室温提高约 50%。但是，在 1300℃由于 αMo_{ss} 裂纹桥韧化机理起作用，引起一定程度的外部韧化，造成对疲劳的敏感性略有增加，Paris 指数 m 稍微下降到约 44。

疲劳裂纹的扩展行为，对比研究了温度和环境对 Mo-TZM 和 Mo-6Si-8B（原子分数）合金的疲劳裂纹扩展行为的影响。在 20~600℃范围内，在大气或真空条件下实验研究 da/dN 与 ΔK 的关系曲线，高温实验只在真空中进行。Mo-TZM 试样的缺口方向平行或垂直于板材的轧制方向，$R = 0.1$，缺口方向平行于轧制方向试样疲劳门槛值 $\Delta K_{TH} \approx 3$ MPa $\cdot \sqrt{m}$，缺口垂直于轧制方向试样的疲劳门槛值 $\Delta K_{TH} \approx 4.5 \sim 5.0$ MPa $\cdot \sqrt{m}$，Paris 斜率为 21，外观比较陡。Mo-6Si-8B（原子分数）合金试样取自等温锻造的饼材，试样的缺口方向受毛坯的尺寸限制，试样的长轴在锻造平面内，不可能和锻造方向一致（饼的厚度方向）。它的室温疲劳门槛值 $\Delta K_{TH} \approx 5$ MPa $\cdot \sqrt{m}$。疲劳裂纹的扩展过程研究发现，疲劳预裂纹的 Mo-TZM 试样，在 $\Delta K = 5$ MPa $\cdot \sqrt{m}$，50000 周期加载以后，预制裂纹沿着横方向的晶粒边界向前运动。而 Mo-6Si-8B（原子分数）合金，选取 $\Delta K = 5.4$ MPa $\cdot \sqrt{m}$，先承受一次 25000 周期的疲劳加载，再承受一次 25000 周期，$\Delta K = 5.7$ MPa $\cdot \sqrt{m}$ 疲劳加载以后，在基体内主裂纹发生分叉，有些分支裂纹穿过 T_2 相质点，裂纹前进路径没有择优现象。

Mo-TZM 在 300℃空气中实验，疲劳门槛值 ΔK_{TH} 由约 5MPa $\cdot \sqrt{m}$ 降到约 3.2MPa $\cdot \sqrt{m}$。

Paris 斜率由 20 上升到 30。Mo-TZM 在 600℃ 实验是错误的，疲劳门槛值降到小于 3MPa·$\sqrt{m}$，若在 600℃ 真空中实验，疲劳门槛值达到 4.7MPa·$\sqrt{m}$，Paris 斜率为 18，即回到室温水平。由此可以确认，在 20～600℃ 范围内环境对 Mo-TZM 的疲劳裂纹扩展行为有相当不利的影响。

在 20～600℃ 范围内，Mo-6Si-8B（原子分数）合金的疲劳裂纹扩展行为也与环境有关，在温度由 20℃ 上升到 300℃，再升到 600℃，Paris 斜率由 17 上升到 19，再上升到 23。若在真空中进行实验，Paris 斜率又降到室温的 17。而疲劳门槛值不随温度和环境发生明显变化，大约都保持在 4.6～5.4MPa·$\sqrt{m}$ 之间。

900℃，1200℃ 和 1400℃ 的高温实验确定，到 1200℃，Mo-TZM 的疲劳裂纹扩展行为才发生可度量的变化，$\Delta K_{TH} \approx 5MPa·\sqrt{m}$，Paris 斜率还是 8。而 Mo-6Si-8B（原子分数）合金在室温至 900℃ 之间的疲劳裂纹扩展行为的变化可归属于一个组，在这一组内，室温的 Paris 斜率是 17，900℃ 的是 11，保持 $\Delta K_{TH} \approx 5MPa·\sqrt{m}$，直到 1200℃，Paris 斜率下降到 6，1400℃ 降到 3.5。疲劳门槛值继续保持 $\Delta K_{TH} \approx 5～6MPa·\sqrt{m}$。当温度 $t \geqslant 900℃$ 时，在一给定的温度下，由图 6-41 可以看出 Mo-6Si-8B（原子分数）合金的疲劳裂纹扩展行为似乎比 Mo-TZM 的优越，该图给出了双相 Mo-6Si-8B（原子分数）和 Mo-TZM 两个合金的 Paris 斜率随温度和环境变化的情况的对比。

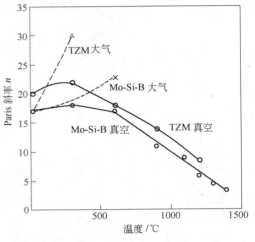

图 6-41　Mo-6Si-8B（原子分数）和 Mo-TZM 的 Paris 斜率随温度和环境的变化

在 20～600℃ 中低温范围内，检查 Mo-6Si-8B（原子分数）和 Mo-TZM 在大气和真空条件下的疲劳裂纹扩展行为可以发现，在大气中实验的样品，除裂纹尖端发生氧化以外，加热不会引起其他组织结构的变化。在这个温度范围内，环境影响的研究确定，Mo-TZM 的性能恶化比 Mo-6Si-8B（原子分数）更严重。

温度和环境对循环加载过程中疲劳裂纹扩展行为影响的基础机理已进行过分析讨论[48]。认为在空气中的裂纹扩展可归因于力学扩展和环境扩展两个组分，在真空中没有环境扩展机理，真空中和大气中的力学分量近似一样，并假定两个分量之间没有相互作用。环境分量是一个简化量，它的取值是空气中的裂纹扩展速率（$da/dN_{空气}$）和真空中的裂纹扩展速率（$da/dN_{真空}$）之差，以 Mo-TZM 和 Mo-6Si-8B（原子分数）为例，采用这种方法，用在真空中和大气中实验得到的三个不同的疲劳门槛值 ΔK_{TH}，做出 20～600℃ 范围内的 Arrhenius（阿伦尼亚斯）图，即 $\ln(da/dN)$-$1/T$ 图，如图 6-42 所示。图 6-42（a）、（b）和（c）图的各直线的斜率代表过程的激活能，具体数据列于表 6-25。图 6-42（a）是两个合金在真空中实验结果，两组直线比较平坦，表明裂纹扩展速率与温度几乎没有关系。在 20～600℃ 范围内，Mo-TZM 和 Mo-Si-B 表观激活能相应为 1.2～1.4kJ/mol 和 1.4～1.7kJ/mol。图 6-42（b）是在大气中的实验结果，该图的纵坐标为：

$$da/dN_{环境} = da/dN_{空气} - da/dN_{真空}$$

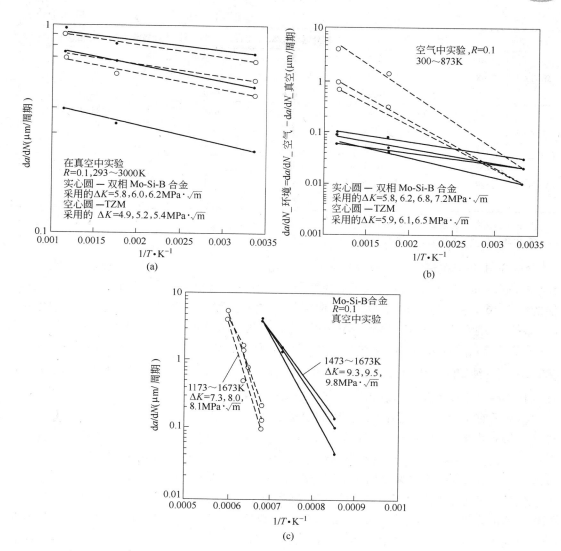

图 6-42　在给定的三个 ΔK 值的条件下，Mo-TZM 和 Mo-Si-B 的裂纹扩展速率与温度的关系

（a）在真空实验；（b）在 20～600℃空气中实验；（c）在 900～1400℃范围内真空中实验

表 6-25　**Mo-TZM 和双相 Mo-Si-B 合金的表观激活能与温度和环境的关系**

合　金	实验温度/K			采用的 ΔK 值/MPa·$\sqrt{\text{m}}$	实验条件	计算的表观激活能 Q/kJ·mol^{-1}
Mo-Si-B	300	573	873	5.8	真空	1.7
	300	573	873	6.0	真空	1.5
	300	573	873	6.2	真空	1.4
Mo-TZM	300	573	873	4.9	真空	1.4
	300	573	873	5.2	真空	1.2
	300	573	873	5.4	真空	1.2
Mo-Si-B	300	573	873	5.8	大气	6.8
	300	573	873	6.2	大气	5.4
	300	573	873	6.8	大气	4.6
	300	573	873	7.2	大气	4.1

合　金	实验温度/K			采用的 ΔK 值/MPa·$\sqrt{\text{m}}$	实验条件	计算的表观激活能 Q/kJ·mol^{-1}
Mo-TZM	300	573	873	5.9	大气	20.4
	300	573	873	6.1	大气	17.3
	300	573	873	6.5	大气	16.0
Mo-Si-B	1173	1373	1473	9.3	真空	221①
	1173	1373	1473	9.5	真空	180①
	1173	1373	1473	9.8	真空	170①
Mo-Si-B	1473	1573	1673	7.8	真空	386②
	1473	1573	1673	8.0	真空	375②
	1473	1573	1673	8.1	真空	336②

① 钼的晶界扩散激活能 Q 为 263kJ/mol；
② 钼的体积扩散激活能 Q 为 400kJ/mol。

　　Mo-Si-B 合金在真空中的裂纹扩展速率与温度有一些关系，过程的表观激活能 4.1～5.4kJ/mol。Mo-TZM 合金的裂纹扩展速率与真空中的结果相比，有强烈的温度关系，激活能的范围 16.0～20.4kJ/mol。大气中的和真空中的表观激活能的区别说明在空气中实验时，裂纹尖端发生了氧化。Mo-TZM 在空气中氧化生成 MoO_3，它在 500℃ 开始升华，而 Mo-Si-B 的氧化反应是在 MoO_3 锈皮上生成一层有保护性的硼硅酸盐玻璃锈皮。在 500～600℃ 范围，纯钼的氧化动力学抛物线速度方程是 $k_p = 7.93 \times 10^{10} \exp(-160.6/RT)$ mg/cm²$\sqrt{\text{h}}$，而双相 Mo-12Si-12B 合金的氧化速度方程是 $k_p = 3.41 \times 10^5 \exp(-94.5/RT)$ mg/cm²$\sqrt{\text{h}}$。由于 B、Si 适宜生成完全覆盖的硼硅酸盐玻璃层，这个双相合金的氧化速度比 Mo-TZM 的慢得多。钼氧化生成的 MoO_3 是多孔的，氧穿过在裂纹尖端形成的 MoO_3 层可能不是速度限制阶段，而金属-氧反应是速度限制阶段。在 20～600℃ 范围内，在给定的温度下，在周期加载过程中，Mo-TZM 的裂纹加速扩展与滞后氧化速度的裂纹扩展速率有关，也与穿过金属氧化物（不是金属）发生的裂纹增量扩展有关系。另外，氧化物的分裂也能导致裂纹尖端的新鲜的未被氧化的金属不断地暴露出来。裂纹扩展速率与温度有强烈的关系原因在于，反应动力学与温度有指数关系。不同的是，Mo-Si-B 合金的裂纹扩展速率与温度没有多大关系，其原因可能与氧很难透过硼硅酸盐玻璃锈皮以及反应速度缓慢有关。进一步分析，空气中的裂纹扩展速率比真空中的快，或许可能与生成硼硅酸盐玻璃层的滑移不可逆性有关。裂纹扩展的这种温度关系是在高温下生成较厚的玻璃层的结果。

　　在 900～1400℃ 温度范围内，周期性裂纹扩展速率的温度关系示于图 6-42(c)，在所有情况下，每个周期的裂纹扩展量随温度上升都增加。但是，数据分成两个组，第一组属于 900～1200℃，其表观激活能是 170～220kJ/mol。第二组是 1200～1400℃，其表观激活能是 336～386kJ/mol。根据文献资料，钼的晶界扩散表观激活能是 263kJ/mol，而体扩散表观激活能是约 400kJ/mol，在 900～1200℃ 的实验值与晶界扩散激活能近似，而在 1200～1400℃ 的实验值与体扩散激活能相近，这就表明在 900～1200℃ 范围内晶界扩散是过程的控制机理，而在 1200～1400℃ 范围内体扩散是控制机理。

　　随着温度升高，材料的塑性增加（见图 6-35），因为在短时实验过程中蠕变变形不起作用，每个周期的裂纹前进量因塑性增加会下降，而在疲劳实验过程中耗费的时间较长，蠕变变形常导致每个周期的裂纹扩展量增加，显然，这两个结果是矛盾的。此外，裂纹尖端存在的高应力场导致动态再结晶，假若再结晶动力学速度相当于裂纹扩展速率，也可能使正在前进的裂纹尖端的前面发生动态再结晶。图6-43 是在 1400℃ 真空疲劳裂纹扩展实验中途拍摄的显微裂纹扩展照片（$R = 0.1$，5Hz，首次看到再结晶的 ΔK 约为 $8.8\text{MPa} \cdot \sqrt{\text{m}}$），在裂纹尖端前面有两个圆形晶粒的再结晶区，然后，裂纹沿新生成的晶粒边界扩展（晶间扩展），看来这类显微组织的不稳定性也可能使裂纹扩展速率加快。

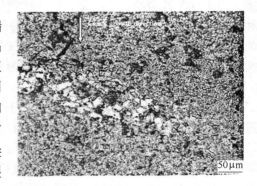

图 6-43　Mo-Si-B 合金的疲劳裂纹扩展试样中正在前进的裂纹尖端前面的再结晶区

6.8.3.3　Mo-Si-B 合金的韧化机理

Mo-Si-B 合金含有韧性的 αMo_{ss} 相，内部塑性相提高韧性的机理有三种，裂纹桥外部机理、裂纹阱内部机理和显微裂纹韧化机理。图 6-44 为韧化机理的示意图，图中标明裂纹阱和裂纹桥及显微裂纹区的韧化原理，裂纹阱是内部本身的韧化机理，它作用在裂纹尖端前面，增加本质韧性，提高断裂抗力 R-曲线的起始位置。裂纹桥是外部韧化机理，它作用在裂纹尖端后面，使裂纹避免承受施加的驱动力，随着裂纹伸长 R-曲线缓慢上翘提高，产生裂纹扩展韧化。

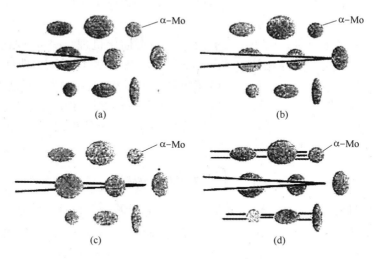

图 6-44　Mo-Si-B 合金中的主导韧化机理的示意图
（a）疲劳预裂纹；（b）裂纹阱；（c）裂纹桥；（d）显微裂纹

如果裂纹能在塑性相处塞聚，它必然在另一侧重新成核，最终的裂纹阱起材料内部韧化的作用，见图 6-44（a）、（b）。显然，在 Mo-Si-B 合金中有大量的 αMo_{ss} 裂纹阱，特别在低温下更多。这种现象的重要性在于，韧化机理是本质的内部韧化，在周期性载荷作用下，韧化不会产生衰竭作用，对疲劳破坏不敏感。但是，如果阱相的塑性足够高，致使它在裂纹尖端轨迹上始终保持完好无损，就能起到附加的外部裂纹桥的韧化作用，在裂纹轨迹尖端碰到塑性裂纹桥。已知，裂纹桥的盾牌在许多单一的或复合的金属间化合物中是一种很有效的韧化手段，见图 6-44(c)。另外，在高温下脆性的 Mo-Si-B 合金显示出有大量的应力诱发的显微裂纹，它们产生在裂纹尖端附近，见图 6-44(d)。确切地说，这些显微裂纹集中在由于热膨胀系数不匹配引起的残余拉应力区内，即在裂纹尖端附近区域内。

在室温下观察在裂纹伸长过程中，主裂纹和 αMo_{ss} 相互作用，发现在主裂纹被塞聚在 αMo_{ss} 粒子处，与此同时在裂纹尖端周围形成显微裂纹，在粒子另一侧裂纹重新成核时，进一步生成显微裂纹。这类裂纹阱伴随着的显微裂纹是低温内部韧化的主要源泉。在裂纹轨迹上被裂纹切割的 αMo_{ss} 粒子不再保持完好无损时（这或许是因为钼在室温下塑性有限），就没有多少裂纹桥存在，因此裂纹扩展韧化程度较低，抗力曲线（R-曲线）相当平坦。在室温下 αMo_{ss} 相的断裂是脆性破坏，而在 1300℃，αMo_{ss} 与 Mo_3Si/Mo_5SiB_2 分离断裂时呈现有大量的塑性伸长。

在室温下裂纹阱似乎是 Mo-Si-B 合金的主导韧化机理，它的过程包括：裂纹在 αMo_{ss} 质点处塞聚，随后在裂纹尖端前面生成显微裂纹，随着应力强度因子的增加，裂纹完成再成核，其余裂纹拐出钉扎区或者穿过 αMo_{ss} 粒子扩展。韧化程度可以根据"复合材料"的 K_c^c 和基体的 K_c^m 的相关韧性进行估算：

$$\frac{K_c^c}{K_c^m} = \sqrt{1 + \frac{2r}{l}\left[\left(\frac{K_c^p}{K_c^m}\right)^2 - 1\right]}$$

式中，r 为阱相的特征尺寸，可根据裂纹形貌量测；l 为裂纹阱质点之间的距离，可根据裂纹形貌量测；K_c^p 为阱相的韧性，纯钼在 25℃ 断裂韧性值取 $15MPa \cdot \sqrt{m}$；K_c^m 为基体的韧性取值 $3.5MPa \cdot \sqrt{m}$。

高温韧化包括塑性相的韧化和显微裂纹韧化两个韧化机理，αMo_{ss} 相在高温下塑性提高，在一定程度上促成了塑性相桥（见图 6-34），造成 1300℃ 的抗力曲线（R-曲线）上翘。根据裂纹尖端轨迹上的粒子变形和破坏引起的能量增加，可以估算这类韧性的大小。假设用小范围桥的条件，即桥区的尺寸与裂纹长度和试样的尺寸相比是微小的，用增强剂材料（钼）断裂的无因子功，即用归一化的应力 $[\sigma(u)]$ – 位移 $[(u)]$ 曲线下的面积 χ 决定稳态韧性：

$$\chi = \int_0^{u^*} \left[\sigma(u)\,\mathrm{d}u/\sigma_0 r\right]$$

式中，χ 为增强剂材料钼的断裂无因子功，根据钼在 1300℃ 的拉伸曲线估值约为 3；σ_0 为塑性相的屈服极限，在 1300℃ 钼的屈服极限约 $103MPa \cdot \sqrt{m}$；u^* 为断裂时的临界张开位移。由下式给出相应的稳态韧性 K_{ssb}。

$$K_{ssb} = \sqrt{K_t^2 + E'f\sigma_0\chi}$$

式中，f 为桥相的体积分数；K_t 为复合材料的起始韧性，近似基体韧性，Mo-12Si-8.5B 的值取约 $3.5MPa \cdot \sqrt{m}$；E' 为复合材料的平面应变的弹性模量，Mo-12Si-8.5B 在 1300℃ 的值约为 179GPa。

显微裂纹可能是 Mo-Si-B 合金高温韧性的另一个可能韧化机理，塞聚在 αMo_{ss} 粒子之间的显微裂纹区平行于主裂纹，见图 6-34，大部分显微裂纹都在 T_2 相上，见图 6-45，其

原因可能归于 T_2 相的四角晶体结构的热膨胀系数各向异性，而 αMo_{ss} 和 Mo_3Si 都是体心立方结构。在裂纹尖端周围形成的显微裂纹可以认为与金属材料中显微裂纹尖端的小范围塑性区类似，包含在显微裂纹中的张开位移和滑动位移，以及建立新的表面都要消耗能量。此外，显微裂纹能起到外部韧化机理的作用，因为它们能使裂纹尖端避开远处的应力。弥散的第二相能非常有效地形成可控的显微裂纹。当它的热膨胀系数小于基体相的热膨胀系数时，在这个相的周围会发展拉伸应力。由于钼在 1300℃ 的热膨胀系数是 $6 \times 10^{-6} K^{-1}$，而 T_2 相的热膨胀系数是 $8.5 \times 10^{-6} K^{-1}$，可以预计后者应当生成显微

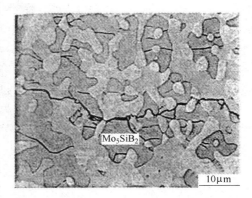

图6-45　Mo-12Si-8.5B 在1300℃周期疲劳裂纹发展过程中裂纹尖端附近平行的显微裂纹的发展

裂纹，并平行于主裂纹，即垂直于施加的拉应力。显微裂纹的这个方向在促进韧化方面是非常有效的，因为平行于主裂纹的许多显微裂纹在过程发生的区域内能比较容易的张开和闭合，因此，在主裂纹能够扩展以前就比较有效地吸收了能量。

显微裂纹韧化的作用包括两部分，即在显微裂纹发生的区域内裂纹取代的体积胀大和弹性模量的下降。在显微裂纹产生的过程中，在裂纹尖端附近包含的体积变化在卸载时引起应力-应变非线性反应，见图6-46，这在裂纹轨迹上引起闭合力，下式给出在稳定状态下膨胀韧化的闭合应力强度因子的估算，

$$\Delta K_d \approx 0.22 \varepsilon E' f_m \sqrt{h}$$

式中，$E' = E$ 为平面应力杨式模量，在平面应变状态下为 $E/(1-\nu)$，ν 是泊松比；f_m 为显微裂纹的体积分数；ε 为膨胀应变；h 为显微裂纹区域的高度。另外，和显微裂纹存在相关联的弹性模量的下降也对韧性有贡献，用下式估算：

$$\Delta K_m \approx \beta f_m K_t$$

式中，β 为与泊松比有关的参数，取值约 1.2；K_t 为未韧化的基体的韧性，取值约 3.5MPa · $\sqrt{m}$。

根据文献 [46] 对多种 Mo-Si-B 合金的裂纹图貌观察确定，裂纹桥和裂纹阱是这类合

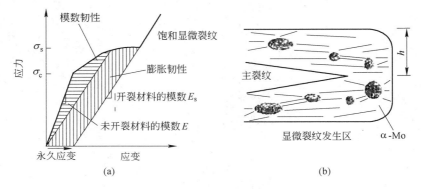

(a)　　　　　　　　　　　　(b)

图6-46　由于显微裂纹引起的非线性的应力-应变曲线和显微裂纹发生的区域

金的主要韧化机理，裂纹阱是指扩展的裂纹在特殊的显微组织 αMo_{ss} 处局部被堵塞，见图 6-47。图 6-47（a）是 M34 合金在 αMo_{ss} 相处的裂纹桥和裂纹阱，裂纹被局部堵塞在 αMo_{ss} 相处，在裂纹轨迹上留下了 αMo_{ss} 桥，图 6-47（b）是 C46 合金中在裂纹尖端轨迹后面 3.3mm 的裂纹桥（M34 和 C46 可参看表 6-22）。对于已被堵塞的裂纹，要克服这个障碍桥，需要施加高一些驱动力，造成材料全面提高韧性。裂纹阱与材料开裂的局部固有的抗力有关，它归属于材料的内部韧化机理，起提高起始韧性 K_i 的作用。抬升 R-曲线行为，即提升裂纹扩展韧性是外部韧化的标志，它作用在远离裂纹尖端的地方，并随着裂纹伸长而发展，导致提升断裂抗力，曲线随着裂纹伸长而上翘。在 Mo-Si-B 合金中看到的裂纹桥（图 6-47）是这样的一种机理，凭借横跨在裂纹轨迹上的完整的桥材料，阻止裂纹张开，也要消耗一些施加的载荷，否则，被消耗了的这部分载荷会造成裂纹向前运动。裂纹桥在裂纹伸长过程中形成，导致随着裂纹扩展提升韧性（即提高 R-曲线行为）。虽然，偶尔看到有金属间化合物桥，但是非常多的桥是 αMo_{ss} 相，这似乎是由在裂纹阱点前面的 Mo_3Si 和 T_2 上再成核的裂纹引起的，也就是说，在裂纹伸长的同时，αMo_{ss} 处的裂纹阱起促进形成裂纹桥的作用。但是，在疲劳裂纹扩展过程中看到有裂纹桥退化。

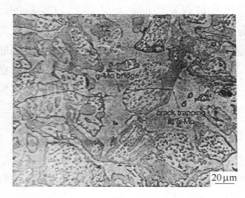
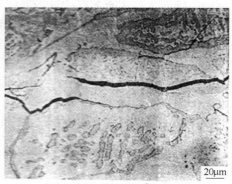

(a)　　　裂纹扩展的方向 (b)

图 6-47　M34 合金中 αMo_{ss} 相处的裂纹桥和裂纹阱，C46 中的裂纹尖端后面 3.3mm 裂纹桥室温实验

在 1300℃ 的高温下，断裂抗力的增加与强烈的裂纹钝化（Crack blunting）有关联，见图 6-48。

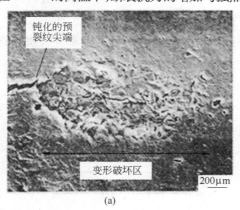
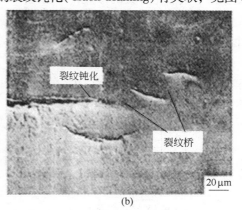

(a)　　　　　(b)

图 6-48　M34（a）和 C46（b）两个合金在 1300℃ 断裂抗力实验以后的，
裂纹桥前面的破坏区和裂纹钝化
（名义裂纹扩展方向由左向右）

该图说明 M34 和 C46 两个合金在 1300℃断裂抗力实验以后，裂纹尖端前面的破坏区和裂纹钝化的形貌。同时也看到在裂纹轨迹上的裂纹桥有大量的变形。这些行为是 αMo_{ss} 在高温下塑性提高的反应。反之，αMo_{ss} 的室温快速断裂表面具有一定程度的晶间破坏特征，这可能是 αMo_{ss} 在较低温下塑性受限制的原因。

以连续的 αMo_{ss} 为基体，或以金属间化合物为基体的 Mo-Si-B 合金的断裂韧性及疲劳裂纹扩展性质都受 αMo_{ss} 的体积分数，塑性 αMo_{ss} 的基体特性和显微组织的粗细诸因素的影响。从图 6-49 可以看出，以 αMo_{ss} 为基体的合金，随着 αMo_{ss} 的体积分数的增加，累计改善合金的疲劳裂纹扩展性质及断裂韧性，该图绘出了表 6-24 列出的有同样成分（22% ~ 38%（体积分数）αMo_{ss}）的以金属间化合物为基体的 Mo-Si-B 合金的起始韧性值 K_I 和疲劳门槛值 $K_{max,TH}$，含 αMo_{ss} 体积分数高的合金也呈现有良好的性质，图 6-49 的半对数线性关系图指出，在室温下这两类 Mo-Si-B 合金材料的 K_I 和 $K_{max,TH}$ 随 αMo_{ss} 的体积分数的增加按指数关系上升。就 C17、C46 和 C49 三个合金而论，它们的原料粉末粒度都一样，最终含有的 αMo_{ss} 体积分数不一样，当比较它们的抗力曲线时发现，含有较多 αMo_{ss} 相合金的 R-曲线上翘得比较陡一些，裂纹扩展韧性上升较快。考虑到这些合金的韧化机理统一为裂纹阱和裂纹桥，就能理解这种趋势。看图 6-49，在 αMo_{ss} 或金属间化合物为基体的两类合金中，塑性的 αMo_{ss} 是阱相，随着 αMo_{ss} 的体积分数的增加，裂纹的起始韧性提高。此外，αMo_{ss} 量的增加也使 Mo-Si-B 合金中的裂纹桥更强劲。由于非常多的裂纹桥是由 αMo_{ss} 相构成的，因此，提高 αMo_{ss} 相的含量，在裂纹轨迹上同时发生又多又大的裂纹桥，结果导致外部韧性提升。

以连续的 αMo_{ss} 为基体，或以金属间化合物为基体的 Mo-Si-B 合金的断裂韧性及疲劳裂纹扩展性质都受 αMo_{ss} 的体积分数，塑性 αMo_{ss} 的基体特性和显微组织的粗细诸因素的影响。从图 6-49 可以看出，以 αMo_{ss} 为基体的合金，随着 αMo_{ss} 的体积分数的增加，累计改善合金的疲劳裂纹扩展性质及断裂韧性，该图也绘出了表 6-24 列出的有同样成分体积分数（αMo_{ss} 22% ~ 38%）的以金属间化合物为基体的 Mo-Si-B 合金的起始韧性值 K_I 和疲劳门槛值 $K_{max,TH}$，含 αMo_{ss} 体积分数高的合金也呈现有良好的性质，图 6-49 的半对数线性关系图指出，在室温下这两类 Mo-Si-B 合金材料的 K_I 和 $K_{max,TH}$ 随 αMo_{ss} 的体积分数的增加按指数关系上升。就 C17、C46 和 C49 三个合金而论，它们的原料粉末粒度都一样，最终含有的 αMo_{ss} 体积分数不一样，当比较它们的抗力曲线时发现，含有较多 αMo_{ss} 相合金的 R-曲线上翘得比较陡一些，裂纹扩展韧性上升较快。考虑到这些合金的韧化机理统一为裂纹阱和裂纹桥，就能理解这种趋势。看图 6-49，在 αMo_{ss} 或金属间化合物为基体的两类合金中，塑性的 αMo_{ss} 是阱相，随着 αMo_{ss} 的体积分数的增加，裂纹的起始韧性提高。此外，αMo_{ss} 量的增加也使 Mo-Si-B 合金中的裂纹桥更强劲。由于非常多的裂纹桥是由 αMo_{ss} 相构

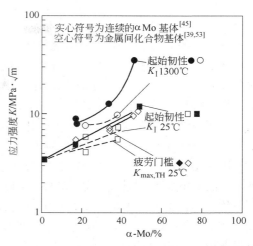

图 6-49　Mo-Si-B 合金的裂纹起始韧性和疲劳门槛与 αMo_{ss} 体积分数的关系

成的，因此，提高 αMo_{ss} 相的含量，在裂纹轨迹上同时发生又多又大的裂纹桥，结果导致外部韧性提升。

室温下的疲劳裂纹扩展的门槛值 $K_{max,TH}$ 也随 αMo_{ss} 含量的体积分数的增加而上升，而且基本上等于断裂韧性的值 K_i，见图 6-49，这表明在室温下含 $\alpha Mo_{ss} \leqslant 46\%$（体积分数）的合金，受周期载荷和单向载荷作用，引起裂纹向前运动的内部机理是统一的。高 Paris 指数脆性材料的这种行为是共同的，以及疲劳裂纹的扩展是周期载荷引起的外部韧化机理退化的典型结果，在这种情况下，退化的原因是周期载荷引起了桥的破坏。

在 1300℃ αMo_{ss} 的塑性对 Mo-Si-B 合金的断裂和疲劳性质的影响研究表明，高温的主要作用是 αMo_{ss} 的塑化，T_2 相和 Mo_3Si 仍然是脆的。C17 和 M34 的起始韧性约增加了 65%，而 C46 估算增加超过了 257%。C17 和 M34 合金在 1300℃的起始韧性超过了含钼体积分数高的合金的室温起始韧性，这意味着，只要塑性提高，为了达到给定的室温韧性，需要较低的 αMo_{ss} 的含量。这是一个很重要的特性，因为从改进氧化性能和提高蠕变抗力的观点出发，希望 αMo_{ss} 的体积含量要低。分析影响 αMo_{ss} 塑性的因素，间隙杂质，特别是氧，它对钼的塑性影响最坏，氧化物向晶界偏析造成晶界脆性，断口形貌呈现晶间破坏。碳在一定程度上能抵消氧对钼的塑性的负影响。当 C/O 比超过 2 时，未合金化钼能取得相当好的塑性。但是在 Mo-Si-B 合金中碳的这种作用是不是存在，尚需研究论证。不过，硅提高 αMo_{ss} 的硬度和强度，因而可能降低它的塑性。

Mo-3Si-1.3B（原子分数）是单相固溶体合金，自一根挤压棒取两个（1 号和 2 号）试样，它能近似代表双相 Mo-6Si-8B 和三相 Mo-8Si-8.7B 合金的基体固溶体。固溶体合金用熔炼加挤压工艺生产，双相和三相合金用粉末冶金再加等温锻造工艺生产。用能谱（EDAX）和电子探针（EPMA）方法分析测量三种四组合金中的硅含量，结果绘于图 6-50（a）、（c），两组单相固溶体试样的硅含量不同，数据的分散度大于双相和三相合金中的分散度。熔炼工艺使固溶体合金产生了宏观和微观偏析，硅的数据分散性是微观偏析造成的，1 号和 2 号固溶体硅含量宏观偏析的原因是挤压棒的不同位置的硅含量不同。双相和三相合金中的硅含量数据分散性受粉末粒度（100～150μm）的限制。凝固成形以后的加热和热挤压加工不能从根本上消除硅微观偏析。硅形成置换固溶体，它占据了置换位置，在稀固溶体晶格中的活动性非常缓慢，并受钼的扩散限制。根据钼的晶格扩散计算结果，在 1400℃/1000h 热处理以后的扩散移动距离近似是 1μm。图 6-50 指出，2 号固溶体的硅含量较高，某些位置原子分数高达 2.5～2.6%。1 号固溶体的硅含量的上边界值和 2 号的下边界值部分重合。1 号和 2 号固溶体的屈服极限分别约为 110MPa 和 220MPa，见图 6-50（d），两个固溶体的屈服极限不同，注意到它们的位错密度和晶粒度基本相当，显然二者的差别是由硅的宏观偏析造成的。两相和三相合金中硅的原子分数浓度高达约 3.9%～4.1%。由于硅是钼的强有力的固溶强化剂，双相和三相 Mo-Si-B 合金的屈服强度比单相固溶体的高出不可忽略的部分，应当是由基体中高浓度硅引起的，不可能仅是由第二相金属间化合物造成的。

为了决定双相和三相合金中的高硅含量是否达过饱和的水平，把双相合金进行 800℃/700h 和 1200℃/300h 退火处理。随后用 EPMA 和 TEM（透射电子显微镜）进行分析检验确认，硅浓度没有降低（可以忽略不计），也没有发现任何第二相沉淀。表明在 1600℃以上硅在钼中原子分数的溶解度相当于 3.9%～4.1%，没有生成过饱和固溶体。这些退火处

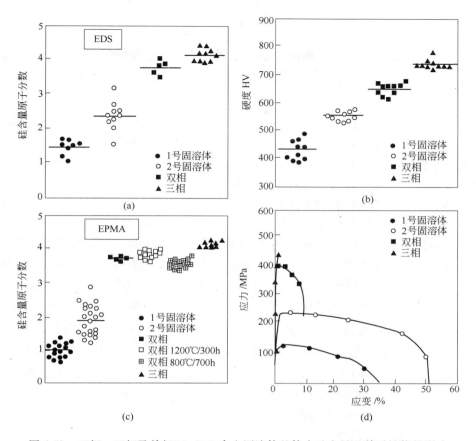

图 6-50 三相、双相及单相 Mo-Si-B 合金固溶体基体中硅含量及其对性能的影响

理不会构成脱溶沉淀的结果。双相和三相合金中的高硅含量，对这些合金的破坏忍耐性确实有害，因为 Mo-Si 合金的屈服极限和塑脆性转变温度（DBTT）都随硅含量的增加而提高。

三种四组合金固溶体的硅浓度对硬度 HV 的影响绘于图 6-50(b)，硬度压痕压在基体上，远离第二相质点。1 号和 2 号固溶体的硬度分别近似为 420HV 和 560HV，双相和三相合金的硬度近似为 625HV 和 720HV。由于单相和双相合金的 TEM 分析确定，没有第二相沉淀，位错密度低，晶粒度一样，如果再忽略硼在钼中的溶解度，排除了 Hall-Pech 效应（晶粒度的作用），加工硬化和沉淀硬化的作用。合金固溶体的硬度不同，主要是硅的固溶强化作用。

由于 αMo_{ss} 固溶体中硅的存在能大大地提高硬度，可能降低塑性。这就提示，αMo_{ss} 中硅含量的最小化，可能是改进它的塑性的另一种方法。那么，仔细控制 αMo_{ss} 相的成分预计是提高 Mo-Si-B 合金断裂韧性的一个重要因素。

需要说明，虽然在高温下钼的塑性提高对裂纹桥的塑性有明显的影响，而裂纹扩展韧性不受影响。因为随着温度的升高，αMo_{ss} 的塑性增加，同时伴有屈服极限的下降，这两个性能参数一增一降，对韧性的影响是一正一负。为了理解这个结果，用应变能释放速率 G 描述塑性相的裂纹桥造成的韧性增长，G 是与线弹性材料的应力强度有关的韧性的另一程度量：

$$G = \frac{K_{\mathrm{I}}^2}{E'} + \frac{K_{\mathrm{II}}^2}{E'} + \frac{K_{\mathrm{III}}^2}{2\mu}$$

式中，E' 为合适的弹性模量，平面应力条件是 E，平面应变条件是 $E/(1-\nu)$，ν 是泊松比；μ 为剪切模量。应变能释放速率的变化用下式描述：

$$\Delta G = v_{\mathrm{f}} \sigma_0 t\chi$$

式中，v_{f} 为桥的体积分数；t 为桥的尺寸；σ_0 为屈服极限；χ 为与硬变硬化、塑性、塑性相的塑性约束有关的断裂功。虽然塑性的提升通过参数 χ 给桥提供有益的贡献，不过在 1300℃ 的低屈服极限会抵消这种贡献。但是，通常这两个因素不会完全抵消，因而，若屈服强度保持足够高，有可能通过提高塑性增加室温桥的贡献。

检查图 6-49，分析基体材料的作用，该图是成分相同的 Mo-Si-B 合金中的 αMo_{ss} 的体积分数对合金的断裂和疲劳性质的影响，其中一组合金的基体是连续的 αMo_{ss}，另一组的基体是金属间化合物，在给定的 αMo_{ss} 体积分数的情况下，αMo_{ss} 基体材料提高了断裂和疲劳性质，特别是在 1300℃ 高温下。这种行为的根源在于，当存在有连续的 αMo_{ss} 基体时，由于裂纹不能避开塑性较高的 αMo_{ss}，裂纹阱和裂纹桥机理的效率较高。这种改进随 αMo_{ss} 的体积分数的增加而提高。例如在室温下，αMo_{ss} 为 22% 和 38% 时，以连续 αMo_{ss} 为基体的合金的 K_{I} 比金属间化合物为基体的分别高出近 $0.7\mathrm{MPa} \cdot \sqrt{m}$（15%）和 $1.7\mathrm{MPa} \cdot \sqrt{m}$（26%）。而在 1300℃，仍然保持 22% 和 38% αMo_{ss} 时，则分别提高了近 $0.8\mathrm{MPa} \cdot \sqrt{m}$（10%）和 $6.1\mathrm{MPa} \cdot \sqrt{m}$（62%）。那么，在 αMo_{ss} 的分数较多，塑性较好的情况下，利用 αMo_{ss} 基体材料是比较有利的。因为基体 αMo_{ss} 材料是通过迫使裂纹和 αMo_{ss} 相互相作用来提高韧性，因而不包括 αMo_{ss} 本身的数量和塑性提高的作用。

除 αMo_{ss} 的体积分数以外，显微尺寸对合金的外部桥的韧化机理也有影响，但对于内部韧化机理似乎没有作用。如 M34 和 F34 两个合金的 αMo_{ss} 的体积分数都是 34%，而 M34 的 R-曲线上升得较高，因为 M34 的原始粉末粒度相应为 45～90μm。而 F34 不大于 45μm。C17 的 αMo_{ss} 的体积分数是 17%，原材料粒度最粗，达到 90～180μm，它的 R-曲线在 3mm 裂纹长度伸长的情况下，应力强度稳定增加。

6.8.3.4　Mo-Si-B 合金的强度和变形

合金的强度性质由它的组织结构决定，分别讨论单相钼硅硼复相合金的基体 αMo_{ss} 的力学性能以及含有 Mo_3Si 和 Mo_5SiB_2 双相和三相合金的力学及变形性能。为比较同时也讨论了经典的 TZM 合金的力学性能。

TZM 在不同变形速度和 1000℃、1200℃ 和 1400℃ 下的压缩变形曲线，见图 6-51（a）、（b）、（c），4% 名义应变的流动应力与应变速率之间有指数关系，见图 6-51（d）。在 1000℃ 的压缩应力-应变曲线上，应变速率在 10^{-4}～10^{-6}/s 的范围内，一直到应变量达到 6%，都发生加工硬化反应。4% 名义应变的流动应力由 250MPa 上升到 300MPa，与应变速率基本上没有多少关系。1400℃ 的压缩反应行为与 1000℃ 的不同，在名义应变速率为 10^{-4}/s 时，流动应力达到极大值，随后发生加工软化，在 2% 名义应变处的应力极大值约为 125MPa，随后流动应力与应变速率之间有强烈相关性，在应变速率到 10^{-7}/s 时，流动应力降到约 20MPa，见图 6-51（c）。1400℃ 回归分析的指数规律曲线得到的应力指数约为 3.5。1200℃ 的压缩行为处于 1000℃ 和 1400℃ 之间，流动应力与应变速率之间有一些关

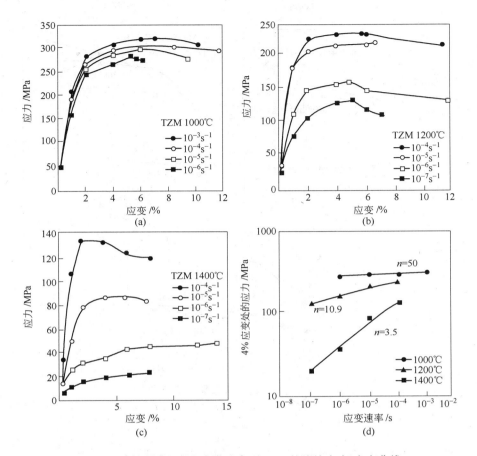

图 6-51 在不同温度和应变速率下 TZM 的压缩应力-应变曲线

系，在最快和最慢的应变速率下，流动应力分别为 130MPa 和 230MPa。

图 6-52 是未合金化的钼，αMo_{ss} 加 38%（体积分数）T_2 相的双相合金，含有 3% ~ 5%（体积分数）T_2 相 αMo_{ss} 单相固溶体的压缩应力-应变曲线，这种的 αMo_{ss} 固溶体的性质代表 Mo-Si-B 合金基体的性质。合金是用熔炼，挤压加等温锻造工艺生产的。压缩试样的直径 5mm 或 3mm，高度 10mm 或 5mm，试样的高度变化代表应变量，约为 4% ~ 7%。

未合金化纯钼，αMo_{ss} 固溶体以及双相合金的 0.2% 名义应变的屈服强度分别相应约为 170MPa、550MPa 和 800MPa，未合金化钼的最低。由图 6-52(a) 看出，在 1000℃，名义应变速率为 10^{-4}/s 的条件下，未合金化钼在 6% 应变范围内，大约在 1% 应变处有一个不起眼的应力极值，随后没有加工硬化现象。而固溶体 αMo_{ss} 在整个应变范围内逐渐连续的有加工硬化现象，挤压和等温锻造两种工艺对 αMo_{ss} 固溶体的性质影响不大，应力-应变曲线相差不大。双相合金在起初的 4% 应变范围内发生明显的加工硬化，应力约提高 400MPa，而继续应变到 6%，则未提高加工硬化率。图 6-52(b) 是应变速率对等温锻造固溶体 αMo_{ss} 的应力-应变曲线的影响，应变速率在 10^{-4}/s 和 10^{-5}/s 时，屈服应力相当。在 10^{-7}/s 最慢应变速率下，屈服应力相当低，在最初的 4% 塑性应变范围内，加工硬化很平稳。在应变速率为 10^{-4}/s、10^{-5}/s 和 10^{-7}/s 的时候，屈服应力约分别相应为 552MPa、531MPa

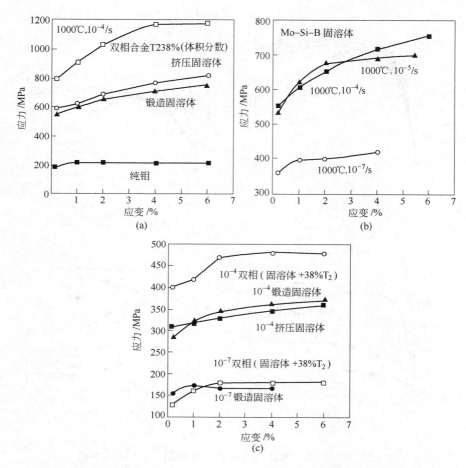

图 6-52　未合金化钼 αMo_{ss} 固溶体及 Mo-Si-B 双相合金的压缩应力-应变曲线

和 360MPa。

　　在 1200℃，应变速率为 $10^{-4}/s$ 和 $10^{-7}/s$ 时，双相合金和单相固溶体合金 αMo_{ss} 的应力-应变曲线的对比绘于图 6-52(c)，在较快的应变速率下，αMo_{ss} 固溶体的屈服应力远远低于双相合金的屈服应力。锻造固溶体 αMo_{ss} 的加工硬化反应相当于双相合金的加工硬化反应，特别是在初始的 2% 应变时，随后双相合金的加工硬化反应达到极大值平台，而固溶体 αMo_{ss} 则连续发生加工硬化，至少达到 6% 应变量。在最慢的应变速率下，两种材料变成一样，屈服应力都比快速应变时的低，应变速率越快，合金的屈服强度越高。

　　Mo-6.1Si-7.9B 双相合金在 800～1400℃ 间的压缩应力-应变曲线绘于图 6-53。在 800℃，应变速率由 $10^{-4}/s$ 变到 $10^{-7}/s$ 对双相合金的流动应力没有多少影响，4% 名义应变的流动应力保持在 1050～1100MPa，相当于室温的 0.2% 名义应变的流动应力 1280MPa。据此可以合理地假定，在 20～800℃ 范围内，准静态应变（$10^{-4}/s$ 变到 $10^{-7}/s$）速率对合金的性能影响甚微。在 1000～1400℃，合金的流动行为与应变速率有强烈的相关性，例如，在 1000℃，应变速率由最快变成最慢，流动应力由 1100MPa 降到 400MPa。研究1000℃ 的压缩应力-应变曲线可以确认，流动应力如此大幅度下降由两个过程因素决定，即在最慢应变速率下屈服应力降低和在变形过程中加工硬化的作用减少。在 1000℃、1200℃ 和 1400℃，4% 名义应变下的流动应力与变形速率之间的关系都能同归成指数函数，见图 6-53(d)，1000℃、1200℃ 所有四个应变速率回归直线的斜率产生的应力指数约为 7，而在 1400℃ 的高温下，应变速率为 $10^{-4} \sim 10^{-6}$/s 相应的应力指数为 5.2，在 $10^{-6} \sim 10^{-7}$/s 之间，对应的应力指数为 2.5。这意味基本变形机理可能发生了变化。

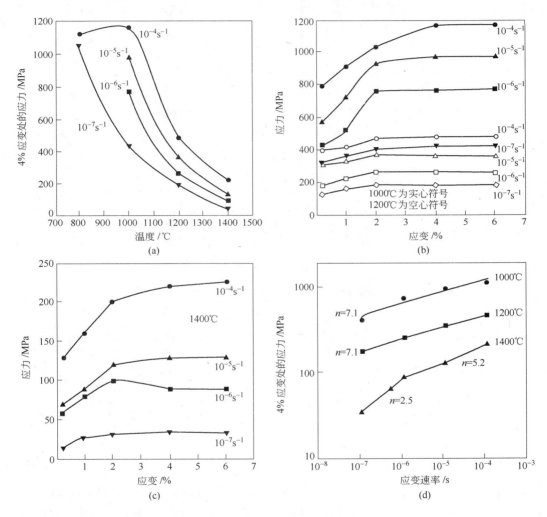

图 6-53　双相 Mo-Si-B 合金的压缩应力-应变曲线

在 1000℃、1200℃ 和 1400℃ 和应变速率在 $10^{-4} \sim 10^{-7}$/s 范围内双相 Mo-Si-B 合金的压缩应力，4% 应变的流动应力相应为稳态应力，在 $130 \sim 170$MPa 和 $425 \sim 460$MPa 比较狭窄的应力间隔内做应变速率与温度倒数的关系见图 6-54，得到两条直线的斜率就是两种情况下的变形激活能，分别为 415kJ/mol 和 445kJ/mol，此值与钼的自扩散激活能 400kJ/mol 相当接近，这意味着在高温变形过程中钼基体起重要作用。

Mo-9.8Si-13.8B（原子分数）三相合金的性质和变形，用线切割把热压块料加工成板状拉伸试样。实验条件是：温度 $1350 \sim 1550℃$，应变速率 $5.0 \times 10^{-4} \sim 1 \times 10^{-3}$/s。1450℃ 的

应力-应变曲线绘于图 6-55，由图看出，在初期时流动应力有加工硬化现象，应变达到 0.2% 时应力达到最大峰值，此后加工硬化作用下降，试样突然断裂。初期的加工硬化的作用速度取决于应变速率和实验温度。应变速率快，温度低有利于发生加工硬化。在 1400℃，应变速率为 10^{-4}/s 时，拉伸伸长率达到 150%。随着温度下降，应变速率加快，拉伸塑性陡然下降，例如在 1350℃，10^{-4}/s 时，拉伸塑性降到 25%，如果温度升到 1400℃，应变速率加快到 10^{-3}/s，拉伸塑性只有 20%[55]。表 6-26 是 Mo-9.8Si-13.8B 合金在不同温度和不同应变速率下的力学性能。

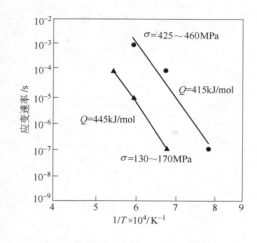

图 6-54　应变速率与温度的倒数关系图
（应力在 130~170MPa 和 425~460MPa）

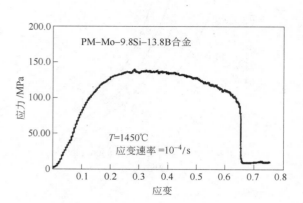

图 6-55　Mo-9.8Si-13.8B 合金的拉伸
应力-应变曲线[55]

表 6-26　Mo-9.8Si-13.8B 合金在不同温度和应变速率下的拉伸伸长率和应力峰值

温度 /℃	应 变 速 率							
	10^{-4}/s		5×10^{-4}/s		10^{-3}/s		5×10^{-3}/s	
	应力峰值/MPa	伸长率/%	应力峰值/MPa	伸长率/%	应力峰值/MPa	伸长率/%	应力峰值/MPa	伸长率/%
1350	450	25	—	—	—	—	—	—
1400	222	150	415	27	480	23	—	—
1450	138	88	280	47	275	35	550	15
1550	—	—	—	—	175	62		

　　三相 Mo-Si-B 合金的流动变形性能，根据 1400℃ 和 1450℃ 的应变速率和应力峰值的关系，得出合金的应力指数 n 为 2.8，相对较低的 n 意味着合金会有相当大的延伸塑性。按照平均 n 值为 2.8，计算出变形激活能 $Q = 740$kJ/mol，此值远远高于三相合金压缩蠕变激活能 396kJ/mol，高激活能常常是因为存在有门槛应力。但事实上，三相 Mo-Si-B 合金未发现有门槛应力。由于合金含有软的 αMo_{ss} 相，如此高的激活能的物理意义尚需研究。尽管如此，高激活能通常说明变形很困难。

　　从机械变形的观点出发，分析三相 Mo-Si-B 合金的变形过程的机理，这类合金是细晶粒的显微结构，并含有大量的 αMo_{ss} 固溶体。在 1450℃ 的变形温度下，细晶粒结构合金的晶界滑移通常占变形的主导地位，这个温度下，软的 αMo_{ss} 相很容易变形，而 Mo_3Si 和 T_2

相变形困难。由于合金含有 50% 体积分数的 αMo_{ss}，预计 αMo_{ss} 相的塑性应变占合金的总变形的主要部分。因此，合金的塑性是软的 αMo_{ss} 相的晶界滑移和体变形的两个变形过程的总和。

　　三相 Mo-Si-B 合金具有非寻常的拉伸塑性，其原因在于合金含有网状的连续的 αMo_{ss}，通常认为，在高温下晶界滑移是细晶粒合金的主要变形模式。在晶界滑移（GBS）过程中，位错滑移横越相邻的晶粒，必然会适度的协调滑移应变，否则，在晶粒的交汇处预计会发生高的局部应力集中，导致孔洞破坏。滑移协调包括平移和攀移的连续步骤，这两个比较慢的过程控制应变速度。三相 Mo-Si-B 合金中含有 Mo_3Si、T_2 相和 50% 体积分数 αMo_{ss} 相，在三相晶粒交汇处位错辐射进入 αMo_{ss} 晶粒，容易满足在晶粒交汇处的应变协调作用，见图 6-56。由于在 αMo_{ss} 晶粒内位错滑移（平移及攀移）比在 Mo_3Si、T_2 相中容易，显然，软的 αMo_{ss} 相的存在有利于降低晶粒交汇处的应力，就推迟了孔洞破坏，αMo_{ss} 相不仅直接构成总的体变形，而且在晶界滑移过程中也起主要作用，最终造成 αMo_{ss} 基体合金的伸长率很大。

　　Mo-9.4Si-13.8B 的高温强度十分优越，相比起来，未合金化钼的 1200℃ 的拉伸强度约为 100MPa，而 TZM 合金的 1315℃ 的拉伸强度 369MPa，而 Mo-9.4Si-13.8B 合金在 1350℃ 和较缓慢的 $10^{-3}/s$ 变形速率下，它的拉伸强度高达 450MPa。显然，强化作用是由于合金含有较细的 Mo_3Si 和 T_2 相。由图 6-57 可以看出，合金的高温强度可以和一些超高温的钨合金相媲美[55]。

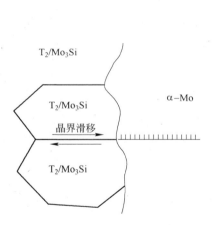

图 6-56　在软的 αMo_{ss} 旁晶粒
交汇处的应变协调示意图

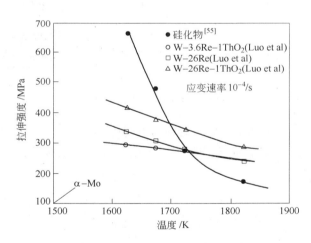

图 6-57　Mo-9.4Si-13.8B 的高温强度和
一些高温强度极高的钨合金的比较

　　合金添加剂对 Mo-Si-B 性能的影响，Ti、Zr、V、Hf、W、Cr、Re 等固溶元素可以强化合金基体 Mo，提高材料的拉伸强度。Re 除能固溶强化基体以外，还能降低体心立方金属 Mo 的塑脆性转变温度（DBTT）。

　　Ti、Zr、Hf 是硼化物和硅化物的强有力的生成剂，添加这些元素能提高金属间化合物相的断裂强度，从而改善了合金的性能。有时用碳做合金添加剂，它能强化金属间化合物相。

　　在最佳条件下，通过固溶时效处理，能大大强化 Mo-Si-B 合金。就是把合金加热到

1539℃以上，合金含有的少量碳和硅仍保留在体心立方晶格的基体固溶体内。严格控制冷却速度，就会从合金中沉淀出许多弥散的碳化物和硅化物强化相。或者自高温下快速冷却，冷却速度要足以保证碳或（和）硅保留在固溶体中（固溶处理），然后再把合金加热到 1260～1478℃进行时效处理，通过时效处理合金沉淀出碳化物和硅化物。钨和铼降低硅在合金中的溶解度。当添加量较低时（约 0.1%～3.0%），能提高任何现存硅化物的稳定性。若合金中的硅含量不足以发生时效反应，可适当给合金添加一些钒，因为钒能提高硅在钼中的溶解度。另外通过添加铪、锆和钛，在时效过程中能促进生成合金硅化物和合金碳化物。在最佳条件下，时效沉出的碳化物和硅化物的粒径在 10nm 和 1μm 之间，颗粒间的空间距 0.1～10μm。

添加铪的 Mo-0.3Hf-2.0Si-1.0B 合金的拉伸强度列于表 6-27，合金的制造工艺是：由熔体快速冷凝制粉，HIP 成型，随后热挤压加工。用挤压棒切拉伸试样，试样直径 3.86mm，螺纹卡头长 25.4mm，台肩半径 6.35mm。为了比较，可以考查 TZM 钼合金和单晶镍基超合金的 1095℃的强度，它们分别为 482.3MPa 和 275.6MPa。

表 6-27 Mo-0.3Hf-2.0Si-1.0B 合金的拉伸强度

温度/℃	屈服强度/MPa（kpsi）	拉伸强度/MPa（kpsi）	伸长率/%	面缩率/%
室温	794.4（115.3）	797.2（115.2）	2	0
538	793.7（112.5）	966（140.2）	2.5	0.8
816	712.4（103.4）	1019.7（148.0）	2.6	1.6
1093	471.3（68.4）	530.5（77.0）	21.5	29.4
1260	250.1（36.3）	298.3（43.3）	28.2	36.0
1371	169.5（24.6）	203.3（29.5）	31.6	39.8

6.8.4 Mo-Si-B 合金的氧化及抗氧化

6.8.4.1 扼要的热力学分析

已知金属氧化的热力学方程，从热力学反应自由能的变化导出了金属氧化的下列关系式：

$$Me + O_2 \longrightarrow MeO_2$$

$$\Delta G_T = 4.575T(\lg p_{O_2} - \lg p'_{O_2})$$

$$\Delta G_T = 4.575T\lg p_{O_2}$$

式中，p_{O_2} 为给定温度下的 MeO_2 分解压（平衡分压）；p'_{O_2} 为给定温度下的氧分压。

由 ΔG_T 方程式可知，如果在给定温度下的氧分压超过 MeO_2 的分解压，$\Delta G_T < 0$，则金属会被氧化。另外，只要知道在一定温度下的标准自由能的变化值 ΔG_T，就可以得到金属氧化物在该温度下的分解压，然后把它与给定环境中的氧分压进行比较，就可判断金属是否会被氧化。

在 Mo-Si-B 合金中的各组分 Mo、Si、B、Al 和 Ce 在中温区的自由能变化值及发生氧化反应的氧分压的计算值列于表 6-28，在氧化性气氛中，为了使金属朝着氧化反应方向发展，在合金/空气界面处的氧分压要大于合金/锈皮界面处的氧分压。根据表 6-28 中的数据，Al/Al_2O_3 体系的氧化趋势最高，因为它要求的氧分压低。此外，热力学计算表明，800K（527℃）反应的氧分压比 1000K（727℃）反应的低。但是，可以指出，在 500～700℃ 范围内，由 Mo 或者由 MoO_2 生成 MoO_3 的生成自由能都是负值，这就指出表 6-28 反应序列中的（1）、（2）、（3）反应是可以实现的。还有，MoO_{3-x} 型的金属过剩型氧化物（Mo_8O_{23} 和 Mo_9O_{27}）的存在指出，表 6-28 中的反应（1）和（3）中间，必然发生了多步反应，即

$$16Mo + 16O_2 \longrightarrow 16MoO_2 + 7O_2 \longrightarrow 2Mo_8O_{23} + O_2 \longrightarrow 16MoO_3$$
$$18Mo + 18O_2 \longrightarrow 18MoO_2 + 8O_2 \longrightarrow 2Mo_9O_{26} + O_2 \longrightarrow 18MoO_3$$

表 6-28　在 800K 和 1000K 氧化反应的氧分压和每摩尔氧的自由能计算值（kJ/mol）

反应方程式序列	ΔG_{800K}	$p_{O_2}(800K)$	ΔG_{1000K}	$p_{O_2}(1000K)$
（1）　$Mo + O_2 \longrightarrow MoO_2$	−441.43	1.5×10^{-29}	−406.35	5.94×10^{-22}
（2）　$\frac{2}{3}Mo + O_2 \longrightarrow \frac{2}{3}MoO_3$	−361.32	2.56×10^{-24}	−329.17	6.39×10^{-18}
（3）　$2MoO_2 + O_2 \longrightarrow 2MoO_3$	201.09	7.4×10^{-14}	−174.80	7.39×10^{-10}
（4）　$Si + O_2 \longrightarrow SiO_2$	−765.43	1.05×10^{-50}	−730.26	7.14×10^{-39}
（5）　$\frac{4}{3}B + O_2 \longrightarrow \frac{2}{3}B_2O_3$	−708.62	5.37×10^{-47}	−679.07	3.37×10^{-36}
（6）　$\frac{1}{4}M_3Si + O_2 \longrightarrow \frac{3}{4}MoO_2 + \frac{1}{4}SiO_2$	−522.43	7.71×10^{-35}	−487.72	3.50×10^{-26}
（7）　$\frac{2}{11}Mo_3Si + O_2 \longrightarrow \frac{6}{11}MoO_3 + \frac{2}{11}SiO_2$	−434.80	4.07×10^{-29}	−402.10	9.91×10^{-2}
（8）　$\frac{2}{15}Mo_5SiB_2 + O_2 \longrightarrow \frac{2}{3}MoO_2 + \frac{2}{15}SiO_2 + \frac{2}{15}B_2O_3$	−538.07	7.35×10^{-36}	−504.05	4.68×10^{-27}
（9）　$\frac{1}{10}Mo_5SiB_2 + O_2 \longrightarrow \frac{1}{2}MoO_3 + \frac{1}{10}SiO_2 + \frac{1}{10}B_2O_3$	−453.83	2.33×10^{-30}	−421.76	9.30×10^{-23}
（10）　$\frac{4}{3}Al + O_2 \longrightarrow \frac{2}{3}Al_2O_3$	−949.92	0.42×10^{-63}	−907.55	3.91×10^{-48}
（11）　$Ce + O_2 \longrightarrow CeO_2$	−921.32	6.95×10^{-81}	−880.76	9.82×10^{-47}
（12）　$\frac{4}{3}Ce + O_2 \longrightarrow \frac{2}{3}Ce_2O_3$	−1044.47	6.32×10^{-69}	−1008.8	2.02×10^{-53}

含 Al、Ce 的 Mo-Si-B 合金表面氧化物锈皮的分析指出，除活性元素 Al 和 Ce 氧化以外，还有 Mo_5SiB_2 氧化生成 SiO_2 和 B_2O_3。在氧分压低的情况下 [10^{-30}atm（1atm = 101.325kPa）]，Mo_5SiB_2 氧化生成硼硅酸盐。此外，在合金外层氧化物锈皮中存在有致密的钼酸铝 [$Al_2(MoO_4)$]，这就说明 Al_2O_3 和 MoO_3 之间发生了以下反应：

$$3MoO_3(s) + Al_2O_3(s) \longrightarrow Al_2(MoO_4)_3(s)$$

应当感到，在含铝的 Mo-Si-B 合金氧化时优先生成 Al_2O_3，因为在这类合金中铝的浓度高，氧化反应需要的氧分压也低。

在讨论 Mo-Si-B 合金的高温氧化时，Mo_5SiB_2 氧化生成的 B_2O_3 和 SiO_2 经常都是同时出现，两个氧化物之间的反应对生成保护抗氧化的 Mo_5SiB_2 有着特别重要的意义。图 6-58 是 B_2O_3 和 SiO_2 之间的准二元相图。由图看出在 442℃ 有一个共晶反应，共晶点的 B_2O_3 占摩尔分数 97%，在 442~870℃ 之间，SiO_2 和液态硼硅酸盐构成的双相区占相图很大一个区域，在 870℃ 以上，液相成分和含有一点 B_2O_3 的固相平衡。

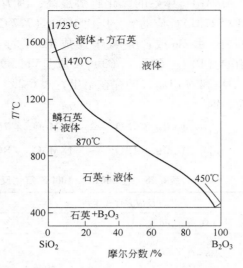

图 6-58 SiO_2 和 B_2O_3 之间的准二元平衡相图[57]

6.8.4.2 影响 Mo-Si-B 合金的氧化动力学因素

在研究抗氧化的 Mo-Si-B 合金的氧化行为时，分析了钼中硅和硼的含量对合金氧化速度的影响。实验介质是空气，温度 1093℃，保持时间 1h，实验合金只含有钼、硅和硼，实验结果列于表 6-29。比较了 Mo-6.0Ti-2.6Si-1.1B 和 TZM 合金的抗氧化性能，TZM 在 1093℃ 空气炉中的氧化损失约 2.5mil/min（645.16×10^{-3}mm/min），而含钛的 Mo-Si-B 合金在 1371℃ 空气炉中的氧化损失约为 1mil/h（25.4×10^{-3}mm/h），形成了能阻止进一步氧化的氧化层。由表列数据看出，添加 $w(B) = 0.5\%$ 合金的抗氧化性比只含硅的更加优越。比较重要的是，Mo-1.0Si 合金不形成具有保护能力的氧化层，而 Mo-5.0Si 合金形成大量的与基体金属黏结力极差的多孔氧化物。而含有 Si（0.5%）和 B（0.5%）的合金形成断续无保护特性的氧化物，其氧化速度是含有 B（0.5%）和 Si（1.0%）合金的两倍。而 Mo-1.0Si-7.0B 和 Mo-4.0Si-7.0B 合金含有超量的 B，它的抗氧化性能良好，但是产生大量的液态氧化物，它们在基体金属上流淌并侵蚀基体金属，任何流动介质（例如空气）在它上面吹过，由于物理接触很容易带走，使氧化物遭受损伤。

表 6-29   不同硅、硼含量的钼合金在 1093℃ 的氧化速度[36,37]

合金元素含量（质量分数）/%		氧化速度 /mil·min^{-1}	合金元素含量（质量分数）/%		氧化速度 /mil·min^{-1}
Si	B		Si	B	
1.0	0.5	0.7	1.0	0	2.0
1.0	4.0	0.07	5.0	0	1.3
4.5	4.0	0.02	1.0	7.0	0.05
4.5	0.5	0.5	4.5	7.0	0.05
0.5	0.5	1.6			

另外还在 816℃、1093℃ 和 1371℃ 实验了 200 种合金电弧熔炼小试样的抗氧化性能，结果发现，提高合金的硅和硼的总含量，抗氧化性能变好，加工性能变坏，很难加工。在含有 $w(Si) = 2\%$ 和 $w(B) = 1\%$ 的情况下，材料中含有 30%~35% 体积分数的金属间化合物。添加钛、锆和铪提高材料在 1093℃ 的抗氧化性，而不引起金属间化合物总量的增加。

在816℃这些元素稍微引起，但是仍然能接受的抗氧化性能下降，而在1371℃它们却大大地提高了抗氧化性能。

在816℃、1093℃和1371℃，下列成分合金的抗氧化性能极佳：Mo-2Ti-2Si-1B，Mo-2Ti-2Si-1B-0.25Al，Mo-0.3Hf-2.0Si-1.0B，Mo-1.0Hf-2.0Si-1.0B，Mo-0.2Zr-2.0Si-1.0B，Mo-6.0Ti-2.2Si-1.1B。在1093℃和1371℃，Mo-6.0Ti-2.2Si-1.1B 合金表现出特别好的抗氧化性。

A 介质的作用

分析 Mo-3Si-1B（质量分数）合金的氧化动力学曲线及氧化过程，图6-59和图6-60是合金在不同温度的静态空气条件下的失重与时间的关系曲线，由图看出，实验刚开始时，样品的失重比较快，这一阶段称为瞬间氧化阶段，随着时间的延长，失重变少，最后失重速度达到恒定，这一阶段称为稳态氧化阶段，见图6-59。有时快速失重现象一

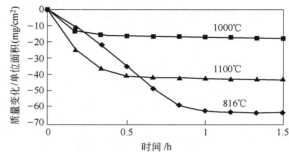

图6-59 Mo-3Si-1B（质量分数）在静态空气中的失重与时间关系

直不停，达不到慢速恒定的稳态氧化阶段，见图6-60。研究发现，能达到稳态的氧化阶段，达到很慢的恒定的失重速度试样的表面都被一层连续无管道的硼硅酸盐玻璃

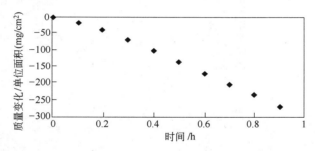

图6-60 Mo-3Si-1B（质量分数）在1100℃流速为10cm/s的干燥空气中氧化失重与时间的关系

覆盖，见图6-61。该图是 Mo-3Si-1B（质量分数）在静态816℃空气中氧化实验5h 试样的横截面图，清楚看出表面有一层连续的硼硅酸盐层，在硼硅酸盐层和基体合金之间是MoO_2 层。在某些情况下试样一直是直线失重，达不到稳态氧化阶段，见图6-60。这时试样表面也被一层连续的硼硅酸盐覆盖，但是在硼硅酸盐内存在有开口管道，这些管道由硼硅酸盐表面延展到合金的表面。这些结果表明只要硼硅酸盐层内没有孔洞，它就能阻止合金氧化。另外，由于在硼硅酸盐内看到 MoO_2，没有 MoO_3，所以硼硅酸盐内的氧压必定低于 MoO_2 转变成 MoO_3 的氧压。

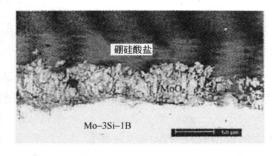

图6-61 Mo-3Si-1B（质量分数）在816℃静态空气中实验5h 的试样横断面的背散射扫描电镜照片

图 6-62 给出了 Mo-3Si-1B 在 1000℃ 静态空气中曝露不同时间以后试样表面氧化特征，合金原始状态包含有 Mo_{ss}、Mo_3Si 和 Mo_5SiB_2 三个相，见图 6-62（a）。1min 以后，在 Mo_5SiB_2 相上形成了硼硅酸盐熔体，Mo_3Si 相的表面出现黑色的二氧化硅颗粒，见图 6-62（b），Mo_{ss} 的表面比 Mo_3Si 和 Mo_5SiB_2 的低凹一点，见图 6-62（c），延长曝露时间，硼硅酸盐在 Mo_3Si 相表面逐渐连续发展，最终也连续布满 Mo_{ss} 表面，见图 6-62（e）、（f）。但是，甚至于在 30min 以后，硼硅酸盐层内仍然留存有小的管道（图 6-62（e）、（f）中的箭头指向处）。观察图 6-62 试样的横截面发现，Mo_{ss}、Mo_3Si、Mo_5SiB_2 三个相的氧化反应各有特点。在 Mo_3Si 相氧化的同时，MoO_3 很迅速挥发，SiO_2 薄膜留在原地，MoO_3 的挥发引起 Mo_{ss} 固溶体表面凹陷。在 Mo_{ss} 和 Mo_3Si 两相的表面有明显的 MoO_2 层，在 MoO_2 层的早期发展阶段，它的层厚增长动力学方程包含两大项：一项是 MoO_2 增厚的抛物线项；另一项是 MoO_3 挥发的直线损耗项，即

$$\frac{\mathrm{d}x}{\mathrm{d}t} = \frac{k_p}{x} - k_v$$

式中，x 为 MoO_2 层的厚度；t 为时间；k_p 为 MoO_2 层增厚的速度常数，cm^2/s；k_v 为 MoO_3 挥发的线性速度常数，cm^2/s。如果假定氧化物层厚达到稳态厚度，则增厚速度等于挥发损耗速度，那么氧化物的厚度是速度常数的简单比，$x = k_p/k_v$，在产生连续硼硅酸盐层以前，$x < 1\mu m$，$k_v \gg k_p$。

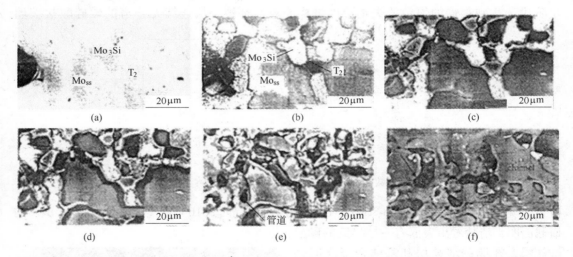

图 6-62　Mo-3Si-1B 的背散射电子扫描像，给出了在 1000℃ 静态空气中曝露不同时间以后表面氧化特征
（a）原始状态；（b）曝露 1min；（c）曝露 2min；（d）曝露 4min；（e）曝露 10min；（f）曝露 30min

在 Mo_5SiB_2 相上产生连续的硼硅酸盐，Mo_5SiB_2 含有约 13% B（原子分数）及 26% Si（原子分数），在氧化过程中，MoO_3 挥发，硼和硅突然氧化生成液态硼硅酸盐。随着氧化时间的延长，硼硅酸盐逐渐发展越过 Mo_3Si，最终越过 Mo_{ss} 固溶体相，但是，有穿过硼硅酸盐的管道存在。形成硼硅酸盐层的硅和硼来自于各自的相本身，也有可能是硼硅酸盐从 Mo_5SiB_2 相漫流到 Mo_3Si 及 Mo_{ss} 两个相上。Mo_{ss} 和 Mo_3Si 相中的硼含量低，在这两相上生成的起始硼硅酸盐必然是富 SiO_2，SiO_2 只覆盖了一部分表面，在未被覆盖的其余地方，MoO_3 突然地挥发，生成较多的 SiO_2 和一些 B_2O_3，逐渐地 B_2O_3 的量足以容许生成液态的

硅酸盐相。这些液体和 SiO_2 相互混合。最终硼硅酸盐中的管道被封闭。

有时候硼硅酸盐中的管道未被封闭，它们提供氧气，并使 MoO_2 氧化成 MoO_3，这些管道也允许气态 MoO_3 飘逸。硼硅酸盐的封闭必定依赖它的黏度，即受它的成分影响。在硼硅酸盐玻璃中的硼含量降低的同时，它的黏度增加，见图 6-63。硼硅酸盐还溶解有一些 MoO_3，这也影响它的黏度。硼硅酸盐的表面压力是一个大气压，如果管道内的压力大于一个大气压，这应当阻止管道密封。但是，MoO_3 的各种气态物质的压力总和，即使达到 $1100℃$，总计也不会达到一个大气压。

动态气体的流速，温度和成分对合金氧化性能的影响列于表 6-30。根据金相观察，在表列所有温度下，线性失重大于 $2.2mg/(cm^2 \cdot h)$ 取作硼硅酸盐内含有开口管道的一个指标。

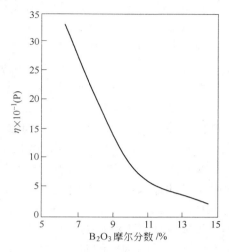

图 6-63 硼硅酸盐玻璃在约 1760℃ 的黏度与成分的关系[58]

三氧化钼在 700℃ 的损失速度还没有快到足以生成有保护性能的硼硅酸盐，从 816 ~ 1100℃ 在 Mo-3Si-1B 合金上可以生成，也可以不生成有保护性的硼硅酸盐，当硼硅酸盐层内没有从气体界面贯穿到 MoO_2 界面的开口管道时，硼硅酸盐有保护性能。控制温度和气体的流速，使得 MoO_3 挥发，而 B_2O_3 的损失又不引起硼硅酸盐的黏度上升，硼硅酸盐内的管道能消除。Mo-3Si-1B 曝露在 816℃ 静态空气中生成无管道的，有保护性能的连续的硼硅酸盐层，而在流动空气中，贯穿硼硅酸盐层的开口管道未被密封，见表 6-30。快速气流帮助从试样表面除去 MoO_3，结果硼硅酸盐在 MoO_2 上积聚，但是，高速气流也使硼硅酸盐中的 B_2O_3 流失。B_2O_3 的流失引起硼硅酸盐的黏度增高，阻止管道封闭。

表 6-30 气体环境和温度对生成有保护性的硼硅酸盐层和无保护性的有管道的硼硅酸盐的比较[59]

气体环境	700℃	816℃	1000℃	1100℃
静态实验室空气	没有硼硅酸盐层	有保护性的连续硼硅酸盐层 $-63mg/cm^2$ $-0.82mg/(cm^2 \cdot h)$	有保护性连续的硼硅酸盐层 $-16mg/cm^2$ $-1.1mg/(cm^2 \cdot h)$	有保护性连续硼硅酸盐层 $-41mg/cm^2$ $-1.1mg/(cm^2 \cdot h)$
静态干燥空气		有保护性连续的硼硅酸盐层 $-9.1mg/cm^2$ $-1.3mg/(cm^2 \cdot h)$		有保护性的连续硼硅酸盐层 $-70mg/cm^2$ $-1.7mg/(cm^2 \cdot h)$
流速 1 cm/s 干燥的流动空气		有开管道的硼硅酸盐层 $-46mg/cm^2$ $-4.6mg/(cm^2 \cdot h)$	有保护性连续的硼硅酸盐层 $-35mg/cm^2$ $-0.017mg/(cm^2 \cdot h)$	有保护性连续硼硅酸盐层 $-11mg/cm^2$ $-0.23mg/(cm^2 \cdot h)$
流速 10 cm/s 干燥空气流		有开管道的硼硅酸盐层 $-30mg/cm^2$ $-6.3mg/(cm^2 \cdot h)$	有保护性的连续的硼硅酸盐层 $-21mg/cm^2$ $-2.1mg/(cm^2 \cdot h)$	有开管道的硼硅酸盐层 $-50mg/cm^2$
流速为 10cm/s 的氧气流			有保护性的硼硅酸盐层 $-12mg/cm^2$ $-2.2mg/(cm^2 \cdot h)$	有开管道的硼硅酸盐层 $-350mg/(cm^2 \cdot h)$

在 1000℃，不同成分的气体在不同的流速状态下，Mo-3Si-1B 表面都形成无管道的连续硼硅酸盐表面层，表 6-30 温度升高（1000℃）造成的黏度下降抵消了气体的流速和成分对硼硅酸盐黏度的所有影响。结果，在 MoO_3 挥发的同时，硼硅酸盐在 MoO_2 的表面堆积并流动，形成连续的无管道的硼硅酸盐层。

在 1100℃ 的静态或慢速流动的气体环境中，生成了有保护特性的硼硅酸盐层，见表 6-30，在气体流速为 10cm/s 的情况下，不论是什么气体成分，硼硅酸盐中的管道都没有被封闭。在温度升高到 1100℃ 的同时，尽管黏度下降，B_2O_3 的损失再次变成一个影响因素，它在高速气流中的损失引起黏度上升，硼硅酸盐中有闭合管道。

在 816℃、1000℃ 和 1100℃ 三个温度下，硼硅酸盐是无管道的连续体，氧穿过这层硼硅酸盐向内扩散，而钼穿过这层硼硅酸盐向外扩散，最终发生氧化，随即 MoO_3 在气体/硼硅酸盐层界面处挥发，而在 MoO_2/合金界面处形成 MoO_2 和附加的硼硅酸盐。从实验 50min 以后的试样的照片，能够看到光滑的硼硅酸盐覆盖着试样的前缘，而在试样的中部硼硅酸盐中的气泡和孔洞是明显的，在后缘的硼硅酸盐中能看到有开口的管道。图 6-65 是图 6-64 试样的穿过硼硅酸盐断面。

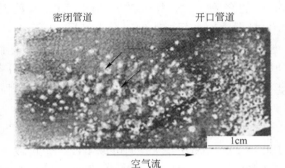

图 6-64　在干燥空气流中实验的试样表面照片

图 6-64 和图 6-65 是在 816℃，流速为 1cm/s 的干燥空气中氧化层表面和横截面照片，能谱分析（EDS）显示有大量的钼溶解于硼硅酸盐中。在前缘的硼硅酸盐内显示

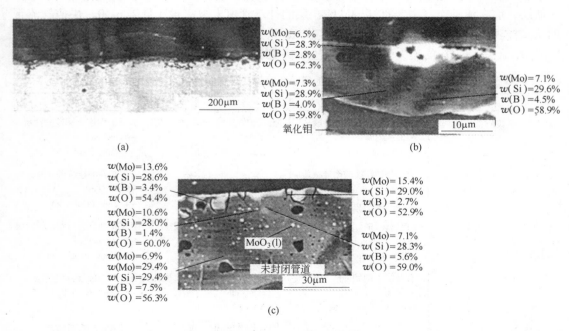

图 6-65　图 6-64 试样的横截面

（a）试样中央；（b）前缘；（c）后缘

圆形孔洞,见图 6-65(b)。在试样的中部区域,由于气压肯定大于 1 个大气压,硼硅酸盐一直受压,见图 6-65(a)。另一方面由于合金和硼硅酸盐的热膨胀系数不同,在冷却时硼硅酸盐应当受压缩,它能变弯曲。后缘横截面呈现出有穿过硼硅酸盐的管道,见图 6-65(c)。这些显微照片确切指出,硼硅酸盐内的球形气泡以及氧化物小球是 MoO_3。从试样前缘到后缘所看到的硼硅酸盐形态的变化,是由流动气体带走了试样表面的 MoO_3 引起的,因为这会影响到硼硅酸盐的黏度。在试样的后缘处,气体含有大量的气体 MoO_3,与前缘相比,带走的 MoO_3 是非常少的。在生成连续硼硅酸盐层方面,从表面排除 MoO_3 是一个极重要的因素,试样表面氧化反应的加热效应在本合金中似乎不起作用。就考查的试样而论,深信 MoO_3 从试样前缘被气流快速带走,试样被液态硼硅酸盐覆盖。在试样的中部,MoO_3 被带走的速度比前缘的慢一些,并生成管道。但是,这些管道的顶部被硼硅酸盐流体覆盖,结果在管道内被捕集到的气体生成硼硅酸盐内可见到的气泡。此外,在硼硅酸盐漫流越过试样的表面时,它同时渗入试样表面上的氧化物锈皮,因为这些氧化物锈皮含有孔洞。硼硅酸盐浸入这些孔洞并取代了洞中的气体,这就导致了在硼硅酸盐中看到的孔洞(见图 6-65)及硼硅酸盐表面的明显的气泡。在试样的中间区域,硼硅酸盐表面的小孔洞是很明显的(见图 6-64 箭头指向处),这类孔洞是硼硅酸盐中的气泡内的气体飘逸造成的。最后,试样后缘处的 MoO_3 离开的速度最慢,硼硅酸盐很黏,产生了穿过硼硅酸盐的连续的管道。管洞内的氧向合金移动,在管壁上形成液体 MoO_3,在管底部形成 MoO_2。有一些 MoO_3 以气态形式损失,但不足以使管道封闭。

为了进一步说明 MoO_3 从试样表面离开在发展连续硼硅酸盐方面的作用,把合金试样放在流速为 10cm/s 的 1000℃的氩气流中实验,氩气中的氧分压为 10^{-4} atm(1atm = 101.325kPa)。由于在这种气体中 MoO_3 的挥发速度较慢,氧化物已发展到稳态厚度。试样的表面形貌的观察确认(见图 6-66),长期氧化实验以后氧化钼保留在试样的表面上。该表面形貌还显示出,由于试样的表面有凝固的氧化钼,也没有 MoO_3 从表面迅速挥发,阻止了硼硅酸盐漫流成连续的整体。氩气中的氧分压 10^{-4} atm 足够生成 MoO_3,但是,由于氧的消耗造成氧分压下降,MoO_3 的挥发确实减少。

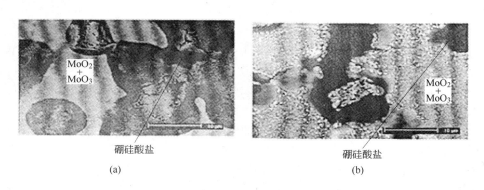

图 6-66 Mo-3Si-1B 合金在氩气流中实验的背散射电子像
(a)曝露 2h;(b)曝露 18h

B 温度对 Mo-Si-B 合金氧化速度的影响

用电弧炉多次重熔工艺生产 Mo-11Si-11B 合金,随后再加 1350~1550℃/144h 分段均匀化退火，合金含有 Mo_{ss}、Mo_3Si 和 Mo_5SiB_2 三个相，它们的体积分数分别为：0.4，0.3，0.3。图6-67 是合金在 800℃ 和 1300℃ 氧化实验时重量变化与时间的关系。1300℃ 的失重速度比 800℃ 的慢。而经过 1300℃ 预氧化处理过的试样在 800℃ 的氧化速度比未预处理试样的慢。但是，预处理的氧化钝化作用只维持了大约 50h，超过 50h 以后它的氧化速度就变成与未预氧化处理过的一样。试样横截面的背散射扫描电镜研究发现，800℃ 氧

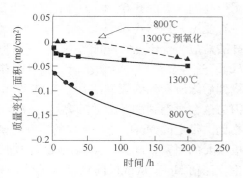

图6-67　Mo-11Si-11B（原子分数）在 800℃ 和 1300℃ 氧化实验中重量变化动力学曲线

化生成的表面锈皮的厚度约为 1300℃ 氧化皮的二倍，800℃ 氧化生成的氧化物锈皮有孔洞，而 1300℃ 生成的氧化物锈皮是致密的。在 800℃ 和 1300℃ 两个温度下生成的氧化物锈皮中都含有 MoO_3 和 MoO_2，它们都散布在基体/锈皮界面附近。

在氧化初期瞬间过程中，MoO_3 在 800℃ 和 1300℃ 都有挥发损失，生成含硼的二氧化硅层严重地阻碍和减缓了 MoO_3 的挥发。硼氧化成 B_2O_3，它造成的流态硅酸盐玻璃全部覆盖了表面。B_2O_3 引起硅酸盐玻璃的黏度下降，在表面覆盖方面必定起重要作用。含硼的硅酸盐玻璃形成以后不久，失重速度缓慢到抛物线失重过程，氧化速度受氧通过硼硅酸盐玻璃向内扩散的限制。钼进一步氧化需要 MoO_3，或者钼渗透过锈皮向外扩散。另外，众所周知，B_2O_3 是黏的，在约 1100℃，它的挥发速度变得很快。在 800℃、1000℃ 和 1300℃，B_2O_3 的挥发速度分别为 $0.05mg/(cm^2 \cdot h)$、$0.5mg/(cm^2 \cdot h)$ 和 $5.0mg/(cm^2 \cdot h)$。这就表明在 1300℃，B_2O_3 通过流动的硅酸盐玻璃的帮助覆盖了试样的表面，在硅酸盐玻璃锈皮覆盖表面以后不久，B_2O_3 便开始挥发，造成硅酸盐玻璃的硼含量下降。由于 B_2O_3 含量的微小的变化，硅酸盐玻璃的黏度会发生激烈的变化。那么，在 1300℃，低硼含量的硅酸盐玻璃可能有足够高的黏度，降低了 MoO_3 的渗透量，加之，由于硼含量的降低，氧在硼硅酸盐玻璃中的扩散率严重下降，预计硅酸盐玻璃的生长速度变慢。在 800℃，富硼的硅酸盐玻璃的粒度非常低，允许 MoO_3 经过锈皮中的气泡渗透。提高了氧的扩散率，加快了硅酸盐玻璃的生长速度。

Mo-12Si-12B 原子分数合金的硼含量高一点，图6-68 是该合金的 500℃、650℃、750℃、800℃ 和 1300℃ 的氧化动力学曲线。由图可以看出，在温度降到 750℃，氧化失重速度加快，在温度由 750℃ 降到 500℃ 时，很清楚地从抛物线失重转变到抛物线增重，在 700℃ 存在一个狭窄的直线失重的温度区间，在 650℃，越过线性增重区就进入线性失重区，存在增重到失重的转变。分析在 500~800℃ 之间生成的锈皮的 X 射线衍射图确定，氧化物锈皮含有 MoO_3，试样横截面的扫描电镜观测发现，在 650℃ 以下生成的锈皮都富钼、富硅、富氧，同对在基体/锈皮界面处形成 MoO_3。在 700℃ 生成的锈皮内没有 MoO_3。但是，存在有只含硅，氧的较厚的多孔锈皮。合金在 700℃ 的线性失重速度是 $3.3mg/(cm^2 \cdot h)$。

从 500~800℃，钼和硅发生氧化，在 650℃ 以下，氧化物锈皮除含钼以外，还富硅和富氧，并存在 MoO_3 亚表面。这就说明，在所有温度下形成的 SiO_2 锈皮覆盖住整个表面后，并不阻碍氧化钼进入锈皮。在较高的温度下，MoO_3 从外表面挥发，最终导致在 650℃

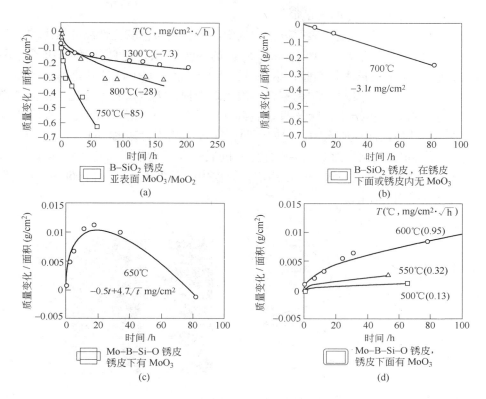

图 6-68　Mo-12Si-12B 原子分数在不同温度下测量的氧化动力学曲线

氧化反应从增重转为失重。

未合金化钼与 Mo-Si-B 合金在同一条件下实验确定，钼在 650℃ 以下的氧化动力学是抛物线增重曲线，在 700℃ 或高于 700℃ 是线性失重，在 650℃ 附近，氧化动力学有从增重到失重的转变。其氧化动力学与 Mo-Si-B 合金有相似之处。为了确定硅和硼添加剂对钼的中低温氧化动力学的影响，比较了未合金化钼和 Mo-Si-B 的氧化实验结果，在 500～600℃ 之间，氧化物锈皮中富硅，富氧，或许也富硼。硼和硅的存在大大地降低了合金的氧化速度，因为锈皮有保护作用。在 700℃，钼生成多孔的厚氧化物锈皮，它不具有保护性能。就 Mo-Si-B 合金而言，必然生成硼硅酸盐玻璃锈皮，B_2O_3 在 700℃ 挥发很慢，约为 $0.01\,mg/(cm^2 \cdot h)$，因而生成的锈皮必然含有 B_2O_3，这种成分锈皮的黏度接近 $5 \times 10^6\,Pa \cdot s$，相比起来，纯 SiO_2 的黏度约为 $10^{14}\,Pa \cdot s$，硅酸盐熔体完全不产生气泡需要黏度达到 $10^9\,Pa \cdot s$。在 700℃，气态 MoO_3 容易渗透过富含 B_2O_3 的锈皮是合金抗氧化性不良的原因。

Mo-Si-B 合金的中低温抗氧化性能不佳是因为保护锈皮中的硼含量高，加快了氧穿透锈皮的扩散速度和 MoO_3 渗透能力。在 750℃ 虽然看到有抛物线的氧化动力学曲线，但是氧化速度仍然很快。在温度超过 750℃ 时，合金的氧化行为与正常行为不同，随着温度的升高，合金抗氧化能力逐渐加强。根源在于，随着温度升高，B_2O_3 的挥发速度加快，SiO_2 的硼含量能保持很低水平，降低了氧或/和钼的扩散渗透能力。温度由 700℃ 升高到 800℃，B_2O_3 的挥发速度大约由 0.01 增快到 $0.05\,mg/(cm^2 \cdot h)$。B_2O_3 在 800℃ 的挥发有重要价值，在 700℃ 的挥发作用不大。B_2O_3 在 1100℃ 的挥发速度是 $1\,mg/(cm^2 \cdot h)$，超过

1100℃，预期锈皮中的 B_2O_3 的含量很低。

　　为了验证在 650～750℃ 之间表层氧化锈皮中的硼含量对抗氧化性能的负影响，把未合金化的钼试样用 PVD 工艺涂一层厚 $1\mu m$ 和 $5\mu m$ 的 SiO_2 涂层，把它与 Mo-Si-B 合金和未涂层的钼一起进行 700℃ 的抗氧化实验，结果见图 6-69。图 6-69(a) 是氧化动力学曲线，实验时间不超过 8h，有二氧化硅涂层的钼，涂层完好无损，重量未发生变化。根据试样横截面的扫描电镜和能谱分析结果，涂层只含有硅和氧，在 SiO_x 涂层下面和钼基体的界面处没有氧化物层和其他任何反应产物。这就证明，$1\mu m$ 厚的不含硼的 SiO_2 锈皮（涂层），能保护钼在 700℃/8h 抗氧化。而 Mo-Si-B 合金的抗氧化性能也很有价值，产生了 $150\mu m$ 的富硅锈皮。未涂层钼是直线失重。可以相信，锈皮中的硼含量是合金在 650～750℃ 范围内抗氧化性能不良的内在原因。

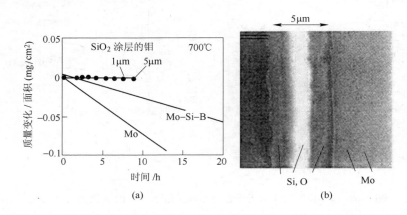

图 6-69　有 SiO_2 涂层的钼和未涂层钼及 Mo-Si-B 合金氧化动力学的比较

　　在分析温度对 Mo-Si-B 合金中温、低温的抗氧化性能的影响时要关注锈皮的黏度，在 650～800℃ 之间，要调整合金成分，减少锈皮中的 B_2O_3 的含量，或者生成提高硼硅酸盐锈皮黏度的氧化物；要关注合金工作环境中的气体对流情况，合金的氧化行为强烈依赖对流条件，在流动气体作用下，B_2O_3 和 MoO_3 的挥发速度都加快。在 1200～1300℃ 进行合金的预氧化处理，产生低硼含量的氧化物锈皮，有利于提高合金的中、低温抗氧化保护性能。

　　C　相的尺寸大小对氧化行为的影响

　　用真空非自耗电极电弧炉多次重熔工艺生产 Mo-14.2Si-9.6B（原子分数）合金铸锭，该合金含有 Mo_{ss}、Mo_3Si 和 Mo_5SiB_2 三个相，由铸锭底部依次向上切取三块试样。最底下是 1 号，依次向上是 2 号和 3 号。在铸锭熔炼凝固结晶过程中，Mo_{ss} 首先结晶，随后液相成分变化到 Mo_{ss} 和 $Mo_5SiB_2(T_2)$ 同时结晶，最后是液相共晶 $Mo_{ss}+Mo_5SiB_2+Mo_3Si(A_{15})$。由于结晶过程不一样，各相的尺寸大小和相的形貌各不相同。由于铸锭是在水冷铜模中结晶，小铸锭的底部（1 号）冷却速度最快，依次向上冷却速度下降，3 号最慢，2 号居中。因此显微组织的尺度 1 号最细，2 号居中，3 号最粗。见图 6-70 的 1 号、2 号、3 号。根据图相分析判断，由一个铸锭切取的这三个样品的成分大致相同，其组成为 Mo_{ss} 0.27、Mo_5SiB_2 0.39、Mo_3Si 0.34。在相同条件下影响氧化行为的因素只有三个相的尺寸。

　　试样在流量为 100mL/min 的极高纯度（氧含量低于 2×10^{-6}）的氩气流中加热到

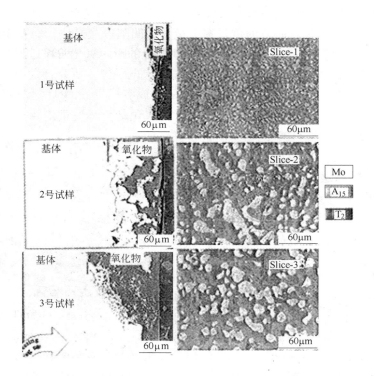

图 6-70 Mo-14.2Si-19.6（原子分数）合金的相结构和氧化层的背散射扫描电镜图

1100℃，氧化实验的实际气体介质是 20mL/min 的氧和 80mL/min 的氩气的混合气流，用感量小于 10μg 的热天平称量试样质量变化。三个试样在 1100℃等温氧化动力学曲线绘于图 6-71。该动力学曲线具有 Mo-Si-B 合金的氧化动力学的共同特点、分瞬间氧化和稳态氧化两个阶段。瞬间氧化阶段的失重主要是 MoO_3 的挥发，这三种试样的挥发损失量是不同的。显微结构最细的 1 号试样的瞬间氧化阶段的总体重量变化最少，约为 $10mg/cm^2$。在稳态氧化阶段未出现以前，2 号试样的重量变化是 $27mg/cm^2$。显微结构最粗的 3 号试样在瞬间氧化阶段的重量损失最大，约为 $32mg/cm^2$。与

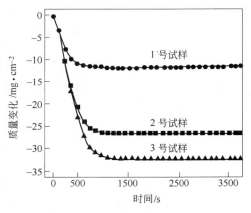

图 6-71 相结构粗细对 1100℃/20h 氧化动力学曲线的影响

瞬间氧化阶段不同，三个试样在稳态氧化阶段的氧化过程是统一的，失重速度接近直线，其值为 $(9.0 \pm 1.0) \times 10^{-4} mg/(cm^2 \cdot min)$。稳态氧化阶段出现的时间依赖于显微组织的尺寸，细结构出现稳态氧化阶段早，粗结构出现得迟。三个试样横截面的背散射扫描电镜研究确定，2 号和 3 号试样表面凹陷的速度比 1 号试样快。最细的 1 号试样的表面被厚度为 5～15μm 的硼硅酸盐玻璃层均匀覆盖。而 2 号试样被同样的硼硅酸盐玻璃层覆盖，但层厚比较不规则，厚度大约在 10～89μm 之间变化。最后是 3 号试样，它的表面凹陷速度最

快，表层硼硅酸盐玻璃的厚度最不均匀，层厚在 $10 \sim 130 \mu m$ 之间，见图 6-70。

Mo-Si-B 合金在瞬间氧化阶段的重量损失最大，凹陷速度最快，需要全面了解合金的氧化过程和机理，寻找一种解决办法，尽可能使合金的瞬间氧化阶段过程最短，在此期间的重量损失最少。用背散射扫描电镜和扫描电镜二次电子像，研究合金中三个纯相以及合金的氧化机理。其中未合金化钼在 1100℃ 瞬间氧化成有挥发性 MoO_3，氧化动力学曲线是直线，失重速度是 $16.4 mg/(cm^2 \cdot min)$。Mo_3Si 的氧化动力学失重规律也是直线，相中的硅氧化成硅酸盐玻璃。在 1100℃ 纯 SiO_2 是很黏

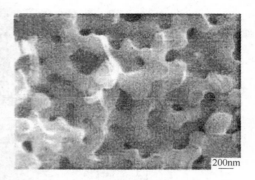

的，限制了氧的扩散。如果在 Mo_3Si 的表面生成连续的硅酸盐玻璃层，它的失重速度应当快速下降。其实不然，仍然表现出有线性的失重规律，但失重速度比 Mo_{ss} 的慢，约为 $4.2 mg/ (cm^2 \cdot min)$。用高分辨率的背散射扫描电镜观察，发现相的表面是极细小的孔洞结构，见图 6-72。试样的快速失重表明，氧快速通过锈皮中的极细小的孔洞扩散，这些极细小的孔洞似乎是互相贯通的，气相氧扩散到了合金/氧化物界面，造成直线失重。Mo_5SiB_2 相的瞬间氧化阶段

图 6-72　高分辨率扫描电镜显示 Mo_3Si 相表面的极细小的孔洞结构

的失重速度是 $7 mg/cm^2$，大约在 $35 \sim 40 min$ 以后就由瞬间氧化阶段转入稳态氧化阶段，开始缓慢增重。Mo_5SiB_2 外表面有两层保护膜，最外层是致密的硼硅酸盐和一些 Mo_{ss} 相，夹层由 Mo_{ss} 和一些硼硅酸盐组成，连续而致密的硼硅酸盐层的存在具有抗氧化保护性能，表明 Mo_5SiB_2 发展到稳态氧化阶段。

Mo-Si-B 合金在 1100℃/60s 氧化以后，用高分辨率的扫描电镜二次像研究合金的平面和横断面的结构，见图 6-73。由图 6-73(a)，看出 Mo_3Si 上面生成多孔的玻璃层，在 Mo_{ss}、Mo_5SiB_2 和 Mo_3Si 顶层表面生成的玻璃形貌是不同的，在 Mo_{ss} 和 Mo_5SiB_2 相顶层的玻璃是光滑致密的，Mo_3Si 相顶层的玻璃多孔而不规则，Mo_{ss} 晶界上有管道。图 6-73(b) 显示在整个横断面上是多孔的氧化硅，在金属/氧化物界面处的孔洞很细小，而在气体/氧化物界面处的孔洞尺寸增大。随着氧化时间的延长，表层上的玻璃层发展，横断面玻璃的密度增加，而 Mo_3Si 上面可见的极细小的孔洞数目减少，氧化 15min 以后这些孔洞接近消失，Mo_{ss} 晶界上的大管道仍然存在。

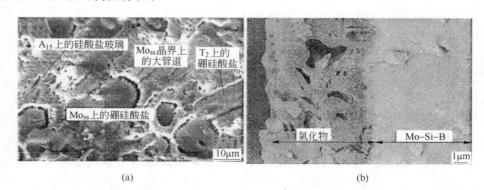

(a)　　　　　　　　　　　(b)

图 6-73　Mo_3Si 表面氧化层的表面和断面的扫描电镜照片

　　分析相尺寸细化对生成致密有保护性的硼硅酸盐玻璃锈皮的影响，在瞬间氧化阶段，三个相分别独立发生反应，然而在后期，各相之间彼此发生作用，相尺寸的细化加速各相之间的相互作用。Mo-Si-B 合金的三个相中只有 Mo_5SiB_2 能生成自保护表面层，而 Mo_{ss} 和 Mo_3Si 的表面生成多孔的玻璃层没有保护作用。Mo_5SiB_2 中硼的存在能降低玻璃的黏度，促进生成致密的保护层。另一方面，Mo_3Si 氧化生成的 SiO_2 太黏，不能烧结致密，在瞬间氧化阶段不能消除极细小的孔洞。由于在初期瞬间氧化阶段似乎是独立组元发生氧化反应，但是，随着氧化时间的延长，Mo_{ss} 上面的致密玻璃漫流，Mo_3Si 顶层玻璃层中的开口孔洞的尺寸逐渐发生变化，这就表明，合金在较长期氧化过程中各相之间发生了连带反应。

　　合金的氧化保护过程的起初阶段由于 Mo_{ss} 中的硅、硼含量太低，不允许在它的表面上生成致密的玻璃保护层，随后，覆盖 Mo_{ss} 上的玻璃必定来自 Mo_5SiB_2 相氧化生成的硼硅酸盐玻璃，可能覆盖 Mo_5SiB_2 相的硼硅酸盐中的硼扩散进入黏的硅酸盐玻璃，提高了它的流动性，有助于烧结致密，故 Mo_3Si 相上面生成的多孔玻璃开始烧结。由于烧结玻璃的密度提高，极细小的孔洞数减少，穿过这些小孔扩散的气体数量下降。总的结果是，在硼硅酸盐表面漫流过程中，氧化造成的不同晶粒的连续凹陷，表面的 Mo_{ss} 和 Mo_3Si 相的晶粒消失，这些晶粒下面的晶粒就会暴露出来，新暴露出来的晶粒中有些就是 Mo_5SiB_2 晶粒。很清楚，在瞬间氧化阶段首先被消耗的晶粒是最细的 Mo_{ss} 和 Mo_3Si 相晶粒。这就是在瞬间氧化阶段的后期失重速度减慢的原因。

　　位于 Mo_{ss} 相晶界上的玻璃在冷却过程中确实形成了大的管道，但未推迟稳态氧化阶段的出现。很明显，显微组织的细化增加了晶界数量，造成瞬间氧化阶段的失重量减少，时间缩短。如果在 Mo_{ss} 相晶界上的大管道阻止瞬间氧化阶段的结束，则会看到细显微组织推迟稳态氧化阶段的出现。另外，显微结构的细化，使 Mo_5SiB_2 相均匀分布，硼的来源较多，它的扩散距离缩短。因为这个原因，显微结构的细化，使覆盖 Mo_5SiB_2 相的硼硅酸盐中的硼能较快地扩散进入 Mo_3Si 相顶层形成的多孔玻璃，加快了极细小的孔洞的封闭速度，直接结果就是较快转入稳态氧化阶段。如果 Mo_5SiB_2 相的分布不是细密均匀的，那么 Mo_5SiB_2 相贫乏的区域，封闭硅酸盐内含有的极细小孔洞所消耗的时间要延长一些，稳态氧化阶段出现的时间会向后推迟。

　　D　活性元素铝和铈添加剂对 Mo-Si-B 合金氧化行为的影响

　　用真空电弧熔炼法生产名义成分（原子分数）为：$Mo_{76}Si_{14}B_{10}$（MSB），$Mo_{73.4}Si_{11.2}B_{8.1}Al_{7.3}$（MSBA 只含有铝），$Mo_{75.88}Si_{13.98}B_{9.98}Ce_{0.16}$（MSBCe 只含有铈）和 $Mo_{73.38}Si_{11.18}B_{8.09}Al_{7.29}Ce_{16}$（MSBACe 含有铝和铈）。MSBACe 合金的铸态结构示于图 6-74，它含有 $20\sim30\mu m$ 的白色树枝状相，约占总面积的 $54\% \pm 3\%$，在 MSBCe 和 MSBACe 合金中白色树枝的平均成分分别为 $Mo_{96.5}Si_{4.5}$ 和 $Mo_{92.8}Si_{5.5}Al_{1.7}$。白色相的四周是较黑的树枝间区域，该区域呈现出灰色和黑灰色的细共晶体的层状形貌，在 MSBCe 和 MSBACe 中这个区域的成分估算为 $Mo_{83}Si_{17}$ 和 $Mo_{89.2}Si_{9.1}Al_{1.7}$。铸态结构含有 Mo_5SiB_2、Mo_3Si、Mo_{ss} 三个相。

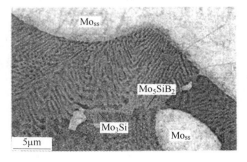

图 6-74　MSBACe 的铸态组织

Mo-Si-B-Al-Ce 进行等温氧化实验，实验温度分别为 500℃、700℃[56] 和 1100℃，实验的气氛条件是正常实验室空气，氧分压是 2127kPa。每间隔 1h 检测一次试样的重量变化，实验周期是 24h。500℃和 700℃等温氧化 24h 以后单位面积的总重量变化以及氧化物的成分列于表 6-31。试样在 500℃和 700℃的氧化动力学曲线绘于图 6-75，1100℃的氧化动力学曲线绘于图 6-76。仔细研究表列数据可以看出，在 500℃实验时，除 MSBACe 以外，合金的净重都增加。而在 700℃实验时，重量都降低。由 500℃的动力学曲线看出，重量随时间的变化呈现出波动的特点，所有合金的波动范围在 +2 ~ -5mg/cm² 之间。在这个温度下实验 24h，所有合金的净重量变化在 -0.1 ~ +0.1mg/cm² 之间。700℃的动力学曲线是直线的，没有任何抛物线动力学的迹象，所有被研究的合金没有发生任何钝化现象。MSB 和 MSBCe 的失重速度分别为 9.75 和 10.0mg/(cm²·h)，而 MSBA 和 MSBACe 失重速度分别为 5.58mg/(cm²·h) 和 6.19mg/(cm²·h)。500℃/24h 氧化以后，各种成分合金表面氧化物锈皮出现深蓝色，MSBCe 和 MSBACe 在 700℃形成的氧化物锈皮相应是微黄色或须状物。在 700℃实验初期的 3h 内，含铝的合金质量增加，但是，在 24h 实验以后，MSBA 的总质量损失几乎只有 MSB 的一半，MSBA 的总质量损失最少。合金初期氧化阶段（3h）增重的原因是合金和其他合金元素氧化形成 MoO₃ 胡须。在长期氧化实验过程中，散失结合力的 MoO₃ 胡须的连续形成和增长，具备了它们升华或挥发的条件，挥发导致失重。

表 6-31   MSBACe 合金在 500℃和 700℃氧化实验结果

合金名称	500℃净重变化/mg·cm⁻²	500℃氧化层的成分	700℃净重变化/mg·cm⁻²	700℃氧化层的成分
MSB	+0.052	Mo_8O_{23}，MoO_3	-234.05	Mo_9O_{26}，MoO_3
MSBCe	+0.109	Mo_8O_{23}，MoO_3	-241.29	Mo_9O_{26}，MoO_3
MSBA	+0.076	Mo_8O_{23}，MoO_3	-134.07	$Al_2(MoO_4)_3$，MoO_3
MSBACe	-0.093	Mo_8O_{23}，MoO_3	-148.66	$Al_2(MoO_4)_3$，MoO_3

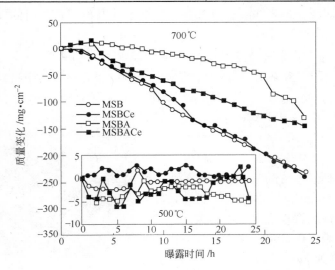

图 6-75   Mo-Si-B(Al,Ce)合金的 500℃和 700℃氧化动力学曲线

图 6-76 是 MSBA 和 MSBACe 两个合金在 1100℃/24h 氧化动力学曲线，低倍目视检验表明，两个氧化试样的尺寸本质上没有变化。在合金上形成的氧化物形貌是胡须状的。在氧化动力学曲线的起始阶段，大约不超过 5h，试样发生失重，这应当是瞬间氧化阶段，进一步延长氧化实验时间，试样进入稳态氧化阶段，失重速度为一不变常数。历经 1100℃/24h 氧化实验后，MSBA 和 MSBACe 两个合金的净重损失分别是 517mg/cm^2 和 319mg/cm^2。MSBACe 的净损失比 MSBA 的几乎低 40%～50%。这就确认少量铈添加剂能大大地提高合金

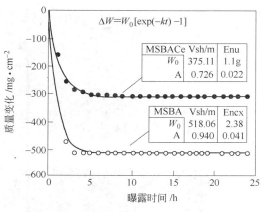

图 6-76　Mo-Si-B(Al,Ce)合金
1100℃/24h 氧化动力学曲线

的抗氧化性能。两个合金的每单位面积的重量变化随时间而改变的规律可以根据下面方程式进行回归分析：

$$\Delta W = W_0 [\exp(-kt) - 1]$$

式中，W_0、k 为常数，k 与损失的总量有密切关系。根据上述方程式回归得到的曲线在图 6-76 上画成实线，并与实验得到的数据点放在一起进行比较。剩余平方 R^2_{MSBA} 和 R^2_{MSBACe} 分别为 0.9910 和 0.9946，这就说明采用的回归曲线方程是合适的。回归参数列表于图 6-76 内，MSBA 和 MSBACe 的 k 值分别为 (0.94 ±0.04)/h 和 (0.72 ±0.02)/h。

Mo-Si-B-(Al,Ce)在 500℃、700℃和 1100℃氧化形成的氧化物锈皮的 X 射线衍射图表明，所有合金在 500℃氧化形成的氧化物锈皮中都含有 MoO$_{3-x}$(0 < x < 0.05)二型化合物，例如 Mo$_8$O$_{23}$ 和 MoO$_3$。MSBACe 在 700℃氧化后形成的氧化物锈皮的 X 射线的主要衍射峰是 Al$_2$(MoO$_4$)$_3$。而 MSBCe 氧化物锈皮的 X 射线衍射图的 2θ 角 10°～30°之间有两个驼峰的叠加，指出有硼硅酸盐层（B$_2$O$_3$ + SiO$_2$）和附加的 Mo$_9$O$_{26}$ 和 MoO$_3$ 弱反射峰。MSBACe 和 MSBA 在 1100℃氧化形成的氧化物锈皮的主要组分是方石英和复相化合物（Al$_2$O$_3$ + SiO$_2$）。被研究的合金在 500℃、700℃和 1100℃氧化形成的氧化物锈皮的 X 射线衍射图表明，除含有氧化产物以外，都存在有铸态组织的 Mo$_{ss}$、Mo$_5$SiB$_2$ 和 Mo$_3$Si 三个相，这是因为锈皮太薄，X 射线定出了锈皮/合金界面处的铸态组织的这三个相。

图 6-77 是各合金表面氧化物锈皮外表层的扫描电镜背散射图，由图看出，在黑色基体上分布有白色树枝状组织。MSB/MSBCe 和 MSBA/MSBACe 的能谱分析分别给出，白色区域的成分是富钼和富氧，说明主要是 MoO$_3$，所有合金的黑色区域是富硅和富氧，表明存在有 SiO$_2$。另外在白色区域内氧化物锈皮有多向裂纹（见图 6-77(a)的内置图）。在 700℃/24h 氧化以后 MSBACe 已出现有熔化的小颗粒（见图 6-77(d)的内置图），表面有宽 100～150μm 的纯 MoO$_3$ 胡须，在氧化物锈皮表面发现有孔洞，其平均直径 10μm，这些孔洞的形成与富钼的树枝状组织的钼氧化挥发有直接关联，MoO$_3$ 挥发以后在原位留下孔洞。

图 6-78 是 1100℃/24h 氧化以后 MSBA 和 MSBACe（内置图）合金表面氧化物锈皮的背散射扫描电镜图，这两幅图有同样的球形粒状串和针状胡须混合形貌，能谱分析表明它

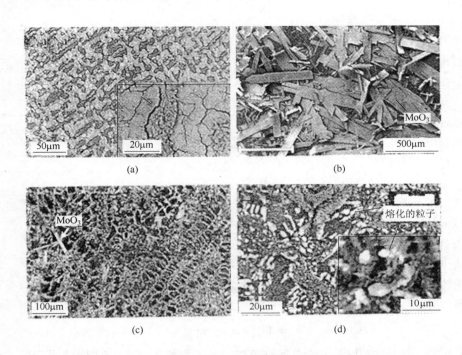

图 6-77　MSBACe 和 MSBCe 氧化物锈皮的扫描电镜背散射图

(a) 500℃/24h 氧化的 MSBACe，内置图显示出有复向裂纹；(b) 700℃/24h 氧化后分散的 MoO₃ 胡须；

(c) 700℃/24h 氧化后的 MSBA；(d) 700℃/24h 氧化后的 MSBACe，内置图显示有已熔化的颗粒

们分别是富 Si-O 相和富 Si-Al-O 相，可以确认，球形的是方石英 SiO_2，针状的是复相化合物 $(Al_2O_3)_x(SiO_2)_y$。

用辐射扫描电镜和能谱分析研究氧化过的试样横截面的显微组织，图 6-79，在 700℃/24h 氧化过程中，不同物质的原子扩散导致不同氧化物的增长。在氧化以后 MSBA 和 MSBACe 的横断面是分层结构，参见图 6-79，所有合金在靠近基体合金的第一层是黑色基体和被黑色基体包围的白色树枝状结构，能谱分析表明，这一层内的黑色区域是富 Si-O 相，见图 6-79(a)。MSBCe 氧化

图 6-78　MSBA 和 MSBACe 在 1100℃/24h 试样氧化后的表面背散射扫描电镜图

物锈皮的第二层是富 Mo-O 相，见图 6-79(b)，MSBA 和 MSBACe 没有这种第二层。成分估算说明，第二层由 MoO_{3-x} 相组成。但是，MSBA 和 MSBACe 的第二层厚度比 MSB 和 MSBCe 的薄得多，这一层富 Al 和 O 见图 6-79(f)、(h)。所有被研究合金的第三层的颜色比第一层和第二层的黑一些，因为它高度富 Si 和 O，见图 6-79(c)、(f)、(g)。需要指出，MSB/MSBCe 的外层有 200～300μm 厚的富 Si 层，但是在 X 射线衍射图上没有出现任何相的衍射峰，推测这些含硅相可能是非晶态玻璃。MSBA 和 MSBACe 形成的表面氧化物锈皮上有附加的第四层，这一层是富 Mo 致密层。能谱和 X 射线分析表明，第四层的主要组分是 $Al_2(MoO_4)_3$。

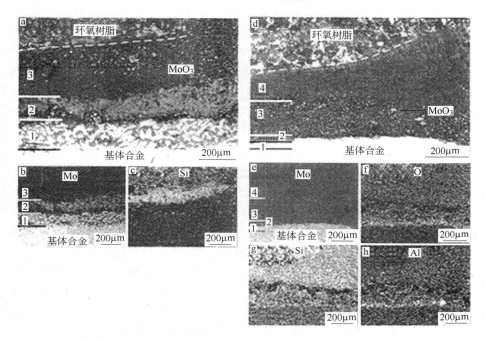

图 6-79　在 700℃/24h 氧化以后，MSBCe 和 MSBA 合金/氧化物锈皮横截面的背散射扫描电镜图

MSBA 在 1100℃/24h 氧化以后，合金试样已完全被氧化殆尽，没有留下任何合金的痕迹，但是，MSBACe 在 1100℃/24h 氧化以后，合金表面氧化物锈皮分成三层，见图 6-80，最内层靠着基体合金，层内含有富氧的和铸态组织相同的相，中间第二层主要由 MoO_3 和 MoO_2 组成，外层第三层有富 Si-O 的黑色基体和 MoO_3 弥散夹杂物。能谱图说明（箭头指向）在第三层氧化物层（硼硅酸盐）和第二层（MoO_3 + MoO_2）的界面处有富 Al-O 层的迹象。

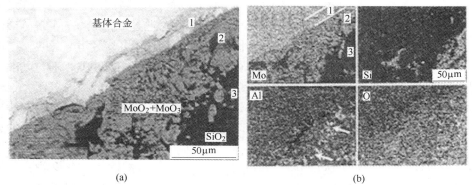

图 6-80　MSBACe 在 1100℃/24h 氧化以后，氧化物横截面分层结构的背散射扫描电镜图

合金的低温氧化机理与 B_2O_3 和 SiO_2 之间的相互作用有关，众所周知，B_2O_3 的熔点接近 500℃，B_2O_3-SiO_2 的准平衡相图有共晶反应（图 6-58），在 500 ~ 700℃ 范围内生成 SiO_2-(25 ~ 100)B_2O_3 摩尔分数的玻璃。Mo_5SiB_2 氧化生成氧化物 SiO_2/B_2O_3 = 1/1，形成具有保护能力的硼硅酸盐玻璃。

在 500℃短时间氧化过程中，试样重量变化的波动不确定性是一种肯定的现象，波动现象表明，当未生成稳定的氧化物锈皮时，处在瞬间氧化阶段。失重波动起伏的可能机理在于，氧化产物引起体积膨胀，在氧化物锈皮/合金界面处产生应力并伴随开裂，造成锈皮破断或分层。在裂纹张开时，新曝露出的表面被氧化，表面原子扩散加速。此外，扩散物质的局部浓度梯度也能在氧化锈皮内引起内应力。MoO_{3-x}金属富足型化合物的存在，能促进氧阴离子穿过锈皮扩散。况且，即使在 500℃，MoO_3 也能挥发。这些机理都能使合金一直处于失重状态。但是，在被研究的钼合金的氧化物锈皮中生成的 B_2O_3-SiO_2 玻璃层，能起局部保护作用，阻止或减缓失重过程。

氧化物锈皮的长期稳定性依赖于外层内的和外层下面的各相的扩散特性及热力学性质。为了发展具有保护性能的氧化物锈皮，要求从氧化物/合金界面层下面的相供给硅和硼。这时只有 Mo_5SiB_2 相能供给充足的硼流和硅流，才能维持硼硅酸盐的增长。由于共晶体的层状结构的长度尺寸处于 <1μm 的极细的范围内，晶界面积分数很大，可以为 700℃的氧化提供大的原子扩散流。有理由预期，瞬间氧化阶段较短，同时能形成有保护性能的氧化物锈皮。但是，全部 Mo-Si-B(Al,Ce)合金的研究结果表明，在 700℃/24h 氧化过程中，既没有表现出抛物线的氧化动力学曲线，也没有形成不具有保护性能的氧化锈皮。它们 700℃的氧化动力学特点与未合金化钼的相当。由于硼的存在，加快了氧穿过硼硅酸盐玻璃层的扩散，导致 MoO_3 的挥发，使得 MSB/MSBCe 的失重速度达到 9.75 ~ 10.0mg/(cm^2·h)，在 MoO_3 升华挥发的同时，在氧化物锈皮的表面留下孔洞，这类多孔的表面氧化物锈皮的存在，进一步帮助氧向内迁移到达基体界面，合金发生快速氧化。

MSB 合金添加铝，在发生氧化反应时促进生成 Al_2O_3，合金在 700℃生成的所有氧化物中，Al_2O_3 的稳定性较高，仅次于 CeO_2。试样横截面的显微组织研究发现，紧接基体合金形成富 Al-O 的内层，内层生长在硼硅酸盐层下面。所以预期 Al_2O_3 应当溶解于富 Si-B-O 的熔体，引起液相线的温度升高。这就可以说明，为什么随着 Al_2O_3 的形成，氧的渗透性会下降，硼硅酸盐层的黏度会提高。此外，最外层发现富 Mo-Al-O，确定为 $Al_2(MoO_4)_3$。显然 Mo 和 Al 必须穿过硼硅酸盐层（3 层）扩散，以便形成第四层内的化合物。再有，Mo^{3+} 离子的尺寸比系统中其他物质离子的都大，这迫使它通过四层锈皮才能和空气接触，所以 MoO_3 的形成速度和穿过锈皮的动力学十分缓慢，导致 MSBA/MSBACe 的失重速度降到 5.85 ~ 6.19mg/(cm^2·h)。根据 Al_2O_3-MoO_3 准平衡图，大约在 700℃，通过共晶反应生成 $Al_2(MoO_4)_3$，大约只需要 10%（摩尔分数）Al_2O_3，考查图 6-77(d)的内置图，最外层表面已出现熔化的迹象。此外，氧化物锈皮组分的混合氧化物成分接近共晶成分，所以，氧化物局部熔化引起液相烧结，产生致密的 $Al_2(MoO_4)_3$ 层，导致 MSBA/MSBACe 的失重速度下降。

由于 CeO_2 和 Ce_2O_3 的生成自由能的值很低，系统中必然有这两个化合物，但浓度很低。另外，在 1100℃以下，Ce 离子在硼硅酸盐中的溶解度几乎可以忽略不计，所以，在 700℃以下的等温氧化过程中，MSBA/MSB 中的铈对氧穿过硼硅酸盐层的动力学没有多少影响。

MSBA/MSBACe 在 1100℃氧化过程中包括有 MoO_3 的挥发和生成复相化合物（$3Al_2O_3$·$2SiO_2$），复相化合物的形成对这两个合金的氧化动力学有强烈影响。已知，Al_2O_3 和非晶硅粉混合共同加热时，复相生成的温度 T≥1350℃。但是，其他氧化物的存在能大大地改变复相开始生成的温度，例如 B_2O_3 的存在能降低富 SiO_2 相的黏度，帮助 Al_2O_3 溶解，有助于形成复相化合物。因此，可以预料到，在瞬间氧化阶段，在合金/氧化物锈皮界面处会形成低黏度的 Al-Si-B-O 相。随即复相化合物按下述方程式成核并沉淀：

$$3Al_2O_3 + 2SiO_2 \longrightarrow 3Al_2O_3 \cdot 2SiO_2$$

在 1300K 和 1400K 此反应的自由能变化分别是 $-5160kJ/mol$ 和 $-5029kJ/mol$。自由能变化的负值很大，说明该反应的原动力非常大。因此，随着 Al_2O_3 溶解量的增加，氧化物锈皮中的 SiO_2 的含量总是在下降，液相线温度升高，锈皮中发现的过量的未反应的 SiO_2 是方石英，就 MSBA 合金而论，它的总量不足以提供全面的保护。

Mo_{ss}、Mo_5SiB_2 和 Mo_3Si 三相合金的抗氧化机理在于形成硼硅酸盐玻璃锈皮，MSBACe 在 1100℃ 氧化过程中，铈在形成保护性氧化物锈皮方面起特别有价值的作用。已知在 1100℃ 的硅酸盐玻璃中 Ce^{4+} 的浓度大于 Ce^{3+} 的浓度，而且随着温度的升高，Ce^{4+}/Ce^{3+} 的比值下降，已知 Ce^{4+} 能改变玻璃网格结构的性质，因此，预计能限制 Al_2O_3 在 1100℃ 的 B-Si-O 液体中的溶解度。那么，在 MSBACe 合金中，Al_2O_3 会在 MoO_3/硼硅酸盐锈皮界面处沉淀出来，而不会引发复相化反应。MSBACe 合金氧化物锈皮中的复相化合物的形成受到阻碍，未反应的 SiO_2 量增加，反过来又强制形成有保护性的富 Si-O 锈皮。在氧化开始阶段，由于 MoO_3 的升华造成 MSBACe 在瞬间氧化阶段失重，直到生成有保护性的硅酸盐层以后，才进入稳态氧化阶段。合乎逻辑推断是，大直径的钼离子通过富 Si-O 层的扩散受到制约，结果 MoO_3 的生成及挥发趋于缓慢，快速失重现象受到了遏制。

参 考 文 献

[1] Few. W. E The Temperature dependance of Solubility of Oxygen in the Molybdenum [J]. Trans. Met. Soc. AIME 1952, 94: 271.

[2] Olds. L. E. Macro-and microstructure of the Arc Cast Molybdenum ingots [J]. J. Metals 1956, 8(2): 150.

[3] Kihlborg. L Non-stoichiometric Compounds [M]. Washington 1963, 39: 37.

[4] Phillips B., Chang L. L. Y. Condensed phase Relation in the system Mo-O [J]. Trans. Met. Soc. AIME 1965, (7): 1433.

[5] Staskiewicz B. A Physical Properties of MoO_3 [J]. Amer. Chem. Soc 1955, 87(11): 2959-2987.

[6] А. К. Натансона Молибден [M]. Москва Металлургия 1959, 215.

[7] Н. Н. 莫尔古洛娃. 钼合金 [M]. 徐克玷，王勤译. 北京：冶金工业出版社，1984，3: 163.

[8] Lustman B Oxidation of Molybdenum in the Temperature Range 600~700℃ [J]. Metal progr. 1950, 57(5): 629.

[9] Rathenau G W Study of the MoO_2-MoO_3 compost [J]. Metallurgie 1950, 42: 167.

[10] Gulbransen E A Temperature dependency of Oxidation rates at O_2-pressure of 0.1atm. [J]. Trans. electrochem. Soc 1947, 91: 594.

[11] Gulbransen E A Oxidation of Molybdenum 550℃ to 1700℃ [J] J Electrochem. Soc 1963, 110(9): 952.

[12] Зайцев А. Металлы. СССР. Кинетические Кривые Окисления Молибдена В Интервале 600~1000℃ [J]. Металлы АН. СССР 1970, (4): 218.

[13] Bartlett R. W. Kinetics of Oxidation for Molybdenum at high temperature [J]. J. electrochem Soc. 1965, 112 (7): 744.

[14] Rudolf Henne The Low Pressure plasma spraying coating for molybdenum [J]. High-Temperatures-High-Pres-

sures 1986, 18: 223.

[15] Perkins R. A Studys of coated Refractory metals[J]. J. Spacecraft and Rocke 1965, 2(4): 520.

[16] Spring A. I. Chromallizing Protects Molybdenum Missile Probe Against Aerodynamic Heating [J]. Metal Finishing 1962, 8(94): 357.

[17] Raiklen H. I Effect of W-3 Oxidation-Resistant Coating on the mechanical Properties of Notched and Unnotched TZM Sheet Refractory Metals and Alloys Ⅲ[M]. 1963, 719.

[18] Stecher P Oxidationsschutz von Molybdan Durch Eine MoSi₂/SnAl Schutzschicht [J]. J. Less-common Metals 1968, 14(8): 407.

[19] А. К. Натансона Молибден[M]. Москва Металлургия 1962, 290.

[20] Herzig A. J Metal coat for Molybdenum by mens of plasma-spraying method [J]. Metal Progress1955, (68): 109.

[21] Couch D. E Kinetics of the Oxidation of Pure Molybdenum in the Temperature Range 400 ~ 1600℃. [J]. J. Electrochemical Society 1958, 8(105): 450.

[22] From E Studys of solubility the Nitrogen in molybdenum[J]. Z. Metallkunder Bd62 1971, (5): 372.

[23] Лахтин. Ю. М Влияние Азотирования На Свойства Молбдена [J]. Металлове. и терми. обра. мета. 1968, 1: 24.

[24] Bachman W. T Variety of Carbon and Oxygen content in the Mo-TZM sheet During annealing 1000h under Vacuum or a small quantity of methane [J]. Materials Engineering 1966, 64(6): 106.

[25] Berkowitz J. B. Temperature dependence of forming Rate of volatile Molyybdenum-oxddes Under Oxygen pressure 0. 15Pa[J]. J. Chem. phys 1963, 39(10): 2722.

[26] Абабков. В. Т Специа. стали. и спла [M]. МОСКВА Металлу1970, 72.

[27] Hample C. A Stability for Molybdenum in the thermal nitric Acid [J]. Corrosion 1958, 14(12): 557.

[28] Nair F. B. Corrosion For Molybdenum in the Hydrochloric acid, Nitric acid and Vitriol acid [J]. Materi. In Design Engineering 1964, 60(4): 104.

[29] ГуляевА. ПСкорость Коррозии для Деформирванного и Рекристаллизованного СплавовЦМ2А [J]. Защит металлов1966, 2(4): 444.

[30] Acherman W. I US Bureau Min Report Invest Ⅲ [J]. 1966, (6715): 59.

[31] Barto R. L Kinetice and mechanisms of the Low pressure and high temperature Oxidtaion of Molybdenum [J]. Research/Development 1966, (11): 26.

[32] Northcott L The oxidation and Protection of Molybdenum in Molybdenum [M]. London 1956.

[33] Gleiser M. [J]. Oxidation of Mo-25Co-12Si at 940℃ ASTM Spec. Publ 1955, (171).

[34] Nunes. C. A et al. In Nathal et al editors Structural intermetallics [J]. Warrendale {PA} TMS 1997, 831.

[35] Nowotny. H et al. Study of Isothermal (1873K) section of the ternary Mo-Si-B phase diagram [J]. Chem1957, 2: 180.

[36] Berczik oxidation resistant molybdenum alloy [J]. U. S. Patent5693156 January 21. 1997.

[37] Berczik Method for enhancing the oxidation resistance of a molybdenum alloy. and a method of making a molybdenum alloy [J]. U. S. Patent 5595616December 2. 1997.

[38] Joachim. H. Schneibel et al. Processing and mechanical propertice of a Molybdenum silicide with the com-Posion Mo-12Si- 8. 5B (at%) [J]. Intermetallics 2001, 9: 25.

[39] H. Choe et al. Ambient to High temperature fracture toughness and fatigue-crack propagation behavior in A Mo-12Si-8. 5B (at%) intermetallic [J]. Intermetallics 2001, 9: 319.

[40] Nunes. C. A Liquidus projection for Mo-Rich protion of the Mo-Si B ternary system [J]. Intermetallics 2000, 8: 327.

［41］ Joachim. H. Schneibel. Processing and mechanical properties of Mo-silicide with the composition Mo-12Si 8. 5B （at%） ［J］. Intermetallics 2001, 9: 25.

［42］ J. H. Schneibel et al. A Mo-Si-B intermetallic alloy with a continuous αMo matrix［J］. Scripta materialia 2002, 46: 217-221.

［43］ P. Jain. et al. High temperature compressive flow behavior of a Mo-Si-B solid solution alloy［J］. Scripta materialia. 2006, 54: 13.

［44］ K. S. Kumar. et al. Deformation behavior of a two phase Mo-Si-B system ［J］. Intermetallics 2007, 15: 687.

［45］ J. J. Kruzic. et al. Ambient-to Elevated-Temperature Fracture and Fatigue properties of Mo-Si-B alloys: Role of Microstructure ［J］. Metallu. and Mater. Transa. 2005, 36A: 2393.

［46］ A. P. Alur et al. Monotonic and cyclic crack growth response of a Mo-Si-B alloy ［J］. Acta materialia 2006, 54: 385-400.

［47］ K. Ito et al. Physical and mechanical properties of single crystals of the T2 phase in the Mo-Si-B System ［J］. Intermetallics 2001, 9: 591.

［48］ P. J. Cotterill et al. effect of temperature and environment on crack growth response during cyclic load Acta Metal. Mater. 1952, 40: 2753.

［49］ Parthasarathy TA et al. Oxidation mechanisms in Mo-reinforced Mo_5SiB_2 （T2）-MO_3Si ［J］. Acta Mater. 2002, 50: 1857-1868.

［50］ Hutchinson J. W. Crack tip shielding by micro-cracking in brittle solids ［J］. Acta Metall 1987, 35: 1605.

［51］ J. H. Schneibel et al. Processing and mechanical propertice of a Molybdenum silicide with the com-Posion Mo-12Si- 8. 5B （at%） ［J］. Intermetallics 2001, 9: 25.

［52］ P. JainK. S. Kumar Dissolved Si in Mo and its effect on the properties of Mo-Si-B alloys ［J］. Scripta materialia 2010, 62: 1.

［53］ H. Choe et al. On the Fracture and Fatigue properties of $Mo-Mo_3Si-Mo_5SiB_2$ Refractoy intermetallic alloy at Ambient （25℃） to elevated （1300℃） Temperature［J］. Metallu. and Mater. Transa2003, 34A: 25.

［54］ A. P. Alur et al. High-temperature Compression behavior of Mo-Si-B alloys［J］. Acta Materialia 2004, 52: 5571.

［55］ T. G. Nieh et al. Deformation of a multiphase Mo-9. 4Si-13. 8B alloy elevated temperature ［J］. Intermetallics 2001, 9: 73.

［56］ J. Das et al. oxidation behavior of Mo-Si-B- （Al, Ce） ultrafine-eutectic composites in the temperature range of 500 ~700℃ ［J］. Intermetallics 2011, 9: 1.

［57］ N. P. Bansal Handbook of Glass Properties［M］. Academic press Inc 1986.

［58］ T. J. Rockett et al. Phase Relations in the system Borom Oxade-SilicaJ. ［J］. Ame. Ceram. Soc 1965, 48 （78）.

［59］ D. A. Helmick et al. High temperature oxidation behavior of a Mo-3Si 1b （wt%） alloy. ［J］. Mater. at. high temper 2005, 22（3/4）: 293.

［60］ F. A. Rioult et al. Transient oxidation of Mo-Si-B alloys: effect of the microstructure size scale ［J］. Acta Materialia 2009, 57: 4600-4613.

［61］ J. Das et al, Effect of Ce addition on the oxidation behavior of Mo-Si-B-Al ultrafine composites at 1100℃ ［J］. Scripta materialia 2011, 64: 486-489.

钼的塑脆性转变

7.1 一般描述

钼是体心立方金属，它的脆性问题已研究多年，早在 1918 年就由 Sykes W. P. 指出了钼的塑性对实验温度特别敏感，钼丝材做拉伸实验时在室温附近由塑性急剧地转变到脆性，转变温度与试样的预处理和机加工历史有密切关系。研究确定，由塑性到脆性的转变，或者更精确地说是塑脆性转变趋势是体心立方金属的共同特点，某些密排六方金属也有塑脆性转变行为，面心立方金属任何时候都不会出现塑脆性转变现象。见图 7-1，该图显示了 W、Mo、Ta、Fe、Ni 五种金属元素的拉伸截面收缩率（塑性指标）与实验温度的关系，由图可以看出具有体心立方金属的 W、Mo、Fe，有塑脆性转变现象，而面心立方金属的 Ni 和有体心立方的 Ta 直到 −196℃ 也没有明显的面缩率变化，实际上当温度降到 −269℃ 时 Ni 也没有出现塑脆性转变。

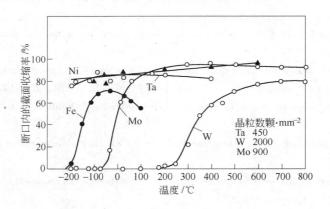

图 7-1 温度对几个金属塑性的影响[1]

通常认为，金属开始发生塑性变形的流动应力大于它的断裂应力时，在外力作用下金属没有发生明显的塑性流动而断裂，这种现象可以粗略地称为脆性断裂。显然，由于温度变化导致脆塑性的改变，因而需要讨论引发脆性断裂的断裂强度和产生塑性屈服的屈服强度与温度的关系，所有的体心立方金属，如 W、Mo、Fe 的屈服强度随着温度的下降而突然升高，各种不同的体心立方金属的屈服强度升高的温度区间和塑性下降的温度区间近似一致。图 7-2 是温度对几个金属的屈服强度的影响，比较图 7-1 和图 7-2 可以看出 W、Mo、Fe 的屈服强度随着温度下降而升高是脆性破坏的原因，Ta 有一点例外，它在更低的温度下才呈现出脆性破坏的特征。研究发现温度不但对屈服强度有影响，对断裂强度也有影响，不过屈服强度随温度下降而升高的速度比断裂强度升高的速度要快一些。一旦材料的屈服强度超过了断裂强度，则材料发生脆性断裂，破坏时没有塑性流动，伸长率或截面收

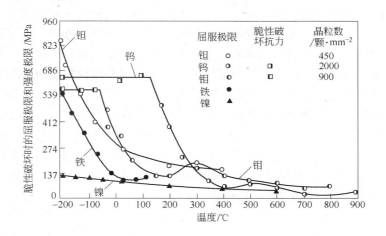

图 7-2　金属的屈服强度与温度的关系[1]

缩率都很低，没有颈缩现象。图 7-3 是高纯钼的拉伸性能图，随着温度的下降，屈服强度都是单调高升，而断裂强度随着温度的下降升高的历程则是一波三折，先升高，后下降，再升高。当两条曲线相交时对应的温度表明，若实验温度低于该温度则钼发生脆性断裂，高于该温度则会发生塑性流动，断裂时表现出有塑性特征。

体心立方金属的塑性随着温度的降低而下降表现出有三个区段，先是塑性区间，中间是塑性明显下降的转变区，而后进入脆性区，一般定义塑性下降 50% 的点为转变点，也称为转变温度，在很窄的转变区内塑性特征急剧下降，而屈服应力则陡峭升高。体心立方金属的塑脆性转变现象是绝对的，但是各个金属的转变温度是不一样的，它不是某金属的固定特性常数，预先的加工历史，组织成分结构和测试方法的差异，同一种材料的转变温度会有相当大的差别。在比较和描述材料的塑脆性转变点时一定要交代清楚材料的状态和测试方法。

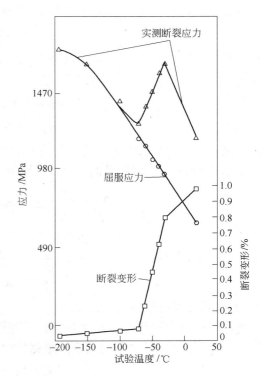

图 7-3　实验温度对高纯钼的拉伸性能的影响
（$d^{-1/2} = 6.2 \text{mm}^{-1/2}$）

7.2　理论强度和断裂

物体是由原子构成的，理论强度是在原子的水平上分析材料的强度，众所周知，在平衡状态下原子处于有规律的排列状态，各原子及原子面之间都有一定的键合力，材料的断裂本质上是指在外力作用下使材料的原子面撕开分离。如果外力垂直于原子面把原子面拉开，使原子面间的结合键断裂，此时的拉应力为晶体的理论拉伸断裂强度。若外力平行于原子面，材料受剪切应力，原子面被剪断，则此剪应力就是理论剪切断裂强度。

假如晶体是理想的完整晶体，它在不受外力作用时处于平衡状态，各原子间的吸力和斥力相等，都在各自的平衡位置附近振动，如果原子间的平衡距离为 a，在受到外力 σ 作用时，原子离开平衡位置，距离加大，原子面间产生相对位移，在位移产生的初始阶段，原子间的作用力 σ 随位移 x 的加大而增加，当达到某个峰值 σ_{max} 时，如果位移继续加大，则原子间的作用力下降，此峰值 σ_{max} 就是临界值 σ_c，它是理论拉伸断裂强度。可以把原子之间的作用力和距离之间的关系近似处理成正弦曲线，则有：

$$\sigma = \sigma_{max} \sin 2\pi x / \lambda$$

式中，λ 为周期；当位移 x 很小时，则 $\sin x \approx x$，上式可写成：

$$\sigma = \sigma_{max} 2\pi x / \lambda$$

根据虎克定律，应力与应变之间有直线关系，则有：

$$\sigma = Ex / a_0$$

式中，E 为弹性模量；a_0 为原子间的平衡距离；x 为原子的位移。把两个 σ 公式联立求解，则

$$Ex / a_0 = \sigma_{max} 2\pi x / \lambda$$

$$\sigma_{max} = \sigma_c = E\lambda / 2\pi a_0$$

由能量守恒原理，断裂过程中所消耗的功全部转变成了新生的两个表面（应当是裂纹面）的表面能 2γ，全部所做的功可以计算出来，即

$$2\gamma = \int_0^{x/2} \sigma_{max} \sin 2\pi x / \lambda \, dx = \lambda \sigma_{max} / \pi$$

$$\lambda = 2\pi \gamma / \sigma_{max} = 2\pi \gamma / \sigma_c$$

把 λ 代入 σ_{max}，则有：
$$\sigma_{max} = \sigma_c = E 2\pi \gamma / 2\pi a_0 \sigma_c$$

$$\sigma_c = (E\gamma / a_0)^{1/2}$$

求出的 σ_c 就是理论拉伸断裂强度。

按照同样的原理和过程可导出理论剪切断裂强度，若原子平面之间距离为 a，原子间距为 b，原子平面间的剪切应力也按正弦规律变化，则有：

$$\tau = \tau_{max} \sin 2\pi x / b$$

式中，b 为周期。当位移 x 很小时 $\sin x \approx x$，即有：

$$\tau = \tau_{max} 2\pi x / b$$

在受剪切应力时的剪切应变为 x/a，按照虎克定律剪切应力与剪切应变之间有线性关系，则有

$$\tau = Gx / a$$

式中，G 为剪切模量。

代入求解可得到 $\qquad\qquad\qquad \tau_{max} = \tau_c = Gb/a2\pi$

若 $a = b$,则有 $\qquad\qquad\qquad \tau_c = G/2\pi$

若按理论计算,撕开材料两个原子面需要的理论应力应当大约为 $0.1E$,金属晶体理论拉伸强度可达到 $20 \sim 30 \text{GPa}$,而实际情况是一块纯金属拉伸断裂强度只有理论值的 $100‰ \sim 1‰$。高强度合金钢的拉伸断裂应力也只有 4GPa。再有,金属单晶体的 $G = 10\text{GPa}$,可得到 $\tau_c = G/2\pi = 1592\text{MPa}$,而单晶体的实测剪切断裂强度也只有 $0.1 \sim 1\text{MPa}$。多年以来,许多材料科学研究者研究了材料的理论强度和实际强度之间差别的根源。早在1920 年 Griffith 提出,在实际材料中有许多缺陷和裂纹,在受外力作用时,缺陷和裂纹两个端点产生应力集中,当这种应力集中引起应力增长到一定程度时则会导致已有的裂纹扩展而引起断裂。

材料中的裂纹与破坏有密切关系,现在公认在材料破坏过程中分两个阶段,即裂纹成核和裂纹扩展。裂纹成核有多种位错模型,包括位错塞积成核模型,越过滑移面成核(孪晶)以及位错壁断裂成核模型。

位错塞积模型是指一列运动着的刃型位错在滑移面上遇到了障碍,例如晶粒边界,这些障碍阻止了位错运动,使得位错被塞积起来,就在这些被塞积的位错线前端产生高度的应力集中,在位错线前端某个方向上可能生成一个裂纹。根据理论计算要产生一个裂纹必须加在滑移面 L 上的剪应力为

$$\tau = 3\pi^2 \nu/8nb$$

式中,ν 为表面能;n 为位错数量;b 为柏氏矢量。

剪应力产生滑移引起局部塑性变形,并引起应力松弛,只有正应力才引起裂纹,有些晶体只有一个滑移系统,或者滑移面和解理面重合,在位错塞积的滑移面上不存在正应力,用塞积模型说明裂纹成核就受到怀疑。但是,这时裂纹可能发生在下面受正应力作用的几个位错塞积面上,或者裂纹就发生在产生位错塞积的滑移面上,因为在这些面上塞积了大量位错,造成塞积区域失去了弹性稳定性,或者面间结合力削弱,就引发裂纹成核。也有可能在一个扭曲了的点阵中滑移面不是一个几何平面而是个弧面,在这种弯曲面上滑动可能产生正应力,这样就加速位错塞积面上的裂纹成核。在这种裂纹成核的塞积模型中把晶粒边界当成位错运动的障碍,这在解释单晶体的断裂时就不太合理,因为单晶体没有晶界。

位错壁断裂成核模型和孪晶模型的主因是位错塞积,如果沿有效滑移面和孪晶面的应力达到破坏真应力的时间比塑性变形引发的应力松弛早,这时就孕育裂纹核心。用 Griffith 模型说明物体破坏的第二阶段,即裂纹的扩展阶段。成核是脆断的必要条件而不是充分条件,材料是以脆性方式还是塑性方式断裂取决于裂纹扩展阶段,在多晶体中晶界阻止裂纹扩展,如果晶界两边的晶格位向差别不大,则裂纹容易穿过晶界而扩展进入相邻的另一个晶粒,在裂纹穿过晶界后只留下一个解理阶(一个扩展中的位错与螺型位错相交在解理面上产生的一个台阶),如果晶界两边的位向差很大,裂纹穿过晶界困难,在解理发生以前,晶界上一个很窄的区间内可能发生塑性断裂,或者整个晶粒都以塑性断裂方式破坏。

裂纹扩展的速率是脆性破坏或塑性破坏方式另一决定因素,裂纹成核以后,只有在高速扩展的情况下才能发生脆性破坏,如果扩展速度较慢,裂纹尖端的应力集中引起塑性变

形产生应力松弛，导致塑性断裂。裂纹塑性扩展的主要部分是大量的塑性流动，而脆性裂纹的破坏只有非常少的塑性流动，此时变形功主要消耗在克服原子间的引力。

按照 Griffith 理论，在裂纹尖端产生的应力集中达到理论强度时，原子间的键断裂，开始破坏。在绝对脆性的物体中，在外力作用下裂纹扩展，同时释放出弹性能，裂纹尖端发生冷作硬化，所放出的能量全部转变成新组成的裂纹表面的表面能。已知 Griffith 模型的数学表达式为：

$$\sigma = (2E\gamma/\pi c)^{1/2}$$

式中，E 为弹性模量；γ 为表面能；c 为裂纹尺寸；σ 为在裂纹长度为 c 时引起破坏的临界应力。这个模型用于脆性物体，例如玻璃是很合适的，但是应用于金属晶体就发生了问题，因为若按模型计算在金属中应当存在有长度达几十到几百个 μm 的裂纹，但实际上在一块完整的金属中从未见过有如此长的裂纹。模型的这种误差主要因为金属材料有塑性，裂纹在扩展过程中在它的尖部可能发生应力松弛，Orowan 考虑到这一现象，对不是绝对脆的金属，他把模型修正如下：

$$\sigma = (2E\rho\gamma/\pi ca)^{1/2}$$

式中，ρ 为裂纹尖端的曲率半径；a 为裂纹垂直方向上原子之间的距离。

根据 Griffith 模型，如果一个金属中存在有长度为 c 的裂纹，当它达到临界长度时，在外力作用下它就要扩展而导致破坏。这个问题在随后钼的断裂韧性一节中再详细描述。

由上面的分析可知，体心立方金属的塑脆性转变是由于屈服强度随温度下降而升高的速度比断裂强度随温度下降而升高的速度快，面心立方金属没有塑脆性转变。弄清楚产生塑脆性转变的原因也许有可能找出消除或改善塑脆性转变特性的办法。还需要说明面心立方金属和体心立方金属的屈服特征为什么会有如此大的差别？不同体心立方金属的屈服强度突然升高的温度范围为什么差别很大。Cottrell 和 Bilby 提出的理论能很好地说明体心立方金属的屈服强度与温度的关系。该理论把屈服强度升高的原因归结为位错与杂质的相互作用，溶质原子，特别是间隙溶质原子，如碳、氮、氧，在体心立方金属中它们偏聚在位错附近，与位错为邻，形成所谓 Cottrell 气团，强烈地钉扎住了位错，使位错不能自由运动。温度降低导致钉扎力增大，有效地提高了屈服强度。屈服过程是"去钉扎"的过程，要激活位错，需要一定的激活能，体心立方金属的激活能大约是 0.5～1.5eV，剪切模量值越高激活能越大。温度升高时，向反方向变化，有利于"去钉扎"作用，屈服强度下降。

面心立方金属和体心立方金属的屈服行为差异的原因在于：体心立方金属中的间隙杂质引起晶格非对称扭曲，它应当和位错线的刃型分量和螺型分量相互作用。但是，在面心立方金属中，间隙杂质引起晶格对称扭曲，因而只和位错线的刃型分量相互作用。体心立方金属中的相互作用能量依赖于弹性模量和溶质原子引起的晶格膨胀量，因而屈服强度突然升高的温度区间也依赖于这两个量。可以假定，溶质原子引起不同体心立方金属的膨胀量没有重大区别，那么，各体心立方金属的屈服强度陡然升高的温度只与弹性模量有关。这就说明了钼和钨的转变温度要比铁和钽的高。弹性模量和各体心立方金属的屈服强度突然升高的温度之间存在有良好的对应关系。

除位错钉扎理论以外，还有用原子定向共价键理论来解释金属塑脆性转变现象。金属有塑性，能发生塑性变形，非金属没有塑性，只发生脆性断裂，而体心立方金属有双重性，既有金属性能又有非金属性能，能发生塑性破坏，在一定条件之下它又表现出非金属的脆性破坏，它具有双重性的可能原因是，原子由原子核和核外电子组成，电子围绕原子核在各自的 s、d、p 等轨道上旋转。塑性是金属的特性，金属有金属键，有共用外层电子的原子键是金属产生塑性的先决条件。非金属的结合键是定向共价键或离子键，具有这种键的材料属于非金属，它们在一般条件下发生脆性破坏。现在所有的研究者都做出结论：在体心立方金属晶格中存在有定向原子键的组分。

原子间近似能级键的异层轨道理论证明，过渡族金属有定向键，体心立方晶格的ⅥA族金属 Cr、Mo、W 表现得特别清楚。根据"巴特尔-德林格尔-汉斯霍恩"理论，部分 S 外层电子连成金属键（球对称），而 d 层电子相互作用结成"坚固"的空间定向键。因此，体心立方晶格的过渡族金属具有原子键的双重性：（1）S 层电子体现的金属键本性；（2）近似能级上的 d 层电子相互作用表现出的定向共价键的属性。

在一定条件下根据金属键的属性，它能表现出不同的本性。金属键决定了它具有塑性，能发生塑性变形，并在临界剪切应力作用下引起韧性破坏。由于某种原因，表现出金属的第二个特性（非金属性），那么，就像所有具有定向键的晶体一样，在外载荷作用下发生脆性破坏。金属由塑性变成脆性，意味着在发生塑脆性转变时晶格内起作用的键发生了变化，由金属键变成了非金属键；据此，冷脆转变点可做出合理的解释。

在晶格的金属键可能起作用的温度下，这时附加的能量消耗在位错迁移和形态变化，结果生成裂纹，裂纹的韧性扩展结果，发生了大量的塑性变形，在这个温度下金属呈现出塑性，发生塑性破坏。随着温度的下降，所有位错反应的可能性减少，弹性而不松弛的应力值增长，在裂纹区域内达到正应力的极限值并接近理论强度时，由于定向键的破断引起脆性破坏。

7.3 影响钼和钼合金的塑脆性转变的因素

7.3.1 塑脆性的判别式

早在 1958 年 Cottrell 就从能量的观点讨论过使材料产生脆性的若干因素之间的关系，目前已知，即使在低温脆断的情况下，由于裂纹尖端应力场的作用，也总是伴随有一定的塑性变形。如果有 n 个柏氏矢量为 $\boldsymbol{b}$ 的位错由于滑移产生了一个宽度为 $n\boldsymbol{b}$ 的裂纹，所需的能量为：

$$\sigma_y n\boldsymbol{b} = \beta\gamma$$

式中，σ_y 为裂纹扩展必需的张应力；β 为与应力状态有关的系数；γ 为有效表面能。

不论是通过滑移还是通过孪晶产生的裂纹，其宽度 $n\boldsymbol{b}$ 应当约等于形变时的位移量，即

$$n\boldsymbol{b} \approx \left[(\tau - \tau_i)/G \right] d$$

$$\tau - \tau_i = n\boldsymbol{b}G/d$$

式中，G 为剪切模量；τ 为作用在滑移面上的剪切应力；τ_i 为阻碍一个自由位错运动的点阵摩擦力。实验发现，多晶体的屈服应力，点阵摩擦应力和材料的晶粒度之间存在有下列关

系，即

$$\tau = \tau_i + K_s d^{-1/2}$$

$$\tau - \tau_i = K_s d^{-1/2}$$

式中，K_s 为多晶体中晶粒边界对强度贡献项的系数。代入 $\tau - \tau_i$ 可以得到：

$$nbG/d = K_s d^{-1/2}$$

化简可得到：

$$nb = K_s d^{1/2}/G$$

如果在材料的屈服应力和断裂应力相等时发生脆性断裂，即 $\sigma = \sigma_y$，如果把两个 nb 式合并则可以得到晶体脆断的判别式：

$$\beta G\gamma \leq \sigma_y K_s d^{1/2}$$

因为

$$\sigma_y = \sigma_i + K_Y d^{-1/2}$$

所以

$$(\sigma_i d^{1/2} + K_Y)K_s \geq \beta G\gamma$$

式中，K_Y 和 K_s 之间的关系有 $K_Y = mK_s$，m 是一个方向因子，根据不同的计算，它的实际数值约在 $2.2 \sim 3.1$ 之间，β 代表作用在试样上的正应力与滑移面上的切应力的比值，它与实验方法有关，拉伸实验的 $\beta \approx 2:1$，缺口拉伸和扭转实验相应的 $\beta \approx 8:1$ 和 $1:1$，此比值越高，塑性性能越低，转变温度越高；K_Y 和 σ_i 的简单的物理概念是，K_Y 是反应与晶界结构有关的参数，而 σ_i 则代表能阻碍位错运动的各个因素。如果把 $\beta G\gamma \leq \sigma_y K_s d^{1/2}$ 改写成的切应力之比的平均值（σ/τ）：

$$\beta G\gamma/\sigma_y K_s d^{1/2} \leq 1$$

如果令

$$P = \beta G\gamma/\sigma_y K_s d^{1/2}$$

则可以用 P 作为塑脆性的判别依据，如果 $P > 1$，则材料的断裂属于塑性断裂，$P \leq 1$，则材料属于脆性断裂，P 值越大，则材料的塑性越好。显然，$\beta\gamma G$ 三个参数越大，而 $\sigma_y K_s d^{1/2}$ 越小，材料更趋于塑性。由此可以判断，要想提高材料的塑性就需要加大 P 式的分子，减小分母，降低材料的屈服强度，细化晶粒，降低杂质气团对位错的钉扎力，净化晶界提高断裂表面能。理解影响钼的塑脆性转变的各种因素，更要仔细研究这些因素和塑脆性转变之间的关系。

7.3.2 塑脆性转变的实验方法

7.3.2.1 拉伸和压缩

　　拉伸和压缩实验的加载方式截然不同，一个各向同性的多晶体钼只有在拉伸时才能出现脆性断裂现象，在做压缩实验时的水静压条件下不会发生脆性破断。钼即使在很低的温度下做压缩实验也能呈现出塑性，图 7-4 是钼在做拉伸和压缩实验时 0.01% 应变的应力和温度之间的关系[3]，应变速度是 $2.8 \times 10^{-4}/s$。由图可以发现，

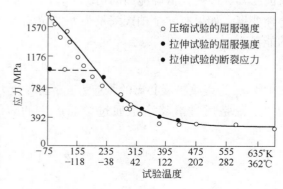

图 7-4 钼的拉伸和压缩屈服强度与温度的关系
（$\dot\varepsilon = 2.8 \times 10^{-4} \text{s}^{-1}$）

温度高于 −100℃，钼的拉伸和压缩的屈服强度是一样的，但是，当温度低于 −100℃时，拉伸试样在变形量很小的情况下就断裂，而且断裂应力与温度无关，不随温度降低而下降（升高）。与此相反，在做压缩实验时，在低于 −100℃时，钼仍然表现出有很高的塑性，其屈服强度随着温度降低而升高。

在用拉伸实验研究塑脆性转变时应充分考虑应变速度对转变点的影响，图 7-5 是一组用不同应变速度得到的钼的拉伸实验结果[5]，结果表明提高拉伸速度，晶粒大小为 900 粒/mm² 钼的屈服强度和塑脆性转变点都升高。

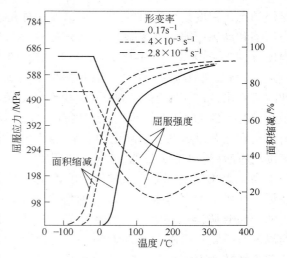

图 7-5 应变速率和温度对钼的冷脆转变的影响[4]
（晶粒数 900 颗/mm²）

在转变点附近，提高应变速率，钼的屈服强度和断裂强度都增加，实际测量的钼的转变点与应变速率之间的关系为：

$$\sigma_y = (\dot{\varepsilon}^{Q/RT})^n \quad 或 \quad \sigma_y = A\dot{\varepsilon}^n$$

式中，$\dot{\varepsilon}$ 为应变速率；Q 为激活能；R 为气体常数；T 为实验温度；n 为低温下决定的形变速率敏感指数；A 为各常数项合并的系数。上述 σ_y 与 $\dot{\varepsilon}$ 之间的关系式成立的前提条件是破坏应力和温度及应变速度两个参数之间的关系不密切，在变形速度加快时，脆断应力提高不多，可忽略不计。在一级近似的条件下，可以把屈服极限达到脆性破断应力的温度定为转变温度，把变形速度对于转变温度的影响当成对屈服极限的影响，密尔曼导出[6]，体心立方金属的变形速度与转变温度之间有直线关系，即 $\frac{1}{T_r} = A - \frac{R}{Q}\ln\dot{\varepsilon}$。Bechtold 等用晶粒度分别为 ASTM-13 和 14 级钼测得的变形速度对转变温度影响的数据绘于图 7-6，其结果与直线关系相符。并且可以根据直线的斜率估算出钼的位错运动激活能 $Q \approx 0.4\text{eV}$，此 Q 值与文献报道的用其他方法测出的值相差不多。同时根据许多实验，变形速度提高一个数量级时，钼的转变温度大约提高 20～30℃，当由静态拉伸变成冲击实验时，变形速度由大约 10^{-4}/s 升高到 10^4/s，转变温度约升高了 200℃。

在准静态条件下压缩和动态条件下压缩时变形速度对转变温度的影响有严重差异。Chen. S. R. 等人研究了四种钼材在不同温度和不同变形速度下它们的屈服强度及加工硬化特性。两种是真空电弧熔炼的钼，其中一种是再结晶态，另一种是加工态，冷加工量 20%。还有两种是粉末冶金的钼，其中一种

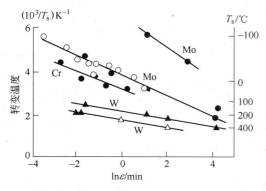

图 7-6 转变温度的倒数与变形速度的关系[7]

是烧结态，密度是理论值的 95.4%，另一种是粉末锻造钼，变形量是 20%。实验用准静态压缩和动态压缩两种实验方法，准静态压缩实验的变形速度为 0.001～0.1/s，压缩实验温度分别为 −196℃、−140℃、−90℃和25℃，动态压缩的变形速度为 1000～8000/s，温度从 −196℃到1000℃。图 7-7 选择给出了熔炼再结晶钼的 9 条应力应变曲线，由图上的曲线可看出，1 在温度低于 600℃和快速变形条件下，屈服应力对实验温度和应变速度很敏感，2 大部分曲线在屈服以后直接有一些应力降落，3 在 400 以下快速应变条件下，所有材料在屈服以后都发生硬化，但是，在一定的应变下流动应力变化的速度对温度和应变速度均不敏感。4 在温度为 −196℃和应变速度为 0.001/s 时，屈服应力和应变硬化速度本质上高于25℃时的屈服应力和应变硬化速率。这些现象意味着除滑移以外可能发生了孪晶变形。性质 1 和 3 是体心立方结构材料独有的性质，这是由于体心立方结构金属固有的强烈的 Peierls 障碍造成的，在高温下通过热激活过程，这些障碍能传导位错运动。屈服应力与温度有关联，所以在高温动态实验时屈服应力有很大的降低，参看曲线4、8 和 9。在分析塑脆性转变现象与应变速度之间的关系时，对动态压缩实验时的屈服强度应当考虑在极快的应变速度下（实际上是撞击压缩），塑性变形功转化成的热量没有时间消散，因而试样受到这些热的作用而升温，实验不再是在恒温条件下进行，即便在 −196℃的深低温下其塑性屈服强度会低于脆性断裂强度，不会发生脆性破坏。

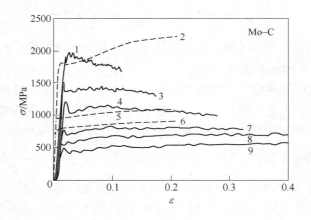

图 7-7　再结晶钼板的压缩应力应变曲线每条曲线的实验温度和应变速度为
1——196℃和1300/s; 2——196℃和0.001/s; 3—25℃和1800/s; 4—200℃和3000/s; 5—25℃和0.1/s;
6—25℃和0.001/s; 7—400℃和3400/s; 8—600℃和4200/s; 9—1000℃和4500/s

7.3.2.2　缺口拉伸试验

缺口拉伸实验就是在试样的标距内人为地切出尖角缺口或圆角缺口，缺口能大大地提高钼的拉伸塑脆性转变温度，这种转变温度升高的原因主要是在一个很小变形范围内有效应变的速度加快，在一个小截面上局部屈服发生以后，在受约束的塑性区范围内产生三向拉应力状态，这种应力状态引起正应力与切应力的比值升高，前面已经解释过这个比值升高会引起塑性下降。实验发现，如果在同一有效应变速度的条件下进行比较时，有缺口试样和无缺口试样的起始屈服应力大小大约都是相等的。缺口的主要作用似乎是扩宽了转变温度区间，无缺口试样的转变温度区间特别狭窄。在低于转变温度之下平均断裂强度的明显下降起主要作用，弹性应力集中似乎没有多大的重要性。表 7-1[8] 给出了钼的缺口拉伸的塑脆性转变温度。由表列数据可以看出，缺口把钼的转变温度大约提高了 75 ~ 100℃。

表 7-1   钼的缺口拉伸样品的转变温度

热处理制度		塑脆转变温度/℃		热处理制度	塑脆性转变温度/℃	
温度/℃	时间/h	无缺口拉伸	缺口拉伸	及组织状态	拉伸实验	冲击实验
1200		−30	约 100	消除应力退火	−28	340
1000	0.15	−90	150	再结晶组织	8	375
1150	0.5	−73	−10	轧制加工态	−12	340
1150	0.5	−73	−10			

7.3.2.3 冲击试验

冲击实验统指在高速加载条件下的实验，包括冲击拉伸，冲击压缩（就在前面刚论述过），夏普冲击（摆锤冲击），不同的实验方法所反应的应力状态不同。用夏普冲击实验测定转变温度，其受力条件最为苛刻，不管在什么条件下所得到的转变温度都是最高值。而用扭转实验所得到的转变温度最低。图 7-8 是再结晶钼的拉伸和缺口冲击实验的转变温度[9]。

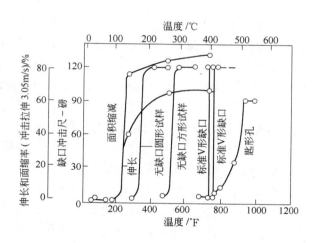

图 7-8   再结晶钼的缺口冲击塑脆性转变

7.3.2.4 弯曲试验

弯曲实验也是经常用来测定钼的塑脆性转变的一种方法，有大家熟知的三点弯曲法，图 7-9 是原钢铁研究院三室自制的一种冷热弯曲实验机，左部是实验机的外形，右部是主体的内部结构，可以很方便地用它来测定各种难熔金属的塑脆性转变，确定冷脆转变点。实验机的用法描述于下。

实验机的动力是由马达旋转带动摆杆，使试样绕一定的半径弯曲，由一变速器变速，保证试样的弯曲变形速度恒定，消除变形速度对塑脆性转变的影响。钼板材试样夹在弯曲模具夹中间，另一端固定在摆杆上的夹具内，实验开始时马达启动，带动试样按固定半径转动弯曲。设备的最大弯曲力矩是 245N·m，最大弯曲角是 90°，弯曲变形速度是 3°/s。

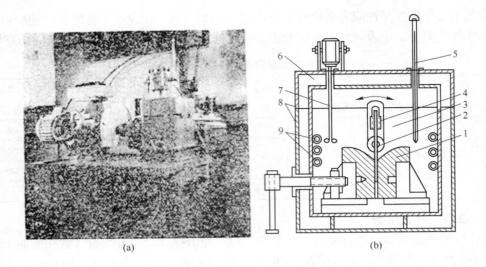

图 7-9 弯曲实验机的外形（a）和主体结构（b）

1—弯曲模具；2—试样；3—液体介质；4—夹具及摆杆；5—温度计；

6—隔热屏；7—搅拌器；8—保温箱；9—加热或冷却器

另外还有一组可以调换的弯曲模具，其半径为 2～25mm。外部保温容器用双层不锈钢板焊接制造，夹层中间填绝热保温材料。为保证试样均匀加热或冷却，用液态物质做加热或冷却介质。室温至 100℃用纯净水，100～200℃用矿物油，把加热器放在油里面加热，用恒温箱控制温度，在室温至 -150℃之间用工业酒精和干冰或液氮来降温调温。浴池内装有一个搅拌器搅拌加热介质，可以保证浴池内各处温度均匀一致，在实验过程中温度波动控制在不超过 ±1℃。用弯曲实验方法研究钼及其他难熔金属的塑脆性转变，考查指标是弯曲角与温度的关系，例如，试样绕一定的半径弯曲 90°不发生裂纹的最低温度，温度是变量，开裂的最低温度可定为冷脆转变点。或者在不同温度下测定出不产生裂纹的最大弯曲角，用最大弯曲角来度量考查难熔金属板材的弯曲塑性。

粗糙板材试样弯曲时外侧一边受拉应力，内侧一边受压应力，内外表层纤维受最大压应力和拉应力，这种受力状态最容易在表面生成微裂纹，并有利于裂纹扩展，在弯曲实验过程中试样的表面状态，粗糙度和玷污层对结果有非常大的影响。因而所有的试样必须进行仔细的表面处理、研磨、机械抛光，电解抛光是经常用的表面加工处理方法，如不进行表面处理，弯曲实验结果必然包含许多误差。对于热轧钼板首先用砂纸研磨，再用 15%的盐酸溶液清理表面，随后电解抛光，抛光液的组成是工业酒精：盐酸：硫酸 ＝120：5：2，抛光电流密度是 1.4～1.5A/cm^2，抛光电压是 25～27V，抛光时间根据抛光后果确定，实验采用合金的弯曲塑脆性转变温度列于表 7-2。弯曲辊半径 2mm，弯曲角是 90°。由表列数据可看出，只经过表面 2min，5min 和 8min。抛光 2～8min 以后表层材料可以除去 0.01～0.02mm。也还有另一种抛光工艺，用 4 份浓的试剂级硫酸，1 份去离子水，用不锈钢做阴极，直流电压 6～7V。不同处理方法处理的 Mo-0.5Ti 酸洗对转变温度没有多少影响，但是经过电解抛光以后塑脆性转变有明显提高，延长抛光时间塑脆性转变更好，转变温度进一步降低。由于表面缺陷随着抛光时间的延长清除更加彻底，相应的硬度

由于变形缺陷的减少，硬度有一点降低。图
7-10 给出了研磨及 2min 电解抛光的 Mo-
0.5Ti 合金的冷脆转变温度的对比。该图是
不同弯曲半径下求出的冷脆转变温度，由图
上的两条曲线可以清楚地看出，试样表面经
过电解抛光处理以后它的塑脆性转变温度比
未抛光的样品一般低 12℃以上。弯曲半径
越小，电解抛光对塑脆性转变温度的影响越
明显。电解抛光提高钼合金的塑性，降低塑
脆性转变温度的原因就在于，钼合金板材在
轧制过程中板材表面被空气中的氧、氮等间
隙杂质玷污，形成一层氧，氮过饱和的塑性
很差的脆性层。板材的表面有许多机械缺
陷，如微裂纹、划痕和麻点。这些脆性层或

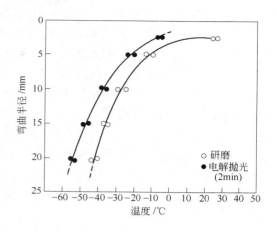

图 7-10　两种表面状态的 Mo-0.5Ti 板材横向试样
在不同弯曲半径下的塑脆性转变温度

氧化皮及各种机械缺陷在弯曲实验时是裂纹萌生成核和扩展的源泉和发生地。用电解抛光
法可以有效地清除这些表面脆性层和缺陷，最终自然提高了钼的弯曲塑性。

表 7-2　不同表面状态的 Mo-0.5Ti 合金的塑脆性转变温度

试样编号	表面处理状态	纵向转变温度/℃	横向转变温度/℃	98N 的平均硬度 HV
1	80～100 号金刚砂纸研磨	−52～57	25～27	263
2	15% 盐酸酸洗	−53～55	24～26	263
3	电解抛光 2min	−70～73	−3.5～5	264
4	电解抛光 5min	−88～95	−10～12	257
5	电解抛光 8min	−110～140	−15～16	251

　　用拉伸、压缩、冲击和弯曲等实验方法测量和研究钼的塑脆性转变特性及其转变温
度，不同的实验方法得出的结果是不同的，在说明某转变温度时一定要讲清楚是用什
么方法测出的，例如，用钼做拉伸实验，在 25℃时它的塑性为零，而做扭转实验时
温度降到 −100℃钼仍然保持有一定的塑性。

7.3.3　组织结构的作用

　　在研究金属材料时总是要经常提到，金属和合金的成分确定以后，组织结构决定了性
能，改变金属合金组织结构的手段是热加工工艺，如锻造、挤压、热轧和冷轧等，还有各
种热处理手段，其中包括有淬火，固溶时效，再结晶，消除应力退火。经过加工和热处理
以后，金属材料可能有纤维状结构，等轴晶结构，质点弥散强化结构等。

7.3.3.1　晶粒度对塑脆性转变的影响

　　晶粒度对塑脆性转变的影响主要考查晶粒大小对屈服强度的影响，低屈服强度的材料
更易表现出塑性，已知，屈服强度的大小与晶粒度的关系可以用 Hall-Petch 关系式描述，
$\sigma_y = \sigma_i + k_y d_g^{-1/2}$，显然，由公式判断，屈服强度的大小与晶粒尺寸的平方根成反比，晶粒
半经愈大，则屈服强度就低。如果断裂强度不受晶粒尺寸的影响，那么大晶粒应表现出好

的塑性，有较低的转变温度。可是实际情况却与此相反，特别是钼，因此，看来，晶粒度对断裂强度和屈服强度都有影响，它对断裂强度的作用似乎比对屈服强度的作用效果更大。钼的晶粒度与转变温度的关系绘于图 7-11，由图上的线条可以看出，钼的转变温度与平均晶粒直径的对数之间有直线关系。

在室温下间隙杂质在难熔金属钼中的溶解度极低，如碳大约是 1×10^{-6}，大多数工业纯钼中的间隙杂质的含量都已经超出了它在钼中的溶解度极限，形成了一系列的氧化物，氮化物和碳化物，它们都倾向于分布在晶粒边界上，造成晶界的结合强度很弱，塑性很差。看来晶粒度对钼的塑脆性转变温度的影响不单单只反映出晶粒尺寸的影响，还反映了夹杂物对它的影响，夹杂物含量越高，在晶粒尺寸变大或变小时，晶界面积相应变小、或变大，单位晶界面积的夹杂物浓度也跟着变化。实际观察发现，钼的纯度较低时，晶粒尺寸对转变温度的影响更确切。

图 7-12 是三种不同晶粒度的钼的屈服强度，拉伸面积收缩率和真断裂应力与温度的关系，晶粒度分别为 ASTM3～4 级、5.9 级和 7.8 级。由图可见晶粒度变粗，转变温度升高，名义屈服极限下降。转变区的脆性端明显变化，增大晶粒度的确切作用是拉宽了塑脆性转变区的范围，这些作用与脆性断裂强度随拉伸应变的变形速度有关。断裂真应力曲线反映出粗晶粒和细晶粒试样的断裂强度差别十分巨大，断裂行为如此大的差别明显地了说明塑性性能存在差别。

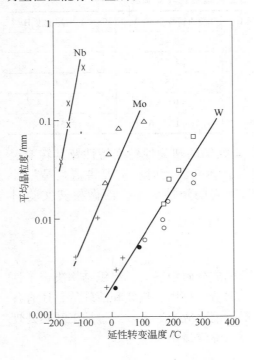

图 7-11   钼的塑脆性转变温度与
晶粒度的关系[8]

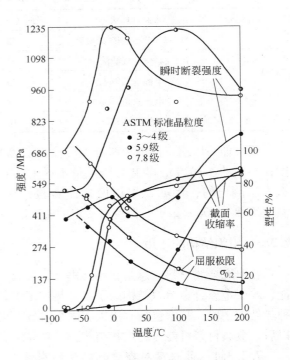

图 7-12   不同晶粒度粉末冶金钼的
性能与温度的关系

在研究晶粒尺寸对钼的转变温度的影响时，晶粒尺寸的含义必须清楚，对于充分再结晶钼的等轴晶粒，晶粒尺寸 d 比较容易在显微镜下用刻度计度量，可是对于一个加工态的钼板或掺杂钼丝，其晶粒尺寸的确定就不像等轴晶那么容易，K、Si 掺杂的钼丝，钼板其再结晶组织保持纤维结构，如图 7-13 所示，此时若用这种纤维组织的平均宽度做 d，则塑脆性转变温度与 $\ln d^{-1/2}$ 之间仍然也保持有直线关系。在有脆性胞粒亚结构的组织结构中，若以脆粒的结构直径算做 d，则转变温度与 $\ln d^{-1/2}$ 之间也存在有良好的直线关系，而在组织结构中存在有大量的第二相质点时，此时 d 应当似乎是这些粒子之间的空间平均距离，因为在讨论晶粒度与材料的脆性关系的位错理论中，晶粒度 d 是指阻挡位错滑移的一些界垒之间的平均距离。因而在实际的情况中，d 是个比较复杂的参数，因而转变温度与 d 之间的关系是复杂的而不是单纯的关系。

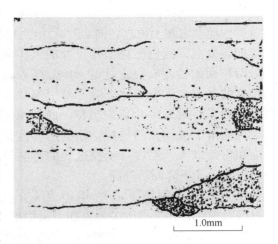

图 7-13　掺杂 K、Si 钼丝的显微组织

　　是否晶粒越细转变温度就越低，其实不然，在现实中考查大晶粒的作用时，最大晶粒是钼单晶，钼单晶的转变温度不是上升而是下降，倘若用冷加工再结晶办法引入晶界，看来晶粒似乎变小了，但转变温度反而升高。实验还发现，用拉伸方法测出的细晶粒钼的转变温度和用弯曲法测出的转变温度大致是相等的，但晶粒长大以后测量发现，拉伸转变温度上升，而弯曲转变温度下降。由此可见，晶粒粗大对钼的塑性性能是不利的，但对具有加工结构和亚结构的钼材塑脆性转变温度（DBTT）反而会下降（见 7.3.3.2）。

7.3.3.2　加工结构和亚结构

　　加工结构和亚结构在难熔金属钼的塑脆性转变中起巨大的作用，通过生产实践发现冷加工或消除应力退火可以改善钼的塑性，如果钼经过这种处理，塑脆性转变温度能降到 −50℃ 以下，冷加工量大的钼的转变温度可降到 −150℃，加工对钼的塑脆性的作用效果与钼的纯度有关，纯度高则效果不明显，因为它们原来的转变温度就很低。实践表明，对于某一个已知的体心立方金属而言，不论其原始的晶粒度和纯度如何，当达到高度加工状态时，它们的转变温度都收敛成近似某恒定值。

　　凡是对组织结构可能产生影响的各种加工参数都会影响塑脆性转变温度，加工温度和加工压下量是加工过程中的两个主要加工参数。图 7-14 是 Mo-0.5Ti-0.07C 合金的塑脆性转变温度与轧制温度之间的关系，总压下量为 90%。由图可见，随着变形温度的降低，纵向试样的塑脆性转变温度单调下降。而横向的转变温度是先下降而后急剧上升。金相组织观察发现，加工温度的这种变化对于轧制的纤维状结构没有太大的影响，只有在高倍的电子显微镜下观察不同温度轧制的钼板，才能发现它们的细微的位错结构有明显的差异，这种差异表现在胞粒状组织的变化上。随着轧制温度的下降，晶粒结构的平均尺寸变

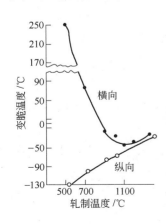

图 7-14　轧制温度对钼的
塑脆性转变点的影响[10]

小，每个胞粒结构的长/宽比加大，在轧制方向上被拉长，由于胞粒组织出现各向异性，板材的性能在宏观上出现各向异性。由已往的一些研究得知，缩短有效滑移面的长度可降低冷脆转变点，这里胞粒结构尺寸的大小对有效滑移面的长度有决定性的影响。随着轧制温度的下降，晶粒尺寸下降必然引起转变温度下降，如图7-14中纵向试样。而在横向上，可能由于被拉长的胞粒结构的边界占据的面积份额较大，温度对胞粒边界的影响使得转变温度先下降而后升高。

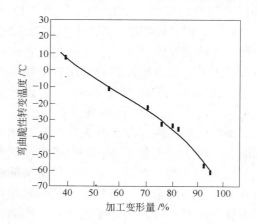

图 7-15   Mo-0.5Ti 的压下量与塑脆性转变的关系
（弯曲半径 2mm，弯曲角 90°）

图 7-15 是轧制压下量和 Mo-0.5Ti 合金的纵向弯曲冷脆转变点的关系，加工量增加，转变温度降低，变形量超过 40%，转变温度都在室温以下。图 7-16 是在 900℃ 轧制时，轧制压下量对未合金化钼的纵向和横向的冷脆转变点的影响，该图的转变温度不是随变形量的增加单调地升降，而是随变形量的加大，转变温度总趋势是先降，后升，再降。产生这种现象的原因与在轧制过程中胞粒结构的变化有关联。在前面不止一次地提到，屈服应力随温度的下降而急剧升高是造成某些金属低温变脆的原因。屈服应力可以分四项分力表述为：

$$\sigma_y = \sigma_0 + \sigma_{im} + \sigma_c + K_y d^{-1/2}$$

式中，σ_y 为屈服强度；σ_0 为晶格对位错运动的阻力，亦即 Peierls-Naparro（佩尔斯-那波罗）力，在体心立方金属中当温度低于 $(0.1 \sim 0.2)T_m$ 时（T_m 是金属熔点）急剧升高；σ_{im} 为杂质对位错运动产生的附加阻力；σ_c 为晶粒内无序分布的位错及小角度位向差的胞粒结构边界对位错运动的部分阻力。显然，σ_c 和钼所受的变形加工程度有密切关系，根

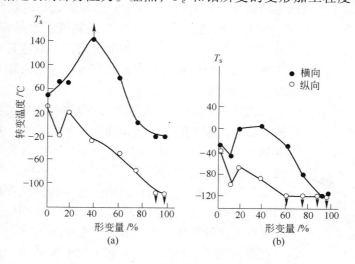

图 7-16   钼的压下量与转变温度的关系
（a）弯曲；（b）拉伸

据一系列理论和实验分析得出：

$$\sigma_c = \alpha G b \rho^{1/2}$$

式中，α 为系数 $0.2 \sim 1$；G 为切变模量；ρ 为无序分布的位错密度；b 为柏氏矢量。

　　根据电子显微镜的观察，在变形的第一阶段，无序分布的位错密度可大量增加到约 $10^{10}/cm^2$，同时组成一些位向差不大的胞粒结构，所以在这一阶段 σ_y 的增加主要是靠 σ_c 的增长。当变形量逐步加大到 $20\% \sim 30\%$ 时，无序分布的位错密度略有下降而出现明显的胞粒结构，伴有一定程度的软化，当变形量加大到 60% 以上，各胞粒之间的位向差增大到某一临界值时，使得有效晶粒度下降，胞粒边界和晶粒度均起作用，即 $K_y d^{-1/2}$ 起提高屈服强度的作用。按照变形过程中组织结构的这种变化同时发生，在各胞粒之间的位向差小于某个 θc 时，裂纹主要在晶界生成，在胞粒边界上裂纹成核的概率很低，因为位错很容易穿过这些胞粒间的边界，因而转变温度将随 $\Sigma\sigma i$ 的增加而上升，随有效晶粒度的减小而下降，由于 $\Sigma\sigma i$ 是先增加而后下降，而 d 先是由于加工破碎晶粒，而后又由于胞粒之间的位向差超过某临界值 θc，使 d 单调地下降。由于这两个因素此长彼消的变化结果，导致转变温度随着变形量的增加而变化的过程曲线带有峰值。

7.3.4　热处理的作用

　　热处理是改变金属钼的组织结构最有效的工艺手段之一，虽然未合金化钼一般认为由室温到熔点没有相变，但是由于间隙杂质在钼中的溶解度极低，因此在升温降温过程中必然会有一些间隙杂质的溶解和析出，伴随有微弱的固溶时效反应。间隙杂质有向晶界偏析析出的特点，改变了晶界的有效表面能，导致转变温度升高，表现有脆性倾向。另外对于冷变形的钼，在再结晶温度以上或以下加热，钼会发生再结晶或者消除应力退火。合金化的钼肯定也会有一些固溶时效反应，这些结构的变化必然导致转变温度的波动。

7.3.4.1　消除应力退火

　　消除应力退火，图 7-17 是消除应力退火对 Mo-0.5Ti 合金的纵向和横向弯曲转变温度影响曲线，弯曲半径是 2mm，以弯曲到 90° 不开裂的最低温度定为冷脆转变温度。由图可见，纵向试样的最佳消除应力退火温度是 900℃，冷脆转变温度可降到 $-62 \sim -65℃$，这个温度似乎也是横向试样的最佳消除应力退火温度，冷脆转变点最低达到 $11 \sim 15℃$。当退火温度达到 1300℃ 时，发生了完全再结晶，纵向和横向的转变温度相应地升到 $54 \sim 58℃$、$56 \sim 60℃$。由于 1300℃/h 再结晶退火后的材料组织由纤维状结构变成了等轴晶，各向异性基本消除，因而再结晶状态的转变温度纵向和横向基本一致。

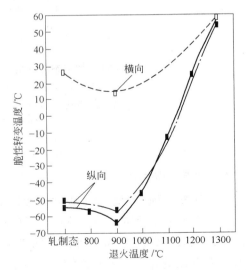

图 7-17　退火温度对 Mo-0.5Ti 的转变点的影响
（弯曲半径 2mm；弯曲角 90°）

7.3.4.2 再结晶退火

图 7-18 是 ЦМ5、ЦМ2A 和 ЦМ6 三个牌号的钼合金在加工态和再结晶以后的塑脆性转变点，三个合金的相应成分是 Mo-(0.4~0.6)Zr-(0.04~0.07)C，Mo-(0.07~0.3)Ti-(0.07~0.15)Zr-0.004C，另一个含 B 合金 Mo-0.2Zr-0.004C-(0.001~0.003)B，它们在变形态和2100℃再结晶态的转变温度相差甚大，根据实验知道钼的合金化只影响再结晶状态的转变温度，当金属的变形量大于或等于90%时，大多数钼合金的转变温度与合金化的关联程度很低。例如，用直径 110mm 的钼锭做成直径 4mm 的弯曲试样，它们的转变温度上限皆在 -40~+60℃，碳化物强化的钼合金 ЦМ5 的转变温度为 300℃，而低碳钼合金 ЦМ2A 和 ЦМ6 的为 150℃。用 2000℃/1h 退火，即再结晶处理，ЦМ5 的静弯曲转变温度由变形态的上限 -40℃升高到再结晶态的 +320℃，而相应的 ЦМ6 则由 -60℃升高到 20℃。显然，由于这两个牌号的钼合金的合金化程度不同，它们的再结晶态的转变温度升高的幅度不一样。

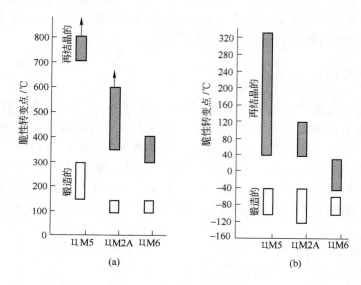

图 7-18　加工态和再结晶态钼合金的塑脆性转变点的对比

（a）冲击韧性实验；（b）静弯曲实验（弯曲角度量）

合金成分：ЦМ5，Mo-(0.4~0.6)Zr-(0.04~0.07)C；

　　　　　ЦМ2A，Mo-(0.07~0.3)Ti-(0.07~0.15)Zr-0.004C；

　　　　　ЦМ6，Mo-(0.1~0.2)Zr-0.002B

7.3.4.3 固溶时效处理

固溶时效处理对钼合金冷脆转变点的影响，用真空自耗炉熔炼出直径 110mm 的四种合金锭，即 ЦМ1，其成分为：Mo-0.17C 和 ЦМ2A，ЦМ5 及 ЦМ6。铸锭锻轧成直径 8mm 的棒材，机加工成直径 4mm 的静弯曲试样，弯曲压头半径 5mm，加载速度 4mm/min，弯曲 120°不开裂的最低温度定为转变温度的上限。弯曲实验前所有试样都历经 2100℃/2h 退火，把这个处理当做淬火态，当然，可能由于冷却速度不够，只能算不完全淬火，随后在 1200℃、1400℃、1500℃ 和 1700℃ 时效，这种热处理制度可以保证在时效的不同阶段低合金钼合金的晶粒度大致相等，这样可以排除晶粒度的作用，只研究时效析出对冷脆转变的影响。高碳合金在时效过程中晶粒明显细化。

从金属学的原理出发来分析钼合金的时效过程，图 7-19 是钼合金时效过程中比电阻的变化。已知，在淬火时形成过饱和固溶体，晶格发生严重畸变，内应力加大，发生时效时产生脱溶析出，结构由不稳定状态变成稳定状态，电阻率定会发生少许变化，因此，测定比电阻是研究时效过程一种常用的方法，详细的有关知识可参读金属的物理性能专著。图上给出了低碳钼合金和高碳钼合金在时效过程中比电阻随时效温度的变化，在 1200 ~ 1600℃ 发生时效，比电阻下降，随后升温，比电阻又重新升高，这就意味着已经析出的碳化物又重新溶入固溶体，低碳钼合金 ЦМ6 的时效反应低于高碳钼合金 ЦМ5 的反应。应当说明一下低碳钼合金由于碳的分布向晶界偏析，被研究的钼合金的碳含量约十万分之几，也能生成有时效特性的过饱和固溶体。Mo-Zr-C 型高碳合金时效时在晶粒内析出细小弥散的 ZrC，而富集在晶界上的 Mo_2C 同时溶解，低碳 Mo-Zr 型合金时效时析出第二相质点 Mo_2C，极少发现有 ZrC，Mo_2C 照例分布在碳浓度最高的晶粒边界上。这两类钼合金的时效析出反应不同，就意味着对合金的脆性转变点的影响肯定不一样。

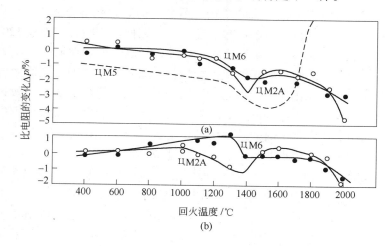

图 7-19 在 2100℃ 再结晶和变形态 Mo-0.1Zr-0.1Ti 和
Mo-0.12Zr-0.002B 合金时效过程中比电阻的变化
（a）再结晶；（b）变形态

时效过程对几个钼合金的塑脆转变特性的影响见图 7-20，所有被研究钼合金的加工态的脆性转变点都很低，这再次证明大加工量的各种合金的冷脆转变点收敛于约同一个温度，在本图上大约收敛于 −60 ~ −80℃，再结晶处理（就是淬火），使转变温度陡然升高。但是升高的幅值差别很大，其中碳化物强化的双相合金升高的幅度最大，已经达 320℃，二次重熔的 Mo-Zr-B 合金 ЦМ6 的升幅最小，它的脆性转变点最低，大约只有 20℃，而只用碳脱氧的 Mo-C 合金和 Mo-Zr-Ti 合金在淬火状态的转变点是 120℃。淬火以后随即在 1200℃ 时效，四个合金的塑脆性转变温度的上限都升高，其中碳化物强化的双相合金 ЦМ5 升高了 20℃，到达了 340℃，只用碳脱氧的 Mo-C 合金升高了 140℃，升幅最大，达到 180℃。其他两个合金的转变温度上限升高到了 180℃，如果时效温度提高到 1500 ~

1700℃，与淬火态的相比，低碳钼合金的时效处理没有降低淬火态的塑脆性转变温度的上限，但是双相钼合金的冷脆转变点的上限则显著下降，转变温度的上限都有些降低，断口形貌的观察发现，碳化物强化的双相钼合金的断口是穿晶和晶间混合型破坏断口，穿晶破坏为主。低碳钼合金的断口研究指出，在转变温度下限淬火态的断口是穿晶破坏，1200℃时效以后，断口变成了晶间破坏，并在晶界上看到有第二相质点析出，更高温度时效的样品断口是混合型断裂，转变温度的上限越低，穿晶破坏所占比例就越高。

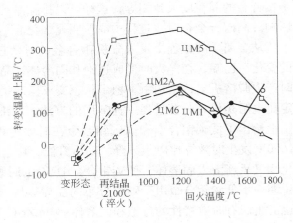

图 7-20   2100℃/h 淬火，随后在 1200 ~ 1600℃时效处理对塑脆性转变温度的影响[4]

　　总体来说，在再结晶晶粒度大致相等的情况下，从时效过程电阻变化（见图 7-19）看到，时效强化合金的第二相质点先析出又溶解入固溶体，强化质点的析出溶解过程的发展，可以使其冷脆转变点在 120 ~ 340℃之间变化，而低碳钼合金的冷脆转变点上限是在 20 ~ 160℃范围内。在通常情况下，双相合金的转变温度比低碳钼合金的高。看来，碳化物强化的双相钼合金的完全时效的组织结构对塑脆性转变最有利，而低碳钼合金的不完全淬火态的组织也许最好。在时效过程中第二相质点沿晶界析出，造成沿晶界破坏的份额增加，提高了低碳合金在时效过程中的塑脆性转变点的上限。而双相合金在不同时效阶段的断口形貌没有变化，在时效过程中它的冷脆转变点上限的升降可能是由于质点的析出和再溶入造成的。

　　在 1200℃时效的第一阶段，所有合金的转变温度的上限都最高，在这个阶段组织结构是否发生了变化，有没有新相析出均尚无确切的定论和解释。在研究内耗的振幅关系时指出，时效的第一阶段好似变形时效，间隙杂质碳，氧在位错附近形成所谓 Cottrell 气团，把"新"位错钉扎住了，使其不能自由移动，提高了屈服强度，要解除钉扎，就需提高温度把位错激活。在时效第二阶段组成了不稳定的初期析出物。在所有情况下，时效时有固溶体分解析出间隙杂质，都降低冷脆转变点。

7.3.5　化学成分的影响

　　化学成分有人为加入的合金元素，也有不是人为加入的，而是工艺过程中混入的杂质，这些元素包括非金属间隙元素和金属合金添加剂，它们对塑脆性转变有正负两方面的影响。由于钼的冷脆转变点受许多因素影响，如何把成分这一因素独立出来进行研究而排除其他因素的干扰是很难的，在分析文献给出的具体的转变点数据时，由于用来比较的钼的纯度和加工历史不同，数据的差异不可避免。要选用最纯钼的最低的冷脆转变点做比较基础，电子束区域熔炼提纯的钼纯度最高，它们的氧、氮、碳和氢含量分别相应可达到 8×10^{-6}、1×10^{-6}、12×10^{-6} 和 1×10^{-6}，冷脆转变温度最低可达到 4.2K。如果用这个温度做比较基准，那么所有工业纯的钼由于都含有间隙杂质，它们的冷脆转变温度都升高。例如普通电弧熔炼钼含有碳 $(10 \sim 40) \times 10^{-6}$，它的冷脆转变点是 -73℃，用碳脱氧的钼，它含有间隙杂质碳、氧、氢、氮分别为 $(140 \sim 500) \times 10^{-6}$、$(20 \sim 30) \times 10^{-6}$、$3 \times 10^{-6}$、$(10 \sim 56) \times 10^{-6}$，它的转变点是 $-20 \sim +40℃$。

7.3.5.1　间隙元素的影响

氧、氮、碳、氢和硼等间隙元素，除氢以外，对钼的塑脆性转变的影响都非常敏感，氢在钼中留存不住，氢化物非常不稳定。间隙元素在钼中的室温溶解度极限很低，估计只有 $(0.1 \sim 1) \times 10^{-6}$。对于一般工业纯的钼来说，在室温下它们已经是过饱和固溶体，在冷却速度适当时它们有时效反应。氧是最有害的间隙杂质，见图7-21，该图是用铸态钼做弯曲实验，形变率是 0.0038/s，看到微量的氧使钼的弯曲冷脆转变点直线向上飙升，氧的副作用本质是它对钼的断裂特性的影响。Platte研究过钼在有氧气氛条件下焊接焊缝的塑脆性，他发现氧含量由 $(10 \sim 20) \times 10^{-6}$ 进一步提高时，起始脆性断裂应力下降，脆断时没有发生可见的宏观塑性变形，发生脆断的温度升高。当氧含量增加到 $(80 \sim 100) \times 10^{-6}$ 时，转变温度区间变得很宽，这时虽然在高温下断裂以前发生一些塑性变形，但是它决不能经受住任何能感觉到的应变量，因为氧含量超过 80×10^{-6}，断裂特征对应变量特别敏感，这显然是由于氧在晶界偏析造成的。

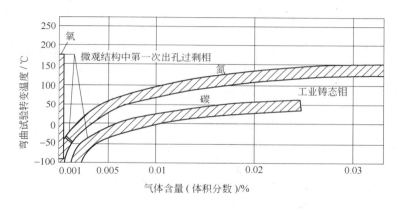

图7-21　氧、氮，碳对的弯曲转变温度的影响

氮的副作用也和氧相当，它降低起始断裂强度，不过氮的影响决不像氧的影响那样肯定，氮降低起始脆断强度的作用比氧的要小一些，它引起转变温度升高的幅值比氧的低。

碳在钼中的作用取决于它在钼中的行为和功能，已确切知道钼中的氧是一种有害杂质，它通常在冶炼和烧结过程中生成氧化物，应当为 MoO_2，在这时它向晶界偏析，导致严重的晶间破断，在添加少量的碳时，它们发生碳氧反应，生成 CO 气体，起脱氧作用，可以消除或减轻氧的有害作用。为了充分脱氧，碳的加入要保持一定的过剩量，过剩的碳是正作用还是副作用，存在有不同看法，碳脱氧改善了晶界的结合强度，而在基体中存在有弥散的碳化物有利于改善低温塑性，也有实验结果认为，碳化钼沿晶界析出，晶界被一层连续的碳化物覆盖，使钼的性能变脆的效果不亚于氧的副作用。

杰列恩斯基及其同事研究了含量为 $(40 \sim 940) \times 10^{-6}$ 的碳对铸造钼和再结晶钼的低温脆性的影响。两种再结晶晶粒度分别为 $40 \sim 50\mu m$ 和 $60 \sim 65\mu m$ 的钼的塑脆性转变温度与碳含量的关系绘于图7-22[11]，随着碳含量的增加，大晶粒钼的转变点上升更快些，总的来说，当碳含量超过 300×10^{-6} 时，细晶粒钼的转变温度上升的速度变得更加平稳而缓慢。

可是经过高温再结晶处理的大粗晶钼的转变温度还有很大的上升空间，显然这里混入了热处理的作用，高温处理造成了碳在晶界上富集到了更高的水平。他们还研究了氧含量为 $(10 \sim 90) \times 10^{-6}$、碳含量 $(40 \sim 300) \times 10^{-6}$，晶粒度为 $85 \sim 180 \mu m$ 的钼的转变温度与氧，碳及晶粒度之间的关系，发现这三个参数对转变点的影响是互相关联的。如果采用晶界上的碳和氧的比浓度做比较单位，那么晶界上的碳氧浓度比升高，转变温度也随着升高。

许多研究者都认为，Mo 及 MO-Zr-C 中的碳对转变点都有负作用，从图 7-23[4] 的信息可以看出，用碳脱氧的自耗炉熔炼的钼，它的碳含量越少，转变温度越低。在碳含量小于 0.01% 时它的作用特别显著。

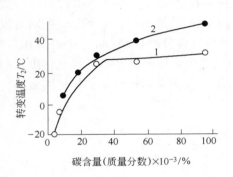

图 7-22　碳含量对再结晶钼的转变温度的影响

晶粒尺寸：1—40 ~ 50 μm；2—60 ~ 65 μm

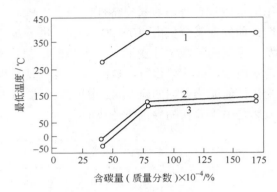

图 7-23　碳含量对未合金化钼的转变温度的影响

（沙比试样用轧制钼棒加工，不带缺口，

纵坐标是承受 39.2J 冲击载荷不开裂的最低温度）

1—再结晶；2—消除应力退火；3—轧制状态

在大多数工业用钼合金中都含有碳化物形成元素 Zr、Ti、Hf 等，这些合金元素和碳生成 ZrC、HfC、TiC 等一系列碳化物，构成沉淀强化合金，大大地提高了钼的综合性能，未形成这类碳化物的碳可能组成 Mo_2C，它对钼的性能影响都是负面的，它在晶界组成有害的 Mo_2C 薄膜，促进钼材发生晶间断裂。

未合金化的钼和各种钼合金中的碳向晶界附近富集，对钼的低温塑性不利，就钼材本身来说，晶界的第二相富集偏析可能引起原子之间键的改变，碳化物相的出现在金属键的基础上增加了离子共价键的组分，低温下这种离子键起主导作用，因而导致低温脆性。间隙元素对钼的塑脆性的影响要综合考虑多种作用，一般说来间隙杂质溶入固溶体能使位错被"钉扎"住，造成它重新启动阻力增加，提高了材料的屈服强度，因而使转变温度升高。另外，第二相间隙元素析出提高了裂纹在晶界上成核的概率，晶间断裂的机会增加，也会提高转变温度。但是，如果从另一种观点来看待间隙杂质的第二相析出，可能会得出相反的看法，由于弥散质点缩短了滑移面的有效长度，使得转变温度下降。此外，在钼的塑性变形加工过程中，弥散质点的存在能促使生成更弥散的胞粒超结构，它也会导致转变温度下降。在分析轧制冷变形量对塑脆转变点的作用时涉及这个问题。因此，间隙杂质碳，氧，氮对钼的低温脆性的影响还很难得出一个统一的认识。

硼（B）的作用，硼是小元素，它和氧、碳、氮一样，在 Mo 中形成间隙固溶体。在用电子束炉熔化含硼钼合金时，硼是以含硼 1% 在 Mo-B 合金形式加入在电极中，熔化电极上硼的脱氧反应相似碳脱氧，脱氧反应式为：

$$3[O]_{Mo} + 2[B]_{Mo} \longrightarrow B_2O_{3L} \qquad [O]_{Mo} + [B]_{Mo} \longrightarrow BO_G$$

在熔化时钼液滴的温度大约为 3000K，最强烈的脱氧反应是生成硼的亚氧化物 BO，硼是良好的脱氧剂。在硼含量为 $(10 \sim 500) \times 10^{-6}$ 和 $(50 \sim 1000) \times 10^{-6}$ 时，含氧量相应为 $(13 \sim 23) \times 10^{-6}$ 和 $(4 \sim 5) \times 10^{-6}$，没有规律。根据钼硼状态图，在 2175℃ 含硼（原子分数）约 23% 时有 Mo_2B 共晶。金相研究表明，在硼含量处于 $(20 \sim 50) \times 10^{-6}$ 时，用放大 1350 倍的显微镜观察，结构中没有看到有第二相硼化物，当硼含量增加到 100×10^{-6} 时，显微结构中发现了椭圆形的析出第二相，更进一步提高硼含量到 $(300 \sim 400) \times 10^{-6}$ 时，第二相析出的数量和粒度都增加，看来 100×10^{-6} 应当是溶解度极限。在 1100℃、1800℃ 和 2000℃ 高温下 B 在钼中的溶解度分别相应为 40×10^{-6}、90×10^{-6} 和 150×10^{-6}，降到室温下肯定会有第二相析出。

研究不同硼含量对钼的各种性能影响时发现（见图 7-24），图 7-24（b）是 Mo-0.15Zr-$(0.001 \sim 0.05)$B 合金的硼含量与弯曲转变温度的上限关系，试样是 4mm 直径的棒材，弯曲角大于 120° 不破裂的最低温度定为转变温度，硼含量（质量分数）在 $(10 \sim 30) \times 10^{-6}$，在 1500℃、2000℃ 再结晶退火试样的转变温度最低，2000℃ 退火以后比不含硼的转变温度大约降低了 100℃。由图 7-24（b）上的曲线也能看出冷脆转变点有极小值。被研究合金的比电阻测量表明见图 7-24（a），硼含量约为 10×10^{-6} 处，比电阻与硼含量的关系曲线上有极小值，这说明在此位置有溶质原子析出，合金的晶格点缺陷和位错减少，此时溶质的融入总量和分布程度造成的晶格扭曲变形度最弱。在强度和延伸率曲线上，约在硼含量为 30ppm 处有极大值和极小值，强度极限有点下降，而塑性伸长率增加，参见图 7-24（c）。

硼对钼的有利影响的根源可能在于硼是强脱氧剂，能降低钼的氧含量，还降低了碳在钼中的溶解度并改变了碳的分布情况（见图 7-25）和细化晶粒。表 7-3 列出了单位面积的晶粒数与硼含量的关系，可以看出硼细化晶粒的效果。硼细化钼的晶粒可能有两个机构，一是硼钼化合物的作用，在高温下钼和硼能生成较高熔点的化合物，这些固态的硼化

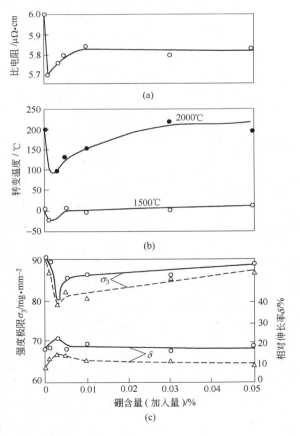

图 7-24 Mo-0.12Zr-$(0.001 \sim 0.05)$B 合金的硼含量对比电阻、冷脆转变点、力学性能的影响

物弥散相起晶核作用，产生细化的小晶体。另外一个机构就，含硼钼的液态钼凝固有深度过冷度，深度过冷度的产生要求有能降低液相温度的溶质，由于在凝固过程中处于固-液相分界面处的液相中的溶质原子的浓度能逐渐提高，这个液相中溶质浓度逐渐提高的过程是因为溶质在固态中的固溶度远小于在液相中的固溶度，那么，在固-液相分界面附近的熔融区内降低了液相的温度，导致区内的晶粒长大速度变慢，而外界的散热速度没有变化，这些结果造成液态相有很大的过冷度，使得在凝固前沿能进一步独立地产生晶核，产生晶核点和形核区域增加。一般说来，增加晶核产生的概率（位置），而晶核生成以后又能降低它们的生长速度，这些都能细化晶粒。

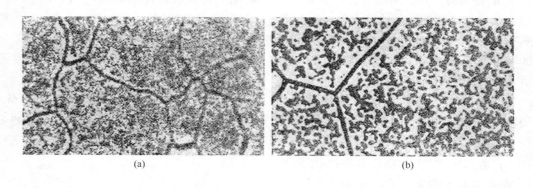

(a)   (b)

图 7-25   含有 C^{14}（10×10^{-6}）的钼合金的自动辐射照片

(a) Mo-0.1Zr-0.1Ti；(b) Mo-0.1Zr-0.003B

表 7-3   硼含量对钼的晶粒度的作用

硼的含量（$\times 10^{-6}$）	晶粒数/颗·cm^{-2}	硼的含量（$\times 10^{-6}$）	晶粒数/颗·cm^{-2}
0	2.48	230	44.64
>10	5.59	500	46.5
60	29.76		

已知在硼浓度较低时，钼和硼能生成共晶，不同研究者给出的共晶点和共晶成分不一致，有研究指出，钼硼共晶成分为 1% 和 2.75% B，相对应的共晶温度是 1060℃ 和 2180℃。纯钼的熔点是 2620℃，可以看出液相线的斜度是很陡的，这表明少量的硼能高效的细化铸态钼的晶粒。造成凝固点大幅下降的元素与引起凝固点下降幅度较小的元素相比，前者比后者能更有效的引起深度过冷度。在钼硼系中能产生细化晶粒作用的硼浓度大概是 10×10^{-6} 或者大于 10×10^{-6}，这样一来，如果上述的硼引起的结构过冷机理是起作用的，那么硼在钼中的溶解度应当很低，事实正是这样，硼的原子直径和碳一样，比氧和氮的要稍微大一点，是一个间隙元素，它在钼中的固溶度应当和碳等间隙元素相当，间隙元素在钼中的溶解度很低，特别是在 1000℃ 以下更低，室温时几乎只有 1×10^{-6}。根据这个认识，硼在钼中的溶解度应当很低。由已知的结晶凝固常识可知，最后凝固的液态应当含有最多的溶质，据此可以推断，富硼相应当堆积在晶粒边界上，或者产生空心组织和树枝状结构。在硼含量为 400×10^{-6} 或者超过 400×10^{-6} 时，在铸钼锭中观察到有树枝状结构相。这就说明过冷机构引起晶粒细化的看法是符合实际的。

在实际结晶过程中弥散质点细化晶粒和过冷度细化晶粒会共同起作用，这样双重机理细化晶粒的效果比单一机理更佳。图 7-25 是 Mo-Zr 和 Mo-Zr-C 合金的同位素自动辐射照相的显微结构图，两个合金的平均碳含量一样，图 7-25（a）是无硼的 Mo-0.1Zr-0.1Ti，图 7-25（b）是含硼的 Mo-0.1Zr-0.003B 合金。由图 7-25（b）看到黑色的碳化物质点数增加了一些，说明硼有降低碳溶解度的可能性，图 7-25（a）昏暗的块状背景比较均匀，晶内晶界背景差别不大，在含硼的 Mo-Zr-B 合金的显微结构照片中背景黑白反差清晰，白色区域是无碳的纯固溶体区，黑色区是碳化物区，这表明硼改变了碳的分布情况，抑制了碳的溶解，存在纯固溶体区，在外载荷作用下引起断裂过程中的裂纹扩展到纯固溶体处，应力有松弛的可能性，提高了塑性性能。

7.3.5.2　置换式合金元素

置换元素对钼的塑脆性的影响，钼里面添加置换式合金元素最主要的目的在于通过合金化的方法提高强度，增加蠕变抗力和提高再结晶温度，改变再结晶过程和再结晶程度，控制晶粒度，改善低温脆性。另外还加入一些强氧化物形成元素和几个强碳化物形成元素，它们可以净化间隙元素氧、碳、形成弥散的氧化物，碳化物质点，降低间隙杂质对钼的脆性的有害影响。不过置换式元素的加入往往导致脆性增加。

早期比较经典的研究置换式元素对钼的脆塑性的影响是用铸造钼锭，用高纯氩气保护的非自耗电极电弧炉，熔化 50~100g 钼纽扣铸锭。加入的合金元素有 W、Ti、Th、Al、Co、Ce、V、Zr、B 等，这些元素都是高纯的，Ti、V、B、Zr 是卤化法提纯，其余元素的纯度都在 99.9% 以上。用弯曲法测定冷脆转变点，弯曲试样直接用铸锭切，试样表面平行铸锭的纵轴。试件尺寸 25mm×6.35mm×3.8mm，弯曲支点跨度 16mm，压头向下移动速度 25mm/min，变形速度等于 0.038/s，各种实验结果列于表 7-4。

表 7-4　若干合金元素对铸钼的转变点的影响

合金系列	元素含量	转变温度/℃	元素含量	转变温度/℃	元素含量	转变温度/℃
Mo-Ti	0.11	−10	0.92	−30	1.05	−60
	0.28	60	0.96	−75	1.63	−20
	0.50	−50	0.97	−70	1.84	−10
	0.70	−80	1.02	−75	2.34	−30
					3.66	210
Mo-Th	0.1	350	2.5	−20	10.0	−60
	0.5	275	5.0	−50	10.0	−75
	1.0	125				
Mo-Al	0.026	−70	0.06	140	0.78	275
Mo-Ce	0.01	290	0.1	−30	0.5	150
Mo-B	0.002	290	0.01	175	0.05	275
	0.005	80				
Mo-V	0.25	125	1.0	160	3.0	160
	0.5	20				
Mo-Zr	0.25	160	1.0	525	5.0	675
	0.5	375				

　　根据合金元素对钼冷脆转变温度的影响数据（见表7-4）绘成曲线图，图7-26曲线分成三种类型：第一类是在转变温度与成分关系曲线上具有极小值，某成分点附近转变温度最低，如 Ti 和 Ce 等，由图看来（0.5～10）Ti、0.1Ce、0.005B、0.5V 合金相应有最低的转变温度 $-80℃$、$-30℃$、$80℃$、$20℃$；第二类曲线没有最低转变温度，随着合金元素含量增加转变温度一直升高，如 Al 和 Zr；第三类曲线也没有极小值，但随合金元素增加转变温度一直下降，如 Th。含钍钼合金在低温时钍包围了钼的晶粒，能改善钼的塑性，但温度达到 815～980℃时，Mo-Th 合金的强度很低，在不很大的载荷应力下很快断裂，伸长不明显。这类合金做高温材料没有意义；这些合金元素对塑性的有利作用主要是它们能和有害的间隙元素，如氧、氮，生成化合物中和了间隙元素对钼塑性的有害影响，或者抑制了间隙杂质在基体中的溶解度。

　　图7-27给出了锆对于变形态和再结晶态钼合金的塑脆性转变温度的影响，该图上也给出了 Mo-C 和 Mo-Hf 合金的相关性能。实验所用弯曲试样是直径2mm的棒材，压头压下速度是 1.7mm/min，试验时静弯曲角大于 120° 的温度定义为塑脆性转变温度。结果表明 Mo-Zr 合金的转变温度范围比 Mo-C 合金的低，2000℃/h 再结晶的含锆 0.17% 和 0.25% 的钼合金的转变温度上限最高，大约为 80～90℃，最低 Zr 含量 0.11% 和 0.1% Hf 合金的转变温度上限最低，约为 20～40℃。在设计 Mo-Zr 合金时锆含量最好控制在 0.13%～0.2%，碳应当控制在 10×10^{-6}，以便在再结晶状态下该类合金仍能保持一定的塑性。

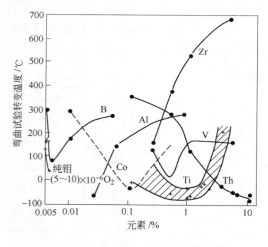

图7-26　若干合金元素对铸钼
塑脆性转变温度的影响

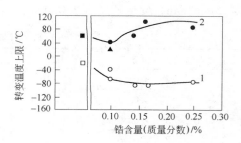

图7-27　锆对于变形态和再结晶态钼的
塑脆转变温度的影响
1—变形态；2—再结晶态
■ □—Mo-0006% C；▲ △—Mo-0.1% Hf；
● ○—Mo-Zr

7.3.6　铼对钼合金的塑脆性转变的影响

　　早在 1955 年 Geach 和 Hughes 就报道了 Mo-Re 和 W-Re 合金具有特别好的加工性能，随后在 1958 年 Jaffee 和 Sims 证实并解释了这个发现。含50%（质量分数）Re 约相当于30%（原子分数）的钼合金是固溶体合金，由铸造状态可以冷变形到 95% 的变形量而不开裂。图7-28是 Mo-Re 合金的室温拉伸性能与铼含量的关系，这些合金在 1250～1900℃ 轧制，随后在 1800℃ 再结晶退火。最有兴趣的特性之一是铼含量（原子分数）由 20% 增加到 30% 的同时拉伸强度和塑性同步提高。当铼含量超过 30% 时合金的塑性有些下降。图7-29是再结晶的

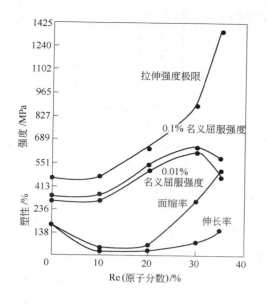

图 7-28 钼铼合金的室温拉伸性质

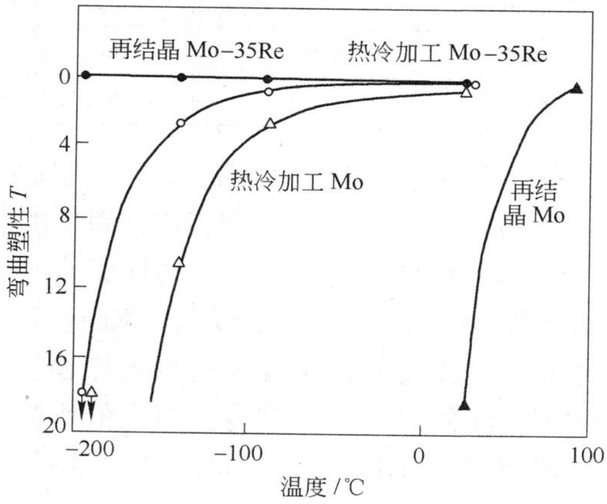

图 7-29 再结晶和冷热加工态钼和
钼铼合金的弯曲塑性

和冷热变形的 Mo-35Re 合金和未合金化钼的塑性和温度的关系。温度低到 -196℃，再结晶的钼铼合金仍然保持有塑性，而再结晶钼直到近似 90℃ 才能达到钼铼合金 -196℃ 的塑性。

当用合金元素合金化钼时，形成固溶体的合金通常都能提高强度而降低塑性，唯有铼元素除外，在溶解度极限范围内它能在提高强度的同时又能提高塑性。随着铼含量的增加，钼铼合金的塑脆性转变温度下降，见表 7-5。表中所列数据是用弯曲实验方法求得，把试样绕一个滚子弯曲到 8°~10° 不开裂的温度定为转变温度，弯曲滚的半径等于试样厚度的 8 倍。研究铼对钼的转变温度的影响时发现，一直到达超过铼在钼中的溶解度极限，合金中出现脆性的 σ 相以后，合金的塑性才下降，转变温度也随着升高。在转变温度随铼含量的上升而下降的同时，变形模式也有一些变化，出现大量的机械孪晶。图 7-30 是 Mo-Re 合金出现孪晶变形方式和弯曲转变温度的关系。图 7-31 是铸态 Mo-Re 静弯曲转变温度

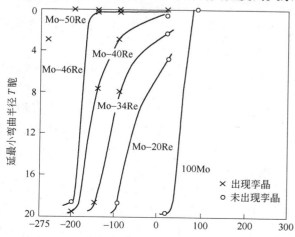

图 7-30 铼含量对钼的塑性变形模式的影响[14]

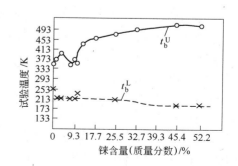

图 7-31 铼含量对转变温度
上限和下限的影响

表 7-5   再结晶态钼铼合金的塑脆性转变温度

Mo-Re 合金（原子分数）/%	转变温度/℃	Mo-Re 合金（原子分数）/%	转变温度/℃	Mo-Re 合金（原子分数）/%	转变温度/℃
Mo	50	Mo-20Re	−90	Mo-30Re	−170
Mo-10Re	−35	Mo-25Re	−140	Mo-35Re	−254

的上限 t_b^u 和下限 t_b^l 与铼含量的关系，弯曲应变速度是 3mm/min，上限弯曲角是 120°，下限弯曲角是 5°~10°。有研究指出铼对钼的塑性影响与其组织结构有关，铼含量比较低时，它对锻造状态的影响最佳，而高铼钼合金在再结晶状态可以得到最高的塑性。Klopp 等人研究了低铼含量的钼铼合金的低温塑性，发现铼在低合金钼合金中对转变温度的影响和在高铼钼合金中的影响一样，铼含量提高，冷脆转变温度也下降，例如，退火态的 Mo-7.7%Re 合金的转变温度降低到 −195℃，见图 7-32，该图是低合金钼铼合金中铼含量与转变温度的关系，由图还看出 7.7%（原子分数）的铼把钼的转变温度降低了大约 225℃。研究钼铼合金中铼含量对钼铼合金性能的影响时发现，到达铼在钼中的最高固溶

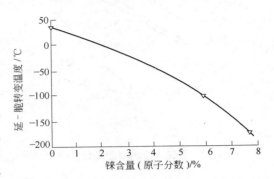

图 7-32   退火态钼铼合金的塑脆性转变温度与铼含量的关系

度时，即 Mo-35Re（原子分数）或者 Mo-50Re（质量分数）合金的综合性能最好，它在 982℃的强度极限达到 552MPa，1200℃达到 333MPa，它的塑脆性转变温度可达到 −254℃。而其他一些含锆、钛的钼合金的强度值能达到这个水平，可是塑脆转变温度都在室温以上。钼铼合金的极佳的强度和塑性的综合性能表明可以用它做焊接构件，在焊接钼构件时用它做焊缝填料。不过这时在焊缝的热影响区发生了严重的再结晶，导致钼基体材料变脆，不能根本解决钼的焊接难题。这个合金还具有另一个优越的工艺性能，在加全过程中的强化指数很低，允许在室温下进行冷变形加工，可获取显微尺寸的箔材和丝材。

虽然铼对钼的低温塑性的有利影响已被发现和研究了将近 50 多年，但其有利影响的原因至今尚未取得一致的认识，归纳起来大概有如下几种分析。

在钼铼合金中由于铼的存在，改变了氧化物的结构形式，组成了 $MoReO_4$ 型氧化物，它与 MoO_2 型氧化物性质不同，不浸润晶界，不必用专门的脱氧剂脱氧，即便氧含量到 0.03%~0.05%时，合金仍能变形，而未合金化的钼氧含量低于 0.001%时才可能有塑性。铼有时能降低间隙原子在钼中的溶解度，有时又能提高间隙杂质在钼中的溶解度；能够使晶粒边界，孪晶界面，亚晶粒及堆垛层错等的面缺陷处的表面张力下降，导致机械孪晶出现的可能性增加，还能够降低晶界上夹杂物的接触角，提高了晶界的强度。

铼对钼的低温塑性的影响与合金中的碳含量有一定关系，用不同含碳量的 1mm×10mm×30mm 钼片做弯曲实验，加载压头半径 1mm，压头压下速度为 12mm/min，试样被弯到 120°不发生破坏的最低温度定义为冷脆转变温度的上限，结果见图 7-33。碳对钼的冷脆转变点的影响表明，在不同情况下提高碳含量，塑脆性转变温度都上升，但是 Mo-47Re

（质量分数）合金的转变温度对碳的依赖
性比未合金化钼要小得多，例如，未合金
化钼的碳含量为 0.001% 时塑脆性转变温
度仍在室温以上，Mo-47Re 合金的转变温
度在室温时的碳含量为 0.2%。细追根源，
由于铼的作用，碳在钼中的溶解度提高了
五倍，改变了碳化物的析出总量及第二相
质点的形状和分布。研究发现 Mo-47Re 合
金的再结晶开始温度是 1350℃，比未合金
化的钼高出了 300～350℃，而在 1500℃ 退

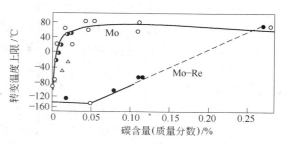

图 7-33 碳含量对钼和钼铼合金的塑
脆性转变温度的影响

火条件下，碳含量由 0.01% 升高到 0.11%，再结晶钼的晶粒度由 150μm 降到 50μm，而钼
铼合金的晶粒度由 30μm 降到 10μm，Mo-Re 合金的晶粒尺寸只有钼的 1/5。含碳 0.01% 的
钼在 1500℃ 退火 30min，碳化物已从晶界析出，但同样含碳量的 Mo-Re 合金在这个条件下
退火，却没有发现碳化物沿晶界析出，即使有碳化物析出，钼中碳化物的分布是不均匀的
杂乱无章的，而 Mo-Re 合金中的碳化物呈现长链状排列，可以穿过很多晶粒。通常在未合
金化的钼中碳是以 Mo_2C 形式析出，圆形，多数断续的分布在晶界。而在钼铼合金中的夹
杂物系长条形，在晶界上形成连续的膜。用 Mo-47Re-0.11C 合金的基体和夹杂物质点做
电子探针分析确定，基体是 55Mo-45Re，而夹杂物是 60Mo-37Re-3C，这个碳化物的相成
分与 Mo_3Re_2C 的化学当量成分不符，它可能是 Re 在 Mo_2C 中的固溶体，这个相的分子式
可写成 $(MoRe)_2C$。

　　另外根据钼和钼铼合金的显微硬度的测量可以确定，碳在钼中的溶解度是 0.01%～
0.02%，而在钼铼合金中的溶解度可升到 0.05%～0.1%，提高了 4 倍。显然，铼提高了
碳在钼中的溶解度，在相同碳含量的情况下，钼铼合金的冷脆转变温度比钼低很多度，例
如，含碳都是 0.11% 时，钼的转变温度是 -20～+80℃，而 Mo-47Re 合金是 -196～
-60℃。

　　研究 Mo-45Re-C 合金，它的碳含量（质量分数）分别为：0.005%、0.035%、
0.05%、0.09%、0.125%、0.265% 和 0.4%，测量该合金的比电阻，如果固溶体中的溶
质增加，如钼铼合金中碳的溶解量增加，提高了晶格的畸变度，根据金属的物理性能知
识，基体的比电阻就会增加。在所研究的一组钼铼合金中的碳变化很大，$w(C) = 0.005\%$
是完全溶入钼固溶体。而 $w(C) = 0.035\%$ 合金的比电阻与温度的关系曲线上出现了转折，
在 1300～1550℃ 间比电阻随温度升高的速度比直线快，超过 1550℃ 比电阻按直线规律增
加，温度系数约为 27.7×10^{-3} μΩ·cm/℃。在 1000～1550℃，碳含量为 0.035%～
0.265% 合金的比电阻是一样的，这代表了这些合金在 1550℃ 时固溶体中碳含量一样，而
碳化物量区别很大，当温度再升高，碳化物中的碳又溶入了固溶体，比电阻大大地提高。
在 1800℃ 时，含 0.05C 合金的电阻温度曲线出现折点，以后又直线上升，这意味着在 1550℃
和 1800℃，碳在固溶体中溶解度极限是 0.035C 和 0.05C。这些合金的显微结构研究发现，
Mo-0.005C 合金中已经有第二相 Mo_2C 在晶界和晶内出现，Mo-45Re-0.005C 合金没有第二
相，而 Mo-45Re-0.035C 合金的碳化物析出情况和 Mo-0.005C 相当。这样可以确切无疑的认
为铼提高了碳在钼里面的溶解度，因而提高了塑性，降低了塑脆性转变温度。

当钼中的铼含量超过 47% 时，合金出现 σ 相，合金的塑性下降。用五次电子束区域熔炼的 Mo-35Re 合金轧成的 0.127mm 厚的板材做成薄膜进行电子显微镜研究，发现 σ 相是片状析出物，四面体结构，晶格常数 $a = 9.54 \times 10^{-8}$cm，$c = 4.95 \times 10^{-8}$cm，大约相当基体的 3 倍。σ 相在体心立方的习惯析出面 {110} 上析出，它与基体的取向关系是：它的 [100] 平行于基体的 [100]。

钼中加入铼添加剂也影响氧含量与塑性的关系，研究发现，保持钼的塑性的最低氧含量是 0.001%，而含氧量高达 0.03% ~ 0.05% 的 Mo-Re 合金仍然具有塑性。

钼的变形机理应当以滑移为主，而加入铼以后变形机理变成了孪晶变形，通常金属能维持发生孪晶变形的温度比滑移变形的温度要低得多。钼铼合金的破坏特点研究确定，孪晶面属于 {111} 面，最可能的孪晶方向是 [111]。钼铼合金的低温塑性与孪晶变形同时发生。但要注意，事实上孪晶并不是金属塑性的充分条件，孪晶变形不一定必然有高塑性，许多合金，如 Cr-35Fe 和 Cr-55Mn，能发生孪晶变形，但是它们很脆而没有塑性，孪晶能使晶界的应力集中降低，对促进塑性变形只是起到一个次要的作用。

应当指出，钼铼合金的电子结构发生了变化，电子结构的这种变化发生时，降低了原子间键的方向性，减少了堆垛层错缺陷的能量，提高了剪切模量和间隙杂质的溶解度，所有这些因素都有望提高金属的塑性。

铼在钼合金中是很有用的一种合金元素，目前的研究还只局限于 Mo-47Re 合金。低铼合金研究较少，而且性能不如高铼合金稳定。铼是一种极稀有而昂贵的元素，这一点限制了钼铼合金的应用普及。研究代铼的钼铼合金应当作为一个研究课题，需要仔细研究。

7.3.7 铁族元素的作用

上面分析了铼对钼的低温塑性的有利作用，但因其稀缺，物以稀为贵，不能大量用做结构材料。研究发现铁族元素及铂族元素有固溶软化作用，能提高钼的低温塑性，可能代替铼的作用。

研究铁族元素对钼的塑脆性转变温度的影响采用的材料含有的杂质包括碳 – 0.006% ~ 0.01%、氧 0.001%、氮 0.005%，发现合金中加入铁 0.06%、镍 0.03% ~ 0.06%、铱 0.12% 时，铸态和再结晶态的钼的塑脆性转变温度曲线上有极小值，见图 7-34[15]。这些

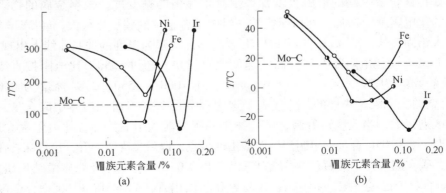

图 7-34 铁族元素对钼的塑脆性转变温度的影响
（a）铸态；（b）1500℃/h 再结晶退火

实验样品的断口状态分析发现，含铁族元素合金的钼试样的断口有 80% ~ 90% 是穿晶断裂，而纯的未加铁镍的 Mo-C 合金只有 50% 是穿晶断裂。金相和同位素照相的研究结果发现，纯钼碳合金中的碳在晶界附近富集，因而在晶界附近有大量的第二相析出，加入适量的铁镍元素，铸态钼和再结晶态钼的晶粒细化，使第二相析出和碳的分布更趋于均匀化。这导致固溶体，特别是晶界附近区域处的固溶体软化，使得晶界附近的裂纹的应力集中现象能够得以弛豫，阻碍了裂纹的生成和扩展，最终导致塑脆性转变温度下降。

7.4 钼的热脆性

在研究普通钢的加工时常遇到所谓钢的热脆性，那是因为硫、磷在晶界上析出而造成的热脆性。一般说来在温度超过钼的塑脆性转变温度，钼应表现出有良好的塑性。但是在变形速度低时，在温度高于 $0.5T_m$（熔点）以上的某个温度区间内塑性出现极小值，断口形貌上表现为晶间断裂。

图 7-35 是几种钼在不同应变速率下拉伸时表现出的塑性变化，由图可以看出，含碳 0.004% 的钼在变形速率为 3/s 时塑性没有发生变化，但是当拉伸速率降到 4.5×10^{-3}/s，合金的塑性在 1000℃ 时有稍许下降，而当碳的含量增加到 0.008% 时，在高变形速率时出现塑性极小值，即出现所谓热脆性。图 7-35（c）是含钛 0.18%、含锆 0.075% 和碳及氧分别为 0.003%、0.004% 的钼合金在高温拉伸时，不同变形速率对应的伸长率，随着应变速率的下降，可以看出合金的塑性也相应地减小。拉伸试样的电子显微镜观察发现，同时在断口上沿晶界有大量的 Mo_2C 夹杂物析出，在温度高于热脆温度或低于热脆温度进行的拉伸试样中没有发现夹杂物析出。可以认为热脆现象与钼材的碳化物沿晶界析出有关，降低变形速率更有利于碳化物的析出。

再结晶的 Mo-TZM 合金的高温性能研究也发现，在 1000 ~ 1600℃ 范围内合金的塑性有一个极小值，金相观察看到合金有严重的晶界裂纹。应变速率提高到 10/s，则没有发现导致塑性极小值的晶界裂纹。对再结晶后加时效处理的合金没有明显的塑性极小值的热脆现象，这可能经过时效处理以后碳已经充分析出，减小了产生热脆性的物质基础。在 800℃ 和 1850℃ 拉断试样中没有发现晶界裂纹，对锻造后进行过消除应力退火的试样也没有发现这种塑性极小的现象，可能在热机械加工过程中出现了变形时效，消除了碳的过饱和现象，因而就不会出现碳的再析出。

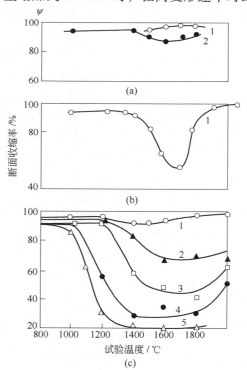

图 7-35　变形温度和变形速率对钼合金拉伸断面收缩率的影响[16]
（a）Mo-0.004C；（b）Mo-0.008C；
（c）Mo-0.075Zr-0.15Ti-0.003C
1—3/s；2—4.5×10^{-3}/s；3—7.5×10^{-4}/s；
4—7.5×10^{-5}/s；5—7.5×10^{-6}/s

钼做高温结构材料，从生产和使用的观点看待所谓热脆现象，其重要性不亚于低温塑脆性转变。如果在使用过程中产生塑性极小值现象，肯定会严重影响构件的使用寿命。

7.5   辐照对钼的脆性的影响

核能技术的发展，特别是和平利用核能，对解决能源短缺，防止环境污染有重大意义，已经受到关注。提高堆芯温度是提高核能效率的重要技术措施。难熔材料，特别是钼，具有耐高温、抗蠕变，低膨胀等优点，比较适合做高温结构材料，钼耐液态钠，钾的腐蚀性很好，用它做液态金属的热交换器是比较有希望的。曾经研究用钼做快中子增殖堆后处理材料，不过如焊接这一类工艺难题有待大力研究，堆芯燃料棒的包壳材料也梦想用耐更高温度的结构材料，难熔金属是追求的对象。但是，钼等难熔金属的热中子吸收截面较高，用它们做热中子反应堆的堆芯部件有点不大合适，科学技术的发展也许在这方面能取得突破。

在核反应堆中应用的结构材料除了要承受一般情况下结构材料要承受的负荷以及腐蚀以外，还要承受辐照损伤。快中子辐照能使金属材料的力学性能发生重大变化。对于反应堆中常用的铝、镁、锆、Ni-Cr耐腐蚀合金及一般结构钢材料等的中子辐照性能研究得非常详细，相对来说，难熔金属耐中子辐照损伤的研究很少。但是中子辐照损伤的一般原理对于金属材料应当是通用的。本质上的区别不大，只是不同材料受影响的程度和作用会有一些差异。

一般说来，辐照对金属材料的损伤和冷加工的作用相当，产生类似冷作硬化效果。钼等的辐照恢复和冷加工恢复的两种过程特性十分相似。因为辐照损伤实际上是金属材料在高能粒子打击下，使金属的晶格点阵产生大量的空穴和间隙原子，这些被轰出的一次间隙原子尚具有很高的动能，在它们所经过的路程上还会继续打击出许许多多的原子，使它们脱离正常的晶格位置，形成许多二级、三级间隙原子，在它们身后留下一连串的点阵空穴。在低温下这些空穴和间隙原子在恢复时聚合成位错或位错环。在宏观上表现出屈服强度增高，塑性下降，塑脆性转变温度升高。

图7-36是钼在受中子辐照以后的力学性能变化的总趋势，由图可见，随着中子通量的增加，杨氏模量和硬度的变化不太大，但屈服强度增高很多，塑脆性转变温度上升很快，在受到8×10^{20}中子/cm^{2}辐照以后，退火钼的转变温度升高到270℃，截面收缩率和伸长率下降，断裂强度也降低。

分析中子辐照对几个具体钼合金性能的影响，研究烧结钼多晶体和二次再结晶产生钼单晶在不同温度辐照以后的性能变化。这两种材料都受1773k/60min的渗碳处理。辐照温度分别为673K、873K和1073K。辐照水平是（7.9～9.8）$\times 10^{23}$ n/m^2（$E > 1$MeV），总剂量0.07～0.09dap。

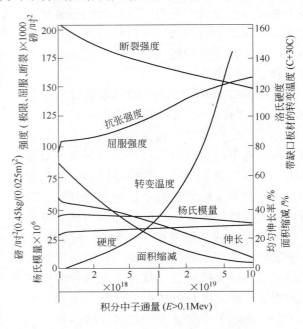

图7-36   辐照对钼的机械性能的影响[17]

辐照前后材料的塑脆性转变温度（DBTT）及屈服应力随实验温度的变化绘于图7-37，辐照以前钼单晶的塑脆性转变温度比多晶的低，在673K辐照的时候，单晶钼和多晶钼的塑脆性转变温度都移向较高的温度，辐照前后它们之间的关系颠倒过来，单晶钼的塑脆性转变温度比多晶钼的高。当在873K辐照的时候，和673K辐照一样，两种材料的塑脆性转变温度明显提高，辐照后的单晶钼的塑脆性转变温度仍然比多晶的高。而在1073K辐照时，辐照诱发的塑脆性转变温度的变化没有673K和873K辐照诱发的大。屈服应力的变化，辐照以前在整个实验温度范围内，多晶钼的屈服应力自然比单晶钼的高。辐照以后，在整个实验温度范围内屈服应力明显提高，多晶体的屈服应力比单晶体的高一些。在较高的辐照温度下，随着辐照温度的提高，辐照硬化有一些降低的趋势。

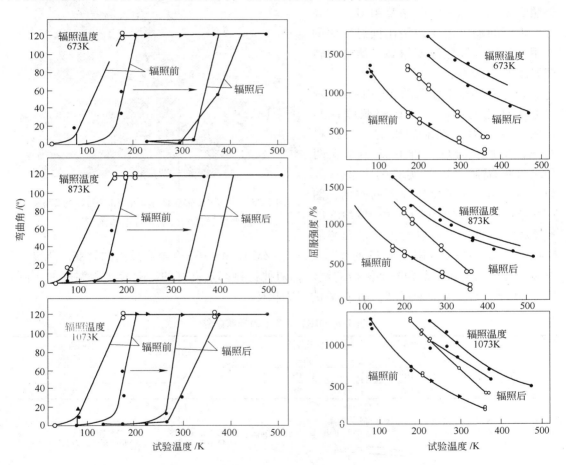

图7-37　辐照前后单晶钼和多晶钼的弯曲角、屈服应力与实验温度的关系
○●—多晶钼；△▲—单晶钼

在273K弯曲断裂试样断口的扫描电镜研究发现，在673K辐照以后见图7-38，多晶钼是晶间断裂和解理断裂混合断口，而单晶钼是典型的解理断裂断口，并伴生有许多河流状花纹。由照片看出，裂纹起始于表面的孤立的岛状晶粒。而在1073K辐照以后的多晶钼试样，几乎全是晶间断裂模式，只有局部地区能看到解理断裂。而单晶钼发生解理断裂，裂

纹也是起始于表面的岛状晶粒。

比较辐照对多晶和单晶钼的塑脆性转变温度（DBTT）和屈服应力的影响发现，在同一辐照温度下，单晶钼的辐照硬化效果比多晶体钼的高，单晶钼的塑脆性转变温度的变化比多晶钼的大。从降低辐照脆性的观点出发，多晶体渗碳处理的效果比单晶体好。这也指出，碳添加剂强化了多晶体的晶粒边界界面。辐照温度的作用，钼单晶及钼多晶在高温下辐照的辐照硬化作用比低温辐照的作用差一些，辐照温度越高，塑脆性转变温度的变化越小。

研究辐照处理对 TZM 和 Mo-5Re 合金力学性能的影响，评估辐照脆性及辐照温度对力学性能的影响。两种材料都在材料实验反应堆 BR2 中承受两种条件的辐照，辐照实验的主要参数列于表 7-6，为了比较辐照的作用，图 7-39 给出了未辐照的 TZM 和 Mo-5Re 的强度和塑性性能。可以看出，未辐照的

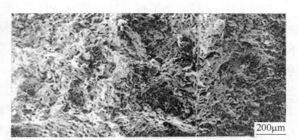

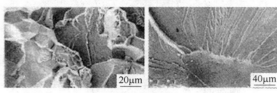

图 7-38   在 673K 辐照的多晶钼和单晶钼的 273K 弯曲试样断口的扫描电镜图[18]

Mo-5Re 合金的屈服极限比 TZM 的高一些，而 TZM 比 Mo-5Re 合金有较高的硬变硬化能力。由断裂总伸长率和面积收缩率评价的塑性，两种材料都是良好的。随着实验温度的下降，Mo-5Re 合金的断裂应变提高，而 TZM 的行为相反。

表 7-6   BR2 反应堆的辐照条件

名　　称	辐照水平 $E>1MeV$（n/m²）	损伤剂量 dpa	冷却剂	辐照温度/℃（最低/最高）
MOST1	3.50×10^{20}	0.35	水	40
MOST2	2.88×10^{20}	0.29	NaK	370/475

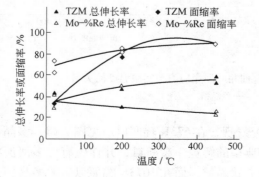
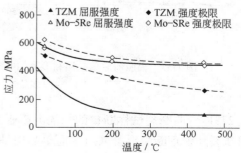

图 7-39   未辐照的 TZM 和 Mo-5Re 合金的强度和塑性

TZM 和 Mo-5Re 在 MOST1 和 MOST2 辐照的实验结果绘于图 7-40，载荷-位移曲线分析表明，屈服点和最大的应力点收敛在一点。MOST1 辐照的材料 TZM，在 200℃ 实验时，试样断裂在标距长度范围外，这可能是由于材料的脆性和对应力集中的敏感性造成的。MOST1 辐照的 TZM 只进行了 450℃ 的实验，但是，由于实验温度远比辐照温度高，因而实验能引起中子辐照引起的一些缺陷发生退火作用。

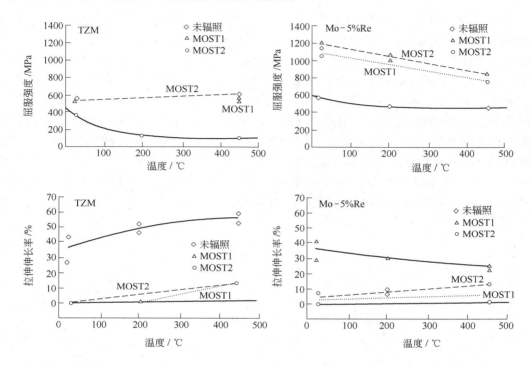

图 7-40　TZM 和 Mo-5Re 在辐照前后的屈服强度和总伸长率

辐照对 TZM 和 Mo-5Re 材料拉伸性质的影响在于，材料发生强化而塑性下降，见图 7-40。从塑性的观点看，Mo-5Re 在辐照以后保持较高的塑性，特别在低温下。

在 MOST1 和 MOST2 中的试样受到近似同样的辐照，Mo-5Re 合金在 MOST1 中辐照的拉伸脆性比 MOST2 辐照的稍高一些，随着辐照温度的提高，辐照硬化作用下降。

除辐照硬化作用以外，在研究辐照对 Mo-TiC 合金的性能影响时发现，在辐照过程中合金同时发生辐照硬化和辐照塑化。研究的 Mo-TiC 合金的成分列于表 7-7。除 TC-10 以外，所有合金都承受了粉末机械合金化处理。1580K/200MPa/18ks 热等静压成形，最终轧成 1mm 厚的板材。中子辐照水平 $8 \times 10^{23} n/m^2$（$E > 1MeV$），这个影响约相当于 0.08dpa（每个原子的位移）。辐照环境温度在（573 ~ 773）±20K 之间周期性变化。

表 7-7　Mo-TiC 合金的成分　　　　　　　　　　　　　　　　（$\times 10^{-6}$）

名　称	Ti	C	N	O	W	Co	Al	Ca	Cr	Cu	Fe	Mg	Mn	Ni	Pb	Si	Sn
MTC-01	790	250	90	1040	980	55	<5	3	4	5	28	5	1	15	<5	14	<3
MTC-05	3400	910	100	1090	650	41	<5	3	13	6	28	5	1	15	<5	10	<3

名 称	Ti	C	N	O	W	Co	Al	Ca	Cr	Cu	Fe	Mg	Mn	Ni	Pb	Si	Sn
MTC-10	7500	2270	110	1040	930	65	5	3	13	6	29	6	1	16	<5	42	3
TC-10	9200	2010	43	490	—	—	—	—	—	—	—	—	—	—	—	—	—
TZM	5000	800	20	500	300	—	20	20	—	—	100	—	—	10	—	30	—

图 7-41 是 MTC-5 和 MTC-10 合金冲击韧性的实验结果[20]，为了比较也给出了 TZM（0.01dpa 辐照）的数据。图 7-41（a）、（b）、（c）和（d）分别给出了吸收总能量、冲击弯曲的屈服强度、最高强度和冲击总挠度。可以看出，在温度下降时，由脆性断裂造成载荷快速下降，试样遭受破坏。当载荷没有突然下降，而是缓慢逐渐减少时，试样没有破坏，而是完全弯曲，弯曲挠度接近 8~9mm。冲击实验的载荷-位移曲线图的积分可以估算出图 7-41（a）吸收的总能量，由图可以看出，存在有明显的塑脆性转变温度，吸收的能量为上边界值 50% 的温度定义为塑脆性转变温度。Mo-TiC 型合金的塑脆性转变温度比 TZM 的低，而强度比 TZM 的高，合金的韧性随 TiC 的含量增加而提高。比较 MTC-10 和 TC-10（未机械合金化）结果，尽管 MTC-10 氧含量比 TC-10 的高，但 MTC-10 的韧性比 TC-10 的更高，这就指出，机械合金化处理会有效地提高抗辐照性。

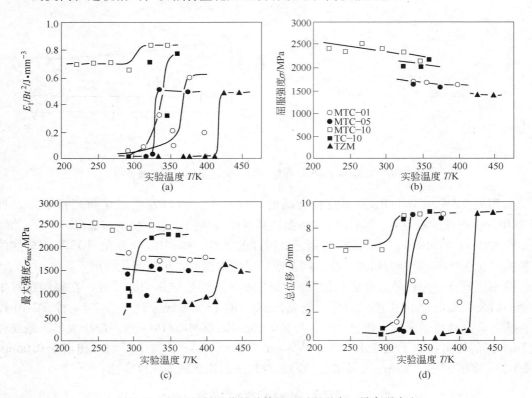

图 7-41   辐照钼材吸收的总能量、屈服强度、最高强度和
弯曲总位移与实验温度的关系

研究中子辐照对 TZM 和 Mo-1.0TiC 合金显微硬度的影响发现，辐照能相当大地提高两个合金的显微硬度，MTC-10 的辐照硬化作用大于 TZM（图 7-42）。结果，TZM 呈现出很

大的辐照脆性，塑脆性转变温度（DBTT）大约提高了160K。另一方，发现 MTC-10 有令人惊奇的结果，尽管它的辐照硬化作用比 TZM 高得多，但是，在辐照以后的低温韧性却大大提高，见图7-43，该图给出了轧制的和辐照过的 MTC-10 吸收的总能量，屈服强度，最高强度和总冲击挠度与实验温度之间的关系。辐照以后，虽然屈服强度和最高强度大大地提高，可是总挠曲度陡然地提高了约5倍，出现了明显的塑化作用。

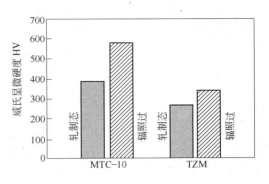

图 7-42 轧制的和中子辐照过的 TZM 和 MTC-10 的显微硬度的比较

为了论证这些看到的值得注意的塑化作用不是在辐照过程中高温退火造成的，轧制态的 MTC-10 承受和辐照过程中同样的（573K 和 773K）周期性加热退火，比较轧制的和承受过周期高温退火的 MTC-10 试样的冲击载荷-位移曲线，显然，退火处理没有造成可观的塑性增加。这个实验结果指出，观测到的值得注意的塑化现象不是由于高温退火作用引起的，而是一种辐照引起的现象，辐照韧化。中子辐照引起强烈的塑化和严重硬化两种现象共存是很重要的发现，这样就可能用反应堆辐照来提高材料的韧性。

扫描电镜观测辐照前后断口，研究中子辐照塑化机理，两种情况断裂模式都是晶间断

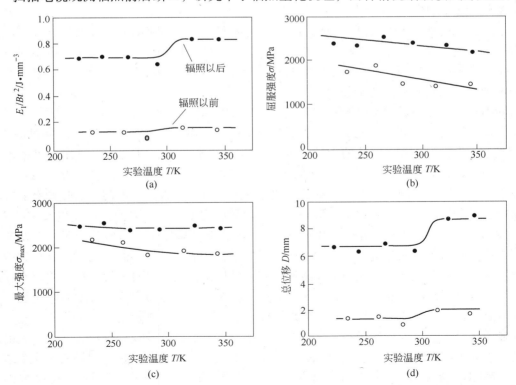

图 7-43 轧制的和中子辐照过的材料吸收的总能量、屈服强度、最高强度和弯曲总挠度与实验温度的关系[21]

裂，虽然断裂模式没有可观的变化，但是，辐照过的 MTC-10 的晶界外形变得比未辐照的光滑一些，这就指出，辐照引起晶粒边界能量下降，即辐照引起弱的晶粒边界强化，图 7-44 是 Mo-1TiC 合金中辐照诱发出的提高低温韧性的晶界沉淀粒子。

鉴于 MTC-10 的辐照硬化和晶间断裂共存，认为观测到的可观的塑化作用的原因是辐照引起弱的晶粒边界的强化。用透射电镜和能谱 EDX 分析研究轧制和辐照过的 MTC-10 的显微组织确认，轧制合金的组织含有 10~400nm 的细晶粒，高位错密度和大部分存在晶粒边界上的大量的很

图 7-44　Mo-1TiC 合金中辐照
诱发出的晶界沉淀粒子

细粒子，这些粒子的平均粒度约为 20nm，它比 TiC 粉的原始平均粒度 0.5μm 更细。另一方面，辐照过的 MTC-10 由于辐照作用，晶粒边界上的粒子粒度明显长大，测量 219 颗粒子的尺寸，它们的平均粒度接近 140nm。粗粒子的能谱 EDX 分析及衍射花纹确定，沉淀物有岩盐结构，它们是 TiC 和 Mo 的固溶体，在固溶体中 Mo 原子可能溶解替代了 Ti 的位置。晶粒边界的 TiC 或 (Ti,Mo)C 沉淀有利于弱晶粒边界的内聚力强化作用，因为用 Mo 和 (Ti,Mo)C 中间有较强内聚力的交界面代替了弱的晶粒边界，显著改善了钼的低温韧性。这就是辐照 MTC-10 的弱晶粒边界的强化机理。

晶界区域的能谱 EDX 分析还揭示，也有晶粒边界被一层薄的氧化钛覆盖，还存在有许多粒子，这些粒子不是纯 TiO_2，而是 Ti-O-C 化合物。用高分辨率的电子显微镜研究含有粒子的晶界区域发现，这些粒子的晶格和相邻的材料是共格连接，这就指出，粒子和相邻的两种材料之间有良好的亲和力。

Mo-TiC 型合金都含有约 1000×10^{-6} 氧，已知氧的有害作用能强烈地降低钼的晶界强度，严重的损失低温韧性。但是，尽管氧含量很高，轧制态，再结晶态的和辐照过的 Mo-TiC 型合金仍然表现出有很好的韧性。因此，Mo-TiC 型的合金对氧的有害作用可能不敏感。换句话说，即使存在有氧，晶粒边界也可能强化。晶界强化与提高低温韧性的本质原因在于，氧化钛薄层的存在有利于降低晶粒边界上杂质氧的含量，抑制了氧化钼在晶界上的偏析和晶界沉淀，因为氧化钼严重削弱晶粒边界的强度。另一方面，TiO_2 以及 Ti-O-MC（碳化物）的存在，说明在制造过程中 TiC 已分解成钛和碳原子，这些碳原子可能变成碳化钼，或者碳原子在晶界偏析，因为在加工温度或者低于加工温度的情况下，碳在钼中的溶解度极低。碳在晶界偏析或者生成碳化钼使晶界强化。质点和两个相邻材料之间有良好的亲和力也可能是晶界强度提高的原因。此外，已知晶粒细化和高位错密度对阻止裂纹扩展也有有利作用。上述各项作用综合起来，提高了钼的低温冲击韧性。

强调指出，甚至于在 0.08dpa 中子辐照和再结晶以后，Mo-TiC 型合金的低温韧性也远远高于 TZM 的。随着 TiC 含量的增加，抗辐照性和抗再结晶性都有提高的倾向。这个结果指出，Mo-TiC 合金的晶粒边界强化作用，在辐照和再结晶以后仍然留存。只要晶粒边界结构和化学成分的这类变化不削弱晶粒边界的强度，可以预料这种高韧性一直能保留。保持高韧性的关键因素可能是在加热和辐照过程中细小的 Ti-O-MC 粒子的稳定性。

7.6 钼的断裂韧性

7.6.1 Griffith 模型

众所周知，材料的理论强度高于实际强度，Griffith 认为材料内存在有一定数量和一定尺度的缺陷和裂纹，大大地降低了材料的强度，引起材料在低应力下发生脆性破坏和断裂。

最早 Inglis 分析了无限大平板中心的椭圆形孔洞的受力问题，此平板受外力均匀拉伸作用，椭圆的长短轴的长度分别为 $2a$ 和 $2b$，长轴端点的曲率半径是 ρ，把长短轴定为直角坐标的 x 轴和 y 轴，当 $0 \leqslant x \leqslant a$，$\rho \ll a$ 时，最大应力集中发生在长轴端点 $x = 0$ 处，最大局部应力为：

$$(\sigma_y)_{\max} = (\sigma_y)_{\substack{x=0 \\ y=0}} = \sigma(1 + 2\sqrt{a/\rho}) = \alpha\sigma$$

式中，α 为应力集中系数，$\alpha = 1 + 2\sqrt{a/\rho}$；显然，当缺陷的端点局部应力达到理论断裂强度时，固体材料就发生了断裂。断裂判据是 $(\sigma_y)_{\max} = \sigma_f$。

Griffith 从能量平衡的观点分析了应力和脆性断裂问题，他认为在外载荷作用下，断绝对外界环境能量的交换，在裂纹开始扩展时，裂纹开裂过程中所释放出来弹性变形能 U 转化成裂纹新表面的表面能量 W。U 和 W 均与裂纹的原始半长度 a 有关，两者之和为自由能 E，$E = -U + W$，U 前面的负号表示弹性变形能下降。E 随裂纹半长度 a 的变化率用下式表示：

$$\frac{\mathrm{d}E}{\mathrm{d}a} = -\frac{\mathrm{d}U}{\mathrm{d}a} + \frac{\mathrm{d}W}{\mathrm{d}a}$$

如果 $\dfrac{\mathrm{d}E}{\mathrm{d}a} = 0$，则 E 达到极大值，裂纹处于临界状态。此时裂纹半长度为临界长度，如超过临界长度，$\dfrac{\mathrm{d}E}{\mathrm{d}a} > 0$，裂纹发生不稳定扩展，反之 $\dfrac{\mathrm{d}E}{\mathrm{d}a} < 0$，裂纹处于稳定平衡状态。

用 Griffith 模型可以进一步研究裂纹的扩展问题，厚度为一单位的无限大的各向同性均匀的大平板，板上有一条长度为 $2a$ 的裂纹，在垂直裂纹方向上受单向拉应力 σ，在此拉应力作用下，裂纹两端长度方向上各扩展 $\mathrm{d}a$，若令形成单位表面积裂纹所需表面能为 γ，按半裂纹计算，则裂纹扩展 $\mathrm{d}a$ 所需的能量为：

$$\mathrm{d}W = 2\gamma\mathrm{d}a \qquad \frac{\mathrm{d}W}{\mathrm{d}a} = 2\gamma$$

根据弹性力学计算，可以求得裂纹扩展时弹性能的变化为：

$$U = \frac{\sigma^2\pi a^2}{2E} \text{ 对 } a \text{ 求导} \frac{\mathrm{d}U}{\mathrm{d}a} = \frac{\sigma^2\pi a}{E}$$

式中，E 为弹性模量。由于 $\dfrac{\mathrm{d}U}{\mathrm{d}a} = \dfrac{\mathrm{d}W}{\mathrm{d}a}$ 则有：

$$\frac{\sigma^2\pi a}{E} = 2\gamma$$

由此式可以确定在平面应力条件下裂纹扩展的临界长度 a_{cr} 和临界应力 σ_{cr} 分别为：

$$a_{cr} = \frac{2E\gamma}{\pi\sigma^2} \qquad \sigma_{cr} = \sqrt{\frac{2E\gamma}{\pi a}}$$

而在平面应变条件下的 a_{cr} 和 σ_{cr} 分别为：

$$a_{cr} = \sqrt{\frac{2E\gamma}{\pi a(1-\mu^2)}} \qquad \sigma_{cr} = \frac{2E\gamma}{\pi\sigma^2(1-\mu^2)}$$

式中，μ 为泊桑比。Griffith 模型说明了脆性材料的实际断裂强度远远低于理论强度的原因在于固体材料中存在有裂纹，裂纹失稳扩展导致断裂。引起裂纹扩展断裂的最小应力称为临界应力，在应力作用下裂纹能开始启动扩展的长度称临界长度。G 模型确定了工作应力，裂纹长度和材料固有性能常数之间的关系。但它忽略了应力集中和裂纹尖端的塑性变形对能量变化的影响，对于脆性材料（线弹性力学）这模型比较符合实际情况。Orowan 针对 Griffith 理论没有考虑局部塑性变形的影响，认为在裂纹扩展过程中在裂纹尖端不可避免地产生塑性变形，求裂纹扩展释放的变形能时不能只计算 Griffith 的线弹性能，裂纹开裂时塑性变形能可以直接叠加到线弹性能上。平面应力和平面应变的临界应力 σ_{cr} 和临界裂纹长度 a_{cr} 的方程式变成为：

平面应力状态 $\qquad \sigma_{cr} \approx \sqrt{\frac{2E\gamma_p}{\pi a}} \qquad\qquad a_{cr} = \frac{2E(\gamma+\gamma_p)}{\pi\sigma^2}$

平面应变状态 $\qquad \sigma_{cr} \approx \sqrt{\frac{2E\gamma_p}{\pi a(1-\mu^2)}} \qquad a_{cr} = \frac{2E(\gamma+\gamma_p)}{\pi\sigma^2(1-\mu^2)}$

Orrowan 和 Griffith 的理论都是从能量平衡的角度来研究材料的断裂命题，没有考虑裂纹存在时的应力集中，没有分析裂纹前缘区域的应力场和应变场的特点。在实际上用高强度材料做的零部件及大型构件的裂纹失稳扩展是快速的脆性断裂，断裂以前宏观裂纹没有明显扩展，裂纹前端的塑性区相对整个构件是很小的。裂纹周围的材料仍然是均匀的连续弹性体，材料在断裂以前基本上是弹性变形，应力和应变之间维持线性关系。分析脆性断裂和大型构件的裂纹扩展规律的科学称线弹性断裂力学。断裂力学要讨论裂纹在外力作用下失稳扩展的过程，要引入新的参数"应力强度因子"，应力强度因子包含有应力和裂纹尺寸两个物理量。

7.6.2   应力强度因子和断裂韧性 K_{IC}

物体在低于断裂强度的外力作用下，在低应力水平发生断裂，这种行为的原因在于物体内存在有缺陷和裂纹，在外力作用下裂纹萌生和扩展导致断裂。材料内部的裂纹有张开型，滑开型和撕开型三大类，图 7-45 是这三类裂纹的示意图。张开型裂纹的外力作用在垂直于裂纹的两个张开面上，在外力作用下，裂纹的顶端张开，它的扩展方向垂直于外力作用方向。滑开型裂纹在裂纹两侧的两个面上受两

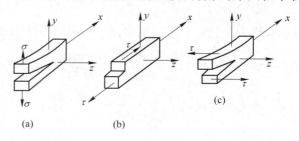

图 7-45   物体中裂纹的三种类型

个反方向的剪切力，裂纹两侧的上下两个面在长度方向上滑开并向前扩展。撕开型裂纹是在裂纹上下两个面上受剪应力作用，上下面撕开，裂纹沿原先的方向撕裂向前扩展。三个类型的裂纹中以张开型裂纹最危险，最容易引起构件脆断。

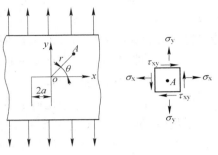

张开型裂纹也称Ⅰ型裂纹，见图7-45（a）。一块大尺寸板中间存在有一条贯穿裂纹，远处受均匀的拉应力 σ，裂纹长 $2a$，属张开型裂纹。薄板是平面应力问题，厚板是平面应变问题。裂纹前端有应力，用弹性力学计算，垂直于裂纹面的应力 σ_y 是最危险的应力。可以建立极坐标来求解 σ_y、σ_x 和 τ_{xy}，设在裂纹尖端附近某 A 点的极坐标为 r 和 θ，见图7-46，则 A 点三个应力分量可以用下列极坐标方

图7-46　Ⅰ型裂纹的应力示意图

程式描述，由于是平面应力状态，$\sigma_z = 0$，如果是平面应变状态（厚板）$\sigma_z = \mu(\sigma_x + \sigma_y)$，此时剪应力除 τ_{xy} 以外，其余为零。可以看出，当 $\theta = 0$ 时，在 x 轴上任意点的 σ_y 用下式表述：

$$\sigma_y = \frac{\sigma\sqrt{\pi a}}{\sqrt{2\pi r}}\cos\frac{\theta}{2}\left(1 + \sin\frac{\theta}{2}\sin\frac{3\theta}{2}\right)$$

$$\sigma_x = \frac{\sigma\sqrt{\pi a}}{\sqrt{2\pi r}}\cos\frac{\theta}{2}\left(1 - \sin\frac{\theta}{2}\sin\frac{3\theta}{2}\right)$$

$$\tau_{xy} = \frac{\sigma\sqrt{\pi a}}{\sqrt{2\pi r}}\sin\frac{\theta}{2}\cos\frac{\theta}{2}\cos\frac{3\theta}{2}$$

$$|\sigma_y|_{\theta=0} = \frac{\sigma\sqrt{\pi a}}{\sqrt{2\pi r}}$$

公式说明 σ_y 和 r 成反比关系，见图7-47，显然，在裂纹顶端处 $r\to 0$，$\sigma_y \to \infty$，此时由于 σ_y 的作用，引起裂纹扩展，造成材料断裂。不过，在实际固体材料中的裂纹端点区域或多或少都会发生一点塑性变形，存在一个小小的塑性区，该微小塑性区内的应力与应变不再维持直线关系，当 $r\to 0$ 时，σ_y 不会达到无限大，在这种条件下，如果令 $K_\mathrm{I} = \sigma\sqrt{\pi a}$，则 A 点处的表示 σ_y 分量的公式可以改写成：

$$\sigma_y = \frac{K_\mathrm{I}}{\sqrt{2\pi r}}\cos\frac{\theta}{2}\left(1 + \sin\frac{\theta}{2}\sin\frac{3\theta}{2}\right)$$

图7-47　σ_y 的变化图

式中的极坐标 r 和 θ 代表 A 点的位置，而 $K_\mathrm{I} = \sigma\sqrt{\pi a}$ 式中含有应力和裂纹长度两个物理参数，它表征了裂纹顶端附近应力强弱的程度，称为应力强度因子。在讨论Ⅰ型裂纹时，K_I 表示Ⅰ型裂纹的应力强度因子。它与裂纹顶端某点的位置无关，只取决于名义应力 σ 和裂纹长度 a。当名义应力 σ 和裂纹长度 a 确定后，K_I 就是一个定值。它集中反映了在名

义应力 σ 和裂纹长度 a 确定以后，该 a 裂纹能不能扩展。用 K_{I} 可以建立裂纹能扩展，还是不能扩展的条件。

如果大平板含有 $2a$ 长的裂纹，在均匀拉应力作用下，按照公式定义 $K_{\mathrm{I}} = \sigma\sqrt{\pi a}$，在外应力增加时，$K_{\mathrm{I}}$ 也随着加大，裂纹应当有点扩展，当外应力增加到一定值时，裂纹到达失稳状态，此时外应力即使不再加大，裂纹也会迅速扩展，直到断裂。这说明此时 K_{I} 已达到材料的临界极限值，此临界极限值称为断裂韧性，Ⅰ 型裂纹的代表符号是 K_{IC}，单位：$\mathrm{MPa}\cdot\sqrt{\mathrm{m}}\,(\mathrm{MPa}\cdot\mathrm{m}^{1/2})$。

断裂韧性 K_{IC} 与试件的几何形状，受力状态，实验环境及加载方式有关。K_{IC} 是张开型（Ⅰ型）裂纹在平面应变条件下的断裂韧性。由于张开型裂纹的扩展比其他类型裂纹更危险，平面应变条件下的裂纹比平面应力条件下的裂纹更易产生临界失稳扩展。因此工程上常用的断裂韧性指标是 K_{IC}。

显而易见，带裂纹的材料与构件发生脆性断裂的临界条件是 $K_{\mathrm{I}} = K_{\mathrm{IC}}$，此式是脆性断裂的判别式。假如带有张开型裂纹的构件的应力强度因子 K_{I} 达到断裂韧性 K_{IC} 时，构件就要断裂。不同材料的 K_{IC} 可由手册查到，或者用实验方法测量。根据 $K_{\mathrm{I}} = \sigma\sqrt{\pi a} = K_{\mathrm{IC}}$ 判别式，可以计算出裂纹失稳扩展的临界应力 σ（a 已知），或者算出在一定的工作应力 σ 作用下允许存在的临界裂纹尺寸大小 a_c，由于带有裂纹的构件的几何形状不同，应力强度因子的通用表达式为 $K_{\mathrm{I}} = Y\sigma\sqrt{\pi a}$，$Y$ 是表征含裂纹的构件几何形状的一个无量纲的系数，通常 $Y > 1$。它的具体数值可以查有关手册。

构件中可能存在有 Ⅰ、Ⅱ、Ⅲ 型三种裂纹，Ⅰ 型裂纹最危险，用 K_{IC} 作判断裂纹失稳扩展的条件。当然 Ⅱ、Ⅲ 型裂纹的判别式是 $K_{\mathrm{II}} = K_{\mathrm{IIC}}$、$K_{\mathrm{III}} = K_{\mathrm{IIIC}}$。可以根据这些判别式判断各种类型裂纹失稳扩展的状态。

上述有关裂纹端点区域的应力强度因子 K_{I}，裂纹失稳扩展的判据 $K_{\mathrm{I}} = K_{\mathrm{IC}}$ 都是在线弹性力学范畴内讨论，把材料当做完全理想的弹性体，它的应变与所受应力成正比，在应变（位移）与应力关系曲线上处于直线段。一个物体或构件受力处于平面应变条件下，裂纹尖端的应力与 $\sqrt{2\pi r}$ 成反比，当 $r \to 0$ 时，裂纹尖端的应力应无限扩大。这样，在裂纹顶端附近的一定区域内的应力大小将达到或超过材料的屈服强度，在裂纹顶端会发生屈服变形，形成一个小的塑性区。由于存在有这样一个小塑性区，当 $r \to 0$ 时，裂纹尖端的应力才不会达到无限大。对于这样的小范围的塑性变形，经过修正以后，仍然可以用线弹性力学来处理断裂问题，适用小范围屈服的平面应变条件。但是，对于低强度高韧性的材料来说，它们在受外力作用时，构件内裂纹顶端附近产生很大的塑性变形区，由于存在有大范围屈服区，改变了裂纹顶端区域的应力场的性质，应力与应变之间呈非线性关系。这种有大范围屈服的断裂叫做弹塑性断裂。这时塑性区域的大小已达到或超过裂纹的尺寸，不能用线弹性断裂力学处理问题，而需要用弹塑性断裂力学理论来研究处理材料的断裂问题。

在线弹性断裂力学范畴内，裂纹失稳扩展的判据是 $K_{\mathrm{I}} = K_{\mathrm{IC}}$。在弹塑性断裂力学范畴内裂纹失稳扩展的判据有裂纹尖端张开位移法（COD）和 J 积分法。

裂纹尖端张开位移法认为，一个弹塑性材料的构件在它受到外力作用以后，在构件体内裂纹尖端产生大范围的屈服，此时变形发展较快，而应力上升较慢，应力与应变之间不再保持线性关系。这时有关材料的特性指标用变形或位移比用应力更明确方便。假定在无限大的平板内有一条长度为 $2a$ 的穿透裂纹，受到垂直于裂纹面的拉应力 σ 的作用，裂纹两端的塑性区要扩展，裂纹两端扩展长度各为 δ，材料含有的裂纹顶端地张开位移 δ 达到某一临界值 δ_c，裂纹发生失稳扩展，称为裂纹顶端张开位移法，简称 "COD" 法，可简写成 δ，COD 的断裂判据是 $\delta = \delta_c$，在裂纹两顶端（$x = \pm a$）地张开位移 δ 的计算公式为：

$$\delta = \frac{8\sigma_s a}{\pi E}\ln\left(\sec\frac{\pi\sigma}{2\sigma_s}\right)$$

在全面屈服的条件下，$\sigma = \sigma_s$，不能用张开位移法计算公式，因为如果 $\sigma = \sigma_s$，计算出的 $\delta \to \infty$，这显然不合理，根据计算和实验结果，在 $\sigma \leq 0.6\sigma_s$ 时，低应力水平下算出的结果令人满意，在高应力水平下 $\sigma > 0.6\sigma_s$ 算出的结果误差很大。这表明 δ 计算公式只适用于较小的裂纹张开位移的情况。对于大范围屈服需要用实验数据拟合出的 COD 全面屈服公式计算 δ，此公式为：

$$\delta = 2\pi\varepsilon a$$

式中，ε 为裂纹周围的平均应变，$\varepsilon = \dfrac{\sigma}{E}$。COD 法在断裂力学工程应用方面有很多实际应用，但是它并不是一个直接而严密的裂纹尖端弹塑性应力应变场的表达参数。

J 积分法，J 积分是在弹塑性条件下可以定量描述含裂纹物体的应力应变场强度，能通过实验测定或者理论推导出它的大小。J 积分有两个物理定义，即 J 积分的回路积分定义和 J 积分的形变功率定义。

裂纹尖端 J 积分回路示意图，可以参见图 7-48，回路 J 积分定义的数学式为：

$$J = \int \Gamma\left[W\mathrm{d}y - T\left(\frac{\partial u}{\partial x}\right)\mathrm{d}s\right]$$

式中，Γ 为裂纹表面任一点开始（如下表面上一点），按逆时针方向环绕裂纹尖端一周而终止于裂纹的另一边（上表面）自由表面上任意点的积分回路；W 为回路 Γ 上任意点的应变能密度；T 为作用在 Γ 积分回路的弧线元

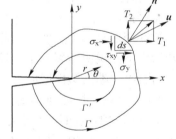

图 7-48　裂纹尖端 J 积分回路图

$\mathrm{d}s$ 上沿外法线方向上的张力矢量；u 为位移矢量；$\mathrm{d}s$ 为回路 Γ 上的弧元。J 积分公式中有两项，第一项是裂纹体的总能量，是弹性应变能和塑性应变能之和，第二项代表张力 T 的势能，两项之差值是总能量与势能之差，它说明 J 积分是一种位能。对于两种不同的材料，在力势相等的情况下，若位能高，亦即 J 积分数值高的材料，应变能当然高，应变能力强，也就是塑性储备高，材料不易断裂。由此可见，J 积分是描述材料断裂韧性的参量。需要指出，J 积分的值与所选回路无关。

J 积分的形变功率定义，J 积分的形变功率法把 J 积分和试样加载过程中接受的形变功联系起来，也就是把 J 积分和外加载荷及施力点的位移直接联系起来，从中求得 J 积分。假设在一个厚度为 B 的二维试样上，外加载荷 P 通过施力点移动了 Δ，试样做功 $\int_0^\Delta p\mathrm{d}\Delta$，根据能量守恒原理，这些功转化为试样的总形变功 U，即转变成了试样单元体的弹性应变能和塑性应变功，可写成：

$$U = B \iint W(\varepsilon)\,\mathrm{d}x\mathrm{d}y = \int_0^\Delta p\mathrm{d}\Delta$$

$$W(\varepsilon) = \int_0^{\varepsilon mm} \sigma_{ij}\,\mathrm{d}\varepsilon_{ij}$$

由于弹塑性体中塑性变形是不可逆的，因此，对于给定的裂纹试样应力形变状态，只有在保证试样上各处单调加载的条件下，才能由形变功 $\int_0^\Delta p\mathrm{d}\Delta$ 单值确定，即要求不能卸载。在弹塑性断裂力学中，用裂纹长度 a 和 $a + \mathrm{d}a$，厚度都为 B 的外形相同的两个二维试样，两个试样都单调加载到位移为 Δ。其形变功差率为 $-\dfrac{1}{B}\left(\dfrac{\partial u}{\partial a}\right)_\Delta$，由于 $J = G_{\mathrm{I}}$（裂纹扩展的能量释放率）$= -\left(\dfrac{\partial u}{\partial a}\right)_\Delta$，所以用它来描述应力-应变场强度，即

$$J = -\frac{1}{B}\left(\frac{\partial u}{\partial a}\right)_\Delta$$

此式是 J 积分的形变功率定义的数学式，不能理解为裂纹扩展的能量变化率，J 式是在单调加载的条件下才成立的，单调加载不允许卸载，就是塑性变形的不可逆性。裂纹扩展意味着局部卸载，所以不能认为是裂纹扩展的能量变化率。只能理解为外加载荷对试样做变形功以后，裂纹试样产生的应力-应变场，它是具有相同的几何形状，在相同的外载荷和相同的边界条件约束下，具有近似的裂纹长度 a 和 $a + \mathrm{d}a$ 的两个试样单位厚度的位能差率。另外还需要注意，要求限于单调加载和小变形条件。

需要指出，J 积分是二维的，它只适用于平面应力和平面应变条件，不适用于三维问题。塑性变形是不可逆的，因此，J 积分方法只能单调加载而不能卸载，它只能说明断裂的开始而不能说明断裂的全过程。

当裂纹尖端的塑性区应力应变场强度随外加载荷的增加而扩大，直到使裂纹开裂并开始扩展的临界点时，由回路线积分，或者用形变功率定义所求得的 J 积分也达到了临界值 J_c，J_c 与试样类型和尺寸无关。对于 I 型裂纹，在弹塑性条件下 J 积分的断裂判据是，$J_{\mathrm{I}} \geqslant J_{\mathrm{IC}}$，此时裂纹启动并向失稳状态发展。在弹塑性条件下，裂纹尖端的弹塑性应力应变场由 J 积分控制。可以用实验的方法测得 J 积分。

7.6.3   金属材料断裂韧性 K_{IC} 的测定

K_{IC} 是材料在平面应变和小范围屈服条件下 I 型裂纹发生失稳扩展时的临界应力强度因子，它代表在线弹性条件下材料在带裂纹工作时抵抗断裂的能力。是材料固有的一种断裂性能，通常用平面应变断裂韧性。

K_{IC} 是代表材料抵抗断裂，及裂纹失稳扩展能力的一个性能常数，在一定条件下它与材料试件的形状，外力和试件尺寸无关，而与环境温度和加载速率有关。求 K_{IC} 和求 K_{I} 的关系就好像做力学性能求 σ 和 σ_s 一样，一个为任意值，一个为临界值。

应力强度因子 K_{I} 的表达式，通常测定 K_{I} 用三点弯曲（平试样和拱形试样），紧凑拉伸（圆形和方形试样），切口拉伸以及 C 形试样。这些试样的几何图形，见图 7-49，其中三点弯曲试样及带缺口拉伸试样都有了标准，在线弹性力学条件下各种试样的应力强度因

子的通式如下：

$$K_I = \sigma \sqrt{\pi a f\left(\dfrac{a}{W}\right)}$$

式中，$f\left(\dfrac{a}{W}\right)$ 是修正系数，与试件尺寸有关。

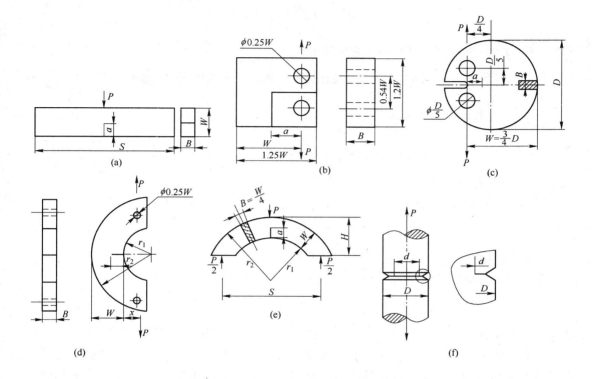

图 7-49 测定 K_I 所用的各种试样的几何图形

（a）三点弯曲试样；（b）方形紧凑拉伸；（c）圆形紧凑拉伸；

（d）C 形试样；（e）拱形三点弯曲；（f）带缺口拉伸

各特定试样的应力强度因子的表达式分别为：

三点弯曲试样见图 7-49（a），它的 $S : W = 4 : 1$，受集中弯曲载荷：

$$\sigma = \frac{PS}{4}\sqrt{\frac{BW^2}{a}}$$

式中，S、B、W 分别为式样的跨度、厚度及宽度；P 为加在试样中间点的集中载荷；a 为裂纹长度。

把 σ 代入 K_I 式则可以得到 K_I 的表达式：

$$K_I = \frac{P}{BW^{3/2}} f\left(\frac{a}{W}\right)$$

式中，$f\left(\dfrac{a}{W}\right)$ 只与 a/W 的函数有关，满足关系式 $0.25 \leqslant \dfrac{a}{W} \leqslant 0.75$。

方形紧凑拉伸试样见图 7-49（b），外载荷通过两个销钉的轴线拉伸，K_I 的表达式为：

$$K_{\mathrm{I}} = \frac{P}{BW^{1/2}} f\!\left(\frac{a}{W}\right)$$

式中，W 为加载线到光边的距离，满足关系式 $0.3 \leqslant \dfrac{a}{W} \leqslant 0.70$，$\dfrac{a}{W}$ 可由手册中查到。

圆形紧凑拉伸试样见图 7-49（c），外载荷通过两销钉孔拉伸，K_{I} 的数学表达式为：

$$K_{\mathrm{I}} = \frac{P}{B\sqrt{W}} f\!\left(\frac{a}{W}\right)$$

式中，W 为试样的加载线到其边缘的最长距离。

C 形试样见图 7-49（d），外载荷偏心拉伸，满足关系式 $0.45 \leqslant \dfrac{a}{W} \leqslant 0.55$，$0 < \dfrac{x}{W} \leqslant 0.5$，$0 < \dfrac{r_1}{r_2} \leqslant 1.0$，$K_{\mathrm{I}}$ 的表达式为：

$$K_{\mathrm{I}} = \frac{P}{BW^{1/2}} f\!\left(\frac{a}{W}\right)\left(1 + 1.54\,\frac{x}{W} + 0.50\,\frac{a}{W}\right)\left[1 + 0.22\left(1 - \frac{a}{W}\right)^{1/2}\right]\left(1 - \frac{r_1}{r_2}\right)$$

式中，W 为试件高度；r_1、r_2 为 C 形试样的内半径和外半径。

拱形三点弯曲试样见图 7-49（e），其 K_{I} 表达式为：

$$K_{\mathrm{I}} = \frac{PS}{4BW^{3/2}} f\!\left(\frac{a}{W}\right)$$

式中，S 为试样的跨度；W 为试件内、外半径之差。

带缺口的拉伸圆试棒见图 7-49（f），其 K_{I} 的表达式为：

$$K_{\mathrm{I}} = \frac{P}{D^{3/2}} f\!\left(\frac{d}{D}\right)$$

式中，D 为无缺口时的试样直径；d 为预制裂纹以后试样的直径。

三点弯曲试样和紧凑拉伸试样都列为测量 K_{IC} 的标准试样（YB 947—1978）。三点弯曲试件的夹具较简单，紧凑拉伸试件节省材料，压力容器宜采用 C 形试样和拱形弯曲试样，杆类零件宜采用圆棒拉伸和缺口拉伸试样测定 K_{IC}。

对试件尺寸的要求，材料的临界应力强度因子 K_{IC} 与试件的厚度 B，裂纹长度 a，及韧带宽度（$W - a$）均有关系。只有当试件尺寸能满足平面应变条件，能满足发生小范围屈服条件时，才能获得稳定的 K_{IC} 值，这时断裂韧性是材料的固有特性，与试件尺寸无关。

平面应变条件对试样厚度的要求，要求试样有足够的厚度，这样才能保证在 z 轴方向上有足够大的约束，使 z 轴方向上的应变分量为零，满足平面应变条件。根据许多实验结果，标准规定试件的厚度要达到：

$$B \geqslant 2.5\left(\frac{K_{\mathrm{IC}}}{\sigma_{\mathrm{s}}}\right)^2$$

式中，σ_{s} 为屈服强度。小范围屈服对裂纹长度的要求，要满足小范围屈服对裂纹长度 a 的要求，测试标准中选用三点弯曲和紧凑拉伸试样，为使 K_{I} 近似偏差 $\leqslant 10\%$，必须使得：$\dfrac{r_{\mathrm{y}}}{a} \leqslant 0.02$，即要求 $a \geqslant 50 r_{\mathrm{y}} \approx 2.5\left(\dfrac{K_{\mathrm{IC}}}{\sigma_{\mathrm{s}}}\right)^2$，这个关系式也是在求 K_{IC} 时确定载荷 P_{Q} 的依据。

对韧带尺寸的要求，（$W - a$）称为试件的韧带，它的尺寸对应力强度因子 K_{I} 的数据影响较大。为保证 K_I 值有足够的准确性，对韧带尺寸有一定的要求，它的大小必须要满足小范围屈服的条件，保证试件的背表面对裂纹顶端的塑性变形有足够的约束作用。标准要求：

$$(W - a) \geqslant 2.5\left(\frac{K_{IC}}{\sigma_s}\right)^2$$

临界载荷的确定，在试件形状，尺寸和 K_I 的表达式确定以后，要测定出 K_{IC} 的值的关键是如何精确地测出临界载荷，即造成裂纹失稳扩展的载荷。裂纹失稳扩展时的应力强度因子的表达式为：

$$K_{IC} = \sigma_c \sqrt{\pi a_c} f\left(\frac{a_c}{w}\right)$$

直接测量裂纹扩展量 Δa 很难，而裂纹口处的张开位移与裂纹长度有一定的关系。可通过测量裂纹开口处地张开位移 V 来间接地测量裂纹的扩展。为了确定 $\Delta a/a = 2\%$ 时的 P_Q 值，需要画出试件在加载过程中的载荷 P 与裂纹口处的张开位移 V 的关系曲线，然后用作图法画出 $P\text{-}V$ 曲线求出 P_Q 值。$P\text{-}V$ 曲线共计有三种类型，见图 7-50，用厚度足够大的试件进行实验时，可以得到第一类 a 型曲线，这时的试件均处于平面应变状态下，当载荷达到最大值 P_Q，试件突然发生脆性断裂。此时的 $P_q = P_{max}$，高强度低韧性的材料有这一类型的 $P\text{-}V$ 曲线。

用厚度较薄的，或者有一定塑性的材料进行实验时可遇到第二类 b 型曲线，这种试件的中心为平面应变状态先行扩展，表面层属于平面应力状态稍后扩展，因而试件的中

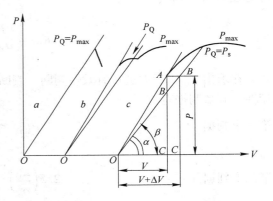

图 7-50　三种类型的 $P\text{-}V$ 曲线和
临界载荷点的确定

心部分先达到临界状态，在 $P\text{-}V$ 曲线上出现一个流动平台，由于表面尚未达到临界状态，还具有一定的承载能力，在 $P\text{-}V$ 曲线的平台段出现以后又出现上升段，直到最大载荷时试件才断裂。在这种情况下，平台阶段的最大载荷就定为临界载荷 P_Q。

第三种情况塑韧性较好的材料，通常都采用厚度为最小的试件进行实验。在 $P\text{-}V$ 曲线上得到第三种类型的曲线 c。在这条曲线上无明显的平台，在达到最大载荷以前，裂纹已经达到 $\Delta a/a = 2\%$ 发生了亚临界扩展。在这种情况下需用作图法来确定 $\Delta a/a = 2\%$ 相对应的临界点 P_Q。就标准三点弯曲试件而言，实验证明，在 $a/W = 0.45 \sim 0.55$ 范围内，则

$$\frac{\Delta V}{V} = 2.5 \frac{\Delta a}{a}$$

当 $\frac{\Delta a}{a} = 2\%$ 时，即 $\frac{\Delta V}{V} = 5\%$，则 $0.95 \frac{P}{V} = \frac{P}{V + \Delta V}$。

由图 7-50 的 c 曲线看出，$O\text{-}P_s$ 直线的斜率为：

$$\frac{P}{V + \Delta V} = \frac{AG}{OC}$$

而 OA 直线的斜率为：

$$\frac{P}{V} = \frac{AG}{OG}$$

由上面的简单线段几何关系分析可以看出，直线 OP_5 的斜率（$\tan\beta$）就是直线 OA 斜率（$\tan\alpha$）的 0.95 倍，这个条件就是 $\frac{\Delta V}{V} = 5\%$，即 $\frac{\Delta a}{a} = 2\%$ 的条件。换句话说，裂纹相对扩展 2% 的点，就是斜率比 OA 直线斜率小 5% 的直线 OP_5 与 $P\text{-}V$ 曲线的交点 P_5。反过来，在作好 $P\text{-}V$ 曲线以后，过原点画一条直线（相当于 $O\text{-}P_{5\%}$），它的斜率比 $P\text{-}V$ 曲线中直线段（相当于 OA 线）的斜率小 5%。这条直线与 $P\text{-}V$ 曲线的交点（即 P_5）就是裂纹相对扩展 2% 的点，此点对应的 P 坐标就是 P_Q 值。如在达到 P_Q 值之前有更大的载荷，就会出现图中的 a、b 线。否则，$P_Q = P_5$。用 P_Q 代入三点弯曲试样的应力强度因子表达式，可以得到应力强度因子 K_Q：

$$K_Q = \frac{P_Q}{BW^{1/2}} f\left(\frac{a}{W}\right)$$

在求出 K_Q 以后要进行有效性判断，判断求出的 K_Q 是否就是材料的临界平面应变断裂韧性。有效判据有：

第一个判据

$$P_{MAX} \leqslant 1.1 P_Q$$

第二个判据

$$2.5\left(\frac{K_Q}{\sigma_s}\right)^2 \leqslant \begin{cases} B \\ a \\ W - a \end{cases}$$

第一个判据是载荷判据，用来避免由于试件的尺寸全面不足而导致 $K_Q < K_{IC}$，如果是这样，有可能出现实际上不满足 $B \geqslant 2.5\left(\frac{K_{IC}}{\sigma_s}\right)^2$，而只满足 $B \geqslant 2.5\left(\frac{K_Q}{\sigma_s}\right)^2$ 的假象，所以，第一个判据是先决条件，如果第一个判据不满足，第二个判据也就没有意义了。

如果满足了上述两个判据，则求得的 K_Q 是材料的平面应变断裂韧性 K_{IC}，否则，就必须用较大的试件尺寸重新实验和测定，重新实验的试件尺寸可以根据 K_Q 来估计。下面用三点弯曲试样为例，说明测试 K_{IC} 的具体方法和过程。

热加工的金属结构材料，如锻件，轧板，拔管等，都在不同程度上存在有各向异性，因此，断裂韧性和试件的取向有关。规定试件的取向通常用两个英文字母表示，第一个字母表示裂纹面的法线方向，第二个字母表示裂纹的扩展方向。图 7-51 是轧制板材的断裂韧性试

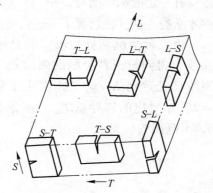

图 7-51　板材断裂韧性的
裂纹方位示意图

件的取样示意图，总共可以切取六种不同方位的断裂韧性试件。L 为轧制方向，即纵向，T 为横向，S 为厚度方向。在实际构件中取样时，试件的裂纹取向应与构件的最危险的方向一致。试件的厚度要满足平面应变和小范围屈服的条件，$B \geqslant 2.5\left(\dfrac{K_Q}{\sigma_s}\right)^2$，试件的厚度 B、宽度 W 和跨度 S 之比为 $B:W:S = 1:2:8$；为了求出 σ_s 需要用求 K_{1C} 同炉同批次的材料做几根拉伸试样按标准方法测出 σ_s。对于小型的三点弯曲试样用线切割方法切出缺口，切口根部的圆弧半径应小于 0.08mm，大试件的切口根部的圆弧半径应等于或小于 0.25mm。

在用线切割加工成缺口以后，为了模拟实际构件中存在的尖锐的裂纹，试件必须用疲劳加载的方法预制裂纹。疲劳加载产生的预制裂纹的长度应不少于宽度的 2.5%，且不得小于 1.5mm。最后的裂纹总长度（预加工的缺口和疲劳预制裂纹长度总和）a 应控制在宽度的 0.45 ~ 0.55 倍以内。

在具体测定过程中要绘出精准的 P-V 曲线，用水平-垂直记录仪记录 P、V。用载荷传感器和位移传感器记录载荷和应变，加载要均匀，要使应力强度因子的增加速率控制在 100 ~ 500kg/mm$^{3/2}$。用 P-V 图求出 P_Q，用读数显微镜量出裂纹长度，用 a，W 和 a/W 查表找出 $f(a/W)$，根据公式算出 K_Q，再进行有效性校核，最终得到 K_{1C}。

7.7 有代表性的钼和钼合金的断裂韧性分析

7.7.1 有代表性的钼合金的状态

钼合金断裂韧性的研究集中在 Mo-Ti-Zr 合金，熔炼和粉末冶金工艺生产的未合金化钼，及氧化物弥散强化（ODS）的几个系列。用有代表性的钼合金来分析研究钼合金的断裂韧性及实验方法。其中包括有真空电弧熔炼的未合金化的低碳钼（LCAC）厚板，烧结态未合金化的钼锭，烧结锭的绝对密度 9.72g/cm^3，相对密度 95.1%。氧化镧弥散强化钼合金 ODS 板和烧结态 ODS 钼锭，烧结锭的绝对密度 9.95g/cm^3，相对密度 98.2%[26]。熔炼钼钛锆合金 TZM 板材。

TZM 及未合金化的低碳钼（LCAC）用连续式的压制，烧结，熔炼一体化的真空电弧炉熔炼铸造，铸锭在水冷铜结晶器中凝固结晶，然后铸锭承受高温挤压，破碎电弧铸造产生的粗大晶粒。把挤压坯分切成直角形轧制坯料，在用挤压件轧到 6.35mm 厚的板坯以前，把挤压件进行再结晶处理。轧制方向垂直于挤压方向，平行于轧制方向的晶粒被拉长（纵向），热轧以后消除应力退火 1150℃/30min，消除应力退火以后 TZM 板的表面经受腐蚀处理，消除脱碳层。

氧化镧弥散强化的钼合金（ODS）用粉末冶金方法生产，氧化钼粉（大部分是 MoO$_2$）用硝酸镧溶液掺杂处理制取浆料，在空气中干燥以后，再在氢气中于 1050 ~ 1100℃热处理 4.5h，把氧化钼还原。经还原处理后的粉末中 La$_2$O$_3$ 的名义体积分数含量是 2%。在室温下粉末用 220.6MPa 的冷等静压（CIP）压成直角板坯（63.5mm × 25.4mm × 7.6mm），然后在氢气中烧结 1800℃/16h，板坯在 1100℃轧到 12.4mm 的厚板，经过酸碱洗，再在 1050℃轧到名义厚度 6.35mm，总变形量 92%，6.35mm 厚的钼合金板用 KOH/酸清洗，最终消除应力退火 910℃/h。表 7-8 是几种合金的化学分析成分，表中标写的 NA 表示未分析。

表 7-8   TZM、ODS、LCAC 和烧结未合金化钼的化学分析成分   （×10⁻⁶）

材　料	C	O	N	Ti	Zr	Fe	Ni	Si	La	Al	Ca	Cr	Cu	其他
La₂O₃ 弥散强化钼板	10	NA	NA	<10	NA	74	12	24	1.6%	21	320	24	10	<10Mg <10Mn <10Pb <10Sn
烧结 ODS 钼	25	1750	300	11	3	58	7	7	1.6%	7	5	28	3	W69
TZM	223	17	9	5000	1140	<10	<10	<10	NA	NA	NA	NA	NA	
低碳熔炼钼	50	11	4	NA	NA	<10	<10	<10	NA	NA	NA	NA	NA	
烧结未合金化 Mo	10	35	330	2	NA	39	6	4	52	4	5	16	5	W120

为了研究不同尺寸大小的试样对钼合金断裂韧性的影响，断裂韧性实验用的试样尺寸差别很大，有：0.25T(2.54cm×0.25cm×0.25cm)，0.5T(2.54cm×0.5cm×0.5cm)，1T(5.08cm×1.00cm×0.50cm)三点弯曲试样。1T(5.08cm×1.00cm×0.5cm，a=0.7cm)挠曲试样。0.25T 和 0.37T(2.54cm×2.44cm×厚度0.635cm 或者 0.953cm，a 为 1.935cm)方形紧凑拉伸试样。圆形 0.18T(直径1.270cm)紧凑拉伸试样。0.5T 和 0.25T 弯曲试样有纵向（根据 ASTM，E1823 为 L-T 方向，缺口垂直于轧制方向），横向（根据 ASTME1823 为 T-L 方向，缺口平行于轧制方向）和穿过厚度方向（根据 ASTM E1823 是 T-S 方向，缺口平行于板材的厚度）三个加工态合金都经历了真空消除应力退火处理，退火制度分别为：未合金化的钼是 850℃/h，TZM 是 1150℃/30min，弥散强化的钼是 1200℃/h，而部分氧化镧弥散强化钼合金（ODS）的纵向试样和横向试样还经历了 1700℃/h 再结晶。TZM 有碳化物沉淀强化和钛、锆固溶双重强化，弥散强化钼合金有氧化镧粒子弥散强化，这二者消除应力退火的温度都比低碳未合金化的熔炼钼的高。所有试样在乙酸 10 份，硝酸 4 份，氢氟酸 1 份的溶液中浸泡 5～15s，然后用盐酸冲洗，再用去离子水清洗，除去 25～51μm 厚表面层。

由于几个合金的制造方法和热处理制度不一样，它们的晶粒度也有很大差别，表 7-9 给出了各合金的晶粒度大小。

表 7-9   TZM、ODS、LCAC 合金板及烧结合金晶粒度   （μm）

合　金	平均晶粒直径	直径标准离差	平均晶粒长度	晶粒长度标准离差
低碳熔炼钼板 LSR	14.0	10.4	340	138
低碳熔炼钼板 TSR	15.3	10.5	255	113
TZM 板材 LSR	3.9	2.5	271	105
TZM 板材 TSR	6.1	3.8	132	69
ODS 钼板 LSR	1.4	0.7	29.0	16.2
ODS 钼板 TSR	2.0	1.1	13.6	6.6
ODS 钼板 LR	4.6	2.4	37.3	21.2
ODS 钼板 TR	6.3	4.2	18.2	10.0
ODS 钼烧结锭	16.7（等轴晶）	9.5	11.9	9.5
烧结未合金化钼	38.5（等轴晶）	20.1	28.6	14.7

断裂韧性实验的温度范围很宽，低于环境温度用液氮做调控温度介质，可以把温度控制在2℃以内，最低温度 −150℃，由室温到200℃，由200℃到1000℃分别在空气中或在氩气条件下做实验，氩气中的氧含量小于 10×10^{-6}。试样的加载速度是 0.0025mm/s，为了研究应变速度对断裂韧性的影响，采用了最快位移速度 0.25mm/s 和最慢的加载位移速度 0.00025mm/s[23]。

断裂韧性实验有效性判据有14项，如果这14条判据都满足，则 $K_Q = K_{IC}$，但是对于具有有限塑性区的硬质材料来说，用下列三个重要的有效性判据判断 K_{IC} 有效性都认为过于保守：

$$a、B \geqslant 25(K_Q/\sigma_y)^2$$

$$0.6K_Q \geqslant K_{max}$$

$$1.1 \geqslant (P_{max}/P_Q)$$

式中，σ_y 为屈服应力；K_{max} 为最终 2.5% 疲劳预制裂纹的最大应力强度因子；P_Q 为缺口张开位移 $\dfrac{\Delta V}{V} = 5\%$ 时的载荷；P_{max} 为最大载荷。

方程式 $a、B \geqslant 25(K_Q/\sigma_y)^2$ 和 $1.1 \geqslant (P_{max}/P_Q)$ 对于确保平面应变条件和线弹性条件非常重要，但是，当这两条标准放宽时仍能得到有价值的数据。由于用压-压疲劳方法预制裂纹，造成裂纹前端有一小的残留塑性区，在此范围内疲劳预制裂纹扩展进入应力强度降低的区域，结果裂纹就会终止，方程式 $0.6K_Q \geqslant K_{max}$ 用于拉-拉疲劳预制裂纹，用压-压疲劳预制裂纹不能应用。如果满足下面二条放宽的标准，就认为 K_{IC} 是条件有效的 K_{cv}：

$$a、B \geqslant (K_Q/\sigma_y)^2$$

$$1.15 \geqslant (P_{max}/P_Q)$$

条件有效意味着不满足 ASTM-E399 决定的标准，但是数据仍是钼合金断裂韧性的合理的计算结果。但是 K_{cv} 的下边界值是无效的。由于压-压疲劳预制裂纹引起的裂纹终止行为，疲劳预制裂纹的长度超过缺口仅有 0.36 ~ 0.51mm，对于大多数实验而言，总长度（a/W）名义上是 0.37 ~ 0.46，这并不严格满足 ASTM E399 要求的 $0.45 \leqslant a/W \leqslant 0.55$。短裂纹的应力强度因子是可解的，对于 TZM 和 ODS 的试样而言，预裂纹长度足于满足断裂韧性有效性对长度的要求。

7.7.2　疲劳预制裂纹的方法

在进行断裂韧性实验之前试样用疲劳加载的方法预制尖锐的裂纹，预制裂纹当做构件内存在的原始裂纹。为更好的理解预制裂纹的过程，先介绍一下有关疲劳加载和疲劳裂纹扩展的最基础的知识。所谓疲劳载荷就是构件所受的应力的大小和方向呈有规律的周期性的变化，如正弦波载荷，大小和方向（拉应力和压应力）周期性变化，也有纯拉应力交变载荷和纯压应力交变载荷。最小疲劳应力和最大疲劳应力之比值 R 称为应力比，每秒钟应力交变的次数称为频率。实验证明，构件含有小于临界尺寸的初始裂纹或缺陷，在静载荷作用下，只要应力不超过临界应力，裂纹不会扩展，构件也不会断裂。但是在交变载荷作用下，即使应变应力低于临界应力，初始裂纹也会缓慢扩展，当它达到临界尺寸时，构件也会突然断裂。定义 da/dN 或者 $\Delta a/\Delta N$ 为裂纹扩展的速率，ΔN 是交变应力循环次数的增量，Δa 是相应裂纹长度的增量，即应力循环 ΔN 以后裂纹长度扩展了 Δa，裂纹扩展速率就是交变应力增加一次裂纹的平均增长量。在线弹性力学范畴内，在静载荷作用下，应力强度因子 K 能恰当地描述裂纹尖端的应力场强度。大量的疲劳实验证明，应力强度因子 K 也是控制疲劳裂纹扩展速率的一个主要参量，即 da/dN 与应力强度因子的幅值 ΔK 之间存在函数关系，ΔK 是由交变应力最大值 σ_{max} 和最小值 σ_{min} 计算出的应力强度因子之差，$\Delta K = K_{max} - K_{min}$，由大量实验确定，应力强度因子幅值 ΔK 是控制裂纹扩展速率的一个主要参量，用大量的实验数据归纳出经验公式 $da/dN = C(\Delta K)^m$，C 和 m 是材料常数，金属材料的 m 约为 $2 \sim 7$，C 与材料的性能和实验条件有关。如果把 $\lg(da/dN)$ 当纵坐标，$\lg\Delta K$ 为横坐标绘出函数图，见图 7-52，由图可以看出，当裂纹尖端的 ΔK 小于某一个临界值 ΔK_{th}，此时，裂纹基本不扩展，此 ΔK_{th} 称为裂纹扩展的门槛值，当裂纹尖端的 $\Delta K_1 > \Delta K_{th}$ 后，裂纹开始扩展，ΔK 继续增加到达 B_1 以后，直线转弯，裂纹扩展速度减慢，直到 B_2 以后，K_{max} 已接近 K_{IC}，裂纹进入失稳快速扩展阶段，直到断裂。

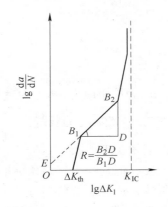

图 7-52　$\lg\Delta K$ 和 $\lg(da/dN)$ 的关系图

　　在疲劳裂纹扩展过程中的过载效应是一个很重要的现象，如果交变载荷的振幅是恒定不变的，称为恒载荷交变疲劳，有时在恒载的理想化的载荷图谱上实然出现一个高应力的过载峰，此过载峰的出现可以使疲劳裂纹扩展停滞或减慢，这种现象称为过载效应。影响过载效应的因素有过载峰的高低，形状，以及过载峰的频率。产生过载效应的机理有大塑性区理论和裂纹闭合理论。大塑性区理论认为在正常交变疲劳作用下，疲劳交变塑性区的尺寸 r_y 和 $(\Delta K/\sigma_s)^2$ 成正比，当出现过载峰时，$\Delta K_2 > \Delta K_1$，裂纹尖端建立起了应变能不平衡的超载大塑性区 a，由于超载大塑性区的应变能大于恒载的应变能，大塑性区处于不稳定状态，在载荷恢复到较小的恒载荷时，应倾向于释放其多余的能量而恢复到恒载时的能量状态。能量只能由高能位变到低能位，此时需要减少能量的塑性区绝不可能再吸收能量，增加能量会使塑性区更不稳定，只有裂纹扩展受阻或停止，能量才能下降，这就是过载效应的能量理论解释。当过载应变区的塑性应变恢复到一个适当值时，裂纹扩展的停滞现象结束，它穿过塑性区又回到原来的扩展速度。另一个裂纹闭合理论认为，由超载的 ΔK_2 建立的大塑性区，当 $\Delta K_2 \rightarrow \Delta K_1$ 时，由超载变成恒载时是一个卸载过程，在塑性区内造成压应力，使裂纹过早地闭合，因此使裂纹尖端的实际应力强度因子比恒载时的 ΔK_1 小，裂纹扩展将会停滞或减慢。

　　为了测量钼的断裂韧性，在实验以前用疲劳加载的方法预制裂纹。由于钼是一种脆性高硬度材料，在室温下它的疲劳裂纹扩展特性与陶瓷材料的一样，施加载荷的应力强度因子小于断裂韧性的90%时，没有多少裂纹扩展。用拉-拉疲劳加载不是预制裂纹有效的办法。压-压疲劳加载是钼及钼合金材料成功预制裂纹有效的方法。疲劳加载应力比 R 为 0.1，表 7-10 列出了各种钼的疲劳预制裂纹的参数。

表 7-10　TZM、ODS、LCAC 钼和钼合金疲劳预制裂纹的参数

| 材　料 | 试样的形式/方法 | 总循环次数 | 预制裂纹所用的载荷/kN | | 预制裂纹所用的 K_{max}（终点值）/MPa·$\sqrt{m}$ | K_{IC}的范围 /MPa·$\sqrt{m}$ |
			起点值	终点值		
纵向和横向消除应力的 TZM 板	$1T$ 弯曲/压 – 压	$150 \sim 35 \times 10^3$	$-18 + 10$ 包 $-23 \sim -18$	-18	$-270 \sim -282$	$10.0 \sim 15.2$
	$0.5T$ 弯曲/压 – 压	50000	-10 —循环	-9	$-170 \sim -198$	$11.0 \sim 24.8$
	$0.5T$ 弯曲/压 – 压 + 拉 – 拉	1000000	$-10 + -9$ 一循环	0.44	11.5	12.6
	$0.25T$ 紧凑拉伸/压 – 压	$107000 \sim 65000$	20 包 $-11 \sim -9$	-9	$-58.4 \sim 107.3$	$9.3 \sim 18.5$
	$0.25T$ 紧凑拉伸/压 – 压 + 拉 – 拉	170000	70000 循环 $-9.5 +$ 100000 循环 1.2	1.2	9.7	17.8
	$0.18T$ 圆紧凑拉伸/压 – 压	100000	20 包 $-2.8 \sim -2.2$	-2.2	$54.5 \sim 58.6$	$11.2 \sim 275$
纵向和横向消除应力的 LCAC 钼板	$1T$ 弯曲/压 – 压	200000	20 包 $-14 \sim -12.5$	12.5	$-121 \sim -188$	$15.0 \sim 21.2$
	$0.5T$ 弯曲/压 – 压	200000	20 包 $-9.5 \sim -8.0$	-8	$-157 \sim -211$	$18.0 \sim 21.9$
	$0.25T$ 弯曲/压 – 压	200000	20 包 $-2.1 \sim -1.7$	-1.7	$-206 \sim -229$	$21.0 \sim 22.0$
	$0.375T$ 紧凑拉伸/压 – 压	100000	10 包 $-8.0 \sim 6.5$	-6.5	$-36.4 \sim -58.9$	$15.0 \sim 26.4$
	$0.18T$ 圆紧凑拉伸/压 – 压	100000	20 包 $-2.5 \sim 2.2$	-2.2	$-53.9 \sim -74.8$	$14.0 \sim 38.5$
纵向和横向消除应力钼 ODS 板	$1T$ 弯曲/压 – 压	100000	20 包 $+ -16 \sim -11$	-11	$158 \sim 199$	$27.0 \sim 147.0$
	$0.5T$ 弯曲/压 – 压	100000	20 包 $-11.5 \sim -9.0$	-9.0	-24	$41.0 \sim 82.8$
	$0.25T$ 紧凑拉伸/压 – 压	$(10 \sim 5)10^4$	20 包 $-9.0 \sim -7.0$	-7.0	$-55.7 \sim -68.2$	$29.0 \sim 51.0$
	$0.18T$ 圆紧凑拉伸/压 – 压	100000	20 包 $-2.8 \sim 2.2$	-2.2	$-47.5 \sim 8.5$	$39 \sim 139.0$
烧结态未合金化钼锭	$0.5T$ 弯曲/压 – 压	$12500 \sim 15000$	5 ~ 6 包, $4.3 \sim 3.3$	3.3	$-75 \sim -85$	$11.1 \sim 12.6$
烧结态 ODS 钼锭	$0.5T$ 弯曲/压 – 压	$12500 \sim 15000$	5.6 包 $4.4 \sim 3.3$	3.3	$-77 \sim -89$	$4.0 \sim 5.2$

注：表中的"包"是指数据包，一包是含有一个过载循环和在低载荷下 5000 次循环，"–"表示压缩载荷。

　　在测定钼和钼合金断裂韧性以前，用压-压疲劳预制裂纹的方法事先预制光滑尖锐的裂纹，在正常的疲劳压缩加载过程中包含有一个过载循环，此过载循环造成裂纹尖端前面产生一个残余的拉应力区。进一步施加压-压疲劳载荷造成裂纹扩展要穿过降低残余应力区，当载荷应力强度因子降低到低于门槛值时，裂纹随即终止，结果就产生一小的残余塑性区。虽然用压-压疲劳预制裂纹的压缩载荷远远大于拉-拉加载条件下裂纹扩展所需要的载荷，但是压缩应力状态不会导致裂纹扩展，只能产生一残余拉应力区。预裂纹在低载荷下穿过原先过载循环产生的残余拉应力区而到达裂纹终止点，这表明，裂纹前面的残余应力区的范围是微小的，可以预料到，对于断裂韧性的试验结果没有多少影响。为了进一步评估压-压疲劳预制裂纹的方法，TZM 钼合金的 $0.5T$ 弯曲试样和消除应力的 TZM 的 $0.25T$ 横向紧凑拉伸试样仍用拉-拉疲劳预制裂纹的方法预制裂纹，它们所得到的断裂韧性值处在用压-压预制裂纹的方法所得到的数据范围以内．用拉-拉和压-压预制裂纹的方法测量的断裂韧性的一致性表明，用压-压疲劳方法预制裂纹的试样所得到的数据好像是代表钼的真断裂韧性值。但是，ASTM E1820 标准并不包含压-压循环疲劳预制裂纹的方法，因此，在实验温度高于塑-脆性转变点时，可能引起断裂韧性的变化。

7.7.3　断裂韧性及塑脆性转变温度

　　TZM 合金的断裂韧性的主要结果是有效的或条件有效的，参看表 7-9，该表是 $1T$ 弯曲试样测得的断裂韧性。不满足所有有效性判据要求的断裂韧性（K_Q）认为是钼合金断裂韧性的计算值，这可能是测量值出现一些分散性的原因。有时 TZM 在室温以上所进行的主要实验都不满足（K_Q）的判据，在位移-载荷曲线上看到是塑性而不是裂纹张开度。这就表明由于塑性变形引起与线弹性行为有很大的偏离，同时指出用 E399 方法决定的韧性是保守的。另外，在温度等于或超过室温条件下，大多数 ODS 的断裂韧性实验不满足 $1.15 \geqslant (P_{max}/P_Q)$ 的有效性判据，见表 7-10，该表列出了 ODS 钼在不同温度下的断裂韧性，在载荷-位移曲线上有大量的塑性变形。对于不满足 $1.15 \geqslant (P_{max}/P_Q)$ 判据的实验结果，用 J 积分的方法在最大载荷下积分位移-载荷曲线来决定断裂韧性，在最大载荷下决定 J_{IC}，即 J_{max}，若已知弹性模量 E 和泊松比 ν，在给定的实验温度下给出 $K_{J\text{-}max}$：

$$K_{J\text{-}max} = J_{max}E/(1 - \nu^2)^{0.5}$$

在表 7-11、表 7-12 中也列出了用 J 积分方法确定的断裂韧性值 $K_{J\text{-}max}$，它相当于 K_Q 的 $1.4 \sim 4.7$ 倍。违背 $1.15 \geqslant (P_{max}/P_Q)$ 判据的钼的真断裂韧性大于 K_Q，小于 $K_{J\text{-}max}$。因为开裂比载荷达到最大值要稍微早一点。因而 $K_{J\text{-}max}$ 值可能有一点不保守。但用 J_{IC} 的实验方法决定的 TZM 的 J_{IC} 和 $K_{J\text{-}max}$ 值是一致的，这样就支持用 $K_{J\text{-}max}$ 值做断裂韧性的近似测量值。

表 7-11　用 $1T$ 弯曲试样决定的纵向 TZM 钼的断裂韧性

（$L\text{-}T$、ASTM-E1823、位移速度 0.0025mm/s）

温度/℃	加载位移速度 /mm·s⁻¹	断裂韧性/MPa·√m			$B/(K_Q^2/\sigma_{ys}^2)$	P_{max}/P_Q	a/W	用 J 积分得到的 $K_{J\text{-}max}$
		K_Q	K_{cv}	K_{IC}				
−100		6.7	—	6.7	172.3	1.00	0.44	—
−50		5.8	—	5.8	162.2	1.00	0.41	—
25		21.1	—	21.1	6.1	1.00	0.40	—
25		38.2	38.2	—	1.8	1.00	0.38	—
100	标准加载 位移速度 0.0025	40.2	40.2	—	1.3	1.00	0.39	—
150		45.1	45.1	—	1.1	1.04	0.41	—
200		51.0		—	0.6	1.13	0.41	—
250		45.5		—	0.8	1.20	0.40	97.0
300		42.6		—	1.0	1.28	0.42	99.5
350		41.9		—	1.0	1.30	0.40	103.9
400		41.7		—	1.1	1.31	0.38	119.8
450		39.9		—	1.2	1.39	0.41	129.6

温度/℃	加载位移速度 /mm·s^{-1}	断裂韧性/MPa·$\sqrt{m}$			$B/(K_Q^2/\sigma_{ys}^2)$	P_{max}/P_Q	a/W	用 J 积分得到的 $K_{J\text{-}max}$
		K_Q	K_{cv}	K_{IC}				
25	慢速加载位移	33.1	33.1	—	2.4	1.00	0.39	—
150	0.00025	37.4		—	1.5	1.24	0.44	95.4
25	快速加载位移	14.2	—	14.2	13.3	1.00	0.40	—
150	0.25	48.6	—		0.9	1.16	0.40	114.4

表7-12　1T 弯曲试样在 0.0025mm/s 位移速度测定的 ODS（T-L）横向断裂韧性（ASTM E1823）

温度/℃	断裂韧性/MPa·$\sqrt{m}$			$B/(K_Q^2/\sigma_{ys}^2)$	P_{max}/P_Q	a/W	用 J 积分测定的 $K_{J\text{-}max}$/MPa·$\sqrt{m}$
	K_Q	K_{cv}	K_{IC}				
-150	13.4		13.4	31.2	1.00	0.43	—
-100	12.6	—	12.6	35.4	1.01	0.41	—
-50	13.6		—	30.3	1.15	0.41	—
0	25.4	13.6	25.4	5.9	1.00	0.43	—
25	35.8			2.1	1.18	0.43	52.2
50	32.6		32.6	2.5	1.00	0.45	—
100	35.6			1.9	1.23	0.43	56.2
150	31.3			2.5	1.32	0.43	63.5
200	30.7			1.4	1.33	0.45	71.3
250	31.3			1.4	1.33	0.44	71.5
300	29.8			1.5	1.35	0.39	69.1
350	30.0			1.5	1.33	0.40	80.2

在较高温度下或者用小尺寸试样所进行的一些断裂韧性实验都不满足 a、$B \geqslant (K_Q/\sigma_y)^2$ 的要求，可是用 J_{IC} 和 $K_{J\text{-}max}$ 实验方法时，小尺寸试样都能满足平面应变条件。这就指出，违反 a、$B \geqslant (K_Q/\sigma_y)^2$ 要求，也违反 $1.15 \geqslant (P_{max}/P_Q)$ 要求的那些断裂韧性实验，当用 $K_{J\text{-}max}$ 方法确定时都可以认为是断裂韧性的相当精确的测量。

用断裂韧性实验来确定钼和钼合金的塑性-脆性转变温度。把断裂韧性值达到 $30MPa \cdot \sqrt{m}$，同时在载荷-位移曲线上出现塑性迹象，在断口表面上出现塑性断裂的特征，试样同时具备这三个特征的实验温度定做塑脆性转变温度（DBTT）。用 1T 三点弯曲试样在低于室温或等于室温条件下做 TZM 的断裂韧性实验时，横向和纵向 TZM 的断裂韧性 K_{IC} 是一样的，断裂韧性的下边界值 K_{IC} 为 $5.8 \sim 21.1MPa \cdot \sqrt{m}$，温度 $\geqslant 250℃$ 时纵向 TZM 的断裂韧性 $K_{J\text{-}max}$ 比横向的高，在 $100℃$，纵向 TZM 钼由高断裂韧性（$K_Q > 30MPa \cdot \sqrt{m}$）转变到低断裂韧性（$K_Q = 21 \sim 5.8MPa \cdot \sqrt{m}$），在室温下纵向 TZM 的断口是脆性的穿晶断裂，温度不小于 100℃ 断裂韧性实验看到塑性断裂模式。这表明纵向 TZM 钼的塑脆性转变温度是 100℃。在温度不小于 150℃ 时，横向 TZM 钼有高断裂韧性值（$K_Q \geqslant 30MPa \cdot \sqrt{m}$），同时具有塑性断口，当温度不大于 100℃ 时它具有低断裂韧性和穿晶断裂的脆性断口。这表明横向 TZM 钼的塑脆性转变温度是 150℃。

纵向消除应力的 ODS 钼在 -150℃ 和 350℃ 之间转变到 $<30MPa \cdot \sqrt{m}$ 低断裂韧性值，

在室温和 –150℃ 间，ODS 钼的断裂韧性试样的断口是塑性断口，显然，消除应力纵向 ODS 钼的塑脆性转变温度是 –150℃。横向 ODS 钼在室温断裂韧性值由高转变到小于 30MPa·$\sqrt{m}$，在温度低于 0℃ 时，横向 ODS 钼的断口出现穿晶脆性解理断裂。而当温度不小于 25℃ 时，横向 ODS 钼的断口形貌是塑性的，这些结果指出横向 ODS 钼的塑脆性转变温度是室温。用 0.5T 和 0.25T 弯曲试样及 0.25T 紧凑拉伸试样在室温和 200℃ 之间测定经过再结晶的纵向 ODS 钼断裂韧性，纵向再结晶钼的塑性断裂模式和消除应力的试样相同，这表明再结晶的纵向 ODS 钼的塑脆性转变温度低于室温。横向再结晶的 ODS 钼的室温断裂韧性比消除应力的低，横向再结晶钼在 200℃ 有较高的断裂韧性值，0.25T 紧凑拉伸试样显示出塑性破断模式，0.5T 弯曲试样在 100℃ 有高断裂韧性和塑性断裂模式，可是，在 200℃ 该弯曲试样呈现出有穿晶脆性解理断裂，断裂韧性值很低。0.5T 弯曲试样的结果似乎代表了巨大的再结晶晶粒引起了在塑脆性转变点附近的断裂韧性数据的分散性，200℃ 可以定义为横向再结晶 ODS 钼的塑脆性转变温度。

　　烧结态 ODS 钼合金锭的断裂韧性，在温度 $T \leqslant 200℃$ 时，测量得到断裂韧性的低边界值，4.0~24.0MPa·$\sqrt{m}$，在载荷位移曲线上有线弹性特点，破坏模式主要是晶间解理和有限的穿晶解理断裂，断裂表面上有大的孔洞，氧化物粒子和大晶粒。在烧结 ODS 的断口表面上存在有相当大的氧化物粒子和粗大的钼晶粒，这就是为什么烧结 ODS 的断裂韧性会比锻造加工的 LCAC 的 (11.1~26.9MPa·$\sqrt{m}$) 稍低一些的原因。在 250℃ 测得的 ODS 钼的断裂韧性是 60.4MPa·$\sqrt{m}$，比 30MPa·$\sqrt{m}$ 高很多，在载荷-位移曲线上出现大范围的塑性，在晶粒边界和晶粒内部有塑性破坏模式，因此把以断裂韧性度量的塑脆性转变温度（DBTT）定为 250℃，见表 7-13，该表给出了由断裂韧性测量确定的塑脆性转变温度（DBTT）。图 7-53（a）是烧结和 LSR 加工态未合金化钼和图 7-53（b）烧结 ODS 的断裂韧性与温度的关系。在 300~500℃ 范围内，断裂韧性在 88.5~110.0MPa·$\sqrt{m}$ 之间，分散性小。都在室温以上测得的加工态 L-T ODS 的断裂韧性范围以内（82.6~147.4MPa·$\sqrt{m}$）。烧结

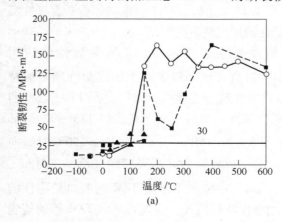
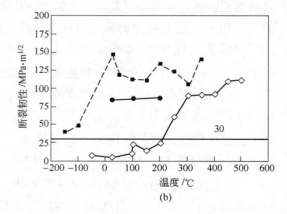

(a)　　　　　　　　　　　　　　　　(b)

图 7-53　烧结未合金化钼锭与 ODS 钼锭的断裂韧性与温度的关系

（a）烧结未合金化钼和加工态 LSR-LCAC 钼的 L-T 方向；（b）烧结态 ODS 和加工态 LSR-ODS 钼的 L-T 方向；

▲—LCAC、0.5T 弯曲纵向消除应力加工态；■—LCAC、1T 弯曲和 0.375CT 纵向消除

应力加工态，ODS-1T 弯曲纵向消除应力加工态；○—0.5T 弯曲烧结未合金化钼；

◇—0.5T 弯曲烧结态 ODS；●—ODS、0.5T 弯曲纵向消除应力加工态

ODS 钼的断裂模式是起始于晶界和晶内，越过连接带，并把这些连接带拉伸到塑性破断。虽然烧结 ODS 的晶粒度小于烧结未合金化钼的，但与锻造 LCAC 钼的接近。可是塑脆性转变温度（DBTT）比较高，因为断裂表面上有大的氧化物粒子和粗大晶粒。氧化物粒子和大晶粒本质上是脆的，又可能是断裂源。

在室温以下测量真空熔炼的未合金化的低碳钼（LCAC）的断裂韧性。纵向和横向的断裂韧性总体上是一样的，它的下边界值是 $28.8 \sim 9.8 \mathrm{MPa} \cdot \sqrt{m}$，在温度不小于 $150℃$，纵向 LCAC 钼的载荷位移曲线上出现塑性，断口表面是塑性形态，而实验温度不大于 $100℃$，试样断口表面形貌是穿晶脆性解理断裂，当温度不大于 $150℃$，横向 LCAC 的断口形貌是脆性穿晶解理断裂，而温度不小于 $200℃$ 时断口是塑性形貌，转变到高断裂韧性值 $(30 \pm 4) \mathrm{MPa} \cdot \sqrt{m}$，并见到塑性破坏的断口，这就指出纵向和横向的消除应力的 LCAC 的塑脆性转变温度分别是 $150℃$ 和 $200℃$。

在室温或室温以下测得烧结态未合金化钼锭断裂韧性的低边界值是 $11.1 \sim 13.4 \mathrm{MPa} \cdot \sqrt{m}$，该值处在加工态 LCAC 钼的范围以内，载荷位移曲线是线弹性的，断裂是脆性模式，主要是晶间解理破坏和部分穿晶解理破坏。断裂表面上有孔洞，见图 7-54（a）。$100℃$ 测定的断裂韧性是 $26.9 \mathrm{MPa} \cdot \sqrt{m}$，接近 $30 \mathrm{MPa} \cdot \sqrt{m}$，断口表面没有塑性破坏模式。$150℃$ 的断裂韧性是 $135.8 \mathrm{MPa} \cdot \sqrt{m}$，这高于 $30 \mathrm{MPa} \cdot \sqrt{m}$。在载荷-位移曲线上有大范围的塑性，晶界和晶粒都有塑性拉伸的塑性破坏模式。这就指出烧结未合金化钼的塑脆性转变温度（DBTT）为 $150℃$，见表 7-13。在 $150 \sim 600℃$ 区间内，烧结未合金化钼的断裂韧性是在 $124.3 \sim 165.3 \mathrm{MPa} \cdot \sqrt{m}$ 范围内，它的上边界值的分散性比加工态的 LCAC 的小得多。温度高于塑脆性转变温度（DBTT）时，烧结未合金化钼的塑性破坏模式过程包括，断裂在晶粒内部和晶粒边界处开始，越过晶界附近和晶粒内部的连接带，结果连接带被拉伸以塑性方式破坏，见图 7-54（b）。在温度超过塑脆性转变温度（DBTT）时，加工态断裂韧性的上边界值的分散性远超过烧结未合金化钼的分散性。烧结态的等轴晶结构是断裂韧性分散性小的原因，而加工态 LCAC 钼的分散性起因于各试样之间的劈裂薄片韧化机理变化不统一。强调指出，虽然，烧结态钼的晶粒度比加工态的 LCAC 钼大得多，但是，它们的塑脆性转变温度（DBTT）却是一样的。这可能意味着存在有一个晶粒度的门槛值（临界大小），锻造的 LCAC 钼的门槛值约为 $14 \mu m$，处在或超过这个门槛值，导致钼合金有相当高

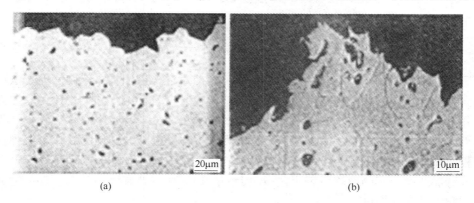

(a)　　　　　　　　　　　　　　　(b)

图 7-54　未合金化烧结钼的断裂韧性实验后的室温和 $500℃$ 的表面光学照片

的塑脆性转变温度（DBTT），而对晶粒度没有多大敏感性。

表 7-13　用拉伸和断裂韧性方法确定的钼合金的塑脆性转变温度的对比

合 金 牌 号	取样方向	断裂韧性塑脆性转变温度/℃	拉伸塑脆性转变温度/℃
真空电弧熔炼的低	纵向（L-T）	150	25
碳未合金化的钼	横向（T-L）	200	25
钼钛锆合金	纵向（L-T）	100	− 50
TZM	横向（T-L）	150	− 50
氧化镧弥散强化的	纵向（L-T）	< − 150	− 100
钼合金 ODS	横向（T-L）	20	25
再结晶的氧化镧弥散	纵向（L-T）	< 25	未测定
强化钼合金 R-ODS	横向（T-L）	200	未测定
烧结态未合金化钼锭	等轴晶	150	25
烧结态 ODS 钼锭	等轴晶	250	100

图 7-54 是烧结态未合金化钼的断裂韧性实验后的试样表面的光学显微镜照片，室温断裂是脆性断裂，没有延伸变形见图 7-54（a），500℃断裂韧性实验的试样表面有连接带的拉伸破坏见图 7-54（b）。图 7-55 是烧结态 ODS 钼在断裂韧性实验后的扫描电镜照片，室温断裂是脆性破坏见图 7-55（a），350℃见图 7-55（b）实验的试样断口上有晶粒的均匀塑性拉伸，试样经过厚度方向并垂直断裂面。

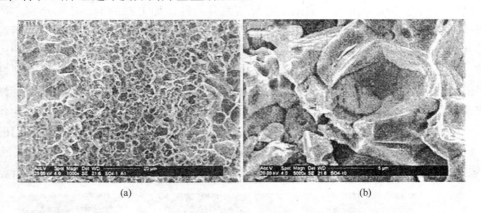

(a)　　　　　　　　　(b)

图 7-55　烧结 ODS 钼在室温和 350℃断裂韧性实验以后的 SEM 断口扫描照片

表 7-13 是用 $1T$（两个烧结态钼锭用 $0.5T$）弯曲试样，用测量断裂韧性的方法确定的各种钼合金不同位向和热处理状态的塑脆性转变温度。TZM，ODS 和 LCAC 在厚度方向上（$T-S$）用 $0.5T$ 和 $0.25T$ 弯曲试样实验合金的断裂韧性，$0.5T$ 弯曲实验的裂纹扩展垂直于缺口并沿着似片状晶粒之间的晶界延伸，由于裂纹不是平行断裂韧性的缺口，线弹性断裂力学方程不能应用，得不到有效的断裂韧性值。用 $0.25T$ 弯曲试样，开裂平行于缺口，但是裂纹分劈成两个分离的通路，表明在横向上的断裂韧性不是有效的结果。在厚度方向上没有得到塑脆性转变温度。

用断裂韧性实验方法决定的钼合金的塑脆性转变温度比用常规的拉伸方法所决定的转

变温度要高一些，拉伸方法确定的 TZM 的纵向和横向的塑脆性转变温度分别是 -100℃ 和室温，而用断裂韧性方法确定的分别为 100℃ 和 150℃，拉伸的塑脆性转变温度比断裂韧性的低很多。而 ODS 的纵向和横向拉伸塑脆性转变温度相应为 -100℃ 和 -50℃，断裂韧性确定的纵向和横向的塑脆性转变温度分别低于 -150℃ 和室温，这两组数据比较统一。就体心立方金属而言，裂纹或缺陷引起的三向应力状态导致金属有更大的脆性断裂倾向和较高的塑脆性转变温度。那么，断裂韧性实验方法提供了可靠的保守的塑脆性转变温度，因为它考虑了在颈缩处及缺陷处存在的三向应力状态。ODS 钼含有更细密的晶粒边界和氧化镧/基体分界面。它们使断裂通道分裂并产生了更细密的塑性层状破坏模式。这就可以说明为什么用拉伸和断裂韧性方法确定的它的塑脆性转变温度比较统一。

ODS 在单向载荷作用下的断裂过程中劈裂成薄片状层裂，降低了裂纹尖端的三向应力状态，薄片的塑性破坏是在平面应力而不是在平面应变条件下发生的，造成断裂韧性值很高。纵向 ODS 钼的裂纹有分叉开裂的形貌，铝合金和钢材的这种断裂形貌巨大的提高了它们的断裂韧性，这种韧化现象称为薄片韧化机理，也称裂纹分叉韧化机理。在 ODS 钼的断口表面和显微结构中显示有这种薄片韧化的现象。TZM 合金的断口表面和显微结构中也存在有同样的薄片韧化机理现象。但是 TZM 的分层比 ODS 的更厚更粗。相应的韧性也比 ODS 的低一些。

用断裂韧性测定塑脆性转变时是以 $(30 \pm 4)\,\mathrm{MPa} \cdot \sqrt{m}$ 的值定为转变点，但是事实并不是绝对如此。在用 $1T$ 弯曲，$0.375T$ 或 $0.25T$ 紧凑拉伸试样做断裂韧性时，$1T$ 挠曲试样会出现分歧。用 $1T$ 挠曲试样在室温和 100℃ 做 LCAC 实验时，它的横向断裂韧性值大于 $30\,\mathrm{MPa} \cdot \sqrt{m}$，但是，在载荷-位移曲线上有线弹性现象，断裂是脆性的穿晶解理破坏。这些都指出横向的 LCAC 钼的塑脆性转变温度高于室温和 100℃。在 150℃ 用 $0.375T$ 紧凑拉伸试样做实验时，断口是塑性层状的断裂模式，断裂韧性值也高。可是用 $1T$ 弯曲试样测定的塑脆性转变温度是 200℃，它比 150℃ 高出 50℃；这些都说明了在塑脆性转变点附近 LCAC 断裂韧性有分散性。把消除应力的 LCAC 横向塑脆性转变温度定为 200℃ 是一个保守的决定。另外，三个 TZM 合金在塑脆性转变点附近做断裂韧性实验时也呈现出不确定性。用 $0.25T$ 紧凑拉伸试样在 150℃ 得到横向的断裂韧性是 $25.7\,\mathrm{MPa} \cdot \sqrt{m}$，它接近用来定义塑脆性转变温度的 $(30 \pm 4)\,\mathrm{MPa} \cdot \sqrt{m}$，但是它的断口是塑性的层状断裂，和塑脆性转变温度 150℃ 的断口又是一致的。用 $1T$ 挠曲试样测定 TZM 横向和纵向的 100℃ 和室温的断裂韧性，测出的结果都处在用来定义塑脆性转变温度的 $(30 \pm 4)\,\mathrm{MPa} \cdot \sqrt{m}$ 以内，可是它的断口又都是穿晶的脆性断口，这些又说明室温和 100℃ 这两个实验温度均低于塑脆性转变温度。这些结果表明，最低的 $(30 \pm 4)\,\mathrm{MPa} \cdot \sqrt{m}$ 的只是用来定义塑脆性转变温度的指南，载荷-位移曲线上出现塑性，以及断口呈现塑性破坏模式才是最终确定塑脆性转变温度的依据。用加载曲线和断口形貌的方法确定的每个有代表性的钼合金的转变温度都是统一的。图 7-56 ~ 图 7-58 是 TZM、LCAC、ODS 三种钼合金的断裂韧性随温度的变化。图 7-56 和图 7-57 是用 ASTME399 得出的 TZM 和 LCAC 断裂韧性，而图 7-58 是 ODS 的断裂韧性与温度的关系图，该图把用 ASTME399 得到的断裂韧性与用 J 积分得到的 K_{JC} 做了比较，TZM 和 ODS 通常在 200 ~ 800℃ 之间的断裂韧性最高，在 800 ~ 1000℃ 之间钼和钼合金断裂韧性略有下降，这和其他金属在高温下得到的结果是一致的。

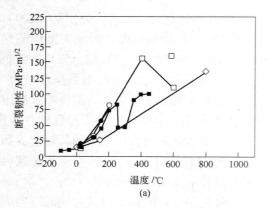
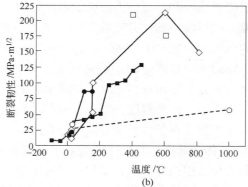

(a)   (b)

图 7-56 在 −100 ~ 1000℃钼-钛-锆合金（TZM）的断裂韧性随温度的变化

（a）横向（*T-L*）消除应力；（b）纵向（*L-T*）消除应力

■—1*T* 弯曲；●—0.5*T* 弯曲；◇—0.25*T* 紧凑拉伸；□—0.18*T* 圆紧凑拉伸；○—1*T* 挠曲

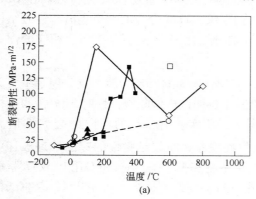
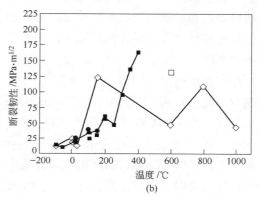

(a)   (b)

图 7-57 真空电弧熔炼的低碳钼板坯（LCAC）在 −100 ~ 1000℃的断裂韧性随温度的变化

（a）横向（*T-L*）消除应力；（b）纵向（*L-T*）消除应力

■—1*T* 弯曲；▲—0.5*T* 弯曲；●—0.25*T* 弯曲；◇—0.375*T* 紧凑拉伸；○—1*T* 挠曲；□—0.18*T* 圆紧凑拉伸

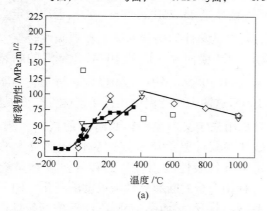
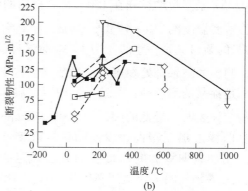

(a)   (b)

图 7-58 氧化镧弥散强化的钼合金（ODS）在 −150 ~ 800℃的断裂韧性随温度的变化[26]

（a）横向（*T-L*）消除应力；（b）纵向（*L-T*）消除应力

■—1*T* 弯曲；●—0.5*T* 弯曲；◇—0.25*T* 紧凑拉伸；□—0.18*T* 圆紧凑拉伸；○—1*T* 挠曲；

▽—*J* 粉方法得到的结果（紧凑拉伸和弯曲）

7.7.4 破断机理分析

在断裂韧性实验过程中观察破坏机理时发现，裂纹的扩展好像是沿着似片状晶粒间的晶界延伸，并越过晶粒的细连接带，使这些晶粒连接带被拉断并伴随有高度的局部颈缩，造成 TZM 的塑性层状破坏，见图 7-59（a）是 CT，0.25T 试样在 600℃实验的表面断裂光学显微照片，看见有拉断的细连接带。图 7-59（b）是 L-T 方向，450℃断裂；图 7-59（c）是室温横向 T-L；图 7-59（d）是 150℃横向 T-L（T-L 和 L-T 代表的试样方向见图 7-51）。纵向 TZM 钼合金在塑性破坏时看到有比横向更长的似片状晶粒，这与显微结构中纵向具有长的似片状晶粒有关，TZM 钼的横向的晶界面积比纵向的高（晶界是破坏扩展的弱组织结构区），和纵向比较起来，造成横向的塑脆性转变温度较高和断裂韧性的下边界值较低。

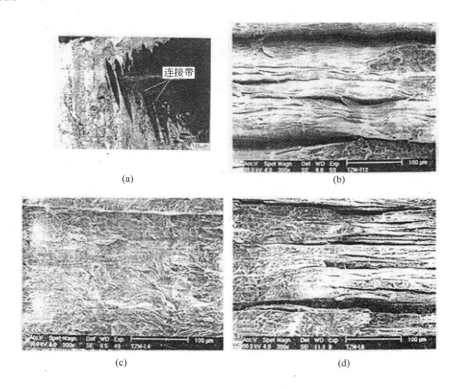

图 7-59　TZM 合金 1T 弯曲试样的扫描电镜断口照片及
板材表面的光学显微断裂图[23,24]

真空电弧熔炼的低碳未合金化钼（LCAC）的金相和扫描电镜的研究表明（见图 7-60）[24,25]，当温度超过塑脆性转变温度时，LCAC 和消除应力退火的 TZM、ODS 和再结晶的 ODS 一样，在断裂韧性实验过程中裂纹沿着似片状晶粒之间的晶界扩展，并越过晶粒的细连接带，这些晶粒连接带被拉断破坏并伴有高度的局部颈缩，造成了塑性的层状破坏模式。图 7-60（a）、（b）是用 0.375T CT 试样在 800℃的断裂韧性试验后试样的光学显微镜照片，图 7-60（a）是横向试样，观察截面通过试样厚度并垂直断裂表面看到有拉断的连接带。图 7-60 （b） 是钼板表面照片，图 7-60 （c） 是 1T 纵向弯曲 200℃断口的 1000 倍 SEM 照片，相应的断裂韧性是 32.5MPa·$\sqrt{m}$，有塑性分层特征，图 7-60 （d） 是 200℃ 纵向弯曲断口的 SEM 照片，相应的断裂韧性是 62.7MPa·$\sqrt{m}$。钼的晶界在某些固定的位向上可能本质上就是脆的，因此它们可能是破坏的择优通道，这些破坏通道越过细的晶粒连接带，并把连接带拉断，这就是薄片韧化机理。

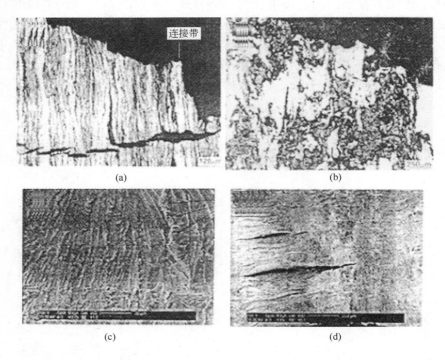

图 7-60   LCAC 钼 0.375T CT 试样表面光学显微照片和
1T 弯曲试样的扫描电镜断口照片

图 7-61 （a） 是消除应力退火 ODS 钼的 0.18T 圆 CT 试样在 600℃实验后的光学显微镜的表面附近照片，观察截面穿过试样厚度并垂直于断裂表面，可以看到有拉断的晶粒连接带。图 7-61 （b）、（c）、（d） 是 ODS 在不同温度下，1T 弯曲试样断裂韧性实验后的 SEM 照片。图 7-61 （b） 是室温纵向 （L-T），图 7-61 （c） 是 −50℃横向 （T-L） 断口，图 7-61 （d） 是室温横向 （T-L）。

所有加工态的钼合金经消除应力退火处理，横向上晶界面积都占有稍高的份额，而晶界又是断裂源，这可以说明横向的塑脆性转变温度较高，而断裂韧性值较低。纵向拉长的晶粒和氧化物边界使得在横向上为裂纹起始和扩展留下了更多的晶界面积，这可以说明 ODS 钼的断裂韧性和塑脆性转变温度的各向异性。TZM 和 LCAC 的纵向和横向的塑脆性转变温度差大约是 50℃，而 ODS 的纵向和横向的转变温度差最大到 150℃，ODS 钼在再结晶以后晶粒和氧化物颗粒的粒度都长大，但是，再结晶的 ODS 钼的纵向上的晶粒和一些氧化物粒子仍然是被拉长的。再结晶以后仍保留下的被拉长的氧化物粒子的带状分布似乎限制了晶粒横向长大，造成再结晶以后它的晶粒尺寸比其他钼合金的细，晶粒的长/径比大。

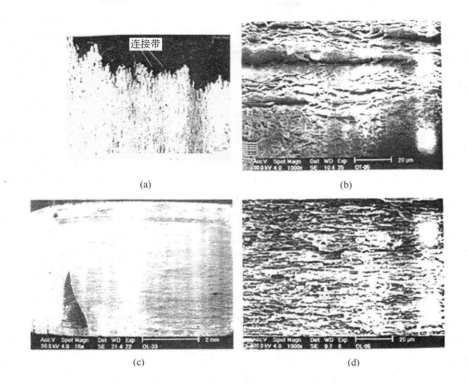

图 7-61　消除应力 ODS 钼断裂韧性试样的光学显微照片和扫描电镜照片

图 7-62 用断裂韧性确定的钼合金板坯的塑脆性转变温度与晶粒直径之间的关系。ODS、TZM 和 LCAC 三个合金原始热加工的组织结构不同。ODS 含有氧化镧弥散质点，在轧制方向上（纵向）晶粒和氧化物质点被拉长，横向上有比较细的晶粒直径（见表 7-9）。在 ODS 钼中弥散氧化物质点的存在限制了加工过程中的晶粒长大和再结晶，它的晶粒度小于 TZM 和 LCAC 的晶粒度。而 TZM 合金中的细小的含有钛和锆的碳化物粒子的粗稀的分布，造成它的再结晶温度比未合金化 LCAC 的高，晶粒度比 LCAC 的细。由图 7-62 看出，最小晶粒直径的钼合金的塑脆性转变温度最低。晶粒长度和塑脆性转变温度之间的关系不甚清楚。

钼合金的破坏模式与塑脆性转变温度之间有密切关系，当温度 T 小于塑脆性转变温度 DBTT 时，所有的钼合金都是穿晶脆断，这说明晶粒边界是不脆的。如果实验温度 T 大于塑脆性转变温度 DBTT，晶界在某些确定的方向上本质上可能就是脆的，所以断裂起始于晶界，并沿着晶界扩展，越过晶粒间的细连接带，通过塑性颈缩把连接带拉断，所有钼合金都产生塑性层状破坏模式。当实验温度 T 不小于塑脆性

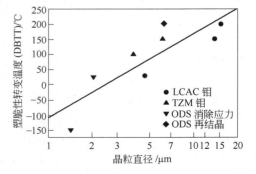

图 7-62　用断裂韧性决定的钼合金板坯的晶粒直径（对数刻度）和转变温度的关系
（相关系数是 0.72，直线是
回归分析相关数据连线）

转变温度 DBTT 时，TZM、ODS 和 LCAC 都呈现出薄片韧化机理，似片状晶粒沿着晶界和弥散粒子边界分劈成似片状的层状晶粒，这就降低了裂纹尖端的局部三向应力状态，导致层状晶粒有比较大的塑性破坏倾向。由于显微结构劈裂成薄片产生高的韧性值（裂纹分叉韧化机理），这样用小尺寸试样实验，预期对断裂韧性没有多少影响。用 $0.5T$ 弯曲和 $0.18T$ 紧凑拉伸所得到的断裂韧性值都处于用大试样所得到的数据范围内，不过 $0.25T$ 弯曲试样因为不能建立平面应变条件，它不能得到有效的断裂韧性。在温度高于塑脆性转变温度时，钼合金越过晶粒的穿晶解理破坏的几率极低，占主导统治地位的破坏模式是塑性层状破坏。细晶粒（即薄片形貌特点）降低了连接带上的三向应力状态，并造成了平面应力状态，不再满足平面应变条件，这就容许似片状的晶粒连接带有高度的塑性拉伸，产生了高断裂韧性值。在较低的实验温度下低三向-应力状态产生了较高的断裂韧性，并有较低的塑脆性转变温度。ODS 钼的细密的晶界，致密的氧化镧粒子和氧化镧粒子/基体界面，造成它的断裂表面比 TZM 和 LCAC 钼的断裂表面有更细密的长带状晶粒，这样，ODS 钼的塑脆性转变温度远远低于迄今已报道过的所有钼合金，在 $T \leqslant 100\,^{\circ}\mathrm{C}$ 时具有较高的断裂韧性值。TZM 钼合金的晶粒比 LCAC 钼的细，因此断裂表面上产生较细的带状晶粒的形貌，造成它的塑脆性转变温度比 LCAC 的低，比 ODS 的高。LCAC 的晶粒粗大限制了在断裂过程中塑性连接带的塑性拉伸的范围，导致较高的塑脆性转变温度。再结晶的 ODS 钼合金的晶粒长大到相当于 TZM 和 LCAC 的晶粒，但是由于氧化物分布和晶粒大小的各向异性仍然被保留下来，造成纵向再结晶 ODS 的转变温度（室温以下）比 TZM 和 LCAC 的都低，而横向 ODS 的塑脆性转变温度（$200\,^{\circ}\mathrm{C}$）和横向的 LCAC 钼的一样。

　　烧结态的未合金化钼和烧结 ODS 钼的组织结构特点是，晶粒粗大，晶粒形状是等轴晶，原始烧结状态含有烧结孔洞，ODS 钼还有粗大的氧化物粒子。在拉伸和断裂韧性实验过程中它们的断裂破坏有自己的特点。在温度 T 小于塑脆性转变温度（DBTT）时断裂主要是晶间解理断裂，伴随有少量的穿晶解理破坏。而当温度 T 不小于塑脆性转变温度（DBTT）时，烧结钼的破坏模式含有相当大的韧窝和撕裂岭，撕裂岭是孔洞边缘的连接带被拉伸撕裂破坏造成的。这种粗大似孔洞的形貌及撕裂岭的形成是由于断裂主要起源于晶粒内部的孔洞，图 7-63 是锻造加工态和粉末烧结态钼的断裂韧性实验过程中破断过程的示意图。图 7-63（a）为锻造加工态的钼在拉长的纤维状晶粒的晶界产生裂纹，裂纹沿着晶粒边界在三向应力区内，即在裂纹尖端的高应变区内扩展，越过似板状晶粒连接带，在平面应力状态下把连接带拉断，造成在每个晶粒连接带的局部显微组织处看到有大量的塑性，锻造的 LCAC，TZM 和 ODS 的似板状结构的分叉造成塑性层状破坏模式，即产生薄板韧化。图 7-63（b）为烧结态钼在晶内，晶粒边界或第二相粒子形成细小的裂纹，或者原有的孔洞扩展和变形会导致形成不受约束的连接带。钼进一步塑性变形，孔洞中间晶界处的连接带或晶粒内的连接带在低约束状态下塑性变形到很长的延伸率，与此同时，孔洞聚集长大变形成孔洞的形貌。因为烧结钼的晶粒形状近似等轴晶，所以连接带的拉伸造成断裂表面有大韧窝的形貌，它的大小相当于晶粒度的 $0.17 \sim 0.23$ 倍。在拉伸断口上测量韧窝的最大平均直径 $6.4\,\mu\mathrm{m}$，标准离差 $4.1\,\mu\mathrm{m}$，长径比 $L/D = 1.6$，而 ODS 钼的最大平均直径是 $3.8\,\mu\mathrm{m}$，标准离差 $2.6\,\mu\mathrm{m}$，$L/D = 1.4$，在有代表性的断裂韧性试样的断裂表面上测量未合金化钼的韧窝的最大平均直径是 $7.2\,\mu\mathrm{m}$，标准离差 $4.6\,\mu\mathrm{m}$，$L/D = 1.5$，而 ODS 的相对应的值是 $3.3\,\mu\mathrm{m}$，$2.0\,\mu\mathrm{m}$ 和 $L/D = 1.2$。烧结未合金化钼的断裂表面上的孔洞比烧结

ODS 的大，其主要原因是它的晶粒比 ODS 的晶粒更粗大。

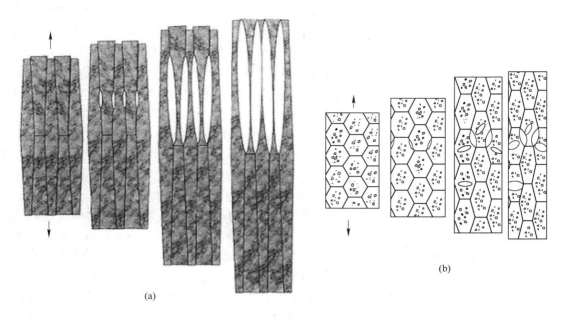

(a)

(b)

图 7-63　温度 $T \geqslant$ 塑脆性转变温度（DBTT）时加工态和烧结态钼的破断示意图
（a）锻造加工态；（b）粉末烧结态

　　在温度 T 大于塑脆性转变温度（DBTT）时，锻造加工钼合金的破坏是薄板韧化机理的塑性层状破坏模式，这时烧结态未合金化钼的破坏模式与它类似。钼合金的断裂起始于晶粒边界，越过拉长了的似板状晶粒的连接带，这些连接带被塑性拉伸破坏。沿着锻造加工钼合金的晶界开裂，解除了连接带的机械约束，变成了自由的连接带，它们被塑性拉伸产生韧性。锻造钼合金的显微结构和断裂韧性具有各向异性的特点，短横向（厚度）的断裂韧性至少比 L-T 和 T-L 方向的低 47%，引起在 L-T 和 T-L 方向上的裂纹尖端产生裂纹分叉分层，在主裂纹扩展以前，薄板韧化机理发挥韧化作用，薄板韧化机理引起的锻造加工钼合金的断裂韧性的提高已用裂纹分叉分层分析进行量化计算，也可以用它来理解烧结未合金化钼和烧结 ODS 钼的结果，

$$K_{\mathrm{C}} = \sqrt{\frac{E\sigma_{\mathrm{y}}n^2 r_0(1 + z\chi)\overline{\varepsilon}_{\mathrm{f}}}{3\left(1 - \dfrac{2}{3}z\chi\right)\alpha(1 - \gamma^2)}}$$

$$z = \frac{16(1 - \gamma^2)}{3\pi}$$

式中，E 为弹性模量；σ_{y} 为屈服应力；α 为常数（设为 0.65），把裂纹张开位移和 J 积分联系起来；$\overline{\varepsilon}_{\mathrm{f}}$ 为断裂有效应变；n 为应变硬化指数；$n^2 r_0(h = n^2 r_0)$ 为过程范围的尺寸，根据塑性区域尺寸的测量，设 $r_0 = 0.06\mathrm{m}$。就烧结未合金化钼而论，显微裂纹在孔洞，第二相粒子和晶粒边界处成核，在塑性变形过程中显微裂纹发生钝化并胀大变成孔洞，或者原先存在的孔洞在变形时进一步胀大。在这两种情况下，烧结未合金化钼的变形或断裂都起源于晶粒内的孔洞，越过自由的，约束不严重的连接带，这些连接带受拉伸产生韧性。烧

结未合金化钼内的连接带的大范围的变形，容许孔洞扩展和聚集长大，断裂表面上生成大的孔洞形貌。烧结未合金化钼的晶粒内部存在有孔洞会有效减少变形范围，连接带的尺寸至少缩小到晶粒度的一半。若烧结钼的晶粒度缩小一半，见表 7-7，38.5/2 = 19.3，它就应当接近锻造的 LCAC 的晶粒度（14.1 μm），烧结未合金化钼和 LCAC 钼的变形范围的长度一样，可能导致变形过程区域尺寸和断裂有效应变相同，结果会导致相当的薄板韧化机理水平，这就可以说明烧结未合金化钼和 LCAC 有同样的断裂韧性和一样的塑脆性转变温度（DBTT）。

在温度 T 大于塑脆性转变温度（DBTT）时，烧结 ODS 和烧结未合金化钼的破坏模式一样，断裂起源于晶粒边界，氧化物粒子和晶粒内部，从晶粒内部的孔洞开始，越过不受约束的连接带，这些连接带被塑性拉伸到破坏。烧结 ODS 钼含有相当粗大的氧化物粒子，这些粒子显然是脆的，对断裂抗力没有多少贡献。可能导致断裂韧性比未合金化钼的低，塑脆性转变温度（DBTT）比未合金化钼的高。烧结 ODS 钼的粗大氧化物粒子及大晶粒区可能减少断裂有效应变及断裂过程发生的区域范围，薄板韧化（裂纹分叉劈裂）机理的作用很弱，造成低断裂韧性。要提高烧结钼和钼合金的断裂韧性，降低塑脆性转变温度（DBTT），就要提高烧结密度，减少烧结收缩孔，细化晶粒，脱氧，去除氧化物粒子，对于烧结 ODS 钼来说，还要细化氧化物粒子。在温度 T 小于塑脆性转变温度（DBTT）时，烧结钼和 ODS 的断裂韧性低，它们的破坏模式主要是晶间解理破坏，伴随有一些穿晶解理。在研究只有一个弱晶界的双晶钼丝时发现，若晶界被氧污染，晶界的断裂韧性估计约为 $1 MPa \cdot \sqrt{m}$。虽然，烧结钼和 ODS 钼的氧含量很高，但断裂韧性的下边界值约为 4.0 ~ 13.4 $MPa \cdot \sqrt{m}$。远大于 $1 MPa \cdot \sqrt{m}$，这就指出烧结合金没有弱晶界，即使有数量也很少。氧不是作为溶质沿晶粒边界均匀分布，而是以氧化物粒子形态留在晶界上。烧结未合金化钼和锻造加工的 LCAC 钼有一样的断裂韧性和塑脆性转变温度（DBTT），烧结未合金化钼的韧化机理类似于加工态钼合金的塑性层状破坏模式。在锻造钼合金内沿着似板状晶粒形成显微裂纹，解除了连接带受的约束，结果晶粒连接带被拉伸并伴有很长的延伸率，就产生了韧性。烧结未合金化钼有同样的韧化模式，它的显微裂纹起源于晶粒内的或者晶界上的氧化物粒子，孔洞，或者孔洞自身胀大越过三维排列的连接带，此时这些连接带受很少的约束，可以发生塑性变形。在这些连接带变形的同时，钝化的显微裂纹胀大形成孔洞，孔洞也可能进一步胀大，发生了孔洞聚集长大的过程引起破坏（钢材也有孔洞聚集长大的破坏模式）。在实验温度 T 大于塑脆性转变温度（DBTT）时，孔洞聚集过程在试样表面生成大孔洞，名义尺寸为（0.17 ~ 0.23）晶粒度。钼的基本性质与温度有关的关键变化在于，当温度 T 大于塑脆性转变温度（DBTT）时，孔洞和显微裂纹之间的连接带抗脆性断裂，结果，当约束解除时，显微裂纹发生钝化，连接带能以塑性方式变形。烧结钼的连接带主要分布在晶粒边界，这就指出在晶粒边界的氧的含量低到足于不产生脆性，连接带才可能产生塑性变形。

韧化机理的另一个重要概念是，孔洞和粒子主要位于显微组织的晶粒内部，形成了一个弱区，在弱区内显微裂纹可以成核并发生钝化（微裂纹韧化）。另外，显微组织内已存在的孔洞可以胀大，这个过程类似加工钼的塑性层状韧化机理。加工态钼的断裂韧性有各向异性，在短-横方向（厚度）的韧性至少比 L-T。T-L 方向低 47%，结果在主裂纹扩展以前，造成裂纹分叉分层韧化，似板状晶粒劈裂成层状结构。烧结钼内的氧化物粒子和孔洞附近区域的本质就是断裂韧性低，估计为 $1 \sim 5 \mathrm{MPa} \cdot \sqrt{\mathrm{m}}$，应当能满足有低韧性区域的标准，结果能够形成孔洞和裂纹，产生不受约束的连接带。烧结钼合金的晶粒内部区域有孔洞和氧化物粒子，留下的连接带的范围小于晶粒度，因此，造成连接带的变形范围和变形的 LCAC 钼的晶粒度比较一致，因此，它们的断裂有效应变是相当的（K_{C} 公式），也可以说明它们二者的断裂韧性和塑脆性转变温度（DBTT）的一致性。

烧结 ODS 钼的断裂机理也和烧结未合金化钼的一样，包括显微裂纹在孔洞，氧化物粒子及晶粒边界处成核，或者原先存在的孔洞胀大，穿过不受约束的连接带，这些连接带以塑性方式变形。这两个烧结态钼合金的差别仅仅在于，烧结 ODS 钼含有很大的氧化物粒子，这些粒子或许有低的断裂韧性（$1 \sim 5 \mathrm{MPa} \cdot \sqrt{\mathrm{m}}$），这样可以预料到它们会发生显微裂纹。穿过 ODS 钼中的大氧化物粒子的裂纹会形成很大的显微裂纹。在主裂纹伸长以前，大裂纹从大氧化物粒子扩展，可能削弱材料的强度，使 ODS 钼产生低的断裂韧性和高的塑脆性转变温度（DBTT）。烧结钼的氧化物体积分数低，氧化物的粒度较细，孔洞较多，结果形成许多小裂纹，它们比较不可能穿过连接带扩展，显微裂纹起韧化作用，造成高的断裂韧性和低的塑脆性转变温度（DBTT），那么，烧结 ODS 钼固有的低断裂韧性是由于它的氧化物粒子的粒度太粗。

7.7.5 断裂韧性的分散性分析

当温度处在塑脆性转变温度与 1000℃ 之间时，钼及钼合金的断裂韧性的值有很大分散度。温度高于塑脆性转变温度时，纵向 LCAC 钼的断裂韧性是 $45 \sim 166 \mathrm{MPa} \cdot \sqrt{\mathrm{m}}$，横向是 $57 \sim 175 \mathrm{MPa} \cdot \sqrt{\mathrm{m}}$，分散度是 $50 \sim 100 \mathrm{MPa} \cdot \sqrt{\mathrm{m}}$。在实验温度超过塑脆性转变温度时，消除应力的 TZM 横向断裂韧性上限值的范围是 $74 \sim 156 \mathrm{MPa} \cdot \sqrt{\mathrm{m}}$。分散度达到约 $80 \mathrm{MPa} \cdot \sqrt{\mathrm{m}}$。纵向消除应力的韧性值的变化范围 $51 \sim 215 \mathrm{MPa} \cdot \sqrt{\mathrm{m}}$。分散度达到约 $160 \mathrm{MPa} \cdot \sqrt{\mathrm{m}}$。温度超过塑脆性转变温度时，ODS 钼合金的横向断裂韧性的变化范围是 $56 \sim 139 \mathrm{MPa} \cdot \sqrt{\mathrm{m}}$，分散度约 $90 \mathrm{MPa} \cdot \sqrt{\mathrm{m}}$，而纵向的变化范围是 $96 \sim 150 \mathrm{MPa} \cdot \sqrt{\mathrm{m}}$，分散度约 $60 \mathrm{MPa} \cdot \sqrt{\mathrm{m}}$。在实验温度处于塑脆性转变温度附近时，体心立方金属断裂韧性值出现很大的分散是不奇怪的。一些钼合金的极粗大的晶粒度可能是构成断裂韧性数据分散的原因。此外，金属断裂韧性数据的分散也可能起源自于晶粒显微组织的变化及断裂模式的变化。

当温度超过塑脆性转变温度时，断裂韧性分散的原因似乎是因为断裂表面上显微组织劈裂成层状结构，结果生成塑性层状的断裂表面。断口表面上有高密度的塑性层状特点和塑性层状尺度较薄的试样都有高断裂韧性值，而塑性分层密度低的和塑性分层尺寸粗大的试样均呈现出低断裂韧性值。就 TZM 钼合金而言，断口表面上有细密的较薄的塑性分层特点就有高断裂韧性值见图 7-59，而低密度的厚的分层特点相应有低断裂韧性值。LCAC 钼的断口有细密的分层特点也有高断裂韧性值见图 7-60，低密度的尺寸粗大的分层形貌有低断裂韧性值。纵向 ODS 钼合金的细密的塑性层状形貌也对应有高断裂韧性值见图 7-61（b），它的大小比粗密度的横向 ODS 钼要高得多见图 7-61（d）。

薄片韧化机理由平面应变状态变到平面应力状态肯定会引起 K_{IC} 变化，计算公式为：

对于平面应变状态的
$$K_{\mathrm{IC}} = \left[\frac{E\sigma_{\mathrm{y}}\varepsilon_{\mathrm{lf}}n^2 r_0}{3\alpha(1-\nu^2)} \right]^{1/2}$$

对于平面应力状态的
$$K_{\mathrm{IC}} = \left[\frac{E\sigma_{\mathrm{y}}\varepsilon_{\mathrm{lf}}n^2 r_0}{\alpha(1-\nu^2)} \right]^{1/2}$$

如果平面应力和平面应变两种状态的裂纹尖端发生变化的区域尺寸 r_0 是一样的，那么断裂韧性的差别最大是 $\sqrt{3}$ 倍。两个 K_{IC} 方程式中的 E、n、σ_{y} 和 $\varepsilon_{\mathrm{lf}}$ 分别是弹性模量、应变硬化指数、屈服强度和断裂主应变，它们都是材料参数，不应当期望它们随断裂模式的改变会发生重大的变化。使裂纹尖端张开位移和 J_{IC} 之间通过参数 α 发生联系，通常对于小范围屈服它的值约为 0.65。但是，发现在温度超过塑脆性转变温度时它的分散度很大，这些就指出分层薄片的尺度对断裂韧性可能有巨大的影响，需要更多的研究。裂纹尖端发生变化的区域尺寸大小随薄片韧化机理的进展程度而变化，可能导致断裂韧性的大小发生巨大变化，但是，需要更仔细的观察以便确定在断裂过程中裂纹尖端发生变化的区域的大小是不是发生了变化，或者不同试样之间的裂纹尖端发生变化的区域的大小有无变化。如果假定裂纹尖端发生变化区域的尺寸与薄片分层尺寸的倒数成比例，或者直接与薄片分层的密度数成比例，那么上面给出的表述平面应力和平面应变 K_{IC} 两个方程式预示着，断裂韧性的值应当与分层薄片的尺度平方根的倒数成比例，即与分层薄片的密度数的平方根成比例。初步原始的测量暗示断裂韧性的值与分层薄片尺寸的平方根的倒数和分层薄片的密度数成比例。也必须要指出，用来决定断裂韧性值的实验方法是用 $K_{J\text{-}\max} = \left[J_{\max}E/(1-\nu^2) \right]^{0.5}$ 以及用压缩方法预制裂纹也都可能构成断裂韧性的多变性。要进一步研究这些加工态钼及钼合金在温度超过塑脆性转变点时断裂韧性变化的原因。

参 考 文 献

[1] A. K. Натансона Молибден[M]. Москва Металлургия，1962，160.

[2] B. S. Lement. et. al ASD TR－61－181－Part Ⅲ[J]. 1961.

[3] G. H. Bechtold et al Variety of molomial Tensile and Compress Yield strength with test temperature[J]. Trans AIME. 1958，212：523.

[4] H. H 莫尔古洛娃. 钼合金[M]. 徐克玷，王勤译. 北京：冶金工业出版社，1984.

[5] J. H. Bechtold Effect of Temperature and Strain Rate on Ductility，Yield Strength and Brittle Fracture Strength of Molybdenum[J]. Trans AIME. 1953，197：1469.

[6] Ю. В. Мипьман Порог Хладноломкости в Металлах с ОЦК Решеткой Металлфизика[J]. АН СССР1972，43：25-28.

[7] J. H. Bechtold Refractory Metals and Alloy[M]. London 1961，25.

[8] L. L. Seigle Refratory Metals and Alloy Ⅱ[M]. 1962，65.

[9] Battelle The engineering properties of Mo and Mo alloys[M]. DMIC-190 1963.

[10] Я. М. Виторский и дрВлияние Степеннь Пластической Дефор-мации на Структуу и Механически Свойства Низколегированного Молибдена[J]. ФММ1973，35：1064.

[11] Г. К. Зеленский и др Влияние Углерода на Температуру Перехода Рекристаллизоваого Молибдена из Хрупкого в Пластичное Состояние Металл-Физика[J]. "НауковаДумка" 1972，43：124.

[12] L. E. Olds et al Effect of small metal additions on DBTT of Molybdenum by bend test[J]. Trans AIME1957，209：468.

［13］ J. Julius et al Fabrication of Molybdenum［M］. 1959, 1.

［14］ W. D. Klopp et al battelle tech. rept Nonr［M］. -1512 July 1960.

［15］ Абалихин Влияни Элементов Ⅷ-ГРуппы на Температуру Перехода из Пластичного в Хрупке состояние Молибдена В кн "металло- Физика" ［M］. АН УССР, 1972, 43: 89.

［16］ Д. В. Игватов и дрГорячая Хрупкость Молиденовых Сплавов［J］. МиТОМ1970, 1: 62.

［17］ W. D. Wilkinson et al Properties of Refractory Metal［M］. N. Y. 1969.

［18］ K. Watanabe et al neutron irradiation embrittlement of polycrystalline and single crystalline Molybdenum［J］. J of Nuclear Mater. 1998, 258: 848.

［19］ M. Scibetta et al Analysis of tensile and fracture toughness result on irradiated Mo alloys, TZM And Mo-5% Re［J］. J. of Nuclear Mater. 2000, 283: 455.

［20］ Y. Kitsunai et al Effect of neutron irradiation on low temperature toughness of Ti-C-dispersed Molybdenum alloys［J］. J. of Nuclear Mater. 1996, 239: 253.

［21］ H. Kurishita et al Development of Mo-alloys with improved resistance to embrittlement by Recrystallzation and irradiation［J］. J of Nuclear Mater. 1996, 233: 557.

［22］ 杨广礼等. 断裂力学及应用［M］. 北京: 中国铁道出版社, 1990.

［23］ B. V. Cockeram Measuring the fracture toughness of Mo-0. 5Ti-0. 1Zr and ODS molybdenum Alloys using Standard and Subsized Bend Specimens［J］. Metall. Mater. Trans. 2002, 33A: 3085.

［24］ B. V. Cockeram The Fracture toughness and Toughness mechanisms of Wrought Low Carbon Arc Cast (LCAC) ODS and Mo0. 5Ti-0. 1Zr Molybdenum Plate Stock［J］. Metall. Mater. Trans. 2005, 36A: 2005.

［25］ B. V. Cockeram The Fracture Toughness and Toughening Mechanism of Commercially Available Unalloyed Mo and ODS Molybdenum with an Equiaxed, Large Grain Structure［J］. Metall. Mater. Trans. 2009, 40A: 2009.

［26］ B. V. Cockeram The mechanical properties and fracture mechanisms of wrought LCAC And ODS TZM Molybdenum flat products［J］. Mater. Scie. Engin. 2006, 418A: 120.

［27］ B. V. Cockeram In-Situ Fracture studies and Modeling of the toughening Mechanism Present InWorught Low-Carbon Arc-cast Molybdenum, Titaninum Zireonium Molybdenumand Oxide-Dispersion-strejgthenwd Molybdenum flal products［J］. Metall. Mater. Trans 2008, 33A、39A: 2045.

8 钼的强韧化原理及钼合金系列

8.1 引言

  C. W. Seheele 在 1778 年制造出氧化钼,到 1782 年 P. J. Hjelm 得到纯金属,把它命名为钼。当时的高温技术水平落后,不能得到需要的高温,没能再炼出这种金属。到了 1893 年 M. Moissan 用电炉加热碳和二氧化钼的混合物,才得到含钼 92% ~ 96% 的铸态金属。1900 年前后,白炽灯泡工业用耐高温的锇 Os 丝和钽 Ta 丝做发光元件。到 1910 年开始用钨丝生产白炽灯泡,同时研究用钼做灯泡的元件,主要用丝材和薄带。生产工艺是用 1909 ~ 1910 年 W. D. Coolidge 发明的粉末冶金法。把钼粉或其化合物与有机或无机黏结剂混合压制成形,脱胶后再烧结。随后德国 Gasguhlicht,通用电气研究实验室把垂熔烧结钼条坯用热机械加工致密化并拉拔成丝材,钼丝的拉伸强度和电导等性能由 Fink 在 1910 年和钨丝同时发表。

  第二次世界大战前,钼专用于白炽灯泡,真空管和 X 射线管的小部件,单重 1.5kg 的坯料经 2600K 烧结后,用摔锻加拔丝工艺生产钼丝和箔材。战争期间,美国对真空管的需求量激增,迫切要求用钼做高温结构材料,要求供应大规格的钼材。为此,Climax 公司着手开发真空电弧熔炼技术,研发成功铸锭超过 10kg 的熔炼炉,不久又开发成功从钼粉压形→烧结→熔烧三步一体的连续大型真空自耗电极电弧熔炼炉。到 1950 年炼出了单重 1000kg 级的大钼锭。与此同时西屋子电气公司(Westinghouse Electric)着手研究大型烧结钼锭,用推舟式烧结炉,把钼坯放在露点为 300K 的氢气中长期低温烧结,烧结温度 1800 ~ 2000K。到 1940 年代末烧结出 450kg 级的大坯料。到了 1950 年已确定,加工态和再结晶态的烧结钼和钼合金与同样处理状态的真空自耗电极电弧熔炼的钼和钼合金有同样的性能。由于烧结工艺生产钼坯有许多优点,这个方法备受关注。

  到了 20 世纪 50 年代中期,粉末烧结钼锭和真空自耗电极电弧熔炼的钼锭用"V"形摔子摔锻开坯成形。同时出现了高速模锻和热挤压(用玻璃粉做润滑剂)工艺,加工工艺的飞速发展,用粉末冶金工艺和真空自耗电极电弧熔炼工艺生产的坯料都可以制造出大型钼构件。战后,利用钼的高导电性和高耐熔融玻璃的腐蚀性,用大量钼材制作玻璃电熔炉的钼电极,由于钼有良好的抗蠕变性,用它制造高温加热炉的发热体,大大地扩大了钼的应用。

  50 年代末到 60 年代末的 10 年期间,美国以开发宇航耐热材料和原子能耐热,耐蚀结构材料为目标,以政府出资为主导,在难熔金属领域进行了大量的研究工作。广泛研究了钼和钼合金材料,有关钼和钼合金焊接技术及防氧化涂层技术,这段时间是钼和钼合金研发的黄金时期。

  70 年代初,钛和钛合金,超级高温合金大型等温模锻工艺的发展,需要大型耐高温高强的等温锻造模,为此,研究了高强度的综合性能优越的 TZM 钼合金。GTE Sylvania 用粉末冶金工艺生产出重量超过 1000kg 的大型合金坯料。由于粉末冶金工艺烧出的坯料晶粒相对细小，没有真空自耗电极电弧熔炼炉炼出的钼锭含有的大柱状晶粒，不需要用挤压工艺破碎柱状晶，所以坯料的尺寸不受挤压条件的限制，可以烧成巨大坯料。80 年代初期，普兰西（Metallwelk Plansee）制造出了直径 1.3m，重量达 5000kg 级的大烧结坯。

近年以来，随着电子工业及半导体技术的发展，钼的应用领域日愈扩大，半导体仪器部件及生产各种半导体材料单晶体的结晶器坩埚，光刻屏蔽及滤网等都要用大量的钼板材。除了钼材的新运用领域的开发和扩展以外，在钼材研究方面，大量的研究了有关抗氧化钼基复合材料的制备，性能和结构。

图 8-1 是钼和钼合金的研究和发展历程图，由图可以了解钼和钼合金的发展过程。该图标出了由 1910 年到 2000 年钼合金的发展历史，从横向看有两大方向，一个是细化晶粒，细晶强化，添加合金元素，强化和塑化晶粒边界和晶粒基体，另外是走大晶粒强化塑化道路，用单晶，粗晶粒化，长大晶粒的培养和繁殖。提高钼合金的强度和塑性。

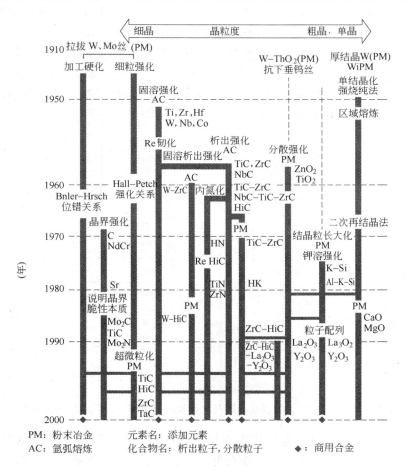

图 8-1　钼和钼合金的发展历程图[1]

根据近代金属物理和金属学的理论和实验确定，合金基体金属原子之间的键合强度是决定合金热强度的关键因素，晶格中的电子分布决定了原子间的键合力。根据物理特性，例如高熔点，高弹性模量，低线膨胀系数，综合反映出原子间的键合强度高。这样，除传统的铁、钴和镍以外，难熔金属钨、钽、钼、铌和铬都是最有希望的高温结构材料的基体材料。图 8-2(a)、(b) 给出了完全再结晶的 3～6 级晶粒度的镍、铌和钼的强度性质与实际实验温度和熔点的均化温度（$T/T_{熔化}$）之间的关系。以实验温度为横坐标，钼和铌的强度最高。如果以均化温度为横坐标，当实验温度超过 $0.6T_{熔化}$ 时，镍、铌和钼都是等强的。这也证明了在高温范围内温度超过 60%～80% 熔点时，强度仅取决了温度与熔点的差，因而可把强度看做是和原子之间键合力直接有关的物理特性。在此高温范围内，金属的高温塑性变形是通过自扩散常数控制的位错交叉滑移过程来实现的，事实上，高温变形激活能和自扩散激活能的数值十分接近。在 $(0.3～0.6)T_{熔化}$ 的中温区内，温度低于 $0.6T_{熔化}$ 的情况下，金属的强度不仅是它的熔点的函数，还与其他一系列因素有关，此时组织结构因素是影响强度的主要参数。强度与温度的关系不甚密切，它往往不是随温度单调升降。在这个温度范围内，塑性变形取决于位错在临界应力作用下沿滑移面的运动。在结构完善的晶格内，即在各向同性的介质中，临界滑移应力与柏氏矢量，剪切模量和位错源长度有关，这些参量与热激活没有多少关系。在实际金属中，晶格的许多其他不完善性，诸如杂质原子的聚集，第二相粒子的存在，其他位错，孔洞，晶界等，都阻碍位错运动，均提高临界剪切应力。在这个温度范围内，纯金属的杂质含量，合金化，加工硬化及热处理能在很大程度上改变金属的显微组织和精细结构，大大提高了塑性变形抗力和抗破断能力。因此，耐热合金的工作温度往往不能超过它的基体材料熔点的 30%～70%。

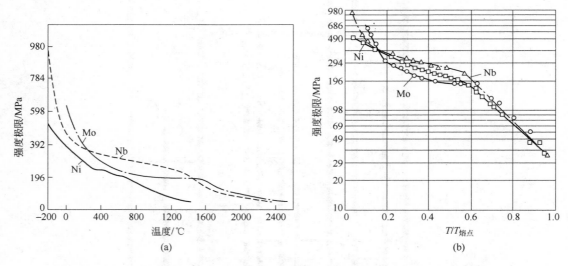

图 8-2　镍、铌和钼的强度极限与温度和均化温度（$T/T_{熔化}$）的关系[2]

　　图 8-3 是钼和钼合金的强度与其他各种金属材料的对比图，这是一幅很经典的示意图，表明高温技术的发展，要求材料能在更高的温度下工作，发展钼和钼合金可能是最佳选择。目前广泛采用的超级镍基合金的使用温度上限很难越过 1100℃，超过这个温度，由这一幅图看出，钼和钼合金材料的强度是完全能够满足高温结构件的要求，工程应用的主要障碍是钼和钼合金不良抗氧化性能。提高钼和钼合金的抗氧化性能是目前的一个重要研究课题。

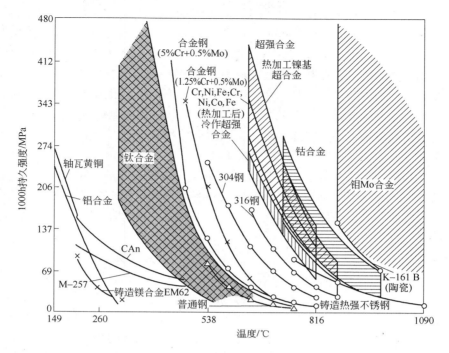

图 8-3　钼和钼合金做高温结构材料应用的潜力（1000h 持久强度与温度的关系）[3]

8.2　钼的固溶强化

8.2.1　基本概念

合金的组元在固态状态能相互溶解，在液态凝固和高温烧结过程中，各组元的原子将共同结晶成一种晶体，晶体内包含有各组元的原子，新晶体结构是其中一个组元的结构，这些组元就此形成了固溶体。固溶体的组分成溶剂和溶质，固溶体是溶质原子溶入固态溶剂。根据溶质原子在溶剂晶格中占据的位置，固溶体分为置换固溶体和间隙固溶体。溶质原子占据溶剂晶格的某些结点而形成的固溶体，好像溶质原子置换取代了溶剂原子，故称置换固溶体，见图 8-4(a)。另外，在分析体心立方金属晶格的结构时已经说明，晶内

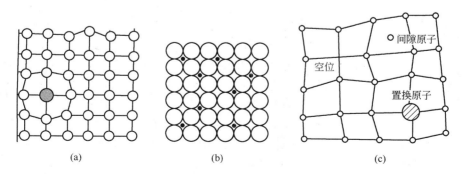

图 8-4　固溶体及固溶强化的示意图
（a）置换固溶体●置换原子；（b）间隙固溶体●间隙原子；（c）固溶强化示意图

有四面体和八面体空隙，如果溶质是小原子，例如 C、H、O、N 和 B，它们各自的原子半径分别为 0.077nm、0.04nm、0.060nm、0.071nm 和 0.097nm。这些小尺寸溶质原子占据了晶格原子间的空隙位置而形成的固溶体称间隙固溶体，见图 8-4(b)。溶质原子溶入溶剂的数量称固溶体的浓度，在某个温度和压力下，溶质在固溶体中的极限浓度称溶质在固溶体中的溶解度。溶质和溶剂不是 100% 互溶，溶解度有一定限制，这类固溶体是有限固溶体。溶质和溶剂可按任意比例下互溶，没有极限溶解度的限制，这类固溶体叫无限固溶体。不论是置换固溶体，还是间隙固溶体，因为有异种原子溶入固溶体基体，必然产生晶格扭曲，引起内应力，发生固溶强化，见图 8-4(c)。

影响溶质和溶剂之间互溶性的因素有晶体结构，原子直径的匹配性及尺寸相对差异，元素之间电负性及价电子差异等。只有当溶质和溶剂元素的晶体结构相同，才具有无限互溶形成无限固溶体的必要条件，在电化学因子和尺寸因子有利时才会形成无限固溶体，也可能固溶体区的范围很宽。

原子尺寸因素，所谓尺寸因素是溶剂原子半径 r_A 与溶质原子半径 r_B 的相对差 Δr，$\Delta r = (r_A - r_B)/r_A$。此值对固溶体的溶解度有重要影响。$\Delta r \leqslant \pm (14\% \sim 15\%)$ 时有利于溶质和溶剂大量互溶，当 $\Delta r > \pm 15\%$，溶解度原子分数一般不超过 5%。当 $\Delta r > 30\%$ 时，一般不易形成置换固溶体。在计算尺寸因子时，在配位数为 12 的密排情况下，取晶格内最近的原子间距为原子直径。但是，在形成固溶体时，有些元素的离子状态变化了，这些元素应当采用指定的原子直径相应的有效修正值。

电负性的作用，可以根据两个元素生成的化合物的稳定性来判断它们之间电负性的差异度，生成的化合物越稳定，表明它们之间的电负性差大，化学亲和力强，则元素之间不易形成固溶体。电负性相差越小、越容易形成固溶体，所形成的固溶体的固溶度也越大。在元素周期表中，同一族的元素由上到下电负性逐渐减小，而在同一同期中由左向右，即原子序数增大，电负性增大，只有电负性相近的元素之间才有高的溶解度。

电子浓度因素，是指合金中的价电子数与原子数的比值。在一些以一价金属元素（如 Cu、Au、Ag）为基体的固溶体中，当原子尺寸因素有利时，溶质的原子价越高，则溶质在基体中的溶解度越低，原子价反映电子浓度，各溶质元素在它们中的最大溶解度对应一个恒定的电子浓度 1.4，即极限电子浓度。超过这个浓度，固溶体不稳定，要形成别的相。电子浓度的计算公式为：

$$\frac{e}{a} = \frac{A(100 - x) + Bx}{100}$$

或者按照

$$\frac{e}{a} = \frac{f_A v_A + f_B v_B}{f_A + f_B}$$

式中，A、B、f_A、f_B 为溶质和溶剂的原子价；x 为溶质原子在合金中的原子分数含量，%；f_A、f_B 为溶剂组元 A 和 B 的摩尔分数含量，%。

由于过渡元素的原子价不固定，计算电子浓度时的原子价采用哪个值尚有异议。通常采用周期表中的族数代表它的原子价。也可以认为过渡元素的原子价为"零"，因为元素的 d 壳层电子未填满，在合金中它虽然可以贡献出最外层的电子，却又要吸纳电子填充 d 壳层，实际作用为零。表 8-1 列出了 Mo 合金中可能用到的一些元素组成的钼二元系的特点。

表 8-1　钼二元系的部分特性参数

族数	元素名	晶体结构	相对于钼的原子尺寸因素/%	相对于钼的电子浓度（电负性）/%	温度/℃	溶解度 原子分数/%	溶解度 质量分数/%	共晶反应	包晶反应	二元系中可能存在的化合物
ⅠB	Cu	面心立方	−8.7	+1.08	950	2.2	1.5	—	—	—
	Ag	面心立方	+3.2	+1.13	—	<0.20 未发现	<0.14 未发现			
ⅡA	Be	面心立方	−19.4	+0.63	1850 1300	0.53 0.11	0.05 0.01	1	—	Mo_3Be，$MoBe_2$ $MoBe_{12}$，$MoBe_{20}$ $MoBe_{26}$
ⅢB	Sc	面心立方 体心立方	+17.2	+0.78	1625	<0.0002	<0.0001	—	—	—
	Y	面心立方	+28.6	+0.85	1585	<0.0001	<0.0001	1	—	
ⅢA	B	四角形	−30	+0.14	2200 1100	<1.0 0.035	<0.11 0.004	3	3	Mo_2B，MoB_2 $MoB(\alpha)$ $MoB(\beta)$ $MoB_{\sim12}$，Mo_2B_5
	Al	面心立方	+2.3	+0.57	2150 1300	19 6.5	6.3 1.9	2	6	Mo_3Al，$MoAl(\xi_2)$ $Mo_{37}Al_{62}(\xi_1)$ $MoAl_4$，$MoAl_5$， Mo_3Al_* $MoAl_6$，$MoAl_{12}$
ⅣB	Ti	面心立方 体心立方	+4.4	+0.43	>885	100	100	—	—	—
	Zr	面心立方 体心立方	+14.3	+0.57	1900 1300	约10.5 约5.3	约10 约5.0	1	1	Mo_2Zr
	Hf	面心立方 体心立方	12.9	+0.57	1960 1200	约22.5 9.5	约35 16.0	1	1	$Mo_2Hf(\varepsilon)$ $Mo_2Hf(\eta)$
	Th	面心立方	+28.4	+0.69	无限	未发现	未发现	1	—	—
ⅣA	C 石墨	六角系	−34.5	−0.49	约2200 1500	<1.0 <0.08	<0.12 <0.01	2	—	$Mo_2C(\alpha)$ $Mo_2C(\beta)$ $MoC_{1-x}(\eta)$ $MoC_{1-x}(\alpha)$
	Si	钻石立方	−5.8	+0.23	2070 1315	5.5(9.3) 0.92	1.65(2.9) 0.27	3	2	Mo_3Si，Mo_5Si_3 $MoSi_2(\alpha)$ $MoSi_2(\beta)$
ⅤB	V	体心立方	−3.8	+0.2	无限	100	100	—	—	—
	Nb	体心立方	+4.9	+0.28	无限	100	100	—	—	—
	Ta	体心立方	+4.8	+0.28	无限	100	100	—	—	—

族数	元素名	晶体结构	相对于钼的原子尺寸因素·/%	相对于钼的电子浓度（电负性）/%	在钼中的溶解度			共晶反应	包晶反应	二元系中可能存在的化合物
					温度/℃	溶解度				
						原子分数/%	质量分数/%			
Ⅵb	Cr	体心立方	+8.4	+0.05	无限	100	100	—	—	
	W	体心立方	+0.06	0	无限	100	100	—	—	
	U	体心立方	+11.4	+0.16	无限	约2	约4.8	>1	>1	
ⅦB	Re	面心立方	−1.8	−0.03	约2500	42	58	—	2	Mo_3Re
					1000	30	45			Mo_2Re_3 (σ)
										$MoRe_4$ (χ)
	Fe	体心立方	−9.0	−0.16	1500	16.5	10.5	—	3	$MoFe$ (σ)
		面心立方	—		1100	4.5	2.7			Mo_2Fe_3 (ε)
										R
										$MoFe_2$ (λ)
	Co	密排六方	−10.6	−0.21	1620	11.5	7.4	1	2	Mo_3Co_2 (σ)
		面心立方			1100	0.95	0.60			Mo_6Co_7
										$MoCo_3$ (K)
										Mo_3Co_4 (θ)
	Ni	面心立方	−11.0	−0.19	1360	1.8	1.1	1	1	$MoNi$ (δ)
					900	0.1	0.06			$MoNi_3$ (γ)
										$MoNi_4$ (β)
Ⅷ	Ru	密排六方	−4.4	−0.07	1946	约30.5	约32	1	—	Mo_5Ru_3 (σ)
					1500	约13	约13.6			
	Rh	面心立方	−3.9	−0.07	1940	约20	约21.5	1	1	$MoRh$
					1000	约3	约3.2			
	Pd	面心立方	−1.7	−0.03	1755	6.5	7.1	1	1	$MoRh_3$ (ε)
					1400	约3	约3.3			$MoPd$ (ε)
	Os	密排六方	−3.4	−0.05	2380	19.5	34	1	1	Mo_3Os (β)
					1000	7	13			Mo_3Os (σ)
	Ir	面心立方	−3.1	−0.05	2110	16	29.5	1	3	Mo_3Ir (β)
					1500	<5	<2.5			Mo_5Ir_3 (σ)
										(ε)
										$MoIr$ (ε)
										$MoIr_3$
	Pt	面心立方	−0.1	0.02	2080	12	20.8	1	1	Mo_6Pt (β)
					1000	2	1			Mo_3Pt_2 (ε)
										Mo_3Pt_2 (ε')
										$MoPt$ (δ)
										$MoPt_2$ (η)

纵观表8-1，V、Nb、Ta、Cr、W 和 Mo（ⅤB、ⅥB）的尺寸因子，电负性及晶格结构非常有利于形成固溶体，它们之间形成连续无限固溶体。Ti、Zr 和 Hf 中（ⅣB），Ti 在885℃以上是体心立方晶格的同素异构体，它和钼也形成无限固溶体。Hf 和 Zr 在钼中的溶解度有限，它们和钼之间有共晶反应和包晶反应，生成拉乌斯（Laves）相。Re（ⅦB）在钼中的溶解度原子分数可以高到大于35%，Mo-Re 系统中有 σ 相和 χ 相。过渡族金属（Ⅷ）的尺寸因子，特别是铂族元素的尺寸因子特别有利，但是由于电子结构和晶体结构与钼有本质的区别，除 Ru 以外，它们在钼中的溶解度原子分数最高不超过20%。每个周期中的金属在钼中的溶解度随着金属与钼的电子结构差别的增加而减小。非金属元素 C、B 和 N 在钼中的溶解度很低，除形成间隙固溶体以外，它们和钼形成各种化合物。

在溶质和溶剂形成固溶体时，由于溶质和溶剂原子尺寸的差异，无论溶质原子是占据溶剂晶格的结点处，还是嵌在溶剂晶格的空隙内，都会引起溶剂晶格常数的变化，对于置换固溶体而言，若溶质的原子半径大于溶剂的原子半径，在溶质原子附近周围的晶格胀大，平均晶格常数增大。反之，溶质原子周围的晶格收缩，平均晶格常数减小。就间隙固溶体而言，晶格常数总是随着溶质原子融入而增大，它的影响往往比置换固溶体大得多。溶质的溶入引起晶格扭曲变形，晶格畸变，使固溶体的强度提高，即发生固溶强化。固溶强化是金属，包括钼，合金强化的主要手段之一。

图8-5 是一些合金元素对钼的室温晶格常数的影响，试样是合金元素含量不同的钼铸锭的切剖面，测量温度严格控制在25℃。所研究的元素和钼形成无限固溶体，或者在钼中的溶解度极限很大。

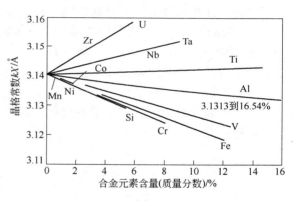

图8-5 若干合金元素对钼的晶格常数影响

真空铸造用碳脱氧的钼的硬度（未合金化钼）是1764MPa，图8-6 是各种合金

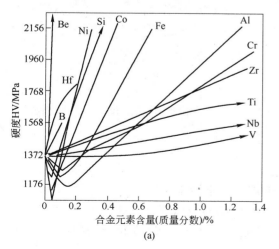

(a)

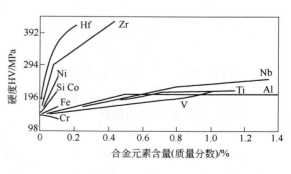

(b)

图8-6 若干合金元素对钼的室温硬度和1650℃硬度的影响

元素对钼的室温硬度和 1650℃ 高温硬度的影响。这些元素和钼形成固溶体，对硬度的影响反应对钼的固溶强化的效果。在室温硬度图 8-6（a）上看出，少量的镍、铁、铝、钴、硅和铬使钼的室温硬度开始略有下降，随后硬度也增高。这种硬度下降的可能机理是这些少量的添加剂去除了或者中和了固溶体中存在的杂质，或者改变了碳，氧杂质在金属中的溶解度。除这六个合金元素外，其余各合金元素在所研究的浓度范围内都单调提高钼的室温硬度，硬度的升高和合金元素含量之间有近似线性关系，硬度变化系数（硬度的增量与合金元素含量的原子分数比）与晶体结构和原子直径等特性值有关。在 1650℃ 的硬度曲线图 8-6（b）上，只有添加少量铬 0.11% 的钼合金比未合金化钼软，其余各元素都提高钼的高温硬度。

若干个固溶合金元素对钼的高温拉伸性能的影响绘于图 8-7，该图上的每个合金元素都标出了原子半径的差异度百分数。由图看出，差异度百分数大的合金元素更有效地提高了钼的高温抗拉强度。锆的强化作用最大，钨的强化作用最小。

钛是固溶强化钼合金中不可缺少的一种合金元素，钼-钛合金中的钛含量与合金的拉伸强度与 100h 的持久强度之间的关系绘于图 8-8，室温和 870℃ 的拉伸强度以及 980℃ 和 1090℃ 的 100h 持久断裂强度不是随钛含量的增加单调升高，而是在钛含量达到 0.5% 时，强度出现极大值，这里仅考虑钛的固溶强化作用，不涉及合金中的碳形成碳化钛对强度性质的影响。

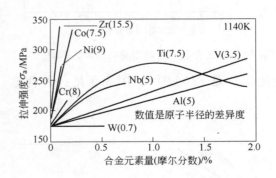
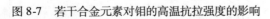

图 8-7　若干合金元素对钼的高温抗拉强度的影响

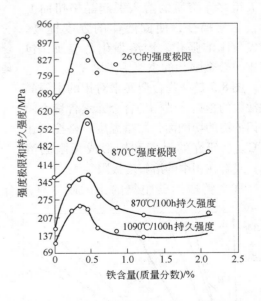

图 8-8　钛含量对钼的强度极限和持久强度的影响

8.2.2　间隙元素硼对钼的作用

Mo-B 二元系是间隙固溶体合金，用电子轰击炉二次重熔工艺生产一组含硼量不同的钼合金，炉料和铸锭的成分列于表 8-2，在熔炼过程中硼的烧损程度很高，估计大约超过 80%，由于在钼的熔点处，硼的蒸气压相当低，可能硼的烧损是 Mo-B 化合物的挥发，而不是 B_2O_3 的挥发。

表 8-2 电子束熔炼前后合金成分的分析($\times 10^{-6}$)[4] （质量分数/%）

炉号	炉料钼粉中硼的添加量	电子束熔炼后铸锭的分析				晶粒度个数/cm²
		硼	碳	氮	氧	
1	0	—	14	<10	23	2.5
2	200	<10	16	<10	15	5.6
3	500	60	14	14	20	30
4	1000	230	23	10	23	45
5	2000	500	<10	10	13	46.5

由表列数据可以清楚看出，少量硼添加剂确实可以细化晶粒。含硼量大约在 10×10^{-6} 时，细化晶粒的效果值得注意，230×10^{-6} 时，晶粒细化效果最为肯定，超过 230×10^{-6} 细化晶粒效果没有明显增加。考虑到碳、氧、氮等间隙元素在钼中的溶解度很低，在电子束熔炼的凝固过程中结晶成粗大的柱状晶，低熔点物质向晶界偏析，降低了晶粒之间的结合力，在晶界区内产生脆的第二相，晶间断裂是铸态钼占绝对主导地位的断裂模式。细化晶粒增加了晶界面积，降低了单位面积间隙杂质的偏析浓度。另外，不管晶界间隙杂质偏析浓度如何，细晶粒结构的材料本质上的韧性比粗晶粒的高。这样，加少量硼的钼锭锻造性能和轧制性能都比未合金化的钼更优越。

在正常情况下，电子束熔炼炉炼出的钼锭先挤压开坯，破碎粗大的柱状晶粒，然后再锻造轧制。直径 50.8mm 的加硼钼锭可以直接自由锻造开坯。锻造加热温度 1316℃，开锻温度 1204℃，在达到最终尺寸以前有一次中间加热。除未加硼的钼锭锻造开裂以外，其余含硼钼锭都成功的锻成最终尺寸 63.5mm×15.2mm×(203~280)mm 的板坯。锻造板坯进行一次 1399℃/h 真空退火，清理表面后进行轧制，始轧温度 1093℃，轧制中间加热温度 760℃。最终轧成厚 1.27mm 的板材，轧制总压下量为 83% 和 92%。

再结晶行为检验指出，在硼含量不超过 500×10^{-6} 的情况下，再结晶行为基本上不受硼的影响。把 1.27mm 厚，温加工变形量为 92% 的板材在不同温度下退火 1h，测量室温硬度的变化，图 8-9 绘出硬度变化速度与退火温度的关系，根据退火试样的室温硬度确定，再结晶温度在 1038~1093℃ 之间，而根据金相检验证实，一小时完全再结晶（100%）温度是 1093℃。在整个检验的温度范围内，含硼量高的钼合金比含硼量低的要硬一些。

合硼钼合金细化晶粒要求的硼含量约为 $(10 \sim 230) \times 10^{-6}$，含硼量在这个范围内的 Mo-B 合金的拉伸强度和屈服强度基本与文献发表的商业合金的一样。图 8-10 是 Mo-B 合金由室温到 1927℃ 的拉伸强度极限和 0.2% 名义屈服强度，增加硼含量给予合金一些附加的强化作用，含硼量最少的（10×10^{-6}）一组合金的纯度高，它们的屈服强度较低。拉伸试样的原料是设定的厚 1.27mm 的板材，试样都用电子束加热炉加热到设定的温度 1093℃，进行真空再结晶退火处理。

添加少量硼也能明显提高钼的持久断裂强度，含硼 230×10^{-6} 的合金的持久强度比硼含量少于 10×10^{-6} 合金的高出一倍。不同含硼量钼的 1093℃ 的持久断裂强度绘于图 8-11，图中还比较了电弧熔炼的未合金化钼的持久断裂强度，可以看出，真空自耗电极电弧熔炼未合金化钼的持久断裂强度比电子束熔炼含 10×10^{-6} 硼的钼合金的高一些。可能的原因是

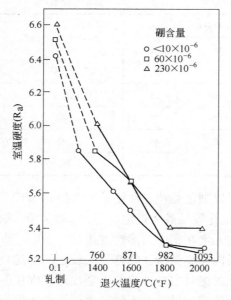

图8-9　温加工变形量92%的Mo-B
合金的再结晶行为

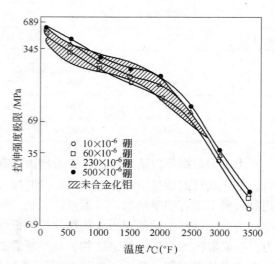

图8-10　Mo-B合金的拉伸强度极限
和0.2%屈服应力与温度的关系

电弧熔炼材料的间隙杂质含量高。这个结果的重要性在于，证明了少量硼的添加剂是提高
而不是降低钼的高温持久强度。

拉伸伸长率及弯曲角是度量材料的塑性指标，通用拉伸试样的卡头位移距离代表伸长
率。弯曲脆性有两个判定标准，其一是在室温下试样弯曲105°的恒定角时，不产生裂纹的
加载压头最小半径。其二是用固定的4T压头半径做弯曲试验，绘制弯曲角与温度的关系
图。不同含硼量的钼在不同温度下的伸长率绘于图8-12，过量的硼含量（500×10^{-6}）能
导致脆性，含硼最高的钼的伸长率最低。表8-3列出了纵向试样在室温下弯曲恒定的105°
角不产生裂纹的最小压头半径与硼含量的关系，所有弯曲试样都承受了649℃消除应力退

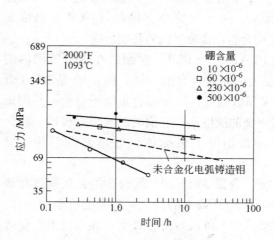

图8-11　含硼钼的1093℃的持久断裂强度

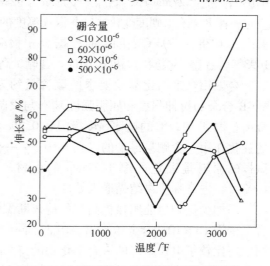

图8-12　在不同温度下不同硼含量钼的伸长率

火。根据105°弯曲角判据，含硼60×10^{-6}的合金塑性最好。从断裂时的弯曲角与温度的关系图（见图8-13）可以看出，含硼60×10^{-6}钼的塑脆性转变温度（DBTT）最低，但是，含硼230×10^{-6}钼也呈现出很低的塑脆性转变温度（DBTT）。这两个硼含量的数据点在图上的阴影区内的分布密度最高，这就指出，最佳硼含量可能处于$(60 \sim 230) \times 10^{-6}$之间。总而言之，钼板含有适量可控的硼，它比未合金化钼板有更好的塑性，冲压性和深拉性。

表8-3　在室温弯曲105°不开裂的最小压头半径

编号	硼含量$\times 10^{-6}$	最小压头半径/mm	编号	硼含量$\times 10^{-6}$	最小压头半径/mm
1	10	0.79	3	230	1.587
2	60	0.396	4	500	6.35

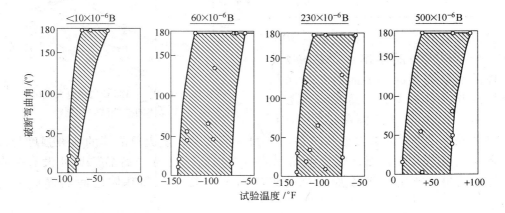

图8-13　消除应力的厚1.27mm含硼钼板的弯曲试验结果

硼细化钼锭晶粒的原因，就是提高液态金属的成分过冷度，增加液相的富硼度，加快晶核的形成速度。在液态金属中存在有一些Mo-B化合物粒子，它们成为结晶的触媒剂。这几个因素综合作用，细化含硼钼锭的晶粒。

8.2.3　间隙元素碳在钼中的作用

碳是钼合金中不可缺少的元素，用纯钼单晶体，双晶体，"竹竿形"结构的多晶体和一般多晶体研究碳在钼中的作用。单晶体结构无晶粒边界，双晶体只有一个晶界，"竹竿形"结构是许多近似平行晶粒交于一个晶界，形成像"竹节"一样的结构。

用二次再结晶方法生产出0.5mm厚的钼单晶板材[5]，板材表面和体内都能看到有"岛状晶"，用这种板材做成拉伸试样，试样承受两种热处理，一是900℃/h退火，二是在钼表面包涂碳并在1200℃/200min进行渗碳，前者称退火单晶，后者称碳化单晶。晶体的轴位向与[100]方向的夹角为10°～20°。在这两种处理以后，退火单晶和碳化单晶的碳含量分别是6×10^{-6}和10×10^{-6}。在−200°～20°之间进行拉伸试验，图8-14是低温拉伸试验结果，可以看出，随着温度下降，单晶体的屈服强度略有增加，同时它们的塑性突然降低。与多晶体相比，单晶体的屈服强度绝对下降，而对温度没有多少敏感性，最终在较低温度下它们的塑性较高。但是，在较低的温度下，添加少量碳，单晶的塑性和断裂强度略有提高，同时屈服强度几乎不变。单晶体和多晶体的零塑性温度的比较列于表8-4，看到碳化单晶体的零塑性温度最低，不论是多晶体钼还是单晶体钼，碳化处理都降低零塑性温度。

表 8-4　单晶体和多晶体的零塑性温度

试样状态		零塑性温度/℃
单晶体	退 火	$-128 \sim -109$
	碳 化	< -190
多晶体	再结晶	-62
	碳 化	-104

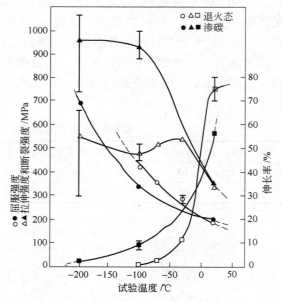

图 8-14　在 20 ～ -196℃ 之间退火及碳化单晶体的拉伸试验数据

扫描电镜观察发现，温度在 -30℃ 以下，全部退火单晶体和非常多的碳化单晶体的裂纹都起源于表面的"岛晶"，裂纹极少从晶体内开始。这种事实意味着"岛晶"是单晶体低温断裂的原因。

图 8-15 是在 -196℃ 断裂强度与"岛晶"尺寸的关系，退火单晶体的断裂强度与尺寸没有密切关系，另一方面，碳化单晶体的强度提高，而与"岛晶"尺寸没有一点关系。这个结果可能是由于添加少量的碳提高了"岛晶"和基体之间的界面强度引起的。

用电子束熔炼炉炼出粗晶粒的纽扣铸锭，用这种粗晶铸锭切割出双晶拉伸试样，试样中唯一的晶界严格垂直拉伸轴。试样尺寸约为 1.4mm × 4mm × 20mm，间隙杂质 O、C、N 的含量（质量分数）相应不超过 10%、20% 和 30×10^{-6}。双晶试样进行下列多种热处理，2000℃/h，2000℃/8h 退火后炉冷，2000℃/h 退火后在氮气中淬火，2000℃/h 渗碳处理后炉冷。双晶试样的表面浸沾 99.99% 光谱纯的石墨乳，并在高真空环境中加热进行渗碳处理。用这些经过处理的双晶试样和未受处理的原始铸态双晶试样做室温拉伸试验，原始铸态的，真空退火和渗碳处理的双晶试样的晶界拉伸断裂强度试验结果综合绘于图8-16。由图看出，非常多的原始铸态钼双晶发生晶间断裂，断裂应力处于 19.6 ～ 323.4MPa 范围内，分散度很高。2000℃/h 和 2000℃/8h 退火后炉冷的双晶试样都发生晶间断裂，断裂应力与铸态双晶的没有重大区别。2000℃/h 退火后氮气淬火的钼双晶也都发生晶间断裂，且断裂应力都很低。另一方面，2000℃/h 渗碳处理后炉冷的双晶试样，明白无误地显示出断裂应力升高，渗碳试样的塑性非常好，发生剪切断裂，断裂的横断面收缩率达到 100%。

金相研究指出，虽然几乎所有铸态双晶试样的晶粒边界都是干净的，但有时沿着某些晶粒边界看到有沉淀物，图 8-17 是含有大量沉淀物的晶间解理断裂表面照片。晶界的这种结构是 αMo 和碳化物，氧化物及氮化物组成的共晶体，因为凝固速度特快，这些杂质在晶粒边界偏析。2000℃/h 真空退火以后，这些沉淀物完全消失。退火试样的晶间断裂

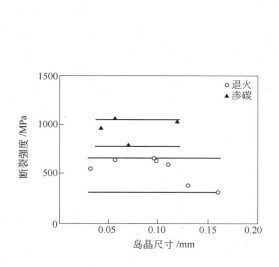

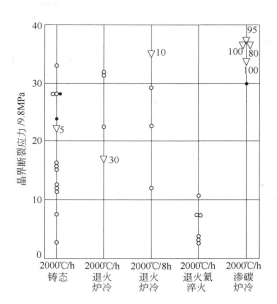

图 8-15   钼单晶的断裂强度与
"岛晶"尺寸的关系

图 8-16   不同热处理状态双晶钼试样的
拉伸试验结果

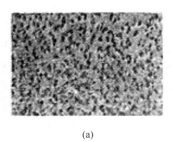
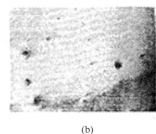
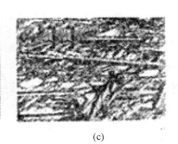

(a)   (b)   (c)

图 8-17   不同处理状态的钼的显微组织

（a）含有大量沉淀物的铸造试样的晶间断裂表面；（b）2000℃/h 真空退火后的晶间断裂表面，
退火前表面花纹和（a）图一样；（c）2000℃/h 渗碳的塑性铸态试样的晶间断裂表面

表面是平滑的并含有许多大孔洞。

已经知道在 2000℃，C、O、N 在钼中的溶解度（质量分数）相应约为 0.018、0.01 和 0.007，被研究试样的这些杂质的含量远小于溶解度。因此，真空退火引起晶间断裂表面花纹变化的原因是，沉淀物溶入基体，而使用的相当快的冷却速度又抑制了再沉淀。在晶间断裂表面上看到的孔洞认为是气孔，这些气孔是由氧化物或氮化物分解时，或者它们之间相互反应产生的气体造成的。金相观察显示，晶粒边界断裂应力与晶间断裂表面花纹没有关系，引起晶间脆性的主要因素不是晶间沉淀物。

渗碳试样表面覆盖了一层碳化物，除去约 0.1mm 表面碳化物层以后，研究横断面发现，碳均匀分布在整个试样上，由于渗碳试样的塑性太好，拉伸试验时没有发生晶间断裂，只有用冲击断裂，才得到晶间断裂和穿晶断面的混合断裂表面。图 8-17（c）是 2000℃/h 渗碳试样晶间断裂表面上的碳化物图。综合分析这些试验结果指出，2000℃/8h

真空退火，虽然晶间断裂表面花纹发生了清楚的变化，但是并有明显的强化晶粒边界，而渗碳处理强化了晶粒边界并大大地改善了塑性。

竹竿形结构的多晶体，真空电子束熔炼炉生产钼锭，经模锻，拉拔，随后 2000℃/30min 真空退火形成竹竿形结构多晶体。这种结构的晶粒边界都严格垂直于丝材的轴线，好像竹竿的节一样。试样中的杂质 O、C、N 的含量相应约为 10×10^{-6}、10×10^{-6} 和 30×10^{-6}，平均晶粒直径约为 1.1mm。图 8-18 是竹竿形丝材与普通丝材的拉伸性能的对比。普通丝材的平均晶粒直径约为 0.3～0.4mm，承受 1500℃/30min 退火后炉冷处理。在拉伸伸长率-应力曲线上出现屈服点，断裂时伴随有颈缩，断裂截面收缩率达到 30%。

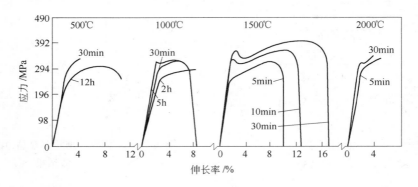

图 8-18   不同制度渗碳以后，竹竿形结构丝材的典型的拉伸应力-伸长率曲线

竹竿形晶粒结构丝材的试样也发生晶间断裂，断裂伸长率 1%～5%，没有任何屈服点。竹竿形结构试样屈服点消失的原因在于，竹竿结构试样在轴线方向包含有 20～30 个不同位向的晶体，每个位向的每个晶体的弹性模量不同，位向有利于显现屈服点的钼晶体有最大的弹性模量。在普通多晶体试样中，每个晶体的塑性变形受到相邻晶体强烈限制，但是，由于在竹竿结构试样内，每个晶体的大部分表面没有被其他晶体包围，因此，每个晶体独立变形比普通多晶体中的容易一些，位向有利于显现屈服点的晶体可能没有发生塑性变形，而位向很不利的别的晶体已经发生了巨大的塑性变形和硬化，这可能抵消了竹竿结构试样屈服点的形貌。

虽然晶粒边界基本上起裂纹起始位置的作用，大晶粒促进晶间开裂。但是，间隙杂质溶解度大的其他体心立方晶格结构的金属（如铌和钽）与钼不同，它们并不总是发生晶间断裂。这就暗示，有一些间隙杂质可能显著的降低钼的晶间界面键合力。如果是这样，晶粒长大减少了单位体积的晶粒边界面积，提高了单位晶粒边界面积上的杂质浓度，因此，促进了晶间脆性。此外，竹竿结构的晶粒边界严格垂直拉伸轴，也促进了它的晶间脆性。

渗碳处理能提高竹竿结构丝材的塑性，图 8-18 是竹竿形结构钼丝在经受不同热制度渗碳以后典型的拉伸应力-伸长率曲线。500℃/30min 渗碳试样的塑性和断裂模式与未渗碳的原始竹竿形结构钼丝的一样，而 500℃/12h 渗碳处理后的试样有些发生剪切断裂，断裂截面收缩率 100%。而其他一些试样是晶间断裂，有一点断裂截面收缩率，晶间断裂表面与原材料一样，似乎较难渗碳。1000℃/30min 渗碳试样的塑性没有改善，1000℃/2h 渗碳试样，虽然完全是晶间断裂，但显现出相当大的伸长率。1000℃/5h 渗碳试样显示出有屈服点，发生剪切断裂，断裂截面收缩率达到 100%。在冲击破断时得到的晶间断裂表面上，用电子显微镜看到有直径 0.5～1μm 的小球状沉淀物，认为它是碳化物。

1500℃/5min、1500℃/10min 和 1500℃/30min 分别渗碳的试样都有良好塑性，发生剪切断裂，断裂截面收缩率 100%。这些试样的屈服应力和伸长率随渗碳时间加长而提高。晶间碳化物的数量随着渗碳时间的延长而增多。2000℃渗碳试样都是脆的，断口含有晶间断裂表面和穿晶断裂表面，在这些断裂表面上看到有大的碳化物。这些结果表明，合适的渗碳处理可以大大地改善粗晶粒钼的塑性，但是，对塑性无害的碳化物质点的极限尺寸和数量可能紧密地依赖于试样的尺寸和晶粒度。

为了分析研究渗碳改善钼的塑性的本质原因是什么，研究渗碳的逆反应过程，脱碳和时效对塑性的影响。把 1500℃/10min 渗碳的塑性试样，分别在高纯氢中进行 1500℃/5h、1500℃/8h 和 1500℃/15h 脱碳处理，在 1500℃/5h 脱碳以后，拉伸试样的应力-伸长率曲线的屈服点消失，但是，试样仍然有塑性，断裂是剪切断裂，断裂截面收缩率为 100%。而 1500℃/8h 和 1500℃/15h 脱碳处理的试样塑性下降，发生晶间断裂，但有一点断裂颈缩。

在 1500℃/8h 和 1500℃/15h 脱碳处理以后，试样接着进行 2000℃/30min 高温均匀化处理，随后再进行 1300℃/h 碳化物沉淀处理。1500℃/8h 脱碳后再顺序进行 2000℃/30min 及 1300℃/h 处理的试样发生晶间断裂，断裂表面上看到有多角形和小球形的碳化物沉淀。这表明试样仍保留有相当多的碳，估计（质量分数）约为 0.005%～0.01%。另外，1500℃/15h 脱碳后，同样进行 2000℃/30min 和 1300℃/h 两次热处理，试样的碳含量降低到渗碳以前的水平。经受 1500℃/8h 脱碳加 2000℃/30min 均匀化再加 1300℃/h 碳化物沉淀处理的试样含有相当多的碳，与只经受 1500℃/8h 和 1500℃/15h 脱碳处理的试样相比，它们的塑性也没有下降。可是在 1500℃/15h 脱碳以后进行同样的两次热处理的试样碳含量很少，本质上降低了塑性。

分析渗碳处理对竹竿形结构钼丝塑性的影响时已看到，500℃/12h 渗碳处理改善了试样的塑性（见图 8-18），可是这种处理改善塑性并不是渗碳引起的，因为这样的渗碳处理未改变晶间花纹。为了弄清事实，把未包涂石墨的试样（即不渗碳）进行 600℃/12h 真空处理，发现这样处理的试样性能与 500℃/12h 渗碳处理试样的一样。即使是在还原性 CO 和氧化性的 CO_2 气氛中退火，其结果也和真空退火的一样。这表明 500℃/12h 或 600℃/12h 退火是不是发生了渗碳还是一个问题，500℃渗碳是很难的。塑性的改善也不是碳，氧含量的下降引起的。

图 8-19 是 C、O 和 N 的溶解度平衡图，竹竿形试样中的 C、O 和 N 的含量在图上用垂直线 Ⅰ、Ⅱ 和 Ⅲ 标出，试样从 2000℃以非常快的速度冷却到

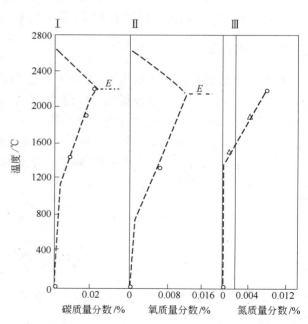

图 8-19　碳、氧、氮在钼中的溶解度的试验状态图

室温，晶格被 C、O、N 过饱和，当在 600℃/12h 时效时，试样趋向于达到平衡状态。这就可能导致这三个杂质元素在晶粒边界的偏析量增加。由于碳、氧和氮在钼中的扩散激活能分别为 139.7kJ/mol、202.2kJ/mol 和 267.6kJ/mol，假定这些原子在钼中的扩散系数（D_0）都为 0.01cm^2/s，计算出碳，氧在 600℃/12h 时效过程中的扩散移动距离分别为 0.02mm 和 0.0004mm，那么，碳在晶粒边界偏析的倾向最高。认为碳在晶粒边界偏析量增加可提高晶粒边界之间的亲和力，因而塑性增加。

有两个机理可以说明渗碳提高钼塑性的原因，在晶粒边界偏析的碳原子提高了晶粒边界之间的亲和力。事实上，1500℃/15h 脱碳后，进行 2000℃/30min 和 1300℃/h 两次热处理，试样的碳含量降低到渗碳以前的水平，这种试样是脆的。而经受 1500℃/8h 脱碳加 2000℃/30min 均匀化再加 1300℃/h 碳化物沉淀处理的试样含有相当多的碳，可是它不但不脆，反而有塑性。这说明 15h 脱碳处理降低了晶粒边界附近溶解的碳，就削弱了晶粒边界之间的亲和力。时效处理改善了被间隙杂质过饱和试样的塑性，强有力的支持这一机理。另一方面，含有相当多碳化物的渗碳试样显示出有拉伸屈服点，塑性比时效的好。这就意味着第二个提高塑性的机理，即基体中的弥散碳化物是改善塑性的原因，就是说，应力-应变曲线上看到的圆形屈服点可能指出，基体中的弥散碳化物起位错运动的障碍作用，降低晶粒边界处的应力集中，防止在低应力下发生晶间断裂。

时效改善塑性的机理与渗碳引起塑化作用机理是不同的，时效改善塑性的机理就是碳在晶界处的偏析。而碳化物弥散是渗碳改善塑性的原因，当这种机理和碳提高晶界间的亲和力的时效机理叠加时，渗碳试样的塑性提高幅度就会超过时效试样的。虽然时效试样拉伸时发生剪切断裂，断裂截面收缩率 100%，但是，当重复弯曲时，它们容易发生晶间断裂。不同的是，1500℃/10min 渗碳试样偶尔看见重复弯曲发生晶间断裂，它比时效试样更有塑性。时效试样的晶间断裂表面未发现有碳化物沉淀，这就否定了时效改善塑性是由细小碳化物沉淀引起的，也暗示碳化物的存在尚未达到足够的范围，不能起到金属内位错运动障碍的作用。

8.2.4   钼-铼合金系

在分析钼的塑脆性转变温度（DBTT）时已知铼能降低钼的塑脆性转变温度，它的作用是非常有利的。现在重点分析钼-铼合金系的合金化原理及铼对钼和钼合金力学性能的影响，以及 Mo-Re 系中一些特殊的物理性能。分析对象包括 Mo-1Re 到 Mo-7Re、Mo-50Re。Mo-Re 合金是一种固溶强化合金，固溶强化及溶质元素的溶解度与溶质和溶剂原子的尺寸差有重大关系（尺寸因子）。在分析 Mo-Re 合金的强化及变形过程中要用到体积尺寸因子，这个因子用下述两个方程计算：

$$\Omega_{Sf} = \frac{\Omega_B^* - \Omega_A}{\Omega_A}$$

$$\Omega_{Sf}\% = \left(\frac{1}{\Omega_A}\right)\left(\frac{d\Omega}{dc}\right) \times 100\%$$

式中，Ω_{Sf} 为体积尺寸因子；Ω_B^* 为基体 A 中溶质 B 的外推有效原子体积；Ω_A 为溶剂的有效原子体积；$\frac{d\Omega}{dc}$ 为溶质浓度达到零时，溶质浓度曲线的斜率。

线尺寸因子 e 与体积尺寸因子的关系是 $e = \frac{1}{3}\Omega_{Sf}$，e 是很微小的。对于一个特殊的合金绘制原子体积与溶质浓度关系图就得到有效原子体积和斜率。用测量晶格常数，观察单位晶胞结构，和每种类型被观察的单位晶胞的原子数来计算特定浓度的单位晶胞体积。下式给出每个原子的原子体积：

$$V_a = V_c/CN$$

式中，V_c 为单位晶胞的体积，立方系统的 $V_c = a^3$，a 是用 X 射线衍射测出的晶格常数；NC 为配位数。原子体积因子的确定要求，在溶质原子在溶剂中的浓度较低的情况下，固溶体的原子体积随浓度直线变化。溶质浓度曲线与原子体积关系曲线的直线部分延长外推到溶质浓度 100% 的直线就得到溶质的有效原子体积 Ω_B^*。直线和横坐标交点给出溶剂的有效原子体积。在已知这些有效原子体积时，就能计算体积尺寸因子和线尺寸因子。

计算 Mo-Re 系合金，决定原子体积与铼浓度的关系。对于铼由 0~100% 的 Mo-Re 系，用测量的晶格常数值，观察单个晶胞的结构和每种类型的被观察的单个晶胞的原子数计算每个专门记录下的钼-铼合金的单个晶胞的体积。图 8-20 是 Mo-Re 系中计算原子体积和相应铼浓度的关系图。

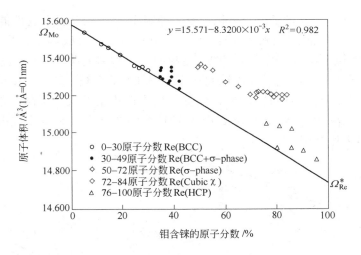

图 8-20　Mo-Re 系的含 Re 量原子分数与原子体积的关系

用上述两个计算体积尺寸因子的公式计算体积尺寸因子 Ω_{Sf}，式中用 $\Omega_{Mo} = 15.571 \text{Å}^3$，$\Omega_{Re}^* = 14.739 \text{Å}^3$。得到 $\Omega_{Sf} = -5.34\%$。

8.2.4.1　钼-铼合金的结构和性能

用电子束熔炼炉熔炼未合金化钼和三种钼-铼合金（原子分数）Mo-3.9Re、Mo-5.9Re 和 Mo-7.7Re5。铸锭在 1425~1540℃挤压，挤压棒坯在 815~1175℃旋转锻造或轧制成板材和棒材。研究未合金化钼及钼-铼合金在轧制状态，1260℃或 1370℃退火状态的性能。图 8-21 是再结晶退火以后的未合金化钼和钼-铼合金的 -195~300℃低温拉伸的断裂截面收缩率与温度的关系。未合金化钼的曲线是很陡的，试验温度稍微提高一点，面缩率就由 20% 提高到 70%。另一方面，钼-铼合金的面积收缩率随温度变化比较缓和。不同温度下的未合金化钼和钼-铼合金的拉伸强度极限与铼含量的关系绘于图 8-22，由图中曲线看出，在试验温度范围内铼是钼的中等固溶强化剂。添加5%（原子分数）的铼，钼的980℃高温拉伸强度约提高了一倍，在1650℃添加7.7%（原子分数）铼，钼的高温拉伸强度约提高了50%。

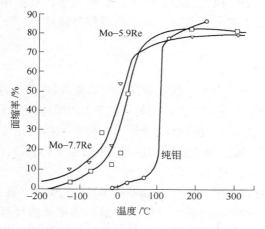 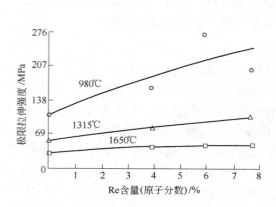

图8-21　钼铼合金的低温拉伸断面　　　　图8-22　在不同温度下钼和钼-铼合金的
收缩与温度的关系　　　　　　　　　　拉伸强度极限与铼含量的关系

在1315℃和1650℃测量了未合金化钼及三种钼-铼合金的高温蠕变性能。图8-23是再结晶退火状态和加工状态的钼和钼-铼合金的1315℃的稳态直线蠕变速率与应力的关系。图8-24是钼-铼合金的1650℃的稳态直线蠕变速率与应力的关系。由图中的Mo-5.9Re（原子分数）合金的蠕变强度看出，添加铼元素逐渐增加到5.9Re，蠕变强度随铼含量的增加而提高。若铼添加量继续增加到7.7%，蠕变强度不但不增加反而下降。很显然，在高温下铼促进了钼的固溶强化，Mo-5.9Re合金的1315℃的拉伸强度和蠕变强度分别比未合金化钼的高出了70%和100%[9]。

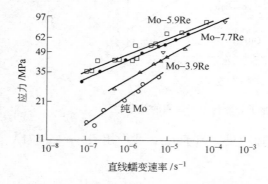 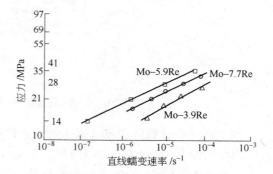

图8-23　钼和钼-铼合金的1315℃的稳态直线　　图8-24　钼和钼-铼合金的1650℃的稳态直线
蠕变速率与应力的关系　　　　　　　　　　蠕变速率与应力的关系
（图中的实心黑圆点代表1425℃/h退火，其余都是加工状态）

1315℃和1650℃的蠕变持久强度测试表明，铼能够提高钼的蠕变抗力，测试结果绘于图8-23（1315℃）和图8-24（1650℃）。由图看出，在1650℃的高温下，铼含量（原子分数）不超过5.9%，随铼含量的增加蠕变强度提高，铼含量继续增加到7.7%，蠕变强度不但不升高，反而下降。

用粉末冶金工艺生产钼-铼合金薄板（厚0.2mm）和丝材，丝材直径为0.1mm、0.2mm和0.28mm，与三个直径相对应的变形量各为97.6%、90.5%和81.4%。铼含量（质量分数）分别为1%、3%和5%[10,11]。

在不同温度退火以后，不同铼含量及各种直径丝材的拉伸强度综合绘于图8-25。由图看出，在较低退火温度下，丝材直径越细，变形量越大，变形抗力越高。在退火温度升高到再结晶温度以上时，丝材发生了再结晶，强度迅速下降。同一直径丝材的抗拉强度随铼含量的增加都升高，这表现出铼的固溶强化作用。例如，直径0.28mm的Mo-5Re（质量分数）丝材，在900℃退火时，它的抗拉强度比Mo-3Re（质量分数）的高出100MPa，比Mo-1Re质量分数的高出150MPa。

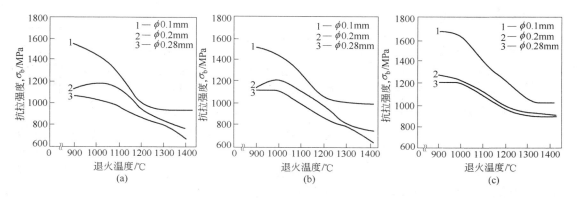

图8-25 钼-铼丝的抗拉强度与退火温度的关系
(a) Mo-1Re；(b) Mo-3Re；(c) Mo-5Re

图8-26是变形的钼-铼合金丝材在不同温度退火以后的显微组织的变化，加工态丝材的显微组织是拉长的纤维状结构，随着退火温度的升高，晶粒数变多，在温度低于1000℃时，纤维状结构基本未变化，在1100℃退火时，显微组织中出现再结晶信号。直径0.28mm的Mo-3Re（质量分数）丝材在1000～1100℃强度值急剧下降，在1200℃伸长率达到最大值22%。另一方面，Mo-5Re（质量分数）丝材在1100～1200℃之间强度快速下降，在1200℃伸长率达到最大值22%，即发生再结晶。Mo-5Re（质量分数）的再结晶温

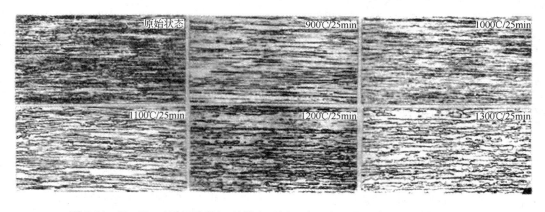

图8-26 Mo-5Re（质量分数）丝材在不同温度退火后的显微组织照片（×500）

度比 Mo-3Re（质量分数）高 100℃。

为了评判钼-铼合金薄板的冲压深拉性能，按 YB 38—64 标准，用艾里克森试验机进行 0.2mm 厚的钼-铼合金薄板的杯突试验，冲头直径 8mm，固定模内径 11mm。试验结果列于表 8-5，随着铼含量的增加，杯突值高，薄板的延展性更好。

表 8-5   0.2mm 厚 Mo-Re 薄板的杯突试验结果　　　　（质量分数/%）

性　能	合　金　名　称											
	未合金化钼			Mo2Re			Mo-3Re			Mo-5Re		
杯突深度/mm	1.6	1.5	1.6	1.5	1.5	1.6	1.8	1.8	1.6	1.8	1.8	1.5
最大负荷/N	980	686	686	686	882	980	980	980	784	490	490	490

高铼钼合金含铼量（质量分数）达 41%。在状态图上，从室温到 1000℃ 范围内铼在钼中的溶解度极限应当是 41%，用 X 射线衍射分析未发现 σ 相，图 8-27 是不同含铼量的 1mm 厚的钼-铼合金薄板的各种性能。包括未合金化钼与 Mo-1Re，Mo-5Re 和 Mo-41Re 合金的拉伸强度极限，断裂伸长率与温度的关系。由于铼的固溶强化作用，含铼 41% 合金的高温抗拉强度最高，而未合金化钼的最低，强度随铼含量的增加而提高。图 8-28 是经历不同热处理以后，钼-铼合金薄板的各种拉伸性能。即使在 2200℃/h 高温退火时，合金的强度和塑性都好。在 1200℃/h 退火时，各种合金的断裂延伸率都出现极大值。Mo-41Re 合金的塑脆性转变温度（DBTT）低到 -70℃，高于 -180℃。

按照 NET 对难熔金属的研究，加工态钼和钼-铼合金的硬度列于表 8-6，硬度压痕取自合金板的横断面的厚度方向。

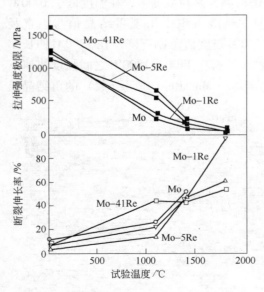

图 8-27　1mm 厚钼-铼合金薄板的
拉伸性能与温度的关系

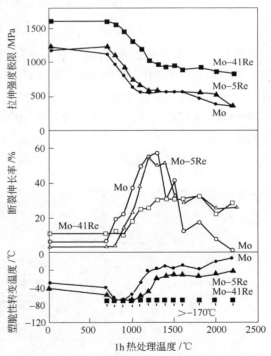

图 8-28　不同退火处理以后各种不同
钼-铼合金的室温拉伸性能

表 8-6 钼和钼-铼合金的硬度 HV980N

材 料	10mm 厚的加工态钼板	15mm 厚的加工态钼板	7mm 厚的 Mo-5Re 板	12mm 厚的 Mo-5Re 板	7mm 厚的 Mo-41Re 板	12mm 厚的 Mo-41Re 板
硬度平均值	241	228	243	233	384	377
标准离差	2	5	7	7	13	7

添加 5%Re 使钼强度提高了 5%~10%，稀铼合金中的铼原子替代了钼原子，诱发了晶格变形和滑移系统的变化。增加铼的添加量提高了固溶强化的水平，Mo-41Re 合金的机械抗力比加工态钼的高出了 75%，伸长率保持 17%，断裂是塑性模式，在晶粒边界上显示有滑移面，见图 8-29。表 8-7 是完全再结晶的和加工态的钼和钼-铼合金的拉伸性能，拉伸试样取自于板材的纵向和横向，试验按 ASTM 标准 B386，名义应变 0.6 以前，应变速度是 $0.008\%\,s^{-1}$，到 0.6 以后应变速度自动加快到 0.08% 一直到试样断裂。表列数据表明，再结晶以后的各种钼和钼-铼合金的拉伸特性都比加工态的低。

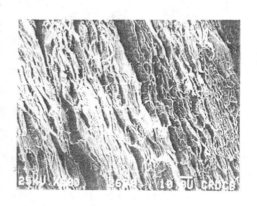

图 8-29 12mm 厚的 Mo-41Re 板的室温塑性断口

表 8-7 钼和钼-铼合金的拉伸特性

组织状态	性能参量	10mm 厚的钼板		15mm 厚的钼板		7mm 厚的 Mo-5Re 板		12mm 厚的 Mo-5Re 板		7mm 厚的 Mo-41e 板	12mm 厚的 Mo-41Re 板
		纵向	横向	纵向	横向	纵向	横向	纵向	横向	纵向	纵向
加工态	0.2% 名义屈服强度/MPa	600	650	550	600	630	620	580	580	1150	1100
	极限拉伸应力/MPa	705	745	650	680	740	725	715	715	1230	1170
	伸长率/%	35	25	40	8	23	20	30	27	17	18
	面积收缩率/%	55	50	60	6			50		40	30
完全再结晶态	0.2% 名义屈服强度/MPa	280				200				740	
	极限拉伸应力/MPa	440				510				920	
	伸长率/%	3				25				30	
	面积收缩率/%	1				20				45	

在研究钼-铼合金的变形机理时[14]，得到 1500℃/30min 完全再结晶的 Mo-41Re 合金的显微组织是等轴晶粒结构见图 8-30，平均晶粒度约为 $45\mu m$，因此，根据这个结果，表 8-7 完全再结晶状态的钼-铼合金的性能就没有纵向和横向的区别。在做出 Mo-41Re 合金的 1350℃ 应力-应变速度的双对数关系图时，得到应力指数 $n=4$，见图 8-31。这暗示 Mo-41Re

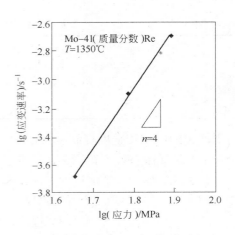

图 8-30　完全再结晶 Mo-41Re 合金的显微组织

图 8-31　Mo-41Re 合金的应力
和应变速度的双对数图

合金可能属于第一类固溶体，钼原子和铼原子之间的尺寸因子相差很大，预计这个固溶体呈现出第一类固溶体的特性。

把高铼合金 Mo-41Re 和 Mo-47.5Re 进行 1500℃/h 退火和 825℃/1100h，975℃/1100h 和 1125℃/1100h 长期时效，研究高温退火和长期时效对显微组织和性能的影响。

光学显微镜和透射电子显微镜 TEM 分析确定，1500℃/h 退火的和 825℃/1100h，975℃/1100h 和 1125℃/1100h 长期时效的 Mo-41Re 合金是单相固溶体，分布均匀的等轴晶，平均晶粒直径是 24μm，退火和 1100h 时效材料的研究指出，材料中没有沉淀的证据。图 8-32 是 Mo-41Re 合金有代表性的显微结构，图 8-32(a)、(b) 是退火和 975℃/1100h 的光

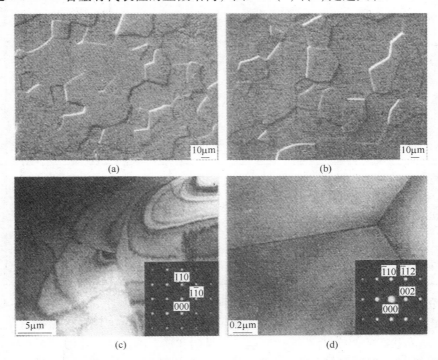

图 8-32　有代表性的 1500℃/h 退火和 975℃/1100h 时效 Mo-41Re 合金的光学和电子显微镜图

学显微组织照片，图8-32(c)、(d)是透射电子显微镜 TEM 金相照片，图中的小插图是有代表性的［001］和［110］带轴的选择场（SAD）衍射图花纹。在图8-32(d)上清楚看到三条晶界交于一点，按照理论，三交角应为120°，用高分辨率的能谱断面扫描跨晶界分析铼的偏析，结果表明，退火材料和时效样品的晶界平均铼金量相应是(43.1±0.4)% 和(44.4±0.4)%，若和体成分相比，晶界上有少量铼偏析。

　　Mo-47.5Re 合金的显微组织的研究表明，退火，时效后合金的平均晶粒度仍维持 2.4μm，但是相结构发生了重大变化。透射电子显微镜 TEM 研究发现，在1500℃/h退火的 Mo-47.5Re 合金中发现有颗粒，通过电子衍射鉴定这些粒子是 σ 相，它们分布在晶粒内部，晶界和三晶界交点，粒子呈圆球形，粒度为 0.5~2.0μm。表8-8 是退火状态和三个时效状态的 Mo-47.5Re 合金中含有的相及它们的成分。退火状态材料的晶界上的和晶粒内的 σ 相粒子的成分没有重大区别。图8-33 是1500℃/h 退火的 Mo-47.5Re 合金的透射电子显微镜 TEM 的金相分析。图8-33(a)、(b)可以看出沿晶界的和在整个晶内不均匀分布的 σ 相，图8-33(c)是在基体晶粒内看到的三颗 σ 相粒子，图8-33(d)是鉴定退火材料中 σ 相的［100］SAD 花纹。为了进一步说明 Mo-47.5Re 合金的相组成，图8-34 给出了 Mo-Re 二元状态图，图上标出了 Mo-47.5Re 合金的位置垂线和退火及时效的温度水平线，可以看出，Mo-47.5Re 合金是处在 αMo + σ 双相区外面，1500℃/h 退火合金含有 σ 相和计算出的成分连线暗示，αMo 中铼的溶解度边界线比相图中给出的边界线的铼含量要低一点。Mo-47.5Re 进入单相 αMo 固溶体区的确切温度进行了研究，在1600℃/h 退火以后合金成为单相 αMo 固溶体[35]。

表 8-8　退火和时效的 Mo-47.5Re 合金中的相及成分分析[33]

状　态	相	铼含量（质量分数）/%	状　态	相	铼含量（质量分数）/%
1500℃/h 退火	固溶体	42.5±0.7	975℃/1100 时效	固溶体	20.0±0.6
	σ 相	67.9±2.9		χ 相	79.3±1.0
825℃/1100h 时效	固溶体	42.6±3.2	1125℃/1100h 时效	贫 Re 相	5~29 平均值 14
	σ 相	73.6±0.2		固溶体	41.1±0.8
	χ 相	76.2±1.6		σ 相	66.6±1.4
	贫 Re 相	15~20 平均值 18			

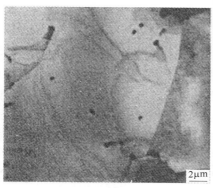

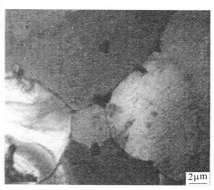

(a)　　　　　　　　　　　　　　　　(b)

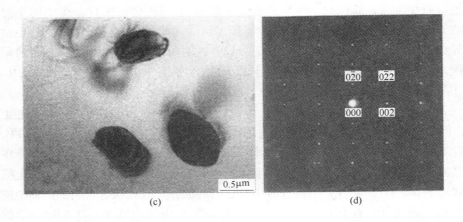

(c)   (d)

图 8-33   Mo-47.5Re 合金 1500℃/h 退火后的透射
电子显微镜 TEM 的金相研究

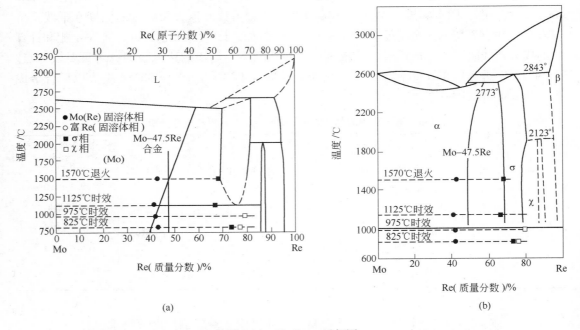

(a)   (b)

图 8-34   Mo-Re 二元相图

　　1125℃/1100h 时效的 Mo-47.5Re 的电子显微镜研究揭示了 σ 相沿固溶体晶界进一步沉淀和发展，图 8-35 是 Mo-47.5Re 的扫描电子像[图 8-35(a)]和透射电子显微镜 TEM 分析[图 8-35(b)]，粒子的电子衍射分析（小插图）确定粒子是 σ 相，σ 相的形成主要沿晶界，在固溶体晶粒内只有分散的不均匀分布的少数粒子。没有其他沉淀相，这表明试样缓慢的冷却速度足于防止了 χ 相的沉淀，在这个温度下沉淀的 σ 相大多数是平表面多角形形貌，这与 σ 相在低温下的成核和长大有关。

　　975℃/1100h 时效的 Mo-47.5Re 与 1125℃/1100h 时效的一样，在整个显微组织内沉淀相接近完全覆盖了晶粒边界见图 8-36(a)、(b)，但是有几个特殊形貌与 1125℃/1100h

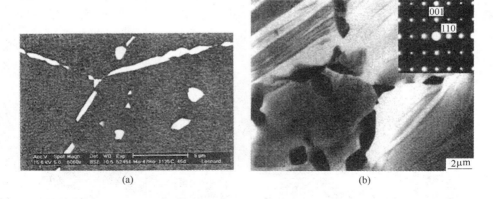

图 8-35 1125℃/1100h 时效的 Mo-47.5Re 的 SEM 和 TEM 金相分析

（a）SEM；（b）TEM（小插图是显示 σ 相为 [111] SAD 花纹）

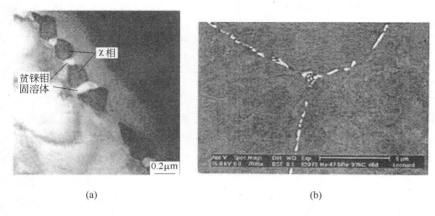

图 8-36 975℃/1100h 时效的 Mo-47.5Re 的 SEM 和 TEM 金相学分析

时效的 Mo-47.5Re 的有明显差异，即沿晶界发生沉淀的体积分数明显减少，在晶粒内部缺少沉淀，背散射（BSE）扫描电镜图中的晶界上出现附加的暗色背景相。用透射电子显微镜 TEM 分析研究了沿固溶体晶界的沉淀相结构，电子衍射分析鉴定沉淀相为立方结构（$1\overline{4}3m$）的 χ 相。χ 相只沿着固溶体基体的晶界发展，TEM 和 CEM 分析没有看到固溶体内有沉淀，αMo + χ 相双相区的出现与图 8-34（a）的 Mo-Re 二元相图是对应的。BSE 图像中的暗背景像鉴定为体心立方晶格固溶体的附加晶粒，它紧靠 χ 相粒子旁边生长，图 8-36（a）中两粒 χ 相之间有一块贫铼晶粒。相对于固溶体的体成分，这些附加晶粒是贫铼的，因此，在 BSE 图像中显示暗色。贫铼晶粒的平均铼含量（质量分数）为 15%（见表8-8），贫铼晶粒的起因可能是形成稳定的 χ 相耗尽了铼。但是，明确区别贫铼晶粒和周围固溶体晶粒是一个难题，这暗示间隙杂质或更复杂的互扩散可能在起作用。

825℃/1100h 时效的试样保留了退火态的结构，同时产生一些低温平衡相。用 TEM 分析 825℃/1100h 时效的 Mo-47.5Re 看到沿晶粒边界有 χ 相。图 8-37 显示在 αMo 固溶体的晶界上的 χ 相沉淀粒子，它们的典型粒度小于 0.1μm，χ 相粒子与固溶体的贫铼晶粒伴生，图上 χ 相旁边有一颗白色的固溶体贫铼晶粒。根据 SEM 观察，χ 相和贫铼晶粒似乎在残存的 σ 相粒子界面成核和长大。但是 TEM 分析未看到这种现象。表 8-8 给出了 Mo-47.5Re 合金中的固溶体、σ 相、χ 相和贫 Re 相的成分。

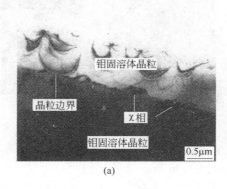
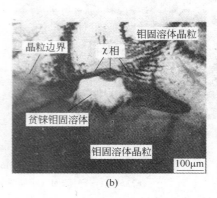

图 8-37　825℃/1100h 时效的 Mo-47.5Re 合金的透射电子显微镜低倍（a）和高倍（b）TEM 分析

退火和长期时效的 Mo-41Re 和 Mo-47.5Re 合金的力学性能综合列于表 8-9，根据合金的中温退火和长期时效的显微结构分析推断，Mo-41Re 合金在经受各种热处理以后，它的组织结构并未发生明显变化，因而性能也不会有重大改变。分析表 8-9 的数据看出，随时效温度降低硬度有一点增加，825℃/1100h 时效的硬度超过退火状态的，但是这种作用随时效温度升高而减弱，这可能与合金中的间隙杂质的分布有关。而 1200℃/h 退火和 825℃/1100h 时效及 975℃/1100h 时效合金之间的拉伸性能没有看到有重大区别。但是，1125℃/1100h 时效合金的屈服强度和强度极限增高到超过 1200℃/h 退火合金的测量值。1200℃/h 退火和 825℃/1100h 时效合金在 800℃ 做拉伸试验时，在 Luders 应变区前两种状态的试样出现轻度载荷下降，此外，在塑性应变超过 Luders 应变时，在塑性应变过程中两种状态合金都呈现出动态应变时效现象。1125℃/1100h 时效材料可能由于氮含量的增加，均匀伸长率有一点下降，然而还是有适当的，足够的均匀伸长率和总伸长率。所有试验的 Mo-41Re 合全都在标距内断裂，断裂形貌都是塑性穿晶破断。

表 8-9　不同热处理状态的 Mo-47.5Re 和 Mo-41Re 合金的拉伸性能

合金	试验温度/℃	状态	硬度/kg·mm^{-2}	屈服强度/MPa	强度极限/MPa	均匀伸长率/%	总伸长率/%	截面收缩率/%
Mo-41Re	室温	1200℃/h 退火	321±5	769	900	17.2	>23	
		825℃/1100h 时效	340±6					
		975℃/1100h 时效	323±4					
		1125℃/1100h 时效	320±4					
	800	1200℃/h 退火		303	503	17.9	30	93.5
		825℃/1100h 时效		294	500	19.2	30.6	93.3
	950	1200℃/h 退火		275	393	16.8	39	98.8
		975℃/1100h 时效		265	398	16.8	35.1	96.1
	1100	1200℃/h 退火		228	275	11.7	50.5	80.6
		1125℃/1100h 时效		241	300	9.4	62.3	91.3

合金	试验温度 /℃	状　态	硬度 /kg·mm⁻²	屈服强度 /MPa	强度极限 /MPa	均匀 伸长率/%	总伸长率 /%	截面 收缩率/%
Mo-47.5Re	室温	1200℃/h 退火	334±2	561	893	17.4	19.9	
		825℃/1100h 时效	342±5					
		975℃/1100h 时效	376±5					
		1125℃/1100h 时效	361±6					
	800	1200℃/h 退火		270	510	15.3	25.0	83.9
		825℃/1100h 时效		284	525	16.5	24.1	
		825℃/1100h 时效		378	513	18.3	28.2	
		825℃/1100h 时效		269	508	21.8	29.6	80.4
	950	1200℃/h 退火		300	464	15.1	29.6	
		975℃/1100h 时效		277	481	19.3	38.3	77.7
		975℃/1100h 时效		262	443	15.4	36.1	
	1100	1200℃/h 退火		223	262	14.5	62.9	89.2
		1125℃/1100h 时效		275	367	8.8	34.8	69.8
		1125℃/1100h 时效		239	326	7.5	32.8	

Mo-47.5Re 合金的金相研究发现，在退火和时效过程中出现 σ 相、χ 相和贫 Re 晶粒，可以推断它的性能对热处理应当是敏感的。825℃/1100h 时效产生少量 χ 相，合金 Mo-47.5Re 的硬度提高到超过 1200℃/h 退火的硬度，975℃/1100h 时效进一步扩充了 χ 相，虽然拉伸强度相对于退火状态未发生变化。但是导致硬度显著提高。1200℃/h 退火和 975℃/1100h 时效的 Mo-47.5Re 合金在 950℃ 试验时，虽热时效合金的总伸长率比退火的高，或许是由于固溶体内溶质浓度下降造成的。值得注意，950℃ 试验的退火和时效材料的屈服强度和 800℃ 试验的退火的和 825℃/1100h 时效的一样。

1125℃/1100h 时效以后，Mo-47.5Re 合金固溶体的晶粒边界产生大量 σ 相，引起硬度增加到超过 1200℃/h 退火状态的硬度，增量没有 975℃/1100h 时效产生的 χ 相引起的硬度增量大。在 1100℃ 试验时，1125℃/1100h 时效 Mo-47.5Re 合金的拉伸强度增加到超过 1200℃/h 退火材料的强度。退火的以及 1125℃ 时效的试样的总伸长率都很高，而退火的和两个时效样品的均匀伸长率相应为 14.5%、8.8% 和 7.5%。但是，更重要的是这两种状态的合金都缺乏加工硬化效应。在高温下工作时，散失加工硬化效应可能过早地发生局部颈缩。退火和时效 Mo-47.5Re 合金试样的断裂表面形貌都是塑性的穿晶破坏，破断位置都在标距范围内。

用电弧重熔钼纽扣形铸锭研究合金元素 Nb、Ta、Zr、Ti 和 Hf 对 Mo-41Re 及 Mo-47.5Re 合金性能的影响，选择 Ti、Nb、Ta 的浓度（原子分数）为 5%，它们的加入量是在固溶体的溶解度极限以内。Hf 的浓度（原子分数）是在 0~5% 之间，少量添加 Zr（0.1%）是为了降低溶解的氧。为了说明力学性能的试验结果，用扫描电镜观察合金的结构，以便确定三元合金添加剂是在固溶体中还是出现了第二相。确定 Mo-26Re-5Ti-9.1Zr 合金中没有第二相，这表明 Ti 在 1600℃ 在 Mo-26（原子分数）Re 中的溶解度是 5% 或大于 5%。虽然，Mo-26Re-1Hf 合金的扫描电镜观察未发现有第二相沉淀，但是，Mo-26Re-1.5Hf 合金的一些晶界和 Mo-26Re-2Hf 合金的绝大部分晶界被三元 Mo-Re-Hf 相覆盖，见图 8-38（a）、（b）。扫描电镜能谱 EDX 分析确定三元相的组成分为 Mo_3HfRe_4，而 Mo-26Re-5Hf-0.1Zr 合金除含有晶界上的相以外，在它的晶粒内部还有许多第二相粒子，这些粒子的成分和晶粒边界上的相成分几乎一样（Mo_3HfRe_4）。沉淀粒子中间的基体成分（原子分数）变化约为1%或2%。在 Mo-26Re（原子分数）合金中 Hf 的溶解度极限约为2%。其他的元素 Nb（1700℃）、Ta（2100℃）在 Mo-26Re-χX 合金中的溶解度（原子分数）是74%，而 Zr（1350℃）是3%[34]。

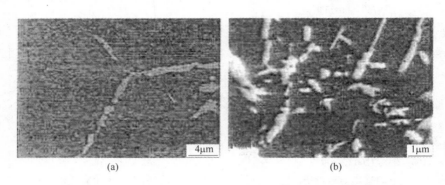

(a)   (b)

图 8-38   Mo-26Re-Hf 合金中的 MoHfRe 沉淀相的扫描电镜分析

在进行室温压缩强度试验时因为孪晶造成瞬时载荷下降并伴有"咯塔"声，因此0.2%的名义屈服强度数据的可靠性值得怀疑，因此用评估0.1%代替0.2%的名义屈服强度，它对载荷下降的敏感性不如0.2%屈服强度。表8-10是室温压缩试验的综合结果。进行1427℃的压缩试验时未发现载荷下降，也就是说未发生孪晶，因此评估0.2%名义屈服应力。表8-11给出了几种合金的0.2%名义屈服强度，表中给出的铌合金（C-103）是为了与 Mo-26Re 进行比较，C-103是现行用的风洞喷口材料，为了提高风洞的水平，试图用 Mo-26Re 替换 C-103。

表 8-10   室温 0.1%塑性应变的压缩应力

合金成分 （原子分数）/%	近似平均晶粒度/mm	0.1%名义屈服应力/MPa	载荷下降	合金成分 （原子分数）/%	近似平均晶粒度/mm	0.1%名义屈服应力/MPa	载荷下降
Mo-26Re	0.3	600	有	Mo-26Re-5Ta-0.1Zr	0.2	645	有
Mo-26Re-0.05Zr		580	有	Mo-26Re-1Hf	0.4	455	有
Mo-26Re-0.1Zr	0.3	515	有	Mo-26Re-1.5Hf	0.4	543	有
Mo-26Re-0.1Hf	0.4	500	有	Mo-26Re-1.5Hf	0.4	600	有
Mo-26Re-5Ti-0.1Zr	0.7	620	有	Mo-26Re-2Hf	0.15	640	有
Mo-26Re-5Nb-0.1Zr	0.2	580	有	Mo-26Re-5Hf-0.1Zr		1015	无
Mo-26Re-5Ta-0.1Zr	0.2	670	有				

表 8-11   几个钼合金与 Mo-26Re 原子分数高温屈服强度

合金成分 （原子分数）/%	试验温度/℃	0.2%名义屈服应力/MPa	合金成分 （原子分数）/%	试验温度/℃	0.2%名义屈服应力/MPa
Nb-5.4Hf-2.0Ti（C-103）	1427	66	Mo-26Re-0.1Zr	1427	143
Mo	1427	60	Mo-26Re-0.1Hf	1427	135
再结晶钼	1427	65	Mo-26Re-5Ti-0.1Zr	1427	146
再结晶 Mo-1Ti-0.08Zr	1316	50	Mo-26Re-5Nb-0.1Zr	1427	156
再结晶 Mo-1Ti-0.08Zr	1427	110	Mo-26Re-5Ta-0.1Zr	1427	155

合金成分 （原子分数）/%	试验温度 /℃	0.2%名义屈服 应力/MPa	合金成分 （原子分数）/%	试验温度 /℃	0.2%名义屈服 应力/MPa
粉末冶金 Re	1371	172，210	Mo-26Re-1Hf	1427	188
粉末冶金 Re	1371	145，123	Mo-26Re-1.5Hf	1427	218
Mo-26Re	1427	106	Mo-26Re-2Hf	1427	227
Mo-26Re-0.05Zr	1427	94	Mo-26Re-5Hf-0.1Zr	1427	329

热加工和再结晶的 Mo-26Re 合金100℃的均匀伸长率约为20%，屈服强度和拉伸强度极限分别为700MPa和910MPa，铸态 Mo-Re-X 型三元合金近80%的室温拉伸试样都是脆性断裂，破断时没有发生可记录的塑性变形。图8-39是 Mo-Re-X 型合金的拉伸和弯曲应力-应变曲线，由图看出 Mo-26Re-1.5Hf 合金有一些室温拉伸和弯曲塑性。Mo-26Re 的室温屈服强度比加工后再结晶合金的低。

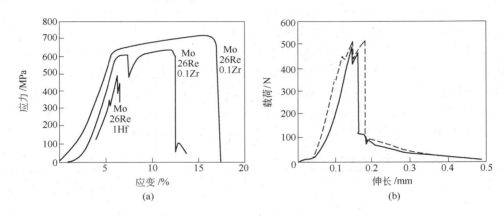

图8-39　Mo-Re-X 型合金的拉伸和弯曲应力-应变曲线
（a）拉伸；（b）弯曲

分析高温屈服强度，虽然 Mo-26Re 比 TZM 含有更多的合金元素，但是它和 TZM 有一样的屈服强度，因为铼和钼的原子尺寸相差很小，强化效果很弱。铪是 Mo-Re 合金强有力的高温强化剂，因为它们的原子尺寸相差很大，在应变速度为 1×10^{-3}/s 时，Mo-26Re-X 合金的1427℃屈服强度与铪浓度的平方根成正比关系。锆和铪在周期表中是同一族元素，它的化学性质和尺寸因子与铪的一样，可以预计，它的强化作用和铪的一样。

Mo-26Re-1.5Hf 合金在1427℃的屈服强度是218MPa（表8-11），这个强度值相当于接近或高于1427℃的纯铼的屈服强度。此外，Mo-26Re-1.5Hf 合金有一点室温塑性（图8-39），改进加工再降低氧含量$[(160 \sim 20) \times 10^{-6}]$，使 C/O>2，应当有可能改善合金的室温塑性，因此，适当加工的 Mo-26Re-1.5Hf 的力学性能有可能与纯铼的性能相媲美。

8.2.4.2　铼对氧化物弥散强化钼合金性能的影响

含铼的氧化镧弥散强化钼合金（ODSMo）的性能与铼含量有密切关系。含铼的 ODSMo 合金用粉末冶金工艺生产，合金成分（质量分数）为 Mo-14Re-1La$_2$O$_3$（ODSMo-14Re）和 Mo-7Re-1La$_2$O$_3$（ODSMo-7Re）。适量的铼加入到 ODSMo 粉末中，混料18h，CIP 压形，压制压力207～276MPa，保压时间至少15min，压坯净化处理后在1950℃/4h 烧结。烧结致密化的含铼合金锭放入未合金化钼的挤压套内，包套的缝隙真空焊接密封，进行包套挤压。挤压坯加热1350℃，保温时间30min。最终挤压棒和未合金化钼套一起整体模锻到φ5mm。用无芯磨床磨掉外包套以后，最终棒材直径4.6mm，挤压加模锻的总变形量大于98%。ODSMo-Re的制造工艺路线列于表8-12。

表8-12   ODSMo-Re 合金的制造工艺路线

加工阶段	起始和最终直径/mm	横断面收缩率/%	加工温度/℃
冷等静压	50→43	28	20
氢气净化	43→42	6	1100
真空烧结	42→38	17	1950
热挤压	38→16	83	1350
模 锻	16→10→8→5（三道次）	57→44→61	1200↓→1000↓→800
脱套精整	4.5	21	

　　模锻ODSMo-14Re和ODSMo-7Re合金的显微组织特征列于表8-13，为了比较，该表也列举了粉末冶金工艺生产的未合金化钼，Mo-14Re和ODSMo的相应参数。图8-40是ODSMo-14Re和ODSMo-7Re合金的光学显微组织照片，两个模锻的ODSMo-Re合金的显微组织照片含有拉长的晶粒结构，ODSMo-14Re和ODSMo-7Re晶粒的长-宽比分别为5和10。在这两个含铼合金的显微组织中看到有团聚的和分散的氧化物粒子。ODSMo-14Re和ODSMo-7Re合金中的氧化物的粒子尺寸分别为3～5μm和1～2μm。

表8-13   模锻的 ODSMo-Re、Mo-Re、ODSMo 和 Mo 的显微组织性质

合 金	平均晶粒宽度/μm	氧化物的平均粒度/μm	平均硬度 HV/MPa
ODSMo-14Re	7.6	1.5	2548
ODSMo-14Re	5.1	4.1	2989
PM-Mo	15.2	—	2205
Mo-14Re	1.0	—	2940
ODSMo	0.5	0.25	2568

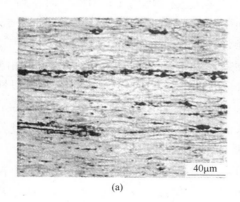
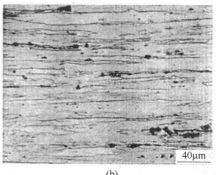

(a)   (b)

图8-40   模锻 ODSMo-14Re 和 ODSMo-7Re 合金的光学显微照片[7]
（a）ODS Mo-14（质量分数）Re 合金；（b）ODS Mo-7（质量分数）Re 合金

温度对模锻加并消除应力状态和再结晶状态的 Mo、Mo-14Re 和 ODSMo-14Re 的拉伸横截面收缩率的影响绘于图 8-41。表 8-14 列出了钼合金的屈服强度、强度极限、破断伸长率和横断面收缩率。

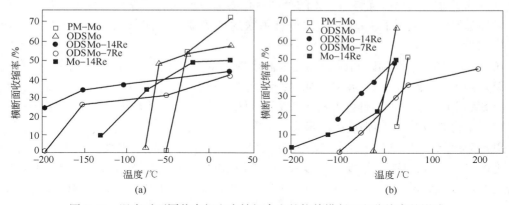

图 8-41　温度对不同状态钼和含铼钼合金的拉伸横断面积收缩率的影响
（a）模锻并应力消除状态；（b）再结晶状态

表 8-14　Mo-Re 合金、未合金化钼、ODSMo 和 ODSMoRe 合金的室温拉伸性能

合　金	模锻态，变形量大于 90%					再结晶态，1600℃/h 真空退火				
	0.2% 名义屈服 强度 /MPa	拉伸强度 极限 /MPa	破坏 伸长率 /%	面积 收缩率 /%	塑脆转变 温度/℃	0.2% 名义屈服 强度 /MPa	拉伸强度 极限 /MPa	破坏 伸长率 /%	面积 收缩率 /%	塑脆转变 温度/℃
ODSMo-7Re	593	889	13	42	-151	255	586	30	30	24
ODSMo-14Re	8772	1075	12	40	-195	345	724	27	38	-50
PM-Mo	538	620	15	72	-23	296	483	5	14	49
Mo-14Re	848	896	13	50	-73	317	531	38	49	-18
ODSMo	745	827	13	59	-60	365	524	29	65	24

表 8-14 ODSMo-14Re 和 ODSMo-7Re 合金、Mo-14Re、ODSMo 和未合金化钼的力学性能。稀铼添加剂最有意义的作用是屈服应力的温度关系，对体心立方金属而言，在温度 $T < 0.2T_m$ 的情况下，流动应力与温度有强烈关系。钼的 $T < 0.2T_m$，就是低于 305℃。在试验温度降低的同时，钼的屈服强度升高，当降到塑脆性转变温度（DBTT）时，速度的变化加快，一直到屈服强度超过断裂强度，此时破坏的特点是脆性解理断裂。

由图 8-42 可以看到，未合金化钼

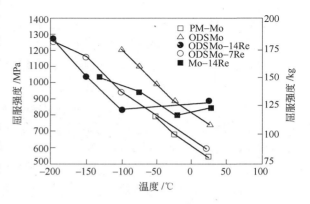

图 8-42　铼含量对模锻并消除应力的钼和钼合金的屈服应力与温度关系的影响

和 ODSMo 的屈服强度曲线的斜率是一样的，但是 ODSMo 屈服强度较高一点。钼添加14%的铼（质量分数），把屈服强度提高的温度降到接近 -20℃。若温度低于 -20℃，屈服强度增高的速率和未合金化钼的一样。在温度低于 -80℃时，斜率改变的原因是塑性破坏占优势过渡到了脆性破坏占优势。14% 的铼和氧化物弥散粒子共同作用，把流动应力与温度有关联的起始温度降到了 -150℃。这类有关联的性能变化可能与派尔斯（Peierls）应力的变化有关。

在 1000 ~ 1600℃高温区间内，测定了温度对钼和含铼钼合金性能的影响，未合金化 Mo、Mo-14Re、ODSMo-14Re 和 ODSMo 的极限拉伸强度绘于图 8-43。在 1000 ~ 1250℃之间，ODSMo-14Re 合金的拉伸强度极限最高。而在 1250℃以上，含有大量细小的均匀分布的弥散氧化物的 ODSMo 的强度极限最高。

图 8-44 是 ODSMo-14Re 合金的高温持久强度，为了比较图上也画出了电弧熔炼的未合金化钼的 100h 高温持久强度曲线以及 Mo-14Re 和 ODSMo 的数据点，图上的 ODSMo 的数据是 1800℃的试验点。ODSMo-14Re 的持久强度 $\sigma_{1000℃}^{140h} = 207MPa$，电弧熔炼钼的持久强度 $\sigma_{1000℃}^{100h} = 83MPa$。可以认为 ODSMo-14Re 合金的高温持久强度是很高的。

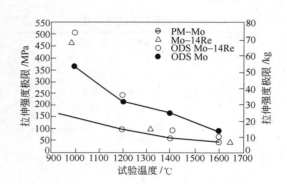

图 8-43　温度对模锻并消除应力的 Mo 和
Mo-Re 合金拉伸强度的影响

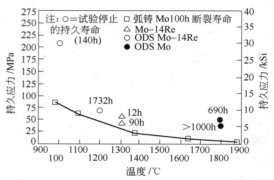

图 8-44　Mo 和 ODSMo-14Re 合金的
高温持久强度的比较

8.2.4.3　钼合金的固溶软化

在低温低溶质浓度的情况下，体心立方金属（包括钼）发生固溶软化是一个普遍现象而不是特例，置换固溶元素和间隙固溶元素都会引起铬、钼、钨、钒、铌、钽和体心立方金属铁的固溶软化，氮引起铁固溶软化，氧引起钽固溶软化。

用高纯钼粉和铼粉生产钼-铼合金，研究它的固溶软化现象，合金的铼含量 0 ~ 36%（相当于最高温度下的极限溶解度），试验温度范围 $(0.02 \sim 0.2)T_m$（T_m 为钼熔点）。在温度低于 0.14 均化温度（T/T_m）的情况下，铼含量（原子分数）低于 16%，钼-铼合金发生固溶软化，在硬度-铼含量关系曲线上看到有硬度的极小值，参看图 8-45。在温度低至 77K 的时候，钼-铼合金与未合金化钼相比，合金的硬度极小值是相当低的。由图 8-45 也可以看出，随着试验温度的升高，产生硬度极小值所需要的铼含量急速减少，图 8-46 是 Mo-Re 合金产生硬度极小值需要的铼含量与均化温度的关系，为了比较，该图也给出了 W-Re、Cr-Re 合金在发生固溶软化时达到硬度极小值时的铼含量与均化温度的关系，由该图的直线关系也可以判断，体心立方金属的钨和铬的固溶软化规律与钼是一致的[13]。在同一均化温度下三个金属有一样极小值，这种性质强烈的暗示，铬、钨和钼的固溶软化是与溶质，熔剂的基本性质有关的内在的本质现象。固溶软化是一种独特的低温现象，在温度升高超过 0.16 均化温度时它就消失。

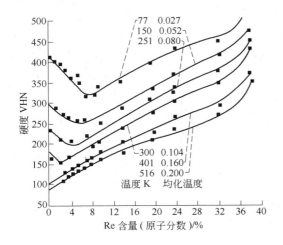

图 8-45　钼-铼合金的低温硬度
与铼含量的关系

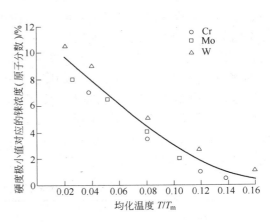

图 8-46　钼-铼合金固溶软化时的
硬度极小值与均化温度的关系

钼-铼合金的硬度与温度的关系，因为有固溶软化作用，硬度与温度之间的关系不是单调的增减。当温度低于 0.14 均化温度，含铼量（原子分数）小于 16% 时，降低试验温度，硬度急速升高。相比起来，铼含量（原子分数）超过 16% 一直到在钼中的最大溶解度，试验温度降低，硬度的增量较小。在试验温度超过 0.14 均化温度时，只看到合金发生硬化，硬度完全受硬化行为控制，软化行为对硬度没有贡献。在试验温度低于 0.14 均化温度的条件下，钼铼合金的铼含量超过产生硬度极小值的含量时，它的硬度受硬化行为控制，因为它的硬化速度平行于温度超过 0.14 均化温度的硬化速度（见图 8-45）。图 8-47 是不同铼含量的钼-铼合金的硬度随试验温度变化的情况。钼添加铼时，随铼含量的增加和试验温度的升高，硬度与温度的相关性下降，在低温和低含铼量的情况下，在温度下降的同时，硬度急剧提高。在较高的温度下，铼含量直到接近 16%，钼-铼的硬度和温度的相关性变弱，在整个温度范围内硬度和温度的关系相差不大。

研究分析钼和周期表的第六周期元

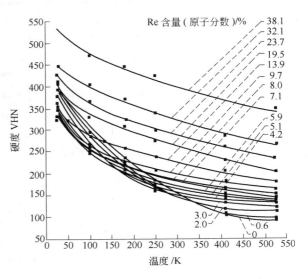

图 8-47　不同含铼量的钼-铼合金的
硬度与温度之间的关系

素组成的各种二元合金硬化和软化行为和溶质电子结构的关系发现。合金元素与钼基体在元素周期表中的位置见表 8-15。由表看出铪和钽的 s + d 层电子比钼的少，铼、锇、铱和铂的 s + d 层电子数比钼的多几个。在选择合金成分时，为了分析方便，s + d 层电子数比钼的少的溶质（Hf、Ta）含量要使得合金有相等的电子/原子比，而 s + d 层电子数比钼的多的溶质（Re、Os、Ir 和 Pt）含量的对应的电子/原子能都一样。实际上二元钼合金的成分，硬化和软化数据综合列于表 8-16。表中的 ΔV 是 s + d 层电子数的变化，$\sqrt{c}$ 是溶质（原子分数）含量的平方根。根据溶解度的研究已知钨和钽和钼组成无限固溶体，由表列数据可以看出，这两个元素对钼的硬度的影响是不一样的，添加钽使钼产生表观抛物线硬化，在约 50% 钽含量（原子分数）处硬度达到极大值，而钨-钼合金的硬度随钨含量的变化是一条连接未合金化的钨，钼的硬度之间的直线。铼在钼中的溶质度处于中间位置，而铂的极限溶解度很低。在 27℃ 添加铼，开始钼发生软化，随后是表观抛物线硬化，一直到溶解度极限（原子分数约 40%）。在 Mo-Re 系中出现 σ 相以后，硬度急剧增加，最终到达系统的富铼端，硬度降到未合金化铼的硬度。

表 8-15　钼和溶质元素在周期表中的位置

周期及电子结构	族						
	IV	V	VI	VII	VIII		
第五周期			42Mo 95.94				
第六周期	72Hf 178.49	73Ta 180/94	74W 183.85	75Re 186.2	76Os 190.2	77Ir 192.2	78Pt 195.09
s + d 层电子数	4	5	6	7	8	9	10

表 8-16　二元钼合金的成分及硬度的综合表

合金及溶质含量（原子分数）/%	间隙杂质含量（×10⁻⁶）				e/a	$\Omega = \sqrt{c}\Delta V$	不同温度的硬度 VHN			
	C	H	N	O			−196℃	−87℃	27℃	138℃
Mo-Hf										
0.98					5.982	−1.92	421	290	190	159
2.7	16	2.0	2.1	29	5.946	−3.29	437	312	251	221
3.9					5.922	−3.95	455	345	301	266
4.8					5.904	−4.38	490	355	318	278
9.9	21	2.2	4.2	31	5.802	6.29	601	494	450	392
15.9					5.682	−7.98	689	624	576	367
Mo-Ta										
0.23					5.998	−0.45	414	280	175	104
2.2	13	2.5	3.4	16	5.978	−9.48	418	299	186	127
2.9					5.931	−2.21	483	333	216	173
7.9					5.921	−2.81	472	347	246	214
17.1	12	2.5	4.9	40	5.829	−4.14	524	416	341	308

合金及溶质含量	间隙杂质含量（×10⁻⁶）				e/a	$\Omega = \sqrt{c}\Delta V$	不同温度的硬度 VHN			
（原子分数）/%	C	H	N	O			−196℃	−87℃	27℃	138℃
25.3					5.747	−5.03	557	458	397	357
38.2					5.618	−6.18	531	485	422	389
59.3					5.407	−7.71	513	470	418	400
81.5					5.185	−9.04	436	359	309	280
Mo-W										
1.1							401	281	169	110
3.4	25	2.7	4.0	24			405	277	177	105
5.5							423	292	179	117
12.1					6.00		429	304	186	123
18.8	8	1.4	1.6	17		0	462	325	201	140
37.2							508	347	228	162
58.3							550	414	287	200
82.4							527	473	343	237
Mo-Re										
2.0	31	2.1	4.1	24	6.020	1.41	375	258	150	113
5.3					6.053	2.30	332	226	158	144
8.2					5.028	2.86	315	238	189	166
10.2					6.102	3.19	336	249	202	179
20.3	41	1.6	6.5	29	6.203	4.51	383	326	267	235
32.6					6.326	5.71	438	393	332	293
Mo-Os										
1.11					6.022	2.10	349	237	172	149
1.72					6.034	2.63	335	263	218	185
2.61	12	1.8	2.2	20	6.052	3.24	375	303	250	218
3.64					6.073	3.82	414	346	307	263
5.23					6.105	4.57	452	370	318	297
9.85	19	3.4	3.2	20	6.19	6.28	600	524	461	407
15.76					6.315	7.94	716	615	555	486
Mo-Ir										
0.63					6.019	2.39	350	267	212	184
1.12					6.034	3.18	405	334	267	232
1.71					6.051	3.92	453	376	296	282
2.49		1.1			6.075	4.73	520	472	389	339
3.31	16		7.7	20	6.099	5.46	567	512	439	379
6.76		3.0			6.023	7.80	730	660	609	549
10.46	15		3.7	41	6.314	9.70	805	731	711	682

合金及溶质含量 （原子分数）/%	间隙杂质含量（×10⁻⁶）				e/a	$\Omega=\sqrt{c}\Delta V$	不同温度的硬度 VHN			
	C	H	N	O			-196℃	-87℃	27℃	138℃
Mo-Pt										
0.20					6.008	1.79	368	241	171	139
0.71					6.028	3.38	401	330	254	227
1.2					6.048	4.38	475	412	315	295
2.0					6.080	5.66	513	470	393	283
2.5	14	2.3	2.3	23	6.10	6.32	592	544	476	435
4.8					6.192	8.76	830	757	674	619
7.6					6.304	11.03	976	949	855	779
Mo	15	1.4	3.4	20	6.000	0	391	267	171	105

在钼-铂合金中，根据已有的合金硬度的数据发现，靠近铂在钼的最大溶解度极限附近，合金的硬度达到极大值，在钼-铂固溶体范围内，随着铂含量的增加硬度陡然提高，见图 8-48。

在 Mo-Re 合金发生软化的温度范围内，铪、钽和钨引起钼的硬化。在较低温度下和低溶质浓度的情况下，铼、锇、铱和铂引起钼合金软化。而在温度和溶质浓度较高时，看见钼合金硬化，仔细分析表 8-16 的硬度数据。

在这四个产生合金软化的合金系统中，对应硬度极小值需要的溶质量的变化规律是，随着温度下降对应的溶质量增高，随着 s+d 层的电子数增加（按铼到铂的顺序）对应的溶质量减少。

从表 8-16 中的温度和硬度的关系看出，未合金化钼的硬度随温度升高单调下降。而钼与铼、锇、铱和铂的二元合金的硬度与温度的相关性比未合金化钼的相关性明显下降。

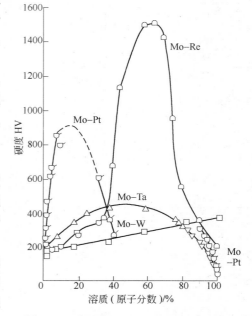

图 8-48 在 27℃ Mo-W、Mo-Ta、Mo-Re
和 Mo-Pt 的硬度与溶质含量的关系

8.2.4.4 钼合金的软化(硬化)机理分析

在研究分析钼的塑脆性转变温度（DBTT）时，曾经讨论过净化间隙杂质能降低钼的塑脆性转变温度。合金固溶软化现象与溶质添加剂清除间隙杂质有无内在关系是首先要分析的机理。在研究 Mo-Re、W-Re 和 Cr-Re 系合金时，采用电子束熔炼工艺可以把钨和钼的间隙杂质含量降低到溶解度极限的水平，而铬由于本身的饱和蒸汽压很高，只能用真空自耗电极电弧熔炼工艺，不能用高真空电子束熔炼工艺，它的间隙元素的含量比 W 和 Mo 的含量更高。表 8-17 是 Mo、W 和 Cr 中的 C、O 和 N 的最大溶解度。可以预料，假如 Re "去除" 间隙杂质是固溶软化起作用的机理，因为 Cr 的总间隙杂质浓度比 Mo 和 W 的高一个数量级，在 Cr、Mo 和 W 达到同样的软化效果时，Cr 要求添加 Re 的量应当比 W、Mo 的更多。但是，实际观察表明，Mo、W 和 Cr 与

Re 合金化时，引起合金软化时添加的铼量是十分一致的。从一个方面说明铼净化间隙杂质可能不是固溶软化的根源。

表 8-17 C、N 和 O 在 W、Mo 及 Cr 中的最大溶解度

基体金属	最大溶解度（原子分数）/%			总溶解度	基体金属	最大溶解度（原子分数）/%			总溶解度
	C	N	O			C	N	O	
Cr	1.4	0.96	0.1	2.46	W	0.3	0.005	0.06	0.365
Mo	0.176	0.023	0.018	0.217					

在分析钼与元素周期表第六周期元素（Hf-Pt）生成的二元合金时，诸溶质组分与合金中的间隙杂质形成化合物，各化合物的生成自由能列于表 8-18，根据生成自由能的数据分析，Ta 和 Hf 能清除表列的所有间隙杂质。比较第Ⅵ周期诸元素的氧化物生成自由能数据，可以期望引起合金硬化的 Hf、Ta 和 W 能清除钼晶格中的氧，引起合金软化的 Re、Os、Ir 和 Pt 诸元素中，只可以期望 Os 能清除钼晶格中的氧。假定钼中所有的氧都是在固溶体中，根据表 8-18 给出的生成自由能数据，在 −196℃的硬度极小值处的 Hf 和 Os 的浓度（原子分数）都是 1.72%，Hf 清除 O 的效率比 Os 更高。但是，Mo-Hf 系统没有看见发生固溶软化。根据计算，留存在 Mo-Hf 合金固溶体中的 O 的平衡量比 Mo-Os 系中少几个数量级。可能因为 Re、Os、Ir 和 Pt 不生成稳定的碳化物和氮化物，没有数据把碳化物和氮化物与氧化物做同样的比较。

表 8-18 溶质-间隙杂质在 2000K 反应时的生成自由能 F_t^0 （原子分数）

溶质元素	与间隙杂质反应生成的化合物与生成自由能 F_t^0					
	C		O		N	
	化合物	F_t^0/kJ·(g·at)$^{-1}$	化合物	F_t^0/kJ·(g·at)$^{-1}$	化合物	F_t^0/kJ·(g·at)$^{-1}$
Hf	HfC	−208.8	HfO$_2$	−376.6	HfN	−184.5
Ta	Ta$_2$C	−187.9	Ta$_2$O$_5$	−240.2	Ta$_2$N	−118.8
W	W$_2$C	−116.3	WO$_2$	−120.9		
Re	—		ReO(g)	178.2		
Os	—		OsO$_3$(g)	−60.2		
Ir	—		IrO(g)	241.4		
Pt	—		PtO(g)	172.0		
Mo	Mo$_2$C	−63.3	MoO$_2$	−121.3		

根据热力学计算，并结合钼和第Ⅵ周期元素生成的二元钼合金的实际观察，Mo-Re、Mo-Os、Mo-Ir 和 Mo-Pt 合金有固溶软化现象，而 Mo-W、Mo-Hf 和 Mo-Ta 合金有固溶强化现象。可以论断，溶质元素和间隙杂质的化学结合，即间隙杂质的"被清除"作用不是钼-第六周期元素二元合金固溶软化的原因。

固溶强化的一个重要参数是溶质和溶剂的原子尺寸因子，根据研究结果已知[16]，体心立方金属合金的硬化速率与用晶格常数变化速率度量的原子尺寸差异成比例。按已计算出的钼的几个溶质的原子半径，图 8-49 绘出了计算的钼与Ⅵ周期的几个溶质的原子半径比，图 8-50 是钼和第Ⅵ周期元素组成二元合金时钼的晶格常数的变化。要指出，Mo-Pt 二元系合金的 Pt 含量（原子分数）一直到 12% 时，合金的晶格常数都没有发生变化。

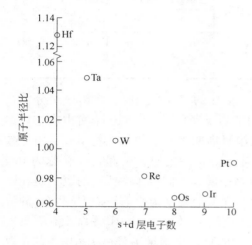

图 8-49　计算的钼-第六周期溶质的原子
半径比与 s + d 层电子数的关系[17]

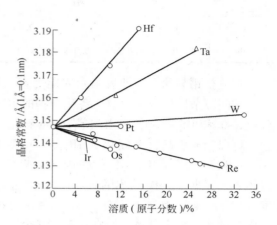

图 8-50　二元钼合金的晶格常数与
第Ⅵ周期溶质含量的关系

比较钼的晶格常数随计算出的原子半径比的变化可以看出，晶格常数的变化和根据原子尺寸效应预测的一样，晶格常数比钼大的诸元素增大钼的晶格常数，而晶格常数比钼小的元素缩小钼的晶格常数。晶格常数增大或缩小的速率直接和原子半径成比例。图 8-51(a)、(b) 是在 138℃ 和 -196℃ 时二元钼合金的起始硬化速度 dH/dC 与钼的晶格常数的起始变化速率 da/dc 的关系。在 138℃ 只有合金硬化没有合金软化，W、Ta 和 Hf 的数据暗示，原子尺寸差异参数在控制这些二元钼合会的硬化行为方面可能是很重要的。但是，添加 Re、Os。Ir 和 Pt 不能和晶格常数的尺寸差异参数发生关系。在 -196℃ 时添加 Re、Os。Ir 和 Pt 引起的合金软化和添加 W、Ta 和 Hf 引起的合金硬化同时存在，Mo-

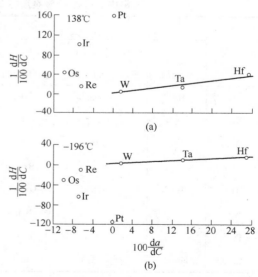

图 8-51　原子尺寸参数对二元钼合金
的软化和硬化行为的影响

Os、Mo-Hf 和 Mo-Ta 二元合金的硬化和原子尺寸差异参数 da/dc 有关，而合金的软化速率和 Mo-Re、Mo-Os、Mo-Ir 及 Mo-Pt 二元系的原子尺寸差异没有关系。

在分析过二元钼合金的硬化，软化行为与原子尺寸差异的关系以及溶质的"清除"间隙杂质的作用以后，再进一步分析电子浓度与软化，硬化行为的关系，考查在 -196℃ 测定的 Mo-Ⅵ 周期元素二元合金的硬度数据。图 8-52(a) 比较了引起钼硬化的几个合金的数据，而图 8-52(b) 比较了引起钼起始软化的几个合金元素的数据。由图看出在特定的溶质含量处，例如 8%，合金元素 W、Ta 和 Hf 分别提高 Mo 的硬度为 30、80 和 160VHN，而引起合金起始软化的溶质元素中，Os、Ir 和 Pt 分别提高 Mo 的硬度约为 160、380 和 620VHN，而 8% 的 Re 则大约降低硬度 75VHN。

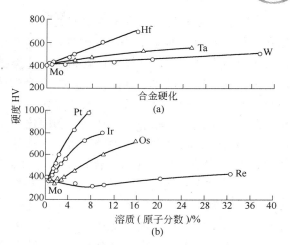

图 8-52　比较二元钼合金的 −196℃ 的硬度

在表 8-12 记录的合金成分中，合金成分的选择使合金有相等的电子/原子比（e/a），二元钼合金的电子/原子比（e/a）可以用下式描述：

$$(e/a)_{合金} = C_{Mo}(e/a)_{Mo} + C_s(e/a)_s$$

$$(e/a)_{合金} = (1 - C_s)(e/a)_{Mo} + C_s(e/a)_s$$

上式可改写成：

$$(e/a)_{合金} = (e/a)_{Mo} + C_s[(e/a)_s - (e/a)_{Mo}]$$

式中，C_{Mo}、C_s 为钼和溶质的原子分数；$[(e/a)_s - (e/a)_{Mo}]$ 为 s+d 层电子数的变化。

下式可计算钼和第六周期元素组成二元合金时电子浓度的变化：

$$\Delta(e/a) = (e/a)_{合金} - (e/a)_{Mo} = C_s\Delta V$$

s+d 层电子数见表 8-11，图 8-53 是电子浓度和溶质含量及溶质均方根含量的变化对二元钼合金在 77K 测定的硬度值的影响，由于 Mo-W 合金的 $\Delta V = 0$，该图上没有它的数据。稀 Mo-Hf 和 Mo-Ta 合金只看到合金的硬化，经过它们各自的硬度点能画出二条光滑曲线，稀 Mo-Re、Mo-Os、Mo-Ir 和 Mo-Pt 合金都有起始软化现象，经过它们各自的硬度点也能绘出四条光滑的曲线见图 8-53(a)。图 8-53(b) 表明，有起始硬化及有起始软化的二元钼合金的硬度的直线相关性都很好。硬化和软化合金的硬度与电子浓度及溶质的均方根含量有关，$c^{1/2}\Delta v = \Omega$。

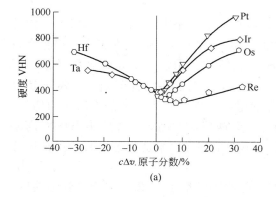

(a)

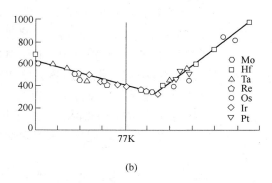

(b)

图 8-53　电子浓度及溶质含量 c 和溶质均方根含量 $c^{1/2}$ 的变化对二元钼合金 −196℃ 硬度的影响

二元钼合金的硬度和电子浓度的关系表明，过渡族金属合金的内在本质性质是合金软化和硬化的原因。即使在 Mo-Hf 和 Mo-Ta 合金中的溶质发生了"清除"间隙杂质的作用，这两个合金也没有软化特征，这就暗示在这类材料中"清除"作用在控制合金软化方面也是不重要的。原子尺寸因素在控制这类合金的硬化方面只起次要作用。Mo-Pt 合金有很高的硬化和软化速率，但晶格常数没有变化，它的硬化和软化与原子尺寸因子之间似乎没有相关性，这就排除了原子尺寸是软化和硬化的控制机理。电子结构和电子浓度在控制二元钼合金的硬化和软化方面起主导作用。元素的 s + d 层电子比钼的多，例如 Re、Os、Ir 和 Pt 等，钼与这些元素组成二元合金则产生合金软化，若元素的 s + d 层电子数少于（Hf，Ta）或等于（W）钼的 s + d 层电子，则这些元素与钼组成二元合金时，合金发生固溶硬化。大多数体心立方金属的 d 层电子未填满，导致非球形轨道，在原子之间则产生定向力，那么派尔斯（Peierls）应力就高。如果溶质元素，如 Re 等的 s + d 层电子比钼的多，它们起电子供应者的作用，填充 d 壳层，轨道会变得较圆，导致键的方向性减少，结果降低派尔斯应力。看来，二元钼合金合金化时电子结构发生变化，降低派尔斯应力，是合金软化的本质原因。

8.2.5   钼-钨合金

图 8-54 是钼-钨状态图，相图的固相线和液相线之间相差 20℃，两根相线接近直线，合金的晶格常数随成分直线变化。

根据合金化原理，在温度超过 0.6 ~ 0.8$T_{熔点}$ 的情况下，提高钼合金的高温强度只能提高钼晶格的原子之间的键合力，如果以钼的熔点高低作为晶格中原子间键合力大小的判据，通过合金化来提高钼的熔点，即提高原子间的键合力的可能性是相当小的，因为它的熔点已经高达 2620℃，只有钼-钽，钼-钨二元合金系的熔点随钨，

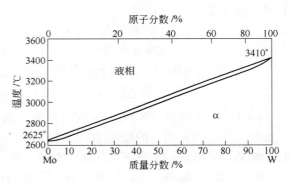

图 8-54   钼-钨二元系状态图[21]

钽的含量增加呈现单调升高。如果考虑钽的价格比钨高，资源更稀缺，研究钼-钨二元合金有更大的现实意义。

钼-钨二元合金加入 25% 钨质量分数，合金的熔点比未合金化钼提高了约 200℃，由于是连续无限固溶体，二元合金的熔点，密度和晶格常数都和钨含量有线性关系。用真空自耗电极电弧熔炼工艺生产直径 80mm 和 100mm 合金铸锭，用钛，锆和碳做脱氧剂，用 7.35kN 锻锤进行自由锻，锻坯加热温度 1700 ~ 1900℃。二元钼-钨合金的钨含量不超过 10%，对合金的热变形行为没有多大影响。钨含量超过 20%，自由锻造的变形抗力增加，当钨含量增加达到并超过 30% 时，用自由锻加工合金遇到很大困难，即使用 1900℃ 高温加热，锻件也常常发生许多裂纹，50Mo-50W 合金不能采用自由锻造工艺，必须用挤压开坯加工。

Mo-20W 合金用挤压开坯是很合理的，它的性能比钨含量小于 20% 的合金的性能好，表 8-19 提供了几个钼-钨合金的性能，为了比较，表中还包括有一个 Mo-Ti-Zr 合金。

表8-19 钼-钨合金的20℃和1200℃的力学性能

合金名称成分	再结晶温度/℃	力学性能					
		20℃			1200℃		
		σ_b/MPa	δ/%	ψ/%	σ_b/MPa	δ/%	ψ/%
Mo-0.1Ti-0.1Zr	1300	686~784	70~89	30~40	196~245	12~16	50~60
Mo-10W-0.1Ti-0.1Zr	1300	758	23.6	41.0	278	14.0	53.6
Mo-15W-0.1Ti-0.1Zr	1300	807	25.3	30.6	282	12.3	53.5
Mo-20W-0.1Ti-0.1Zr	1400	803	19.0	27.5	333	13.5	76.5
Mo-25W-0.1Ti-0.1Zr	1400	821	20.0	31.5	305	14.1	57.3
Mo-30W-0.1Ti-0.1Zr	1400	941	—	—	338	15.8	55.5

图8-55给出了钼-钨合金的性能和温度的关系，试样取自直径12mm的锻造棒材，加载速度50mm/s。由图看出，钼-钨合金的强度比 Mo-0.1Ti-0.1Zr 的高，Mo-50W 合金大约高出50%~70%。尽管它们的塑性降低，但在高温下仍然很高。

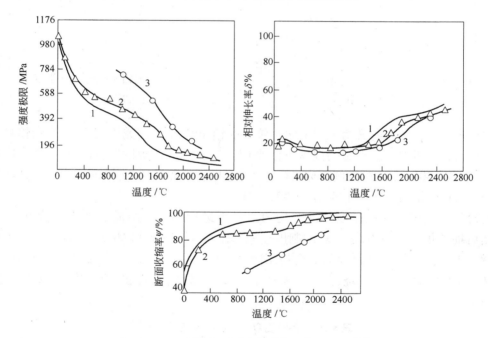

图8-55 钼-钨合金的力学性能与温度的关系[22]
1—Mo-0.1Ti-0.1Zr；2—Mo-20W-0.1Ti-0.1Zr；3—Mo-50W-0.1Ti-0.1Zr

图8-56是钼-钨合金的钨含量与20℃、400℃、1200℃和1800℃的强度极限的关系，合金熔炼时用0.1%钛和0.1%锆脱氧。室温强度随钨含量增加单调提高，钨含量（质量分数）超过60%，强度极限提高更加明显。50Mo-50W合金在400℃，特别是在1200℃有最高强度，这时未合金化钼和未合金化钨的强度都比合金的低。在1800℃，随着合金中的钨含量增加，合金的强度单调升高。这些结果是能理解的，在温度达到(0.6~0.8)$T_{熔点}$时，钼固溶体的晶格结构强化因子在起作用，在合金成分（原子分数）为 Mo50%-W50%

时，合金元素引起的晶格畸变达到最大值。而在更高的温度下，晶格原子间的键合力起决定性作用。如果用均化温度代表原子之间键合力的指标，在相同均化温度下不同合金的比强度很接近，而在结构因子很敏感的温度范围内[$(0.5 \sim 0.7)T_{熔点}$]、比强度差别很大，见图8-57。钼-钨合金的钨含量超过20%（ЦMB20），合金的强度有明显的优越性，在500～1500℃区间内，Mo-50W合金的强度最高，在温度超过1500～1700℃时，合金的强度随钨含量的增加同步提高。

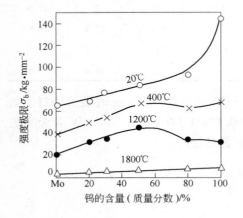

图8-56　钼-钨合金的钨含量与不同
温度的强度极限的关系

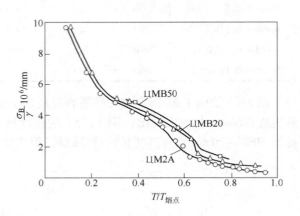

图8-57　不同钼-钨合金的比强度
与均化温度的关系[2]

用粉末冶金工艺也能成功生产不同含钨量的钼-钨合金，研究确定[24]，采用钨粉和钼粉直接混料，偏析严重。理想的混料方法是用钼粉加液态钨酸铵进行固-液混料。以制造Mo-25W和Mo-30W合金粉为例，称取粒度为3～4μm的钼粉96kg和56kg，分别加入比重为1.28g/cm³的钨酸铵溶液136.1L和121.04L。

钼粉和钨酸铵溶液机械搅拌混合均匀之后再进行结晶，结晶温度60～80℃，时间2h。然后抽滤烘干，再按表8-20的制度还原，制得Mo-25W和Mo-30W合金粉。再经历7h球磨，1h冷却。过80目筛的混合粉用冷等静压（CIP）成形，压制压力196MPa。压坯按表8-21的烧结制度烧结，再承受挤压，锻造成材。挤压温度1600℃，挤压比2.88。

表8-20　钼-钨混合合金粉的氢还原剂度

温度/℃	Ⅰ段	Ⅱ段	Ⅲ段	Ⅳ段	Ⅴ段	推舟速度
一次还原	520	540	580	600	600	2舟/25min
二次还原	740	780	820	860	860	2舟/30mim

表8-21　粉末钼-钨压坯的烧结制度

烧结温度/℃	烧结持续时间/h	说明	烧结温度/℃	烧结持续时间/h	说明
室温～1000	2	升温	1600～2150	2	升温
1000～1600	2	升温	2150～2200	8	保温

根据混合粉的金相研究见图 8-58，在钨酸铵和钼粉混合过程中，细钼粉可能被钨酸铵溶液溶解，粗颗粒钼粉被部分溶解而变细，生成部分钼酸铵溶液，在还原过程中重被还原成钼粉。固-液混料除混合粉的均匀性提高以外，钼粉颗粒表面沾满了钨酸铵溶液，经还原后粉末表面的活性好，对烧结致密化非常有利。

图 8-59 和图 8-60 分别是不同状态钼-钨合金的性能及不同温度下的硬度。

图 8-58 钼粉与钨酸铵溶液混合以后粉末的外观（×5900）

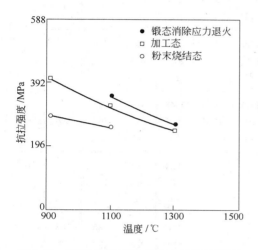

图 8-59 不同状态下钼-钨合金的抗拉强度

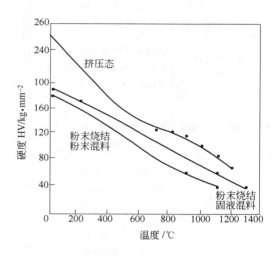

图 8-60 含钨 25% 的钼合金的硬度

文献系统研究了 Mo-25W、Mo-45W 合金的性能以及铪对这两个钼-钨合金性能的影响[25]，结果综合列于表 8-22。由表列数据可以看出，未合金化的钼和钨分别在 1200℃ 和 1316℃ 发生完全再结晶，在 1316℃ 钼的强度极限下降到 83MPa，而钨的强度极限降到 186MPa。Mo-25W 的强度已经达到钨的强度，Mo-45W 合金的高温强度超过了钨的强度。铪和碳对钼-钨合金的性能有确切的影响，随着铪和碳的加入，这两个合金的热强度都升高。对含铪和碳的钼-钨合金进行 1230℃/30h 时效处理，HWM-45 合金的拉伸强度实际上略有降低，这可能反映第二相粒子粗化。而 HWM-25 合金时效以后的强度极限稍有增加。

表 8-22 粉末冶金钼-钨合金的性质[25]

合金名称和成分	性 能	温度/℃								
		20	315	600	928	982	1094	1316	1371	1426
未合金化钼 含 C < 10 × 10⁻⁶	拉伸强度极限/MPa	689	503	427	352	331	214	83		
	0.2% 屈服强度/MPa	552	496	414	338	317	193	48		
	25mm 内伸长率/%	33	17	14	14	15	17	27		

合金名称和成分	性能	温度/℃								
		20	315	600	928	982	1094	1316	1371	1426
Mo+25W+C $<10\times10^{-6}$	拉伸强度极限/MPa					414		248		
	0.2%屈服强度/MPa					400		241		
	25mm 内伸长率/%					13		12		
Mo+45W+C $<10\times10^{-6}$	拉伸强度极限/MPa			600	455	331				
	0.2%屈服强度/MPa			552		490	448	324	310	
	25mm 内伸长率/%			12		11	13	15	13	
HWM25 Mo+25W+1.0Hf +0.345C	拉伸强度极限/MPa			1076	965	951	910	683		
	0.2%屈服强度/MPa			979	896	883	855	662		
	25mm 内伸长率/%			13	12	12	12	14		
时效处理过的 HWM25	拉伸强度极限/MPa	1193		1186		1007	951	779		
	0.2%屈服强度/MPa			1089		972	883	758		
	25mm 内伸长率/%	<1		15		13	15			
HWM45 Mo+45W++0.9Hf +0.0270C	拉伸强度极限/MPa			1138	1069	1048	1007	834	717	
	0.2%屈服强度/MPa			1049	1014	1007	917	807	696	
	25mm 内伸长率/%			15	11	10	14	12	15	
时效处理过的 HWM45	拉伸强度极限/MPa					1034	993	786		
	0.2%屈服强度/MPa					979	965	752		
	25mm 内伸长率/%					13	14	13		
未合金化钨+C $<10\times10^{-6}$	拉伸强度极限/MPa	1351		586	469	441	400	186	165	
	0.2%屈服强度/MPa			552	455	414	386	138	83	
	25mm 内伸长率/%	<1		12	11	12	12	33	39	

  图 8-61 是钼-钨合金的室温力学性能与钨含量的关系，随着合金的钨含量增加，强度极限和各种名义屈服强度连续增加。而合金的塑性保持很高的水平，在研究成分范围内弹性模量基本不变。图 8-62 是钼-钨合金的硬度与钨含量和温度的关系，从室温到 200℃ 范围内硬度下降速度最快。温度进一步提高到 800℃，硬度接近线性规律下降。

  Mo-W 合金的研究发现，高温稳态蠕变速率（SSCR）和断裂时间强烈依赖热机械加工历史。用不同热加工历史的 Mo-5W 合金研究亚结构对蠕变性质的影响[26]。用模锻加 1600℃/h 中间再结晶退火处理，调整再结晶以后合金棒材的变形量（面积收缩率）分别达到 18.6%，36.0%、50.2%、64.0%、75.0%、85.0%。不同变形量的组织结构有很大区别，光学显微照片的观察发现，变形量 85% 合金棒的横断面是近似等轴晶，平行于模锻方向的纵向组织是拉长的晶粒结构。图 8-63 是变形量为 18.6% 和 85.0% 合金棒的透射电镜照片，组织呈现等轴晶的亚晶结构，亚晶粒内几乎没有位错，而亚晶边界包含有相当密集的位错纲，估计亚晶内部的位错密度为 $10^{6}cm^{-2}$。不同模锻变形量的合金的结构特征参数列于表 8-23，表中的数据除圆括号内的数据是外推的以外，其余都是实测数据。

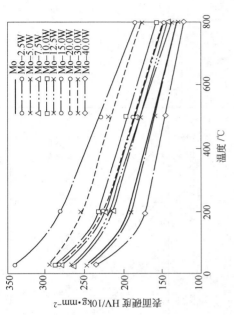

图 8-62 钼-钨合金的硬度与钨含量和温度的关系

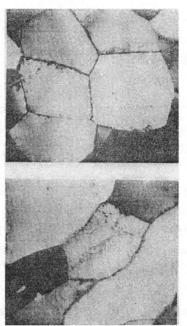

图 8-63 再结晶后不同模锻变形量的 Mo-5W 的透射电子显微照片（×20000）
(a) 变形量 18.6%；(b) 变形量 85.0%

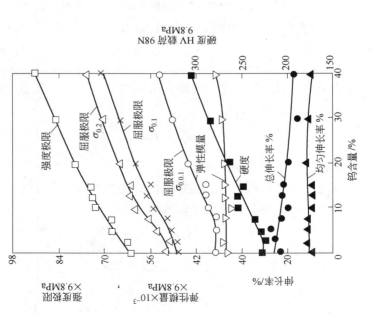

图 8-61 钼-钨合金的室温力学性能与钨含量的关系

表8-23   再结晶以后不同变形量的 Mo-5W 合金的结构特征参数

棒材的结构特征参数	试验棒材的编号					
	212	211	122	121	112	111
r_s 模锻横断面收缩率/%	18.6	36.0	50.0	64.0	75.0	85.0
Q_c 蠕变激活能/kJ·mol^{-1}	364	336.9	371	300.4	345	325
d 横向平均晶粒度/μm	77.0	86.0	92.0	91.0	7.0	37.0
l/d 晶粒的长径比	3.13	4.75	5.46	8.43	(11.3)	(15.2)
d_0 平均亚晶粒度/μm	2.18	2.0	2.29	1.92	2.27	1.96
$\overline{\omega}$ 平均小角度位向差/(°)	0.65	1.20	2.48	—	2.25	2.84

用不同变形量的合金在 1100℃、1200℃、1300℃ 和 1400℃ 进行蠕变试验。最小蠕变速率 $\dot{\varepsilon}_m$ 与再结晶以后的模锻变形量之间的关系绘于图8-64。在这个双对数图上可以看出，模锻变形量（横坐标是表8-23 试验棒的编号）对合金在任何温度下的蠕变抗力的影响是渐进式的，例如，变形量在 18%～50% 范围内，最小蠕变速率降低近90%，而在 50%～85% 范围内则降低了约2/3。图上各试验点与直线的相关性很好，各直线几乎平行，其斜率接近2，因而可以用下述经验公式描述模锻变形量对最小蠕变速率的影响：

$$\ln\dot{\varepsilon}_m = \ln A - n\ln r_s \quad 或 \quad \dot{\varepsilon}_m = A r_s^{-n}$$

式中，r_s 为再结晶以后的模锻面积收缩率；A 为常数；n 为最小蠕变速率对面积收缩率的敏感参数，考虑到图 8-64 中各直线的斜率接近2，这个关系式只在试验范围内有效。

$$\dot{\varepsilon}_m = A r_s^{-2}$$

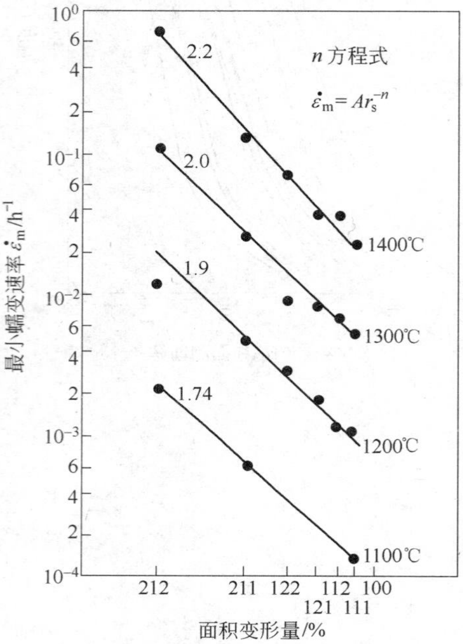

最小蠕变速率与温度的关系可以用众所周知的阿伦尼亚斯方程式表述，即

图 8-64   最小蠕变速率与模锻变形量（面积收缩率）的关系

$$\dot{\varepsilon}_m = B\exp\left(-\frac{Q_c}{RT}\right)$$

式中，B 为常数；Q_c 为蠕变激活能。

最小蠕变速率的对数和绝对温度的倒数图绘于图8-65，各试验点与直线有密切的相关性，分散度很小。直线的斜率与蠕变激活能有关：

$$\ln\dot{\varepsilon}_m = \ln B - \frac{Q_c}{RT}$$

则蠕变激活能 Q_c 可用下式计算，计算结果载于表8-23。

$$Q_c = \frac{\ln(\dot{\varepsilon}_2/\dot{\varepsilon}_1)}{(1/T_1) - (1/T_2)}$$

断面收缩率对合金亚结构发展有影响，再结晶以后变形量小的合金的晶粒划入亚晶粒近似相等的亚晶结构。进一步累计变形，位错从一个亚晶界移动到另一个亚晶界。亚晶界有可能定义为两种类型，即小角度位向差（$\omega°$）大的亚晶界和小角度位向差（$\omega°$）的小亚晶界，$\omega°$小的亚晶界给出的位错比获得的位错多，而$\omega°$大的亚晶界获得的位错比给出的位错多，据此，在横截面收缩率数量增加的同时，角度小的小角度位向差消失，形成角度大的小角度位向差。也就必然存在一组特定的亚晶界群，它们获得的和释放的位错数近似相等。在这一群中的亚晶界的数量不随变形量的增加而改变。事实上，在$0.8° < \omega < 1.6°$范围内，小角度位向差确实不随变形量而变化。由于$\omega > 1.6°$的亚晶界获得的位错比给出的多，这些亚晶界构成了位错运动的"有效障碍"，起"有效障碍"作用的亚晶界的小角度位向差的最小角度被定义为ω_{cr}。把$\omega > \omega_{cr}$的各亚晶界之间的平均距离定义为有效亚晶粒度d_{eff}，此d_{eff}大小取决于平均亚晶粒度d_0和小角度位向差的频率分布函数$f(\omega)$和ω_{er}，不可能大于模锻棒的横向晶粒度。它代表了亚结构的两

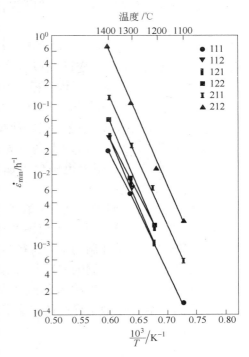

图 8-65　最小蠕变速率与绝对温度
倒数的关系图

个重要性质-亚晶粒度和亚晶粒之间的位向差的程度。因此，可以用d_{eff}定量代表蠕变抗力的结构参数。

模锻变形量对 Mo-5W 合金的蠕变断裂的特征也有明显的影响，研究揭示[27]，再结晶合金的蠕变塑性比模锻状态合金的更高，这两种状态合金的断裂模式也不一样，再结晶试样的破坏有局部颈缩，而模锻试样是由于晶界开裂引起破坏。事实上，提高模锻变形量，合金的蠕变塑性增加，重度模锻（85%）的试样破坏模式几乎和再结晶试样的一样。靠近断口表面附近，垂直于施加的蠕变应力方向的几乎所有晶界都含有显微裂纹，这些显微裂纹都起源于很细小显微孔洞，即使未承受蠕变试验的材料也存在这类显微孔洞。

研究蠕变断裂的孔洞机理，用零模锻-再结晶原始态，轻度模锻－18.6%，中度模锻－50%，重度模锻－85% ~92.2% 几种试样在1200℃进行蠕变试验，测定显微孔洞的平均尺度和密度，分析显微孔洞的成核和长大过程。

再结晶-零模锻试样的断口表面大部分是穿晶断裂，也有少量晶间断裂。在晶粒内和晶界表面到处都能看到孔洞，但是大部分孔洞位于晶粒内部。再结晶合金内的大量显微孔洞是微小的，小于$1\mu m$，孔洞都是对称形状（八角形），密度低。就轻度模锻试样而言，蠕变以前，蠕变过程中以及蠕变断裂以后试样的断口分析表明，覆盖几乎每个晶界表面的高密度的显微孔洞都是受锤击的，大部分孔洞对称位于亚晶界上。原始态的，蠕变过程中以及蠕变断裂以后试样之间的形貌特征没有多少区别，只是断裂试样中的显微孔洞似乎更大更圆。重度模锻的试样，蠕变以后的断口观察发现，显微孔洞的大小，位置和形状的总

体形貌和轻度模锻试样的一样，但是孔洞的密度小一些。

蠕变变形对显微孔洞有影响，图 8-66 是轻度 18.6% 模锻试样在蠕变试验以后，单位面积的孔洞数 $\bar{n}$ 以及孔洞的平均直径 $\bar{d}$ 与蠕变时间 τ_c 的函数关系。由图看出，显微孔洞的 $\bar{n}$ 和平均直径均 $\bar{d}$ 均不随蠕变变形程度而变化，只是在变形的终点曲线才出现上扬。为了更清楚了解过程的本质，图上也画出了蠕变变形 ε 与时间关系的蠕变曲线。

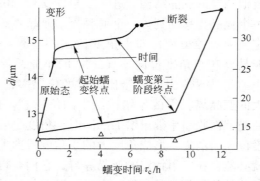

图 8-66　单位面积的平均孔洞数 $\bar{n}$ 与孔洞的平均直径 $\bar{d}$ 与蠕变时间 τ_c 的关系

图 8-67 是所有不同模锻变形量的显微孔洞的密度随蠕变时间变化曲线，而图 8-68 是不同模锻变形量的显微孔洞的平均直径与蠕变时间的函数关系。模锻变形量增加，显微孔洞的密度下降，而显微孔洞的密度看来与蠕变程度无关。显微孔洞的平均直径随模锻变形量的增加而变小。对于重度模锻的试样而言，孔洞的平均直径随蠕变变形量发生轻微变化，相比起来，轻度模锻试样即使在蠕变结束时孔洞还在长大。

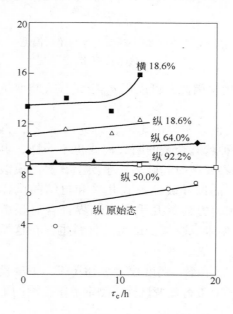

图 8-67　不同模锻变形量的显微孔洞的密度与蠕变时间的关系

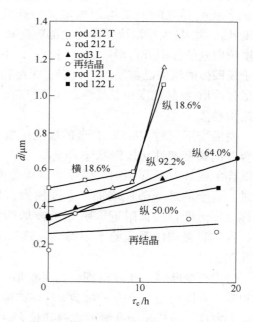

图 8-68　不同模锻变形量的显微孔洞的平均直径与蠕变时间的关系

再结晶试样的高蠕变塑性的原因是在再结晶退火处理过程中晶界上的显微孔洞已消失，虽然，在再结晶的晶界上也看到有显微孔洞，但它们的数量少，大部分处在晶粒内，对蠕变破坏过程不起作用。显微孔洞的密度测量表明，在蠕变过程中不形成孔洞核心，它们是在模锻过程中形成的，因为再结晶试样中存在的孔洞很少，而显微孔洞的数量又取决于模锻变形量。这就暗示，因为模锻塑性变形速度很快，在晶粒边界表面形成显微孔洞核心。根据显微孔洞密度 $\bar{n}$ 的测量，可能计算它们中间的空间平均距离 λ，因为 $\lambda = \sqrt{\bar{n}}/2$，轻度模锻试样的 $\lambda = 1.4\,\mu m$，大约相当于亚晶粒度的一半（$\delta = 2.2\,\mu m$），重度模锻试样的 $\lambda = 1.7\,\mu m$。当模锻变形量超过 50% 时，λ 和 $\bar{n}$ 大约保持常数。在中度模锻时，晶界上形成显微孔洞核心，更重度的模锻又消除了一些孔洞。

图 8-69 是在蠕变过程中不生成新的孔洞核心的另一个证据，该图给出了每个孔洞尺寸群的分布与蠕变时间的关系。尽管图上的数据分散度较大，但仍能清楚地看出，小孔洞（0.25μm 和 0.5μm）随蠕变减少，而大孔洞（1.0μm 和 2.0μm）占有增加。假如在蠕变过程中形成孔洞核心，小孔洞占有不应当减少。随着蠕变时间的延长，显微孔洞的平均尺寸适度的增加。就模锻变形量超过 50% 的材料而论，这种缓慢的速度一直持续到断裂。因而可以假定，重度模锻材料的断裂与显微孔洞没有关联。相比起来，轻度模锻材料的显微孔洞的平均尺寸在蠕变的第三阶段急剧长大，在这个阶段孔洞的合并集聚长大可能引起断裂。

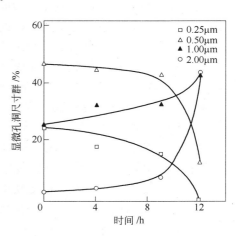

图 8-69　显微孔洞的尺寸分布群
与蠕变时间的关系

重度模锻和轻度模锻材料性能方面的差异是由于晶界方向相对施加的蠕变应力方向不同而造成的。轻度模锻试样的晶粒几乎都是等轴晶，所以，大约有一半的显微孔洞位于垂直于蠕变应力方向的晶粒边界上。在蠕变的第一阶段（起始阶段）和第二阶段过（稳态阶段）程中，所有的显微孔洞长大受扩散过程控制，这就意味着它们的长大速度相当缓慢。在蠕变的第三阶段开始颈缩，位于垂直于应力方向的晶界上的孔洞通过应变-加速（Strain-enhanced）机理开始长大，结果导致显微孔洞长大的速度更快。

Mo-5W 合金是单相固溶体，它的蠕变断裂变形的孔洞理论适用于所有固溶体，对于含有粒子的双相合金的蠕变过程除要考虑孔洞的作用以外，还要考虑第二相粒子的强化作用。

8.3　粒子强化的复相钼合金

8.3.1　基本概念

现在论及到的粒子强化钼合金是指 Mo-0.5Ti、Mo-0.5Ti-0.1Zr-0.023C（TZM）、Mo-1.25Ti-0.15Zr-0.15C（TZC）和 Mo-Hf-C 合金。合金中的钛、锆和铪是碳化物形成元素，它们的作用是"捕集"和"清除"合金中的杂质碳，氮和氧。用碳化物形成元素铪代替钛和锆，形成 Mo-Hf-C 合金。另外还有钼加二氧化锆，三氧化二镧等稳定的金属氧化物和稀土氧化物组成新型的粒子强化合金。粒子强化可以分成弥散强化和沉淀强化。用粉末冶金工艺生产的合金认为属于弥散强化型合金，因为内氧化或渗碳形成第二相，或者直接添加高熔点的第二相粒子，在基体中它们不会连成一体。固溶时效处理析出的粒子组成的双相合金属于沉淀强化钼合金，有迹象表明，原始添加的粒子不和位错相互作用。更确切地说，只有经历过高温烧结和热机械加工以后的材料，在降温过程中沉淀出的第二相粒子才和位错作用。因此，沉淀强化是所有钼合金强化的原因。

　　Mo-Ti-Zr-Hf-C 合金引入氮能产生时效强化作用，氮化物时效达到最大强度需要的时间比碳化物沉淀需要的短，因为生成氮化物核心和形成氮化物的扩散激活能比碳化物的低，在 Mo-Hf-N 合金中也可用内氮化法形成氮化物第二相粒子。对于不含有习惯的粒子形成添加剂，而含有大量钾泡的新型钼合金也认为属于粒子强化型合金。

　　合金元素对变形抗力和变形行为的影响有直接影响和间接影响，元素溶入晶格发生直接影响，各元素相互结合形成沉淀或晶界物质产生间接影响。元素在晶格中的相对量，即溶解度极限决定了它们影响行为。碳（氮）在元素周期表的ⅥA族金属中的室温溶解度极限小于 1×10^{-6}，温度升高溶解度明显增加，在 2130℃ 的共晶温度下，碳在钼中的溶解度 $\approx 1300 \times 10^{-6}$。根据状态图，在 900℃ 钼中的钛能完全溶解，在室温下加入的钛通常也能全部溶解。而锆和铪的加入量较少，往往小于它们在钼中能溶解的总量。

　　用钛，锆和铪合金化时，碳在钼中的溶解度有一点降低，但碳的溶解度与温度的关系仍非常密切，足以能保证发生沉淀硬化。在高温条件下，含有合理浓度的碳和 M（金属）的钼固溶体与钛，锆和铪的一碳化合物，即 M_2C（M 指金属），处于平衡状态，但是，在室温下非常少的合金元素是以间隙或置换形态存在。它们中的大多数转入金属（M）一碳化合物。因而，在加工温度下以及合金做高温结构材料在工作过程中预期固溶体影响强度，在室温下碳化物沉淀是主要强化源泉。为了取得最好的沉淀效果，固溶处理必须破坏已存在的碳化物夹杂，使它们的组分能够溶解，可以进行淬火，时效沉淀出碳化物的分布处于有利状态。

　　粒子强化作用最终是反映在粒子阻碍位错运动。在温度小于 $0.5T_m$（熔点）的情况下，位错发生滑移运动，它们可能通过两种机理克服第二相质点。小粒子（1～100nm），特别是那些与基体粘在一起的共格小粒子能被切割，即表现为可变形粒子的强化作用，所有钼合金都能通过这种机理发生变形，已指出，可控热处理在习惯晶面 $\{100\}$ 上产生的碳化物和氮化物沉淀都和基体粘在一起。图 8-70(a) 是这种机理的示意图，第二相粒子是可变形的粒子，位错移动将切过这些粒子，使它们随同基体一起变形。在这种情况下，粒子强化作用取决于它们自身的特性以及与基体的联系。位错切割粒子以后产生一个新的表面台阶，出现新的表面积，使总界面能增加。由于粒子与基体的点阵不同，至少晶格常数

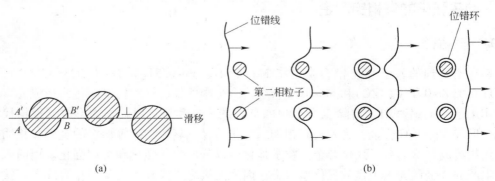

图 8-70　位错和粒子相互作用示意图

（a）切过粒子；（b）绕过粒子

会有差别，当位错切过粒子时必然在其滑移面上引起原子错排，需要额外做功，给位错运动增加困难。由于位错切割粒子还会造成提高能量的其他因素，阻碍位错运动，粒子起强化作用。

不能变形的，即不能被切割的粒子与位错的作用，它们是弥散强化粒子，在用粉末冶金工艺生产合金的过程中，通过机械合金化方式或混料直接加入稳定高熔点的粒子。它们的粒度可能达到 $1\mu m$。位错不能切割它们，只有通过旁路机构绕过这些大粒子。所有大于 $5\mu m$ 的粒子是晶界黏合力减弱的确切原因。奥罗万（Orowan）首先描述位错怎样通过旁路机构绕过夹杂物，可以看图 8-70(b)，当运动着的位错与夹杂物粒子的行列相遇时，就会受到粒子的阻挡，使位错线绕着粒子发生弯曲，随着外加应力的增大，位错线受阻部分绕着粒子弯曲加剧，以至于围绕着粒子的位错线在左右两端相遇，正负位错彼此相消，形成包围粒子的位错环留在位错线后面，而位错线的其余部分越过粒子继续运动。很显然，按这种方式移动的位错受到的阻力很大。而且留在位错线后面的位错环会给位错源一个反向应力，因此，继续变形时必须增大应力以便克服该反向应力，造成流动应力迅速提高。

根据位错理论，迫使位错线弯曲到曲率半径为 r 所需的切应力为：

$$\tau = \frac{Gb}{2r}$$

若粒子的空间间距为 λ，由于弯曲到曲率半径 $r = \lambda/2$，所以位错线弯到这种状态需要的切应力为：

$$\tau = \frac{Gb}{\lambda}$$

或者根据奥罗万理论，由于粒子障碍所引起的奥罗万应力也可表述如下：

$$\sigma_{\mathrm{or}} = \frac{\mu b}{2\pi(\lambda - d_{\mathrm{p}})}\ln\left(\frac{r_{\mathrm{o}}}{r_{\mathrm{i}}}\right)$$

式中，μ 为基体的剪切模量；b 为柏氏矢量；λ 为粒子的空间中心距；d_{p} 为粒子直径；r_{o} 和 r_{i} 为计算位错能分离环的外半径和内半径。可以看出，只有外加应力大于这临界应力，位错线才能绕过障碍，对于不可切割粒子的强化作用与粒子的空间距 λ 成反比，即粒子数越多，粒子间距越小，强化效果越明显。因此，粒子细化，缩小粒子半径或者增加粒子的体积分数都能提高合金的强度，因为在体积分数不变的情况下，粒子越细，粒子的空间距离越近。一般说来，弥散强化的第二相粒子是不可变形粒子，而固溶时效的沉淀强化粒子是可变形粒子，但是，沉淀粒子在时效过程中发生长大，长大到一定程度时也可以起不可变形的粒子作用。

在高温下 $T > 0.5T_{\mathrm{m}}$，通常用蠕变试验决定强度，业已证实弥散强化钼合金有优良的性能。用蠕变第二阶段稳态蠕变速率来标定变形速率 $\dot{\varepsilon}_{\mathrm{s}}$ 与应力关系，在第二阶段应变变形随着时间线性增长。图 8-71 是在 1300℃ 再结晶状态和加工变形状态的 TZM 的稳态蠕变

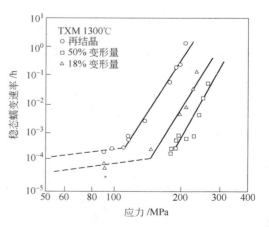

图 8-71　再结晶和变形的 TZM 钼合金 1300℃ 的稳态蠕变速率与应力的关系

速率与应力的关系，线性部分符合下面给出的应力关系式：

$$\dot{\varepsilon}_s \propto \sigma^n$$

在 1300 ~ 1400℃之间，低应力区的 n 大约是 1，高应力区的 n 约为 9 ~ 12，变形的理论方程式是

$$\dot{\varepsilon}_s = AD_0 \frac{\mu b}{kT} \left(\frac{b}{d} \right)^p \left(\frac{\sigma}{\mu} \right)^n \exp\left(-\frac{\Delta H}{kT} \right)$$

$\dot{\varepsilon}_s \propto \sigma^n$ 的条件只是理论方程式的一部分，以上方程式中的 D_0 是扩散方程的前指数因子，d 和 A 分别是晶粒度和材料常数，k 和 μ 是玻耳兹曼常数和剪切模量，指数 p、n 和激活焓 ΔH 假定是与正在起作用的变形机理有关的特征数。这个应变理论方程适用

$$\Delta H = -k \left[\frac{d\ln\dot{\varepsilon}_s}{d(1/T)} \right]$$

于描述在 $T > 0.5T_m$ 时的几个高温变形机理，即低温和高温位错攀移、晶界自扩散（Coble 蠕变）和体积自扩散（Nabarro-Herring 蠕变）引起的扩散流。表 8-24 列出了这几个变形机理的有关参数，非弥散强化金属的试验及位错攀移模型的应力指数 n 为 3 ~ 5，而图 8-63 钼合金在高应力区的 n 值高到 9 ~ 12。为了说明极高的 n 值，因为它也与表观激活焓有关系，引入一个"内应力" σ_i 的概念。由于粒子强化合金的强度比纯金属的强几倍，必须假定在金属里存在有一个反向应力，该反向应力阻止施加的外应力 σ_a 引起变形。实际上有效应力 σ_e 应当是外加应力减去内应力，即 $\sigma_e = \sigma_a - \sigma_i$，有效应力超过内应力就引起变形。这样，理论变形方程式中的 n、σ 和 ΔH 都是表观值 σ_a、n_a、ΔH_a。而理论变形速度与 σ、n 和 ΔH 的有效值成比例，即

$$\dot{\varepsilon}_s \propto (\sigma_a - \sigma_i)^{n_e} \exp\left(-\frac{\Delta H_e}{kT} \right)$$

表 8-24　理论变形方程式各参数的理论值

参　数	位错攀移		扩　散　流			
			Coble		Nabarro-Herring	
	低　温	高　温	$f > (\approx)1$	$f \gg 1$	$f > (\approx)1$	$f \gg 1$
ΔH	ΔH_{gb}	ΔH_v	ΔH_{gb}	ΔH_{gb}	ΔH_v	ΔH_v
p	0	0	3	3	2	2
n	$N+2$	$n = 3\cdots5$	1	1	1	1
z	0	0	1.5	0.5	2	1

由表 8-24 还可看出，扩散蠕变与晶界，晶粒的性质有关，还与晶粒的形状有关，因为 $f = l/w$ 代表晶粒形状长/宽比，指数 z 是形状因子，说明晶粒的长-宽比对应变速度的影响。

8.3.2　钼-钛-锆-碳系合金

8.3.2.1　合金系统相结构的分析

用真空电弧炉熔炼工艺制造五种不同钛，锆和碳含量的合金，经过高温挤压，模锻，退火，固溶，时效处理。用电解分离法萃取出各种不同成分合金在不同加工热处理以后的残渣，用 X 射线衍射法进行残渣相鉴定分析，结果综合列于表 8-25 和表 8-26。

表 8-25　Mo-1.8Ti-0.134C 和 Mo-1.6Ti-0.12Zr-0.13C 合金的相分析

加工和热处理	合金及相 Mo-1.8Ti-0.134C	加工和热处理	合金及相 Mo-1.6Ti-0.12Zr-0.13C
铸造锭	Mo_2C(富有), (Ti、Mo)C(富有)	铸造锭	Mo_2C(中等), (Ti、Mo)C(富有)
铸锭2010℃挤压	Mo_2C(中等), (Ti、Mo)C(富有)	铸锭在1927℃挤压	Mo_2C(中等), (Ti、Mo)C(富有)
挤压后1149~1371℃模锻	Mo_2C(稀少), (Ti、Mo)C(富有)	挤压后1149~1371℃模锻 模锻棒在2066℃/h退火	(Ti、Mo)C(富有), Mo_2C(富有), (Ti、Mo)C(富有)①, ZrC(稀少)①
模锻棒在2066℃/h退火	Mo_2C(富足), (Ti、Mo)C(中等)	模锻棒在2066℃/h退火+1316℃/50h时效	(Ti、Mo)C(富有), Mo_2C(中等)①, ZrC(少量)①
2066℃退火+1316℃/50h时效	Mo_2C(少量)①, (Ti、Mo)C(富有)	2066℃/h退火+1316℃/100h时效	(Ti、Mo)C(富有), Mo_2C(稀少)①, ZrC(稀少)①
2066℃退火+1316℃/100h时效	(Ti、Mo)C(富有)	2066℃退火/h+1538℃/h时效	(Ti、Mo)C(富有), Mo_2C(少量)①, ZrC(少量)①
2066℃退火+1538℃/50h时效	(Ti、Mo)C(富有)	2066℃/h退火+1760℃/h	(Ti、Mo)C(富有), Mo_2C(少量)①
2066℃退火+1760℃/h时效	(Ti、Mo)C(富有), Mo_2C(稀少)①	2066℃/h退火+1760℃/20h	(Ti、Mo)C(富有)
2066℃退火+1760℃/20h时效	(Ti、Mo)C富足, Mo_2C(中等)	2066℃/h退火+1760℃/h	(Ti、Mo)C(富有), Mo_2C(中等)
2066℃退火+1843℃/h时效	(Ti、Mo)C(富有), Mo_2C(中等)	2066℃退火+1927℃/h	(Ti、Mo)C(富有), Mo_2C(中等)
2066℃退火+1927℃/h时效	(Ti、Mo)C(富有)		

① 为非平衡相。

表 8-26　Mo-1.60Ti-0.58Zr-0.13C 及 Mo-5.98Ti-0.09C 合金的相分析

加工及热处理	合金及相 Mo-1.6Ti-0.58Zr-0.13C	加工及热处理	合金及相 Mo-5.98Ti-0.09C
铸锭 铸锭在1927℃挤压	(Zr、Ti、Mo)C(富有), (Zr、Ti、Mo)C-1(富有)①, (Zr、Ti、Mo)C-2(富有)①, (Ti、Zr、Mo)C-1(少量)①, (Ti、Zr、Mo)C-2(少量)①	铸锭	(Ti、Mo)C(富有)
		铸锭在1927℃挤压	(Ti、Mo)C(富有)
	(Zr、Ti、Mo)C(富有)	挤压棒在1149~1371℃模锻	(Ti、Mo)C(富有)
挤压棒在1149~1371℃模锻 模锻棒在2066℃退火	(Zr、Ti、Mo)C(富有), (Zr、Ti、Mo)C(稀少)①	模锻棒在2066℃退火	(Ti、Mo)C(富有)
2066℃退火+1316℃/50h时效	(Zr、Ti、Mo)C(富有), (Ti、Zr、Mo)C(稀少)①	2066℃退火+1316℃/100h时效	(Ti、Mo)C(富有)
2066℃退火+1316℃/100h时效	(Zr、Ti、Mo)C(富有), (Ti、Zr、Mo)C-2(少量)①	2066℃退火+1760℃/20h时效	(Ti、Mo)C(富有)
2066℃退火+1538℃/50h时效	(Zr、Ti、Mo)C(富有), (Zr、Ti、Mo)C(富有), (Ti、Zr、Mo)C-2(少量)①		

① 为非平衡相。

铸造合金的结构分别含有 Mo_2C、(Ti、Mo)C 和富锆的(Zr、Ti、Mo)C。铸锭在 1649～

1788℃退火以后，Mo-1.8Ti-0.134C 和 Mo-1.6Ti-0.12Zr-0.13C 合金中的（Ti、Mo）C 沉淀增多，消耗了晶界上的 Mo₂C。对于 Mo-1.6Ti-0.58Zr-0.13C 和 Mo-5.98Ti-0.09C 没有多少影响。在退火温度 $T \geqslant 1927$℃时，大量碳化物发生溶解，由于在冷却时局部沉淀引起 Mo-5.98 Ti-0.09C 的硬度增加。Mo-1.8Ti-0.134C 合金在 2205℃退火以后分别用氩气射流冷却或者进行锡池（288℃）淬火，锡池淬火试样的硬度比氩流冷却的高得多。淬火态材料还含有更广泛大量（Ti、Mo）C 沉淀，但晶界上的 Mo₂C 纲消失，而氩流冷却的样品保留有晶界 Mo₂C。相当缓慢的氩流冷却速度容许 Mo₂C 在经过高温区沉淀析出，而锡池淬火抑制了沉淀，导致在冷却后期大大提高了（Ti、Mo）C 的沉淀能力。在 1927~2010℃挤压的合金全都发生了局部再结晶。Mo-1.8Ti-0.134C 和 Mo-1.6Ti-0.12Zr-0.13C 的 TiC 增加，Mo₂C 含量减少，Mo-5.98Ti-0.09C 没有发生变化，在 Mo-1.6Ti-0.58Zr-0.13C 中鉴定出两个富锆碳化物，即（Zr、Ti、Mo）C-1 和（Zr、Ti、Mo）C-2，以及两个富钛碳化物，即（Ti、Zr、Mo）C-1 和（Ti、Zr、Mo）C-2。这两个同素异构体可能是在挤压降温的不同阶段形成的。

在 1149~1371℃温度范围内模锻，极大地促进了相平衡，因此 Mo-1.8Ti-0.134C 和 Mo-1.6Ti-0.12Zr-0.13C 中的 Mo₂C 基本消除，在挤压态 Mo-1.6Ti-0.58Zr-0.13C 中发现的四个碳化物中的三个已消失，在模锻状态下只留下一个（Zr、Ti、Mo）C。在所有状态下高钛的 Mo-5.98 Ti-0.09C 只有唯一的 TiC 相。挤压棒先经过 1204℃/50h 时效后再模锻，阻止了（Ti、Mo）C 沉淀，模锻只引起原先存在的碳化物球化。

另外，还用测定比电阻的变化研究 Mo-0.04C、Mo-0.1Ti-0.03C、Mo-0.2Zr-0.025C 和 Mo-0.5Hf-0.04C 四个合金的时效过程[2]，图 8-72 是这四个合金的比电阻的变化与退火温度的关系，试样原始状态是高温再结晶结构，在 400~1800℃之间退火并测定比电阻的变化。在 1600℃/h 时效以后，除 Mo-0.04C 以外，所有合金的比电阻都急剧下降，Mo-0.04C 合金的比电阻没有反映出发生了时效过程。比电阻的下降表明固溶体发生了脱溶（时效）过程，Mo-Zr-C 的比电阻下降最急剧，Mo-Hf-C 次之，Mo-Ti-C 降低最少。在 1200~1400℃之间比电阻升高，可能是由于析出质点具有相干键，引起固溶体的内应力加大。当温度升高到 1400~1600℃，质点和基体之间的相干键消失，比电阻又重新急剧升高。

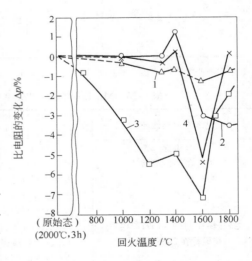

图 8-72   比电阻的变化与退火温度的关系
1—Mo-0.04C；2—Mo-0.1Ti-0.03C；
3—Mo-0.2Zr-0.025C；4—Mo-0.5Hf-0.04C

增加合金元素的含量会提高时效强度，图 8-73 是 Mo-0.04C（ЦM-1）、Mo-0.03C-0.25Zr（ЦM-3）和 Mo-0.03C-0.4Zr（ЦM-5）合金的硬度，比电阻随退火温度的变化情况，可以看出，按 ЦM-1、ЦM-3 和 ЦM-5 的顺序，合金元素锆增加，时效程度也按这个顺序加强，即 ЦM-5 的比电阻下降幅度最大，硬度增加幅值最高。长期时效更能说明时效的规律性，图 8-74 是 Mo-0.03C-0.4Zr 合金的硬度，比电阻与在 1200℃，1500℃和 1800℃

保温时间的关系，由比电阻的变化曲线可以看出，1500℃保温50h时效达到最高程度，保温时间延长到100h，时效作用没有进一步提高。在1200℃经历100h时效，硬度没有呈现

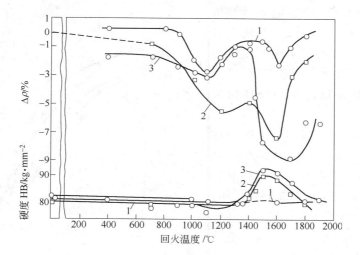

图 8-73　比电阻和硬度的变化与退火温度的关系

1—Mo-0.04C（ЦМ-1）；2—Mo-0.03C-0.25Zr（ЦМ-3）；3—Mo-0.03C-0.4Zr（ЦМ-5）

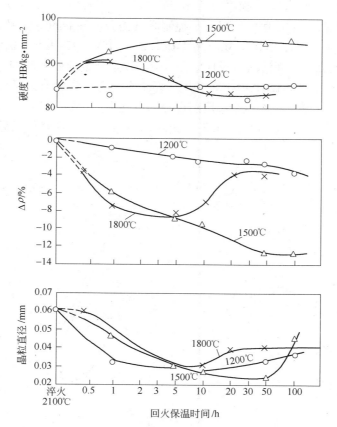

图 8-74　Mo-0.03C-0.4Zr（ЦМ-5）合金在2100℃/h淬火以后，硬度、
比电阻和晶粒度与在1200℃、1500℃和1800℃保温时间的关系

出有时效反应，硬度基本无变化，只有比电阻的变化才记录到发生了时效过程。在1800℃时效的速率极快，时效沉淀析出在5~10h内就已经结束。再延长时间，比电阻升高，硬度下降说明发生了反过程，析出粒子集聚和重新溶解。

8.3.2.2　热处理对钼合金性能的影响

图8-75是1h退火温度对几个在1149~1371℃直接模锻的Mo-Ti-Zr-C合金硬度的影响，开始发生恢复再结晶软化，随后是低温局部沉淀引起硬化，Mo-5.98Ti-0.09C合金锡池淬火状态的硬化效果特别好。虽然1927℃以上退火能使大量的碳溶入固溶体，但是，在非淬火状态下由高温局部沉淀耗尽了许多碳，造成粗大的，经常分布不均的弥散相，

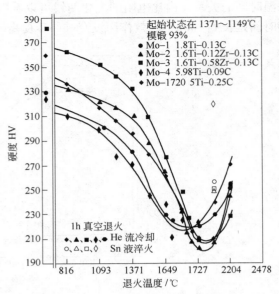

图8-75　1h退火温度对模锻的不同钛、锆、碳含量钼合金硬度的影响

深信这种局部沉淀是高Ti/C比的结果，是控制高钛钼合金性能的主要困难。

图8-76是Mo-1.8Ti-0.134C、Mo-1.6Ti-0.12Zr-0.13C、Mo-1.6Ti-0.58Zr-0.13C、Mo-5.98Ti-0.09C四个合金的固溶时效反应。图8-76(a)是合金的硬度与1h时效温度的关系，显示Mo-1.8Ti-0.134C、Mo-1.6Ti-0.12Zr-0.13C两个合金有正常的时效反应，在1316℃有短时软化现象，其原因是消除了在这个温度附近冷却过程中产生的内应力，在固溶处理冷却过程中产生的局部沉淀消失，在1482~1538℃出现时效峰。在出现峰值以后，若温度继续升

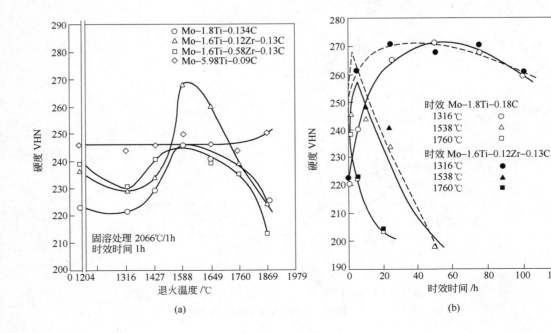

(a)　　　　　　　　　　　　　(b)

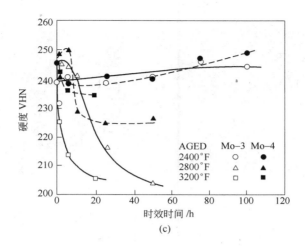

(c)

图 8-76 不同钼合金的时效动力学曲线

高，硬度逐渐下降。但是，直到 1760℃，Mo-5.98Ti-0.09C 的硬度基本上不随温度变化。图 8-76(b)、(c) 是在 1316℃、1538℃ 和 1760℃ 时效时，硬度与时效时间的关系。Mo-1.8Ti-0.134 和 Mo-1.6Ti-0.12Zr-0.13C 在 1316℃、1538℃ 达到峰值，这两个合金在 1760℃ 时效时，一开始硬度就下降。达到峰值以后，硬度随时间下降。可以指出，Mo-1.8Ti-0.134C 的时效速度比 Mo-1.6Ti-0.12Zr-0.13C 的慢。在 1482℃ 时效，Mo-1.8Ti-0.134C 达到时效峰大约需要 50h，而 Mo-1.6Ti-0.12Zr-0.13C 大约只要 30h，见图 8-76(b)。含锆合金的时效速度更快，在图 8-76(a) 图上看出，在 1538℃ 附近 Mo-1.6Ti-0.12Zr-0.13C 的硬度峰顶比 Mo-1.8Ti-0.134C 的更高。Mo-1.6Ti-0.58Zr-0.13C、Mo-5.98 Ti-0.09C 两个合金的时效行为与 Mo-1.8Ti-0.134C、Mo-1.6Ti-0.12Zr-0.13C 不同，图 8-76(c) 显示，在 1316℃ 时效过程中，Mo-5.98Ti-0.09C 的硬度基本上不随时间变化。在 1538℃ 和 1760℃ 时效时，Mo-1.6Ti-0.58Zr-0.13C 快速软化，而 Mo-5.98Ti-0.09C 有短时硬化的倾向。

四个合金的时效行为与它们在固溶和时效处理过程中的显微组织变化必然有联系，图 8-77 是不同成分钼合金在 2066℃/h 固溶处理后的显微组织，结合表 8-21 和表 8-22 的相分析结果可以看出，Mo-1.8Ti-0.134C 含有晶间 Mo_2C 纲以及细小的 (Ti、Mo)C 局部沉淀，而在 Mo-1.6Ti-0.12Zr-0.13C 合金中看见有粗大的 Mo_2C 和局部 (Ti、Mo)C 沉淀，而 Mo-1.6Ti-0.58Zr-0.13C 和 Mo-5.98Ti-0.09C 分别只显示有 (Zr、Ti、Mo)C 和 (Ti、Mo)C 沉淀。

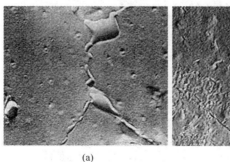
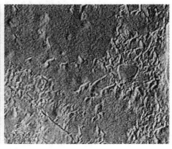

(a)   (b)

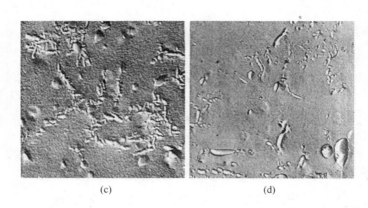

(c)　　　　　　　　　　　　　　(d)

图 8-77　不同钛、锆、碳含量钼合金在 2066℃/h 固溶处理后的显微组织照片

(a) Mo-1.8Ti-0.134C；(b) Mo-1.6Ti-0.12Zr-0.13C；(c) Mo-1.6Ti-0.58Zr-0.13C；(d) Mo-5.98 Ti-0.09C

　　1316℃/100h 时效的显微组织，见图 8-78，Mo-1.8Ti-0.134C 和 Mo-1.6Ti-0.12Zr-0.13C 的特点是有 $Mo_2C \rightleftharpoons (Ti、Mo)C$ 反应，Mo_2C 在高温下是稳定的，在时效时沉淀析出 $(Ti、Mo)C$，消耗 Mo_2C，最终 Mo_2C 消失。在四个钼合金中，Mo-1.6Ti-0.12Zr-0.13C 在 1538℃ 的时效速度更快，时效硬度峰更高见图 8-76(a)，由图 8-78(b) 看出，它含有更广泛的 $(Ti、Mo)C$ 沉淀。Mo-1.6Ti-0.58Zr-0.13C 和 Mo-5.98 Ti-0.09C 明显缺乏时效硬化反应，部分原因可能是从固溶温度冷却时发生了局部沉淀，因而硬化是在固溶退火状态而不是在时效状态见图 8-77(c)、(d) 和图 8-78(c)、(d)。同样重要的是在这两个合金中不再

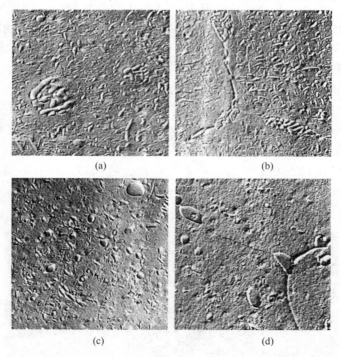

(a)　　　　　　　　　　　　　　(b)

(c)　　　　　　　　　　　　　　(d)

图 8-78　1316℃/100h 时效后不同钛、锆、碳含量的显微组织照片

(a) Mo-1.8Ti-0.134C；(b) Mo-1.6Ti-0.12Zr-0.13C；(c) Mo-1.6Ti-0.58Zr-0.13C；(d) Mo-5.98 Ti-0.09C

出现 Mo_2C 相，各自唯一的平衡碳化物是 $(Zr、Ti、Mo)C$ 和 $(Ti、Mo)$ 相。没有 $Mo_2C \longrightarrow$ 碳化物的反应，这些合金丧失了支持时效反应的一个重要的碳的源泉。

模锻加工及各种不同状态钼钼合金的拉伸性能绘于图 8-79(a)、(b)、(c)、(d)，挤压后直接模锻的 Mo-1.8Ti-0.134C 和 Mo-1.6Ti-0.12Zr-0.13C 合金的拉伸性能的特点是强度高，室温塑性差，约 0.1%Zr 显著提高了高温强度，直接模锻的 Mo-1.6Ti-0.12Zr-0.13C 合金的 1649℃ 和 1927℃ 的拉伸强度相应为 168MPa 和 113MPa，而 Mo-1.8Ti-0.134C 合金的相应值只有 138MPa 和 75.1MPa，两个合金的室温伸长率只有 1%~2%。若把挤压料先进行 1371℃/50h 时效再按统一工艺进行模锻，两个合金的室温伸长率升高到 20%~25%，极大地影响了高温强度，1927℃ 的强度比直接模锻的低 30%。高温强度低的主要原因是时效

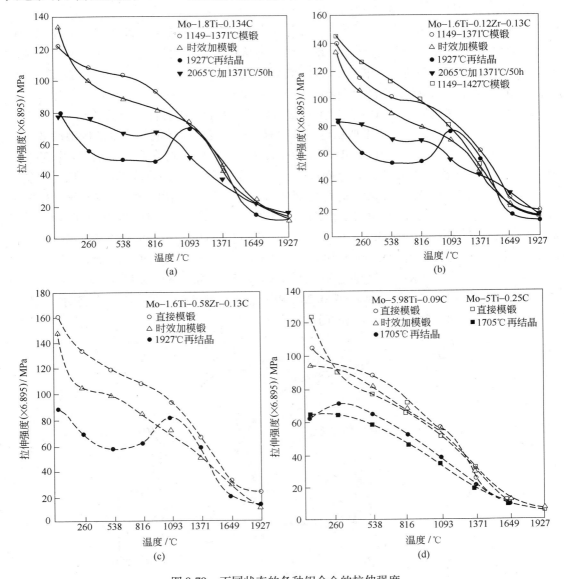

图 8-79 不同状态的各种钼合金的拉伸强度

（a）Mo-1.8Ti-0.134C；（b）Mo-1.6Ti-0.12Zr-0.13C；（c）Mo-1.6Ti-0.58Zr-0.13C；（d）Mo-5.98Ti-0.09C

后再模锻材料的再结晶温度降低了17~38℃。

挤压的Mo-1.6Ti-0.12Zr-0.13C合金的始锻温度提高38℃，在1427℃开锻，模锻变形量到55%，随后仍用1149℃最终锻造总变形量达93%。得到的强度比直接正常模锻的高，比时效后再模锻的低。含0.6%Zr的Mo-1.6Ti-0.58Zr-0.13C合金有特别好的强度和塑性的综合性能，直接模锻的Mo-1.6Ti-0.58Zr-0.13C的室温伸长率超过10%，截面收缩率高于50%。而它的1649℃和1927℃的强度相应达到188MPa和138MPa。这个值远超过文献上报道的水平。高钛的Mo-5.98Ti-0.09C与其他合金形成明显对照，模锻状态的拉伸性质不受加工和热处理参数的影响。这个合金在室温下非常脆，预先时效，降低模锻变形量和提高消除应力温度都不能排除这种脆性。同样，改变热处理和加工参数，在整个温度范围内都没有引起拉伸强度和屈服强度产生有价值的改善。

要特强调指出，图8-79中的合金性能与加工处理状态关系中，再结晶退火处理状态的合金性能都有强度与温度的反常关系，在中温区内，温度升高强度不降反升，出现凸峰，达到峰顶极大值后强度下降。经过时效处理的材料这种强度-温度的反常关系消失。相比起来高钛（高钛/碳比）的合金不出现强度-温度的反常关系。在研究可时效钼合金的热机械加工时，这种强度-温度的反常关系很重要，它对合金的性能有重大影响。

由试验研究得到的碳化物近似稳定区域图对分析研究能时效的钼合金的固溶时效反应有很大作用[31]，由图8-80分析，Mo-C系统中加入钛，首先引起在高温下出现(Ti、Mo)C，Mo_2C作高温平衡碳化物相留下来。Mo-TZC合金的碳化物稳定区的特点是，(Ti、Mo)C相在1927℃完全溶解，Mo_2C相留存到大约1649℃。进一步提高钛的含量，(Ti、Mo)C的平衡固溶温度升高，限制了Mo_2C的稳定区。因此，Mo-1.8Ti-0.134C和Mo-1.6Ti-0.12Zr-0.13C的Ti+Zr/C比相应为3.2~3.5，一直到2066℃(Ti、Mo)C未完全溶解，而Mo_2C在1816℃以下不再是稳定相。而Mo-5Ti-0.25C和Mo-5.98Ti-0.09C两个合金中的钛含量提高到完全消除Mo_2C的水中。值得注意，在Ti/C=3.5的Mo-1.8Ti-0.134C中大量Mo_2C仍然是稳定相，而在Ti/C=5的Mo-5Ti-0.25C中一点Mo_2C都不存在。这也许表明，在Mo-Ti-C系统中消除Mo_2C相的Ti/C比的门槛值大约是4.5。

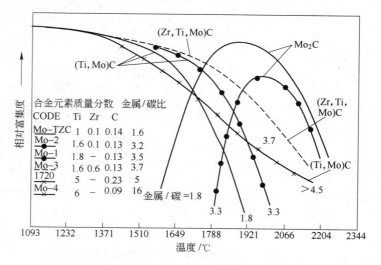

图8-80　Mo-Ti-Zr-C合金中碳化物的近似稳定区

在 Mo-TZC 型合金中锆的分布是值得考虑的问题，Mo-1.6Ti-0.12Zr-0.13C 中的 0.12%Zr 主要溶解于（Ti、Mo）C 相，Mo-1.6Ti-0.58Zr-0.13C 中的锆，基本上全部消耗于（Zr、Ti、Mo）C。在这两种情况下，溶入钼基体中的锆量非常少，可以忽略固溶强化的可能性。

分析锆在 Mo_2C 的条件下稳定一碳化物的能力，考查 Mo-1.8Ti-0.134C 和 Mo-1.6Ti-0.12Zr-0.13C，它们相应的 Ti/C 和（Ti + Zr）/C（M 金属/C）分别为 3.5 和 3.2，再对比 Mo-1.8Ti-0.134C 和 Mo-1.6Ti-0.58Zr-0.13C，虽然后两个合金的（Ti + Zr）/C 分别为 3.5 和 3.7，并没有重大差异。但是 Mo-1.6Ti-0.58Zr-0.13C 中的 0.6% 的 Zr 足以消除 Mo_2C，而 Mo-1.8Ti-0.134C 中的 Mo_2C 是占统治地位的碳化物，此外，虽然 Mo-1.6Ti-0.58Zr-0.13C 中的钛的原子浓度（约为 3.2%）是锆的五倍，但是，发现一碳化物仍然富锆。这说明锆稳定一碳化物的作用比钛强。在 Mo-Zr-C 系统中消除 Mo_2C 的 Zr/C 比的门槛值要比 Mo-Ti-C 中的 Ti/C 比低，研究得到的数据约为 2.5。

众所周知，在沉淀相热力学稳定性提高的同时，形核速度快，溶质浓度高更有利于沉淀相的成核和长大。这两个条件无疑控制了 Ti、Zr 和（Ti + Zr）/C 对时效反应的主要作用。因此，在给定碳含量时，冷却时局部沉淀的倾向随（Ti + Zr）/C 比升高而增加。对于给定的比值，锆加速冷却时的局部沉淀，因为在低浓度时它稳定了（Ti、Mo）C，而浓度高时它形成富锆的碳化物。Mo-5.98Ti-0.09C 的 Ti/C 比很高，在经过高温区冷却降温时，它很容易发生局部沉淀，再加上没有 $Mo_2C \rightleftharpoons$（Ti、Mo）C 反应，这就造成粗大的，分布常常不均匀的弥散相，随后的加工或热处理都不容易改变这种现象。Mo-1.8Ti-0.134C 和 Mo-1.6Ti-0.12Zr-0.13C 与高钛合金不同，它们由于有 $Mo_2C \rightarrow$（Ti、Mo）C 反应的帮助，这两个合金在加工或时效过程中极大地扩展了细密的（Ti、Mo）C 沉淀。甚至于 Mo-1.6Ti-0.12Zr-0.13C 中的 0.12%Zr 对时效速度也发挥了重大的影响，首先导致更加肯定的局部沉淀，最终造成在加工态或局部时效状态有更细小更广泛的弥散相。Mo-1.6Ti-0.58Zr-0.13C 有中等高的 M/C 比和适度的 Zr 含量，它代表中间情况，这两个特性以更有利的方式影响碳化物成核，致使该合金通过局部沉淀，以及加工或时效时产生了细小而广泛的弥散相。

由图 8-79 看出，不同成分，不同热加工历史的钼合金的强度，塑性性能差异很大，这种差异主要取决于碳的分配调节和弥散碳化物的形貌。除 Mo-5.98Ti-0.09C 和 Mo-5.0Ti-0.25C 两个高碳合金以外，由挤压棒直接模锻的 Mo-1.8Ti-0.134C、Mo-1.6Ti-0.12Zr-0.13C 和 3Mo-1.6Ti-0.58Zr-0.13C 合金的强度都比较高。高温挤压引起的过饱和碳使得在模锻过程中有可能生成细小的碳化物，这些碳化物是运动位错的有效障碍。可惜，提高强度的一些良好的状态也导致低温脆性，细小的弥散碳化物本身也极大提高了低温塑性流动抗力，就会导致应力集中和脆性断裂。仍然留在固溶体中的碳的作用叠加到这些抗力上。在所有研究过的各种状态下，系统中的扩散速率是相当缓慢的，尽管塑性变形加速成核速度，但直接模锻不足以充分耗尽过饱和的碳。由于已知ⅥA族体心立方金属中的间隙元素强力钉扎位错，因此，可以预料溶解的碳进一步提高了直接模锻材料的塑脆性转变温度（DBTT），最终 Mo-1.8Ti-0.134C，Mo-1.6Ti-0.12Zr-0.13C 中的其他脆性源一直在起作用，因为挤压状态含有晶界片状 Mo_2C，它们中有些在最终加工时没有完全分解，最终留下成为裂纹源。Mo-1.6Ti-0.58Zr-0.13C 与 Mo-1.8Ti-0.134C 和 Mo-1.6Ti-0.12Zr-0.13C 相比，模锻的 Mo-1.6Ti-0.58Zr-0.13C 合金的优越的塑性是由于极大的（Zr + Ti）/C

比和较高的锆含量，最终消除了 Mo_2C 相并促进了更广泛的沉淀，降低了保留在固溶体中的碳。这些研究结果指出，$(Ti + Zr)/C$ 不但对高温强度重要，而且对低温塑性也重要。

挤压棒在模锻以前 1371℃/50h 时效，降低碳的过饱和度，减少最终大块弥散体，基本消除了 Mo_2C 相，应当改善模锻状态的低温塑性。同样重要的是把 Mo-1.8Ti-0.134C，Mo-1.6Ti-0.12Zr-0.13C 的始锻温度提高到 1427℃，其效果与预时效一样，显微组织和性能都得到改善，因此，提高最终加工温度，加速时效反应是一种很有益的加工选择。

再结晶或时效状态材料的性质可以更显现碳化物形貌和碳的调节分配的作用。在 1788℃ 再结晶的 Mo-TZC 有塑性，而在较高温度退火时它变脆。低钛合金的再结晶温度较高（1922℃），这么高的温度引起大量碳溶解，虽然在再结晶过程中其他的显微组织也发生了变化，由于低碳的 Mo-1.0Ti-0.1Zr-0.01C 合金在再结晶过程中没有变脆，因此，固溶体中碳的增加是低温脆性的最重要的原因。在 2066℃ 固溶退火以后再进行 1371℃/50h 时效并未改善室温塑性。可能是时效处理未充分耗尽溶解的碳，或者最终细小的弥散相的脆化副作用抵消了碳浓度的降低对塑性的正作用。

高钛的 Mo-5.98Ti-0.09C 合金的拉伸性能对热处理和加工制度不敏感的原因是过量超高的 Ti/C 比，结果使得合金基本上不可能有最佳的碳化物形貌。含高钛和中（低）碳浓度钼基合金的特性是始终缺乏低温塑性。这可能是代表置换固溶强化引起脆性的一种情况，在这种情况下大量增加碳含量，可以把钛移动到形成粗大的弥散(Ti、Mo)C 相的临界含量以下，因此降低而不是升高塑脆性转变温度（DBTT）。以 Mo-5.0Ti-0.25C 为例，该合金有优越的塑性，其室温伸长率和截面收缩率相应达到 17% 和 43%，这就指出这种论断的可能性和现实性。

在 Mo-TZC 型合金中少量锆添加剂可以很有价值的提高强度，而高钛添加剂的作用相反。因此，下列合金按钛、锆含量，它们强度下降的顺序是 Mo-1.6Ti-0.58Zr-0.13C→Mo-1.6Ti-0.12Zr-0.13C→Mo-1.8Ti-0.134C→Mo-5.98Ti-0.09C→Mo-5.0Ti-0.25C。这个顺序从机理的观点出发更有意义，各合金的强度差不仅依赖于它们的化学成分，而且还根据加工和热处理而变化。对比 Mo-1.8Ti-0.134C 和 Mo-5.98Ti-0.09C 合金，它们直接模锻状态的室温拉伸强度相应为 839MPa 和 730MPa，而在 1649℃ 则为 148 和 74.7MPa，由于 Mo-5.98Ti-0.09C 的再结晶温度低，在高温下这两个合金的强度相差近一倍。如果比较这两个合金在再结晶状态下的强度，因为钛的固溶强化作用，在较低温度下（260℃）后者比前者更强，相应各自的拉伸强度为 383.8MPa 和 486MPa，而在 816℃ 以上，由于应变诱发沉淀的作用，前者比后者更强，在 1093℃ 各自的拉伸强度为 478.9MPa 和 257.3MPa。看来，根据固溶时效反应，钛和锆添加剂的作用主要来源于它们对碳化物的特性及稳定性，时效动力学以及弥散碳化物形貌的影响。Mo-Ti-Zr-C 系合金的 $(Zr + Ti)/C$（金属/碳）比对合金的性能组织结构有密切关系，$(Zr + Ti)/C$ 比为 3.7 合金在模锻状态有特别好的高温强度-低温塑性综合性能，而钛含量达 5%～6% 的高钛合金的过高的 Ti/C 比使得用加工和热处理不可能产生细密的沉淀相，合金的再结晶温度低，也没有诱人的强度性质。确定，在碳化物强化钼合金中少量锆添加剂有强化作用，而高钛添加剂有弱化作用，这种作用主要来源于钛和锆对弥散碳化物状态的相对影响，作用大小随加工和热处理而变化。提高 Ti/C 比，特别是 Zr/C 比对碳化物的状态和强度有利，但是，这个比值过高时会起相反的作用。

文献［30］研究了 Mo-Ti-Zr-Nb-C 合金丝材中的各合金元素对组织结构，性能的影响以及热处理特点，合金的成分列于表8-27。丝材的生产过程为，先用真空自耗电极电弧炉二次重熔生产出铸锭，其直径95mm，合金锭在1950℃均匀化退火以后，通过二次挤压得到直径20mm的挤压棒，随后棒材被拉拔成丝材。由表8-27的数据看出，碳、锆和铌的含量相应增加1倍、0.8倍和2倍，1100℃的持久断裂时间相应提高了10倍、3倍和4倍。热强度主要受碳和锆的影响，铌的影响不大，钛单独对热强度的作用未能确定。

表8-27　Mo-Ti-Zr-Nb-C合金的含量和热强度

| 合金 | 合金元素含量(质量分数)/% | | | | 1100℃的热强度 | |
	C	Ti	Zr	Nb	σ/MPa	τ/h
1	0.12	0.1~0.14	0.3~0.63	1.19~1.4	400	20
2	0.2					80
3	0.24					250
4	0.19~0.20	0.11~0.17	0.30	1.0~1.22	400	25
5			0.70			55
6			0.90			90
7	0.18~0.20	0.09~0.35	0.9~1.05	0.52	350	40
8				1.0		120
9				1.50		200

详细研究了Mo-0.16Ti-0.89Zr-1.3Nb-0.24C合金，该合金的金相研究发现有淡色的碳化钼和成行排列的碳化锆。如果考虑到二元Mo-C系合金的热强度不如未合金化钼的热强度，那么可以认为本合金的强化相是碳化锆。从直径20mm的合金棒可以直接拉制成直径0.5mm的细丝，不需要中间退火。当丝的直径变细时，它的耐热强度下降。表8-28列出了在1100℃/350MPa条件下丝材的持久，断裂时间。可以看出，由直径20mm的棒材拉成0.5mm的丝材，断裂时间由180h（超过）缩短到4h。时间缩短的原因可能是丝材结构中具有粗大的碳化钼析出物，在拉丝过程中实际上没有破碎碳化物，金属变形绕过了碳化物夹杂。

表8-28　Mo-0.16Ti-0.89Zr-1.3Nb-0.24C丝材在1100℃/350MPa时的断裂时间

丝材直径/mm	变形量/%	断裂时间/h
20（细棒）	再结晶	180（未拉断）
1.78	96	178
1.48	97	78
1.28	98.3	78
1.26	98.5	48
0.75	99.4	9
0.5	99.8	4

在细丝材里面碳化物占据的面积相对比棒材要大，因而出现应力集中，促进丝材加速断裂。为了获得高热强度，丝材要承受热机械加工，包括中间淬火，再热加工变形，变形量为30%~70%。应用淬火处理是为了使碳化物夹杂物发生局部溶解，随后的加工变形为了建立材料的胞粒结构，在力学性能试验过程中，淬火的复相钼合金时效析出的第二相粒子包围钉

扎了这些胞粒结构。由于 Mo-Zr-C 系统在 1000～1500℃发生时效。在 1100℃进行丝材的热强度试验，那么，时效析出的第二相粒子增强了附加应力强化。按照淬火状态合金的热强度和晶格常数确定最佳淬火温度，当淬火温度由 1700℃提高到 2200℃，晶格常数由 3.1475Å（1Å =0.1nm）增加到 3.1515Å。可是只有在淬火温度提高到 2000℃以前，淬火态的直径为 0.75mm 丝材的耐热强度随淬火温度的升高而增加，淬火温度进一步提高到超过 2000℃，在 2100℃淬火，引起耐热强度下降，参见图 8-81，强度与淬火温度的这种关系是由于在 2100℃淬火结构中沿晶界出现了共晶组分 $Mo-Mo_2C$，这种组分削弱了晶界的晶粒间的键合力。

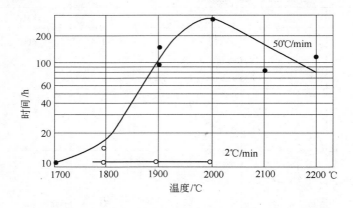

图 8-81　淬火温度和冷却速度对直径 0.75mm 丝材的耐热强度的影响
（冷却速度标在曲线旁应力 350MPa）

冷却速度由 2℃/s 加快到 50℃/s（25倍），丝材的断裂时间延长了 30～40 倍，这证明了在冷却速度慢的时候，固溶体发生了局部分解，因此，最佳淬火温度是 1900～2000℃。淬火以后，丝材经受 1100～1300℃时效，1h 时效后固溶体的显微硬度升高，进一步延长时效时间，硬度下降见图 8-82。硬度这样变化说明时效进入了第二阶段。直径 0.75mm 的丝材从 2000℃淬火，再拉成直径 0.5mm 的丝材，变形量 50%，该丝材的耐热强度 σ_{100}^{1100} = 450MPa。在淬火并加工的丝材结构内没有看见有巨大的析出碳化物，原有的析出物比加工状态的更加细化。在 1200℃附加 10h 时效以

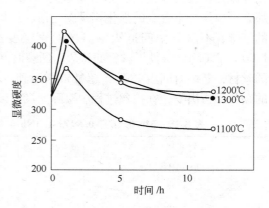

图 8-82　2000℃淬火的直径 0.75mm 丝材的
显微硬度的变化与时效时间
和时效温度的关系

后，直径 0.5mm 丝材的耐热强度 σ_{100}^{1100} = 550～600MPa。Mo-Ti-Zr-Nb-C 合金通过热机械处理，即加工、淬火、时效再加工变形可以改变组织结构，持久强度可以明显提高。

8.3.2.3　典型的钼-钛-锆-碳合金

常用典型的钼-钛-锆-碳合金有 Mo-0.5Ti、Mo-0.5Ti-0.08Zr-0.023C（TZM）和 Mo-TZC。为了研究加工热处理对 Mo-TZC 合金结构和性能的影响，把经过 1760℃挤压并在 1540～1760℃锻造的合金作原材料，给予它四种不同制度的热处理：（1）1650℃/h 退火；

（2）1950℃/5h退火；（3）2064℃/5h退火；（4）2064℃/5h固溶退火+1510℃/16h时效。随后将经历过这四种热处理的材料统一在1200～1400℃进行模锻，锻造总变形量都是88%。另外再把1650℃/h退火并模锻88%的一组坯料再分别进行1790℃/h再结晶，2065℃/h退火，2065℃/h退火+1510℃/16h时效，经过这三种附加热处理以后的材料已经消除了模锻的作用，故称作"未加工材料"，详细地研究了它们的组织和性能。模锻前经过四种不同热处理的模锻TZC的拉伸强度列于表8-29，表中也给出了相应处理的材料外推出的1204℃/199h的持久强度。

表 8-29 模锻 88% 的 Mo-TZC 合金的拉伸性能

模锻前热处理	硬度 VHN	试验温度 /℃	拉伸强度 /MPa	0.2% 屈服 强度/MPa	伸长率 /%	面缩率 /%	外推出的 100h 1204℃持久强度
1650℃/h 退火	300	25	838.8	730.3	12	21	(220MPa)
		1204	392.7	347.9	16	83	
1950℃/5h 退火	350	25	909.4	688.9	5	7	(261.8MPa)
		1204	437.5	408.5	16	80	
2065℃/5h 退火	355	25	—	>730	0.3	1	(344.5MPa)
		1204	537.4	461.6	16	80	
2065℃/5h 退火 + 1510℃/16h 时效	330	25	881	773.9	2	1	(330MPa)
		760	673.1	567.7	9	68	
		1204	507.1	479.5	18	75	
		1371	399	342.4	15	75	
		1582	193.6	133.7	15	53	

根据表列数据，如果以1650℃/h退火以后直接模锻材料为比较基准，经历模锻前预退火或预退火加时效处理，合金的室温硬度都提高了10%～20%，拉伸强度由于受室温塑性低的限制，一直到1204℃，塑性不再是限制因素，模锻前预先退火处理，不管是有还是没有时效，拉伸强度和屈服强度都提高，退火温度越高，强度提高越多。1950℃、2065℃和2065℃+1510℃时效分别提高拉伸强度10%、40%和30%。由外推的持久强度也可推断预先热处理也提高持久抗力。

模锻以前热处理以后的显微组织研究表明，1650℃退火的结构含有粗 Mo_2C、细的 TiC 和少量 ZrC 均匀弥散物。1950℃退火引起 TiC 完全溶解并伴随有一些晶粒长大。退火温度提高到2065℃，进一步提高了晶粒长大和碳的过饱和度，结果也导致形成半连续的晶界 Mo_2C 纲。在这个退火以后进行的1510℃/16h时效处理，产生大量的 TiC 沉淀，并伴随有 Mo_2C 纲的溶解。高温退火或时效导致碳化物溶解增多，晶粒长大以及形成纲状 Mo_2C，这些因素单一的或综合的造成合金的室温塑性很低。看来，如果提早控制加工过程中的塑性变形，温度和时间，可能取得较理想的强度和塑性的综合性能。例如，挤压TZC坯料都在1400℃锻造，而不是在1200～1400℃锻造，模锻并消除应力退火状态的室温拉伸强度达到914.9MPa，伸长率10%，1204℃的拉伸强度达到457.4MPa，伸长率18%。取得如此诱人的综合性能，就是因为提高了锻造（固溶）温度，没有发生不希望的结构变化。

在不同热处理以后再模锻材料的显微组织研究确定，1650℃/h退火以后模锻材料含有中度弥散物，而 2065℃/5h 退火加 1510℃/16h 时效处理以后再模锻的材料中含有体积分数较大的，较细小的弥散物。从图 8-83 可以清楚看出，高温退火后模锻材料含有大量的细小 TiC 沉淀，它们是在模锻操作过程中沉淀出来的，该图 8-83（a）是锻件在 1950℃ 退火以后，模锻前的 TZC 的显微组织照片，图 8-83（b）是在 1950℃ 退过火的锻件经过模锻的显微组织。因而，预先高温退火和时效处理以及模锻操作提供了大量的细小的弥散碳化物，预期它们会加快应变硬化速率，此外，通过阻碍位错攀移，细小的弥散物也能使恢复速度变慢。弥散碳化物有利状态的双重作用，最终提高了模锻操作的效率，导致强度增加。

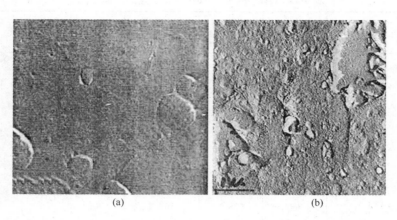

（a）　　　　　　　　（b）

图 8-83　模锻前 1950℃/5h 退火和 1950℃/5h 退火以后模锻态的显微组织照片

在 1950℃ 退火以后模锻的 Mo-TZC 合金，再承受 1750℃/h 再结晶，2065℃/h 退火和 2065℃/h 退火加 1510℃/16h 时效三种热处理。图 8-84 是不同加工处理状态的 Mo-TZC 的拉伸强度与温度的关系，可以看出，在模锻以后的三种热处理中，时效状态有确定的时效强化作用，含有大量广泛的沉淀，在 260～760℃ 范围内它的强度最高。因为低温塑性差，退火的或时效的合金在室温下都未能表现出真拉伸强度极限。时效状态的合金在较高温度下强度随温度连续下降。而在 538℃ 以上，再结晶状态的，特别是退火状态的强度与温度有相反关系，大约在 1204℃ 达到极大值。这种特点是前面已提过的应变诱发沉淀。这种温度-强度的反向关系在加工态和非加工态之间的相对强度方面产生两个重要后果。（1）与模锻状态不同，在模锻态预时效对强度非常有益，而在高温下，时效状态在三个非加工态中强度变成最弱。（2）在温度远低于再结晶温度（1760～1871℃）时，非加工状态的 Mo-TZC 的拉伸强度变得相当于模锻加工状态的强度。

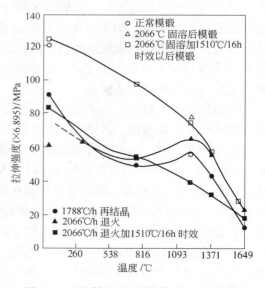

图 8-84　不同加工处理状态的 Mo-TZC 的
拉伸强度与温度的关系

强度-温度的反向关系存在的同时，应变速度-强度之间也有负敏感性，图 8-85 给出了三种应变速度（0.00381mm/s、0.0762mm/s 和 0.762mm/s）与三种热处理对 Mo-TZC 合金 1204℃的拉伸强度的影响，时效状态的拉伸强度与应变速度呈现正常的温度关系，随应变速度加快而增加。相比起来，在再结晶状态，特别在退火状态的拉伸强度与应变速度之间负敏感性，应变速度加快，强度反而降低。

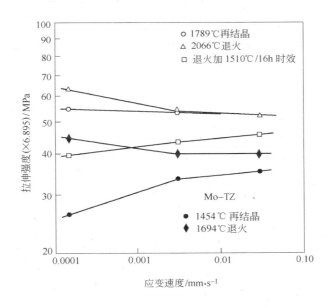

图 8-85　应变速率对 Mo-TZC 和 Mo-TZM 的 1204℃拉伸强度的影响

除用真空自耗电极电弧熔炼工艺生产 Mo-TZC 以外，也可以用粉末冶金工艺生产。粉末原料按名义成分 Mo-1.5Ti-0.35Zr-0.15C 混合，最终得到坯料的分析成分为 Mo-1.58Ti-0.31Zr-0.26C。粉末锻造坯料进行 2000℃/h 固溶处理，处理后的硬度达到 190HV98N，随后锻坯先按常规工艺在 1260℃进行锤锻，面积收缩变形量为 75%，锻件硬度达到 369HV98N，再进行 1260℃/10h 时效处理，时效后锻件的硬度达到 397HV98N。此外，用改变锻造处理工艺顺序，观察性能的变化，即在锻造以前把原始固溶处理的锻坯先进行 1480℃/h 预时效，再在 1260℃锤锻到 75%变形量，预时效和锤锻后的锻坯硬度分别达到 245 和 376HV98N，最终进行 1260℃/h 消除应力退火。先时效后锤锻的锻件硬度（376）比先锤锻后时效的（397）低。不同锻造工艺顺序生产的粉末 Mo-TZC 的高温拉伸性能列于表 8-30，可以看出，锤锻以后时效的 TZC 低温强度比较低，可能是因为低温塑性差，强度未充分表现出来。而在 345℃以上的拉伸强度都比锻造以前时效的材料高。两种不同加工热处理顺序生产出的 Mo-TZC 的恒温时效反应曲线绘于图 8-86，1260℃时效硬度与时间

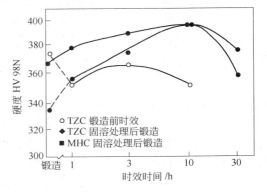

图 8-86　1260℃时效时间与硬度的关系

的关系表明，锻造后时效材料大约需要 10h 就可达到时效峰 397HV98N，而锻造前时效的材料产生了细小弥散的碳化物，虽然加快了加工硬化速率，但是并没有显著的提高锻造状态的硬度。反而在 1260℃ 缺乏时效硬化现象，相信，这是由于在锻造前时效加热过程中和锻造操作时已耗尽了固溶体中的碳，不可能再析出碳化物。

表 8-30   不同状态锤锻 75％粉末 Mo-TZC 的拉伸性能[32]

试验温度/℃	固溶处理→锤锻→1260℃/10h 时效				固溶处理→1480℃/h 时效→锤锻→1260℃/h 退火			
	0.2％名义屈服强度/MPa	拉伸强度/MPa	伸长率/%	断面收缩率/%	0.2％名义屈服强度/MPa	拉伸强度/MPa	伸长率/%	断面收缩率/%
205	未测定	619	0.35	0.35	791	922	7.3	9.9
260					未测定	930	4.1	6.6
345	未测定	966	8.0	9.9				
1120	620	719	7.2	17.5	591	645	10.0	13.8
1230	491	629	6.9	12.6	514	565	10.7	17.5
1370	323	477	6.4	11.9	386	448	14.0	19.5

再结晶行为的研究，图 8-87 是不同温度下 1h 退火后的硬度与温度的关系，固溶处理再锻造是通用加工方法，用这种工艺加工出的 Mo-TZC 的 1h 开始再结晶温度是 1425℃，而锻造前时效的 Mo-TZC 大约要高 55℃。在 1595℃/h 加热，粉末冶金 Mo-TZC 产生 40％的再结晶结构，完全再结晶温度是 1705℃/h。由再结晶退火处理过程中的室温硬度变化可知，未预时效的锻件在 1260～1315℃/h 再结晶退火处理过程中发生可观的硬化，这反应在这个温度范围内，在高温退火的冷却降温过程中发生了沉淀析出。而锻造前时效过的锻件没有硬化现象，硬度随退火温度升高单调下降。

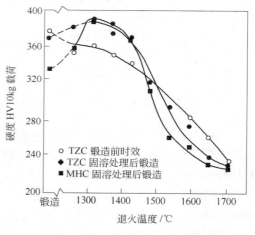

图 8-87   1h 退火温度对粉末冶金 Mo-TZC 硬度的影响

锻造状态和锻造加 1260℃/10h 时效状态的粉末 Mo-TZC 覆膜的电子显微结构研究发现，在不同状态的结构中含有晶界碳化物和分散的相当粗大的基体碳化物，能谱原位分析确定，晶界碳化物和基体碳化物中唯一的金属成分相应各自为钼和锆。因此，可以认定它们是 Mo₂C 和 ZrC。除这两个碳化物以外，还含有细小的基体碳化物，它们的粒度，形状和数量取决于加工历史。用电子衍射分析确定它们是 TiC，没有得到说明生成细小 ZrC 粒子的证据。在锻造状态见图 8-88（a），TiC 有棒片状的和亚显微粒度的形状不规则的粒子。1260℃/10h 时效引起粒度更细小的碳化物沉淀，其粒度至少小一个数量级，见图 8-88（b）。锻造以前 1480℃/h 时效的粉末冶金 Mo-TZC 的细小的碳化物呈现拉长的形貌（图 8-88c），而锻造后加时效的 Mo-TZC 有非常多的球形碳化物。对比图 8-88（b）和（c）可以看出，锻造以前时效的 Mo-TZC 中的碳化物薄条比锻造后时效的合金中的更薄一点，进一步对比图 8-88（a）和（c）指出，锻造以前时效产生的碳化

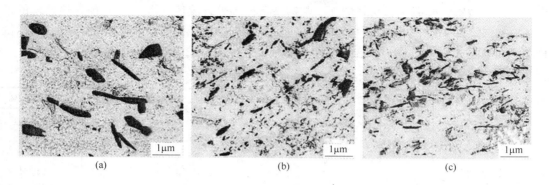

图 8-88　不同状态的粉末 Mo-TZC 的覆膜 TiC 的电子显微照片[32]

（a）锻造态；（b）锻造后加 1260℃/10h 时效；（c）锻造前预先 1480℃/h 时效

物的平均粒度比固溶处理后直接锻造的粉末 Mo-TZC 中的碳化物的更细。

粉末冶金 Mo-TZC 的相结构组成和熔炼的不同，这可能与在高温下的冶金反应有关，熔炼过程中的冶金反应在液态熔池中进行，而粉末烧结过程中的冶金反应是固态扩散反应，扩散是反应动力学的基础，这两种状态的冶金反应速度相差很大，固态扩散反应的速度非常缓慢，根据扩散方程计算钼的晶格自扩散，前指数 D_0 取值 0.126cm^2/s，钼的晶格自扩散激活能 $Q = 437.5$kJ/mol，在 1400℃ 加热 1000h 以后，扩散距离大约才达到 1μm。

Mo-TZ(TZM)合金是低碳合金，它基本上没有弥散碳化物，原始研究坯料是 1593℃ 挤压，模锻前承受的预先热处理为 1650℃/h，1950℃/h 和 1454℃/15h 时效处理，预退火温度由 1650℃ 升高到 1950℃ 对模锻合金的强度没有重大影响，图上两条曲线很靠近。但是 1427℃/15h 时效处理显著地降低了模锻合金的强度。而模锻以后 1704℃ 退火处理的非加工状态合金达到的强度比 1454℃ 再结晶的高。

图 8-89 是 TZM 的拉伸强度与温度的关系，大约在 816℃ 退火状态的 Mo-TZM 的强度出现反向温度关系，在 1149℃ 附近达到极大值，强度-应变速度也呈现负敏感性。显然少量的碳化物在 1649℃ 基本上已经溶解，进一步提高退火温度对强度不会产生多少附加影响，Mo-TZM 的 0.01% 碳的固溶体代表相当低的碳过饱和度，在塑性变形过程中它能有效地转变成亚显微弥散粒子，而不足以引起时效硬化，因此，在加工态或退火态产生强化作用。但是，不像 Mo-TZC 型合金，时效处理永远导致 Mo-TZ 的强度下降，因为它破坏了应变诱发沉淀的基础，没有提供足够的弥散粒子来增强锻造加工的效率。

Mo-0.5Ti-0.03C 合金的成分决定了它对

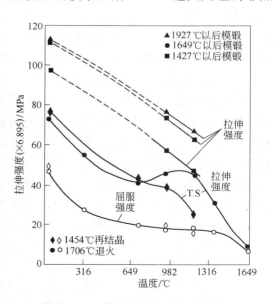

图 8-89　温度对不同状态的 TZM 的拉伸性能的影响

热处理很不敏感，模锻状态材料的强度与锻造前的预处理温度无关，三种预先热处理的模锻材料的强度都一样，见表8-31。进一步退火状态的强度相当于再结晶态的强度，显示没有反常的温度关系见图8-90。这些特性是没有重大应变诱发沉淀倾向的证据。

表8-31　Mo-0.5Ti合金加工热处理对拉伸性能的影响

处理时段	处理制度	硬度 VHN	试验温度/℃	拉伸强度/MPa	0.2%屈服强度/MPa	伸长率/%	截面收缩率/%
模锻以前处理	1649℃/h	285	25	800.1	676.6	23	56
			982	503.6	476.1	14	84
			1204	406.5	382.4	11	72
	2065℃/h	274	25	816.3	764.8	20	54
			982	533.9	506.4	12	69
			1204	427.2	495.1	11	79
	1927℃/3h + 1371℃/24h	285	25	759.2	659.3	27	56
			982	493.2	479.5	14	84
			1204	399.6	378.9	14	85
模锻以后处理	1454℃/h 再结晶	175	25	537.4	230.7	49	50
			316	474.1	150.0	42	80
			760	312.1	168.1	29	86
			982	202.5	144.8	30	90
			1204	172	91.6	29	95
	1925℃/h 退火		25	476.7	212.2	14	13
			538	208.7	115.7	20	28
			760	219.1	116.1	19	80
			982	227.4	106.8	28	81
			1204	181.9	95.8	22	89

　　模锻状态的强度对预处理的温度升高不敏感主要是受碳的过饱和度低的限制，在1640℃少量TiC的溶解控制了有限的碳的过饱和度，以及在较高温度下有限度的 Mo_2C 的溶解对碳的过和度也没有多少贡献。在拉伸试验条件下，碳的低过饱和度显然不足以引起时效硬化和有效的应变诱发沉淀。但是，重度模锻可能提供细而致密的弥散TiC。因此，Mo-0.5Ti合金从弥散碳化物获得强化。由这些结果可以得出结论，赋予Mo-0.5Ti合金高强度需要少量的碳，而进一步提高碳含量，结果只能导致 Mo_2C 的量增加，不能再附加提高强度。

　　由于认为有限的应变诱发沉淀是加工态钼合金强化的机理，那么，预时效应当降低强度，原因在于消耗了碳的过饱和度，毁掉了应

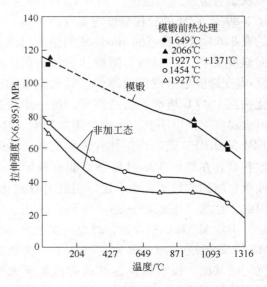

图8-90　不同加工状态的 Mo-0.5Ti-0.035C 合金的拉伸强度与温度的关系

变诱发沉淀的基础。可是事实上并未看到时效引起强度降低，这就说明由于固溶体中 C 和 Ti 的浓度很低造成了动力学的困难。如果局部加工态的组织结构承受时效处理，因为在这种结构中预塑性变形已经克服了沉淀成核的困难，结果强度就会下降。惯常加工的 Mo-0.5Ti 合金，因为它通常经受中间退火和再结晶处理，它的强度和再结晶温度比发生应变诱发沉淀合金的低。

8.3.3　钼-铪-碳系合金

8.3.3.1　一般概念

这个系统的合金主要靠 HfC 粒子的弥散强化提高合金的强度，合金的强度依赖弥散相粒子的粒度，弥散相的特性和稳定性。预先加工条件极大的影响沉淀物的形貌。温度升高到碳的固相线以上，沉淀能完全溶解，在冷却或时效时又会重新沉淀出来。粒子形貌，机械性能受沉淀过程中的冷却速度和其他条件控制。加工对机械性能的影响甚至于超过成分的影响。

合金中的碳化物在加工和服务过程中的稳定性与它的熔点和热力学特性有关，TiC、ZrC 和 HfC 的熔点相应为 3100℃、3420℃ 和 3830℃，生成自由能（kJ/（g·℃））分别为 −159、−163.3 和 −180。HfC 的熔点比 TiC、ZrC 的高，生成自由能比它们的低，热力学稳定性更强。根据对弥散强化粒子的要求，HfC 比 TiC 和 ZrC 更优越。在 Mo-Hf-C 系中碳和铪在钼中的溶解度对热处理反应和碳化物形貌有强烈影响。图 8-91（a）、（b）是碳和铪在钼中的极限溶解度。能沉淀硬化的先决条件是它们在高温下的溶解度很高，而在低温下溶解度急剧下降，Mo-C 系满足这两个要求。Mo_2C 用作强化相粒子没有诱人之处，因为它在中温的长大速度很快，长大过程只受碳的扩散率控制。用 ⅣA 和 ⅤA 族元素合金化形成的碳化物比 Mo_2C 的热力学稳定性更高，它们对弥散强化更为有利。研究 Mo-Hf-C 三元合金再结晶时的晶粒反常长大的温度发现，晶粒反常长大的温度范围和碳在钼中的溶解度曲线基本吻合，在图 8-91（a）中用竖线段标明了晶粒反常长大的温度范围，表明只有在碳完全

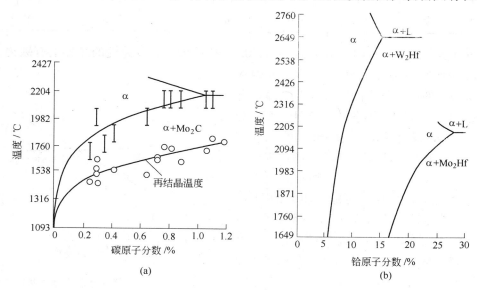

图 8-91　碳和铪在钼中的溶解度

溶解以后，晶界移动不再受碳化物的钉扎，晶粒加速反常长大，说明三元合金中的铪含量直到1.38%原子分数对碳的溶解度没有多少影响。因此，三元系也能沉淀强化。这个三元系中的碳化物长大粗化速率比二元 Mo-C 系中的更慢，因为它们受碳化物形成元素的置换扩散控制。

能沉淀强化的三元系的另一个先决条件是金属溶质能充分溶解，不生成妨碍碳化物溶解和优化的其他相。如果金属溶质不能充分溶解，则碳化物将保存粗大粒子不能溶解，根据图8-91，铪在钼中的溶解度比碳的溶解度更大，结果就会形成碳化物，而不会形成铪的金属间化合物。

8.3.3.2　钼-铪-碳合金的成分、结构和性能

用真空自耗电极电弧熔炼工艺生产合金铸锭，铸锭在1927℃挤压，挤压比1/8，随后在1371℃和1149℃模锻到直径0.64cm的棒材，挤压加模锻总变形量89%。合金的成分列于表8-32。

表8-32　钼-铪-碳合金的成分及一些性能

合金符号	合金成分（原子分数）/%	碳/铪比	硬度 HV			1h 再结晶温度/℃
			铸　态	挤　压	模　锻	
MHC-20	Mo-0.09Hf-0.24C	2.67	179	195	289	1462
MHC-21	Mo-0.18Hf-0.42C	2.33	183	187	322	1557
MHC-22	Mo-0.37Hf-0.29C	0.78	194	233	322	1649
MHC-23	Mo-0.39Hf-0.65C	1.67	210	210	342	1519
MHC-24	Mo-0.58Hf-0.77C	1.33	219	253	319	1742
MHC-25	Mo-0.96Hf-0.82C	0.85	253	235	325	1732
MHC-26	Mo-0.37Hf-0.89C	2.41	209	268	330	1621
MHC-27	Mo0.98Hf-1.11C	1.13	247	238	363	1817
MHC-28	Mo-1.83Hf-1.07C	0.58	276	274	351	1717

含铪量较低的 Mo-0.18Hf-0.42C 和 Mo-0.39Hf-0.65C 合金铸锭的晶界上有碳化物相，晶粒内有附加的球状碳化物。1919℃/2h 退火的以及未退火的铸态合金的硬度与 HfC 摩尔分数的关系绘于图8-92，铸态硬度随 HfC 摩尔分数的增加单调线性升高，在 HfC 摩尔分数 <0.7% 时，1919℃/2h 退火的硬度超过未退火的铸态硬度，低 Hf 合金的碳化物相是粗大的 Mo_2C，它们退火硬化原因可能是粗大的 Mo_2C 转化成细小的 HfC。在 HfC 摩尔分数 >0.7% 时，合金铸态硬度超过退火态的硬度，退火态的硬度下降。萃取相分析表明唯一存在的碳化物相是 HfC。

挤压低铪合金 Mo-0.09Hf-0.24C 和

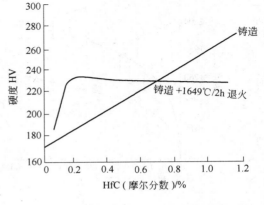

图8-92　退火处理及合金的 HfC 摩尔分数
对铸锭硬度的影响

Mo-0.18Hf-0.42C 的结构是完全再结晶的组织，其余合金是局部再结晶状态。模锻的 Mo-0.09Hf-0.24C 等低铪合金有较粗纤维结构，而高铪的 Mo-0.98Hf-1.11C 的结构由细纤维组成。用电子显微镜研究了 Mo-0.96Hf-0.82C 的模锻或完全再结晶 1927℃/h 的显微组织。发现模锻合金在模锻方向上的晶粒被拉长成纤维状取向，HfC 粒子在横断面上均匀分布，粒子的平均直径为 0.12μm，在 1927℃/h 再结晶以后直径增加到 0.3μm。在 1293～2204℃温度区间内研究了 Mo-Hf-C 的再结晶行为，图 8-93 是 Mo-0.98Hf-1.11C 和 Mo-0.18Hf-0.42C 合金的硬度随再结晶退火温度变化图，在 1233℃退火，可能由于发生了局部沉淀，除低铪合金 MHC-21 以外，MHC-27（Mo-0.96Hf-0.82C）等其余诸合金在此点也都出现凸峰，合金硬度增高到超过模锻状态的硬度。对于高铪合金 Mo-0.98Hf-1.11C 而言，随 1233℃/h 第一个峰值以后在 1649℃又会出现第二个凸峰，当再结晶温度达到 2065℃以后，硬度又会重新升高，此处硬度升高的原因是溶解在固溶体中的碳化物在冷却过程中又重新沉淀析出。

Mo-0.58Hf-0.77C 在 2204℃/0.5h 固溶处理以后进行 1233～1649℃/h 时效处理，在 1537℃/h 时效时，硬度由固溶处理的 228HV 上升到峰值 285HV。图 8-94 是 1465℃等温延时时效曲线，大约 2h 硬度达到峰值 295HV。在 2204℃/0.5h 固溶处理时碳化物未能发生完全反应，光学金相研究发现，碳化物几乎都在晶界上，晶内只有一些细小的碳化物。在 1465℃/2h 时效 Mo-0.58Hf-0.77C 的硬度达到峰值，此时晶内分布有广泛的碳化物，而晶界沉淀相消失。透射电子显微镜 TEM 分析发现，HfC 都沉淀在位错上或者无位错的基体上，基体内沉淀都在 {001} 面上。

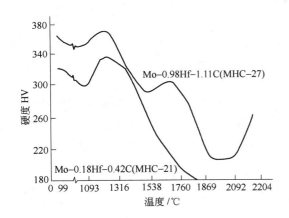

图 8-93　Mo-Hf-C 合金的典型的
再结晶曲线图

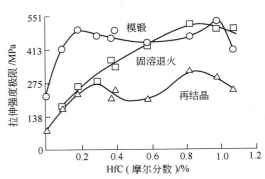

图 8-94　Mo-Hf-C 合金在 1316℃的拉伸强度
极限与成分 HfC 摩尔分数和预处理的关系

不同处理状态 Mo-Hf-C 在 1316℃的拉伸强度与成分 HfC 摩尔分数的关系绘于图 8-94，这些合金经历 1925℃挤压以后再在 1316℃温锻，HfC 是根据化学分析成分按碳化物的化学当量成分计算，超出的铪和碳假定不影响碳化物。在 0.2%～1.0% 的 HfC 摩尔分数范围内，在 1316℃模锻状态的 Mo-0.98Hf-1.11C（MHC-27）合金的强度最高，达到 539.4MPa，这个强度比 TZM 更高。其余的 Mo-Hf-C 合金的强度处在 414～523MPa 之间。1925℃或 1786℃再结晶退火以后，合金的强度比模锻状态的更低，说明没有加工硬化结构，由于大角度晶界移动造成碳化物粒子长大。强度随成分的变化是不均匀的，在 0.3%和 0.8% 的 HfC 摩尔分数处强度曲线出现峰值，不均匀的强度变化说明不同成分对挤压条件的反应不同。在 1925℃ 挤压时，碳在钼中的溶解度是 0.4%（原子分数），含 HfC 少于0.4% 的摩尔合金，在挤压前加热过程中沉淀粒子全部溶解，在挤压及最终 1316℃ 模锻过程中又重新沉淀析出，HfC 粒子的这种再沉淀并粒度细化，在成分 0.2% ~ 0.3% 的 HfC 摩尔分数处产生强度峰值。含 HfC 超过 0.4% 的摩尔合金在挤压前加热过程中沉淀粒子只部分溶解。

2205℃ 固溶退火处理的合金与再结晶的和退火态的不同，它的强度随成分均匀升高，直到成分达到 HfC 摩尔分数为 0.9%，强度达到极大值，随后成分稍微再高一点，强度略微有一点下降。与模锻材料相比，性能的这种差别是因为在 2205℃ 退火过程中 HfC 已完全溶解，这样就基本上消除了过往加工历史的影响，在冷却时产生细微的弥散良好的沉淀粒子，造成强度逐渐升高。

2205℃ 加热 1h 随即用氢气流淬火试样的拉伸强度极限和 0.2% 名义屈服强度与 HfC 摩尔分数的关系绘于图 8-95。图中的曲线与下面的方程式有良好的相关性，对于这些固溶处理并时效的材料来说，该方程式把强度和成分联系起来：

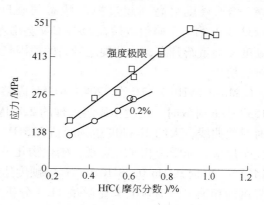

图 8-95   固溶处理 Mo-Hf-C 的 0.2% 名义屈服强度和拉伸强度极限与成分 HfC 摩尔分数的关系

$$\sigma = \sigma_0 + \frac{K}{L}$$

式中，σ 为粒子强化材料的屈服强度；σ_0 为基体材料的屈服强度；K 为常数；L 为粒子间距。

粒子间距 L 与 $d/f^{1/2}$ 成比例，此处 d 是粒子直径，f 是第二相的体积分数，代入 σ 方程式，可得到：

$$\sigma = \sigma_0 + \frac{Kf^{1/2}}{d}$$

由于 HfC 的体积分数与 HfC 的摩尔分数很接近成比例，所以在 HfC 粒子直径不变的情况下，屈服强度和成分之间有理想的抛物线关系。图上的屈服强度和拉伸强度极限和成分之间严格遵循抛物线关系。两条曲线的斜率不同指出加工硬化效果随 HfC 含量提高而增加，这意味着除冷却时沉淀出的粒子引起的强化以外，同时还有应变诱发沉淀对强度的贡献。

固溶处理的 Mo-0.58Hf-0.77C（MHC-24）合金的强度最高，可以达到 516.5MPa。这个合金在 815 ~ 1649℃ 的强度与温度之间的关系绘于图 8-96，并与模锻的和再结晶状态的强度进行了比较，在温度低于 1315℃ 时模锻状态的强度最高。超过 1315℃ 时，2205℃ 固溶处理状态的强度最高，在 1694℃ 它能达到 282MPa。在试验温度范围内再结晶退火处理的合金的强度比其他两个状态的更低。

Mo-0.18Hf-0.42C（MHC-21）、Mo-0.58Hf-0.77C（MHC-24）、Mo-0.96Hf-0.82（MHC-25）三个合金承受2204℃/h固溶处理，随后进行1232℃/h、1371℃/h、1515℃/h和1649℃/h时效，时效温度对1315℃拉伸强度的影响绘于图8-97，由图看出，时效处理对高温1315℃的强度没有多少益处。随着时效温度的升高，屈服强度出现一个很矮的峰值，除Mo-0.37Hf-0.29C以外，其余诸Mo-Hf-C合金都有同样的时效结果。在1232℃/h、1371℃/h时效时拉伸强度极限略有下降，随时效温度升高下降更急剧。在更高温度下时效，屈服强度和强度极限之间的差异很快缩小，这说明加工硬化效果减弱。

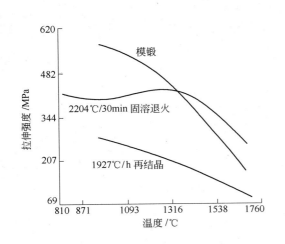

图8-96 Mo-0.58Hf-0.77C(MHC-24)
拉伸强度与温度的关系

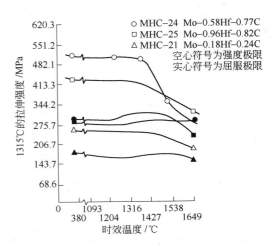

图8-97 时效温度对三个Mo-Hf-C合金的
1315℃拉伸强度的影响

研究试验了不同热机械加工的Mo-0.58Hf-0.77C（MHC-24）合金的高温塑性，温度最高升高到1649℃，模锻和再结晶状态的塑性一直缓慢上升，从1315℃开始，固溶处理的合金塑性开始下降，1315℃的断面收缩率由69%～70%的极大值降到1649℃的8%，1649℃的伸长率为6%。

固溶处理的Mo-0.58Hf-0.77C（MHC-24）的透射电子显微镜TEM研究发现，在1315℃拉伸试验以前，1649℃时效处理的样品中片状碳化物沉淀有规律排列，没有多少位错存在。但在试验以后发现在 {100} 面上有少量片状碳化物沉淀，整个试样的位错密度很高，在位错线的断裂点处明显有细小的沉淀物。在1649℃试验以后，沉淀进一步发展，在{100} 面上明显有少量片状碳化物，大多数是在位错线上沉淀。可以判定，固溶处理合金在拉伸应变过程中，碳化物在位错线上沉淀。沉淀对强度的影响包括，沉淀可能钉扎住位错，钉扎作用促使产生新位错，以便维持连续变形，就引起位错增殖速度加快，结果看到有稠密的位错纲，可以认为这是应变诱发沉淀。

模锻状态各种Mo-Hf-C合金在1315℃和1649℃的持久蠕变强度绘于图8-98，该图是1315℃/259MPa条件下测定的持久断裂寿命与HfC摩尔分数的关系曲线，图8-99是在1315℃，应变速度为10^{-7}/s，各种 Mo-Hf-C 合金的持久强度，为了比较图上也标出了 Mo-TZM 和 Mo-TZC 的有关数据。这两个图上的曲线外观是一致的，各合金持久强度与成分之间的没有固定的关系。持久断裂强度的规律与瞬时拉伸强度的规律都如此一样。持久断裂寿命在 4.3 ~ 148.1h 范围内变化，持久寿命最长的是含合金元素低的 Mo-0.18Hf-0.42C（MHC-21）合金。在 1649℃/83MPa 条件下，各合金的持久寿命在 0.8 ~ 7.6h 之间变化。

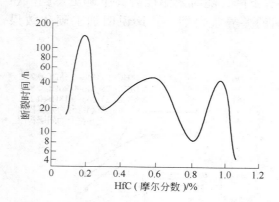

图 8-98 Mo-Hf-C 的持久寿命与 HfC 摩尔分数的关系
（1315℃/259MPa）

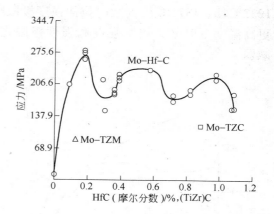

图 8-99 Mo-Hf-C 的持久断裂强度与 HfC 摩尔分数的关系
（1315℃，$\dot{\varepsilon} = 10^{-7}$/s）

选择 Mo-0.18Hf-0.42C（MHC-21）、Mo-0.39Hf-0.65C（MHC-23）和 Mo-0.37Hf-0.89C（MHC-26）三个合金全面研究 Mo-Hf-C 合金的持久断裂性质，测定了它们的断裂寿命与持久应力的关系，结果见图 8-100。可以看出，低合金的 Mo-0.18Hf-0.42C（MHC-21）的抗蠕变断裂强度最高。由透射电子显微镜 TEM 分析看到，这个合金在 1315℃拉伸试验以后，显微结构中含有粗大的晶界碳化物，晶粒内没有多少粒子。而在 1315℃/259MPa 持久试验以后，除原先存在的粗大粒子以外，在晶粒内部还出现了大量沉淀。由于在 1927℃挤压过程中 Mo-0.18Hf-0.42C 合金（MHC-21）实际上承受了固溶处理，在持久试验过程中

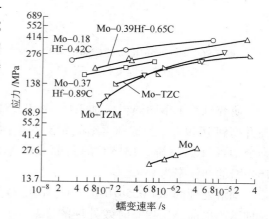

图 8-100 Mo-Hf-C、Mo-TZC、Mo-TZM 的 1326℃的最慢蠕变速率与应力的关系

发生时效沉淀，导致强度增高。由图看出，三个 Mo-Hf-C 含金在 1316℃的持久性能都比 Mo-TZM 和 Mo-TZC 的高，未合金化钼的性能最低。

8.3.3.3 钼-铪-碳合金的热机械处理

选择了 5 个不同成分的合金和 10 个热机械处理工艺路线，研究热机械处理工艺对合金性能的影响。合金的成分及热机械处理工艺路线分别列于表 8-33 和表 8-34。

表 8-33 **Mo-Hf-C 合金的成分**

合金代号	合金的成分(原子分数)/%	经历的热机械处理工艺路线
MHC-38	Mo-0.47Hf-0.29C	A、E
MHC-39	Mo-0.60Hf-0.50C	K、L
MHC-40	Mo-1.04Hf-0.30C	A
MHC-41	Mo-0.99Hf-0.72C	A、B、D、E、F、G
MHC-42	Mo-1.09Hf-1.19C	A
Mo-TZC	Mo-2.4Ti-0.18Zr-0.88C	H

表 8-34 **Mo-Hf-C 合金承受的热机械处理工艺路线**

热机械处理工艺路线代号	挤压温度/℃	挤压后热处理				模锻工艺			
		固溶处理		时效处理		一次模锻		二次模锻	
		温度/℃	时间/h	温度/℃	时间/h	温度/℃	变形量/%	温度/℃	总变形/%
A	1927					1371	50	1093	89, 97
B	1927			1927	1	1371	50	1093	89
C	1927	2205	0.5			1371	50	1093	89
D	1927	2205	0.5			1649	50	1093	89
E	1927	2205	0.5	1537	2	1371	50	1093	89
F	1927	2093	1	1537	2	1371	50	1093	89
G	1927	2093	1	1537	2	1371	50	982	89
H		2205	0.5			25	挤压60	25	挤压60
K	2025					1371	50	1371	89, 97
L	2025			1537	1	1371	50	1093	89, 97

各种热机械处理工艺路线的特点不同,A 路线是挤压以后直接模锻,这是通常的路线。B、E、F、G 和 L 路线在模锻以前进行完全固溶处理加时效处理,按这种处理路线,一般碳化物强化钼合金都能得到满意的结果。C、D 路线是在模锻前,挤压后进行高温固溶处理,而没有进行时效处理,在模锻过程中可能产生细小的碳化物沉淀。K 路线中的 2025℃挤压兼有固溶处理的作用,随后直接模锻的效果是产生细小的弥散碳化物。

Mo-0.47Hf-0.29C（MHC-38）合金在 2205℃/0.5h 加 1537℃/2h 固溶,时效处理以后,随即在 1371℃和 1093℃进行模锻,总变形 89%。合金的硬度和 1h 退火温度的关系绘于图 8-101,1h 退火温度超过 1649℃,才看到发生再结晶引起的硬度下降,1760℃/h 退火的透射电子显微镜 TEM 发现再结晶的晶粒长入亚晶粒结构,亚晶粒的晶粒度约为 1μm,这时亚晶粒内部仍积存有弹性应变。

研究在 2025℃挤压的 Mo-0.60Hf-0.50C

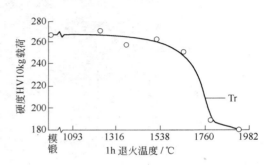

图 8-101 模锻态 Mo-0.47Hf-0.29C 合金的硬度与 1h 退火温度的关系

（MHC-39）合金的 1h 退火温度与硬度的关系，测量结果绘于图 8-102，看出硬度的变化与图 8-101 的完全不同，在退火过程中挤压态的合金发生了时效硬化，这充分说明在 2025℃ 挤压时有一些 HfC 已经溶解入固溶体。全面研究了不同热机械处理工艺路线的 Mo-0.47Hf-0.29C（MHC-38）、Mo-0.60Hf-0.50C（MHC-39）、Mo-1.04Hf-0.30C（MHC-40）、Mo-0.99Hf-0.72C（MHC-41）和 Mo-1.09Hf-1.19C（MHC-42）五个合金的拉伸强度和温度的关系，结果见图 8-103。MHC-38 承受两条热机械处理工艺路线：（1）在挤压后，模锻前进行了 2205℃/0.5h 固溶处理加 1537℃/2h 时效（E）；（2）在挤压后直接模锻（A），直接模锻的组织结构是局部过时效和局部应变时效，这两条加工路线中，直接模锻工艺路线（A）1315℃ 的拉伸强度达到 627MPa，而经过固溶时效处理后模锻合金的强度为 378MPa。这个强度水平是五个 Mo-Hf-C 合金中最低的。Mo-0.60Hf-0.50C（MHC-39）合金在 2205℃ 挤压以后直接在 1371℃ 进行模锻（K），它是强度最高的钼合金，在 1315℃ 和 1649℃ 强度相应达到 709.5~840.8MPa 和 356MPa，比一般钼合金高出 135~237MPa。它的显微结构中的位错密度很高，粒子不能再溶解见图 8-104(a)。同一个 MHC-39 合金，在 2205℃ 挤压以后，在模锻以前经受 1537℃/h 时效（L），强度明显下降，它的显微组织见图

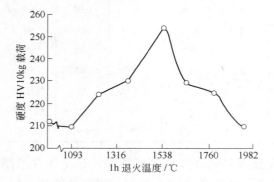

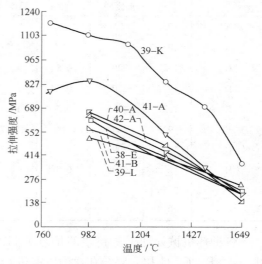

图 8-102　Mo-0.60Hf-0.50C(MHC-39)的硬度与 1h 退火温度的关系

图 8-103　不同热机械处理状态的 Mo-Hf-C 合金的拉伸强度与温度的关系

（A、B、E、K、L 的热机械处理的操作过程见表 8-34）

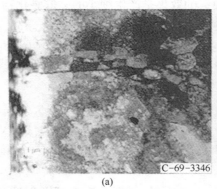

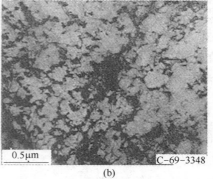

(a)　　　　　　　　(b)

图 8-104　Mo-0.60Hf-0.50C(MHC-39)的电子显微图像

（a）2204℃ 挤压后在 1371℃ 模锻；（b）2204℃ 挤压加 1538℃/h 时效以后在 1371℃ 和 1093℃ 分段模锻

8-104(b)含有粗大的碳化物粒子，位错密度非常低。Mo-0.99Hf-0.72C（MHC-41）合金承受了表 8-34 中的 A、B、D、E、F 和 G 六种不同的热机械处理工艺路线，从中可以看出，处理参数很小的变化就会引起合金性能大幅度的改变，例如合金都是在 1927℃ 挤压，如果在模锻以前承受 2205℃/0.5h 加 1537℃/2h 固溶时效（E）处理，它的 1315℃ 的拉伸强度是 330MPa，如果挤压以后直接模锻（A），则拉伸强度增长到 557.6MPa。Mo-1.04Hf-0.30C（MHC-40）和 Mo-1.09Hf-1.19C（MHC-42）两个合金在挤压后直接模锻，它们的强度很接近。试验合金的室温伸长率塑性处在 0～20% 之间，通常，挤压后直接模锻状态的塑性最低。

在 1315℃/241MPa 的标准条件下研究模锻合金的蠕变断裂性质时发现，瞬时拉伸强度最高的合金的持久断裂强度不一定最高，例如，挤压后直接模锻的 Mo-0.99Hf-0.72C（MHC-41）在 1315℃ 的拉伸强度是 551.5MPa，但是试样在 257.8MPa 的应力作用下只坚持了 7.85h 就破断。而模锻前固溶时效处理过的 Mo-0.99Hf-0.72C（MHC-41）合金的 1315℃ 拉伸强度是 323MPa，可是持久断裂时间却达到了 12.3h。图 8-105 是两种处理状态（K 和 L）的 Mo-0.60Hf-0.50C（MHC-39）的持久蠕变寿命与应力的关系。相比起来，在 2205℃ 挤压以后直接在 1371℃ 模锻（K），变形量达到 89% 的 MHC-39 的蠕变持久性质和瞬时拉伸性质都是最高的。它在 1315℃/241MPa 标准试验条件下的断裂寿命高达 96.1h，而 2205℃ 的挤压棒在模锻前已经承受过 1537℃/h 时效（L）处理的 MHC-39 的断裂寿命与变形量有点关系，变形量为 89% 或 97% 的断裂时间相应是 31.8h 和 57.8h。不管采用哪一条热机械处理工艺路线，在几个 Mo-Hf-C 合金中 MHC-39 的抗蠕变持久性能最高。它们的断裂寿命 t_r 和最慢蠕变速率 $\dot{\varepsilon}_m$ 和应力的关系符合下述经验方程式：

$$t_r = A\sigma^\gamma \quad 和 \quad \dot{\varepsilon}_m = B\sigma^c$$

式中的 c 和 γ 是应力指数，A 和 B 为常数，热机械处理工艺路线为 L 和 K 时，γ 大约是 c 的两倍，从图 8-105 可以看出，L 和 K 处理路线的 MHC-39 合金的断裂寿命与应力关系图中的两条直线斜率即代表 γ，L 路线的 $\gamma=9.9$，而 K 路线的 $\gamma=3.9$，根据 $\dot{\varepsilon}_m=f(\sigma)$ 关系的研究，找到（L）c 为 11.5，（K）c 为 5.3。为了分析 MHC-39 高强度的原因，系统研究了它的（K）处理的显微结构。2205℃ 挤压以后的组织有粗大的分布广泛的碳化物，在亚晶界上确实析出了大量的沉淀物，这种组织结构是碳化物强化钼合金的典型的"固溶处理"结构，是能时效硬化的组织。模锻以后的结构有三点与其他合金不同，平均亚晶粒直径为 1.2μm（其他合金的亚晶粒直径大多约为 0.5μm），亚晶界十分漫散，对测量数据的可靠性会产生影响。变形的胞粒结构内的位错密度比其他合金的更高，此外，结构中含有稍微被拉长的亚晶粒带，这些带的位向与 [111] 夹角近似 7°。除了偶尔看到一些大的粒

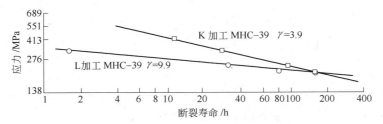

图 8-105 不同热机械处理工艺路线加工的 MHC-39 的蠕变断裂时间和应力的关系

○—2205℃ 挤压棒在模锻前已承受 1537℃/2h 时效（L 加工）；□—2205℃ 挤压后直接在 1371℃ 模锻（K 处理）

子以外，碳化物粒子都未能分辨清楚。在1315℃/241MPa条件下蠕变试验以后的透射电子显微镜分析确认，蠕变拉伸消除了亚晶粒结构内的大量位错，但是显示出许多细小的弥散HfC粒子，粒子直径为100Å，或小于100Å。这些粒子不是蠕变前就存在的，就是蠕变过程中沉淀出来的。

如果MHC-39的热机械处理工艺路线改成L，即在2205℃挤压后，模锻前进行1537℃/h时效退火（L），这种路线生产的合金的结构除碳化物分布更均匀以外，其他亚晶粒结构和别的合金一样。包含的碳化物粒子直径小于500Å（1Å=0.1nm）。

1h退火温度对Mo-0.47Hf-0.29C（MHC-38）合金的蠕变持久性能的影响研究表明，合金先在1927℃挤压，模锻前经受2205℃/0.5h+1537℃/2h固溶加时效处理（E），退火温度范围2205~1232℃，2205℃退火结束时用氦气流冷却，在1315℃/241MPa条件下进行持久蠕变试验。断裂时间与退火温度之间的关系曲线与图8-101的再结晶温度曲线可以参比，退火温度低于1510℃，退火处理对断裂寿命几乎没有影响，这时没有发生再结晶。退火温度升到1649℃，持久寿命降到了3h，而在1789℃退火试样的断裂寿命只有15s，在该温度下合金已完全再结晶。退火温度进一步提高到1927~2205℃，碳化物发生了固溶反应，在持久蠕变试验过程中碳化物HfC可能重新沉淀析出，最慢蠕变速度降到0.72×10⁻⁷/s，持久断裂寿命急剧延长到50h，综合结果列于表8-35。合金的显微组织研究发现，蠕变试验以前的结构相当于1787℃退火的结构，再结晶了的晶粒长入亚晶粒，再结晶晶粒内的粒子比亚晶粒内的粗大，在此温度下退火造成所有粒子都长大，似乎在再结晶晶粒的晶界处粒子有加速长大的倾向。粒子的这种长大趋势可能与晶界移动时拖曳碳化物粒子有关。在再结晶过程中晶界移动时偶然能碰到碳化物，它们突然变粗，当粗大到一定程度时，就会有效地使晶界的移动速度减慢，粗碳化物粒子将会留在晶界后面的晶粒内。蠕变试验以后的显微组织总体都是HfC在均匀位错上沉淀的花纹，这就证明了应变诱发沉淀机理对蠕变性能的强有力的影响。

表8-35　1h退火温度对模锻前经受2205℃/0.5h加1537℃/2h固溶时效的Mo-0.47Hf-0.29C （MHC-38）合金的蠕变断裂性能的影响（蠕变试验温度1315℃，应力241MPa）

退火温度/℃	断裂寿命/h	最慢蠕变速率/×10⁻⁷s	断 裂 塑 性	
			伸长率/%	断面收缩率/%
模锻	13.8	6.0	20	>98
1232	6.8	14.0	11	65
1371	8.7	13.0	24	89
1510	15.1	4.7	17	91
1649	3.0	18.0	16	94
1787	0.01	—	17	>98
1927	50.0	0.42	16	82
2205	39.1	0.33	7	11

8.3.3.4　碳化物强化钼合金的动力应变时效

钼合金的动力应变时效也可以表述为应变诱发沉淀，动态时效，应变时效等，这种强化作用是钼合金的一个很重要的强化机理。在中温范围内弥散强化的体心立方金属钼合金能保持高强度，除 Orowan 的位错强化机理以外，另一个原因就是附加的动态应变时效（应变诱发沉淀）。温度在 $0.15 \sim 0.5 T_m$ 之间，位错绕过粒子基体强化机理 σ_m，动态应变时效附加强化 σ_d，保持施加的总应力 σ_a 为：

$$\sigma_a = \sigma_m + \sigma_d$$

式中，σ_d 是动态应变时效引起的拖曳力，运动位错和溶质相互作用引起动态应变时效，结果是在一定条件下塑性下降，屈服强度和拉伸强度极限增高。Mo-Hf-C，Mo-Ti-Zr-C 合金确实有应变诱发沉淀的强化作用。

　　就 Mo-TZC 合金而言，热机械加工提高了它的强度特性，强烈表明发生了应变诱发沉淀（动态应变时效）。可以取图 8-106 作这种论断的实例。该图是沿持久试验试样轴线方向做的硬度测量，不同试样的热处理和试验条件列于表 8-36，图 8-106 中每条曲线上的竖直线把发生应力-应变的标距区的截面与不发生应力-应变的肩部区分开，不发生应力-应变区的试样硬度近似保持原始硬度不变，这就指出，在 1204℃ 长期静态时效条件下它缺乏有价值的沉淀硬化。与此相比，均匀收缩截面发生了硬化，退火和再结晶试样的硬化程度要远远大于时效试样的。所有试样的总变形量只有 8% ~ 15%。证据清楚指出，退火的和再结晶试样的标距区内截面发生了塑性变形，应变必定诱发了沉淀，即发生了应变诱发沉淀，或动力应变时效。

表 8-36　证明应变诱发沉淀（动态应变时效）的持久试验试样的热处理和试验条件

热 处 理	起始硬度 VHN	应力/MPa	持久寿命/h	近似均匀伸长率/%
A—2065℃/h	197	378.9	274	8
B—1788℃/h	200	310	196	15
C—2065℃/h 加 1510℃/16h	227	223.9	206	15

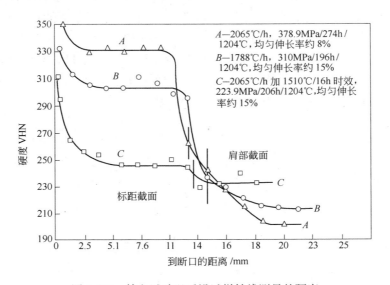

图 8-106　持久试验以后沿试样轴线测量的硬度

　　Mo-TZC 在 2065℃ 退火并在 1204℃、381.6MPa 条件下进行持久试验，持久试验以后的试样进行显微组织观察发现，产生应力-变形的标距区内有大量可分辨出的细小的沉淀物，电解分离出这些沉淀物残渣，X 射线衍射证实，沉淀物是 TiC。要指出，TiC 的沉淀伴随有原先存在的 Mo_2C 的部分溶解和晶界沉淀相的损耗。不发生变形的区域与发生变形的标距区域不同，不发生应变区域的显微组织和试验前保持一样，含有一些 TiC 相，这些 TiC 是在退火处理冷却时沉淀出来的。

除用持久拉伸试样研究了应变时效以外，也可用特定的热机械处理工艺研究 Mo-TZC 合金的性质，观察合金中发生的应变诱发沉淀。挤压合金在 2206℃/0.5h 固溶处理后直接在室温下水静挤压达到 60% 的冷加工变形量，图 8-107 是冷挤压的 Mo-TZC 合金的硬度随 1h 退火温度变化情况，为了比较该图上也绘出了仅承受固溶处理而没有经历冷挤压变形合金的硬化行为。随着退火温度的升高两个试样都呈现出有硬化特点。但是，冷挤压材料的硬化作用更明显，仅承受固溶退火处理的材料在 1482℃ 开始硬化，而冷挤压的 Mo-TZC 在 1093℃ 硬度就

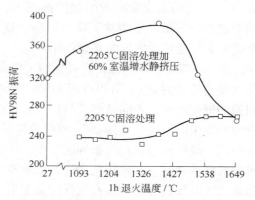

图 8-107　冷水静挤压 Mo-TZC 的硬度
与 1h 退火温度的关系

明显增高。显然，冷挤压引起的亚结构加快了沉淀速度，碳化物沉淀在位错上生核。超过 1371℃ 冷挤压合金发生了再结晶，硬度急剧下降。

不同钛、锆含量钼合金的动态应变时效行为的差异很大[39,40]，见图 8-108，该图是 Mo-TZC、Mo-0.64Zr-0.49C 和 Mo-1.08Zr-0.74C 三个合金的 $\sigma_{0.05}$ 和温度的关系图，三条曲线上都有很宽的应力峰值。这三个合金在试验前都经受了 2205℃ 固溶处理，恒应变速度为 0.05/min。Mo-TZC 大约在 1149℃ 达到应力峰值，而另两个 Mo-Zr-C 的应力峰值在 1482℃ 附近才出现，它们的曲线从峰顶下降比 Mo-TZC 更陡。三个合金的应力峰值大约都是 482MPa。应变速度由 0.002/min 加速到 2.0/min，在应变速度为 0.002、0.05 和 0.2/min 的条件下，Mo-TZC 的 $\sigma_{0.05}$ 与温度的关系绘于图 8-109，从 482～1149℃，流动应力对应变速率的敏感性是负的，即应变速率越快，流动应力反而越低。流动应力的峰值对应的温度大约是 1149℃。随着应变速率加快，最大流动应力的峰值下降。

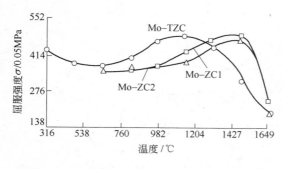

图 8-108　温度对 Mo-Ti-Zr-C 合金的 $\sigma_{0.05}$ 的影响

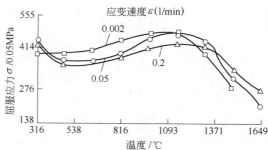

图 8-109　应变速率和温度对 Mo-TZC 的 $\sigma_{0.05}$ 的影响

在 1482℃ 和 1149℃ 两个温度下，研究了 Mo-TZC 的 $\sigma_{0.05}$ 和应变速率的关系时确定，在应变速率处于 0.02～6/min 范围内，试验温度为 1149℃ 时，流动应力 $\sigma_{0.05}$ 对应变速率的敏

感性都是负的，而试验温度为 1482℃时，$\sigma_{0.05}$ 对应变速率的敏感性都是正的，即应变速率加快，$\sigma_{0.05}$ 的值增加。另外，塑性应变的大小对应变诱发沉淀的应力峰值有密切关系，图 8-110 是在应变速度为 0.05/min 情况下，变形量达到比例极限，以及塑性变形为 0.01 和 0.05 时，温度对的 Mo-TZC 的流动应力峰值的影响。变形量达到比例极限时，大约在 1149℃出现一个不明显的矮的峰值，随着塑性应变量的增加，应力峰值的高度增加，应力峰值增高的原因是在动态应变时效区域内加工硬化速度很快。

　　碳化物强化钼合金的动态应变时效的应力峰值与退火温度有关，与应变速度有负敏感性，此外，在温度刚好低于应力峰值的狭窄的温度区间内，在应力-应变曲线上出现锯齿形屈服，图 8-111 是钼合金的典型的锯齿形工程应力-应变曲线，锯齿的幅值约为 6.86MPa，通常，Mo-Zr-C 合金的齿比 Mo-TZC 的高，当温度超过出现屈服应力峰值的温度时，锯齿形屈服消失，应力-应变曲线变成光滑曲线。所有钼合金的锯齿形应力-应变曲线都有锯齿起始的临界应变 ε_c 和临界应力 σ_c。临界应变 ε_c 对应变速度和温度都敏感，图 8-112 是 Mo-1.08Zr-0.74C 合金的临界应变 ε_c 和应变速度 $\dot{\varepsilon}$ 的关系图，图 8-113 是临界应变的平方根 $\sqrt{\varepsilon_c}$ 与临界应力 σ_c 的关系。ε_c 与下面的指数方程有很好的相关性：

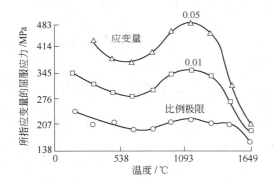

图 8-110　温度对不同塑性应变量的 Mo-TZC 的
动态应变时效应力峰值的影响

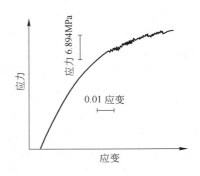

图 8-111　钼合金的典型的锯齿形
工程应力-应变曲线

（试验材料 Mo-1.08Zr-0.74C（MZC-2），
试验温度 816℃，应变速度 0.021/min）

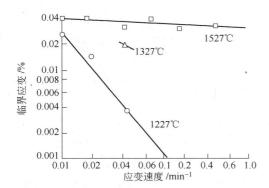

图 8-112　Mo-1.08Zr-0.74C 的 ε_c 和 $\dot{\varepsilon}$ 的关系

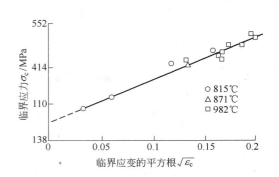

图 8-113　Mo-1.08Zr-0.74C 的 $\sqrt{\varepsilon_c}$ 和 σ_c 的关系

$$\varepsilon_c = A\dot{\varepsilon}^m$$

可以用这个方程式来描述 ε_c，在 816℃，式中的 $m = -1$，在 982℃，$m = 0.1$。ε_c 和 σ_c 之间的关系与下式有很好的相关性，即

$$\sigma_c = \sigma_0 + B\sqrt{\varepsilon_c}$$

下面的讨论将会指出，碳化物在位错上的沉淀是碳化物强化钼合金产生动态应变时效的主导因素，那么，锯齿形流动起始的临界应变可能由一些偶然条件而不是应变诱发形成的空穴引起的。由于临界应变可以用运动位错密度 ρ_m 和位错运动的平均路程 L 来表示，如下式：

$$\varepsilon_c = \rho_m bL$$

若假定运动位错密度 ρ_m 和总位错密度 ρ 是同一单调函数 r，那么 ε_c-σ_c 的关系式可写成：

$$\sigma_c = \varepsilon_c + B\sqrt{bL_r}\rho^{1/2}$$

在图 8-118 将看到 Mo-TZC 的流动应力与位错密度的这种线性关系，由于 σ_c-ε_c 曲线的斜率是常数，这就意味着 L 的值可能是控制锯齿形流动的起始临界因子。

除上述 Mo-TZC 和 Mo-Zr-C 合金以外，Mo-0.5Ti（Mo-0.82Ti-0.20C）也有动力应变时效反应，图 8-114 是该合金在恒拉伸应变速度条件下强度极限与温度的关系，拉伸试验以前合金经历了 1816℃/h 真空固溶处理，氦气流强制冷却。拉伸应变速度有 1.67×10^{-4}/s、8.3×10^{-5}/s 和 3.3×10^{-2}/s 三种。由图可以看出，只有在温度超过 649℃ 时，综合添加碳和钛对钼才起强化作用，在 816 ~ 1149℃ 范围内 Mo-Ti-C 合金发生了动态应变时效反应，强度出现一个很宽的峰值，并且在这个温度范围内强度与应变速度之间有负相关性，即 3.3×10^{-2}/s 的强度比 8.3×10^{-5}/min 的低。

Mo-Ti-C 合金的恒应力蠕变试验，为了在长期蠕变加载过程中保持恒应力，需采用特殊的加载装置，曲线板加载装置就是保持恒应力加载方式之一，随着试件被拉长，截面积缩小，通过曲线板作用，载荷也会自动降低，达到维持恒应力的效果。由于存在动态应变时效反应，这个合金的高温（1316 ~ 1816℃）恒应力蠕变行为与低温小于 982℃ 的有较大区别。蠕变曲线在起始瞬时蠕变（一般小于 1%）以后，随后就清楚的进入直线的稳态蠕变阶段。稳态线性蠕变速率 $\dot{\varepsilon}_s$ 与应力的关系绘于图 8-115，该图的稳态蠕变速度和应力都

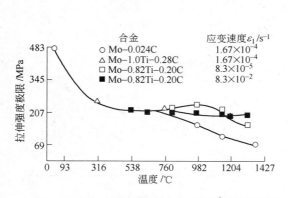

图 8-114　Mo-0.82Ti-0.20C 合金的拉伸强度
极限与温度的关系

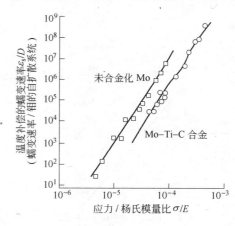

图 8-115　1316℃ 以上 Mo-0.82Ti-0.20C
的蠕变性质

给予温度补偿，纵坐标分度是在某温度下的稳态蠕变速度/钼的自扩散系数 $\dot{\varepsilon}_s/D$，横坐标是应力/杨氏模量比 σ/E。为了比较，图上也标出了未合金化钼的蠕变速度，Mo-Ti-C 合金也含有几个恒载荷数据点（以△符号代表）。图上的 $\dot{\varepsilon}_s/D$ 和 σ/E 成线性比例关系，在 $\dot{\varepsilon}_s/D = 10^9$ 以下，合金的行为与纯金属一样。在给定 σ/E 情况下，合金的蠕变速率比未合金化钼的小一个数量级。

在 1316～1816℃范围内 Mo-Ti-C 合金的蠕变行为很像纯金属，但是在 1316℃ 以下，982℃的蠕变行为与高温蠕变相差很大，见图8-116。图上的曲线 A 是 982℃/193MPa 的蠕变曲线，在巨大的瞬时起始蠕变以后（约0.10）接着75h 都是稳态直线蠕变阶段，稳态蠕变速率是 1.6×10^{-7}/s。曲线 B 是在 166MPa 应力条件下，拉伸24h 的变形曲线，在 0.046 起始瞬时蠕变以后没有发现继续蠕变现象。图上的 C 曲线的外貌有别于 A、B 曲线，该曲线是在 B

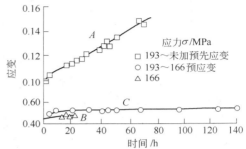

图 8-116　166MPa 的预应变对
982℃蠕变的影响

的基础上把应力增加到 193MPa，除去发生一点瞬时的短暂的应变以外，在 140h 以内蠕变速率都是零，没有发生蠕变。比较 A 和 C 两曲线，施加的应力都是 193MPa，而 A 没有起始的 166MPa 预加载，而 C 在 193MPa 加载以前预先施加了 166MPa 拉伸应力载荷，显然，C 曲线在起始低应力作用下发生了动态应力诱发沉淀，受沉淀相的作用造成零蠕变。根据图 8-116 的蠕变试验结果，选用阶梯状加载过程，更进一步研究 Mo-Ti-C 合金在 982℃ 的蠕变行为，即选择起始应力 σ_0（例如 138MPa），在 σ_0 的作用下进行时间为 τ_a 的蠕变试验，在达到 τ_a 以后，增加应力增量 $\Delta\sigma_a$，即在应力（$\sigma_0 + \Delta\sigma_a$）的作用下，在蠕变 τ_a 以后再增加应力增量 $\Delta\sigma_a$，应力达到（$\sigma_0 + 2\Delta\sigma_a$），并再进行 τ_a 时间的蠕变，重复几个过程，加载过程成阶梯状。982℃的蠕变行为与 $\Delta\sigma_a$ 和 τ_a 有密切关系，如果 τ_a 时间较长，或者 $\Delta\sigma_a$ 较低，在应力大于 σ_0 的情况下，蠕变速率都很低。蠕变曲线服从下面对数蠕变公式：

$$\varepsilon = A + \alpha\ln(\tau_0 + \tau)$$

式中，A、α、τ_0 都是常数，在温度 $t < 0.3t_m$ 的条件下，纯金属和合金常常表现出这种对数蠕变特性。图 8-117 是 Mo-Ti-C 合金在 982℃的对数蠕变曲线，蠕变应力 192～275.6MPa，蠕变时间24h，应力增量 $\Delta\sigma_a = 13.8$MPa，对数蠕变行为与动态应变时效有关系。

为了进一步研究分析应变诱发沉淀对蠕变行为的影响，改变蠕变试验前样品的预先热处理制度，研究溶质分布对蠕变速率的影

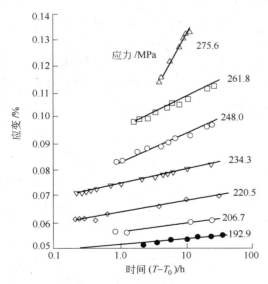

图 8-117　在不同应力作用下 Mo-Ti-C 的
982℃对数蠕变行为
（蠕变时间24h，应力增量 $\Delta\sigma_a = 13.9$MPa）

响，用两组试样，其中一组仅仅承受 1816℃/h 固溶处理，另一组承受 1816℃/h + 1538℃/16h 固溶加时效处理，在时效处理 1538℃/16h 结束时为了避免产生任何过饱和状态，试样用 2h 缓慢冷却到试验温度 982℃。蠕变试验时先加 $\sigma_0 = 138\text{MPa}$ 应力，拉伸蠕变周期 24h，每周期增加应力 $\Delta\sigma_a = 27.6\text{MPa}$。固溶处理及固溶加时效处理的两组试样的试验结果均绘于图 8-117。由于固溶加时效处理降低了蠕变试验过程中的应变诱发沉淀的潜力，在给定的时间和应力的情况下，固溶加时效处理试样在蠕变过程中的沉淀强化作用很弱，蠕变速率明显加快。

应变诱发沉淀机理，根据拉伸试验前后的透射电子显微镜 TEM 的观察，试验前的试样原始状态是固溶淬火状态。显微组织照片包括有在淬火过程中沉淀出的片状 Mo_2C，在这些碳化物周围的热应力可能会引起位错，位错密度低，要消除淬火过程中的沉淀本质上是不可能的。此外还观察了在 649℃、1149℃、1482℃ 和 1649℃ 拉伸以后试样的组织，相应的拉伸变形量分别为 0.051、0.056、0.042 和 0.044，拉伸速度都是 0.01/min，Mo-TZC 在 1149℃ 拉伸时有屈服强度的峰值。在 649℃、1149℃ 拉伸的显微组织中在片状 Mo_2C 周围有相当紊乱的位错结构，未看到位错上有沉淀相，或许由于沉淀相太小，未能分辨出来。1482℃ 的显微组织的特征是位错密度较低，有大量的线状排列的细小粒子，粒度约为 $1 \sim 10\text{nm}$，这暗示沉淀在位错上成核。另外，由于 Mo-TZC 在 1149℃ 的屈服应力峰值最高，相信在这个温度下拉伸变形组织中的位错上也应当有沉淀，不过因为沉淀粒子太细，而未能分辨出来。在 1649℃ 拉伸变形后，位错密度很低，沉淀相向前发展了一步，面心立方 $(\text{Ti}、\text{Zr})\text{C}$ 代替了 Mo_2C。这些沉淀有些在位错线上，也有些在基体上。

982℃、1316℃ 和 1760℃ 蠕变后试样的透射电子显微镜观察揭示，在 1316℃ 和 1760℃ 高温蠕变以后，显微组织中的亚结构扩展，亚结构内没有多少位错，碳化物沉淀是一些距离较远的，粒度为 $0.5 \sim 1.0\mu\text{m}$ 的粒子，还有一点晶界碳化物沉淀。

982℃ 蠕变试验后的显微组织的亚结构与高温蠕变形成的亚结构有很大区别，以前面图 8-116 的曲线 C 的蠕变试样为例，该试样在 165.5MPa 应力下预蠕变 24h，随后在应力 193MPa 条件下蠕变 140h，其蠕变速率为零，电子显微镜观察很容易发现在位错线上有沉淀，通常观察到的沉淀反映位错线变粗，沉淀的粒度很难测量。但是，看到变粗了的位错线，估计粒径约为 200Å，这个尺度代表沉淀粒子粒径的上限。另外，在蠕变试验时，采用不同的应力增量 $\Delta\sigma_a$ 和时间 τ_a 的组合，在蠕变过程中也会产生不同的亚结构，例如，在 982℃/24h 蠕变时，$\Delta\sigma_a$ 分别选用 13.8MPa 和 55.2MPa，在两种加载条件下都能生成胞粒结构，不过，选用 $\Delta\sigma_a$ 为 55.2MPa 时，胞粒结构区域内的位错密度较低。但是，在 982℃ 的所有蠕变试验过程中，不管加载历史如何，在亚结构的位错线上都看到有沉淀相，它们能钉扎位错。

表 8-37 是在不同显微组织中测定的位错密度值 ρ，可以看出在屈服应力峰值对应的温度处位错增殖速度最快，k_ρ 达到极大值。图 8-118 是各合金测定的总位错密度的均方根与

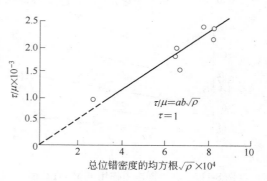

$$\tau/\mu = ab\sqrt{\rho}$$
$$\tau = 1$$

图 8-118　流动应力 $\dfrac{\tau}{\mu}$ 与总位错密度的均方根 $\sqrt{\rho}$ 的关系

流动应力的关系。按照下面流动应力与位错密度的关系式即可判定，在动态应变时效区内的屈服应力峰值应当和高位错密度有直接关联。

$$\frac{\tau}{\mu} = \alpha b \rho^{1/2}$$

式中，τ 为剪切流动应力，取正应力的一半；μ 为相应温度下的剪切模量；α 为非尺寸常数因子，近似单位 1；b 为柏氏矢量。这些亚结构的研究表明，碳化物强化钼合金的动态应变时效过程中的强化作用的根源是位错增殖速度的提高引起的加工硬化速度加快。实现位错增殖的机理有弗兰克-瑞德源，双交滑移增殖以及攀移增殖等。在屈服应力-温度曲线上于 1149 ~ 1462℃ 范围内出现应力峰值，根据表 8-37 和图 8-118，在这个温度范围内的应力峰值与高位错密度有直接关系。由于 Mo-Ti-C 系合金在蠕变过程中存在有动态应变时效，它在 982℃ 的蠕变曲线有三个特征：（1）蠕变行为与加载历程有关；（2）在给定应力条件下合金的蠕变曲线是对数曲线；（3）蠕变以前合金经受预时效处理，使得蠕变过程中的沉淀作用的效率大大下降，在给定应力下蠕变速率加快。

表 8-37 不同变形量的位错密度

试样	试验温度/℃	应变速度/min^{-1}	应变量	屈服应力/MPa	位错密度 ρ/cm^{-2}	位错增殖速度 $k_\rho(=\rho/\varepsilon)$/cm^{-2}
1	649	0.010	0.051	393	40.8×10^8	8.0×10^{10}
2	982	0.002	0.066	440	67.5×10^8	10.2×10^{10}
3	1149	0.010	0.056	475	62.5×10^8	11.2×10^{10}
4	1149	2.00	0.090	468	68.1×10^8	7.6×10^{10}
5	1482	0.010	0.042	282	40.4×10^8	10.6×10^{10}
6	1510	0.10	0.227	365	42.2×10^8	1.9×10^{10}
7	1649	0.010	0.044	172	6.6×10^8	1.5×10^{10}

根据位错的研究，当沿位错沉淀的粒子之间的距离 L 满足下式时：

$$L < \frac{2\mu}{\sigma} b$$

式中，μ 为剪切模量；b 为柏氏（Burger）矢量。位错被粒子钉扎。根据 982℃ 蠕变试样的电子显微镜观察，在蠕变过程中沿位错线确实发生了沉淀，在蠕变应力是 138 ~ 276MPa 条件下，估算的 L 值大约为 0.2 ~ 0.4μm，实际观测到的质点间距比这个估算值要短得多，这表明这些位错确实已被钉扎住，钉扎的附加作用阻止了位错成为位错增殖源的作用。增加蠕变时间 τ_a 对蠕变速度的影响就是提供了更长的沉淀时间，促进了更广泛的钉扎。

在给定的应力下蠕变速率也依赖于达到该应力所施加的应力增量 $\Delta\sigma_a$。沿位错线的质点间距 $L < 2\mu b/\sigma$ 时，位错才被质点钉扎。增加应力 $\Delta\sigma_a$ 能激活一部分位错纲，原来这些位错纲中的 $L > 2\mu b/\sigma$，在施加应力增量 $\Delta\sigma_a$ 以后，在前一应力下被钉扎束缚的位错很大一部分能被再激活。

应用应变速度方程式 $\dot{\varepsilon} = \rho b \bar{v}$ 可以进一步说明恒应变速度和恒应力的蠕变试验结果。在恒应力条件下，假定在整个蠕变试验过程中位错的平均运动速度 $\bar{v}$ 不变化，蠕变速度只受运动位错密度的控制。在动态应变时效过程中的沉淀时效作用使得蠕变速度的下降比不发生沉淀时更快。另一方面，在受恒应变速度制约的变形过程中 $\rho\bar{v}$ 需要保持常数，由于动态应变时效沉淀作用，在变形过程中位错在某些地方被钉扎，运动位错的密度下降，为了保持恒应变速度，位错的平均速度要加快，需提高应力。应力升高可能产生两个效果，原来钉扎较弱的位错的通路可能被击穿，就会产生更多的运动位错，如果位错被强力钉扎，新位错源可能起作用，产生新位错，位错增殖速度加快，总位错密度升高引起强化，在流动应力-温度曲线上出现峰值。

碳化物强化钼合金的动态应变时效是在位错上沉淀的碳化物钉扎了位错，位错增殖造成加工硬化速度加快。在研究低碳钢的拉伸应力-应变曲线时确定，有上下屈服点及锯齿形屈服平台（吕德斯带），当拉伸变形超过平台并有一点塑性变形时，此时停止拉伸并卸载，随后立刻再加载拉伸，这时不再出现屈服点，试样不出现屈服现象。如果卸载以后不立刻拉伸，而是搁置数日，或者进行 200℃ 低温退火后再进行拉伸，这时屈服现象又会重新出现，并且屈服应力更进一步提高，这种现象和 Mo-Ti-C 合金一样，发生了应变时效作用。这种现象的机理就是科垂尔（Cottrell）气团钉扎位错和位错增殖。

科垂尔气团的产生及对位错的钉扎作用，合金中含有间隙杂质，如 C、N、O，刃型位错应力场的特点是，在滑移面以上，位错中心区域为压应力，而滑移面以下的区域为拉应力，若在位错附近存在有间隙溶质原子 C、N 和比溶剂原子尺寸大的置换溶质原子，位错和溶质原子就会发生相互作用，作用的结果使得 C、N 这类原子偏聚于刃型位错的下方，可以抵消部分或全部（碳原子在位错线下方达到饱和时）拉应力，降低了位错的弹性应变能，当位错处于低能量状态时，它更加稳定，不易运动。科垂尔气团就是指碳原子偏聚于刃型位错的下方，碳原子有钉扎位错，使位错不易运动的作用。位错要运动，必须从气团中挣脱出来，摆脱碳原子的束缚钉扎，需要施加较大的应力，这样就出现上屈服点，一旦位错摆脱了碳原子的钉扎束缚，它就比较容易运动，应力就会下降，就出现下屈服点及锯齿形屈服平台。虽然科垂尔气团理论可以解释屈服现象，但不能说明无碳高纯铁的应力-应变过程，试验温度在室温及室温以上高纯铁没有不连续屈服现象（应变速度 $2.5 \times 10^{-4}/s$），而在室温以下则有。这样看来碳的存在不是不连续屈服的必要条件。而用位错增殖和科垂尔气团理论能合理地说明这种现象。就是说晶体在开始变形以后，就会引起大量的位错增殖，当位错大量增殖以后，在维持一定应变速率时，流动应力就要降低，就会出现屈服降落。

用科垂尔气团理论解释动态应变时效，当超过屈服点以后卸载并立即再拉伸，由于位错已经摆脱了气团的束缚，因此不再出现屈服点，若放置较长时间以后，或进行低温时效，各溶质原子通过扩散又会重新聚集在位错周围形成气团，故屈服现象又会重新出现。完全可以认为，体心立方金属中的动力应变时效的根源是第二相在位错线上的沉淀，位错被钉扎造成位错增殖引起加工硬化速度加快。

显然，试验过程中的塑性变形产生的孔洞和位错极大地加快了碳等溶质的扩散速率和碳化物的成核速率，导致沉淀出细小的 TiC，它大大地加快了应变硬化速度，因而造成高拉伸强度和高持久强度。可以预料，应变诱发沉淀的强化效果随碳的过饱和度的增加，即随退火温度的提高而增强。据此可以肯定，长期时效消耗了应变诱发沉淀所需的碳的过饱和度，动态应变时效的作用下降。在有应变诱发沉淀的情况下，变形过程中的科垂尔气团，位错钉扎，间隙元素和其他合金元素的扩散以及位错增殖对应变诱发沉淀过程有非常重要的作用。

8.3.4 钼-碳化钛（Mo-TiC）合金

8.3.4.1 组织特征和性能

已经研究过的 Mo-TiC 系统复合材料有共晶复合材料，亚共晶 Mo-TiC 复合材料和过共晶 Mo-TiC 复合材料。根据准 Mo-TiC 二元状态图，二元共晶成分是 Mo-20TiC（摩尔分数）。用粒度为 1.6μm 和 3.2μm 的 TiC 和 Mo 粉末，按共晶成分混料，TiC 和 Mo 粉的纯度分别是 99.54% 和 99.9%（质量分数）。混合粉末用 CIP 压形，压制压力约 250MPa，保压时间 60s。粉末生坯在 13.3MPa 真空和 1500K 条件下，脱气 1h 并烧结。随后可用电弧熔炼或浮动区域熔炼法制造复合材料铸锭。图 8-119 是电弧熔炼的共晶 Mo-23.5（摩尔分数）TiC 复合材料的光学显微组织照片和扫描电镜照片。按照 Mo-10（摩尔分数）TiC 和 Mo-40（摩尔分数）TiC 的成分混合 Mo 和 TiC 粉末，用和共晶复合材料类似的方法，除气后用区域熔炼和电弧熔炼工艺制造亚共晶 Mo-10（摩尔分数）TiC 复合材料和过共晶 Mo-40（摩尔分数）TiC 复合材料。图 8-120 是在水冷铜结晶器内电弧熔炼的亚共晶复合材料 Mo-10（摩尔分数）TiC 和过共晶复合材料 Mo-40（摩尔分数）TiC 的显微照片。

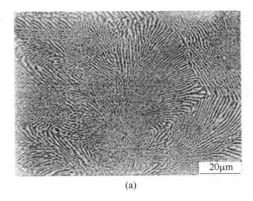

(a)   (b)

图 8-119   复合材料的光学显微组织照片和扫描电镜照片

（a）电弧熔炼的 Mo-23.5（摩尔分数）TiC 共晶复合材料；（b）Mo-23.5（摩尔分数）TiC 共晶复合材料（扫描电镜）

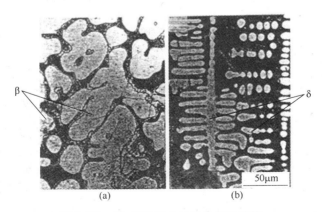

(a)   (b)

图 8-120   Mo-TiC 复合材料的显微结构

（a）电弧熔炼的亚共晶 Mo-10（摩尔分数）TiC 复合材料；（b）电弧熔炼的过共晶 Mo-40（摩尔分数）TiC 复合材料

这些显微组织照片很清晰地显示出黑白相间的层状结构。根据 X 射线衍射和电子探针（EPMA）分析，黑层是 TiC(δ) 相，白层是 Mo(β) 相。测量的 TiC(δ) 相和 Mo(β) 相的平均层厚分别为 0.25μm 和 0.7μm，横向共晶体团的直径约 150μm，它在凝固方向略有拉长。电弧熔炼亚共晶复合材料和过共晶复合材料的显微组织中的层状共晶区的层厚几乎和层状共晶复合材料的一样，在 TiC(δ) 和 Mo(β) 单相合金内未看见有沉淀。TiC(δ) 相是 Mo 在 TiC 中的固溶体 $(Ti_{0.74}Mo_{0.26})C_{0.96}$，可缩写成 $(Ti,26Mo)C$，根据准 Mo-TiC 二元状态图，在共晶温度 2488K，Mo 在 TiC 中的溶解度是 37mol%，在 1500K 是 15mol%。Mo(β) 相是 TiC 在 Mo 中的固溶体 Mo-1.5Ti-1.2C，Mo(β) 相在 1500K 含 TiC 的浓度（摩尔分数）约 2%~2.5%。

已知共晶复合材料中的 Mo(β) 相的组分（摩尔分数）为 Mo-1.5% TiC 和 TiC (δ) 相的组分为 TiC-20% Mo，若分别单独按 Mo(β) 和 TiC(δ) 组分配制 Mo 粉和 TiC 粉，用 CIP 压形，除气以后，TiC(δ) 相和 Mo(β) 相分别在 2700K 和 2000K 烧结，通过高纯 He 气保护的区域熔炼可制备出成分近似的 Mo(β) 相和 TiC(δ) 相单相材料。复合材料的性能必然和它的组分相有密切关系。

用高温压缩试验方法研究各种 Mo-TiC 的强度和韧性。图 8-121 是共晶 Mo-TiC 复合材料和多晶体钼在室温至 2073K 之间的实测屈服强度 σ_c 及 σ_{Mo} 和温度的关系。由图看出，在室温到 1100K 之间共晶 Mo-TiC 复合材料的屈服强度随温度升高略有下降，但仍保持 1200~1400MPa 特别好的高温屈服强度。在 1100K 以上共晶复合材料的屈服强度与温度的关系更为密切，随温度的上升，强度下降更急剧，它与烧结 TiC 的强度线很接近。在所有温度下，共晶复合材料的屈服强度均高于单晶 TiC 的和电子束熔炼 Mo 的屈服强度，达到最高水平。

根据复合材料的规律评估共晶 Mo-TiC 复合材料和复合材料内的 Mo(β) 相的屈服应力 σ'_c 和 σ'_{Mo}。它们的比值 σ_c/σ'_c 以及 σ'_{Mo}/σ_{Mo} 和测定温度之间的关系绘于图 8-122，复合材料中的 TiC(δ) 和 Mo(β) 保持等应变，TiC(δ) 担负 Mo(β) 塑性变形的弹性应力，在这种场

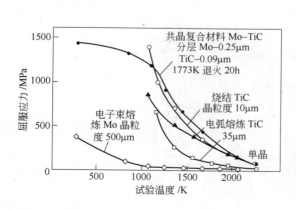

图 8-121　共晶 Mo-TiC 复合材料及多晶体 Mo 的实测屈服应力与温度的关系

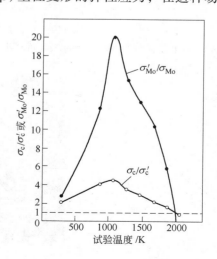

图 8-122　σ_c/σ'_c 和 σ'_{Mo}/σ_{Mo} 与试验温度的关系

合根据复合规则导出：

$$\sigma'_c = \sigma'_{Mo}(1 - V + E_{TiC}V/E_{Mo}) + \varepsilon_p E_{TiC}V$$

$$\sigma'_{Mo} = (\sigma_c - \varepsilon_p E_{TiC}V)/(1 - V + VE_{TiC}/E_{Mo})$$

式中，V 为 TiC 相的体积分数（Mo-TiC 共晶复合材料）；E_{Mo} 为 Mo 的杨氏模量；E_{TiC} 为 TiC 的杨氏模量；ε_p 为 Mo 相的塑性应变。当 $V = 0.25$，$\varepsilon_p = 0.002$ 时，在 727～827℃ 附近屈服应力的复合效果最大，σ_c 是 σ'_c 的 4.5 倍，而 σ'_{Mo} 是 σ_{Mo} 的 20 倍。在高温侧或低温侧复合效果都下降。

共晶 Mo-TiC 复合材料在室温至 1800℃ 之间进行高温压缩试验，应变速度为 5×10^{-4}/s。图 8-123（a）是压缩应力-应变曲线。温度超过 1473K（1200℃）压缩塑性是无限的，在初

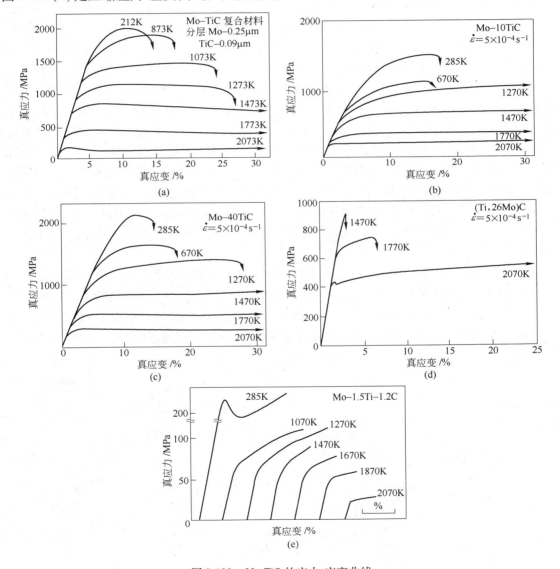

图 8-123　Mo-TiC 的应力-应变曲线

（a）Mo-TiC 共晶复合材料；（b）亚共晶 Mo-TiC 复合材料；（c）过共晶 Mo-TiC 复合材料；
（d）TiC(δ)固溶体；（e）Mo(β)固溶体

始应变初期，有轻度的加工硬化特点，经过硬化最大点以后有软化倾向。在室温下的加工硬化现象最严重，变形应力达到极大值时对应的室温应变量较小，在温度上升时，达到最大应力对应的应变量增加，温度升到大约1073K（800℃），此刻最大应力相对应的应变量达到最大值。

在室温至2070K（1797℃）之间，亚共晶Mo-10摩尔分数TiC复合材料和过共晶Mo-40摩尔分数TiC复合材料在不同温度下的压缩应力-应变曲线绘于图8-123（b）、（c），压缩应变速度都是$5×10^{-4}$/s。Mo-10TiC的室温塑性应变大约达到10%，在1270K及高于1270K（997℃），材料的塑性无限见图8-123（b）。Mo-40TiC的室温塑性应变大约是5%，在1470K及高于1470K（1197℃）材料的塑性变成无限。另外，还研究了构成Mo-TiC复合材料的Mo（β）和TiC（δ）两个组分相的压缩应力-应变曲线。（Ti,26Mo）C，TiC（δ）相固溶体在三个温度下的压缩应力-应变曲线见图8-123（d），在1475K（1202℃，$0.45T_m$，T_m是Mo的熔点）。材料显示有轻度的塑性变形，温度升到2070K（1797℃，$0.65T_m$），材料有很好的塑性。TiC（δ）和熔炼的，平均晶粒直径为0.5mm的纯TiC（$TiC_{0.88}$）相比，纯TiC的塑脆性转变温度（DBTT）大约是1170K，在1310K以及高于1310K（1033℃）时，塑性应变超过10%。TiC（δ）固溶体的塑脆性转变温度（DBTT）比纯TiC的高，它在2070K才显现出有良好的塑性，在应力-应变曲线上出现上下屈服点及不连续应变。Mo（β）相在不同温度下的压缩应力-应变曲线绘于图8-123（e），在室温下Mo-1.5Ti-1.5C合金有明显的屈服降落，屈服降落以后就出现加工硬化，并且加工硬化的速度很快。在1070K和1270K，发生一定的塑性变形以后，应力-应变曲线出现锯齿形屈服（Portevin-Lechatelier），1270K开始锯齿状屈服的临界应变比1070K的小。众所周知，含有间隙杂质的体心立方金属发生这种现象。

（Ti,26Mo）C固溶体TiC（δ）相的屈服应力的实测值与温度的关系示于图8-124（a），为了比较，图上也给出了单晶$TiC_{0.95}$（纯TiC）的有关数据。在1870K和2270K，TiC（δ）的强度大约分别是纯TiC的5.8倍和7倍。图8-124（b）是亚共晶Mo-TiC复合材料，过共晶Mo-TiC复合材料，和Mo（β）相的屈服应力以及最大流动应力与温度的关系。Mo-40TiC的

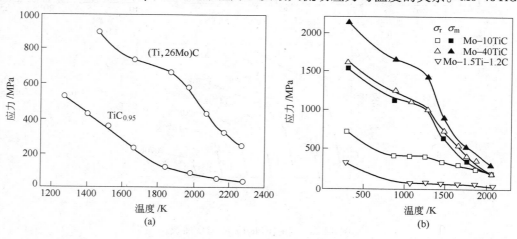

图 8-124　Mo-TiC 的屈服应力和温度的关系

（a）（Mo，26Ti）C 固溶体及纯 TiC；（b）Mo-10TiC，Mo-40TiC，Mo-1.5Ti-1.2C

屈服应力和稳态的最大流动应力有相同的温度关系，温度超过 1300K，二者都急剧下降。就 Mo-10TiC 而论，它的屈服应力与温度的关系和 β 材料的一样，大约在 870K 以上，屈服应力的温度关系不很密切，但是，稳态的最大流动应力与 Mo-40TiC 一样，有强烈的温度关系。

Mo-TiC 复合材料有特别好的高温压缩强度和塑性，甚至于都超过纯 TiC。复合材料中的组分相 TiC(δ) 相是钼的过饱和固溶体，钼的固溶强化作用使得 TiC(δ) 有极好的强度。复合材料含有硬的 TiC(δ) 相和软的钼相 Mo(β)。硬相束缚了软相的塑性应变，硬相产生的裂纹在软相附近终止，发生分叉或劈裂等，由于这些韧化机理的作用，复合材料有良好的塑性和卓越的高温强度。图 8-125(a) 是室温压缩应变 10% 试样的裂纹尖端的高倍照片，图 8-125(b) 是共晶复合材料在 1473K 压缩应变 16.5% 的裂纹照片，裂纹分叉及劈裂是复相材料的韧化机理，提高材料的韧性和强度。

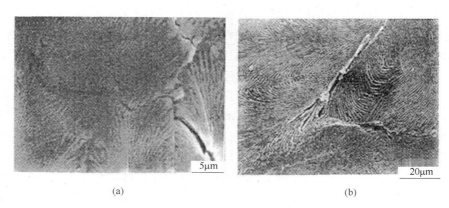

(a)　　　　　　　　　　　　　　(b)

图 8-125　压缩试样中的破坏裂纹

（a）室温，10% 压应变的裂纹尖端；（b）1473K，16.5% 压应变试样中的裂纹

8.3.4.2　Mo-TiC 的低温强度和塑性

用粉末冶金工艺生产含不同 TiC 的 Mo-TiC 合金，轧制成 2mm 厚的钼板，试样板材经受 2473K/10h 高温真空处理，企图用二次再结晶工艺制备单晶钼板。表 8-38 列出了合金的成分及性能数据，表中的纯钼单晶的数据是性能比较的基准。TiC 的含量对 Mo-TiC 的晶粒长大的行为有严重影响，0.005TiC、0.01TiC、0.05TiC 和 0.1TiC 的晶粒长大速度很快，发生反常的晶粒长大，试样都成单晶粒结构。而 0.5TiC、1TiC 和 2TiC 合金未发生反常的晶粒长大，合金试样是粗晶粒加细晶粒混合结构。

表 8-38　Mo-TiC 的成分、结构和性能[44]

合金名称	热处理前后的成分（质量分数）/%				屈服强度 /MPa	最高强度 /MPa	塑性应变 /%	高温处理后的 晶粒结构特征
	前		后					
	Ti	C	Ti	C				
0.005TiC	未测	未测	未测	未测	1640	1810	0.5	单晶粒结构
0.01TiC	未测	未测	0.008	0.004	未得到	1670	0.2	单晶粒结构
0.05TiC	未测	未测	0.039	0.002	1730	1830	0.7	单晶粒结构
0.1TiC	0.082	0.002	0.079	0.001	1900	2020	0.5	单晶粒结构
0.5TiC	0.43	0.002	0.44	0.001	未得到	1560	0	粗晶粒加细晶粒混合结构

续表 8-38

合金名称	热处理前后的成分(质量分数)/%				屈服强度 /MPa	最高强度 /MPa	塑性应变 /%	高温处理后的 晶粒结构特征
	前		后					
	Ti	C	Ti	C				
1TiC	0.84	0.014	0.80	0.001	未得到	670	0	粗晶粒加细晶粒混合结构
2TiC	1.70	0.135	1.60	0.024	未得到	710	0	粗晶粒加细晶粒混合结构
纯钼单晶					1370~1440	1030~1500	0~0.1	

在液氮温度下用三点弯曲试验确定不同成分和结构的 Mo-TiC 材料的屈服强度，最高强度 σ 和应变 ε，计算公式如下（结果看表 8-38）：

$$\sigma = \frac{3ap}{wt^2} \qquad \varepsilon = \frac{1.5tx}{a^2}$$

式中，p 为屈服或最高载荷；x 为断裂处横向的位移；$2a$ 为支撑辊的跨度 16mm；w、t 为试样的宽度和厚度。由计算结果可以看出，单晶结构的 Mo-TiC 材料，除 0.01TiC 以外，其余材料都有一定的应变，屈服应力和最高应力都有数据，粗晶和细晶混合结构的 Mo-TiC 材料都是脆性断裂破坏，所以只有最高强度。Mo-TiC 合金的屈服强度通常都比纯钼单晶的高，TiC 添加剂倾向提高屈服强度，这可能是钛的固溶强化和 TiC 的沉淀硬化在起作用。最高强度随 TiC 的变化不是单调的，不超过 0.1% 的 TiC 添加剂提高单晶材料的最高强度，另一方面，TiC 含量不小于 0.5% 的材料的最高强度比 TiC 含量不超过 0.1% 的合金的和纯钼单晶的更低。这表明粗晶和细晶混合结构材料的最高强度较低。TiC 含量不超过 0.1% 的单晶材料的低温塑性总是比纯钼单晶的高。TiC 添加剂含量不少于 0.5% 的材料塑性和纯钼多晶体一样差。

图 8-126 是不同成分 Mo-TiC 在液氮温度下的三点弯曲试样的断口，箭头指向裂纹产生的位置。图 8-126 是单晶体 Mo-TiC，其中的裂纹产生在"岛晶"上[图 8-126(a)、(b)]或者不在"岛晶"上[图 8-126(c)、(d)]，产生方式几乎和纯钼单晶体的一样。照片指出，

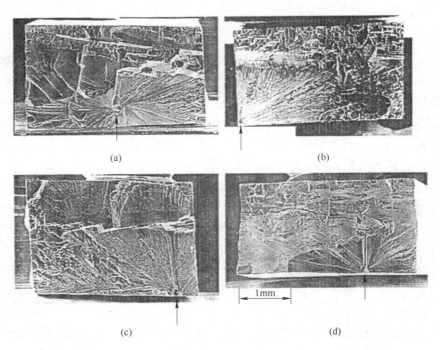

(a)

(b)

1mm

(c)

(d)

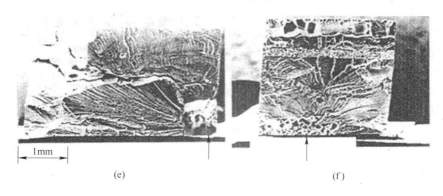

图 8-126　Mo-TiC 液氮三点弯曲断口[44]

最大强度似乎和产生裂纹的"岛晶"的大小没有任何关系。图 8-126（e）、（f）是粗晶粒和细晶粒混合晶的断口，有意思的是在试样厚度方向上有粗晶粒和细晶粒的层状结构，在任何情况下裂纹总是产生在晶界上。这里提到的"岛晶"概念，是在用二次再结晶工艺制备单晶体钼板时残余的原始再结晶晶粒，它被周围巨大的晶粒包围，破坏裂纹总是产生在一个"岛晶"上，为了改善提高晶体的断裂强度及其塑性，必须强化"岛晶"和"岛晶"四周基体之间界面的强度。

按表 8-38 记载的数据，TiC 含量不超过 0.1% 合金材料的最高强度（断裂强度）和塑性变形都比纯钼单晶的高。这种结果是 Ti、C 或者（和）TiC 的作用引起的。纯钼单晶的屈服强度和断裂强度数据的分散性反映了"岛晶"效应。根据"根里菲斯 Griffith 的判据"方法，断裂强度与产生裂纹的"岛晶"尺寸大小有关，即随着岛晶尺寸缩小断裂强度有提高的趋势。但是，合金的断口研究表明，断裂强度明显和"岛晶"尺寸没有关系，所以，少量 TiC 添加剂也强化了"岛晶"和基体之间交界面的强度，进而提高断裂强度。含 TiC 不超过 0.1% 材料的塑性都比纯钼单晶的高，其根源在于，固溶体中的 C 和（或）细小的 TiC 强化了"岛晶"和基体之间的界面，最终提高了最高强度。随着 TiC 含量进一步的增高，塑性只发生了轻微的变化，因为这时固溶体中的 Ti 可能同时提高屈服强度和最高强度。另一方面，TiC 含量不少于 0.5% 材料的塑性低劣，其主要原因是大晶粒和小晶粒混合晶粒结构以及脆弱的晶粒边界降低了最高强度。

8.3.4.3　Mo-TiC 高温结构和成分的稳定性

人们期望能用 Mo-TiC 复合材料作高温结构材料，在高温下的组织状态和相结构的稳定性非常重要。用电子束轰击粉末冶金钼板 Mo、Mo-0.1TiC、Mo-0.5TiC 和 Mo-1.0TiC（质量分数），使合金在高热载荷和高温条件下工作。所有合金的原料是高纯 Mo 粉和 TiC，用 Ar 气保护机械合金化的工艺加热等静压（HIP）处理（约 1500K），随后用热轧，温轧，生产出厚度 1mm 的板材[45]。用透射电子显微镜 TEM 研究合金的组织确定，Mo-1.0% TiC 合金的显微结构含有直径为几百 nm 的细晶粒和粒径为 20～30nm 的 TiC，细小的 TiC 粒子弥散分布在晶粒边界和晶粒内部。钼基体和 TiC 粒子之间的界面以及晶粒边界期待会成为辐照缺陷的捕集阱。所以，由于大量的细晶粒和交界面的存在，缺陷的堆积很少，可以预料照射脆性会受到抑制。

用 28MW/m² 电子束功率轰击试样，受轰击试样的表面峰值温度达到约 1400℃，粉末冶金 Mo 发生晶粒长大，沿晶粒边界形成许多小裂纹，表面变成不平滑。随着表面峰值温度升高，裂纹变深，表面发生变异。另外，Mo-0.5TiC（质量分数）合金的晶粒长大，但是，没有看到沿晶粒边界生成裂纹，表面也没有看到发生变异。Mo-1.0TiC 的表面发生轻微变异，表面变得不平滑。但是没有看到明显地晶粒长大。Mo-0.1TiC（质量分数）在 28MW/m² 功率照射 30s 以后，在局部地区形成环形损坏，中心区域放大以后可见裂纹及表面不平滑，这种损伤是试样制造引起的，必须改进材料的加工制造过程。

在电子束照射过程中，粉末冶金 Mo、Mo-0.1TiC（质量分数）、Mo-0.5TiC（质量分数）和 Mo-1.0TiC（质量分数）在真空中释放出气体，气体质谱仪记录下各种合金都放出的主要气体 H_2、H_2O、CO 和 CO_2，这表明在约 1400℃ 真空环境中，含 TiC 的合金对真空的影响和粉末冶金 Mo 的一样。

辐照电子束的功率提高到 45MW/m² 见图 8-127，轰击 30s 以后，受照射试样中心区的表面峰值温度都超过了熔点。粉末冶金 Mo 的受轰击区域熔化并再凝固，晶粒长大。在熔化区的外面晶粒长大并形成似浅碟状的裂纹。相比起来，Mo-0.5TiC（质量分数）合金沿晶粒边界形成深裂纹，Mo-1.0TiC（质量分数）的熔化再凝固区域内有宽深的裂纹，熔化过的组织结构是直径几个微米的多晶粒。在熔化区外面晶粒长大并生成裂纹。

图 8-127 是在电子束功率为 28MW/m² 和 45MW/m² 时，受轰击试样放出的气体的对比，45MW/m² 轰击放出大量气体，从 TiC 弥散强化钼合中放出的 C 和 C-H 化合物比 PM-Mo 放出的更多。这表明在熔点附近温度范围内，TiC 弥散强化钼合金的放气行为比粉末冶金 Mo 的差。

在熔点附近温度范围内，TiC 弥散强化钼合金的放气行为和破损特性不如粉末冶金

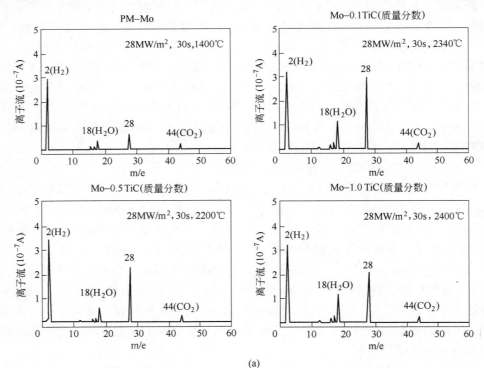

(a)

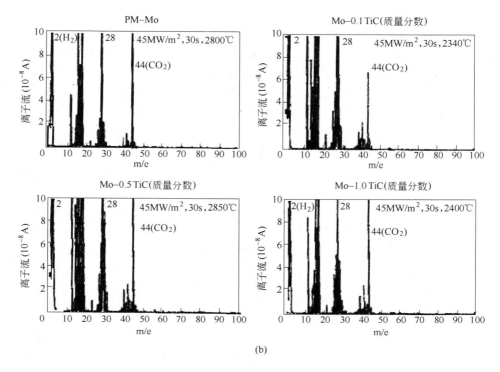

图 8-127　粉末冶金 Mo 和 TiC 弥散强化钼在高温下放气特点[45]

Mo，而在约 2000℃ 低温下，Mo-0.5TiC（质量分数）和 Mo-1.0TiC（质量分数）合金的破损特性和放气行为比粉末冶金钼的更优越。因此，TiC 弥散强化钼合金预期更适宜在再结晶温度以下做抗高热载荷材料。

　　TiC 弥散强化钼合金在制造过程中采用了机械合金化工艺，它的晶内含有很高的内应变能，在高温下释放内应变能，引起晶粒移动并产生应力，分别导致晶粒长大和形成裂纹。TiC 粒子起钉扎晶粒边界移动的作用，即 TiC 粒子阻碍晶粒长大的作用变弱时，或（和）晶粒长大的能量增强时，因为在高温下释放出强劲的内应变能，因此，预期弥散强化合金形成的裂纹比粉末冶金钼的更深更长，晶粒度也比粉末冶金钼的更粗大。弥散强化钼合金的再结晶温度比粉末冶金钼的高，在再结晶温度以下，TiC 弥散强化钼合金比粉末冶金钼更优越。另一方面，温度超过再结晶温度，因为弥散强化合金的晶粒内有大量的内应变能，它们不如粉末冶金钼。这就表明在制造过程中必须尽可能的消除内应力。

　　在稳态的强冷系统中表面温度与导热率有关，因此，即使再结晶温度高，也需要有足够高的导热率。激光测定的导热率表明，在垂直于轧制方向，弥散强化钼合金的导热率下降到只有粉末冶金钼的 76%。热等静压（HIP）处理以后的导热率和粉末冶金钼的一样，与 TiC 的含量无关。这就指出，TiC 弥散强化钼合金的导热率下降的原因可能不是 TiC 粒子，而是在热等静压（HIP）处理后轧制过程中形成的组织结构。要求轧制工艺产生的显微组织的特点能提高改进导热率，更有利于 TiC 弥散强化钼合金在高热流载荷条件下应用。

除了要求在高热流高温条件下组织结构稳定以外，还要求在特定环境中成分稳定。用层状的 β 相和 δ 相组成的共晶 Mo-TiC 复合材料研究特定环境对相成分的影响。这两个相的热膨胀系数相差只有 2.0×10^{-6}/K（W-Cu 金属基复合材料的热膨胀系数差值是 1.4×10^{-5}/K）在温度变化时，不会由于热膨胀系数的差异引起热疲劳破坏。另外，材料与环境的相容性，包括工作环境的放射强度，温度，气体的种类和压力等都是必须要考虑和研究的问题，首先重点研究工作环境的压力和温度的影响。为此，由定向结晶的小铸锭切取一块半圆柱试样，其半径和厚度分别为 4mm × 5mm，厚度方向平行于凝固方向。将此试样置于 13mPa（1×10^{-4}Torr）的真空环境中等温加热 16 ~ 100h，加热温度 1300 ~ 1950℃。热处理以后沿平行于凝固方向把试样一分为二。为了揭示加热过程中结构的变化，用 X 射线射衍射仪，电子探针（XPMA）及扫描电镜（SEM）研究原始截面和新切截面。图 8-128 是在 1950℃加热 100h 以后的新截面的 SEM 照片，加热前的结构几乎都是很清晰的分层结构。图 8-128(a) 是试样表面附近的一个大共晶体团的结构，比较原始的和加热以后结构发现，加热在平行于表面方向产生一层无层状区域（LFZ）。图 8-128(b) 是与表面相交的共晶体团的边界附近的结构，在共晶体团边界附近的区域内形成的无层状区域比共晶体内更显著。图上箭头指处是共晶体团边界上生成的一些孔洞。在加热以前材料内部 TiC 存在的地方有时也看到有孔洞，但是这些孔洞的尺寸比共晶体团边界上的更小。另外，加热以前的试样内部区域的结构与共晶体团内及共晶体团边界附近的结构十分一致。观察表明，曝露在环境中的表面附近的结构发生了罕见的变化。根据这些结果认为，TiC 层的分解过程以及分解出的钛和碳原子通过基体向表面扩散并在表面消失的过程形成无层状区 LFZ。形成的孔洞似乎是一种 Kirkendall 洞，孔洞的形成可能原因是 TiC 相分解扩散到表面，随后从表面离开，而补充的钼原子的体积不够。

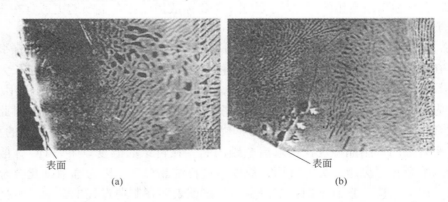

表面   表面
(a)   (b)

图 8-128   形成无层状区的扫描电镜照片（箭头指向孔洞）[42]
(a) 在大共晶体团内；(b) 在共晶体团边界附近

无层状区域的宽度 E 与温度有关，在 1250 ~ 1950℃（1523 ~ 2223K）保温 100h，E 和温度的关系绘于图 8-129。在低温区 1270 ~ 1400℃很难看到有无层状区，但是在 1600℃以上很清楚地看到了无层状区 LFZ 组织，其宽度 E 随温度升高而增加，在 1950℃达到 16.5μm。Mo-23.5TiC(摩尔分数)共晶复合材料在 1400℃和 1950℃保温 100h 以后，扫描电镜记录的试样表面照片见图 8-130。图 8-130(a) 是在 1950℃（2223K）/50h 处理后形成的无层状结构表面，表面相当光滑，在共晶体团内和共晶体团边界处有许多孔洞，这些孔洞与试样内部区域发现的孔洞可能是一种孔洞。此外，表面 X 射线衍射确定，除钼的衍射峰以外，没有显示出任何其他衍射峰，这二者结合起来可以认为，加热以后表面附近的 TiC 相已经完全消失。图 8-130(b) 是 1250℃(1523K)/100h 处理后的表面，该表面没有能鉴定出有无层状区，表面似乎不平滑，被一些薄膜覆盖，膜上有裂纹。在这种不平滑的表面上看到的晶胞尺寸和共晶体团的尺寸几乎一样，据此，可以认为共晶体团边界的择优热侵蚀形成了沟槽。根据 X 射线的鉴定结果，表面薄膜是 TiO。有表面氧化膜的试样没有无层状区结构。

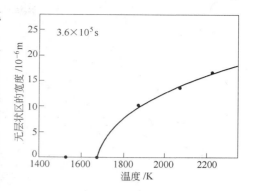

图 8-129　无层状区的宽度 E 和
温度之间的关系
（保温时间 100h）[42]

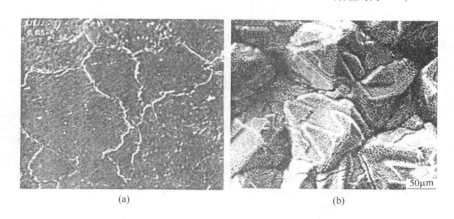

(a)　　　　　　　　　　　　(b)

图 8-130　Mo-23.5TiC(摩尔分数)共晶复合材料高温保温后的表面显微组织照片
（a）1950℃(2223K)/50h，形成孔洞；（b）1400℃(1673K)/100h，形成 TiO 表面膜

　　图 8-131 是无层状区的宽度 E 和在高温下保温时间之间的关系，根据 1800℃(2073K) 的数据，保温时间和 E^2 之间有线性关系，因此，可以认为，Ti-C 的复合原子和已分离的 Ti、C 原子向表面扩散过程控制了无层状区的生长。据此图可推导出：

$$E^2 = kt$$

式中，k 是 TiC 层消失的速度常数，如果 TiC 的消失受热激活过程控制，则 k 可以表述如下：

$$k = K_0 \exp(-Q/RT)$$

式中，K_0 为与温度无关的常数；R 为气体常数；Q 为 TiC 消失过程的激活能。

　　图 8-132 是图 8-131 直线的斜率与温度的关系，可以看出 $\ln k$ 与 $1/T$ 之间有线性关系，直线的斜率就是 TiC 消失的激活能 Q，计算结果约等于 117kJ/mol。C 和 Ti 在钼中的扩散激活能分别相应为 115kJ/mol 和 209kJ/mol。TiC 消失过程的激活能很接近 C 的扩散激活能，而与 Ti 的扩散激活能相差甚远。因而认为碳原子向表面扩散控制了 TiC 的消失过程。已经和 C 失去联系的 Ti 原子溶入钼基体，结果 TiC 消失。

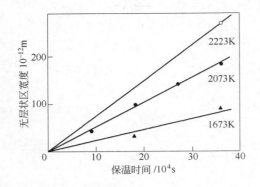

图 8-131　无层状区的宽度与在不同
温度下保温时间的关系

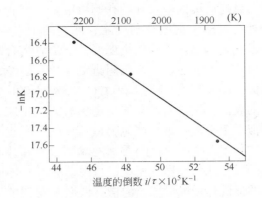

图 8-132　无层状区的速度常数 K 和
温度之间的关系

　　用电子探针横扫描无层状区内 Mo、C 和 Ti 元素的分布浓度，见图 8-133。结果表明，
Mo-L_α 强度除了在 TiC 相中突然下降以外，一直到表面它的强度几乎保持恒定，根据 Ti-K_α
强度截面图，Ti 的浓度随着与表面的距离的增加而提高，C 的分布情况应与 Ti 的趋势类

似。因此，可以认为，TiC 一旦溶入钼基体并分
解成 Ti 和 C 原子，它们随即通过钼基体向表面
扩散，Ti、C 原子通过表面反应离开复合材料
表面。

　　表面无层状区和 TiO 薄膜形成的机理，在较
高温度下处理的材料表面没有 TiO 薄膜，而在较
低温度下处理的表面发现有 TiO 薄膜，但很难看
到无层状区结构。由存在无层状区转变到没有无
层状区，即表面由没有 TiO 薄膜转变到有 TiO 薄
膜的临界温度大约是 1477℃（1750K）。根据自
由能的概念，1477℃临界转变温度的存在是能理
解的，可做出合理的理论解释。

　　在高温加热的初期，TiC(δ) 和 Mo(β) 两个
相处于热力学平衡状态，共存于试样表面，因
此，溶解于 TiC(δ) 相中的钼原子的活度和 β 相
中钼的活度应当相等，β 和 δ 相中的 Ti 和 C 原子
同样是正确的，若假定 β 和 δ 相的热力学性质与
纯 TiC 和纯 Mo 的差别不大，在加热初期，表面
可能发生 TiC 和 Mo 相的下列氧化反应[46]：

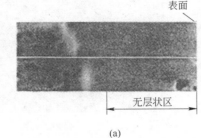

表面

无层状区

(a)

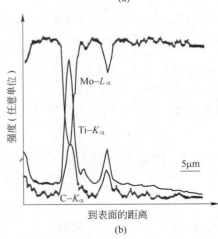

Mo-L_α

Ti-K_α

5μm

C-K_α

到表面的距离

(b)

图 8-133　Mo-23.5（摩尔分数）共晶复合材料
中的无层状区的电子探针分析结果
（试验条件：2223K/50h）
（a）显微分析的扫描线；（b）Mo-L_α、
Ti-K_α、C-K_α 强度截面

$$Ti(s) + \frac{1}{2}O_2(g) \Longrightarrow TiO(s)$$

$$\Delta G^{\ominus}_{Ti(s)\rightarrow TiO(s)} = -122300 + 21.3T$$

$$C(s) + \frac{1}{2}O_2(g) === CO(g)$$

$$\Delta G^{\ominus}_{C(s)\to CO(g)} = -26700 - 20.95T$$

$$TiC(s) === Ti(s) + C(s)$$

$$\Delta G^{\ominus}_{TiC(s)\to Ti} = 44600 - 3.16T$$

那么，这三个反应的总反应为：

$$TiC(s) + O_2(g) === TiO(s) + CO(g)$$

$$\Delta G^{\ominus}_{TiC(s)\to TiO(s)} = -104400 - 2.81T$$

复合材料中的另一个相钼的氧化反应为：

$$Mo(s) + O_2(g) === MoO_2(s)$$

$$\Delta G^{\ominus}_{Mo(s)\to MoO_2(s)} = -140500 - 4.61T\lg T + 56.8T$$

各式中的 s 和 g 代表在标准状态下的固态和气态，$\Delta G^{\ominus}$ 是在一个标准大气压和温度（K）条件下的标准自由能的变化。假定 O_2 和 CO 的气体分压用 p_{O_2} 和 p_{CO} 代表，它们接近等于试验的真空压力 13mPa（1.3×10^{-7} atm），在这种分压下 Ti 和 Mo 氧化的反应自由能的变化表述如下：

$$\Delta G_{TiC(s)\to TiO(s)} = \Delta G^{\ominus}_{TiC\to TiO} + RT\ln\left(\frac{p_{CO}}{p_{O_2}}\right) \approx \Delta G^{\ominus}_{TiC(s)\to TiO(s)}$$

$$\Delta G_{Mo(s)\to MoO_2(s)} = \Delta G^{\ominus}_{Mo(s)\to MoO_2(s)} + RT\ln\left(\frac{1}{p_{O_2}}\right) = \Delta G^{\ominus}_{Mo(s)\to MoO_2(s)} + 31.7T$$

由于在 $1523 \sim 2223K$ 范围内，$\Delta G_{TiC\to TiO} \ll \Delta G_{Mo(s)\to MoO_2(s)}$，因此 $TiC(s) + O_2(g) === TiO(s) + CO(g)$ 反应是最常有的反应。如上述，β 相中的 Ti 和 C 原子的活度和 TiC 相中的几乎一样，因而在 β 和 δ 相的表面上应当形成 TiO(s) 相。在高温高真空条件下表面固体 TiO 会挥发，它的平衡蒸汽压 $p^{\ominus}_{TiO}$ 是温度函数，即

$$TiO(s) === TiO(g)$$

$$\lg p^{\ominus}_{TiO} = -\frac{29421}{T} - 0.583 \times 10^{-3}T \times 10.43$$

式中的 $p^{\ominus}_{TiO}$ 的单位为 atm（1atm = 101.325kPa），它的大小强烈依赖温度，温度 T 超过 1810K 它增加，而与环境真空压力 13mPa 无关，因为固态 TiO 相和蒸汽压为 $p^{\ominus}_{TiO}$ 气态 TiO 是平衡的，所以在蒸汽压为 p_{TiO} 条件下的反应自由能的变化由下式给出：

$$\Delta G_{TiO(s)\to TiO(g)} = RT\ln(p_{TiO}/p^{\ominus}_{TiO})$$

在环境真空压力接近保持恒定（13mPa）的条件下，可以合理地认为，在低温情况下，$p^{\ominus}_{TiO}$ 比环境压力（13mPa）低，$p_{TiO} = p^{\ominus}_{TiO}$，而在较高温度下，$p^{\ominus}_{TiO} > 13mPa$，$p_{TiO} = 13mPa$，根据这样假设，用 $\Delta G_{TiO(s)\to TiO(g)} < 0$ 判据，计算出的 TiO 蒸发的临界温度 T_c 是 1810K。由于 TiO 的实际分压并不等于环境压力，1810K 是一个粗略的近似值，但是与估计的临界温度 1750K 近似相等。不过，用 $\Delta G_{TiO(s)\to TiO(g)} < 0$ 的判据确定的临界温度与真空压力或 p_{TiO} 有极密切的关系，随着真空压力的降低而下降。

可以看出，在温度高于临界温度（1750K）时，试样表面附近的 TiC 相消失，形成无层状区，TiC 氧化成 TiO。氧化钛 TiO 薄膜在真空压力下通过自身的蒸发而消失，表面观察不到 TiO 薄膜。而无层状区的增长速度受碳原子的扩散控制，下列反应形成的 CO 使碳原子离开表面：

$$2[C]_{Mo} + O_2 === 2CO$$

$$\Delta G^{\ominus}_{C \to CO} = -53400 - 41.90T$$

随着基体中的碳浓度下降，TiC 相溶入基体并消失。随着碳含量的减少，钛在钼中的溶解度急剧增加，在 1523～2223K 范围内 Mo-Ti 形成均匀固溶体。由于表面 TiO 气体的蒸发，钛原子离开表面，无层状区中钛的浓度由里向表面逐渐下降。

在较低温度下复合材料表面形成 TiO 薄膜，为了完成 $2[C]_{Mo} + O_2 === 2CO$ 反应，碳原子必须向表面扩散，表面氧化钛薄膜阻止了碳的扩散。

复合材料中的钼相稳定性，众所周知，MoO_3 的蒸汽压很高，在上述表面反应中也可能包括有钼相氧化成 MoO_3，形成 MoO_3 反应过程为 $Mo \to MoO_2 \to MoO_3$，但是，在 1523～2223K 条件下，$Mo \to MoO_2 \to MoO_3$ 的反应很难发生，因为在 1917K 以上 $Mo(s) + O_2(g) === MoO_2(s)$ 的反应自由能的变化 $\Delta G_{Mo(s) \to MoO_2(s)} = \Delta G^{\ominus}_{Mo(s) \to MoO_2(s)} + 31.7T$ 变成了正值。在 1523～2223K 范围内，$TiC(s) + O_2(g) === TiO(s) + CO(g)$ 反应是最经常发生的反应，$Mo + O_2 \to MoO_2$ 不会发生，因而钼相是稳定的，Ti 和 C 原子溶于钼相。

8.3.5 钼-碳化锆（Mo-ZrC）合金

碳化锆的热力学稳定性非常高，适宜做弥散强化合金的添加剂，用机械合金化工艺可以生产出良好的 Mo-ZrC 合金[47]。选用平均粒度为 $4.1\mu m$ 和 $2.0\mu m$ 纯钼粉和纯 ZrC 粉混合，已按成分比例混合好的粉末用充氩气的行星球磨机进行机械合金化处理，球磨容器的转速达到 230r/min，机械合金化处理耗时 108ks。已机械合金化处理过的 Mo-ZrC 粉末放入石墨电极热压模，该压模置于 SPS（放电等离子火花烧结）机内，用石墨电极棒压头在 10Pa 真空中进行压制，压制压力 74MPa。在 2.0k/s 的加热速度下由室温加热到 2070K，并在 2070K 保温 600s。烧结压块的尺寸为厚×宽×长 = 10mm×15mm×65mm，部分烧结 Mo-ZrC 在 2070K/h 进行退火处理。表 8-39 是 Mo-ZrC 及再结晶未合金化钼的特征数据。未合金化钼的间隙杂质含量比 Mo-ZrC 的低。烧结的和退火的 Mo-ZrC 都有非常细的晶粒结构，而再结晶的未合金化钼的晶粒特别粗大，见图 8-134（a）、（b）、（c）。图 8-135 是在结结的 Mo-ZrC 内发现的巨大的孔洞，但是在退火的 Mo-ZrC 内不存在如此巨大的孔洞。

表 8-39 Mo-ZrC 及再结晶未合金化钼的特征数据

合金名称	间隙杂质及成分（质量分数）/%				晶粒度 /μm	平均粒子尺寸/nm	粒子中心间的平面距离/nm	粒子的体积分数/%
	Zr	C	O	N				
烧结 Mo-ZrC	0.69	0.117	0.136	0.032	2.7	63.2[1]	576.9	0.8
退火 Mo-ZrC	0.69	0.117	0.136	0.032	2.8	77.4[1]	706.6	0.8
再结晶 Mo		0.001	0.001	<0.001	53.8			

①最粗的粒子尺寸达到 200nm。

(a)   (b)   (c)

图 8-134   Mo-ZrC 和再结晶的未合金化钼的光学显微组织照片

用透射电子显微镜 TEM 研究 Mo-ZrC 合金发现，不论是烧结的，也不论是退火的 Mo-ZrC 内的 ZrC 粒子都是细的，粒子均匀的弥散分布在晶粒边界上或者晶粒内部，见图 8-136。粒子的体积分数和粒子间的平均平面间距如下：

$$\lambda^2 = \frac{8r^2}{3f}$$

$$f = \frac{NB^2}{tA} \times \frac{4\pi r^3}{3}$$

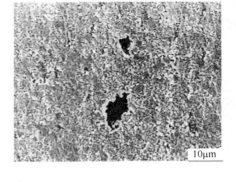

图 8-135   烧结 Mo-ZrC 内的大孔洞

式中，λ 为粒子间的平均平面间距；r 为粒子半径；f 为粒子的体积分数；N 为测量的粒子数目；B 为显微照片的放大倍数；t 为 TEM 试样的厚度；A 为显微照片的面积。

由表 8-39 的特征数据看出，烧结的和退火的 Mo-ZrC 的晶粒度和弥散粒子的粒度都是

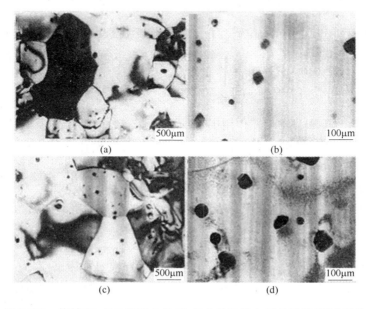

(a)   (b)
(c)   (d)

图 8-136   烧结 Mo-ZrC 和退火的 Mo-ZrC 的透射电子显微镜 TEM 照片

很细的，应当指出，粒子稳定了显微结构，在 2070K 退火过程中限制了晶粒长大和粒子粗化。

图 8-137 是 Mo-ZrC 和再结晶的未合金化钼的室温和高温名义应力-应变曲线。由图看出，烧结 Mo-ZrC 没有塑性，这可能的原因是它内含有巨大的孔洞（图 8-135）。退火的 Mo-ZrC 有很高的拉伸强度极限 1077MPa，和高上屈服点 1038MPa 及 9.4% 的总伸长率。具有这么高的强度和塑性的原因可能是退火的 Mo-ZrC 内设有巨大的孔洞。它的塑性恢复可能是在 2070K 退火过程中烧结 Mo-ZrC 中存在的巨大孔洞已消失。在 1170~1970K 范围内，烧结 Mo-ZrC 和再结晶的未合金化钼的名义应力-应变曲线表明，Mo-ZrC 的力学性能与温度有极强的关系。试验表明，退火的 Mo-ZrC 的室温拉伸强度比再结晶的未合金化钼的更高。Mo-ZrC 合金的组织结构由细晶粒（2.8μm）和细粒子（77nm）组成。所以，它的高强度增量由两个机理构成：（1）欧莱万 Orowan 过程引起的位错和粒子相互作用；（2）细晶强化机理，即 Hall-Petch 原理。

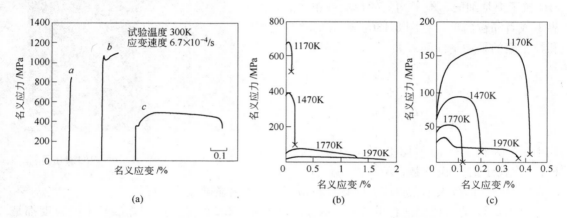

图 8-137　Mo-ZrC 和再结晶的未合金化钼的高温，室温名义应力-应变曲线

由欧莱万 Orowan 过程引起的位错和粒子相互作用机理，位错-粒子相互作用机理引起的屈服强度增量由下式给出：

$$\Delta\sigma_{\mathrm{Orowan}} = \frac{0.8MGb}{2\pi\sqrt{1-\nu}} \times \frac{\ln(2r/r_0)}{\lambda - 2r}$$

式中，$\Delta\sigma_{\mathrm{Orowan}}$ 为由粒子和位错相互作用引起的屈服强度的增量；M 为泰勒因子（Taylor）；G 为剪切模量；b 为柏氏矢量；r_0 为位错环半径；ν 为泊松比。若取：$G = 134\mathrm{GPa}$，$b = 2.73 \times 10^{-10}\mathrm{m}$，$M = 3.06$，$\nu = 0.3$，$r_0 = 2b$；计算出的由位错和粒子互相作用引起的退火的 Mo-ZrC 的屈服强度的增量是 139MPa。此值远远低于未合金化钼和 Mo-ZrC 之间的屈服强度的差。这就要求考查细晶强化作用，晶粒度对屈服强度的影响用 Hall-Petch 方程表述：

$$\sigma_{\mathrm{y}} = \sigma_0 + Kd^{-1/2}$$

式中，σ_{y} 为屈服强度；σ_0 为单晶的屈服强度；d 为晶粒度；K 为反应晶粒度关系的常数。

屈服应力与晶粒度的关系与泰勒因子和启动位错源需要的剪切应力有关，即

$$K \propto M^2 \tau_{\mathrm{ds}}$$

式中，τ_{ds} 为启动位错源需要的剪切应力；启动位错源需要的剪切应力随弹性模量的增加而提高。通常 W 和 Mo 一类ⅥA族金属都有高弹性模量。还有，泰勒因子随滑移系统数目的减少而增加。体心立方金属钼的泰勒因子比面心立方金属的大。因此，由于钼的高弹性模量和相对高的泰勒因子，它的屈服应力和晶粒度之间应有极强的关系。根据资料钼的 σ_0 为 103MPa 或 105MPa，K 为 1.20MPa·$\sqrt{m}$和1.26MPa·$\sqrt{m}$，图 8-138 是退过火的 Mo-ZrC 和再结晶的未合金化钼的室温屈服应力与晶粒度之间的关系。应当指出，Mo-ZrC 的高强度主要原因是细晶强化机理而不是粒子-位错相互作用机理。另一方面，

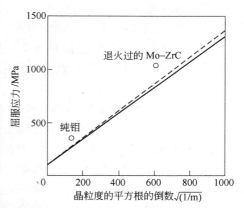

图 8-138　退火的 Mo-ZrC 和再结晶的未合金化钼的屈服应力-晶粒度均方根之间的关系

欧莱文 Orowan 的位错和粒子作用过程引起的屈服强度的增加和温度没有密切的关系。如图 8-139 所示，Mo-ZrC 合金的强度随着温度升高急剧下降。这个事实指出，位错-粒子相互作用的强化机理对 Mo-ZrC 合金的高强度没有重大贡献。它的强度和温度间的极密切的关系可能是因为细晶粒结构的强化作用随着温度的升高而下降，下降的基础是扩散作用。这些分析暗示，ZrC 粒子在强化方面的主要作用不是位错-粒子相互作用引起强度增加，而是在烧结过程中限制晶粒长大，结果得到很细的晶粒，由细晶粒强化导致高强度。

图 8-139 是在 1170～1970K 的温度范围内，烧结 Mo-ZrC 的屈服应力（$\sigma_{0.2}$），拉伸强

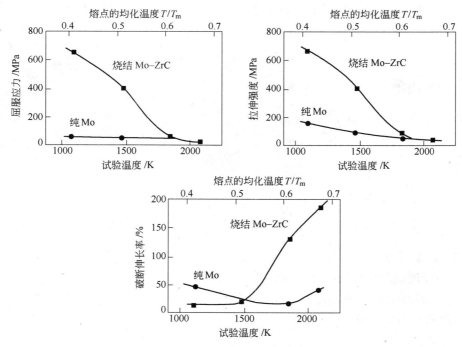

图 8-139　烧结 Mo-ZrC 和未合金化钼在 1170～1970K 之间的屈服强度、拉伸强度和破断伸长率随温度变化

度极限和破断伸长率随温度的变化。在温度低于 1470K（$0.51T_\mathrm{m}$ 熔点的均化温度）的范围内，Mo-ZrC 再结晶的未合金化钼显示有更高的屈服强度和强度极限，Mo-ZrC 在 1770K（$0.61T_\mathrm{m}$）的强度比未合金化钼的稍高一点，在 1970K 的温度条件下，Mo-ZrC 的强度和屈服应力比未合金化钼的稍低一点。应当指出，和未合金化钼相比，Mo-ZrC 的强度表现出和温度有极强的关系。

图 8-140 是试验温度为 1970K 的时候，Mo-ZrC 合金的流动应力随应变速度的变化关系。在应变速度 $\dot{\varepsilon} \leqslant 6.7 \times 10^{-4}/\mathrm{s}$ 的范围内，合金的应变速度敏感性高达 0.44。众所周知，纯金属的蠕变应变速度的敏感性大约是 0.2。另一方面，超塑性材料的高应变速度敏感性大约超过 0.3。高应变速度敏感性提升了高塑性稳定性。

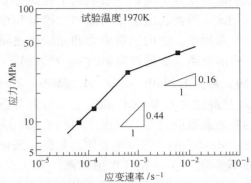

图 8-140　Mo-ZrC 在 1470K 时的流动应力随应变速率的变化

烧结 Mo-ZrC 的伸长率与温度的关系有特殊的特点，在温度 $T \geqslant 1770\mathrm{K}$ 的范围内 Mo-ZrC 的伸长率突然增加，在 1970K 达到极大的 180% 伸长率。此时合金呈现出似超塑性行为。图 8-141 是超塑性拉伸试样的外貌和断口照片。试样总伸长率 180%，应变速度的敏感性高达 0.44。从图 8-141（a）看出，拉伸试样的伸长相当均匀，这可能的原因是应变速度敏感性高达 0.44，提升了高塑性的稳定性。图 8-141（b）、（c）分别是烧结 Mo-ZrC 超塑性断口表面的光学显微组织照片和电子显微镜形貌，由图 8-141（b）清楚看出断裂都是沿晶破坏，这就指出晶界滑移引起断裂。

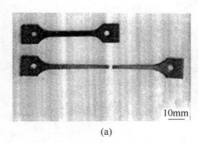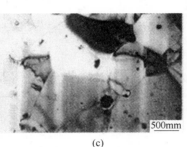

(a)　　　　　　　　(b)　　　　　　　　(c)

图 8-141　189% 伸长率超塑性试样的外观和显微结构
（a）拉伸试样外观；（b）说明晶界断裂的组织；（c）说明 ZrC 粒子阻止晶粒长大

在超塑性变形过程中，晶界上的 ZrC 粒子是否可能是孔洞的位置。在 1970K 的时候，Mo-ZrC 的应变速度的敏感性高达 0.44，伸长率达到 180%，断口形貌都是沿晶断裂。这些事实指出，占统治地位的变形过程是晶界滑移。在晶界滑移的情况下，下面方程式可以提供交界面附近的局部应力：

$$\sigma_{\mathrm{i}滑移} = \frac{0.92ktd_\mathrm{p}\dot{\varepsilon}df}{\varOmega D_\mathrm{L}\left(1 + 5\dfrac{\delta D_\mathrm{GB}}{d_\mathrm{p}D_\mathrm{L}}\right)}$$

式中，$\sigma_{滑移}$为交界面处的滑移引起的局部应力；K为玻耳兹曼（Boltzmann）常数；t为绝对温度；d_p为粒子直径；$\dot{\varepsilon}$为应变速度；Ω为原子体积；D_L为晶格自扩散系数；D_{GB}为晶粒边界扩散系数；δ为晶粒边界宽度。

若在1970K，应变速率为$6.7 \times 10^{-4} s^{-1}$的条件下，$D_L$、$D_{GB}$分别取$9.12 \times 10^{-16} m/s$和$5.84 \times 10^{-21} m^2/s$，用$\sigma_{滑移}$公式计算出的烧结Mo-ZrC中的局部应力是$6 \times 10^{-3} MPa$。在1970K超塑性变形过程中界面附近的局部应力是很低的。在1970K变形过程中ZrC粒子未变粗，仍然保持很细的粒度。因此，在交界面处没有引起应力集中，ZrC粒子在1970K变形过程中不是孔洞的位置，伸长率达180%试样的显微组织见图8-141(c)，表明在1970K变形伸长率180%以后的晶粒度是$3.4\mu m$，限制了在变形过程中晶粒长大，这些都指出ZrC粒子阻碍晶粒长大，稳定了细晶粒结构，它也不是孔洞的位置，使得Mo-ZrC合金有180%的巨大伸长率，表现出有超塑性行为。

碳化物弥散强化合金除添加TiC、ZrC以外，还有Mo-TaC、Mo-HfC等，图8-142是Mo-TaC和Mo-ZrC合金的力学性能的对比。

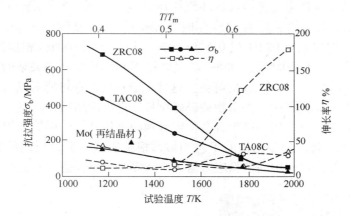

图8-142 ZrC和TaC弥散强化钼合金的屈服强度

8.3.6 掺杂硅-铝-钾的钼合金（Mo-Si-Al-K）

这类钼合金不含生成-粒子的添加剂，不是依靠粒子强化，但可以认为它们是粒子强化型的钼合金，它的强化机理是粒子硬化，此处的强化粒子不是实物粒子，而是气泡。这类钼合金的组织结构与不下垂钨丝的结构一样，强化原理与不下垂钨丝相同。添加含有硅，铝和钾的混合添加剂（ASK），它们被包在物体内部，在高温烧结过程中硅，铝和钾形成挥发物质和气体，特别是钾，它不溶于钨和钼，在1800~1900℃被封闭的硅酸盐和钾气化产生的气泡内的蒸汽压足以使材料膨胀，造成钼材料内生成气泡。在重度加工过程中这些气泡分散，并在变形方向上被拉成直线排列，在高温再结晶过程中限制了晶粒的横向长大，造成晶粒定向长大，可获得拉长的再结晶晶粒。在变形过程中气泡列是位错运动的有效障碍。位错遇到气泡并不从旁边绕过，首先它们互相作用，像遇到了能被切割的沉淀粒子一样。在夹杂物和螺旋位错中存在有长程互相作用，相互作用能E表述如下：

$$E = \frac{\mu b^2 (d_p/2)^3}{6\pi \lambda^2} \left[\frac{\Delta \mu}{C_{(v)} \Delta \mu + \mu} \right]$$

式中，$C_{(v)}$ 为与泊桑比有关的常数；$\Delta\mu = \mu_i - \mu$，μ_i 是夹杂物的剪切模量，μ 是基体的剪切模量，气泡的 $\mu_i = 0$，所以 $E < 0$，也就是说位错和气泡之间存在有吸力。气泡对位错的吸引力比任何一种固体夹杂物的吸力更大，因为固体夹杂的剪切模量 $0 < \mu_i < \mu$。气泡列是位错运动的非常有效的障碍，使得钾微合金化的再结晶钼的室温强度比普通钼的更高。这类合金已经进行了大量的研究，如今商业产品供应的掺杂钼合金标识牌号有 MH（150×10^{-6} K-300×10^{-6}Si），KW（200×10^{-6}K-300×10^{-6}Si-100×10^{-6}Al）和 M80（K-Si 系列）。

掺杂硅、铝、钾的钼合金的生产方法是先把含有硅、铝、钾的物质加入到未还原的氧化钼中，在还原以后生成含有硅、铝、钾的混合粉末。为保证混合料的均匀性，通常不采用固-固混料，而采用固-液混料或者液-液混料。

固-液混料用高纯 MoO_2 做基体材料，按配比加入 K_2SiO_3 和 $Al(NO_3)_3$，再加入适当量的 HNO_3 调节 pH 值，做成膏浆料，随后可真空烘干或者喷雾干燥。液-液混料用钼酸铵溶液做基体材料，按成分要求加入 K_2SiO_3 和 $Al(NO_3)_3$ 溶液，再添加适量 HNO_3，调节 pH 值，混合液采用雾化干燥。随后在 750~900℃ 氢气中还原制备出含钾、铝和硅的钼粉。合金粉末采用通用的粉末冶金工艺做成板坯或棒坯。试验发现，如果配合料中添加 0.2% 或 0.5% 的钾，经过还原烧结后坯料中残存的钾相应降到 0.037% ~ 0.039% 或 0.067% ~ 0.07%。若配合料中加入 0.072% 或 0.18% 的硅，烧坯内残存的硅相应降到 0.0023% ~ 0.0025% 或 0.0055% ~ 0.0056%。图 8-143 是烧结 Mo-Si-Al-K 坯料夹杂的能谱分析，峰值图除 Mo 峰以外，还有 Si、K 和 Al 的峰值。这种夹杂物的存在可能对以后热机械处理加工有副作用，如果在轧制过程中，夹杂物被破碎拉长，也可能随后在高温再结晶退火处理时形成气泡列，这是掺杂硅、铝、钾钼合金希望得到的最佳效果。用掺杂钼粉生产丝和板材采用的生产工艺和一般未合金化钼的工艺相似，根据实践经验，板坯的开轧温度可选用 1350℃，在进入冷轧阶段，中间消除应力退火的间隔要缩短，退火的次数要增加。

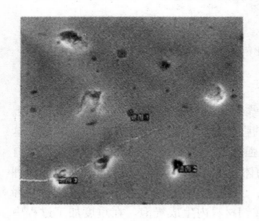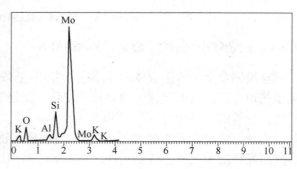

图 8-143   掺杂硅、铝、钾钼合金烧坯的能谱分析（粒子 1）

掺杂硅、铝、钾钼合金的再结晶温度研究结果见图 8-144，未合金化钼的完全再结晶温度大约为 1200℃，而掺杂硅、铝、钾浓度较高的 M80 的再结晶温度达到约 1850℃，这么高的再结晶温度充分说明了钾泡列阻止再结晶过程。图 8-145 是加工态的和再结晶态的 TZM 和 M80 板材的拉伸性能的对比，大约在室温至 1500℃，加工状态的 TZM 的拉伸强度比 M80 的高，由图中曲线的走势看，若温度再升高，M80 的拉伸强度会变得比 TZM 高，在温度超过再结晶温度以后，M80 的高温强度的优越性就突显出来。加工状态 TZM 的伸长率比 M80 的稍高一点。经过高温再结晶退火处理以后，试验温度超过 800℃，一直到 1500℃ 最高试验温度，M80 的高温拉伸强度都比 TZM 的高。就伸长率而论，TZM 的室温伸长率几乎为零，而再结晶状态的 M80 的伸长率高达约 25%。据此推断，在实际使用掺杂硅、铝、钾钼合金时，要预先进行高温再结晶退火处理，获得粗大的晶粒结构，才能充分发挥它的高温性能的优越性。

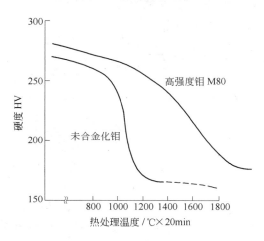

图 8-144　M80 和 TZM 的硬度随退火温度的变化

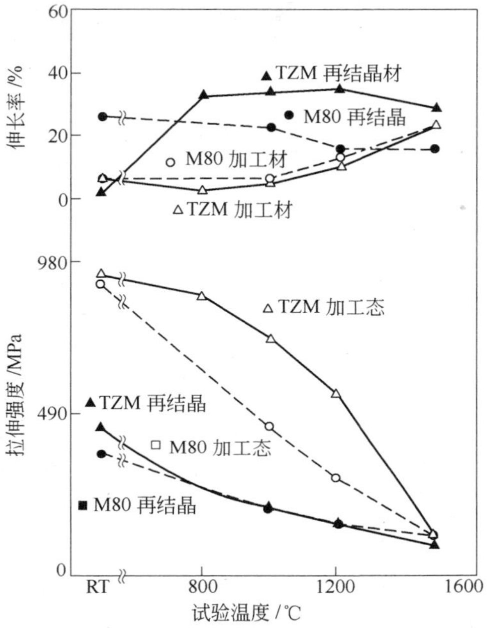

图 8-145　M80 和 TZM 的高温拉伸性能的对比

详细研究了非掺杂硅、铝、钾钼合金和掺杂硅、铝、钾钼合金的高温蠕变特性。表 8-40 列出了几个合金的成分及特征参数。合金的加工过程包括：粉末冶金烧结坯在 1300 ~ 1400℃ 锻造，再在 1100 ~ 1300℃ 轧成厚 2.5mm 的板材，总变形量约 94%，板材经受 1900℃/h 高温再结晶退火。退火以后平行于轧制方向而垂直于表面的显微组织见图8-146。由图看出，未合金化钼 M10 的显微组织是等轴晶粒结构，Mo-Ti-Zr 合金（MTZ）和低 Si、K（M40）合金的晶粒被轻微拉长，而 M80 因为 K、Si 的含量很高，它的晶粒在轧制方向上被严重拉长，显微结构由非常粗的长晶粒组成。图 8-147 是 M80 透射电子显微镜 TEM 的照片，显示有大量弥散分布的小气泡及少量夹杂物粒子，因为成行排列的气泡引起的再结晶晶粒长大的各向异性，就形成了拉长的再结晶晶粒。

表 8-40　几个钼合金的成分和特性参数

合金	成分（×10⁻⁶）							晶粒度/mm			蠕变激活能（1700~1900℃）/kJ·mol⁻¹	蠕变应力指数 n（4.9~39.2MPa, 1800℃）
	K	Si	Al	O	Ti	Zr	C	长	宽	厚		
M10	26	8	5	35				0.024	—	0.024	213	2.343
M40	150	60	6	200				0.061	0.043	0.038	348	1.950
M80	440	790	5	460				9.925	5.396	0.643	428	0.843
MTZ				168	7700	460	101	0.038	0.025	0.023	426	2.029

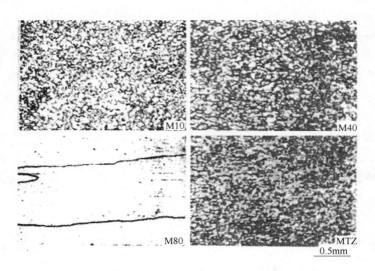

图 8-146   四种成分 2mm 厚的钼合金板在 1900℃/h 退火后的再结晶的晶粒结构

蠕变试验的稳态蠕变速率是度量钼合金的高温性能常用的一个参数，掺杂硅、铝、钾的钼合金也用稳态蠕变速率度量掺杂剂的强化效果。稳态蠕变速率越慢，材料的抗高温蠕变性能越好。图 8-148 是四种合金蠕变试验结果的对比，蠕变试样的拉伸轴线平行于板材的轧制方向，蠕变试验的保护气体是氩气，温度 1800℃，应力 9.8MPa。由图可以看出，未合金化钼（M10）和 Mo-Ti-Zr 合金的伸长位移随时间很迅速增加，试样几乎同时断裂。而低浓度的 Si、K 试样的特征是位移伸长比 MTZ 和 M10 的短，断裂时间比 MTZ 和 M10 的更长。就未掺杂硅、铝、钾钼合金或掺杂浓度较低的合金而论，它们的组织结构几乎都是等轴晶，稳态蠕变速率 $\dot{\varepsilon}$ 达到 $1.0 \times 10^{-2} \sim 1.8 \times 10^{-3} h^{-1}$。掺杂高浓度的 Si、Al、K 合金 M80 在 250h 试验以后位移伸长很短，只有 0.16mm，稳态蠕变速率 $\dot{\varepsilon}$ 只有 $1.2 \times 10^{-5} h^{-1}$。这就证明它有特别好的抗蠕变强度。这种卓越的抗蠕变变形能力原因在于，掺杂硅和钾及轧制加工造成了拉长的粗大的再结晶晶粒，以及掺杂剂气泡造成再结晶的晶粒的弥散强化，另外，长晶粒边界也有互相制锁作用，限制了蠕变伸长。

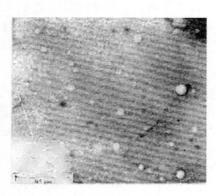

图 8-147   厚 2mm 的 M80 板材在 1900℃/h 退火后弥散气泡的透射电子显微镜 TEM 照片

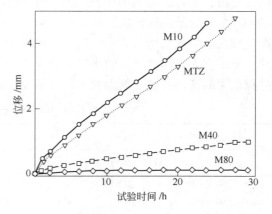

图 8-148   几个钼合金 1800℃/9.8MPa 蠕变试验曲线

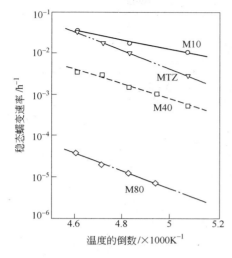

图 8-149 稳态蠕变速率与温度倒数的关系

稳态蠕变速率 $\dot{\varepsilon}$ 与绝对温度 K 的倒数之间的关系绘于图 8-149，蠕变试验温度为 1700 ~ 1900K，应力为 9.8MPa。未合金化钼 M10 和 Mo-Ti-Zr 的稳态蠕变速率看起来几乎一样，达到 10^{-2}/h。由于掺杂剂气泡的弥散硬化作用，硅、钾浓度低的 M40 的稳态蠕变速率只有 M10 的 1/10。而硅，钾浓度高的 M80 合金的稳态蠕变速率只有 M10，MTZ 和 M40 的 1/100 ~ 1/1000。拉长的粗大的再结晶晶粒结构的强化作用，以及掺杂剂气泡的弥散硬化作用是很明显的。图 8-149 给出的四种合金在 1700 ~ 1900℃ 范围内的稳态蠕变速率 $\dot{\varepsilon}$ 和 1/TK 之间的线性关系，由于 $\dot{\varepsilon}$ 与温度的关系服从阿伦尼亚斯（Arrhenius）规律，$\dot{\varepsilon} = 1/TK$ 可写成下面的动力学方程：

$$\dot{\varepsilon} = A_1 \exp\left(-\frac{Q}{RT}\right)$$

式中，A_1 为材料常数；Q 为蠕变变形激活能；R 为气体常数；T 为绝对温度。

根据图 8-149 直线的斜率及 $\dot{\varepsilon}$ 公式推导出 M10 的激活能约为 213kJ/mol，此值接近钼的晶粒边界自扩散激活能 263kJ/mol。M40 的蠕变变形激活能是 348kJ/mol，它处于钼的晶粒边界自扩散激活能和体自扩散激活能 385kJ/mol 之间。MTZ 和 M80 的蠕变变形激活能 Q 值接近体自扩散激活能，等于钼单晶在 1500 ~ 1900℃ 之间的蠕变变形激活能。因此可以推断，四种合金通过扩散蠕变机理发生蠕变变形，变形过程受钼的自扩散控制。各种合金的蠕变变形激活能都记在表 8-40。

稳态蠕变速率 $\dot{\varepsilon}$ 与施加的蠕变应力的简化值（应力/剪切模量）σ/G 之间的关系见图 8-150，试验温度 1800℃，蠕变应力 4.9 ~ 39.2MPa，G 取值 74.5GPa。由图看出，蠕变应力在 4.9 ~ 39.2MPa 区间内，四种合金的 $\dot{\varepsilon}$ 和 σ/G 之间存在有线性关系，这种关系可用下面方程式描述：

$$\dot{\varepsilon} = A_2 \left(\sigma/G\right)^n$$

式中，A_2 和 n 是材料常数。

根据图 8-150 直线的斜率估算的 n 值列于表 8-40，其中 M40、M10 和 MTZ 的 n 值约为 2，而 M80 的 n 值约为 1，它在高应力区内的稳态蠕变速率是很慢的。根据报道[49]，钼的 n 值在 1 ~ 6 区间内变化，在由位错运动引起蠕变变形的范围内，$\dot{\varepsilon}$ 与应力的关系十分密切，$n = 3 ~ 6$。另一方面，在高温低

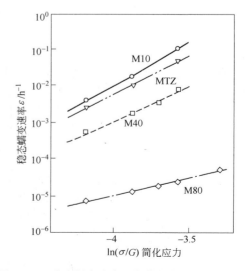

图 8-150 稳态蠕变速率 $\dot{\varepsilon}$ 与简化应力 σ/G 的关系

应力区间内，扩散控制了蠕变变形，$\dot{\varepsilon}$ 的应力关系不甚密切，$n = 1 \sim 2$。据此可以判定，M10、M40、MTZ 和 M80 的蠕变变形都是扩散蠕变的结果，四种合金的 n 值参看表 8-40。

　　稳态蠕变速率 $\dot{\varepsilon}$ 与掺杂钾的总量有关，见图 8-151。因为掺杂钾的作用，高浓度 Si、K 合金 M80 有特别慢的稳态蠕变速率，它大约只有 M10、M40 和 MTZ 合金稳态蠕变速率的 1/100 ~ 1/1000。观察稳态蠕变速率 $\dot{\varepsilon}$ 和掺杂钾的总量之间的关系发现，随着掺杂钾总量的增加，$\dot{\varepsilon}$ 迅速变慢，在钾浓度为 $(400 \sim 600) \times 10^{-6}$ 时，$\dot{\varepsilon}$ 达到最低值。如果添加超过 $(400 \sim 600) \times 10^{-6}$ 的掺杂剂，稳态蠕变速率 $\dot{\varepsilon}$ 重又加快，因为超量掺杂会引起晶粒细化。

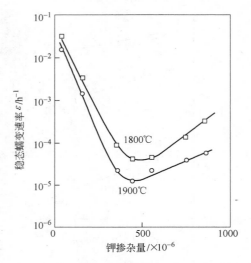

图 8-151　稳态蠕变速率 $\dot{\varepsilon}$ 与
钾的掺杂量的关系

　　稳态蠕变速率 $\dot{\varepsilon}$ 也受晶粒度和晶粒形状的关系，图 8-152 给出了在 $1800 \sim 1900℃/9.8 \sim 19.6$ MPa 的蠕变条件下，M80 合金的 L/T（晶粒的长/宽比）和 $\dot{\varepsilon}$ 之间的关系。由图看出，$\dot{\varepsilon}$ 强烈的依赖 L/T，即 L/T 越大，$\dot{\varepsilon}$ 降低越多。其原因是在蠕变应力方向上的晶粒被拉长，产生的蠕变孔洞数量比等轴晶内的少，孔洞的扩散距离必定比等轴晶粒内的长。在高温和低应力条件下蠕变变形受晶界扩散和体扩散控制。在这种情况下，晶粒直径 d 代表稳态蠕变速率。

　　掺杂高浓度硅和钾的 M80 合金的再结晶晶粒被拉成长条状（图 8-146），它的晶粒直径不能定出单一的数值。因此，采用再结晶晶粒的平均表面积做一个参数，研究在 $1800℃/9.8$ MPa 蠕变条件下的稳态蠕变速率 $\dot{\varepsilon}$ 和晶粒平均表面积 S 之间的关系，结果见图 8-153，当 $S < 1$ mm^2 时，S 和 $\dot{\varepsilon}$ 的相关性是很明显的，当再结晶晶粒的平均表面积 $S >$

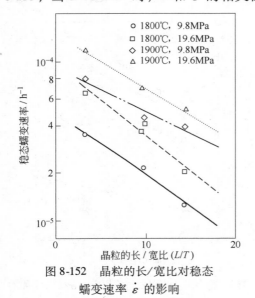

图 8-152　晶粒的长/宽比对稳态
蠕变速率 $\dot{\varepsilon}$ 的影响

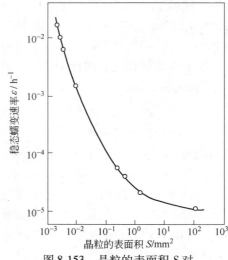

图 8-153　晶粒的表面积 S 对
稳态蠕变速率 $\dot{\varepsilon}$ 的影响

1mm^2 时，S 对 $\dot{\varepsilon}$ 的影响较小。

加工态掺杂硅、铝、钾钼合金在再结晶退火过程中组织变化，未合金化钼丝的开始再结晶温度大约是 1050℃，到 1250℃ 基本上发生完全再结晶，形成等轴晶粒结构。而掺杂钼丝的再结晶进程与钼的不同，加热到大约 1300℃，在掺杂丝的加工态纤维旁边生成细小的再结晶晶粒（与未合金化钼丝不同），从心部开始再结晶，随着退火温度升高，再结晶晶粒长大由心部向外边发展，沿轧制方向的晶粒长大速度比垂直于加工方向的更快。在 1300～1700℃ 的很宽的温度范围内加热，心部是长大的再结晶晶粒，边部仍然是纤维状的组织。加热到 1700～1800℃，形成互锁的燕尾搭接的再结晶的长晶粒结构，晶粒的长/宽比很大。再结晶温度比未掺杂硅、铝、钾钼的高 400～500℃，晶粒形状是长/宽比很大的长晶粒，而不是等轴晶。掺杂硅、铝、钾钼合金薄板的再结晶过程和再结晶温度与掺杂钼丝类似，而交叉轧制钼板再结晶后的晶粒长/宽比不大，但晶界曲折多弯，晶粒组织结构细小均匀。

掺杂硅、铝、钾钼合金丝材和薄板由于掺杂剂的作用，烧结钼条或板坯在一定方向上承受大的拉拔或轧制变形以后，残留在坯料内的掺杂剂沿加工方向形成细长管状孔洞，在高温再结晶过程中，管状孔洞断裂球化，管状孔洞变成排列有序的细小孔列。能谱分析可以证明，孔洞内残存有钾，类似于在不下垂钨丝中看到的钾泡列。在交叉轧制的掺杂硅、铝、钾钼合金薄板和箔带中有纵横交错的钾泡纲格。由于钾泡对晶界移动有强烈的钉扎作用，冷变形金属的再结晶过程依靠大角度晶界迁移来实现，所以沿无钾泡列的加工方向晶粒容易长大，使掺杂钼在再结晶以后生成燕尾搭接的长晶粒见图 8-154(a)、(b)，并显著提高再结晶温度和持久蠕变强度。钾泡列形成的先决条件是坯料必须承受大变形量加工，一般要求超过 95%，并且加工压下量越大，钾泡的尺寸越小，密度越高，掺杂泡列对钼材的组织结构影响越大，掺杂的效果越好。根据一般加工规律，材料表面的加工变形量比心部的大，再结晶晶粒的形成和长大比心部更难，导致掺杂钼丝从心部开始再结晶，可能基于这种原因，掺杂硅、铝、钾钼合金材料的尺寸范围只限于钼丝、钼杆、板材和箔带。

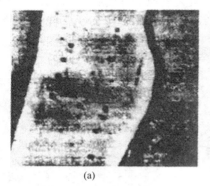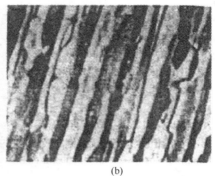

(a)　　　　　　　　　　(b)

图 8-154　掺杂钼丝的钾泡列和纤维旁边的钾泡列限制晶粒横向长大

掺杂钼材的再结晶组织中的晶界很少，与加工方向（丝轴）正交的晶界更少，晶粒的长/宽比大，各晶粒之间燕尾搭接互锁，钾泡列对位错运动及晶界移动有钉扎阻碍作用，使得晶界分离和滑移造成的高温蠕变变形大大下降，在再结晶以后和高温下保持有良好的延性和重复弯曲性能。

　　由于钾泡列对晶界移动和位错运动的钉扎作用，造成加工态的和高温再结晶退火处理态的掺杂钼有较高的位错密度，使得加工态的和高温再结晶退火态的掺杂钼的抗拉强度明显的比未掺杂硅、铝、钾钼的高，在再结晶以后，未掺杂的内应力被全部消除，抗拉强度大幅下降。在 1300～1700℃ 退火，掺杂钼材的组织始终保持纤维状结构和长大的晶粒的稳定的混合结构，使得它的抗拉强度随温度变化的曲线上出现一段稳定平台。

　　生产气泡强化的掺杂硅、铝、钾钼合金时，掺杂剂的分布要均匀，加工态材料必须进行高温再结晶退火处理，获得长/宽比很大的拉长的粗晶粒结构，这时合金才能表现出特别好的性能。

8.3.7　钼-氧化锆（Mo-ZrO₂）合金

　　早先用粉末冶金工艺生产含氧化锆的弥散强化钼合金[50]，二氧化锆粉末的粒度分布有两种，其中之一的粒度 $d < 1$，68.2%，$d = 1～2$，26，2%，$d = 2～3$，4.6% 和 $d = 3～4\mu m$ 的 1.0%。二氧化锆粉末的第二种粒粒分布为 $d < 1$、$d = 1～2$、$d = 2～3$ 分别占 77.8%、20.2% 和 2.0%。二氧化锆粉末能满足合金制备的要求，粉末粒度很细，在高温氢气中烧结时二氧化锆粉末不会被氢还原。二氧化锆粉末的添加方法，在大数情况下可以用钼粉直接和二氧化锆粉混合，也可以用锆硝酸盐或醋酸盐水溶液加入钼粉，随后分解煅烧。前者称固-固混料，后者是固-液混料，正如前面 ASK-Mo 一节中所说，固-液混料的均匀性比固-固混料的好，以后凡涉及混料操作，若能采用固-液混料，就不用固-固混料。各种氧化物的比重相差很大，因此在考虑添加量时要计算体积分数，例如 10%（质量分数）ZrO₂ 含量相当于 17%（体积分数）含量。钼-氧化物合金的烧结和加工方式和钼-金属添加剂的合金一样。要指出，含氧化物添加剂超 10% 的钼合金已经不能承受热压力加工，含 2% 氧化物添加剂的钼合金是能变形的，氧化物添加剂不超过 1%，合金的热锻轧性能和未合金化钼处于同一水平。

　　图 8-155 为钼合金的室温机械性能与二氧化锆含量的关系。在 980℃ 真空条件下 Mo-ZrO₂ 合金的持久强度列于表 8-41。持久强度试验以后，断裂试样的金相结构研究指出，粗大晶粒试样的持久时间短。强化效果最好的粒子，例如 ZrO₂，保持原始的形状和大小（见图 8-156），该图示的试样在 500h 持久试验以后才断裂。似乎氧化物的烧结

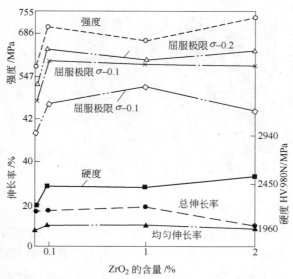

图 8-155　Mo-ZrO₂ 合金的室温性质与 ZrO₂ 含量的关系

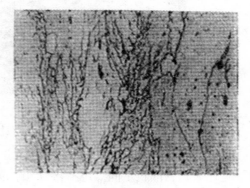

图 8-156　在 500h 持久试验后 Mo-1%ZrO₂ 合金结构内的氧化物粒子均匀分布（×250）

和组成柱状组织结构的能力决定了在处理温度下合金的硬度。

表 8-41   Mo-ZrO$_2$ 合金 980℃的真空持久强度

试样号	合金名义成分(质量分数)/%	添加剂	应力/MPa	持久时间/h	总加载时间/h	伸长率/%
1	0.1ZrO$_2$	硝酸盐	171.5	—	501.5	—
			240.1	503.5		5.6
2	0.1ZrO$_2$	粉末	171.5	11.7		7.6
3	0.1ZrO$_2$	粉末	171.5	134.2		6.0
4	0.5ZrO$_2$	粉末	171.5		505.1	2.18
			205.8		577.3	2.73
			240.1	579.8		3.4
5	1.0ZrO$_2$	硝酸盐	171.5	0.6		0.5
6	1.0ZrO$_2$	粉末	171.5	12.1		24.5
7	1.0ZrO$_2$	粉末	171.5		288.0	0.5[1]
		—	205.8		313.4	0.5
			240.1	359.0		5.9
8	2.0ZrO$_2$	粉末	171.5	—	506.7	1.1[2]
			205.8	—	530.0	1.3
			240.1	—	548.0	1.6
			274.4	554.9		1.7

①断裂在卡具内，引申计读数值得怀疑；
②断裂在过渡带。

由于粒子对位错运动时的钉扎力决定了弥散氧化物粒子的强化效果，因此，氧化物和金属间的键合强度要高，合金的弥散粒子几乎完全相当于内部孔洞，另外，为了在一定变形条件下能保持高剪切应力，氧化物粒子应当具有高剪切模量。图 8-157 是 ZrO$_2$ 提高钼的蠕变强度的情况，可以看出，在最高含量（质量分数）2% 以内，合金的氧化物粒子含量越高，蠕变强度越高。

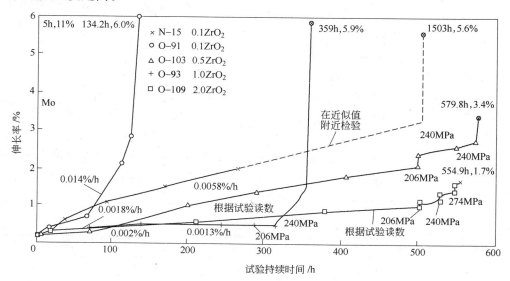

图 8-157   在 980℃真空条件下各种 Mo-ZrO$_2$ 的蠕变曲线

用总变形量为 80% 的合金，在 1400℃ 进行再结晶退火处理，研究弥散夹杂氧化物对再结晶和再结晶晶粒度的影响，合金的再结晶的晶粒度比未合金化钼的更细，而且晶粒细化程度和合金中的氧含量成正比。添加 2%（质量分数）的 ZrO_2，平均直径缩小 50%。当 ZrO_2 的含量为 0.5%，抵抗再结晶的能力最强，随氧化锆含量的增加，再结晶程度有一些提高。图 8-158 是再结晶对含 0.1% ZrO_2 钼合金的蠕变强度的影响，由图看出，氧化物粒子提高了 980℃ 和 1090℃ 的蠕变强度。虽然，再结晶状态的蠕变强度总体是下降的，但是再结晶状态的蠕变抗力仍然远远高于未合金化钼的蠕变拉力。需要指出，合金中的 ZrO_2 粒子属于不能变形的粒子，它对蠕变持久性能只能有中度影响。

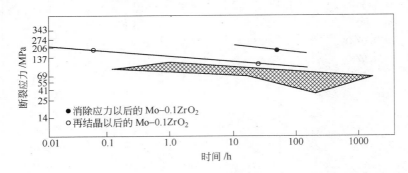

图 8-158　$Mo-0.1ZrO_2$ 和工业纯钼（图上的网格区）1000℃ 持久强度的对比

Z6 是一种含 0.5% ZrO_2（质量分数）粒子弥散强化的钼合金[51]，粒子直径大约是 0.15～1.5μm，它们散布在晶粒边界上，弥散粒子的存在阻止在热加工过程中晶粒长大，并增加材料的强度。图 8-159 是厚 12mm Z6 板坯的纵向显微组织，视野中有细小的 ZrO_2 粒子结构。晶粒度若和未合金化钼相比，晶粒的长和宽相当于 15mm 厚钼板的一半，约等于 10mm 厚钼板的晶粒。在 Z6 板坯厚度上测量硬度 HV，载荷是 10kg、厚 10mm 和 15mm 板坯的硬度分别为 250 和 243HV10，相应的厚 10mm 未合金化钼板坯硬

图 8-159　10mm 厚的 Z6 板坯的纵向组织

度是 241HV10。硬度增加的原因可能是晶粒细化，并有更强的纤维织构。ZrO_2 粒子使晶界滑移减速，位错运动速度变慢。

根据 ASTM386B 的标准检验 Z6 的力学性能，名义应变 0.6% 以前应变速度是 0.008% l/s，从名义应变 0.6% 到断裂，应变速度是 0.08% l/s。性能测量结果列于表 8-42，单向轧制试样的轧制方向就是纵向，交叉轧制试样的最后一道轧制方向定为纵向。

表 8-42　Z6 的拉伸性能

试样厚度/mm	试样取向	屈服应力 $\sigma_{0.2}$/MPa	拉伸应力极限/MPa	拉伸伸长率/%	横断面收缩率/%
10	纵向	610	740	30	50
	横向	730	775	1	0

续表 8-42

试样厚度/mm	试样取向	屈服应力 $\sigma_{0.2}$/MPa	拉伸应力极限/MPa	拉伸伸长率/%	横断面收缩率/%
15	纵向	590	710	40	50
	横向	630	740	15	10
完全再结晶		280	530	10	13

在室温下加工态的 Z6 的纵向是塑性材料，其伸长率由 30% 变到 40%，断裂截面收缩率约为 50%，合金的横向滑移系统未能激活，合金呈现脆性。Z6 的机械抗力比加工态的未合金化钼高 5% ~ 10%。15mm 厚的加工态厚钼板坯的纵向和横向的屈服应力 $\sigma_{0.2}$ 相应为 550MPa 和 600MPa，而拉应力极限相应为 650MPa 和 680MPa。强度的增加是 ZrO_2 粒子的贡献，它使晶间滑移减速，位错运动的速度变慢，断裂需要的应力更高。

合金的断口研究发现，纵向的晶粒被拉长并带有颈缩及韧窝，它们可能是由孔洞引起的。在晶粒边界和韧窝内部有 ZrO_2 粒子（见图 8-160）。横向断裂基本

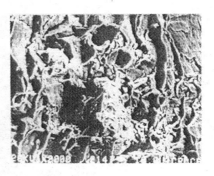

图 8-160　15mm 厚 Z6 板坯的纵向晶粒颈缩和韧窝的塑性模式

上都是晶间断裂，有亚结构和一些解理。再结晶温度研究发现，12mm 厚 Z6 的 1h 开始再结晶温度约为 900 ~ 1000℃，1h 完全再结晶温度为 1100 ~ 1200℃，和未合金化钼的相等。完全再结晶以后 Z6 的室温拉伸性能见表 8-42。

8.3.8　钼-稀土元素合金

钼-稀土元素合金是指钼和稀土氧化物组成的弥散强化合金，其中主要有：钼-镧（Mo-La_2O_3），钼-钪（Mo-Sc_2O_3），钼-钇（Mo-Y_2O_3），钼-铈（Mo-Ce_2O_3），钼-钐（Mo-Sm_2O_3），钼-钕（Mo-Nd_2O_3），钼-钆（Mo-Gd_2O_3）合金等。稀土氧化物弥散强化合金的生产工艺和一般粉末冶金工艺类似，通常用稀土元素的硝酸盐或醋酸盐的水溶液和 MoO_2 粉末悬浮液混合，经过干燥还原制备钼和稀土氧化物混合粉。可以用单一稀土氧化物和钼混合，也可用两种或几种稀土氧化物和钼粉混合，制造复合氧化物粒子强化的钼合金。通常把含氧化物（质量分数）0.2% ~ 2% 的合金称低稀土钼合金，氧化物掺杂量不少于 3% 的钼称高稀土钼合金。低稀土钼合金做高温结构材料，而高稀土钼合金做热电子发射材料，代替有放射性的钍钨发射极材料。

8.3.8.1　钼-镧（Mo-La_2O_3）

Mo-La_2O_3 合金，用固-液混料工艺制备混合料，MoO_2 粉加入硝酸镧溶液制浆，浆料在大气中干燥后，用 1050 ~ 1100℃ 氢气热处理，MoO_2 被还原，硝酸镧分解，得到 Mo-2 体积分数（质量分数 1.6%）混合均匀的粉料。CIP 压制出 63.5cm × 25.4cm × 7.6cm 的板坯，烧结板坯在 1050 ~ 1100℃ 轧成厚 6.35mm 的钼板，总压下量 92%，最终板材在 910℃/h 消除应力退火。图 8-161（a）、（b）和（c）、（d）是加工态 Mo-2 体积分数 La_2O_3 棒料的横向和纵向光学和透射电子显微镜图像。显微结构的特点是拉长的细晶粒，晶粒平均宽度在 0.5 ~ 1μm 之间变化，加工态材料的平均晶粒的长/宽比在 5 ~ 50 之间变化。钼-镧（Mo-La_2O_3）合金中的氧化物粒子的平均粒度是 0.5 ~ 1.5μm。看到氧化物粒子主要沿晶粒边界连成一线，并且在

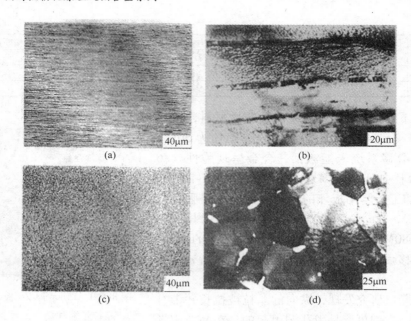

图 8-161   加工态 Mo-2 体积分数 La$_2$O$_3$ 的光学和透射电子显微镜照片
(a)，(b) 纵向；(c)，(d) 横向

晶粒内部有较小的断续孤立粒子。氧化物粒子的大小和形状分成两大类，即不能变形的球状粒子和能变形的纤维状粒子。含有 La$_2$O$_3$ 能变形氧化物粒子的材料在随后的热机械加工过程中，烧结氧化物粒子的形状改变，尺寸变小。而不能变形的较硬的氧化物的形状和尺寸大小保持不变。拉伸试验结果，拉伸试样的名义尺寸 4.445cm ×0.508cm ×0.0635cm。

　　由表 8-43 列的烧结 Mo-La$_2$O$_3$ 的拉伸数据看出，温度处于室温和 −196℃ 之间，合金的拉伸伸长率和断面收缩率都低，载荷-位移曲线呈现出线弹性行为，试样是脆性破坏模式，断口主要有晶间断裂，带有局部穿晶断裂见图 8-162(a)，在断口表面上看到有孔洞和已断裂的氧化物粒子。在断口表面上穿晶断裂区内看到的粗大氧化物粒子或许是氧化镧。氧化物粒子弥散强化合金断口上的晶间断裂的分数比烧结未合金化钼的高，这可能是位于晶界上的和位于大晶粒区内的粗大氧化物粒子作用的结果。断裂起始位置在多孔洞区，大晶粒区和粗大的氧化物粒子区。这些结果指出，降低晶粒度，细小氧化物粒子的细密分布，提高密度有可能改进拉伸性质。

表 8-43   Mo-La$_2$O$_3$ 合金的拉伸数据[52]

方向及状态	温度/℃	屈服应力/MPa	拉伸强度极限/MPa	总伸长率/%	均匀伸长率/%	断面收缩率/%	杨氏模量/GPa
纵向	−194	未得到	1509	0	0	1	272.4 ±18
	−150	未得到	1330 ±119	0.5 ±0	0.5 ±0	5	
	−100	1249 ±2	1314 ±86	9.0 ±4.2	1.5 ±0.7	51 ±19	285
	−50	1058 ±65	1072 ±55	9.0 ±6.0	0.9 ±0.1	39 ±23	
	室温	710 ±37	746 ±49	14.1 ±6.5	0.8 ±0.2	56 ±11	284 ±10
	100	653 ±22	695 ±10	14.1 ±6.2	0.9 ±0.1		264 ±9
	200	483 ±29	544 ±67	13.0 ±1.7	7.9 ±1.4		265 ±30
	600	454 ±11	484 ±10	3.7 ±0.9	0.7 ±0.1		234 ±7
	800	345 ±20	360 ±27	5.1 ±2.5	0.8 ±0.1		214 ±7
	1000	307 ±20	330 ±23	5.3 ±0.6	0.8 ±0.1		187 ±12

方向及状态	温度/℃	屈服应力/MPa	拉伸强度极限/MPa	总伸长率/%	均匀伸长率/%	断面收缩率/%	杨氏模量/GPa
横向	−194	未得到	1096	0	0	0	286 ±4
	−150	未得到	1270	0.5 ±0.1	0.5 ±0.1	0	
	−100	未得到	1220	<1	<1	27	
	−50	1054 ±62	1068 ±58	7.8 ±7.1	0.8 ±0.1	17 ±16	268 ±12
	室温	655 ±253	673 ±260	8.8 ±4.2	1.5 ±1.2	19 ±8	277 ±14
	100	698 ±28	738 ±22	12.4 ±1.0	1.0 ±0.1		239 ±35
	200	509 ±15	552 ±37	4.6 ±0.1	3.3 ±0.6		233 ±5
	600	477 ±33	497 ±25	2.1 ±0.7	0.6 ±0.0		250 ±25
	800	348 ±72	369 ±74	3.3 ±0.5	0.9 ±0.3		191 ±31
	1000	288 ±17	313 ±21	4.9 ±0.9	0.8 ±0.1		156 ±21
烧结	−195	未得到	380.6	<1	未得到	0	未测定
	−151	未得到	468.9	<1	未得到	2	
	−101	未得到	467.5	<1	未得到	1	
	−50	未得到	461.3	<1	未得到	1	
	24	454.4	475.8	1	<1	2	
	102	242.7	418.5	7	7	11	
	204	211.0	406.1	14	13	15	
	300	200	366.8(350.3)	22	21	35	
	599	182.0	308.9(304.8)	21	20	50	
	1002	120.0	193.7(156.5)	19	12	39	

注：1. 结果是 1~6 个点的平均数 ±标准离差，如果只有 1、2 个数据点，则不提供标准离差值；

2. 括弧内的数据是断裂强度。

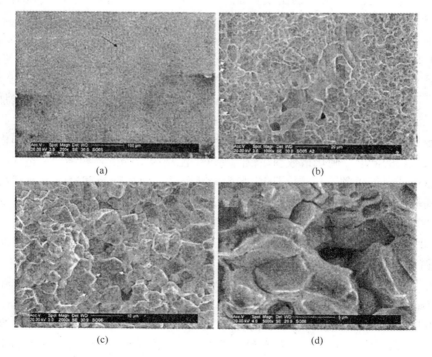

(a)　　　　　　　　　　　　　　(b)

(c)　　　　　　　　　　　　　　(d)

图 8-162　在不同温度下烧结态 Mo-La$_2$O$_3$ 拉伸断口表面的扫描电镜照片

（a）室温，图中箭头指出可能的断裂起点；（b）是（a）图的高倍组织；（c）100℃，晶粒发生有限的塑性拉长；

（d）300℃，更均匀的晶粒拉长，在（a）图和（b）图中白色箭头指向氧化镧粒子

100℃拉伸试验的伸长率和横断面收缩率都比较高，断口表面主要是晶间断裂，但是在晶粒内部的局部地域看到有晶粒的塑性伸长。这就说明烧结氧化镧弥散强化钼合金的拉伸塑脆性转变温度（DBTT）约为100℃，虽然弥散强化钼合金的晶粒很细，但它的 DBTT 值比烧结未合金化钼的高。这可能是合金内存在有很大的氧化物粒子和粗大的钼晶粒的堆积体，它们是断裂的起始位置见图 8-162（c）。

在温度 $t \geqslant 200℃$ 时见图 8-162（d），拉伸伸长率和拉伸截面收缩率都很高，断口研究发现是塑性破坏模式，在晶粒内部和晶粒边界附近伴随有晶粒塑性拉长。烧结 Mo-La$_2$O$_3$ 的断裂似乎起始于晶内的或晶界处的孔洞或氧化物粒子，再穿过晶界处的，主要是晶粒内的连接筋带，这些连接筋带被拉破坏并伴随有大量的塑性。轧制的 Mo-La$_2$O$_3$ 厚板的性能数据证明，合金的纵向拉伸强度比横向稍微低一点，而伸长率较高。这种差异可能是在加工方向上的氧化物粒子和晶粒的连接筋带引起的。图 8-163 是在不同温度下 Mo-La$_2$O$_3$ 的纵向拉伸应力-应变曲线。可以看出，温度在室温以下，合金的应变硬化指数低，有微弱的上下屈服点，从位错源启动位错所需应力大于位错运动需要的应力，导致出现上下屈服点，屈服点的出现可能是由间隙杂质（C，O），亚晶界，或者是钼晶格本身抗力引起的。试验所用试样的

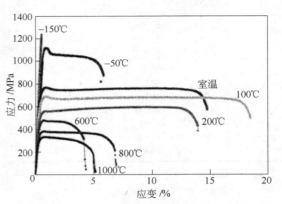

图 8-163   在不同温度下 Mo-La$_2$O$_3$ 合金板材纵向拉伸应力-应变曲线

尺寸小(44.5mm×5.08mm×0.635mm)，厚度不到原始板坯的 1/10，但是，拉伸强度及延伸率数据仍具有代表性，因为合金的晶粒很细，使得拉伸试样的厚度方向上含有 30 多个晶粒，与大尺寸试样相当。在温度接近塑脆性转变温度（DBTT）条件下，拉伸强度增加，塑性下降，导致低温流动应力超过固有的断裂强度，造成裂纹从原先存在的缺陷处发生扩展，结果产生脆性破坏。在温度超过 100℃ 时，屈服强度下降伴随总伸长率总体下降，但横断面收缩率保持很大。钼的低应变硬化指数和在较高温度下流动应力的下降相结合，造成抗塑性不稳定性的抗力很低（发生颈缩），结果产生高度局部塑性，使得断裂截面收缩率很高而总伸长率很低。高断面收缩率表明，该类钼合金在断裂过程中及时吸收了大量的能量。

退火温度对 Mo-La$_2$O$_3$ 的性能和组织结构的影响，图 8-164 是 Mo-La$_2$O$_3$ 在不同温度下退火 1h 以后的抗拉强度见图 8-164（a），伸长率见图 8-164（b）。La$_2$O$_3$ 添加剂提高了退火钼的拉伸强度，质量分数 0.4% 和 0.2% La$_2$O$_3$ 的强度都比粉末冶金钼的高，而 0.4% La$_2$O$_3$ 的强化效果质量分数比 0.2% 的更好。由伸长率曲线看出，只有在温度超过 1500℃ 以后，含 La$_2$O$_3$ 的合金的伸长率才急剧升高。根据显微组织研究发现，掺杂 La$_2$O$_3$ 的钼丝只有在 1600℃ 以上才能形成长纤维状的互相制锁的大晶粒组织，在 1500℃ 仍然维持粗大的等轴晶粒结构。图 8-165 是 Mo-2 体积分数 La$_2$O$_3$ 合金完全再结晶的组织，图 8-165（a）是 2mm 厚板材在 2300℃/h 退火后，图 8-165（b）是断面加工变形量为 98.1% 的棒材在 1800℃/h 退火以后，在高温完全再结晶以后二者都呈现出长大的拉链式的互相制锁的纤维状结构特点。

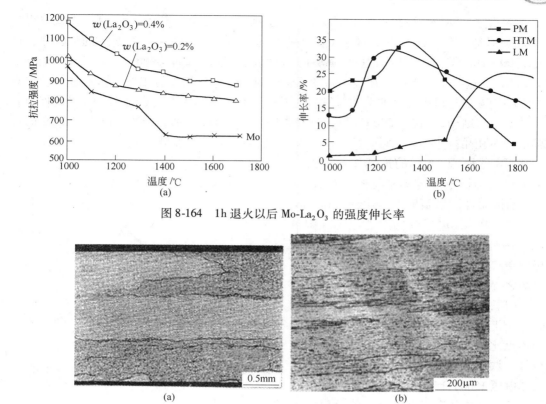

图 8-164   1h 退火以后 Mo-La$_2$O$_3$ 的强度伸长率

图 8-165   高温完全再结晶的 Mo-2 体积分数 La$_2$O$_3$ 的纤维状结构

钼-镧合金做热电子发射材料[54]的研究，稀土氧化物 La$_2$O$_3$ 硝酸水溶液 La(NO$_3$)$_3$ 和 MoO$_3$ 或金属钼粉混合，含量（质量分数）3% ~ 5%。掺杂稀土氧化物的金属钼粉或 MoO$_3$ 在干氢中分解，还原成 Mo-La 粉。粉末用钢模压条，通电烧结，烧结条用旋锻，拉拔成不同直径的 Mo-La 丝。

热电子发射材料 Mo-La 丝材的室温拉伸强度 σ_b、屈服强度 $\sigma_{0.2}$ 和伸长率 ε 与退火温度的函数关系绘于图 8-166（a）、（b），为了比较图上也给出了未合金化钼的有关数据。在同

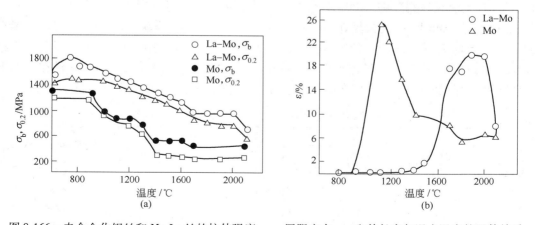

图 8-166   未合金化钼丝和 Mo-La 丝的拉伸强度 σ_b、屈服应力 $\sigma_{0.2}$ 和伸长率与退火温度的函数关系

一退火温度下 Mo-La 丝材的拉伸强度 σ_b 和屈服应力 $\sigma_{0.2}$ 比未合金化钼丝的高 250 ~ 300MPa。但是，在 1100℃ 以下 Mo-La 丝是脆性的，而未合金化钼丝有很好的伸长率，可是在 1700 ~ 2000℃ 温度范围内退火，Mo-La 丝的伸长率达到 20%，而未合金化钼丝的伸长率降到 6%。这些结果指出，在很高温度下退火的 Mo-La 丝仍具有很好的室温韧性。在观察组织结构变化与退火温度的关系时发现，退火温度直到 1900℃，合金 Mo-La 丝仍保留着纤维状的组织结构，当在 2200℃ 退火时，沿丝材轴线形成很细的结构。La 以 La_2O_3 的形式弥散分布在晶粒边界，结果，Mo-La 丝的再结晶温度比未合金化钼丝的高。

Mo-La 丝和 W-Th 丝的连续发射电流和脉冲电流与阳极电压的关系见图 8-167，就 Mo-La 阴极而言，当阳极电压达到工作电压 1500V 时，Mo-La 电子管的发射电流（阳极电流）达到 105mA，即达到 W-Th 电子管的阳极电流。但是，Mo-La 电子管的电流随时间衰减，而 W-Th 电子管的电流是稳定的。5min 以后，Mo-La 电子管的电流下降到 90mA，此后衰减的速度比以前的更慢。由于钼的熔点比钨的低，因而 Mo-La 电子管要重新设计，调整它的参数和 W-Th 管的一样。在操作电压 1500V 连同灯丝电压 7 ~ 8V 的条件下，Mo-La 电子管获得较稳定的发射电流 105mA，但是，管电流仍然缓慢衰减。

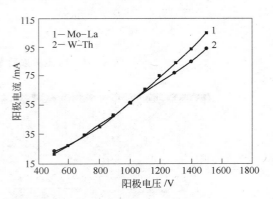

图 8-167　Mo-La 和 W-Th 阴极材料的阳极电流
与阳极电压的关系
（灯丝电压 10V）

表 8-44 汇总了 Mo-La 三极管的脉冲发射性质的试验数据，当发射电流从最大值衰减到表中的稳定值时，表中的电子发射效率是用稳定电流计算出的，Mo-La 阴极的最佳灯丝电压是 7 ~ 8V，在此条件下，Mo-La 阴极的电子发射效率比 W-Th 阴极的高，而且运行温度比 W-Th 的低。在灯丝电压固定为 7V 时，Mo-La 管的脉冲发射电流与阳极电压之间的关系列于表 8-45，另外，由于 Mo-La 管的栅极电流小，La 没有多少挥发。虽然 Mo-La 和 W-Th 都是金属类的阴极材料，但它们的特性是不同的，表 8-46 给出了 W、Mo、La 和 Th 的有关物理性能。运行温度在 1400 ~ 1600℃ 范围内，由于钼的蒸汽压较低，强度较高，它的塑性也比钨好，Mo-La 不失为较好的阴极材料。另外，用质量分数 3% ~ 5% 的 La_2O_3 掺杂的钼，由于 La_2O_3 第二相粒子的弥散分布，改善了钼的电子发射能力，也提高了它的再结晶温度。高温退火的 Mo-La 丝仍有良好的室温塑性，特别是在渗碳以后 Mo-La 丝在室温下是有塑性的。但是 W-Th 丝一旦在高温下退火就是脆性的，渗碳以后彻底变脆。

表 8-44　Mo-La 和 W-Th 阴极的脉冲发射性质（50Hz）

阴极	灯　丝		阳极（在 1500V 时）		发射效率/mA·W^{-1}
	电压/V	电流/A	最大电流/A	稳定电流/A	
Mo-La	7	2.25	10	4	253
	8	2.4	8.4	3	156
	9	2.6	5	2	85.4
W-Th	10	3.25		3.05	93

表 8-45　灯丝电压固定在 7V 时，阳极电压与脉冲发射电流之间的关系

阳极电压/V	250	500	750	1000	1250	1500
脉冲发射电流/A	2.1	3.1	3.4	3.5	3.9	3.9

表 8-46　W、Mo、La 和 Th 的物理性能

性　能	元　素			
	W	Mo	La	Th
熔点/K	3683	2893	1203	1750
			La_2O_3 2490	ThO_2 2873
功函数/eV	4.55	4.2		
在所指温度下的蒸汽压/Pa	2340K	1873K		
	1.73×10^{-6}	3.33×10^{-6}		
	2480K	1970K		
	1.73×10^{-5}	3.33×10^{-5}		
电负性	1.7	1.8	1.1	1.1
密度/g·cm^{-3}	19.3	10.2	6.19	11.66

Mo-La 阴极和 W-Th 阴极的热电子发射机理同样都是激活过程，Mo-La 阴极的电流稳定性依赖于 La 原子的蒸发和扩散之间的平衡，La_2O_3 的分解温度和 La 的蒸发温度分别都比 ThO_2 和 Th 的低。Mo-La 电子管在试验运行早期的高发射电流（105mA）很快降到 90mA，这种现象的可能机理是，表面 La 原子的蒸发速度比它由材料内部向表面扩散的速度快，电子的功函数就增加。不过因为在运行过程中 Mo-La 管会被重新激活，因此重要的是要找出最佳激活温度和运行条件，从便产生稳定的高发射电流。

高稀土氧化物掺杂的钼具有良好的热电子发射性能，最大次级发射系数可达 2.6（未合金化钼是 1.25），使用要求是 2.0。稀土元素提高的次级发射性能，根据分析其原因是在激活和阴极工作过程中，偏聚于晶界处的稀土原子易沿着晶界向表面扩散。分布在表面的稀土原子一方面降低了发射体的表面功函数，有利于被激活的二次电子逸出表面，提高二次发射系数。另一方面稀土元素在阴极体内及其表面都以稀土氧化物的形态存在，其中的导电电子，激活的电子在向表面扩散的路径上，与导电电子的碰撞机会少，因而能量损失较少，使得有更多的次级电子带有足够能量，可以克服表面能叠逸出表面，就提高了阴极的次级发射系数。稀土元素细化钼的晶粒也促进了提高它的次级发射性能，这归因于晶粒越细，二次电子从发射体内向表面扩散的晶界通道越多，与阴极体内晶粒碰撞的机会大大降低，损失的能量就少，逸出的二次电子数量就会增加。

Mo-La 和 W-Th 相比，因为高稀土钼的热电子发射系数大，在低于 W-Th 的工作电压条件下，可以达到同等的电子发射能力，饱和电流比 W-Th 的高。但是，高稀土钼的电子发射稳定性不如 W-Th。不过改善材料的制备工艺，利用多种稀土氧化物复合掺杂，可以提高电子发射稳定性。试验发现，在降低电子管的运行温度时，发射电流趋于稳定。看来，在中小功率电子管里有可能用 Mo-La 阴极代替 W-Th 阴极。

8.3.8.2　钼-钪（Mo-Sc）

钪是一种稀土元素，在讨论稀土元素对钼的性能影响时都采用粉末冶金工艺。钼-钪合金可以采用电弧熔炼工艺制备铸锭。纯度 99.97% 的钼粉质量分数先进行脱碳脱氧热处理，处理过程是先在湿氢中加热 1174K 保温 60h，随后在干氢中保温 90h。钪在 873K 的纯氢中进行氢化处理，并压碎成粉末。用氩气保护的非自耗电极电弧炉熔炼重量为 40g 的纽

扣形铸锭。铸锭中的 Sc、C、O 的分析列于表 8-47，铸锭进行锻造和轧制加工，选择的加工温度范围 673～1473K，锻造厚度变形量 70%，然后轧制厚度变形量 50%。评估钪对钼的加工性能影响的判据是在加工过程中不产生裂纹。添加少量的钪不改善钼的加工性，当含量（质量分数）增加到 0.15% 时，钪的作用变得很明显。但是为了得到良好的加工件，需要加工温度 1273K。当钪含量（质量分数）增加到 0.2% 时，加工温度降到 673K，这个加工温度比不含脱氧剂的真空自耗电极电弧熔炼的钼的加热温度低 800K。但是钪添加量（质量分数）超过 2%，加工温度又重新升高，例如，添加 0.5% 的钪，使得加工温度升高到 1273K，见图 8-168。

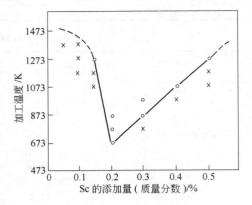

图 8-168　钼的加工温度与钪含量的关系

表 8-47　Mo-Sc 铸锭的化学分析[55]

添加量（质量分数）/%	铸锭分析（质量分数）/%			添加量（质量分数）/%	铸锭分析（质量分数）/%		
	Sc	O	C		Sc	O	C
未加	未测定	0.0210	0.0004	0.2	0.013	0.0014	0.0003
0.1	0.005	0.0059	0.0003	0.35	0.029	0.0007	0.0002
0.15	0.007	0.0025	0.0003	0.5	0.063	0.0006	0.0002

钪对钼的塑性的影响，用塑性弯曲角来评估 Mo-Sc 的塑性，塑性弯曲角定义为总弯曲角和弹性弯曲角之差。图 8-169 是在不同试验温度下钪对钼的塑性的影响，添加 0.1% 的质量分数钪未能明显改善钼的塑性，添加 0.15% 的钪，它对弯曲塑性的影响变得较明显。钪添加量增加到 0.2%～0.35%，显著地改善了钼的塑性，过量的 Sc（0.5%）反而使弯曲角下降。

钪对钼的塑脆性转变温度（DBTT）的影响见图 8-170，为了比较图上也给出了锆和钛

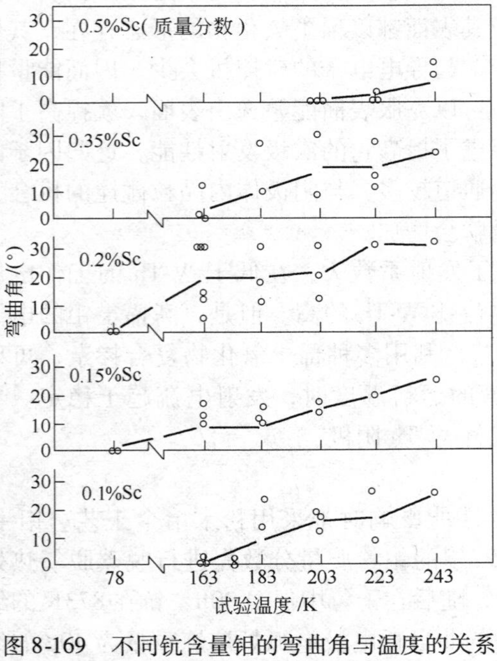

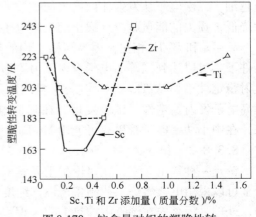

图 8-169　不同钪含量钼的弯曲角与温度的关系

图 8-170　钪含量对钼的塑脆性转变温度（DBTT）的影响

的相关数据，塑性弯曲角超过5°的温度定义为塑脆性转变温度（DBTT），这个弯曲角对应试样外侧表面纤维的拉伸伸长率为1.25%，在添加最佳钪含量(质量分数)0.2%～0.35%的时候，转弯温度降到了163K。这个温度比Mo-0.3%～0.5%Zr（质量分数）合金的最少低20K，比Mo-0.5%～1.0%Ti（质量分数）合金的最少低40K。Mo-Sc系合金优良的塑性及低的塑脆性转变温度（DBTT）主要由于钪有强力的脱氧作用，众所周知，氧对钼的塑性有最坏的影响。由钼和钪的氧化物的生成自由能看出，钪对氧的亲和力比钼的更高，在温度为2773K时，Sc_2O_3和MoO_3的生成自由能分别为－742和－218kJ/mol，钪和氧化合生成Sc_2O_3消除了氧的有害作用。实际上，在电弧熔炼含有少量钪的钼锭的表面有许多渣球，电子探针和X射线衍射分析确定，这些渣球是氧化钪。通常熔池中的氧化钛和氧化锆保留在液态金属内，而氧化钪上浮到液体表面。可能的原因是钼和钪之间的电负性和原子直径的差异相当大，钼、钪、钛和锆的电负性分别为2.09、1.27、1.57和1.48，而相应的原子直径则分别为0.280nm、0.320nm、0.293nm和0.319nm，另外，钼和氧化钪的密度分别为10.2g/cm³和3.86g/cm³，两者之间存在有很大差异。

　　扫描电镜和AES分析含钪、钛和锆的熔炼钼锭的断口金相和氧含量的变化，熔炼钼锭撞击断口的晶界观察发现（见图8-171）质量分数Mo-0.2%Sc-的晶界相当干净，而质量分数Mo-0.5%Ti和Mo-0.5%Zr（Zr）的断口晶界被氧化物污染。图8-172是钼锭的晶界和基体的AES氧测定结果，随钪含量的增加，晶界上和基体内的氧含量激烈降低，并比含钛和含锆的钼锭更低。看来，钪能清除钼中的氧，而在金属中不留下任何氧化物，这种净化效果不伴有沉淀硬化，可能是由于这样特别好的净化能力，含钪钼有良好的加工性和高塑性。钛和锆在净化氧同时伴有沉淀硬化作用。虽然钪的净化性质特别好，但是残留在钼中的钪对塑性起有害作用，钪的最佳含量可能与钼中的氧含量有关。由于在电弧熔炼过程中钪的挥发严重，推荐钪的添加量（质量分数）约为0.2%。

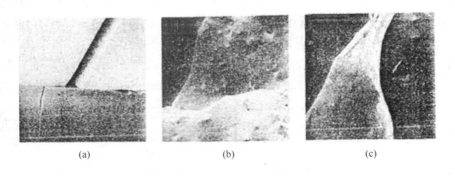

(a)　　　　　　(b)　　　　　　(c)

图8-171　含钪、钛和锆的钼锭晶粒边界的扫描电镜照片

8.3.8.3　钼中稀土氧化物的行为和作用

　　各种稀土氧化物的性质不同，它们对钼的性能影响差别很大，表8-48是常用的稀土氧化物和硅、铝、钾氧化物的熔点和沸点，稀土氧化物的熔点和沸点都比硅，铝和钾的氧化物的高，而K_2O在300～400℃发生分解。

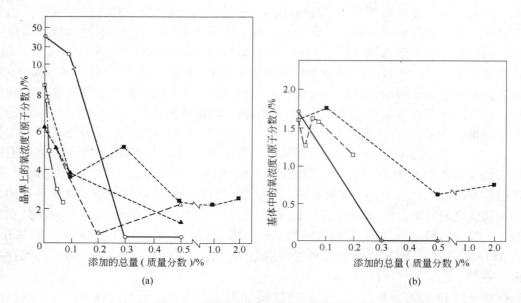

(a)

(b)

图 8-172 含钪、钛和锆的钼锭晶界和基体氧浓度的 AES 分析

表 8-48 稀土氧化物和硅、铝、钾氧化物的熔点和沸点

氧化物	熔点/℃	沸点/℃	氧化物	熔点/℃	沸点/℃
Mo	2610	4800	Gd_2O_3	2330	—
Y_2O_3	2410	4300	Al_2O_3	2015	2980
La_2O_3	2300	4200	SiO_2	1710	2230
Nd_2O_3	2272	—	K_2O	300~400℃	—
Sm_2O_3	2320	3527		发生分解	

　　添加稀土氧化物提高了钼的再结晶温度，高温再结晶以后形成细长的纤维状组织，提高了掺杂钼丝的抗下垂能力。图 8-173 是钼丝的抗下垂试验装置[图 8-173（a）]及试验结果[图 8-173（b）]，试验钼丝的稀土氧化物含量（质量分数）均为 0.2%，压坯在 1800℃氢气中烧结 10h，每个熔坯模锻并拉拔成直径 0.36mm 的钼丝，加工变形量 99.9%，加工温度 900~1300℃。在历经 1800℃/10h 下垂试验以后发现，未掺杂钼丝的下垂变形量非常大，而 La_2O_3-

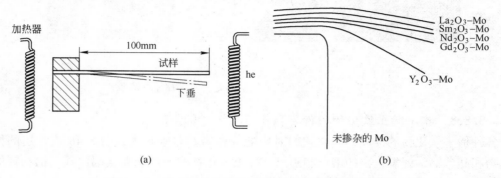

(a)

(b)

图 8-173 稀土氧化物掺杂钼丝的下垂试验及试验结果

Mo、Sm_2O_3-Mo、Nd_2O_3-Mo、Gd_2O_3-Mo、Y_2O_3-Mo 的下垂变形量按此排列顺序增加，其中 La_2O_3-Mo 的下垂变形量最少，在几种稀土氧化物掺杂的钼丝中抗下垂能力最好[56]。

稀土氧化物对钼的再结晶行为的影响，根据材料学的知识，ODS 材料的再结晶温度取决于氧化物弥散粒子的体积含量，粒度及分布。直径大于 $1\mu m$ 的粗颗粒降低再结晶温度（粒子激励再结晶），而直径小于 $1\mu m$ 的细颗粒能钉扎亚晶粒边界，阻止再结晶晶核的形成，提高再结晶温度用各种 ODS-Mo 做试样，它们含氧化物的体积分数是 2%，烧结态的平均粒度是 $0.8\mu m$，总变形量 A_0/A 达到 8.5，A_0 和 A 代表烧结态坯料与变形态棒材的横断面积，结果揭示，用不同的能变形的和不能变形的氧化物粒子添加剂生产出的 ODS 钼合金的再结晶温度差能达到 $750℃$。这种作用的原因是在加工变形和最终热处理过程中粒子发生了细化。提高再结晶温度很有效的粒子，像 La_2O_3 粒子一样，它们和基体钼一起共同变形，形成纤维复合材料。由于发生了表面拉伸，颈缩，就形成了球状粒子，这些粒子排列成像珍珠串一样，见图 8-174，这时粒子提高再结晶温度十分有效。

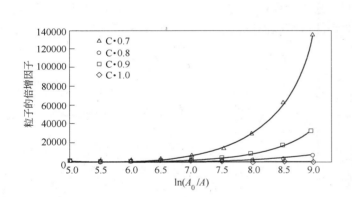

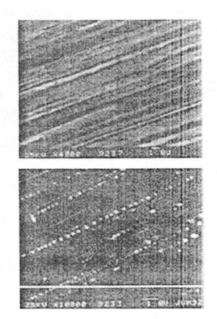

图 8-174　变形粒子的倍增作用

根据理论模型[57]，依据总变形量和粒子的变形性（宏观变形量有关）计算出粒子的倍增因子（新形成的粒子数与原始粒子数的比）。粒子的倍增因子越高，钉扎亚晶界越有效，再结晶温度就越高。

氧化物粒子是否发生准塑性变形受多种参数的影响，例如：粒子的变形抗力，基体的变形抗力，粒子-基体间的键强度，晶粒度，缺陷密度，超位错滑移或应力状态。这些参数中的大多数是未知的，即很难测量。遵循鲍林（Pauling）定义，可以得到粒子的变形性及再结晶温度的升高和氧化物的离子键特征的百分数之间的良好关系。化合物 La_2O_3 和 SrO 的离子键特征百分数很高，它们非常有效地提高再结晶温度见图 8-175。而共价键特征明显的化合物 Al_2O_3、ZrO_2 和 HfO_2 在变形加工过程中粒子崩碎，粒子倍增程度很小。

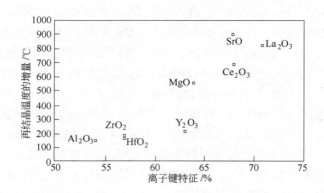

图 8-175　ODS-Mo 比纯 Mo 的再结晶温度增量与氧化物离子键特征百分数的关系

（含氧化物（体积分数）2%，钼丝直径 0.6mm）

　　粒子倍增因子除影响再结晶状态的晶粒长-宽比（GAR）以外，粒子的有向性排列也造成再结晶的有向性（再结晶的各向异性），由于在粒子串排列方向上的再结晶增长速度比垂直于粒子串方向的快，在垂直粒子串方向上的晶粒边界有显微互锁结构。晶粒的长-宽比大和晶界的互锁结构这两个特点是再结晶状态钼有塑性的先决条件。直径 0.6mm 的 Mo-0.3%La$_2$O$_3$（质量分数）钼丝的长-宽比（GAR）是 23（见图 8-176），1h 开始再结晶温度是 1800℃，它比掺杂硅、钾商业钼的再结晶温度高了 150℃（见图 8-177）。

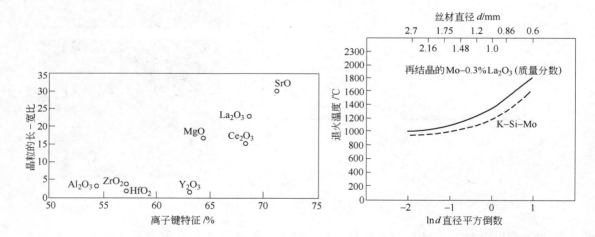

图 8-176　再结晶状态的 ODS-Mo 的晶粒长宽比

（变形量）与氧化物离子键特征百分数的关系

（氧化物含量（体积分数）2%，钼丝直径 0.6mm）

图 8-177　Mo-0.3%La$_2$O$_3$（质量分数）和

Mo-Si-K 丝的开始再结晶温度和

变形程度的关系

　　根据拉伸试验结果，各种掺杂钼丝和未掺杂钼丝之间的再结晶行为的差异是很确切的。掺杂钼丝在 1500~1600℃发生再结晶，而未掺杂钼丝的再结晶温度是 1000~1200℃，见图 8-178。该图是直径 0.36mm、变形量为 99.9%的各种 ODS-Mo 的室温拉伸强度与 20s 退火温度的关系，强度急剧下降的温度对应再结晶温度。研究各种钼丝的显微结构随退火温度的变化发现，未掺杂钼丝的加工态纤维组织保留到 1000℃，在 1100℃既有纤维状的组织结构又有细小的等轴晶粒结构，升温到1200℃，最终形成完全再结晶结构。在退火温度 $t \geq 1600℃$ 的情况下，掺杂 La_2O_3、Sm_2O_3、Nd_2O_3 的钼丝有极大的互锁的晶粒结构，而掺杂 Y_2O_3 的钼丝既有巨大的，也有细小的等轴晶粒结构，见图 8-179，该图中的照片说明直径 0.36mm 的各种 ODS-Mo 在 1600℃/20s 退火以后的显微组织的变化。La_2O_3、Sm_2O_3、Nd_2O_3 对再结晶温度的影响最强，而 Y_2O_3 和 Gd_2O_3 对再结晶行为只有中度影响，再结晶温度可达 1500℃。

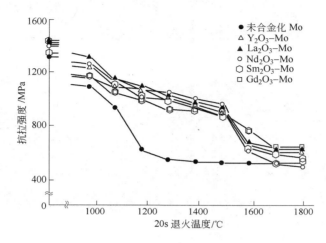

图 8-178　直径 0.36mm 的各种 ODS-Mo 丝的室温拉伸强度与 20s 退火温度的关系

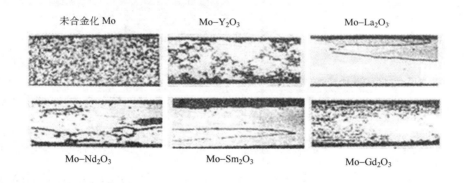

图 8-179　直径 0.36mm 的各种 ODS-Mo 在 1600℃/20s 退火后的显微组织照片

图 8-180 是 1800℃/20s 退火后的各种氧化物弥散强化钼合金扫描电镜照片，在掺杂钼丝的烧结坯内有直径小于 2.5μm 的稀土氧化物粒子，在变形量达到 99.9% 的未掺杂的钼丝中未能看到有粒子串，但偶尔能见到有凹坑和孔洞。变形量达到 99.9% 的各种氧化物弥散强化钼合金 ODS-Mo，在高温再结晶以后看到有大量的成串排列的 La_2O_3、Sm_2O_3 和 Nd_2O_3，在 Mo-Nd_2O_3 掺杂试样中成串排列的细直径粒子特别明显。与此不同，在变形量 99.9% 的 Mo-Y_2O_3 和 Mo-Gd_2O_3 掺杂钼丝中看到只有排列成短串的氧化物粒子，但是，Y_2O_3 和 Gd_2O_3 的粒子直径比 La_2O_3、Nd_2O_3 和 Sm_2O_3 的更大。

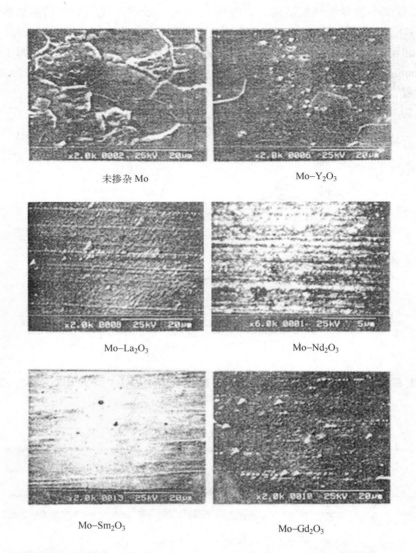

未掺杂 Mo　　　　　Mo–Y₂O₃

Mo–La₂O₃　　　　　Mo–Nd₂O₃

Mo–Sm₂O₃　　　　　Mo–Gd₂O₃

图 8-180　直径 0.36mm、变形量 99.9% 的各种 ODS-Mo 在 1800℃/20s 退火后的扫描电镜照片

掺杂钼丝的再结晶温度比未掺杂钼丝的高。变形量低，高温再结晶掺杂钼丝有细长的晶粒，与丝材轴线正交的晶粒边界很少，在高温下晶界移动和松弛引起的蠕变应变非常小，产生了良好的高温性能。在直径 0.36mm 的钼丝中，长串排列的 La_2O_3、Nd_2O_3 和 Sm_2O_3 形成了拉链式的互相制锁的晶粒，Nd_2O_3 阻碍晶界运动的效率比 La_2O_3 和 Sm_2O_3 低，这是因为掺杂 Nd_2O_3 的再结晶钼丝的晶粒的长/宽比比掺杂 La_2O_3 和 Sm_2O_3 的再结晶钼丝的小，Nd_2O_3 粒子的粒径比 La_2O_3 和 Sm_2O_3 的更细。Gd_2O_3 和 Y_2O_3 掺杂剂阻碍晶界运动的效能比 La_2O_3、Sm_2O_3 和 Nd_2O_3 的低，原因在于 Y_2O_3 和 Gd_2O_3 排成的粒子串的长度比 Nd_2O_3、La_2O_3 和 Sm_2O_3 的排成的粒子串的短。在重度加工的情况下，稀土元素的破裂形成长的稀土氧化物粒子串。在加工温度下掺杂剂 Nd_2O_3、La_2O_3 和 Sm_2O_3 比 Gd_2O_3 和 Y_2O_3 更容易分裂成长串。为了得到互相制锁的再结晶晶粒结构，需要排成长串的稀土元

素和正确的稀土氧化物的粒径。大量的长串的稀土氧化物粒子能形成粗大的互相制锁的再结晶结构，而短串的稀土氧化物粒子不能形成粗大的互相制锁的再结晶的结构。

文献［53］研究了稀土氧化物对钼的高温，低温力学性能的影响，用粉末冶金工艺制备 Mo-ThO$_2$、Mo-CeO$_2$、Mo-La$_2$O$_3$ 和 Mo-Y$_2$O$_3$ 几种 ODS-Mo，稀土氧化物的体积含量2% ~ 4%，烧结坯用模锻加拉拔，棒材轧制加模锻和高能挤压加模锻几种工艺加工成直径 3.8mm 的棒材，不管采用那一种工艺，从烧结坯加工到最终棒料的总变形量都大于90%。在加工过程中 ODS-Mo 中的能变形的 La$_2$O$_3$、ThO$_2$、CeO$_2$ 发生变形，粒度变细，氧化物的平均粒度达到 0.05 ~ 0.5μm，细小粒子沿晶界成串排列，较少数粒子分散地处于晶粒内部。而较硬的 Y$_2$O$_3$ 的形状和粒度保持不变，仍然是球形粒子，粒子的平均粒度 0.5 ~ 1.5μm。众所周知，较粗的氧化物粒子对改善 ODS-Mo 的性能不如细氧化物粒子。

稀土氧化物对钼的低温性能影响主要反映在对钼的塑脆性转变温度（DBTT）的影响，用拉伸截面收缩率和断口表面特征分析确定 DBTT。消除应力的加工态的 ODS-Mo 和再结晶的 ODS-Mo 的拉伸截面收缩率和温度的关系见图8-181，消除应力的 ODS-Mo 的 DBTT 由低于 - 150℃到约 - 100℃，见图8-181（a）。而再结晶状态的 DBTT 低到 - 75℃，见图 8-181（b）。再结晶状态试样的 - 75℃单向拉伸断口表面电子显微镜观察确定，塑性过载破断的特征是韧窝状断口表面。消除应力状态的 ODS-Mo 的塑脆性转变温度（DBTT）远低于室温，而再结晶状态的 DBTT 在室温附近或高于室温。这取决于再结晶晶粒的晶粒度，实际上受弥散氧化物的粒度和体积含量分数及最终冷加工变形量的影响。与未合金化钼相比，ODS-Mo 中的细小的氧化物粒子阻碍晶粒长大，促进再结晶状态的晶粒细化，降低 DBTT，甚至于能降到室温以下。

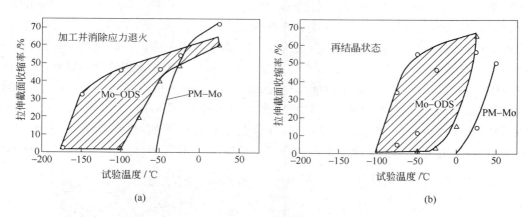

图 8-181　冶金状态和温度对未合金化钼和 ODS-Mo 的拉伸截面收缩率的影响[53]

在温度低于 0.2T_m（熔点）的条件下，随着温度的下降，体心立方金属的屈服强度一直增加到温度达到塑脆性转变温度（DBTT），屈服强度一直增加到超过材料的断裂强度，这时的破坏特征是脆性的解理型断裂。图8-182 是在 300℃以下（见图8-182（a））和 1000℃以上（见图8-182（b））温度，对消除应力退火状态的未合金化钼和 ODS-Mo 的屈服强度的影响。图8-182（a）指出，虽然 ODS-Mo 的屈服强度比未合金化钼的高，但两条屈服强度曲线的斜率近似是一样的，细小的氧化物粒子的存在稳定了加工态的组织，保持细晶粒度，导致再结晶的 ODS-Mo 的塑脆性转变温度（DBTT）低于室温。图8-182（a）的另一个有意义的特点是在 150～300℃［(0.15～0.2)T_m］范围内，La_2O_3 弥散强化的钼的屈服强度与温度没有相关性，就体心立方金属而言，这种特性通常是见不到的。

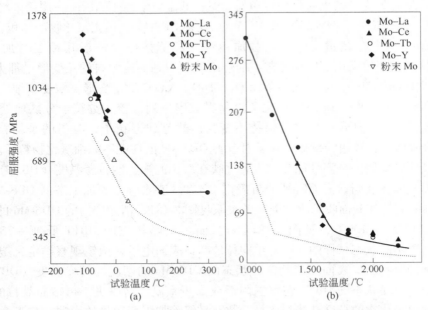

图 8-182　在 300℃ 以下、1000℃ 以上温度，对未合金化钼和 ODS-Mo 的屈服强度的影响

　　ODS-Mo 和未合金化钼的高温拉伸屈服强度与温度的关系见图 8-182(b)，在 1000～2200℃ 范围内 ODS-Mo 的拉伸屈服强度是未合金化钼的 2～3 倍。在试验温度 $T \geqslant 1600℃$ 时，试样是晶间分离破坏。图 8-183 是在 1600℃ 有代表性的 Mo-2% La_2O_3（体积分数）断口表面的扫描电镜照片，在整个塑性不稳定区内，即在颈缩范围内，看到使晶粒散开，在均化温度（试验温度/熔点）达到 0.65 时，金属的这种破坏模式是很典型的。在全部试验温度范围内，ODS-Mo 的高温持久性能比电弧熔炼未合金化钼的有很大的改善，电弧熔炼钼的性质与来源无关，是恒定的，以它的性质做比较基准。图 8-184 是 ODS-Mo 在 1200℃，1600℃ 和 1800℃ 的持久性能与电弧熔炼的未合金化钼的性能的对比，在这三个温度下，ODS-Mo 的持久时间寿命比未合金化钼的高四个数量级，Mo-Y_2O_3 是一个例外，在 1600℃

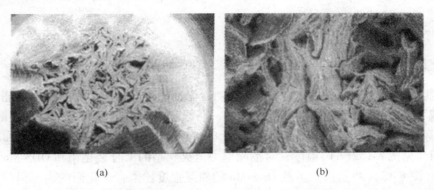

图 8-183　加工态的 Mo-2% La_2O_3（体积分数）在 1600℃ 拉伸破坏断口扫描电镜照片

（a）低倍；（b）高倍

它的持久时间寿命比未合金化钼的增加了5倍，其原因是 Y_2O_3 粒子粗大，即存在有不能变形的弥散粒子。试验温度由 1200℃（$0.5T_m$）到 1600℃（$0.66T_m$），含能变形的氧化物粒子的所有试样都是穿晶破坏，$Mo-Y_2O_3$ 复合材料例外，它是晶间破坏。在这么高的均化温度范围内，固溶强化合金正常地都是晶间分离破坏。

$Mo-2\%ThO_2$（体积分数）复合材料的变温试验结果说明能变形的粒子添加剂引起的持久强度特殊的改善。施加的持久试验应力维持 48.2MPa，试验温度从 1400℃ 开始，每次提高 100℃，一直到最高温度 1600℃，测量持久伸长与时间的关系，结果图示于图 8-185。为了比较，图上（）内的数字是在每个试验温度下电弧熔炼的铸造未合金化钼的持久时间寿命数据（min），例如在 1700℃，未合金化钼在 0.3min 之内就发生了断裂，而 $Mo-2\%ThO_2$（体积分数）材料试验持续超过 800h 还未断裂，伸长率小于 0.1%。通常，ODS-Mo 在 1800℃/34.4MPa 条件下做持久试验，试验持续到 3000h 试样未发生破坏，而未合金化钼在不到 0.1min 内就会断裂。ODS-Mo 的 1800℃ 的持久强度比 1600℃ 的未合金化钨的大 10 倍，比 Mo-50Re 大两个数量级。特别好的高温持久性能结合低于室温的塑

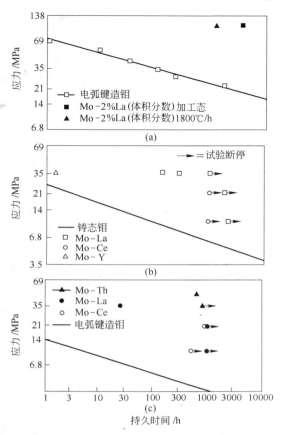

图 8-184　ODS-Mo 和未合金化钼在 1200℃、
1600℃ 和 1800℃ 的持久性能

（a）1200℃；（b）1600℃；（c）1800℃

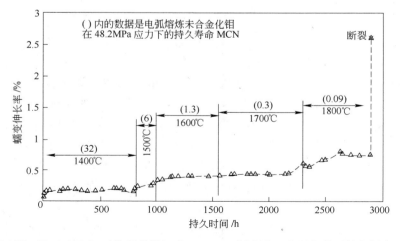

图 8-185　$Mo-2\%ThO_2$（体积分数）在 48.2MPa 恒应力、变温条件下持久蠕变试验

脆性转变温度（DBTT），使得 ODS-Mo 在一定的应用场合能代替钨。

Mo-2%ThO$_2$（体积分数）掺杂钼合金的高温蠕变强度远比电弧熔炼的未合金化钼的高，这表明晶粒形状对钼的强度有明显影响，包括掺杂硅、铝和钾的气泡强化材料，由于成串排列的气泡作用，在高温再结晶退火处理以后，晶粒的横向长大受阻，形成很长的大晶粒。在稀土氧化物弥散强化的 ODS-Mo 中，氧化物粒子成串排列，同样在高温再结晶退火处理以后，氧化物粒子阻止晶粒横向长大，使得再结晶的 ODS-Mo 的组织结构也是较细长的粗晶粒。这些晶粒的长-宽比大于 1，即 $L/W > 1$，L 和 W 分别是晶粒的长度和宽度（直径）。根据弥散强化镍基超合金建立的如下经验关系式：

$$\sigma = \sigma_0 + k(f - 1)$$

式中，k 为常数；f 为长晶粒的长度；W 为长晶粒的宽度（直径）；σ_0 是当 $f = 1$，$\sigma = \sigma_0$，即等轴晶的晶粒强度。

图 8-186 是晶粒长/宽比对掺杂钼的稳态蠕变速率的影响。钼在高温下的蠕变曲线是在恒温、恒蠕变载荷，或者恒应力条件下蠕变变形与时间之间的关系。整条蠕变曲线包含有在载荷作用下起始伸长，随后在载荷作用下发生减速蠕变（蠕变第一阶段），减速蠕变的时间较短，第一阶段蠕变结束就进入蠕变的第二阶段，即稳态蠕变阶段，这一阶段的蠕变变形与时间呈线性关系，蠕变速率恒定，称稳态蠕变速率，它是衡量材料抗蠕变性能的最佳参数。稳态蠕变结束以后进入蠕变的第三阶段，加速蠕变阶段，直到发生断裂。蠕变的机理有位错攀移和扩散。图 8-186 表明，提高 f 值，掺杂钼的稳态蠕变速率降低。

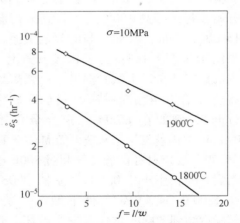

图 8-186　晶粒长-宽比对掺杂钼的稳态
蠕变速率的影响

高温（$T > 0.5T_m$）扩散蠕变的理论方程式中的稳态蠕变速率与应力的关系为 $\dot{\varepsilon}_s \propto \sigma^n (n = 1)$，在拉伸方向有长晶粒的材料，方程式要反映晶粒的长-宽比，即

$$\dot{\varepsilon}_s \propto \frac{\sigma}{f^z}$$

f 提高会阻碍蠕变，晶界自扩散（Coble 蠕变）引起的扩散流和体积自扩散（Nabarro-Herring 蠕变）引起的扩散流。当 f 稍微比 1 大一点时，指数 z 分别达到 1，5 和 2。当 $f \gg 1$ 时，z 分别相应是 0.5 和 1（见表 8-24）。由于晶界自扩散蠕变和体积自扩散蠕变与晶界移动和定向扩散被认为是同一的，那么晶界形状应当认为是有影响的。滑移产生的应力引起物质的扩散流。如果晶粒表面是粗糙的，或者如果在极端的情况下，长晶粒是互相交叉迁回，就像 ODS-Mo 的长晶界互相制锁，在剪切面上建立了粗糙的交界面，滑移和定向扩散会被严重阻断。

在蠕变过程中，变形主要还是靠位错滑移，若在常温下位错在滑移面上受阻产生塞积，滑移便会停止，只有加大外力，在更大的切应力下位错再驱动，变形才能继续。在高温下位错塞积与常温下不同，位错可借助外界提供的热激活能和空位扩散来克服某些短程障碍，从而不断产生蠕度变形。位错在高温下的激活过程主要是刃型位错的攀移，当位错塞积群中某一位错被激活而发生攀移时，位错源能被再次开动而放出一个位错。这一过程不停，蠕变便不断发展。位错攀移的应变-应力理论方程中的 $n > 1$，$z = 0$（见表 8-24）。根据理论，晶粒形状没有影响。虽然图 8-186 的试验条件是 n 由 1 到 2，但是 f 的作用仍然很大，这表明实际上并没有严格服从理论要求。

8.4 冷加工强化和再结晶

8.4.1 加工强化的基本原理

对于未合金化的钼而言，冷加工强化是唯一可以采用的强韧化手段，通过冷加工提高烧结和熔炼的未合金化钼的强度和塑性。例如，通过专用的锻造工艺，变形量达 75%，烧结的未合金化钼坯的室温强度可由 $450 \sim 480\mathrm{MPa}$ 提升到 $650 \sim 700\mathrm{MPa}$，断裂伸长率和横断面收缩率可分别由 5% ~8% 提升到 33% ~38%，10% ~12% 提高到 40% ~45%。加工温度的选择原则是，要比未合金化钼的塑脆性转变温度（DBTT）更高，要低于再结晶温度。在这种温度条件下金属钼在外力作用下发生塑性变形，位错发生攀移，造成空位等点缺陷的密度增加。位错源在外力作用下会发生增殖，增殖机理可能有刃型位错的弗兰克-瑞德（Frank-Read）位错源，或者螺型位错的双交滑移增殖等，都会不断产生新位错，以单位体积中位错线的总长度代表的金属晶体中位错密度，错密度 ρ 增加。根据 Bailey-Hirsh 的研究[1]，在 $77 \sim 1225\mathrm{K}$ 之间，流动应力与位错密度 ρ 之间的关系遵循下面的关系式，$\sigma_{\mathrm{t}} = \sigma_0 + \rho^{1/2}$。图 8-187(a) 是 1000℃ 轧制，900℃ 消除应力钼板的变形量和屈服强度的关系，变形量增大，屈服强度升高，图 8-187(b) 说明金属晶体的室温强度与位错密度之间的关系。零变形量相当位错密度最低点，屈服强度在整个温度区间内都最低，而拉伸横断面收缩率较高，反映塑性较好。

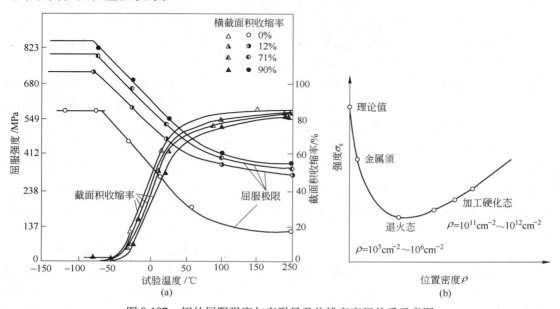

图 8-187　钼的屈服强度与变形量及位错密度间关系示意图

在冷变形量足够大时，晶粒内部就会出现位错缠绕，随着变形量的进一步增加，就产生位错胞粒结构，即形变亚结构，胞粒内部的位错密度较低，胞粒壁的位错密度很高，畸变严重。胞粒结构的产生使晶粒被分成许多极小的碎块。当变形量很大时原先的等轴晶就会转变成纤维状结构。

冷变形强化的基础是位错结构的变化，塑性变形引起金属晶体内位错密度及点缺陷数量的增加，使位错间互相缠绕和钉扎，点缺陷的增加，对位错钉扎作用增强，使位错进一步滑移更困难，若要继续塑性变形，位错要进一步滑移，必须提高外力，克服位错滑移的阻力，这就是变形加工强化。另一个产生加工硬化的机理在于，多晶体在塑性变形过程中晶粒转向，原先的软位向逐渐向硬位向转变（见8.4.2节），外加切应力要不断加大，才能保持塑性变形的连续性。

由于在塑性变形过程中在不同层面上的变形是不均匀的，就会留下不同层面的残余应力（内应力）。第一类残余应力是宏观残余应力，例如，丝材拉拔以后表面留有拉伸，内部留有压缩残余应力，这是因为丝材表面受模具的摩擦力作用，造成内外变形不均匀，内应力作用范围可遍布整个材料。第二类残余应力是微观内应力，产生的原因是在晶粒内或亚晶粒内变形不均匀，这类应力作用的范围约为晶粒尺度。第三类残余应力可称点阵畸变，这类应力的产生是由在塑性变形过程中造成大量的晶体缺陷，如点缺陷，位错等，引起晶格发生畸变，应力的作用范围仅限于晶粒内部。

在锻造或轧制过程中发生晶粒破碎，或形成纤维状结构，细长晶粒的强化作用反映晶粒结构的关系，

$$\sigma_t = \sigma_0 + k_y d_g^{-1/2}$$

式中，σ_t 为屈服强度；k_y 为系数，$(1.2 \sim 1.7) \times 10^6 N \cdot m^{-3/2}$；$\sigma_0$ 为常数，$103 \sim 108 MPa$。钼的 k_y 比其他金属的都大，细晶强化效果应当更明显。另外，塑脆性转变温度（DBTT）也与 $\ln d_g$ 有线性关系（Petch 关系），d_g 约为 $4\mu m$ 时，DBTT 可达到150K。在分析加工细晶强韧化作用时，要具体问题具体分析、不能笼统论述，对于铸造钼锭而言，因为铸锭含有大量的柱状晶，经挤压，锻，轧以后晶粒明显细化，细晶强韧化作用确切无疑。对于粉末烧结钼锭而言，因为粉末坯的原始晶粒很细，经过锻轧加工以后，由于在加工过程中，由粉末结构变成加工态结构，可能发生晶粒长大，这时若单独用细晶强韧化理论分析问题，可能会得出反常结论。在分析烧结钼坯的强韧化机理时必须考虑加工致密化的作用，晶粒形状的作用。根据经验烧结坯的可锻轧的临界密度为理论密度的93%，绝对密度是 $9.5 g/cm^3$，烧坯内还含有近7%的孔洞。加工变形量达到75%时，锻坯的密度能达到 $10.15 \sim 10.18 g/cm^3$，若把 $10.2 g/cm^3$ 的密度当作理论密度，锻坯的相对密度已经达到理论密度的99.5%～99.8%，需要知道，实际工艺密度只可能接近而不可能达到理论密度。密度提高，材料内的孔洞数量减少，材料的键合力加强，断裂源的数量降低，断裂韧性和强度都大大提高。

细晶强化的本质也与位错运动有关，晶粒越细，单位体积内的晶界面积越大。变形过程中受外加切应力作用，同一位错源产生的位错不断释放出来，释放出位错按序在滑移面上运动，如果在滑移面上遇到晶粒边界障碍，位错就被塞积在晶界前面，不能越过晶界，众多被塞积的位错形成位错塞积群。先被塞积的位错对后来的位错有一斥力，整个塞积群

对位错源有一个反作用力，形成反向切应力场，方向与外加切应力的相反，塞积群中的位错数量越多，对位错源的反作用力越大，反向应力场越强。当塞积群中的位错数量 n 达到某一定值以后（n 与外力在位错滑移方向上的分切应力的大小和位错源到晶界障碍的距离有关），外力不足于使位错源开动，塞积群形成的反向应力阻碍所在滑移面上的后续位错继续向前滑移。这时只有增加外（切）应力才能使位错继续滑移。可见晶界确实提高了强度，这就是细晶强化的宏观理解。由此可以论断，在制订未合金化钼的加工强化工艺时，要保证最终得到细晶结构。

8.4.2 晶体塑性变形过程

单晶体变形，金属晶体受外力作用，当应力超过弹性极限时就会发生塑性变形，塑性变形的主要方式是滑移和孪晶，其中滑移是最主要的变形方式。滑移就是晶体在外力作用下产生一外加切应力，当切应力达到某临界值时，晶面两侧晶体产生相对滑动，即晶内滑动，滑动结果产生塑性变形。

晶体受到外力作用产生临界滑移切应力，不论外力的大小，方向和作用方式，相对某一晶面，都可以把这个外力分解为垂直于该晶面的法向正应力和沿该晶面的切应力。只有外力引起的作用在滑移面上，沿滑移方向的分切应力达到某临界值时，在此分切应力作用下滑移才能开始。图8-188是力的分解示意图，设外拉下 F 作用于横截面为 A 的单晶体上，F 的方向与滑移面法线 n 间的夹角为 φ，与滑移方向间的夹角为 λ，则外力 F 在滑移方向上的分切应力为：

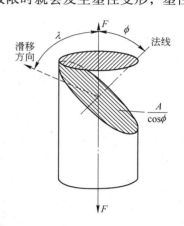

图8-188 分解切应力和
正应力的分析示意图

$$\tau = \frac{F}{A/\cos\varphi}\cos\lambda = \frac{F}{A}\cos\varphi\cos\lambda = \sigma\cos\varphi\cos\lambda$$

式中，$\cos\varphi\cos\lambda$ 称为取向因子，当此因子使 τ 达到临界值 τ_c，宏观上金属开始屈服，所以 $\sigma = \sigma_s$，可以导出，$\tau_c = \sigma_s\cos\varphi\cos\lambda$，或者 $\sigma_s = \dfrac{\tau_c}{\cos\varphi\cos\lambda}$，$\tau_c$ 为临界分切应力，其值取决于结合键的特征，结构类型，纯度，温度等因素，当条件一定时为定值。当 λ 和 φ 都接近 45°时，取向因子取得极大值，σ_s 最低，这个方向称为软位向，在外力作用下最容易发生塑性变形。当 φ 和 λ 之中有一个接近 90°时，取向因子趋近于零，σ_s 趋近无穷大，方向称为硬位向，此时不会产生滑移，直至断裂。

当剪切应力达到临界值时，晶内滑移开始，晶内滑移总是沿某些特定晶面和该晶面上的某特定晶向进行，特定的晶面和特定的晶向称滑移面和滑移方向。滑移面和滑移方向通常是晶体中原子的密排面和原子的最密排方向，因为原子密排面之间的面间距最大，晶面间的结合力弱，滑移的阻力小，所以滑移容易在原子密排面上发生。同样，在原子最密排方向上滑移，遇到的滑移阻力最小。晶体中的滑移面和滑移方向的组合称滑移系，对于常见的不同晶体类型，例如面心立方晶体，体心立方晶体和密排六方晶体的滑移系的数量是不同的。体心立方晶格的原子密排面和密排方向是 {110} 面和 [111] 方向，滑移面是

{110} ×6，滑移方向是 [111] ×2，滑移系是 2 ×6 = 12 个。另外，体心立方晶格缺乏密排程度足够高的密排面，造成滑移面不太稳定，通常低温为 {112} 面，中温为 {110}，高温为 {123} 面，滑移方向很稳定总是 [111]。{112} 晶面族共包括 12 个同方位的晶面，每个晶面上都有一个 [111] 方向，{123} 共有 24 组不同方位的晶面，每个晶面都有一个 [111] 方向，故体心立方晶格结构共有滑移系 [110][1111] + {123}[111] + {112}[111] = 12 +24 +12 = 48 个。同样面心立方晶格中有四个滑移面和三个滑移方向，滑移系是 3 ×4 = 12 个，密排六方晶格的原子密排面滑移面是一个底面，密排方向是底面的三条对角线，滑移系是 1 ×3 = 3 个。显然，尽管一个晶体的晶格有若干个晶体学上完全等价的滑移系，但先滑移的是处于软位向的滑移系。密排六方晶体滑移时，只有一个滑移面，滑移系晶体的位向作用十分明显，而面心立方晶体的滑移面较多，晶体位向的影响不十分明显。

　　晶体的滑移系的数量越多，它的塑性越好，容易发生塑性变形。密排六方晶体（如 Re，Mg）的滑移系很少，塑性较差。体心立方金属（如 Mo）和面心立方金属（如 Al）的滑移系多，塑性变形性能就好。滑移时晶体的一部分沿滑移面相对另一部分发生移动，这种移动不是滑移面两侧的晶体作刚性的相对滑移，而是通过位错的滑移来实现。整体刚性滑移需要的理论临界剪切应力是实测值的 1000 ~ 10000 倍。位错滑移运动所需切应力很低，基本接近实测值。

　　孪晶变形是塑性变形的另一个机理，在孪晶变形过程中，在剪切应力作用下晶体的一部分相对另一部分沿特定的晶面（孪晶面）产生一定角度的切变（即转动）。发生孪晶变形的晶体的位向发生变化，晶体发生孪晶变形的部分称孪晶带，变形部分与未变形部分的分界面称为孪晶面。变形与未变形两部分以孪晶面为分界面成镜面对称。孪晶变形时各层原子平行于孪晶面运动（转动），在这部分晶体中，相邻原子间的相对位移只有原子间距的若干分之一，但多层晶面位移叠加的总位移便可形成比原子间距大许多倍（不一定是整数倍）的变形。此外，孪晶变形需要的最小剪切应力比滑移变形需要的大得多，因此只有在滑移变形很难进行的情况下才会发生孪晶变形。体心立方金属（Mo）只是在低温或受冲击载荷时才发生孪晶变形，Mo-47Re 合金有良好的低温塑性，其原因之一就是在低温下容易发生孪晶变形。

　　多晶体的塑性变形是以单晶体的变形为基础，但比单晶体的更为复杂。多晶体是由形状、大小各异，位向混乱的众多单晶体组成，各个晶粒相当一个单晶体，晶粒之间有晶粒边界。多晶体的变形必然受晶界和晶粒的取向因子的影响。由许多晶粒组成的多晶体，在受外力作用时，分解到软位向滑移面上的分切应力可能已达到临界切应力，引起位错运动而产生滑移。但是对于硬位向来说，分切应力尚未达到临界值，不会引起滑移。

　　多晶体受外力作用，软位向的晶粒可能已经发生滑移变形，而硬位向的晶粒尚未发生滑移。在变形过程中软位向的和硬位向的晶粒共存，相邻晶粒的位向不同，软位向晶粒的变形必然受到相邻晶粒的约束和阻碍，它们之间必须保持协调。在滑移过程中滑移面会转动，滑移方向也不断变化，原先的硬位向可逐渐转变接近软位向，有利于滑移而使塑性变形连续不停，如果向硬位向转变则对变形不利。

　　研究表明，多晶体内的每个晶粒都被相邻晶粒包围，要使多晶体在变形进程中保持连续不断裂，晶体中必须有五个以上的滑移系参与滑移变形，晶粒变形必须与相邻晶粒协调配合，若协调配合不好，则变形难以进行，甚至破坏晶粒间的连续性，导致材料破裂。

多晶体在塑性变形过程中软位向的晶粒先发生滑移，它们变形到一定程度以后就会受到硬位向晶粒的阻碍，除晶面转向以外，需提高外加应力，使得硬位向的晶粒也能达到滑移临界剪切应力，变形可以继续进行。这样软位向和硬位向的晶粒滑移分先后，就造成不同取向晶粒的变形在微观层面上是很不均匀的。

晶粒边界是影响多晶体的塑性变形的另一个因素，因为塑性变形过程就是位错运动的过程，当位错运动达到晶粒边界时，受晶界的钉扎作用，在晶粒边界附近发生位错塞积，需增加外力，使位错越过晶界，当位错运动由一个晶粒传播到另一个晶粒发生多晶体屈服，造成相邻晶粒发生塑性变形。由于位错塞积在晶界附近，在塞积群中的领先位错的前方有很大的应力集中，集中应力的大小是外切应力的 n 倍（n 是塞积群中的位错数目），很大的集中应力有可能引起萌生裂纹核心，在加大外力作用下，核心长大成裂纹，裂纹扩展造成多晶材料发生变形破裂。

8.4.3 恢复和原始再结晶软化

冷变形材料在低温加热退火时发生恢复，恢复可分低温恢复，中温恢复和高温恢复。恢复温度可以用熔点的均化温度 $K(T/T_m)$ 表示。低温恢复 $[(0.1 \sim 0.3)T_m]$ 主要引起点缺陷的变化。冷变形金属含有大量空位和间隙原子，点缺陷运动所需的激活能较低，低温加热时原子会获得一定的能量，它们的活动性增加，扩散能力加强。间隙原子和空位相遇复合，点缺陷扩散到表面或晶粒边界，或者和位错交互作用，造成点缺陷消失，另外空位集结形成空位对或空位片使得晶体中的点缺陷密度下降。

中温恢复 $[(0.3 \sim 0.5)T_m]$ 时随着温度升高，原子的活动能力增强，位错可以在滑移面上滑移或交滑移，使异号位错相互作用而消失，位错密度下降，位错缠绕的胞粒结构内部重新排列组合，使亚晶规整化。恢复温度进一步提高，进入高温恢复（$0.5T_m$ 以上）阶段，在高温恢复阶段主要发生多边化过程。在高温阶段，原子的活动能力进一步增强，位错除滑移以外，还可以攀移，主要机理是多边化。就是冷变形使平行同号位错在滑移面上塞积，致使晶格弯曲，所增殖的位错杂乱无章分布。在高温恢复过程中，这些刃型位错通过滑移和攀移，由原来能量较高的塞积状态变成能量较低的沿滑移面的垂直方向排列的位错壁，形成小角度倾侧晶界，把原先的晶粒分隔成取向稍有不同的亚晶，形成亚晶的这种过程称多边化过程。多边化完成以后，两个或多个亚晶可以合并长大，便亚晶界变得更清晰，位向差更大。

看来，恢复过程点缺陷和位错密度会有些下降，发生恢复的驱动力是储存的变形能下降。由于加热温度较低，原子的扩散距离较短，位错密度并未显著下降，加工硬化的晶粒组织依然存在，材料的电阻率略有下降，塑性会有点增加。图 8-189 是轧制的 Mo-0.5Ti 合金在 900℃/h 恢复退火以后的低温弯曲角和显微组织。图 8-189(a) 变形量为 92% 的 Mo-0.45Ti 薄板弯曲试验的（压头的弯曲半径为 2mm）低温弯曲角与温度的关系，在给定温度下的弯曲角越大，塑性越好。可以看出 900℃/h 恢复退火改善了轧制板材的塑性，在同一温度下轧制状态的弯曲角比恢复的低，这表明恢复处理提高了合金的塑性。由于最高加热温度较低，原子的扩散运动不足以引起组织结构发生变化，因此仍保留了轧制状态的纤维结构。图 8-189(b) 是厚 1.5mm，变形量 95% 的 Mo-0.5Ti 薄板经 800℃ 恢复处理后的显

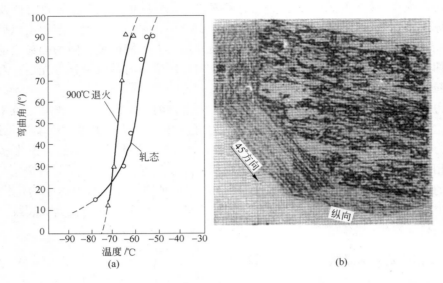

图 8-189　恢复处理对 Mo-0.5Ti 薄板的塑性（低温弯曲角）和显微结构的影响

微组织照片。从恢复温度继续加热，原子的活动能力增强，发生再结晶，金属由纤维状的显微结构变成等轴晶粒结构，晶粒的大小和形状发生变化，而晶格不变，再结晶过程包含再结晶晶粒形核和晶粒正常长大两个阶段。

　　变形量小的金属再结晶晶粒形核机理是晶界弓形凸出机理，变形量大的金属的形核机理是亚晶合并或亚晶迁移形核机理。当金属变形量较小时，金属微观晶粒变形不均匀，造成位错密度不同，如图 8-190（a）、（b）所示。AB 两相邻晶粒中 B 的变形量比 A 的大，B 的位错密度较高，在恢复多边化以后，B 的亚晶晶粒度也较小。为了降低系统的总自由能，在温度合适的条件下，晶粒边界处 A 晶粒中某些亚晶将通过晶界弓形凸出机理迁入 B 晶粒，吞食 B 中的亚晶粒，开始形成无畸变的再结晶晶核。

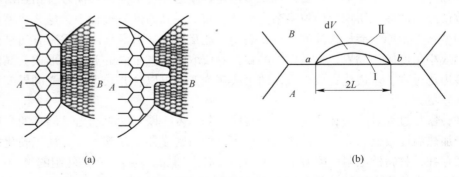

图 8-190　再结晶形核的晶界弓形凸出机理的示意图和分析模型

　　晶粒边界弓形凸出形核机理的能量条件按图 8-190(b)的模型分析，假设凸出的晶粒边界由 Ⅰ 位置移到 Ⅱ 位置，扫过的体积为 dV，其面积为 dA，过程引起的总自由能变化为 ΔG，可令晶粒边界的表面能为 γ，冷变形金属中单位体积的储存能为 E_s，假定晶界扫过的地方储存能全部释放，则弓出的晶粒边界由 Ⅰ 位置移到 Ⅱ 位置时的自由能变化为：

$$\Delta G = - E_s + \gamma \frac{\mathrm{d}A}{\mathrm{d}V}$$

对于一个任意曲面，可定义两个主曲率半径 r_1 和 r_2，当这个曲面移动时，则

$$\frac{\mathrm{d}A}{\mathrm{d}V} = \frac{1}{r_1} + \frac{1}{r_2}$$

如果该曲面为一球面，则 $r_1 = r_2 = r$，故

$$\frac{\mathrm{d}A}{\mathrm{d}V} = \frac{2}{r}$$

因而，若弓出的晶粒边界为一球面时，其过程自由能的变化为：

$$\Delta G = - E_s + \frac{2\gamma}{r}$$

由模型图看出，若弓出弧两端 ab 固定，且 γ 恒定，刚开始阶段随弧 ab 弓出弯曲，r 逐渐减小，ΔG 值变大。当 r 达到最小值 $r_{\min} = ab/2 = L$ 时，ΔG 将达到最大值。此后若继续弓出，r 会增大，ΔG 会减小，过程能自发进行，晶界将自发向前移动。如果一段长为 $2L$ 的晶粒边界，其弓形凸出形核的能量条件要满足 $\Delta G < 0$，即

$$E_s \geqslant \frac{2\gamma}{L}$$

若满足这个条件，在现成的晶界上两点间距为 $2L$，而凸出距离大于 L 的凸起处就会形成再结晶晶核，凸出距离达到 L 需要的时间即为再结晶的孕育期。

大变形量金属再结晶晶核的形成机理是亚晶成核，即亚晶合并和亚晶迁移。在大变形量条件下，位错缠绕形成胞粒结构，在加热过程中容易发生胞壁的平直化，并形成亚晶。相邻亚晶粒偶尔位向相近，两亚晶粒合并，合并后的亚晶粒粒度变粗，亚晶界上的位错密度增加，使相邻的亚晶粒的位向差加大，并逐渐转化成大角度晶界，大角度晶界的迁移率比小角度的更高，故可以迅速移动，在移动过程中清除路径上存在的位错，在它的后边留下无畸变的晶体，形成再结晶的晶核。此外，若形成高位错密度的亚晶界，其两侧亚晶粒的位向差较大，故在加热过程中容易发生迁移并逐步变成大角度晶界，可以作为再结晶晶核。这些亚晶粒本身是在剧烈应变的基体仅仅通过多边化过程形成的几乎无位错的低能量区，低能量区通过消耗周边的高能量长大成为再结晶的有效晶核。

图 8-191(a)、(b) 是未合金化钼和 TZM 在再结晶全过程中的显微硬度和组织变化。由图看出，冷加工金属在高温再结晶退火时，先形成无畸变再结晶晶核，晶核通过边界移动，吞食周围的畸变区，扩大无畸变区，形成无畸变的再结晶新晶粒。边界移动的驱动力是新的无畸变的新晶粒本身和周围有储存能的畸变母体旧晶粒之间的畸变能之差。晶粒边界总是背离其曲率中心向畸变区推进，直到全部形成无畸变的等轴晶为止，完成再结晶。

未合金化钼和 TZM 板的原始组织是纤维状结构 a，再结晶的孕育形核区应当是 ab 区域，开始再结晶时显微组织中出现少许细小等轴晶粒。未合金化钼的开始和终了再结晶温度相应大约为 900℃ 和 1100℃。TZM 大约在 1150~1200℃ 开始再结晶，终了再结晶温度可达 1600℃。

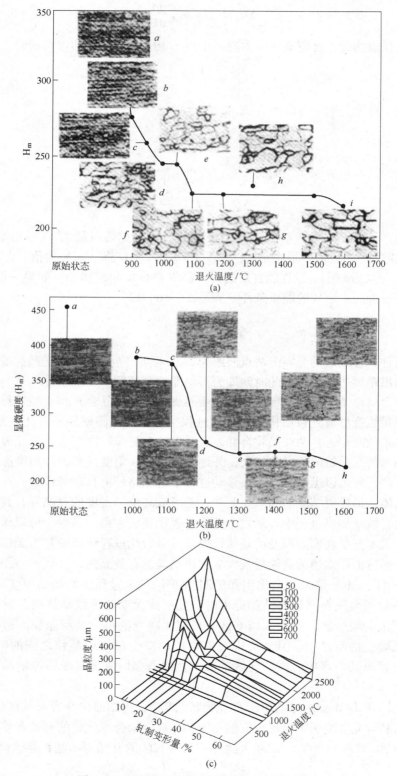

图 8-191   钼和 TZM 的再结晶过程及再结晶图

再结晶过程动力学取决于形核率和长大速率，在恒温下加热，温度对再结晶速率 v 的影响适用阿仑尼亚斯公式，即：

$$v = A\mathrm{e}^{-Q/RT}$$

再结晶速率与产生一定体积分数的再结晶 φ_R 所需要的时间 t 成反比，即 $v \propto \dfrac{1}{t}$，因此下述关系式成立：

$$\frac{1}{t} = A'\mathrm{e}^{-Q/RT}$$

式中，A' 为常数；Q 为再结晶激活能；R 为气体常数；T 为绝对温度，K。若上式两边取对数，用常用对数换自然对数（$2.3\lg x = \ln x$），则可得到下式：

$$\frac{1}{T} = \frac{2.3R}{Q}\lg A' + \frac{2.3R}{Q}\lg t$$

画直线图 $\dfrac{1}{T}$-$\lg t$，直线的斜率就是 $\dfrac{2.3R}{Q}$，可估算出再结晶激活能。

再结晶的过程是再结晶晶核长大吞食周围的变形晶粒而形成无畸变的等轴晶，当畸变晶粒被新形成的等轴晶粒结构全部取代时，再结晶过程就完成。再结晶以后金属的位错密度显著下降，并恢复到冷变形以前的状态，储存的变形能全部释放出，完全消除了冷变形引起的残余内应力和加工硬化现象，金属的强度，硬度和塑性等都恢复到冷变形前的水平，这种过程称原始再结晶，强度性能恢复到冷变形前的水平称再结晶软化。

图 8-191（a）是钼再结晶全过程图看出，全过程分起始再结晶，再结晶和完成再结晶三个阶段。通常强度接近下降 50% 的温度定为再结晶温度，或者，组织完全变成等轴晶粒结构而硬度趋于稳定的温度称作完成再结晶温度。影响再结晶的因素除加热温度，加热速度和保温时间以外，还有原始冷加工变形量和合金元素添加剂。图 8-191（b）是 TZM 的再结晶过程图。a、b 的再结晶过程基本一致。随着退火温度的增高，硬度下降的过程相同。图 8-191（c）是普兰西发表的钼的再结晶图，该图说明钼的再结晶温度，变形量和晶粒度三个参数之间的关系。制作再结晶图所用原料是轧制纯钼板，碳、氧含量相应为 $(5 \sim 6) \times 10^{-6}$，$(20 \sim 23) \times 10^{-6}$。为了再结晶更均匀，原始轧制钼板在 1300℃/h 再结晶处理以后，分别轧制到变形量 5%、10%、15%、20%、25%、30%、44% 和 68%。不同变形量的钼板在 900 ~ 2300℃/h 再结晶处理。研究硬度和观察金相组织，确定再结晶过程是再结晶晶核"原位"长大，吞食相邻的纤维状组织，最终都变成等轴晶粒结构。

图 8-192 是在 982℃轧制的不同冷加工变形量的 Mo-0.5Ti 再结晶退火温度与硬度的关系，图上给出的最大轧制变形

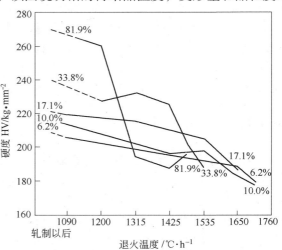

图 8-192　不同轧制变形量的 Mo-0.5Ti 的硬度随退火温度的变化

量81.9%，最小只有6.2%。很明显，变形量越大，完全再结晶软化温度越低，压下量为81.9%和33.8%钼棒的完全再结晶温度分别是1315℃和1535℃。因为再结晶的驱动力是储存的变形能，变形量越大，储存能越多，再结晶的驱动力越大，再结晶温度就低，再结晶速度很快，再结晶后的晶粒很细。由于再结晶过程与储存的冷变形能有直接关系，可以推断烧结钼坯和熔炼铸造钼锭不会发生再结晶，只有给予一定的最小冷变形以后才会有再结晶现象，这个最小变形量称临界变形量（钼大约为10%~15%），在临界变形量的条件下储存的变形能很低，再结晶晶核很少，能长大的晶粒数不多，再结晶退火处理以后晶粒很粗大且不均匀。就钨钼等难熔金属而言，通常开坯温度高达1300~1650℃，开坯变形要严格控制避开临界变形量。

　　合金添加剂对金属钼再结晶行为的影响，前面分析过的 Mo-ODS 的再结晶温度可达1800℃以上，充分反映了稀土氧化物对再结晶的钉扎作用。图8-191是未合金化钼和Mo-TZM 在再结晶退火过程中硬度，显微结构与退火温度的关系，说明钛、锆和碳对钼的再结晶行为的影响。图8-193是 Mo-0.5Ti 和 Mo-TZC 合金（Mo-1.25Ti-0.2Zr-0.15C）的再结晶软化现象的对比。TZC 是含 Ti、Zr和 C 最高的钼合金，是强度最高的钼合金之一。冷变形量80%的 TZC 原始硬度比94%的低，反映变形强化效果，变形80%的 TZC 的再结晶软化速度比94%的慢，表明加工变形量对再结晶过程的促进作用，再结晶软化温度随变形量的增加有一点下降。比较 Mo-

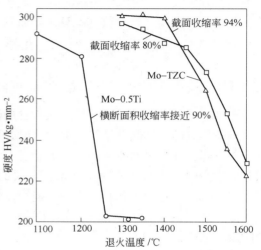

图8-193　Mo-0.5Ti 和 Mo-TZC 的再结晶
软化现象的对比

TZC 和 Mo-0.5Ti 合金，温度升到1250℃、Mo-0.5Ti 已达到最低软化点，而到1600℃，尚未达到 Mo-TZC 的最低再结晶软化点。这表明锆、钛添加剂含量高的合金抗再结晶软化能力比单独加钛的合金的更强。添加剂影响再结晶的实质是，溶质或杂质原子与位错及晶粒边界相互作用，在晶粒边界和位错处偏聚，阻碍位错运动和晶界移动，不利于再结晶晶核的形成和长大，阻碍再结晶过程，提高再结晶温度。

8.4.4　再结晶晶粒长大

　　再结晶以后形成新的无畸变的等轴晶，晶粒直径 d 大小与再结晶晶粒的形核速率 $\dot{N}$ 和长大速率 $\dot{G}$ 之间有密切关系，即 $d \propto (\dot{N}/\dot{G})^{1/4}$。$\dot{N}/\dot{G}$ 的值增加，新晶粒尺寸加大，凡影响 $\dot{N}$ 和 $\dot{G}$ 的因素都影响再结晶晶粒度，温度和变形量是两个主要影响因素。当冷加工变形量超过发生再结晶的临界变形量时，变形量增加，储存变形能增加，再结晶的驱动力加大，$\dot{N}$ 和 $\dot{G}$ 都加大，但 $\dot{N}$ 增大的速度比 $\dot{G}$ 的慢，$\dot{N}/\dot{G}$ 变小，因此加大变形量可使晶粒细化，根据这一特性，利用中间再结晶退火处理可以更进一步获得更细的晶粒结构。提高再结晶退火温度，因为对 $\dot{N}/\dot{G}$ 的比值影响微弱，因而对刚完成再结晶的晶粒度没有太大的影响。但要注意，提高再结晶退火温度，再结晶速度加快，再结晶的临界变形量减小。在难熔金属的钨、钼锻轧开坯时要特别注意这种特性，因为它们的开坯温度很高，临界变形量偏低，一定要控制开坯变形量（通常大于15%），防止产生极粗大不均匀的晶粒结构。

再结晶结束时，金属通常都能得到细小均匀的等轴晶粒结构。若提高退火温度或延长退火时间，会促使晶粒长大。若随退火温度的升高或退火时间的延长晶粒均匀连续长大，称之为正常晶粒长大（原始再结晶晶粒长大），进一步提高退火温度，晶粒不再是连续均匀长大，称为晶粒反常长大，也可称为二次再结晶。从宏观层面上看，晶粒长大时晶界移动驱动力的源泉是界面能的下降，细晶粒晶体的晶粒边界比粗晶粒的多，总界面能高，细晶粒长成粗晶粒使系统的自由能下降，过程是自发进行的。从微观上看，晶粒边界的曲率不同是引起晶界移动的直接原因。实际上，晶粒边界都有不同的曲率半径，在界面弯曲以后，必然会有一个指向曲率中心的表面张力 $2\sigma/\gamma$，力图使界面向曲率中心移动。通常较大晶粒的晶粒边界都向内凸，向外凹，而较小晶粒的晶粒边界向内凹，向外凸，在表面张力作用下，晶界移向曲率中心，必然是大晶粒吞食小晶粒引起晶粒长大。

界面能的下降是晶粒长大的热力学条件，满足热力学条件只说明晶粒有长大的趋势，晶粒能否长大还要满足动力学条件，即晶界的活动性 B，B 与晶界的扩散系数的关系为 $B = D_b/RT$，而 $D_b = D_0 e^{-Q_b/RT}$，晶粒长大动力学与温度是指数关系，温度越高晶粒长大速度越快。图 8-194（a）、（b）是 Mo-0.5Ti 再结晶以后的正常晶粒长大的显微组织照片和三个晶粒边界的 120° 平衡夹角的示意图。

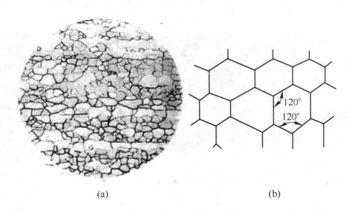

(a)   (b)

图 8-194　Mo-0.5Ti 合金再结晶的正常晶粒长大和平衡晶界的 120° 结构示意图

在某一定温度下晶粒长大到某一极限大小后就不再长大，同时晶粒形状也趋于平衡稳定的十四面体，三晶粒相交于一条直线，它们的二维晶界图互成相等的 120°，交点的张力处于平衡状态［见图 8-194（b）］，最终成均匀的细小的等轴晶。若温度升高，平衡被破坏，晶粒再长大到平衡状态，这种长大过程属于原始再结晶的正常的晶粒长大。

若在更高的温度下退火则会发生二次再结晶，出现反常晶粒长大，或称晶粒不连续长大。反常晶粒长大与原始再结晶的正常晶粒长大不同，它不需要产生新的再结晶核心，二次再结晶只是在某些位向差更有利长大的原始再结晶晶粒处开始。

用原厚 2mm 的热轧钼板研究钼的二次再结晶动力学[59]，经受 1500℃/h 原始再结晶退火处理,钼板(质量分数)含 Ca 和 Mg 均为 10×10^{-6},杂质 Fe $= 50 \times 10^{-6}$、Ni $= 40 \times 10^{-6}$、Si $= 20 \times 10^{-6}$、C $= 10 \times 10^{-6}$、O $= 20 \times 10^{-6}$。板材在高于 10^{-7} Toor(1.33×10^{-5} Pa)真空度条件下退火,退火制度 2000℃/2h、2100℃/15min、2200℃/h、2300℃/30min。70% 变形量的热轧钼板的变形织构和 1500℃/h 原始再结晶的一样,纵轧钼板织构含有 {001}[110],{112}[110] 和 {111}[112] 三个主组分,以及 {001}[100] 一个弱组分。横轧钼板织构含有 {001}[110] 和 {111}[112] 两个主组分。在高温高真空退火以后发生二次再结晶(生成单晶体),晶粒的位向接近 [127][1191](A 型)或 {235}[551](B 型),偶然也有接近 {110}[001] 位向(C 型)。大部分二次再结晶晶粒的位向是在强的原始再结晶 {001}[110] 基体的 [110] 轴附近旋转约 15°(A 型)或 30°(B 型)。A 和 B 型位向的二次再结晶的形核及晶粒长大过程不一样。

二次再结晶的形核机理是 Nielsen 型的晶粒汇集模型,图 8-195 是钼在 2100℃ 经历 15min[图 8-195(a)、(b)]和 20min[图 8-195(c)]退火以后产生二次再结晶核心的外貌图。相邻的原始再结晶晶粒汇集形成了大的晶核,即 Nielsen 的汇集模型,在钼板上表面合适的位置首先形成可能的二次再结晶晶核,见图 8-195(a)、(b),汇集晶粒的位向与有强组分 {001}[110] 的原始基体不同。因此,在尺寸有优势的时候,晶核中只有最大的晶粒在二次再结晶过程中由于反常晶粒长大才会发展成二次再结晶晶粒。二次再结晶形核时间的定义为二次晶粒占据上表面约 5% 面积所消耗的时间。绘制退火温度 K 的倒数与形核时间倒数的双对数图,每个特定位向的二次再结晶晶粒都能得到直线关系。由直线斜率估算 A 型 {127}[1191] 位向的形核激活能为 108kcal/mol,而 B 型位向的形核激活能为 117kcal/mol。图 8-195 下面对应三张示意图表示 Nielsen 的汇集形核示意图。

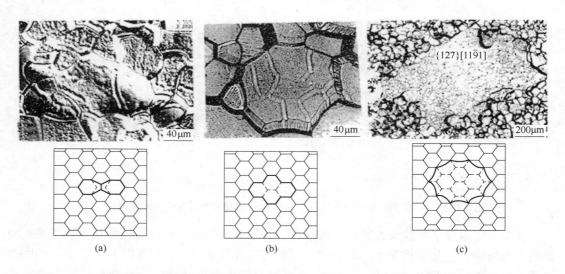

图 8-195　2100℃退火钼板的二次再结晶形核过程和 Nielsen 汇集模型

在二次再结晶过程中晶粒长大的顺序示于图 8-196,该图是 2100℃ 退火 20min、30min、42min 和 75min 钼板二次再结晶的顺序。大的汇集晶粒常常在上表面边沿出现,见图 8-196(a),晶粒首先沿上表面发展,见图 8-196(b),然后向厚度方向穿插,见图 8-196(c),最后生成单晶体,见图 8-196(d)。在板材表面能看到一些大晶粒(岛晶)。二次再

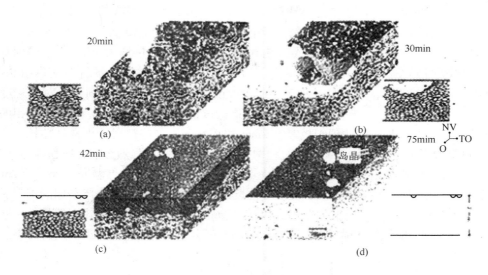

图 8-196　钼的二次再结晶晶粒长大顺序图

结晶晶粒长大激活能的计算，晶粒长大速度 G 定义为 $G = 2/t(cm/s)$，t 是二次晶粒占满全部上表面（$2cm \times 2cm$）所用的时间［对应图 8-196（c）］。绘制 G 和退火温度 K 的倒数双对数图，它们之间呈现直线关系，由直线斜率计算在 2000～2300℃ 范围，A 型和 B 型位向晶粒长大激活能 Q_g 分别为 74kcal/mol 和 82kcal/mol。晶粒长大速度与温度的关系用下式表述：

$$G = G_0 \exp(-Q_g/RT)$$

把 A 型和 B 型位向的晶粒长大激活能 74kcal/mol 和 82kcal/mol 代入 G 式，则

$$G_{A型} = 6 \times 10^3 \exp(-74000/RT) \qquad cm/s$$

$$G_{B型} = 7 \times 10^3 \exp(-82000/RT) \qquad cm/s$$

A 型位向的晶粒长大和形核激活能都比 B 型位向的低，这意味着在二次再结晶过程中，晶粒长大和形核动力学与二次晶粒发展的位向有部分关系。

8.4.5　轧制方式及 CaO 和 MgO 对晶粒长大的影响

在再结晶晶粒长大过程中，"杂质阻碍效应"和"织构阻碍效应"是影响晶粒长大的两大因素，用 CaO 和 MgO 含量不同的厚 12mm 的烧结钼板分析"杂质阻碍效应"，用纵轧和横轧方式研究"织构阻碍效应"。钼板掺杂剂及杂质的含量列于表 8-49[61]。

表 8-49　掺杂和未掺杂钼的化学成分（质量分数）　　　　　　　　　（$\times 10^{-6}$）

试　样	Mg + Ca	Fe	Ni	Si	C	N	O
未掺杂钼	0	30	20	20	10	0	10
掺杂钼	20	50	40	20	10	0	20
	40	30	10	30	10	0	40
	60	50	40	20	10	0	50
	100	30	10	20	10	0	80
	110	50	30	20	10	0	70
	200	40	20	30	10	0	130

　　厚度 12mm 的烧结钼板坯热轧到厚度 2mm，总压下量约为 78%。其中含掺杂剂 Ca + Mg 为 100×10^{-6} 质量分数的厚 2mm 的轧制钼板单独承受 1500℃/h 原始再结晶退火处理，得到再结晶的等轴晶粒结构。随后再纵轧或横轧到厚 0.5mm，变形量均为 70%[60]。厚度 0.5 和 2.0mm 的钼板分别在高真空条件下（真空度不低于 1.33×10^{-5} Pa）进行二次再结晶退火，退火温度 1700~2300℃，时间是一小时。退火温度，轧制方向和掺杂剂含量对晶粒度的影响，见图 8-197(a)、(b)。在 1700~2300℃/h 退火过程中，未掺杂 CaO 和 MgO 的钼的晶粒明显连续长大，最大晶粒度达到钼板厚度 2mm 和 0.5mm，这些都属于正常晶粒长大。而掺杂 CaO 和 MgO 的钼在二次再结晶退火过程中晶粒长大受掺杂剂强烈影响，在临界温度 T_C 以下，受掺杂剂的阻碍作用，晶粒仅稍微有一点长大，但是，达到临界温度 2000℃ 或 2300℃，晶粒发生不连续的突然长大，这属于反常晶粒长大。这表明掺杂剂阻碍掺杂钼的正常晶粒长大，促进反常晶粒长大。横轧的掺杂钼板和未掺杂钼板的晶粒度都比纵轧钼板的粗一些，见图 8-197(b)，这表明纵轧和横轧对二次再结晶晶粒度有一定的影响，即织构阻碍效应。

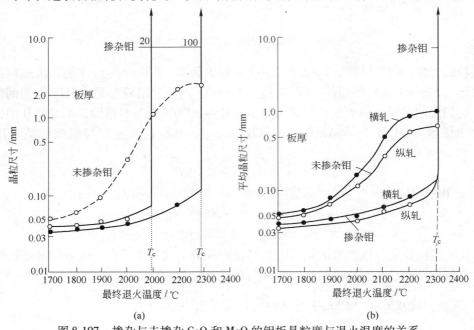

图 8-197　掺杂与未掺杂 CaO 和 MgO 的钼板晶粒度与退火温度的关系

　　根据变形织构和再结晶结构的研究[60]，纵轧掺杂 CaO 和 MgO 的钼板与未掺杂钼板的变形结构包括 {001}[110]，{112}[110] 和 {111}[112] 三个主组分和 {001}[100] 一个弱组分，横轧钼板织构包括 {001}[110] 和 {111}[112] 两个主组分。在 1500℃/h 原始再结晶以后的织构和轧制织构几乎一致。但是，横轧钼板的原始再结晶的主组分的极密度比纵轧的更强更明显，另外，原始再结晶织构的每个组分的强度普遍比轧制织构的低。这个结果是纯体心立方金属织构发展的特性。

　　未掺杂的钼板在 2300℃/h 退火后的织构包括 {001}[110] 和 {111}[112] 两个弱组分以及保留下的原始纵轧和横轧的再结晶织构。这个结果是合理的，因为原始再结晶以后，未掺杂钼只显示出正常的晶粒长大。掺杂钼在 1900℃/h 退火以后，纵轧钼的原始再结晶织构的 {001}[110] 主组分以及 {111}[112] 和 {001}[100] 两个弱组分，横轧钼

板的 {001}[110] 组分及 {111}[112] 弱组分都仍然存在。但是，掺杂钼在2300℃/h 退火以后产生十分不同的织构，纵轧的组分接近 {123}[511] 和 {126}[811]，横轧的组分接近 {123}[121] 和 {126}[1081]。这些组分对应原始再结晶织构的很弱的组分，它们之间的关系为相对于{001}[110]强的原始组分纵轧在 [100] 附近，横轧在 [110] 附近旋转大约15°~30°。2300℃退火以后掺杂钼的织构组分变化的机理是，纵轧的 {123}[511]，{126}[811] 以及横轧的 {123}[121]，{126}[1081] 和强原始组分 {001}[110] 之间的位向差属于大角度位向差。因此，二次晶粒可能的晶核与它周围的 {001}[100] 基体之间形成高活动性边界，在 [100] 或 [110] 轴附近旋转15°~30°的范围内结晶晶粒之间的相对边界能较高。倘若在二次再结晶的早期阶段原始再结晶基体中的高活动性边界是促进晶粒长大的主要因素之一，那么，织构组分与 {001}[110] 差别极大的少数特殊晶粒的晶粒长大速度可能很快。

含掺杂剂（质量分数） 20×10^{-6} 的钼板发生反常晶粒长大的临界温度 T_C 是2100℃，而对应的含 100×10^{-6} 的 T_C 是2300℃。掺杂剂 CaO 和 MgO 含量高的钼板的开始二次再结晶的时间长，图 8-198 给出了掺杂剂含量不同的钼板的二次再结晶的开始时间与退火温度的关系。二次再结晶开始时间仍然定义为钼板上表面全部被二次晶粒覆盖所需时间，见图 8-196(c)。Ca + Mg 含量（质量分数）为 20×10^{-6}、100×10^{-6} 合金

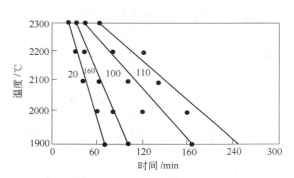

图 8-198　掺杂钼二次再结晶开始温度和时间之间的关系
[图中曲线旁的数字是 Mg + Ca 的总量（质量分数）×10^{-6}]

的 T_C 分别是2000℃和2300℃，这表明掺杂剂的含量对二次再结晶的过程及晶粒反常长大速度有明显影响。

透射电子显微镜 TEM 和扫描电子显微镜的图像观察发现，在1500~2300℃原始再结晶和二次再结晶退火过程中掺杂剂的形貌有明显变化。图 8-199 是 Ca + Mg 含量（质量分数）为 60×10^{-6} 的掺杂钼退火以后掺杂剂的形貌。在经受1500℃/h 退火以后，电子显微镜看到有粒子存在[见图 8-199(a)、(b)]，而且粒子在晶粒边界出现的频次比在基体内更

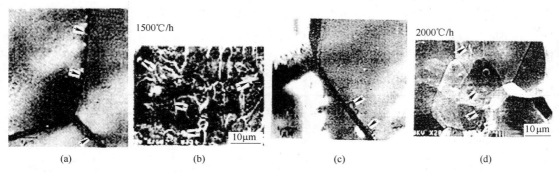

(a)　　　　　　(b)　　　　　　(c)　　　　　　(d)

图 8-199　在1500℃/h 和2000℃/h 退火后透射电镜和扫描电镜观察的粒子形貌
（箭头表示粒子）
(a)，(c) 透射电镜；(b)，(d) 扫描电镜

高。能谱分析指出，这些化合物粒子除钼以外还含有 Ca、Mg 和 Al。在 2000℃/h 退火后 [见图 8-199(c)、(d)]，退火温度刚好低于掺杂钼的二次再结晶温度，化合物粒子只含有 Ca、Mg 和 Mo，虽然粒子的大小和密集度随掺杂剂总量而增加，在 2300℃/h 高温退火以后，透射电子显微镜和扫描电镜的显微组织照片上的基体内几乎不可能看见有粒子。图 8-199 的照片暗示，在温度低于 T_C 时，含 Ca、Mg 和 Mo 的化合物粒子开始钉扎在原始晶粒边界。因为杂质对二次再结晶的阻碍效应，钉扎在原始晶界上的第二相粒子的粗化和溶解（分解）消除了钉扎作用，引起反常晶粒长大。所以在温度超过 T_C 时，粒子几乎完全溶解，因此发生了二次再结晶晶粒的反常长大。掺杂剂浓度越高，第二相粒子溶解要求时间越长，退火温度要求越高。在高真空（真空度不低于 1.33×10^{-5}Pa）条件下，在 $T < T_C$ 时，CaO 和 MgO 粒子钉扎晶粒边界，阻碍正常晶粒长大。$T > T_C$ 时，二次再结晶高温退火引起 CaO，MgO 颗粒的溶解（分解）和偏析粗化，引起突变的不连续的反常晶粒长大。而未掺杂 CaO 和 MgO 的钼在高温退火时，随退火温度的升高晶粒连续长大。

由于掺杂钼的烧结和高温退火所用的环境气氛中的氧分压和氧的扩散率与掺杂剂的热稳定性有关。掺杂 CaO 和 MgO 的钼在氢气和氩气环境中进行烧结和高温退火，氢气中的氧分压为 0.1Pa，水分压 0.5Pa，氩气纯度 99.999%，含 1×10^{-6} 体积分数氧和 5×10^{-6} 体积分数水。研究在保护气氛条件下掺杂剂的行为和二次再结晶的机理发现[62]，在氩气中烧结 2000℃/10min 的钼锭横断面的 X 射线衍射峰的分析确定只有 Mo 和 MoO_2，其中的 MoO_2 是残余氧和钼发生内氧化的产物。在氢气中 2000℃/h 烧结的钼锭的横断面看到有粒子（见图 8-200），粒子的能谱（EDS）峰鉴定是 Ca、Mg、Si 和 Al。表 8-50 列出了在 1000℃/h 氢气中预烧的，2000℃/h 烧结的掺杂钼锭的成分，2000℃/1.25h 退火产生的单晶钼板的氧含量，为了比较表中也列入了未掺杂钼的化学成分。预烧和烧结钼锭相比，脱氧效果是 590×10^{-6}，烧结锭和钼板单晶相比氧含量没有明显变化，这暗示在高温二次再结晶产生单晶过

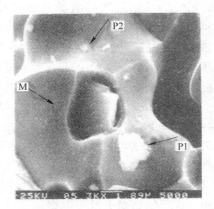

图 8-200　扫描电镜观察到的在 2000℃/h 氢气烧结钼锭中的粒子形貌

程中氧未减少。如果 2000℃氧在钼中的溶解度是 150×10^{-6}，再考虑到形成 CaO、MgO、SiO_2 和 Al_2O_3 需要的总氧量相应是 11×10^{-6}、7×10^{-6}、59×10^{-6} 和 27×10^{-6}，看来烧结锭中的氧含量 240×10^{-6} 似乎是合理的。

表 8-50　钼材的化学成分

钼材状态		杂质及含量（$\times 10^{-6}$）						
		Ca +Mg	Fe	Si	Al	Cu	Cr	O
未掺杂		未测	90	60	30	10	5	210
掺 杂	预烧压块	30+20	90	60	30	10	5	830
	烧结钼锭	28+10	90	52	30	10	5	240
	钼板单晶							270

　　在氢中的二次再结晶过程和真空中一样，表面上某些位向有利的原始再结晶的晶粒汇集成核，晶核通过消耗周围的原始晶粒长大成二次再结晶晶粒或单晶。

　　在二次再结晶退火过程中结构变化，见图 8-201。掺杂钼在氢气中直接通电加热时因为有温差存在，图 8-201(a) 是 2000℃/75min 退火由温差引起的不均匀再结晶试样的低倍照片，有原始再结晶 PR_X 区（L 环）和二次再结晶 SR_X 区（H 环）。原始再结晶的 L 环区的扫描电镜未看到有粒子，而透射电镜见图 8-201(b) 上观察到细小的掺杂剂粒子大部分弥散分布在晶粒边界上，晶界移动扫过粗粒子，一些粗大粒子留在晶界后面见图 8-201(b) 下。H 环区是在原始再结晶和二次再结晶区之间的边界处，扫描电镜就能容易地观察到图 8-201(c) 有粒子存在（箭头指处），能谱 EDS 峰值鉴定粒子是 Ca、Mg 及钼中的固有杂质 Si 和 Al。特别有意义的是用扫描电镜观察二次再结晶形成的单晶钼板，也发现有粒子存在（见图 8-202），能谱峰值分析表明，粒子也含有 Ca、Mg、Si 和 Al。

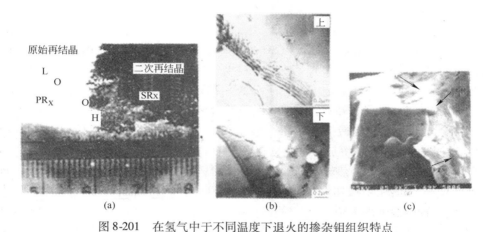

图 8-201　在氢气中于不同温度下退火的掺杂钼组织特点
（a）温度不均匀引起的原始再结晶 PR_X 和二次再结晶 SR_X 区；（b）上图弥散分布在晶界上的细小的掺杂剂粒子，
下图粗粒子留在晶界后面；（c）由 Ca、Mg、Si 和 Al 组成的粗掺杂剂粒子

　　用扫描电镜而不需要用透射电子显微镜就能观察到在氢气气氛中二次再结晶掺杂钼板中的粒子，表明随退火温度的升高掺杂剂团聚长大。成分分析也指出，2000℃/75min 退火并未引起氧含量下降，其他杂质也没有发生明显变化。甚至于在单晶钼板中也发现有含掺杂剂 Ca、Mg 的颗粒。看来，在氢气气氛中二次再结晶过程的直接机理与高真空(1.33×10^{-5}Pa) 条件下的不同，CaO 和 MgO 的分解不是二次晶粒突然长大的直接原因，它的直接原因是在二次再结晶过程中由 Ca、Mg、Si 和 Al 组成的粒子发生了团聚粗化。

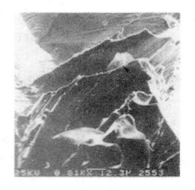

图 8-202　扫描电镜观察到单晶钼板
中的掺杂剂的粒子（箭头指处）

8.4.6　用二次再结晶方法制造大规格钼单晶

　　二次再结晶方法制造大规格钼单晶的粉末原料采用固-液混料工艺，特定品级的 CaO，

MgO 经处理以后加入到稀硝酸中，并用酒精调整到 1g/L 浓度的酒精溶液。粒径 5μm 的 MoO₃ 粉末加入酒精配成 2g/cc 的浆料。将酒精硝酸溶液加入浆料，制备含 CaO 和 MgO 的掺杂混合浆料。为了更好地控制和理解掺杂反应，用热天平（TGA）和示差热分析（DTA）研究了掺杂剂的分解过程[62]，首先在氩气中加热到 700℃，第二在氢气流中加热到 1000℃。图 8-203 是在氩气中加热到 700℃ 的过程中 TGA 和 DTA 的分析曲线，在 650℃ 发生吸热反应，分解反应完全完成。加热到 700℃ 和 1000℃ 热分解产物的 X 射线衍射图表明有 CaO，MgO 和 Ca(OH)₂ 峰，1000℃ 分解产物的 Ca(OH)₂ 峰的强度比 700℃ 的弱。

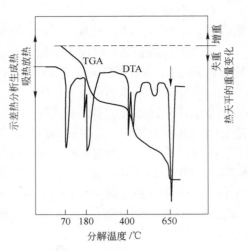

图 8-203   在加热到 700℃ 的过程中掺杂剂的 TGA 和 DTA 的分析曲线

在 1000℃/4h 热分解以后的掺杂剂 CaO、MgO 制成硝酸酒精溶液(Ca,Mg)(NO₃)₂，按总材料重量可单独掺入 CaO 或 MgO，掺杂量（原子分数）都是(30~600)×10⁻⁶，也可以同时掺入 CaO + MgO，掺杂量（原子分数）加倍到(60~1200)×10⁻⁶。最终混合浆料在 300℃ 烘干。

采用二段氢还原工艺制造掺杂钼粉，第一段温度是 500℃，第二段还原温度 1100℃。还原成功的钼粉可压成板坯等成形坯料，在氢气中 1840℃ 烧结成 30mm×50mm×95mm 烧结坯。随后在 1000~1200℃ 热轧，在 300~600℃ 温轧，最终掺杂钼板的厚度为 2mm，总变形量达 80%。用热轧钼板切取 2mm×40mm×200mm 的再结晶处理试样。对于只掺杂 CaO 或 MgO 一种掺杂剂的钼板进行 2300℃/h 再结晶退火，而同时掺杂 CaO + MgO 的钼板则进行 2000℃/h 再结晶退火处理。再结晶退火处理的环境是氢，氩或高真空，真空度要超过 1.33×10⁻⁵Pa。再结晶后的掺杂钼板变成单晶钼板或粗晶粒钼板。为了比较，在相同条件下生产出未掺杂的钼板，同样经受 2300℃/h 再结晶退火处理，它保持细晶粒结构，平均粒径不超过 100μm。除 2mm 厚的同时掺杂 CaO + MgO 的钼板以外，厚度 10mm 的掺杂 CaO + MgO 的钼板，在 2000℃ 再结晶退火处理以后和 2mm 厚的掺杂钼板一样，也形成单晶钼板。

掺杂 CaO + MgO 的钼棒也有钼板同样的再结晶特性，1840℃/h 垂熔烧结的 40mm×40mm×300mm 的方条，经 1000℃ 锻造，再在 600℃ 旋锻成直径 25mm 的圆棒，这种 25mm 的圆棒在真空度超过 1.33×10⁻⁵Pa 的高真空环境下或在氢气中，进行 2000℃/2h 再结晶退火以后，含 CaO + MgO（原子分数）在(100~1000)×10⁻⁶ 的掺杂棒变成了单晶钼棒，而 CaO + MgO 含量（原子分数）为 60×10⁻⁶ 和 1200×10⁻⁶ 的掺杂钼棒变成了粗晶粒棒。

根据资料[63]，用有一定变形量的加工态掺杂多晶体钼板、棒、丝、方断面棒和管件进行高温再结晶退火处理，可以很容易生产出相应的粗晶粒或单晶钼制品。单晶钼板尺寸可达(0.1~100)mm×(5~100)mm×(50~1000)mm，单晶钼丝和钼棒的直径 0.1~100mm，长度 50~1000mm。图 8-204 是未掺杂钼板和掺杂 20×10⁻⁶(Ca + Mg)（质量分数）的钼板在 2300℃/h 再结晶退火处理后的显微结构，掺杂钼板形成单晶体，而未掺杂钼板是多晶体结构。

未掺杂粗晶钼板

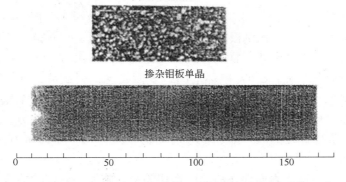

掺杂钼板单晶

图 8-204　在 2300℃/h 再结晶退火处理以后掺杂和未掺杂钼板的典型显微组织照片[64]

用二次再结晶工艺制造的钼单晶体有特别好的高温，低温塑性和弯曲加工性能，各种性能与表面的岛晶尺寸及热处理，表面状态和位向有一定关系。在 −196 ~ 100℃ 范围内研究了不同位向的 900℃/h 退火的，表面抛光的和 1200℃/200min、1400℃/30min、1500℃/20min 渗碳处理的单晶钼板的屈服应力，弯曲角与温度的关系[64,65]，弯曲屈服应力定义为弯曲角为 2° 时的应力。为了比较也研究了同样处理状态的多晶体钼板的同样性能。

退火单晶钼板 −100℃ 的弯曲角和渗碳多晶体的一样，但是渗碳单晶体在 −100℃ 能经受 140° 的弯曲角。在 −196℃，抛光和 1500℃/20min 渗碳单晶钼板的弯曲塑性相当于或超过消除应力退火的多晶体的塑性。在弯曲破坏以前退火单晶钼板没有发生塑性变形。图 8-205 给出了不同处理状态的单晶钼板和多晶钼板的屈服应力与温度的关系，随着温度下降单晶体的屈服应力明显增加，曲线的变化趋势和多晶体的一样，不过单晶的屈服应力绝对值比多晶体的更低。渗碳单晶的屈服应力比退火的或抛光的要稍高一点。

图 8-206 是不同位向的渗碳单晶的典型载荷-挠度曲线，A 的拉伸轴位向接近 [110]

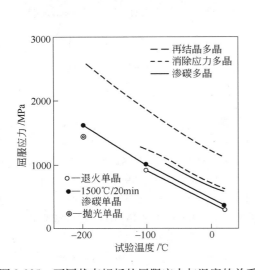

图 8-205　不同状态钼板的屈服应力与温度的关系

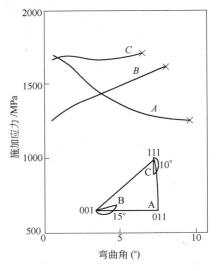

图 8-206　不同位向的渗碳单晶在
−196℃ 的载荷-挠度曲线

方向，B 位向是从［100］向［110］偏 15°，C 是从［111］向［110］偏 10°。低温 − 196℃的断裂应力和弯曲角的测量表明，位向对断裂应力或塑性没有明显影响，但是不同位向渗碳单晶的变形行为是有区别的。A 的比例极限很高，但没有应变硬化。B 的比例极限低，有明显的应变硬化。C 的比例极限和 A 一样高，应变硬化处于中等水平。

用高倍扫描电镜观察在 − 196℃破坏的断口表面发现，裂纹从试样表面开始，因为外表面施加的应力最大，然后沿特定的解理面扩展。所有退火试样及一个抛光试样的裂纹都从表面的岛晶开始，而渗碳试样的裂纹开始于岛晶以外的表面其他地方。退火的，抛光的和 1200℃/200min 渗碳试样的断口表面没有沉淀物，而 1400℃/30min 和 1500℃/20min 渗碳断口上看到碳化物。

试样的断裂行为与试样表面存在岛晶有密切关系，施加的外应力能容易沿基体和岛晶间的界面引起表面开裂或分离。渗碳处理给单晶钼板添加少量碳，能明显提高断裂应力，碳含量质量分数在（10 ~ 27）× 10^{-6} 之间试样的断裂应力没有明显区别。断裂应力提高的原因是添加的碳强化了岛晶和基体之间的界面。渗碳单晶的裂纹不必要从岛晶开始，可以在岛晶以外的表面其他地方开始就证实碳强化界面。退火单晶的塑性差，在破坏以前没有发生塑性变形，表面抛光除去 0.15 ~ 0.20mm 厚表层或渗碳可以提高它的塑性。在 − 196℃的低温下，退火钼单晶板的断裂应力随岛晶尺寸的缩小呈双曲线规律上升，而渗碳的断裂应力与岛晶尺寸没有明显关系，见图 8-207。

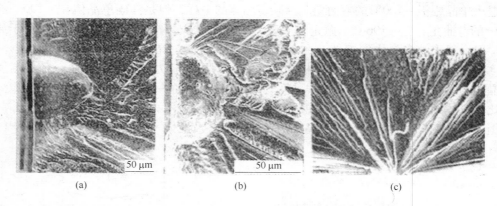

(a)   (b)   (c)

图 8-207   退火的、抛光的和渗碳钼单晶板在 − 196℃弯曲时裂纹起始位置
（a）退火；（b）抛光；（c）渗碳

参 考 文 献

［1］ 五十岚-廉. 强韧 Mo 合金の系谱［J］. まてりぉ（Material Japan）2002，41(5).

［2］ H. H. 莫尔古洛娃. 钼合金［M］. 徐克珐译. 北京：冶金工业出版社，1984.

［3］ M. Semchyshen The Metal Molybdenum［M］. ed by J. J. Harwood. ASM Cleveland，1958.

［4］ A. D. Zumbrunnen GRAIN REFINEMENT AND IMPROVED DUCTILITY IN MOLYBDENUM BY SMALL BORON ADDITIONS［J］. J of the Less-Common metals 1964，7：356.

［5］ YutakaHIRAOKA et al. Mechanical properties of Mo single crystals Producted by mean of secondary Recrystallzation J. of Nuclear Mater［J］. 1985，133-134：332.

［6］ K. Tsuya and N. Aritomi On the effects of vacuum annealing and carburizing on the ductility of coarse-grained

Molybdenum[J]. J of the Less-Common metals 1968, 5: 245.

[7] A. J. Mueller et al. Evaluation of Oxide dispersion strengthened (ODS). Mo and Mo-Re alloy[J]. Inter. J. Refrac. metals & Hard Mater. 2000, 18: 205.

[8] T. G. Nieh et al. Molybdenum & Molybdenum alloys[M]. Edited by A Crowson 1998.

[9] W. D. Klopp Mechanical properties of E-B-M Molybdenum and dilute Mo-Re [J]. Metallurgical Tran. 1973, 4(8): 2006.

[10] 吕忠. Mo-Re 合金板材研究[J]. 难熔金属科学与工程, 陕西科技出版社, 1991.

[11] 邢英华. 热处理对 Mo-Re 合金组织和性能的影响[J]. 稀有金属材料与工程, 1998, 27.

[12] R. Eck in proc 11th plansee [J]. semisar Vol2.

[13] J. R. Stephens et al Alloy softening in ⅥA metals Alloyed with Rhenium J. less common metals[J]. 1971, 23: 325.

[14] W. D. Klopp A review of Cr, Mo and W Alloys[J]. j less-common metals 1975, 42: 261.

[15] J. R. Stephene Alloy HARDENING AND SOFTENING IN BINARY MolybDENUM ALLOY AS RELATED TO ELECTRON CONCENTRATION[J]. J. less-common metals 1972, 29: 371.

[16] T. E. Mitchell and P. L. Raffo , can. J. phys. [J]. 1967, 45: 1047.

[17] E. T. Teatum et al Los. Alamos Scientific Lab. Rept[J]. LA-4003 December 1968.

[18] W. B. Pearson A Handbook of lattice spacing and struc of metals and alloys[M]. Vol1, Pergamon Press Oxford 1958.

[19] W. B. Pearson A Handbook of lattice spacing and struc of metals and alloys[M]. Vol1, Pergamon Press Oxford 1967.

[20] H. Ocken et al Phase equilibria and Super conductivity in the Molybdenum-Platinum system[J]. J. less-common metals 1968, 15: 193.

[21] Metals Handbook[M]. Cleveland 1948, 1444.

[22] J. TWaber et al. Prediction of Solid Solubility in Metallic alloys[J]. Trans. Met. Soc. AIME. 1963, 227(3): 717.

[23] С. Е. Лунден Рефкоземельные металлы[M]. 1965, 254.

[24] 吕忠, 等. 粉冶 Mo-W 合金的生产工艺和性能[J]. 难熔金属文集, 1980(3).

[25] J. P. Thomas et al. High temperature PM-Molybdenum alloys[J]. R & HM 1985, 133.

[26] Leonid Bendersky et al the effect of substructure on creep properties of Mo-5W alloy High [J]. temperature-high pressures 1981, 13: 511.

[27] Eli Freund et al The effect of thermo mechanical treatment on the failure characteristics of Mo-5% W alloy [J]. High temperature-high pressures 1986, 18: 143.

[28] D. Agronov et al Effect of Thermo Mechanical treatment on the Creep Strength of dispersion hardened TZM Alloy[J]. Intern. J. Refract. &Hard Metals1984, 3: 132.

[29] W. H. Chang Effect of Ti and Zr on Microstructure and Tensile Properties of Carbide-Strengthened Mo alloys Transactions of the ASM[J]. 1964, 57: 527.

[30] И. Б. Левин итдСтруктура И Свойства Жаропрочных Молибденовых Сплавов МИТОМ[J]. 1989 (11): 40.

[31] W. H. Chang The effect of Heat Treatment on strength properties of Mo-Base alloys [J]. Transactions of the ASM 1963, 56: 107.

[32] S. M. Tuominen et al Properties of PM Molybdenum-Base Alloys Strengthened by Carbides [J]. R&HM June 1982.

[33] KeiTh JLeonard et al Microstructure and mechanical properties changes with aging of Mo-41 Re and Mo47.5 Re alloys[J]. of nuclear Materials 2007, 366: 369.

[34] Joachim H Schneibed Mechanical properties of Ternary Mo-Re alloys at room temperature and 1700K[J]. Sceipta Materialia 2008, 59: 131.

[35] J. A. Shields. American Institute of Physics[M]. 2005, 835.

[36] W. D. Klopp et al Strengthening Mo and W Alloys with HfC[J]. J. of Metals[J]. 1971, 27.

[37] Peter L Raffo STUDY of Mo-HF-C ALLOYS PROPERTICE NASA-TN-D5025[J]. NASA-TN-D5052[J].

[38] Peter. L. Raffo THERMOMECHANICAL PROCESSING OF Mo-Hf-C ALLOYS[J]. NASATN-D 5645.

[39] Peter L Raffo The strain aging in the carbide-strengthened Molybdenum Alloys[J]. NASA-TN-D5355 July 1969.

[40] Peter L Raffo the strain Aging of Mo-Ti-C alloys during creep and tensile test NASA-TN-D5169[J]. April 1969.

[41] 栗下裕明. Mo-TiC 共晶复合材料机械性质[J]. 日本金属学会志[J]. 1980, 44: 396.

[42] Shoji Goto Stability of Lamellar structure in a Mo-TiC Eutectic Composite under a Low vacuum at High temperature[J]. Transaction of the Japan Institute of metals 1987, 28(7): 550.

[43] Hiroaki Kurishita Measurement and Analysis of the Strength of MO-TiC Composites In the Temperature Range 285~2270K[J]. Transaction of the Japan Institute of metals1987, 28(1): 20.

[44] Yutaka Hiraoka Strengths and ductility of Mo-TiC alloys after secondary recrystallization[J]. International Journal of Refractory & hard Materials 2003, 21: 265.

[45] K. Tokunaga et al High heat load properties of TiC dispersed Mo alloys[J]. Journal of Nuclear Materials1997, 241-243: 1197-1202.

[46] O. kubaschewski Metallurgical Thermochemistry Pergamon pross.[M]. 5th ed., 1979, 378.

[47] T. Takida. et al. Role of dispersed particles in Strengthening and Fracture Mechanisms in a Mo-ZrC alloy processed by Mechanical Alloy[J]. Metallurgical and Materials Transations A[J]. 2000, 31A: 715.

[48] Yoshiharu Fukasawa et al Very high temperature creep behavior of powder metallurgically produced Mo alloy[J]. High Temperatures-High pressures 1986, 18: 329.

[49] Clear A. H. et al. Creep behavor of Molybdenum Single crystals[J]. Acta Metal 1970, 18: 367.

[50] А. К. НАТАНСОНА МОЛИБДЕН[M]. Москва Металургия 1962, 247.

[51] P. Falbriard et al Refractory Materials Likely To be Used in the NET Divertor Armour[J]. Refractory Metals & Hard Materials1991, 10: 37.

[52] B. V. Cockeram The Machanical properties and fracture mechanisms of wrought low carbon cast, TZM, and oxide dispersion strengthened Mo flat products[J]. Mater. Soc. & eng. 2006, 418A: 120.

[53] Robert Bianco et al ODSMo in the Molybdenum & Molybdenum alloys[M]. Edited by A. Crowson 1998.

[54] ZhouMeiling(周美玲等). A Study of the properties of Mo-La$_2$O$_3$ thermionic electron-emission material[J]. High Temperatures-High Pressures 1994, 26: 145.

[55] K. S. Lee THE WORKABILITY AND DUCTILITY OF MOLYBDENUM ARC MELTED WITH SMALL AMOUNTS OF SCANDIUM[J]. J. less-common Metals 1984, 99: 215-224.

[56] Motomu Endo et al The effect of doping molybdenum wire with rare-earth elements[J]. High Temperatures-High Pressures 21: 129.

[57] Leichtfried G Advances in Powder Metall. & Parti.[M]. Mater. 1992, 9: 123.

[58] 王惠芳, 等. 钼板坯性能的研究[J]. 熔金属科学与工程, 1991, 10: 141, 159.

[59] T. Fujii et al Secondary Recrystallization Kinctics in Molybdenum sheet[J]. J. Less-Common Metals 1984, 99: 77.

[60] T. Fujii et al Effects Rolling Procedures on the development of Annealing textures in Molybdenum Sheets[J]. J. Less-Common Metals 1984, 97: 163.

［61］ T. Fujii et alOREPARATION Of A LARGE SCALE Mo SINGLE CRYSTAL SHEET BY MEANS OF SEC-ONDARY RECRYSTALLIZATION［J］. J. Less-Common Metals，1984，96：297.

［62］ Myoung KiYoo et al. Secondary Recrystallization of Molybdenum Sheet Doped With CaO and MgO under Hydrogen Atmosphere［J］. Int. J. RM&HM，1995，13：195.

［63］ Fujii et al. USPT 4491560［J］. 1985.

［64］ Yutaka Hiraoka et al BEND PROPERTIES OF MOLYBDENUM SINGLE-CRYSTAL SHEETS PRODUCED-BY THE SECONDARY RECRYSTALLIZTION METHOD［J］. J. Less-Common Metals［J］. 1984，97：99-108.

［65］ Yutaka Hiraoka et al ORIENTATION DEPENDENCE OF THE LOW TEMPERATURE BEND PROPERTIES OF MOLYBDENUM SINGLE CRYSTALS PRODUCED BY THE SECONDARY RECRYSTALLIZATION ［J］. J. Less-Common Metals 1984，97：109.

钼和钼合金应用的基本原理

9.1 国防领域中的典型应用

9.1.1 固体燃料火箭发动机

　　火箭发动机的燃料有固态燃料和液体燃料两大类，液体燃料包含有燃烧剂和助燃剂两个组分，它们都是液体物质。发动机点火以后靠它们的燃烧化学反应释放出的能量推动火箭向前飞行，燃烧火焰的温度不特别高，发动机的结构材料和功能材料的工作环境并不特别苛刻，对材料的耐热性的要求相对较低。而固体燃料与液体燃料不同，固体燃料的燃烧剂和助燃剂都是固体粉末状物质，在燃烧反应过程中以及燃烧反应的最终产物中包含有大量的高速粒子，因此固体燃料火箭发动机的结构材料的工作环境特别恶劣，除了要耐高温以外还必须能抗高速热粒子流的冲刷。因此，固体燃料火箭发动机的材料研究一直备受关注，材料的水平决定了火箭的技术参数，决定了火箭导弹的战斗能力。

　　仅仅就耐高温而言，能抗固体燃料火箭发动机高温环境的材料有金属材料，金属陶瓷材料，碳（石墨）-碳复合材料几大类，表9-1列出了几种耐高温材料的熔点，表中所列的各种材料的熔点与发动机的工作温度相比，它们都可以用做发动机的候选结构材料。但是，由于陶瓷及金属陶瓷的脆性及加工困难，批量制造发动机的陶瓷零件尚有许多技术难题需要突破。

表 9-1　几种金属陶瓷的熔点

材料名称	熔点/℃	材料名称	熔点/℃	材料名称	熔点/℃	材料名称	熔点/℃
Huff	3890	TiC	3250	W	3410	Mo	2620
TaC	3880	ZrC	3180	Re	3180	Nb	2470
NbC	3500	MgO	2800	Ta	3000	石墨	3620（升华点）

　　固体燃料火箭发动机的结构零件目前集中应用金属材料，在金属中几个难熔金属的熔点最高，它们是首选材料，而铌，钽，铼的资源较少，成本较高，不宜大批量制造发动机的零件，钨，钼及其合金是发动机的最佳选用材料。图9-1给出了Mo-W状态图，图上标出了火箭发动机的燃气下限温度范围，可以根据图上标注的温度范围选择火箭发动机高温结构零件用的钼、钨及其合金材料。

　　在固体燃料发动机中用钼钨合金做燃气舵片、隔热屏，燃气舵片的安装基座及各种紧固件。袖珍形火箭发动机的动力喷管及姿态喷管等。这些零部件的质量及工

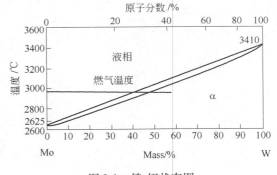

图 9-1　钨-钼状态图

作可靠性决定了火箭的飞行轨迹及导弹的命重率及打击精度，因此，对材料的质量及加工性能要求极苛刻。固体燃料的燃烧产物中含有 N_2、CO、CO_2、HCl 及 Al_2O_3 等，燃气出口理论速度可达 $2400 \sim 2600m/s$，出口压力约为 $90 \sim 100kPa$，温度大约可达 $2200 \sim 2350K$，燃气工作持续时间要达到 $22 \sim 80s$。对于钨、钼制件的抗氧化能力的要求不做特殊规定，但对工作过程中的面积烧蚀率需严格限制，要求不得超过临界值。面积烧蚀率的定义为燃气舵片工作以后的绝对烧蚀面积/伸入燃气流中的面积，见图9-2，该图是固体燃料火箭发动机中的舵片安装位置图。一台发动机装四组燃

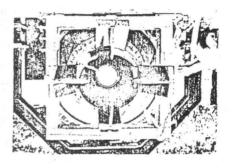

图9-2 燃气舵片的安装图[1]

气舵，舵片装在喷管后面，固定在基座上，包括有热屏蔽保护板及各类紧固件。舵体可以绕舵轴旋转摆动，变换舵片的工作面与燃气流的相对方向，改变燃气流的流向，调整火箭的飞行方向和前进的姿态。燃气舵片插入燃气流，处在燃气的最高温度区间内，直接遭遇固体燃料燃烧产生的高速高温粒子（Al_2O_3）流的冲刷，工作条件最为苛刻。其他燃气舵组件处在燃气流边缘和外侧，它们的工作温度比舵片的低，工作环境比舵片的优越一点，在火箭的飞行过程中它们只受高温燃气流辐射加热，不受高速高温粒子流的正面冲刷。

火箭发动机点火后，燃气舵片在极短的时间内以极快的加热速度升到 $2200 \sim 3300℃$，要求材料能抗强烈的热震，膨胀系数要小，塑性要高。燃气舵片的形状极复杂，工作面都是不同曲率半径的圆弧面的组合，要求材料能适应各种不同加工工艺。

钼和钼合金，锻造未合金化钼和 Mo-0.5Ti-0.08Zr-0.023C（TZM），用真空自耗电极电弧熔炼的钼锭经热挤压并锻造的厚钼板坯，或者用粉末冶金工艺生产的钼板坯经锻造再热轧的厚钼板，用这两种工艺生产的钼板可以经机加工直接制造出燃气舵片。这两种舵片在工作30s，面积烧蚀率已达到约 $12\% \sim 14\%$，工作时间超过60s，面积烧蚀率高达约 $50\% \sim 60\%$。

用温轧工艺生产厚约 $15 \sim 12mm$ 的钼板做热屏蔽板，冷轧厚 $0.5 \sim 1.0mm$ 的钼板做挡热流密封件，它们工作60s以后，外形完好无损，图9-3是工作60s以后的热屏蔽板的外观。燃气舵片机组用的安装紧固件的要求除耐热性以外，还必须具有特别好的机加工性能，满足大批量自动化生产工艺流水线的安排。用粉末冶金工艺生产钼锭，用专门的锻造生产工艺，生产直径 $14 \sim 20mm$ 的钼棒，用它们做各种紧固件。钼棒的室温强度和塑性性能配合极佳，强度极限可达 650MPa 以上，伸长率超过30%，它的机加工性能可以和普通不锈钢的性能相比。

用粉末冶金工艺生产的厚板坯不经热轧锻加工，直接用做燃气舵片的热屏蔽板，其工作可靠性不及热轧锻的厚钼板。热锻轧厚板的热屏蔽板在工作60s以后，表面光滑，没有产生任何新缺陷。直接烧结的热屏蔽板在同样条件

图9-3 固体燃料火箭发动机中的热屏蔽板烧蚀后的局部外貌

下工作 60s，在表面产生许多龟裂，裂纹都集中在安装固定点附近，这些裂纹都是在加热过程中产生的，显然，飞行器在工作过程中产生的裂纹对飞行安全是一个极大的隐患。分析裂纹产生的原因认为，直接烧结的热屏蔽板在工作过程中受燃气的高温作用产生二次重烧结。实际上，钼及钼合金的常用烧结温度是 1800～2050℃，而燃气流的实际温度根据对燃气舵片的烧蚀情况推断，可能接近并超过钼的熔点 2625℃，在如此高温的燃气作用下，虽然作用时间短，也可能产生二次烧结收缩。由于固定安装点受机械约束，不能自由收缩，附近就会产生大量内应力，而烧结料的抗拉强度较低，最终在安装点周围产生许多微裂纹。用热锻轧板代替烧结板，这类龟裂现象彻底消除。

钼-钨合金，钼和钨合金是连续固溶体（见图 9-1），合金的熔点随钨含量的增加而升高，用粉末冶金工艺生产钼-钨合金，特别是高钨合金的锻造性能较差，烧结坯的锻造几乎都不成功。燃气舵片用的钼-钨合金都用真空自耗电极电弧熔炼工艺生产合金铸锭，铸锭热挤压开坯以后再锻造成舵片坯料。钼-钨合金做燃气舵材料，其抗烧蚀性能应当比钼合金优越。Mo-30W 合金的熔点升高到 2850℃以上，其抗烧蚀性能比 TZM 优越，在工作时间不超过 30s，含钨 25% 的 Mo-25W 合金的面积烧蚀率为 14%～16%，钨含量增加到30% 的 Mo-30W 合金的面积烧蚀率降到 5%～6%，烧蚀时间超过 60s，面积烧蚀率达到20%。看来钨含量提高有利于改善燃气舵片的抗烧蚀性能，Mo-30W 燃气舵片烧蚀后的外貌看出，舵片的烧蚀均匀，没有集中烧蚀区见图 9-4。

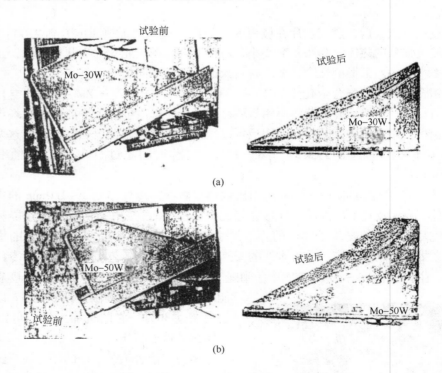

图 9-4   钼-钨合金燃气舵片的烧蚀前后的形貌
（a）Mo-30W；（b）Mo-50W

当钨含量增加到 50% 时，Mo-50W 的熔点超过 3000℃，这种合金的热加工性能很不好，挤压和锻造都很困难，但采用合适专门的工艺，用真空自耗电极电弧熔炼的 Mo-50W 铸锭经挤压开坯，成功的锻成了燃气舵片。在锻造生产舵片时，考虑到只是舵片的前缘受的冲刷侵蚀最为严重，提高前缘的抗冲刷性能尤为重要，加大前缘的变形量提高舵片前缘的强度，能提高前缘的抗冲刷性能。实际锻造燃气舵片的坯料不是厚度均匀的六面体，而是采用辊杆锻造工艺，由前缘到后缘的厚度连续增加，前缘最薄，后缘最厚，外形好似一个楔形块。用这种坯料做成的燃气舵片，其前缘的抗冲刷性能会有所改善。用熔炼法制造的舵片，工艺流程长，材料的回收率低，舵片的成本很高。为了降低成本，采用粉末冶金工艺直接烧造舵片的坯料，用烧结坯料直接机加工成舵片成品，省去了中间的多道热加工工序。

试验表明，熔炼和粉末烧结的舵片工作时间在 30s 以内，它们的面积烧蚀率相应为 5% 和 7%，当烧蚀时间超过 60s 时，面积烧蚀率达到约 12%。与其他钼合金相比起来，Mo-50W 的烧蚀率最低，另外，由于熔炼辊锻的 Mo-50W 舵片的密度及强度都比粉末烧结的高，它的烧蚀率比粉末烧结的低。另外还发现，熔炼的辊锻舵片前缘烧蚀均匀，光滑。而粉末舵片的前缘烧蚀呈锯齿状，不均匀烧蚀。由于熔炼并热挤压开坯再辊锻的 Mo-50W 的强度，密度均比直接烧结舵片的高，因此，它的抗烧蚀性能比烧结的高。由于在采用粉末冶金工艺时，钼粉和钨粉直接固-固混料，混料可能会有不均匀现象，钨粉偏析高的局部地区抗烧蚀性强，而钼粉偏析高的区域烧蚀严重，因而烧蚀不均匀，舵片前缘出现锯齿状表面。图 9-4 是熔炼钼-钨合金燃气舵片在实用燃气流中烧蚀前后的外貌照片。根据对熔炼 Mo-50W 合金的研究可知，这种合金的晶粒很细，在快速升温时抗热震性能极好，没有发生晶间脆裂。

难熔金属中钨的熔点最高 3410℃，用纯钨做燃气舵应当有最好的效果。用粉末冶金工艺生产高纯钨板坯，在 1550 ~ 1600℃ 热轧，热轧的道次变形量在 15% ~ 20%，总变形量 70%，在轧制过程中很容易分层开裂。热轧厚钨板燃气舵片在真实燃气流中烧蚀很长时间（超过 60s），面烧蚀率不超过 5%。仅就抗烧蚀率而言，热轧钨板是最好的燃气舵片材料。但是，由于钨的硬度和强度很高，在室温环境下很脆，机加工很难。在烧蚀试验结束以后，在多组燃气舵组件中有一片舵体发生中间开裂，裂纹是在什么时候产生的没有深究，分析应当是在停机冷却过程中产生的，因为裂纹的棱角及表面没有被冲刷现象，人为地把开裂的两部分合并时，啮合程度比较紧密。如果真在试验中产生裂纹，在高速燃气流的喷吹下，舵片在转动一定角度以后应当被吹飞，开裂的两部分不应当仍然连在一起。除一片舵片开裂以外，其余各舵片的表面只有轻度烧蚀，没有产生其他妨碍使用的缺陷。

比轧制钨板更好的金属材料可能是钨-铜合金，该合金是钨-铜两相复合材料，是假合金。在高温燃气流的作用下铜可能受热变成铜蒸气，吸收熔化热和汽化热降低舵体温度（即所谓发汗冷却），提高钨-铜材料舵片的抗热烧蚀性。钨-铜和轧制钨板相比，它的最大优点是机加工性能特好，可以用常规的机加工工艺制造形状极复杂的燃气舵舵体。在真实的燃气烧蚀条件下，钨-铜舵的 30s 面积烧蚀率约为 6%，超过 60s 的面积烧蚀率达到 12%。当然，用钨-铜合金做燃气舵也存在一点问题，由于铜和钨是机械混合物，混合物的机械强度较低，两组元的混合可能不均，铜组元的烧蚀比钨更剧烈，舵体的烧蚀不均匀，前缘烧蚀面出现烧蚀台阶，图 9-5 是钨-铜舵片烧蚀前后的外观。

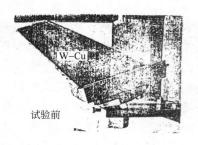
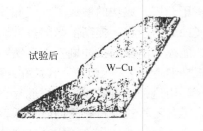

图 9-5   钨-铜燃气舵片 1 : 1 模型试验前后的外观

短程战术导弹用燃气舵片做姿态控制元件，另外还有用钼板旋压小钼喷管做姿态控制喷口。一些更小型飞行器用锻造未合金化钼棒和 TZM 棒直接机加工成袖珍型动态喷管，其直径可能只有 20 ~ 40mm。锻造钼棒的工艺控制极为特殊，产品晶粒度控制在均匀的ASTM8 以上，室温伸长率达到 35% ~ 45%，横断面收缩率 55% ~ 45%，强度要达到或超过 600MPa。用这种强度和塑性性能配合极佳的锻造钼及钼合金棒可以直接加工制造喷管和其他耐高温，抗冲刷的火箭发动机用零部件。图 9-6 是固体燃料火箭发动机用钼喷管的外形。

图 9-6   火箭发动机用钼喷管

9.1.2   钼药型罩内衬

9.1.2.1   药型罩的基本概念

钼药型罩内衬是一种有广泛市场前景的新产品，是一相当新的研究领域。在民用方面它可用于石油探井，武器工业应当主要是制造穿甲装备。

早在 1888 年美国矿冶工程 L. E. Munroe[2]进行了药型罩内衬试验，证明了穿孔爆炸子弹的横断面和靶上形成的最终孔洞尺寸之间的关系，药型罩现象常被称做"Munroe 效应"。凹孔引起爆炸产物聚焦，结果穿透深度比用其他方法得到的更深。如果爆炸孔洞有金属固体材料内衬，靶上的爆炸穿透深度比没有内衬的同样药型罩的爆炸穿透深度更深。X 射线长焦距辐射闪烁照相的研究指出，在起爆的时候，冲击波逐渐瓦解金属药型罩内衬，从内表面产生能量极高的固体物质射流，见图 9-7。

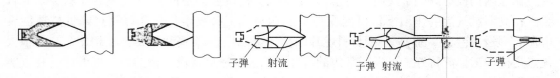

图 9-7   金属药型罩内衬瓦解并形成射流的代表性示意图

因为强爆炸，震动波引起金属内衬的压力达到 100GPa 数量级，它超过了材料强度几个数量级，因此，一级近似，认为靶材和射流的黏度及强度可以忽略不计，虽然这两种材料都没有熔化，但是做出这种假设可以把射流和靶之间的相互作用处理成不可压缩的黏性流体的流动问题。早在 1940 年期间，研究了冲击射流的简单的穿透动力学基本理论，应用稳态系统的伯劳力（Bernoulli）方程，可以指出，射流的总穿透深度是靶材和射流相对密度以及射流长度的函数，用下式描述：

$$P = L \left(\frac{\rho_j}{\rho_t} \right)^{\frac{1}{2}}$$

式中，P 为射流的总穿透深度；L 为射流的累积长度；ρ_j 为射流的密度；ρ_t 为靶材密度。

由于射流顶尖和根部之间有速度梯度的结果，在射流中止成粒子之前，与靶距离很远的地方射流是充分伸展的。当射流在中止以前达到它的最大长度时，那么这一点就为最大穿透深度。虽然模型是简单近似的，最终简化的射流穿透理论完全保持上述靶材和射流相对密度与穿透深度之间的关系，这两项是主导穿透深度的要素。

药型罩内衬的主要性能要求是高密度，声波传导速度快。铜一直是药型罩内衬的经典材料，它的密度是 8.93g/cm³，体声速达到 3.94km/s，铜的机加工成形性能也特别好。为了取得更快速连续的射流顶尖，希望体声速更快，为了提高穿透能力，需要提高药型罩内衬材料的密度。除铜以外，钼是制造药型罩内衬非常有希望的材料，它的密度比铜高，体声速比铜快。钼的理论密度为 10.2g/cm³，体声速达到 5.124km/s。根据对药型罩内衬材料的性能要求，钼内衬比铜内衬更好。已经证明，钼用做弹头前驱是有利的，因为这部位高速连续的射流顶尖是特别重要的，而深穿透能力是次重要的。为了使药型罩内衬产生深厚装甲穿透能力，在射流变成粒子以前紧绷的药型罩内衬射流必须保持很长的长度，因此，重点强调必须产生高射流塑性。内衬材料的选择除要求有高密度，快的声波传播速度以外，还要求材料有高熔点，在快速拉伸时具有足够的塑性。钼的和铜的熔点分别为 2620℃ 和 1083℃，钼的熔点比铜的高约 1540℃，在快速拉伸时钼有很好的塑性。根据经验，能达到的射流的最快尖部速度与材料的体声速有关系，最快的流入速度 v_f 大约等于 $1.23c_o$，c_o 是在准静态条件下的声速，纵向声速是材料的固有性质，冶金加工不能使它改变。通常，在高温，高应力，高应变条件下，在内衬瓦解过程中，准静态声速和材料的性质有怎么样的精确关系尚了解不深。总之，在铜内衬的基础上，以钼代替铜做药型罩内衬，内衬射流的塑性应当能够提高。

钼药型罩内衬射流的塑性，根据研究确定，可靠的射流长度应考虑粒子的形状，射流中止时间与参数 $\left(\frac{\Delta m}{\Delta v} \right)^{1/3}$ 成比例[3]，参数 $\left(\frac{\Delta m}{\Delta v} \right)^{1/3}$ 和 $\left(\frac{dm}{dv} \right)^{1/3}$ 与体积参数有密切关系，通过试验或模拟得到的数值与多种药型罩的中止时间有非常好的关系。Δm 和 Δv 的数值是射流部分的射流质量和速度差。对于一个典型的药型罩而言，$\frac{\Delta m}{\Delta v}$ 基本不随时间变化。用这种类型的射流中止时间公式来说明射流塑性的特点，瞬时确切表达公式：

$$t_b = Q \left(\frac{dm^*}{dv} \right)^{\frac{1}{3}} \qquad dL_b = t_b dv = Q \left(\frac{dm^*}{dv} \right)^{\frac{1}{3}} dv$$

式中，t_b 为射流中止时间；L_b 为中止时的射流长度；Q 为材料的塑性参数，$dm^* = \frac{dm}{\pi}$。如果采用射流的平均信息数据，最终的近似公式如下：

$$t_{\mathrm{b}} \approx \overline{Q}\left(\frac{\Delta m^{*}}{\Delta v}\right)^{\frac{1}{3}} \quad 和 \quad L_{\mathrm{b}} \approx \overline{Q}\Delta m^{*1/3}\Delta v^{2/3}$$

用药型罩的直径 D 均匀化处理，两边除以 D，给出了不同弹头比例尺寸的各药型罩数据的简单的比较方法。图 9-8 是高质量的和低质量的铜射流塑性与钼药型罩试验结果的对比，比较结果清楚地指出，钼的射流塑性与高质量铜射流的塑性非常接近。

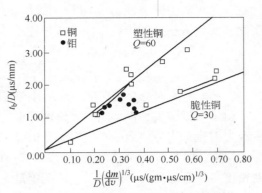

图 9-8　高质量的和低质量的铜射流塑性与钼药型罩的试验结果的比较[4]

用长焦距三重闪烁辐射照相全面评估各种钼内衬的射流塑性，试验装置产生的最快射流顶尖的速度达到 12.0km/s，图 9-9 是在 140μs 时的辐射照片，看到射流有清晰的塑性特征。总体而言，所有试验研究结果都表明，射流顶尖附近区域的塑性很高，并伴随有细长的颈缩粒子。在低速射流处，粒子的颈缩减少，直径很粗。在射流尾部低速射流区域附近，射流很脆，粒子外形短粗，几乎没有发生颈缩。由于沿射流长度射流特定行为发生的这种变化。因此，可以把射流速度与射流由塑性变成脆性联系起来，存在有塑-脆性转变速度 DBTV。测量最前面的具有明显特定脆性行为粒子速度来决定塑-脆性转变速度 DBTV。塑-脆性转变速度 DBTV 应当是设计结构和内衬材料性质的函数。因此，报道的不同结构状态的塑-脆性转变速度 DBTV 只适用于被试验的结构或结构类型。射流的累积长度的计算，由射流的尖端到粒子速度降到 3.5km/s 的路径算做射流的累积长度。

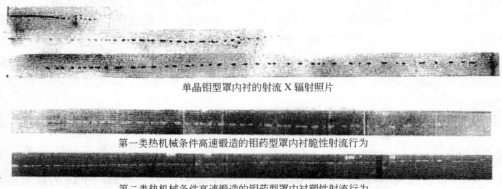

单晶钼型罩内衬的射流 X 辐射照片

第一类热机械条件高速锻造的钼药型罩内衬脆性射流行为

第二类热机械条件高速锻造的钼药型罩内衬塑性射流行为

图 9-9　单晶和不同工艺高速锻造钼药型罩内衬射流的辐射照片

研究在药型罩高速度变形条件下钼的应力-应变特性，在准静态和动态拉伸，动态压缩条件下研究未合金化钼的机械性质，钼药型罩内衬在火药爆炸冲击波的作用下产生的应变速度非常快，崩裂成射流。有三个本征方程可以描述动态应变，应力，温度及应变速度的关系，即 Johnson-Cook（JC）模型，Zerilli-Armstrong（ZA）模型，和机械门槛应力模型（MTS），其中 JC 和 ZA 模型的本征方程描述如下，JC 模型：

$$\sigma = (A + B \cdot \varepsilon_p^n)\left(1 + C\ln\frac{\dot{\varepsilon}}{\dot{\varepsilon}_0}\right)\left[1 - \left(\frac{T - T_r}{T_m - T_r}\right)^m\right]$$

式中，A、B、C、n 和 m 为试验导出的常数；T_r 为参比温度（K），通常是室温，在该温度下得到常数 A 和 B；T_m 为熔点；ε_p 为塑性应变；$\dot{\varepsilon}_0$ 为参比应变速率，通常是 1/s，在该应变速度下得到常数 A 和 B，$\dfrac{\dot{\varepsilon}}{\dot{\varepsilon}_0}$ 可以用无因子应变速率 $\dot{\varepsilon}^*$ 表示。

体心立方金属的 ZA 模型的本征方程为：

$$\sigma = C_0 + C_1 \cdot \exp(-C_3 \cdot T + C_4 \cdot T \cdot \ln\dot{\varepsilon})C_5 \cdot \varepsilon_p^n$$

本征方程可以利用 Hall-Petch 关系（$\sigma_0 + kd^{-1/2}$），式中的无热项 C_0 变成与晶粒度 d 有关系，d 是平均晶粒度。ZA 模型假定加工硬化速率和温度及应变速率没有相关性。ZA 和 JC 两个模型应用了应力-应变的幂函数关系，这表示在大应变情况下连续加工硬化不会达到饱和应力，就是说这两个模型预测在无限大应变情况下的无限大应力。

用小尺寸试样（标距尺寸 $\phi2.0mm \times 8.0mm$）做准静态和动态拉伸试验，用 $\phi5mm \times 5mm$ 的试样做动态压缩试验。由应力-应变试验回归定出方程中的各常数，可以用本征方程预测钼的应力-应变行为。研究在室温下应变速度为 0.01、1 和 400/s 以及在 100℃、200℃和 400℃，应变速度为 1/s 的条件下的应力-应变性质。由应力-应变曲线导出的 JC 方程的各常数见表 9-2。图 9-10 是不同应变速度的室温试验应力-应变曲线以及 JC 方程的计算值。三个不同应变速度的应力-应变曲线都呈现有屈服下降，降落以后未见加工硬化现象，拉伸速度最快的曲线对应的屈服应力最高。

表 9-2　由试验的应力-应变导出的 JC 方程的常数

常数项	A	B	C	n	m
数　值	820MPa	140MPa	0.045	0.065	0.485

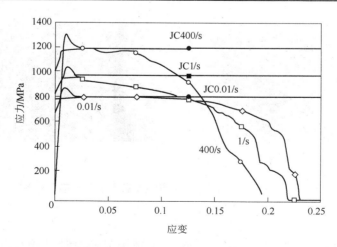

图 9-10　未合金化钼在应变速率为 0.01/s、1.0/s 和 400/s 时的室温应力-应变曲线

◆●■—JC 模型计算图；□○◇—试验应力-应变曲线

加工量为 20% 的 Mo-C 合金板的高速压缩和准静态压缩试验的应力-应变曲线绘于图

9-11，最低试验温度是 – 196℃，最高温度达到 1000℃，准静态最慢压应变速度是 0.001/s，动态最快压应变速率达到 3800/s，由图可以看出： – 196℃/1000/s、25℃/2000/s、200℃/3300/s、400℃/3800/s 四条曲线的屈服应力对温度和应变速率都很敏感，大部分应力-应变曲线在屈服以后立刻发生适度的应力降落，应力降落的幅度强烈地依赖应变速率。在屈服以后大多数曲线都有应变硬化特征。

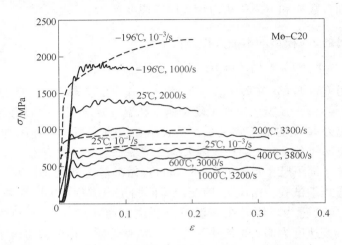

图 9-11　Mo-C 板材准静态和动态压缩应力-应变曲线

高速拉伸（400/s）试验以后未合金化钼的试样是塑性断裂，断口的扫描电镜照片见图 9-12，由图 9-12(a) 看到断裂面上有大量的塑性变形和断面收缩，并有"X"形的空洞，图 9-12(b) 是图 9-12(a) 的局部放大图，显示有大量的似纤维状的塑性变形及明显的塑性形貌，比较深的孔洞是对应图 9-12(a) 图"X"处。未合金化钼在动态拉伸时是塑性断裂，能满足药型罩内衬对材料的要求。

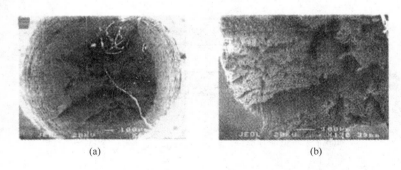

(a)　　　　　　　　　　　(b)

图 9-12　400/s 拉伸时未合金化钼的塑性断裂的扫描电镜图[4]

9.1.2.2　钼药型罩内衬的制备

铜的性质和钼的性质有很大的区别，钼药型罩内衬的设计结构与铜的差异很大，图 9-13 是最佳化设计的锥形钼药型罩内衬与喇叭形药型罩内衬的对比照片。

钼药型罩内衬材料的选择和制造工艺的确定原则是保证材料有细小的等轴晶晶粒，产生高塑性的药型罩内衬射流。用钼单晶直接加工锥形药型罩，设计单晶内衬的垂直轴是

[111]，但实际药型罩的垂直轴与［111］偏离9°，爆炸试验表明钼单晶药型罩的射流特别脆，有大量径向辐射粒子，可以见图9-9。

高能高速锤锻造工艺，锻造坯料是真空自耗电极电弧熔炼的钼锭，用高速锤直接把钼铸锭锻造成药型罩内衬的坯料，为了减少成本也用粉末冶金工艺烧制钼锭。总共爆炸锻造五次，即可锻成接近药型罩内衬净成形的锻坯。虽然，钼药型罩内衬坯料在高速锤产生的高应变速率下有特别好的锻造性，但是仍要仔细操作，防止产生拉伸裂纹。通过对坯料的再结晶研究，确定了获得细小的再结晶晶粒度

图9-13 最佳设计锥形和喇叭形
钼药型罩内衬照片[4]

（12μm）必需的热机械加工条件。未再结晶退火处理的坯料组织是特别细长的带状晶粒，再结晶退火处理后是细的接近等轴晶的晶粒织构。调整退火制度和冷加工变形量，生产出符合四种不同热机械加工条件的内衬锻件坯料。用电子衍射研究穿过内衬的结构，每种类型的锻坯选一个内衬锻件制取织构试样，试件取自锻件底上25.4mm和顶下25.4mm。高速锻造的内衬锻坯的结构研究结果汇总于表9-3。

表9-3 高速锤锻造药型罩内衬坯料的结构研究

热机械加工条件	顶下25.4mm			底上25.4mm		
	织构指数	织 构	极密度/mrd	织构指数	织 构	极密度/mrd
1	2.3	$\{111\}[\bar{1}10]$ $\{111\}[\bar{1}01]$ $\{100\}[011]$① $\{112\}[\bar{1}10]$	19 14 14 5	2.3	$\{111\}[\bar{1}10]$① $\{100\}[010]$① $\{100\}[011]$①	15 19 7
2	1.9	$\{111\}[\bar{1}10]$ $\{100\}[011]$ $\{112\}[\bar{1}10]$	11 10 10	1.9	$\{111\}[\bar{1}10]$① $\{100\}[021]$① $\{112\}[\bar{1}10]$	12 11 4
3	1.6	$\{111\}[\bar{1}10]$ $\{100\}[011]$ $\{112\}[\bar{1}10]$	6 9 5	1.7	$\{111\}[\bar{2}11]$① $\{100\}[011]$① $\{112\}[\bar{1}10]$	7 7 4
4	1.5	$\{111\}[\bar{1}10]$ $\{100\}[011]$① $\{112\}[\bar{1}10]$ $\{115\}[\bar{1}10]$	4 8 5 6	1.7	$\{111\}[\bar{2}11]$① $\{100\}[012]$① $\{112\}[\bar{1}10]$ $\{115\}[\bar{1}10]$	10 9 3 4

① 垂直纤维。

用慢速拉伸试验研究高速锻造药型罩内衬坯料的准静态强度性质，拉伸试样取自内衬坯料从顶到底一半的地方，试样端头指向内衬坯料的顶和底。拉伸试验结果列于表9-4，数据表明，第三种热机械加工条件生产的坯料的伸长率最高。按这四种热机械加工条件高速锻造的药型罩内衬的射流的塑-脆性转变速度DBTV及射流的累积长度也列于表9-4，第

三和第四两种热机械加工条件生产的高速锻造药型罩内衬射流的塑性最好，第三种条件生产的射流塑性稍微更好一点，它是迄今得到的钼的最好的射流塑性，和许多铜药型罩射流塑性一样好。

表 9-4　高速锻造药型罩内衬坯料的准静态拉伸强度

热机械加工条件	屈服强度/MPa	强度极限/MPa	伸长率/%	横断面收缩率/%	塑-脆性转变速/km·s^{-1}	射流长度/mm
1	659.4	750.3	24.0	52.0	7.2	711
2	487.1	629.5	27.4	35.0	5.6	750
3	633.8	710.4	31	47.0	3.9	906
4	673.2	748.3	26.2	32.2	4.1	884

用高纯钼粉生产的粉末冶金烧结锭经高速锻造产生的药型罩内衬坯料的塑性趋势和铸造的一样，图 9-14 给出了粉末冶金工艺和真空自耗电极电弧熔炼工艺生产的高速锻造药型罩内衬的显微组织照片。粉末冶金工艺生产的晶粒结构似乎要细一点，晶粒度约为 15μm。

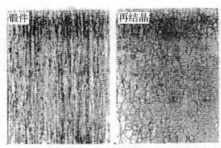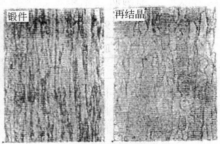

真空自耗电极电弧熔炼工艺生产的钼铸件　　　粉末冶金工艺烧结的钼锭

图 9-14　粉末冶金工艺和真空自耗电极电弧熔炼工艺生产的高速锻造药型罩内衬的显微组织的对比

强力旋压，用粉末冶金工艺和真空自耗电极电弧熔炼工艺生产的轧制钼板都进行了旋压药型罩内衬的加工研究，通常铸造钼的晶粒粗大，为了细化晶粒，必须赋予钼材更大的加工变形量。强力旋压试验表明，因为铸造钼板晶粒粗大，旋压效果令人非常失望。用粉末冶金工艺生产的钼板，预热温度超过 500℃，可以进行强力旋压。

旋压的锥形内衬的金相研究显示，沿内衬的厚度和由顶到底的晶粒结构都有明显的变化，图 9-15 是旋压内衬底的三分之二处的显微组织，它主要是加工态的纤维状结构。照片指出，外表面的加工态晶粒结构比内表面的更细更密实，这意味着，沿着厚度方向金属受到的加工程度是不同的。

观察从旋压内衬顶到底的晶粒结构的变化特点，在内衬顶部附近有加工态的和细小的再结晶晶粒（8 ~ 10μm）的两种分布模式。沿内衬长度旋压成形温度可能有变化，结合内衬材料加工变形量的区别，在顶部附近区域可能已经导致发生了动态再结晶。为了确定强力旋压内衬产生完全再结晶晶粒结构的最佳条件，进行了内衬的热处理研究。热处理试样切取自内衬底部附近的区域，该区域是代表最强纤维结构区。热处理试样在 1020℃、

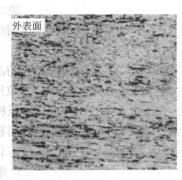

图 9-15 旋压成形钼内衬底三分之二处的纤维状晶粒结构（×400）

1040℃和1060℃真空退火一小时，随后通氩气快速冷却到室温。由于沿厚度方向加工结构的不同，只是在最低温度下退火的内衬外表面发生了完全再结晶，见图9-16，内衬的主要部分仍然是有明显的有方向性的晶粒结构。在较高的温度下退火，晶粒变得更不均匀，一些晶粒发生晶粒长大，另一些晶粒仍然拉得很长。

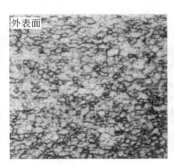
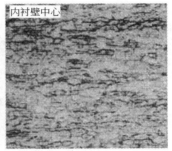

图 9-16 1020℃退火的旋压药型罩的显微组织（×400）
（外表面有完全再结晶结构，内衬壁中心保留加工态结构）

从强力旋压变形的过程可知，在旋压过程中钼板多次受到压力弯曲，和多次剪切变形，才最终和旋压芯棒靠紧，形成和芯棒外形一致的旋压成品。由旋压变形的特点推论，旋压总变形量不足以在内衬厚度方向提供均匀的再结晶，即使在粉末冶金钼产品加热处理的情况下，再结晶晶粒也不均匀。但是，在强力旋压的流动变形过程中，厚板材受剪切变形，形成内衬的形状，给钼板引入更大的变形，即板材受到更高度的加工，因此，这有助于为再结晶提供足够的驱动能量。

药型罩内衬的加工工艺路线选择的原则是赋予工件足够的内能量，确保再结晶晶粒度均匀细小，最终保证射流的塑性。强力旋压温加工成形的钼药型罩内衬未给予钼有足够的能量来驱动退火过程中的再结晶。用强力旋压工艺生产的药型罩内衬似乎不太可能取得均匀的完全再结晶晶粒度，强力旋压工艺是生产药型罩的最方便的方法之一，如何改善保证晶粒结构的均匀性需要仔细研究。

挤压棒直接机加工成药型罩内衬，为了生产具有均匀细小等轴晶粒结构的药型罩内衬，用挤压钼棒直接机加工内衬。用粉末冶金工艺制造高纯金属钼的原始坯样，钼粉的平均粒度是4μm。为了材料达到接近理论密度，并具有细晶粒结构，烧结坯料承受挤压加工，挤压速度人为控制很慢，这样可以控制挤压温度，也就能控制挤压棒的细晶粒结构。

　　为了说明显微结构的特点，用一根挤压棒进行金相研究，横断面上的晶粒结构认为是相当细的，约为5μm，同时在材料表面有一些粗晶粒。发现纵断面上晶粒形貌在挤压方向上被拉长，长径比近似2：1，有一些晶粒很细，粒径约为3～5μm。挤压棒加工的钼药型罩内衬的厚度方向上的晶粒结构是相当均匀的，可见图9-17。显微结构与粉末粒度和挤压速度有关系，关于粉末粒度与烧结坯晶粒度的关系在本书前面第二章已有详细论述，此处不再重复。挤压速度影响挤压过程中挤压坯的温升，也就影响晶粒的粗细，挤压速度越快，温升越高，晶粒长大变粗，挤压速度的控制是很重要的。

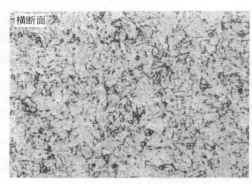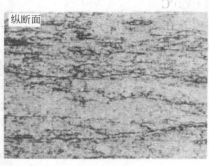

图9-17　挤压棒加工的药型罩内衬的横断面和纵断面的显微组织照片　（×400）

　　挤压棒机加工的45°药型罩内衬在惰性气体中，承受一小时不同温度的退火处理。结果取得了相当均匀的等轴晶粒结构，1150℃/h退火后不同放大倍数的显微组织照片见图9-18。退火以后的晶粒结构是相当等轴的，伴有一点方向性，这种轻微的有向性与挤压方向有关。平均晶粒度约为20μm。

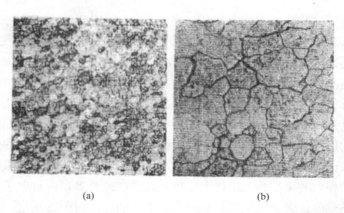

(a)　　　　　　　　　　(b)

图9-18　挤压棒加工的钼药型罩内衬在1150℃/h退火后不同放大倍数的近似等轴晶粒结构
（a）×100；（b）×400

　　粉末冶金工艺直接净成形的药型罩内衬，惯用的粉末冶金工艺可以生产与药型罩内衬形状一样的净成形坯料。用平均粒度为 6μm 的高纯钼粉压成近似药型罩内衬形状的坯料并在氢气中高温烧结致密化，最后把烧结内衬坯料加工到药型罩最终的尺寸公差。

烧结药型罩内衬的金相研究发现，晶粒结构是均匀分布的等轴晶，如图 9-19 所示。平均晶粒度约 30μm，内衬试样的显微硬度测量表明，烧结药型罩的硬度比挤压棒机加工的硬度约降低 14%。这些事实指出，粉末冶金压形烧结工艺生产的药型罩内衬的优点是它的性能处于完全的软化状态。

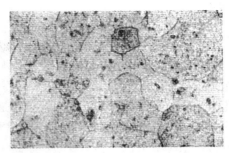

图 9-19　粉末烧结药型罩内衬的
等轴晶粒结构（×400）

在钼的各种坯料生产工艺中，可能用于生产钼药型罩内衬的方法包括有，挤压棒直接机加工，或者进行适当的退火处理，粉末冶金工艺直接生产近净形状药型罩坯料，高速高能锻造和常规锻造成形，钼板强力旋压，钼板中温深拉，热等静压（HIP）成形处理，钼单晶体机加工等等。这些方法都要求给坯料施加大变形量，提供足够高的变形能，这些储存的变形内能在随后的再结晶退火处理时能提供足够的再结晶驱动力，促进得到均匀细小的等轴晶粒结构。目前看来加工态的坯料中以挤压棒机加工的药型罩内衬最有希望代替铜药型罩内衬。粉末净成形工艺能容易得到细小的等轴晶粒结构，它不要进行再结晶退火处理。用最基本的设计结构，包括 45° 锥形内衬进行点火射击试验，说明每种内衬的特点。在 F.H 爆炸室内进行射击试验，借助伸展射流的闪烁 X 射线辐射照相说明射流的特征，在初期的 50～100μs，和后期的 350μs 都进行了辐射照相。表 9-5 列出了挤压棒加工的和粉末烧结的药型罩内衬的中止参数，为了比较该表也列出了标准设计的细晶粒铜药型罩内衬相同的数据。

表 9-5　挤压棒加工的和粉末烧结钼药型罩内衬的伸展射流的特征

参　数	材料及加工路线			
	挤压机加工的钼内衬	挤压并 1150℃ 退火的钼内衬	粉末冶金压形烧结净成形钼内衬	细晶粒标准设计的铜内衬
累积射流长度/mm	1041.0	955.45	933.0	1008.0
最终中止时间/μs	92.6	89.7	83.2	100.8
平均中止时间/μs	98.4	95.64	88.4	107.9
塑性粒子速度/m·s⁻¹	108.76	107.4	110.1	85.0
射流的粒子数	97	93	90	79
平均粒子的长径比	6.5:1	5.35:1	5.18:1	4.5:1
内衬材料的晶粒度/μm	5	20	30	10.0

表 9-5 点火射击试验的数据表明，锥形钼药型罩内衬能产生塑性断裂的射流，射流的累积长度及粒子的长径比和细晶粒（12μm）标准设计的铜内衬产生的射流累积长度和粒子的长径比相当。试验结果指出，内衬材料的晶粒度与药型罩射流的中止参数之间，特别和射流的累积长度和中止时间之间有直接关系。钼和铜内衬射流都有这种

特性。

9.1.3　核聚变反应堆

核能是未来的主要能源，其中核裂变反应释放出的能源已被广泛利用，其中在快中子增殖反应堆的后处理工厂用钼管做液态碱金属的传输通道，因为钼抗碱金属的腐蚀性能特别好。另外一种核能是聚变能，氢弹是不可控的聚变反应，是一种破坏性极强的能量释放。另外一种就是正在研究的可控核聚变反应，即托克玛克 Tokamak 装置，这是未来取之不尽用之不竭的能源。核聚变反应堆的第一壁材料是在高温，高热载荷和高辐照条件下工作，可试验选用低 Z 的碳，铍材，也可选用中 Z 的钛以及高 Z 钨和钼等，我们重点论述高 Z 的钼及钨。

9.1.3.1　高 Z 材料在核聚变试验装置中的问题

众所周知，核聚变反应堆的壁材料对每个试验装置中的磁控等离子的行为有巨大的影响。原先在使用碳，硼和铍等低 Z 材料已使得现代的大型托克玛克取得了巨大的成功，这些重要成就对核聚变反应堆研究历史做出了重大贡献。然而，建核聚变反应堆仍然存在有许多问题和工作。其中包括怎样保持高温稳态等离子，怎样延长各种结构件的时间寿命，如等离子正面构件（PFC）的寿命，抗 D-T 燃烧产生的中子辐照构件的寿命，这些问题在未来的核聚变反应堆中是非常难解决的问题。直到现在，从芯部等离子的参数最大化的观点出发，人们一直努力使碳基低 Z 材料最佳化。另一方面，对高 Z 材料一直缺乏系统研究，结果导致数据非常贫乏，特别涉及等离子心的撞击数据就更少。在 ITER（International Thermonuclear Experimental Reactor）设计中，在操作开始阶段，为了使等离子体的污染最轻，推荐用石墨基低 Z 材料做调节器片和保护第一壁。但是，同时要正视等离子体正面构件（PFC）的试验和发展，其中包括在物理阶段过程中进行高 Z 材料试验。例如钼，它是装甲瓦片的主要候选材料，因为碳的腐蚀速度快，和热导率下降，迫使人们要频繁更换装甲，这是一件很难的工程事件。

当然，最近碳/碳复合材料的研究取得了进展，它的热导率高，抗热震性强，强力促进降低表面温度，但是不能抑制中子辐照引起的热导率的损伤。铍的安全问题和低熔点是不能避免的。因此，即使高 Z 材料缺乏系统研究，未来的机器不能 100% 的依赖于低 Z 材料。从材料的观点出发，多数难熔金属的问题是塑性不好，抗热震性差。但是，经多年的研究，难熔金属材料科学已经取得了许多重要成果，钼的塑脆性转变温度已降到室温以下，这意味着现在可在室温以下加工钼材，高 Z 材料可用作等离子体正面构件 PFC。

高 Z 材料在各种 Tokamaks 中的试验，为了得到核聚变反应堆中的等离子体芯的优良参数，首先要知道高 Z 材料的真正问题是什么。高 Z 材料的主要问题之一是约束等离子体上的撞击辐射损失。为了得到安全可靠燃烧条件，在等离子轴上的高 Z 材料的离子浓度必须小于 10^{-4}，这个数据是计算预测，没有太多的试验数据能定量指出要求的浓度极限。杂质粒子的总密度依赖等离子体正面构件上产生的离子速度，等离子体刃边的盾牌效应和向等离子体中心的流动（堆积程度）等。可能需要对每个过程进行全面了解，以便找出解决它的方法。从实践的观点出发，研究高 Z 材料杂质的最终目的是要知道高 Z 离子浓度的极限门槛值，以及为了保证杂质浓度低于这个极限需要改变操作条件，因为高于此门槛值D-

T 燃烧就不能继续不断地进行。

研究各种不同优秀限制设计，检验高 Z 杂质在不同试验装置中的堆积，在优秀的限制设计中与高 Z 杂质相关的最严重的问题之一是在优秀的限制方案中杂质在等离子体心部的堆积。早先 ASDEX 发现的称"H-模式"优秀的限制设计方案，首次用钛调节器片和不锈钢壁，这就意味着用中 Z 和高 Z 壁进入"H-模式"基本上不存在困难。但是，在安静的 H 阶段过程中发生了金属杂质在等离子体中的堆积，最终导致"H-模式"的结束。JFT-2M 设计中大部分调节器片和壁都用钛覆盖，钛捕集器是钛的代表性的应用。在"H-模式"中看到等离子中心的 Ti X V 照射连续增加，最终导致转成"L-模式"。在其他优秀设计中也看到有杂质堆积。所有试验都表明，良好的能量限制设计随着限制时间的延长都发生杂质堆积，这种高 Z 杂质的堆积是高 Z 材料应用于等离子体正面构件 PFC 最严重的限制。但是这个问题与杂质的 Z 数无关。还不清楚 D-T 燃烧产生的包括氦在内的低 Z 杂质怎样影响维持优秀的限制设计方案。在 TEXTOR 中已经指出，在"H-模式"中 He 离子被限制的时间比在"L-模式"中更长。现在，在稳态"H-模式"中维持 D-T 连续燃烧能忍耐的 He 的最大浓度是不清楚的。那么 He 和低 Z 杂质稀释燃料的问题和优秀限制设计中的高 Z 杂质的堆积是并列的问题，应当同时解决。很多工作都消耗在为得到稳态的"H-模式"，在 D Ⅲ-D 中通过仔细控制边界局部模式（ELM）的不稳定性已经取得了 10S 的"H-模式"。

上述大部分研究工作都是在低 Z 材料 PFM 条件下进行的，解决低 Z 的方法可能不能直接用于解决高 Z 材料。尚有一个很大的问题未解决，就是如果 PFM 完全由低 Z 材料变成高 Z 材料，那么等离子体的约束将会受到怎样的影响，研究结果清楚指出，ASDEX 的"H-模式"中用不锈钢和硼的调节器壁之间约束时间不同，硼的约束比较好。但是这样的比较是困难的，因为材料的改变自动会引入不同的杂质，例如，不锈钢常是低 Z 杂质氧和碳的源泉。高 Z 材料在核聚变试验装置中应用存在的问题综合为：（1）在用高 Z 材料的 PFM 优秀约束设计方案中是否可能获得稳定状态；（2）高 Z 杂质的浓度是否能确实低于稳定状态下能容许的极限值；（3）如果 PFM 完全由低 Z 材料变成高 Z 材料，那么等离子体的参数要如何变化。

在 Ohmic（欧姆）和"L-模式"放电中高 Z 杂质的稳态浓度，在稳态"L-模式"放电中高 Z 杂质的浓度或绝对密度和在优秀约束设计中的杂质堆积是分开的问题。众所周知，金属杂质浓度强烈依赖等离子体的密度，等离子体的电流，中子射线（NB）功率，工作放电气体及调节器/限制器（diverter/limiter）的结构形式。表 9-6 汇总了等离子体中心区内的金属杂质的测量密度，大部分数据是 ohmic（欧姆）放电的，中子加热放电的数据不多。表中还包含了 ALCACORC 低密度放电的特别情况，即使电子密度高达 $7 \times 10^{19}/m^3$，钼的密度仍然特别高，这种现象的原因不清楚。在这种特殊情况下，因为等离子体中央的强烈的辐射损失，电子温度显示出凹谷断面。在 ORMAK（钨限制器），PLT（钨和不锈钢限制器）和 DITE（钼限制器）装置中都看到有温度凹谷断面。凹谷温度断面一直是拒绝用高 Z 材料做 PFM 的最重要的原因之一。但是，可以指出，钛捕集以后吹入稍强的气体，能避免温度凹谷断面。值得注意，在低密度放电时大部分观察到有凹谷温度断面图。图 9-20 是用不锈钢限制器的 PLT 的两幅电子的温度断面图，图 9-20（a）的凹谷断面是在启动过程中没有电流收缩，图 9-20（b）用特别的气流喷入程序能使电流收缩。

表9-6 **Tokamak 中的 Ohmic（欧姆）和中子射线加热放电的中心金属杂质密度**

$\dfrac{n_z}{n_e}$ 10^{-4}	n_z $\dfrac{10^{15}}{m^3}$	n_z $\dfrac{10^{19}}{m^2}$	I_p/MA	p_{in}/MW NB	气体	结构	材 料		其他条件 及备注	机器
							限制器和 调节器	壁材		
Ti0.6	2.4	4.0	1.5	20（H）	H_2	div	TiC/Mo	TiC/Inconel	P_{RAD}总 ~10% n 氧 ~ 4.10^{-17}/m	JT-60
Ti40	40	1.9	1.5	11-14（H）	H_2	div	TiC/Mo	TiC/Inconel		JT-60
Fe2.6	12	4.7	0.3	OH	He	Lim	TiC/Mo	不锈钢		ASDEX
Fe4.0	12	3	0.3	OH	He	Lim	Ti	不锈钢		ASDEX
Fe0.9	4.1	4.7	0.3	OH	He	div	Ti	不锈钢		ASDEX
Fe1.8	5.3	3	0.3	OH	He	div	Ti	不锈钢		ASDEX
Fe0.4	1.9	4.7	0.3	OH	D_2	Lim	Ti	不锈钢		ASDEX
Fe0.5	1.5	3	0.3	OH	D_2	Lim	Ti	不锈钢		ASDEX
Mo93	650	7.0	0.2	OH	D_2	Lim	Mo	不锈钢	凹谷 $T_C(r)$	ALCATORC
Mo1.0	20	20	0.2	OH	D_2	Lim	Mo	不锈钢		ALCATORC
W15-25	20-50	2	0.4	OH	H_2	Lim	W	不锈钢	凹谷 $T_C(r)$	PLT
Ni0.11	0.2	1.9	3	OH	He	Lim	Inconel	Inconel		JET
Ni0.03	0.06	1.9	3	OH	D_2	Lim	Inconel	Inconel		JET

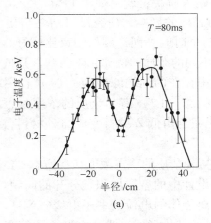
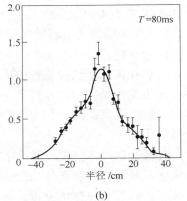

图9-20 由于钨在中心的堆积引起温度凹谷断面（a）和用喷气控制消除温度的凹谷断面（b）

很显然，未来的机器必须避免这么高的照射损失。根据前面给出的试验结果，每个机器采用高电流密度操作都能避免出现凹谷温度断面。但是，还不清楚避免这样高的金属浓度的临界条件是什么，关键参数是什么。

轻杂质的作用是金属杂质来源的另一个重要结果，在 JFT-2 中由于应用钛捕集器使氧的含量减少，与此相对应的是钼的辐射降低了一个数量级。这就暗示，限制器表面钼释放的氧起主导作用。试验指出，在 TEXTOR 中看到，碳、氧和/或金属对铁、铬的喷溅产物有重大贡献。由于碳、氧撞击产生的喷溅产物是巨大的，门槛能量比氘引起的喷溅产物的低。这些低 Z 杂质应当对金属杂质的产生有重大贡献。在 Ohmic（欧姆）放电 的 JET 中，镍从石墨瓦流到等离子体，一直是喷溅的来源，虽然不清楚在氘、碳和氧当中那种物质是主要原因。

对于 PSI 尚未进行足够的分析，有时似乎把来源于热分解的杂质产物和物理喷溅的杂质混淆，热分解包括气体解吸和材料升华，降低单位热载荷能够避免热分解。由于辐射提高了喷溅产物或热升华的原因，碳火花的来源最终没有被鉴定出来。那么，高 Z 杂质的来源必须更仔细检验。无论怎样、降低轻杂质是十分重要的，不仅因为它们通过氘直接影响等离子体的燃烧，还影响到高 Z 杂质的喷溅。

高 Z 杂质自喷溅飘逸是一个重要问题，高 Z 金属的自喷溅产物通常超过几百电子伏能量单位。这就暗示，如果边部的温度足够高，在限制器和调节器片的表面产生的原子在等离子体内电离以后重返回到它的表面，以及可能具有超过一个能量单位的原子再喷溅，在等离子体过度冷却下来以前，瞬间会导致杂质以雪崩的方式产生。由于简单的几何原因或者盾牌效应会损失掉部分辐射原子，因此在等离子限制装置中没有鉴定出这种现象。如果确实发生了这种现象，它应当是一种灾难，等离子体会不稳定。知道在什么条件下，是否确实发生这种现象是一个重要的问题。这种现象的试验研究指出，在 JT-60 中，即使调节器在低密度和高边部温度的条件下操作也有可能排除这个问题。

杂质的产生和腐蚀，杂质的产生和腐蚀方式有物理喷溅和化学腐蚀，图 9-21 是各种钨和钼离子的物理喷溅产物。虽然高 Z 喷溅的门槛能量比低 Z 的高是很大的优点，但是，超过 1keV 能量单位的自喷溅产物是一个严重的值得关心的问题。此外，等离子擦边处的大部分来往的最终粒子被外壳电位加速，并以很小的角度撞击第一壁和调节器片，显著提高了喷溅产物。等离子擦边温度必须很低，以便保持自喷溅小于一能量单位。但是，喷溅产物的飘逸不引起杂质堆积。反之，应当指出，现代 Tokamak 中仍含有百分之几的低 Z 杂质（碳或氧），

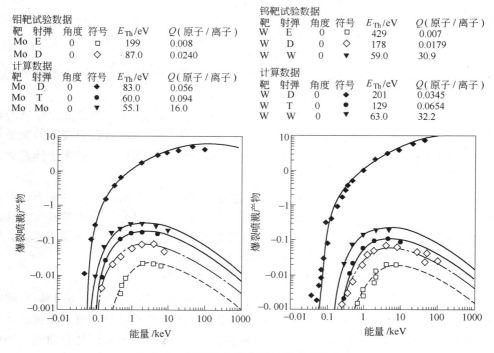

钼靶试验数据					
靶	射弹	角度	符号	E_{Th}/eV	Q（原子/离子）
Mo	E	0	□	199	0.008
Mo	D	0	◇	87.0	0.0240
计算数据					
靶	射弹	角度	符号	E_{Th}/eV	Q（原子/离子）
Mo	D	0	◆	83.0	0.056
Mo	T	0	●	60.0	0.094
Mo	Mo	0	▼	55.1	16.0

钨靶试验数据					
靶	射弹	角度	符号	E_{Th}/eV	Q（原子/离子）
W	E	0	□	429	0.007
W	D	0	◇	178	0.0179
W	W	0	▼	59.0	30.9
计算数据					
靶	射弹	角度	符号	E_{Th}/eV	Q（原子/离子）
W	D	0	◆	201	0.0345
W	T	0	●	129	0.0654
W	W	0	▼	63.0	32.2

图 9-21　各种钼和钨离子的爆裂喷溅产物

它们很可能是其他中 Z 和高 Z 杂质的源泉。因为在大型 Tokamak 中的低 Z 杂质都是高度离子化的，甚至在擦边层内的温度低于 50eV 的时候，它们也会被外壳电位加速到几百电子伏，产生很多的喷溅产物。已经清楚证实，低 Z 杂质喷溅的作用以及高 Z 很可靠的抗纯氢等离子。因此，低 Z 杂质的含量水平以及离子的能量是应用高 Z 材料的一个重要的判据。

化学腐蚀，图 9-22 给出了各种金属在氧化性气氛中的化学稳定性，即氧化反应的形成自由能的变化，可以清楚看出，在现代 Tokamak 中为什么用 B 和 Be 做氧捕集器，氧化硼和氧化铍比水更稳定，氢气不能还原这两个氧化物。虽然 Mo 和 W 的挥发性氧化物 MoO_3 和 WO_3 被认为是重要的杂质源泉，但是，在氢等离子体中不会产生这两种氧化物，因为 Mo 和 W 是特别正电性的金属，能被氢气很容易还原出来见图 9-22。鉴于这种关系，氢气等离子体即使含有百分之几的氧，也不可能发生挥发性氧化物形成的化学喷溅。不同的是，在高温下碳化钨和碳化钼比氧化物更稳定，似乎不允许纯氧化物挥发，研究已指出，新鲜的钼表面对甲烷有强的捕集作用。

在超高温状态下，粉末冶金工艺生产的和电子束熔炼工艺生产的难熔金属钼和钨的放气速度差别很大，粉末冶金工艺生产的钼常常添加少量的气体杂质，使得用这种工艺生产的金属钼的放气速度很快。电子束熔炼出的高纯金属钼 EBMo。它的放气速度小于粉末冶金钼的一半。在中子射线加热载荷试验以后，由于杂质气体的作用，能清楚看出粉末冶金工艺生产的钼的表面与电子束工艺生产的钼的表面不同。

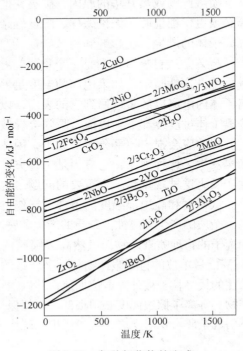

图 9-22　各种氧化物的生成自由能的变化

从图 9-22 能理解不锈钢的特别复杂的行为，它常常作为杂质氧的源泉，称氧的再循环，就是说起始不锈钢表面的氧由于化学作用主要形成氧化铬，或者表面吸附的物质被等离子体中的冲击氢还原生成水分子，这些水分子立刻分解成氢和氧，在等离子体熄火以后它又回到壁面。

由此论述可以看出，除非氧含量相当高，否则，等离子体中的杂质氧可能不会引起钼和钨的化学喷溅。然而，氧和碳引起的物理喷溅不比氢同位素引起的物理喷溅少，这是较早的等离子机的高 Z 杂质（不仅高 Z 杂质）最可能的源泉之一。此外，还应当提到，氧和碳的总量是用高 Z 材料做 PFM 的最重要的判据之一。

9.1.3.2　高 Z 金属中氢的行为分析

氢的行为涉及反射、解吸、再发射、捕集阱及氢的再循环。图 9-23 是 18keV 的氢离子轰击钼靶时反射原子和离子的能量分布，能看出反射粒子的能量分布范围很宽。从和靶材原子弹性互撞给出的最大能量到零能量。带电粒子的分数十分依赖靶材表面的洁净度及入射能量，但是通常不超过百分之几的能量被中和而不起作用。

弹性互撞过程基本上直接反射，因此依赖靶材的质量。不依赖化学特征。因为它们的比重很大，高 Z 金属的氢的反射系数比低 Z 材料的更高。这本身也就指出，因为所有的反射粒子都有一定的能量，故高 Z 金属反射的能量也多，见图 9-23。图 9-24 比较了碳和钨的粒子和能量的反射系数，重要的指出，随着入射能量的下降，反射系数增大，在 100eV 以下，大部分对钨的撞击能都被反射。可惜，由于反射试验困难，低能量的数据未能得到，然而，可以看出钨的能量和粒子的反射系数粗略的比石墨高一个数量级。

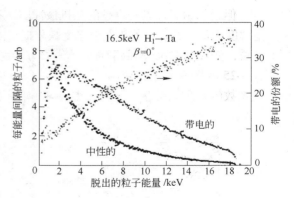

图 9-23　用 18.5keV 的质子轰击钽靶产生的中性的和带正电荷的氢原子的能量分布

（黑点给出了 $N^+/N^+ + N^0$ 的荷电分数）

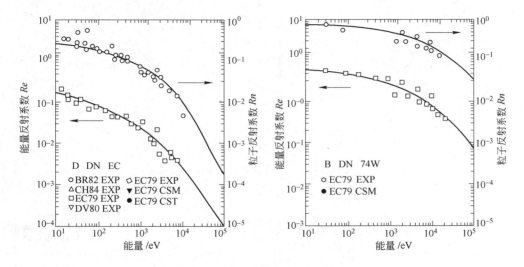

图 9-24　钨和碳的反射系数

高 Z 材料对高能电子的反射也比石墨的强，因为它是一种简单的弹性互撞过程。所以，可以期待，如果在同一粒子载荷和同一热载荷条件下进行比较，高 Z 材料调节器板的热载荷的下降比低 Z 材料的更多。这必定是高 Z 材料的 PFM 的一大优点，但还不确定，因为现在所有大型机都用碳基盔甲板，早期机器达到的热载荷并未高到要研究热载荷的影响。

除那些反射粒子外，还有扩散到表面的一次撞击的离子再复合成的热电离的分子被发射（再发射）。与反射的粒子不同，热电离的分子再发射是时间相关的，随着植入通量的增加，再发射由开始的零增加到稳定状态的饱和值，在稳定状态反射加再发射等同于入射通量，靶被氢饱和。当输入能量超过几百电子伏时，再发射超过反射，变成了氢再循环的主导源泉，见图 9-24。

高 Z 金属分两大类，氢在高 Z 金属中的行为区别很大。铌和钽是放热的氢遮光板（氢化物形成剂），钼和钨是吸热的氢遮光板。因为氢在铌和钽中的溶解度很大，因此不考虑它们做 PFM，但是，由于铌具有卓越的热机械性质，考虑用它做调节器的结构材料。氢在钨和钼中的溶解度很低，并且氢的扩散似乎受缺陷捕集阱的影响。这种现象可能起源于体心立方金属的本质，例如，在 500K 以下看到体心立方金属铁有大量的缺陷捕集阱影响氢的扩散。

图 9-25 和图 9-26 分别给出了钼、钨的氢的扩散系数及溶解度与温质的关系。钼中氢的扩散系数的数据很分散，这可能是由于缺陷捕集阱的影响。因为大部分高 Z 金属用粉末

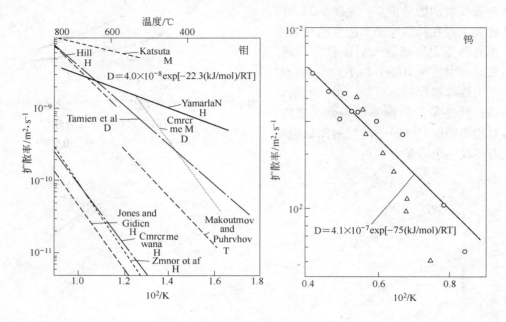

图 9-25　氢在钼和钨中扩散率的阿仑尼亚斯（Arrhenius）图

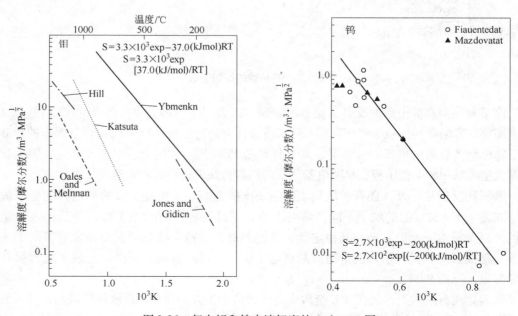

图 9-26　氢在钼和钨中溶解度的 Arrhenius 图

冶金工艺生产，本质上粉末冶金钼含有很多杂质和缺陷，它们就是氢捕集阱的位置。电子束熔炼钼的扩散系数最大，因为它的缺陷捕集阱很少，虽然，钨的数据分散性不大，但是数据特别陈旧，有可能受高激活能捕集阱的影响。需要用电子束熔炼的钨做试验，以确认一些原有的旧数据。

氢捕集阱对钼和钨的再发射的影响研究表明，在高温下捕集阱的影响不严重，因为不仅捕集阱的能量低于 1eV，而且与形成的氢化物相比，捕集阱的数量少得可以忽略不计。

另外，氢的行为是要考虑它的球面再发射作用（再循环），图 9-27 是氢的固态材料再发射的示意图，因为注入通量和时间很难影响反射，故图上只考虑了热电离分子。

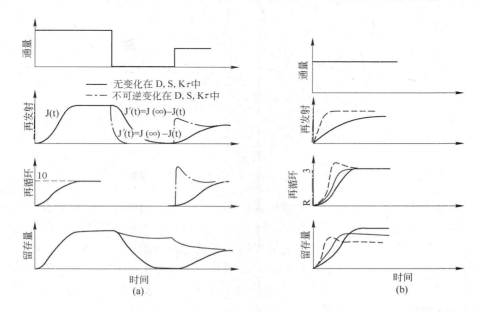

图 9-27　氢的固态材料再发射的示意图

如果在扩散，固溶和再复合过程中靶材内没有变化，那么，波束刚中断以后的再发射的衰减函数(1-J(t))应当和再发射开始增加的函数(J(t))一样。在波束存在的过程中（动态留存）所有保留下的氢都被再发射（图 9-27(a)的实线），但是，在实际情况当中，由于注入的氢以及不可逆的氢的捕集阱，或者氢化物生成引起能量沉积使过程发生变异，因此，不是注入时留下的所有氢都在射线中断以后都被再发射，而有一定量的氢留在靶材内，留存量依赖于材料本身，撞击能和靶的温度。图 9-27(b)是再循环和留存量随温度变化图。人们能看到当温度和通量改变时再发射行为发生变化的情况。

热解吸过程是释放留存氢的过程，钼解吸峰的温度比不锈钢和镍的温度高一些，这就说明钼捕集阱的能量高。但是，钼留存的氢总量比石墨的更少，即使在 700K 石墨中的饱和氢浓度仍高达 0.3H/C 比，这本身就迫使现代 Tokamak 中的石墨要承受放电净化和其他方法净化，以确保壁泵作用。在一定次数的轰击过程中，直到石墨壁被氢饱和以前，一次净化的泵连续起作用。对于长期震动操作来说，石墨壁必定被氢饱和，由于石墨挥发出极大量的氢，因而控制等离子体的密度变难。对于这样高的氢的再循环区域尚未确定操作方法，这里会发生的问题是输出功率和/或热的份额变化，等离子体也会熄弧。

钨、钼和石墨相比，留存的氢气量更少，达到饱和的流量应当比石墨更低。在800K以上（见图9-28）大部分留存的氢在波束中断以后立刻释放。这就指出，人们只能期待用钼和钨衬里的壁泵，即使在短时间内等离子也必定在高再循环区操作，但是，由于氢的动态留存量更少，密度控制可能比石墨容易一点。

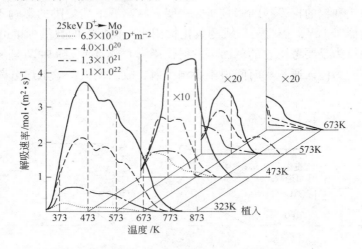

图9-28　在注入以后氘立刻与钼发生热解吸

高循环区内的氢的再循环对未来的机器确实是一个重要的需要讨论的问题，与壁的材料没有关系。根据这一点，直接比较石墨和钼，钨的PFM是不适宜的，因为它们的再发射和反射之间的差别非常大。取而代之可以把钼和钨与铌和钽进行比较，因为铌，钽中氢的再发射与石墨一样，虽然由于Z数一样，反射不一定有很大的差别。即使不一定用铌和钽做核聚变反应堆的盔甲板，但是为了全面理解等离子体-表面的互反应，也为了未来的机器设计，这种试验也非常需要。

9.1.3.3　在核聚变试验装置中钼（钨）的应用

核聚变反应堆第一壁材料是在超高温强热载荷条件下工作，在ITER的PFC的研究发展中进行了大量的高Z金属的高热载荷试验。由于大部分高Z金属是脆的，焊接性能不好，缺乏抗热震性。许多研究工作是通过合金化或净化改善它们的塑性，TZM是成功的实例之一。况且，中子照射提高它们的塑脆性转变温度（DBTT），早期的数字显示，约1dPa的照射钼的塑脆性转变温度（DBTT）提高500K。最近用烧结工艺或电子束熔炼工艺生产的钼和钨单晶体做PFM。电子束熔炼钼的塑脆性转变温度（DBTT）低于室温，现在能得到大块的单晶体，从工程的观点出发，用具有中空冷却腔的单块PFC是很理想的，这样就免除了与冷却基座的钎焊或黏结。

高热流载荷试验指出，电子束熔炼出的钼单晶表现出良好的性能，没有明显的裂纹和再结晶。而粉末冶金工艺生产的多晶钼显现出严重的再结晶和晶间裂纹。应当提到，高热载荷引起粉末冶金钼的侵蚀速度是电子束熔炼钼的四倍，高速腐蚀的原因或许是粉末冶金钼的粒子发射，这些发射粒子来源于再结晶的柱状晶粒的晶界裂纹。在JT-60的重度损伤的TiC/Mo调节器板中看到同样的裂纹。电子束熔炼的钨单晶的高热载荷试验也表明，单晶钨也显示出有良好的性能，没有由于熔化后再结晶引起的任何裂纹。

钼限制器在 RFP（TPE-IRM15）和 TRIAM-IM 的应用，用高 Z 金属做 PFM 主要有三个要关心的命题：（1）杂质的产生和堆积；（2）氢的再循环；（3）在高热载荷下材料的性质。日本电化学试验室比较了 REP 中的石墨和钼限制器对等离子体行为的影响，因为 RFP 限制器受极高的热载荷作用，在 10ms 内石墨限制器的表面温度升高到 2000K 以上，造成等离子体操作困难。当限制器的材料由石墨改成钼时，可以感到等离子的约束（电子密度，温度和环路电压）有了明显改进，RFP 的等离子体的这种改进非常可能是由于钼的高散热率降低了限制器的温度，钼的能量反射系数比碳的稍高一点也可能起一些作用。然而，当钼限制器的热斑温度接近钼的熔点（约 2900K）时，Mo_1 的辐射线和氧及 D_α 线急剧增加见图 9-29，这指出，Mo_1 的增加可能是由于钼的挥发。在用 TiC/Mo 限制器/调节器的 JT-60 中也看到有同样的钼的爆裂，在操作以后有几块限制器/调节器发生严重熔化。非常清楚，在核聚变反应堆中必然不允许熔化，因而调节器的装甲板必须强制冷却。从工程的观点出发，确实迫使人们在强冷和隔热瓦的排列方面要做研究。

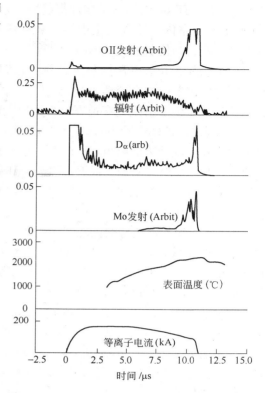

图 9-29　用钼限制器的 RFP（TPE-IRM15）
的等离子体的参数变化

（为了得到更强的热载荷，限制器深深插入
等离子体，限制器的位置 = 8mm）

虽然在 RFP 中用钼限制器控制密度比用石墨限制器更容易，但是，钼和碳之间氢再循环的差异引起的效果尚不清楚。

在 TRIAM-1M 中，尽管在操作 1h 后，它的钼限制器发生了严重损伤和熔化，但是没有看到钼的爆裂喷溅，辐照崩溃和喷溅物飘逸。这或许是由于约束时间短，等离子体的密度特别低。然而应当指出，在时间长达 1h 多的过程中，用钼限制器成功的约束住了等离子体，没有任何辐照崩溃和密度控制的困难。

钼和钼合金在试验核聚变反应装置 JT-60 中的应用[5]，该装置是日本原子能研究院建造的一台大型托克玛克装置。控制等离子装置中的杂质是取得高温等离子的基本要素之一，等离子中的杂质引起的能量损失和杂质的原子序数 Z 的 2～3 次方成比例的增加，这些杂质主要包含有第一壁材料的元素。JT-60 的第一壁由上万块的钼和英可镍（Inconel）625 拼成，外表面包覆 20μm 厚的低 Z 的 TiC 涂层，预期会降低不希望发生的第一壁材料释放杂质的作用。

选用 TiC 涂层考虑了原子序数，耐热特性（熔点，高温蒸汽压等），涂层沉积的温度要限制低于钼的再结晶温度（950℃）和 Inconel 625 的时效硬化温度（600℃）。用 TP-CVD 方法沉积钼涂层的温度是 900℃，Inconel 625 采用 PVD-HCD-ARE 方法，沉积温度是

600℃。整个 JT-60 的第一壁构件都包覆了 20μm 厚的 TiC 涂层，TiC 保护的第一壁安装在 JT-60 的真空室内。该真空室由可更替的焊接的厚（65mm）结构环和风箱（bellows）做的复合结构，结构材料是 Inconel 625。第一壁结构覆盖它的内表面，壁包括有固定限制器、磁限制片、和盔甲瓦片及防护片。它们用钼和 Inconel 625 制造，被螺栓固定于真空室。固定限制器限制了等离子半径，防止等离子弧柱直接和真空室或内衬接触，5mm 厚的盔甲瓦片防止中子射线光穿透真空室，位于调节器室内的 20mm 厚的磁限制器片用氮气强冷。7501 块钼和 2462 块 Inconel 625 构成第一壁的零件。除这三个构件以外，限制器和盔甲瓦片未覆盖的地方装有 Inconel 625，这些地方不承受主要的热载荷。所有第一壁构件都用 20μm 厚 TiC 涂层保护。根据总热载荷和散热面积计算，在固定限制器，盔甲瓦片，磁限制片和 Inconel 625 内衬上的平均热载荷分别为：$4.88 \sim 305 \mathrm{W/cm}^2$，$3\mathrm{kW/cm}^2$（峰值），$350\mathrm{W/cm}^2$ 和 $10\mathrm{W/cm}^2$。

TiC 涂层和各种基材的性能列于表 9-7，用石墨的数据做比较标准，基材和涂层薄膜中间的热膨胀系数相差越小，基材和薄膜之间的亲和力越好。Mo-TiC 的热膨胀系数之比为 0.78。Inconel 625-TiC 的比为 1.5。JT-60 对涂层和基材的规定要求如下：

（1）基材。钼和 Inconel 625。

（2）涂层平面，钼-基材整个平面，Inconel 625 面对等离子体的基材平面。

（3）TiC 层的厚度，$20\mu\mathrm{m} \pm 5\mu\mathrm{m}$，面对等离子体的平面。

（4）涂层沉积温度℃，钼基材≤900℃，钼的再结晶温度约 940℃，Inconel 625 基材≤500℃，Inconel 625 的时效硬化温度 600～750℃。

（5）TiC 的亲和力，为了得到良好的结合力允许用中间层（渗透性≤1.02，层厚≤2～3μm）钼基材-直到钼的熔点涂层不能剥离，Inconel 625 基材-液氮淬火不能剥离。

钼板用粉末冶金工艺生产，试验钼零件的尺寸 $(0.5 \sim 20)\mathrm{mm} \times 10\mathrm{mm} \times (15 \sim 40)\mathrm{mm}$，涂层沉积的临界温度受钼再结晶温度和 Inconel 625 的时效硬化温度限制，超过临界温度，基体的力学性质降低。由于 JT-60 在操作时钼基体的温度可能超过 1000℃，这时 Inconel 625 的热膨胀系数与 TiC 的比值相当高。

表 9-7　TiC 涂层的性能与基材性能的对比

性　能	材　料			
	TiC	Mo	Inconel 625	C（石墨）
平均原子序数	14	42	—	6
熔点/℃	3067	2620	1300	3750
290～2000K 的热膨胀系数	8.56×10^{-6}	6.7×10^{-6}	12.7×10^{-6}	$5.1 \sim 5.8 \times 10^{-6}$
室温电阻率/Ω·cm	52.5×10^{-6}	6.0×10^{-6}	123.4×10^{-6}	1048×10^{-6}

用 PV-CVD 方法给原型钼的固定限制器涂镀 20μm 厚的 TiC 薄膜，用光学显微镜观察钼基材的晶粒度，涂层沉积过程未引起钼基材的再结晶。能谱分析鉴定表层是 TiC。表 9-8 是轧制 20mm 厚的纯钼板的力学性能与 JT-60 对钼的要求，从表中数据看出，涂层沉积以后钼的拉伸强度和屈服强度性能降低 10% 或者还要少一点，但仍然能满足 JT-60 对钼性能的要求。图 9-30 是不同状态的钼的性能与 JT-60 的要求的对比，图 9-31 是在 $2\mathrm{kW/cm}^2$ 加热功率热震动作用下 TiC 保护的钼的局部熔化现象。

表 9-8 轧制 20mm 厚的纯钼板的力学性能

性 能	拉伸强度/MPa		0.2%屈服强度/MPa		伸长率/%	
	室 温	550℃	室 温	550℃	室 温	550℃
需求	≥490	≥294	≥392	≥274.4	≥10	≥5
纯 钼	589.9	371.4	549.8	367.5	18.8	7.3
900℃/8h 热处理	603.7	313.6	588	298.9	25.0	6.6
PV-CVD 施加 TiC 涂层	549.8	327.3	492	317.5	10.7	8.4

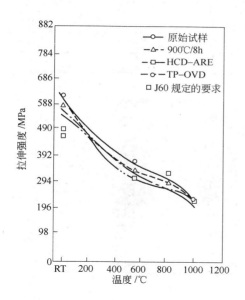

图 9-30 不同状态钼的性能与 JT-60
对性能的要求[5]

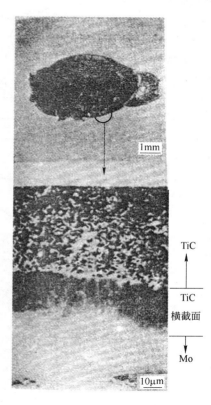

图 9-31 $2kW/cm^2$ 氢射线热震动引起
TiC 保护的钼的熔化

在 JT-60 中尽管有这种涂层,还常常看到钼的爆裂,特别是在用氢和氦操作限制器,用氦操作调节器的时候。发现这种爆裂来源于集中在几块 TiC/Mo 瓦边部的特别高的热流。对于调节器放电,用 X 点摆动已解决了这个问题,并喷射出 20MW 的中子射线(NB)功率而没有钼的爆裂。

一旦爆裂被抑制,TiC/Mo 壁的优点之一就是总杂质浓度十分低,$Z_{有效}$(Z_{EFF})比 JT-60 后来用的碳壁的低,这是因为 TiC 表面的氧和碳的杂质浓度低,这能说明由于碳化钛和氧化钛表面成分稳定的结果。这些试验指出,如果过量的热流能够避免,以及用合适的强制冷却能带走热流,那么,未来有可能用 TiC/Mo 或/和纯钼。这也暗示,它提供了一种低浓度的低 Z 杂质的可能性。

中国的核聚变反应堆试验装置的第一壁材料选用 Mo-TZM。试验装置在高温，高强度热载荷的条件下工作，要求材料三维性能基本均匀，室温抗拉强度要大于 500MPa 断后延伸率不小于 5%。大部分成品零件瓦的净尺寸为 S10mm×L100mm×T100mm，从材料制造工艺方面考虑，要求三维性能基本均匀有较大的技术难度。用交叉轧制工艺轧制隔热瓦的坯料，尺寸能完全达到 S、L、T 的要求。但是轧制板材厚度方向的性能偏低，大约只能达到 400MPa，低于设计规范的要求。采用特定的锻造工艺已成功制造出批量的 TZM，室温抗拉强度极限超过了 500MPa，断后伸长率超过 5%，具体数值列于表 9-9。图 9-32 是某核聚变试验装置的局部形貌。图 9-33 是用特定锻造工艺生产的试验核聚变反应堆用的 TZM 第一壁隔热瓦材料的显微组织，可以看出在 L、T、S 三个方向的晶粒度基本一致，分别达到 ASTM7、7、6.5 级，三个方向的性能差别在要求控制的范围以内，满足核聚变反应堆试验装置的设计需求。

表 9-9　试验核聚变反应装置应用的 TZM 的室温性能

试样	拉伸强度/MPa	断后伸长率/%	试样	拉伸强度/MPa	断后伸长率/%	试样	拉伸强度/MPa	断后伸长率/%
L1	643	8.5	T1	623	11.0	S1	575	10.0
L2	635	12.0	T2	645	7.5	S2	580	13.5
L3	650	9.0	T3	630	8.0	S3	595	9.0

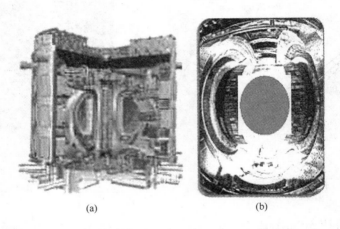

(a)　　　　　　　　　　(b)

图 9-32　某试验核聚变装置的局部外貌

（a）较全面外貌；（b）主体外貌

图 9-33　试验核聚变反应堆用 TZM 的纵向 L、横向 T 和厚度 S 三个方向的显微组织

9.1.3.4 核聚变试验装置用钼合金的研究发展

在核聚变试验反应堆中的等离子体表面材料（PFM）及结构材料是很重要的元件。盖板，第一壁和盾牌的结构材料可选择研究应用奥氏体不锈钢，SiC/SiC 陶瓷复合材料，V-合金、Ti-合金、Cr-合金、低放射性铁素体马氏体钢，氧化物弥散强化钢。但是，各种钢材都不具有隔热盔甲板所必需的难熔金属的性质。试验核聚变反应堆的 PFM 材料可分三类，非金属材料-石墨，碳纤维复合材料，低 Z 金属元素铍，高 Z 金属元素钨和钼。PFM 将承受爆炸式的热量负荷，辐照通量和分裂负荷。PFM 的选择取决于各种标准，诸如：氚的渗透性，等离子体-PFM 的互相反应，抗腐蚀性，热疲劳，膨胀性，脆性，蠕变性质，热时效，中子活性，生物学的危险性等。难熔金属最有价值的性质是熔点高、高温机械抗力强、热膨胀系数小、热导率高，这些性质综合造成热稳定性特别好，有良好的抗热震性。

已经知道核聚变试验装置用 C-C 复合材料这类低 Z 材料做等离子体表面构件，如调节器或限制器的隔热瓦，已经能改善等离子体的约束，这些构件在高热载荷及强中子通量的很恶劣的环境中工作。但是，由于爆裂喷溅和化学反应引起高速侵蚀，辐照强化升华，以及缓慢的分裂都是现在需要严重关切的问题。氚（氢的放射性同位素）的留存量多以及中子照射引起热导率变坏可能是下一代 D-T 核聚变试验反应堆的严重问题。用高 Z 金属材料代替低 Z 材料是核聚变反应堆材料研究的热点课题之一，钼是一种高熔点的难熔金属，它能在高热载荷环境下工作，它的氢同位素留存量低，侵蚀速度慢，深受材料研究者的关注。

钼在高热载荷的核聚变反应堆中工作存在的主要技术难题是晶粒边界强度很弱，多晶体钼在加热超过再结晶温度时，发生高温再结晶引起再结晶脆性，形成沿晶界断裂的断口。再结晶发生的过程降低了材料的有效导热率，因此提高了表面温度，在等离子体的强热载荷作用下发生熔化和蒸发。此外，由于中子辐照作用引起材料的机械性质损伤以及塑脆性转变温度（DBTT）提高是另一个重要问题。因此需要研究发展高 Z 新钼合金，要求它们对再结晶脆性和辐照脆性都不敏感。

为核聚变试验反应堆研究的新钼合金除 TZM 以外，尚有稀土钼合金，钼-钨合金，钼-铼合金，钼-ZrO_2 和钼-TiC 合金等。合金的总体性能要求提高再结晶温度，降低晶界脆性，强化晶粒边界，提高抗辐照损伤性能。另外，降低钼及钼合金的氧含量，制造低氧或超低氧钼合金也是试验核聚变反应堆的一个重要要求。TZM 和 Mo-TiC 合金在日本材料试验反应堆（JMTR）中进行过中子辐照试验[12]，中子水平 $8 \times 10^{23} n/m^2$（$E_n > 1MeV$），辐照温度控制在 $300 \sim 500℃$ 循环，辐照通量相应近似 $0.08dap$（每原子位移）。图 9-34 是控制温度循环辐照试验的温度记录及反应堆功率示意图及 TZM 和 Mo-TiC 辐照前后三点撞击弯曲性能的对比。以 TZM、MTC10（Ti7500、$C2270 \times 10^{-6}$）、MTC05（Ti3400，$C910 \times 10^{-6}$）为例分析辐照试样的撞击载荷-位移曲线，从未辐照的轧制状态和辐照过的 TZM 的比较看出，260K 的曲线与 323K 的曲线相当，比较 1.0×10^{23} 和 $8.0 \times 10^{23} n/m^2$ 水平辐照的曲线，前者的 323K 曲线与后者的 428K 的相当。表明辐照引起 TZM 脆化，辐照通量大，辐照的脆化作用更大。对比 MTC5 和 MTC10，在同样辐照条件下，MTC5 的辐照脆化作用比 MTC10 更严重。在 $8 \times 10^{23} n/m^2$ 辐照条件下，对比的三个合金中 TZM 的辐照脆化作用最强。总体来看，随着试验温度的下降，曲线上的载荷急剧降低，载荷下降的原因是试样发生了脆性断裂。当载荷平稳逐渐降低时，试样充分弯曲，并未发生断裂。载荷-位移曲线下面的面积近似代表试样在弯曲断裂过程中吸收的能量，吸收的能量越多，表示韧性越

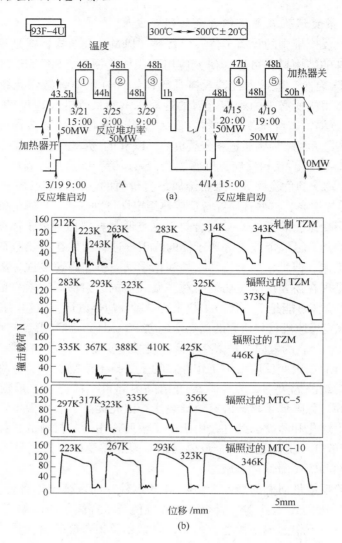

图 9-34　辐照试验过程及 TZM 和 Mo-TiC 合金辐照前后撞击性能

好，对辐照脆化不敏感。各种钼合金的强韧化特点及抗辐照性能在前面各章节中已有论述，不再重复。

低氧钼的分析研究，核聚变试验反应堆要求钼及钼合金的再结晶温度高，再结晶脆性低，抗辐照脆化能力强，韧性好。间隙杂质含量是影响钼和钼合金韧性的关键因素，在晶粒边界上偏析集聚的氧对提高塑性和优化晶界性能最有害。降低氧含量，制备供核聚变反应堆用的低氧钼合金具有十分重要现实意义。

真空熔炼方法可以生产低氧钼和钼合金，但产品的生产成本太高，限制了它们的应用。用粉末冶金工艺生产低氧或超低氧钼合金有非常重要的实际价值。文献［13］研究了真空脱氧动力学及脱氧机理，用粉末冶金及冷轧工艺生产出 0.4mm 和 0.8mm 两种厚度钼薄板，原始钼板氧含量为 29×10^{-6} 质量分数，试样经受 1673K/h 再结晶退火处理，平均晶粒度 15μm。试样放在 1273K 氩气流中进行 100h 增氧处理，氩气流中的氧分压约为

0.2Pa。渗入的大部分氧堆积在钼的晶粒边界上，晶粒边界的平均氧浓度达到15.6%原子分数。已增氧的钼试样用钽箔包裹，在1423~1743K，真空度超过5×10^{-5}Pa的条件下进行真空脱氧处理。脱氧后的试样安装在俄歇谱仪上，在1.3×10^{-8}Pa的极高真空环境下试样受撞击弯曲载荷断裂试验。在断裂后120s内测量断口表面四个点的俄歇谱，四点的代数平均值取作测量值。渗入的总氧量也用真空熔化法测定。图9-35是0.4mm钼板晶粒边界氧的平均浓度与在不同温度下脱氧时间的函数关系（假定氧的原子浓度与俄歇峰-峰幅值之间有线性关系），由图看出，在加热的起始阶段晶粒边界的氧浓度急剧下降，与总共用的时间维持指数关系。随着温度升高，脱氧反应继续进行。在1673K，氧的平均浓度（原子分数）在几分钟内降到1%，而在1423K，氧降到1%要耗时12h。

为了确认晶粒边界的氧含量未溶入基体，而是在脱氧过程中从试样的晶粒边界排出。用真空熔化法测定了钼的总含氧量，图9-36是在不同温度脱氧的钼的总含氧量的变化与脱氧时间的关系图，总氧含量的时间关系与晶粒边界氧浓度的时间关系一样（比较图9-36和图9-35），在图上看到，未脱氧之前钼的含氧量约为50×10^{-6}质量分数，脱氧以后试样大约仍然保留有30×10^{-6}质量分数，该总量大约与试验以前钼已经含有的总氧量相当。因此，图9-35的数据说明，钼从氧化性气氛中吸收的大部分氧并未溶入基体，在真空脱氧过程中从试样的晶界排出。

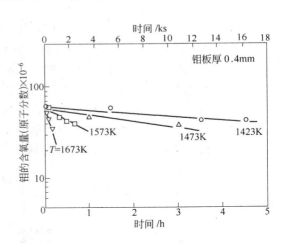

图9-35 晶粒边界氧浓度与不同温度　　　　图9-36 钼的总含氧量随不同温度
　　　真空脱氧时间的关系　　　　　　　　　真空脱氧时间变化曲线

根据图9-35建立解吸脱氧模型，可得到氧在钼的晶粒边界的扩散率。采用简单的平板模型，假定晶粒边界垂直某一宽度和试样交叉。由于试样宽度大约是厚度的8倍，宽度方向上氧的扩散流可以忽略不计。那么，现在的扩散模型相当一维扩散的情况。边界条件方面，假定在脱氧以前氧在晶粒边界上均匀分布，晶粒边界的起始氧浓度（原子分数）是$C_0 = 15.6\%$。在真空脱氧过程中把试样表面的氧浓度看作为零。考虑到试样用钽箔包裹，在真空脱氧温度范围内1423~1743K，Ta-Ta$_2$O$_3$之间的平衡氧压是$10^{-13} \sim 10^{-8}$Pa，用下列微分方程和边界条件能解扩散问题：

$$\frac{\partial C}{\partial t} = D\left(\frac{\partial^2 C}{\partial x^2}\right)$$

$$t = 0 \quad -1 < x < l \quad C = C_o$$

$$t > 0 \quad x = \pm l \quad C = 0$$

式中，C 为距试样中心 x 处的晶粒边界氧浓度；D 为扩散常数；l 为试样厚度；t 为脱氧时间。

用拉普拉斯（Laplace）或傅里叶（Fourier）转换能得到 $\partial C/\partial t$ 方程的解，最终解是

$$C = (4C_o/\pi)\sum_{n=0}^{\infty}\left[(-1)^n/(2n+1)^2 \times \exp - \left[D\cdot(2n+1)^2\pi^2 t/(4l^2)\right] \times \cos\{(2n+1)\pi x/(2l)\}\right]$$

因此，在时间为 t 时，x 轴方向上的氧的平均浓度 C_{ave} 是

$$C_{ave} = \frac{1}{2l}\int_{-1}^{1}C\mathrm{d}x = 8C_0/\pi^2\sum_{n=0}^{\infty}\left\{1/(2n+1)^2 \times \exp\left[-D\cdot(2n+1)^2\pi^2 t/(4l^2)\right]\right\}$$

在 t 很长时，高次项可忽略，那么，由 C_{ave} 的方程式，$\ln C_{ave}$ 可近似表述为：

$$\ln C_{ave} = 常数 - D\pi^2 t/(4l^2)$$

因此，C_{ave} 的时间关系给出 D（见图 9-35），晶界在不同温度下的脱氧行为满足 $\ln C_{ave}$ 方程，从直线的斜率可得到每个温度的 D，最终用最小二乘法可得到 D 和温度的如下相关性方程：

$$D(\mathrm{m^2/s}) = 7.8 \times 10^{-2}\exp\{-(270\mathrm{kJ/mol})RT\}$$

增氧的钼试样经真空脱氧以后恢复了伸长率，图 9-37 是室温伸长率与在不同温度真空脱氧时间的关系，历经一定的脱氧时间以后伸长率突然升高，最终达到 42%，这个伸长率相当于增氧脆化以前的值。随真空脱氧过程的进行，塑性的恢复与试样的厚度有关，厚度增加，塑性恢复速度变慢。根据晶粒边界氧含量与脱氧时间的关系以及塑性伸长率与脱氧时间的关系，可绘出塑性与晶粒边界氧浓度的关系图，见图 9-38。可以看出，不论脱氧温度高低，伸长率随氧含量的降低都提高。当氧浓度大约降到 1%（原子分数），伸长率

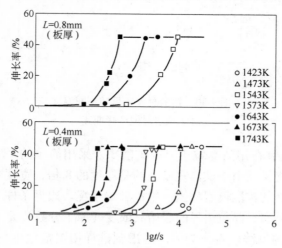

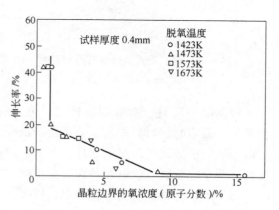

图 9-37　钼的室温伸长率与在不同温度下　　　　图 9-38　不同温度脱氧的 0.4mm 的室温
　　　　真空脱氧时间的关系　　　　　　　　　　　　伸长率随脱氧时间的变化

突然增加。

假设在方程式 $\ln C_{\text{ave}} = $ 常数 $- D\pi^2 t/(4l^2)$ 中的 $C_{\text{ave}} = 1\%$（原子分数），在这个平均氧浓度下的脱氧时间 t_r 表述为：

$$1/t_r = \pi^2 D/(4l^2) \times \text{常数}$$

如果已知 $1/t_r$，由这个方程式能计算 D，同时由方程式也看出 $1/t_r$ 和试样的厚度平方成反比。图 9-39 是 0.4mm 和 0.8mm 两种厚度钼板的 $1/t_r = f\left(\dfrac{1}{T}\right)$ 函数图，两个试样都满足阿仑尼亚斯关系。图 9-40 是 $1/t_r = f\left(\dfrac{1}{l}\right)^2$ 函数图，每个温度的每条直线都通过原点，直线的斜率给出了 D 值，该图也表明试样的扩散决定脱氧速率。根据 $1/t_r = f\left(\dfrac{1}{T}\right)$ 和 $1/t_r = f\left(\dfrac{1}{l}\right)^2$ 的试验结果，应用方程式 $\ln C_{\text{ave}} = $ 常数 $- D\pi^2 t/(4l^2)$ 能计算每个温度的扩散常数。

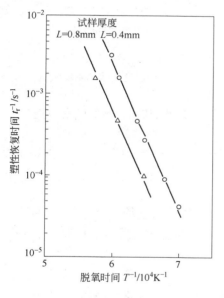

图 9-39 塑性恢复时间与脱氧温度
之间的倒数的关系

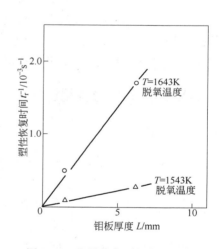

图 9-40 塑性恢复时间与钼试样
厚度平方倒数间的关系

由测量塑性和晶粒边界氧含量的俄歇分析得到了 D 值，绘制 $D = f\left(\dfrac{1}{T}\right)$ 函数图，见图 9-41，T 是脱氧温度，两种测量得到的扩散常数 D 是很一致的。根据塑性伸长率测量及氧的俄歇分析最终确定的扩散常数 D 与温度关系的数学模型是 $D(\text{m}^2/\text{s}) = 7.8 \times 10^{-2} \exp\{-(270\text{kJ/mol})RT\}$，表观扩散激活能是 -270kJ/mol，根据 Hwang 等人的研究，把杂质在晶粒边界的扩散激活能分成高温和低温两大组，各组的温度范围和激活能的表达式为：

高温组 $Q = -9.35RT_m$， $1.0 < T_m/T < 2.4$

低温组 $Q = 6.93RT_m$， $2.4 < T_m/T < 4.5$

钼的熔点是 2893K，测试温度范围 1423 ~ 1743K，$1.7 < T_m/T < 2.0$，Q 用高温组公式计算，那么 Q 值是 −220kJ/mol，这个值接近 270kJ/mol，激活能符合 Hwang 关系。

可以设想，在用粉末冶金工艺生产钼材料时，采用高温高真空烧结工艺，在 2273 ~ 2373K 高温下经过长时间保温，获得稍微大的烧结晶粒度，氧通过晶粒边界排出，获得低氧的钼和钼合金，同时钼的塑性也可大大提高。事实上，真空烧结钼的脱氧效果比氢气烧结的好。工程上遇到的技术难题是如何制造大型高温高真空烧结炉，在中温范围内，保持小于 10^{-3}Pa 高真空比较容易，而在高温 2200K 以上仍能长时间的保持小于 10^{-3}Pa 高真空，目前大型高温真空烧结炉的制造技术尚未达到这么高的水平。随着技术的进步，高温真空技术的发展，制造大型高温高真空烧结炉所遇到的技术难题都会被一一克服。低氧钼的高温高真空烧结工艺完全能实现。高温高真空烧结是降低粉末冶金钼和钼合金氧的有效途径。

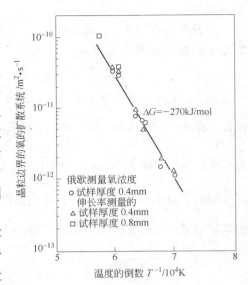

图 9-41　晶粒边界氧的扩散系数与温度倒数的函数图

9.2　钼和钼合金在冶金和机械工业中的应用

9.2.1　合金添加剂

钼元素作为合金钢的添加剂是一个很重要的应用领域，它的应用分钼-铁和纯钼组元两大形态。对于档次比较低的钢种通常加入钼-铁，成本较低。高档钢种通常加入纯钼组元，避免引入一些不必要的有害组元。

生产钼-铁通常采用铝热还原法或电弧熔炼法。铝热法是利用生成钼-铁反应过程中释放出的热量维持连续的冶金反应。表 9-10 是铝热法生产钼铁的原料配方的实例。具体的实际冶炼操作是把各种原料按成分称重配料，配合好的炉料放在反应炉内，用电热丝点火引燃起始冶金反应（内点火法），随即反应扩展到所有炉料。反应过程放出的热量可以维持反应不断发展，也足以把被还原出的金属产物和炉渣加热到它们的熔点以上，利用它们之间的比重差异实现反应产物的分离。在钼铁生产过程中各种反应的放热效果列于表 9-11。由于各种散热条件及原始炉料的反应强度的差异，有可能反应热不能满足维持连续反应需要的热量，可以在炉料内添加增热剂，或者把炉料预热提供外热源。

表 9-10　铝热还原法生产钼铁的原料配方实例

炉料的原材料	不同的组成配料比/kg			炉料的原材料	不同的组成配料比/kg		
	第一配比	第二配比	第三配比		第一配比	第二配比	第三配比
氧化钼中的钼含量	588	588	588	高品位氧化铁	280	362	195
铝	32		45	硅铁（75%）			301

炉料的原材料	不同的组成配料比/kg			炉料的原材料	不同的组成配料比/kg		
	第一配比	第二配比	第三配比		第一配比	第二配比	第三配比
硅铁(50%)	553			Fe-50Si-10Al		545	
硅铁(17%)			230	高品位萤石	23	27	30
石灰石		36		铁 粉			30
氧化钙	72	36	145				

表 9-11　铝热还原法生产钼铁过程中各原料反应的放热效果

反 应 式	在 298K 的反应热/kcal	反 应 式	在 298K 的反应热/kcal
$MoO_3 + 2Al \rightarrow Mo + Al_2O_3$	24	$2MoO_3 + 3Si \rightarrow 2Mo + 3SiO_2$	270
$Fe_2O_3 + 2Al \rightarrow 2Fe + Al_2O_3$	198	$Fe_3O_4 + 2Si \rightarrow 3Fe + 2SiO_2$	150
$3Fe_3O_4 + 8Al \rightarrow 9Fe + 4Al_2O_3$	774		

注:1kcal = 4.186kJ。

　　埋弧熔炼是生产钼铁另一种常用方法,石墨电极之间产生的埋弧电阻热熔化炉料。埋弧熔炼法生产钼铁的炉料一种组分是408kg工业氧化钼,90.6kg铁,72.5kg的氧化钙和萤石,外加45.3kg煤。由于这种方法生产的钼铁不用昂贵的铝和硅等还原剂,其成本比铝热还原法的低一些,但是由于采用石墨电极,最终产品的碳含量很高,通常碳含量(质量分数)在1.5%~4.0%之间。埋弧熔炼法生产钼铁的原料除工业氧化钼以外,还可以用钼精矿,钼酸钙或钼酸钠。用钼精矿做原料时需加入氧化钙,把硫转化成硫化钙,其反应过程包括有 $2MoS_2 + 2CaO + 3C \rightarrow 2Mo + 2CaS + 2CO + SC$。表9-12给出了用铝热法和埋弧熔炼法生产的钼铁的分析对比。由分析看出,电弧法熔炼的钼-铁含碳量达2.5%,熔炼碳含量低的合金钢不宜采用高碳铁-钼合金。

表 9-12　铝热法和埋弧熔炼法生产的钼铁的分析对比

生产方法	成分分析(质量分数)/%							
	C	S	Si	P	Al	Cu	Fe	Mo
铝热还原	≤1.1	≤0.25	≤1.5	≤0.05	≤0.1	≤0.25	余量 54~58	58~54
埋弧熔炼法	2.0~2.5	0.1~0.2	0.75~1.5	0.05~0.07		0.05~0.7	余量	≥60

　　熔炼高温合金用纯钼组元而不用钼-铁合金,用炼钢钼条作合金元素添加剂,可以保证产品的质量,钼条用粉末冶金工艺生产。钼(钨)在合金钢中生成稳定的 $Mo_2C(W_2C)$ 和 $Fe_3Mo_3C(Fe_3W_3C)$ 渗碳体和合金渗碳体。由于钼固溶入 Fe_3C,提高了合金渗碳体的高温稳定性。Mo_2C、W_2C 的熔点达到2700℃和2750℃,热稳定性高,硬度高,抗磨性好。钼、钨除能形成碳化物外,它们在铁素体(α-Fe)中有一定的溶解度,形成固溶体,有固溶强化作用,图9-42是不同合金元素对

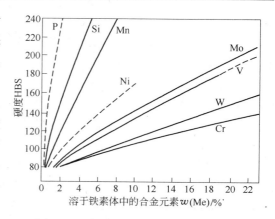

图 9-42　合金元素对 α-Fe 硬度的影响

α-Fe硬度的影响，钼的固溶强化作用非常明显。

细小的热稳定性高的 Mo_2C 不易溶解于奥氏体，阻碍碳的扩散，大大地降低了奥氏体的生成速度。同时在高温下有 Mo_2C 的稳定存在，阻碍晶界移动，促进奥氏体的晶粒细化。淬火处理是钢的一种重要的改性热处理，钼对淬火的影响与它对 C 曲线位置和形状的影响有直接关系，C 曲线位置与形状决定了过冷奥氏体分解速度。过冷奥氏体分解成珠光体和贝氏体是扩散或半扩散过程，溶入奥氏体的钼降低了原子的扩散速度，提高了过冷奥氏体的稳定性，使 C 曲线的位置右移，钢的淬透性增强，能采用较慢的冷却速度淬火，可避免淬火件开裂和变形。

在淬火以后回火调质处理过程中发生马氏体分解和残留奥氏体转变，碳化物析出形成，聚集长大。钼推迟马氏体分解和残留奥氏体转变，阻碍碳化物析出和降低碳化物析出聚集速度，提高了碳化物的弥散度。并把回火调质反应过程移向高温区，回火软化作用变缓，回火稳定性提高。这对在高温下工作的工具钢和耐热钢有重要意义，使得它们在较高的工作高温下有足够的强度和塑性。在回火过程中随着温度的升高，含钼较多的钢的强度性质并不是单调的一直下降，会出现所谓二次硬化现象，即回火温度升高到某定值时，强度不但不下降反而升高，二次硬化现象的根源是含钼的合金碳化物在较高温度下弥散析出和奥氏体分解。

另外，合金钢在回火过程中由于杂质元素在奥氏体晶界析出造成回火脆性（第二类回火脆性）。用快速冷却处理抑制杂质在晶界析出，可消除回火脆性。对于大型构件和精密零件不宜用快冷工艺，可选用含钼合金钢，由于钼的存在，强烈阻止和推迟杂质向晶粒边界扩散聚集，可以有效防止这类回火脆性。

钼在不同合金钢中有不同的作用，合金渗碳钢在表面渗碳以后再进行淬火和回火热处理，表面硬度高达 HRC58～64，耐磨性好，心部韧度可达 $70J/cm^2$，强度也高，可承受强烈动载荷和强烈磨损，可做汽车，拖拉机的变速齿轮。例如，含钼的高淬透性钢 15CrMn2SiMo。钼可生成 Mo_2C，它能细化晶粒，防止在高温渗碳过程中奥氏体晶粒长大。生成合金碳化物 Fe_3Mo_3C 可提高渗碳层的耐磨性，渗碳温度可提高到 930℃。在高温渗碳以后，含钼等合金元素的高渗透性的渗碳合金钢采用空冷可以得到马氏体组织，适宜制造大功率柴油机的曲轴，连杆等构件。

调质钢中的钼，淬火（850℃）再高温（500℃）回火的热处理称调质处理，调质钢的显微结构是索氏体组织，钢材具有优良的强度和塑性的综合性能，例如，35CrMo、38CrMoAlA、40Cr2MnMo 和 40CrNiMoA 等。钼在钢中的主要作用是细化晶粒，提高回火稳定性，防止调质钢的第二类回火脆性。这些钢一般用来制造要求具有良好的强度和塑性综合性能的构件，如高压阀门、缸套、飞机发动机轴和 500℃ 以下喷汽发动机的承载零件。

弹簧钢主要用来制造弹簧，板簧等弹性零件，它们承受周期性的疲劳载荷，钢材要有足够高的疲劳强度极限。弹性变形量很大，要求钢材有高弹性极限，高屈服强度，特别要求有足够高的屈/强比（σ_t/σ_b）。钼在弹簧钢中的主要作用是提高钢的弹性强度，屈/强比及耐热性。也可以缓和 Mn-Si 弹簧钢的脱碳与过热倾向，提高钢的淬透性。如典型的含钼弹簧钢 55SiMnMoV，它在 880℃ 油淬加 550℃ 回火处理后 σ_b、σ_t 可达到 1400MPa 和 1300MPa，可制造直径小于 75mm，工作温度不超过 350℃ 的零件，如重型汽车和越野车的板簧。

高速钢主要用来制造切削刀具和高温下工作的工模具及芯棒，要求钢材具有高硬度，耐磨性，高淬透性（空冷可形成马氏体）及高红硬（热）性。要求在 600℃ 工作时，刀具等的硬度无明显下降。钢的碳含量较高，可以保证 Mo、W、Cr 和 V 等合金元素形成合金碳化物，淬火以后形成碳过饱和的马氏体结构，可以使钢材具有高硬度，高耐磨性及良好的红硬性。若碳含量较低，不能保证生成足够多的合金碳化物，同时高温奥氏体的碳含量减少，导致钢的硬度，耐磨性及红硬性下降。

钼和钨是高速钢的主要合金元素，在退火状态它们以 Mo_2C 和 W_2C 的形式存在。在淬火加热过程中部分 Mo_2C 和 W_2C 溶入奥氏体，淬火以后形成富钼，钨的马氏体，这种马氏体的回火稳定性高，大约在 560℃ 回火时，能析出弥散的 Mo_2C 和 W_2C，因而产生二次硬化。Mo_2C 和 W_2C 在 500～600℃ 范围内非常稳定，使高速钢具有极高的红硬性。细小弥散的 Mo_2C 和 W_2C 可大大提高钢的耐磨性。在淬火加热过程中未溶解的碳化物质点能阻止晶粒长大，细化晶粒。高速钢中钨含量（质量分数）一般不超过 18%，钨和钼的作用相同，可以互换，钼可代替 2% 的钨。

不同牌号的含钼高速钢有 W6Mo5Cr4V2、高碳高钒的 W12Cr4V4Mo、含钴的 W6Mo5Cr4V2Co8 和含铝的 W10Mo4Cr4V3Al。高速钢中铬的主要作用是提高淬透性，钒的作用是生成细小的弥散均匀的 VC（HRC83），提高钢的硬度和耐磨性。不同牌号的高速钢可加工成车刀，铣刀和钻头。

冷作模具钢和热作模具钢，冷作模具钢用于常温下使金属变形的模具，例如：冷压模、冷冲模和挤压模、拉丝模等。要求模具钢有高硬度，高耐磨性，要有足够的强度和韧性，能承受强烈的动态冲击载荷，弯曲应力，压应力和摩擦应力。在 Cr12 系列钢中含钼的有 Cr12MoV，高碳的有 6W6Mo5Cr4V 等。钼在钢中的作用除提高钢的淬透性和回火稳定性以外，还能细化晶粒，提高碳化物的分布均匀性，进一步提高钢的强度和韧性。

热作模具钢是金属高温变形使用的模具材料，热作模具钢除了要具备冷作模具钢的特性以外，还必须具备良好的高温性能，在 400～600℃ 范围内要求保持高硬度，高耐磨性，足够的强度和韧性，能承受高温重冲击载荷及热磨损。模具在工作时，交替承受高温工件加热和介质冷却的疲劳作用，模具要能经受载荷的应力疲劳和冷热疲劳。热作模具钢要求有良好的导热性，防止模腔工作面与模体其他部位之间产生过大的温差，避免热应力引起模具开裂。

钼和钨是熔点最高的合金元素，它们是提高热作模具钢高温性能的主要合金添加剂，所有热作模具钢都含有钼或钨。钼能提高钢的淬透性，防止第二类回火脆性，提高回火稳定性，在调质处理时产生二次硬化。常用的热作模具钢有 5CrMnMo、5CrNiMo、4Cr5MoVSi、3Cr2W8V、4Cr5W2VSi、3Cr3Mo2W2V 和 5Cr4W5Mo2V 等。用热作模具钢制造热锻模、热镦模、热挤压模、热精锻模、高速锻造模及压铸模等。

耐热钢及铁基耐热合金，这种钢的工作温度一般小于 600℃，工作介质是高温热蒸汽，内燃机，发动机及火力发电机组的高温零部件。这些材料长期在高温下工作。要求有高温化学稳定性和强度稳定性，化学稳定性是指抗氧化性和抗介质（水蒸气）的腐蚀性。材料的强度稳定性是要求有足够的蠕变强度和持久断裂强度，持久强度定义在指定温度下（例如 600℃），在规定的时间内（例如 100h）发生断裂的强度 MPa，标定为 $\sigma_{100}^{600} = x$ MPa，蠕变强度是指在指定温度下（例如 600℃），在规定时间内（例如 1000h）产生一定应变量（例如 0.1%）的最大应力，标定为 $\sigma_{0.1/1000}^{600} = x$ MPa。耐热合金含有硅，铬和铝等合金元素，在高温下这些元素在合金表面生成致密的氧化膜，阻断了氧向基体内扩散，保证合金有足够的抗氧化稳定性。

钼和钨是高熔点金属，耐热合金含有钼和钨可以提高合金基体的熔点，增加原子间的键合力，提高高温强度。钼和基体形成固溶体，有固溶强化作用，若和碳形成合金碳化物 Fe（MoC），在高温下起稳定的弥散强化作用，可阻止金属发生高温扩散蠕变，提高蠕变强度，降低稳态蠕变速率。

表 9-13 是含钼耐热钢的牌号，钼含量及钢的应用，由表看出，各种奥氏体，马氏体及珠光体耐热钢都含有钼，钼提高耐热合金的高温强度以及在非氧化性介质中的化学稳定性，增强抗酸，碱和盐的腐蚀性。

表 9-13　某些耐热钢中的钼含量及合金的应用

组织	钢的牌号	钼含量（质量分数）/%	应用场所
珠光体钢	16Mo	0.4 ~ 0.55	锅炉壁面温度低于 540℃ 的受热面管路，介质温度低于 540℃ 的管路中的大锻件，壁温低于 510℃ 的汽管，高温高压垫圈
	12CrMo	0.4 ~ 0.55	蒸汽 450℃ 的汽轮机的螺栓，法兰，壁温达 475℃ 的各种蛇形管及相应的锻件
	15CrMo	0.4 ~ 0.55	介质温度低于 550℃ 蒸汽管路，法兰等锻件，高压锅炉壁温低于 560℃ 的水冷壁管，壁温低于 560℃ 的蒸汽管及联箱
	20CrMo	0.15 ~ 0.25	工作温度 500 ~ 520℃ 的汽轮机的隔板及隔板套
	12CrMoV	0.25 ~ 0.35	540℃ 蒸汽的主汽管，转向导叶片，汽轮机的隔板，隔板套，壁温低于 570℃ 的各种过热器管，导管及相应的锻件，工作温度在 570 ~ 585℃ 的超高压锅炉的过热器管路及介质温度低于 570℃ 的管路附件法兰
	24CrMoV	0.50 ~ 0.60	直径小于 500mm，在 450 ~ 550℃ 长期运转的汽轮发电机的转子，叶轮和轴，锅炉中要求在 350 ~ 525℃ 工作的高强度耐热法兰、螺钉、螺母
	25CrMoVA	0.25 ~ 0.35	汽轮机套，锻造转子，套筒，阀，蒸汽温度可达 535℃，温度低于 550℃ 的螺母，长期在 570℃ 以下工作的连接杆
	35CrMoV	0.20 ~ 0.30	长期在 520℃ 以下工作的汽轮机的叶轮
马氏体钢	1Cr11MoV	0.5 ~ 0.7	工作温度 535 ~ 540℃ 的汽轮机的静叶片，动叶片及氮化零件
	15Cr12WMoVA	0.5 ~ 0.7	550 ~ 580℃ 汽轮机叶片，550 ~ 570℃ 汽轮机隔板，550 ~ 560℃ 的紧固件，550 ~ 560℃ 工作的叶轮，转子
	4Cr10Si2Mo	0.7 ~ 0.9	正常载荷或重载荷汽车发动机及柴油机的排气阀，中等功率航空发动机的进，排气阀，中等温度的加热炉构件
奥氏体钢	1Cr14Ni14W2MoTi	0.45 ~ 0.60 2.0 ~ 2.75W	长期在 500 ~ 600℃ 工作的超高参数锅炉和汽轮机的主要零件，蒸汽过热管道，航空，船舶及载重汽车发动机的进，排汽阀及热蒸汽和气体管道
	4Cr14Ni14W2Mo	0.25 ~ 0.4 1.75 ~ 2.25W	
	1Cr18Ni9Mo	2.5	在 610℃ 以下长期工作的锅炉及汽轮机的过热管道等构件

　　高温合金有镍基、铁基和钴基三大类，铁基高温合金的含钼量小于6%～7%，镍基和钴基高温合金含钼极限量可达30%和10%。由于钼的熔点高达2622℃，它可以提高镍基体的熔点，强化固溶体，生成弥散碳化物 Mo_2C 或者复合碳化物，起弥散强化作用。高温合金中钼的存在提高了再结晶温度，可使镍基高温合金的工作温度提高到900℃以上。

　　镍基高温合金的镍含量一般超过45%～50%，铁不超过10%，基本合金元素中有铬、钼和钴等，铬的主要作用是保证合金的抗氧化性，钼和钴是强化固溶体元素。含钼高温合金（质量分数）有 Ni-Mo 类[（Mo）>15%]，Ni-Cr-Mo 类[（Mo）>15%]，Ni-Cr-Mo-Co 类[（Mo）>10%]。高温合金中的钛，铝，通过固溶时效处理，可形成 Ni（TiAl）金属间化合物弥散粒子起弥散强化作用。表9-14是国外的几个含钼高温合金的含钼量及持久强度，蠕变强度及应用场所。

表9-14　外国几个高温合金的钼含量、性质和应用

合金牌号		钼含量（质量分数）/%	持久强度/MPa	应　用
Nimonic100		4.5～5.5	$\sigma_{100}^{870}=195$ $\sigma_{100}^{940}=100$	900℃动叶片
Nimonic115		5.5	$\sigma_{100}^{870}=270$ $\sigma_{100}^{980}=112$	950℃动叶片
Udimet500		4.25	870℃ $\sigma_b=314$	
Udimet710		3.0	$\sigma_{100}^{870}=310$ $\sigma_{100}^{980}=122$	950℃动叶片
Rene95		3.5	$\sigma_{0.2/1000}^{650}=980$	涡轮盘，压汽机盘
Inconel700		3	$\sigma_{100}^{815}=294$ $\sigma_{1000}^{870}=127$	750℃涡轮盘
Inconel718		3.1	$\sigma_{100}^{650}=1020$ $\sigma_{100}^{850}=100$	750℃涡轮盘 燃烧室火焰筒
Inconel100		2～4	$\sigma_{100}^{980}=\geqslant170$ $\sigma_{100}^{1000}=\geqslant140$	不低于950℃的动叶片
M246		2.5	$\sigma_{100}^{980}=190$ $\sigma_{100}^{1035}=140$	不低于950℃的动叶片
M252		10	$\sigma_{100}^{825}=196$ $\sigma_{1000}^{870}=69$	不低于950℃的动叶片
Hastelloy	A	18～22	980℃的 σ_b157 室温为755～823	燃烧室，喷汽发动机的受力零件
	B	26～30	$\sigma_{100}^{815}=108$ $\sigma_{1000}^{815}=69$	
	C	15～19 W3.5～5.5	$\sigma_{100}^{815}=108$ $\sigma_{1000}^{815}=69$ $\sigma_{1/1000}^{819}=49$	
	W	23～26		
	X	8～10 W10	$\sigma_{100}^{870}=59$ $\sigma_{1000}^{870}=39$	

国产高温合金用"GH"表示，合金化的基本原理是加铬，铝等提高抗氧化性，加钼、钨和钛等是提高熔点，强化固溶体及生成弥散强化的碳化物相。弥散相的类型、结构、形状、粒度、数量及分布状态对高温合金的强度性质影响很大。常见析出相有 γ'、γ''、σ、μ、η、拉乌斯（Laves）相，还有 Mo_2C 和 W_2C 强化相。高温合金一般用来制造飞机发动机的燃烧室、加力燃烧室、导向叶片、涡轮叶片及涡轮盘。压缩比大的航空涡轮发动机用高温合金制造压汽机最后几级的高温构件。由于发动机各处的温度、应力、受力状态不同，在不同部位要用不同性质的高温合金。表 9-15 是含钼、钨高温合金的牌号，持久性能及用途。此表并没有给出高温合金的总成分，大多数高温合金含有铬、钛、钴和硼。

表 9-15　含钼、钨的镍基高温合金

组织形态	牌号	钼钨含量（质量分数）/%	应 用 场 所
形变合金	GH169	Mo = 3.32	在 350~750℃抗氧化性热强材料
	GH38	Mo = 1.8~2.3	850℃以下的火焰筒及加力燃烧室
	GH163	Mo = 5.6~6.1	航空发动机燃烧室及加力燃烧室
	GH22	Mo = 8~10，W = 0.2~1.0	900℃以下抗氧化零件，板材做涡轮机零件
	GH333	Mo = 2.5~4.0，W = 2.5~4.0	900℃以下长期工作的燃气涡轮火焰筒
	GH44	Mo < 1.5，W = 13~16	航空发动机燃烧室及加力燃烧室
	GH128	Mo = 7.5~9.0，W = 7.5~9.0	950℃涡轮发动机的燃烧室及加力燃烧室
	GH141	Mo = 9~10.5	对流式发动机，发散冷却式发动机，工作叶片，导向叶片的外壳
	GH17	Mo = 5.8~6.4，W = 3.0~3.6	导向叶片，加力燃烧室，高温高强构件，涡轮叶片
	GH43	Mo = 4.0~6.0，W = 2.0~3.5	工作温度 800~850℃排汽门座后卡圈零件以及燃气涡轮叶片
	GH37	Mo = 2.0~4.0，W = 5.0~7.0	800~850℃涡轮叶片
	GH143	Mo = 4.5~6.0	900℃燃气涡轮叶片及空心涡轮叶片
	GH146	Mo = 4.5~4.0	约 870℃燃气涡轮叶片
	GH49	Mo = 4.5~5.5，W = 5.0~6.0	900℃燃气涡轮工作叶片，及其他大载荷部件
	GH151	Mo = 2.5~3.1，W = 6.0~7.5	950℃燃气涡轮工作叶片
	GH118	Mo = 3.0~5.0	温度在 950℃以下的涡轮叶片
	GH710	Mo = 2.5~3.5，W = 1.0~2.0	980℃以下的燃气涡轮工作叶片，涡轮盘，整体涡轮盘及轴等
	GH738	Mo = 3.5~5.0	815℃以下的涡轮叶片，涡轮盘，压缩机盘
	GH698	Mo = 2.8~3.2	550~800℃的涡轮盘
	GH220	Mo = 5.0~7.0，W = 5.0~6.5	900~950℃涡轮工作叶片
铸造合金	K6	Mo = 4.5~6.0	750~850℃燃气涡轮叶片，导向叶片，高温受力件
	K12	Mo = 3.0~4.5，W = 4.5~6.5	900℃以下涡轮启动机，燃气涡轮机导向叶片
	K27	Mo = 1.0~1.5，W = 3.5~4.0	850℃以下燃气涡轮机导向叶片
	K18	Mo = 3.8~4.8	950℃以下涡轮导向叶片，工作叶片，整体铸造涡轮和整体导向器
	K18B	Mo = 4.0~5.0	700~900℃燃气涡轮导向叶片，工作叶片，整体铸造涡轮盘和导向器
	K38	Mo = 1.5~2.0，W = 2.4~2.8	海用燃汽轮机涡轮叶片及导向叶片
	K23	W = 7.5~9.0	900℃以下燃气涡轮导向叶片
	K2	Mo = 4.0~5.5，W = 5.0~8.0	800~1000℃燃气涡轮导向叶片
	K4	Mo = 1.9~2.1，W = 6.5~7.5	975℃以下工作的导向叶片
	K16	Mo = 4.3~5.3，W = 4.7~5.7	950℃的涡轮工作叶片，导向叶片
	K3	Mo = 3.8~4.5，W = 4.8~5.5	900~1000℃燃气涡轮导向叶片，800℃以下工作的涡轮叶片
	K5	Mo = 3.5~4.2，W = 4.5~5.2	950℃以下工作的燃气涡轮工作叶片
	K9	Mo = 5.75~6.25，W ≤ 0.1	900~950℃长期工作的涡轮工作叶片和导向叶片
	K17	Mo = 2.5~3.5	950℃以下工作的空心涡轮叶片及导向叶片
	K19	Mo = 1.7~2.3，W = 9.5~10.7	850~1000℃工作的涡轮叶片，1050℃的导向叶片
	K20	Mo = 1.6~3.0，W = 13.6~14.8	900~1050℃涡轮叶片和导向叶片

除镍基高温合金以外，钴基高温合金也占有很重要的地位。因为钴资源较缺，研究应用比镍基高温合金少。铬是钴基高温合金必加的合金元素，最低钴含量是 18% ~ 20%，含铬低的钴基高温合金的抗高温氧化和腐蚀性差，铬含量超过 34% 合金变脆，钴基高温合金中铬，镍的含量分别可高达 20% ~ 30%、20%。若钴基高温合金单独加铬，可形成 Co-Cr 基，例如 HS-21，同时加镍和铬则形成 Co-Cr-Ni 基，例如 S-816。HS-21 的组分是 60Co-25 ~ 30Cr-4.5 ~ 6.5Mo。S-815 的镍，铬总含量达 40%。合金的持久断裂强度和蠕变强度特别高的原因在于含有大量的钨、钼、钽和铌等碳化物形成元素，S-816 的钼、钨和铌的总含量达 15%。这些碳化物形成元素在固溶体中富集，在 650 ~ 870℃ 热处理时可形成碳化物弥散强化。

钴基高温合金的结构是奥氏体加弥散碳化物，有时还含有金属间化合物。由于合金，碳化物及金属间化合物的成分及结构复杂多变，碳化物网格的数量及大小对钴合金的强度性质有重大影响，大晶粒合金的持久断裂强度和蠕变强度很高，碳化物网格的尺寸加大，合金的脆性增加。高温奥氏体化处理促进过剩相溶解，随后快速冷却形成过饱和固溶体是钴基合金强化热处理的必要程序之一。铸造合金在工作温度下时效可进一步提高强度，不发生时效反应的合金的塑性最佳。变形钴基高温合金（S816）在接近固相线的高温下进行奥氏体化处理，随后的时效可显著提高合金的热强度，奥氏体化处理的温度越高，晶粒越粗，合金的高温强度越高。奥氏体化的冷却速度越快，时效后的硬度越高。

各种钴基高温合金含有的钼和钨可强化固溶体，生成弥散碳化物强化相，可保证奥氏体化及时效热处理后有最佳的强度和塑性的综合性能。表 9-16 列出了几个典型钴合金的钼含量及性能。

表 9-16 几个钴基高温合金的钼含量、性能及应用

牌号及状态	钼含量(质量分数)/%	持久及蠕变强度/MPa	应 用 场 所
铸造 S-814		$\sigma_{1000}^{870} = 98$	模锻高温叶片和盘，精密铸造
锻造加热处理的 S-814	3.4 ~ 3.5	$\sigma_{1/1000}^{870} = 60$	高温燃气轮机工作叶片，导向叶片
G32	2.0	$\sigma_{1000}^{870} = 70$	燃气轮机模锻叶片及涡轮盘铸造叶片
HS-21	4.5 ~ 6.5	$\sigma_{1/1000}^{850} = 78.4$	铸造燃气轮机工作叶片及导向叶片
HS-27	5 ~ 7	$\sigma_{1000}^{870} = 98.2$ $\sigma_{1000}^{870} = 78.4$	

9.2.2 钼合金顶头

9.2.2.1 引言

"顶头"是生产无缝钢管必用的一种消耗性工具，经典的顶头材料是 3Cr2W8V。这种材料是热作模具钢，它的高温强度及耐热性都不能满足穿制无缝不锈钢管的恶劣工作环境的要求，通常在穿制过程中都是采用水冷工艺降低顶头的温度（即水冷顶头），提高顶头的强度，使它能满足穿管的要求。即使采用水冷顶头，顶头的寿命也非常短，通常一支顶

头也只能穿制一根不锈钢管坯，在生产线上要经常拆卸更换顶头，影响生产的连续性，降低生产效率。由于顶头的寿命特短，为了维持生产，一般无缝厂都有一个很大的附属顶头加工车间，专门生产供应顶头。拆卸下来的废顶头堆积如山，浪费人力，物力和财力。由于采用水冷顶头，就是在高温管坯内放置了一个水冷源，造成管壁内外温差很大，管坯加热温度偏高，经常出现废次品。20 世纪 60 年代钢铁研究总院等单位开始研究钼合金顶头，一举成功，并获得国家发明奖。目前国内所有生产无缝不锈钢管的企业都采用钼合金顶头，钼顶头的生产制造已形成一个很大的产业集群。

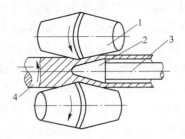

图 9-43   顶头在二辊穿孔机上
穿制无缝钢管的示意图
1—轧辊；2—顶头；
3—连杆；4—管棒坯

钼顶头在穿孔过程中的工作条件及穿孔原理可参见图 9-43，坯料圆棒在加热炉加热到 1050 ~ 1200℃，管坯用穿孔机穿孔，坯料送入穿孔机的两个同向旋转的轧辊，轧辊互成倾斜角，依靠摩擦管坯被动旋转，被咬入轧辊倾角，轧辊迫使管坯发生压缩变形，变形过程的横断面呈现圆→椭圆→圆的循环变化过程，中心有变疏松的倾向，在顶头的轴向压力作用下，顶头在旋转中前进，管棒坯被穿成管坯。可以认为顶头在穿孔过程中受热疲劳和应力疲劳作用，在穿管过程中顶头处于管坯内部，受高温管坯热和摩擦热的共同作用，顶头的温度可达 1200℃，在两根管的穿管间隙之间，顶头处于休息状态，温度能降到 800 ~ 900℃。在穿管过程中顶头受到正压力，拉应力，摩擦力和扭力的复合作用，正压力很大，而在穿管间隔之间，顶头不受外力作用，实际上顶头受低频交变疲劳应力作用。根据二辊穿孔和三辊穿孔试验测定顶头受力情况，用 $\phi50mm \times 150mm$ 的 45 号钢做穿管试样，管坯加热温度 1200℃，穿管参数为：喉部压下量（穿管变形区中轧辊最小间距）$\Delta h = 16.5\%$，顶头前压下量 $\delta_0 = 11.3\%$，送进角 $\alpha = 9°$。二辊轧机顶头端部受压力 4900 ~ 5292MPa，顶头上的总压力 31.4 ~ 35.3kN。而三辊轧机顶头端部受压力 61.7 ~ 68.6kN，总压力为 40.2 ~ 44.1kN。用直径 30mm 的顶头穿直径 50mm 的 1Cr18Ni9Ti 不锈钢管，轧辊圆周速度 $v = 2m/s$，$\delta_0 = 12\%$，$\Delta h = 14.6\%$，送进角 $\alpha = 9°$，三辊和二辊轧机上顶头的总压力分别为 61.3 ~ 76.4kN 和 45.0 ~ 60.8kN。另外，顶头轴向受力与顶头的前端压下量 δ_0 有密切关系，当 δ_0 由 4.9% 上升到 12.1% 时，二辊轧机顶头受压力由 70.6MPa 增加到 84.3MPa，而三辊轧机顶头压力由 84.3MPa 增加到 108.3MPa，前者增加 19.5%，后者增加 22.2%。实际上应当把这些应力值理解为低频疲劳的应力幅值。在这样高的应力状态下，3Cr2W8 顶头的高温强度不能满足穿管要求。

用钼顶头穿制无缝钢管时，顶头的高温强度足以能承受不锈钢变形产生的应力，不需要用冷却水降低顶头的温度，管壁的内外温度梯度很小。一支钼合金顶头平均可以穿制 300 ~ 400 根管坯，必然能得到最佳经济效果。

9.2.2.2   粉末烧结顶头

粉末烧结钼合金顶头选用 Mo-TZM 及 Mo-TZC 型合金，用常规的粉末冶金工艺生产，包括配料→混料→装料→冷等静压（CIP）成型→高温烧结→检验→机加工成品顶头。合金元素钛，锆和碳添加剂分别采用 TiH_2，ZrH_2，Mo_2C 或光谱纯石墨。表 9-17 列出了用光透法测量的顶头原料的粒度分布。

表 9-17　MTZ 型顶头的原料组分及粒度分布

粒度/μm	组元				粒度/μm	组元			
	TiH$_2$	ZrH$_2$	Mo$_2$C	Mo		TiH$_2$	ZrH$_2$	Mo$_2$C	Mo
60~55	1.2				10~8	7.9	6.4	5.2	11.9
55~50	2.2				8~6	6.1	9.6	20.4	22.1
50~45	3.1				6~4	8/5	12.4	30.6	30.6
45~40	6.1				4~2	4.8	18.2	33.4	17.6
40~35	4.1				2~1		9.6	5.2	4.4
35~30	6.3				1~0.8		1.9	0.5	0.5
30~25	10.0	1.8			0.8~0.6		2.0	1.1	0.4
25~20	11.3	8.8			0.6~0.4		2.9		
20~15	12.9	14.8		1.4	平均粒径/μm	21.36	9.09	4.96	6.38
15~10	15.3	11.4	3.6	11.1	松装密度/g·cm^{-3}				1.07

　　在20世纪六七十年代混料用球磨机，单轴滚筒混料机，为了使混料均匀，滚筒内装钼丝球，增加混料过程中粉末的搅拌强度，现在 TZM 类合金粉末都应采用三维真空混料机，既保证混料的均匀性，又可保证在混料过程中避免粉末氧化，降低合金的氧含量。

　　混合均匀的合金粉装入图9-44所示的软胶套，单件装料重 3.5~3.8kg，随后进行冷等静压（CIP）成型，压力 147~196MPa，粉末生坯的外形基本和顶头的相似，可提高材料的利用率。

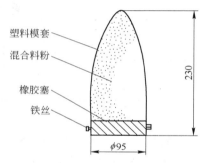

图 9-44　顶头的装料软套图

　　顶头烧结制度列于表9-18，烧结中碳的烧损反应式为 $2C+O_2 \rightarrow 2CO$，$C+H_2O \rightarrow CO+H_2$，碳的烧损曲线绘于图9-45，以石墨和 Mo_2C 作添加剂，其烧损率相差不大，钛和锆的烧结损失大约 10%~15%，为了使合金元素能充分扩散均匀合金化，高温保温时间应适当延长到 8~10h，烧结顶头 TZM 的显微组织照片见图9-46，平均晶粒度约为 1000 粒/cm^2，由于烧结坯的密度只有 9.5~9.6g/cm^3，未达到 10.2g/cm^3 理论水平，显微结构中包括有约 10μm 的烧结孔。由于顶头的体积较小，外形似圆锥形，为了提高烧结效率，通常采用多层装料。

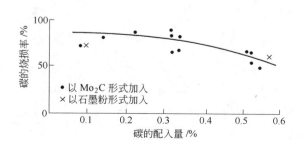

图 9-45　顶头中碳的烧损率

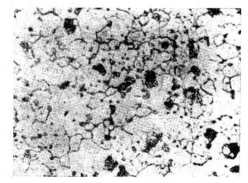

图 9-46　烧结 MTZC 顶头的显微组织（×500）

表 9-18　MTZ 钼合金顶头的烧结制度

烧结温度/℃	过程时间/h	烧结温度/℃	过程时间/h
25 ~ 1100	升温 2.5	2000 ~ 2100	保温 8.0
1100 ~ 1700	升温 2.0	2100 ~ 25	停电降温
1700 ~ 2050	升温 3.0		

　　烧结顶头坯的硬度和拉伸强度列于表 9-19，合金 MTZ 在 1100℃高温下的抗拉强度仍然高达 205MPa，不锈钢管坯料的加热温度是 1100 ~ 1160℃。用烧结 MTZ 顶头做电解分离试验，电解液是盐酸，甲酸和柠檬酸的混合液，溶去基体钼以后，收集剩余的第二相沉淀残渣并进行 X 射线结构分析，证明第二相是 Mo_2C，第二相的化学分析表明，它也含有一点钛和锆，这表明这种单碳化物固溶了一些钛和锆，形成固溶体碳化物（Mo，Ti，Zr）C，在烧结 MTZ 顶头中它起弥散强化作用。另外，电解液进行了化学分析，发现其中有钛和锆，这间接证明钛和锆也固溶入钼基体，合金元素起固溶强化作用。固溶强化和弥散强化的共同作用可以保证烧结 MTZ 顶头在穿孔过程中有足够的高温强度。

表 9-19　烧结 TZM 顶头的性能

性　能	试验温度/℃			
	室　温	900	1100	1300
硬度 HV	1039 ~ 1215	489	352	237
拉伸强度/MPa	339	231	205	141

　　用 76 无缝穿孔机组生产无缝不锈钢管坯，棒坯是 $\phi75mm \times (450 ~ 550)mm$，穿孔以后的荒管尺寸 $\phi76mm \times (7 ~ 7.5)mm$，穿孔机组的调整参数为：轧辊距 63 ~ 64mm；导板距 77 ~ 78mm；顶头伸出量 60 ~ 65mm；椭圆度 1.28；管坯加热：750 ~ 900℃/50 ~ 60min，900 ~ 1140℃/15 ~ 20min，1140 ~ 1160/保温 5 ~ 10min；顶头预热：600 ~ 800℃，表面滚沾 M1 号玻璃粉润滑剂。

　　烧结 MTZ 顶头的统计寿命，每支顶头平均穿不锈钢管超过 300 根，少数顶头因本身的温度偏低或者存在制造缺陷，穿管时发生顶头失效，具体破坏失效形貌见图 9-47，该图是收集的典型的穿管以后的顶头破裂的外貌，从左至右，A 穿管 203 支，顶头与连杆的连接螺纹破损，表面有一些粗点状氧化痕迹。B 穿管 465 支，顶头后腰部开裂。C 穿管 228 支，顶头的头顶部断裂。D 穿管 345 支以后，经机加工精修翻新准备再继续穿孔。E 穿孔 282 支，整体破碎的顶头。在大生产中长期长年累月使用 MTZ 顶头，顶头的制造工艺不断改进，也积累了大量使用经验。只要顶头本身温度不低于 650℃，远超过烧结 MTZ 的塑脆性转变温度（DBTT），顶头不会发生折断。绝大多数顶头的最终失效都是因为轻微氧化，累积尺寸变负公差，或者因为轻度变形，累积尺寸超差不再适宜继续穿管，须要机加工精修以后才可继续穿管。图 9-48 是烧结 MTZ

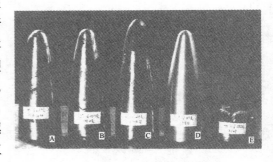

图 9-47　穿孔后的烧结钼顶头外貌

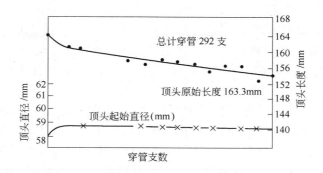

图 9-48   MTZ 顶头穿管过程的累积变形

顶头在穿管过程中的累积变形曲线，顶头的高度变短，圆顶（即顶头鼻子）变粗。

为提高钼顶头的性能，延长顶头寿命，在烧结顶头中添加稀土元素，研究了加稀土的 MTZ 高合金顶头（TZC 型）MTZCR。MTZCR 合金的稀土氧化物 CeO_2 和 Y_2O_3 配制成分及相应合金的 1150℃ 的性能列于表 9-20。

表 9-20   MTZCR 的稀土元素含量及性能[16]

合　金	密度 /g·cm⁻³	晶粒数 /个·cm⁻²	每支顶头穿管支数（质量/t）	1150℃ 的性能		
				拉伸强度/MPa	伸长率 δ_5	硬度 HV3
MTZC	9/60	2720	140（46.6）	212	10	94
MTZC-1.5CeO₂	9.59	23500	242（80.7）	242	14	127
MTZC-1.5Y₂O₃	9.55	8560	225（75.0）	282	20	112
MTZC-0.95CeO₂-0.55Y₂O₃	9.58	15600	303（101）	278	18	125
MTZC-1.05CeO₂-0.65Y₂O₃	9.50	15700	246（82.0）	255	15	116

由表列数据看出，稀土氧化物使顶头的晶粒明显细化，单位面积的晶粒数由 MTZC 的 2720 个/cm² 增加到 MTZC-1.5CeO₂ 的 23500 个/cm²，增加了近 6.6 倍，晶粒细化按照屈服强度与晶粒度的 H-P 关系，强度由 212 升高到 282MPa。晶粒细化以后，细晶粒的晶界面积扩大，晶界的杂质浓度降低有利于提高顶头的高温塑性。图 9-49 给出了单独加稀土 Y_2O_3 和 CeO_2 时，它们的添加量对 MTZC 的强度，硬度的影响，可以看出，CeO_2 和 Y_2O_3 的含量在 0.7% ~ 1.3% 范围内，合金的强度极限和硬度都随 CeO_2 和 Y_2O_3 的含量增加而提高，对强度极限的影响比硬度的更强烈。当 Y_2O_3 的含量达到 1.3% 的时候，强度极限

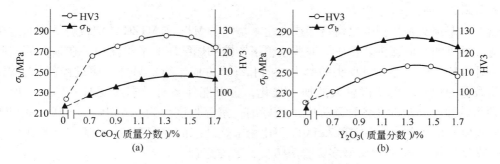

图 9-49 Y_2O_3 和 CeO_2 含量对 MTZCR1150℃ 性能的影响

达到极大值 282MPa。若超过 1.3%，顶头的强度和硬度都有一些降低，降低的原因可能是随着 Y_2O 和 CeO_2 添加量的增加合金的密度有一点下降。同样 CeO_2 的含量在 1.3% ~ 1.5% 范围内强度和硬度都有极大值，HV3 达到 128，超过这个范围性质有一些下降。同时添加 Y_2O_3 和 CeO_2 发挥它们二者的各自优点，顶头的强化效果比单独添加 CeO_2 和 Y_2O_3 更明显。

添加 Y_2O_3 和 CeO_2 试样电解分离萃取的第二相 X 射线衍射分析确定，含 CeO_2 的合金中除有 CeO_2 质点以外，还形成 $Zr_{0.4}Ce_{0.6}O_2$ 复式氧化物，含 Y_2O_3 合金中形成 $Zr_3Y_4O_{12}$、ZrY_6O_{11}、$Zr_{0.85}Y_{0.15}O_{1.93}$ 复合氧化物，见图 9-50（a）、（b）。这些复式氧化物阻碍晶粒长大，细化晶粒，晶粒度能达到 23500 个/cm^2，净化晶界，可起强烈的弥散强化作用，能提高合金的强度和塑性综合性能。扫描电镜的断口观察发现，复合添加 CeO_2 和 Y_2O_3 的断口表面穿晶断裂的份数比只加 CeO_2 的高，这表明稀土添加剂改善了碳，氧在晶界上的分布特性，复合氧化物 $Zr_{0.4}Ce_{0.6}O_2$ 和 $Zr_3Y_4O_{12}$、ZrY_6O_{11}、$Zr_{0.85}Y_{0.15}O_{1.93}$ 比单一的 ZrO、TiO、CeO_2 和 Y_2O_3 更稳定，提高了晶界的高温结合强度。

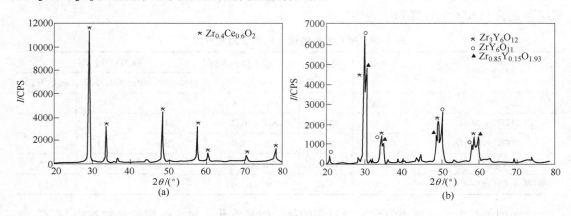

图 9-50   MTZCR 合金中的复式氧化物的 X 射线衍射图
（a）加 CeO_2；（b）加 Y_2O_3

MTZCR 顶头在生产线上进行了穿管生产实验，管坯材料是通用的 1Cr18Ni9Ti，顶头尺寸 $\phi65mm \times 180mm$，管坯加热温度 $1150 \pm 10℃$，单只顶头穿管数量列于表 9-20，统计表明，复合添加 CeO_2 和 Y_2O_3 总量大约在 1.5% 时穿管效果最好，总计穿管 303 支（合计 101.0t）。

9.2.2.3   热加工态顶头

热加工态顶头是指把熔炼铸造的或者粉末烧结的 MTZ 和 MTZC 铸锭或烧结坯通过挤压或锻造，再机加工成顶头。挤压，锻造改善了铸锭和烧结坯的组织结构，在顶头的轴向方向保持纤维状结构，穿管时顶头的受力方向和纤维方向平行，另外，通过控制加工温度，可以使锻造的顶头坯料获得更大的加工强化，也可能伴随有动态应变时效作用，加工态 MTZ 顶头的强度和塑性在各种顶头中是最好的，室温强度约为 686MPa，1100℃ 和 1300℃ 的拉伸强度相应达到 318MPa 和 225MPa，比粉末烧结态的约高 80% ~ 110%，穿孔寿命特长。一支挤压加工 MTZ 顶头最多穿管 797 支，平均穿管 621 支。

烧结顶头毛坯挤压加工至少要用 14.7MN 挤压机，这种大型挤压机造价昂贵，挤压顶

头的成本高，在市场竞争中价格处于劣势。高能高速锻
造顶头的工序简单，材料利用率比自由锻和挤压加工的
高，顶头的成本降低。图9-51是一台294kN·m高能高
速锻锤的实物。它依靠储存在高压缸中的氮气膨胀做
功，使锤头和框架系统产生高速相对移动来打击工件，
再利用高压油推回锤头，压缩高压缸中的气体积存能
量。最快打击速度可达20m/s，打击时间约为0.01s，
每个工件从出炉到锻成脱模约需60s。

　　用高能高速锻造机锻造MTZ和MTZC型顶头，锻造
坯料用粉末冶金工艺生产，配料成分列于表9-21，最高
烧结温度2000~2050℃，保温时间3~6h，由烧结坯简
单机加工成适宜高能高速锻造坯，进行高能高速锻造，
锻造坯料有A、B、C和D四种形状，模具有甲、乙两
种构形，组合成不同的锻造模式，见图9-52[17]，表9-22
给出了高能高速锻造的主要工艺参数。不同坯料形状配
合不同的模具构形，高能高速锻造顶头的变形过程和变

图9-51　294kN·m高速锤的外貌

形量不同，最终的结构组织状态差别很大，对其穿孔寿命也会产生较大影响。

表9-21　高能高速锻造MTZ和MTZC型顶头的成分[17]

编号	粉末配料(质量分数)/%			混料后分析(质量分数)/%			烧结后分析(质量分数)/%		
	Ti	Zr	C	Ti	Zr	平均C	Ti	Zr	平均C
1	0.55	0.10~0.12	0.11~0.13	0.49~0.54	0.096~0.13	0.109~0.140	0.47~0.63	0.062~0.110	约0.04
2	0.50	0.14	0.17	0.88~0.89	0.125~0.15	0.169	0.86~0.91	0.11~0.13	0.138
3	1.27	0.15	0.22	1.22~1.30	0.14~0.15	0.226	1.20~1.35	0.13~0.15	0.155
4	1.27	0.30	0.27	1.27~1.28	0.28~0.31	0.270	1.20~1.25	0.29~0.30	0.250
5	1.50	0.30	0.40	1.40	0.27~0.28	0.40	1.34~1.43	0.21~0.25	0.338
6	1.25	0.17	0.30	1.13~1.15	0.157~0.18	0.206	1.32~1.34	0.10~0.14	0.282
7	1.09	0.17	0.22	0.98	0.132		1.02	0.12	
8	0.65	0.12	0.22	0.57	0.11	0.20	0.58~0.63	0.09~0.095	0.143
9	1.27	0.15	0.32	1.20~1.23	0.15	0.32	1.15	0.13	
10	1.27	0.15	0.35	1.20	0.15	0.36	1.15	0.13	
11	1.27	0.15	0.38	1.20	0.15	0.38	1.19	0.13	

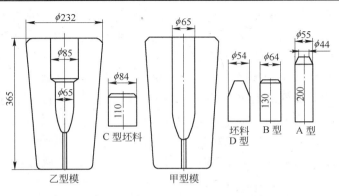

图9-52　高能高速锻造模具及坯料的构形

表 9-22　高能高速锻造的主要工艺参数

坯料参数			锻造工艺参数			
外形	直径×高/mm×mm	单重/kg	温度/℃	锻造压力/MPa	锻打能量/kJ	打击速度/m·s⁻¹
A	55×约200	3.71~4.86	1290~1420	3.55	11.3	约12
B	63.5×约130	3.95~4.50	1260~1380	3.75	11.8	约12.2
C	84×约100	5.5	1510~1580	5.12+5.57	14.7+16.2	13.6~14.3
D	64（炮弹状）	3.75	1260	26.4	7.84	约9

在 76 机组上用高能高速锻造顶头进行穿管试验，管坯材料仍以 1Cr18Ni9Ti 和 0Cr18Ni9Ti 为主，并试穿了几根 Cr20Ni34Ti、Cr18Ni12Mo2Ti 以及 GH110 坯料。穿孔的工艺参数如下：

管坯材质 1Cr18Ni9Ti、0Cr18Ni9Ti；管坯尺寸约 $\phi75mm \times (500 \sim 850)mm$；荒管尺寸约 $\phi78mm \times (6.5 \sim 7.0)mm$；轧辊距 $62 \sim 63mm$、$60mm$；导板距 73/96、75/100 或 79/105mm；顶头伸出量 $55 \sim 60mm$；椭圆度 1.15°；管坯加热温度 1130~1160℃；穿管速度 1.7~3 根/min，平均 2.5 根/min；穿管时间 7~12s/根，平均 9s/根。

高能高速锻造以后顶头的室温硬度由 1470 提高到 2450MPa，900℃ 的硬度由 549 增高到 1274MPa。密度由 $9.4g/cm^3$ 提高到 $10.1g/cm^3$。用不同成分和不同锻造模式（见图 9-52）的顶头进行穿管试验发现，Mo-$(1.34 \sim 1.43)$Ti-$(0.21 \sim 0.25)$Zr-$(0.287 \sim 0.403)$C（MTZC 型）合金配合 B 型模式锻造生产的高能高速锻造顶头的平均寿命最长。其中有一支顶头穿了 1000 支 1Cr18Ni9Ti 管坯，最终因为氧化，磨损造成尺寸偏小，并未发生其他失效作用。8 支这种合金顶头平均穿管 608 支，实际上因为 B 模式锻造的顶头的变形量最大，它的组织非常接近挤压态的组织，比其他三个锻造模式的更优越。其他高能高速锻造的 MTZ 和 MTZC 型顶头的穿孔寿命也都超过 350 支。图 9-53 是 MTZC 型顶头穿孔后的外貌。

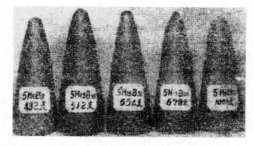

图 9-53　高能高速锻造 MTZC 型顶头穿管后的外貌

分析穿孔后的顶头，加工态及烧结态顶头失效大都是由于长期氧化挥发或磨损，造成顶头尺寸变小。另外有一小部分顶头失效的原因是发生圆头镦粗，或者产生严重的微裂纹。圆头镦粗的根本原因在于，顶头在穿管过程中受到的轴向压应力超过了材料的屈服应力极限，多次发生塑性变形，累积起来表现出顶头的圆头镦粗。提高合金化程度，提高顶头的原始强度有利于克服圆头镦粗变形，一般 MTZC 型顶头的圆头镦粗现象比 MTZ 的少。加工态顶头发生圆头镦粗的另一个原因是发生再结晶软化，穿管后顶头的硬度降低，见表 9-23。硬度降低的值是反映再结晶的程度，表 9-23 第三行高合金比第二行的中合金的再结晶程度相差很大，图 9-54 是 MTZ 和 MTZC 型顶头穿管前后的显微组织照片，因为再结晶程度不同，穿管前的纤维状组织变成穿管后的等轴晶粒结构的程度也不同，中合金顶头在穿管温度下已基本完全再结晶，纤维状组织基本都变成等轴晶粒结构，而高合金顶头尚未发生再结晶。由于高合金的钛，锆和碳含量都较高，C/(Ti + Zr) 比较小，再结晶温度较低。因此，降低合金元素含量，提高 C/(Ti + Zr)(Mo)，有利于提高合金的强度，这是 Mo-Ti-Zr-C 系合金强化的规律。这样有利于消除顶头的圆头镦粗变形。

表 9-23　穿管后不同高能高速锻造顶头的硬度下降

顶头成分(质量分数)/%			锻造模式	硬度 HV/MPa		
Ti	Zr	C		穿管前	穿管后	硬度降低值
0.47 ~ 0.53	0.062 ~ 0.11	约 0.04	A	2469	2293	176
0.86 ~ 0.91	0.11 ~ 0.13	0.138	B	2558	2372	186
1.34 ~ 1.43	0.21 ~ 0.25	0.338	B	2489	2470	19

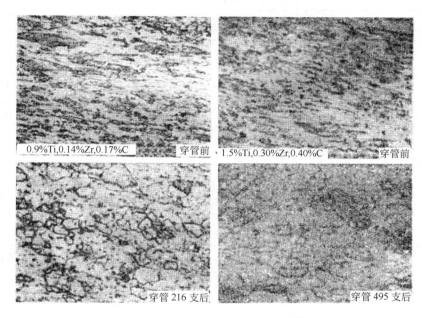

图 9-54　穿管前后 MTZ 和 MTZC 顶头显微组织照片（×200）

顶头失效的另一个主要原因是在穿管过程中发生微裂纹，最终可能导致发生横向断裂。断口分析发现顶头的断裂过程，裂纹起始于顶头表面，在疲劳扭力作用下，裂纹沿晶粒边界向中心发展，最终发生疲劳脆性断裂。在穿管过程中顶头受压缩和扭转的综合作用，切应力在定径带前沿的扩径带附近最大，在大扭矩作用下顶头表面最弱处，例如，烧结孔洞，低密度微区域，夹杂物，严重变形不均匀区首先形成微裂纹，在交变扭矩长期频繁的作用下，裂纹扩展最终导致疲劳断裂。预防减轻微裂纹破坏倾向的措施包括，提高顶头的组织结构均匀性，烧结孔洞要细小均匀，避免出现大烧结孔，提高变形量和变形均匀性，合金元素分布要均匀，避免出现块状偏析和微区域偏析。提高顶头再结晶后的强度，对预防横向微裂纹的产生和发展也有重要意义。

9.2.2.4　铸造顶头

铸造顶头是用真空自耗电极电弧熔炼的 MTZ 和 MTZC 铸锭直接机加工成顶头，这种顶头的最大优点是经过熔炼的高温液体金属的作用，Mo、Ti、Zr 和 C 的合金化程度特别完全均匀，同时经受高真空脱氧处理，氧含量可降到 10×10^{-6} 以下。使用铸造钼顶头的最大难点是铸锭的粗晶粒结构造成的低塑性，但是在高温下钼铸锭有良好的挤压锻造性能，据此估计用钼铸锭生产铸造钼顶头的塑性应当能满足穿管的要求。在上世纪六十年代开始研究试验钼顶头时首先选择铸造钼顶头，铸造 MTZ 和 MTZC 钼顶头的配料成分为 Mo-0.5Ti-0.08Zr 和 Mo-1.25Ti-0.28Zr，铸锭的分析成分列于表 9-24。铸造钼顶头的真空自耗电极熔炼制度列于表 9-25，熔炼设备和具体熔炼过程可参阅第 3 章。添加钛、锆、钨、铌、钒等合金元素可以细化钼锭的晶粒，提高铸锭的强度。Mo-30W 的铸锭晶粒最细，可达到 3 级晶粒度，而 MTZ 和 MTZC 的晶粒度大约相当于 1 级和 2 级，而 Mo-1V 和 Mo-1.2Nb 的晶粒度都小于 1 级。图 9-55 是铸造 MTZ 和 MTZC 钼顶头的显微组织照片。

表 9-24　试验铸造钼顶头的成分

顶头的牌号	元素的含量(质量分数)/%						
	Ti	Zr	W	Nb	V	C	O
MTZ	0.5	0.085	—	—	—	0.021	
MTZ	0.47	0.11	—	—	—	0.028	
MTZC	1.17	0.23	—	—	—	0.049	0.0018
MTZC	1.18	0.19	—	—	—	0.071	
Mo-50W	—	—	50	—	—	0.044	0.0013
Mo-0.4Ti-1V	0.4	—	—	—	0.83	—	0.0028
Mo-1V	—	—	—	—	1.01	0.035	
Mo-1.3Nb	—	—	—	1.39	—	0.027	

表 9-25　各种试验铸造钼顶头的熔炼规范

合金名义成分及名称	电弧电流/kA	电弧电压/V	钼条截面/mm×mm×根数	炉内真空度/×10⁻²Pa	铸锭重/kg	熔化速度/kg·m⁻¹
MTZ	2.5~2.6	30~32	12×12×4	1.33~3.99	7~8	0.8
MTZC	2.8~3.0	30~32	12×12×4	1.33~3.99	7~8	0.8
Mo-1.0V	2.4~2.5	30~32	12×12×4	1.33~3.99	7~8	0.9
Mo-50W	3.2	35	13×8×5	1.33~3.99	8.5	0.7
Mo-1.3Nb	2.4	30~32	12×12×4	1.33~3.99	7~8	0.9

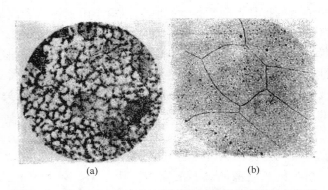

(a)　　　　　　　　　(b)

图 9-55　铸造 MTZ 和 MTZC 钼顶头的显微组织照片(×70)
(a) MTZC 合金；(b) MTZ 合金

研究了铸造钼顶头的高温硬度，抗扭强度及高温拉伸性能，这些性能都与铸造钼顶头在穿管时的受力状态有密切关系。用自研发的 KT-A1 型高温硬度计测量各合金的高温硬度，试样尺寸 $\phi15 \times 5$，试样表面抛光，载荷和保持时间为 $9.8N/30s$，检测温度 $700 \sim 1100°C$，图 9-56 是不同合金的高温硬度与温度的关系。其中 MTZ 和 MTZC 的高温硬度最高，MTZ 的 $700°C$ 和 $1100°C$ 的硬度比 Mo-1V 的高出 $421MPa$ 和 $686MPa$，MTZC 的 $1100°C$ 硬度约达到 $1324MPa$，而不锈钢 1Cr18Ni9Ti 在 $1100°C$ 的硬度只有 $172MPa$。显然，MTZ 和 MTZC 的硬度是 1Cr18Ni9Ti 的 8 倍。

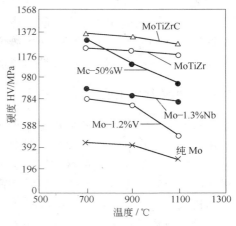

图 9-56　不同铸造钼顶头的高温硬度

铸造钼顶头的高温扭转和拉伸性能，MTZ 和 MTZC 承受 $1100°C$ 的扭转和瞬时拉伸试验，因为顶头在穿管过程中承受扭应力，拉-压复合应力。两种合金的扭转及拉伸试验结果列于表 9-26，铸造钼顶头 MTZC 的强度比 MTZ 的高，但塑性比 MTZ 的低。拉伸和扭转试样的轴平行于铸锭的轴线，扭转试样切取位置是在铸锭 1/4 三角圆的中心，拉伸试样在 1/4 三角圆的铸锭中心向铸锭直径偏离 $10mm$。

表 9-26　MTZ 和 MTZC 在 1100°C 的扭转和拉伸强度

合金牌号	扭 转 试 验		瞬 时 拉 伸 试 验	
	扭矩/N·m	转数圈	强度/MPa	伸长率/%
MTZC	25.5	2.5	390.5	12.0
MTZ	17.6	4	185.2	18.0

铸造钼顶头在 76 机组上进行穿管试验，铸造 Mo-1.2Nb，Mo-1V 顶头因晶粒粗大，在穿管过程中顶头较早出现裂纹，它们的强度低，发生严重圆头锻粗，Mo-1V 顶头在穿 20 支 1Cr18Ni9Ti 管坯后总高减少了 $11mm$，不能再穿管。Mo-50W 铸造顶头太脆，不能承受穿管过程中产生的振动和撞击载荷，经常开裂，强度性能能满足穿管要求。而铸造 MTZ 和 MTZC 钼顶头有较好的强度和塑性，有很好的穿管性能，在穿制 $200 \sim 311$ 支 1Cr18Ni9Ti 管坯以后，顶头的外形基本无变化。看来拉伸强度达到 $185MPa$ 就能满足穿 1Cr18Ni9Ti 管坯的要求。一般 MTZ 和 MTZC 铸造钼顶头的支数寿命在 $200 \sim 355$ 根之间，能满足大生产的要求。图 9-57 是铸造顶头穿管后的外貌。

需要指出，我国各大钢厂生产无缝 1Cr18Ni9Ti 钢管都用烧结 MTZ、MTZC 和 MTZCR 顶头，没有采用铸造和加工态顶头，究其历史原因，在钼顶头研究成功后直接转给钼粉生产厂，这些生产厂有成套的粉末冶金设备，而没有冶炼加工设备，能方便地生产烧结顶头，故 40 年来一直沿用至今。烧结

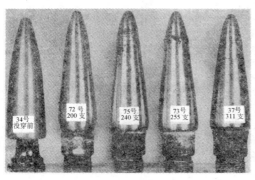

图 9-57　铸造钼顶头穿管后的外貌

顶头的成本有一定优势，顶头的寿命也能满足大生产的要求。但是，熔炼加工钼顶头的合金化程度，强度和塑性的综合性能比烧结的更好，在穿制有较高高温强度的耐热钢和高温合金管材时熔炼加工顶头有更大的优势，在穿制大口径无缝钢管时，粉末烧结顶头已很难满足要求。因此，有必要对熔炼挤压锻造加工钼顶头给予较多的关注和研究。

9.2.3　锌冶炼加工工业

9.2.3.1　钼钨合金在炼锌炉中的应用

钼和钼合金在炼锌及锌加工工业中的应用主要是因为 Mo-30W 合金有良好的抗液态锌的腐蚀性能。用钼棒材或板材做炼锌炉的局部结构材料，用管材做镀锌锅的内加热元件，测量和控制锌液温度的专用热电偶外套管。

用粉末冶金工艺烧结的 Mo-30W 坯锭不能直接锻造，烧结 Mo-30W 坯锭直接在 1350～1600℃锻造极易产生粉碎性裂纹，如果先在 1600℃挤压开坯，挤压棒在 1150℃/30min 加热后可以自由锻造。若用真空自耗电极电弧熔炼生产 Mo-30W，也要经过挤压开坯破碎晶粒以后才可自由锻造成钼-钨合金棒材。在研究试验 Mo-30W 在炼锌工业中的应用时，选择真空自耗电极电弧熔炼合金，表 9-27 给出了合金的熔炼制度。

表 9-27　Mo-30W 合金的真空自耗电极电弧熔炼制度

合金名义成分	铸锭直径/mm	电极横断面/mm²	熔化电流电压 kA	熔化电流电压 V	电流密度/A·mm⁻²	熔化速度/kg·min⁻¹	真空度/Pa	稳弧电流/A
Mo-(30～36)W	100	1128	3.2～3.8	37～39	2.8～3.4	0.36～0.46	0.13～13.3	0.4～0.6
Mo-(27～28)W	100	1176	3.5～3.6	37～39	3.0	0.45～0.52	0.13～1.33	0.4

挤压用 5.88MN 立式挤压机，挤压筒内径 85mm，挤压坯加热 1530～1600/40min，挤压比和挤压力分别为 2.8～3.5MN 及 1.96～2.94MN，挤压速度约 100mm/s，挤压模和石墨底垫的预热温度分别达到 200～250℃和 400～500℃。直径 45mm 的挤压棒在 1450℃锻造，并在 1250～1300℃轧成 6mm 厚板材。

制造炼锌炉用的 Mo-30W 扬锌叶片，把 6mm 厚的轧制 Mo-30W 板材加热至 1000℃，用 0.49MN 的手动千斤顶（工作压力为 7702MPa），在成形模内多道次手工加压做成扬锌叶片，成形模加热温度 200℃，叶片的外形见图 9-58(a)。

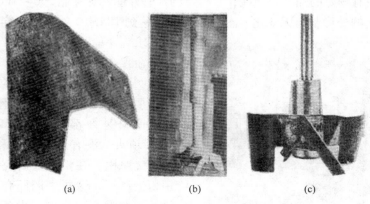

图 9-58　扬锌转子的实物照片[18]

(a) 叶轮；(b) 三爪勺式扬锌转子；(c) 成套扬锌转子

　　三爪勺式扬锌转子，在生产炉的四阶半罐头修建一小冷凝器，进行石墨和 Mo-30W 的对比试验。挤压态的 Mo-30W 合金做成三爪勺式扬锌转子，其外形图见 9-58(b)，对比试验结果列于表 9-28。用 Mo-30W 合金做成总重 23kg 的成套扬锌转子，见图 9-58(c)，其零件包括转子轴，叶片，轴头，螺钉和螺母等。把它安装在生产炉上修筑的一个冷凝器中进行模拟试验，锌蒸汽与锌液的温度非常近似生产条件。结果发现，Mo-30W 转子的寿命已超过 1000h，而石墨转子的寿命仅仅只有几十个小时。用 Mo-30W 制造锌冶炼炉构件的一次成本比石墨的高，但总计经济效益比石墨的更高。

表 9-28　Mo-30W 和石墨扬锌转子对比试验

转子材料	转子轴转数/r · min^{-1}	转子轴尺寸/mm	运转时间/h	结果说明
石　墨	895	$\phi75 \times 345$	1530	轴断裂
高强石墨	895	$\phi75 \times 345$	59	轴断裂
挤压态	1040（419h）	$\phi40/\phi30 \times 400$	467	轴完好无损无明显腐蚀
Mo-30W	785（48h）			

9.2.3.2　锌锅中的内加热器

　　液态锌锅是液态镀锌的心脏设备，经典煮水式铸铁锌锅靠燃煤熔化锌液，陶瓷锌锅靠顶部外加热化锌，外加热的热利用率通常不超过 35%，锌的蒸发损失量大，环境污染严重。用内加热器加热熔化锌液，通常一般内热式加热热效率可达 90% 以上，锌液温度可严格控制，基本消除锌的挥发损失，大大降低了镀锌工业对环境的污染。根据统计，按年产 7000t 镀锌钢丝为例，每吨产品的锌耗减少 7kg，每吨产品电耗减少 80kW · h，一年可节约锌 49t，节约电 0.56MW · h。

　　内加热及内加热器，内加热好像生活中用"热得快"煮开水一样，把多组加热器放置于锌锅中，靠加热器内的电阻丝通电加热，通过热传导，把锌锅中的锌化成液体，锌的熔点是 419.46℃，用内加热器可以很方便地把锌液加热到 650～700℃。由于是通电加热，靠插入锌液中的 Mo-30W 热电偶套管组装的 K 型热电偶显示的温度信号，配合适当的温度控制仪表，可以很精确地控制锌液的工艺温度，使生产条件非常稳定。图 9-59 是内加热器的构造图，它由三大部分组成：图 9-59(a)耐高温抗锌液腐蚀的 Mo-30W 合金加热外套管；图 9-59(b)电热丝发热体；图 9-59(c)内加热器装配件。组装好的发热体置于 Mo-30W 的外套管内，管内填充适当的填料。

　　钼-钨合金 Mo-30W 是用粉末冶金方法生产，按照 32% W 粉的比例和钼粉混合，CIP/198MPa 压成一端带底的合金管，2150～2200℃烧结，烧结密度达到 97%～98% 理论密度，管的外形用适当方法可以保证它的垂直度，贯通孔要尽量少，烧成的管通过 5～8atm/10min 检漏，在锌锅长期高温工作过程中确保加热器外套管不向管内渗锌液。每支内加热器的加热功率的选择要参考外套管的尺寸。10kW 和 15kW 加热器的外套管尺寸分别为 $\phi95mm \times 920mm$ 和 $\phi130mm \times 920mm$，套管的长度取决于锌锅的深度，最高可以做成 1500mm，管壁厚度一般控制在 5～10mm。

　　Mo-30W 合金仍然是体心立方晶格，必然存在塑脆性转变温度（DBTT），静态加载的 DBTT 是 100～220℃，冲击加载时超过 400℃，显然，在室温下外套管是脆的，但是，锌锅加热的液锌温度（例如 700℃）已超过外套管的塑脆性转变温度（DBTT），此时外套管

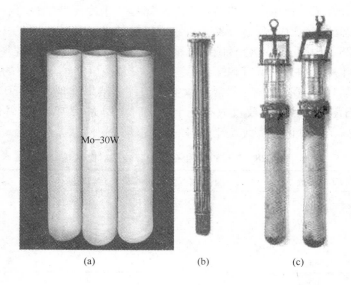

(a)　　　　　　(b)　　　　　(c)

图 9-59　锌锅内加热器的构成

（a）Mo-30W 外套管；（b）电热丝发热体；（c）内加热器

具有塑性。在不同温度下 $\phi60$ 加工态 Mo-30W 棒材的力学性质列于表 9-29。

　　Mo-30W 合金外套管的 400℃、500℃、600℃ 和 700℃ 导热系数 ［cal/（cm·s·℃）（W/（m·℃））］ 分别如下：

　　400℃：0.282（117.9）；500℃：0.284（118.8）；600℃：0.274（114.6）；700℃：0.232（97.2）。

表 9-29　在不同温度下 Mo-30W 合金棒的力学性能

温度 /℃	力 学 性 能			温度 /℃	力 学 性 能		
	强度极限/MPa	伸长率/%	横断面收缩率/%		强度极限/MPa	伸长率/%	横断面收缩率/%
400	412	20	60	1500	144	35	90
1000	314	20	90	1800	62	60	90

　　内加热器的热膨胀系数与温度的关系见图 9-60。相比起来，在室温附近锌和一些镍基合金的热膨胀系数相应约为 39×10^{-6} 和 $11\times10^{-6}/℃$。而钼的室温热膨胀系数约为 $5.1\times10^{-6}/℃$，显然钼的热膨胀系数很小，这样内加热器的 Mo-30W 外套管在频繁停产-投产，锌液在频繁凝固结晶-熔化过程中，不会因为热疲劳而破裂。就导热系数而言，铁的室温导热系数大约只有 0.18cal/（cm·s·℃）（75.3W/（m·℃）），大约只相当于钼的 50%，显然，内加热器靠热传导加热锌液，用导热系数大的 Mo-30W 材料生产外加热管更有利。

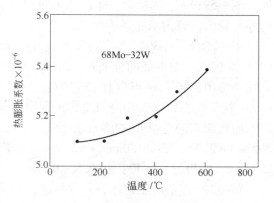

图 9-60　加热器外套管的热膨胀系数与温度的关系

影响内加热器使用寿命的主要因素仍然是外套管的氧化问题，尽管 Mo-30W 的氧化速度比纯钼慢，但是长期在锌锅（700℃）的温度下工作，仍然会发生氧化。不过，外表面浸在液态锌内，已经和空气中的氧隔绝，氧化反应只是和锌液中的溶氧作用，氧分压应当很低，氧化反应可以忽略。而外套管在锌液表面以上部分，直接露在空气中，特别是在锌锅表面附近，通常称三相（气、液、固三相）界面区，三相界面区的液面经常波动，有附加的表面张力作用，按照规律，外套管 Mo-30W 合金的三相界面的腐蚀速率很快，内加热器的外套管的三相界面最容易破坏。为了提高外套管的工作寿命，在制造时把处于三相界面处的套管的厚度适当增加，或者采取适当措施使得三相界面不直接落在 Mo-30W 的外表面上，回避三相界面的腐蚀难题。

内加热器套管内的温度比外面高，热量才能由管内向管外的锌液传导，Mo-30W 管的内表面温度比外表面更高。管内填充适当填料，阻断内表面和空气直接接触，防止内表面氧化。另外，还要求填料具有良好的导热性能，把管内发热体产生的热量向外传导，而不起负面的绝热保温作用。可以采用细颗粒氧化锆，氧化铝粉末，掺杂少许金属性亲氧元素，如石墨粉或钼粉，增加填料的导热性，还可以帮助减少填料中残氧对 Mo-30W 管内壁的氧化作用。

内加热器置于镀锌锅内，每根加热器的功率可以任意设计，熔锌总功率可以计算，根据总功率决定要安装内加热器的数量。每根内加热器的热场应当是同心圆，距离外加热管越远，温度越低，用若干根内加热器同时加热，不同加热器的热场部分重叠，使得锌锅内液体锌的温度趋于均匀，可以满足镀锌工艺要求。镀锌操作过程中，向镀锌锅内放置工件时，难免会砸碰到加热器，由于 Mo-30W 的外套管有很高的高温强度和塑性，能经受工件的碰撞冲击，不会发生破断。如果用陶瓷或石英玻璃做加热器外套管，在很轻微的工件碰撞时，外套管立刻会破裂，加热器就要报废。抗腐蚀，优异的高温强度，抗撞击，长寿命的 Mo-30W 的镀锌锅内加热器是其他任何加热器无法相比的。

9.2.4 热加工模具

9.2.4.1 等温锻造模

一般锻造模的温度比锻造坯料的低，在锻造过程中坯料和模具之间有热交换，和锻模接触处的坯料表面温度很快降低，影响锻件的组织和性能，对于加工性能较差的材料极易引起表面裂纹。在新材料的发展同时，对锻造工艺的要求越来越严格。净成形或近似净成形的精密锻造工艺快速发展，要求大量采用等温锻造或热模锻造。等温锻造要求把锻模加热到和锻造坯料同样的温度，热模锻造的锻模温度比锻坯的略低一些，图 9-61 是通用锻造，热模锻造和等温锻造的坯料与锻模的相对温度和接触时间。

钛及钛合金，超级镍合金采用等温锻造工艺可以锻成净成形的锻件，形状尺寸和表面粗糙度都不需要机加工，能大大降低钛基合金和镍基超合金锻件的成本，一些飞机涡轮盘采用等温锻造工艺可以显著地提高盘的性能。在等温锻造过程中工具和坯料处于等温状态，它们之间没有热交换，工件不会冷却，因此可以在低变形抗力下缓慢锻造。应用等温锻造工艺锻造钛及钛合金，它的锻造压强比常规锻造的低，图 9-62 比较了 BT3-1（Ti-5.5Al-2Mo-2Cr-0.1Si）合金的等温锻造和普通锻造压强的变化。在各种变形量下等温锻造的压强都比普通锻造的低，变形量达到 80% 时，两者相比达到 2.8。另外，等温锻造工艺

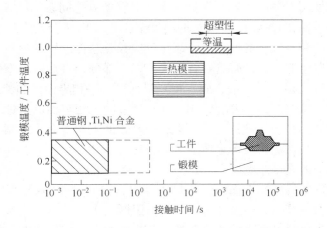

图 9-61　通用锻造，热模锻造和等温锻造的坯料和锻模的相对温度和接触时间

使得有可能在锻造加工过程中利用特殊材料（例如 Ti-6Al-4V）的超塑性，材料在超塑性状态下非常软，塑性特别好。对于锻造含有高而薄的筋的复杂形状构件几乎是理想状态。为了获得净成形的镍基超合金和钛基合金锻件，需要用高温高压加工。在锻造 Ti-6Al-4V 合金时，典型的等温锻造条件是，工具温度 850～950℃，压力 100～120MPa，持续时间 5～15min，超级合金要求的温度达到1200℃，在955℃等温锻造条件下，锻造压力可能接近 103MPa，相应引起锻模内的应力约为锻件应力的三倍。锻模在这样高温高压条件下工作，要求有足够高的高温强度，可供选用的模具材料有镍基超合金（IN100，Udimet700 等），陶瓷材料（氮化硅，碳化硅）和难熔金属钼合金 TZM。其中镍合金的高温强度偏低，陶瓷材料太脆，只有 TZM 有最佳综合力学性能，可以满

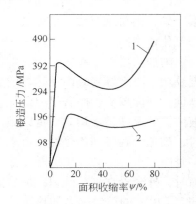

图 9-62　BT3-1 在常规锻造和
等温锻造时压强的比较
1—曲轴压机普通锻造；
2—水压机等温锻造

足等温锻造模具材料的要求。但是，由于 TZM 抗氧化性很差，要求在真空或惰性气体环境中进行锻造，防止锻模氧化。目前，在等温锻造操作过程中用惰性气体氮或氩保护 TZM 锻模，使锻模不被氧化已经没有任何困难。

在等温锻造过程中锻模破坏失效的形式可能有局部塑性变形引起模腔形状的变化，毛坯材料的流动以及和润滑剂反应造成腔体磨损，还有在高应力集中点发生裂纹萌生和扩展，其中裂纹萌生和扩展最危险，它能引起锻模很快发生意外破断。模具中的缺口和孔洞是裂纹最经常的起始位置，锻模受力过程是典型的低频疲劳载荷，裂纹为一狭窄缺口，用应力强度因子 K_1 描述裂纹顶端附近的应力状态、根据佩尔斯（Paris）理论，在曲率半径为 ρ 的窄裂纹根部的最大应力 σ_{max} 可用下式计算：

$$\sigma_{max} = \frac{2K_{IN}}{(\rho\pi)^{1/2}}$$

式中引入下标 N 是为了避免和描述从缺口表面开始的疲劳裂纹所用的应力强度因子混淆，

若只考虑狭窄缺口，σ_{max} 和 K_{IN} 可作为等值的载荷参数。

为了判断分析锻模的寿命，用带缺口的双悬臂梁试样（图 9-63）模拟研究锻模中的裂纹萌生和扩展过程，试样材料是 10mm 厚的粉末冶金 TZM 钼板和 5mm 厚的熔炼 TZM 钼板，加载用正弦波和不等边四边形波，正弦波的频率为 1Hz 和 20Hz，不等边四边形波的载荷保持时间达到 5min，上升（加载）和下降（卸载）时间为 5s，这个条件和矩形波的完全一样，加载温度 950℃，试验环境真空度超过 6.65×10^{-3} Pa。

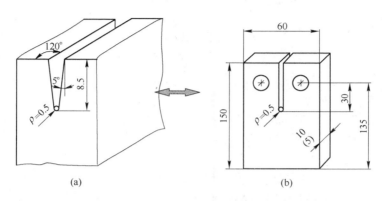

图 9-63　双悬臂梁缺口试样
（a）代表有缺口的锻模；（b）用于模拟有缺口锻模

为了用试样代表锻模，为了允许用 K_{IN} 作载荷参数，试样的缺口顶端的曲率半径和锻模中的完全一样。试样和锻模内的缺口都用电火花加工，它们的表面特征一样。在缺口根部曲率半径完全相同和小范围屈服条件下，带缺口试样的疲劳试验结果代表锻模的试验结果。应力强度因子范围 ΔK_{IN} 或最大拉应力范围 $\Delta \sigma_{max}$ 作为载荷参数，使得试样和锻模获得完全相等的条件。温度，载荷和加载波形对应等温锻造过程中发生的条件，在锻造操作过程中，缺口根部主要发生拉伸变形，因此，只进行拉伸疲劳试验。

裂纹萌生以后锻模不会立即破断，从裂纹萌生直到达到临界长度以前还存在一定的循环周期次数。显然，残留的寿命与裂纹扩展特性有极强烈的依赖关系。所以用带预裂纹缺口的双悬臂梁试样测量裂纹扩展速率与周期应力强度因子范围之间的关系。明确地把裂纹萌生阶段和裂纹扩展阶段分开是不能的，所以，一旦能应用宏观测定的裂纹扩展定律就把裂纹定义为裂纹核心，裂纹萌生和裂纹扩展早期阶段都发生在缺口的塑性区内，一旦裂纹逸出到缺口的影响区以外，它们就起有一定长度的裂纹作用，其长度是裂纹长度和缺口深度的总和。那么，就可以用宏观测定的裂纹扩展定律。现在的情况是 $\rho = 0.5$mm，预计在裂纹长度达到 0.1mm 时，裂纹就逸出到缺口的影响区以外。因此，把裂纹长度达到 0.1mm 定为裂纹萌生前的循环周期次数的临界值。

图 9-64（a）是裂纹萌生前的应力循环周期数与应力强度因子范围 ΔK_{IN} 是最大拉伸应力范围 $\Delta \sigma_{max}$ 之间的关系，图 9-64（b）疲劳裂纹扩展速率与 ΔK_i 之间的关系。在具有长时间保持载荷（方波形）和无保持时间的（正弦波）连续加载相比，用方波加载时，裂纹萌生前的循环周期加载次数 N 比用正弦波加载时稍微少一些，这可能是蠕变的效果。按正弦

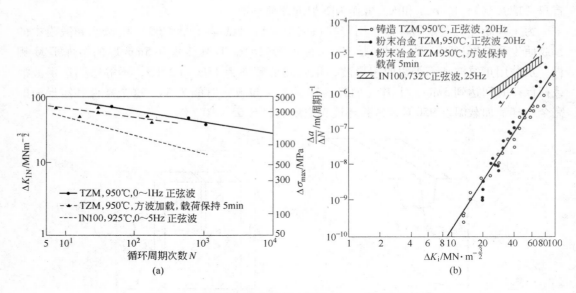

图 9-64　裂纹萌生和扩展与 ΔK_{IN}、$\Delta \sigma_{max}$ 或 ΔK_i 的关系

（a）裂纹萌生前的循环周期加载次数与 ΔK_{IN} 和 $\Delta \sigma_{max}$ 之间关系；（b）疲劳裂纹扩展速率与 ΔK_i 的关系

波加载或不等边四边形波加载时，ΔK_i 和 N 之间都能建立起幂函数关系：

$$N = A(\Delta K_{IN})^{\alpha}$$

裂纹扩展速率是每一次循环加载引起的裂纹长度的变化 $\Delta a / \Delta N$（a 是裂纹长度），它与循环应力强度因子范围 ΔK_{IN} 有函数关系，在纯疲劳加载条件下，粉末冶金和铸造 TZM 之间没有重大区别，但是，用方波形加载有很长的载荷保持时间，因为同时有蠕变裂纹扩展，因此造成裂纹扩展速率大大加快。在所研究的载荷范围以内，纯疲劳数据和蠕变裂纹扩展数据都可以用佩尔斯定律描述，即

$$\frac{\Delta a}{\Delta N} = C(\Delta K_1)^{m}$$

裂纹萌生和裂纹扩展速率两个公式中的指数和系数列于表 9-30。

表 9-30　裂纹萌生和裂纹扩展公式中的指数和系数

试验条件	裂纹萌生		裂纹扩展	
	A	α	C	m
没有载荷保持时间	1.79×10^{13}	-6.29	5.97×10^{-15}	4.40
载荷保持 5min	1.22×10^{15}	-7.75	2.79×10^{-13}	4.15

注：长度用 m，应力强度因子用 $MN/m^{3/2}$，表中数据有效。

裂纹萌生以前疲劳周期加载次数和裂纹扩展速率的信息可以用来估算锻模的寿命，在没有长期保持疲劳载荷的情况下，真实载荷为 $\Delta \sigma_{max} = 1600MPa$（$\Delta K_{IN} = 32MN \cdot m^{-3/2}$）时，裂纹萌生以前可以应用的疲劳循环周期数 10^3。根据所测数据外推指出，在疲劳载荷保持 5min 的情况下，裂纹萌生以前只有几百次周期疲劳加载，加载次数对于应力变化非常敏感。例如，应力只提高 10%，裂纹萌生以前的疲劳周期数减少超过一半。应当再次指出，用 $\Delta \sigma_{max}$ 和 ΔK_{IN} 说明缺口变形特征只可能对于特定的缺口根部的曲率半径，对于其他

缺口半径要另行计算。

有时由于模具中的裂纹萌生不可避免，在预估工模具寿命时，裂纹扩展速率也起重要作用，对于含有小裂纹的工模具来说，$32MN \cdot m^{-3/2}$ 是循环应力强度因子 ΔK_{IN} 的现实数值。在最初几毫米的裂纹扩展过程中，这个数值几乎保持恒定。若每周期载荷保持 5min，预计每个周期的 TZM 的裂纹扩展速率小于 $1\mu m$。这就意味着裂纹达到临界长度以前能发生几千次循环加载。但是，必须指出，较长时间（例如 5min）保持载荷，使裂纹萌生和裂纹扩展都加速，因此，锻造时间应当尽可能短。另外，重型锻模在加热和冷却过程中产生的热应力也可能引起裂纹。

根据显微组织的观察，TZM 中发生的一些裂纹核心都能扩展成裂纹，在纯疲劳以及有较长时间保持载荷的周期循环蠕变试样中，所有研究的 ΔK_{IN} 值产生的裂纹本质上几乎全都是晶间裂纹，见图 9-65。但是，几乎在所有有载荷保持时间的试验中，几个疲劳周期以后就发生了蠕变区域，试样表面的显微结构清楚显示这些区域明显是由晶界滑移引起的。

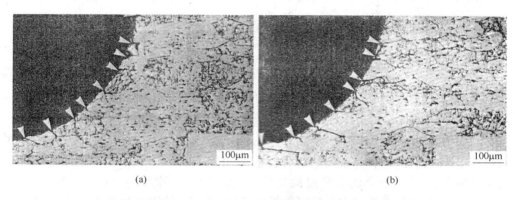

(a)　　　　　　　　　　　　(b)

图 9-65　950℃疲劳以后，缺口试样中萌生的裂纹

（a）没有载荷保持时间；（b）载荷保持 5min

钼合金 TZM 本身具有良好的热机械加工性，可以做出大尺寸的等温锻造模具的坯料，其高温强度及韧性均可能满足锻模的要求，已成功地应用于等温锻造模具。但是，对于锻造温度更高（1200℃）的超级镍基合金锻模而言，TZM 的蠕变持久强度已不能胜任等温锻造锻模的要求，需要用粉末冶金 TZC 和 MHC 代替 TZM 做锻模材料，它们比 TZM 的强度更高，合金的名义成分列于表 9-31。

表9-31　TZC，MHC 和 TZM 合金的成分

合金名称	含量（质量分数）/%			
	Ti	Zr	Hf	C
TZM	0.4 ~ 0.55	0.06 ~ 0.12	—	0.01 ~ 0.04
TZC	1.0 ~ 1.4	0.25 ~ 0.33	—	0.07 ~ 0.13
MHC	—	—	1.0 ~ 1.12	0.06 ~ 0.068

TZM、TZC 和 MHC 三个合金的坯料 $\phi 44.5mm \times 63.5mm$，在 1150℃、1200℃ 和 1260℃ 镦锻到高度变形量约 75%。不同锻造温度对拉伸强度没有可见的影响，图 9-66（a）

是温度对三种合金拉伸性能的影响，图9-66（b）是锻造过的三种合金（载荷980N）的室温 DPH 硬度，硬度试样在锻造以后经受了 1150℃/30min 消除应力，以及 1400℃/h、1450℃/h 和 1500℃/h 退火处理。

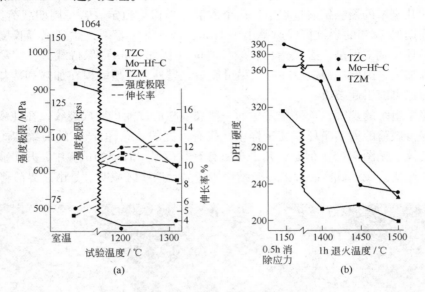

图 9-66   TZM、TZC 和 MHC 的拉伸性质和硬度

用消除应力处理过的锻件进行蠕变试验，试验结果综合列于表9-32，数据指出，TZC 合金的优点确实超过了MHC。表列的四种性能中 MHC 和 TZC 都比 TZM 更优越，这几个高强度钼合金足以能经受净成形等温锻造的非常严酷的工作环境。但是，由于 TZC 和 MHC 的高碳含量及高强度造成它们的可锻性比 TZM 的差，特别是制造大型锻模的大规格的锻件，TZM 比 TZC 和 MHC 的可锻性更好。因此，在实际工作中，根据工作条件，首先应选择TZM，在 TZM 确实不能满足等温锻造净成形工作要求时，再考虑选择 MHC 和 TZC 做等温锻造模或热模锻造模的模具材料，这时需要特列注意锻模坯料的可锻造性。

表9-32   TZC、MHC 和 TZM 的 1200℃/330MPa 和 1316℃/207MPa 的蠕变试验结果

合金名称	断裂时间/h		伸长率/%		断面收缩率/%		蠕变速率/%	
	1200℃	1316℃	1200℃	1316℃	1200℃	1316℃	1200℃	1316℃
TZM	39	9.4	13	16.5	68	80	0.052	0.18
MHC	44	16.7	3	3.9	1	4.9	0.038	0.07
TZC	89	16.0	7	19.2	19	74.4	0.021	0.14

9.2.4.2   黑色金属压铸模

A   不同加热条件对钼合金的持久强度的影响，σ_0 是恒温加热时的持久强度

用钼合金做热加工的模具，锻模，压铸模等，它们都是长期在循环加热-冷却条件下工作，要求模具材料有足够的持久强度，在循环加热-冷却条件下它们的持久强度与恒温加热时有明显差异。根据研究[22]，循环加热对固溶强化的钼合金 Mo-0.22Ti-0.115Zr（ЦМ-2A）和碳化物强化的钼合金 Mo-0.34Zr-0.023（ЦМ-3）持久强度有重大影响，在

1000~2300℃循环加热的最高温度下都保温5s，而在1250℃、1500℃和1750℃的高温下保温时间为1~50s，循环的最低温度恒定为40℃，用循环加热和恒温加热时的总断裂时间的差异衡量循环加热对持久强度的影响，循环加热时的总断裂时间只计算在最高温度下的保温时间，不计算加热过程和冷却过程时间，即到破断时的总循环次数 N 和单次循环的保温时间 τ 的乘积，持久强度的绝对变化 $\Delta\sigma_\tau$ 和相对变化 σ_τ 来度量循环加热对持久强度的影响，σ_0 是恒温加热时的持久强度，$\sigma_{\text{Ц}}$ 是循环加热时的持久强度。它的绝对变化和相对变化分别是 $\Delta\sigma = \sigma_0 - \sigma_{\text{Ц}} =$ 和 $\sigma_\tau = (\sigma_0 - \sigma_{\text{Ц}})/\sigma_0$。图9-67是在单次循环加热的最高温度下保温5s，总保温时间为500s的条件下，循环加热对持久强度的影响。可以看出循环加热引起固溶强化的 ЦМ-2A 持久强度的相对降低比碳化物强化钼合金 ЦМ-3 大得多，而 ЦМ-3 的绝对下降更明显。ЦМ-2A 和 ЦМ-3 下降幅度最大的温度范围相应为1500~2300℃和1000~1900℃。在1700~1750℃之间 ЦМ-2A 绝对下降幅度最大，ЦМ-3 是在1250℃。ЦМ-2A 和 ЦМ-3 的再结晶温度分别为1300℃和1500℃，显然，ЦМ-2A 的绝对下降幅度最大的温度比再结晶温度高，而 ЦМ-3 比再结晶温度低见图9-68。由于固溶强化合金在循环加热时同时引起热内应力和应力松弛，就 ЦМ-2A 而言，随着循环加热的最高温度上升，热应力加大，而应力松弛的速度加快，在1700℃以下 ЦМ-2A 的内应力的冷作硬化作用大于应力松弛过程，而超过1700℃，应力松弛过程占主导地位。碳化物强化钼合金 ЦМ-3 在循环加热过程中发生碳化物析出和再固溶，析出碳化物的热膨胀系数与基体不匹配产生结构变化，这种结构变化引起了附加体积内应力，同时结构变化也影响应力松弛行为。

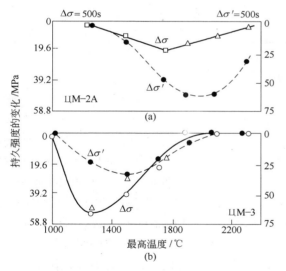

图9-67　循环加热的最高温度与持久强度的绝对和相对下降的关系

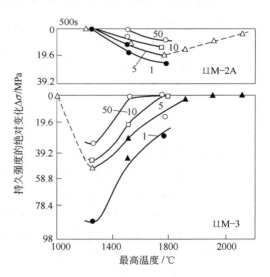

图9-68　循环加热时的持久强度的绝对下降与在循环的最高温度下的保温时间的关系

（图上曲线旁的数字是在最高循环加热温度下的保温时间，s）

在快速加热和冷却情况下，在循环加热的最低温度很低时，热应力松弛不但依赖循环的最高温度，而且也依赖在该温度下的保温时间。在循环加热的最高温度下的保温时间和持久强度的基本数据列于表9-33，持久强度的绝对下降与在最高温度下的保温时间之间的关系见图 9-67。分析图表数据可知，循环加热的最高温度是 1250℃ 时，持久强度对循环加热不敏感，在热敏感的温度范围内，若在最高温度下的总保温时间相同（500s），在最高温度下单循环保温时间最短时（1s），持久强度下降幅度最大，随着在最高温度下保温时间的延长，循环加热对持久强度的影响减弱。对某个最高温度都存在一临界保温时间，超过临界时间，循环加热对持久强度不再发生影响，在 1500℃ 两个合金的临界保温时间都是 50s。ЦM-2A 和 ЦM-3 的持久强度下降最大的温度分别是 1750℃ 和 1250℃。在 1250℃ 保温 50s，ЦM-3 的持久强度下降了 29.4MPa，保温时间缩短到 1s，则下降了 88.2MPa。低于或高于 1250℃，循环加热对持久强度的影响变弱。总体来说，MO-Zr-C 和 Mo-Ti 合金在循环加热时的持久强度比恒温加热时的持久强度低。

表 9-33　在循环加热的最高温度下保温时间与持久强度的关系

合金名称	最高温度/℃	恒温加热 σ_0 /MPa	循环加热时的持久强度 $\sigma_{ц}$ /MPa				循环加热时的持久强度绝对变化 $\Delta\sigma_{ц}$ /MPa				循环加热时的持久强度的相对变化 $\Delta\sigma$ /%				在最高温度下的保温时间/s
			在最高温度下的保温时间/s												
			1	5	10	50	1	5	10	50	1	5	10	50	
ЦM-2A	1250	147	147	147	147	147	0	0	0	0	0	0	0	0	不敏感
	1500	68.6	51	58	61	69	18	10	7	0	25.7	14.4	10.0	0	5
	1750	38.2	16	20	27	29	23	19	10	9	59.0	49.0	28.0	23.0	>50
ЦM-3	1250	284	196	235	235	255	89	49	49	29	31.0	17.2	17.2	10.3	>50
	1500	206	162	176	186	206	44	29	19	0	21.4	14.3	9.5	0	50
	1750	71.5	43	56	72	71	28	16	10	9	39.7	21.9		10	10

注：恒温加热和循环加热时的持久强度试验的总时间都是 500s。

在模具寿命设计时应当考虑在实际工作条件下钼合金的真持久强度。在等温锻造或压铸的实际工作条件下总工作时间不会只有 500s，累计时间可能达到 100 或 1000h 以上，所以计划模具寿命时必须考虑钼合金的持久强度，图 9-69 给出了重要的 MT 和 MTZ 钼合金的持久强度。图 9-69（a）是 1000℃/100000h 的持久强度与加工变形量的关系。也许在所试验的加工变形量范围内，MT 和 MTZ 的再结晶温度都超过 1000℃，在长期加载过程中冷作硬化的效果始终在起作用，因此持久强度随变形量的增加而线性提高。图 9-69（b）是再结晶状态的 MTZ 的 900℃ 的持久蠕变曲线，由于是在再结晶状态，冷作硬化效果已经消失，但是，由于在蠕变试验过程中发生了动态应变时效，在大载荷条件下，断裂时间延长很久，而持久载荷降低很少，载荷再稍微降低一点，起始蠕变引起的动态应变时效强化作用衰竭，破断时间明显下降，下降幅度超过一个数量级，在更低的应力下有内强化作用，破断时间又延长，蠕变断裂形成一个"S"形曲线。图 9-69（c）是粉末烧结 TZM 的 900℃ 和 1000℃ 的持久蠕变曲线。图 9-70 比较了 Mo-0.5Ti 和 TZM 与镍基合金的在不同温度下的 100000h 的持久强度，在 900℃ 以上，两个钼合金的持久强度是镍基合金的 20～30 倍，从持久强度的观点出发，相信在 1000℃ 以上长期工作的高温模具构件应当选用钼合金。

　　B　黑色金属压铸

　　金属压铸是由液体金属直接铸成净成形的铸件，可以不机械加工或少加工，生产效率提高，成本可大大降低，铸件的内部结构致密，可以消除普通铸造产生的一些内缺陷，如

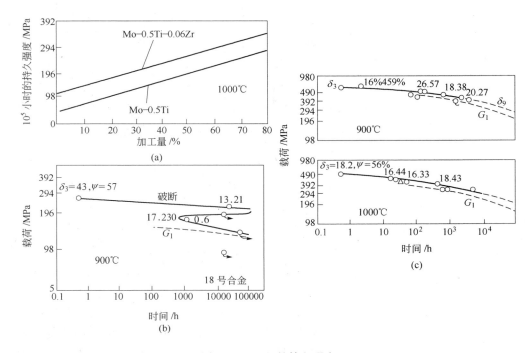

图 9-69　TZM 的持久强度

（a）持久强度与变形量的关系；（b）"S"形持久蠕变曲线；（c）烧结合金

沙眼，疏松等，能得到性能优良的铸件。黑色金属压铸温度很高，以 3W23Cr4MoV 钢为例，液态金属和压铸模表面接触的瞬间高温可超过 1300℃，压铸压力可以达到 19.7～110MPa，金属液体的流动速度达到 0.12～1.7m/s。在压铸操作过程中压铸模受到交变高温的循环加热冷却，频繁受到冲击载荷作用，因此，要求黑色金属压铸模的材料能耐高温，抗高速液体金属的冲刷和磨损，抗热震性要好，塑性变形的抗力要大。在选用 TZM 做黑色金属压铸模的

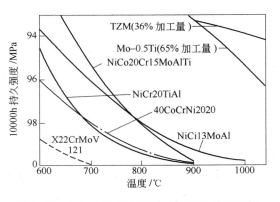

图 9-70　钼合金的持久强度与镍基合金的比较

构件时，热膨胀系数和导热率两个物理性能至关重要，低热膨胀系数有利于抗热震性，高导热率有利于构件散热，提高构件的温度均匀性，可以提高构件的抗裂纹萌生和裂纹扩展能力。图 9-71 是 MTZ 的热膨胀系数和热导率与温度的关系。

考察农机用 45 号钢 55°斜伞齿轮的压铸实例，原先选用 3W23Cr4MoV 做模具材料，压铸 45 号钢伞齿轮，使用寿命只有 35 次，即使模具渗铝提高寿命，也才达到 100 次。用钼合金 TZM 做压铸模构件，采用翻模操作工艺压铸伞齿轮，先用 TZM 做成一个 55°伞齿轮的样轮，用钼合金样轮压铸 3W23Cr4MoV 母模，再用母模压铸 45 号钢 55°伞齿轮。

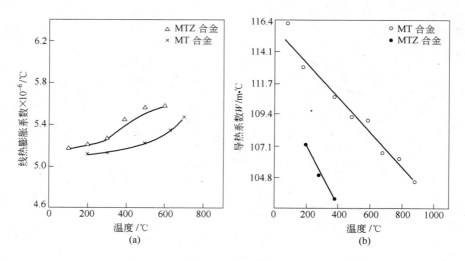

图 9-71   MTZ 的热膨胀系数和热导率与温度的关系

(a) 线膨胀系数；(b) 热导率

钼合金 TZM 具有的特性，抗高温变形，耐热疲劳，能经受高温冲击，但在室温下比较脆。在设计压铸模构件时一定要做特殊考虑。根据压铸件的尺寸大小和形状复杂程度，合理确定模块的大小。为了提高模块的贮热量和散热条件，希望模块尺寸大一些，但是，由于钼的价格较高，为了降低成本，模块尺寸又不能过大，特别强调一下，钼合金的价格是推广应用钼合金压铸模的主要障碍。根据实际情况，在压铸伞齿轮时，型腔的边缘距模块外轮廓厚度一般不得小于 15mm，形状比较复杂的铸件模具的厚度要适当加厚。另外，钼模块嵌在很大的模框内，模框的体积比模块的大几倍到几十倍，模块要有一定的过盈度，即使在高温条件下过盈度也不能消失。钼合金的室温塑性较差，如果尺寸选择不当，模块极易损伤。经过实践，用过盈热压装配，把模框加热到高温，把模块嵌进模腔内。关于脱模斜度的考虑，通常为了使铸件方便地从模腔内取出，都设计有脱模斜度，但是，由于钼合金的膨胀系数小，只相当于模具钢的 1/3，所以外形简单的铸件不考虑脱模斜度，形状复杂的压铸件采用 1°～3°脱模斜度。为了避免在高温钢液的繁复冲击加热的条件下模腔的尖角处产生应力集中，热应力引起模具开裂破坏。模腔的尖角处应尽可能设计圆弧过渡，如果铸件棱角不允许有圆弧相交，则要加大铸件的加工余量。

钼合金样轮的加工，由于一般加工的钼合金 TZM 的室温塑性较差，在进行铣、车、刨时，最容易产生加工件崩边，采用专门的锻造工艺可以提高钼合金的塑性。一个加工件若产生一小块崩边，整个零件报废。所以在加工样轮的齿小端时，加一个保护外压盖与样轮同时加工，就是说刀具脱离加工件的瞬间位置是在保护盖上而不是在样轮上，这样可在很大程度上避免样轮本身崩边。

研究了用电加工工艺加工 TZM 钼合金母模，电加工工艺有电解腐蚀粗加工和电火花精整加工，电解腐蚀加工的效率高，成本低，加工精度不能满足压铸伞齿轮母模的要求，但是能达到母模粗加工的精度，电解腐蚀参数汇总于表 9-34。电火花精整加工用高频电火花机床，试验研究过钨、钼、45 号钢和铸铁做放电电极，其中钨电极损耗最小，但是钨电极的价高，加工难，45 号钢损耗最多，钼和铸铁的损耗相当。最后选用铸铁做电极材料，精整电压 1200V，电流 0.5A。为了考察 TZM 母模的加工质量，用低熔点的锡铋合金铸造参比伞齿轮，测量它的弦齿的大端和小端厚度，并与铸铁电极的相应尺寸进行对比，结果发现铸铁电极和锡铋参比伞齿轮的弦齿大端厚度都是 5.35～5.45mm，铸铁电极的小端厚度是 4.0mm，参比伞齿轮的为 3.75mm，略小一点点，图 9-72 是精整用过的电极和成品钼合金 TZM 母模的实物照片。

表 9-34　压铸 45 号钢伞齿轮的 TZM 母模的电解腐蚀参数

电解阴极材料	黄　铜	电解气流压力/atm	6～10
电解液成分	15% 的 NaCl 溶液	电解液温度/℃	27～33
电解电压/V	12～15	电解深度/mm	20
电解电流/A	1300～1700	电解时间/min	15～20

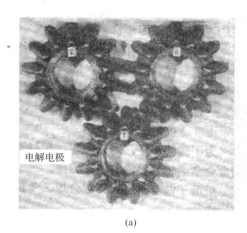

电解电极

(a)

电解加工成的 TZM 母模

(b)

图 9-72　电加工 TZM 母模用的电极及母模成品
（a）电极；（b）母模

　　用 TZM 钼合金的 35°和 55°伞齿轮样轮压铸 3W23Cr4MoV 母模，压铸设备选用 150 型卧式压铸机，压铸各参数列于表 9-35。

表 9-35　TZM 样轮压铸母模的工艺参数

母模的规格	压射比压/MPa	压射速度/m·s⁻¹	模具温度/℃	保压时间/s	开模时间/s	压铸件质量/kg	模具表面温度/℃	压铸周期/min
55°	49.7	0.8	>400	4.5～5	19～20	2.0～2.2	1100	3～5
35°	68.6	0.24	>600	4.5～5	18～20	1.2～1.3	1100	3～5

　　表 9-36 给出了压铸涂料及母模材质 3W23Cr4MoV 的成分。用消除应力退火的钼合金挤压棒加工成的 55°和 35°样轮压铸 55°和 35°的 3W23Cr4MoV 伞齿轮母模。35°钼合金样轮压铸母模的效果不理想，寿命最长的一个样轮也只压铸了 187 模次，压铸出的 35°的 3W23Cr4MoV 母模的实物照片见图 9-73（a）。短寿命的原因可能是由于 35°样轮的齿小端壁的厚度只有 2mm，它承受不住 1550～1560℃高温钢水反复冲刷，也不能抵抗模具在 400～1000℃频繁冷热变化造成的冷热疲劳，在样轮的薄壁处产生较大裂纹，使得模铸的 TZM 样轮报废。看来钼合金 TZM 做薄壁铸模不很合适。

表 9-36　压铸涂料及 3W23Cr4MoV 母模的成分

涂料成分(质量分数)/%				
氧化锆	石　墨	水玻璃	高锰酸钾	余　量
15	5	5	0.1	水
母模 3W23Cr4MoV 的成分(质量分数)/%							
C	Si	Mn	W	Cr	V	Mo	Ti
0.2~0.35	0.3~0.5	0.2~0.5	22~25	4~5	0.2~0.5	10~15	0.1~0.3

图 9-73　TZM 样轮，3W23Cr4MoV 母模和压铸出的 45 号钢伞齿轮
(a) 用 35°钼样轮压铸出的 35°母模；(b) 压铸 900 次的 55°TZM 样轮；(c) 压铸 1072 次的 55°TZM 样轮；
(d) 用 55°TZM 样轮压铸的伞齿轮母模；(e) 用母模翻铸出的 45 号钢伞齿轮成品

　　55°钼合金 TZM 的伞齿轮样轮做压铸模构件的效果非常好，用它压铸 3W23Cr4MoV 母模的结果汇总于表 9-37。表中的 1 号样轮的 TZM 挤压比为 2.94 : 1，挤压棒经过 1700℃/h 再结晶退火处理，随后镦粗变形，直径由 80mm 变成 120mm，用镦粗加工状态的 TZM 饼做成伞齿轮的样轮，其晶粒的纤维状取向几乎平行于齿面，在压铸操作过程中，冷热疲劳很容易沿晶界产生疲劳裂纹，在受到脱模阻力时，造成齿牙脱落。其余 2~5 号四种样轮都是用经历过 1100℃/h 消除应力退火的挤压棒加工，不再进行镦粗变形，其纤维状的组织结构取向是挤压棒的轴向方向，与齿轮平面约成 50°~55°，其中寿命最长的 3 号样轮已压铸 1500 模次，均未发生齿牙脱落损坏。看来，伞齿轮样轮的钼合金的组织结构应当避免纤维状的组织，等轴晶粒结构比较好，若用纤维状的组织结构，它的取向不能和齿面平行。为了检验钼合金样轮压铸出的 3W23Cr4MoV 母模质量，向母模内浇入低熔点锡铋合金，翻铸出锡铋参比伞齿轮，测量它的弦齿厚和最大直径的旋转径向跳动，测量结果见表 9-38，图 9-73 是压铸 900 次 (b) 和 1097 次 (c) 以后 TZM 的样轮和用 TZM 样轮压铸的 55°的 3W23Cr4MoV 母模 (d) 和翻铸出的 55°的 45 号钢的伞齿轮 (e) 的加工成品实物照片。径向跳动测量发现，有些压铸次数少的跳动幅值比次数多的大，没有规律，表明径向跳动幅值与机加工的精度有关，在所测定的压铸次数内，未发现径向跳动幅值随压铸次数增加而增长的明显趋势，这说明在压铸 1000 余模次以后，钼合金样轮未发生变形。弦齿厚度有一点减少，其原因是在压铸过程中钼样轮发生了轻微氧化及机械磨损。压铸 600 模以后，样轮的齿小端已经不能保证渐开线的外形轮廓。把钼样轮进行渗硅处理，提高了样轮的抗氧化能力，在压铸 600 余模次以后，齿形轮廓线基本上没有发生变化。

表 9-37　55°的 TZM 伞齿轮压铸母模的结果

样轮编号	TZM 的挤压比	压铸次数	样轮的损坏情况
1	2.94:1	405	在 110 模时牙齿脱落一块，405 模时有 11 个齿轻微损坏
2	4:1	98	有一个齿出现裂纹
3	4:1	1500	600 模以后齿小根因氧化及磨损而变形
4	4:1	900	微裂纹较多，齿小根因氧化和磨损而变形
5	4:1 表面渗硅	600	400 模时有 6 条微裂纹，600 模时裂纹扩展

表 9-38　锡铋参比伞齿轮的弦齿厚和最大直径旋转径向跳动

测量参数/mm	压铸次数									
	4	300	404	500	600	721	800	900	1000	1072
平均弦厚	5.34	5.34	5.26	5.31	5.35	5.31	5.23	5.23	5.17	5.17
径向跳动	0.090	0.112	0.041	0.091	0.116	0.106	0.100	0.079	0.075	0.098

根据压铸经验，单件重 2kg 伞齿轮已经是大型压铸件，技术难度相当高。小结构件压铸净成形零件的效益更高（一些步枪小零件），生产更方便。现以铰链座为例，用挤压比为 4:1 的 TZM 棒材加工成铰链座的压模，加工以前棒材经历 1100℃/h 消除应力退火。铰链的压铸工艺参数见表 9-39，在压铸 500 次时发现铸模工作表面产生微裂纹，在 1052 次时，因脱模阻力大，造成裂纹处的小晶粒剥落，经简单修复以后继续再压铸 200 次。图 9-74 是压铸 1252 次以后铰链座铸模及铰链座的成品实物照片。

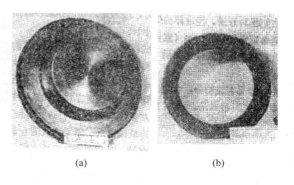

(a)　　　　　　(b)

图 9-74　压铸 1252 模次时铰链座铸模和铰链座的实物照片

(a) 铰链座铸模；(b) 铰链座

表 9-39　铰链的压铸参数

零　件	压铸工艺参数				
	压射比压/MPa	压射速度/m·s^{-1}	保压时间/s^{-1}	浇铸温度/℃	开模时间/s
铰链座	68.6	0.18	3	1440~1460℃	6

9.2.4.3 轴承加工制造

A 轴承套的穿孔

热轧工艺生产圆锥轴承套内环是最先进的生产方法，轧制管坯是无缝轴承钢管，这类管坯属于小直径厚壁管（ϕ40mm×10mm），无法采用水冷顶头穿制轴承钢管，轴承钢的高温强度比不锈钢的高，常规的 3Cr2W8 顶头穿制轴承钢管 ϕ40mm×10mm×300mm，穿管寿命只有 1～2 根，顶头鼻子就粘带有熔化的钢料。用 TZM 顶头生产无缝轴承钢管 ϕ40mm×10mm×330mm 的工艺参数如下：

轴承钢牌号 GCr15；

穿管设备 ϕ35mm 特球机代穿管机；

轧辊倾角 6°50′；

轧辊间距 36～36.5；

顶头伸出压轧带的距离 27～30mm；

顶杆直径 18mm；

棒坯料尺寸 ϕ43mm×210mm 或 ϕ42.7mm×210mm；

轧辊转数 95 转/min；

坯料加热温度 1050～1080℃；

导板间距 40～40.5mm；

下导板到轧机中心的距离 22mm；

穿管时间 4～5s/根

在穿管过程中顶头的预热温度要达到 700～800℃，超过塑脆性转变温度（DBTT），为了防止在穿管过程中顶头氧化，也为了减少穿管时顶头和管内壁之间的摩擦力，顶头表面要经常粘涂 M-1 号玻璃粉，表 9-40 给出了玻璃粉的成分和性能，采用合适的穿管工艺，用 TZM 顶头穿制无缝轴承钢管已取得了非常好的效果，详见表 9-41。

表 9-40   M-1 玻璃粉的成分和性能

成　　　分					性　　　能		
SiO_2	Na_2O	B_2O_3	Al_2O_3	CaO	粒度/目	软化点/℃	1000℃时的黏度/Pa·s
45	12	30	5	3	200	450	400

表 9-41   TZM 顶头穿制无缝轴承钢管的结果

顶头编号	顶头尺寸/mm×mm	荒管尺寸/mm×mm×mm($D×S×L$)	扩径值/mm	穿管根数	顶头直径磨损/mm
1	ϕ20×30	ϕ41×9.5×330	1.5	802	0.9
2	ϕ9.2×23	ϕ40.6×9.5×330	1.5	1250	0.7

B 电铆机的铆头

轴承厂生产的轴承型号多种多样，其中有一部分是采用实体铜、铝保持架，保持架起隔离滚子的作用，使得滚子在内外轴承圈套中间能灵活旋转。保持架由两个相对接的零件构成，装配时需用铆钉把两个零件铆接固定，在铆接时将铆头，即电极，和铆钉直接接触通电，在电流作用下产生电阻热，铆钉和铆头的温度很快升高到 800～900℃，随后通过铆头向铆钉施加压力，由铆钉把保持架的两个零件铆接成一体，铆接过程见图 9-75。从铆接的过程看，铆头实际上就是一个供电电极，它既起供电的作用，又为铆钉头部镦粗变形提供变形力。习惯用的铆头材料是热作模具钢 3Cr2W8，高速钢或者硬质合金，

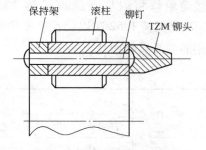

图 9-75   轴承保持架的铆接

它们的热硬度和高温强度都很低，在铆接20号钢保持架作业时经常发生变形，在通电加热时，经常和铆钉黏结，因为它们不是电热材料。选用钼合金做电铆头，它不但有特别高的热强度，而且钼合金也是常用的电热材料，经常用作高温炉的发热体，它的电阻随温度的升高而变大，图 9-76 是 TZM 的电阻率随温度的变化曲线。用 TZM 做电铆头，铆接的工艺参数列于表 9-42，TZM 铆头和硬质合金，高速钢及轴承钢铆头的铆接效果的对比列于表 9-43。

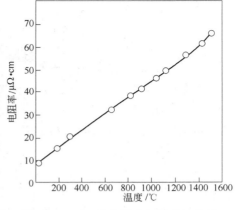

图 9-76　TZM 的电阻率与温度的关系

表 9-42　TZM 电铆头的铆接工艺参数

轴承型号	铆钉直径/mm	工作电压/V	工作电流/A	加热时间/s	工作压力/MPa
42205	1.2	—	—	—	10.7
42210	1.5	—	—	—	7.6 ~ 8.6
954712K	3.0	2.5	450 ~ 550	—	2.6
2410	3.0	4	43	0.6	总压力 15.37 ~ 16.96kN
72726	6.0	4	270	2	34.6 ~ 38.0kN

表 9-43　TZM 铆头的铆接效果及与高速钢等铆头的对比

编　号	轴承型号	铆头材料	每套轴承的铆钉数	铆接套数	
				一　端	平　均
1	42210	高速钢	—	—	50
2	42210	TZM	—	350	
3	42205	高速钢	—	—	50
4	42205	TZM	—	350	350
5	42205	TZM	—	350	350
6	954712K	高速钢	—	—	30
7	954712K	TZM	—	287	443
8	954712K	TZM	—	600	443
9	42224	硬质合金	—	—	70 ~ 80
10	42224	TZM	—	>212	—
11	2410	高速钢	12	—	10
12	2410	TZM	12	82	
13	2410	TZM	12	90	110.6
14	2410	TZM	12	160	
15	402715	TZM	13	282	
16	402715	TZM	13	426	354
17	42222	TZM	17	176	
18	42222	TZM	17	250	213
19	782726	轴承钢	32	—	30
20	782726	TZM	32	136	293
21	782726	TZM	32	450	293

C　轴承套圈的压铸模具

用挤压比为 4∶1 的挤压 TZM 棒材镦锻成 φ165mm 饼材，用钼合金饼材加工 453X 和 3920 两种轴承圈套的凸模和凹模，压铸相对应的两种轴承圈套。压铸采用 150 型卧式冷室压铸机，模具预热温度 200 ~ 250℃，压射比压为 68.6MPa，压射速度达到 1.2 ~ 1.3m/s，保压时间 3 ~ 5s，电弧熔炼的 GCr15 钢液的温度约为 1470 ~ 1500℃，浇铸周期一般为 60 ~ 90s。

图 9-77　下浇注道模具结构

压模采用中心浇注道及下浇注道两种无推料杆的简单结构，模具的组成包括凸模和凹模。图 9-77 是下浇注道模具结构图，图 9-78 是 453X 凸模压铸 1177 模时的外观及压铸 453X 圈套的产品，表 9-44 汇总了压铸效果，压铸 3180 模时 453X 轴承套圈已出现毛刺，毛刺对应铸模的裂纹，粗略估计裂纹的宽 0.5mm，深 1mm，裂纹的产生是铸模失效的主要原因。从分析看，模具裂纹均为晶间裂纹，铸模在压铸操作过程中热疲劳和应力疲劳是产生沿晶晶间裂纹的诱因。要进一步提高铸模寿命，要采用细晶粒结构的钼合金，最好为等轴晶粒结构，可以避免产生晶间裂纹。

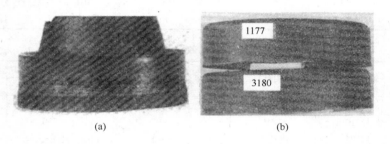

(a)　　　　　　　　　　　(b)

图 9-78　压铸 1177 模的 453X 凹模的外观及 453X 圈套实物
(a) 外观；(b) 圈套实物

表 9-44　轴承圈套压铸模的压铸结果

模具编号	模块	压铸模数	结果说明	模具编号	模块	压铸模数	结果说明
1	453X 凹模	3189	无明显变形，有宏观裂纹	3	453X 凸模	1127	宏观裂纹，修复二次
2	453X 凸模	1177	宏观裂纹，修复二次	4	3920 凹模	1297	模具内有明显锻造裂纹

9.2.5　高温加热炉构件

长期在 1350℃ 以上使用的真空或惰性气体保护的高温炉，包括热处理炉，难熔金属或高温耐热材料的锻造，轧制和挤压等热加工的坯料加热炉，以及熔化特种无机物的高温炉，特种试验机的高温加热炉等。由于钼和钨都是难熔金属，二者的熔点分别为 2625℃ 和 3420℃。这些高温炉的发热体用钼合金，钨合金棒材、丝、带、薄壁管。隔热屏用钨板或钼板，钼管筒或钨管筒，引电电极用锻造钼合金的结构件。在钼和钨均能满足高温炉的工作要求时，应当选用钼而不应当选用钨，因为钨比钼更难加工制造。

在实际工程中对高温炉的主要要求是发热体的寿命长，在工作温度下炉温的均匀性要好，即均温带长度要长，不同部位的温差要小。锻造，轧制热加工加热炉以及各种热处理用的加热炉的均温带长度要不低于850mm，均温带内的轴向最高温差±7~8℃，高温高真空拉力试验机中的高温加热炉，由于被检测材料的高温性能对温度异常敏感，这些加热炉的发热体都是钼管或钨管，要求加热炉的均温带长70~80mm，均温带内的轴向最大温差不超过±5~6℃。

发热体的选择和加工制造工艺对加热炉的温度均匀性有重大影响，图9-79（a）是鼠笼式发热体，发热体的编织材料是钼丝，也可以用直径4~5mm的钼棒做发热体的材料。这种形式的发热体常用于热等静压HIP热缸内的加热体，发热体纵向布置。锻造等热加工加热炉一般都用耐火材料砌筑成卧式炉体，炉内沿长度方向平行布置φ8~10mm钼棒发热体。在加热炉工作过程中，发热体释放电热能，发热体的温度比炉内温度高150~200℃，在炉温超过1300℃时，所有发热体都会发生再结晶和晶粒长大，高温伸长，自重引起发热体弯曲下垂变形，在严重情况下发热体之间发生短路，引起电弧，烧断发热体。在室温下，已经再结晶的发热体有严重的再结晶脆性，设备震动会引起发热体脆断。根据抗下垂钨丝的经验，在钨丝内掺杂硅、铝和钾，利用钾泡强化原理做成抗下垂钨丝。根据这样的理论和实践，在选用钼发热体时，在钼丝和钼棒中掺杂钾、硅和铝，做成气泡强化的钼发热体，这些钼发热体在高温下也有抗下垂性。根据本书第8章的论述，这种抗下垂钼发热体的再结晶温度很高，在再结晶以后产生拉链式的细长晶粒结构，提高了材料的强度和塑性，选用这种抗下垂钼发热体能明显提高发热体的使用寿命，这是目前总的发展趋势。炉温均匀性是高温炉的基本技术要求，提高加热炉内的温度均匀性就是炉内电能转化为热的配置和分布更合理，不管是立式炉还是卧式炉，加热炉的炉门和炉后端的散热都比较严重，因此，通常两端炉温较低，中区的温度较高，在加热炉设计制造时，通常在炉子两端

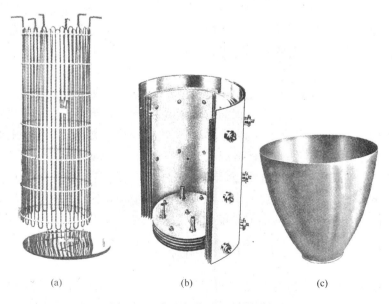

(a)   (b)   (c)

图9-79　高温加热炉用的钼构件

（a）鼠笼式钼发热体；（b）侧面隔热屏；（c）旋压钼坩埚

发热体的排布密度比中间的高，也就是在两端供给更多的热能，适当提高两端的温度。但是，对于平行布置的钼棒发热体，轴向方向上发热体的密度不能变化，这时为了改变炉内不同位置的能量配置，采用变截面发热体，需要多供给能量的区域发热体的直径可以细一点，需要少供应能量的区域，发热体的直径可以稍微粗一点。若用钼合金棒（例如 $\phi8$）发热体，为了提高发热体的总电阻，提高供电总电压，钼合金棒都串联相接，通过发热体的电流是一样的，如果发热体的直径固定，各处的电热功率均匀分布（I^2R），就无法实现在不同区域供给不同功率，调整不同地方的温度，改善温度均匀性。若用变截面钼合金棒发热体，在加热炉中间区段，用直径较粗的钼棒，供给的功率可以少一点，两端用细钼棒，供给的功率可以稍多一点。例如，中间用 $\phi8$，两端用 $\phi7$ 钼合金棒发热体，长度各占1/3，则各段的功率分配比为20：15：20，当然，直径差越大，功率分配比例差越大，按照这种方法调整加热炉的轴向温度均匀性很有效。用旋锻工艺可以很方便地生产出变截面钼合金棒发热体。

用钼管做发热体，一些小型试验高温高真空加热炉用钼管做发热体，目前大多数是用薄钼板卷筒生产钼管，从实际应用效果看，这种类型的发热体在通电加热以后，它的温度均匀性很难调整，只有依靠经验，在做发热体时，用剪裁的方法改变钼管不同部位的导电面积来调整炉温均匀性。随着旋压加工技术的发展和普及，用旋压工艺制造薄壁钼管发热体简单易行，用壁厚 4～5mm 粉末烧结钼管坯直接旋压，旋压钼管的壁厚可以达到0.2mm。用整体旋压钼管做发热体，它比卷筒的寿命长，性能更好。在旋压加工过程中钼管的壁厚可以随时减薄，是可控的。用这种工艺可以生产变截面（变壁厚）钼管发热体，中间管壁可以稍微厚一点，这样有利于改进炉温的均匀性。

隔热屏，真空高温炉的四周都装有隔热屏，其作用是减少发热体向外辐射散热，提高加热炉的热效率。隔热屏的温度由里向外依次降低，在1600℃以上的加热炉中，靠近发热体的最里面1～2层的温度最高，最好采用钨隔热屏，它的使用寿命长，若无大型薄钨板，用钼隔热屏也能满足要求，但其承受的温度远高于未合金化钼的再结晶温度，在较长期工作以后，再结晶和晶粒长大促使隔热屏脆化，在升温和降温过程中，由于热应力作用，可能引起隔热屏自动破裂。

现阶段隔热屏的加工制造都是先用钼薄板或薄钨板滚卷成不同直径的钼，钨筒，再把对接缝铆接固定成筒形，若干个钼、钨筒组成一套多层隔热屏，各层之间用钼钉分开。以炉体发热元件为中心，从理论上可以计算出隔热屏各层的温度，当隔热屏的温度降到800～900℃时，为了降低隔热屏的材料成本，可以用普通不锈钢屏代替钼屏。下面摘要给出我们在高温高真空持久试验机的研究制造过程中有关隔热屏理论计算原理和过程[25]。在高温高真空环境下热传导以辐射为主，对流和传导可忽略不计，根据 S-B（斯蒂芬-玻耳兹曼）定律，每小时每平方米的辐射总能量用下式描述：

$$E = \varepsilon C_0 \left(\frac{T}{100}\right)^4$$

式中，ε 为物体的黑度；C_0 为绝对黑体的辐射系数；T 为辐射物体的绝对温度，K。以下各公式中的下角标 A、B、$S_{1,2,3,4}$ 表示发热体辐射源，最外层炉壳及隔热屏的层数，在一个密闭的空间内 A、B 两物体的辐射热交换方程式由 S-B 定律导出如下：

$$Q_{AB} = \varepsilon_n C_0 F_a \left[\left(\frac{T_A}{100} \right)^4 - \left(\frac{T_B}{100} \right)^4 \right]$$

式中，Q_{AB} 为物体 A 辐射给 B 的热能量；F_a 为密闭空间内辐射体 A 的表面积；T_A 和 T_B 为辐射体 A 和 B 的温度，K；ε_n 为相当黑度，由下式计算：

$$\varepsilon_n = \frac{1}{\dfrac{1}{\varepsilon_A} + \dfrac{F_A}{F_B}\left(\dfrac{1}{\varepsilon_B} - 1 \right)}$$

式中，ε_A 和 ε_B 为辐射体 A 和 B 的黑度；F_B 为密闭空间内辐射体 B 的表面积。若在 A 和 B 之间插入一块隔热屏，A 向 B 的辐射流大大下降，B 接受的是隔热屏 S 的辐射流，根据 S-B 定律，S 辐射给 B 的热能量用下式计算：

$$Q_{SB} = Q_{AB} \times \frac{\varepsilon_{SB} \cdot \varepsilon_{AS} \cdot F_S}{\varepsilon_{AB}(\varepsilon_{1S} F_A + \varepsilon_{SB} F_S)}$$

在只有一层隔热屏时，如果热源 A 与隔热屏 S 的材料一样，辐射表面积相同，则辐射流大大下降，根据方程式可得到：

$$Q_{SB} = \frac{1}{2} q_{12}$$

由此分析可以类推，当中间没有层隔热屏时，辐射体 A 辐射给 B 的热能 Q_{AB}，当中间有一层隔热屏时，则辐射热能降为 Q_{AB}/m，相应温度下降到 $1/\mu$。

$$Q_{AB} = \varepsilon_{AB} C_0 F_A \left[\left(\frac{T_A}{100} \right)^4 - \left(\frac{T_B}{100} \right)^4 \right]$$

$$Q_{AS1} = \varepsilon_{AS1} C_0 F_A \left[\left(\frac{T_A}{100} \right)^4 - \left(\frac{T_{S1}}{100} \right)^4 \right]$$

$$Q_{S1B} = \varepsilon_{S1B} C_0 F_{S1} \left[\left(\frac{T_{S1}}{100} \right)^4 - \left(\frac{T_B}{100} \right)^4 \right]$$

在热平衡时，则

$$Q_{AB}/m = Q_{AS1} = Q_{S1B}$$

代入并运算：

$$\varepsilon_{AS1} F_A \left[\left(\frac{T_A}{100} \right)^4 - \left(\frac{T_{S1}}{100} \right)^4 \right] = \varepsilon_{S1B} F_{S1} \left[\left(\frac{T_{S1}}{100} \right)^4 - \left(\frac{T_B}{100} \right)^4 \right]$$

化简后可写成：

$$\varepsilon_{AS1} F_A (Q_1 - Q_{S1}) = \varepsilon_{S1SB} F_{S1} (Q_{S1} - Q_{S2})$$

同类项合并以后得到：

$$Q_{S1} = \frac{\varepsilon_{AS1} F_A Q_1 + \varepsilon_{AB} Q_{S2}}{\varepsilon_{AS1} F_A + \varepsilon_{S1B} F_{S1}}$$

代入上面 Q_{AB} 式，可得到：

$$Q_{AS1} = \varepsilon_{AS1} C_0 F_A \left[Q_1 - \frac{\varepsilon_{AS1} F_A Q_1 + \varepsilon_{S1S2} F_{S1} Q_2}{\varepsilon_{AS1} F_A + \varepsilon_{S1B} F_{S1}} \right] = \varepsilon_{AS1} C_0 F_A \left[\frac{\varepsilon_{S1S2} F_{S1}(Q_1 - Q_2)}{\varepsilon_{AS1} F_A + \varepsilon_{S1S2} F_{S1}} \right]$$

$$= Q_{AB} \times \frac{\varepsilon_{AS1} \varepsilon_{S1S2} F_{S1}}{\varepsilon_{AB}(\varepsilon_{AS1} F_A + \varepsilon_{S1S2} F_{S1})}$$

由于 $Q_{AS1} = Q_{AB}/m$，那么可以看出（辐射面积之比可改写成半径之比）：

$$m = \frac{\varepsilon_{AB}(\varepsilon_{AS1} F_A + \varepsilon_{S1S2} F_{S1})}{\varepsilon_{AS1} \varepsilon_{S1S2} F_{S1}} = \varepsilon_{AB} F_A \left(\frac{1}{\varepsilon_{AS1} F_A} + \frac{1}{\varepsilon_{S1S2} F_{S1}} \right) = \frac{\varepsilon_{AB}}{\varepsilon_{AS1}} + \frac{\varepsilon_{AB} R_A}{\varepsilon_{S1S2} R_{S1}}$$

根据下面方程式求 m 与 μ 之间的关系：

$$m \varepsilon_{S1S2} F_{S1} = \left(\frac{T_1}{100\mu} \right)^4 - \left(\frac{T_2}{100} \right)^4 = \varepsilon_{AB} F_A \left[\left(\frac{T_1}{100\mu} \right)^4 - \left(\frac{T_2}{100} \right)^4 \right]$$

运算变换：

$$m \varepsilon_{S1S2} F_{S1} = \left(\frac{1}{\mu} \right)^4 - \left(\frac{T_2}{T_1} \right)^4 = \varepsilon_{AB} F_A \left[\mu^{-4} - \left(\frac{T_2}{T_1} \right)^4 \right]$$

当 $T_1 \gg T_2$ 时，则

$$m = \mu^4 \times \frac{\varepsilon_{S1S2} F_{S1}}{\varepsilon_{AB} F_A}$$

令

$$K = \frac{\varepsilon_{S1S2} F_{S1}}{\varepsilon_{AB} F_A}$$

则

$$m = K\mu^4 \qquad \mu = \sqrt[4]{\frac{m}{K}}$$

那么

$$T_{S1} = \frac{T_A}{\mu}$$

这是由第一辐射体（炉体）求最靠近的第一层隔热屏的温度，顺序可求第二层，第三层的温度，此时外边邻近的里层当做辐射体，依此类推，即

$$\mu_{S2} = \sqrt[4]{\frac{m_{S1}}{K_{S2}}} \qquad T_{S2} = \frac{T_{S1}}{\mu_{S2}}$$

第 n 层的温度则为：

$$T_{Sn} = \frac{T_{Sn-1}}{\mu_{Sn}}$$

上述方程式的推导过程没有具体对象参考，下面提供一台高温高真空持久试验机的高温炉的设计实例，通过它可以更深刻理解并掌握计算方法和计算过程。

高温炉的设计方案是采用缠绕式钼丝加热炉，炉管是直径 50mm 的 Al_2O_3 管，外有四层钼隔热屏，它们的直径由里向外相应为 80mm、105mm、130mm 和 150mm，炉壳直径 200mm。高温炉的最高加热温度 1600℃（1873K）。计算时首先确定 Al_2O_3 炉管的 $\varepsilon = 0.4$，表面光洁钼板的 $\varepsilon = 0.15$，炉壳不锈钢的 $\varepsilon = 0.15$。先用已知数据计算相当黑度值，即

$$\varepsilon_{AS1} = \cfrac{1}{\cfrac{1}{\varepsilon_A} + \cfrac{F_A}{F_{S1}}\left(\cfrac{1}{\varepsilon_{S1}} - 1\right)} = \cfrac{1}{\cfrac{1}{0.4} + \cfrac{5}{8}\left(\cfrac{1}{0.15} - 1\right)} = \cfrac{1}{6.04} = 0.166$$

$$\varepsilon_{S1S2} = \cfrac{1}{\cfrac{1}{\varepsilon_{S1}} + \cfrac{F_{S1}}{F_{S2}}\left(\cfrac{1}{\varepsilon_{S2}} - 1\right)} = \cfrac{1}{\cfrac{1}{0.15} + \cfrac{80}{105}\left(\cfrac{1}{0.15} - 1\right)} = \cfrac{1}{10.98} = 0.091$$

$$\varepsilon_{AS2} = \cfrac{1}{\cfrac{1}{\varepsilon_A} + \cfrac{F_A}{F_{S2}}\left(\cfrac{1}{\varepsilon_{S1}} - 1\right)} = \cfrac{1}{\cfrac{1}{0.4} + \cfrac{50}{105}\left(\cfrac{1}{0.15} - 1\right)} = \cfrac{1}{5.2} = 0.192$$

按同样方法可求出：$\varepsilon_{AB} = 0.256$，$\varepsilon_{S2S3} = 0.089$，$\varepsilon_{S3S4} = 0.0875$，$\varepsilon_{S4B} = 0.09$。

计算第二层（第一层隔热屏）温度，m 用下式计算（增加下角标 S1）：

$$m_{S1} = \varepsilon_{AS2}F_A\left(\frac{1}{\varepsilon_{AS1}F_A} + \frac{1}{\varepsilon_{S1S2}F_{S1}}\right) = \varepsilon_{AS2}\left(\frac{1}{\varepsilon_{AS1}} + \frac{1}{\varepsilon_{S1S2}} \cdot \frac{\phi_A}{\phi_{S1}}\right) = 0.192(6.04 + 10.98) = 2.48$$

按公式求 K（增加下角标 S1）：

$$K_{S1} = \frac{\phi_1 \varepsilon_{AS2}}{\phi_{S1} \varepsilon_{S1S2}} = \frac{5 \times 10.98}{8 \times 5.2} = 1.32$$

按公式求 μ_{S1}：

$$\mu_{S1} = \sqrt[4]{\frac{m_{S1}}{K_{S1}}} = \sqrt[4]{\frac{2.48}{1.32}} = 1.173$$

最终计算出第一层隔热屏的温度是：

$$T_{S1} = \frac{T_A}{\mu_{S1}} = 1364℃$$

按同样方法可算出：

$$\mu_{S2} = 1.23 \qquad T_{S2} = 1027℃$$
$$\mu_{S3} = 1.22 \qquad T_{S3} = 795℃$$
$$\mu_{S4} = 1.22 \qquad T_{S4} = 602℃$$

最外层不锈钢炉壳的温度可由下列方程直接计算，先求 m

$$m = \left(\frac{1}{\varepsilon_{AS1}} + \frac{1}{\varepsilon_{S1S2}} \cdot \frac{\phi_A}{\phi_{S1}} + \frac{1}{\varepsilon_{S2S3}} \cdot \frac{\phi_A}{\phi_{S2}} + \frac{1}{\varepsilon_{S3S4}} \cdot \frac{\phi_A}{\phi_{S3}} + \frac{1}{\varepsilon_{S4B}} \cdot \frac{\phi_A}{\phi_{S4}}\right)\varepsilon_{AB}$$

代入上面算出的数据，m 可得到

$$m = \left(6.04 + 10.98 \times \frac{5}{8} + 11.24 \times \frac{50}{105} + 11.41 \times \frac{50}{13} + 11.1 \times \frac{50}{155}\right) \times 0.256 = 6.71$$

由 m 求出 $\sqrt[4]{6.71} = 1.609$，计算炉壳温度 T_B

$$T_B = \left(\sqrt[4]{\frac{0.09 \times 155 - 0.256 \times 50}{6.71 \times 0.09 \times 155 - 0.256 \times 50}}\right) \times 1873 = 665K = 392℃$$

由上述计算出的各层隔热屏的温度，能较准确的确定隔热屏的层数。为了考察隔热屏的保温效果，检验理论计算温度的精确性，可在各层之间插入热电偶，实测各屏之间的温度，可得到在有隔热屏保温的条件下，沿炉膛半径方向上的温度分布。在上述计算炉壳温度为 392℃，实测温度为 425℃，计算结果有较好的参考价值。图 9-79（b）是一套高温炉隔热屏的实物照片。除用薄钼板滚卷再铆接的方法生产隔热屏以外，还可以用旋压法加工无缝钼管，用直径差为 10~15mm 的无缝钼管均匀排成一组同心圆构件，就是一套非常好的隔热屏，各层都没有纵向铆接缝，提高了隔热效果，有效地防止隔热屏的扭曲变形。旋压钼管组装隔热屏与钼板滚卷的相比，前者由管坯直接旋压成薄壁钼管，只有一道旋压加工工序，后者先由烧结钼板坯轧成薄钼板，再滚筒，铆接，整圆四道工序。旋压钼管的材料总利用率比钼板滚卷的高，因而旋压钼管组装隔热屏的总成本比钼板滚卷的低。当然，做大直径隔热屏由于受旋压机的限制，技术上较难实现，只能用钼板滚卷加铆焊工艺。

无机非晶体材料熔化炉，例如，拉制石英管的立式熔化炉，以高纯石英粉为原料，用高温炉熔化成熔融石英体，这类熔化炉要用钼坩埚，钼料台和钼合金芯杆等，熔融石英的温度可达 1650~1850℃，熔炉内和熔融石英接触的材料都是钼或钼合金，这样熔融石英和炉内的耐火材料分开，不会受耐火材料的污染。钼材抗高温熔融石英玻璃的侵蚀性特好，钼的极微量的腐蚀产物（氧化钼）不影响石英管的质量。另外还有一种"波协炉"，这种熔炉是吹制生产高温轻质保温材料硅酸铝短纤维的核心设备。用水冷坩埚把硅酸铝粉末料熔成融体，熔融体的温度超过 1800℃，坩埚用三根钼电极三相供电。熔融体可由坩埚底部流口系统流出，流口系统包含一个钼饼流口座及钼流口，流口固定在流口座上，流口中心有一直径 10mm 的流孔。自流孔流出的熔融硅酸铝立刻受到强力氮氢气流的喷吹，形成硅酸铝短纤维并可加工成纤维毡。为了保持流出流口的熔融硅酸铝的流量稳定，特别是在流口工作一段时间后，流孔的直径因受熔融体冲刷而扩大，流量会增加，导致喷吹不稳定，此时把钼钉针插入流孔内，调节流孔的面积，维持流量恒定。有时为了提高钼流口的流孔抗熔融硅酸铝的高温冲刷，在流孔内嵌铱合金或钨合金内衬管，铱合金或钨合金抗熔融硅酸铝的冲刷性比钼合金更好。图 9-80 是拉制石英管和喷吹生产硅酸铝纤维毡应用的耐高温钼构件的实物。

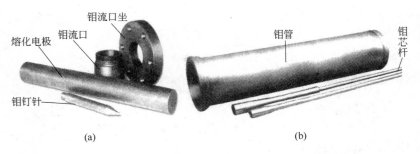

图 9-80   熔化制造硅酸铝纤维毡及拉制石英管熔炉用的部分钼构件

熔化其他无机物的真空高温炉，这类熔炉都有一个大尺寸的粉末烧结的或钼板强力旋压的钼坩埚，被熔化的物料放置于坩埚内，通常熔化成的熔融物"原位"凝固铸造，随后再切割加工。例如，用这类熔炉可以生产高质量特种玻璃，在真空负压条件下玻璃体中的微气泡几乎可以排尽，可生产无气泡光学玻璃。熔炼非金属氧化物（Al_2O_3）做人造宝石，以及拉制各种半导体单晶材料。这类熔炉可以精确控制加热温度，可以保证高真空度和高洁净度。

9.2.6 纤维复合材料的增强筋

复合材料中的增强筋可以用短纤维或长纤维，在粉末冶金混粉时可以加入短纤维，或者在压制时加入纤维编织物。在用铸造工艺生产时可在浇铸时加入纤维增强剂。创建镍、铬复合材料的途径之一是加入难熔金属纤维，由于钼具有的热强度比铌的高，密度比钨的小，因此常用细钼丝做高温合金的增强筋。为了提高钼合金在镍铬合金工作温度（1000～1200℃）下的强度特性，钼的合金化原则是构建复相合金或者充分利用固溶强化原理，尽可能提高钼合金的再结晶温度，使得再结晶温度高于含增强钼丝的镍铬合金基体的工作温度。复相兼固溶强化的 Mo-0.16Ti-1.3Nb-0.89Zr-0.24C 合金是非常有前途的复合材料增强筋，它的高温持久强度 $\sigma^{1100℃}_{200h} = 380MPa$，直径 $= \phi0.5mm$（变形量 99.8%）的细钼丝在 1100℃，应力 350MPa 时，持久断裂时间可达 4h[26]。

用钼丝和钽丝做块状金属玻璃的增强筋，块状金属玻璃的强度极限可达 2000MPa，断裂韧性高达 $20～50MPa\sqrt{m}$，是一种有吸引力的潜在的结构材料。但是，在不受约束的载荷作用下，由于剪切带的扩展引起块状金属玻璃灾难性的破坏。复合材料是开发块状金属玻璃诱人的良好的结构性能的一种潜在的方法，同时能避免这种灾难性的突然破坏模式。用 57Zr-5Nb-10Al-15.4Cu-12.6Ni（习惯称 Vitreloy106）做基材，它是一种非常好的锆基材料，加入体积分数 80% 的钼丝和钽丝制备块状金属玻璃的复合材料。用纯度 ≥99.7% 的各金属元素通过氩气保护的电弧熔炼制备出 Vitreloy106 铸锭。直径 $\phi0.250mm$ 的钼丝和钽丝做复合材料的增强筋，这些丝材放在一密闭的不锈钢管的底部，该管大约在丝材顶上 20mm 处缠卷，块状金属玻璃锭放在管内。在熔炼的初始阶段，把铸锭和丝材增强筋分开，可使它们之间的反应降到最低水平。不锈钢管放在一个 975℃ 立式真空炉内大约 10min。把温度降到 875℃，给管材施加 10MPa 的压力，迫使丝材渗透，在 875℃/10MPa 保持 15min，随即水淬。

构成纤维增强复合材料的三个组元的一些性质列于表 9-45，Vitreloy106 的热膨胀系数和屈服强度比钼和钽的高，而密度和弹性模量比钼和钽的低。与热膨胀系数的差异有关联的屈服强度是主要感兴趣的特点之一，而弹性模量预计遵循混合加成定律（ROM）。

表 9-45　Mo、Ta 和 Vitreloy106 的一些性质

组　元	性　能							
	弹性模量 /GPa	密度 /g·cm^{-3}	泊松比	膨胀系数 /10^{-6}K	屈服强度/MPa		强度极限/MPa	
					拉伸	压缩	拉伸	压缩
Mo	330	10.2	0.31	6.0②	400		515	
Ta	186	16.6	0.35	6.7②	150	190	250	350
Vitreloy106	86	6.8	0.38	8.7①	1400	1800	1400	1800

①室温；②0～500℃是直线。

钼增强的和钽增强的块状金属玻璃复合材料和 Vitreloy106 的单轴压缩性质绘于图 9-81，很显然，金属玻璃复合材料的总体塑性提高，而屈服强度散失，韧化应当是由复合剪切带的扩展引起的。应力-应变曲线表明，两个复合材料的第一个屈服点（斜率变化）大约在 400MPa，而 Mo-Vitreloy106 和 Ta-Vitreloy106 的第二屈服点大约分别在 1000MPa 和

500MPa，两个复合材料都发生了约 20% 的塑性变形。这样高的塑性伴随有剪切带同时形成，随后发生弯曲和扭曲，见图 9-82。因此，复合材料的变形可以分成三个区段，纤维屈服对应第一个屈服点，随后大量剪切带的扩展出现第二个屈服点，最终发生扭曲和层裂见图 9-82。由图 9-82 的断口形貌看出，钼丝的裂纹已经沿着相间界面并穿过钼丝扩展，图上 Mo-Vitreloy106 中的箭头 a 指向在钼纤维-基体界面发生的层裂，b 箭头指出扭曲引起的层裂。而钽丝复合材料并没有裂纹的生成和扩展。这意味着 Mo-Vitreloy106 相界面的强度比 Ta-Vitreloy106 的弱一些，钽丝的塑性比钼的好。

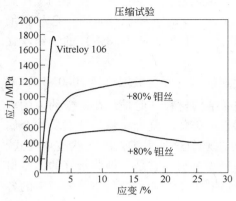

图 9-81   Vitreloy106 和 80%（体积分数）丝材
增强的复合材料的宏观应力-应变曲线
（应变速度 5×10^{-4}/s）

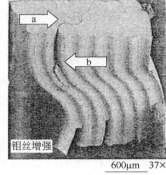

图 9-82   80%（体积分数）丝材增强的
复合材料断口形貌

用中子衍射设备进行块状材料的可控应力压缩试验，详细研究了复合材料的屈服和损伤过程，中子衍射设备可以"原位"精确测量增强筋的屈服行为，其结果可以和宏观应力-应变曲线相比。图 9-83 是 Mo-Vitreloy106 复合材料的压缩试验的衍射花纹，显示出顺着纤维轴向的强烈 {110} 织构，因为丝材是用拉拔工艺生产的，体心立方晶格金属在拔丝过程中，原子密排的 {110} 占滑移面的主导地位。由于 20% 体积分数的 Vitreloy106 基材的扫描太弱，在衍射花纹中未能看见无定形的非晶相。复合材料中只存在有两个相，在加

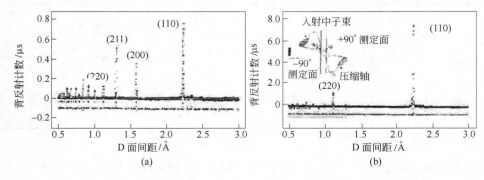

图 9-83   钼纤维增强的块状金属玻璃复合材料的中子衍射花纹
（图中给出了中子束的几何关系，$1\text{Å} = 0.1\text{nm}$）
（a）顺纤维轴的 {110} 织构；−90°纵向；（b）+90°横向

载过程中只有不明显的位置变化。这就暗示没有发生应力诱发相变。扫描电镜的研究也表明，在增强筋丝材和金属玻璃基体之间不存在能测定出的显微尺度的化学反应。图9-83（b）绘出了中子射线的几何图，中子束的方向与试样成45°，可同时能记录纵向和横向应变，−90°和+90°相应是钼丝（或者钽丝）的纵向晶面距 D 和横向应变。图9-84是中子行射设备测定的横向和纵向弹性应变与施加的压载荷间的关系。要注意，图9-81是惯常的宏观应力-应变曲线，X轴是总应变，而图9-84的X轴是弹性应变，它的应力-应变曲线和整体复合材料的应力-应变曲线的弹性区段是一样的。因为钼，钽丝和加载轴都成一条直线，可以合理假定，应变是等应变的，键合条件也很理想。因此，中子衍射测量的曲线斜率未指出"原位"钽/钼丝的特定各相的弹性模量，而给出了整体复合材料弹性区内的弹性模量。Mo-Vitreloy106 和 Ta-Vitreloy106 复合材料的弹性模量相应是265GPa和175GPa（表9-46）很接近按加和混成定律计算得出的281GPa和166GPa。Mo-Vitreloy106 的计算弹性模量大于试验值（281＞265GPa），这暗示相间界面强度较弱。而Ta-Vitreloy106 的计算值小于试验值是试验误差（约5%）造成的。根据纵向和横向曲线的斜率比也能计算出复合材料（原位 Mo/Ta 丝）的泊松比。宏观压缩应力-应变曲线（图9-81）粗略给出了 Mo-Vitreloy106 和 Ta-Vitreloy106 复合材料的第一个屈服点约在400MPa，而中子衍射测量的 Mo-Vitreloy106 和 Ta-Vitreloy106 的屈服点分别为400MPa和250MPa。宏观屈服点和中子衍射的测量值有很好的可比性。

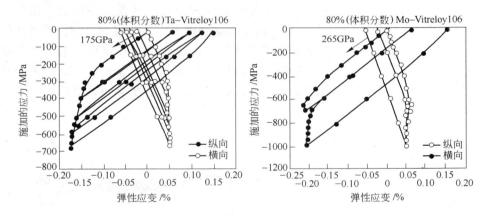

图9-84　中子衍射测定的纵向和横向弹性应变与施加的应力之间的关系

表9-46　80%丝材增强的块状金属玻璃复合材料的性质

复合材料	性　质									
	弹性模量/GPa		屈服强度/MPa		强度极限/MPa		层裂应变/%		屈服极限应变/%	
	测量	计算	压缩	拉伸	压缩	拉伸	压缩	拉伸	压缩	拉伸
80% Mo-Vitreloy106	265	281	400	400	1200	650	无	5	20	16
80% Ta-Vitreloy106	175	166	250	75	550	200	13	无	27	7

复合材料在加载变形过程中塑性的增强筋首先屈服，载荷再传导给块状金属玻璃，精确的屈服点依赖基体和增强筋的热膨胀系数差异引起的内应力。中子衍射测量和有限元模型研究显示，在冷却过程中从玻璃转变点，即所谓"冰点温度"，就开始行成残余热应力，

20%钨丝增强的复合材料的轴向残余热应力超过大约500MPa，因而，分析复合材料中每个相的应力状态十分重要。在压缩时，基体拉伸应力倾向高屈服应力，而在拉伸时倾向低屈服应力。由于丝材含量的体积分数很高，在块状金属玻璃基体中的残余压缩热应力与拉伸残余应力相比是相当低的。

图9-85是Mo-Vitreloy106和Ta-Vitreloy106复合材料宏观拉伸应力-应变曲线和试样的断裂外貌，因为丝材处于残余压应力状态，而基体处于残余拉应力状态，可以预料增强筋的屈服比在压缩试验过程中要迟一点。但是纤维上的轴向载荷（约20MPa）与基体上的拉伸载荷（约100MPa）相比是很小的。由图9-84看出，Ta-Vitreloy106复合材料的第一屈服点小于100MPa，在200MPa附近发生完全屈服，并显示出光滑的逐渐的应变软化，直到在7%拉伸应变处发生最终破断。可以粗略估算这个区间内的弹性模量，假定钽是理想的弹塑性体，基体承受50~200MPa载荷，发生1%应变，复合材料的弹性模量是15GPa，而通过混合加成方法计算的弹性模量是17.2GPa，计算和试验结果（图9-84）是合理一致的。但是，这样粗糙的分析忽略了钽不是理想的塑性体，纤维的拉伸屈服强度>100MPa。从拉伸断裂试样的外貌可以看出，试验的Ta-Vitreloy106在断裂以前发生了轻微颈缩，这和应力-应变曲线吻合。这就指出基体和增强筋结合良好，破坏是缓慢逐渐发生的。相比起来，Mo-Vitreloy106复合材料大约在5%应变处载荷支撑能力达到峰值，随后以不稳定的方式下降到极限应变16%。拉伸试样沿标距部分的纤维与基体分开，这和相界面的结合强度较弱是一致的。应力-应变曲线上的台阶预示着纤维和基体之间发生了层裂。虽然两种块状金属玻璃复合材料的韧性都增加，但是由于屈服强度下降可能减少了它们的可用性。通过调整纤维增强筋的体积分数，使其达到最佳值，可以克服这种缺点。采用合金化的钼丝，提高丝材固有的屈服强度，可能减少复合材料的屈服强度降低的幅度，如果用低温生产的块状金属玻璃，降低热膨胀系数差异造成的残余内应力，那么可以证明钼丝是一种特别好的增强筋。

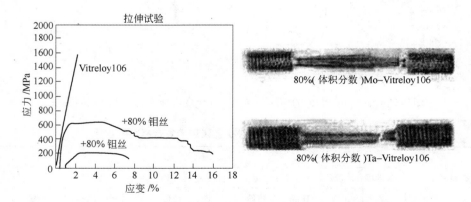

图9-85 块状金属玻璃、钽丝和钼丝增强复合材料的宏观拉伸应力-应变曲线及试样外貌

9.2.7 喷涂钼涂层

9.2.7.1 涂层的形成和特性

在前面钼的防氧化涂层一节中已详细论述过等离子喷涂和各种热喷涂工艺，为了防止钼的氧化，在Mo的表面喷涂一层防氧化物质。下面将要论述的内容是在工件的表面喷涂

一层钼及钼合金涂层，改进工件的表面特性，是表面改性涂层。钼改性热喷涂涂层工艺根据原料和熔化原料的热源分类，有钼丝火焰燃烧喷涂和等离子粉末喷涂。工业应用方面，例如，密封件、活塞环、轴承、齿轮、连接轴、透平叶片、缸体内衬等，愈来愈多地利用热喷涂涂层作为减轻表面损伤的经济有效的解决办法。在航空和发电机透平，锅炉和发电厂的机器设备方面，已成功应用热喷涂涂层来缓解固态粒子的冲刷和侵蚀，提高高温构件的抗热腐蚀能力。汽车工业应用钼和钼自愈复合材料作抗磨损和抗烧蚀涂层。

热喷涂工艺是一种熔融体加工处理形式，在这种工艺中，原料钼粉或钼丝被引入等离子火焰，气态燃料燃烧火焰或者电弧火焰。原料在传输运动中熔化，达到高速度并撞击到靶基材，在基材上它们平铺成为薄饼形，被称为激冷淬火的金属薄片（Splat），激冷淬火的金属薄片突然发生凝固，通过这些分别被铺平的激冷淬火的金属薄片连续不断地撞击就形成了涂层。与热喷涂工艺相关联的高速凝固（10^6K/s）产生细晶粒结构，并形成一些具有特定性质的亚稳态相。利用热喷涂工艺有可能同时连续不断地沉积多种组分，这就提供了制造层状材料和梯度复合材料涂层一种唯一的经济手段。

在许多黏性摩擦接触环境中，采用难熔金属基体合金和复合材料，有代表性的是钼基合金和钼基复合材料作热喷涂涂层，已知在滑动接触条件下，钼基涂层有低摩擦性和特别好的抗磨损能力，它们有益的摩擦行为是因为形成了减少摩擦的表面膜。由于钼和钼合金的热喷涂工艺把熔化，淬火和凝固并成一道工序，因此可以不用坩埚加工钼和钼合金。热喷涂用钼粉的生产是有效重复生产涂层的一步重要工序，热喷涂工艺要求原料粉末粒度在10~100μm内，理想的粉末形貌是能自由流动的球状粉。由于钼高熔点的难熔本质，雾化过程是不容易的。因此，生产钼基材料粉末主要依赖于喷雾干燥的团聚体，随后烧结产生自由流动的团聚体。在团聚过程中把增强相引入基体，产生复合材料颗粒，能用复合材料颗粒生产复合材料热喷涂涂层。用两种或多种粉末混合也能生产热喷涂复合材料涂层用的钼合金粉末。在最终阶段，喷雾干燥并烧结过的粉末可在等离子体火焰中熔化，进一步完成粉末的致密化，这一工序称"等离子致密化"，用这步工序生产密实的，自由流动的粉末，图9-86是粉末颗粒形貌，图9-86（a）是喷雾干燥，致密化生产的钼粉的扫描电镜形貌，图9-86（b）是气雾化的NiCrBSi加喷雾干燥钼粉的混合粉，图9-86（c）是复合材料粉末横截面的形貌，该粉末是在等离子致密化以后把两相结合成单一颗粒形成复合材料粉末。热喷涂用的钼合金丝材首选大卷装钼丝，用20kg以上大烧结锭，经锻造开坯做成φ50mm的棒材，随后用"Y"机连轧机组减径直到进行链拉，最终生产大卷装钼丝。

(a)　　　　　　　　　　　(b)　　　　　　　　　　　(c)

图9-86 喷涂粉末原料的形貌[28]

（a）致密化钼；（b）Mo + NiCrBSi 混合粉末；（c）致密化的 Mo + NiCrBSi 复合材料粉末

钼涂层的性能与显微结构有关，钼合金涂层的显微结构特征强烈地依赖于热喷涂工艺的本质特点及加工环境，火焰喷涂钼丝涂层广泛用于汽车工业，火焰燃烧钼丝喷涂钼涂层中的氧化物含量很高，典型数值是处于 6% ~7% 范围以内。因此，这类涂层可以认为是 $Mo + MoO_2$ 复合材料涂层，在涂层内有一些裂纹和 5% ~7% 的孔洞。图 9-87 是火焰喷涂钼涂层横断面的光学显微组织照片，图 9-87(a) 含有与激冷淬火的金属薄片基础相连接的层状结构，激冷淬火的金属薄片内氧化物浓度的测量指出，从它们的中间到表面氧化物浓度梯度增加，这种梯度变化导致火焰喷涂钼涂层的显微结构和性能不均匀。氧化物粒子弥散复合材料结构的硬度很高，达到 HRC60，DPH900，同时涂层一般是多孔的，脆性的。有时孔洞帮助贮存润滑油，因此，有助于滑动接触处的润滑。

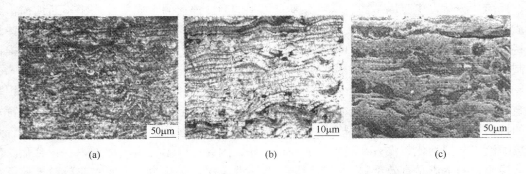

图 9-87   涂层横断面的光学显微组织照片
(a) 钼丝火焰喷涂涂层；(b) 有柱状晶粒激冷淬火的金属薄片的等离子喷涂钼涂层；
(c) 等离子喷涂的 Mo + NiCrBSi 涂层

大气等离子喷涂钼涂层所用钼粉粒度范围 25 ~75μm，涂层的显微结构说明它的氧含量相当低，只有 1% ~2%，可对比的钼丝燃烧喷涂涂层的氧化物含量 6% ~7%。应用还原性气体/惰性气体等离子和高速粒子流致使涂层氧化很少，图 9-87(b) 是等离子喷涂钼涂层的横断面，表明有激冷淬火的金属薄片结构，在激冷淬火的金属薄片内有清楚明显的柱状晶。大气等离子喷涂比火焰燃烧喷涂钼丝过程中的氧化程度减弱，造成激冷淬火的金属薄片内的局部结构似乎更均匀。等离子喷涂钼涂层是相当软的，硬度 DPH < 300，并没有显示出有足够的抗磨损和抗剥落能力，它们和抗磨损的自愈合金（NiCrBSi）或 MoO_2 相结合，提高涂层的整体摩擦性能。

涂层基体材料和基材的预热温度都对激冷淬火的金属薄片的形成，沉积物的显微硬度和性质有显著影响，随着基材预热温度的升高，激冷淬火的金属薄片的自然状态由不规则的分离碎片向毗连的圆形转变。除沉积温度以外，激冷淬火的金属薄片的几何形状也受撞击前粒子状态和基体材料的影响，在较高温度下形成的沉积物没有多少孔洞和层间空隙。在较高温度下制备的各个层之间有良好的接触，使沉积涂层的热导率提高。层间热导率的提高导致机械性质和抗磨损能力改进。研究发现，在基材预热温度升高的同时残余内应力由拉应力变成压应力，其原因或许是在基材温度改变的同时，不同淬火面积的热膨胀系数不匹配。

复合材料等离子喷涂，包括 Mo + NiCrBSi 混合粉末［见图 9-86(b)］和 Mo + MoSi_2 复合材料。喷涂混合粉末 Mo + NiCrBSi 产生的涂层，其硬度和耐磨特性超过等离子喷涂钼涂层的相关性质，而保持钼的有益的抗磨损性。改变混合粉末中的软钼相和硬 NiCrBSi 相的比例，能调制涂层的磨损性质。图 9-87（c）是这种涂层的显微结构，显微结构说明由于两种物质的突然淬火限制了两相界面的互相反应。火焰喷涂钼涂层的氧化物含量高，等离子喷涂涂层的硬度低，层间强度差，造成这些涂层抗剥落性不好，结果导致涂层性能可靠性受限制，磨损不均匀。

发展 Mo-Mo$_2$C 复合材料涂层有双重目的，既提高整体涂层的完整性和硬度，又不牺牲钼相的有用的本性。涂层中的碳含量低到 1%（15% 体积分数碳化物）就足以影响到提高涂层的磨损性质。Mo-Mo$_2$C 复合材料能和自愈合金结合调制涂层的硬度，所以也就能控制磨损抗力。这种涂层同经典的 Mo + NiCrBSi 涂层相比有相当超越的摩擦和磨损反应，而在工程构件方面已经赋予更长的持久性和更高的可靠性。Mo + Mo$_2$C 这种新型涂层已用于汽车工业和塑料挤压工业。

金属间化合物和金属间化合物为基体的复合材料一直是近来研究的热点（可参阅前面 Mo-Si-B 合金一节），因为它们有潜在的高强度和可能作高温结构材料。难熔金属二硅化物，特别是二硅化钼，正在引领热机和有关航空需求的高性能难熔材料的研究。MoSi$_2$ 的熔点高达 2030℃，有特别好的抗氧化性能，它的经典用途是作大气高温加热炉的发热体，炉温可达 1800℃。室温下 MoSi$_2$ 几乎是完全脆性的，它的塑-脆性转变温度是 925℃，高于此温度材料有强度和塑性，但是，超过 1250℃ 的软化温度范围导致蠕变断裂失效。用真空等离子喷涂已经生产出二硅化钼及其复合材料。这种工艺能生产出致密的细晶粒的耐高温的金属间化合物沉积体，并且在净成形制造方面是一种很有希望的新技术。用真空等离子喷涂在基材上成形，随后从母芯上剥离下沉积物，这样能比较容易地加工二硅化钼及金属间化合物为基的复合材料净成形构件。例如，制造 MoSi$_2$/Al$_2$O$_3$ 层状结构的气体燃烧喷管，钼合金坩埚和玻璃熔炉用的钼电极等。表 9-47 汇总了喷涂成形二硅化钼基体的金属间化合物的一些性质。

表 9-47　喷涂成形的 MoSi$_2$ 基金属间化合物的性质

材料状态	硬度 VHN	弯曲强度/MPa	断裂韧性/MPa·m$^{1/2}$
喷涂 MoSi$_2$	1201	280	4.7
1100℃/2h 退火的 MoSi$_2$	1203	310	4.8
1100℃/24h 退火 MoSi$_2$	1093	364	5.9
喷涂 MoSi$_2$ + 4% SiC	1228	300	5.4
1100℃/24h 退火的 MoSi$_2$ + 4% SiC	1160	410	7.9
喷涂 MoSi$_2$ + 20% TiB	1057	380	6.1
热压 MoSi$_2$	950	185	2.9

9.2.7.2　钼和钼合金涂层应用实例

热喷涂钼涂层的摩擦学特性的研究结果见图 9-88，图中给出了热喷涂钼涂层在无润滑滑动磨损条件下和硬钢球之间的动态摩擦系数，图 9-88（a）～（d）是大气等离子喷涂四种原料涂层的试验结果。由图示结果看出，提高 Mo 和 Mo$_2$C 合金化的层状结构的强度有助于把涂层表面开始磨损的时间向后推迟，因此，也就推迟了滑动的 Mo + Mo$_2$C 和硬钢球之

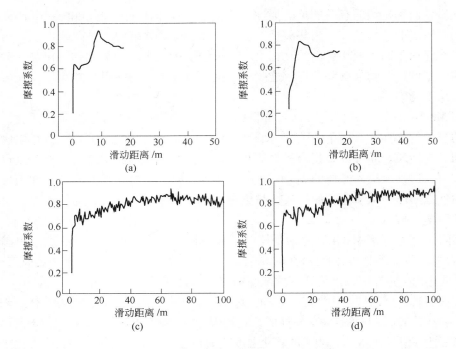

图 9-88　无润滑磨损的性能和滑动距离（时间）关系

（a）Mo；（b）Mo + NiCrBSi；（c）Mo + Mo$_2$C；（d）Mo + MoC + NiCrBSi

间开始磨损的时间。钼粉和 NiCrBSi 粉的混合粉末提高改善了涂层的硬度，但是，在涂层/钢球的摩擦和磨损系统中没有必要，因为硬的 NiCrBSi 相加快了球体表面磨损。

钼基热喷涂涂层有特别好的抗磨损性，通常用于生产内燃机的活塞环和同步环。图 9-89（a）、（c）是有代表性的两个实例，活塞环的涂层沉积在沿环外表面圆周上加工的槽沟内，图 9-89（b）就是一个铸铁活塞环的环形横断面的光学显微镜照片，环的外圆周的槽沟内沉积有 Mo + NiCrBSi 涂层，圆周上的钼涂层在和内燃机的缸体表面滑动接触过程中提供抗磨损性。涂层中的孔洞是相当有益的，因为润滑油可以贮存在洞穴内。在这种应用场合，既可用火焰喷涂钼丝，也可以用等离子喷涂 Mo + NiCrBSi 复合材料。在柴油机齿轮箱中的同步环内用火焰喷涂钼丝涂层提高磨损抗力。齿轮也考虑用这种涂层，但是，这种应用至今仍受到限制。

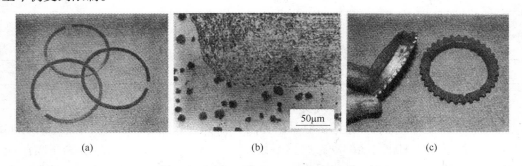

图 9-89　热喷涂涂层的应用实例和显微结构

（a）活塞环；（b）活塞环圆周表面沟槽内涂层的显微结构；（c）同步环

造纸干燥机上的涂层，钼有抗磨损和高导热率的综合性能，造纸工业的纸浆干燥鼓已经应用钼的这些特性，该鼓是一个含有过热水蒸气的巨大的铸铁滚，滚的表面上施加钼涂层，有代表性的这种滚子的直径尺寸约 4~6m，长度 6m，通常称 Yankee 干燥机。为了有效干燥纸浆，沉积在鼓壁上的涂层必须提供高热导率，抗腐蚀和抗磨损和良好的纸的"释放分离性能"。许多造纸厂用热喷涂 Mo + NiCrBSi 混合粉末原地维修保养这类干燥鼓。但是，由于 Mo + NiCrBSi 涂层的抗腐蚀性差，造纸干燥方面的成功应用受到限制。

塑料挤压机用钼涂层，生产 PVC 管用的单螺旋和双螺旋挤压机的螺旋杆由于接触损伤而造成失效，需要频繁更换。使用等离子喷涂 Mo + Mo$_2$C 涂层大大地提高了这类螺旋杆的持久使用寿命，而且也提高了性能。

9.3　钼在玻璃熔炉中的应用

9.3.1　引言

玻璃窑炉是钼和钼合金的最大应用领域，是支撑钼和钼合金发展的重要支柱。由于钼耐高温，抗熔融玻璃腐蚀，腐蚀产物不污染玻璃。早在 1943 年就用钼和钼合金做玻璃电熔窑的供电电极[29]。我国是在 20 世纪 60 年代初开始在拉制玻璃纤维的袖珍全电熔坩埚中用烧结钼条做供电电极，当时钢铁研究总院根据国家下达的研究任务，开展了钼电极在玻璃电熔窑中的应用课题研究，取得了突破性的进展。随后由袖珍全电熔炉推广到大型玻璃窑炉，至今已有 50 年的发展历史，在这 50 年中，全国许多玻璃厂和研究院所，也大力开展了玻璃电熔技术的研究开发，在玻璃电熔生产工艺和玻璃电熔用的钼和钼合金电极的发展和创新两方面都获得重大进展。

通常熔制玻璃的火焰窑燃料是化石燃料，如重油、柴油、天然气、煤气及煤等。玻璃窑炉燃料燃烧属于外热式加热，燃料的燃烧效率大约为 30%~35%，是一种高能耗，高污染工业，燃烧废气中有 CO、CO$_2$ 和 N-O 化物等，玻璃原料的挥发物中可能含有 As、Sb、B、Ba、Pb 等有毒有害物质。而玻璃电熔工艺是一种内加热式熔化玻璃的先进工艺，它是高能效，低挥发，无污染的绿色工艺。这种工艺未来的发展空间非常广阔。电熔工艺发展离不开钼和钼合金的发展和创新，因为钼电极是电熔工艺广泛采用的唯一的最好的供电金属电极，随着玻璃电熔窑的发展，对大尺寸，高纯度，高质量钼电极的需求会与日俱增，将推动钼原料和材料的研究和生产更快发展，更全面满足玻璃电熔窑对钼的更高的要求。

9.3.2　钼在熔融玻璃中的热力学稳定性

玻璃窑炉的温度根据熔制玻璃的成分，以及在窑炉的不同位置，可以达到 1050~1800℃，玻璃的组分有 SiO$_2$、Al$_2$O$_3$、B$_2$O$_3$、BaO、Na$_2$O、K$_2$O、MgO、CaO、FeO、Fe$_2$O$_3$、Fe$_3$O$_4$、As$_2$O$_3$、Sb$_2$O$_3$、PbO、ZnO、SnO$_2$ 等。钼和钼合金在玻璃窑炉中应用时，和熔融玻璃接触，首先遇到的是溶解在玻璃中的空气，CO$_2$、CO、H$_2$O、SO$_2$ 等，它们和钼发生氧化反应，氧化反应过程是 Mo→MoO→Mo$_2$O$_3$→MoO$_2$→MoO$_3$。钼由低价 +2 到高价 +6，但是，由于玻璃的黏度较大，气体的扩散受到限制，只有和钼接触的玻璃中极少量的气体才能和钼发生反应，在分析钼和钼合金在熔融玻璃中的稳定性时，钼和溶气反应忽略不计。只讨论钼和钼合金与玻璃各组元氧化物之间反应的可能性。

观察发现，钼在熔融玻璃中放置一定时间以后，表面生成一层暗褐色物质，X 射线分析确定它们是 MoO_2，此物质粘在钼的表面，若再进一步氧化 $MoO_2 \rightarrow MoO_3$，MoO_3 是挥发的白色粉末，不污染玻璃。因此，在分析钼和钼合金在熔融玻璃中的热力学稳定性时，以形成 MoO_2 为基础，而不是形成 MoO_3。在判断玻璃组分与钼和钼合金是不是会发生反应，通常以反应自由能的变化为判据，在从事冶金热力学分析时经常采用这种办法，已经证实是可行的。若自由能的变化为负值，表明反应系统由高能态向低能态转变，反应能够发生。反之，若反应系统的自由能由低能态向高能态转变，自由能的变化为正值，则反应不能发生。现以玻璃组分中的 CaO 和 PbO 为例，做如下计算分析，若已知钙和氧的反应过程为：

$$2Ca + O_2 =\!=\!= 2CaO$$

$$\Delta G_{1124 \sim 1760K} = -304040 + 51.60T$$

其逆反应为：

$$2CaO =\!=\!= 2Ca + O_2$$

$$\Delta G_{1124 \sim 1760K} = 304040 - 51.60T$$

已知

$$Mo + O_2 =\!=\!= MoO_2$$

自由能变化为：

$$\Delta G_{298 \sim 2000K} = -131530 + 3395T$$

把 $Mo + O_2 =\!=\!= MoO_2$ 和 $2CaO =\!=\!= 2Ca + O_2$ 相加，其总反应式为：

$$2CaO + Mo =\!=\!= 2Ca + MoO_2$$

则其自能变化为：

$$\Delta G_{1124 \sim 1760K} = 172510 - 17.65T$$

由自由能变化可以看出，在 1124 ~ 1760K 范围内，即玻璃窑炉的工作温度范围，$\Delta G_{1124 \sim 1760K} > 0$，表明 CaO 不会和 Mo 发生反应生成 MoO_2，即 CaO 不会腐蚀 Mo，PbO 和 Mo 的反应，已知

$$2Pb + O_2 =\!=\!= 2PbO$$

自由能变化：

$$\Delta G_{1150 \sim 1745K} = -93260 + 37.14T$$

其逆反应式

$$2PbO =\!=\!= 2Pb + O_2$$

自由能变化：

$$\Delta G_{1150 \sim 1745K} = 93260 - 37.14T$$

把 $2PbO =\!=\!= 2Pb + O_2$ 和 $Mo + O_2 =\!=\!= MoO_2$ 相加，得到：

$$2PbO + Mo =\!=\!= 2Pb + MoO_2$$

自由能变化：

$$\Delta G_{1150 \sim 1745K} = -38270 - 3.19T$$

可以计算出在玻璃窑炉的熔制温度范围内，$\Delta G_{1124 \sim 1760K} < 0$，表明钼能被 PbO 氧化，生成 MoO_2，钼能被 PbO 腐蚀，据此，钼不能和玻璃组分中的 PbO 接触，钼在铅玻璃中是不稳定的。钼和玻璃的其他组分的反应关系列于表 9-48。

表 9-48　钼和熔融玻璃中其他组分发生反应时的自由能变化

$(\Delta G_T = A + BT(cal/mol))$

反应方程式	A	B	适用温度范围/K
$2CaO + Mo = 2Ca + MoO_2$	172510	-17.61	1124 ~ 1760
$2CaO + Mo = 2Ca + MoO_2$	244430	-58.47	1760 ~ 2000
$2MgO + Mo = 2Mg + MoO_2$	159300	-22.25	923 ~ 1393
$2MgO + Mo = 2Mg + MoO_2$	220530	-6573	1393 ~ 2000
$2BaO + Mo = 2Ba + MoO_2$	135270	-11.79	973 ~ 1911
$2Al_2O_3 + 3Mo = 4Al + 3MoO_2$	136670	-17.94	932 ~ 2000
$SiO_2 + Mo = Si + MoO_2$	76830	-7.47	298 ~ 1683
$SiO_2 + Mo = Si + MoO_2$	86250	-12.96	1683 ~ 1983
$2B_2O_3 + 3Mo = 4B + 3MoO_2$	65560	0.34	723 ~ 2000
$2FeO + Mo = 2Fe + MoO_2$	-5130	3.01	298 ~ 1650
$2FeO + Mo = 2Fe + MoO_2$	-17390	10.75	1650 ~ 2000
$2Na_2O + Mo = 4Na + MoO_2$	68950	-35.27	298 ~ 1187
$2Na_2O + Mo = 4Na + MoO_2$	137730	-93.75	1187 ~ 2000
$2ZnO + Mo = 2Zn + MoO_2$	37430	-17.15	693 ~ 1180
$2ZnO + Mo = 2Zn + MoO_2$	88750	-60.75	1180 ~ 2000
$2K_2O + Mo = 2K + MoO_2$	43530	-40.93	298 ~ 1049
$2K_2O + Mo = 2K + MoO_2$	117050	-111.29	1049 ~ 1500
$SnO_2 + Mo = Sn + MoO_2$	6970	-14.97	505 ~ 1898
$2Fe_3O_4 + Mo = 6FeO + MoO_2$	17710	-25.85	298 ~ 1642
$2Sb_2O_3 + 3Mo = 2Sb + 3MoO_2$	-26730	-0.75	298 ~ 1698
$2As_2O_3 + 3Mo = 2As + 3MoO_2$	-28710	-0.38	883 ~ 2000
$2PbO + Mo = Pb + MoO_2$	-38270	-3.19	1159 ~ 1745
$6Fe_2O_3 + Mo = 4Fe_3O_4 + MoO_2$	-11290	-33.29	298 ~ 1460

图 9-90 是玻璃的组分氧化物和钼反应的自由能变化曲线，图上的自由能变化曲线在零线以上的反应都不会发生，因为自由能变化是正值，钼是稳定的，反之，在零线以下的反应都能发生，因为自由能变化是负，钼被氧化，氧化物被钼还原，钼不稳定。有一些反应，在较低温度下它们处于零线以上，但升到高温时，它们的反应处于零线以下，也就是说在较低温度下，钼和这几种氧化物不发生氧化还原反应，但到高温时钼还原这几种氧化物，钼变成氧化钼。以 K_2O 和 Na_2O 为例，按计算大约在 800℃ 或 1200℃ 以上，K_2O 和 Na_2O 可能被钼还原，此计算值比试验值低。玻璃的组分中的 K_2O 和 Na_2O 一般不会超过

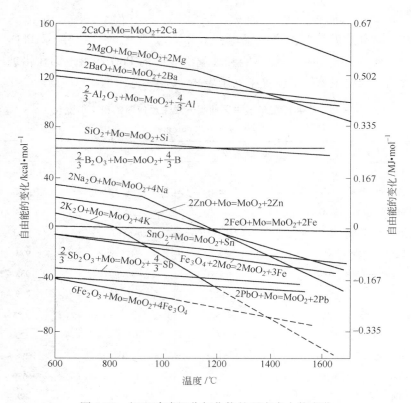

图 9-90　钼和玻璃组分氧化物的反应自由能变化

10%。在正常情况下玻璃熔融体达到 800℃ 或 1200℃，它们和钼之间不发生反应，因为 Na_2O 和 K_2O 是强碱性氧化物，在玻璃熔融体中它们不是以纯氧化物形态独立存在，而和玻璃的组分中的酸性氧化物 SiO_2 组成 Na_2SiO_3（$Na_2O + SiO_2 = Na_2SiO_3 + 55.5$ kcal/mol）。Na_2SiO_3 比 Na_2O 更稳定，试验发现要在 1650～1700℃ 更高温度下它才和钼发生反应。计算与试验之间的分歧，可以按 FeO 在酸性和碱性炉渣中还原特性加以说明，在酸性渣中 FeO 还原成金属铁比在碱性渣中更难，要求温度更高，要求有更强更浓的还原剂。玻璃组分中的 SiO_2 浓度通常约为 60%～70% 以上，按冶金学观点，玻璃的酸碱度不高于 0.4，应属于高酸性物质，强烈抑制了 K_2O，Na_2O 和 Mo 之间的化学反应。在玻璃电熔炉中钼电极到工作的终期阶段，因为电流密度很高，电极附近达到极高的温度，极端情况下出现似电弧一样的耀眼白光，实际温度未测定，这时在电极区附近的耐火材料已经熔化，温度估计超过 1700℃。玻璃表面产生许多似黄豆粒大小的大气泡，气泡爆裂伴随有白蓝色的火花，同时可以收集到白色粉末，X 射线能谱分析表明这些白粉主要是钼（MoO_3）和钠，还发现火花和粉末对 Pt-7Rh 合金有强烈的腐蚀作用。

玻璃中铁以 FeO 和 Fe_2O_3 的形态存在，从自由能变化曲线图看出，FeO 在零线附近，而 Fe_2O_3 在零线下更低的位置，可以判断，FeO 比 Fe_2O_3 的稳定性好，FeO 和钼发生反应的可能性比 Fe_2O_3 小。玻璃中的氧化物 2PbO，As_2O_3，Sb_2O_3 和 SnO_2，除铅晶质玻璃含有大量铅以外，其余几个组分都是少量添加的澄清剂。它们和钼发生反应，在玻璃窑炉炉底经常有被还原出的单质金属。由于含量较低，不会严重影响钼电极的工作寿命。玻璃组分中的主体元素氧化物和钼反应的自由能变化都在零线以上，它们和钼均不发生反应，不会被钼还原，钼也不会被氧化，它可以长期稳定工作。

根据理论分析，在试验室条件下及生产现场进行了钼的稳定性验证，表 9-49 是钼在几种玻璃和几种氧化物中的腐蚀试验结果，试验用玻璃组分列于表 9-50。

表 9-49　几种玻璃和几种氧化物对钼的腐蚀效果

介　质	温度/℃	气氛	时间/h	钼的腐蚀结果
Ca、Mg、Ba、Al、Si、B 的氧化物	1700	氢	长期	不发生反应
PbO	1000	氩	5	强烈反应，并析出铅
ZnO	1300	氩	5	反应，析出少许锌
SnO	1300	氩	5	反应，析出锡
Fe_2O_3	1000	氩	5	有作用，高价铁转低价铁
As_2O_3	900	密封	5	强烈作用，有剧毒
Na_2CO_3	1250	大气	5	强烈作用，表面有火花和白烟（含 MoO_3）
中碱玻璃	<1500	大气	4320～6760	长期作用，不发生反应
中碱玻璃	>1650	大气	168	强反应，表面有火花和白烟（含 MoO_3）
含 Sb_2O_3 和 $NaNO_3$ 的中碱玻璃	1450	大气	2880	有反应，长期工作后炉底有锑球 $\phi8mm$
无碱玻璃	<1500	大气	3600	长期工作无反应
平板窗玻璃	<1500	大气	3600	长期接触无反应
铅玻璃（含 65% PbO）	1300	大气	5	强反应，析出大量液态金属铅

表 9-50　试验用的几种玻璃的组分

玻璃名称	玻　璃　组　分						
	SiO_2	Al_2O_3	CaO	MgO	Na_2O	K_2O	B_2O_3
中碱玻璃	67.39	6.40	9.50	4.20	12.0	<0.5	—
无碱玻璃	54.50	13.20	16.30	4.00	<2.0	—	9.00
平板玻璃	72.30	2.41	6.34	4.07	12.40	1.05	—

9.3.3　玻璃电熔炉的钼电极

9.3.3.1　玻璃电熔的基本原理

烧杯中装满食盐水，向水中插入一对电极，电极通电以后，水中的钠离子在电场作用下导电，水可由室温升到沸点。玻璃电熔电加热的基础原理和水的电加热的原理一样，图 9-91 是两个小玻璃池，池内放入一对钼电极，右边小窑内是钼棒电极，左边小窑内是钼板电极，池内是玻璃熔融体。若给两支电极施加一定的电压，则熔融玻璃导电，玻璃是有电阻的，当有电流通过时就会产生焦耳热，这种热量由玻璃内部原位产生，直接加热玻璃。输入的功率越大，玻璃的温升越高，通过控制输入电功率，就可自动调节玻璃熔融体的温度。玻璃熔窑用电加热熔化玻璃，可以达到玻璃熔制工艺任意设定的最佳温度。如果一个玻璃熔窑只用电能熔化玻璃，则这种熔窑称全电熔窑，如果熔窑用电和其他热源（如煤气、重油）共同加热熔化玻璃，则这种窑炉称辅助电熔窑。辅助电熔窑中电能和其他能源

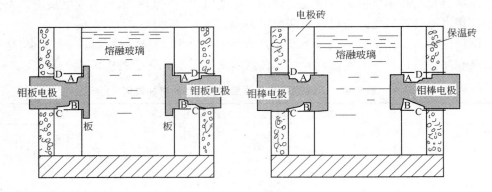

图 9-91 电加热玻璃熔池及钼板电极和钼棒电极的安装示意图
（图中 ABCD 标出的白色区域是电极的三相界面和热影响区的氧化断裂危险带）

各占的比例份额可以人为调节。

玻璃的电阻温度系数是负数，温度越高，电阻温度系数越负，电阻越小。反之，温度越低，电阻越大。即 $\rho_t = \rho_0(1 - \alpha t)$，$\alpha$ 是温度系数，是负值。玻璃在环境温度下是不导电的。因此，任何一个玻璃熔池（玻璃窑炉）在通电以前，必须用外热源把固体玻璃或生料加热到 1050~1300℃。使得高温玻璃熔融体具有初步的导电能力，开始通电加热，随着电能的供给量不断增加，熔窑的温度不断升高，最终使熔融玻璃达到完全导电的能力，正式进入电熔电加热阶段。工艺上称这一步为电熔窑的启动阶段。

玻璃靠自身的电阻产生的热量实现自我加热，显然产生的热量与电极之间的电阻大小有关。由于熔融玻璃的导电是熔融体导电，它的电阻与固体的不一样。固体发热体只要断面和长度，以及电阻的温度系数固定，可以很方便地算出发热体的电阻。两支电极之间的熔融玻璃的电阻很难精确计算，它与电极形状，熔炉的形状，电极的导电面积和电极四周熔融玻璃的体积大小有关，因为处于电极导电面积以外的熔融玻璃体也参与导电。通常用电路的等效电阻来描述玻璃的电阻。

两支平行钼棒电极之间的等效电阻，两支钼棒电极之间的电压 U 用下式表述：

$$U = \frac{\rho \tau}{\pi} \ln \frac{2a - r_0}{r_0}$$

$$\tau = \frac{I}{L}$$

式中，τ 为线电流密度；L 为钼棒电极长度；$2a$ 为电极间距；电阻 R 可以写成：

$$R = \frac{U}{I} = \frac{\rho \frac{I}{L}}{\pi I} \ln \frac{2a - r_0}{r_0} = \frac{\rho}{\pi L} \ln \frac{2a - r_0}{r_0}$$

若用 b、d 代替公式中的电极间距 $2a$ 和电极直径 $2r_0$，可得到 R 的理论公式为：

$$R = \frac{\rho}{\pi L} \ln \frac{b - \frac{d}{2}}{\frac{d}{2}} \approx \frac{\rho}{\pi L} \ln \frac{2b}{d}$$

此式是理论公式，因为除袖珍型全电熔炉只装两根平行钼棒（或钼板）电极以外，一般生产用电熔炉不会只有一对平行钼棒电极。公式中电极插入长度在分母，说明电极的插入长度增加，电阻下降，显然，这是因为导电面积扩大。

两排相对排列的钼棒电极之间的玻璃熔体的电阻，如果每排电极的后侧面与炉壁距离较近，每一排内各电极之间的电力线互相挤压排斥，只有排头和排尾两支钼棒电极的外侧电力线不受挤压。两排电极棒的后侧面基本不参与导电。两排相对平行放置的钼棒电极可以想象为一对平行的钼板电极，可以参看图9-91的钼板电极的示意图。此时熔融玻璃的导电长度就是两排钼棒电极或两块钼板电极之间的距离，导电高度就是棒电极的插入深度，或钼板电极的板宽。可以套用物理学的电阻公式，电阻与导体的面积成反比，与长度成正比，即

$$R = \rho \frac{L}{HW}$$

实际上公式中各参数应当理解为，L 是两排钼棒电极或两块钼板电极之间的距离，H 参加导电的玻璃液的深度，它大于钼棒电极的插入深度和钼板电极的板宽，因为钼棒电极棒顶端，钼板的上下两侧面都参与导电，电力线应当垂直于钼棒的上顶端面和钼板的上下两侧面，可以想象电极板上下侧面和棒的顶端外的电力线是一个拱形桥的图像。L 可以看作玻璃电熔窑的熔融玻璃深度，但是电力线（电流密度）沿着深度的分布是不均匀的。W 应当理解为窑炉的长度，因为成排布置的钼棒电极的排头和排尾两根最外侧电极都力争向外侧扩大导电空间，扩大的极限就是炉窑的长度。对于钼板电极而言，W 是窑炉的宽度，一般钼板电极的板长接近炉窑的宽度，因此可以把 W 认为是电极板的长度。ρ 是电阻率，它与玻璃组分和温度有直接关系，当玻璃品种确定以后，ρ 与温度有关，玻璃熔池不同部位的温度是不同的，在确定 ρ 时要考虑温度因素。在研究钼板电极加热的微型全电熔窑电加热时，实际测量了熔炉的温度分布，矩形小窑炉深度方向的温度分布接近抛物线，在电极板中高线向下 $10 \sim 15\text{mm}$ 的区域是温度的最高点，向上，向下温度都下降。还发现，钼板的面积越接近板后面炉壁的面积（见图9-91），电极间电阻越大。对于微型电熔炉可以根据实践经验，已知炉体尺寸，加热电流和电压（近似认为已知电阻），可利用 R 公式计算出电阻率。反过来用这些实测计算电阻率指导设计，可靠性很高。

在实际大型玻璃全电熔窑中都采取三相供电，三相供电电极间电阻的理论计算十分繁杂。在设计大型全电熔炉时，应当先做一点模型试验，先取得一点感性知识，再参考已有的大型炉三相供电的实践参数，再进行设计，才有成功的可能性。

9.3.3.2 钼电极的氧化和防氧化保护

图9-92是一座全电熔炉的立面图及钼棒电极及钼板电极在窑炉内可能的安装位置示意图，所有玻璃窑炉都包括有熔化池、流液洞、澄清池、上升道、水平供料道和出料口料盆。玻璃原料由熔化池的电能熔制成熔融玻璃，经过流液洞进入澄清池或上升道，降温澄清后进入水平料道，由水平料道的钼电极调整到最佳工艺状态后由料盆流出到玻璃成形机械，最终制成各种玻璃制品，包括各种玻璃器皿、瓶、罐、管、玻壳、球及玻璃纤维等等。

全电熔炉的熔化池安装的电极数量最多，它们为全电熔炉提供主要电能，要确保玻璃原料在熔化池中经历一系列硅酸盐反应，最终形成高质量的熔融玻璃。熔化池电极有顶装电极（上吊电极），侧装电极（壁电极）和底装电极（底电极）三种类型。流液洞两边各

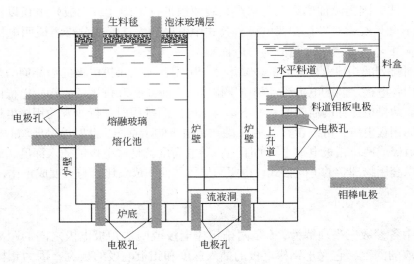

图 9-92　全电熔炉中钼板电极和钼棒电极的安装位置总示意图

安装一支底装电极，这一对电极通电以后可以加热流液洞内的玻璃，防止洞内的玻璃凝固堵塞液洞，因为它处于窑底，万一被凝固堵塞，重新打通难度极大。因此，一般大型窑炉都安装流液洞电极，在电加热作用下，可防止流液洞堵塞。除钼棒电极以外还可以在流液洞的两侧面装一对基本和流液洞等长的钼板电极，可以保证流液洞内各处都可以通电加热，可确保流液洞永远通畅。流液洞内装钼板电极在玻璃熔窑上已有成功的实例。

　　熔融玻璃自熔化池经过流液洞流出，进入窑炉的上升道，再入水平料道。上升道内的电极提供的电能补偿玻璃散热，使得玻璃熔体进入水平料道时能维持一定的温度。水平料道内的钼棒电极和钼板电极加热玻璃熔体，配合电器自动控制设备，根据工艺需要，自动调节电极的输入功率，可以维持料道分段恒温，为玻璃成形提供最佳恒温工艺条件。

　　玻璃电熔窑是一种新工艺，考虑到商业利益，钼电极的设计，安装方法，电极的使用，钼棒电极的推进等实用技术均讳莫如深。早在 20 世纪 60 年代初期，按国家下达的指令性计划，原钢铁研究总院（安泰难熔材料分公司的前身）和南京玻璃纤维研究设计院等单位最早开展钼电极及玻璃电熔技术研究工作，主要的技术突破是解决了钼电极的长期抗氧化的难题。近 50 年以来，我们研究设计制造的各种原创钼板电极和钼棒电极已被工厂广泛大量采用。玻璃电熔窑钼电极的使用寿命要求 3 ~ 8 年，甚至于有个别工厂的预期设计要求寿命 10 年。钼电极的长期抗氧化难题的突破，促进了我国玻璃电熔窑的发展，开辟了钼的巨大的应用领域，也促进了我国钼工业体系的大发展。

　　钼的氧化反应方程式为，$2Mo + 3O_2 \xrightarrow{600℃} 2MoO_3 \uparrow$，在有氧存在的条件下，温度达到 600℃，就发生气态 MoO_3 的挥发，钼的氧化挥发必须同时具备氧和高温两个条件，两者中缺少任何一个条件钼不会发生氧化挥发。在 1000℃ 条件下，如不采取任何保护措施，$\phi50mm \times 300mm$ 的圆钼棒在大气中历经 30h 加热处理，直径大约只剩下 8 ~ 11mm。从图 9-91、图 9-92 看出，玻璃熔池的温度最高达到 1750℃，最低也要达到 1050℃，温度高低取决于玻璃的组分和窑炉的位置。插入熔融玻璃内部的钼电极全部被玻璃覆盖，不和空气接触，不会被氧化，在炉壁外面的电极处于环境温度下，钼也不会氧化，更不会产生挥发

性 MoO_3。显然，钼电极的长期抗氧化保护的难
题就在于防止电极孔内钼电极的长期累计氧化。
图 9-93 是侧壁电极孔内钼电极与熔融玻璃的分
布图，熔化池内的熔融玻璃流入电极孔内，电
极孔内的温度由里向外逐渐降低，当向外流动
的熔融玻璃的温度降到它的流动点时，玻璃就
停在某处，图上的 AB 面，这个位置是固相
（钼电极体），气相（大气）和液相（玻璃熔
体）的交界面，称为三相界面。显然，三相界
面处的钼电极未被熔融玻璃包覆，界面温度一
般都超过 900℃，钼和空气中的氧形成剧烈挥
发的 MoO_3。如果把图 9-93 逆时针转 90°，即成

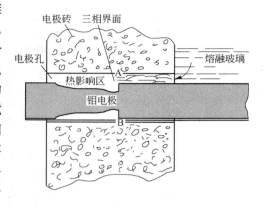

图 9-93　玻璃电熔窑的侧壁电极
孔内熔融玻璃的分布图

底插电极。根据经验，一根直径 50mm 的钼棒，若防氧化保护不当，大约三个月三相界面
就会慢慢氧化断裂。三相界面以外的区域是热影响区，热影响区的温度由里向外逐渐下
降，凡温度超过 400℃ 的区间钼都可能发生氧化挥发，但是氧化速度比三相界面处慢。

　　顶插钼电极没有电极孔，它直接插入熔化池，当然，处于熔融玻璃内的钼电极和侧插
或底装电极一样，也不会发生氧化。但是，生料毯和泡沫玻璃层是透气的，因而，处于生
料毯和泡沫玻璃层内的钼电极和空气也有接触。为了更好地设计顶装电极，曾测量了硼硅
酸盐玻璃电熔窑的表层温度，电极附近生料毯比较厚，生料毯表面大约为 300℃，内部达
700℃，泡沫玻璃层的温度约 950℃（位置不精确），熔融玻璃表面的温度升到 1150～
1200℃。在电极长期工作过程中，处于生料毯和熔融玻璃之间的区域必须十分严格的加以
防氧化保护，顶插钼电极的防氧化保护比侧电极和底电极更难。

　　根据钼的氧化条件，必须同时具备高温和氧源，只有氧源没有高温，钼不会氧化，只
有高温没有氧源钼也不会氧化。根据这个氧化原理，钼的防氧化保护相应有两条技术路
线，一是三相界面和热影响区绝氧，断绝氧源，据此，设计制造了无水冷保护防氧化钼板
电极和钼棒电极。另一个是强制冷却三相界面和热影响区，把这个区域的温度尽可能降到
MoO_3 的氧化挥发温度以下，据此，设计制造了水冷防氧化钼板电极和钼棒电极。

　　图 9-94 是一种定型设计的无水冷保护钼棒电极，图 9-94（a）是单一整体锻造的钼棒电
极，粗的一端是工作部，细的一端是供做防氧化保护和接电端头，锻造的整体钼棒电极中
间没有机械接合点，导电性好。防氧化保护设计制造也很简单，用一小段耐热钢管，把电
极的三相界面及高温热影响区全部真空密封保护，确定电极安装位置时，要保证玻璃倒灌
时的三相界面停留在钢管外壁的某点，钢管就是电极的防氧化装置，钢管壁厚的抗氧化寿
命就是电极的寿命。无水冷电极通常安装在温度较低的料道和上升道，这种电极的防氧化
保护装置的使用寿命可以达到两年以上。电极图 9-94（b）和（a）的区别在于防氧化装置的
结构设计，图 9-94（b）的防氧化装置在图 9-94（a）的钢管外面加一层刚玉管，玻璃的三相
界面直接停留在刚玉管外壁上，刚玉管保护耐热钢管不被氧化。图 9-94（b）的使用寿命可
以超过 3 年。

　　图 9-95 是复合型无水冷保护防氧化钼棒电极，钼电极的工作部固定在耐热钢的电极
座上，图 9-95（a）结构中钼棒和电极座之间用螺纹连接，电极安装时三相界面停在电极座

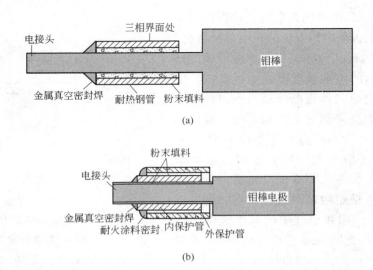

图 9-94   单一无水冷防氧化保护钼棒电极

(a) 单层保护；(b) 双层保护

上，钼材都被熔融玻璃包覆，三相界面外只有耐热钢曝露在空气中。耐热钢的抗氧化寿命就是电极寿命，根据钼电极的预期要求寿命，选用不同抗氧化合金，此种电极的抗氧化寿命可保证达到 3 年以上。图 9-95(b)结构在电极座外加一层刚玉管，保护耐热钢防止氧化，采用这种保护结构，1Cr18Ni9Ti 电极座的防氧化寿命可超过 3 年。图 9-95(c)电极的结构与图 9-95(a)和图 9-95(b)的不同，图 9-95(a)和图 9-95(b)结构中的钼棒和电极座之间只用螺纹连接，由于钼的热膨胀系数比耐热钢的小，在高温下连接螺纹必然发生松动，螺纹导电的接触电阻增大，电极座的温度升高，容易引起局部过热，偶然造成电极断裂。图

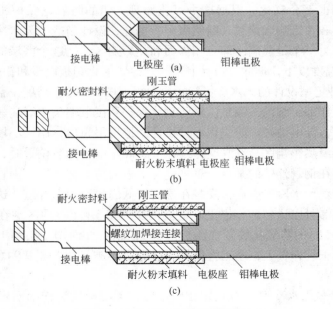

图 9-95   复合型无水冷保护钼棒电极

9-95(c)电极在电极座和钼棒之间用螺纹和焊接复合连接，根本消除了接头松动的可能性，图上标出了焊接接头位置，未画出具体焊接图。这种连接结构大大提高了无水冷电极工作的可靠性，在玻璃电熔的长期生产实践中，这种防氧化保护结构的钼电极在长期工作过程中从未发生过事故。

无水冷钼板电极与无水冷钼棒电极的防氧化装置的设计是一样的，因为钼板电极就是钼板和钼棒组合电极，钼板电极的工作部分是钼板，安装在电极孔内的引电部分仍然是钼棒。图 9-96 是钼板电极的实物和防氧化保护结构。钼板电极有 T 形和刀形两大类，T 形无水冷保护钼板电极钼板中心有一阴螺纹孔，它和引电极依靠螺纹连成一体。这样钼板电极的防氧化保护设计就可采用钼棒电极的保护设计见图 9-95。另外，引电极，增厚螺母和钼板被水玻璃浸泡过的玻璃布严实整体包裹（图中的阴影部分），防止这一部分外露钼构件在炉窑启动阶段被氧化，这一措施已被几十年的生产实践证明是可靠有效的。设计图中的增厚螺母不是用来压紧钼板和引电极，它的实际作用是要保护钼板不被腐蚀。由于电极在长期工作过程中，钼板的厚度会不断变薄，在螺纹部分覆盖一支增厚螺母，用螺母保护钼板，在长期工作过程中只让螺母变薄，钼板保持原始厚度不变，可以确保螺纹结构和导电面牢固安全可靠。

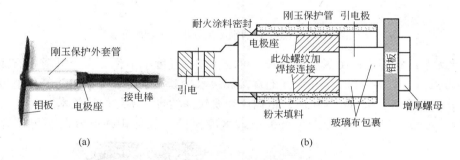

图 9-96　无水冷钼板电极实物及防氧化保护设计
(a) 电极实物；(b) 保护结构

除无水冷保护防氧化钼板电极和钼棒电极以外，还有水冷保护防氧化钼板和钼棒电极，水冷保护钼棒电极有能推进和不能推进两大类。熔化池电极在长期工作过程中受到熔融玻璃的腐蚀，钼棒的直径和长度都会缩小，减小到一定程度，电极就不能正常供电，电熔窑不能正常生产。在设计上要保证钼棒在高温下可以向窑炉内间断推进，保证电极正常供电。不能推进的钼棒电极，在设计上应当根据经验，要保证电极寿命和窑炉寿命相匹配。

图 9-97(a)、(b)是不能推进的两类，原创水冷钼棒电极及实物照片见图 9-97(c)，这

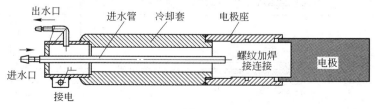

(a)

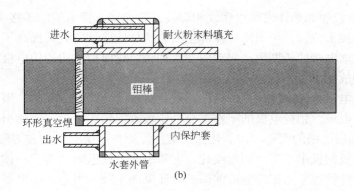

进水　　　　　　　　　　耐火粉末料填充

钼棒

环形真空焊

出水　　　　　　　　　内保护套

水套外管

(b)

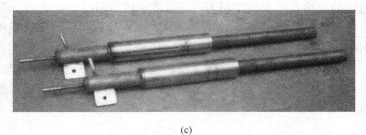

(c)

图 9-97　不能推进的水冷防氧化保护钼棒电极

种电极比无水冷钼棒电极的耐温性更好，可以在较高温度下工作，在上升道中有成功应用 60 个月的实例。图 9-97(b)是在钼棒上直接焊接水冷套，这类水冷保护防氧化电极结构简单，适用于直径小于 40mm 的钼棒，粗钼棒须要较高的真空密封焊接技术。

图 9-98(a)、(b)和(c)分别是可推进式水冷保护防氧化钼棒电极的实物照片，全水

K 型热电偶

双进水管

(a)

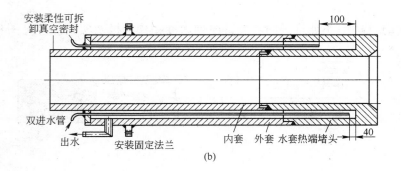

安装柔性可拆
卸真空密封　　　　　　　　　　　　　　　　　　　　　100

双进水管

出水　　　安装固定法兰　　　　　内套　　外套　水套热端堵头　　40

(b)

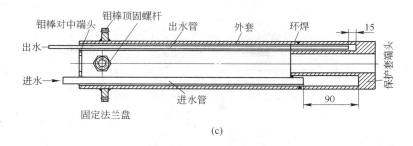

图 9-98　可推进式水冷钼棒电极防氧化保护水套的实物外观和结构
（a）实物外观；（b）全保护水套；（c）端头局部水冷保护水套

冷和局部水冷的防氧化保护水套的结构设计。实物图中在保护套的热端安装有一支 K 形热电偶，可监测保护套的热端温度，如果发生非正常停水，电偶的温度很快升高。全水冷的保护装置用双进水管，冷却保护可靠性比局部保护的更高，可以彻底消除水套热端的空泡。根据电极钼棒直径选择保护套的内径尺寸，钼棒直径一般比保护套热端堵头内孔径小 2～3mm。整体全保护水套的冷端出口处在安装时要装柔性可拆卸真空密封环，保护电极不被氧化，可参看电极安装图。

　　图 9-99 是一种设计很特殊的可推进式水冷保护防氧化钼棒电极的冷却保护套，冷却装置不是一个密封的水腔，而是一条潜藏在冷却装置内的循环水管道，图中给出了冷却水通道的展开图。水通道的加工制造特别困难，成本很高，国内自行设计制造

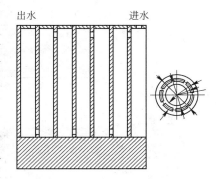

图 9-99　潜藏冷却水通道的钼棒电极防氧化保护水套端头的展开图

的玻璃全电熔窑尚未采用这种保护装置，引进的电熔窑或者出口钼电极配套有采用这种水套的实例，这种水套配合高质量的软化净化水预期稳定工作寿命可达到 7～10 年。通水管道的粗细及数量根据电极的直径确定，图示水套端头可用于直径 36mm 的钼棒电极。实事求是地分析，这种水套的冷却效果不如整体圆环水腔的好（见图 9-98），因为水占据的体积比较小。

　　水冷钼板电极分刀形和 T 形两大类，T 形钼板电极的水冷防氧化保护装置见图 9-100（a）、（b），图 9-100（c）是刀形钼板电极的防氧化保护结构，图 9-100（d）是使用后的钼板电极的实物照片，这张照片是我国第一座全电熔玻璃窑的熔化池主电极，窑炉 1969 年 12 月 26 日投产，1971 年 1 月 5 日因漏料停产，钼板电极总计工作时间 375 日。图 9-100（b）代表的一类钼板电极的内水套和钼板之间有一条环形的真空密封焊，一般工厂焊接的这条焊缝很难保证达到真空密封的要求水平。图 9-100（c）的刀形电极结构把钼棒和钼板做成一个整体零件，防氧化保护结构比较简单，大型玻璃电熔窑主要用图 9-100（c）钼板电极，只有这种电极才能横跨矩形炉的熔化池。现在的钼板生产技术已经能很容易制造 15mm × 250mm × 2100mm 的钼板电极，用图 9-100（c）结构可以生产横跨 2500mm 宽的熔化池钼板电极。

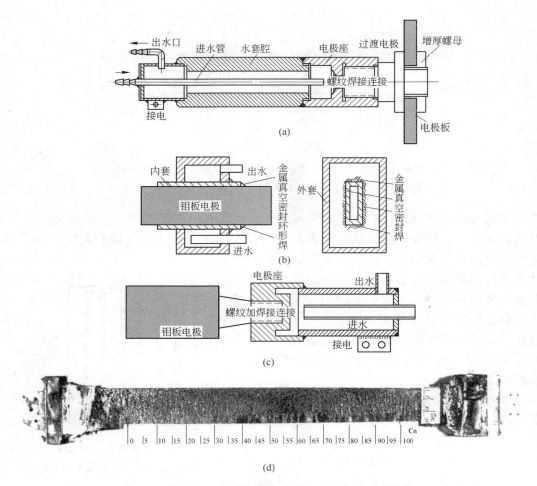

图 9-100　水冷防氧化保护钼板电极的设计原理及实物

9.3.3.3　钼电极的安装和操作

　　钼板电极的安装，不论是水冷的还是无水冷的钼板电极都必须冷装，在室温下就把板电极安装固定到窑炉的设计位置。为了在窑炉启动升温过程中保护钼板电极不被氧化，所有电极的钼材都用玻璃布蘸水玻璃包裹，凡安装钼板电极的窑炉空间都预先填装固体碎玻璃，把板电极埋藏于其中，这样在升温启动过程中，碎玻璃受热软化并熔融，保护钼板电极不被氧化。大量的生产实践证明，窑炉由室温升到 1600 ~ 1700℃ 以上钼电极均安然无恙。图 9-101 是水冷和无水冷保护钼板电极在电熔炉的料道和熔池中的安装示意图。电极座的端面向电极孔内后退 60 ~ 70mm，钼板与炉壁之间必须留有 5mm 的间隔，让熔融玻璃通畅地流进电极孔。顺便指出，少数工厂安装料道电极时，在炉壁上挖一矩形凹坑，把钼板藏在凹坑内，这样容易造成钼板后面的熔融玻璃流动不畅，熔融玻璃有可能不能充分填满电极孔，导致引电极棒曝露于空气中而被缓慢氧化断裂。钼板电极与钼棒电极不同，所有钼板电极都不需要向里推进，若设计合理，电极的寿命可以和窑炉的寿命相匹配。

　　熔化池，上升道和供料道的所有侧插钼棒电极，不论是水冷的，还是无水冷的，都要热装，即熔融玻璃液面高过电极孔以后装电极，钼棒插入炉壁以后即进入熔融玻璃，立刻

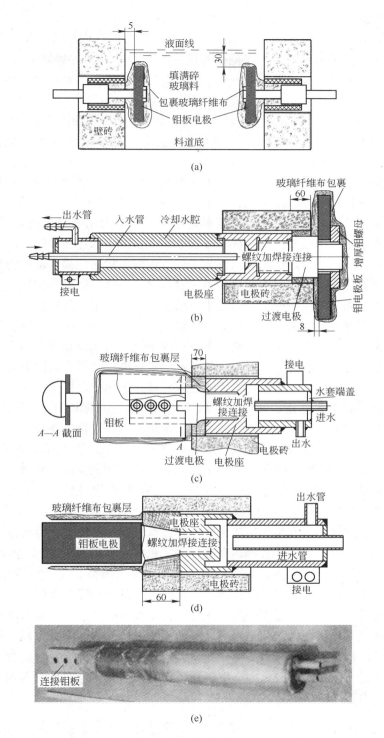

图 9-101　钼板电极在供料道和熔化池内的安装图

（a）T 形无水冷；（b）T 形水冷；（c）复合刀形水冷；（d）板-棒一体刀形水冷；
（e）复合刀形钼板电极的引电棒实物

受到玻璃液的保护。为了防止钼棒电极在装入电极孔以前，在窑炉装料过程中璃液从电极孔流出，预先用轻质耐火砖塞或水冷套（假电极）把电极孔内端头封堵，在插入棒电极时，若用耐火砖塞封堵电极孔，直接把砖塞推入窑内，若用水冷套封堵，先把水套取出，再插入钼棒电极。此时电极孔里端有一层不流动的熔融玻璃，水套取出后熔融玻璃不会倒灌入电极孔。

在插入无水冷保护防氧化钼棒电极时，电极座的前端必须插入熔池 20～30mm，停留片刻后，随即回抽，前端面粘满玻璃，同时把熔池的玻璃液带入并充满电极孔，电极座端面固定在电极孔内 50～60mm 处。

熔化池安装可推进式水冷侧插钼棒电极时见图 9-102(a)，熔融玻璃液面接近电极孔下沿时，水套带电极棒同时放入电极孔，水套前端面与炉内壁距离 60mm，水套堵头的内孔前端用石墨塞封堵，当玻璃液面超过水套的内电极孔时，用钼电极棒把石墨塞推入熔池，电极棒跟随插入熔池。推进熔池的钼棒长度超过设计工作长度长约 100mm，停留片刻后，钼棒抽回到设计位置。随即降低水套的冷却水量接近停水状态，提高端头的温度，促使电极孔内的玻璃液温度升高，使得熔融玻璃尽量浸入水套外圆与电极孔内壁之间的间隙，以及水套内电极孔与钼棒之间的间隙，再给水套缓慢供水，直至正常运行。

分析安装在炉壁上的钼电极的保护防氧化情况，现在钼电极体（钼棒和钼板）与空气相连的只有两条可能通路，即水套外圆与电极孔内壁之间的间隙和水套内电极孔与钼棒之间的间隙。电极孔头部空腔内，以及水套外圆与电极孔内壁之间的间隙都填满了半熔融玻璃，由于半熔融玻璃的阻隔，空气不可能通过这条通路氧化钼电极体。而内电极孔和钼棒之间的间隙是空气和钼棒直接相连的危险通道，该通道的高温端有一小段填满了熔融玻璃，在冷却水的作用下形成了环形固态包裹层，保护钼不被氧化。在环形包裹层以外的钼棒都曝露于空气中，由于受冷却水的冷却强度的限制，热端的钼棒温度不可能降到 300℃以下，这样钼电极棒在 300～400℃区间内仍然会发生很缓慢的氧化，钼棒形成颈缩，工作时间更长，颈缩处就会断裂。发生这种事故对生产会产生毁灭性的打击。想要避免钼棒发生颈缩断裂事故，可推进式钼棒电极要定期（例如四个月）向里推进 20～30mm，使颈缩位置不断变化，这样就不会发生颈缩断裂。另外，水套设计增加一个冷端柔性可拆卸真空密封，阻断空气和高温端钼棒的接触，彻底根除了钼棒发生颈缩断裂的可能性。

侧插钼棒电极插入熔化池内的钼棒长度 L 是一个重要参数，关系到熔化玻璃的质量，电极寿命等，要考虑钼棒的高温蠕变性能，防止钼棒自重引起棒电极的弯曲下垂。若把钼棒看成一个悬臂梁，在炉窑温度下受到钼棒自重，玻璃液的浮力和玻璃液流速变化引起的牛顿加速度力的共同作用。因熔化池内玻璃液的流速很慢，加速度力忽略不计，只考虑钼的自重和玻璃液的浮力，这两个力的方向相反，均匀分布在钼棒上。自重和浮力的作用转换成集中作用于悬臂梁中点的等效力。电极孔入口处的断面认为是危险断面，根据最大弯曲应力 σ_{max} 进行可靠性校核：

$$\sigma_{max} = \frac{MY}{J} = \frac{0.5LWr}{0.25\pi r^4} = \frac{0.5L \times \pi r^2 L(10.2 - 2.5)r}{0.25\pi r^4} = \frac{15.4L^2}{r} \quad (MPa)$$

式中，r 为钼棒半径；L 为插入钼棒长度。由公式看出粗钼棒的最大弯曲应力比细钼棒小，最大弯曲应力与插入长度的平方成正比。若取安全系数为 2，钼棒的安全插入长度的判据

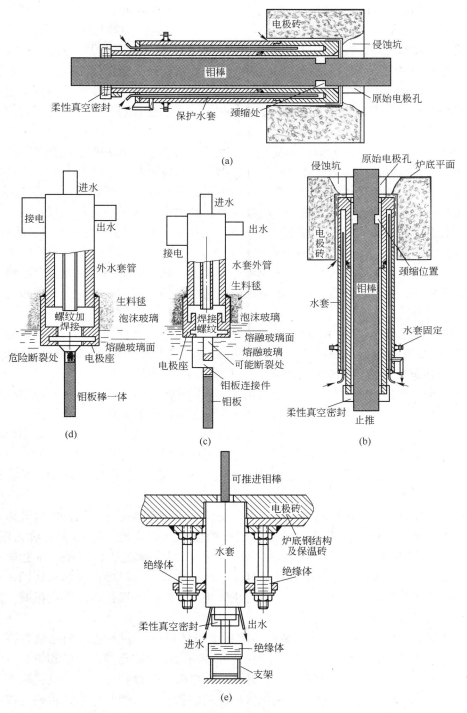

图 9-102 顶装、底装和侧装钼棒和钼板电极的安装示意图

（电极及水套图由李文富高工绘制）

（a）侧插；（b）底插；（c）顶装组合钼板电极；（d）顶装板棒一体钼板电极；

（e）底装电极及保护水套的详细安装图

是，$2\sigma_{max} < \sigma$，σ 应当是钼棒的高温长期蠕变强度，假如熔融玻璃的温度是 1550℃，工作时间是 8760h（一年），钼的 1550℃、8760h 的高温蠕变强变的数据未见报道，因为测量这类数据实验成本太高，技术难度太大。实测的钼棒 1400℃ 和 1600℃ 的瞬时强度分别为71.3MPa 和 53.8MPa，但是，不能用高温瞬时强度数据进行安全校核并确定 L。根据经验，直径 50mm 和 63mm 的钼棒的安全插入深度可达 400～500mm，钼棒在长期使用过程中不会发生弯曲下垂，有事实证明，插入深度达 600mm，侧插钼棒电极工作半年后肯定发生弯曲下垂。

底插可推进式钼棒电极见图 9-102（b），它的防氧化保护原理和侧装电极的一样，水冷套热端堵头中心的电极孔与电极棒之间的缝隙内，钼棒也容易产生颈缩断裂，因此在水套的冷端加一可拆卸的柔性真空密封。底装电极的最大风险就是电极孔漏料。要绝对避免窑底电极孔漏料。在炉窑开始升温前，钼电极棒和已经通水的水套固定在电极孔内，水套正常通水，电极棒的端面缩进电极孔 20～30mm，在每个电极孔的凹坑内都要填满碎玻璃，并要高出炉底平面 5～10cm 形成一个小碎玻璃堆，在炉窑从室温升到 1500℃ 以上的过程中，这种措施可以非常安全可靠地保护钼棒电极不被氧化。图 9-102（e）是底装电极保护水套的详细安装图，安装过程要保证支架对窑体钢结构的长期可靠绝缘性以及电极与窑底电极孔的垂直同心度。

钼棒电极在通电一段时间以后电极体受腐蚀，工作部分的直径变细，长度缩短，电极需要向里推进。钼棒电极的顶进是一种高难度高风险的操作，熔化池的熔融玻璃的深度达到 800～1000mm 时即可顶进炉底电极棒。正确的顶进程序是：水套首先停水并放水，电极孔及水套前端升温加热，水套的热电偶显示 950℃ 时就可以推进电极，通常电极棒被顶进炉内的高度约 700～800mm。当钼电极棒被顶到设计高度时需要固定，防止下滑。随后重新给水套供水，在重新供水以前，水套热端的温度接近 1000℃，必须先向水套内通入高压气体，用气体冷却水套的热端，缓慢降温以后再慢慢通水冷却，不能直接通水，因为如果直接通水，水套的热端温度太高，遇到水激冷，可能造成水套开裂漏水。安装就绪以后，最后固定安装柔性密封。

底装电极及侧装电极在使用过程中，由于受到电场力和温度的作用，电极孔附近的熔融玻璃强烈对流，电极孔附近的电极砖受到强烈侵蚀，形成碗口形的大凹坑见图 9-102（a）、（b）。严重影响炉壁砖的寿命。为了降低侵蚀坑的生成速度，在保证水套能自如装入电极孔的前提下，水套外径和电极孔的直径差越小越好，可以加强对耐火砖的冷却，所以实际上水套有双重作用，既保护钼电极防止氧化，又冷却电极孔附近的电极砖，降低它的温度，使电极砖的侵蚀速度减缓。

顶装见图 9-102（c）、（d）是玻璃电熔窑钼电极的最好安装方法，钼电极直接由炉顶插入熔池。炉侧壁和炉底都不要开钻电极孔，可节约大量的钻孔费，炉壁和炉底均无局部侵蚀坑，可以大大延长炉体的使用寿命。另外，在电极工作过程中，万一电极断裂，更换电极比较容易。但是，顶装电极的防氧化保护比侧插和底装电极的更难，顶装电极的电极座处于高温熔融玻璃内，电极座承受的温度远远超过底装和侧装电极的电极座的温度。很幸运，图示的防氧化电极结构已成功地运行了 18 个月，该结构的特点是大尺寸钼板和特殊构形的连接件互连，连接件用焊接和螺纹固定在电极座上。在 1450℃ 的熔融玻璃中工作18 个月以后，拆炉未见损坏并可继续使用，更未发生钼电极断裂。顶装电极最常见的破坏形态是钼电极体在电极座下端面附近（电极根部）发生断裂，根本原因是钼的防氧化保护失效，次要原因可能是钼的自重产生的拉应力超过了自身的持久蠕变强度。如果顶装电极的防氧化保护结构及电极体的设计有瑕疵，安装方法控制不严格，电极的最短使用寿命三个月，较长的也只有六个月，电极根部就会断裂。要延长顶装电极的使用寿命，可采用图 9-102(c)、(d) 的设计原理图，困难在于熔化池表面有生料毯，泡沫玻璃层，这两层物料是多孔通气的，厚度不易控制和测量，熔融玻璃的表面不能直接观察，还有液面上下波动，很难维持电极座下端面的熔融玻璃处于恒定状态。根据经验，一定要确保电极座下端面始终处于熔融玻璃表面下 30~40mm。大型全电熔玻璃窑炉用钼电极的发展趋势是用顶装电极代替侧装电极和底装电极。使用图 9-102(c) 和 (d) 的结构可以满足顶装长寿命钼电极的要求，它们二者之间有很大区别，图 9-102(c) 结构的钼板通过螺钉和构形复杂的钼板连接件相连，连接件通过焊接和螺纹结构和电极座连成一体。图 9-102(d) 结构的钼板和钼棒是一个零件，直接用螺纹和焊接与电极座连成一体。

9.3.3.4 钼板电极和钼棒电极的比较

玻璃电熔窑中钼电极的有效导电面积和表面负荷电流密度是两个重要参数，电流密度定义为单位有效导电面积通过的电流量，单位用 A/cm^2 表示，电极的有效导电面积定义为实际参加导电的电极面积，它不是电极的总面积，单位用 cm^2 表示。钼电极的导电方式有侧面导电和正端面导电两种方式，称侧导和对导，钼板电极都是对导（见图 9-101），它的有效导电面积是钼板平面加 50% 的四个侧面积。钼棒电极可能是对导，也可能是侧导，图 9-103(a) 的钼棒电极是对导，而图 9-103(b) 是侧导。对导电极的有效导电面积包括正对的端面，圆柱的侧面不是 100% 导电面，因为电力线走最短距离，并垂直电极表面，可以认为前侧面导电能力比后侧面的强，越向后导电能力越弱，设想成一个圆锥面，有效导电面积约为 1/3 圆柱侧面积，做这样假设的根据仅仅是观察到钼棒电极长期工作以后，它的工作部分被腐蚀成像削尖的铅笔，变成尖圆锥体，这个假设有一定合理性，可以方便计算电流密度。大窑中的侧装电极（壁电极）是对导电极。

平行排列的钼棒电极可以侧面导电，相邻两根圆棒的圆心连线最短，其附近的电流密

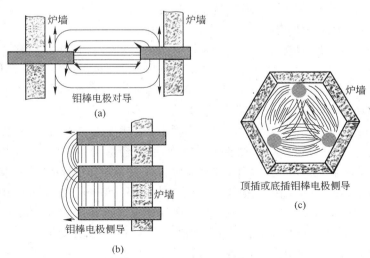

图 9-103　钼棒电极的对导和侧导示意图

度最大，远离开圆心连线的圆弧面上导电距离延长，垂直两根圆柱的圆弧面的连线（实际上是半径的延长线方向）越来越分散，电流密度逐渐下降，圆周的最高点和最低点的电流密度趋于零。因此，侧导电极的有效导电面积不是1/2圆柱侧面积，可以假定是弧面向中心的投影面积，（因为看到侧导的圆钼棒变成矩形），即钼棒直径与棒长构成的矩形面积（相当于半侧面积的76%），端面1/4参加导电，不论单侧面导电，还是双侧面导电都可这样计算，因为双侧面导电时，电流增加一倍。料道及上升道中平行布置的钼棒侧导电极的有效导电面积可以这样计算。六角形大窑的顶装和底装电极呈120°布局见图9-103（c），每一相的有效导电面积计算1/3圆柱侧面积，实际上每根钼棒供电是两个相电流之和，电极的有效导电面积是2/3圆柱侧面积。钼板电极和钼棒电极的名义平均电流密度计算公式为，电极总电流I/电极的有效导电面积，如果是a（厚）$cm \times b$（宽）$cm \times c$（长）cm钼板电极，名义平均电流密度应为$I/b \times c + a(b+c)$，如果是ϕ（直径）$\times L$（长度）的侧导钼棒电极，不论单面侧导还是双面侧导的钼棒电极的名义平均电流密度都是$I/\phi \times L$，因为对双面侧导钼棒电电极的有效导电面积也增加一倍，电流也增加一倍，即$2I/2\phi \times L = I/\phi \times L$。三相供电侧导钼棒电极的平均名义电流密度应为$1.5I/\pi \times d \times I$，分析电极的有效导电面积就是为了引出钼板电极的每单位电极的有效导电面积占用的钼的重量最轻，钼板电极的成本最低。

以矩形熔化池中的一对钼板电极为例，钼板的尺寸是$1.0cm \times 25cm \times 90cm$，单块钼板重约23kg，钼板电极的有效导电面积$2250cm^2$，取电极的电流密度小于临界电流密度（下面会分析此时电极的使用寿命最长），假设为$0.45A/cm^2$，可供给总电流1012.5A。如果用等效不能推进的对导钼棒电极，需用四根钼棒分两层安装，两两对导，钼棒电极的插入安全深度40cm，如果要达到$2250cm^2$的总导电面积，每支钼棒电极的导电面积应当是$1125cm^2$，按钼棒电极有效导电面积计算，每支钼棒的直径应当是19.6cm，炉内每支电极导电体是$\phi \times L = 19.6cm \times 40cm$，单重约123kg，四根钼棒电极导电体的总质量为492kg，两块钼板的总重量约46kg。也就是说492kg钼棒电极和46kg钼板电极具有等效作用，钼板电极和钼棒电极的单位有效导电面积占用的钼材重量之比为1：10.7。当然，这时设计者不会用ϕ19.6cm的粗钼棒，而会改用可推进的钼棒电极，使钼电极在高电流密度下运行，让电极腐蚀，再定时推进，维持电极正常工作。钼板电极一劳永逸，可长期稳定工作。

顶装三相供电六角形全电熔玻璃窑炉是目前用得最多的炉形，如果采用顶装三块钼板电极，每相用一块钼板，钼板尺寸$10mm \times 250mm \times 1000mm$，有效导电面积为$2500cm^2$，电流密度用$0.45A/cm^2$，钼板可通相电流1125A。若采用三根与钼板等效的钼棒电极，则钼棒的直径应达到11.9cm，每根钼棒重约113.5kg，而每块钼板重量为25.5kg。这时候，113.5kg的钼棒和25.5kg钼板的作用相同，钼板电极和钼棒电极的单位有效导电面积占有的钼材重量之比为1：4.45。在这种情况下，实际上不会选用ϕ11.9cm粗钼棒，而会在每相并联安装二根或三根ϕ50mm或ϕ62mm钼棒电极代替一根ϕ119mm粗钼棒电极。这样一块$10mm \times 250mm \times 1000mm$钼板电极相当于两根或三根$\phi$50mm或$\phi$62mm钼棒电极。

钼板电极和钼棒电极长期在熔融玻璃中工作，钼板和钼棒都会受到缓慢腐蚀。对导钼棒电极中的钼棒端头电流密度最高，最早受到腐蚀，腐蚀强度由端头到根部逐渐变弱，最后钼棒的工作部分会变成像削尖的铅笔，形成一个尖圆锥体，见图9-104（c）和（d）。侧导钼棒电极的两个圆心之间的连线最短，此处电流密度最大，腐蚀最严重，钼棒的圆弧面慢

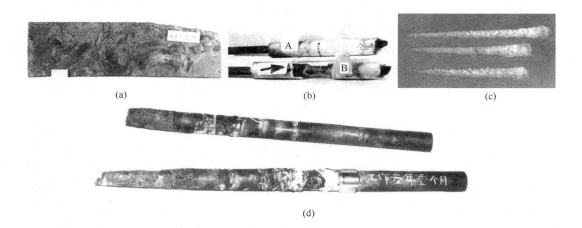

图 9-104　电流密度对钼板电极和钼棒电极腐蚀速率的影响

(a) 0.45A/cm²，工作九个月（6600h）；(b) 0.85A/cm²，工作三个月（2184h）；(c) 对导不可推进
钼棒电极 1.5A/cm²，工作两年余；(d) 对导可推进钼棒电极 1.85A/cm²，工作 3 年一个月

慢变成平面。可以看出，钼棒电极在长期工作过程中，由于电极体轮廓外形的变化，实际电极的电流分布，熔池内的电场也会随着变化。钼板电极与钼棒电极不同，两块相对布置的钼板，它们的电流分布是均匀的，板面的腐蚀也应当是均匀的，腐蚀结果主要使钼板变薄。钼板四个尖角由于尖端电场畸变造成局部高电流密度，板的尖角变成圆角，图 9-104 (a)是钼板电极工作 6600h 以后的实物照片，电极的名义平均工作电疏密度为 0.5A/cm²，它的矩形轮廓基本未变[也可见图 9-100(d)]，因此，钼板电极的实际电流分布（熔池电场）不会发生变化。需知，熔池电流分布的变化，会导致局部熔融玻璃的温度变化，对稳定工艺不利。

钼板电极的导电面积大，平均电流密度低，电流分布较散而均匀，因此熔融玻璃的温度分布更均匀。图 9-105 是微型全电熔拉丝炉深度方向上的温度分布的测量结果，熔炉用不同宽度的钼板电极和 Pt-7Rh 电阻发热体加热玻璃。钼电极的宽度（高度）10cm，分析几种加热方式可以看出，八字形布置的钼板电极（曲线2），两电极板上沿的距离比下沿的短，也就是说，上沿熔融玻璃的电阻比下沿的小，上沿输送的电流较多，熔池表面的温度较高，熔融玻璃的最高和最低温度差最小，自上而下的温度梯度最小，温度均匀性最好。这表明，两支电极间的布置距离不同，可以改变电极间的热场分布。平行布置的钼板电极与呈八字形布置的相比，电极平行布置的熔炉表面温度比八字形布置低一些，其余特征基本相似。电极板的宽度变窄，曲线 4 是宽度为 6cm 的 Pt-7Rh 电极板，它的均温带高度比宽钼板的差一些。电阻发热体是用宽

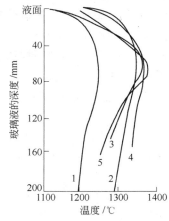

图 9-105　钼板电极与其他不同加热方式对熔池垂直高度炉温分布的比较

1—平行布置的无水冷保护钼板电极 7.1kW；2—八字形布置无水冷保护钼板电极 8.2kW；3—水冷防氧化保护钼棒电极 9kW；4—铂片电极 8kW；5—铂电阻加热片 8kW

35mm 的 Pt-7Rh 箔材做成一个方框架，放在微型熔池内，通电后靠金属电阻热加热熔融玻璃，熔池的均温带取决于玻璃的对流和热传导，这种加热方式产生的热场最高温度最高，高温区特别狭窄，温度均匀性最差（曲线5）。图中的曲线3是水冷对导钼棒电极，它的温度场和电阻发热体的近似，高温区狭窄，温度梯度大。钼板电极的均温带最宽，钼棒电极和电阻发热体的最窄。根据测量结果还可以看出，微型电熔窑的最高温度点在钼板电极的1/2高度附近。

钼板电极比钼棒电极的成本低，工艺稳定，不需要频繁推进电极。但是，钼板电极只能冷安装，启动过程需要用碎玻璃屑填埋电极，对于供料道，熔化面积不超过$4m^2$小型全电熔窑装填碎玻璃没有任何技术困难，多次生产实践都很成功。为了节省烤窑时间，降低烤窑能耗，曾经把一座$32m^2$的辅助电熔窑先填满碎玻璃，而后再烤炉启动投产，当时的烤窑的启动效果十分成功。目前，我国全电熔炉大部分是生产太阳能管，熔化面积大多数在$14 \sim 32m^2$，这些大窑除供料道以外，熔化池未用过钼板电极，也就未曾试过先装满玻璃料后烤窑启动新工艺。但是，可以推论，先把熔化池装满碎玻璃以后烤炉，窑炉空间很小，大约只相当于未装料的空窑空间的1/10，在较短时间内可把熔池上面小的烤窑空间加热到1400℃，根据实践经验，空间达到1400℃时，上部固体玻璃料已经具有导电能力，预先埋入的钼板电极可以通电加热，等到熔池半深度处的温度达到1400℃时，即可慢慢撤销烤窑热源，完全靠钼板电极供电提升炉温直到正式投产。根据全电熔窑的技术发展趋势，顶装电极要代替侧装电极和底装电极。采用图9-102（c）、（d）表示的顶装钼板电极结构，烤窑启动过程不需要装填固态玻璃料，和钼棒电极一样，等到熔化池装满熔融玻璃以后，钼板电极直接插入熔融玻璃，不会再发生氧化。结构的顶装电极在熔化抗碱玻璃的全电熔玻璃窑炉上的使用寿命已达18个月，实测熔融玻璃的温度1450℃，后因炉窑漏料停炉。拆炉以后观察发现，电极完好无损，只是钼板的四个尖角变圆，抗氧化结构保护效果极佳，电极根部没有发生明显颈缩，明显颈缩是电极断裂的先兆。

9.3.3.5 钼电极的基本物理化学特性

采用图9-106(a)的试验装置测量了钼电极的温度与电流密度的关系，在一个微型全电熔玻璃窑炉用多根钼棒和一根钼管拼成一块名义钼板做成钼板电极（图中的1），钼管内封装（W-W26Re）热电偶，分几次抽出钼棒，改变电极的有效导电面积，保持玻璃液的温度1295℃不变，插在钼管内的热电偶显示出温度变化。为了防止钼板电极的氧化，由装

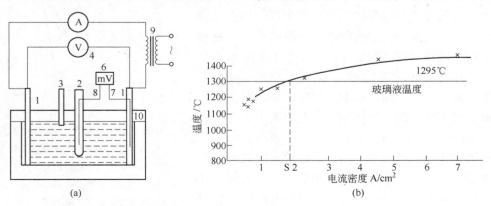

图9-106   测量钼电极温度与电极电流密度关系的试验装置及测量结果

置中的3导管向熔池充氩气。表9-51是电极体的温度与电极电流密度关系的测量结果，并绘成图9-106(b)的关系曲线。由曲线看出，在电流密度很低时，钼板电极的温度比熔融玻璃的低，当电流密度升高时钼板电极的温度升高，在低电流密度时，钼板电极的温度对电流密度的变化很敏感，在高电流密度的情况下，电极温度的升高速率变慢。如果对测量数据进行回归，可得到电极温度与电流密度关系的回归式，即 $\dot{T} = 1207.7 + 110.5\ln S$，它的微分式可表述为电极温度随电流密度的变化速率，$d\dot{T}/dS = K \cdot 1/S$。此式也说明电极的温度随电流密度的变化速率与电流密度呈反比关系。电熔窑中的钼电极在工作过程中不可避免地会发生缓慢腐蚀，但是，希望腐蚀速率尽可能慢，电极的工作寿命越长越好。电极的腐蚀速率与玻璃组分、温度，特别和电流密度有非常密切的关系。在分析钼在熔融玻璃中的稳定性时，已经揭示 As_2O_3、Sb_2O_3、PbO 等玻璃组分和钼接触时，根据热力学分析，钼能还原出 As、Sb、Pb、钼本身被氧化。在钼电极通电的情况下，电极表面的传质速度加快，对流强度增加，这些微量组分对钼电极的腐蚀速率比不通电时快。

表9-51 钼电极的电流密度与电极体温度的关系

序号	电流密度/A·cm^{-2}	电极温度/℃	总电流/A	输入电压/V	熔融玻璃的温度/℃
1	0.605	1160	50	72	1295
2	0.725	1168	50	72	1295
3	0.810	1178	45	72	1295
4	1.04	1234	43.5	80	1295
5	1.55	1235	43.5	88	1295
6	2.36	1298	38	88	1295
7	4.7	1380	38	94	1295
8	7.0	1430	21	95	1295

在静态条件下，用马弗炉加热熔融玻璃，研究了钼在熔融的中碱和无碱玻璃中的腐蚀速率，玻璃组分列于表9-51，图9-107是温度对钼在不同组分熔融玻璃中腐蚀速率的影响，可以看出，随着温度的升高，两种玻璃对钼的腐蚀速率都加快，在各个温度下中碱玻璃对钼的腐蚀速率都比无碱玻璃的快。造成腐蚀速率差别的原因是这两种玻璃的碱金属含量不同，中碱玻璃的碱金属氧化物 K_2O 和 Na_2O 的含量可达10%～20%，而无碱玻璃的含量大约在千分之几以内，碱金属氧化物在高温下对钼有较强的氧化腐蚀能力。静态腐蚀试验对生产的指导意义在于，钼在高温下的腐蚀速率比在低温下快，熔制温度高的电熔窑要选用较厚的钼板和粗钼棒。当钼电极通电以后，电极表面的传质速度加快，对流强度增加，钼电极的腐蚀速率比不通电时快。生产用全电熔玻璃窑炉在工作时，生产工艺要求炉温恒定，这时钼电极在通电情况下腐蚀速率的控制因素是电极电流密度，由大量的生产实践统计得出的电流密度与钼电极的腐蚀速率的关系绘于图9-108，表9-52是无碱玻璃炉中钼电极的动态腐蚀速率与电流密度的实测结果，只要电流密度不超过 0.5～0.6A/cm^2，钼板电极和钼棒电极的腐蚀速率非常缓慢。电流密度的取值超过这个范围，电极的腐蚀速率急剧增加，通常称 0.5～0.6A/cm^2 的电流密度是临界名义平均电流密度，在设计电熔加热炉时，不论生产何种玻璃，长寿命钼电极的电流密度的选择必须小于名义平均临界电流密

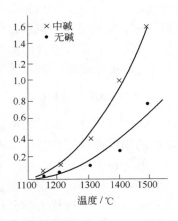

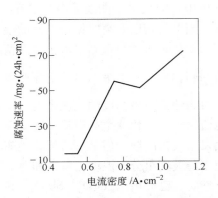

图 9-107　温度对钼的静态腐蚀速率的影响　　图 9-108　电流密度对钼板电极动态腐蚀速率的影响

度，特别对于不能推进的钼棒电极和钼板电极更应遵循这一原则。例如，图 9-100（d）的电流密度是 0.57A/cm², 炉温 1450℃，实际工作时间 375 天，电极的厚度减薄大约是 1mm。图 9-104（a）的电流密度度约为 0.46A/cm², 炉温 1280~1300℃，实际工作超过九个月，原始 5mm 厚的钼板厚度减薄了约 1mm。而图 9-104（b）的电流密度升到 0.8~0.85A/cm², 炉温 1250℃，仅工作三个月，厚度 3.5mm 的钼板已腐蚀殆尽，只剩下后面的电极引电棒。这三台电熔炉都熔化同一组分的玻璃料，电流密度由 0.5A/cm² 升高到 0.85A/cm², 钼板的腐蚀减薄量增加了近 7 倍。还有无数生产实践证明临界名义平均电流密度原则是正确的，设计长寿命钼电极必须遵循这一原则。

表 9-52　电流密度与钼电极的动态腐蚀速率的测量结果

编　号	电流密度/A·cm⁻²	最高温度/℃	名义平均腐蚀速率/mm·d⁻¹
1	0.17	1300	0.84×10^{-2}
2	0.22	1310	0.30×10^{-2}
3	0.22	1330	0.20×10^{-2}
4	0.29	1330	0.10×10^{-2}
5	0.29	1385	2.3×10^{-2}

　　生产实践表明，电熔窑中的钼棒电极和钼板电极不可避免地都会发生缓慢腐蚀，研究分析钼电极的腐蚀机理和腐蚀过程很有必要。当把钼电极从玻璃电熔炉中取出时，由于钼与玻璃之间有良好的浸润性，电极表面总是包裹一层玻璃，从钼电极表面剥离这层玻璃时，总会发现，和钼电极接触的玻璃面粘黏有一层很薄的（厚度几微米）深灰色物质，这些物质是滞留在钼电极表面附近的电极腐蚀产物。而钼电极表面变成灰色或深褐色，灰色和深褐色物质是以 MoO_2 为主的低价氧化钼，它们牢牢地粘在钼电极表面，各种低价氧化钼再和氧接触时，最终通过 MoO_2 变成 MoO_3、MoO_3 是白色挥发性的气态物质，它可溶入熔融玻璃而不使玻璃变色。钼的低价氧化物变成高价氧化物 MoO_3、MoO_3 离开钼电极表面而进入熔融玻璃的过程是钼电极腐蚀的本质过程。

　　用扫描电镜和电子探针及 X 射线衍射分析了从钼电极表面剥离下来的玻璃粘黏的黑灰

色沉积物，分析分三个步骤，先用电子探针分析玻璃表面沉积物，随后研磨除去沉积物，露出与沉积物相连的玻璃，再用电子探针分析玻璃表面（镀银膜）的元素。为了比较对玻璃的原料（球）也做了相同的分析，表 9-53 汇总了电子探针的分析结果，由表列数据可以看出，腐蚀沉积物中的 Na、As 和 Mo 的计数强度较高，在电极表面的腐蚀产物中富有 As 和 Na，可以推断，NaO_2 和 As_2O_2 和 Mo 可能发生下列反应：

$$Mo \rightarrow MoO_2 \rightarrow MoO_3, \quad Mo + 2Na_2O \rightarrow MoO_2 + 4Na, \quad 2As_2O_3 + 3Mo \rightarrow 3MoO_2 + 4As$$

钼电极被缓慢腐蚀，Mo、Na 和 As 在电极表面腐蚀产物层内富集。用 D-3F 衍射仪分析了腐蚀产物的相结构（$Cr_{k\alpha}$，V 滤波片），发现有 Mo_5As_4，未查出 Mo_2As_3 和 MoAs，另外还找出 $BaSiO_9$ 和 $Na_2TiSi_4O_{11}$ 两个复合硅酸盐相。

表 9-53 玻璃和钼电极接触处电极腐蚀产物的电子探针分析数据

试 样	元素强度记数 CPS					
	Mo	Na	As	Si	Ca	Al
沉积物	3431	135	1395	2905	944	426
	3106	112	1428	128	52	896
	4776	134	1198	846	513	—
与沉积层相连的玻璃体	64	43	890	3393	1091	602
	72	45	1266	3830	1180	622
	56	38	626	3366	1123	622
原料玻璃球	—	50	172	2852	887	608

事实上，玻璃和钼的反应区只在电极表面附近，在低温情况下，电极表面的熔融玻璃处于层流状态，当电流密度提高时，电极的温度提高，由层流状态转入紊流状态，反应区的物质流动加快。在钼电极表面流过的，能和钼反应的一些微量氧化物及玻璃中的游离氧的数量均增加，这样，加速形成表面的低价氧化钼，已形成的低价氧化钼和氧接触的概率也增加，低价氧化钼更容易转化成高价氧化钼，钼电极表面氧化物随物质流动脱离钼的速度加快。另一方面，钼电极表面的氧化过程是扩散传质过程，氧向内扩散，钼向外扩散，温度是扩散传质速度的控制因素。因此，表观上看到钼电极的电流密度是腐蚀速率的控制因素。

为了研究钼电极在电熔窑长期工作过程中发生的腐蚀及各种变化，用光学和电子显微镜研究了 Mo-0.5Ti 电极体的结构和性能。电极的原始结构是标准的轧制板材的纤维状组织，图 9-109(a)、(b) 是在 1400℃/9000h 工作以后钼电极表面的二次再结晶组织，纤维状晶粒变成非常粗大的等轴晶，图 9-109(c) 是未合金化钼电极在工作了 6480h 以后解理断裂的扫描电镜的断口照片，从这些照片看出，钼电极在长期工作过程中的腐蚀是均匀腐蚀，未发现局部晶界腐蚀，没有发现电化学腐蚀过程，这也是钼电极长寿命的原因之一。

在分析钼电极的腐蚀过程中，对电化学腐蚀的认识需要探讨，不能把电解电镀和电化学腐蚀混淆。不能认为，钼电极是导电的，给玻璃窑炉供应电能的，就会存在电化学腐蚀。其实不然，电化学腐蚀是微观的元电池过程，金属材料中各个组成相，晶粒和晶界，各自的电离电位不同，在合适的环境条件下（如潮气），电离电位不同的各相组成元电池，经过一段时间以后，发生元电池的电极腐蚀，例如晶界腐蚀。电化学腐蚀不需要外电源。

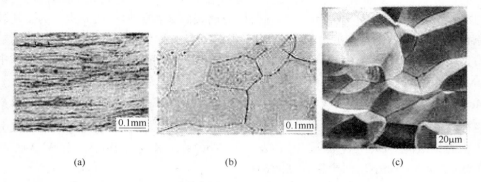

图 9-109　钼电极使用前后的显微结构
（a）原始轧制；（b）二次再结晶；（c）扫描电镜断口

如果一旦接通外电源，就可能发生电解，电镀腐蚀过程，就越出了电化学腐蚀范畴。玻璃电熔窑的钼电极通常供电频率是交流 50Hz，它们不会发生电解电镀腐蚀。但是，如果供电电源不是标准的交流电源，偶尔掺杂一点直流分量，瞬间就有可能发生电解电镀过程，造成电解腐蚀。在分析钼电极的腐蚀机理时，仅仅把直流分量造成偶然的电解腐蚀过程做一个交代，实际发生的可能性微乎其微。钼电极没有电化学腐蚀的原因在于，钼电极材料的纯度高达 99.95% ~99.97%，没有晶界杂质偏析，原始结构是均匀的纤维组织，在工作过程中逐步转变成再结晶的等轴晶粒。

　　解剖研究使用以后的钼电极发现，钼板表面的氧含量增加很多，氧的增量由表面向中心逐渐下降，见图 9-110。表面显微硬度比中心高，见图 9-111。使用前熔炼轧制的 Mo-0.5Ti 板材含氧量（质量分数）0.004%，在电熔窑中 1400℃/9000h 工作以后，表层氧含量由原始含量（质量分数）0.004% 增长到 0.38%，约增加 100 倍，钼板中心的氧含量增加约 10 倍。实际上钼板长期在 1400℃ 的高温下工作，表层被 MoO_2 等各种低价氧化钼包围，氧化钼中的氧原子在高温环境下向内扩散，使氧含量有不同程度的增加。图 9-108 的电极表层显微结构含有大量氧化物质点，它们弥散分部在晶粒边界和晶粒内部。电极表层的氧含量比心部的高，因此，电极板在便用以后的表层显微硬度比中部高。Mo-0.5Ti 板的原始室温拉伸强度是 931MPa，长期高温工作以后，因为发生了二次再结晶，强度降到了 216~294MPa。所有钼电极的性能变化都有这样共同的特征。

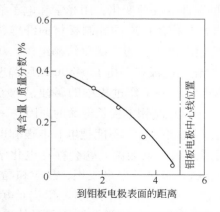

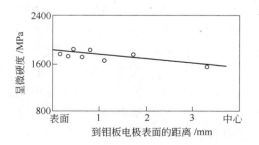

图 9-110　钼板电极工作 9000h 以后氧含量的变化　　图 9-111　钼板电极工作 9000h 以后显微硬度的分布

9.3.3.6 电熔玻璃窑炉用钼电极应用的典型实例

A 无碱玻璃纤维电熔炉

我国第一座真正意义上的大型全电熔炉于 1969 年 12 月 26 日在杭州投产，窑炉由南京玻璃纤维研究设计院设计，钢铁研究总院负责钼电极的设计制造及运行。窑炉用于生产无碱玻璃纤维，设计能力 1.5t/d，装十二块漏板。熔化池主电极是 10mm × 150mm × 1600mm 的 Mo-0.5Ti-0.02C 合金热轧板，该主电极在炉上的实际放置情况可见图 9-112 (a)，它的防氧化保护结构和使用以后的电极实物照片可见图 9-100(b)、(d)，这支电极是我国玻璃电熔窑钼电极的祖师爷。这座窑炉是矩形熔化池，主电极横跨熔化池的宽度方向，主电极左右两边是石墨和 1.5mm 厚的钼板构成的复合电极，它们和主电极组成电极对，给熔化池供电加热。复合电极是用 1.5mm 厚钼板包裹石墨，再用钼螺钉把钼板固定在石墨上。整个复合电极砌在炉壁内，复合电极的表面钼板和主电极之间导电，石墨被钼板保护，这种复合电极非常节省钼材。图 9-112 是使用一年以后复合电极的实物照片见图 9-112(b)，图上的钼板人为取下了一部分作试样，也为了清楚地观察石墨的正面形貌，复合电极的总体外观完好无损。图 9-112(c)、(d) 分别是钼螺钉的断面照片和显微结构图。使用后的钼板化学分析发现，它的碳含量（质量分数）由原始的 0.02% 增加到 5.2%，钼板的 X 射线结构分析确定是 Mo_2C 及少量游离碳，相信游离碳是取样时带下的石墨，如果 Mo_2C 中碳的化学当量含量（质量分数）是 5.8%，这似乎意味着在窑炉工作一定时间以后，复合电极的钼板变成了 Mo_2C 板。复合电极已经变成了石墨和 Mo_2C 的复合电极，电极表面的钼（实际是 Mo_2C）磨光以后发现有龟裂现象，Mo_2C 包裹层并未影响电极的正常工作，由石墨和 Mo_2C 共同起钼电极的作用，这也表明 Mo_2C 具有良好的抗玻璃侵蚀作用。钼螺钉的低倍表明，它的直径没有缩小，和碳接触的地方都发生了碳化，变成了 Mo_2C。从显微结构上看出，照片中间的黑色带是裂纹，右下角是严重碳化反应区，左上角白色区域是轻微渗碳区。

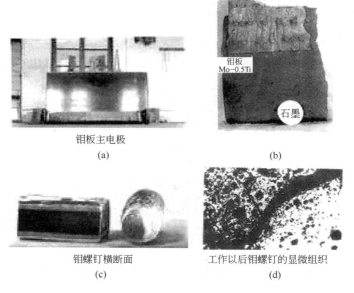

钼板主电极
(a)

钼板
Mo-0.5Ti

石墨
(b)

钼螺钉横断面
(c)

工作以后钼螺钉的显微组织
(d)

图 9-112 钼板和石墨复合电极使用后的实物照片及钼板主电极的放置图

这座全电熔玻璃窑炉运行了 375 天，后因池壁漏料停产。该窑熔化池的主电极及复合电极的运行结果揭示，主电极的碳含量是 200×10^{-6}，复合电极的碳含量高达 52000×10^{-6}（Mo_2C），并未对拉丝作业产生负影响。看来含碳较高的钼电极仍然可以在熔化池内正常应用；现在有些工厂把钼电极的碳含量订得很低，非要达到 30×10^{-6} 以下。根据生产结果，可以认为，只要钼粉碳含量符合国标，都能满足熔化池钼电极对碳含量的要求，不会降低产品质量，碳含量的标准定得过低势必造成资源的浪费。

B　浮法平板玻璃电助熔窑

电助熔窑的燃料是电加其他燃料，电能在熔制过程中只起辅助加热作用。我国第一座大型辅助电熔窑于 1984 年 10 月 1 日在齐齐哈尔投产，熔化池（5×12）m^2，内装 6 对 $\phi50mm \times 1000mm$ 的可推进式侧装钼棒电极，用它给熔化池辅助加热。这座熔炉是我国建筑的首座节能型深澄清池，深流液洞的浮法平板玻璃窑，所谓深澄清池和深流液洞是相对普通熔炉而言，普通玻璃窑炉的澄清池和流液洞都和大炉炉底在同一标高上，而深清池和深流液洞的标高比炉底的低 700 ~ 1200mm，窑炉的原理结构见图 9-113。整个窑炉分熔化池，深澄清池，深流液洞，上升道，水平澄清池和锡槽（图上未画）六部分。熔化池的六对电极装在熔池深度的半高处，电极插入长度 400mm。熔化池侧装电极的结构见图 9-102（a）。上升道及水平澄清池都用无水冷保护钼棒电极，详细结构见图 9-95（c）。由于熔化池电极是两侧炉壁电极对导，为了提高对导钼棒电极的寿命，在 $\phi50mm$ 对导棒电极的头部都连接了一段 $\phi80mm \times 200mm$ 的粗钼圆柱体，这一技术措施很有效，发现电极腐蚀都集中在前部粗圆柱体，后部的 $\phi50mm$ 钼棒腐蚀比较轻微。澄清池底部两端装两对并联的无水冷钼棒电极 $\phi45mm \times 450mm$，它们的结构见图 9-95（c），用这两对电极加热深澄清池底部熔融玻璃，保证流液洞畅通。上升道交错装三对无水冷保护钼棒电极 $\phi40mm \times 400mm$，保证上升道的熔融玻璃稳定向上流动。水平澄清池安装六对无水冷保护钼棒电极，用特定的电源变压器的接线方法，使两两相邻的钼棒电极可以侧导电，也可以和对面的棒电极两两对导，这样可提高水平澄清池内熔融玻璃的温度均匀性。熔融玻璃从水平澄清池流入锡槽，生产浮法平板玻璃。这台熔炉运行 18 个月，因窑坎倒塌停产大修。钼电极及水套未出现异常。

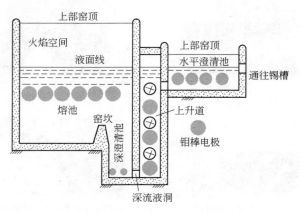

图 9-113　辅助电加热的深澄清池和深流液洞的浮法平板玻璃炉结构示意图

在运行过程中熔化池电极由一台大功率变压器供电，用 L-C 补偿，供电电压 85 ~

100V，单对电极电流 350~400A。深澄清池底部的两对电极停止运行，因为流液洞一直畅通，只是在生产过程中临时停产时，这两对电极才通电加热。其余各对电极的供电功率大约在 3~5kW。

C 眼镜片电熔窑

我国第一座生产光学眼镜片的玻璃全电熔玻璃窑炉于 1987 年 04 月 12 日在湖北益阳投产，该窑熔化池是六角形，内装上下两层 T 形水冷钼板电极。流液洞是 $\phi35mm$ 的 Pt-7Rh 合金管，澄清池和短料道分别安装一对竖 $6mm \times 110mm \times 400mm$ 和两对横 $6mm \times 100mm \times 300mm$ 的无水冷 T 形钼板电极，电极结构和安装方法见图 9-96 和图 9-101(a)。熔融玻璃自料道流出以后进入 Pt-7Rh 制的匀料筒，搅拌均匀的熔融玻璃滴入压片机压成镜片。熔炉的整体结构示意图见图 9-114。

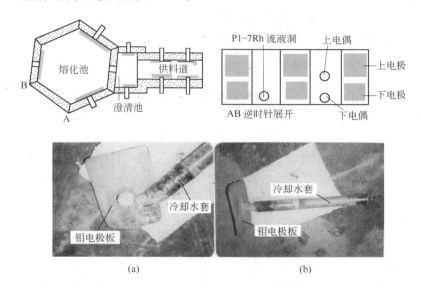

图 9-114 生产光学眼镜片的全电熔玻璃窑炉结构及使用后的钼板电极

这座全电熔玻璃窑炉是试验生产型熔炉，熔化池的耐火材料是一级高铝砖，预期寿命一年。窑炉启动时先在炉内装填满光学碎玻璃，把装好的钼板电极完全覆盖。靠平铺在炉顶的 $\phi20mm$ 的硅碳棒加热碎玻璃，直到上部空间达到 1400℃，玻璃完全熔融，可以给上层电极通电，逐渐可使熔池上下加热，两层电极通电，把熔池内的熔融玻璃加热到 1430~1450℃，即正式投产。运行一年以后拆炉观察钼板电极，发现钼板的厚度减薄不到 1mm，钼板的四个尖角都变成圆角，四条侧面的尖棱边已经变圆，参看电极的实物照片。另一个非常重要的发现是，$10mm \times 250mm \times 400mm$ 钼板的引电极是 50mm 的钼棒，因为钼板离炉壁的最大距离不超过 10mm，它基本靠近炉壁，钼棒伸入熔池的长度不超过 20mm，在水冷条件下，冷却水对引电棒头部不起冷却作用，钼棒头部在钼板重量作用下发生轻微下垂，见图 9-114(a)，表明钼棒的高温弯曲强度偏低。为克服引电极下垂，可以选用强度更高的 Mo-TZM 做引电极，或者加粗引电极的直径。图 9-114(a) 的钼电极板中央的圆形白块是敲断的钼引电棒的横断面，可以看出引电棒在一年的工作过程中及在半个月停炉降温冷却过程中未发生氧化，防氧化保护效果非常理想。

D   抗碱玻璃纤维窑

抗碱玻璃纤维是一种质量分数为 10% ~20% ZrO$_2$ 的特种纤维，是生产玻璃纤维增强水泥（GRC）不可缺少的增强筋，由于这种纤维的用量较少，熔制又特别困难。我国从开始单元试验窑直到大规模生产窑都采用全电熔工艺，熔制窑炉都采用钼板电极，图 9-115 是一座生产抗碱玻璃纤维的 8 块漏板（200 孔）全电熔玻璃窑炉结构图，熔窑包括熔化池，流液洞，澄清池和拉丝料道四部分，本窑炉的熔化池是矩形结构，在矩形宽度方向上，上下安装两层水冷防氧化保护钼板电极，下层是刀形电极，结构参看图 9-101（c），上层是横置的顶装钼板电极，结构图见图 9-102（c）。两层电极的总宽（高）度 500mm。熔池宽（板电极长度）800mm，窑炉的长度 1230mm（电极间距）。澄清池竖直安装一对水冷钼板电极，钼板尺寸 8mm×220mm×550mm，拉丝料道装 10 块漏板，即 10 台拉丝机。相邻拉丝机机头的中心距是 1200mm。在每一块漏板上方装一对 6mm×100mm×350mm 钼板电极，相邻两块漏板中间有一对电极，可保证料道长度方向上的温度均匀性。料道全长装二十三对电极。

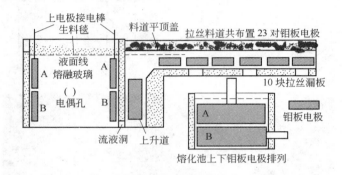

图 9-115   生产抗碱玻璃纤维的全电熔炉

熔化池两对钼板电极，先冷装下面一对电极，启动也是用硅碳棒加热，待预装的一对电极完全通电后再由上方插入顶装电极。拉丝料道是无水冷保护钼板电极，澄清池电极是"T"形水冷防氧化保护钼板电极，它们的结构见图 9-101（a）、（b）。在正常拉丝条件下各电极的电参数分别为，熔化池的电极电压 61V，上下电极的电流分别为 365A 和 420A，总电流约 800A，澄清池电压 45V，电流为 538A。大多数拉丝料道钼板电极的电压处于 20 ~22V，电极电流处于 170 ~180A。最低的两对电极电压 18V，电流 134A 和 158A，最高的一对是 25V，电流 192A。这台熔炉运行 15 个月，因熔化池一个交角处漏料，被迫停产。停产以后检查各个钼板电极，根据拆下来的钼板电极的厚度估计，电极可以再用 18 个月。

E   抗碱玻璃球全电熔窑

生产抗碱玻璃纤维有全电熔池窑拉丝（见图 9-115）和单元坩埚拉丝两种工艺方法，坩埚拉丝的原料是抗碱玻璃球。

图 9-116 是生产抗碱玻璃球的全电熔窑中钼板电极和钼棒电极的布置简图。混合粉料从加料口装入窑炉，首先由加料口的一对钼棒电极加热，加热电压 15V，电流 115A，然后进入熔化池，熔化池装有三组钼板和钼棒构成的混合电极，把熔化池分割成两个区域。熔化好的熔融玻璃由流液洞进入澄清池。经过澄清的熔融玻璃通过料道到达制球机，生产出抗碱玻璃球。

熔化池尺寸（液深×宽×长）为 0.9m×1.0m×1.5m，靠近加料口的一组电极上面是

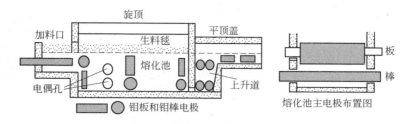

图 9-116 生产抗碱玻璃球的全电熔炉

钼棒 $\phi 55\mathrm{mm}$，下面是 $10\mathrm{mm} \times 220\mathrm{mm}$ 钼板。电极的工作长度都是横跨熔池宽度 $1000\mathrm{mm}$。中间一组电极和两边的电极组成电极对，它相当于起两对电极的作用，钼板加厚，钼棒加粗。上面钼板厚 $14\mathrm{mm}$，下面钼棒直径 $65\mathrm{mm}$。靠近流液洞一侧电极的尺寸与加料口处的一样，只是钼板和钼棒的上下位置颠倒。熔化池纵向的中间装上下两支 B 型热电偶，标高相当于流液洞的中间和熔池的半深处。上下偶的显示温度分别为 $1420℃$ 和 $1370℃$。熔化池电极的工作电压为 $40\mathrm{V}$（靠近加料口一侧）和 $50\mathrm{V}$，两区的工作电流分别为 $1200\mathrm{A}$（靠加料口一侧）和 $1100\mathrm{A}$。

澄清池（上升道）的面积是 $600\mathrm{mm} \times 600\mathrm{mm}$，安装两层平行钼棒电极，每层两支，用合适的接线方法，使上下各两支钼棒电极能水平侧向导电，也能使上下两对钼棒电极沿液深方向导电，这样澄清池的温度较均匀，熔融玻璃的对流强度增加，对澄清有利。电极插入长度 $490\mathrm{mm}$，工作电压 $42\mathrm{V}$，两组电极的总电流 $700\mathrm{A}$，熔融玻璃的温度 $1420℃$。

供料道热电偶（S）的显示温度 $1270℃$，即制球温度，此温度由自动控制仪表调节输入功率，可以维持恒温运行，电极的输入电压分别为 $20\mathrm{V}$ 和 $28\mathrm{V}$，电流为 $130\mathrm{A}$。

F 硼硅酸盐玻璃窑

生产硼硅酸盐太阳能集热玻璃窑炉，太阳能集热管都是用高硼玻璃管，我国大型全电熔玻璃窑炉大多数用来生产太阳能管。图 9-117是一座 $16\mathrm{m}^2$ 的全电熔炉的内部形貌，钼棒电极都采用底装法，钼棒由窑底插入。其防氧化保护结构是仿照图 9-102（b），由于模仿设计有瑕疵，安装不够严谨，导致钼棒电极在工作过程中多次断裂。断裂以后，热修、热换钼棒电极费时费力，非常麻烦。窑炉停产，图 9-117 是窑炉停产以后留下的照片。这类电熔炉的钼电极也可以安装在炉壁上、中、下装三层电极，未来电极也许都会改成顶装。

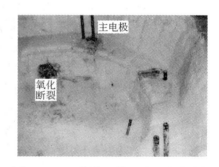

图 9-117 生产太阳能硼硅酸盐玻璃管大型全电熔炉大修停产放料后炉内况

G 玄武岩和液体煤渣的电熔加热和熔化

玄武岩是一种天然石材，液体煤渣是电厂燃煤锅炉产生的废料，玄武岩高温熔化以后可以生产铸石板，管及连续长纤维，液态煤渣可以直接生产短纤维保温棉（岩棉）等。

表 9-54 列出了玄武岩和液体煤渣的化学组分，它们的组分与玻璃的类似，总计（质量分数）含有约 $5\% \sim 8\% \mathrm{RO}_2(\mathrm{NaO}_2$ 和 $\mathrm{KO}_2)$。这些碱金属离子是无机物熔融体导电的必备条件，高温熔融玻璃体中由于 Na^+ 和 K^+ 的存在，可以应用电熔和电加热技术，同样原

理，液态煤渣和天然玄武岩也可以应用电加热技术，钼板电极和钼棒电极的应用是必不可少的。但是由于它们的组分中含有 Fe_2O_3 和 FeO，钼和这些氧化铁在高温熔融玄武岩和液态煤渣中可能会发生氧化还原反应。FeO 和 Mo 的反应自由能变化在"零"线附近，在高温下反应自由能有较小的负值，反应不会太强烈。而 Fe_2O_3 和 Mo 的反应自由能的变化负值很大，它对 Mo 的氧化作用比 FeO 更猛烈（见图 9-90）。

表 9-54   天然玄武岩和液态煤渣的化学组成

材　料	组　　分								
	SiO_2	CaO	MgO	Al_2O_3	Fe_2O_3	FeO	TiO_2	P_2O_5	RO_2
玄武岩铸石	42 ~ 45	8 ~ 11	7 ~ 11	11 ~ 14	8 ~ 10	3 ~ 7	2 ~ 3	1 ~ 2	5 ~ 7
液态煤渣	52 ~ 60	15 ~ 18	~4	~7	~8	~4	—	—	5 ~ 8

大型燃煤锅炉产生的液态煤渣是有害废料，严重污染环境。应用液态煤渣可把废料变成资源，对环境保护非常有利。液态煤渣最基本的应用是把它们转变成短纤维，再加工成岩棉保温材料，也可以进行深加工，做成各种玻璃钢构件。用液态煤渣生产短纤维，为了节省能源，把锅炉燃烧室放出的液态渣收集在一个转运包内（相当于浇铸包），此时液态渣的温度大约在 1000 ~ 1050℃，为了保持液态渣的温度，可以在转运包内（浇包）安装一对异形钼板电极，用 40kVA 变压器供电，最高电压 85V。用电熔加热工艺保持转运包内的液态煤渣的温度。

短纤维生产作业池是一个矩形的熔池，体积大约 (0.4 ~ 0.5)m × (2.8 ~ 3.0)m × (4.5 ~ 4.8)m 转运包运来的液态煤渣注入作业池，池的两侧壁安装五对 ϕ50mm 无水冷棒电极，供电变压器 120kVA，电极电压 70 ~ 80V。每边各相邻两根钼棒电极可以侧向导电，两边相对布置的钼棒电极可以对导供电，这样整个熔池面积都能受到均匀加热。能提供离心法生产短纤维要求的正常工艺温度，液态渣进入离心辊时的温度不低于 1150℃。

也曾用 ϕ200mm 的水冷石墨电极供电，由于熔融渣料含有大量氧化铁，碳是强还原剂，能还原氧化铁，石墨电极消耗很快，熔池底部会沉积大量被还原出的铁（Fe^0），要经常停产除铁，因为池底积铁层太厚，造成电极间金属短路，熔融的液态渣无法进行电阻加热。用短粗的钼棒电极，虽然氧化铁也会被钼还原，但还原速度比石墨的慢得多，延长了钼电极的寿命，工作池停产除铁周期更长。

经典的铸石生产工艺和铸铁的一样，用井式冲天炉熔化，熔融的铸石集中在前炉（俗称猴子炉）内，然后用浇包转运，进行离心或重力铸造，生产铸石板材或管材。前炉内的熔融铸石需加热保温，可用钼棒电极电加热，但是由于原炉体结构不适宜安装可推进的钼棒电极，固定钼棒电极的寿命又偏短，因此在冲天炉附加电加热的工艺推广的难度较大。

实际上，井式炉熔化铸石是高耗能，高排放和高污染的过程，严重污染环境。近期试验成功用全电熔工艺熔化铸石，熔炉的面积是 $8.5m^2$，安装六对 ϕ50mm × 1000mm 可推进式钼棒电极。炉窑的启动和钼棒电极的安装投产十分顺利。这座电熔窑的最终产品是玄武岩连续长纤维，由于市场开发滞后，新产品的销路不畅，最终被迫停产。但是，玄武岩的全电熔熔化工艺是成功的，在铸石生产过程中要消除和减少玄武岩熔化过程中的污染，降低熔化能耗，全电熔熔化工艺是非常现实可行的工艺路线。

9.3.4   用钼做玻璃熔炉的内衬材料

钼的抗玻璃腐蚀性最强，钼板在 1400℃ 静态玻璃熔窑中浸泡 5 年半基本未受腐蚀，

5mm 厚的钼板大约只减薄到 4mm，因此，用钼板做玻璃窑炉的内衬材料，例如，熔化池的内衬，流体玻璃通道，供料道的内衬，用钼内衬可使熔融玻璃不和炉壁的耐火材料接触，既可以延长炉龄，又能提高玻璃的质量[42]。根据钼耐玻璃腐蚀的特性来说，这一设计是非常科学合理有效。但是，在实际操作时面临有三个主要困难，做一个和炉窑内腔等同的钼容器只能用较薄的 2mm 钼板铆接，或用氩弧焊接，不管铆接还是焊接技术上都非常困难，其次，做好的窑炉内衬贴于内壁上，开炉启动过程需要保护，通惰性气体，氢，氮或氩保护非常不现实，只能预先在炉腔内填满碎玻璃屑，当烤炉升温超过 850～900℃ 时不断加玻璃料，要确保内衬不直接曝露在空气中。最后一个困难是造价太高。因此，在生产实践中整体玻璃窑内壁安装钼内衬的技术尚未被采用。

在炉底的局部地区铺放钼板材，保护局部炉底的耐火材料不被冲刷。例如，当采用炉底鼓泡工艺时，鼓泡管的出气端头凸出窑底 5～10mm，受鼓泡气体作用，气体出口端附近熔融玻璃产生激烈的对流搅拌，造成窑底局部发生强烈侵蚀。我们在天津某厂进行鼓泡试验发现，在鼓泡管端头未做炉底保护时，出气点周围侵蚀最深处达 200mm（连续鼓泡而非脉冲鼓泡），而在出气端附近平铺一块 1.5mm 厚的钼板，停炉时钼板的厚度基本未变，最薄处的板厚仍有 1.3mm，很好地保护了鼓泡管端头附近炉底的耐火材料不受侵蚀。这一案例说明，在窑底平铺的钼片，只要在钼板上贴几层玻璃纤维布，再在炉底上加一薄层破碎的玻璃屑，钼板在较长时间的烤窑升温过程中不会被氧化。

另外一个局部保护的案例是底装可推进式钼棒电极端头附近的炉底保护，前面已经详细论述过底装钼棒电极和侧装钼棒电极附近由于玻璃热对流，炉壁和炉底被侵蚀成一个碗形大凹坑。凹坑的形成会缩短炉龄。在底装钼棒电极端头附近平铺一块钼板，可以很好地防止碗形凹坑的形成。侧装电极由于钼板的安装固定，开炉防氧化保护等一系列难题的存在，很难用钼板保护防止碗形凹坑的形成。

玻璃窑炉的流液洞钼内衬，熔化池熔化成的熔融玻璃都要通过流液洞流到澄清池和成形区，流液洞内的熔融玻璃的流速最快，通过的玻璃量最多，流液洞的冲刷侵蚀最严重。为了保持流液洞的形状、尺寸稳定，通常流液洞都选用质量最好的高密度耐火材料，还有用铬刚玉。顶级用 Pt-7Rh 薄板包裹流液洞。我们在小型电熔窑上用 1.0mm 厚的钼板包裹流液洞的上沿砖和侧面砖见图 9-115，也用过 $\phi35mm$ 见图 9-114 的 Pt-7Rh 合金管做流液洞。实际上流液洞的上沿砖受侵蚀最严重，侧砖受侵蚀次之。用钼包裹法可以有效防止上沿砖的局部侵蚀，当然 Pt-7Rh 管流液洞的效果极佳，因为成本太高无法推广。

目前我们钼的粉末冶金工艺已经达到很高水平，可以很方便地生产出大直径的和方截面的带法兰边的钼管，用高纯钼管做流液洞内衬（实际上是用钼做流液洞）一定能很好地保护流液洞不受侵蚀。采用见图 9-118 的炉底及流液洞构形，可以确保钼流液洞内衬在长时间的烤窑升温过程中不会被氧化。流液洞通过一条短沟下沉到窑底平面以下，上升道的底和流液洞的底处于同一标高平面，整体圆

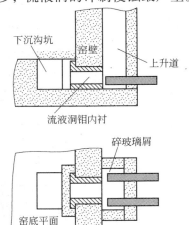

图 9-118　钼流液洞内衬的安装及防氧化保护原理图

形或矩形流液洞内衬在洞内固定以后，熔池底部与流液洞连通的短沟，上升道底部及洞内都填满碎玻璃屑，确保烤窑温度达到1400℃以上时，固体玻璃屑变成熔融玻璃时，钼内衬能完全浸埋在熔融玻璃内，这样才能确保钼内衬不会发生氧化。目前我国各种全电熔玻璃窑炉的矩形流液洞的高×宽约为$(100 \sim 155)\,mm \times (150 \sim 200)\,mm$，如用10mm厚的钼内衬，在启动操作正常的情况下，工作三年到五年，钼内衬不会发生明显腐蚀。

　　安装在上升道底的一对水冷不推进的钼棒电极是启动电极见图9-97(c)。在冷态下安装，当熔化池和上升道烤炉温度达到1350～1400℃时，原先预加的碎玻璃屑已经熔融，这一对启动电极通电加热，提高上升道底部熔融玻璃的温度，保证流液洞畅通无阻。

9.3.5　钼及钼合金搅拌桨

9.3.5.1　铂-铑合金包覆钼合金搅拌桨

　　为了提高熔融玻璃的均匀性，消除气泡和条纹，在熔窑内广泛采用搅拌桨，这样，可以有效提高玻璃产品的质量。经典的搅拌桨大都用耐火材料制造，如氧化锆、氧化铝、白土等。用这些耐火材料制造的搅拌桨存在的最大问题就是材料的耐冲刷性及耐腐蚀性较差，容易产生耐火材料的夹杂和结石、造成废品。搅拌桨通常都是安装在成形供料道的适当位置。

　　根据材料耐熔融玻璃的腐蚀和冲刷性能，无疑，Pt-Rh合金是制作搅拌桨的最好材料。但是，这类合金的抗扭强度较低，成本太高。为了减少Pt-Rh合金的用量，常采用强度较高的Mo-0.5Ti-0.08Zr-0.023C(TZM)合金做搅拌桨的骨架，外面包覆Pt-7Rh合金，做成Pt-Rh合金保护的钼搅拌桨。图9-119是TZM搅拌桨的结构图（a）及包Pt-7Rh图（b）示意图。这种包铂及铂合金搅拌桨用于要求很高的显示器玻璃，在显像管玻壳成形料道中工作时，熔融玻璃的温度是1150～1250℃，搅拌桨在旋转运动的同时做上下往复运动，旋转速度20r/min，往复上下运动的行程250mm，熔融玻璃的黏度达$10^{3.5} \sim 10^{4}\,Pa \cdot s$。料道

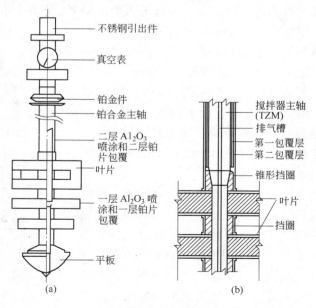

图9-119　TZM搅拌桨的结构及包Pt-Rh的示意图

空间环境温度 250~350℃，上下最高温度差 900~1000℃。搅拌桨的制造过程分骨架钼合金的制造加工，喷涂 Al_2O_3 涂层和包覆铂-铑合金三道工序。骨架 TZM 钼合金用挤压、锻造和轧制工艺加工，保证材料具有良好的强度和塑性综合性能，能经受复杂的机械加工，在高温下能长期工作，不发生弯曲变形。每个骨架 TZM 合金必须经过充分的消除应力退火，严格的超声和着色检验，确保每个零件无内缺陷和表面裂纹。钼合金骨架零件的加工精度要严格控制，以便确保各钼零件组装成的搅拌桨骨架的垂直偏心度小于 0.3mm。在钼及钼合金，铂合金（双层喷涂）表面用等离子喷枪喷涂一层 Al_2O_3 薄层，防止 Mo 和 Pt 直接接触，因为 Mo-Pt 直接接触会引起 Pt 中毒。涂层的结合强度要好，能承受包 Pt-7Rh 合金时遭遇的轻微敲击。表面包覆用的 Pt-Rh 合金经双重真空感应熔炼，锻造并冷轧成箔材，手工包覆于钼材表面。要求包覆层平整均匀，包后搅拌桨的垂直同心偏差要小于 1.0mm，长期使用过程中的真空度要超过 720mmHg(96kPa)。

9.3.5.2 钼合金搅拌桨

除包 Pt-Rh 合金的钼合金搅拌桨以外，也可以用裸体钼合金搅拌桨，它的表面无需包覆 Pt-Rh 合金，用加工的钼合金板材或棒材直接加工搅拌桨。图 9-120 是各种钼制搅拌桨的实物结构图。

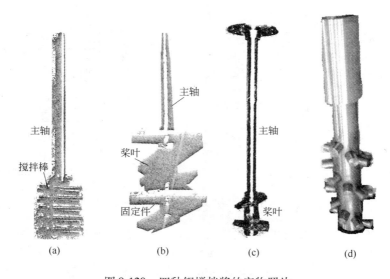

图 9-120 四种钼搅拌桨的实物照片

图 9-120(a)是钼棒材组合式的结构，构件全部用锻轧钼棒组合而成。结构简单，加工制造方便成本最低廉，使用效率高。

图 9-120(b)是一种塔式钼叶桨搅拌器，它的结构比图一显示的要复杂一些，它的搅拌件是大变形量的钼板，用铣切方法加工而成，钼的用量相对第一种要多一些，搅拌体积和深度较大，被搅拌的玻璃熔体的体积大，搅拌效果会更好一些。由于搅拌叶片是用大变形量钼板加工而成，其耐玻璃的冲刷性能特好、可以保证其长寿命。

图 9-120(c)是螺旋叶片式的搅拌桨，该种形式的搅拌桨的叶片加工成螺旋桨的形状，在桨叶旋转起来以后玻璃熔体和桨叶一起做旋转运动和上下翻动，这样可以大大地提高搅拌均匀性。如果要大规模地用钼搅拌桨宜用螺旋式结构。叶片是用特大加工量的多向轧制

钼片经专用工艺加工制造成的。

图 9-120(d)是若干小圆柱体按左或右螺旋线排布在一个圆钼棒上组成搅拌桨，把两支左和右螺旋排布的搅拌桨左右安装，同时搅拌，可强化搅拌效果。

钼搅拌器应用的主要技术难题，图 9-121 是搅拌桨在玻璃炉料道中的安装位置，整体可以分三部分，下部叶片等搅拌主体零件都浸在玻璃融体内，液面以上搅拌桨的主轴曝露在空气中。主轴顶部连接棒的材料是耐热超级合金 5K，这种合金的高温强度和抗氧化性能满足成形料道的工作环境。搅拌桨的钼主轴的工作温度大都处于 1250~1350℃，在这个温度范围内，加工态纯钼棒材的力学性能可以经受住玻璃液黏滞力产生的扭矩和材料自重产生的拉力。在条件允许的情况下，建议搅拌桨的主轴采用加工态纯钼棒。但是，在成形料道的高温环境下，钼早已开始氧化成气态的三氧化钼，同时温度已超过三氧化钼的熔点，气态氧化物变成了液体，这种液态氧化钼对于钼转动主轴没有任何保护作用，若轴的直径应用 φ35mm 的钼及钼合金，在无保护条件下半天就能挥发殆尽。

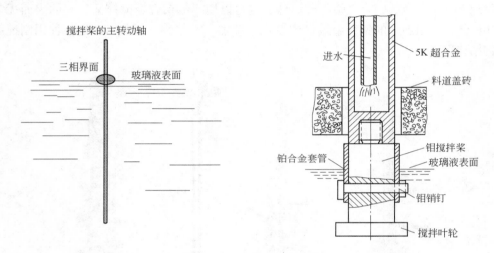

图 9-121　钼搅拌桨在玻璃炉料道中的安装位置

仔细观察图 9-121，转动轴在玻璃液上面的部分因为只和空气接触，防止这一部分钼的氧化还是比较容易的，最难解决的问题是图上标明的，玻璃表面液相，钼的固相和液面上的气相构成的三相界面区，这种三相界面的特性和上面论述过的钼电极的一样。但是，钼棒电极和钼板电极的三相界面是处于静止状态，而搅拌桨的三相界面始终是处于旋转运动状态，防止搅拌桨的三相界面氧化比钼电极的更困难。若没有可靠的防氧化保护措施，搅拌桨肯定在三相界面处断裂。

解决搅拌桨的三相界面的抗氧化的难题，从理论上分析，可以用冷却的办法，把三相界面的温度降低到 600℃以下，或者把三相界面和空气隔绝，从根本上消除钼氧化的温度和氧源两个必备的条件。但是，需慎用冷却法，因为有可能会造成玻璃料析晶。最好用包覆方法，把三相界面和空气隔绝，使钼转动轴不和空气接触。转轴和熔融玻璃液面距离较远的上部用水冷却。入水管焊在炉架上和转动轴分开，只把冷却水输入转轴，转轴上的出水口流出的冷却水汇集到一个与转轴同心的集水槽，此槽也固定在炉架上并不随转动轴转动，入水管和集水槽构成搅拌桨的水冷系统。

隔绝氧的最可靠办法就是包覆铂铑合金，见图 9-121（b）。其方法包括下列几个步骤：先在钼主轴三相界面附近的表面上喷涂一层大约 $50\mu m$，厚的涂层，涂层材料可以是 Al_2O_3、ZrO_2 等难熔氧化物。施加涂层的目的在于把铂铑合金包层与钼隔开、防止 Pt-7Rh 中毒粉化失效。把一段很薄的（0.7mm）Pt-7Rh 管套在三相界面处，管的上端面高出液面 35～45mm，位于 5K 水冷棒下端见图 9-121（b）。铂合金管下端面浸入熔融玻璃 15～25mm。Pt-7Rh 管的上端面和转动轴之间存在很细的环形缝隙，可以采用耐高温密封浆料或者磷酸铜浆料密封。若用银焊或铜焊，可能造成焊口的铂合金中毒。为了防止铂合金管向下滑离钼转动主轴，可在转动轴与钼合金管之间穿一根细钼销钉，销钉孔的位置在玻璃液面以下。这一段铂合金管可以重复使用，若真正没有铂合金管，可以用高质量的锆刚玉管，或纯 Al_2O_3 代用，当然，陶瓷管的寿命或使用效果不能和铂合金管相比，在安装时一定要预热，防止陶瓷管遇高温时发生爆裂。

9.3.6 玻璃-金属钼合金真空密封材料

9.3.6.1 引言

金属和玻璃真空密封广泛应用于电光源及电子设备，金属做导电零件，它必须和软玻璃体钠钙玻璃及硬玻璃石英玻璃紧固真空密封。钠钙玻璃热膨胀系数为 $\alpha > 5 \times 10^{-6} K^{-1}$，而硬玻璃（硼硅酸盐玻璃和铝硅酸盐玻璃）的热膨胀系数为 $\alpha < 5 \times 10^{-6} K^{-1}$。操作温度较高时应用硬玻璃，它除能抗高温以外，由于它的热膨胀系数低，还能抵抗激烈的温度变化。二氧化硅玻璃（石英）的软化点最高，抗热震性最好。因此，紧凑的大功率电光源（卤素灯泡）都首选石英材料。

金属-玻璃密封有若干分类方法，例如按玻璃类型，几何形状和连接工艺分类。另一种分类方法是根据金属和玻璃的热膨胀系数特性的差异：分为匹配密封和塑性金属密封，热膨胀系数相同是匹配密封，热膨胀系数不匹配为塑性金属密封。

匹配密封，在匹配密封中，两个构件的热膨胀系数是一样的，至少在室温和玻璃软化点之间应当一样。高于软化点，由于黏性流动，瞬间就消除了应力。在软化点以下，没有发生应力消除，而且由于两个连接构件的热膨胀系数不同，应力永恒存在。

有一些玻璃制造商规定软化点高于应变点 15K，应变点对应 $10^{13.5} Ns/m^2$。另外一些人规定软化点是在退火点以下 5K，退火点对应 $10^{12} Ns/m^2$，产生分歧的原因是对玻璃的流变性理解不深。为了保证应力值处在安全范围以内，热膨胀系数的不匹配度不应当超过下面方程式给出的值：

$$| \alpha_g - \alpha_m | \Delta T \leqslant 7.5 \times 10^{-4}$$

式中，α_g 为玻璃的热膨胀系数；α_m 为金属的热膨胀系数；ΔT 为在生产和使用过程中最低温度与玻璃软化点之间的差。

钼在室温至 800℃ 之间的热膨胀系数 $\alpha = 5.4 \times 10^{-6} K^{-1}$，而硼硅酸盐玻璃在室温至 500℃ 的热膨胀系数 $\alpha = 4.5 \sim 5.5 \times 10^{-6} K^{-1}$，而铝硅酸盐玻璃在室温～300℃ 的热膨胀系数 $\alpha = 4.5 \times 10^{-6} K^{-1}$，钼的热膨胀系数和这两种玻璃的热膨胀系数是匹配的。

除热膨胀要平衡以外，进一步的要求是通过界面的氧化还原反应形成化学键，而不产生造成界面强度恶化的不希望有的反应产物。预氧化是提高化学键的通用方法。金属-玻璃互相镶嵌自锁结构（机械键）具有较高的键合强度。如果热膨胀系数的匹配不是很理想，那么机械键就是一个基本要求。因此，真空管的通电钼杆在和铝硅酸盐玻璃密封以前要进行喷砂处理。

塑性金属密封，在室温至 1000℃ 范围内，玻璃态二氧化硅的热膨胀系数 $\alpha > 5.5 \times 10^{-7} K^{-1}$，而密封温度为 2000~2200℃，低热膨胀系数和很高的密封连接温度排除了玻璃-金属匹配密封的可能性。但是，如果金属零件是很细薄的，具有良好的塑性，那么，金属的塑性变形能消除热膨胀系数差异造成的应力。这种密封已成功应用于多种类型的玻璃-铜封口。决定封口应力大小的参数包括有热膨胀系数差，几何形状，金属和玻璃的弹性模量和泊松比，金属的高温屈服强度，玻璃的软化点（与冷却速度有关），温度梯度。

为了密封石英玻璃，采用带有似叶片刃边的细钼丝带，称它为 ESS 细丝带（密封时是椭圆形）。最高应力值依赖于钼零件的形状，如表 9-55 中列出的数据，若保持钼零件的横截面积和外表面密封面的面积不变，相应的宽/厚比 w/l 由 1 变到 115，石英玻璃中的拉应力能从 440MPa 降到 2.2MPa，石英玻璃的强度远远低于 440MPa。典型的 ESS 细钼丝带的尺寸列于表 9-56。

表 9-55 石英玻璃中的最大拉应力与钼零件形状的关系

钼零件的宽/厚比（横截面积恒定为 0.078mm²）	石英玻璃中的最大拉应力(外表密封面积为 0.85mm×2.7mm)/MPa
1	440
10	6.7
115	2.2

表 9-56 ESS 细钼丝带的典型尺寸[38]

宽度 l/mm	厚度 w/mm	宽/厚比 w/l	刃角 /(°)	宽度 l/mm	厚度 w/mm	宽/厚比 w/l	刃角 /(°)
0.025	2	80	≤10	0.028	3	107	≤9
0.025	3	120	≤9	0.028	4	143	≤8
0.028	2	71	≤10	0.03	3	100	≤9
0.028	2.5	89	≤10				

热膨胀系数不匹配，沿着玻璃-金属交界面产生剪切应力，如果键合力太弱，则会造成金属-玻璃分离。石英玻璃中的拉应力值还决定了机械的完整性。如果钼细丝带的塑性变形不能降低应力，那么，和玻璃-金属交界面上的细小的 Griffith（格里菲斯）裂纹相互作用可能导致石英玻璃断裂。因为应力的大小取决于玻璃的软化点和生产使用过程中的最低温度之差 ΔT（参看 ΔT 公式），所以，灯泡对于填充卤素时液氮淬火产生的裂纹特别敏感。

9.3.6.2 匹配密封和塑性金属密封对钼材基体的要求

图 9-122 汇总了硬玻璃密封用的钼丝（匹配密封）以及石英玻璃密封（塑性金属密封）用的 ESS 钼丝带必须满足的综合要求，其中，丝材的切割性能，及平直性或恒定的回弹性等主要与热机械加工有关，丝材和丝带的抗氧化能力及导电性，和卤素的相容性，主要依赖于材料的成分。丝材和细丝带的长期压紧密封的性质，可焊性，细丝带在压焊操作过程中，丝材在压焊操作以后的应力降低（塑性），既受材料成分的影响，也受热机械加

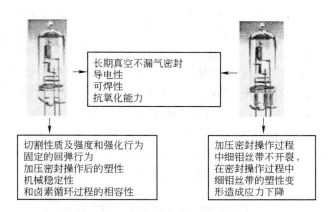

图 9-122 硬玻璃和石英玻璃密封对钼材基体的要求

工方法的影响。

最新真空密封用钼及钼合金的结果说明，弥散强化钼合金的密封效果比未合金化钼的更佳。Mo-ODS 包括添加 La_2O_3、Y_2O_3、Ce_2O_3 等的再结晶温度和它们的屈服强度都明显提高，在金属-玻璃密封领域应用时，它们的综合力学性能比未合金化钼的更优越。

正如图 9-122 所考虑的，硬玻璃加压密封操作以后的塑性是唯一需要关心的性质，而石英玻璃密封的主要要求与机械性质有关，要求在加压密封操作过程中有塑性，以及在加压密封时塑性变形能降低应力。大规模的试验揭示，为了降低石英玻璃和 ESS 焊接密封的开裂损伤，希望 ESS 细钼丝带的再结晶温度在 1250℃ 范围内，15min 再结晶退火处理，再结晶组织占 50%，用具有这种性能的 ESS 细丝带的连接密封件的成品率最高。更高的再结晶温度导致石英玻璃的破损速度加快，而较低的再结晶温度，在压力密封操作过程中，ESS 细钼丝带开裂的危险性增加。

应用 Mo-ODS 的粒子倍增行为能发展具有特殊再结晶性质的产品，倍增行为用倍增因子表述，即变形产生的新粒子数与原始粒子数之比，La_2O_3 的倍增因子很高，粒子倍增因子高的氧化物，例如 La_2O_3，因为能有效提高再结晶温度和增大晶粒的长/宽比，因而，硬玻璃匹配密封用的钼合金非常适宜添加这类氧化物。若保持 Y_2O_3 的 1%（体积分数）不变，把少量的 Ce_2O_3（10% 摩尔分数）加入到 Y_2O_3 中，再结晶温度提高了 100℃（见图 9-123）。

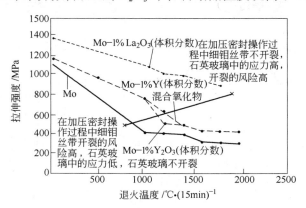

图 9-123 各种钼基合金细丝带的拉伸强度与 15min 退火温度的关系

加压密封时钼箔的开裂（图 9-124）不能只用热膨胀系数差异引起的应力进行解释，因为裂纹位移测量值比 0.5% 塑性变形的计算值大得多。在压力密封操作过程中石英玻璃沿 ESS 细钼丝带流动，导致在 ESS 中产生拉伸应力，未合金化的 ESS 钼细丝带的裂纹分析表明，断口是 100% 的晶间断裂。开裂原因的正确论断是，瞬时载荷引起破坏的主要原因是晶粒边界的高温强度低，不能用受晶粒边界位错运动控制的晶界滑移，扩散过程和位错攀移这些常规高温变形机理进行解释。在加压操作过程中细丝带的损伤是否依赖于晶粒度，晶粒形状以及特定的晶粒边界强度，尚没有有效的测量结果，只能给予一些定性的解释。晶粒越细，产生的断裂表面越大，发生开裂的危险性越低。要求晶粒形状互相制锁，降低发生开裂的风险。晶粒边界强度受沉淀物粒子和纯度等因素的影响。

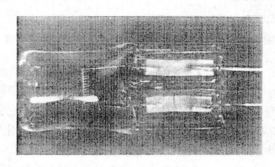

图 9-124　在加压密封焊时未合金化钼 ESS 细丝带上产生的裂纹（H3 灯泡）

图 9-125 比较了未合金化钼和 MY（Mo-0.47% Y_2O_3-0.08% Ce_2O_3）（质量分数）的晶粒结构，未合金化钼的 ESS 细丝带在压力密封操作以后，在厚度方向上局部地方只有一颗晶粒，压力密封以后的晶粒数是 250 粒/mm^2。在 MY-ESS 细丝带的厚度上至少有三个晶粒，压力密封后的晶粒数是 2500 粒/mm^2。

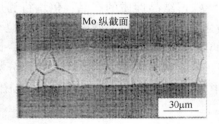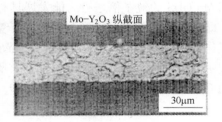

图 9-125　压力密封后的 MY（Mo-0.47% Y_2O_3% -0.08% Ce_2O_3）（质量分数）显微组织照片

9.3.6.3　Mo-ODS 在长期不透气真空密封构件中的应用

钼零件和硬玻璃密封时有一个基本的先决条件，即钼零件必须没有裂纹，裂痕和深的拉拔痕迹等机械损伤。应用于生产卤素灯泡时，钼丝/钼穿针最有利的表面状态是抛光，表面粗糙度 R_a = 0.6μm，R_z ≤ 1.5μm。只有在生产真空管时，需要密封直径 1.0 ~ 3.0mm 钼棒时，才需要进行喷砂和预氧化处理。

石英玻璃和钼 ESS 细丝带之间良好的粘合力是长期真空不透气密封的先决条件，石英玻璃-钼 ESS 细丝带在密封操作过程中会发生分离或者在操作以后立刻分离，在灯泡工作过程中也可能能发生分离，在工作过程中灯泡发生分离通常的原因是外部氧化或者填充物质的界面腐蚀。丝带在外端开始氧化，由于生成氧化钼，导致体积胀大，在石英玻璃-钼ESS 细丝带间的界面上产生拉应力。这些拉应力会不会快速引起分离取决于钼丝带和石英玻璃之间的黏合力。

图 9-126 是介质电弧放电灯泡的灯座（密封熔化引起的），在灯座的灯丝引入区石英玻璃和 ESS 钼细丝带之间发生了分离，因为钼丝增强导致应力集中，使这个区域处于最危险状态。ESS 细钼丝带和石英玻璃之间的黏合力取决于石英玻璃和钼 ESS 细丝带之间互相制锁的机械键，SiO_2 和细 ESS 钼丝带之间形成化学键，二者的互相浸润性和 ESS 细丝带的表面洁净度。

机械键不仅受微观和宏观粗糙度的影响，而且还受表面花纹（拉长的韧窝结构，及瓦棱结构等）形状的影响。直到现在还没有有效的测量方法，能提供一个和灯泡的生产成本相对应的表面参数。但是，由于在灯座温度高于 350℃ 的情况下，黏合力强烈影响灯泡的时间寿命（更进一步的影响参数是材料固有的抗氧化性），因而用高温时间寿命试验能做粗略的估价。图 9-127 是用纯 Mo、$Mo-0.55Y_2O_3$ 和 $Mo-0.47Y_2O_3-0.08Ce_2O_3$ 几种 ESS 细丝带生产的 MH16 型卤素灯泡试验结果。每种型号的 10 支灯泡在空气炉内承受寿命试验，炉温为 400℃、440℃ 和 510℃，相对应的灯座温度是 430℃、470℃ 和 540℃。虽然寿命数据有一定的分散性，但可以想象到处理参数对黏合力有强烈影响（所有灯泡都在同样全自动生产线上生产）。使用含有氧化物添加剂的 ESS 细丝带代替未合金化钼的 ESS 细丝带，灯泡的寿命可以增加一倍多，用 MY（$Mo-0.47\%\ Y_2O_3-0.08\%\ Ce_2O_3$）（质量分数）合金细丝带可以取得最好的效果。因为添加 Y-Ce 混合氧化物产生拉锁效应的机械键，生成 Y-硅酸盐，改善浸润性。灯座温度在 430～540℃ 范围内，用 MY 的 ESS 细丝带密封的卤素灯泡的时间寿命比用 $Mo-0.55Y_2O_3$（质量分数）丝带的寿命高出 15%～60%，比用未合金化钼丝带的寿命高 180%～300%。

图 9-126 石英玻璃-未合金化钼的
ESS 细丝带的分离

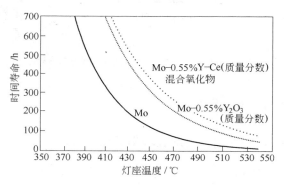

图 9-127 卤素灯泡的时间寿命与灯座温度的关系

在密封操作以前，由于金属表面都经历了电化学腐蚀方法清洗，在表面有粒子富集，富集因子可达到 8。每个粒子都被腐蚀坑包围。倘若浸润性足够高，石英玻璃能浸入所有这些微细的沟槽，这个结果可以表述为拉锁效应的机械键。

当比较密封构件石英玻璃一侧表面时，可以看出表面形貌有明显的差别，见图 9-128。和未合金化钼密封的石英玻璃一侧很光滑，底片图上的晶粒边界沟槽是可见的〔图 9-128

（a）]，和 MY 密封的石英玻璃很粗糙，表面有很多黑色点状的 Y_2O_3 和 Ce_2O_3 粒子，它们很好的黏在石英玻璃上，见图 9-128（b）。添加氧化物粒子不但改进增强了机械键，而且也明显地提高了 MY 的浸润性。研究也指出 SiO_2 和 Y_2O_3 粒子之间存在有化学反应，伴随产生 $Y_2Si_2O_7$ 的沉淀，见图 9-129。

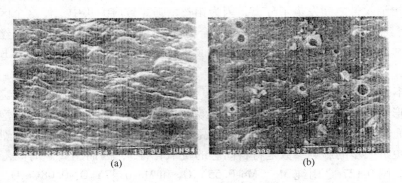

(a)   (b)

图 9-128　未合金化钼及 MY 的 ESS 细丝带密封的石英玻璃 SEM

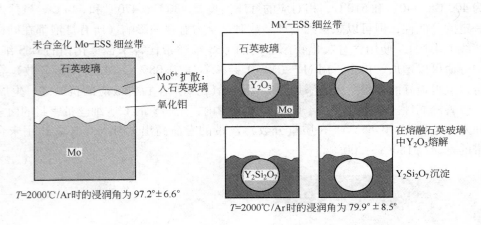

图 9-129　未合金化钼及 MY 的 ESS 细丝带与石英玻璃密封时的浸润性与化学反应

9.4　钼靶材

9.4.1　X 射线管的旋转阳极靶

9.4.1.1　基本知识

X 射线管是产生 X 射线的核心装置，它是一个高真空玻壳，内部空间相对布置阴极和阳极靶，两极之间施加高电压，阴极钨丝通电加热到高温释放出热电子，经电子透镜聚焦成电子束，在高电压场的作用下电子束以极快的速度飞向阳极靶，轰击阳极靶表面，同时电子的动能约有 1% 转化，产生辐射高频电磁波，即产生 X 射线。99% 的电子动能转化成热能，加热阳极靶，瞬间靶表面的温度能升高到 2500℃ 以上。在玻壳的一定方向有一个带滤色片的窗口，阳极靶表面产生的 X 射线从窗口射出，用于检验材料的内部结构和人体的病灶。

X 射线管的阳极有固定式和旋转式两种结构，固定阳极靶的靶体产生 X 射线辐射，阳极靶的材料通常是钨或钨合金，在金属中它的熔点最高3395℃，密度可达到19.2g/cm³，原子序数74，这些特性都有利于产生大功率的X射线。钨块阳极靶体镶嵌在靶体座内，靶座是一块构形复杂的大紫铜块，它的导热率比钨嵌块的高，靶座变成一个贮热池，电子轰击阳极靶产生的热量传给靶座，靶座贮存的热量通过液态或气态冷却介质带走，可降低阳极靶的温度。钨靶体与紫铜靶座的交界面是一个半椭球体，通过构形设计和采用适当的内冷方式，保证半椭球体与靶座的交界面是一等温等应力面，这样，在阳极高温作用下可防止产生剪应力，避免阳极嵌块和阳极座分离。但是，实际上由于受电子轰击的作用，阳极靶受到低频热冲击和疲劳应力作用，阳极靶不可避免地会发生龟裂，钨嵌块靶体和紫铜靶座有时也会分离，降低X射线管的效率，导致它们过早破坏。特别对于固定阳极的大功率X射线管，出现故障的概率更高一些。

　　用旋转阳极靶代替固定阳极靶，可以改善X射线管的阳极辐射质量，X射线的图像更清晰，提高阳极抗高温和抗疲劳性，延长X射线管的使用寿命。图9-130是旋转阳极靶X射线管的运行设计示意图，在高真空的玻壳内，空间相对布置旋转阳极靶和阴极系统，阳极靶的旋转轴和驱动电机轴连接，在电机的带动下，阳极靶高速旋转。阴极系统内的发射灯丝对着旋转阳极靶的斜面，在施加高电压作用下，阴极是负，阳极是正，阴极灯丝发出的电子束以极高速度轰击阳极靶的斜面时，伴随产生X射线。这时高速电子束的动能大约有99%转变成热能，靶面瞬间升高到2500℃以上，局部地区热量集中，温差引起的局部热应力很大，可能引起靶面翘曲变形，严重时靶体可能分层破坏。但是，在阳极靶高速旋转时，电子束不再是轰击阳极的一个固定点，受轰击点连续高速改变，由点受轰击变成一个受轰击的环形面，即焦点轨迹面。这样阳极靶的受热面增加，靶体温度下降，整个靶体趋于均匀加热，避免局部大量热集中，消除过高温差引起的热应力，减少了热应力引起靶体毁坏的概率。

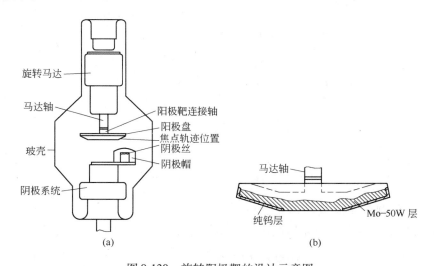

图9-130　旋转阳极靶的设计示意图

（a）旋转示意图；（b）Mo-50W 基体，纯钨靶面双层靶

9.4.1.2　单层钼合金旋转阳极靶

用粉末冶金工艺和真空自耗电极电弧熔炼工艺生产钼合金坯锭。合金添加剂有钛、

锆、铪、碳和氧化镧，总量（质量分数）1%～3%，这些合金元素可以单独或者组合添加，也可添加（质量分数）1%～3%铌，或者1%～30%钨。粉冶和熔炼生产的坯锭先挤压开坯，挤压比约为3:1～4:1，随后挤压棒承受1371～1648℃再结晶热处理。再结晶热处理以后的挤压棒受高温横向模锻镦粗变形或自由镦粗变形，模锻镦粗是在一个固定直径的模腔内镦粗，模腔底垫是可拆卸的圆饼，上垫块向下移动实现镦粗变形。无模自由镦粗直接在锻锤的上下钻之间打击挤压棒，实现挤压棒的横向变形，镦粗前后的横断面积比约为1:2～1:2.8。另一种镦粗工艺是漏模锻造，切取坯料的合适重量，坯料置于漏模内，镦锻出带有尾柄的圆饼坯，外形像图钉。这些镦锻坯料受1371～1648℃再结晶热处理以后，可以机加工成单层钼合金旋转阳极靶。

　　图9-131是单层旋转阳极靶坯料的加工过程示意图，图9-131（a）、（b）是模内定径镦锻，图9-131（c）、（d）是自由镦锻，图9-131（e）是漏模锻造带尾柄的坯料，实际上，这一小段尾柄可加工成旋转阳极靶的旋转连接轴。镦粗坯料经历再结晶退火处理以后，可以获得晶粒均匀的旋转阳极靶的坯料，靶坯1600℃的高温强度达到413.4MPa。镦锻以后坯料的尺寸取决于挤压棒的尺寸和图纸要求，直径可以成功地达到25.4～355.5mm，厚度可以镦锻到6～175mm。

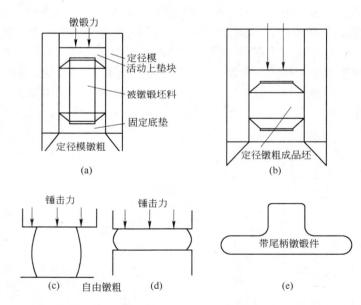

图9-131　单层钼合金旋转阳极靶坯料锻造图

9.4.1.3　轧制钨单层旋转阳极靶[39]

　　用粉末冶金工艺生产出高纯钨板坯，板坯用氢气感应炉烧结，烧结过程为：

$$20℃ \xrightarrow{400℃/h} 1600～1700℃（保温1h） \xrightarrow{200℃/h} 2300℃（保温6h）$$

　　烧结钨板坯的厚度20mm，密度分别达到18.02g/cm³（93.37%）和17.7g/cm³（92.2%）。这些坯料在1150～1600℃加热以后，分五道次轧成5mm厚的钨板，总变形量75%。轧制钨板用电火花切成90mm、110mm和120mm的三种方料，用100t油压机，在1150～1100℃高温下把钨板模压成靶体坯料，用1050～1100℃消除应力退火，靶坯最终机加工成旋转阳极靶成品，图 9-132 是 ϕ70mm 和 ϕ90mm 旋转钨靶体的实物，用它们组装成阳极电流为 200mA 和 500mA 的 X 射线管，阳极靶能经受 2800 ~ 3000r/min 高速旋转。现场检验了这两种 X 射线管的性能，200mA 的 X 射线管的检验条件是：大焦点，90kVp，400mA，(0.1s，2min)/次 × 150 次，结果靶面未发生龟裂，但出现电子轨迹。若检验条件改为 100kVp，500mA，(0.1s，2min)/次 × 15 次，

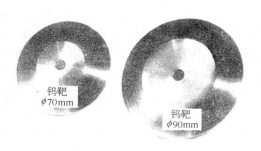

图 9-132　轧制未合金化钨板旋转阳极靶实物

焦点轨迹局部地方出现龟裂。500mA 的 X 射线管，用 125kVp，490mA，(0.1s，1min)/次 × 5 次，效果正常。在 90kVp，400mA，(0.1s，1min)/次 × 100 次，焦点轨迹出现明显熔化现象，但靶体未发生丝毫豁裂。单层轧制钨板旋转阳极靶可以满足医院临床使用要求。但是，由于轧制钨板的室温脆性及导热性较差，在电子束长期繁复轰击过程中会发生龟裂和熔化，严重影响使用效果。

9.4.1.4　钨板-钼粉热压复合靶

钨合金和钼合金层状复合靶比单层钨合金和单层钼合金靶的技术更先进。钼的熔点比钨的低，比较适合做小功率 X 射线管的阳极，用钼合金制造大功率长期使用的 X 射线管的阳极，在高温作用下钼容易熔化。钨的熔点高，在元素周期表中的原子序数很大，很适合做阳极材料，X 射线管中的阳极都用钨制造。但是，钨和低合金化钨合金的比重大，整体钨和钨合金靶很重。因此，钨旋转阳极靶的正加速度或负加速度只能很慢，但是，在旋转过程中产生的离心力仍然很高。这样，钨旋转阳极靶的最快能容许的旋转数是相当低的。另外，钨是缺口敏感性的材料，非常脆，极容易产生裂纹，裂纹的扩展速度很快，最终成形困难很大。用整体钨合金靶不是一种良好的选择。实际上阳极靶的最高温度点是受阴极电子束轰击的焦点轨迹，靶的焦点轨迹层的材料选用最耐高温钨和钨合金，既要求它能耐高温，又能在受到电子束轰击时原位产生 X 射线。支撑焦点轨迹的旋转阳极靶的靶体选用密度较低的材料，它和钨之间必须有良好的相容性，同时对裂纹的敏感性要很低。此外，和钨能相容的材料在钨的烧结温度下必须不熔化，也不和钨突然发生合金化。靶体材料的粉末冶金压制和烧结特性和钨合金粉末的匹配度也应当很接近，两种材料的热膨胀系数要尽可能互相匹配。最后，靶体必须具有良好的导热率。

综合评估，未合金化钼满足对靶体材料的所有性能要求，但是，在高操作温度下它的强度稍显偏低，总是要防止钨合金焦点轨迹翘曲和歪扭。如果焦点轨迹的歪扭足够严重，当达到某一点时，焦点轨迹面在这一点产生的 X 射线不再直指 X 射线管壁上的发射窗口，如果继续翘曲，最后造成输出 X 射线强度降低到不能接受的程度。但是，钼的塑性和韧度足以忍受钨焦点轨迹层不可避免地形成的裂纹，该裂纹产生的原因是高能电子轰击焦点轨迹引起的过量的热应力。因此，选用高强度钼合金制作阳极靶的基材，而不牺牲抗裂纹扩展能力和其他有用的性质。

多层金属复合旋转阳极靶的基体靶心是钼基合金，合金添加剂有钛，锆，铪，碳以及难熔金属铌，钽和钨。其中钨是比较更适合作钼靶心的合金元素，添加 0.5% 的钨就能提高钼的热强度和再结晶温度，阻碍钼靶心的晶粒长大。提高旋转阳极靶靶心钨的含量，能

减少靶心与钨合金靶层之间热膨胀系数的差异，使二者的热膨胀系数更好地互相匹配，可以减少 X 射线管在运行过程中产生的热量引起阳极和阳极靶的变形风险。即使添加 50% 的钨质量分数，和未合金化钼相比，经济上也是可行的。

制备双层复合阳极靶的方法之一是用轧制纯钨板或掺杂钨板做旋转阳极靶的靶面，钼做靶基体，通过热模压工艺把钨板和钼粉复合成旋转阳极靶。轧制钨板用粉末冶金工艺生产，选用钨粉的费氏粒度 2μm，CIP 成形，压力 196MPa，钨板坯的烧结制度为：

$$25℃ \xrightarrow{500℃/h} 1000℃ \xrightarrow{300℃/h} 1600℃ \xrightarrow{100℃/h} 1800℃ \xrightarrow{200℃/h} 2350℃ \xrightarrow{保温 8h} 2400℃$$

纯钨和掺杂钨板坯的烧结密度相应达到 18.1 和 17.06g/cm³。18mm 厚的板坯在 1600 ~ 1300℃轧制，轧制过程如下：

$$18mm \xrightarrow[\text{一道次 30%}]{1650 ~ 1600℃} 13mm \xrightarrow[\text{二道次 40%}]{1600 ~ 1500℃} 8mm \xrightarrow[\text{三道次 50%}]{1400 ~ 1300℃} 4mm \xrightarrow[\text{四道次 40%}]{1300 ~ 1200℃} 2.3mm$$

总轧制压下量 87%。轧制钨板在 1100 ~ 1050℃进行冲剪和冲压加工，冲剪过程为：钨板先冲剪成直径分别为 φ75mm、φ95mm 和 φ105mm 平面圆饼，圆饼在 1000℃/h 消除应力退火，并被冲压成菜蝶状，蝶边的斜度为 17°15′，最后冲剪去除蝶底平面，最终得到旋转阳极靶斜边钨环。

斜边钨环和 Mo-5W 粉末进行热模压复合，复合压模见图 9-133。在加压时间一定时，升高温度有利于钨环与钼基体的结合、也有利于提高钼基体的密度。但是高温促进钨和钼的晶粒长大。1500 ~ 1600℃/15min，钨环发生一次再结晶，而在 1600℃/30min 时，钨环发生二次再结晶，晶粒长大降低靶材的抗热疲劳性能。选择 1500 ~ 1600℃/15min 热压是比较合适的。

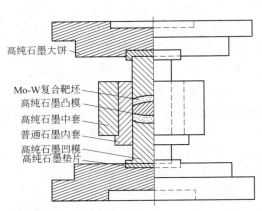

高纯石墨大饼
Mo-W复合靶坯
高纯石墨凸模
高纯石墨中套
普通石墨内套
高纯石墨凹模
高纯石墨垫片

图 9-133 轧制钨环与 Mo-5W 粉末热模压模具

表 9-57 列出了热模压参数对 Mo-5W 粉末的热模压坯料密度的影响。图 9-134 是在 1600℃，热压时间 60min 的条件下，热压压力对粉末钼基体压坯密度的影响，随着热压压力的增加，钼基体的密度升高，但是，受压模材料石墨强度的限制，压制压力选择 39.2MPa。热压速度对复合靶的结构和性能也有较大影响，图 9-135 是从 1200℃升温到 1500℃加热时间（热压速度）对旋转阳极靶钼基体密度的影响，热压开始阶段要缓慢加压，以便粉末体能充分排气，为了防止钨环发生再结晶，在 1200 ~ 1500℃范围内不要长时间停留，防止钨环发生再结晶晶粒长大。但是，为了提高钼基体的密度和增强基体和钨环之间的结合强度，在 1200 ~ 1500℃范围内要停留适当时间，若热压停留时间过长，密度反而降低。

表 9-57 热模压参数对 Mo-5W 粉末的热模压坯料密度的影响[40]

热模压温度/℃	保温时间/min	总加热时间/min	Mo-5W 粉末热压坯密度/g·cm⁻³
1500	15	67	10.01
1500	30	70	10.08
1600	15	72	10.22
1600	30	85	10.28

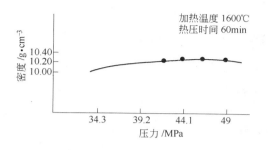

图 9-134　热压压力对基体钼密度的影响

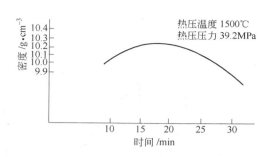

图 9-135　从 1200℃升到 1500℃消耗的时间
对钼基体密度的影响

复合靶的显微组织照片见图 9-136。由显微照片看出，钼粉末坯基材和钨环之间的结合界面很理想，没有裂纹和分层，晶粒度比较均匀。图 9-137（a）是钨板-钼粉复合旋转阳极靶的实物外观照片，图 9-137（b）是复合靶的断面照片，用这样的靶组装成 X 射线管，在管电流 320mA 和 360mA 条件下进行大焦点发射考核检验，在和单层轧制钨靶在相同考核条件下，复合靶工作正常，单层钨靶出现龟裂。掺杂钨表面层比纯钨表面层更优越，热强度，热疲劳性更好，摄出的 X 射线图片更清晰。

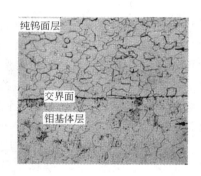

图 9-136　钨-钼复合靶的
显微组织照片

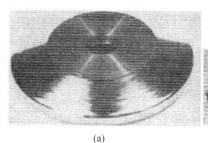

(a)

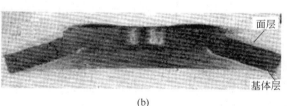

(b)

图 9-137　钨-钼复合靶的实物照片

9.4.1.5　粉末冶金钼-钨多层金属复合靶[41]

图 9-138 是一个用粉末冶金工艺制造的旋转阳极靶的组合体，它由钨合金焦点轨迹和高强钼合金靶体两大部分构成，适合用于旋转阳极 X 射线管。阳极由圆盘和中心茎轴构成，茎轴和圆盘之间的连接方法有扩散结合，焊接和机械装配。圆盘由高强钼合金靶基体和上下两个主表面构成，主表面包括靶基体上下两个反向表面。中间过渡层是纯钼或塑性钼合金，合金的成分与靶基体钼合金不同。选定的中间层粘贴在靶基体钼合金表面。靶基体钼合金在 1100℃，真空条件下的屈服强度（0.2%）约为 62MPa，中间层在 25～1100℃范围内的总伸长率和面积收缩率都要超过 1.3%。焦点轨迹，即阳极靶，粘贴到中间层上，

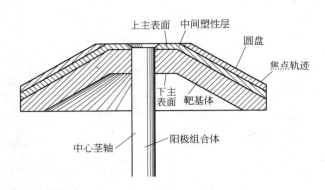

图 9-138　粉末冶金工艺制造的旋转阳极靶的组合体

并且至少要超过中间层的范围。连接靶，靶体和中间层的其他几何构形是很清楚的，但是，在任何时候中间层应当在焦点轨迹层全部范围内延展。焦点轨迹层的材料可以是钨，也可以是钨铼合金，合金中铼含量（质量分数）可达到约25%，典型铼含量（质量分数）约为3%~10%，通常焦点轨迹层的厚度为0.5~3mm，首选厚度约为1~1.5mm。旋转阳极靶的基体钼合金含有钛、锆、钴、铁、钽、铌、铪及稀土元素氧化物。通常基体层的厚度范围大约为4~25mm，首选厚度大约10~25mm。

旋转阳极能用粉末冶金工艺成形，焦点轨迹层，中间塑性层，基体层分层放置在合适的成形模内，压制，然后烧结，最后烧结压块承受锻造成形，获得 X 射线靶的形状和几何尺寸。在原先的靶中，当电子轰击开始的时候，表层急速加热到接近熔点的温度，引起强烈重复热震动，焦点轨迹在热震过程中产生裂纹，新颖的三层结构靶解决了原先普通靶中开裂的严重问题。除非基材的塑性和韧性足以阻止裂纹的进一步扩展，否则，这些裂纹会扩展进入靶的钼基体。如果裂纹进入靶基体，不平衡力引起高速转动靶（10000r/min）的摆动，由此导致靶的过早失效，如果容许继续运转，这种摆动最终造成 X 射线管和靶的毁坏。

三层靶的制造过程，压模是圆形钻孔模，第一薄层焦点轨迹材料 W-5% Re（质量分数）粉注入压模并刮平，生产出最终厚度为1~1.75m。第二层金属钼粉放在第一层粉末上面并刮平，粉末量要提供最终厚度1mm。此后第三层含0.125%铁的强化钼合金粉放在压模内的第二层粉上，提供最终层厚约10mm。三层靶的压制压力选用228~532MPa，压块在高温氢气中烧结，烧结温度最好超过2000℃，烧结零件热锻并机加工，提供靶的最终形状和磨光的产品。

前面的图 9-130 也是一种旋转阳极靶的结构示意图，旋转阳极靶的基体材料用比钨轻的钼或钼合金，其中包括 TZM（Mo-0.5Ti-0.08Zr-0.023C）合金。但是，W 或 W-Re 合金焦点轨迹和钼合金复合靶在受高应力时，W-Re 和钼合金之间的热膨胀系数差异是有害的，因为这可能引起焦点轨迹材料 W-Re 合金开裂，这些裂纹可能扩展进入靶的基体。用 TZM 合金可降低开裂的倾向。不过，随着使用时间的延长，常规 TZM 靶的焦点轨迹可能发生歪扭，对于大直径旋转阳极靶和在高温操作时，这种歪扭更频繁，更严重，歪扭量可能非常小，裸眼不可能注意到。但是，对微微小的歪扭不能不屑一顾，因为它可能引起部分 X 射线辐射沿 X 射线窗口外围分离，使 X 射线有效辐射量减少。

选用 Mo-(0.1~2.0)% Hf-(0.1~2.0)% Zr-(0.1~2.0)% C(质量分数)高强度钼合金做旋转阳极靶的靶体材料。由于它的高温力学性能比 TZM 更优越，表 9-57 是 TZM 和 Mo-(0.15~1.2)% Hf-(0.4~0.7)% Zr-(0.05~0.15)% C(质量分数)合金的高温拉伸性能和最低稳态蠕变速率和蠕变断裂时间的对比数据。Mo-HfZrC 合金的再结晶温度比 TZM 的高约 150~250℃，TZM 合金在 1350℃/h 退火以后已发现局部再结晶，而 Mo-Hf-ZrC 合金的再结晶温度在 1500℃ 以上。因此，用 Mo-Hf-ZrC 合金制作旋转阳极靶的基体，它的操作温度可以大大提高，不会由于过早的再结晶引起机械强度大幅度下降。可以看出，在旋转阳极靶的操作温度范围内（大约为 1000~1500℃），它的强度性质得到很大改善。由于再结晶温度提高，在旋转阳极的操作温度范围内疲劳强度非常明显地增加。即使在再结晶情况下，Mo-Hf-ZrC 合金的疲劳强度也比 TZM 的高，因为，含铪合金再结晶以后的晶粒度比 TZM 的更细。由于 Mo-Hf-ZrC 合金这些优良性质，用它制作的旋转阳极靶的有效工作寿命充分延长。

用 Mo-Hf-ZrC 合金生产旋转阳极靶的基体取得的最重要的进步是：不论在制造过程中，或者在运行过程中都令人惊奇地发现，它们的歪扭现象几乎完全避免。旋转阳极靶歪扭的最真实的评价是基体材料的蠕变强度。表 9-58 给出 Mo-Hf-ZrC 合金和 TZM 的最小稳态蠕变速率和蠕变断裂时间的数据，显然，Mo-Hf-ZrC 合金有特别好的蠕变强度，表载的性能数据均超过 TZM。

表 9-58　TZM 和 MoHfZrC 合金的高温力学性能的对比

拉伸温度 /℃	瞬时拉伸强度/MPa		蠕变特性					
	TZM	Mo-Hf-ZrC	温度载荷	热处理	蠕变断裂时间/h		最小蠕变速率/% · min⁻¹	
					TZM	Mo-Hf-ZrC	TZM	Mo-Hf-ZrC
950	430~570	630~780	1000℃ 400MPa	无	0.01	35~47	8.3	1.135×10^{-3} $\sim 8.310 \times 10^{-4}$
1100	340~485	570~700						
1250	250~400	510~620		有	0.01	418~428	8.3	9.73×10^{-4} $\sim 6.0 \times 10^{-4}$
1400	140~150	300~499						

制造双层旋转阳极靶，可以用粉末冶金工艺先把钼基合金零件（靶心基体）和钨基合金零件分别加工，然后把这两种零件钎焊连接结合，再用精密成形工艺得到靶的最终坯料形状。另外一种方法是：阳极和靶面整体用相应组分的粉末压制，然后烧结，再用冲压或锻造获得靶坯的最终形状。

9.4.1.6　钼合金和石墨基体复合旋转阳极靶[41]

X 射线管采用金属钼-钨复合旋转阳极靶，靶表面受电子轰击的焦点轨迹的平均温度有些下降，温度分布比较均匀。不过，阳极靶结构中的"热"始终是一个主要问题，高速旋转靶中的热量必须保持在确定的不能超越的极限以内，以便控制复合靶中可能产生的破坏热应力，同时也要保护支撑旋转阳极靶的低摩擦高精度轴承。

靶体选择贮热能力高的材料，因为非常多的热量必须通过热辐射由靶体转给 X 射线管，即玻壳结构。撞击阳极靶的电子束能量大约只有 1% 变成 X 射线辐射，其余出现的热量必须通过热辐射从靶体消散。阳极靶靶体背座的一个首选材料是石墨，它的贮热能力很高，1120℃的比热为23.71kJ/（mol·℃）。比重小，按晶格常数计算的理论密度为2.27～2.28g/cm³，测量值为2.10～2.17g/cm³。容易和难熔金属表面覆盖层黏结，图9-139（a）和（b）是两种石墨靶体和难熔金属复合靶的结构示意图，石墨体可以贮存电子轰击产生的大量热，好似一个贮热室，非常必要为难熔金属表面焦点轨迹和石墨复合靶提供良好的散热条件。为了提高热辐射散热，靶的转速已提高到超过10000r/min，温度$T \geq 1200$℃，图9-139（a）结构是带有辅助散热的旋转阳极靶，靶体是贮热能力强的较厚的石墨盘，表面是较薄的同心TZM合金圆盘，石墨靶体和同心TZM圆盘用钎焊连接，金属圆盘的上表面曝露面的边缘逐渐变薄，形成一个逐渐变薄的小斜面，圆周侧面有一短的外圆柱表面。上表面逐渐变薄的圆斜面就是通常所说的阳极靶的焦点轨迹，轨迹面上覆盖W-Re合金涂层，涂层承受高速电子束轰击。用难熔金属，例如TZM，制作靶的上盖，在电子束轰击造成的循环加热过程中，钼合金TZM能有效抵抗靶的翘曲。石墨通常有高贮热能力，但是，热导率不相适应，从石墨体到它的热辐射表面需要快速热传导。石墨体的运行温度大约在1100～1400℃，不同牌号的石墨在1300℃的导热系数大约为20.95～71.23W/（m·K），靶体在这么高的温度下高速旋转，导致靶内产生严重内应力，最终可能造成靶结构破坏。在结构设计上要用附加散热方式降低靶的运行温度。

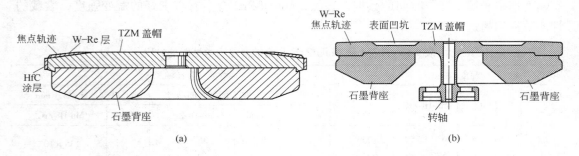

图9-139　难熔金属和石墨复合旋转X射线管阳极靶

在TZM上盖的圆周侧面上施加高辐射率的涂层作为靶体的辐射表面和有效的散热通道，为了使涂层更有效，它的辐射率要大于靶体上表面的和焦点轨迹的辐射率。首选涂层材料是HfC，它的导热率比TZM的高。此外，非金属Al_2O_3是有效的碳的阻挡体，也可用作辐射涂层。高辐射率的HfC涂层加速热量由难熔金属表面向涂层传输，提高了热辐射能力。温度测量指出，在没有涂层的情况下，整体靶在运行过程中，表面焦点轨迹区域的温度超过1800℃，石墨和难熔金属上下表面之间钎焊交界面处的温度约为1478℃，但是，在有HfC涂层的情况下，见图9-139（a），焦点轨迹区域的温度降到约1759℃，钎焊交界面的温度约降到了1422℃。金属-石墨复合靶体的TZM盖的外圆柱侧表面喷砂粗糙化处理，使得薄的HfC涂层的曝露表面有相应的粗糙度，即斑纹涂层，进一步提高了HfC涂层的热辐射效率。实际上，在施加HfC涂层以前，靶的TZM表面进行喷砂粗糙化处理，HfC涂层的最终曝露表面是与喷砂表面对应的斑纹浮雕表面。在实际操作时，用溅射沉积方法在靶的TZM上盖的短圆柱侧表面沉积一层薄HfC涂层，沉积环境压力保持2.26～2.30Pa，涂层厚度约为4.0～5.0μm。

难熔金属和石墨复合旋转阳极靶在长期运行过程中，由于靶各部分材料的热膨胀系数的差异，各处的温度也不相同，在 X 射线管长期运行过程中，靶体有严重内热应力。靶体接近寿终时的破坏模式是 TZM 盖帽下表面和石墨背座上表面之间钎焊缝的分离。图 9-139（b）是一种能防止这种分离的旋转阳极靶的结构。这种结构的旋转阳极靶包括 TZM 上圆盘盖帽和下圆盘石墨背座两部分，上下两圆盘各自都有一短的外圆柱测表面，圆盘中间是可旋转的轴。TZM 上圆盘下表面和石墨背座的上表面形状是对应互补的台阶面，用钎焊工艺把台阶面焊接，使上下两圆盘成一整体。上圆盘上表面外圆周附近有一个由内向外逐渐变薄的环形锥面，该锥面一直向外扩展到上盖帽的外圆柱侧表面，用未冶金工艺在这一环形表面施加 W-Re 合金层，形成旋转阳极靶的焦点轨迹。一般的旋转阳极靶在台阶交角处的应力最大，钎焊开裂分离起源于台阶的交角处。台阶交角的位置由外边缘沿径向向内移动，因此，交角远离了产生热量最多的焦点轨迹，降低了交角处的热载荷。台阶交角由直角倒成圆角，消除了 TZM 盖帽和石墨背座内的应力集中。石墨背座沿径向向外扩展超过了台阶，石墨材料的体积增加，因此，减少了石墨中的热应力，增加了石墨的贮热量。结构改进的最好综合作用是，在 X 射线靶应用过程中钎焊焊缝是比较冷的，长期使用能力超过已知的 X 射线靶。

在焦点轨迹锥面顶点和转轴中间挖一环形凹坑，凹坑的底平面平行于 TZM 盖帽中央的顶平面，可以保持旋转靶的良好惯性运动，因此，维持给定的 X 射线管的转动动力，结果，台阶钎焊缝遭受的热量不多，降低了钎焊材料上的应变，就减少了钎焊石墨背座的分离事件。这个凹坑的体积和石墨靠背的外圆伸展量相平衡，与已有的靶相比，台阶中的金属体积增大，在整个长期运用周期中，若金属 TZM 盖帽的塑性应变特点发生变化时，也能保持图 9-139（b）的旋转阳极靶的横向惯性运动和预先选定的转动极性。那么，这种结构的旋转阳极靶可用于现有的 X 射线管，顶表面凹坑体积与现有的旋转 X 射线靶的转动动力是匹配的，因此，现有 X 射线管没必要改变和重新校准。

为了改善上盖帽 TZM 和石墨背座之间的钎焊结合强度，在石墨背座外圆凹顶表面钎焊台阶上机加工许多沟槽，好像老唱片的表面密纹路一样，相连接的是 TZM 盖帽底表面的凸台台阶平面。由于似纹路沟的存在，钎焊金属焊料与石墨之间形成非直线边界，金属钎焊料连接 TZM 盖帽的底表面和石墨背座的顶表面。表面的密纹沟增加了背座石墨顶表面和钎焊金属焊料之间的接触表面积，因此，形成了更强的结合。密纹沟的形状是正弦曲线，可以深信，密纹沟能防止钎焊金属焊料中的裂纹穿过沟的宽度（振幅）扩展。一款复合靶实际采用的钎焊沟的尺寸为斜 30°，深 0.4mm，空间隔 0.9mm。

9.4.2　钼溅射靶

在金属构件表面上施加钼的涂层可以改善构件表面的力学性能，提高耐磨性，延长构件的寿命。钼溅射靶就是利用各种溅射技术，磁控溅射，化学气相沉积 CVD，物理气相沉积 PVD 等在构件表面溅射沉积一层钼薄膜，利用钼的物理特性、高导热性、导电性、耐化学腐蚀、低热膨胀系数等。最时髦的应用该属太阳能-电能转换，光伏玻璃，空间太阳能电池，大规格的 LED 显示屏镀膜等。从理论上分析，太阳能是用之不竭，取之不尽的绿色能源，钼溅射靶的应用有非常广阔的市场前景。

Mo-Ta、Mo-Nb、Mo-W 等钼合金及未合金化的钼都可用作溅射靶，溅射钼靶有平面靶（钼板靶）和旋转靶（钼管靶）两种构形。旋转管靶的材料利用率高，性能更好，它的市场发展前景比平面钼板靶更广泛。对钼靶的基本要求有尺寸大小和公差控制，靶面平整，无宏观裂纹及层裂。钼靶的微观显微组织要求细晶粒等轴晶，ASTM 标准要求不低于 4 级，细晶粒等轴晶可以保证溅射膜的均匀性。

针对这一特殊要求产品，用轧制工艺生产平面钼板靶。选用 3μm 的钼粉压制钼板坯，板坯的最高烧结温度不超过 1900℃，确定轧制温度的原则是要保证最终轧制产品具有冷加工组织，总压下量不小于 75%，道次变形量控制在 15%～30% 之间。最终热处理温度依据终轧温度确定，保温时间不低于 1h。图 9-140 是合格钼板靶的显微组织照片。

图 9-140　合格钼板靶的显微组织照片

大尺寸旋转钼管靶用热挤压工艺直接挤压出钼管坯料。钼管热挤压的基础理论可参阅第 4 章有关内容。图 9-141(a) 是挤压钼管靶的原始管坯，压制管坯选用钼粉的平均粒径 3μm，管坯的烧结温度约 2000℃，理论密度按 10.2g/cm³ 计算，管坯的相对密度达到 95%～96%。钼管热挤压在卧式挤压机上进行，挤压比接近 1∶4，图 9-141(b) 是长度接近 2m 的机加工成品钼管靶的实物照片，根据需要挤压管的长度可达 3～4m。众所周知，挤压管的固有的缺点是组织结构不均匀，管的头部变形量与尾部变形量差别很大，从管的外表面到内壁表面的组织结构是逐渐变化的，对钼管靶的一个关键要求和钼板靶一样，希望靶体的组织结构是均匀等轴晶。显然，挤压管的不均匀的纤维状结构不能满足使用要求，需要进行适当的热处理，改变调整钼管的显微结构，使它们能满足使用的基本要求。

(a)　　　　　　　　　　　　　　　　(b)

图 9-141　挤压钼管靶的坯料和成品

9.5　钼的循环经济

9.5.1　正确认识钼的循环经济

钼的循环经济就是讨论废钼资源的回收和再利用，在现实工作中经常遇到的问题是，用户对于用废钼回收生产的钼粉制造出的产品缺乏信任度和认知度。片面认为原矿生产的钼粉质量一定比废料回收制造的合格钼粉的好，实际情况不是这样。

钼的原矿石含钼量很低，其中有些矿石都是以 10^{-6} 为计算钼含量，由矿石开采经选矿，焙烧，提纯净化，最终得到纯度为 99.95% 的合格钼粉。而处理回收废料的起始原料都是由高纯钼粉生产的钼材，例如，轧钼板的切边、锻造钼棒的切头等，都接近纯钼。回收处理过程实际上是把钼材进行二次再净化，仅是把一些小的块状料再变成高纯钼粉。回忆第一章的内容，由矿石生产钼粉经历选矿获得辉钼矿 MoS_2，用火法冶金或水法冶金把 MoS_2 转变成高纯 MoO_3，再用氢还原生产高纯钼粉。而钼废料处理回收过程的起点是高纯钼废料，而不是从原矿 MoS_2 开始。废钼用燃烧法或湿法工艺制得高纯 MoO_3，由废钼得到的高纯 MoO_3 和由原矿 MoS_2 获得的 MoO_3 都用相同的氢还原工艺制造高纯钼粉。可以看出，回收处理实质上是二次再净化过程。二次净化回收钼粉的成本低，钼粉的质量不比由原矿生产钼粉的质量差。

用户用钼和钼合金可作结构材料或作功能材料，或者兼有二者的综合要求。不论为什么目的选用钼和钼合金，主要应当关心供应商提供的钼和钼合金产品的性能是否能满足使用要求，是不是达到合同的约定。钼合金作结构材料要关心室温，高温屈服极限和强度极限，伸长率和截面收缩率，疲劳寿命，持久强度和稳态蠕变速率，高、低温断裂韧性等材料的固有性能。如果作功能材料，要特别关心某一个特定功能，如熔点、导热、定向导热、无磁、定膨胀、耐腐蚀、高温抗摩擦性能，各向同性及结构等。只要能够全面满足各种性能要求，就应当认为钼合金是合格的材料。它是用原矿还是用回收物质生产的产品可以不考虑。

关于杂质，我国钼矿有一部分是钼-钨共生矿，把钼中的钨完全分离，让共生的钨物质发挥它的最大作用，如果技术上无困难，当然很好。但是，若为了把钼中微量的钨分离出来，需很大投入，就不必刻意追求。钼作结构材料，钨不是钼的有害杂质，有时候钼粉中含有微量钨，并不妨碍钼粉的正常应用，含微量钨的钼具有正常的热加工性能，可以生产出各种钼板、棒、管、丝。但是，在生产钼箔，超细丝等产品时，需要注意，杂质钨容易引起箔材边裂或过度加工硬化。实际上在研究生产 Mo-W 合金时，需要给钼添加大量钨粉，生产各种钼钨合金混合粉（质量分数），例如 Mo-30%W，Mo-50%W，最高有 Mo-70%W，这些合金可以热挤压，锻造，轧制。在做 Mo-W 合金废料回收时，把钼，钨分离很难，如果通过化学处理，获得钼，钨混合粉，其价值比单独钼粉，钨粉更高，因为由预处理获得的钼，钨混合粉，其均匀性比固-固混料的钼，钨混合粉的均匀性更高，合金化程度也更充分。

在回收含有钛、锆、碳、钼合金废料的过程中，不但不要把钛，锆分离，而且要尽可能保留合金中的钛、锆、碳，做成 Mo-Ti-Zr-C 混合粉，这种混合粉的实用价值更高。经过中间化学处理获得的 Mo-Ti-Zr-C 混合粉是制造 TZM，TZC 合金的上乘原材料，因为在生产 TZM 和 TZC 合金时，都要向高纯钼粉中添加 TiH，ZrH，再进行固态混料。预合金粉末的成分均匀性比固-固粉末混料的好，生产出的合金加工性能更好。

9.5.2　钼电极的回收

玻璃窑炉电加热钼电极是钼的最大工业应用领域，钼板电极和钼棒电极通常都不加合金元素，钼电极的工作部分长期处于熔融玻璃高温作用下已经发生二次再结晶，晶粒非常粗大，见图 9-142，伴生有许多晶界微裂纹。在冷却水套内不和熔融玻璃接触的钼电极棒处于低温状态，组织结构不会发生任何变化。在玻璃窑炉报废大修时，炉外的电极约占拆炉电极的 50%，这一部分电极可以不加任何处理，继续用作下一台窑炉的电极。长期处于高温下的炉内电极只能当废料，长期以来这些废料一部分低价出口，非常可惜，一部分用作普通钢的合金添加剂，真是有点大材小用。现在情况有些好转，已有企业用水法或火法冶金工艺把高纯钼废料再转变成高纯钼粉、钼材，有很高的经济效益和良好的社会效益。火法冶金处理

图 9-142　使用 3 年以后钼棒电极横断面
粗晶粒目视结构

就是把这些废料在空气中加热到 900℃ 以上，钼变成三氧化钼，可充分利用反应放热，过程能耗较低，气态三氧化钼可全部回收，没有二次污染，工艺成本较低。但是，最后可能剩一点死料。水法回收难免有酸碱的二次污染，但设备简单，回收充分，不剩死料。

9.5.3　钼合金废料回收

　　钼合金废料涉及钼顶头，各种钼合金热作模具，这些钼制品在使用失效以后，它们的重量几乎没有损失，失效原因几乎都是热疲劳裂纹和制品的局部损伤。报废退役的各种钼合金构件都含有钛，锆，钨和碳等合金元素。不能直接用作合金元素添加剂，不像未合金化钼那样可直接加入合金钢。不同的构件要制订不同的回收利用工艺。钼顶头都是 TZC 类的钼合金，钛，锆和碳含量都很高，用真空自耗电极电弧熔炼或真空壳式铸造工艺，把报废后的钼顶头重新做成铸造 Mo-TZC 顶头。真空自耗电极电弧熔炼先把废顶头用大功率对焊机连接成自耗电极，熔炼成圆柱形铸锭，再直接机加工成铸造顶头。壳式铸造可用钨电极真空非自耗电极壳式电弧熔炼炉，或者真空自耗电极电弧壳式熔炼炉熔化钼顶头，随后用石墨模铸造成净成形顶头（可参阅第 3 章有关章节）。两种回收工艺都可行，壳式铸造顶头是比较细的等轴晶粒结构，晶粒较细。电弧炉熔炼出的钼顶头是等轴晶粒和柱状晶粒混合结构，晶粒比壳式铸造的粗。两种工艺生产的铸态顶头的成分基本保持原顶头的成分。当然，如果把电弧铸造的合金锭再进行挤压，做成加工态顶头，其寿命比铸造顶头的长，但性价比低，因此，不推荐应用。需要强调指出，回收 Mo-Ti-Zr-C 合金不能用真空电子束熔炼炉熔炼工艺，因为在熔炼过程中钛，锆严重挥发，炼出的铸造钼既不是 TZC 也不是 TZM，没有工业应用价值。其他各种热作模具钼合金很难对焊成自耗电极，因而，不便使用真空自耗电极电弧熔炼工艺进行废料回收。采用湿法冶金工艺回收块状钼合金废料预先要进行破碎，用酸溶解工艺比较省事。最终回收粉末料中的钛，锆不必净化处理，做成含钛，锆的钼粉有广泛应用市场。

9.5.4　钼屑的回收

　　在钼的生产过程中机械切削加工产生大量钼屑，车屑的成分有 Mo、Mo-0.5Ti、TZM、TZC、Mo-W 和稀土氧化物钼合金等。车屑的成分比较混杂，简单易行的回收方法是氧化还原法。钼屑先在热水加肥皂粉水浴中清洗除油，人工初步磁力除铁以后，把钼屑在空气中加热到 900～1050℃，钼发生氧化反应，生成挥发性的气态 MoO_3，$2Mo + 3O_2 \xrightarrow{t > 900℃}$

$2MoO_3\uparrow$，用布袋收尘法回收 MoO_3，再用氢还原工艺由 MoO_3 制取高纯钼粉，设备及提纯过程，见图 1-16。

硝酸溶解法，装置的结构示意图绘于图 9-143，这种装置包括不锈钢溶解器和沉淀器两部分，这两部分之间用溶液输送管相连，溶解器有压缩空气入口，NO 排气口，外壳通水冷却，用漏斗控制硝酸的加入量。沉淀器装有外部加热器、pH 值、温度计和搅拌桨。实际操作时，废钼屑和硫酸，水一起放入溶解器，然后在不超过 55℃ 的条件下，缓慢地向溶解器注入规定量的硝酸，钼屑和硝酸发生如下化学反应：

$$Mo + 2HNO_3 \longrightarrow MoO_3 \cdot nH_2O + 2NO + (1-n)H_2O$$

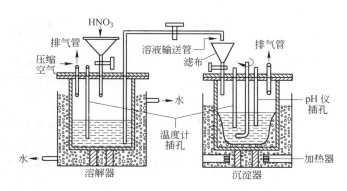

图 9-143　硝酸溶解法回收钼屑的装置示意图

在溶解处理过程中添加硫酸是为了加快钼屑的溶解速度，8N 的硝酸配合 1N 的硫酸。反应产物是钼酸或钼酸铵沉淀。表 9-59 是一种钼屑溶解过程的参数。

表 9-59　废钼屑溶解参数

物质及条件	单　位	数　量	物质及条件	单　位	数　量
废钼屑	kg	4	时　间	h	4
H_2SO_4(98%)	L	0.6	溶解率	%	99
HNO_3(69%)	L	10.26	浸　液	L	20
温　度	℃	<55	浸液中钼含量	g/L	200

在实际操作时，用 3.5L，25% 的浓氨溶液，温度控制在 75℃，pH 值为 3 的条件下处理 10L 浸液，处理时间 3h，浓度为 200g/L 的浸液中的钼转成钼酸铵沉淀，处理回收率可达 93%。含有硫酸铵和硝酸铵的贫钼溶液进入二次循环回收。钼酸铵在 550℃ 焙烧分解可得到高纯三氧化钼，随后高纯三氧化钼用氢还原制备出高纯钼粉。有关三氧化钼的湿法冶金在第一章已有详细论述，此处不再重复。

9.5.5　废催化剂的回收利用

石油加氢脱硫所用的催化剂以 Al_2O_3 为载体，含有 Mo，Co 和 V。在原料油的精炼加工过程中，S，Ni 和 V 在催化剂表面沉积，使得 Mo，Co，Al 等丧失表面活性，变成硫化物，催化剂失效报废。需要以旧换新，被淘汰下来的催化剂是工业垃圾，极严重地污染环境。但是它们含有（质量分数）：$Mo = 7.5\%$，$Al_2O_3 = 70\%$，$Co = 1.6\% \sim 1.8\%$，$V = 0.5\% \sim 12\%$，$SiO_2 = 0.5\% \sim 15\%$，$As = 0 \sim 0.3\%$，这些都是稀缺的工业原料。处理利用废催化剂，使有害的工业垃圾变成极有价值的富矿资源，清除废催化剂对环境的污染，钼、钴等资源又能回收再利用，是钼的循环经济的一个重要组成部分。

钼的提取，废催化剂中的 Mo、Co、Al 都是以硫化物形态存在，工业上回收废催化剂要先把它们破碎，粒度达到 – 200 目，和 Na_2CO_3、$NaCl$、Na_2SO_4、$NaNO_3$ 等钠盐混合，在大气氧化环境中焙烧，其中以 Na_2CO_3 的焙烧效果最佳，在焙烧过程中，Mo 和 Na_2CO_3 发生如下化学反应：

$$Mo + O_2 \xrightarrow{550 \sim 600℃} MoO_2 + \frac{1}{2}O_2 \xrightarrow{550 \sim 600℃} MoO_3 + Na_2CO_3 \xrightarrow{550 \sim 600℃} Na_2MoO_4 + CO_2 \uparrow$$

焙烧温度选择 $550 \sim 600℃$，既可保证焙烧反应速度，又能避免 MoO_3 的大量挥发。按理论计算，若催化剂含钼 7.5% 质量分数，100g 催化剂和 Na_2CO_3 完全反应需要 Na_2CO_3 的化学当量约为 8.13g。但是，由于它们之间的反应是固-固相反应，固-固相反应是接触反应，接触面积是反应的控制因素。为了使 Na_2CO_3 和 MoO_3 之间能充分发生化学反应，根据实践经验，Na_2CO_3 的最佳添加量是 38% 质量分数，过盈 30%。在通风供氧充分，耙搅均匀良好的条件下，焙烧需耗时间 4h。焙烧结束时，Mo 转变成溶于水的 Na_2MoO_4、Co 等的硫化物全部转变成氧化物。

焙烧产品压滤，焙砂破碎成 – 200 目粒度超过 95%，固液质量比按 1∶3 配制，用 $85 \sim 90℃$ 的热水充分浸提，搅拌速度 60r/min，时间 $3 \sim 4h$。压滤后的滤渣中含有 CoO 等不溶物质及 0.65% 的残留钼，过滤后的浸出液含有可溶性的钼和铝的组分，钼的浸出率达到 96.75%[43]。

浸出液加热到 $80 \sim 90℃$，添加硫化物，例如 Na_2S、$(NH_4)HS$，调节 $pH = 8.5 \sim 9.0$，在这个条件下，除去浸液中的 Cu、Fe、Co 等重金属杂质，进一步净化滤液。

净化以后的滤液加浓 HNO_3 沉淀 H_2MoO_4，浸液加浓 HNO_3，钼酸盐转化成浅黄色的水合钼酸 $H_2MoO_4 \cdot H_2O$ 晶体，加热到 61℃，$H_2MoO_4 \cdot H_2O$ 脱水，生成白色 H_2MoO_4 晶体。在酸性溶液中 H_2MoO_4 有很强的缩合能力，可生成多钼酸根（多钼酸盐），介质的酸性越强，缩合程度越大，所形成的多钼酸盐的分子量就越大，可以进一步析出 $(MoO_3 \cdot H_2O)_n \downarrow$。$Mo^{6+}$ 按下述过程转变：

$$MoO_4^{2-}（碱性溶液）\xrightarrow{加酸} HMoO_4 \xrightarrow{酸性增强，加热} H_2MoO_4 \downarrow \xrightarrow{强酸} (H_2MoO_4)_n \downarrow$$

钼酸沉淀过程在上述选用的焙烧条件下，钠和铝对钼酸的沉淀特点没有多大影响，而浸液的 pH 值严重影响沉淀过程，当 $pH > 6.5$ 时，只存在有单体阴离子根 MoO_4^{2-}，$pH = 4.0 \sim 6.0$，则存在有 $(HMoO_4)_n \cdot MoO_4$ 聚合物，而在 $pH = 1.0 \sim 3.0$ 时，存在有 $(H_2MoO_4)_n$，当 $pH = 0.5$ 时，H_2MoO_4 沉淀率可达 92%，静置超过 2h 就能完全沉淀。

滤液沉淀 H_2MoO_4 时添加的浓硝酸首先和滤液中的 Na_2CO_3 反应，产生 CO_2，随后硝酸和 Na_2MoO_4 作用，再进一步酸化溶液体系，使 $pH = 0.5$。若按固液比为 1∶7，则 700mL 浸钼液达到 $pH = 0.5$，计算加入的纯硝酸化学当量要 0.68mol（相当于 45mL）。由于添加的过量 Na_2CO_3 中有少量残留在滤渣中，所以实际操作时添加的纯硝酸为 $5.5 \sim 6.0mL/g$ Mo。硝酸沉积钼酸的反应为：

$$Na_2MoO_4 + 2HNO_3 + H_2O == H_2MoO_4 \cdot H_2O \downarrow + 2NaNO_3$$

按上述工艺回收的粗 H_2MoO_4 用 pH = 1 ~ 2,温度为 50 ~ 55℃ 的温水仔细洗涤 2 ~ 3 次,抽滤干燥以后,继而加入适量的去离子水和浓度为 25% 的氨水,逐渐加热到 80 ~ 90℃,充分搅拌使 H_2MoO_4 完全溶解,此时可以加入粉末活性碳煮沸脱色 10 ~ 15min,趁热过滤除杂,把得到的澄明滤液浓缩到密度 1.5 ~ 1.6g/cm³,这时滤液表面生成不连续的片状结晶薄膜。自然冷却大约 6h 以后就有 $(NH_4)_6Mo_7O_{24} \cdot 4H_2O$ 四水合七钼酸铵晶体析出,控制结晶温度和搅拌速度,就可控制结晶速度,可得到合适的晶粒度。为了提高纯度,可以用浓度为 3% ~ 5% 的铵水重复洗涤 2 ~ 3 次。把 $(NH_4)_6Mo_7O_{24} \cdot 4H_2O$ 四水合七钼酸铵晶体在 80℃ 烘干脱水 4h,可得到一水合七钼酸铵 $(NH_4)_6Mo_7O_{24} \cdot H_2O$。它的理论含钼量(质量分数)56.85%,挥发物 14.72%。

分离铝,沉淀过 H_2MoO_4 的母液中,主要还有可溶性的偏铝酸钠 $NaAlO_3$,加入适量氧化剂除去重金属铁、锰等杂质,可以回收偏铝酸钠,用作电解铝和合成冰晶石 Na_3AlF_6 的原料。

分离钴,焙砂的滤饼中含有 CoO,它在酸碱溶液中呈现两性性质,利用浓碱溶液提取钴组元。把滤饼破碎成细末状,在搅拌的条件下,把滤饼破碎的细末分多次,每次少量加入到 90 ~ 95℃ 的 NaOH 溶液中,溶液的碱浓度 42%,最终使溶液体系中的固/液比达到 (2.5 ~ 3):1,以 60 ~ 80r/min 的搅拌速度继续搅拌 3 ~ 4h,待 CoO 全部溶解以后,加入少量热水,把溶液的密度调整到 1.35 ~ 1.38g/cm³,随即抽滤。向滤液中通入空气,使溶液中的 Co^{2+} 氧化成 $Co(OH)_3$,直到不再生成新 $Co(OH)_3$,通气氧化过程结束。把含有 $Co(OH)_3$ 的料液抽滤,把得到的 $Co(OH)_3$ 滤渣用温水充分洗涤除净 Na^+ 以后,抽干并在 120℃ 干燥,在 450℃ 焙烧分解,可得到 Co_2O_3 商业产品。

钼-钒分离,含钼和钒焙烧产物用热水浸提,钼和钒以钠盐形态溶入水溶液,把此强碱性溶液用酸调整到 pH = 8.0 ~ 9.0,由于弱碱性的偏钒酸钠和铵盐产生沉淀反应,可以把钼和钒分离。添加的铵盐有 NH_4Cl、NH_4NO_3、$(NH)_4SO_4$、CH_3COONH_4。沉淀反应方程式为:

$$NH_4^+ + VO_3^- \longrightarrow NH_4VO_3 \downarrow$$

根据研究,在 pH = 8.0,钒和钼的含量分别为 2.17g/L 和 2.28g/L 的条件下,添加 120g/L 铵盐溶液,各种铵盐沉淀钒和钼的效果列于表 9-60,由表列数据可以看出,各种铵盐对钒的沉淀率都达到 98% 以上,而钼的沉淀率很低。考虑综合效果,通常采用 NH_4Cl 作沉淀剂。操作时沉淀剂的加入量要过盈,这样有利于 NH_4VO_3 的沉淀,同时又存在同离子效应,降低 NH_4VO_3 在溶液中的溶解度。表 9-61 给出了在不同温度下,NH_4VO_3 在不同浓度 NH_4Cl 溶液中的溶解度。影响钒沉淀的因素有沉淀温度,铵盐总量,搅拌速度和溶液的 pH 值。

表 9-60 各种铵盐对钒和钼的沉淀效果[44]

铵盐品种	沉 淀 钒		沉 淀 钼	
	溶液浓度/g·L⁻¹	沉淀率/%	溶液浓度/g·L⁻¹	沉淀率/%
NH_4Cl	0.016	99.1	1.18	8.2
$(NH_4)_2SO_4$	0.014	997.9	1.16	9.5
NH_4NO_3	0.003	98.4	1.23	4.1
CH_3COONH_4	0.017	99.0	1.24	3.1

表 9-61 NH_4VO_3 在 NH_4Cl 溶液中的溶解度

温度/℃	NH_4Cl	NH_4VO_3
12.5 ± 2	0.261	0.085
	0.551	0.018
	0.296	0.497
35	2.540	0.026
	4.470	0.006
	8.980	痕量
	0.210	2.490
60	0.551	1.340
	20.060	痕量

铵盐沉淀初步分离钼和钒，沉淀出的偏钒酸铵晶体含有微量钼，沉淀钒后的含钼溶液中残留的钒浓度大约 30~100mg/kg。

沉淀钒以后的含钼溶液调整 pH = 4.5~5.0，添加 CaCl，析出 $CaMoO_4$。在 pH = 5.0，CaCl 达到 200g/L 时，钼的沉淀率高达 99.7%[44]。反应方程式为：

$$Na_2MoO_4 + CaCl_2 \longrightarrow CaMoO_4 + 2NaCl$$

采用高温高压碱浸工艺回收处理废催化剂，碱浸液加酸处理得到含钼和钒的酸性溶液，用萃取法，硫化物沉淀和铵盐沉淀法分离钼和钒。萃取剂有胺类，脂类和肟类萃取剂。例如，用 40% LiX63 萃取剂加 ExxsoID801 稀释剂，在 pH = 1.40，O/A = 1:1，T = 30℃的条件下，从含有 Ni^{2+}、Fe^{3+}、Al^{3+} 和 Co^{2+} 的溶液中萃取钼和钒，钼和钒优先进入有机相，钼的萃取率可高达 97.74%，钒的萃取率可达 92.09%。再用 2.5M 的 H_2SO_4 洗涤有机相，在 O/A = 1:1，T = 30℃的条件下，有机相中 90.51% 的钒被洗脱出来。然后用 10% 的 $NH_3 \cdot H_2O$ 反萃有机相中的钼，迅速分相，无第三相和乳化现象发生，钼的反萃率达 97.87%。

硫化物和铵盐沉淀，把废催化剂加压浸出的含有钼和钒的碱浸液，加硫酸调整 pH 值到合适值，向溶液中通入 H_2S 沉淀钼，得到 MoS_2 沉淀物，99.8% 的钼沉淀为 MoS_2，99.8% 的钒留在溶液中。把含钼和钒的碱性溶液加硫酸调整溶液的 pH = 2.5，然后用叔腔类萃取剂萃取钼和钒，再用氨水反萃，反萃后的富含钼和钒的溶液加酸调整 pH = 8~9，冷却析出偏钒酸铵，初步分离钼和钒。分离钼和钒的溶液再加酸调整约 pH = 2.5，沉淀出八钼酸铵，进一步分离钼和钒。

分离中性溶液中的钼和钒，研究用电化学还原反萃法分离中性溶液中的钼和钒，装备见图 9-144，该方法采用离子膜分离技术，离子分离膜能有选择地让阳离子透过或让阴离子透过，在直流电的作用下，阴离子，或阳离子透过相应的分离膜，使溶液中的钼和钒分离。例如在 pH = 7 的条件下，溶液中含有 0.01m 的

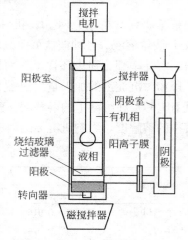

图 9-144   电化学还原反萃
分离钼和钒示意图

NaVO$_3$、0.01m Na$_2$MoO$_4$ 和 0.07m NaCl，体积比为 1 : 1 : 1，首先用三正辛胺的氯化物和苯萃取钼和钒，然后将有机相中的五价钒阴离子 VO$_3^-$ 还原四价阳离子 VO^{2+}，在电流的作用下，钒的阳离子透过阳离子膜迁移，钒被优先洗涤出来，钼仍留在有机相中，实现了钒和钼的分离[45]。

参 考 文 献

[1] 徐克玷，等. 固体燃料火箭燃气舵材料研究[J]. 稀有金属材料与工程 2002，10(31)：70.

[2] C，E. Munore Properties of the Casting Mo-W Alloys [J]. American J Sci，1988，36：40.

[3] F. J. Mostert Proce. of the 15th Inter. Sympo. [M]. on Balliscits，Jerusalem，Israel，1995.

[4] A. Crowson et al Molybdenum & Molybdenum Alloy[M]. TMS Warrendale，Pa 1998.

[5] T. Abe et al. Development of TiC coated wall materials for JT-60 [J]. J. Nucl. Mater 1985，133：754.

[6] T. Tanabe et al Review of high Z materials for PSI application [J]. J. of Nuclear Materials 1992，196：11 ~ 27.

[7] R. J. Hawrylnk et al. Tungsten，Molybdenum and stainless steel limiter in ORMAK and DTTE[J]. J. Nucl. Fusion 1979，19：1307.

[8] J. Roth Application of high-Z Materials Molybdenum for the armor tilos in steady state tokamak Reactor (SSTR) [J]. J. Nucl Mater 1990，176：132.

[9] H. Verbeek Total backscattering Yields of 3 ~ 15-kevProtons from polycrystalline Nb[J]. J. Appl. Phys. 1975，46：2981.

[10] K. L. Wilson et al Atomic and plasma-Material interaction Data for Fusion. Suppl. [J]. J. Nucl. Fusion 1991，1：31-50.

[11] T. Tanabe et al Summary of results from the TEXTOR Helium self pumping experiment [J]. J of Nuclear Materials 1992，196：664.

[12] Y. Kitsunal et al. Effect of neutron irradiation on low tempera turetoughness of TiC-dispersed molybdenum alloy [J]. J. Nucl. Mater 1996，239：253.

[13] T. Noda et al. Oxygen Desorption From Grain Boundaries of Mo by Vacuum Heating[J]. Tran. of the Japan Inst. metals 1985，26(1)：26.

[14] 钢铁研究总院. 高温合金手册[M]. 钼铁研究总院，1988.

[15] 钢铁研究总院. 钼顶头研究总结报告难熔金属文集，1978，4.

[16] 曾建辉. 稀土钼顶头材质的研究 [J]. 稀有金属与硬质合金 2001，145：30.

[17] 有色金属研究院. 高能高速锻造钼顶头[J]. 稀有金属. 1977，(1)：341.

[18] 汪若娟，等. 耐锌腐蚀的 Mo-30W 合金的研究 [J]. 难熔金属文集. 1980，7：93.

[19] 钢铁研究总院. 钼-钨合金研究总结[J]. 难熔金属文集，1990，7.

[20] Wolfgang Hoffelner et al. TZM Molybdenum as a die material for isothermal forging of Titanium alloys[J]. HT-HP1982，14：33.

[21] L Paul Clare et al. Superior Powder Metallurgy Mo-die alloy for isothermal Forging [J]. HT-HP1978，10：347.

[22] В. Е Савецкий Длительння Прочность Молибденовых Сплавов При Циклическом Нагреве [J]. МиТОМ 1974，(2)：18.

[23] 钢铁研究总院. 黑色金属压铸用钼合金模具材料[J]. 难熔金属文集，1974，10.

[24] 钢铁研究总院. 粉冶钼合金在压铸模中的应用 [J]. 新金属材料，1975，2.

[25] 钢铁研究总院. 高温真空炉隔热屏的理论计算. 高温高真空持久试验机研究制造总结，1971.

[26] И. Б. Левин Структура u Свойства Жаропрочных Молибденовых Сплавов Для Армирования

Композициионных ［J］. МИТОМ1980，（11）.

［27］ Haein. CHoi-Yim et al. Mechnical behavior Of Mo and Ta wire-reinforced bulk metallic glass composites［J］. Scripta Mater. 2008，58.

［28］ A. Crowson et al. Surface Engineering by Thermal Spraying. In Molybdenum and Molybdenum Alloys ［M］. 1998.

［29］ R. R. Freman Application of Molybdenum in glass melting Furnace［J］. Ceramic Ind. 1955，365：64.

［30］ 胡庭显，徐克玷. 钼在熔融玻璃中稳定性研究［J］. 金属学报，1979，15(4).

［31］ H. Tingxia X. KeDian The corrosion rate and application of Mo and its alloys in molten glass［J］. TMSpaper Selection Metallurgical Society of AIME.

［32］ 钢铁研究总院. 长寿命钼电极技术鉴定报告，1980，4.

［33］ 中国建材研究院. 单机抗碱球窑技术总结报告，1997，4.

［34］ 北京建材研究所. 抗碱玻璃纤维生产技术鉴定报告，1995，3.

［35］ 徐克玷，李文富. 钼电极在熔融玻璃中的稳定性及应用研究［J］. 钢铁研究学报 1995，7(2).

［36］ 蔡靖宇，等. Pt-Rh 包裹钼搅拌桨的试验研究［J］. 难熔金属文集，1990，136.

［37］ Varshneya AK The Set Point of glass in glass-to-metal Sealing［J］. J. Americal Cera. Society1980，63：311.

［38］ G Leichtfried et al Molybdenum alloys for glass-To metal seals［J］. RM&HM. 1998，22-1613.

［39］ 钢铁研究总院钨靶课题组. 轧制钨靶技术总结报告. 难熔金属文集，1977.

［40］ 徐镜卢，姚洪根. X 光管旋转阳极钨钼复合靶的研制［J］. 难熔金属文集，1980，7：82.

［41］ Mark G. Bene High pweformance X-Ray target US6463125B1 Harold H. et al Mo substrate for high power density W focal track X-ray targets US4298816［J］Kamleshwar Upadhya X-Ray Tube Anode Target US5414748［J］. 3328626 1777971A.

［42］ Ralph E Miller New uses for Molybdenum in electric glass melting［J］. High Temperature-High Pressures 1986，18：351-368.

［43］ 秦玉楠. 废催化剂综合回收有价金属新工艺［J］. 中国钼业，2004，2：36.

［44］ Naganori Rokukawa Resource Recycling Technology（Reath's 93）［M］. 1993，14-16.

［45］ TakayukiHorai &Isao Komasawa Hydrometallurgy［M］. 1993，73.